U0149507

电网故障录波图解析

王世祥◎主编

中国电力出版社
CHINA ELECTRIC POWER PRESS

内 容 提 要

本书详尽讲解了电网故障录波图解析方法，主要内容包括：电网故障波形图采集及解析基本知识、线路常见故障波形解析、变压器常见故障波形解析、母线常见故障波形解析、系统线路复杂故障波形解析、变压器复杂故障波形解析、母线复杂故障波形解析、现场典型事故案例波形解析选编。

本书可作为从事电力系统继电保护工作的运维、管理、教学人员的专业参考指南和培训教材，也可供相关专业技术人员参考，旨在帮助相关人员提升解析各类电网故障波形的能力水平。

图书在版编目（CIP）数据

电网故障录波图解析 / 王世祥主编. —北京：中国电力出版社，2023.11（2025.1重印）
ISBN 978-7-5198-8102-3

Ⅰ. ①电… Ⅱ. ①王… Ⅲ. ①电网–故障诊断–故障录波–图集 Ⅳ. ①TM727-64

中国国家版本馆 CIP 数据核字（2023）第 161785 号

出版发行：中国电力出版社
地　　址：北京市东城区北京站西街 19 号（邮政编码 100005）
网　　址：http://www.cepp.sgcc.com.cn
责任编辑：苗唯时　王蔓莉　马雪倩
责任校对：黄　蓓　常燕昆　于　维　王海南
装帧设计：郝晓燕
责任印制：石　雷

印　　刷：北京九天鸿程印刷有限责任公司
版　　次：2023 年 11 月第一版
印　　次：2025 年 1 月北京第二次印刷
开　　本：787 毫米×1092 毫米　16 开本
印　　张：51.5
字　　数：1034 千字
印　　数：1001—2000 册
定　　价：268.00 元

编 写 委 员 会

主　编　王世祥

副主编　梁嘉俊　钟叶斌　巨略谋　谷　斌

严海峰　鹿鸣明　梁诗宇　钱　敏

参　编　胡庆春　晋龙兴　李泽霖　刘华烨

乔中伟　高柳明　苏楠旭　胡　悦

周　贺　宋　华　郭松伟　王　江

简学之　刘卫波　曹梦龙　王　迪

李钰瑜　朱财乐　陈默然　江晨玲

陈宇晖　傅　奥　尚高峰　王智龙

前　言

根据《电力安全事故应急处置和调查处理条例》（国务院 599 号令）要求，事故发生后，有关电力企业应当立即采取相应的紧急处置措施，尽快恢复电网运行和电力供应。电网发生故障后，及时准确地掌握故障前后运行方式、故障发展过程、电气量与开关量特征等相关信息，对事故的分析判断、快速处置和系统恢复起到非常关键的作用。因此，为尽快掌握故障全过程的基本特征，需要提取故障过程中相关设备的电流、电压波形以及相关的保护装置、断路器的动作情况等信息，通过快速解析故障录波图来确定故障发展过程、故障范围及故障相别等信息，为故障点精确定位、隔离修复提供关键指向，提高电网事故应急处置能力。

本书由深圳供电局有限公司王世祥同志主编。第 1 章由王世祥、李泽霖、苏楠旭、谷斌、高柳明、曹梦龙、胡悦、宋华、周贺、王江、朱财乐、李钰瑜、傅奥、尚高峰编写；第 2 章由鹿鸣明、梁诗宇、王世祥编写；第 3 章由严海峰、王世祥、鹿鸣明编写；第 4 章由钟叶斌、钱敏、梁诗宇、王世祥、巨略谋编写；第 5 章由巨略谋、王世祥、梁嘉俊、梁诗宇编写；第 6 章由谷斌、王世祥、严海峰、江晨玲、梁嘉俊编写；第 7 章由梁嘉俊、王世祥、巨略谋编写；第 8 章由王世祥、胡庆春、晋龙兴、乔中伟、刘华烨、钟叶斌、高柳明、王迪、郭松伟、简学之、刘卫波、陈宇晖、陈默然、王智龙编写。

本书力求理论联系实际，与现场紧密结合，为适应现场工作人员阅读习惯，本书保留部分专用名词的现场常用称呼，例如：用“#1 主变”表示 1 号主变压器、“开关”表示断路器、“刀闸”表示隔离开关、“TA”表示电流互感器、“TV”表示电压互感器等。内容由浅入深，图文并茂、风格活泼，主要以帮助继电保护从业人员快速掌握电网故障录波图解析能力为出发点，其中的电网故障录波图主要来源于系统仿真及现场试验，可能与实际电网故障情况存在差别，加之编者水平有限，若存在错误和不妥之处，恳请广大读者批评指正。

在本书的编辑、出版过程中，得到了许多业内领导和专家的指导和帮助，在此谨表示衷心的感谢！

目 录

1　电网故障波形图采集及解析基本知识

1.1　概　　述

电力系统可能发生各种类型的故障，如短路、断线以及各种复杂故障等。最常见的不对称故障有：单相接地短路、两相接地短路、两相短路；对称故障有：三相短路。不论发生何种故障，为提高供电可靠性，需快速复电。但在恢复供电前必须分析电网故障的特征、规律，再将其故障点隔离。目前，电网故障的基本特征、规律多数是依托电网故障波形图解析获取。

近年来，随着电网的发展，电力系统已成为一个极其庞大复杂的系统，各种类型的故障时有发生，为提高电网供电可靠性，有必要提高从业人员的技术技能水平。为此，编制本书。本书通过典型案例重点阐述电网故障波形图解析方法，对电网故障特征的计算、向量图绘制及分析等不作详细分析，请参考相关书籍学习。

1.2　电网故障录波图采集方式

随着电网的发展和信息技术的进步，目前电网故障录波图采集有多种方式，如通过保护装置故障录波图采集方式、故障录波装置故障录波图采集方式及保信子站故障录波图采集方式等。下面仅以案例来简述常规电网故障录波图采集方式。

（1）保护装置故障录波图采集方式（说明：以南瑞继保 RCS－900 系列线路保护为例），如图 1－2－1 所示。

（2）录波装置故障录波图采集方式（说明：以中元华电的 ZH－5 录波装置为例），如图 1－2－2 所示。

（3）保信子站故障录波图采集方式（说明：以南瑞继保 PCS－9798 保信装置为例），如图 1－2－3 所示。

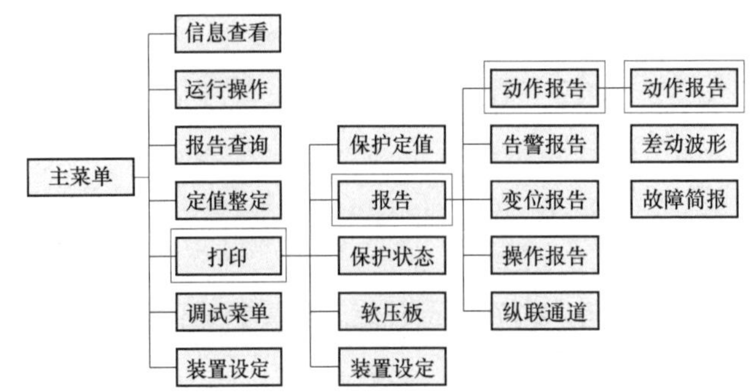

图 1-2-1　南瑞继保 RCS-900 系列线路保护录波图采集方式

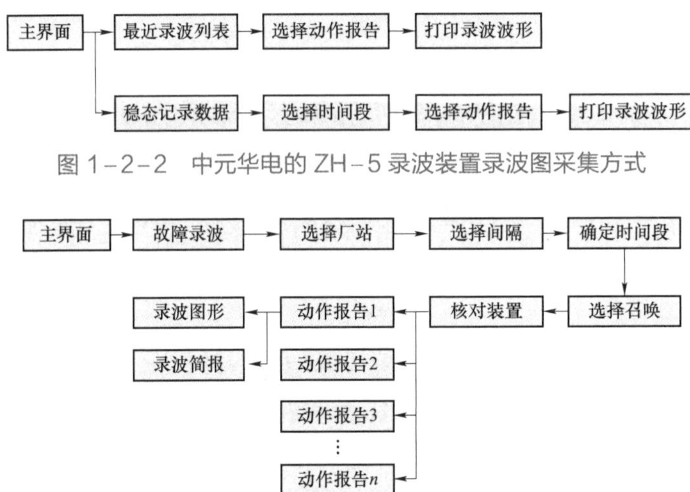

图 1-2-2　中元华电的 ZH-5 录波装置录波图采集方式

图 1-2-3　南瑞继保 PCS-9798 保信装置录波图采集方式

1.3　电网故障录波图解析基本知识

目前，不同厂家的保护故障波形图格式不尽相同，但不论如何变化，保护装置或故障录波器都是利用故障特征明显的电气量作为启动元件，常用的有电流、电压突变量启动，电流、电压越限启动，频率变化量启动及开关量启动等。保护装置或故障录波器采集的数据主要有两种类型：一类为电流、电压等模拟量信号；一类为开关量变位等数字信号。采集到的数据一般不做滤波处理，以尽可能完整、真实地记录故障信息。标准的录波图一般分为故障前一段时间、故障的全过程及故障后一段时间三个时段，每个时段都应完整记录当前的电流、电压波形及开关量变位情况。从业人员应能够根据采集到的各波形图快速分析判断出电力系统发生的故障类型。本节以 110kV 线路单相接地故障为例讲解保护动作波形图解析方法，该方法同样适用于其他故障类型的录波图解析，区别在于故障电流、电压的变化特征。110kV 线路区内单相接地故障录波图如图 1-3-1 所示。

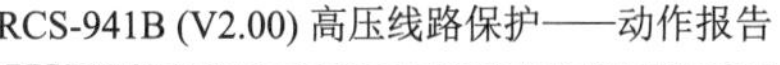

RCS-941B (V2.00) 高压线路保护——动作报告

厂站名：龙华站 线路：1120 装置地址：009 管理序号：00040369 打印时间：10-05-19 14:31

动作序号	017	起动绝对时间	2010-05-15 19:56:01:164
序 号	动作相	动作相对时间	动 作 元 件
01		00015MS	纵联零序方向
02		00023MS	纵联距离动作
03		00028MS	距离Ⅰ段动作
04		00923MS	重合闸动作
05		01240MS	距离加速

故障测距结果	0002.0 kM
故障相别	B
故障相电流值	005.00 A
故障零序电流	005.04 A

起动时开入量状态

序号	名称		值	序号	名称		值
01	高频保护	:	1	16	Ⅱ母电压	:	0
02	距离保护	:	1	17	跳闸位置	:	0
03	零序保护Ⅰ段	:	1	18	合闸位置1	:	1
	⋮				⋮		

起动后变位报告

序号	时间	变位	序号	时间	变位
01	00007MS	收信 0->1	06	01108MS	收信 1->0
02	00032MS	合闸位置1 1->0	07	01224MS	收信 0->1
03	00076MS	跳闸位置 0->1	08	01257MS	合闸位置1 1->0
04	00938MS	跳闸位置 1->0	09	01301MS	跳闸位置 0->1
05	00989MS	合闸位置1 0->1	10		

电压标度 U：45V/格（瞬时值） 电流标度 I：004.0A/格（瞬时值） 时间标度 T: 20ms/格

起动 发信 收信 跳闸 合闸 I_0 U_0 I_A I_B I_C U_A U_B U_C U_X

S S S S

T=−40M _00922M _01074M _01140M

图 1-3-1 110kV 线路区内单相接地故障录波图[1]

[1] 本书截图为系统截图，本书未做处理。

通过该故障录波图，可以分为几部分获得信息。

1. 故障分析简报

故障分析简报是保护自动地对本次故障进行的简单分析汇总，包括：

（1）从图 1－3－1 解析可知变电站及线路名称、装置地址。变电站为龙华站，线路名为龙华线，编号为 1120，装置地址为 009，管理序号为 00040369，打印时间：2010 年 05 月 19 日，14:31。

（2）从图 1－3－1 解析可知故障发生的启动绝对时间和动作相对时间、动作相别、动作元件以及序号。故障发生的动作序号为 017；启动绝对时间为 2010 年 05 月 15 日 19:56:01:164ms；各保护元件动作相对时间（即以保护启动时绝对时间为基准）为：

1）序号 01：纵联零序方向元件在保护启动后 15ms 动作。

2）序号 02：纵联距离元件在保护动作后 23ms 动作。

3）序号 03：距离Ⅰ段在保护动作后 28ms 动作。

4）序号 04：重合闸元件在保护动作后 923ms 动作。

5）序号 05：距离加速元件在保护动作后 1240ms 动作。

（3）从图 1－3－1 解析可知故障测距、故障相别、故障相电流和零序电流。故障测距为 2km、故障相别为 B 相、故障相电流有效值和零序电流二次有效值分别为 5A 和 5.04A。

（4）从图 1－3－1 解析可知启动时开入量状态。高频保护、距离保护、零序保护Ⅰ段等保护在启动时开入量状态为 1，表示相关保护功能压板均投入；跳闸位置状态为 0，合闸位置状态为 1，表示断路器在合闸位置。

（5）从图 1－3－1 解析可知启动后变位报告状态。如保护启动后 7ms 收信由“0”变为“1”、32ms 合闸位置由 1 由“1”变为“0”、76ms 跳闸位置由“0”变为“1”、938ms 跳闸位置又由“1”变为“0”等。

2. 故障波形图信息

故障波形图即为整个故障过程中的各相电流、电压有效值变化曲线和开关量的突变情况。

（1）从图 1－3－1 解析可知电流、电压、时间比例尺及单位。电压标度 U：45V/格（瞬时值）、电流标度 I：4A/格（瞬时值）、时间标度 T：20ms/格。

（2）从图 1－3－1 解析可知故障波形图通道名称。包括了启动、发信、收信、跳闸、合闸共 5 个开关量通道及 9 个模拟量通道，其中 I_0 为零序电流（实际为 3 I_0），U_0 为零序电压（实际为 3 U_0），I_A、I_B、I_C 分别为 A、B、C 三相电流、U_A、U_B、U_C 分别为母线 A、B、C 三相电压，U_X 线路抽取电压。

（3）从图 1－3－1 解析可知右边时间纵坐标。录波图中均以故障发生保护启动时刻为 0ms 计时，后续保护动作时间均是相对于启动时刻的时间，如 $T=-40$ms 表示保护从启动前 40ms 开始记录数据。

在实际工程应用中，可能出现不同的故障或保护型号，各通道显示信息均有差异，具体分析时以动作报告为准。

（4）从图 1－3－1 解析可知启动：B 相模拟通道采集到故障电流时，保护在 0ms 时启动。

（5）从图 1－3－1 解析可知发信：大约在保护启动 2～3ms 后发信，持续 1074ms 消失；1220ms 合闸于故障时再次发信。

（6）从图 1－3－1 解析可知收信：在发信后 4～5ms 后保护收到对侧信号；保护此时判断为正方向区内故障（相对于本站母线）；1224ms 合闸于区内故障时再次收信。

（7）从图 1－3－1 解析可知跳闸：保护判断为正方向区内故障后 15ms 动作出口跳断路器，持续 105ms 跳闸脉冲消失；1240ms 合闸于区内故障保护再次动作跳开断路器。

（8）从图 1－3－1 解析可知合闸：当保护动作出口跳断路器后在 923ms 重合闸动作，持续 151ms 合闸脉冲消失。

（9）从图 1－3－1 解析可知 I_0：保护零序电流模拟通道；因发生 B 相接地故障，根据前文分析将出现零序电流分量直到故障被切除，持续约 60ms；1200ms 合闸于区内 B 相故障时，再次出现零序电流分量，持续约 60ms。

（10）从图 1－3－1 解析可知 U_0：保护零序电压模拟通道；因发生 B 相接地故障，根据前文分析将出现零序电压分量直到故障被切除，持续约 60ms；1200ms 合闸于区内 B 相故障时，再次出现零序电压分量，持续约 60ms。

（11）从图 1－3－1 解析可知 I_A、I_C：A、C 相电流模拟通道，基本为负荷电流，无故障电流存在。

（12）从图 1－3－1 解析可知 I_B：B 相电流模拟通道；因发生 B 相接地故障，0ms 启动时通道上有故障电流存在，持续 60ms 消失；1200ms 合闸于区内 B 相故障时，通道上又有故障电流存在，持续 60ms 消失。

（13）从图 1－3－1 解析可知 U_A、U_C：A、C 相电压模拟通道；因发生 B 相接地故障，A、C 电压在故障前后无变化。

（14）从图 1－3－1 解析可知 U_B：B 相电压模拟通道；因发生 B 相接地故障，故障期间 B 相电压明显降低；1200ms 合闸于区内 B 相故障时，B 相电压明显降低。

根据上面的故障波形图解析得知：第一个阶段 B 相采集到故障电流，15ms 后保护动作跳开断路器隔离故障，923ms 时重合动作将断路器合上；第二个阶段系统电流、电压恢复正常后持续 75ms；第三个阶段在 1200ms 合闸于区内 B 相，40ms 后保护动作再次跳开断路器且不再重合（保护动作复归后充电还需要 10～15s）。

3. 故障波形图中读取准确事件时间

保护装置根据开关量变位时刻给出了各事件发生的时间，有时并不十分准确：如断路器跳开或合上时间，一般取决于断路器辅助触点动作时间，但断路器辅助触点与主触头并不精确同步，会有一定时差。因此，需要从波形图中直接读取各事件的相对时间，通常以电流或电压波形变化比较明显的时刻为基准，读取各事件发生的相对时间。因为电流变大和电压变小时刻可较准确判断为故障已发生；故障电流消失和电压恢复正常的时刻可判断为故障已切除。以图 1–3–2 为例说明读取准确事件时间的方法。

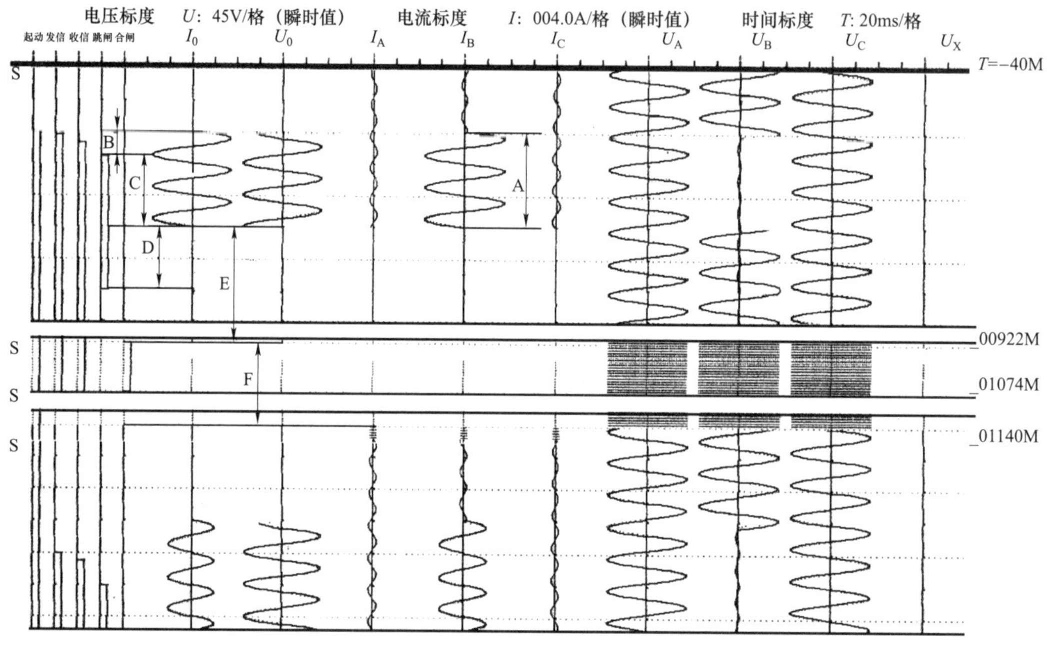

图 1–3–2　110kV 线路单相接地故障事件时间读取波形图

（1）从图 1–3–2 解析可知故障持续时间：故障持续时间为从电流变大、电压降低开始到故障电流消失、电压恢复正常的时间，如图 1–3–2 中的 A 段，故障持续时间为 60ms。

（2）从图 1–3–2 解析可知保护动作时间：保护动作时间是从故障开始到保护出口的时间，即从电流变大、电压开始降低，到保护跳闸继电器动作的时间，如图 1–3–2 中的 B 段，保护动作最快时间为 15ms。

（3）从图 1–3–2 解析可知断路器跳闸时间：断路器跳闸时间是从跳闸继电器动作到故障电流消失的时间，如图 1–3–2 中的 C 段，断路器跳闸时间为 45ms。

（4）从图 1–3–2 解析可知保护返回时间：保护返回时间是指故障电流消失时刻到跳闸继电器返回的时间，如图 1–3–2 中的 D 段，保护返回时间为 30ms。

（5）从图 1–3–2 解析可知重合闸动作时间：重合闸动作时间是从故障消失开始计时到发出重合命令的时间，如图 1–3–2 中的 E 段，图中重合闸动作时间为 862ms。

（6）从图 1–3–2 解析可知断路器合闸时间：断路器合闸时间是从重合闸继电器动

作到断路器合闸成功，出现负荷电流的时间，如图 1–3–2 中的 F 段，断路器合闸时间为 218ms。

将各过程时间汇集在时间轴上，如图 1–3–3 所示。

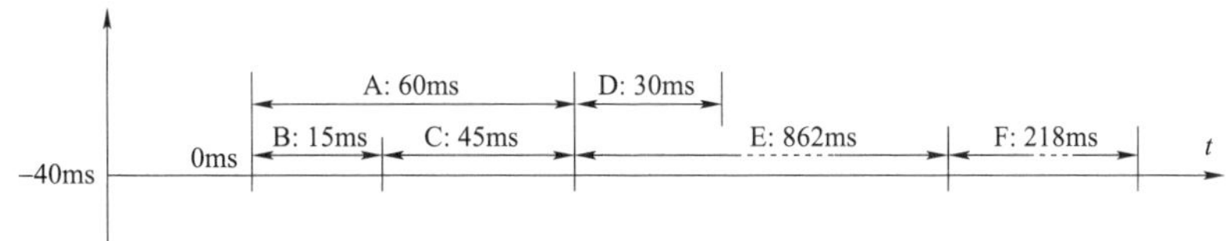

图 1–3–3 110kV 线路单相接地故障事件时序图

4. 故障波形中电流、电压的幅值读取

根据故障波形图，可计算出故障期间电流、电压的幅值，如图 1–3–4 所示。

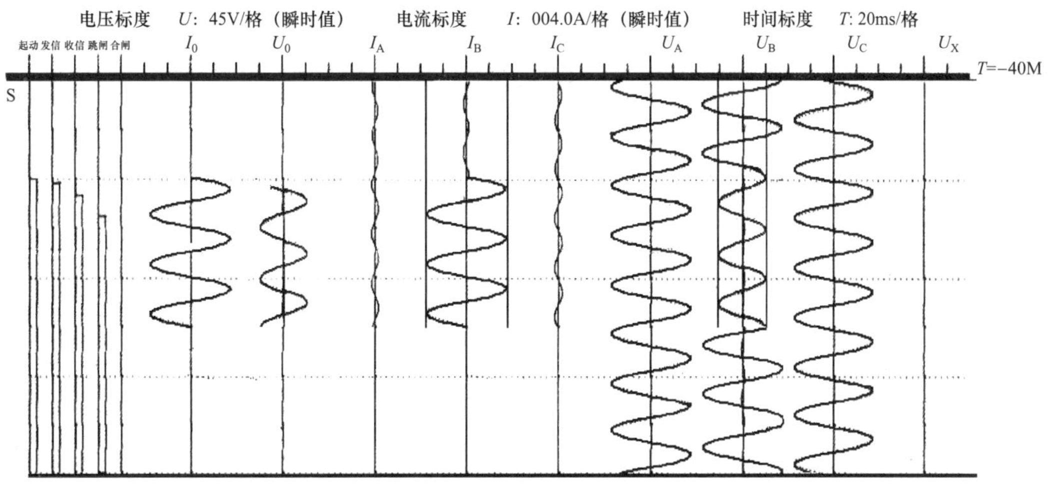

图 1–3–4 110kV 线路单相接地故障电流、电压的幅值读取波形图

从图 1–3–4 解析可知 B 相故障，B 相电流大幅增加，非故障 A、C 相电流在故障前后基本不变；B 相电压明显降低，非故障 A、C 相电压相位基本没有变化。

故障电流计算方法：如图 1–3–4 所示，先以 I_B 通道上的故障电流波形两边的最高波峰在刻度标尺上的位置，计算在标尺截取格数除以 2，乘以显示的“I: 4.0A/格”比率，除以 $\sqrt{2}$ 就得到二次电流有效值，再乘以该间隔的 TA 变比，即得到一次电流有效值。假设本间隔 TA 变比为 1200/1，则 B 相短路的一次电流 I_{kB} 为：

$$I_{kB}=[(\text{总格}\times\text{电流标度 }I)/(2\sqrt{2})]\times\text{变比}=[(3.8\times4)/(2\sqrt{2})]\times1200/1=6450\text{（A）}$$

零序电流的计算方法与 I_{kB} 相同，需要说明的是实际计算出的是 $3I_0$。

故障电压计算方法：先以 U_B 通道上存在的故障电压波形两边的最低波峰在度标尺上的位置，计算出两边最低波峰之间截取的标尺格数除以 2，乘以在图中显示的“U: 45V/

格”比率，再除以$\sqrt{2}$就得到二次电压有效值，再乘以该间隔母线 TV 的变比，即得到一次电压有效值。假设本间隔 TV 变比为 1100/1。则 B 相短路的一次电压：

$$U_{kB}=[(总格\times电压标度\ I)/(2\sqrt{2})]\times变比=[(2\times45)/(2\sqrt{2})]\times1100/1=35\ (\text{kV})$$

零序电压的计算方法与 U_{kB} 相同，需要说明的是实际计算出的是 $3U_0$。

5. 故障波形图中电流、电压相位的读取

通过测量故障相波形图中电流、电压波形过零点的时间差可测量故障期间故障相电压、相电流及零序电压、零序电流的相位，结合前文理论分析，判断保护是否正确动作。110kV 线路单相接地故障电流、电压的相位读取图如图 1－3－5 所示。

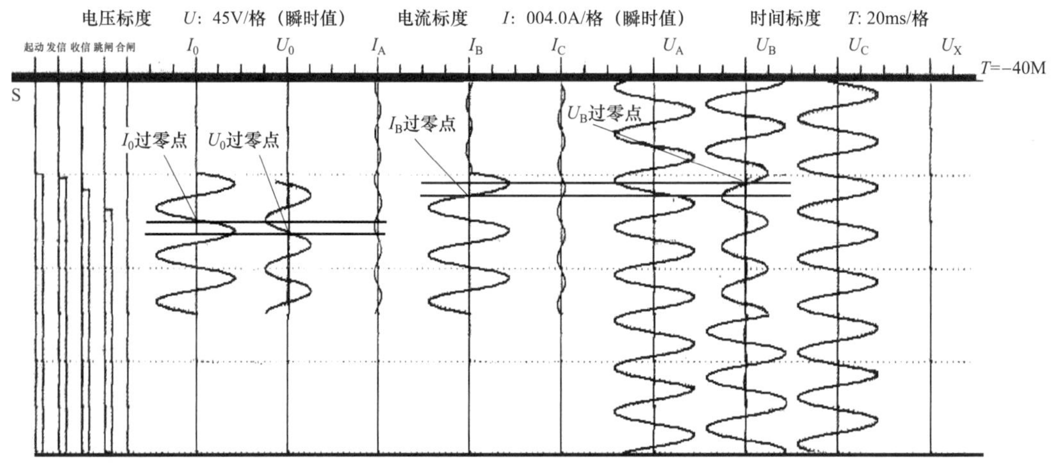

图 1－3－5　110kV 线路单相接地故障电流、电压的相位波形图

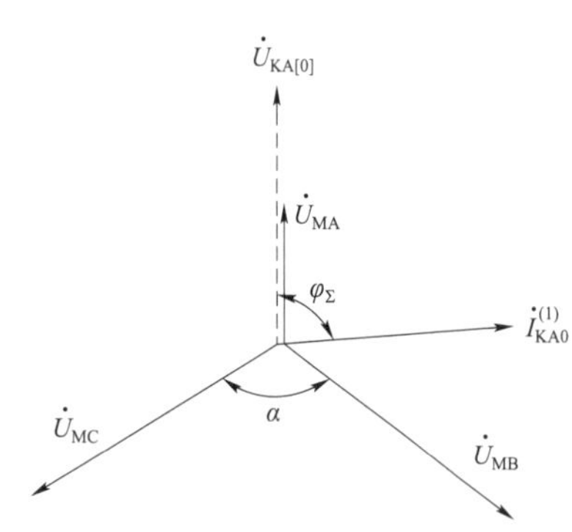

图 1－3－6　110kV 线路正向单相接地故障电流、电压的相量读取图

（1）从图 1－3－5 解析可知，若电流过零时间滞后于电压过零时间，则电流滞后电压；反之则电流超前电压。图 1－3－5 中的 B 相电流过零点滞后 B 相电压过零点约 4ms，相当于 B 相电流滞后 B 相电压约 18°×4＝72°，由此可以判断故障发生在正方向（相对于本站母线），且为金属性接地故障。若实测相电流超前相电压 110°左右，则表明是反向故障。110kV 线路正向单相接地故障电流、电压的相量图波形图中读取图如图 1－3－6 所示。

（2）零序电流过零点超前零序电压过零点大约 5.5ms，相当于超前 100°左右，由此可以判断故障发生在正方向（相对于本站母线）。若实测零序电流滞后零序电压约 80°，则是反向故障。

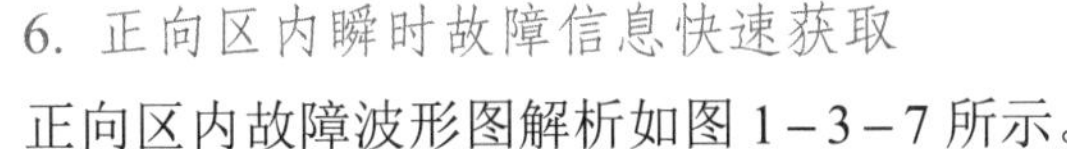

6. 正向区内瞬时故障信息快速获取

正向区内故障波形图解析如图 1－3－7 所示。

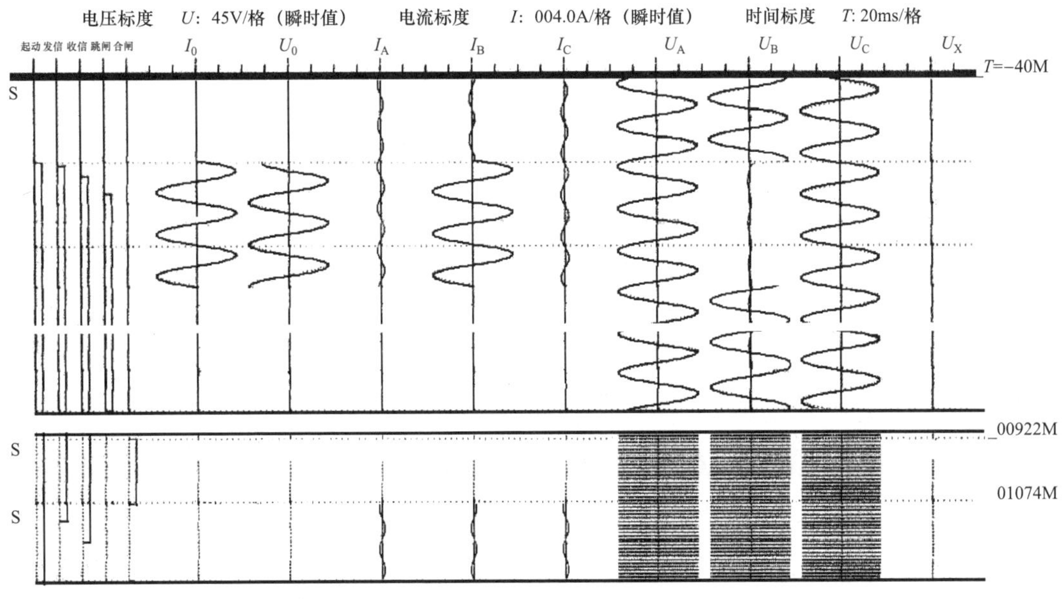

图 1－3－7 正向区内瞬时故障信息快速获取波形图

从图 1－3－7 解析可知，线路区内瞬时性故障后，B 相相电压明显降低，保护 2～3m 发信，8～9ms 收信，保护判断为区内发生 B 相故障，发出跳闸指令，最快相对时间为 60ms 断路器跳开，在 923ms 时保护发出合闸指令，断路器重合闸成功。电流、电压恢复正常。也可以从故障波形图中读取电流、电压相位去判断正向区内故障。

7. 正向区内永久故障信息快速获取

正向区内永久故障解析如图 1－3－8 所示。

从图 1－3－8 解析可知，线路区内瞬时性故障后，B 相电压明显降低，保护 2～3ms 发信，8～9ms 收信，保护判断为区内发生 B 相故障，发出跳闸指令，最快相对时间为 60ms 断路器跳开，在 923ms 时保护发出合闸指令，断路器重合闸成功。重合到故障的线路，保护立即又发生第二次故障，断路器跳开三相，未合闸（重合闸未充电）。同样可以根据故障波形图读取电流、电压相对相位关系判断是否为正向区内故障。

上述仅以线路区内 B 相单相接地故障保护动作故障波形解析为例说明，A、C 相解析方法类似。

综上所述，归纳单相接地故障时电流、电压量、开关量特征如下：

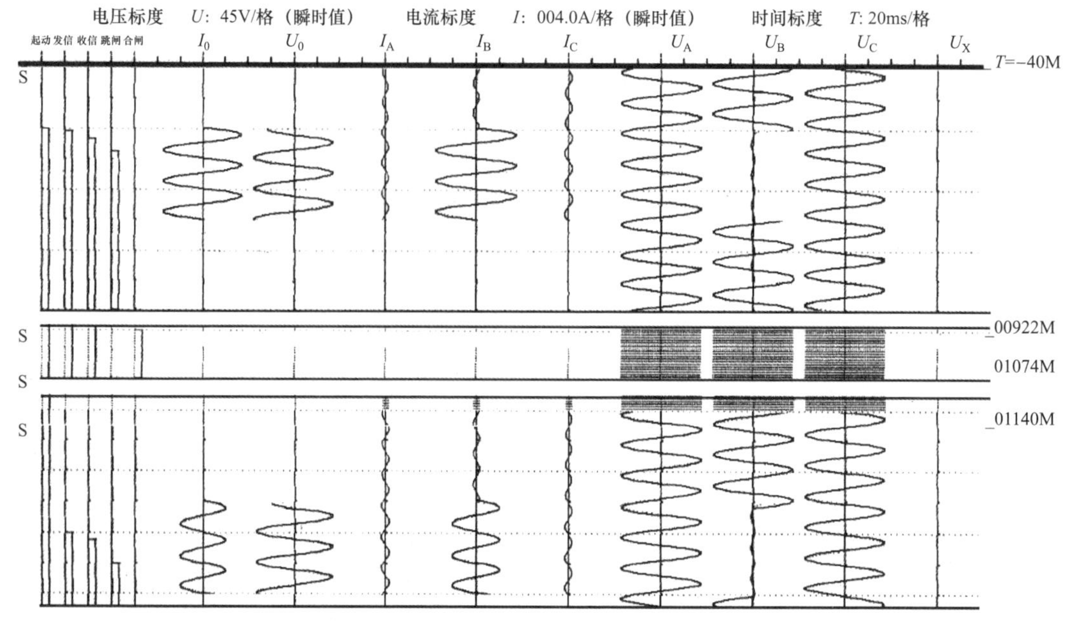

图 1-3-8　正向区内永久故障信息快速获取波形图

（1） 故障相电流增大、电压降低；同时出现零序电压、零序电流。

（2） 故障相电压超前故障相电流约 70°；零序电流超前零序电压约 110°。

（3） 零序电流相位与故障相电流相位相同；零序电压相位与故障相电压相位相反。

（4）保护开关量变位相别与故障相别一致，保护启动、跳闸、重合闸、通道交换信息与保护动作情况一致。

8. 电力系统非正弦电气录波图解析

（1）电流互感器饱和录波图解析。电力系统的容量日益增大，短路电流也随之增大。短路时幅值很大的短路电流可能使电流互感器的铁芯在短路的稳态下也呈现不同程度的饱和。在铁芯深度饱和的情况下电流互感器工作误差会很大，其二次电流的波形会严重失真（电流波形和相位畸变），必然会影响继电保护装置的正确工作，可能造成保护不正确动作，因此对电流互感器铁芯处于深度饱和状态值得关注。电流互感器饱和录波图，如图 1-3-9 所示。

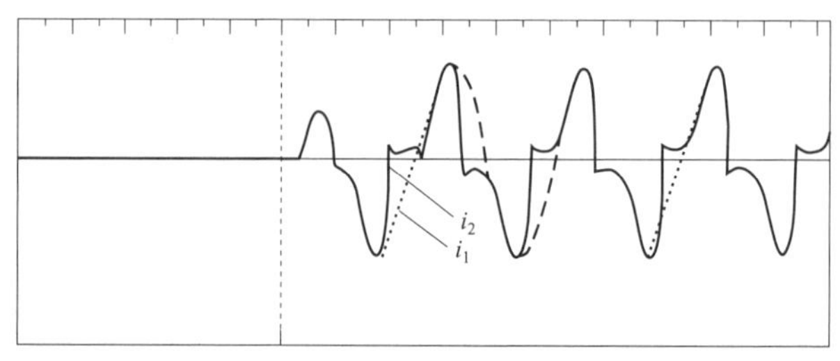

图 1-3-9　电流互感器饱和录波图

1）从图 1－3－9 解析可知，在每半个周期的前几个毫秒内，由于铁芯未饱和，i_2 随着 i_1 上升而上升，i_2 波形过零后，一旦铁芯饱和，磁通随时间而变化显著变小，因此 i_2 下降到接近于零。i_2 和 i_1 相差 4～5ms，即 i_2 和 i_1 之间出现了小于 90° 的相位差。

根据电流互感器的等值电路，其电流关系为 $i_1'=i_2+t_{1c}'$（i_1' 为归算至二次侧的一次电流；t_{1c}' 为归算至二次侧的励磁电流；i_2 为二次电流），电流互感器的等值电路图如图 1－3－10 所示。

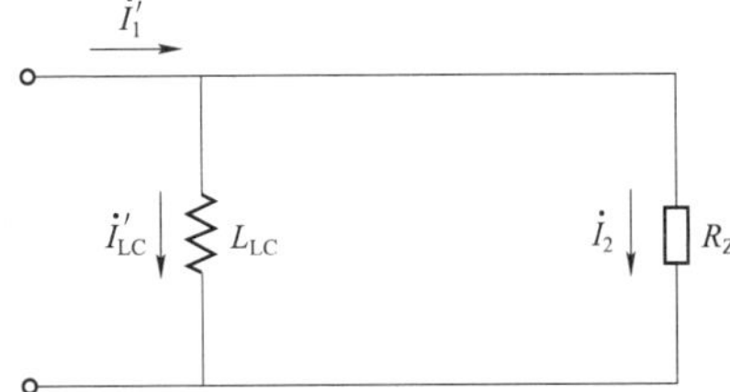

图 1－3－10　电流互感器的等值电路图

2）从图 1－3－10 解析可知，在电流互感器未出现饱和时，其励磁阻抗远大于二次绕组的阻抗和负荷阻抗，故 i_{1c}' 很小，此时 $i_2'\cong i_2$。

当电流互感器出现饱和时，其励磁阻抗很小，相当于把二次绕组的阻抗和负荷阻抗短接，此时 $i_2\cong 0$，$i_1'\cong i_{1c}'$。当一次电流为对称的正弦波时，在饱和状态下，电流互感器的二次电流的波形、幅值和相位相对于一次电流来说，发生很大畸变。故障发生在相电压快达到最大值时刻，电流波形的第一个半波没有变化，从第二个半波开始畸变，畸变相电压有明显压降，电流波形比正常传变波形变窄了一部分。

电流互感器的铁芯具有非线性特性，当一次电流值很大或含有较大的直流分量时，铁芯会饱和，励磁电流将几十倍甚至上百倍地增长，从而使二次电流的大小和波形严重失真畸变。

特点：二次电流的幅值和有效值明显减小，波形过零后出现偏移，谐波增多，出现相位差。另外：电流互感器发生饱和后将不能按正确比例传变一次电流，当互感器饱和是由被保护设备的区外故障引起时，将在电流差动保护中产生差流，引起保护误动。

（2）励磁涌流录波图解析。说明：励磁涌流一般出现在变压器上居多，在现场常见的是变压器送电投入运行时，在变压器的送电侧产生励磁涌流。该励磁涌流是变压器铁芯饱和造成的，励磁涌流的大小及偏离时间轴的方向与变压器铁芯材料、送电瞬间电压的相位，以及变压器剩磁的大小和方向有关。

由于变压器励磁涌流的形成机理非常复杂，波形多种多样，因此解析这种波形图时，应根据具体情况具体分析。典型励磁涌流录波图如图 1－3－11 所示。

从图 1－3－11 解析可知，反向续流（反向电流有时称为反相续流）现象的存在导致间断角消失或减少，使保护躲励磁能力受到影响，这种现象曾多次引起过保护误动。

由理论分析得知，三相变压器励磁涌流的间断不应小于 112°，二次谐波含量不小于 23%。可在一些励磁涌流波形图中出现了不一致的情况，某一相励磁涌流的反向会出现与正向不对称电流波形，其原因是电流互感器励磁支路 X_e 电抗中流过涌流电流时储藏了磁能，在涌流间断期间在外接回路中释放，形成反向电流。变压器的励磁涌流转变原理图如图 1－3－12 所示。

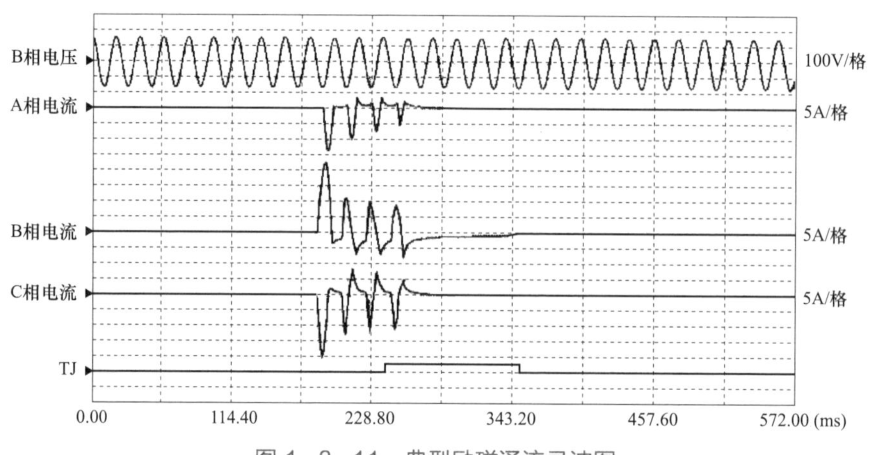

图 1-3-11　典型励磁涌流录波图

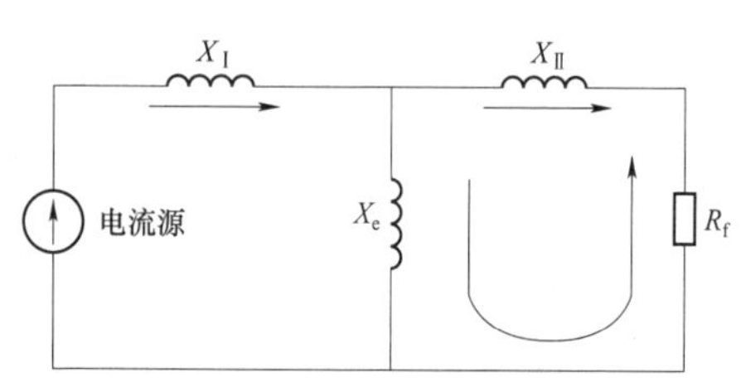

图 1-3-12　变压器的励磁涌流转变原理图

励磁涌流特点：

（1）涌流波形偏于时间轴一侧，含有大量的非周期分量。

（2）含有大量的高次谐波，并以二次谐波分量较大。

（3）涌流波形之间存在间断角。

（4）涌流在初始级段值较大，以后逐渐衰减。

1.4　当前电网故障录波采集及解析存在的不足

当电力系统中发生故障时，现场有多种渠道获取故障录波波形，比如通过第 1.2 节阐述的保护装置、故障录波装置及保信子站等。但因各厂家的研发技术不同，目前电力系统中故障录波存在一定的不足。

1. 录波数据格式不一致

近年来，电力系统故障和暂态数据记录装置飞速发展，我们可以得到丰富的信息。但是这些数据来自不同生产厂家采用的不同的记录格式，使得这些信息得不到充分的应用，而且不利于用户的数据分析。因此需要制定一个通用的标准格式，使在不同设备之间的数据转换进一步简化。

2. 故障分析算法有待改进，准确性有待提高

现有故障录波信息处理系统中，主要采用单端电气量的故障定位算法，即使使用双端数据进行故障定位，大多也是采用集中式参数模型，利用解微分方程的方法，并且没有进行参数的在线估计。目前故障测距的准确性不足，难以有效支撑现场应用，故障分析算法有待改进，以实现准确、高效的故障分析。

3. 录波数据的通信问题

故障录波信息处理系统起步晚，近几年才发展起来，早期的变电站设计阶段没有考虑系统的通信兼容问题。因此早期投运的设备难以接入新主站系统，通信存在问题。

4. 人工读取误差大

打印波形后人工读取存在很大误差，对故障录波提取效率和正确性分析造成很大麻烦。

5. 复杂故障难以判断

对于多间隔的复杂故障时，故障录波波形不方便对比时间和状态，人工读取效率较低。

6. 内部固化不方便操作

删除历史录波文件库存操作较为复杂，一般需要厂家人员协助。

7. 分析能力较差

录波分析高阶工具例如阻抗分析、母差分析及差流分析等需要根据现场实际情况按间隔实际进行个性化配置。

8. 各厂家标准不统一

不同厂家对录波时间较长的波形解析处理方法不同，有时动作后衰减的波形因时间过长会被压缩，压缩后的波形可能存在读取值误差等问题。

本章思考题

1. 请简述下面 4 个图形各属于什么故障及故障特征要点是什么？

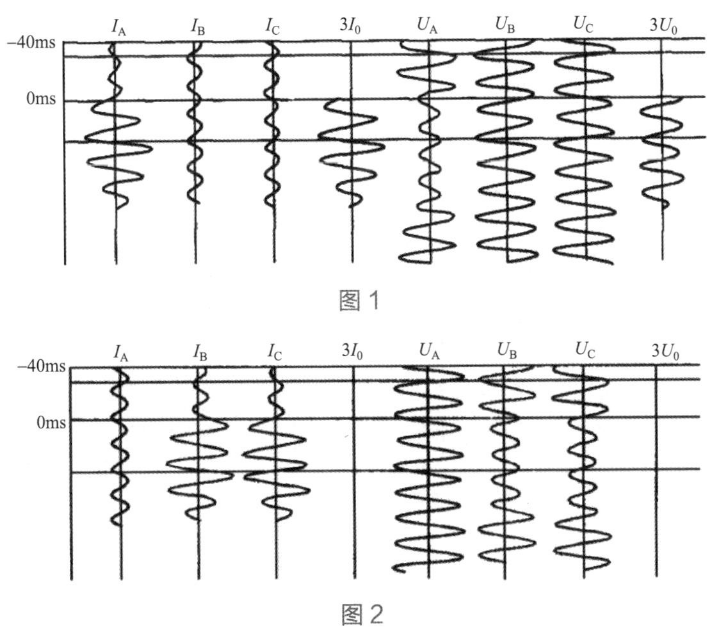

图 1

图 2

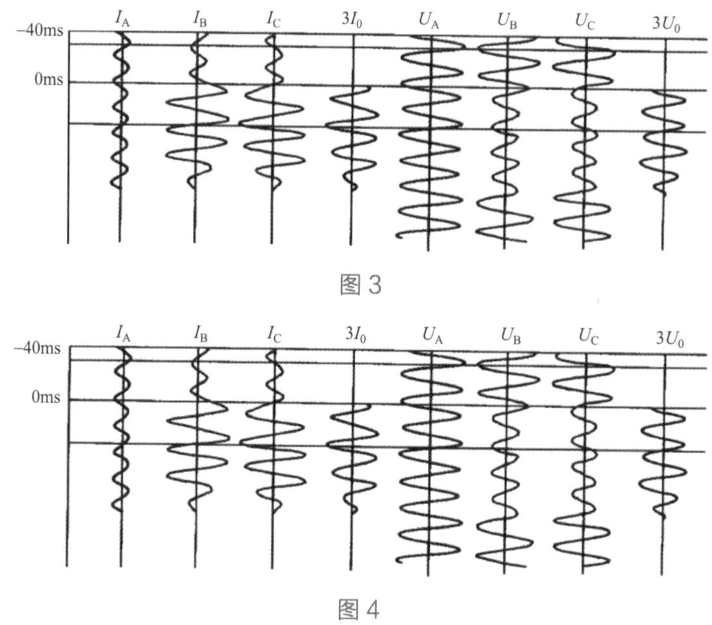

图3

图4

2. 请写出下图形故障持续多少周波及时间？

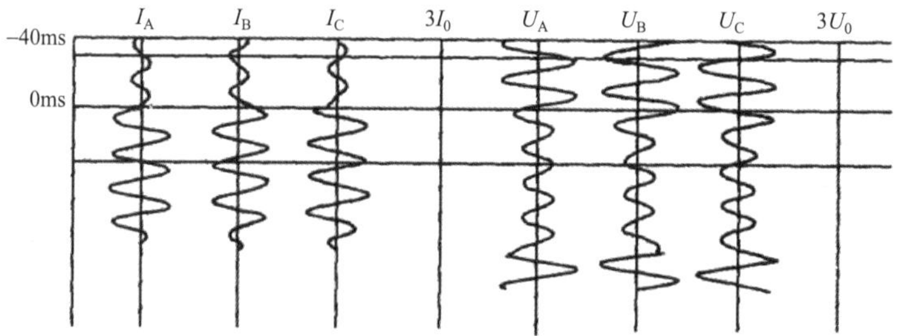

3. 请说明变压器励磁涌流的特点？
4. 请简述电流互感器饱和容易导致保护误动的原因？
5. 请画出下图故障发生过程时序图？

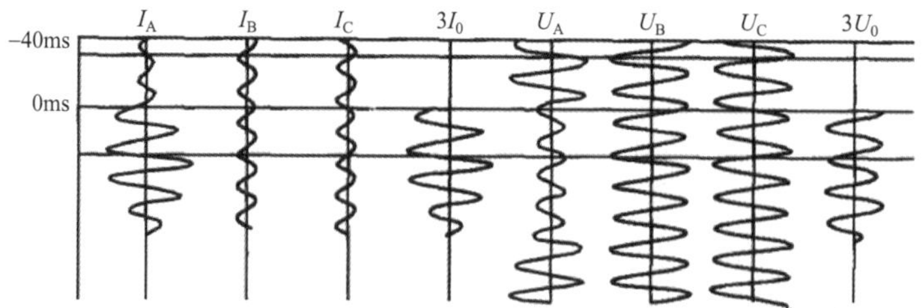

2　线路常见故障波形解析

2.1　出口处单相瞬时性金属性接地

一、故障信息

故障发生前A站、B站、C站运行方式为ABⅠ线、ABⅡ线、ACⅠ线、BCⅠ线、#1主变、#2主变、母联均在合位，A站#1主变、ABⅠ线、ABⅡ线挂1M、#2主变、ACⅠ线挂2M。ABⅠ线A站侧TA变比2400/1，B站侧TA变比2000/1。线路全长50km。故障发生前A站、B站、C站运行方式如图2－1－1所示。

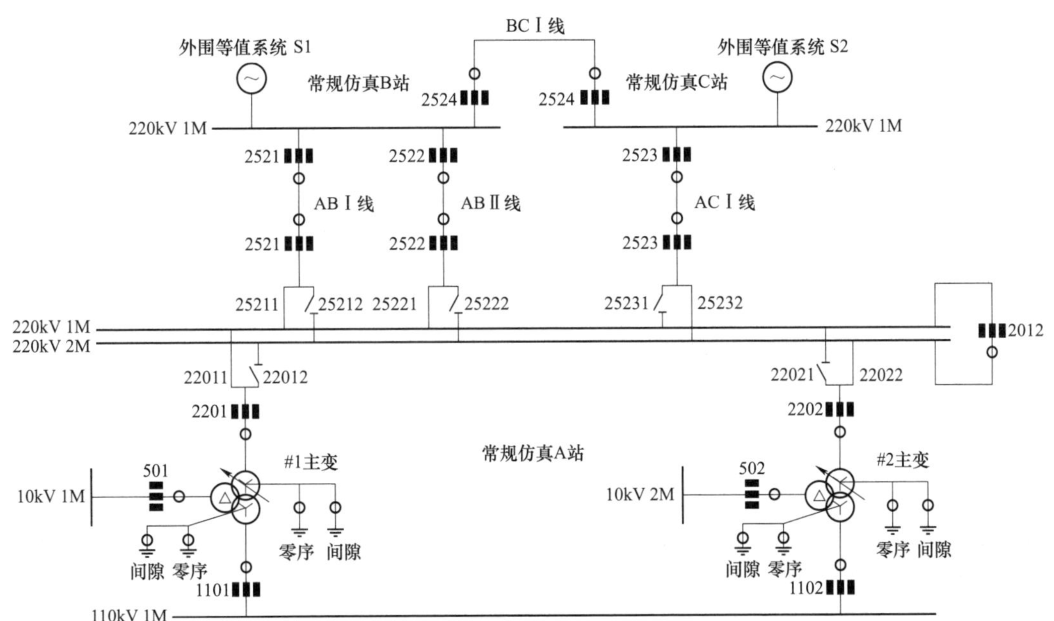

图2－1－1　故障发生前A站、B站、C站运行方式

故障发生后，ABⅠ线路两侧开关均在合位，其余开关位置也未发生变化，由于ABⅠ线两侧重合闸动作，成功合上两侧开关，因此故障发生后A站、B站、C站运行方式

与图 2－1－1 所示一致。

二、录波图解析

1. 保护动作报文解析

（1）从 A 站 AB Ⅰ线故障录波 HDR 文件读取相关保护信息，以保护启动初始时刻为基准。AB Ⅰ线 A 站保护动作简报见表 2－1－1。

表 2－1－1　　AB Ⅰ线 A 站保护动作简报

序号	动作报文对应时间	动作报文名称	动作相别	动作报文变化值
1	0ms	保护启动		1
2	8ms	纵联差动保护动作	A	1
3	12ms	纵联距离动作	A	1
4	12ms	纵联零序动作	A	1
5	16ms	接地距离Ⅰ段动作	A	1
6	61ms	纵联差动保护动作		0
7	61ms	纵联距离动作		0
8	61ms	纵联零序动作		0
9	61ms	接地距离Ⅰ段动作		0
10	861ms	重合闸动作		1
11	981ms	重合闸动作		0
12	10774ms	保护启动		0

如表 2－1－1 中所示，AB Ⅰ线路 A 站侧保护启动后约 8ms 纵联差动保护动作，12ms 纵联距离保护动作，12ms 纵联零序保护动作，16ms 接地距离Ⅰ段保护动作，保护出口跳 A 相开关，861ms 重合闸动作，重合上 A 相开关。

（2）从 B 站侧 AB Ⅰ线保护故障录波 HDR 文件读取相关保护信息，以保护启动初始时刻为基准。AB Ⅰ线 B 站侧保护动作简报见表 2－1－2。

表 2－1－2　　AB Ⅰ线 B 站侧保护动作简报

序号	动作报文对应时间	动作报文名称	动作相别	动作报文变化值
1	0ms	保护启动		1
2	8ms	纵联差动保护动作	A	1
3	19ms	纵联距离动作	A	1
4	19ms	纵联零序动作	A	1

续表

序号	动作报文对应时间	动作报文名称	动作相别	动作报文变化值
5	61ms	纵联差动保护动作		0
6	61ms	纵联距离动作		0
7	61ms	纵联零序动作		0
8	861ms	重合闸动作		1
9	981ms	重合闸动作		0
10	10775ms	保护启动		0

如表 2－1－2 中所示，AB Ⅰ 线路 B 站侧保护启动后约 8ms 纵联差动保护动作，19ms 纵联距离保护动作，19ms 纵联零序保护动作，保护出口跳 A 相开关，861ms 重合闸动作，重合上 A 相开关。

2. 开关量变位解析

（1）以故障初始时刻为基准，AB Ⅰ 线路 A 站侧开关量变位图如图 2－1－2 和图 2－1－3 所示。

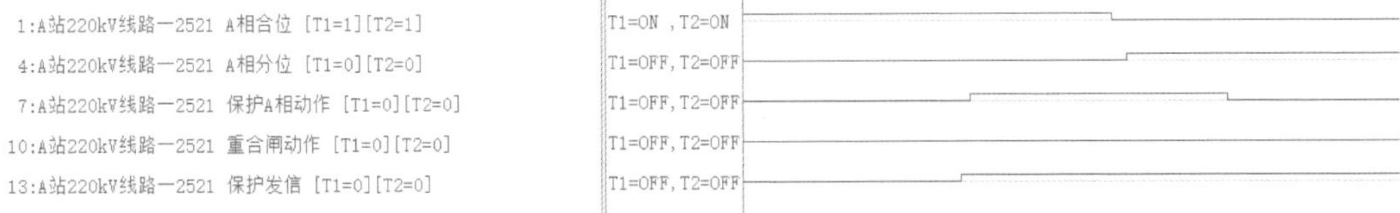

图 2－1－2 AB Ⅰ 线路 A 站侧 A 站侧开关量变位图（保护动作时）

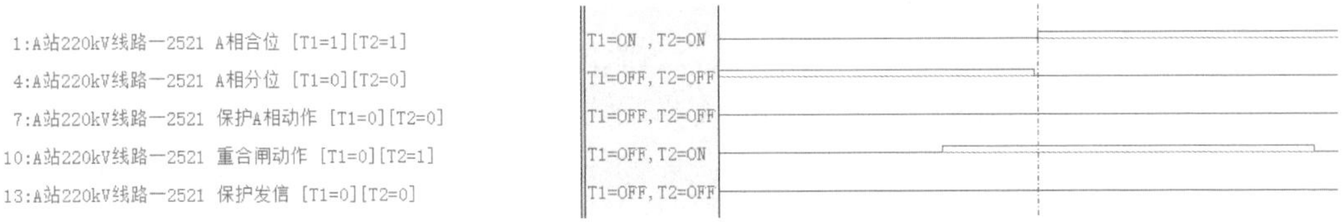

图 2－1－3 AB Ⅰ 线路 A 站侧 A 站侧开关量变位图（重合闸动作时）

AB Ⅰ 线路 A 站侧开关量变位时间顺序见表 2－1－3。

表 2－1－3 AB Ⅰ 线路 A 站侧开关量变位时间顺序

位置	第 1 次变位时间	第 2 次变位时间
1:A 站 220kV 线路一 2521 A 相合位	↓ 43.750ms	↑ 903.500ms
4:A 站 220kV 线路一 2521 A 相分位	↑ 46.750ms	↓ 902.250ms
7:A 站 220kV 线路一 2521 保护 A 相动作	↑ 15.500ms	↓ 66.750ms
10:A 站 220kV 线路一 2521 重合闸动作	↑ 873.500ms	↓ 990.250ms
13:A 站 220kV 线路一 2521 保护发信	↑ 13.750ms	↓ 217.250ms

（2）以故障初始时刻为基准，ABⅠ线路 B 站侧开关量变位情况如图 2－1－4 和图 2－1－5 所示。

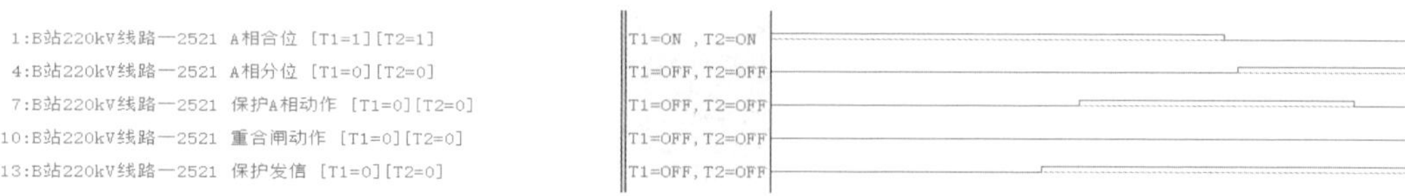

图 2－1－4 ABⅠ线路 B 站侧开关量变位图（保护动作时）

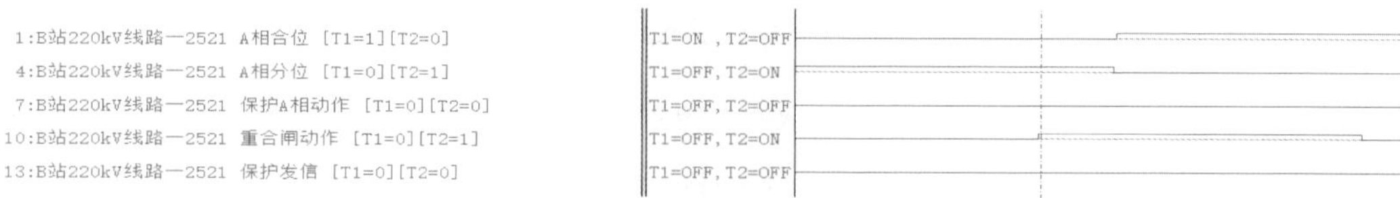

图 2－1－5 ABⅠ线路 B 站侧开关量变位图（重合闸动作时）

ABⅠ线路 B 站侧开关量变位时间顺序见表 2－1－4。

表 2－1－4　　　　ABⅠ线路 B 站侧开关量变位时间顺序

位置	第 1 次变位时间	第 2 次变位时间
1:B 站 220kV 线路一 2521 A 相合位	↓ 42.500ms	↑ 902.000ms
4:B 站 220kV 线路一 2521 A 相分位	↑ 45.000ms	↓ 900.750ms
7:B 站 220kV 线路一 2521 保护 A 相动作	↑ 15.250ms	↓ 66.750ms
10:B 站 220kV 线路一 2521 重合闸动作	↑ 873.250ms	↓ 991.250ms
13:B 站 220kV 线路一 2521 保护发信	↑ 8.250ms	↓ 217.250ms

小结：故障发生后约 15ms，ABⅠ线路两侧保护动作，约 43ms ABⅠ线路 A 站侧 A 相开关跳开，约 42ms ABⅠ线路 B 站侧 A 相开关跳开，成功隔离故障，约 873ms ABⅠ线路两侧保护重合闸动作合上 A 相开关，约 903ms ABⅠ线路两侧 A 相开关成功合上。

3. 波形特征解析

（1）ABⅠ线路 A 站侧录波图解析。查看 ABⅠ线路 A 站侧故障波形图，如图 2－1－6 和图 2－1－7 所示。

1）从图 2－1－6 解析可知 0ms 故障态电压特征解析：母线电压 A 相电压下降为 0，持续 2.5 周波 50ms 左右，B、C 相电压虽受到故障影响幅值小幅上升，但幅值变化程度较小，不影响故障相判别，且故障时出现零序电压，综合说明故障相为 A 相。

2）从图 2－1－6 解析可知 0ms 故障态电流特征解析：ABⅠ线路 A 相电流升高，持续 2.5 周波 50ms 左右，B、C 相电流受故障影响出现小幅波动，且出现零序电流，说明故障相为 A 相。

3）从图 2－1－6 解析可知约 15ms 线路保护差动保护、纵联距离、纵联零序、接地距离Ⅰ段保护动作切除 A 站侧开关后，A 相故障电流消失，A 相电压恢复正常，说明线路保护范围内故障切除，故障持续 2.5 周波 50ms 左右。

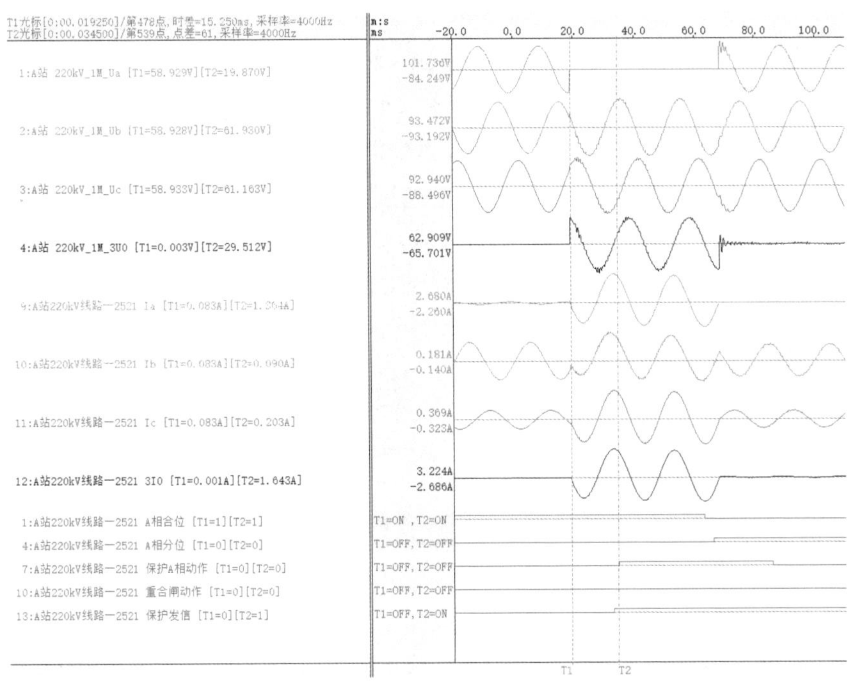

图 2-1-6 AB Ⅰ 线路 A 站侧录波波形（保护动作时）

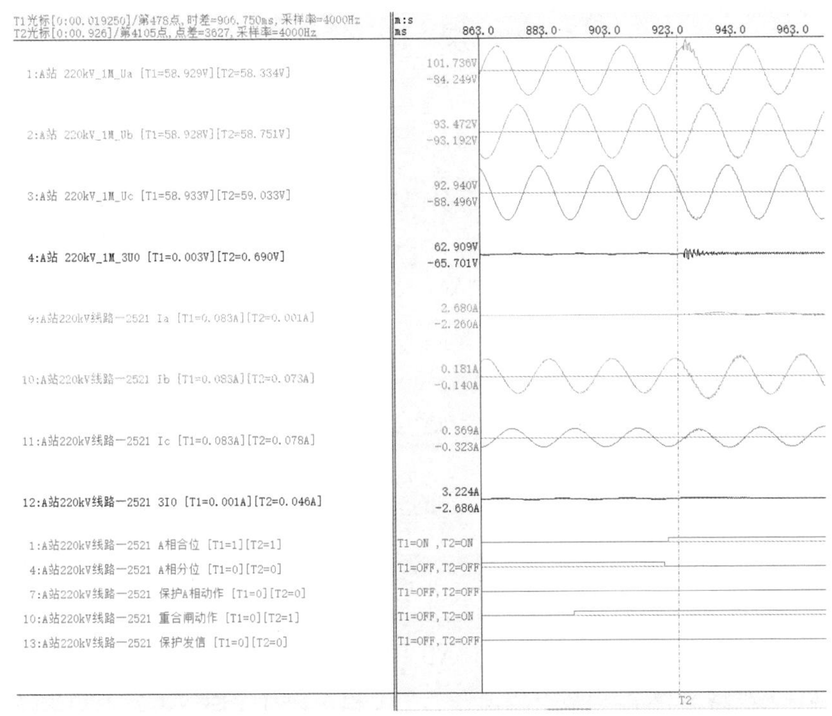

图 2-1-7 AB Ⅰ 线路 A 站侧录波波形（重合闸动作时）

4）从图 2－1－7 解析可知约 873ms AB Ⅰ线路 A 侧保护重合闸动作合上 A 相开关，约 903ms AB Ⅰ线路 A 侧 A 相开关成功合上。A 相开关合上后故障特征消失，母线电压三相正常，电流恢复为负荷电流，说明本次故障为瞬时性故障。

5）从图 2－1－6 和图 2－1－7 解析可知 0ms 故障态相量特征解析：由于故障相 A 相剩余电压降低接近于 0V，B、C 相电压虽受到故障影响幅值小幅上升，但幅值变化程度较小，故障时出现零序电压，A 相故障电流二次值约为 1.6A。产生的零序电压幅值约为 40V，零序电流二次值约为 2A，通过相位解析，零序电流超前零序电压约 95°，故障相电压超前故障相电流约 105°，符合线路区内单相接地故障特征，如图 2－1－8 所示。

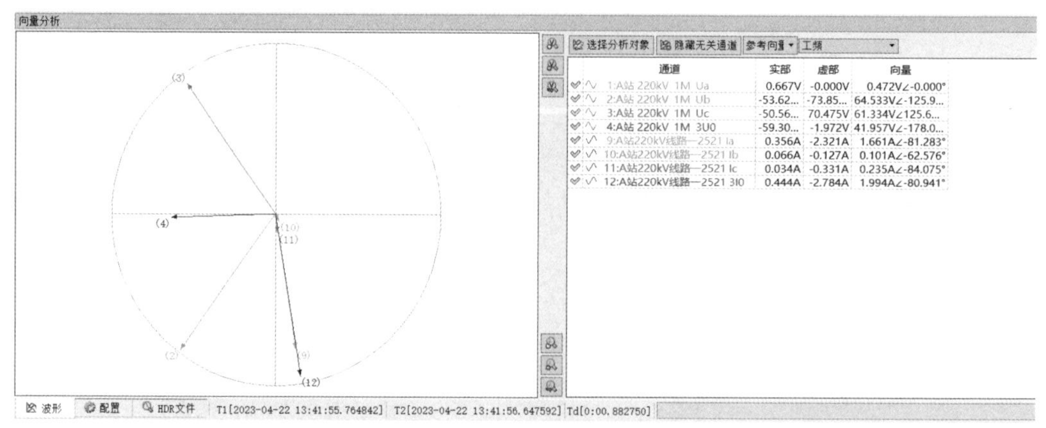

图 2－1－8　AB Ⅰ线路 A 站侧录波波形（保护动作时相量分析）

（2）AB Ⅰ线路 B 站侧录波图解析。查看 AB Ⅰ线路 B 站侧故障波形图，如图 2－1－9 和图 2－1－10 所示。

1）从图 2－1－9 解析可知 0ms 故障态电压特征解析：母线电压 A 相电压下降，持续 2.5 周波 50ms 左右，剩余残压约 35V，B、C 相电压虽受到故障影响幅值小幅上升，但幅值变化程度较小，不影响故障相判别，且故障时出现零序电压，综合说明故障相为 A 相。

2）从图 2－1－9 解析可知 0ms 故障态电流特征解析：AB Ⅰ线路 A 相电流升高，持续 2.5 周波 50ms 左右，B、C 相电流受故障影响出现小幅波动，且出现零序电流，说明故障相为 A 相。

3）从图 2－1－9 解析可知约 15ms 线路保护差动保护、纵联距离、纵联零序保护动作切除 A 站侧开关后，A 相故障电流消失，A 相电压恢复正常，说明线路保护范围内故障切除，故障持续 2.5 周波 50ms 左右。

4）从图 2－1－10 解析可知约 873ms AB Ⅰ线路 B 侧保护重合闸动作合上 A 相开关，约 903ms AB Ⅰ线路 B 侧 A 相开关成功合上。A 相开关合上后故障特征消失，母线电压三相正常，电流恢复为负荷电流，说明本次故障为瞬时性故障。

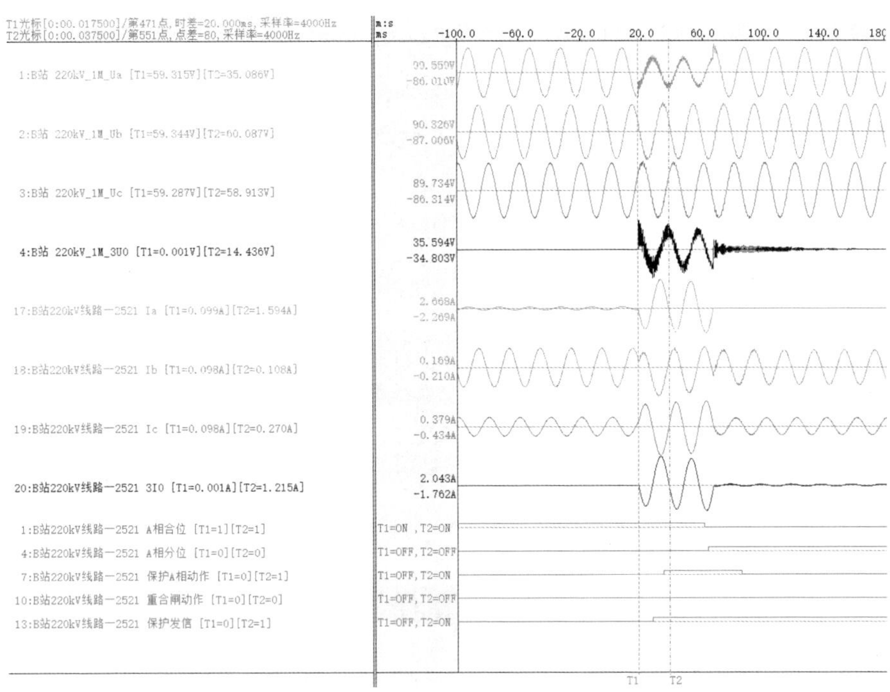

图 2-1-9 AB Ⅰ 线路 B 站侧录波波形（保护动作时）

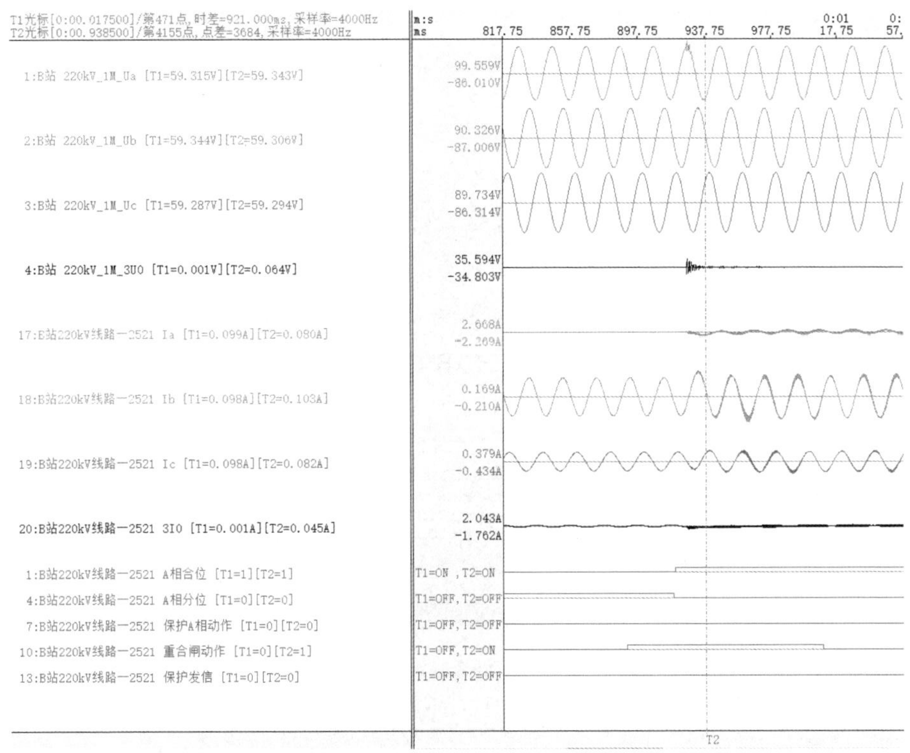

图 2-1-10 AB Ⅰ 线路 B 站侧录波波形（重合闸动作时）

5）从图 2－1－9 和图 2－1－10 综合解析可知 0ms 故障态相量特征解析：由于故障相 A 相电压下降，剩余残压约为 35V，B、C 相电压虽受到故障影响幅值小幅上升，但幅值变化程度较小，故障时出现零序电压，A 相故障电流二次值约为 1.6A。产生的零序电压幅值约为 14.5V，零序电流二次值约为 1.3A，通过相位解析，零序电流超前零序电压约 95°，故障相电压超前故障相电流约 105°，符合线路区内单相接地故障特征，如图 2－1－11 所示。

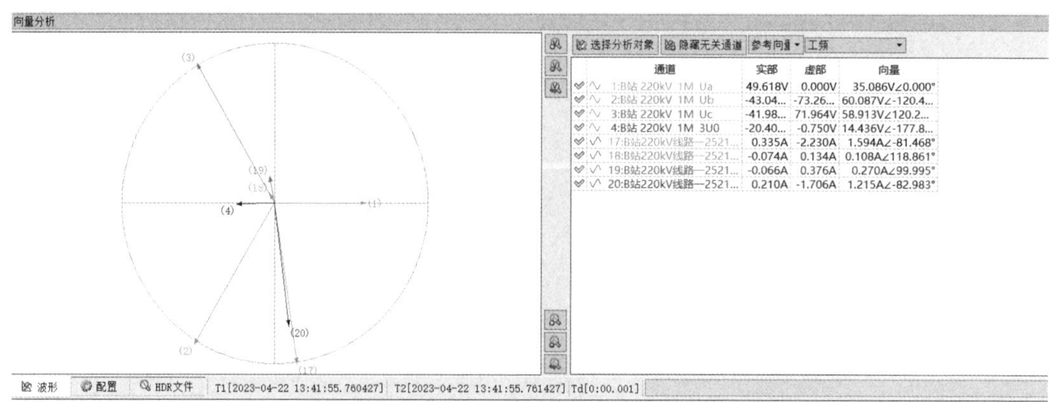

图 2－1－11　AB Ⅰ 线路 B 站侧录波波形（保护动作时相量分析）

三、综合总结

从波形特征解析，系统发生了 AB Ⅰ 线 A 相瞬时性金属性接地故障，A 站侧 A 相电压几乎降为 0，B 站侧靠近电源端故障后电压残压较高，两侧 A 相故障电流均较大，产生零序电压和零序电流，相量分析两侧均为正方向区内，说明故障发生于线路 A 站侧出口处。结合两侧保护装置故障信息测距结果，A 站侧测距为 0km，B 站侧测距约为 50km，也印证了故障发生于线路 A 站侧出口处。AB Ⅰ 线路 A、B 站站侧保护故障信息测距分别见表 2－1－5 和表 2－1－6。

表 2－1－5　　　　AB Ⅰ 线路 A 站侧保护故障信息测距

序号	故障参数名称	故障参数实际值	故障参数单位
1	故障相电压	0.47	V
2	故障相电流	1.67	A
3	最大零序电流	2.01	A
4	最大差动电流	3.07	A

续表

序号	故障参数名称	故障参数实际值	故障参数单位
5	故障测距	0.00	km
6	故障相别	A	

表 2-1-6　　AB Ⅰ 线路 B 站侧保护故障信息测距

序号	故障参数名称	故障参数实际值	故障参数单位
1	故障相电压	33.67	V
2	故障相电流	1.67	A
3	最大零序电流	1.28	A
4	最大差动电流	3.69	A
5	故障测距	49.80	km
6	故障相别	A	

从保护动作行为解析，A 站侧差动保护、纵联距离、纵联零序、接地距离Ⅰ段保护动作，B 站侧差动保护、纵联距离、纵联零序保护动作。A 站比 B 站多了接地距离Ⅰ段保护动作，众所周知，距离Ⅰ段保护范围一般整定为线路全长的 80％～85%，保护动作行为符合故障发生于线路 A 站侧出口处。两侧保护重合闸动作均能正常重合，重合后两侧母线电压正常，线路电流恢复负荷电流，说明故障消失，本次故障为瞬时性故障。

综上所述，本次故障位于 AB Ⅰ 线路 A 站侧出口处，故障性质为 A 相瞬时性金属性接地故障，AB Ⅰ 线线路保护动作行为正确。

2.2　末端单相瞬时性金属性接地

一、故障信息

故障发生前 A 站、B 站、C 站运行方式为 AB Ⅰ 线、AB Ⅱ 线、AC Ⅰ 线、BC Ⅰ 线、#1 主变、#2 主变、母联均在合位，A 站#1 主变、AB Ⅰ 线、AB Ⅱ 线挂 1M、#2 主变、AC Ⅰ 线挂 2M。AB Ⅰ 线 A 站侧 TA 变比 2400/1，B 站侧 TA 变比 2000/1。线路全长 50km。故障发生前 A 站、B 站、C 站运行方式如图 2-2-1 所示。

故障发生后，AB Ⅰ 线线路两侧开关均在合位，其余开关位置也未发生变化，由于 AB Ⅰ 线两侧重合闸动作，成功合上两侧开关，因此故障发生后 A 站、B 站、C 站运行方式与图 2-2-1 所示一致。

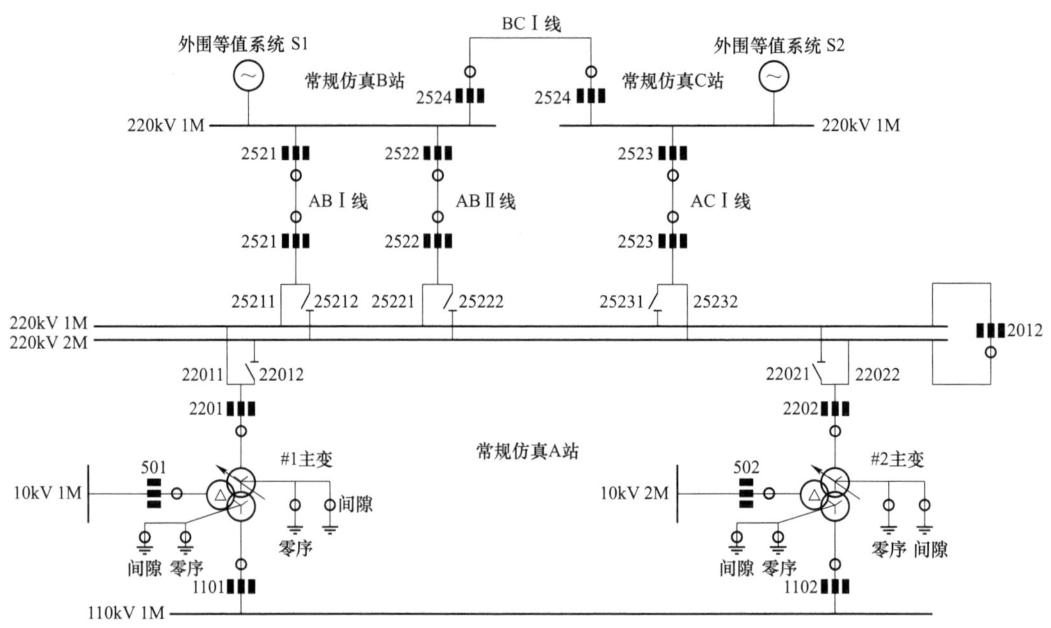

图 2-2-1 故障发生前 A 站、B 站、C 站运行方式

二、录波图解析

1. 保护动作报文解析

（1）从 A 站 AB Ⅰ线故障录波 HDR 文件读取相关保护信息，以保护启动初始时刻为基准，见表 2-2-1。

表 2-2-1 AB Ⅰ线 A 站保护动作简报

序号	动作报文对应时间	动作报文名称	动作相别	动作报文变化值
1	0ms	保护启动		1
2	6ms	纵联差动保护动作	A	1
3	12ms	纵联零序动作	A	1
4	18ms	纵联距离动作	A	1
5	64ms	纵联差动保护动作		0
6	64ms	纵联距离动作		0
7	64ms	纵联零序动作		0
8	864ms	重合闸动作		1
9	984ms	重合闸动作		0
10	10770ms	保护启动		0

如表 2-2-1 中所示，AB Ⅰ线路 A 站侧保护启动后约 6ms 纵联差动保护动作，12ms 纵联零序保护动作，18ms 纵联距离保护动作，保护出口跳 A 相开关，864ms 重合闸动

作，重合上 A 相开关。

（2）从 B 站侧 AB Ⅰ 线保护故障录波 HDR 文件读取相关保护信息，以保护启动初始时刻为基准，见表 2-2-2。

表 2-2-2　　AB Ⅰ 线 B 站侧保护动作简报

序号	动作报文对应时间	动作报文名称	动作相别	动作报文变化值
1	0ms	保护启动		1
2	13ms	纵联差动保护动作	A	1
3	13ms	接地距离Ⅰ段动作	A	1
4	23ms	纵联距离动作	A	1
5	23ms	纵联零序动作	A	1
6	80ms	纵联差动保护动作		0
7	80ms	接地距离Ⅰ段动作		0
8	80ms	纵联距离动作		0
9	80ms	纵联零序动作		0
10	880ms	重合闸动作		1
11	1000ms	重合闸动作		0
12	10776ms	保护启动		0

如表 2-2-2 中所示，AB Ⅰ 线路 B 站侧保护启动后约 13ms 纵联差动保护动作，13ms 接地距离Ⅰ段保护动作，23ms 纵联距离保护动作，23ms 纵联零序保护动作，保护出口跳 A 相开关，880ms 重合闸动作，重合上 A 相开关。

2. 开关量变位解析

（1）以故障初始时刻为基准，AB Ⅰ 线路 A 站侧开关量变位图如图 2-2-2 和图 2-2-3 所示。

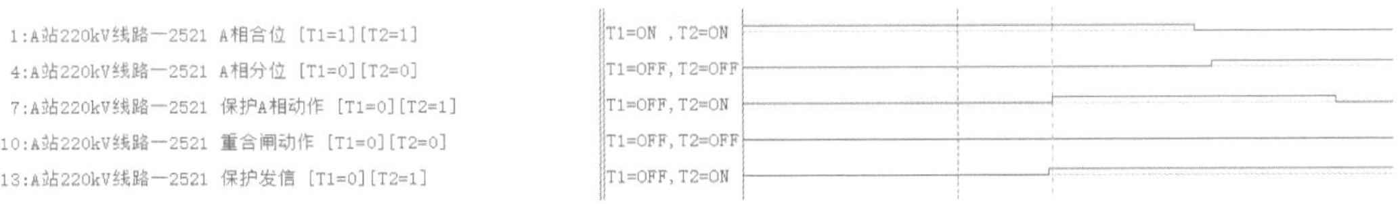

图 2-2-2　AB Ⅰ 线路 A 站侧 A 站侧开关量变位图（保护动作时）

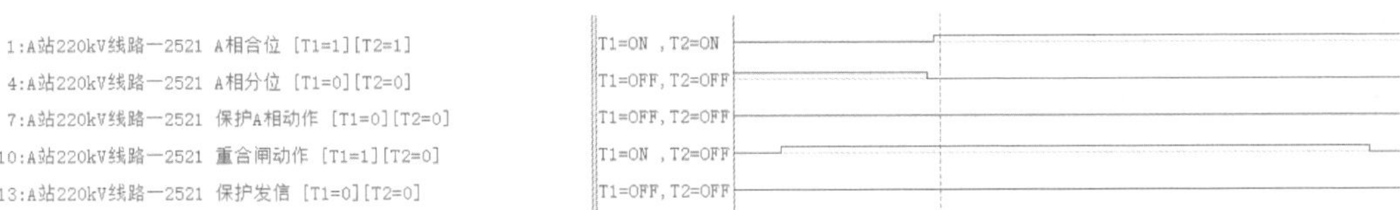

图 2-2-3　AB Ⅰ 线路 A 站侧 A 站侧开关量变位图（重合闸动作时）

ABⅠ线路 A 站侧开关量变位时间顺序见表 2－2－3。

表 2－2－3　　ABⅠ线路 A 站侧开关量变位时间顺序

位置	第 1 次变位时间	第 2 次变位时间
1:A 站 220kV 线路一 2521 A 相合位	↓ 46.250ms	↑ 911.250ms
4:A 站 220kV 线路一 2521 A 相分位	↑ 49.500ms	↓ 910.000ms
7:A 站 220kV 线路一 2521 保护 A 相动作	↑ 18.000ms	↓ 74.250ms
10:A 站 220kV 线路一 2521 重合闸动作	↑ 881.000ms	↓ 998.000ms
13:A 站 220kV 线路一 2521 保护发信	↑ 17.250ms	↓ 224.750ms

（2）以故障初始时刻为基准，ABⅠ线路 B 站侧开关量变位情况如图 2－2－4 和图 2－2－5 所示。

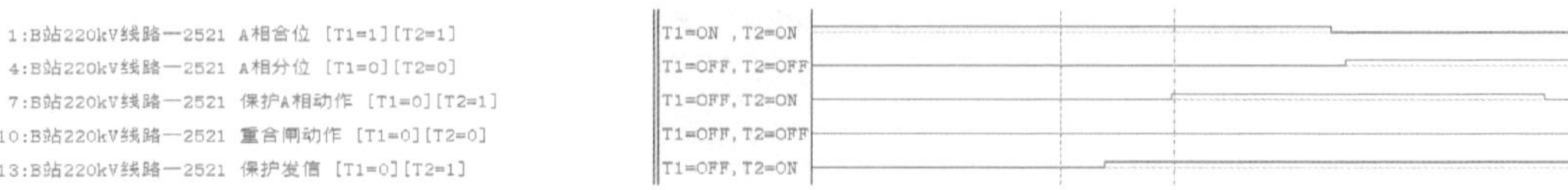

图 2－2－4　ABⅠ线路 B 站侧开关量变位图（保护动作时）

1:B站220kV线路一2521 A相合位 [T1=1][T2=1]
4:B站220kV线路一2521 A相分位 [T1=0][T2=0]
7:B站220kV线路一2521 保护A相动作 [T1=0][T2=1]
10:B站220kV线路一2521 重合闸动作 [T1=0][T2=0]
13:B站220kV线路一2521 保护发信 [T1=0][T2=1]
T1=ON ,T2=ON
T1=OFF,T2=OFF
T1=OFF,T2=ON
T1=OFF,T2=OFF
T1=OFF,T2=ON

图 2－2－5　ABⅠ线路 B 站侧开关量变位图（重合闸动作时）

ABⅠ线路 B 站侧开关量变位时间顺序见表 2－2－4。

表 2－2－4　　ABⅠ线路 B 站侧开关量变位时间顺序

位置	第 1 次变位时间	第 2 次变位时间
1:B 站 220kV 线路一 2521 A 相合位	↓ 47.500ms	↑ 920.000ms
4:B 站 220kV 线路一 2521 A 相分位	↑ 50.000ms	↓ 919.000ms
7:B 站 220kV 线路一 2521 保护 A 相动作	↑ 19.500ms	↓ 85.250ms
10:B 站 220kV 线路一 2521 重合闸动作	↑ 891.500ms	↓ 1009.750ms
13:B 站 220kV 线路一 2521 保护发信	↑ 7.750ms	↓ 235.750ms

小结：故障发生后约 19ms，ABⅠ线路两侧保护动作，约 46ms ABⅠ线路 A 站侧 A 相开关跳开，约 47.5ms ABⅠ线路 B 站侧 A 相开关跳开，成功隔离故障，约 880ms ABⅠ线路 A 侧保护重合闸动作合上 A 相开关，约 911ms ABⅠ线路 A 侧 A 相开关成功合上，约 891ms ABⅠ线路 B 侧保护重合闸动作合上 A 相开关，约 920ms ABⅠ线路 B 侧 A 相开关成功合上。

3. 波形特征解析

（1）AB Ⅰ线路 A 站侧录波图解析。查看 AB Ⅰ线路 A 站侧故障波形图，如图 2－2－6 和图 2－2－7 所示。

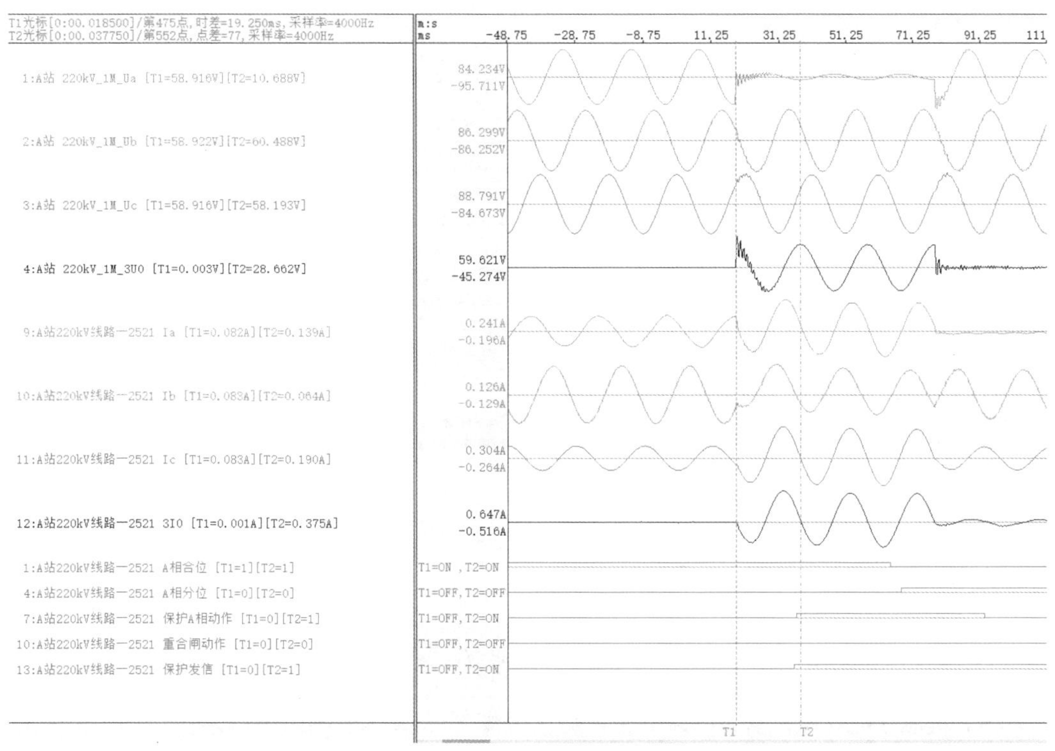

图 2－2－6　AB Ⅰ线路 A 站侧录波波形（保护动作时）

1）从图 2－2－6 解析可知 0ms 故障态电压特征解析：母线电压 A 相电压下降剩余残压约 10V，持续 3 周波 60ms 左右，B、C 相电压虽受到故障影响幅值小幅上升，但幅值变化程度较小，不影响故障相判别，且故障时出现零序电压，综合说明故障相为 A 相。

2）从图 2－2－6 解析可知 0ms 故障态电流特征解析：AB Ⅰ线路 A 相电流升高，持续 3 周波 60ms 左右，B、C 相电流受故障影响出现小幅波动，且出现零序电流，说明故障相为 A 相。

3）从图 2－2－6 解析可知约 19ms 线路保护差动保护、纵联距离、纵联零序保护动作切除 A 站侧开关后，A 相故障电流消失，A 相电压恢复正常，说明线路保护范围内故障切除，故障持续 3 周波 60ms 左右。

4）从图 2－2－7 解析可知约 880ms AB Ⅰ线路 A 侧保护重合闸动作合上 A 相开关，约 910ms AB Ⅰ线路 A 侧 A 相开关成功合上。A 相开关合上后故障特征消失，母线电压三相正常，电流恢复为负荷电流，说明本次故障为瞬时性故障。

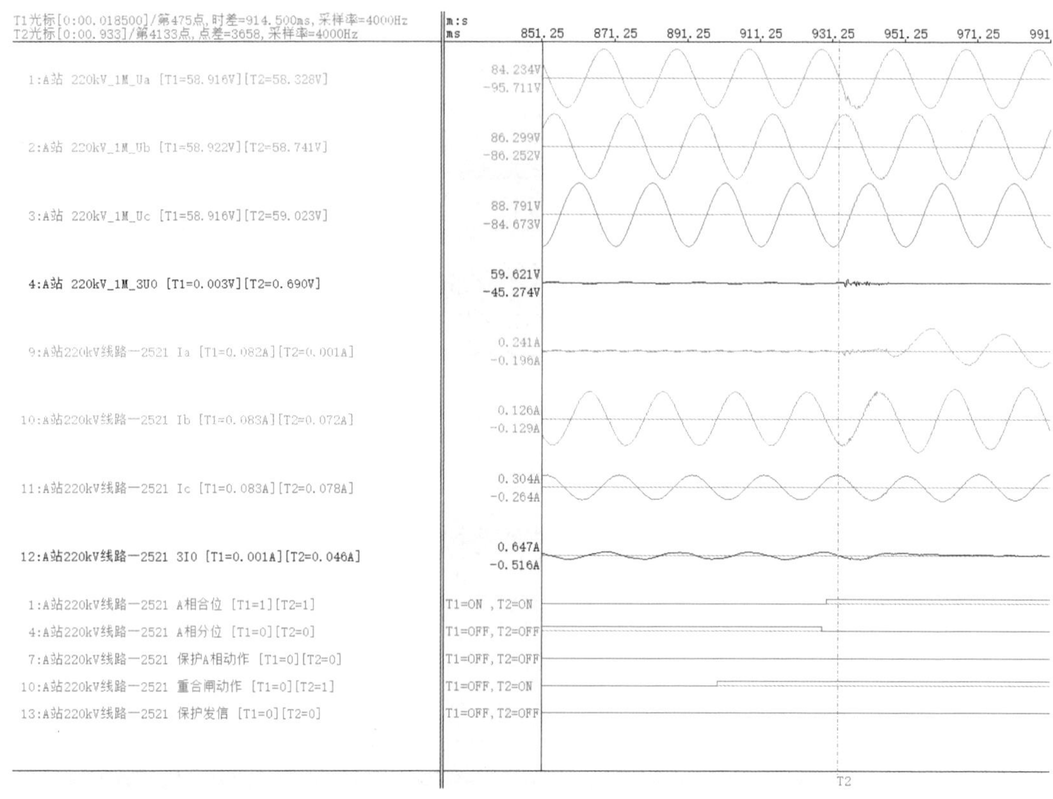

图 2-2-7 AB Ⅰ 线路 A 站侧录波波形（重合闸动作时）

5）从图 2-2-6 和图 2-2-7 综合解析可知 0ms 故障态相量特征解析：由于故障相 A 相剩余电压约为 10V，B、C 相电压虽受到故障影响幅值小幅上升，但幅值变化程度较小，故障时出现零序电压，A 相故障电流二次值约 0.14A。产生的零序电压幅值约为 30V，零序电流二次值约为 0.375A，通过相位解析，零序电流超前零序电压约 95°，故障相电压超前故障相电流约 105°，符合线路区内单相接地故障特征，如图 2-2-8 所示。

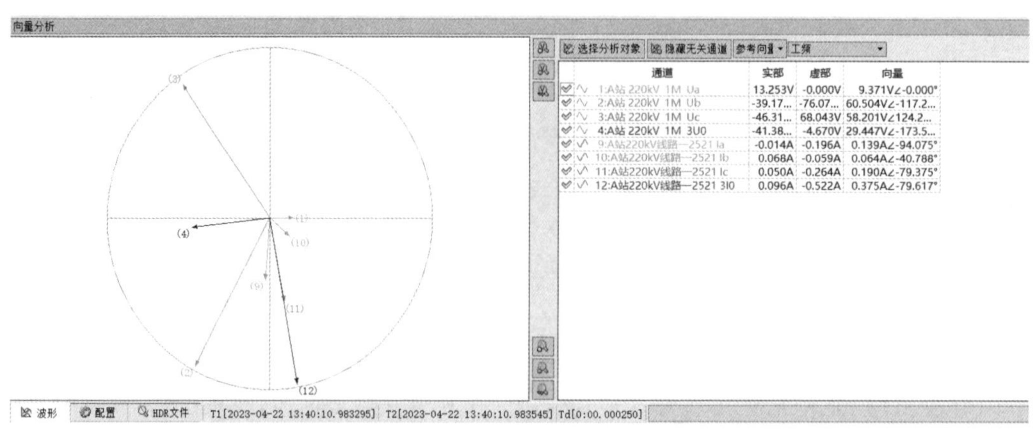

通道	实部	虚部	向量
1:A站 220kV 1M Ua	13.253V	-0.000V	9.371V∠-0.000°
2:A站 220kV 1M Ub	-39.17...	-76.07...	60.504V∠-117.2...
3:A站 220kV 1M Uc	-46.31...	68.043V	58.201V∠124.2...
4:A站 220kV 1M 3U0	-41.38...	-4.670V	29.447V∠-173.5...
9:A站220kV线路一2521 Ia	-0.014A	-0.196A	0.139A∠-94.075°
10:A站220kV线路一2521 Ib	0.068A	-0.059A	0.064A∠-40.788°
11:A站220kV线路一2521 Ic	0.050A	-0.264A	0.190A∠-79.375°
12:A站220kV线路一2521 3I0	0.096A	-0.522A	0.375A∠-79.617°

图 2-2-8 AB Ⅰ 线路 A 站侧录波波形（保护动作时相量分析）

（2）AB Ⅰ 线路 B 站侧录波图解析。查看 AB Ⅰ 线路 B 站侧故障波形图，如图 2－2－9 和图 2－2－10 所示。

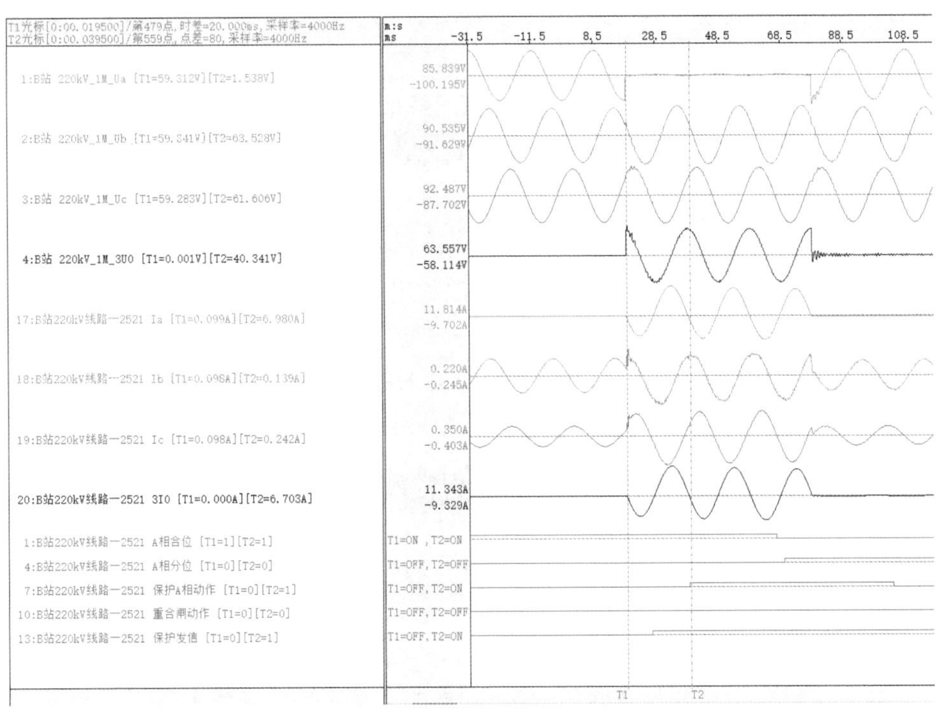

图 2－2－9 AB Ⅰ 线路 B 站侧录波波形（保护动作时）

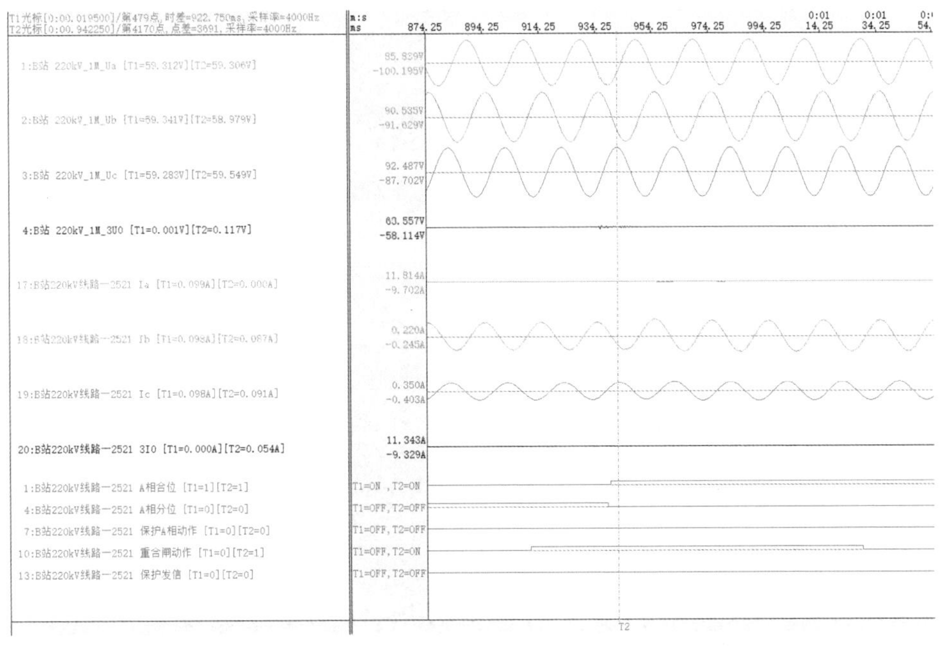

图 2－2－10 AB Ⅰ 线路 B 站侧录波波形（重合闸动作时）

1）从图 2－2－9 解析可知 0ms 故障态电压特征解析：母线电压 A 相电压下降，持续 3 周波 60ms 左右，剩余残压约 1.6V，几乎为 0V，B、C 相电压虽受到故障影响幅值小幅上升，但幅值变化程度较小，不影响故障相判别，且故障时出现零序电压，综合说明故障相为 A 相。

2）从图 2－2－9 解析可知 0ms 故障态电流特征解析：ABⅠ线路 A 相电流升高，持续 3 周波 60ms 左右，B、C 相电流受故障影响出现小幅波动，且出现零序电流，说明故障相为 A 相。

3）从图 2－2－9 解析可知约 19ms 线路保护差动保护、接地距离Ⅰ段、纵联距离、纵联零序保护动作切除 A 站侧开关后，A 相故障电流消失，A 相电压恢复正常，说明线路保护范围内故障切除，故障持续 3 周波 60ms 左右。

4）从图 2－2－10 解析可知约 890ms ABⅠ线路 B 侧保护重合闸动作合上 A 相开关，约 920ms ABⅠ线路 B 侧 A 相开关成功合上。A 相开关合上后故障特征消失，母线电压三相正常，电流恢复为负荷电流，说明本次故障为瞬时性故障。

5）从图 2－2－9 和图 2－2－10 综合解析可知 0ms 故障态相量特征解析：由于故障相 A 相电压下降几乎为 0V，B、C 相电压虽受到故障影响幅值小幅上升，但幅值变化程度较小，故障时出现零序电压，A 相故障电流二次值约为 1.6A。产生的零序电压幅值约为 40V，零序电流二次值约为 6.8A，通过相位解析，零序电流超前零序电压约 95°，故障相电压超前故障相电流约 105°，符合线路区内单相接地故障特征，如图 2－2－11 所示。

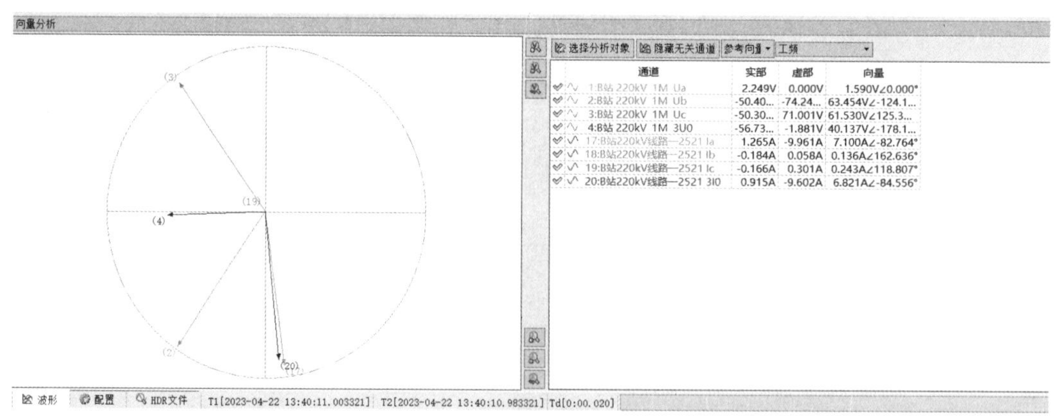

图 2－2－11　ABⅠ线路 B 站侧录波波形（保护动作时相量分析）

三、综合总结

从波形特征解析，系统发生了 ABⅠ线 A 相瞬时性金属性接地故障，A 站侧 A 相电压剩余残压较高，B 站侧电压几乎降为 0，两侧 A 相故障电流均较大，产生零序电压和零序电流，且 B 站端靠近电源侧其零序电压电流均大于 A 站侧，相量分析两侧均为正方向区内，说明故障发生于线路 B 站侧出口即 A 站线路末端处。结合两侧保护装置故障信息测距结果，A 站侧测距为 49.3km，B 站侧测距为 0.6km，也印证了判断故障发生于线路 B 站侧出口即 A 站线路末端处。AB Ⅰ 线路 A、B 站侧保护故障信息测距分别见表 2–2–5 和表 2–2–6。

表 2–2–5　　AB Ⅰ 线路 A 站侧保护故障信息测距

序号	故障参数名称	故障参数实际值	故障参数单位
1	故障相电压	6.10	V
2	故障相电流	0.15	A
3	最大零序电流	0.40	A
4	最大差动电流	6.20	A
5	故障测距	49.30	km
6	故障相别	A	

表 2–2–6　　AB Ⅰ 线路 B 站侧保护故障信息测距

序号	故障参数名称	故障参数实际值	故障参数单位
1	故障相电压	1.58	V
2	故障相电流	7.27	A
3	最大零序电流	6.99	A
4	最大差动电流	7.44	A
5	故障测距	0.60	km
6	故障相别	A	

从保护动作行为解析，A 站侧差动保护、纵联距离、纵联零序保护动作，B 站侧差动保护、接地距离 Ⅰ 段、纵联距离、纵联零序保护动作。B 站比 A 站多了距离 Ⅰ 段保护动作，众所周知，距离 Ⅰ 段保护范围一般整定为线路全长的 80%～85%，保护动作行为符合故障发生于线路 B 站侧出口即 A 站线路末端处。两侧保护重合闸动作均能正常重合，重合后两侧母线电压正常，线路电流恢复负荷电流，说明故障消失，本次故障为瞬时性故障。

综上所述，本次故障位于 AB Ⅰ 线路 B 站侧出口即 A 站线路末端处，故障性质为 A 相瞬时性金属性接地故障，AB Ⅰ 线线路保护动作行为正确。

2.3 50%处单相瞬时性金属性接地

一、故障信息

故障发生前 A 站、B 站、C 站运行方式为 ABⅠ线、ABⅡ线、ACⅠ线、BCⅠ线、#1 主变、#2 主变、母联均在合位，A 站#1 主变、ABⅠ线、ABⅡ线挂 1M，#2 主变、ACⅠ线挂 2M。BⅠ线 A 站侧 TA 变比 2400/1，B 站侧 TA 变比 2000/1。线路全长 50km。故障发生前 A 站、B 站、C 站运行方式如图 2－3－1 所示。

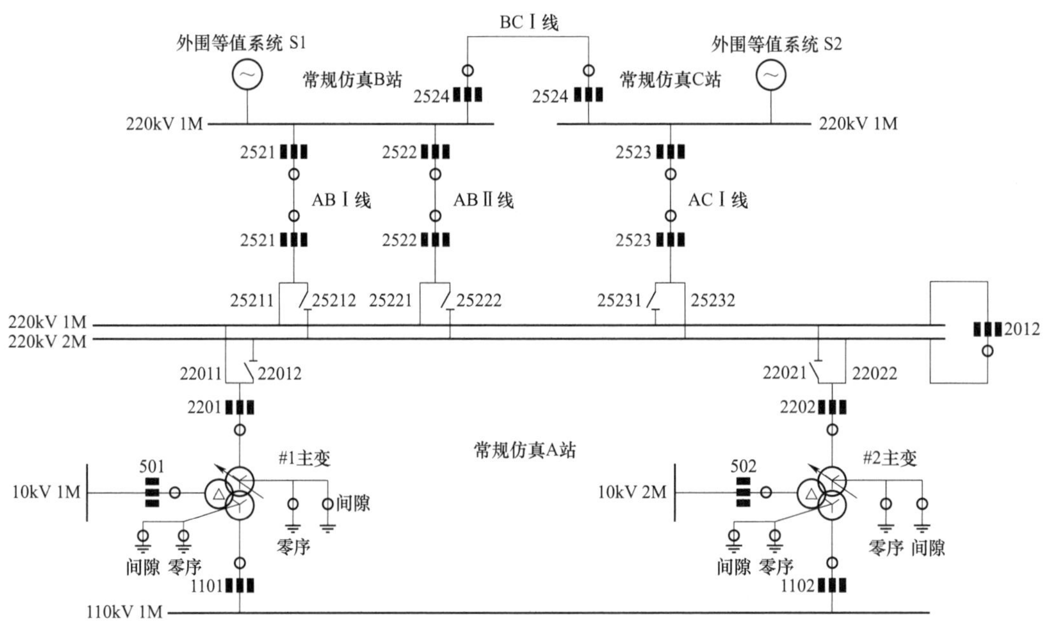

图 2－3－1 故障发生前 A 站、B 站、C 站运行方式

故障发生后，ABⅠ线线路两侧开关均在合位，其余开关位置也未发生变化，由于ABⅠ线两侧重合闸动作，成功合上两侧开关，因此故障发生后 A 站、B 站、C 站运行方式与图 2－3－1 所示一致。

二、录波图解析

1. 保护动作报文解析

（1）从 A 站 ABⅠ线故障录波 HDR 文件读取相关保护信息，以保护启动初始时刻为基准，见表 2－3－1。

表 2-3-1　　AB Ⅰ线 A 站保护动作简报

序号	动作报文对应时间	动作报文名称	动作相别	动作报文变化值
1	0ms	保护启动		1
2	6ms	纵联差动保护动作	A	1
3	12ms	纵联零序动作	A	1
4	15ms	纵联距离动作	A	1
5	20ms	接地距离Ⅰ段动作	A	1
6	59ms	纵联差动保护动作		0
7	59ms	纵联距离动作		0
8	59ms	纵联零序动作		0
9	59ms	接地距离Ⅰ段动作		0
10	859ms	重合闸动作		1
11	979ms	重合闸动作		0
12	10774ms	保护启动		0

如表 2-3-1 中所示，AB Ⅰ线路 A 站侧保护启动后约 6ms 纵联差动保护动作，12ms 纵联零序保护动作，15ms 纵联距离保护动作，20ms 接地距离Ⅰ段保护动作，保护出口跳 A 相开关，859ms 重合闸动作，重合上 A 相开关。

（2）从 B 站侧 AB Ⅰ线保护故障录波 HDR 文件读取相关保护信息，以保护启动初始时刻为基准，见表 2-3-2。

表 2-3-2　　AB Ⅰ线 B 站侧保护动作简报

序号	动作报文对应时间	动作报文名称	动作相别	动作报文变化值
1	0ms	保护启动		1
2	9ms	纵联差动保护动作	A	1
3	19ms	接地距离Ⅰ段动作	A	1
4	22ms	纵联距离动作	A	1
5	22ms	纵联零序动作	A	1
6	72ms	纵联差动保护动作		0
7	72ms	纵联距离动作		0
8	72ms	纵联零序动作		0
9	72ms	接地距离Ⅰ段动作		0
10	873ms	重合闸动作		1
11	993ms	重合闸动作		0
12	10776ms	保护启动		0

如表 2-3-2 中所示，AB Ⅰ线路 B 站侧保护启动后约 9ms 纵联差动保护动作，19ms

接地距离Ⅰ段保护动作，22ms 纵联距离保护动作，22ms 纵联零序保护动作，保护出口跳 A 相开关，873ms 重合闸动作，重合上 A 相开关。

2. 开关量变位解析

（1）以故障初始时刻为基准，ABⅠ线路 A 站侧开关量变位图如图 2–3–2 和图 2–3–3 所示。

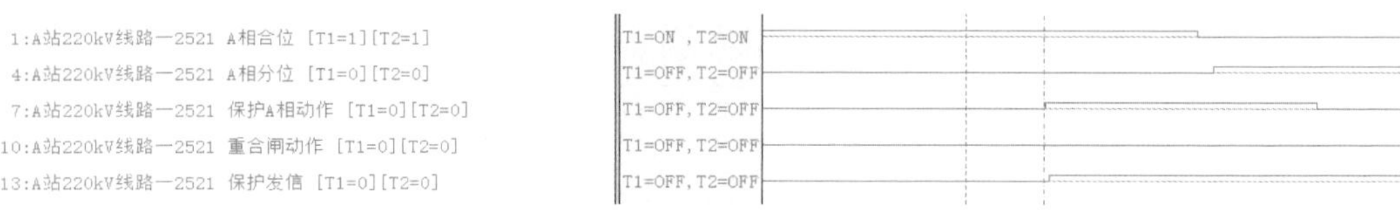

图 2–3–2　ABⅠ线路 A 站侧 A 站侧开关量变位图（保护动作时）

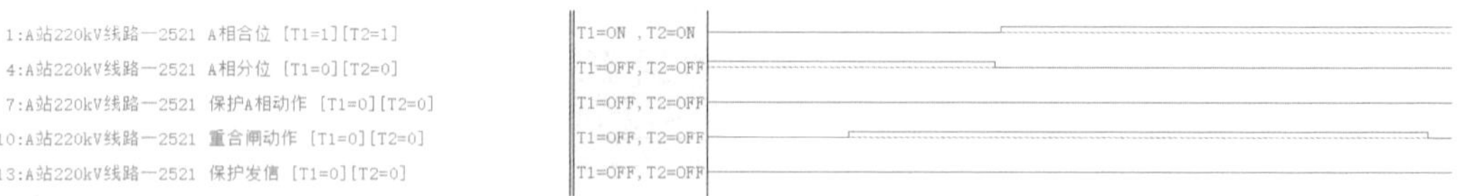

图 2–3–3　ABⅠ线路 A 站侧 A 站侧开关量变位图（重合闸动作时）

ABⅠ线路 A 站侧开关量变位时间顺序见表 2–3–3。

表 2–3–3　ABⅠ线路 A 站侧开关量变位时间顺序

位置	第 1 次变位时间	第 2 次变位时间
1:A 站 220kV 线路一 2521 A 相合位	↓ 43.750ms	↑ 903.750ms
4:A 站 220kV 线路一 2521 A 相分位	↑ 46.750ms	↓ 902.500ms
7:A 站 220kV 线路一 2521 保护 A 相动作	↑ 15.250ms	↓ 66.500ms
10:A 站 220kV 线路一 2521 重合闸动作	↑ 873.250ms	↓ 990.000ms
13:A 站 220kV 线路一 2521 保护发信	↑ 16.000ms	↓ 217.000ms

（2）以故障初始时刻为基准，ABⅠ线路 B 站侧开关量变位图如图 2–3–4 和图 2–3–5 所示。

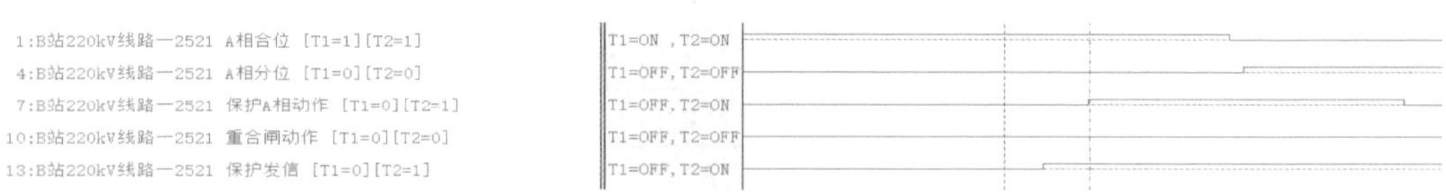

图 2–3–4　ABⅠ线路 B 站侧开关量变位图（保护动作时）

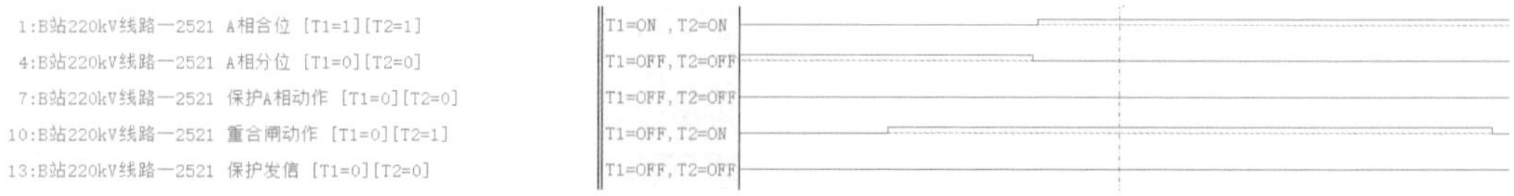

图 2–3–5　ABⅠ线路 B 站侧开关量变位图（重合闸动作时）

ABⅠ线路 B 站侧开关量变位时间顺序见表 2-3-4。

表 2-3-4　　　　ABⅠ线路 B 站侧开关量变位时间顺序

位置	第 1 次变位时间	第 2 次变位时间
1:B 站 220kV 线路一 2521 A 相合位	↓ 43.500ms	↑ 913.250ms
4:B 站 220kV 线路一 2521 A 相分位	↑ 46.250ms	↓ 912.250ms
7:B 站 220kV 线路一 2521 保护 A 相动作	↑ 16.250ms	↓ 77.750ms
10:B 站 220kV 线路一 2521 重合闸动作	↑ 884.000ms	↓ 1002.250ms
13:B 站 220kV 线路一 2521 保护发信	↑ 7.500ms	↓ 228.000ms

小结：故障发生后约 16ms，ABⅠ线路两侧保护动作，约 43.75ms ABⅠ线路 A 站侧 A 相开关跳开，约 43.5ms ABⅠ线路 B 站侧 A 相开关跳开，成功隔离故障，约 873ms ABⅠ线路 A 侧保护重合闸动作合上 A 相开关，约 903ms ABⅠ线路 A 侧 A 相开关成功合上，约 884ms ABⅠ线路 B 侧保护重合闸动作合上 A 相开关，约 913ms ABⅠ线路 B 侧 A 相开关成功合上。

3. 波形特征解析

（1）ABⅠ线路 A 站侧录波图解析。查看 ABⅠ线路 A 站侧故障波形图，如图 2-3-6 和图 2-3-7 所示。

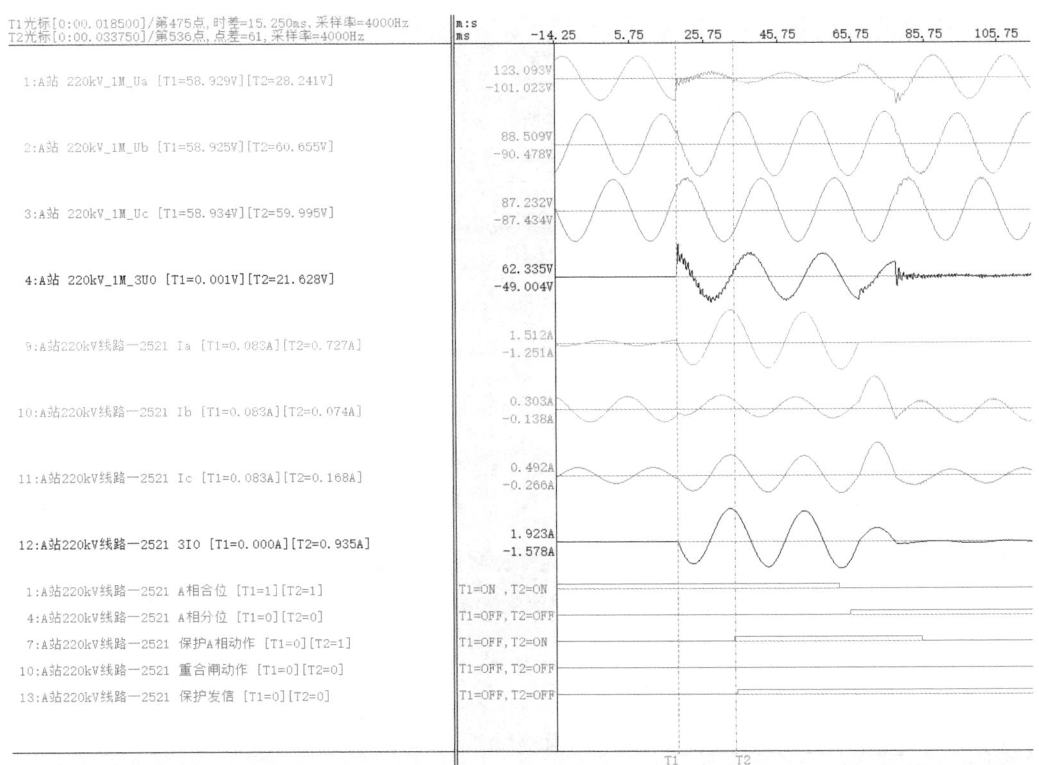

图 2-3-6　ABⅠ线路 A 站侧录波波形（保护动作时）

1）从图 2－3－6 解析可知 0ms 故障态电压特征解析：母线电压 A 相电压下降剩余残压约 14V，持续 3 周波 60ms 左右，B、C 相电压虽受到故障影响幅值小幅上升，但幅值变化程度较小，不影响故障相判别，且故障时出现零序电压，综合说明故障相为 A 相。

2）从图 2－3－6 解析可知 0ms 故障态电流特征解析：ABⅠ线路 A 相电流升高，持续 3 周波 60ms 左右，B、C 相电流受故障影响出现小幅波动，且出现零序电流，说明故障相为 A 相。

3）从图 2－3－6 解析可知约 15ms 线路保护差动保护、纵联距离、纵联零序、接地距离Ⅰ段保护动作切除 A 站侧开关后，A 相故障电流消失，A 相电压恢复正常，说明线路保护范围内故障切除，故障持续 3 周波 60ms 左右。

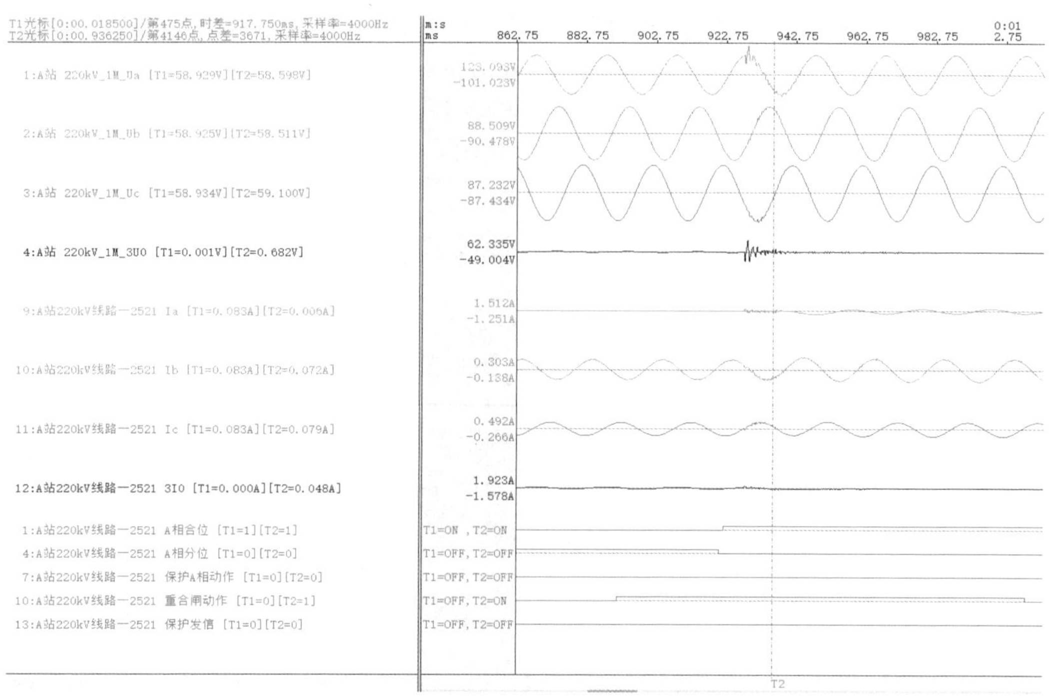

图 2－3－7　ABⅠ线路 A 站侧录波波形（重合闸动作时）

4）从图 2－3－7 解析可知约 873ms ABⅠ线路 A 侧保护重合闸动作合上 A 相开关，约 903ms ABⅠ线路 A 侧 A 相开关成功合上。A 相开关合上后故障特征消失，母线电压三相正常，电流恢复为负荷电流，说明本次故障为瞬时性故障。

5）图 2－3－6 和图 2－3－7 综合解析可知 0ms 故障态相量特征解析：由于故障相 A 相剩余电压约为 14V，B、C 相电压虽受到故障影响幅值小幅上升，但幅值变化程度较小，故障时出现零序电压，A 相故障电流二次值约为 0.925A。产生的零序电压幅值约为 30V，零序电流二次值约为 1.17A，通过相位解析，零序电流超前零序电压约 95°，故障相电压超前故障相电流约 105°，符合线路区内单相接地故障特征，如图 2－3－8 所示。

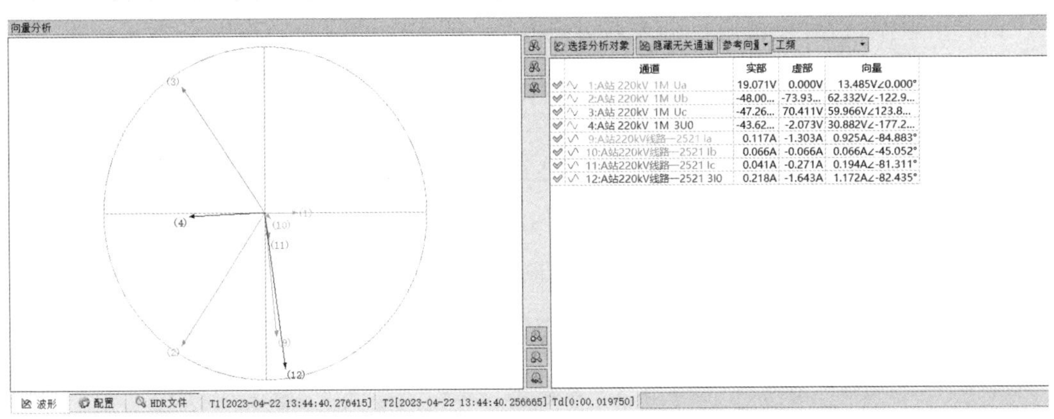

图 2-3-8 AB Ⅰ 线路 A 站侧录波波形（保护动作时相量分析）

（2）AB Ⅰ 线路 B 站侧录波图解析。查看 AB Ⅰ 线路 B 站侧故障波形图，如图 2-3-9 和图 2-3-10 所示。

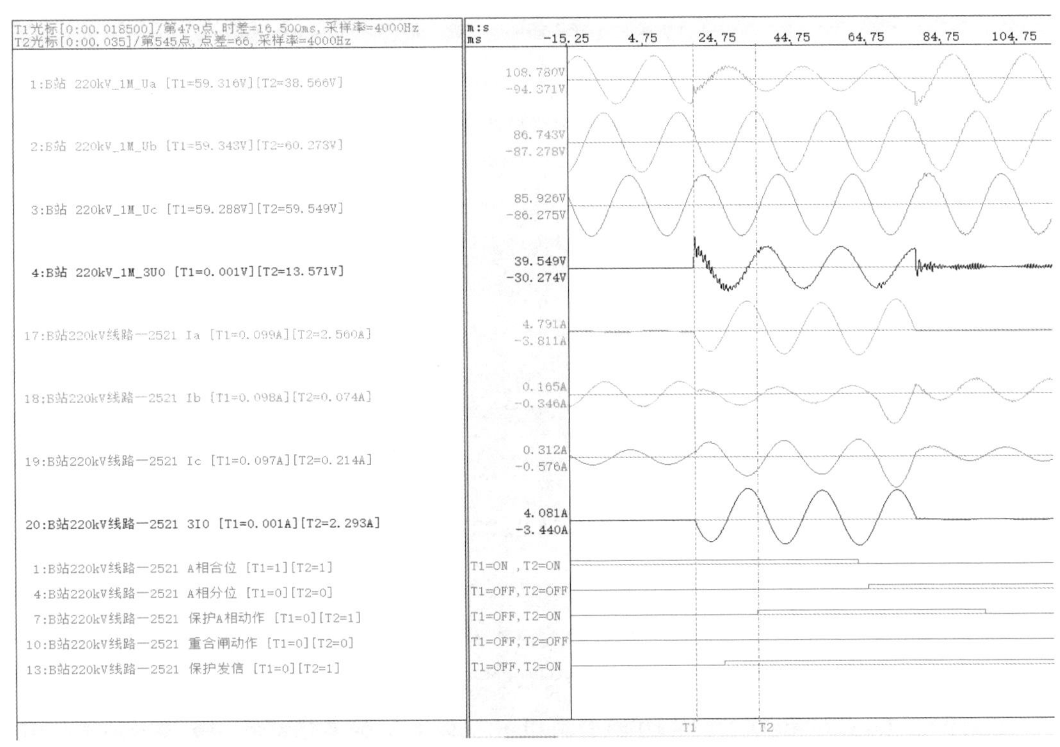

图 2-3-9 AB Ⅰ 线路 B 站侧录波波形（保护动作时）

1）从图 2-3-9 解析可知 0ms 故障态电压特征解析：母线电压 A 相电压下降，持续 3 周波 60ms 左右，剩余残压约为 30V，B、C 相电压虽受到故障影响幅值小幅上升，但幅值变化程度较小，不影响故障相判别，且故障时出现零序电压，综合说明故障相为 A 相。

2）从图 2－3－9 解析可知 0ms 故障态电流特征解析：ABⅠ线路 A 相电流升高，持续 3 周波 60ms 左右，B、C 相电流受故障影响出现小幅波动，且出现零序电流，说明故障相为 A 相。

3）从图 2－3－9 解析可知约 16ms 线路保护差动保护、接地距离Ⅰ段、纵联距离、纵联零序保护动作切除 A 站侧开关后，A 相故障电流消失，A 相电压恢复正常，说明线路保护范围内故障切除，故障持续 3 周波 60ms 左右。

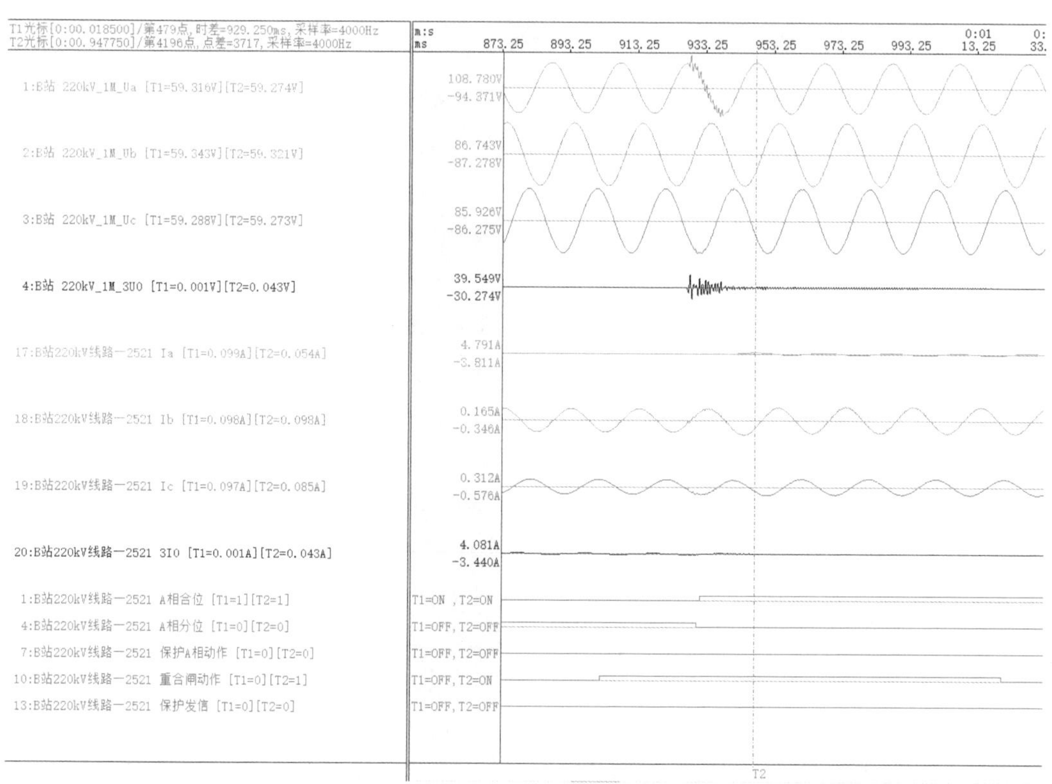

图 2－3－10　ABⅠ线路 B 站侧录波波形（重合闸动作时）

4）从图 2－3－10 解析可知约 884ms ABⅠ线路 B 侧保护重合闸动作合上 A 相开关，约 913ms ABⅠ线路 B 侧 A 相开关成功合上。A 相开关合上后故障特征消失，母线电压三相正常，电流恢复为负荷电流，说明本次故障为瞬时性故障。

5）从图 2－3－9 和图 2－3－10 综合解析可知 0ms 故障态相量特征解析：由于故障相 A 相电压下降剩余残压约 30V，B、C 相电压虽受到故障影响幅值小幅上升，但幅值变化程度较小，故障时出现零序电压，A 相故障电流二次值约为 2.8A。产生的零序电压幅值约为 19V，零序电流二次值约为 2.5A，通过相位解析，零序电流超前零序电压约为 95°，故障相电压超前故障相电流约 105°，符合线路区内单相接地故障特征，如图 2－3－11 所示。

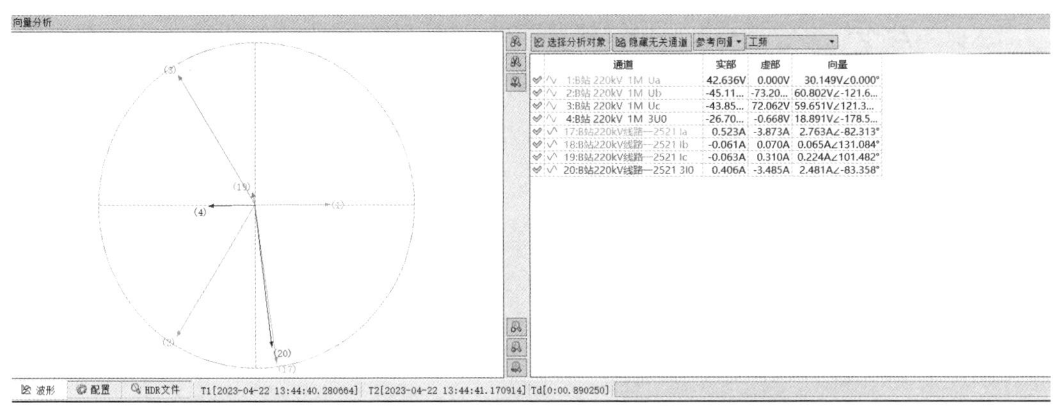

图 2-3-11　AB Ⅰ 线路 B 站侧录波波形（保护动作时相量分析）

三、综合总结

从波形特征解析，系统发生了 AB Ⅰ 线 A 相瞬时性金属性接地故障，A 站侧 A 相电压剩余残压较高 14V，B 站侧剩余残压也较高 30V，两侧 A 相故障电流均较大，产生零序电压和零序电流，相量分析两侧均为正方向区内，说明故障发生于线路中间某处，结合两侧保护装置故障信息测距结果，两侧测距均约为 25km，是线路全长的一半，所以判断故障发生于线路 50%处。AB Ⅰ 线路 A、B 站侧保护故障信息测距分别见表 2-3-5 和表 2-3-6。

表 2-3-5　　AB Ⅰ 线路 A 站侧保护故障信息测距

序号	故障参数名称	故障参数实际值	故障参数单位
1	故障相电压	13.54	V
2	故障相电流	0.94	A
3	最大零序电流	1.19	A
4	最大差动电流	3.31	A
5	故障测距	24.20	km
6	故障相别	A	

表 2-3-6　　AB Ⅰ 线路 B 站侧保护故障信息测距

序号	故障参数名称	故障参数实际值	故障参数单位
1	故障相电压	30.23	V
2	故障相电流	2.83	A
3	最大零序电流	2.55	A
4	最大差动电流	3.96	A
5	故障测距	25.60	km
6	故障相别	A	

从保护动作行为解析，A 站侧差动保护、接地距离Ⅰ段、纵联距离、纵联零序保护动作，B 站侧差动保护、接地距离Ⅰ段、纵联距离、纵联零序保护动作。距离Ⅰ段保护范围一般整定为线路全长的 80%～85%，即两侧均在距离Ⅰ段保护范围内。保护动作行为符合故障发生于线路 50%处。两侧保护重合闸动作均能正常重合，重合后两侧母线电压正常，线路电流恢复负荷电流，说明故障消失，本次故障为瞬时性故障。

综上所述，本次故障位于 ABⅠ线路 50%处，故障性质为 A 相瞬时性金属性接地故障，ABⅠ线线路保护动作行为正确。

2.4 出口处单相永久性金属性接地

一、故障信息

故障发生前 A 站、B 站、C 站运行方式为 ABⅠ线、ABⅡ线、ACⅠ线、BCⅠ线、#1 主变、#2 主变、母联均在合位，A 站#1 主变、ABⅠ线、ABⅡ线挂 1M、#2 主变、ACⅠ线挂 2M。ABⅠ线 A 站侧 TA 变比 2400/1，B 站侧 TA 变比 2000/1。线路全长 50km。故障发生前 A 站、B 站、C 站运行方式如图 2-4-1 所示。

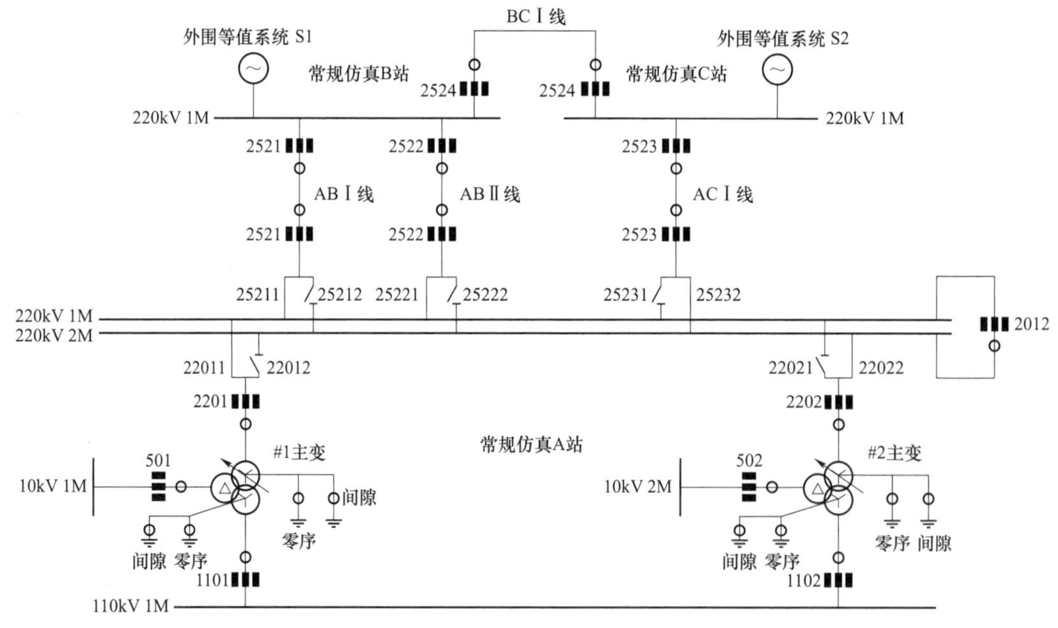

图 2-4-1 故障发生前 A 站、B 站、C 站运行方式

故障发生后，ABⅠ线线路两侧开关均在分位，其余开关位置未发生变化，故障发生后A站、B站、C站运行方式如图2-4-2所示。

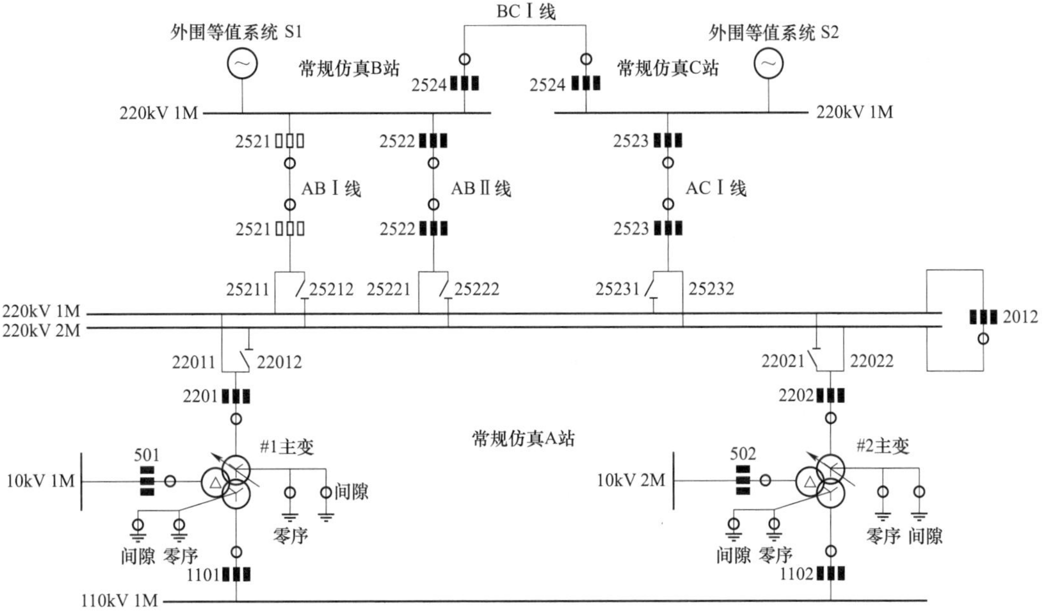

图2-4-2 故障发生后A站、B站、C站运行方式

二、录波图解析

1. 保护动作报文解析

（1）从A站ABⅠ线故障录波HDR文件读取相关保护信息，以保护启动初始时刻为基准，见表2-4-1。

表2-4-1 ABⅠ线A站保护动作简报

序号	动作报文对应时间	动作报文名称	动作相别	动作报文变化值
1	0ms	保护启动		1
2	8ms	纵联差动保护动作	A	1
3	13ms	纵联距离动作	A	1
4	13ms	纵联零序动作	A	1
5	16ms	接地距离Ⅰ段动作	A	1
6	61ms	纵联差动保护动作		0
7	61ms	纵联距离动作		0
8	61ms	纵联零序动作		0
9	61ms	接地距离Ⅰ段动作		0

续表

序号	动作报文对应时间	动作报文名称	动作相别	动作报文变化值
10	861ms	重合闸动作		1
11	916ms	纵联差动保护动作	ABC	1
12	930ms	距离加速动作	ABC	1
13	950ms	接地距离Ⅰ段动作	ABC	1
14	951ms	纵联距离动作	ABC	1
15	970ms	零序加速动作	ABC	1
16	972ms	纵联差动保护动作		0
17	972ms	纵联距离动作		0
18	972ms	接地距离Ⅰ段动作		0
19	972ms	距离加速动作		0
20	972ms	零序加速动作		0
21	981ms	重合闸动作		0
22	7983ms	保护启动		0

如表 2－4－1 中所示，ABⅠ线路 A 站侧保护启动后约 8ms 纵联差动保护动作，13ms 纵联距离保护动作，13ms 纵联零序保护动作，16ms 接地距离Ⅰ段保护动作，保护出口跳 A 相开关，861ms 重合闸动作，重合上 A 相开关，916ms 纵联差动保护动作，930ms 距离加速动作，950ms 接地距离Ⅰ段保护动作，951ms 纵联距离保护动作，970ms 零序加速动作，保护出口跳三相开关。

（2）从 B 站侧 ABⅠ线保护故障录波 HDR 文件读取相关保护信息，以保护启动初始时刻为基准，见表 2－4－2。

表 2－4－2　　ABⅠ线 B 站侧保护动作简报

序号	动作报文对应时间	动作报文名称	动作相别	动作报文变化值
1	0ms	保护启动		1
2	8ms	纵联差动保护动作	A	1
3	17ms	纵联距离动作	A	1
4	17ms	纵联零序动作	A	1
5	60ms	纵联差动保护动作		0
6	60ms	纵联距离动作		0
7	60ms	纵联零序动作		0
8	860ms	重合闸动作		1
9	916ms	纵联差动保护动作	ABC	1

续表

序号	动作报文对应时间	动作报文名称	动作相别	动作报文变化值
10	950ms	距离加速动作	ABC	1
11	954ms	纵联距离动作	ABC	1
12	971ms	纵联差动保护动作		0
13	971ms	纵联距离动作		0
14	971ms	距离加速动作		0
15	980ms	重合闸动作		0
16	7983ms	保护启动		0

如表2-4-2中所示，ABⅠ线路B站侧保护启动后约8ms纵联差动保护动作，17ms纵联距离保护动作，17ms纵联零序保护动作，保护出口跳A相开关，860ms重合闸动作，重合上A相开关，916ms纵联差动保护动作，950ms距离加速动作，954ms纵联距离保护动作，保护出口跳三相开关。

2. 开关量变位解析

（1）以故障初始时刻为基准，ABⅠ线路A站侧开关量变位图如图2-4-3和图2-4-4所示。

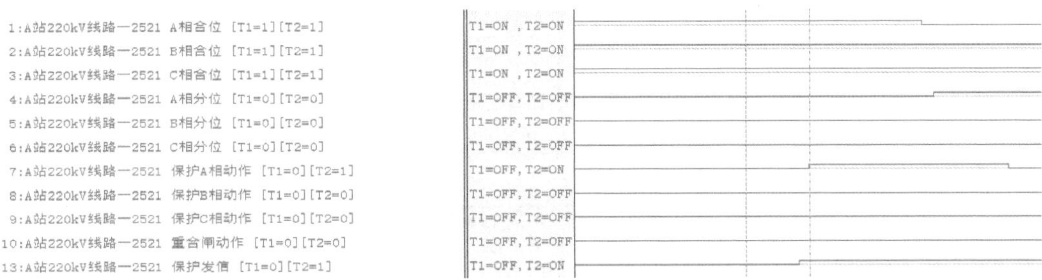

图2-4-3 ABⅠ线路A站侧A站侧开关量变位图（第一次保护动作时）

图2-4-4 ABⅠ线路A站侧A站侧开关量变位图（重合闸及第二次动作时）

ABⅠ线路A站侧开关量变位时间顺序见表2-4-3。

表 2-4-3　　　　AB Ⅰ 线路 A 站侧开关量变位时间顺序

位置	第 1 次变位时间	第 2 次变位时间	第 3 次变位时间	第 4 次变位时间
1:A 站 220kV 线路一 2521 A 相合位	↓ 44.750ms	↑ 904.750ms	↓ 952.500ms	
2:A 站 220kV 线路一 2521 B 相合位	↓ 952.750ms			
3:A 站 220kV 线路一 2521 C 相合位	↓ 953.750ms			
4:A 站 220kV 线路一 2521 A 相分位	↑ 47.750ms	↓ 903.500ms	↑ 955.500ms	
5:A 站 220kV 线路一 2521 B 相分位	↑ 956.250ms			
6:A 站 220kV 线路一 2521 C 相分位	↑ 958.250ms			
7:A 站 220kV 线路一 2521 保护 A 相动作	↑ 16.000ms	↓ 67.250ms	↑ 924.500ms	↓ 978.000ms
8:A 站 220kV 线路一 2521 保护 B 相动作	↑ 924.250ms	↓ 978.000ms		
9:A 站 220kV 线路一 2521 保护 C 相动作	↑ 924.000ms	↓ 978.000ms		
10:A 站 220kV 线路一 2521 重合闸动作	↑ 874.000ms	↓ 990.750ms		
13:A 站 220kV 线路一 2521 保护发信	↑ 13.500ms	↓ 217.750ms	↑ 925.000ms	↓ 1128.750ms

（2）以故障初始时刻为基准，AB Ⅰ 线路 B 站侧开关量变位情况如图 2-4-5 和图 2-4-6 所示。

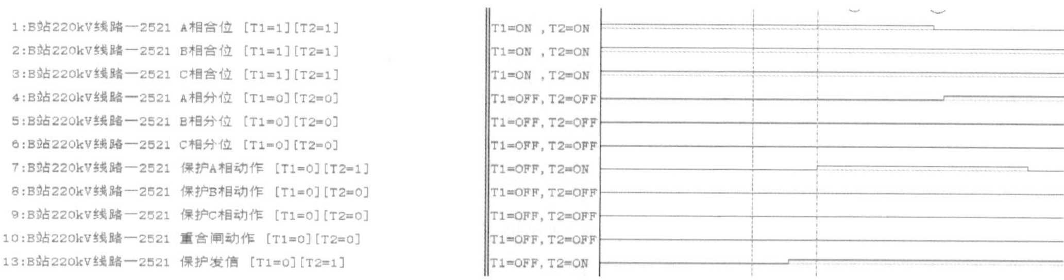

图 2-4-5　AB Ⅰ 线路 B 站侧开关量变位图（第一次保护动作时）

图 2-4-6　AB Ⅰ 线路 B 站侧开关量变位图（重合闸及第二次保护动作时）

AB Ⅰ 线路 B 站侧开关量变位时间顺序见表 2-4-4。

表 2-4-4　　　　AB Ⅰ 线路 B 站侧开关量变位时间顺序

位置	第 1 次变位时间	第 2 次变位时间	第 3 次变位时间	第 4 次变位时间
1:B 站 220kV 线路一 2521 A 相合位	↓ 43.250ms	↑ 901.000ms	951.000ms	
2:B 站 220kV 线路一 2521 B 相合位	↓ 953.500ms			

续表

位置	第 1 次变位时间	第 2 次变位时间	第 3 次变位时间	第 4 次变位时间
3:B 站 220kV 线路一 2521 C 相合位	↓ 954.250ms			
4:B 站 220kV 线路一 2521 A 相分位	↑ 45.750ms	↑ 900.000ms	↑ 953.500ms	
5:B 站 220kV 线路一 2521 B 相分位	↑ 956.500ms			
6:B 站 220kV 线路一 2521 C 相分位	↑ 957.000ms			
7:B 站 220kV 线路一 2521 保护 A 相动作	↑ 15.500ms	↓ 66.250ms	↑ 924.000ms	↓ 977.000ms
8:B 站 220kV 线路一 2521 保护 B 相动作	↑ 924.000ms	↓ 976.750ms		
9:B 站 220kV 线路一 2521 保护 C 相动作	↑ 923.500ms	↓ 977.000ms		
10:B 站 220kV 线路一 2521 重合闸动作	↑ 872.750ms	↓ 990.500ms		
13:B 站 220kV 线路一 2521 保护发信	↑ 8.750ms	↓ 216.750ms	↑ 917.750ms	↓ 1127.500ms

小结：故障发生后约 16ms AB Ⅰ线路 A 侧保护动作，15.5ms AB Ⅰ线路 B 侧保护动作，约 48ms AB Ⅰ线路 A 站侧 A 相开关跳开，约 43ms AB Ⅰ线路 B 站侧 A 相开关跳开，成功隔离故障，约 874ms AB Ⅰ线路 A 侧保护重合闸动作，约 872ms AB Ⅰ线路 B 侧保护重合闸动作，约 904ms AB Ⅰ线路 A 侧 A 相开关成功合上，约 901ms AB Ⅰ线路 B 侧 A 相开关成功合上，约 925ms A 侧保护再次动作，约 924ms B 侧保护再次动作，约 958ms 跳开两侧三相开关。

3. 波形特征解析

（1）AB Ⅰ线路 A 站侧录波图解析。查看 AB Ⅰ线路 A 站侧故障波形图，如图 2-4-7～图 2-4-9 所示。

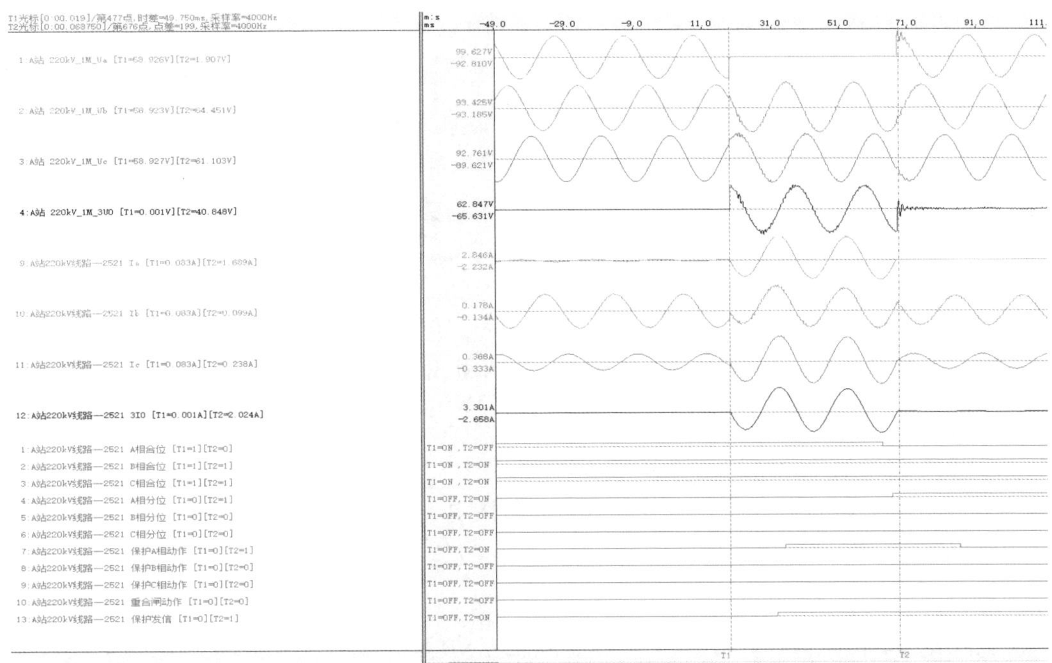

图 2-4-7　AB Ⅰ线路 A 站侧录波波形（第一次保护动作时）

1）从图 2－4－7 解析可知 0ms 故障态电压特征解析：母线电压 A 相电压下降为 0V，持续 2.5 周波 50ms 左右，B、C 相电流虽受到故障影响幅值小幅波动，但幅值变化程度较小，不影响故障相判别，且故障时出现零序电流，综合说明故障相为 A 相。

2）从图 2－4－7 解析可知 0ms 故障态电流特征解析：ABⅠ线路 A 相电流升高，持续 2.5 周波 50ms 左右，B、C 相电流受故障影响出现小幅波动，且出现零序电流，说明故障相为 A 相。

3）从图 2－4－7 解析可知约 16ms 线路保护差动保护、纵联距离、纵联零序、接地距离Ⅰ段保护动作切除 A 站侧开关后，A 相故障电流消失，A 相电压恢复正常，说明线路保护范围内故障切除，故障持续 2.5 周波 50ms 左右。

4）从图 2－4－7 解析可知 0ms 故障态相量特征解析：由于故障相 A 相剩余电压降低接近于 0V，B、C 相电压虽受到故障影响幅值小幅上升，但幅值变化程度较小，故障时出现零序电压，A 相故障电流二次值约 1.64A。产生的零序电压幅值约为 42V，零序电流二次值约为 2A，通过相位解析，零序电流超前零序电压约 95°，故障相电压超前故障相电流约 105°，符合线路区内单相接地故障特征，如图 2－4－8 所示。

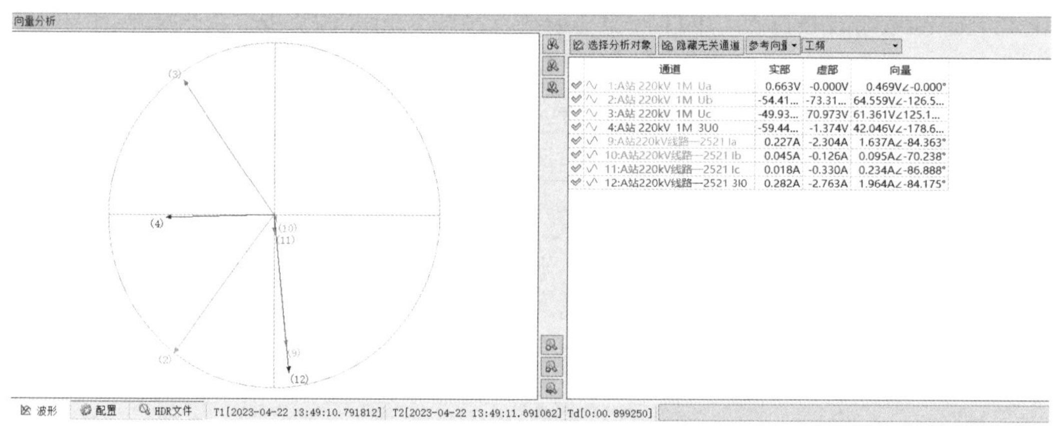

图 2－4－8　ABⅠ线路 A 站侧录波波形（第一次保护动作时相量分析）

5）从图 2－4－9 解析可知约 874ms ABⅠ线路 A 侧保护重合闸动作合上 A 相开关，约 904ms ABⅠ线路 A 侧 A 相开关成功合上。A 相开关合上后故障特征重现，母线电压 A 相下降为 0，持续 2.5 周波 50ms 左右，B、C 相电压虽受到故障影响幅值小幅上升，但幅值变化程度较小，故障时出现零序电压，ABⅠ线路 A 相电流升高，持续 2.5 周波 50ms 左右，B、C 相电流受故障影响出现小幅波动，且出现零序电流，第二次相量特征与第一次一样，零序电流超前零序电压约 95°，故障相电压超前故障相电流约 105°，符合线路区内单相接地故障特征，如图 2－4－10 所示。

6）从图 2－4－9 解析可知约 924ms 纵联差动保护、距离加速、接地距离Ⅰ段、纵联距离保护、零序加速保护动作切除 A 站侧三相开关后，A 相故障电流消失，母线电压恢复正常，说明重合闸成功后故障未切除，线路保护再次动作后切除范围内故障，故障持续 2.5 周波 50ms 左右。

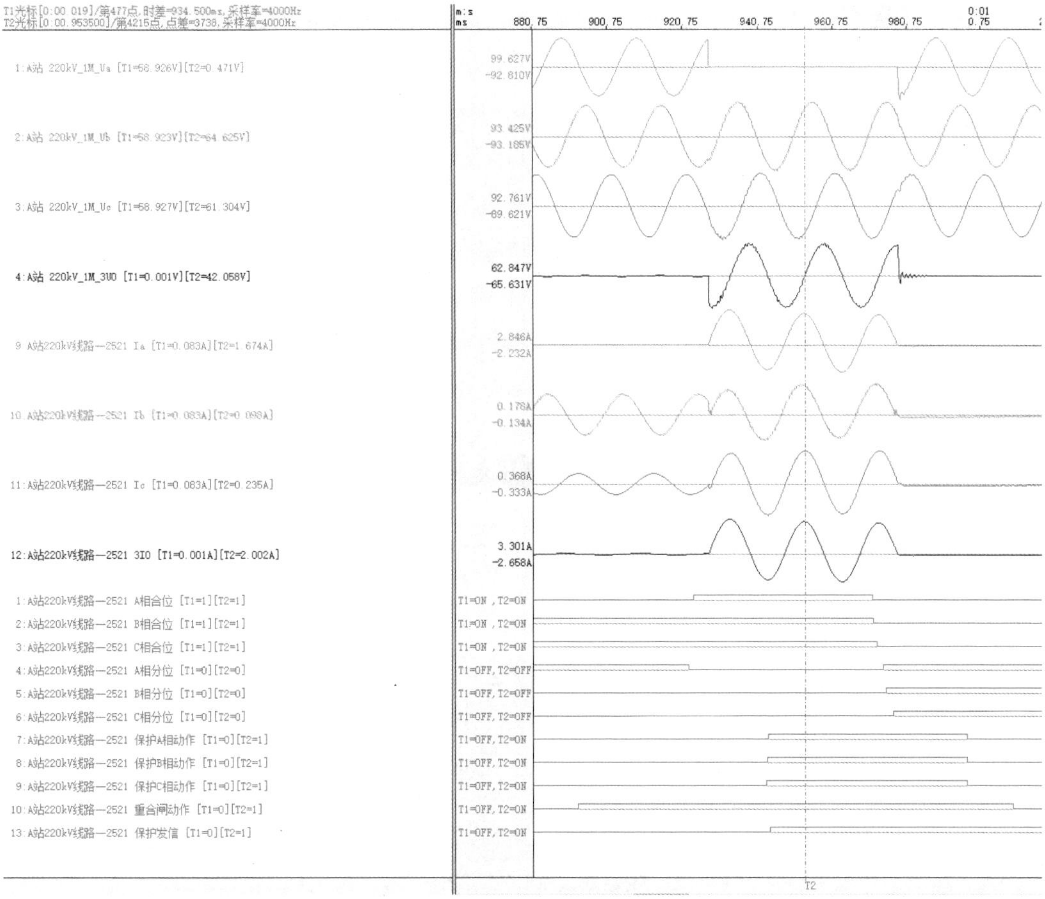

图 2-4-9　AB Ⅰ 线路 A 站侧录波波形（重合闸及第二次保护动作时）

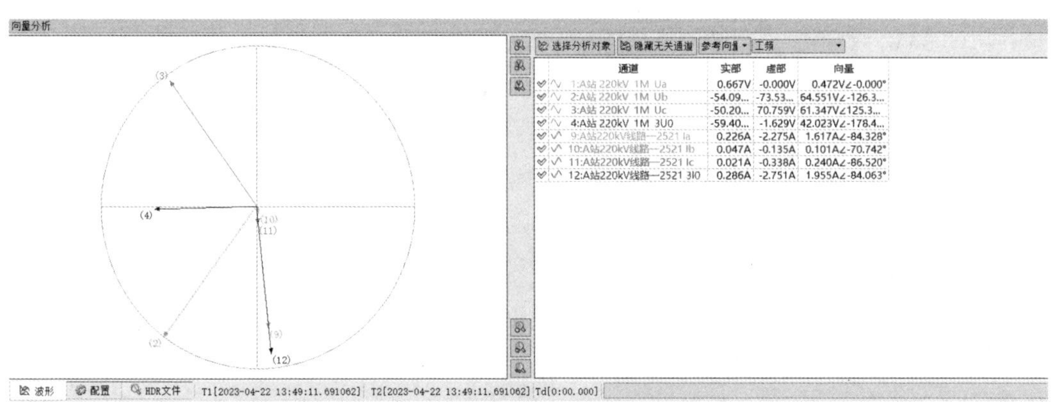

图 2-4-10　AB Ⅰ 线路 A 站侧录波波形（第二次保护动作时相量分析）

（2）ABⅠ线路 B 站侧录波图解析。查看 ABⅠ线路 B 站侧故障波形图，如图 2－4－11～图 2－4－13 所示。

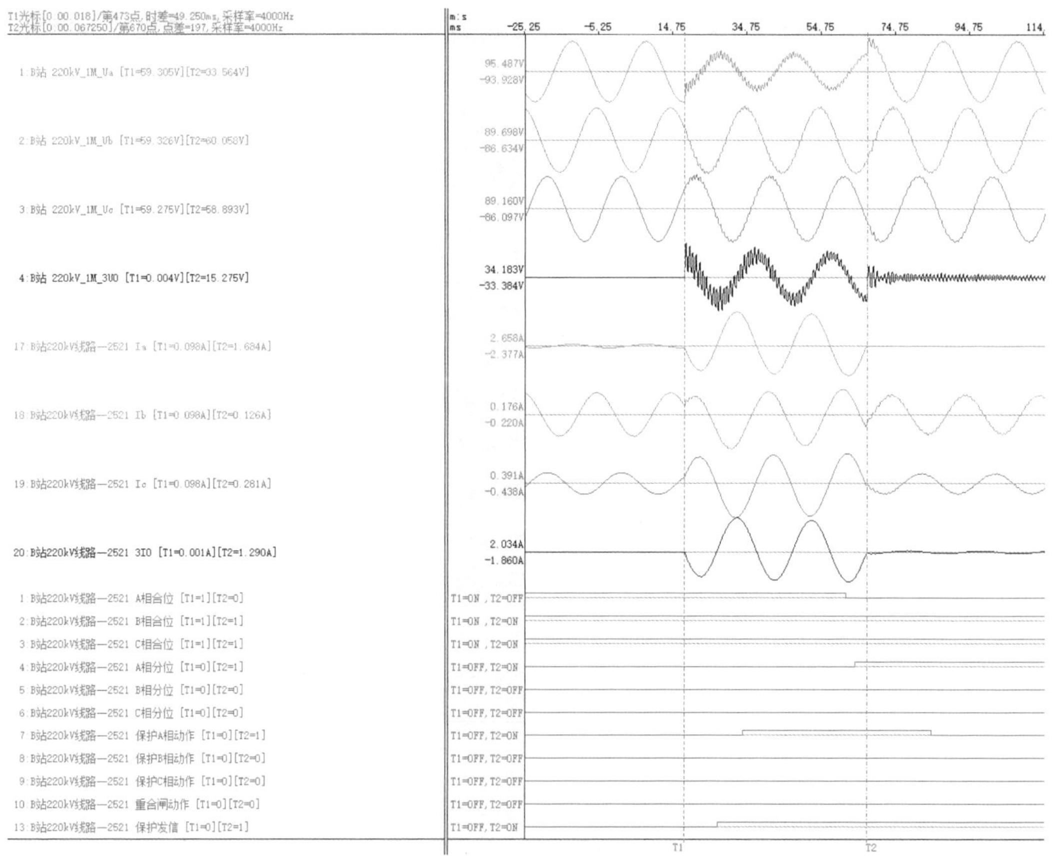

图 2－4－11　ABⅠ线路 B 站侧录波波形（第一次保护动作时）

1）从图 2－4－11 解析可知 0ms 故障态电压特征解析：母线电压 A 相电压下降，剩余残压约 34V，持续 2.5 周波 50ms 左右，B、C 相电压虽受到故障影响幅值小幅上升，但幅值变化程度较小，不影响故障相判别，且故障时出现零序电压，综合说明故障相为 A 相。

2）从图 2－4－11 解析可知 0ms 故障态电流特征解析：ABⅠ线路 A 相电流升高，持续 2.5 周波 50ms 左右，B、C 相电流受故障影响出现小幅波动，且出现零序电流，说明故障相为 A 相。

3）从图 2－4－11 解析可知约 15.5ms 线路保护差动保护、纵联距离、纵联零序保护动作切除 A 站侧开关后，A 相故障电流消失，A 相电压恢复正常，说明线路保护范围内故障切除，故障持续 2.5 周波 50ms 左右。

4）从图 2－4－11 解析可知 0ms 故障态相量特征解析：由于故障相 A 相电压下降，

剩余残压约 34V，B、C 相电压虽受到故障影响幅值小幅上升，但幅值变化程度较小，故障时出现零序电压，A 相故障电流二次值约 1.63A。产生的零序电压幅值约为 15V，零序电流二次值约为 1.3A，通过相位解析，零序电流超前零序电压约 95°，故障相电压超前故障相电流约 105°，符合线路区内单相接地故障特征，如图 2－4－12 所示。

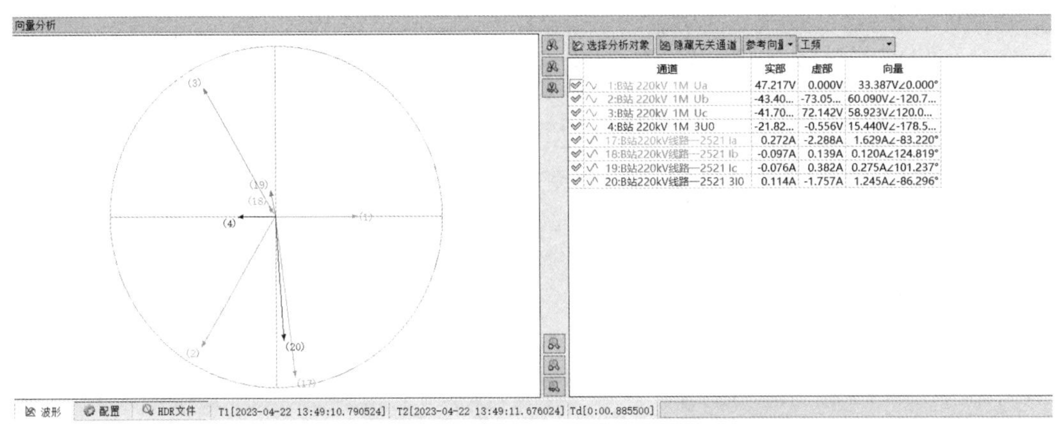

图 2－4－12　AB Ⅰ线路 B 站侧录波波形（第一次保护动作时相量分析）

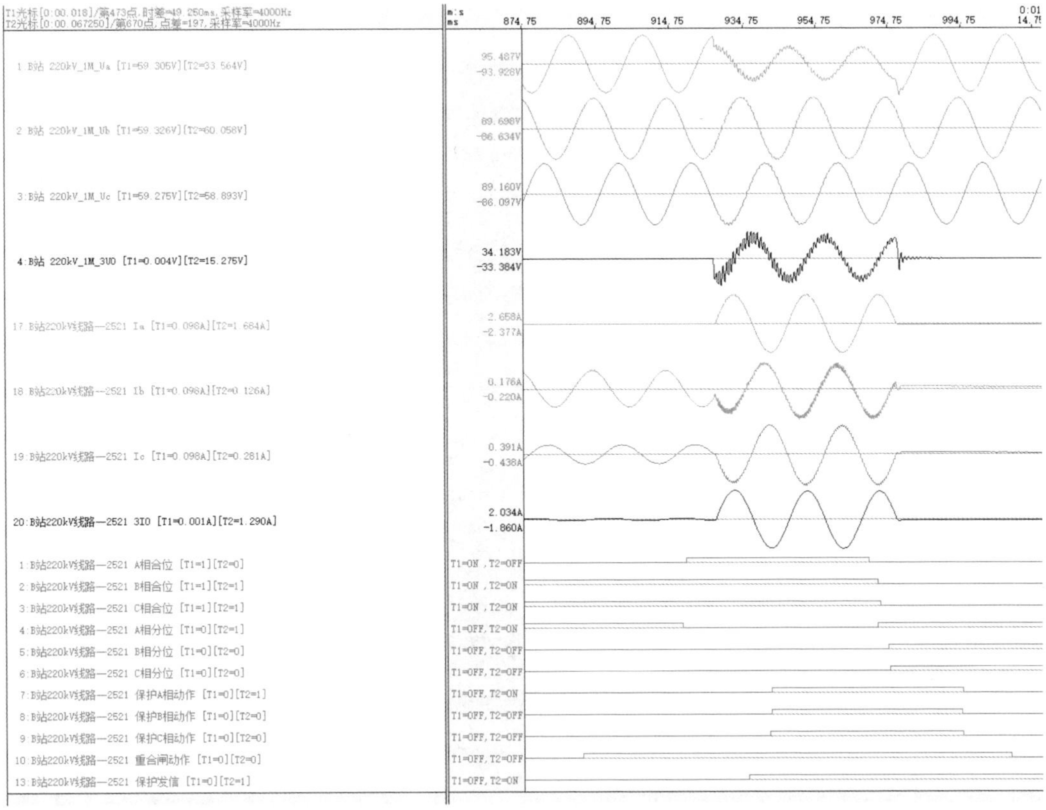

图 2－4－13　AB Ⅰ线路 B 站侧录波波形（重合闸及第二次保护动作时）

5）从图 2－4－13 解析可知约 873ms AB Ⅰ线路 B 侧保护重合闸动作合上 A 相开关，约 901ms AB Ⅰ线路 B 侧 A 相开关成功合上。A 相开关合上后故障特征重现，母线电压 A 相下降为 33V，持续 2.5 周波 50ms 左右，B、C 相电压虽受到故障影响幅值小幅上升，但幅值变化程度较小，故障时出现零序电压，AB Ⅰ线路 A 相电流升高，持续 2.5 周波 50ms 左右，B、C 相电流受故障影响出现小幅波动，且出现零序电流，第二次相量特征与第一次一样，零序电流超前零序电压约 95°，故障相电压超前故障相电流约 105°，符合线路区内单相接地故障特征，如图 2－4－14 所示。

6）从图 2－4－13 解析可知约 924ms 纵联差动保护、距离加速、纵联距离保护动作切除 B 站侧三相开关后，A 相故障电流消失，母线电压恢复正常，说明重合闸成功后故障未切除，线路保护再次动作后切除范围内故障，重合后故障持续 2.5 周波 50ms 左右。

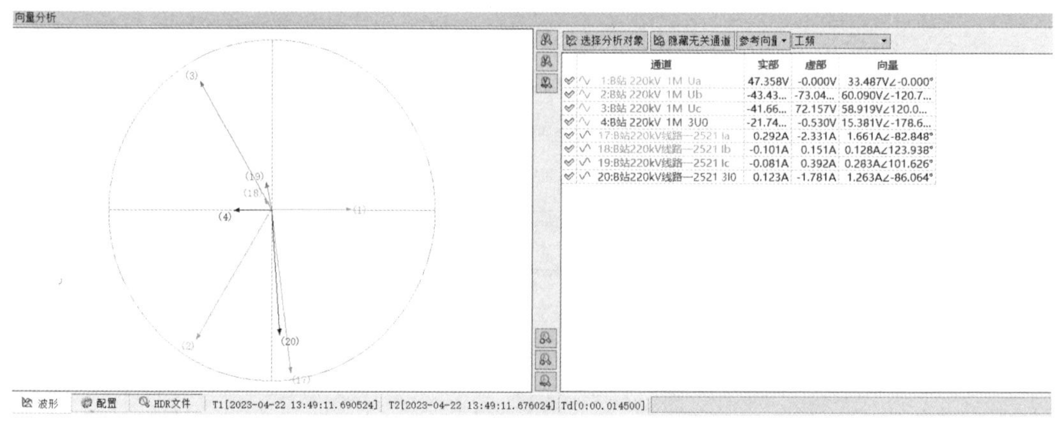

图 2－4－14　AB Ⅰ线路 B 站侧录波波形（第二次保护动作时相量分析）

三、综合总结

从波形特征解析，系统发生了 AB Ⅰ线 A 相永久性金属性接地故障，A 站侧 A 相电压几乎降为 0V，B 站侧靠近电源端故障后电压残压较高，两侧 A 相故障电流均较大，产生零序电压和零序电流，相量分析两侧均为正方向区内，说明故障发生于线路 A 站侧出口处。结合两侧保护装置故障信息测距结果，A 站侧测距为 0km，B 站侧测距约为 50km，也印证了故障发生于线路 A 站侧出口处。在保护动作第一次跳开 A 相开关后，故障消失，重合闸动作合上开关后 A 相金属性接地故障重现，保护再次动作跳开三相开关，说明为 A 相永久性故障。AB Ⅰ线 A、B 站侧保护故障信息测距分别见表 2－4－5 和表 2－4－6。

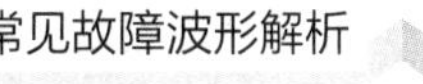

表 2-4-5　　　　AB Ⅰ线路 A 站侧保护故障信息测距

序号	故障参数名称	故障参数实际值	故障参数单位
1	故障相电压	0.44	V
2	故障相电流	1.67	A
3	最大零序电流	2.00	A
4	最大差动电流	3.07	A
5	故障测距	0.00	km
6	故障相别	A	

表 2-4-6　　　　AB Ⅰ线路 B 站侧保护故障信息测距

序号	故障参数名称	故障参数实际值	故障参数单位
1	故障相电压	33.62	V
2	故障相电流	1.67	A
3	最大零序电流	1.28	A
4	最大差动电流	3.68	A
5	故障测距	49.80	km
6	故障相别	A	

从保护动作行为解析，第一次保护动作时 A 站侧差动保护、纵联距离、纵联零序、接地距离Ⅰ段保护动作，B 站侧差动保护、纵联距离、纵联零序保护动作。A 站比 B 站多了接地距离Ⅰ段保护动作，距离Ⅰ段保护范围一般整定为线路全长的 80%～85%，保护动作行为符合故障发生于线路 A 站侧出口处。两侧保护重合闸动作均重合，重合后两侧 A 相金属性接地故障重现，保护再次动作跳开三相开关，且第二次保护动作时 A 站纵联差动保护、距离加速、接地距离Ⅰ段、纵联距离保护、零序加速动作，B 站纵联差动保护、距离加速、纵联距离保护动作，A 站比 B 站多了接地距离Ⅰ段、零序加速保护动作，查看保护波形，B 站零序电流较小，未到零序Ⅱ段保护定值，所以零序加速未动作。上述保护动作行为也说明为 A 相永久性故障。

综上所述，本次故障位于 AB Ⅰ线路 A 站侧出口处，故障性质为 A 相永久性金属性接地故障，AB Ⅰ线路保护动作行为正确。

2.5　末端单相永久性金属性接地

一、故障信息

故障发生前 A 站、B 站、C 站运行方式为 AB Ⅰ线、AB Ⅱ线、AC Ⅰ线、BC Ⅰ线、#1 主变、#2 主变、母联均在合位，A 站#1 主变、AB Ⅰ线、AB Ⅱ线挂 1M、#2 主变、

ACⅠ线挂2M。ABⅠ线A站侧TA变比2400/1，B站侧TA变比2000/1。线路全长50km。故障发生前A站、B站、C站运行方式如图2-5-1所示。

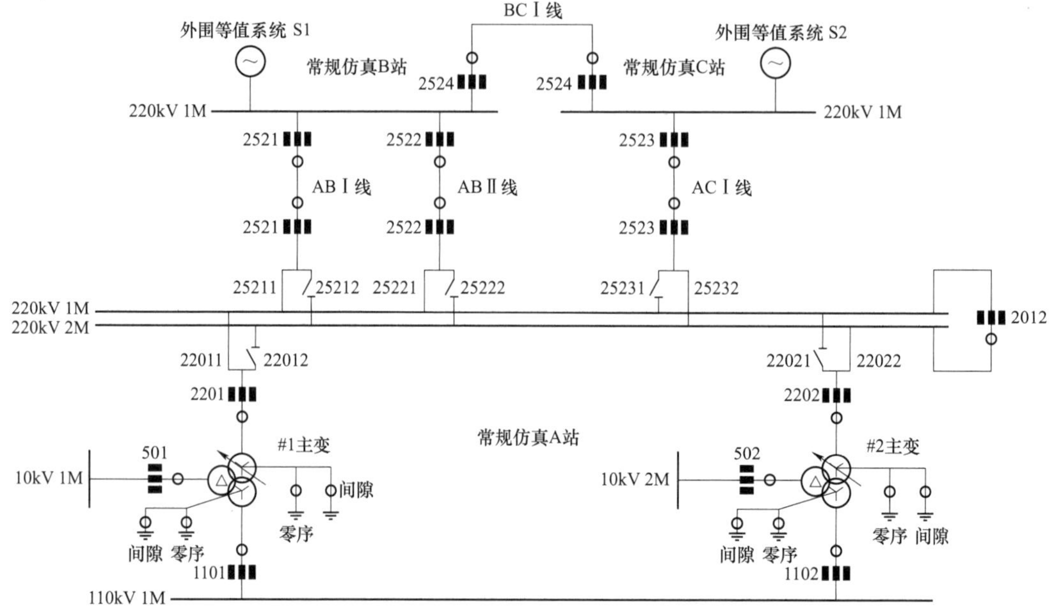

图2-5-1　故障发生前A站、B站、C站运行方式

故障发生后，ABⅠ线路两侧开关均在分位，其余开关位置未发生变化，故障发生后A站、B站、C站运行方式如图2-5-2所示。

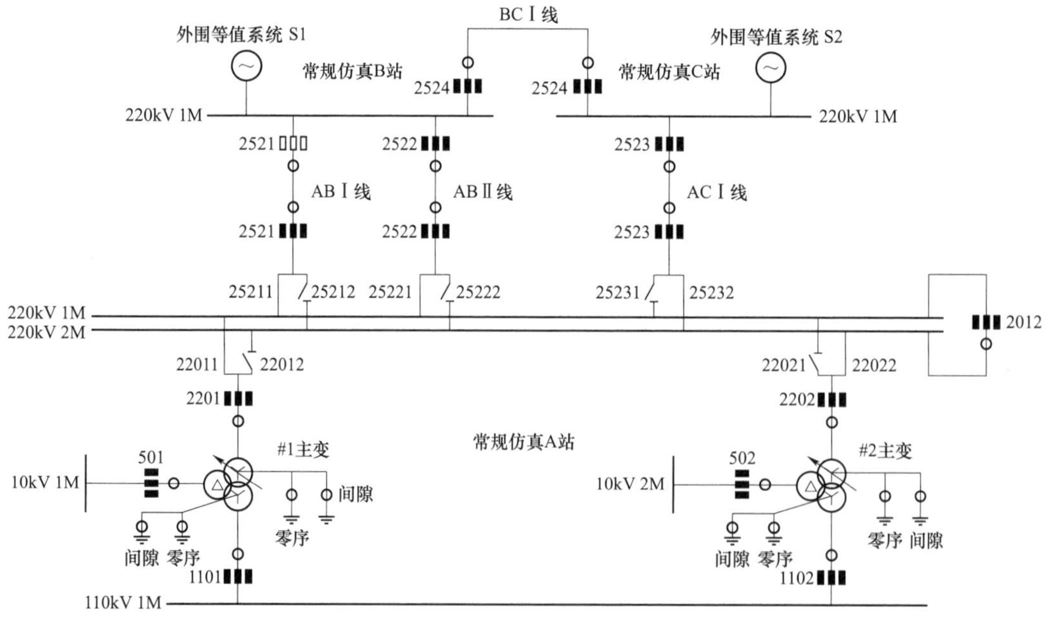

图2-5-2　故障发生后A站、B站、C站运行方式

二、录波图解析

1. 保护动作报文解析

从A站AB Ⅰ线故障录波HDR文件读取相关保护信息，以保护启动初始时刻为基准，见表2-5-1。

表2-5-1　　AB Ⅰ线A站保护动作简报

序号	动作报文对应时间	动作报文名称	动作相别	动作报文变化值
1	0ms	保护启动		1
2	6ms	纵联差动保护动作	A	1
3	18ms	纵联距离动作	A	1
4	21ms	纵联零序动作	A	1
5	63ms	纵联差动保护动作		0
6	63ms	纵联距离动作		0
7	63ms	纵联零序动作		0
8	863ms	重合闸动作		1
9	921ms	纵联差动保护动作	ABC	1
10	939ms	距离加速动作	ABC	1
11	961ms	纵联距离动作	ABC	1
12	974ms	零序加速动作	ABC	1
13	980ms	纵联差动保护动作		0
14	980ms	纵联距离动作		0
15	980ms	距离加速动作		0
16	980ms	零序加速动作		0
17	983ms	重合闸动作		0
18	7987ms	保护启动		0

如表2-5-1中所示，AB Ⅰ线路A站侧保护启动后约6ms纵联差动保护动作，18ms纵联距离保护动作，21ms纵联零序保护动作，保护出口跳A相开关，863ms重合闸动作，重合上A相开关，921ms纵联差动保护动作，939ms距离加速动作，961ms纵联距离保护动作，974ms零序加速动作，保护出口跳三相开关。

从B站侧AB Ⅰ线保护故障录波HDR文件读取相关保护信息，以保护启动初始时刻为基准，见表2-5-2。

如表2-5-2中所示，AB Ⅰ线路B站侧保护启动后约13ms纵联差动保护动作，13ms距离Ⅰ段保护动作，23ms纵联距离保护动作，23ms纵联零序保护动作，保护出口跳A相开关，880ms重合闸动作，重合上A相开关，928ms纵联差动保护动作，958ms距离加速动作，961ms距离Ⅰ段保护动作，964ms纵联距离保护动作，991ms零序加速动作，保护出口跳三相开关。

表 2-5-2　　AB Ⅰ线 B 站侧保护动作简报

序号	动作报文对应时间	动作报文名称	动作相别	动作报文变化值
1	0ms	保护启动		1
2	13ms	纵联差动保护动作	A	1
3	13ms	接地距离Ⅰ段动作	A	1
4	23ms	纵联距离动作	A	1
5	23ms	纵联零序动作	A	1
6	80ms	纵联差动保护动作		0
7	80ms	接地距离Ⅰ段动作		0
8	80ms	纵联距离动作		0
9	80ms	纵联零序动作		0
10	880ms	重合闸动作		0
11	928ms	纵联差动保护动作	ABC	1
12	958ms	距离加速动作	ABC	1
13	961ms	接地距离Ⅰ段动作	ABC	1
14	964ms	纵联距离动作	ABC	1
15	991ms	零序加速动作	ABC	1
16	1000ms	重合闸动作		0
17	1000ms	纵联差动保护动作		0
18	1000ms	距离加速动作		0
19	1000ms	接地距离Ⅰ段动作		0
20	1000ms	纵联距离动作		0
21	1000ms	零序加速动作		0
22	8003ms	保护启动		0

2. 开关量变位解析

（1）以故障初始时刻为基准，AB Ⅰ线路 A 站侧开关量变位图如图 2-5-3 和图 2-5-4 所示。

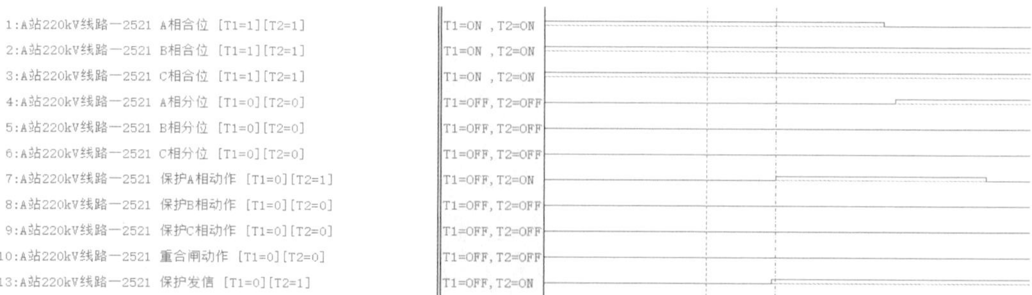

图 2-5-3　AB Ⅰ线路 A 站侧 A 站侧开关量变位图（第一次保护动作时）

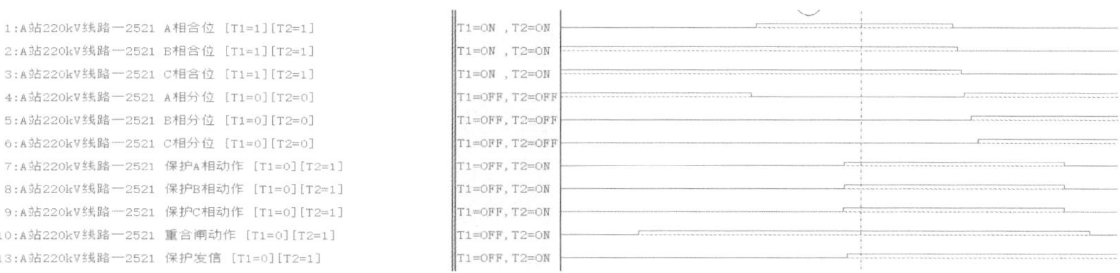

图 2-5-4　AB Ⅰ线路 A 站侧 A 站侧开关量变位图（重合闸及第二次保护动作时）

AB Ⅰ线路 A 站侧开关量变位时间顺序见表 2-5-3。

表 2-5-3　　　　AB Ⅰ线路 A 站侧开关量变位时间顺序

位置	第 1 次变位时间	第 2 次变位时间	第 3 次变位时间	第 4 次变位时间
1:A 站 220kV 线路一 2521 A 相合位	↓ 46.250ms	↑ 910.250ms	↓ 961.000ms	
2:A 站 220kV 线路一 2521 B 相合位	↓ 962.250ms			
3:A 站 220kV 线路一 2521 C 相合位	↓ 963.250ms			
4:A 站 220kV 线路一 2521 A 相分位	↑ 49.250ms	↓ 909.000ms	↑ 964.000ms	
5:A 站 220kV 线路一 2521 B 相分位	↑ 965.750ms			
6:A 站 220kV 线路一 2521 C 相分位	↑ 967.500ms			
7:A 站 220kV 线路一 2521 保护 A 相动作	↑ 18.000ms	↓ 73.250ms	↑ 933.000ms	↓ 990.000ms
8:A 站 220kV 线路一 2521 保护 B 相动作	↑ 933.000ms	↓ 990.000ms		
9:A 站 220kV 线路一 2521 保护 C 相动作	↑ 932.750ms	↓ 990.000ms		
10:A 站 220kV 线路一 2521 重合闸动作	↑ 880.000ms	↓ 996.750ms		
13:A 站 220kV 线路一 2521 保护发信	↑ 17.000ms	↓ 223.750ms	↑ 933.750ms	↓ 1140.750ms

（2）以故障初始时刻为基准，AB Ⅰ线路 B 站侧开关量变位情况如图 2-5-5 和图 2-5-6 所示。

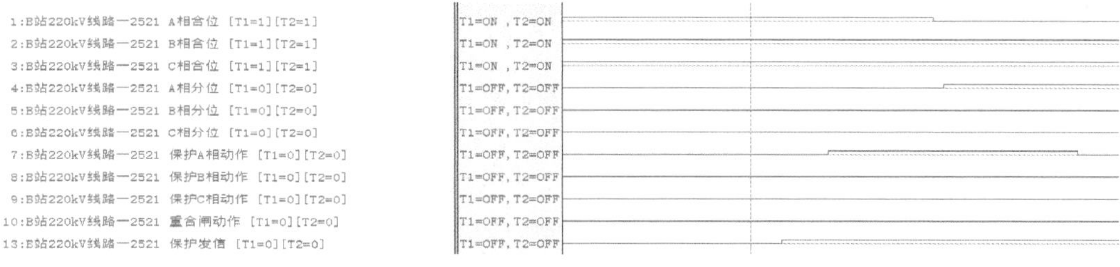

图 2-5-5　AB Ⅰ线路 B 站侧开关量变位图（第一次保护动作时）

图 2-5-6　AB Ⅰ线路 B 站侧开关量变位图（重合闸及第二次动作时）

AB Ⅰ线路 B 站侧开关量变位时间顺序见表 2-5-4。

表 2-5-4　　AB Ⅰ线路 B 站侧开关量变位时间顺序

位置	第 1 次变位时间	第 2 次变位时间	第 3 次变位时间	第 4 次变位时间
1:B 站 220kV 线路一 2521 A 相合位	↓ 47.500ms	↑ 920.250ms	↓ 962.500ms	
2:B 站 220kV 线路一 2521 B 相合位	↓ 965.000ms			
3:B 站 220kV 线路一 2521 C 相合位	↓ 965.750ms			
4:B 站 220kV 线路一 2521 A 相分位	↑ 50.250ms	↓ 919.250ms	↑ 965.000ms	
5:B 站 220kV 线路一 2521 B 相分位	↑ 968.000ms			
6:B 站 220kV 线路一 2521 C 相分位	↑ 968.500ms			
7:B 站 220kV 线路一 2521 保护 A 相动作	↑ 20.000ms	↓ 85.500ms	↑ 935.000ms	↓ 1005.500ms
8:B 站 220kV 线路一 2521 保护 B 相动作	↑ 935.000ms	↓ 1005.250ms		
9:B 站 220kV 线路一 2521 保护 C 相动作	↑ 934.500ms	↓ 1005.500ms		
10:B 站 220kV 线路一 2521 重合闸动作	↑ 892.000ms	↓ 1010.000ms		
13:B 站 220kV 线路一 2521 保护发信	↑ 8.000ms	↓ 236.000ms1	↑ 935.500ms	↓ 1156.000ms

小结：故障发生后约 18ms AB Ⅰ线路 A 侧保护动作，20ms AB Ⅰ线路 B 侧保护动作，约 46ms AB Ⅰ线路 A 站侧 A 相开关跳开，约 47.5ms AB Ⅰ线路 B 站侧 A 相开关跳开，成功隔离故障，约 880ms AB Ⅰ线路 A 侧保护重合闸动作，约 892ms AB Ⅰ线路 B 侧保护重合闸动作，约 910ms AB Ⅰ线路 A 侧 A 相开关成功合上，约 920ms AB Ⅰ线路 B 侧 A 相开关成功合上，约 933ms A 侧保护再次动作，约 935ms B 侧保护再次动作，约 968ms 跳开两侧三相开关。

3. 波形特征解析

（1）AB Ⅰ线路 A 站侧录波图解析。查看 AB Ⅰ线路 A 站侧故障波形图，如图 2-5-7 和图 2-5-9 所示。

1）从图 2-5-7 解析可知 0ms 故障态电压特征解析：母线电压 A 相电压下降，剩余电压约 6V，持续 3 周波 60ms 左右，B、C 相电压虽受到故障影响幅值小幅上升，但幅值变化程度较小，不影响故障相判别，且故障时出现零序电压，综合说明故障相为 A 相。

2）从图 2-5-7 解析可知 0ms 故障态电流特征解析：AB Ⅰ线路 A 相电流升高，持续 3 周波 60ms 左右，B、C 相电流受故障影响出现小幅波动，且出现零序电流，说明故障相为 A 相。

3）从图 2-5-7 解析可知约 18ms 线路保护差动保护、纵联距离、纵联零序保护动作切除 A 站侧开关后，A 相故障电流消失，A 相电压恢复正常，说明线路保护范围内故障切除，故障持续 3 周波 60ms 左右。

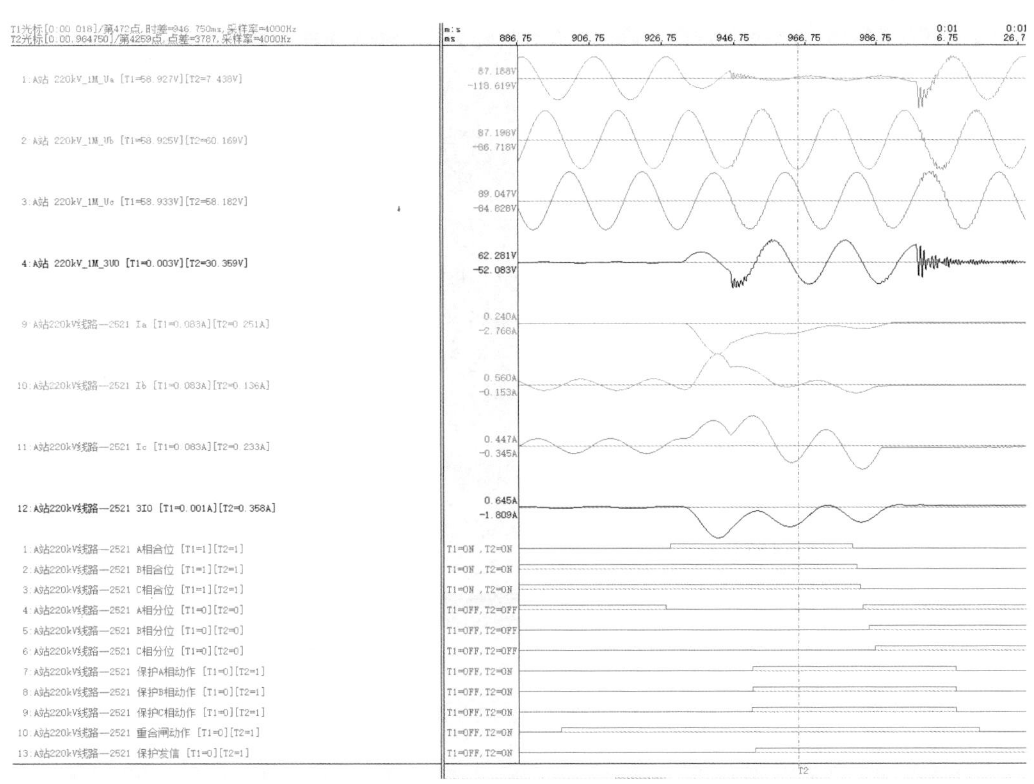

图 2-5-7　AB Ⅰ 线路 A 站侧录波波形（第一次保护动作时）

4）从图 2-5-7 解析可知 0ms 故障态相量特征解析：由于故障相 A 相剩余电压降低接近于 6V，B、C 相电压虽受到故障影响幅值小幅上升，但幅值变化程度较小，故障时出现零序电压，A 相故障电流二次值约 0.14A。产生的零序电压幅值约为 31V，零序电流二次值约为 0.384A，通过相位解析，零序电流超前零序电压约 95°，故障相电压超前故障相电流约 105°，符合线路区内单相接地故障特征，如图 2-5-8 所示。

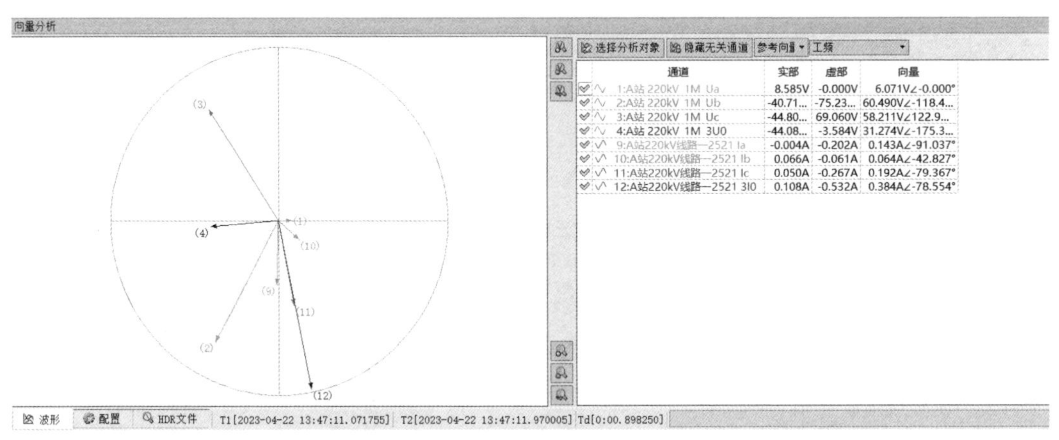

图 2-5-8　AB Ⅰ 线路 A 站侧录波波形（第一次保护动作时相量分析）

5）从图 2－5－9 解析可知约 880ms AB Ⅰ线路 A 侧保护重合闸动作合上 A 相开关，约 910ms AB Ⅰ线路 A 侧 A 相开关成功合上。A 相开关合上后故障特征重现，母线电压 A 相下降约 6V，B、C 相电压虽受到故障影响幅值小幅上升，但幅值变化程度较小，故障时出现零序电压，AB Ⅰ线路 A 相电流升高，B、C 相电流受故障影响出现小幅波动，且出现零序电流，第二次相量特征与第一次一样，但是 A 相故障电流较第一次变大约 0.27A，零序电流变大约为 0.46A，零序电流超前零序电压约 95°，故障相电压超前故障相电流约 105°，符合线路区内单相接地故障特征，如图 2－5－10 所示。

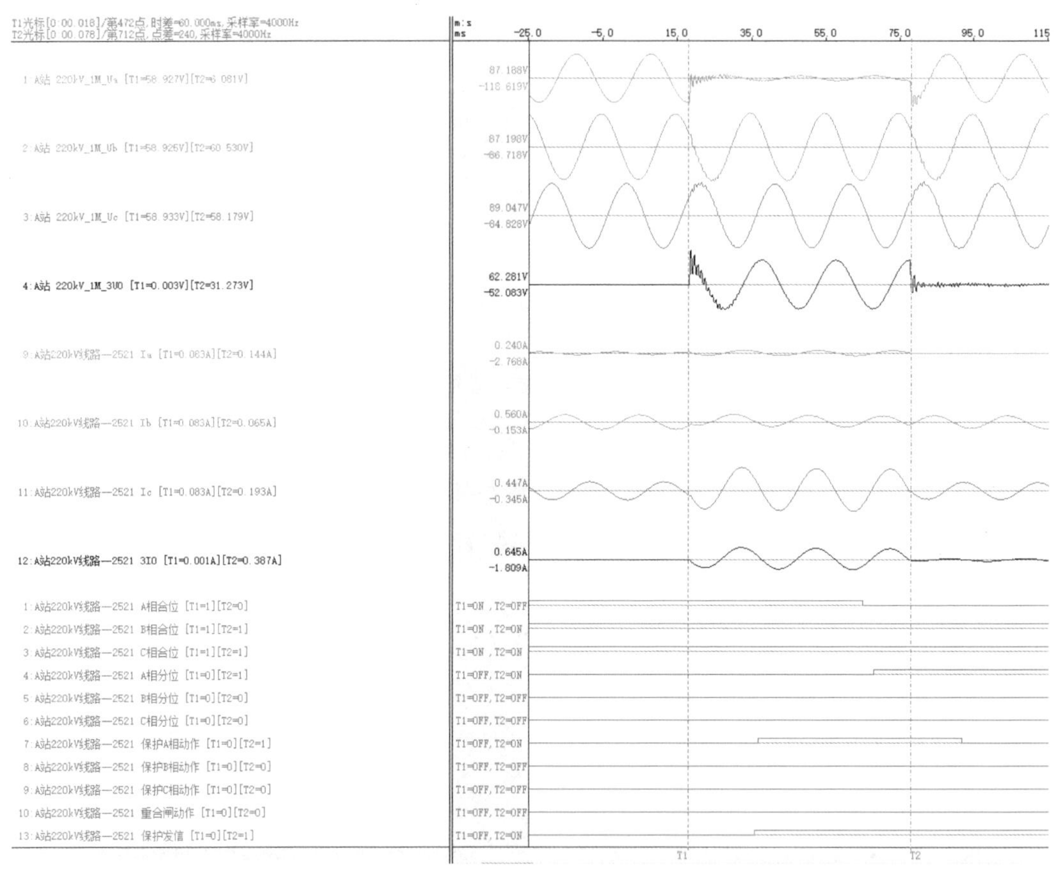

图 2－5－9　AB Ⅰ线路 A 站侧录波波形（重合闸及第二次保护动作时）

6）从图 2－5－9 解析可知约 933ms 纵联差动保护、距离加速、纵联距离保护、零序加速保护动作切除 A 站侧三相开关后，A 相故障电流消失，母线电压恢复正常，说明重合闸成功后故障未切除，线路保护再次动作后切除范围内故障，重合后故障持续 3 周波 60ms 左右。

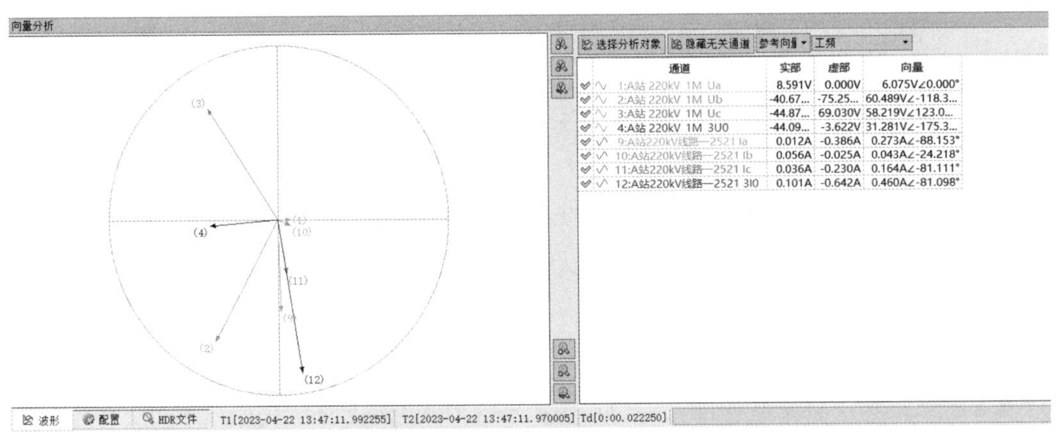

图 2-5-10　AB Ⅰ线路 A 站侧录波波形（第二次保护动作时相量分析）

（2）AB Ⅰ线路B站侧录波图解析。查看AB Ⅰ线路B站侧故障波形图，如图2-5-11～图2-5-13所示。

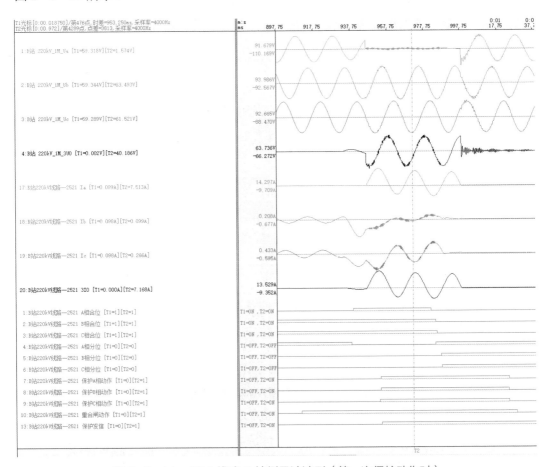

图 2-5-11　AB Ⅰ线路 B 站侧录波波形（第一次保护动作时）

1）从图 2-5-11 解析可知 0ms 故障态电压特征解析：母线电压 A 相电压下降，持续 3 周波 60ms 左右，剩余残压约 1.5V，B、C 相电压虽受到故障影响幅值小幅上升，但幅值变化程度较小，不影响故障相判别，且故障时出现零序电压，综合说明故障相为 A 相。

2）从图 2-5-11 解析可知 0ms 故障态电流特征解析：ABⅠ线路 A 相电流升高，持续 3 周波 60ms 左右，B、C 相电流受故障影响出现小幅波动，且出现零序电流，说明故障相为 A 相。

3）从图 2-5-11 解析可知约 20ms 线路保护差动保护、纵联距离、纵联零序、接地距离Ⅰ段保护动作切除 A 站侧开关后，A 相故障电流消失，A 相电压恢复正常，说明线路保护范围内故障切除，故障持续 3 周波 60ms 左右。

4）从图 2-5-11 解析可知 0ms 故障态相量特征解析：由于故障相 A 相电压下降，剩余残压约 1.5V，几乎为 0V，B、C 相电压虽受到故障影响幅值小幅上升，但幅值变化程度较小，故障时出现零序电压，A 相故障电流二次值约为 7.1A。产生的零序电压幅值约为 40V，零序电流二次值约为 6.8A，通过相位解析，零序电流超前零序电压约 95°，故障相电压超前故障相电流约 105°，符合线路区内单相接地故障特征，如图 2-5-12 所示。

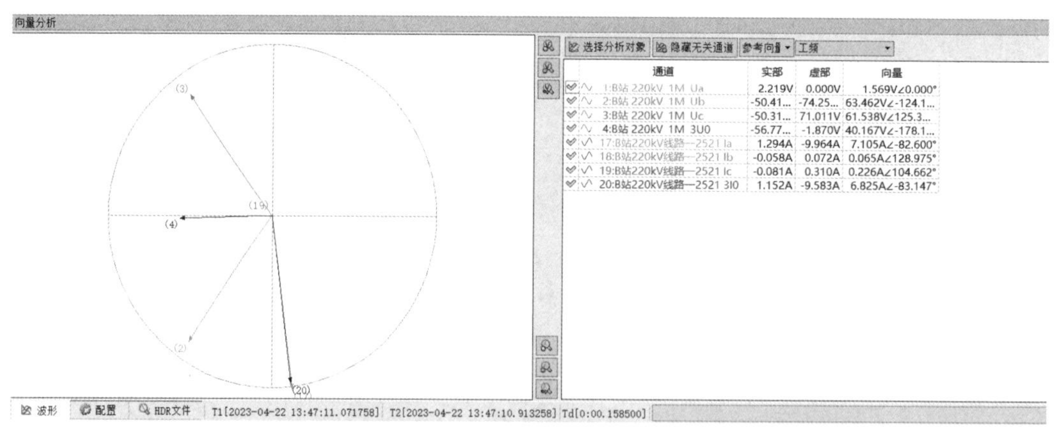

图 2-5-12　ABⅠ线路 B 站侧录波波形（第一次保护动作时相量分析）

5）从图 2-5-13 解析可知约 880ms ABⅠ线路 B 侧保护重合闸动作合上 A 相开关，约 920ms ABⅠ线路 B 侧 A 相开关成功合上。A 相开关合上后故障特征重现，母线电压 A 相下降约 1.5V，B、C 相电压虽受到故障影响幅值小幅上升，但幅值变化程度较小，故障时出现零序电压，ABⅠ线路 A 相电流升高，B、C 相电流受故障影响出现小幅波动，且出现零序电流，第二次相量特征与第一次一样，但是 A 相故障电流较第一次变小约 6.86A，零序电流变小约 6.65A，零序电流超前零序电压约 95°，故障相电压超前故障相电流约 105°，符合线路区内单相接地故障特征，如图 2-5-14 所示。

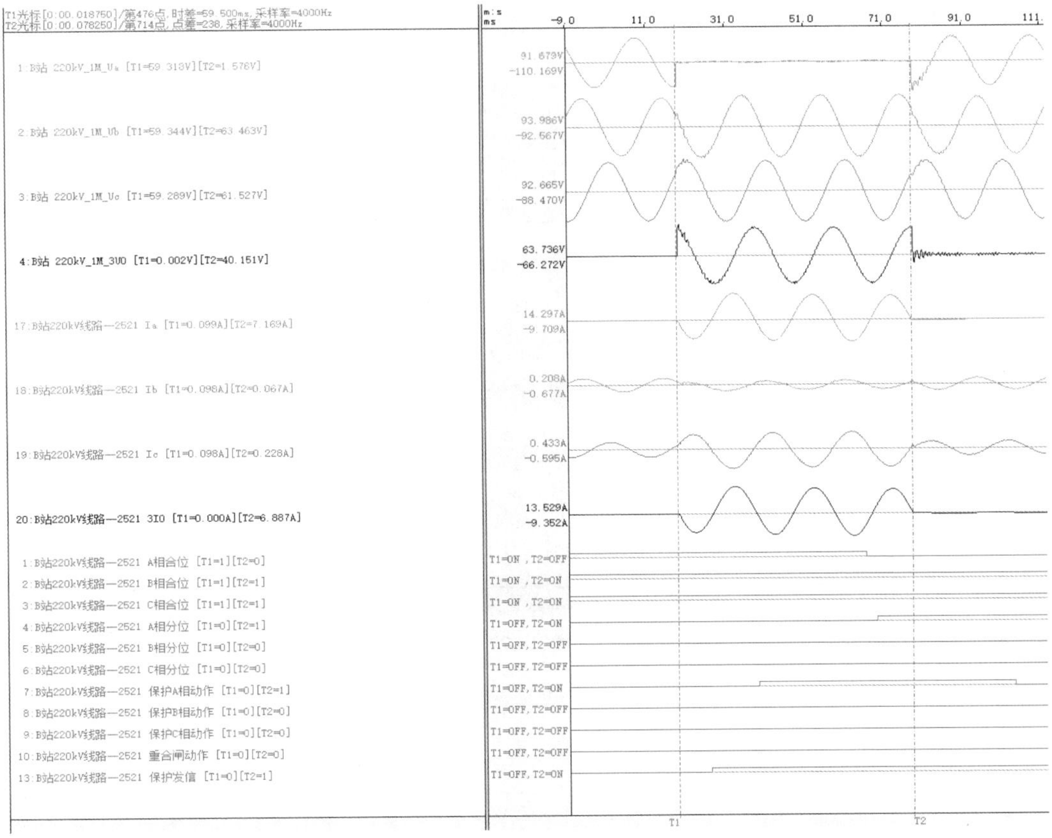

图 2-5-13　AB Ⅰ 线路 B 站侧录波波形（重合闸及第二次保护动作时）

6）从图 2-5-13 解析可知约 935ms 纵联差动保护、距离加速、纵联距离、接地距离Ⅰ段、零序加速保护动作切除 B 站侧三相开关后，A 相故障电流消失，母线电压恢复正常，说明重合闸成功后故障未切除，线路保护再次动作后切除范围内故障，重合后故障持续 2.5 周波 50ms 左右。

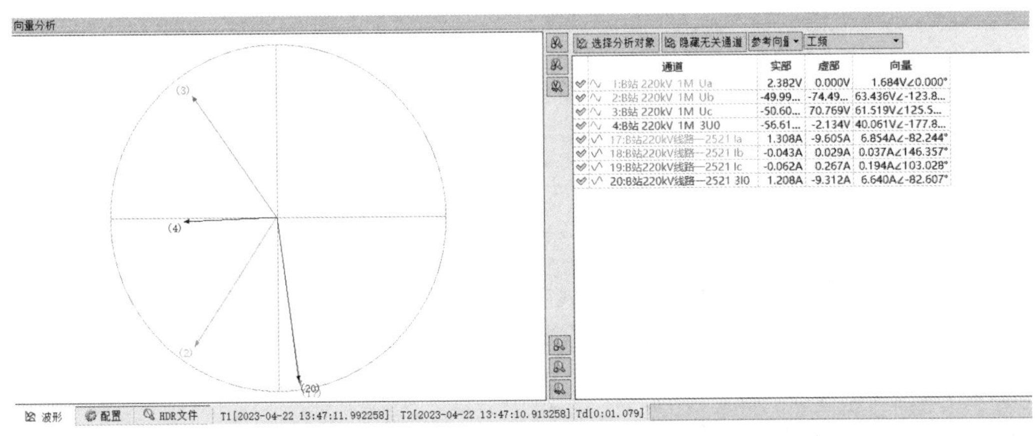

图 2-5-14　AB Ⅰ 线路 B 站侧录波波形（第二次保护动作时相量分析）

三、综合总结

从波形特征解析，系统发生了 AB Ⅰ 线 A 相永久性金属性接地故障，A 站侧 A 相电压剩余残压 15V 左右，B 站侧靠近电源端故障后电压几乎降为 0V，两侧 A 相故障电流均较大，且两侧比较 B 站侧故障电流更大，产生零序电压和零序电流，相量分析两侧均为正方向区内，说明故障发生于线路 B 站侧出口处，即 A 站末端处。结合两侧保护装置故障信息测距结果，A 站侧测距为 49.1km，B 站侧测距为 0.6km，也印证了故障发生于线路 B 站侧出口处，即 A 站末端处。在保护动作第一次跳开 A 相开关后，故障消失，重合闸动作合上开关后 A 相金属性接地故障重现，保护再次动作跳开三相开关，说明为 A 相永久性故障。AB Ⅰ 线路 A、B 站侧保护故障信息测距分别见表 2－5－5 和表 2－5－6。

表 2–5–5　　AB Ⅰ 线路 A 站侧保护故障信息测距

序号	故障参数名称	故障参数实际值	故障参数单位
1	故障相电压	6.07	V
2	故障相电流	0.14	A
3	最大零序电流	0.38	A
4	最大差动电流	6.20	A
5	故障测距	49.10	km
6	故障相别	A	

表 2–5–6　　AB Ⅰ 线路 B 站侧保护故障信息测距

序号	故障参数名称	故障参数实际值	故障参数单位
1	故障相电压	1.56	V
2	故障相电流	7.27	A
3	最大零序电流	6.98	A
4	最大差动电流	7.45	A
5	故障测距	0.60	km
6	故障相别	A	

从保护动作行为解析，第一次保护动作时 A 站侧差动保护、纵联距离、纵联零序、保护动作，B 站侧差动保护、纵联距离、纵联零序、接地距离 Ⅰ 段保护动作。B 站比 A 站多了接地距离 Ⅰ 段保护动作，距离 Ⅰ 段保护范围一般整定为线路全长的 80％～85%，

保护动作行为符合故障发生于线路 B 站侧出口处，即 A 站末端处。两侧保护重合闸动作均重合，重合后两侧 A 相金属性接地故障重现，保护再次动作跳开三相开关，且第二次保护动作时 A 站纵联差动保护、距离加速、纵联距离保护、零序加速动作，B 站纵联差动保护、距离加速、接地距离Ⅰ段、纵联距离、零序加速保护动作。上述保护动作行为也说明为 A 相永久性故障。

综上所述，本次故障位于 ABⅠ线路 B 站侧出口处，即 A 站末端处，故障性质为 A 相永久性金属性接地故障，ABⅠ线路保护动作行为正确。

2.6 50%处单相永久性金属性接地

一、故障信息

故障发生前 A 站、B 站、C 站运行方式为 ABⅠ线、ABⅡ线、ACⅠ线、BCⅠ线、#1 主变、#2 主变、母联均在合位，A 站#1 主变、ABⅠ线、ABⅡ线挂 1M、#2 主变、ACⅠ线挂 2M。ABⅠ线 A 站侧 TA 变比 2400/1，B 站侧 TA 变比 2000/1。线路全长 50km。故障发生前 A 站、B 站、C 站运行方式如图 2－6－1 所示。

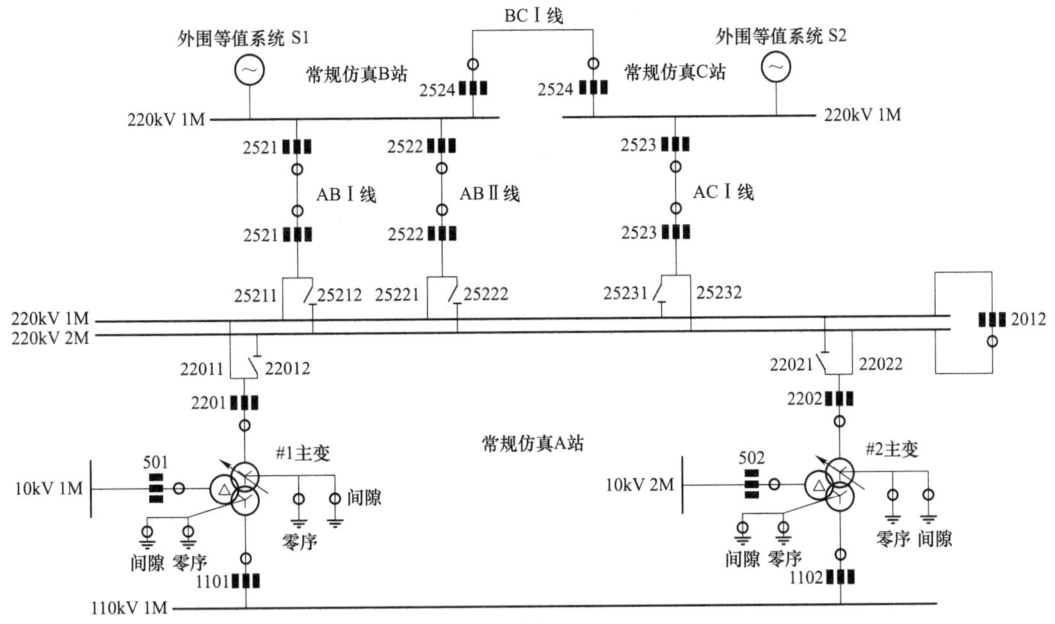

图 2－6－1 故障发生前 A 站、B 站、C 站运行方式

故障发生后，ABⅠ线路两侧开关均在分位，其余开关位置未发生变化，故障发生后 A 站、B 站、C 站运行方式如图 2－6－2 所示。

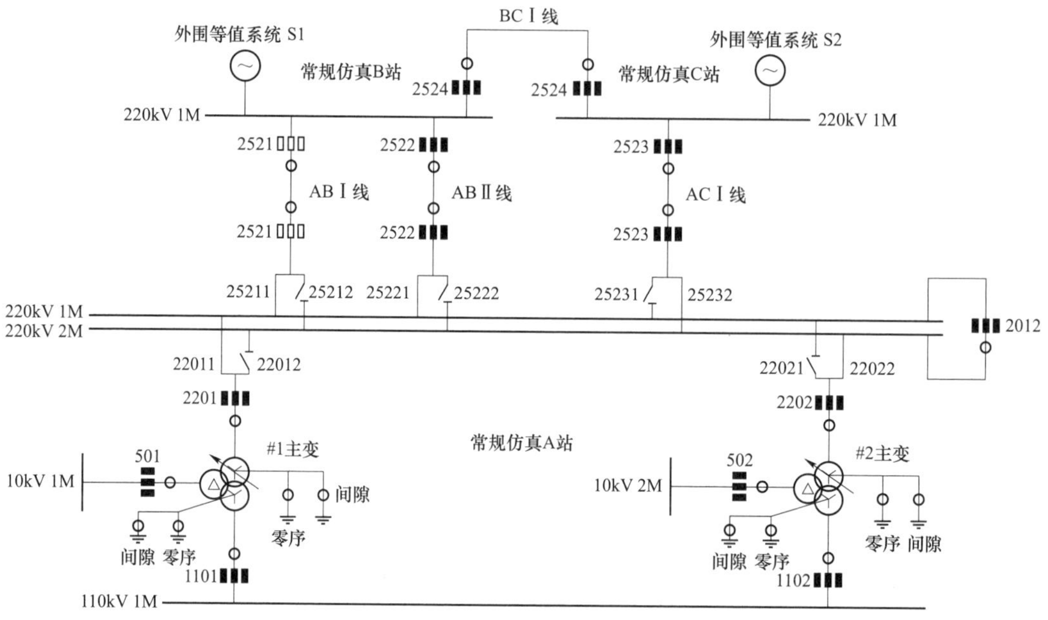

图 2-6-2　故障发生后 A 站、B 站、C 站运行方式

二、录波图解析

1. 保护动作报文解析

（1）从 A 站 AB Ⅰ线故障录波 HDR 文件读取相关保护信息，以保护启动初始时刻为基准，见表 2-6-1。

表 2-6-1　　AB Ⅰ线 A 站保护动作简报

序号	动作报文对应时间	动作报文名称	动作相别	动作报文变化值
1	0ms	保护启动		1
2	7ms	纵联差动保护动作	A	1
3	13ms	纵联零序动作	A	1
4	16ms	纵联距离动作	A	1
5	20ms	接地距离Ⅰ段动作	A	1
6	70ms	纵联差动保护动作		0
7	70ms	接地距离Ⅰ段动作		0
8	70ms	纵联距离动作		0
9	70ms	纵联零序动作		0
10	870ms	重合闸动作		0
11	918ms	纵联差动保护动作	ABC	1

续表

序号	动作报文对应时间	动作报文名称	动作相别	动作报文变化值
12	941ms	距离加速动作	ABC	1
13	960ms	接地距离Ⅰ段动作	ABC	1
14	962ms	纵联距离动作	ABC	1
15	975ms	零序加速动作	ABC	1
16	981ms	纵联差动保护动作		0
17	981ms	纵联距离动作		0
18	981ms	距离加速动作		0
19	981ms	接地距离Ⅰ段动作		0
20	981ms	零序加速动作		0
21	990ms	重合闸动作		0
22	7993ms	保护启动		0

如表2－6－1中所示，ABⅠ线路A站侧保护启动后约7ms纵联差动保护动作，13ms纵联零序保护动作，16ms纵联距离保护动作，20ms接地距离Ⅰ段保护动作，保护出口跳A相开关，870ms重合闸动作，重合上A相开关，918ms纵联差动保护动作，941ms距离加速动作，960ms接地距离Ⅰ段保护动作，962ms纵联距离保护动作，975ms零序加速动作，保护出口跳三相开关。

（2）从B站侧ABⅠ线保护故障录波HDR文件读取相关保护信息，以保护启动初始时刻为基准，见表2－6－2。

表2－6－2　　ABⅠ线B站侧保护动作简报

序号	动作报文对应时间	动作报文名称	动作相别	动作报文变化值
1	0ms	保护启动		1
2	8ms	纵联差动保护动作	A	1
3	19ms	接地距离Ⅰ段动作	A	1
4	20ms	纵联距离动作	A	1
5	20ms	纵联零序动作	A	1
6	61ms	纵联差动保护动作		0
7	61ms	纵联距离动作		0
8	61ms	纵联零序动作		0

续表

序号	动作报文对应时间	动作报文名称	动作相别	动作报文变化值
9	61ms	接地距离Ⅰ段动作		0
10	861ms	重合闸动作		1
11	917ms	纵联差动保护动作	ABC	1
12	946ms	距离加速动作	ABC	1
13	953ms	接地距离Ⅰ段动作	ABC	1
14	958ms	纵联距离动作	ABC	1
15	973ms	纵联差动保护动作		0
16	973ms	纵联距离动作		0
17	973ms	接地距离Ⅰ段动作		0
18	973ms	距离加速动作		0
19	981ms	重合闸动作		0
20	7983ms	保护启动		0

表2-6-2中所示。ABⅠ线路B站侧保护启动后约8ms纵联差动保护动作，19ms距离Ⅰ段保护动作，20ms纵联距离保护动作，20ms纵联零序保护动作，保护出口跳A相开关，861ms重合闸动作，重合上A相开关，917ms纵联差动保护动作，946ms距离加速动作，953ms距离Ⅰ段保护动作，958ms纵联距离保护动作，保护出口跳三相开关。

2. 开关量变位解析

（1）以故障初始时刻为基准，ABⅠ线路A站侧开关量变位图如图2-6-3和图2-6-4所示。

图2-6-3　ABⅠ线路A站侧A站侧开关量变位图（第一次保护动作时）

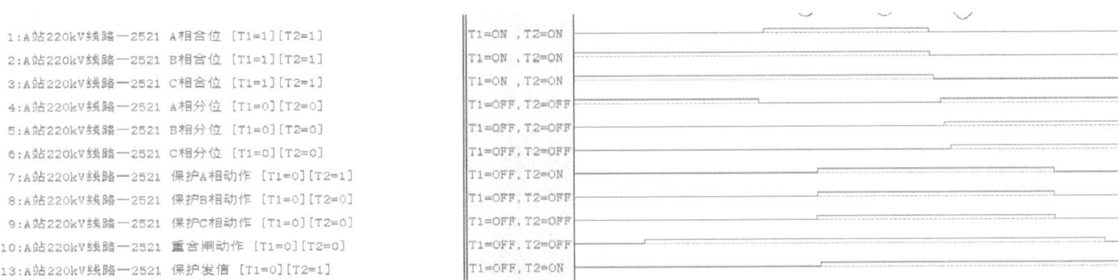

图 2-6-4　AB Ⅰ 线路 A 站侧 A 站侧开关量变位图（重合闸及第二次保护动作时）

AB Ⅰ 线路 A 站侧开关量变位时间顺序见表 2-6-3。

表 2-6-3　　AB Ⅰ 线路 A 站侧开关量变位时间顺序

位置	第 1 次变位时间	第 2 次变位时间	第 3 次变位时间	第 4 次变位时间
1:A 站 220kV 线路一 2521 A 相合位	↓ 44.000ms	↑ 914.000ms	↓ 955.750ms	
2:A 站 220kV 线路一 2521 B 相合位	↓ 956.000ms			
3:A 站 220kV 线路一 2521 C 相合位	↓ 957.000ms			
4:A 站 220kV 线路一 2521 A 相分位	↑ 47.000ms	↓ 912.750ms	↑ 958.750ms	
5:A 站 220kV 线路一 2521 B 相分位	↑ 959.750ms			
6:A 站 220kV 线路一 2521 C 相分位	↑ 961.500ms			
7:A 站 220kV 线路一 2521 保护 A 相动作	↑ 15.750ms	↓ 77.000ms	↑ 927.500ms	↓ 987.750ms
8:A 站 220kV 线路一 2521 保护 B 相动作	↑ 927.500ms	↓ 987.750ms		
9:A 站 220kV 线路一 2521 保护 C 相动作	↑ 927.250ms	↓ 988.000ms		
10:A 站 220kV 线路一 2521 重合闸动作	↑ 883.750ms	↓ 1000.750ms		
13:A 站 220kV 线路一 2521 保护发信	↑ 15.750ms	↓ 227.500ms	↑ 928.250ms	↓ 1138.750ms

（2）以故障初始时刻为基准，AB Ⅰ 线路 B 站侧开关量变位情况如图 2-6-5 和图 2-6-6 所示。

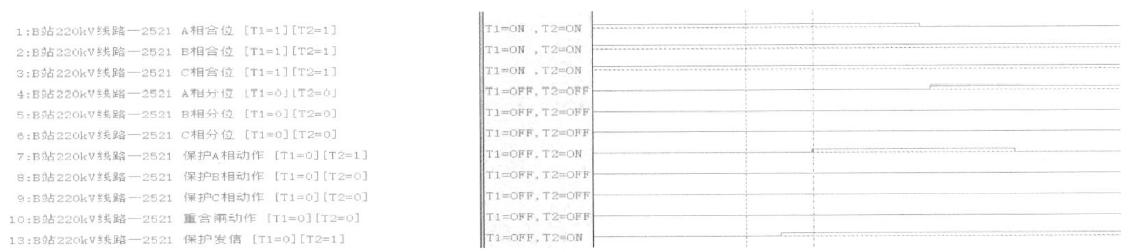

图 2-6-5　AB Ⅰ 线路 B 站侧开关量变位图（第一次保护动作时）

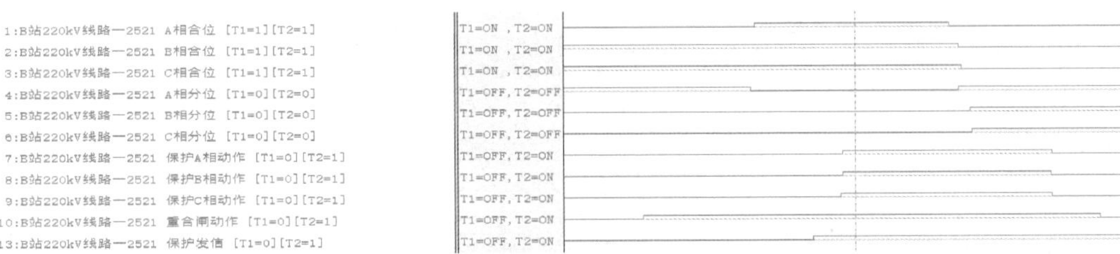

图 2-6-6　AB Ⅰ 线路 B 站侧开关量变位图（重合闸及第二次动作时）

ABⅠ线路B站侧开关量变位时间顺序见表2-6-4。

表2-6-4　　　　ABⅠ线路B站侧开关量变位时间顺序

位置	第1次变位时间	第2次变位时间	第3次变位时间	第4次变位时间
1:B站220kV线路一2521 A相合位	↓ 43.250ms	↑ 902.000ms	↓ 952.000ms	
2:B站220kV线路一2521 B相合位	↓ 954.500ms			
3:B站220kV线路一2521 C相合位	↓ 955.250ms			
4:B站220kV线路一2521 A相分位	↑ 45.750ms	↓ 901.000ms	↑ 954.500ms	
5:B站220kV线路一2521 B相分位	↑ 957.500ms			
6:B站220kV线路一2521 C相分位	↑ 958.000ms			
7:B站220kV线路一2521 保护A相动作	↑ 16.250ms	↓ 67.000ms	↑ 924.500ms	↓ 978.500ms
8:B站220kV线路一2521 保护B相动作	↑ 924.500ms	↓ 978.250ms		
9:B站220kV线路一2521 保护C相动作	↑ 924.000ms	↓ 978.500ms		
10:B站220kV线路一2521 重合闸动作	↑ 873.250ms	↓ 991.250ms		
13:B站220kV线路一2521 保护发信	↑ 8.500ms	↓ 217.250ms	↑ 916.750ms	↓ 1129.000ms

小结：故障发生后约15.75ms ABⅠ线路A侧保护动作，16.3ms ABⅠ线路B侧保护动作，约44ms ABⅠ线路A站侧A相开关跳开，约43.3ms ABⅠ线路B站侧A相开关跳开，成功隔离故障，约883ms ABⅠ线路A侧保护重合闸动作，约873ms ABⅠ线路B侧保护重合闸动作，约914ms ABⅠ线路A侧A相开关成功合上，约902ms ABⅠ线路B侧A相开关成功合上，约928ms A侧保护再次动作，约925ms B侧保护再次动作，约961ms跳开两侧三相开关。

3. 波形特征解析

（1）ABⅠ线路A站侧录波图解析。查看ABⅠ线路A站侧故障波形图，如图2-6-7～图2-6-9所示。

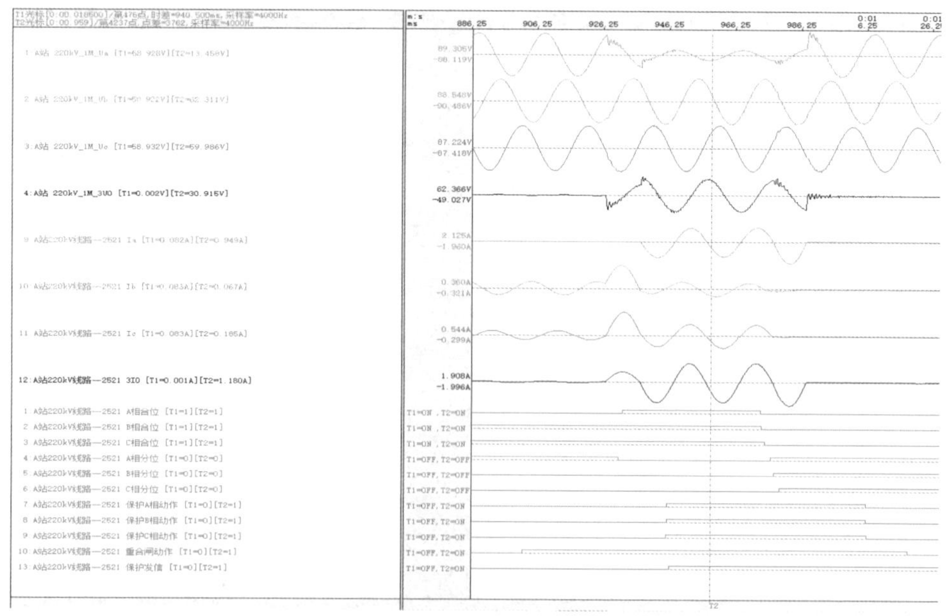

图2-6-7　ABⅠ线路A站侧录波波形（第一次保护动作时）

1）从图 2-6-7 解析可知 0ms 故障态电压特征解析：母线电压 A 相电压下降，剩余电压约 14V，持续 3 周波 60ms 左右，B、C 相电压虽受到故障影响幅值小幅上升，但幅值变化程度较小，不影响故障相判别，且故障时出现零序电压，综合说明故障相为 A 相。

2）从图 2-6-7 解析可知 0ms 故障态电流特征解析：ABⅠ线路 A 相电流升高，持续 3 周波 60ms 左右，B、C 相电流受故障影响出现小幅波动，且出现零序电流，说明故障相为 A 相。

3）从图 2-6-7 解析可知约 16ms 线路保护差动保护、纵联距离、纵联零序保护、接地距离Ⅰ段动作切除 A 站侧开关后，A 相故障电流消失，A 相电压恢复正常，说明线路保护范围内故障切除，故障持续 3 周波 60ms 左右。

4）从图 2-6-7 解析可知 0ms 故障态相量特征解析：由于故障相 A 相剩余电压降低接近于 14V，B、C 相电压虽受到故障影响幅值小幅上升，但幅值变化程度较小，A 相故障电流二次值约 0.9A。产生的零序电压幅值约为 31V，零序电流二次值约为 1.15A，通过相位解析，零序电流超前零序电压约 95°，故障相电压超前故障相电流约 105°，符合线路区内单相接地故障特征，如图 2-6-8 所示。

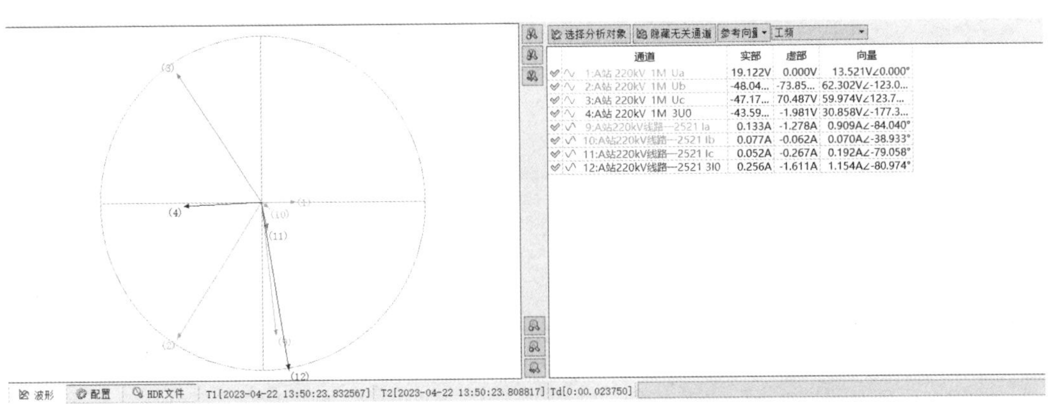

图 2-6-8 ABⅠ线路 A 站侧录波波形（第一次保护动作时相量分析）

5）从图 2-6-9 解析可知约 884ms ABⅠ线路 A 侧保护重合闸动作合上 A 相开关，约 914ms ABⅠ线路 A 侧 A 相开关成功合上。A 相开关合上后故障特征重现，母线电压 A 相下降约 14V，B、C 相电压虽受到故障影响幅值小幅上升，但幅值变化程度较小，且故障时出现零序电压，ABⅠ线路 A 相电流升高，B、C 相电流受故障影响出现小幅波动，且出现零序电流，第二次相量特征与第一次一样，但是 A 相故障电流较第一次变大约 0.95A，零序电流变大约 1.18A，零序电流超前零序电压约 95°，故障相电压超前故障相电流约 105°，符合线路区内单相接地故障特征，如图 2-6-10 所示。

6）从图 2-6-9 解析可知约 927ms 纵联差动保护、距离加速、接地距离Ⅰ段、纵联距离保护、零序加速保护动作切除 A 站侧三相开关后，A 相故障电流消失，母线电压恢复正常，说明重合闸成功后故障未切除，线路保护再次动作后切除范围内故障，重合后故障持续 3 周波 60ms 左右。

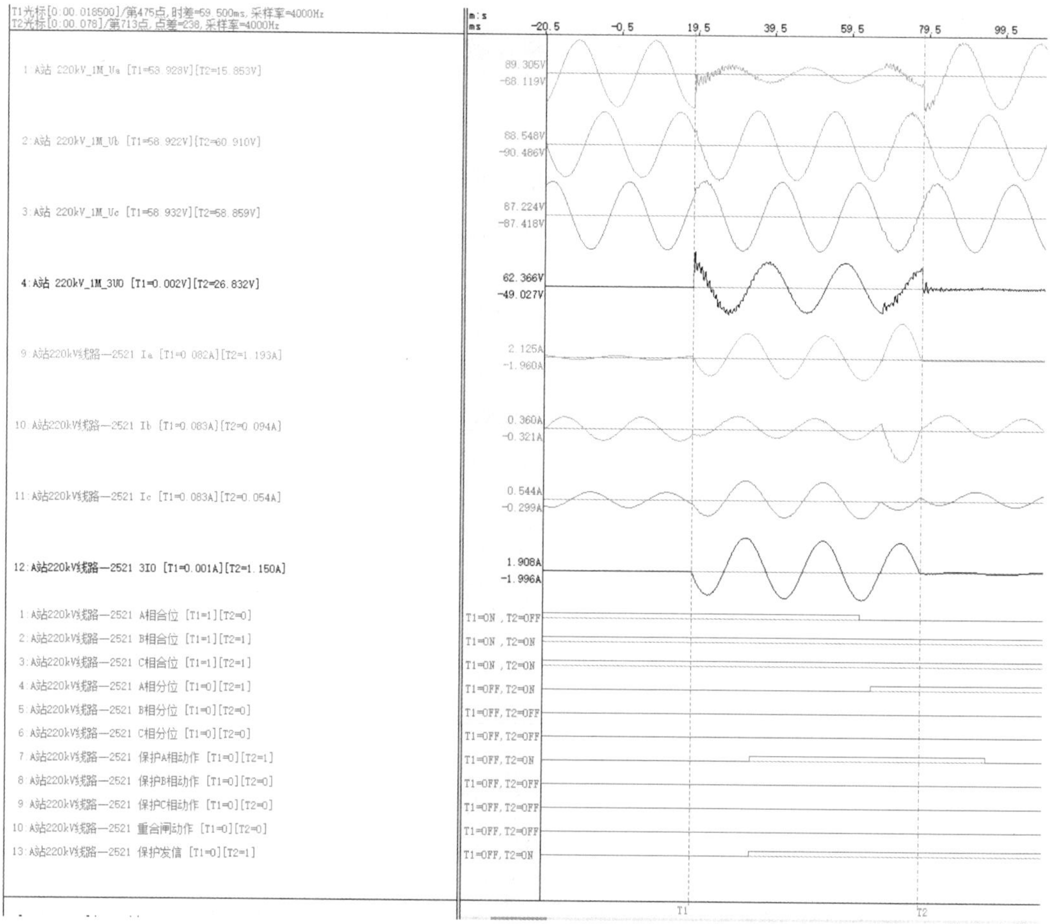

T1光标[0:00.018500]/第475点,时差=59.500ms,采样率=4000Hz
T2光标[0:00.078]/第713点,点差=238,采样率=4000Hz
1:A站 220kV_1M_Ua [T1=58.928V][T2=15.853V]
2:A站 220kV_1M_Ub [T1=58.922V][T2=60.910V]
3:A站 220kV_1M_Uc [T1=58.932V][T2=58.859V]
4:A站 220kV_1M_3U0 [T1=0.002V][T2=26.832V]
9:A站220kV线路—2521 Ia [T1=0.082A][T2=1.193A]
10:A站220kV线路—2521 Ib [T1=0.083A][T2=0.094A]
11:A站220kV线路—2521 Ic [T1=0.083A][T2=0.054A]
12:A站220kV线路—2521 3I0 [T1=0.001A][T2=1.150A]
1:A站220kV线路—2521 A相合位 [T1=1][T2=0]
2:A站220kV线路—2521 B相合位 [T1=1][T2=1]
3:A站220kV线路—2521 C相合位 [T1=1][T2=1]
4:A站220kV线路—2521 A相分位 [T1=0][T2=1]
5:A站220kV线路—2521 B相分位 [T1=0][T2=0]
6:A站220kV线路—2521 C相分位 [T1=0][T2=0]
7:A站220kV线路—2521 保护A相动作 [T1=0][T2=1]
8:A站220kV线路—2521 保护B相动作 [T1=0][T2=0]
9:A站220kV线路—2521 保护C相动作 [T1=0][T2=0]
10:A站220kV线路—2521 重合闸动作 [T1=0][T2=0]
13:A站220kV线路—2521 保护发信 [T1=0][T2=1]
m:s
ms
-20.5
-0.5
19.5
39.5
59.5
79.5
99.5
89.305V
-68.119V
88.548V
-90.486V
87.224V
-87.418V
62.366V
-49.027V
2.125A
-1.960A
0.360A
-0.321A
0.544A
-0.299A
1.908A
-1.996A
T1=ON，T2=OFF
T1=ON，T2=ON
T1=ON，T2=ON
T1=OFF，T2=ON
T1=OFF，T2=OFF
T1=OFF，T2=OFF
T1=OFF，T2=ON
T1=OFF，T2=OFF
T1=OFF，T2=OFF
T1=OFF，T2=OFF
T1=OFF，T2=ON
T1
T2

图 2-6-9　AB Ⅰ线路 A 站侧录波波形（重合闸及第二次保护动作时）

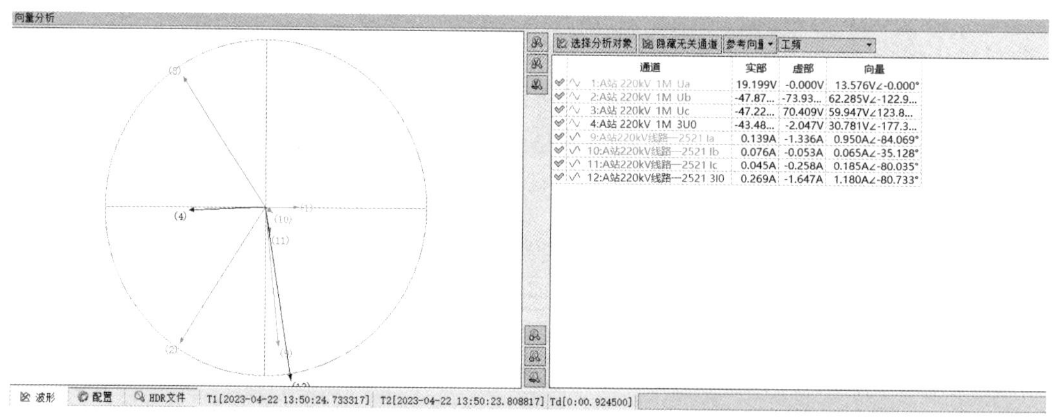

向量分析
选择分析对象
隐藏无关通道
参考向量
工频
通道 | 实部 | 虚部 | 向量
1:A站 220kV 1M Ua | 19.199V | -0.000V | 13.576V∠-0.000°
2:A站 220kV 1M Ub | -47.87... | -73.93... | 62.285V∠-122.9...
3:A站 220kV 1M Uc | -47.22... | 70.409V | 59.947V∠123.8...
4:A站 220kV 1M 3U0 | -43.48... | -2.047V | 30.781V∠-177.3...
9:A站220kV线路—2521 Ia | 0.139A | -1.336A | 0.950A∠-84.069°
10:A站220kV线路—2521 Ib | 0.076A | -0.053A | 0.065A∠-35.128°
11:A站220kV线路—2521 Ic | 0.045A | -0.258A | 0.185A∠-80.035°
12:A站220kV线路—2521 3I0 | 0.269A | -1.647A | 1.180A∠-80.733°
(3)
(4)
(10)
(11)
(2)
波形
配置
HDR文件
T1[2023-04-22 13:50:24.733317]
T2[2023-04-22 13:50:23.808817]
Td[0:00.924500]

图 2-6-10　AB Ⅰ线路 A 站侧录波波形（第二次保护动作时相量分析）

（2）AB Ⅰ线路 B 站侧录波图解析。查看 AB Ⅰ线路 B 站侧故障波形图，如图 2－6－11～图 2－6－13 所示。

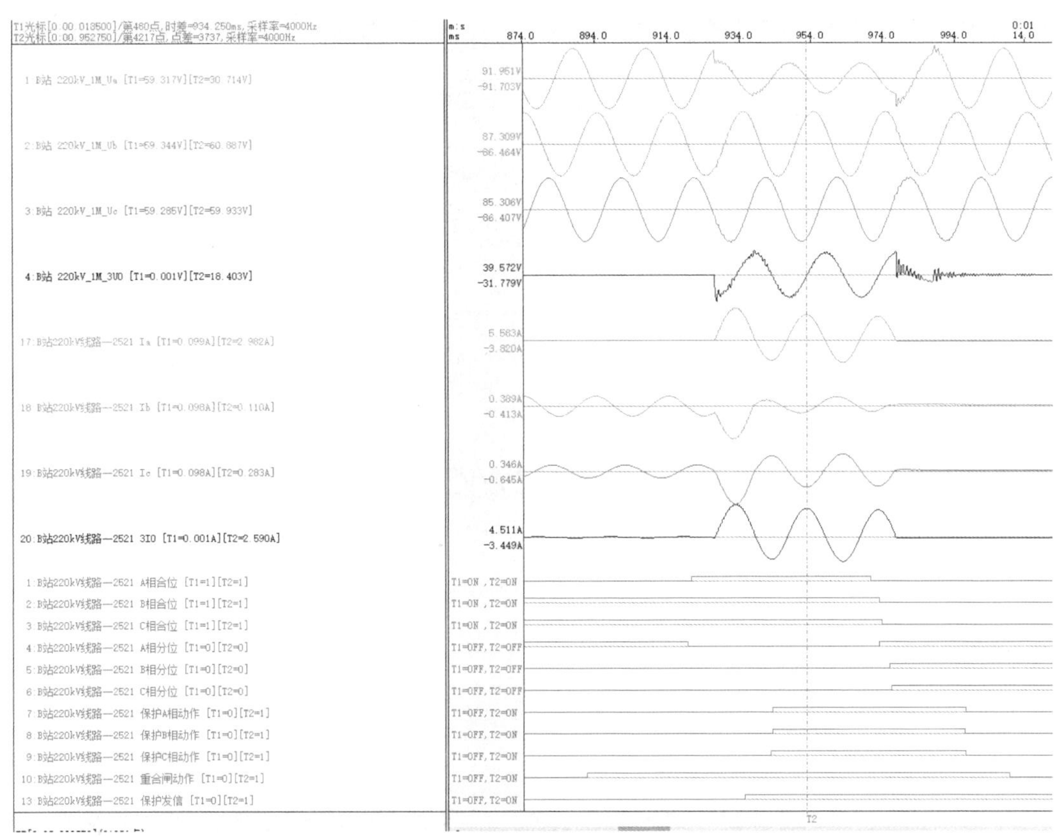

图 2－6－11　AB Ⅰ线路 B 站侧录波波形（第一次保护动作时）

如图 2－6－11 和图 2－6－13 所示，录波信息：

1）从图 2－6－11 解析可知 0ms 故障态电压特征解析：母线电压 A 相电压下降，持续 3 周波 60ms 左右，剩余残压约 30V，B、C 相电压虽受到故障影响幅值小幅上升，但幅值变化程度较小，不影响故障相判别，且故障时出现零序电压，综合说明故障相为 A 相。

2）从图 2－6－11 解析可知 0ms 故障态电流特征解析：AB Ⅰ线路 A 相电流升高，持续 3 周波 60ms 左右，B、C 相电流受故障影响出现小幅波动，且出现零序电流，说明故障相为 A 相。

3）从图 2－6－11 解析可知约 16ms 线路保护差动保护、纵联距离、纵联零序、接地距离Ⅰ段保护动作切除 A 站侧开关后，A 相故障电流消失，A 相电压恢复正常，说明线路保护范围内故障切除，故障持续 3 周波 60ms 左右。

4）从图 2－6－11 解析可知 0ms 故障态相量特征解析：由于故障相 A 相电压下降，剩余残压约 30V，几乎为 0V，B、C 相电压虽受到故障影响幅值小幅上升，但幅值变化程度较小，A 相故障电流二次值约 2.77A。产生的零序电压幅值约为 19V，零序电流二次值约为 2.48A，通过相位解析，零序电流超前零序电压约 95°，故障相电压超前故障相电流约 105°，符合线路区内单相接地故障特征，如图 2-6-12 所示。

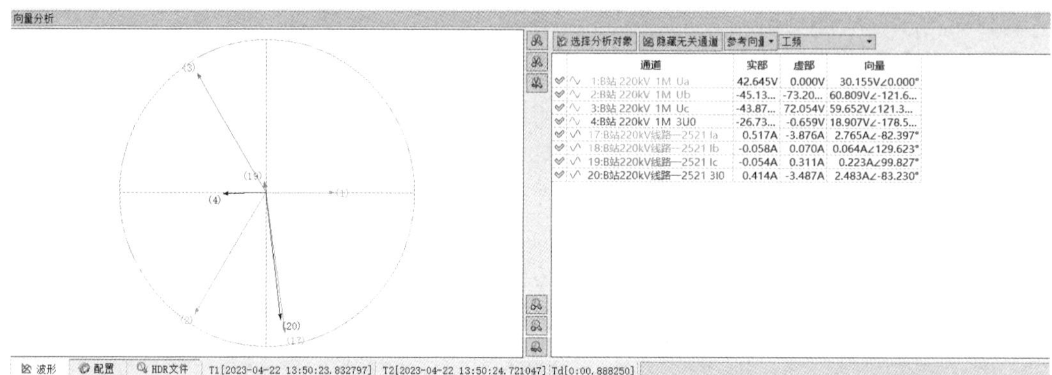

图 2-6-12　AB Ⅰ线路 B 站侧录波波形（第一次保护动作时相量分析）

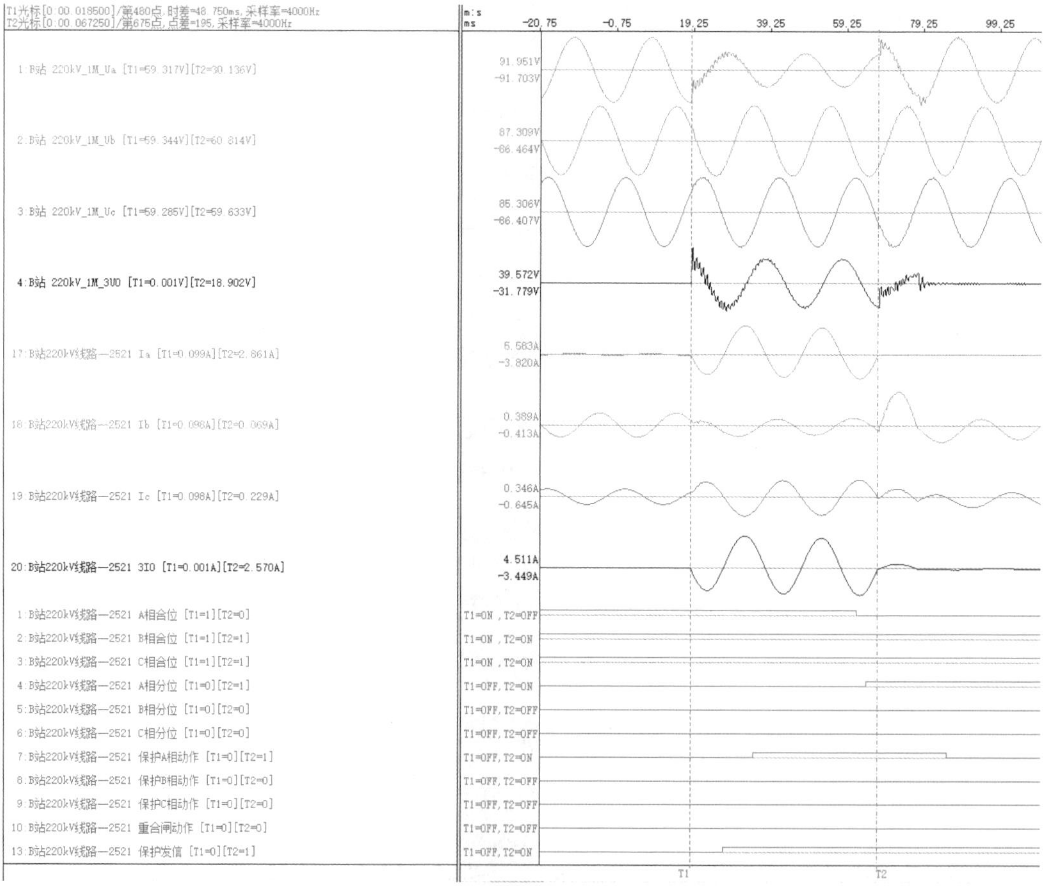

图 2-6-13　AB Ⅰ线路 B 站侧录波波形（重合闸及第二次保护动作时）

5）从图 2－6－13 解析可知约 873ms AB Ⅰ线路 B 侧保护重合闸动作合上 A 相开关，约 902ms AB Ⅰ线路 B 侧 A 相开关成功合上。A 相开关合上后故障特征重现，母线电压 A 相下降约 30V，B、C 相电压虽受到故障影响幅值小幅上升，但幅值变化程度较小，且故障时出现零序电压，AB Ⅰ线路 A 相电流升高，B、C 相电流受故障影响出现小幅波动，且出现零序电流，第二次相量特征与第一次一样，但是 A 相故障电流约为 2.72A，零序电流约为 2.46A，零序电流超前零序电压约 95°，故障相电压超前故障相电流约 105°，符合线路区内单相接地故障特征，如图 2－6－14 所示。

6）从图 2－6－13 解析可知约 925ms 纵联差动保护、距离加速、纵联距离、接地距离Ⅰ段、零序加速保护动作切除 B 站侧三相开关后，A 相故障电流消失，母线电压恢复正常，说明重合闸成功后故障未切除，线路保护再次动作后切除范围内故障，故障持续 2.5 周波 50ms 左右。

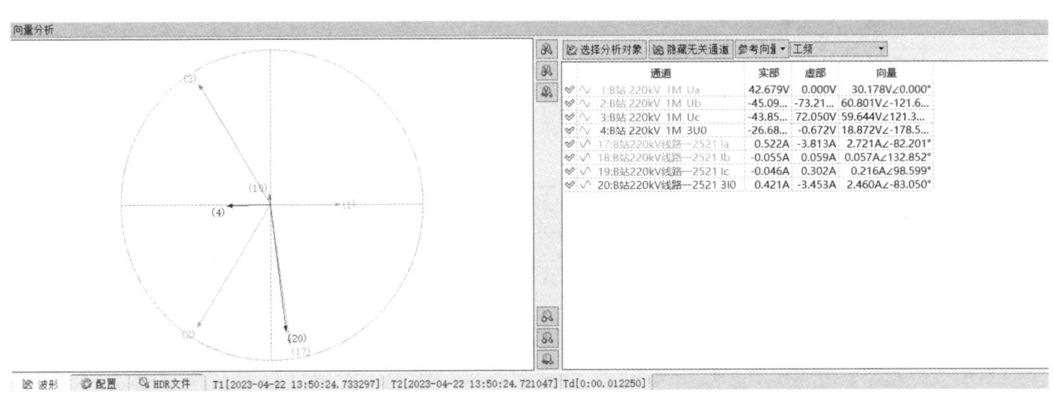

图 2－6－14　AB Ⅰ线路 B 站侧录波波形（第二次保护动作时相量分析）

三、综合总结

从波形特征解析，系统发生了 AB Ⅰ线 A 相永久性金属性接地故障，A 站侧 A 相电压剩余残压 14V 左右，B 站侧靠近电源端电压剩余残压 30V 左右，两侧 A 相故障电流均较大，产生零序电压和零序电流，相量分析两侧均为正方向区内，说明故障发生于线路中间约 50%处。结合两侧保护装置故障信息测距结果，A 站侧测距为 24.2km，B 站侧测距为 25.6km，也印证了故障发生于线路中间约 50%处。在两侧保护动作第一次跳开 A 相开关后，故障消失，重合闸动作合上开关后 A 相金属性接地故障重现，保护再次动作跳开三相开关，说明为 A 相永久性故障。AB Ⅰ线路 A、B 站侧保护故障信息测距分别见表 2－6－5 和表 2－6－6。

表 2-6-5　　　　AB Ⅰ线路 A 站侧保护故障信息测距

序号	故障参数名称	故障参数实际值	故障参数单位
1	故障相电压	13.51	V
2	故障相电流	0.93	A
3	最大零序电流	1.18	A
4	最大差动电流	3.30	A
5	故障测距	24.20	km
6	故障相别	A	

表 2-6-6　　　　AB Ⅰ线路 B 站侧保护故障信息测距

序号	故障参数名称	故障参数实际值	故障参数单位
1	故障相电压	30.20	V
2	故障相电流	2.83	A
3	最大零序电流	2.54	A
4	最大差动电流	3.95	A
5	故障测距	25.60	km
6	故障相别	A	

从保护动作行为解析，第一次保护动作时 A 站侧差动保护、纵联距离、纵联零序、接地距离Ⅰ段保护动作，B 站侧差动保护、纵联距离、纵联零序、接地距离Ⅰ段保护动作。保护动作行为符合故障发生于线路 50%处。两侧保护重合闸动作均重合，重合后两侧 A 相金属性接地故障重现，保护再次动作跳开三相开关，且第二次保护动作时 A 站纵联差动保护、距离加速、接地距离Ⅰ段、纵联距离保护、零序加速动作，B 站纵联差动保护、距离加速、接地距离Ⅰ段、纵联距离、零序加速保护动作。上述保护动作行为也说明为 A 相永久性故障。

综上所述，本次故障位于 AB Ⅰ线路 50%处，故障性质为 A 相永久性金属性接地故障，AB Ⅰ线路保护动作行为正确。

2.7　出口处单相永久性经电阻接地

一、故障信息

故障发生前 A 站、B 站、C 站运行方式为 AB Ⅰ线、AB Ⅱ线、AC Ⅰ线、BC Ⅰ线、#1 主变、#2 主变、母联均在合位，A 站#1 主变、AB Ⅰ线、AB Ⅱ线挂 1M、#2 主变、

ACⅠ线挂2M。ABⅠ线A站侧TA变比2400/1，B站侧TA变比2000/1。线路全长50km。仿真系统过渡电阻设置50Ω。故障发生前A站、B站、C站运行方式如图2-7-1所示。

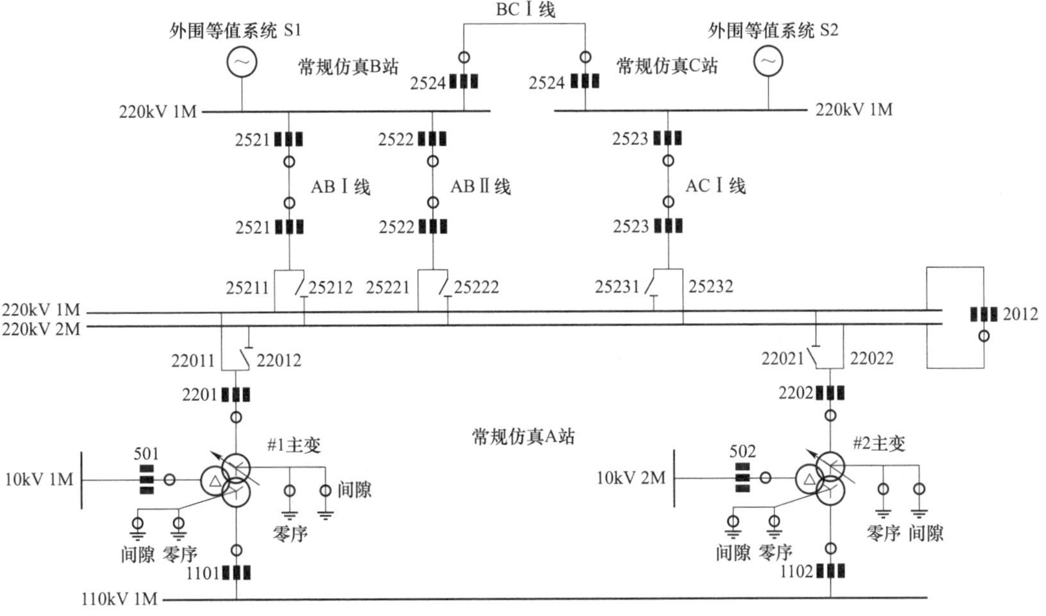

图2-7-1 故障发生前A站、B站、C站运行方式

故障发生后，ABⅠ线路两侧开关均在分位，其余开关位置未发生变化，故障发生后A站、B站、C站运行方式如图2-7-2所示。

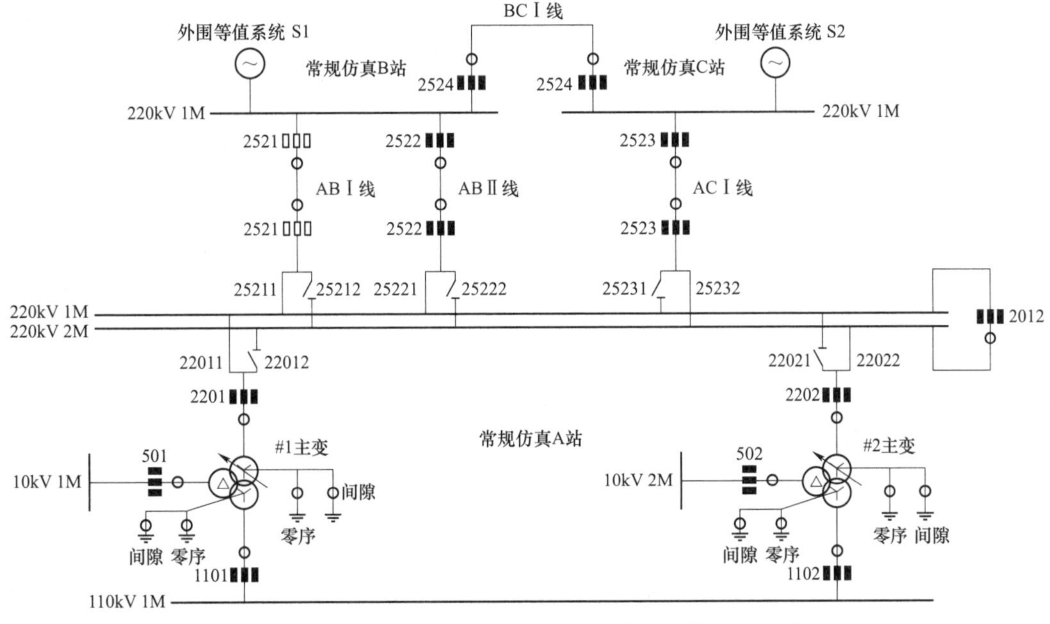

图2-7-2 故障发生后A站、B站、C站运行方式

二、录波图解析

1. 保护动作报文解析

（1）从 A 站 AB Ⅰ 线故障录波 HDR 文件读取相关保护信息，以保护启动初始时刻为基准，见表 2-7-1。

表 2-7-1　　AB Ⅰ 线 A 站保护动作简报

序号	动作报文对应时间	动作报文名称	动作相别	动作报文变化值
1	0ms	保护启动		1
2	9ms	纵联差动保护动作	A	1
3	65ms	纵联差动保护动作		0
4	865ms	重合闸动作		1
5	923ms	纵联差动保护动作	ABC	1
6	975ms	纵联差动保护动作		0
7	985ms	重合闸动作		0
8	7989ms	保护启动		0

如表 2-7-1 中所示，AB Ⅰ 线路 A 站侧保护启动后约 9ms 纵联差动保护动作，保护出口跳 A 相开关，865ms 重合闸动作，重合上 A 相开关，923ms 纵联差动保护动作，保护出口跳三相开关。

（2）从 B 站侧 AB Ⅰ 线保护故障录波 HDR 文件读取相关保护信息，以保护启动初始时刻为基准，见表 2-7-2。

表 2-7-2　　AB Ⅰ 线 B 站侧保护动作简报

序号	动作报文对应时间	动作报文名称	动作相别	动作报文变化值
1	0ms	保护启动		1
2	9ms	纵联差动保护动作	A	1
3	66ms	纵联差动保护动作		0
4	866ms	重合闸动作		1
5	924ms	纵联差动保护动作	ABC	1
6	976ms	纵联差动保护动作		0
7	986ms	重合闸动作		0
8	7991ms	保护启动		0

如表 2-7-2 中所示，AB Ⅰ 线路 B 站侧保护启动后约 9ms 纵联差动保护动作，保护出口跳 A 相开关，866ms 重合闸动作，重合上 A 相开关，924ms 纵联差动保护动作，保护出口跳三相开关。

2. 开关量变位解析

（1）以故障初始时刻为基准，ABⅠ线路 A 站侧开关量变位图如图 2-7-3 和图 2-7-4 所示。

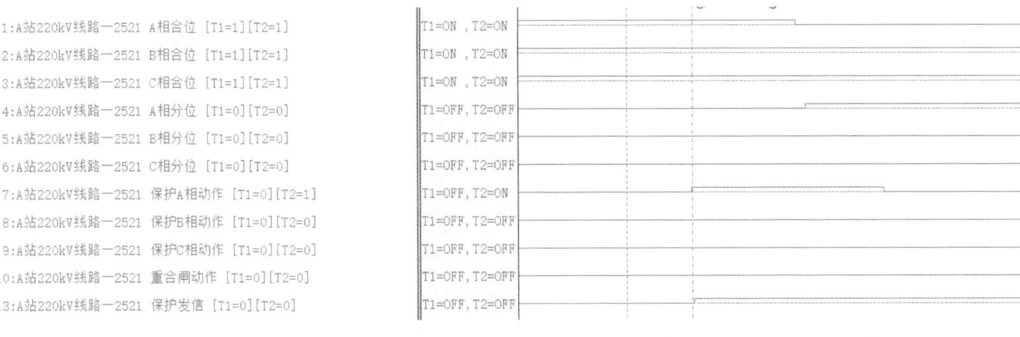

图 2-7-3　ABⅠ线路 A 站侧 A 站侧开关量变位图（第一次保护动作时）

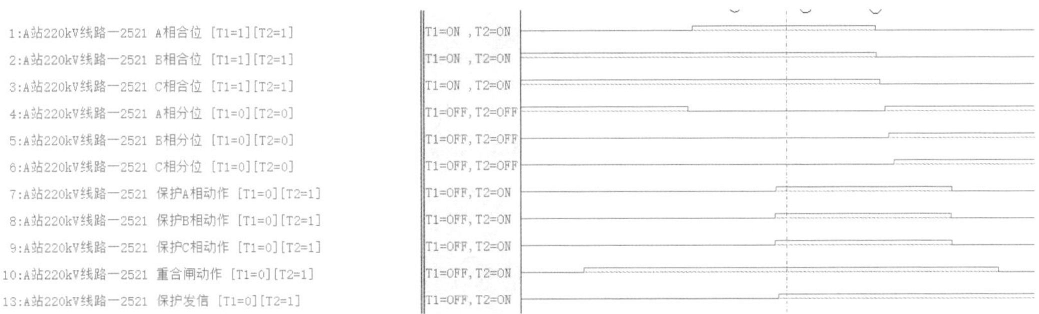

图 2-7-4　ABⅠ线路 A 站侧 A 站侧开关量变位图（重合闸及第二次动作时）

ABⅠ线路 A 站侧开关量变位时间顺序见表 2-7-3。

表 2-7-3　ABⅠ线路 A 站侧开关量变位时间顺序

位置	第 1 次变位时间	第 2 次变位时间	第 3 次变位时间	第 4 次变位时间
1:A 站 220kV 线路一 2521 A 相合位	↓ 46.750ms	↑ 909.000ms	↓ 960.500ms	
2:A 站 220kV 线路一 2521 B 相合位	↓ 960.750ms			
3:A 站 220kV 线路一 2521 C 相合位	↓ 961.750ms			
4:A 站 220kV 线路一 2521 A 相分位	↑ 49.500ms	↓ 907.750ms	↑ 963.250ms	
5:A 站 220kV 线路一 2521 B 相分位	↑ 964.250ms			
6:A 站 220kV 线路一 2521 C 相分位	↑ 965.750ms			
7:A 站 220kV 线路一 2521 保护 A 相动作	↑ 18.000ms	↓ 71.750ms	↑ 932.250ms	↓ 981.750ms
8:A 站 220kV 线路一 2521 保护 B 相动作	↑ 932.000ms	↓ 981.500ms		
9:A 站 220kV 线路一 2521 保护 C 相动作	↑ 932.000ms	↓ 981.750ms		
10:A 站 220kV 线路一 2521 重合闸动作	↑ 878.500ms	↓ 995.250ms		
13:A 站 220kV 线路一 2521 保护发信	↑ 18.750ms	↓ 222.250ms	↑ 933.000ms	↓ 1132.500ms

（2）以故障初始时刻为基准，AB Ⅰ线路 B 站侧开关量变位情况如图 2-7-5 和图 2-7-6 所示。

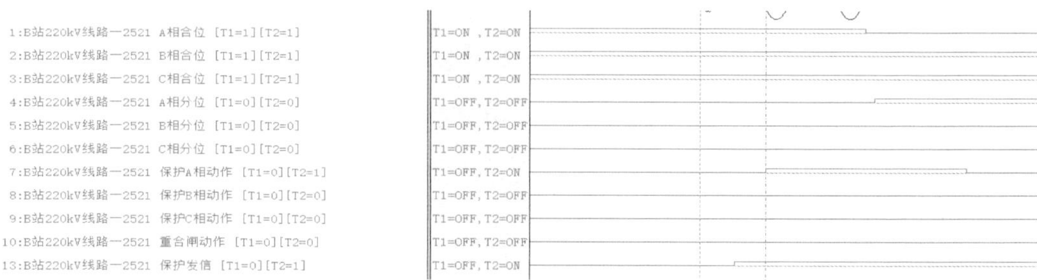

图 2-7-5　AB Ⅰ线路 B 站侧开关量变位图（第一次保护动作时）

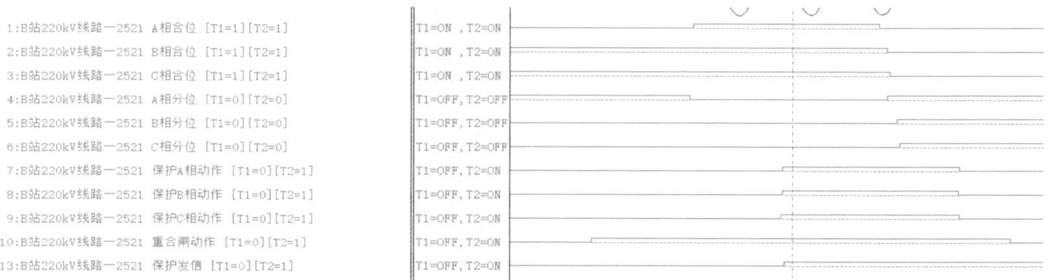

图 2-7-6　AB Ⅰ线路 B 站侧开关量变位图（重合闸及第二次保护动作时）

AB Ⅰ线路 B 站侧开关量变位时间顺序见表 2-7-4。

表 2-7-4　　AB Ⅰ线路 B 站侧开关量变位时间顺序

位置	第 1 次变位时间	第 2 次变位时间	第 3 次变位时间	第 4 次变位时间
1:B 站 220kV 线路一 2521 A 相合位	↓ 45.000ms	↑ 907.750ms	↓ 960.000ms	
2:B 站 220kV 线路一 2521 B 相合位	↓ 962.250ms			
3:B 站 220kV 线路一 2521 C 相合位	↓ 963.000ms			
4:B 站 220kV 线路一 2521 A 相分位	↑ 47.500ms	↓ 906.750ms	↑ 962.250ms	
5:B 站 220kV 线路一 2521 B 相分位	↑ 965.000ms			
6:B 站 220kV 线路一 2521 C 相分位	↑ 965.750ms			
7:B 站 220kV 线路一 2521 保护 A 相动作	↑ 18.000ms	↓ 72.750ms	↑ 933.000ms	↓ 982.750ms
8:B 站 220kV 线路一 2521 保护 B 相动作	↑ 933.000ms	↓ 982.500ms		
9:B 站 220kV 线路一 2521 保护 C 相动作	↑ 932.500ms	↓ 982.750ms		
10:B 站 220kV 线路一 2521 重合闸动作	↑ 879.250ms	↓ 997.250ms		
13:B 站 220kV 线路一 2521 保护发信	↑ 9.500ms	↓ 223.250ms	↑ 933.500ms	↓ 1133.250ms

小结：故障发生后约 18ms AB Ⅰ线路 A 侧保护动作，18ms AB Ⅰ线路 B 侧保护动作，约 46.7ms AB Ⅰ线路 A 站侧 A 相开关跳开，约 45ms AB Ⅰ线路 B 站侧 A 相开关跳开，成功隔离故障，约 879ms AB Ⅰ线路 A 侧保护重合闸动作，约 879ms AB Ⅰ线路 B 侧保护重合闸动作，

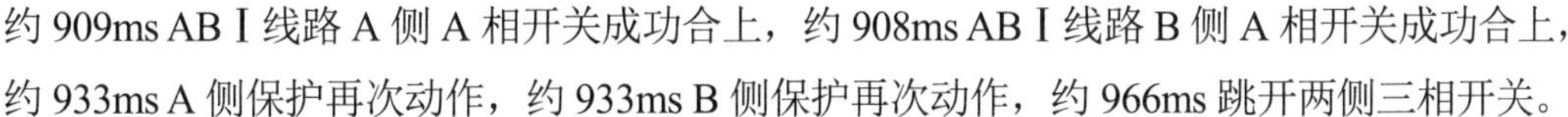

约909ms AB Ⅰ线路 A 侧 A 相开关成功合上，约 908ms AB Ⅰ线路 B 侧 A 相开关成功合上，约 933ms A 侧保护再次动作，约 933ms B 侧保护再次动作，约 966ms 跳开两侧三相开关。

3. 波形特征解析

（1）AB Ⅰ线路 A 站侧录波图解析。查看 AB Ⅰ线路 A 站侧故障波形图，如图 2－7－7～图 2－7－9 所示。

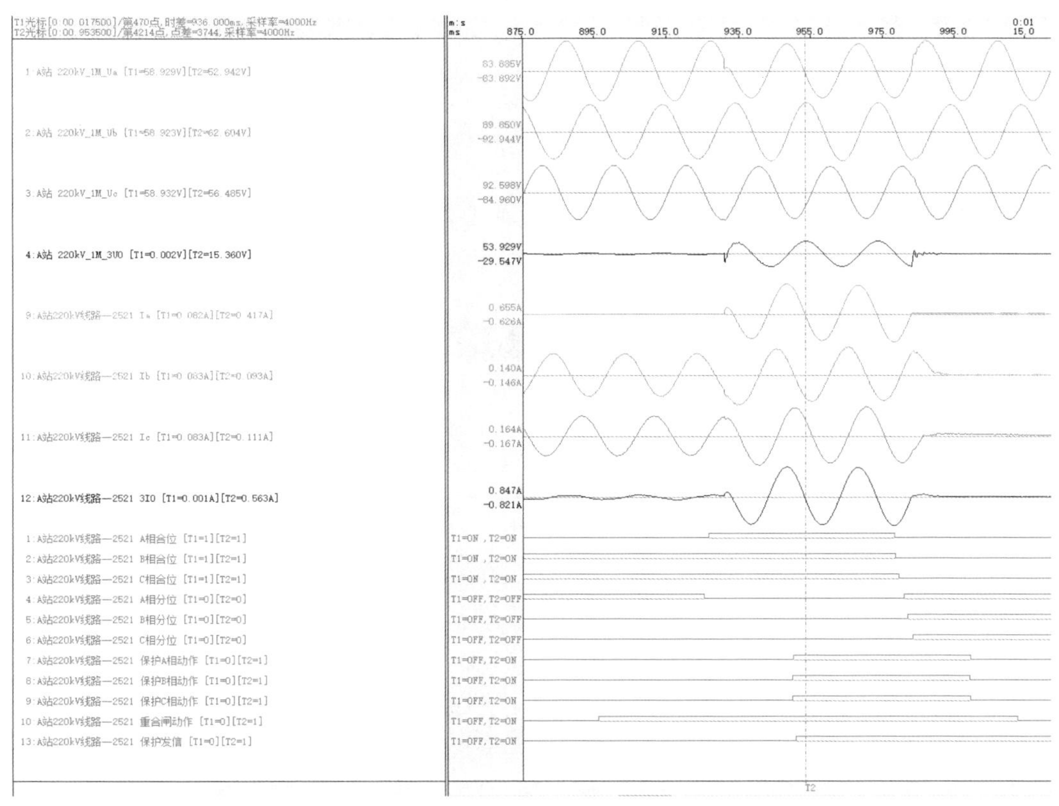

图 2－7－7　AB Ⅰ线路 A 站侧录波波形（第一次保护动作时）

1）从图 2－7－7 解析可知 0ms 故障态电压特征解析：故障发生后，母线电压 A 相电压下降为 53V，持续 2.5 周波 50ms 左右，剩余电压较高，B、C 相电压虽受到故障影响幅值小幅上升，但幅值变化程度较小，三相电压之间的夹角受到故障影响，不再互相夹角 120°，故障时出现零序电压，由于 A 相电压降落，因此初步怀疑故障相为 A 相。

2）从图 2－7－7 解析可知 0ms 故障态电流特征解析：AB Ⅰ线路 A 相电流升高，持续 2.5 周波 50ms 左右，A 相故障电流二次值约为 0.43A，B、C 相电流受故障影响出现小幅波动，且出现零序电流，说明故障相为 A 相。

3）从图 2－7－7 解析可知约 16ms 线路保护差动保护动作切除 A 站侧开关后，A 相故障电流消失，A 相电压恢复正常，说明线路保护范围内故障切除，故障持续 2.5 周波 50ms 左右。

4）从图 2－7－7 解析可知 0ms 故障态相量特征解析：由于故障相 A 相剩余电压降

低接近于 0V，B、C 相电压虽受到故障影响幅值小幅上升，但幅值变化程度较小，产生的零序电压幅值约为 15.8V，零序电流二次值约为 0.567A，通过相位解析，零序电流超前零序电压约 98°，但是故障相电流超前故障相电压约 2°，说明故障受到了接地电阻影响，故障特征不完全符合线路区内单相接地故障的典型特征，但是从零序电流和电压的相位，还是可以判断其为区内单相接地故障，如图 2-7-8 所示。

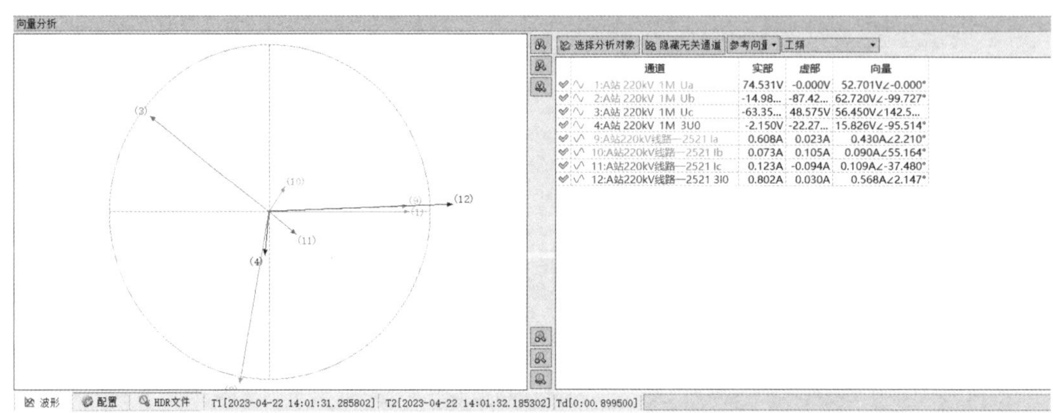

图 2-7-8　AB Ⅰ线路 A 站侧录波波形（第一次保护动作时相量分析）

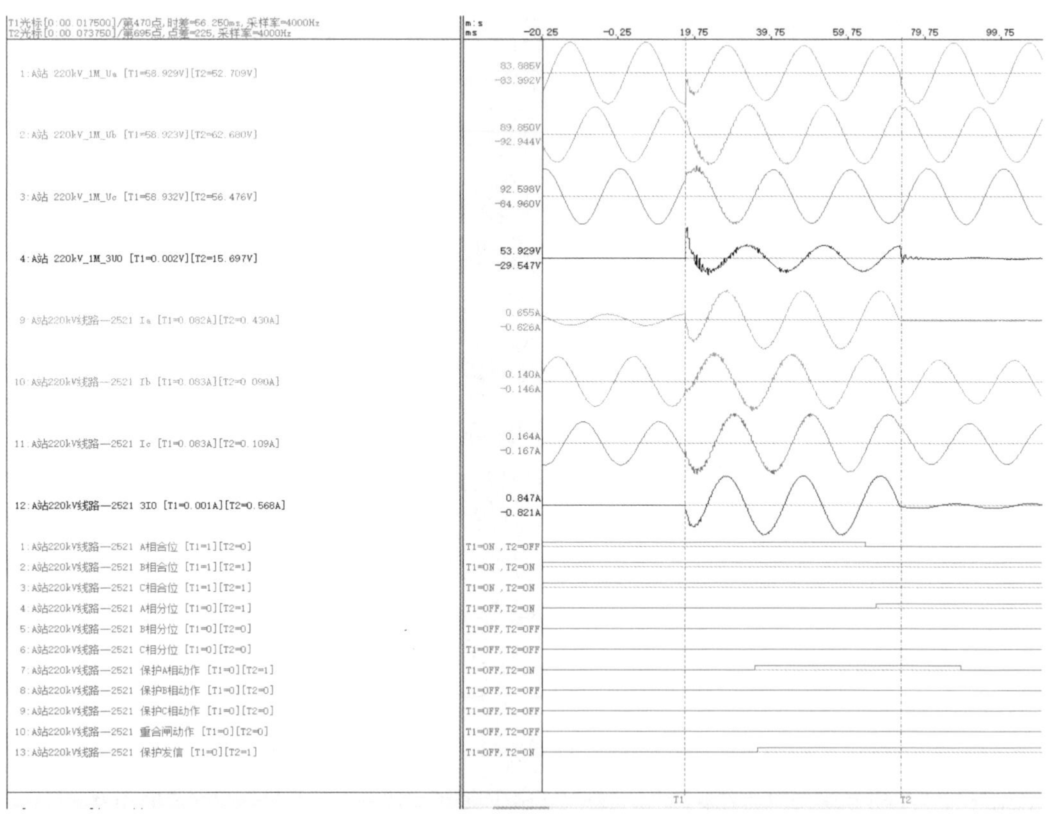

图 2-7-9　AB Ⅰ线路 A 站侧录波波形（重合闸及第二次保护动作时）

5）从图 2－7－9 解析可知约 879ms ABⅠ线路 A 侧保护重合闸动作合上 A 相开关，约 909ms ABⅠ线路 A 侧 A 相开关成功合上。A 相开关合上后故障特征重现，母线电压 A 相下降，B、C 相电压虽受到故障影响幅值小幅上升，但幅值变化程度较小，故障时出现零序电压，ABⅠ线路 A 相电流升高，B、C 相电流受故障影响出现小幅波动，且出现零序电流，第二次故障时电流和电压幅值与第一次比较基本不变，第二次相量特征与第一次一样，零序电流超前零序电压约 98°，但是故障相电流超前故障相电压约 2°，判断其仍为线路区内经过渡电阻单相接地故障特征，如图 2－7－10 所示。

6）从图 2－7－9 解析可知约 933ms 纵联差动保护动作切除 A 站侧三相开关后，A 相故障电流消失，母线电压恢复正常，说明重合闸成功后故障未切除，线路保护再次动作后切除范围内故障，重合后故障持续 2.5 周波 50ms 左右。

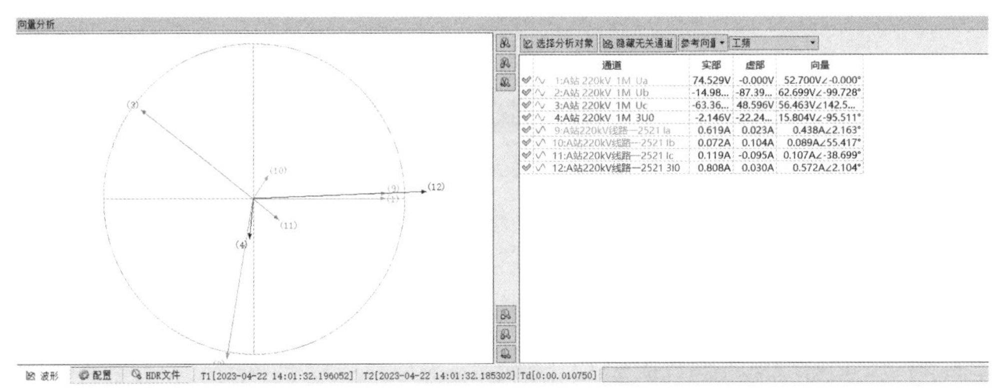

图 2－7－10 ABⅠ线路 A 站侧录波波形（第二次保护动作时相量分析）

（2）ABⅠ线路 B 站侧录波图解析。查看 ABⅠ线路 B 站侧故障波形图，如图 2－7－11～图 2－7－13 所示。

1）从图 2－7－11 解析可知 0ms 故障态电压特征解析：母线电压 A 相电压下降，持续 2.5 周波 50ms 左右，剩余残压约为 55.7V，B、C 相电压虽受到故障影响幅值小幅上升，但幅值变化程度较小，三相电压之间的夹角受到故障影响，不再互相夹角 120°，故障时出现零序电压，由于 A 相电压降落，因此初步怀疑故障相为 A 相。

2）从图 2－7－11 解析可知 0ms 故障态电流特征解析：ABⅠ线路 A 相电流升高，持续 2.5 周波 50ms 左右，A 相故障电流二次值约为 0.638A，B、C 相电流受故障影响出现小幅波动，且出现零序电流，说明故障相为 A 相。

3）从图 2－7－11 解析可知约 18ms 线路保护差动保护动作切除 A 站侧开关后，A 相故障电流消失，A 相电压恢复正常，说明线路保护范围内故障切除，故障持续 2.5 周波 50ms 左右。

4）从图 2－7－11 解析可知 0ms 故障态相量特征解析：由于故障相 A 相电压下降，剩余残压约 55.7V，B、C 相电压虽受到故障影响幅值小幅上升，但幅值变化程度较小，故障时出现零序电压，产生的零序电压幅值约为 5.8V，零序电流二次值约为 0.476A，通过相位解析，零序电流超前零序电压约 95°，故障相电压超前故障相电流约 11°，说明故障受到了接地电阻影响，故障特征不完全符合线路区内单相接地故障的典型特征，但是从零序电流和电压的相位，还是可以判断其为区内经过渡电阻单相接地故障。AB Ⅰ线路 B 站侧录波波形（第一次保护动作时相量分析）如图 2－7－12 所示。

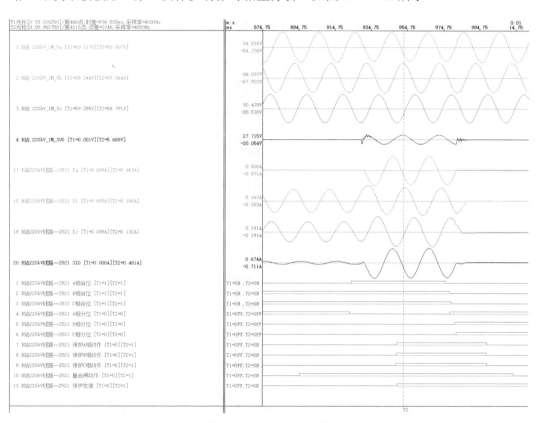

图 2－7－11　AB Ⅰ线路 B 站侧录波波形（第一次保护动作时）

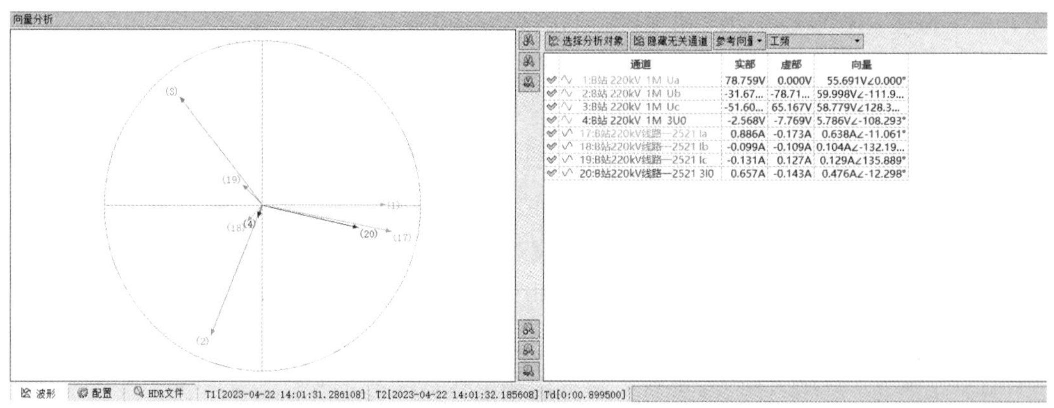

图 2－7－12　AB Ⅰ线路 B 站侧录波波形（第一次保护动作时相量分析）

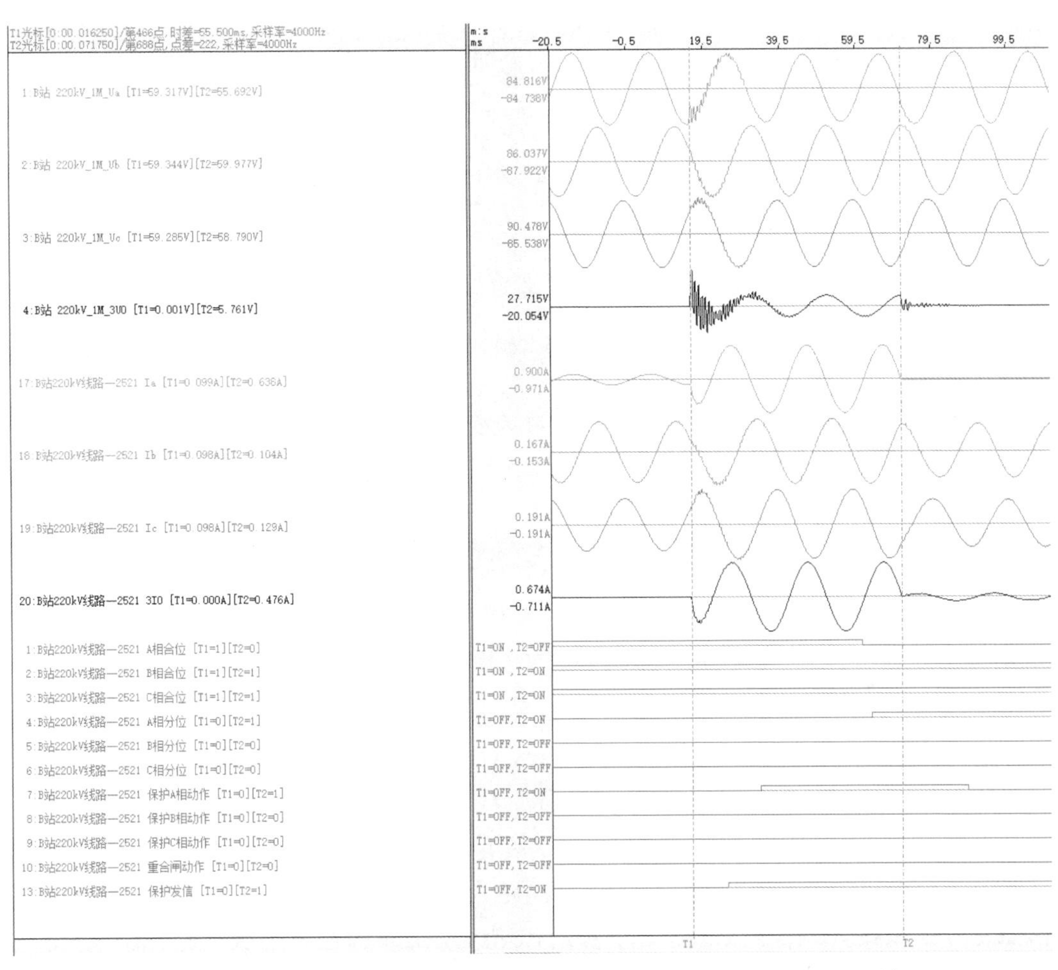

图 2－7－13　AB Ⅰ线路 B 站侧录波波形（重合闸及第二次保护动作时）

5）从图 2－7－13 解析可知约 879ms AB Ⅰ线路 B 侧保护重合闸动作合上 A 相开关，约 908ms AB Ⅰ线路 B 侧 A 相开关成功合上。A 相开关合上后故障特征重现，母线电压 A 相下降为 55.8V，B、C 相电压虽受到故障影响幅值小幅上升，但幅值变化程度较小，故障时出现零序电压，AB Ⅰ线路 A 相电流升高，B、C 相电流受故障影响出现小幅波动，且出现零序电流，第二次相量特征与第一次一样，零序电流超前零序电压约 95°，故障相电压超前故障相电流约 11°，判断其仍为区内经过渡电阻单相接地故障，如图 2－7－14 所示。

6）从图 2－7－13 解析可知约 933ms 纵联差动保护动作切除 B 站侧三相开关后，A 相故障电流消失，母线电压恢复正常，说明重合闸成功后故障未切除，线路保护再次动作后切除范围内故障，重合后故障持续 2.5 周波 50ms 左右。

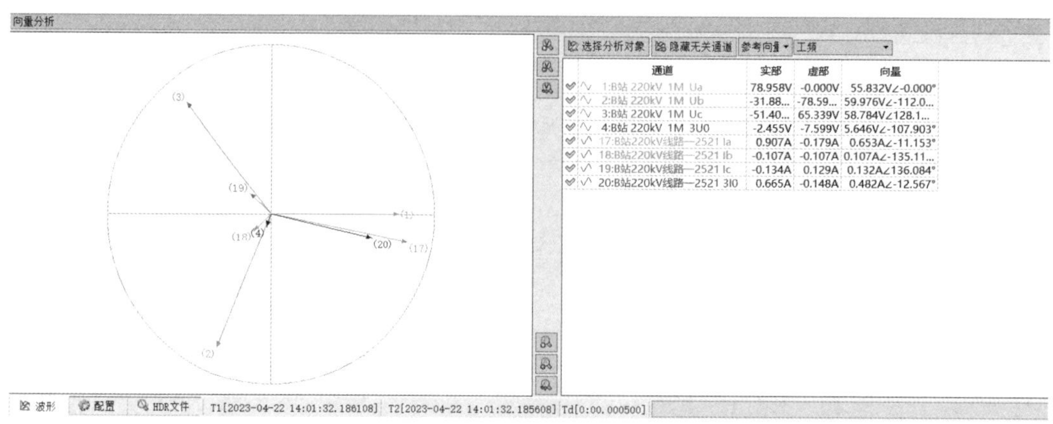

图 2-7-14　AB Ⅰ 线路 B 站侧录波波形（第二次保护动作时相量分析）

三、综合总结

从波形特征解析，系统发生了 AB Ⅰ 线 A 相永久性经过渡电阻接地故障，A 站侧 A 相电压几乎不降低，剩余电压幅值为 52.7V，B 站侧靠近电源端故障后 A 相电压也几乎不降低，剩余电压幅值为 55.8V，两侧比较 A 站侧电压减低程度稍大，两侧 A 相故障电流均变大，但是变大程度不及金属性故障，产生零序电压和零序电流，其相量分析两侧均为正方向区内，说明故障发生于靠近线路 A 站侧某处，且为经过渡电阻接地。因为受到过渡电阻影响，电压降低程度不明显，导致未能直观判断故障点位置，结合两侧保护装置故障信息测距结果，A 站侧测距为 0km，B 站侧测距为 49.8km，印证了故障发生于线路 A 站侧出口处。在保护动作第一次跳开 A 相开关后，故障消失，重合闸动作合上开关后 A 相经过渡电阻接地故障重现，保护再次动作跳开三相开关，说明为 A 相永久性故障。AB Ⅰ 线路 A、B 站侧保护故障信息测距分别见表 2-7-5 和表 2-7-6。

表 2-7-5　　AB Ⅰ 线路 A 站侧保护故障信息测距

序号	故障参数名称	故障参数实际值	故障参数单位
1	故障相电压	52.89	V
2	故障相电流	0.43	A
3	最大零序电流	0.56	A
4	最大差动电流	0.96	A
5	故障测距	0.00	km
6	故障相别	A	

表 2-7-6　　AB Ⅰ线路 B 站侧保护故障信息测距

序号	故障参数名称	故障参数实际值	故障参数单位
1	故障相电压	55.83	V
2	故障相电流	0.64	A
3	最大零序电流	0.48	A
4	最大差动电流	1.15	A
5	故障测距	49.80	km
6	故障相别	A	

从保护动作行为解析，第一次保护动作时 A 站侧差动保护动作，B 站侧差动保护动作。两侧保护的距离Ⅰ段保护未动作，纵联距离和纵联零序保护也未动作，说明受到过渡电阻影响了距离和零序保护的判断，同时零序电流较小也影响了零序保护动作。两侧保护重合闸动作均重合，重合后两侧 A 相经过渡电阻接地故障重现，保护再次动作跳开三相开关，且第二次保护动作时 A 站纵联差动保护动作，B 站纵联差动保护动作，两侧均是差动保护动作。两侧距离加速和零序加速未动作也是受到了过渡电阻影响。上述保护动作行为也说明为 A 相永久性故障。

综上所述，本次故障位于 AB Ⅰ线路 A 站侧出口处，故障性质为 A 相永久性经过渡电阻接地故障，AB Ⅰ线线路保护动作行为正确。

2.8　末端单相永久性经电阻接地

一、故障信息

故障发生前 A 站、B 站、C 站运行方式为 AB Ⅰ线、AB Ⅱ线、AC Ⅰ线、BC Ⅰ线、#1 主变、#2 主变、母联均在合位，A 站#1 主变、AB Ⅰ线、AB Ⅱ线挂 1M、#2 主变、AC Ⅰ线挂 2M。AB Ⅰ线 A 站侧 TA 变比 2400/1，B 站侧 TA 变比 2000/1。线路全长 50km。仿真系统过渡电阻设置 50Ω。故障发生前 A 站、B 站、C 站运行方式如图 2-8-1 所示。

故障发生后，AB Ⅰ线线路两侧开关均在分位，其余开关位置也未发生变化，故障发生后 A 站、B 站、C 站运行方式，图 2-8-2 所示。

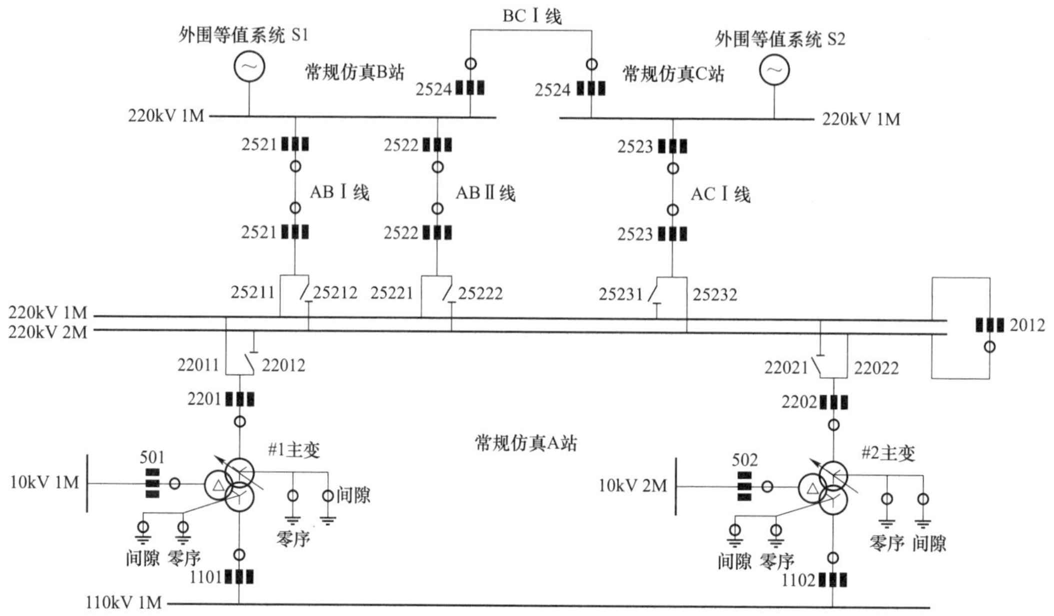

图 2-8-1 故障发生前 A 站、B 站、C 站运行方式

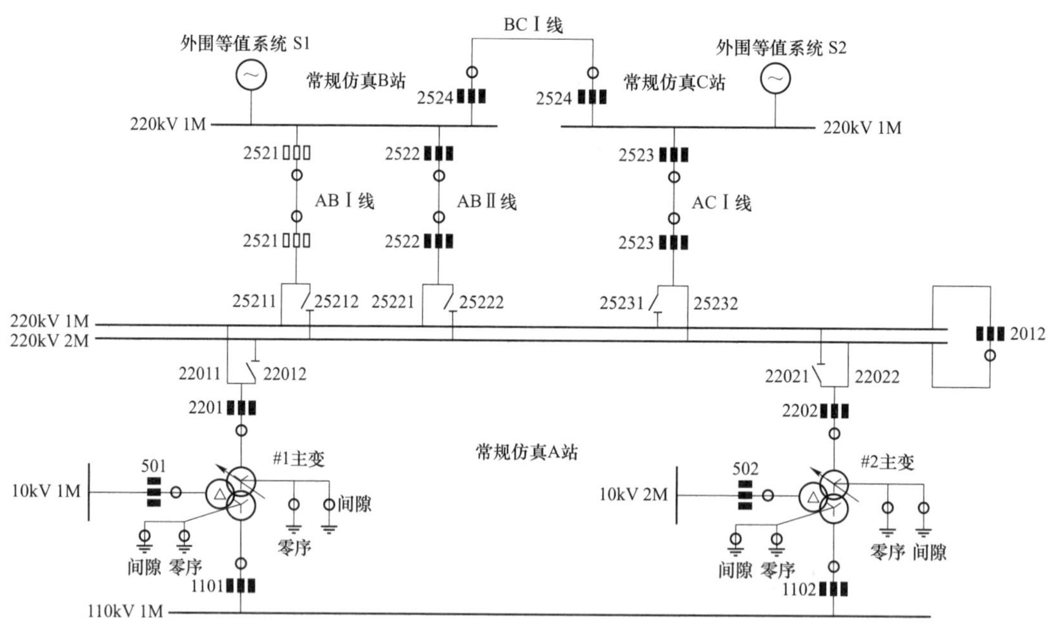

图 2-8-2 故障发生后 A 站、B 站、C 站运行方式

二、录波图解析

1. 保护动作报文解析

（1）从 A 站 AB Ⅰ线故障录波 HDR 文件读取相关保护信息，以保护启动初始时刻为基准，见表 2-8-1。

表 2-8-1　　AB Ⅰ线 A 站保护动作简报

序号	动作报文对应时间	动作报文名称	动作相别	动作报文变化值
1	0ms	保护启动		1
2	7ms	纵联差动保护动作	A	1
3	54ms	纵联差动保护动作		0
4	57ms	纵联差动保护动作	A	1
5	98ms	纵联差动保护动作		0
6	898ms	重合闸动作		1
7	967ms	纵联差动保护动作	ABC	1
8	1018ms	重合闸动作		0
9	1028ms	纵联差动保护动作		0
10	8040ms	保护启动		0

如表 2-8-1 中所示，AB Ⅰ线路 A 站侧保护启动后约 7ms 纵联差动保护动作，57ms 纵联差动保护动作，保护出口跳 A 相开关，898ms 重合闸动作，重合上 A 相开关，986ms 纵联差动保护动作，保护出口跳三相开关。

（2）从 B 站侧 AB Ⅰ线保护故障录波 HDR 文件读取相关保护信息，以保护启动初始时刻为基准，见表 2-8-2。

表 2-8-2　　AB Ⅰ线 B 站侧保护动作简报

序号	动作报文对应时间	动作报文名称	动作相别	动作报文变化值
1	0ms	保护启动		1
2	36ms	纵联差动保护动作	A	1
3	97ms	纵联差动保护动作		0
4	897ms	重合闸动作		1
5	954ms	纵联差动保护动作	ABC	1
6	1015ms	纵联差动保护动作		0
7	1017ms	重合闸动作		0
8	8019ms	保护启动		0

如表 2-8-2 中所示，AB Ⅰ线路 B 站侧保护启动后约 36ms 纵联差动保护动作（对比两侧保护启动时间，B 站侧保护启动时间较 A 站侧早 30ms），保护出口跳 A 相开关，897ms 重合闸动作，重合上 A 相开关，954ms 纵联差动保护动作，保护出口跳三相开关。

2. 开关量变位解析

（1）以故障初始时刻为基准，AB Ⅰ线路 A 站侧开关量变位图如图 2-8-3 和图 2-8-4 所示。

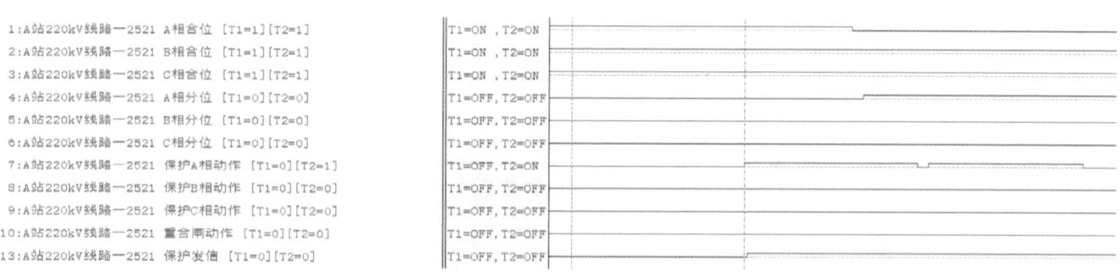

图 2-8-3　AB Ⅰ线路 A 站侧 A 站侧开关量变位图（第一次保护动作时）

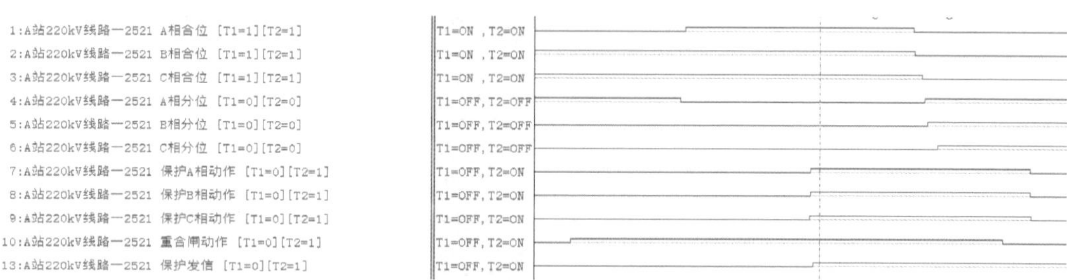

图 2-8-4　AB Ⅰ线路 A 站侧 A 站侧开关量变位图（重合闸及第二次动作时）

AB Ⅰ线路 A 站侧开关量变位时间顺序见表 2-8-3。

表 2-8-3　　AB Ⅰ线路 A 站侧开关量变位时间顺序

位置	第 1 次变位时间	第 2 次变位时间	第 3 次变位时间	第 4 次变位时间	第 5 次变位时间	第 6 次变位时间
1:A 站 220kV 线路一 2521 A 相合位	↓ 73.250ms	↑ 971.250ms	↓ 1033.000ms			
2:A 站 220kV 线路一 2521 B 相合位	↓ 1033.250ms					
3:A 站 220kV 线路一 2521 C 相合位	↓ 1035.250ms					
4:A 站 220kV 线路一 2521 A 相分位	↑ 76.250ms	↓ 970.000ms	↑ 11036.000ms			
5:A 站 220kV 线路一 2521 B 相分位	↑ 1036.750ms					
6:A 站 220kV 线路一 2521 C 相分位	↑ 1039.500ms					
7:A 站 220kV 线路一 2521 保护 A 相动作	↑ 45.000ms	↓ 90.500ms	↑ 93.250ms	↓ 133.750ms	↑ 1005.250ms	↓ 1064.500ms
8:A 站 220kV 线路一 2521 保护 B 相动作	↑ 1005.250ms	↓ 1064.500ms				
9:A 站 220kV 线路一 2521 保护 C 相动作	↑ 1005.000ms	↓ 1064.750ms				
10:A 站 220kV 线路一 2521 重合闸动作	↑ 940.500ms	↓ 1057.250ms				
13:A 站 220kV 线路一 2521 保护发信	↑ 45.750ms	↓ 284.250ms	↑ 1006.000ms	↓ 1215.500ms		

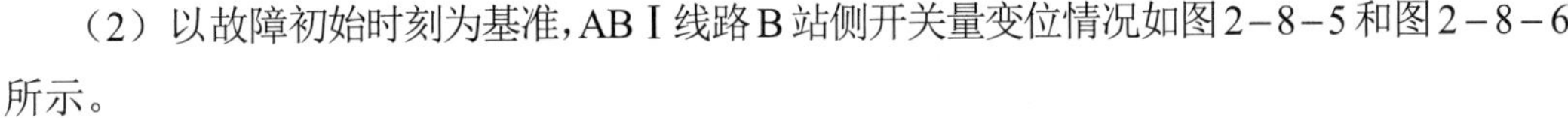

（2）以故障初始时刻为基准，AB Ⅰ线路 B 站侧开关量变位情况如图 2－8－5 和图 2－8－6 所示。

图 2－8－5　AB Ⅰ线路 B 站侧开关量变位图（第一次保护动作时）

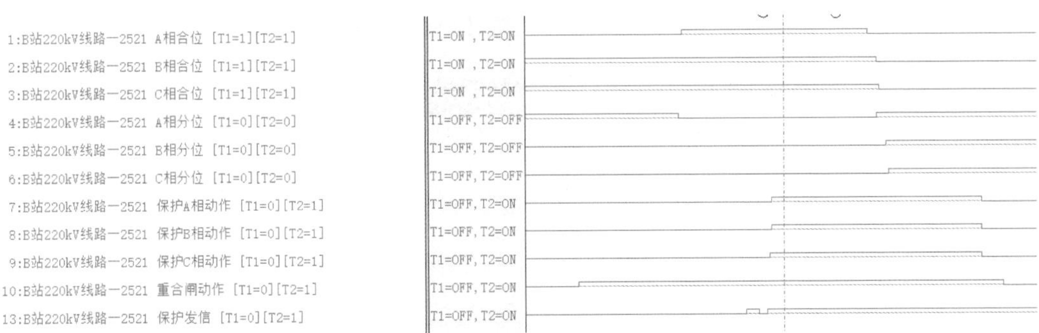

图 2－8－6　AB Ⅰ线路 B 站侧开关量变位图（重合闸及第二次保护动作时）

AB Ⅰ线路 B 站侧开关量变位时间顺序见表 2－8－4。

表 2－8－4　　AB Ⅰ线路 B 站侧开关量变位时间顺序

位置	第 1 次变位时间	第 2 次变位时间	第 3 次变位时间	第 4 次变位时间	第 5 次变位时间	第 6 次变位时间
1:B 站 220kV 线路一 2521 A 相合位	↓ 71.250ms	↑ 937.750ms	↓ 989.000ms			
2:B 站 220kV 线路一 2521 B 相合位	↓ 991.500ms					
3:B 站 220kV 线路一 2521 C 相合位	↓ 992.250ms					
4:B 站 220kV 线路一 2521 A 相分位	↑ 73.750ms	↓ 936.750ms	↑ 991.500ms			
5:B 站 220kV 线路一 2521 B 相分位	↑ 994.250ms					
6:B 站 220kV 线路一 2521 C 相分位	↑ 995.000ms					
7:B 站 220kV 线路一 2521 保护 A 相动作	↑ 43.750ms	↓ 102.750ms	↑ 962.250ms	↓ 1021.000ms		

续表

位置	第 1 次变位时间	第 2 次变位时间	第 3 次变位时间	第 4 次变位时间	第 5 次变位时间	第 6 次变位时间
8:B 站 220kV 线路一 2521 保护 B 相动作	↑ 962.250ms	↓ 1021.000ms				
9:B 站 220kV 线路一 2521 保护 C 相动作	↑ 961.750ms	↓ 1021.000ms				
10:B 站 220kV 线路一2521 重合闸动作	↑ 909.250ms	↓ 1027.250ms				
13:B 站 220kV 线路一2521 保护发信	↑ 7.750ms	↓ 253.250ms	↑ 955.250ms	↓ 958.750ms	↑ 961.000ms	↓ 1171.500ms

小结：故障发生后约 45ms ABⅠ线路 A 侧保护动作，43.75ms ABⅠ线路 B 侧保护动作，约 73.25ms ABⅠ线路 A 站侧 A 相开关跳开，（中间 A 站侧保护返回一小段时间，93.25ms 时再次 A 侧保护动作，此处应为仿真系统模拟原因，电流返回时突增导致），约 71.25ms ABⅠ线路 B 站侧 A 相开关跳开，成功隔离故障，约 940.5ms ABⅠ线路 A 侧保护重合闸动作，约 909ms ABⅠ线路 B 侧保护重合闸动作，约 971ms ABⅠ线路 A 侧 A 相开关成功合上，约 938ms ABⅠ线路 B 侧 A 相开关成功合上，约 1005.25ms A 侧保护再次动作，约 962.25ms B 侧保护再次动作，约 966ms 跳开两侧三相开关。

3. 波形特征解析

（1）ABⅠ线路 A 站侧录波图解析。查看 ABⅠ线路 A 站侧故障波形图，如图 2－8－7～图 2－8－9 所示。

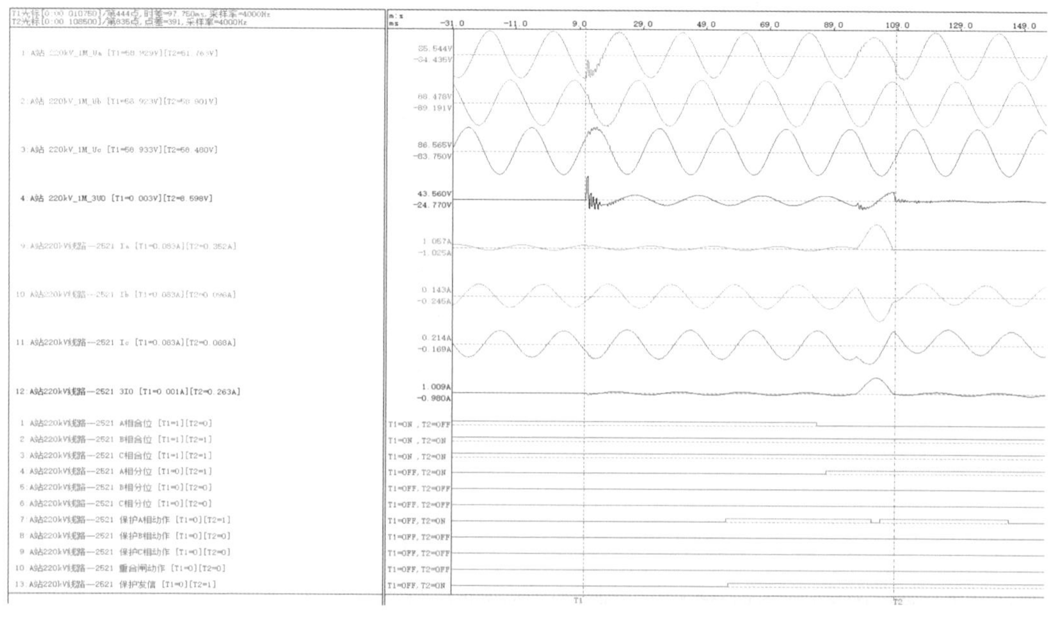

图 2－8－7 ABⅠ线路 A 站侧录波波形（第一次保护动作时）

1）从图 2－8－7 解析可知 0ms 故障态电压特征解析：故障发生后，母线电压 A 相电压下降不明显，仍有 57V，剩余电压较高，B、C 相电压虽受到故障影响幅值小幅上升，但幅值变化程度较小，三相电压之间的夹角受到故障影响，不再互相夹角 120°，故障时出现零序电压，由于 A 相电压降落，因此初步怀疑故障相为 A 相。

2）从图 2－8－7 解析可知 0ms 故障态电流特征解析：ABⅠ线路 A 相电流变化不明显，甚至低于正常负荷电流 0.083A，A 相故障电流二次值约为 0.064A，B、C 相电流受故障影响出现小幅波动，且出现零序电流，怀疑因过渡电阻导致故障电流偏小。

3）从图 2－8－7 解析可知约 45ms 线路保护差动保护动作切除 A 站侧开关后，A 相故障电流消失，A 相电压恢复正常，说明线路保护范围内故障切除，故障持续 5 周波 100ms 左右。

4）从图 2－8－7 解析可知 0ms 故障态相量特征解析：由于故障相 A 相剩余电压降低不明显，仍有 57V，B、C 相电压虽受到故障影响幅值小幅上升，但幅值变化程度较小。产生的零序电压幅值约为 6.3V，零序电流二次值约为 0.043A，通过相位解析，零序电流超前零序电压约 105°，但是故障相电流超前故障相电压约 175°，说明故障受到了接地电阻影响，故障特征不完全符合线路区内单相接地故障的典型特征，但是从零序电流和电压的相位，还是可以判断其为区内单相接地故障，如图 2－8－8 所示。

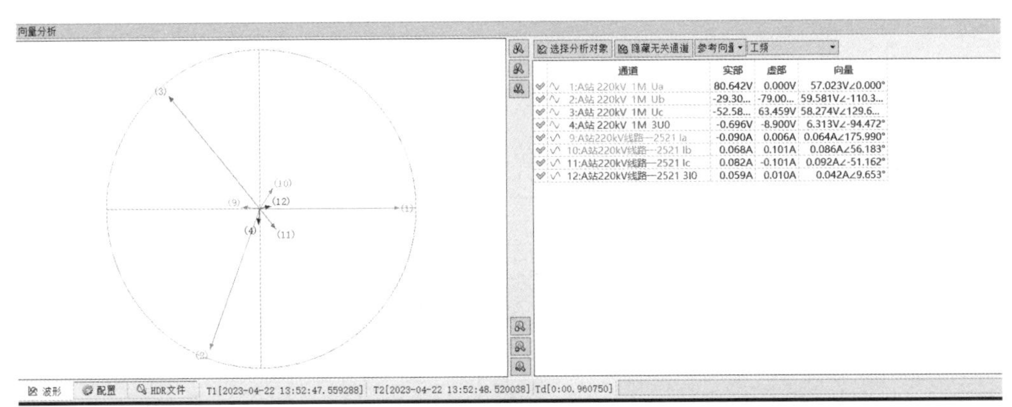

图 2－8－8　ABⅠ线路 A 站侧录波波形（第一次保护动作时相量分析）

5）从图 2－8－9 解析可知约 940ms ABⅠ线路 A 侧保护重合闸动作合上 A 相开关，约 971ms ABⅠ线路 A 侧 A 相开关成功合上。A 相开关合上后故障特征重现，母线电压 A 相下降，B、C 相电压虽受到故障影响幅值小幅上升，但幅值变化程度较小，故障时出现零序电压，ABⅠ线路 A 相电流升高，B、C 相电流受故障影响出现小幅波动，且出现零序电流，第二次故障时电流和电压幅值与第一次比较变化较大 A 相剩余电压约 45V，A 相故障电流为 0.73A，零序电压约为 15V，零序电流为 0.66A，第二次相量特征零序电流超前零序电压约 100°，故障相电流滞后故障相电压约 20°，判断其重合后由于系统重合冲击和过渡电阻影响，故障特征中零序特征比第一次更明显，因此判断仍为线路区内经过渡电阻单相接地故障特征，如图 2－8－10 所示。

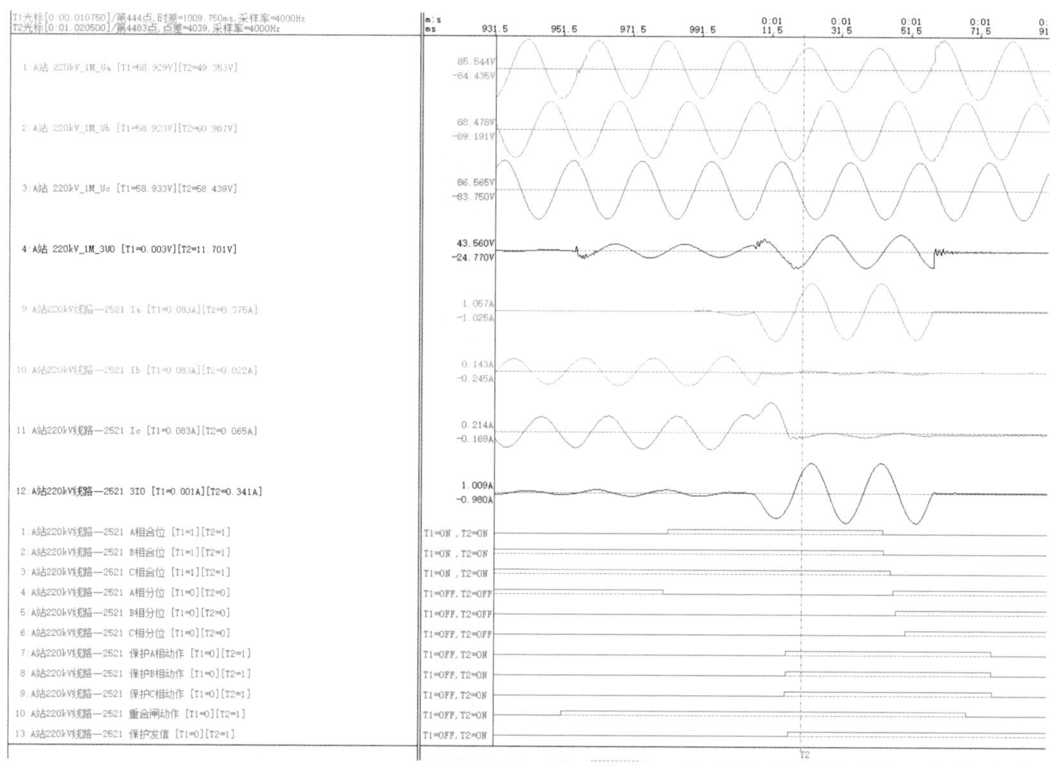

图 2-8-9　ABⅠ线路 A 站侧录波波形（重合闸及第二次保护动作时）

6）从图 2-8-9 解析可知约 1005ms 纵联差动保护动作切除 A 站侧三相开关后，A 相故障电流消失，母线电压恢复正常，说明重合闸成功后故障未切除，线路保护再次动作后切除范围内故障，重合后故障持续 5 周波 100ms 左右。

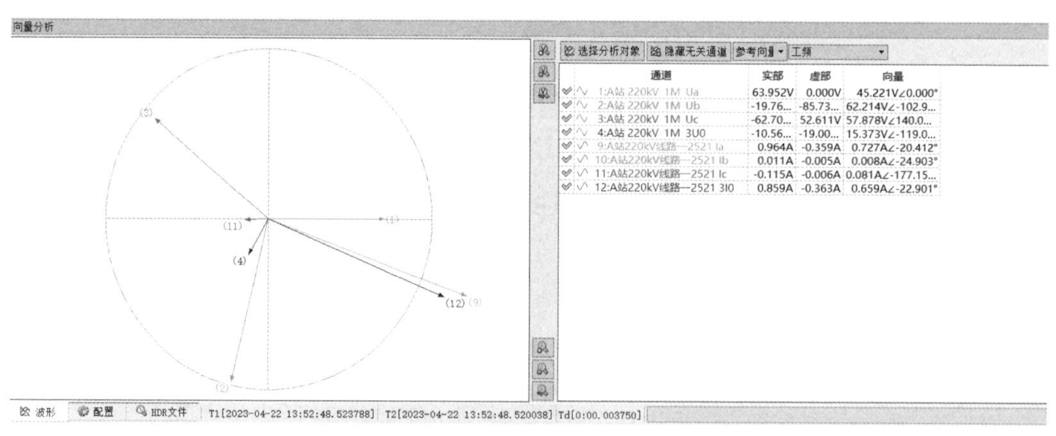

图 2-8-10　ABⅠ线路 A 站侧录波波形（第二次保护动作时相量分析）

（2）ABⅠ线路 B 站侧录波图解析。查看 ABⅠ线路 B 站侧故障波形图，如图 2-8-11～图 2-8-13 所示。

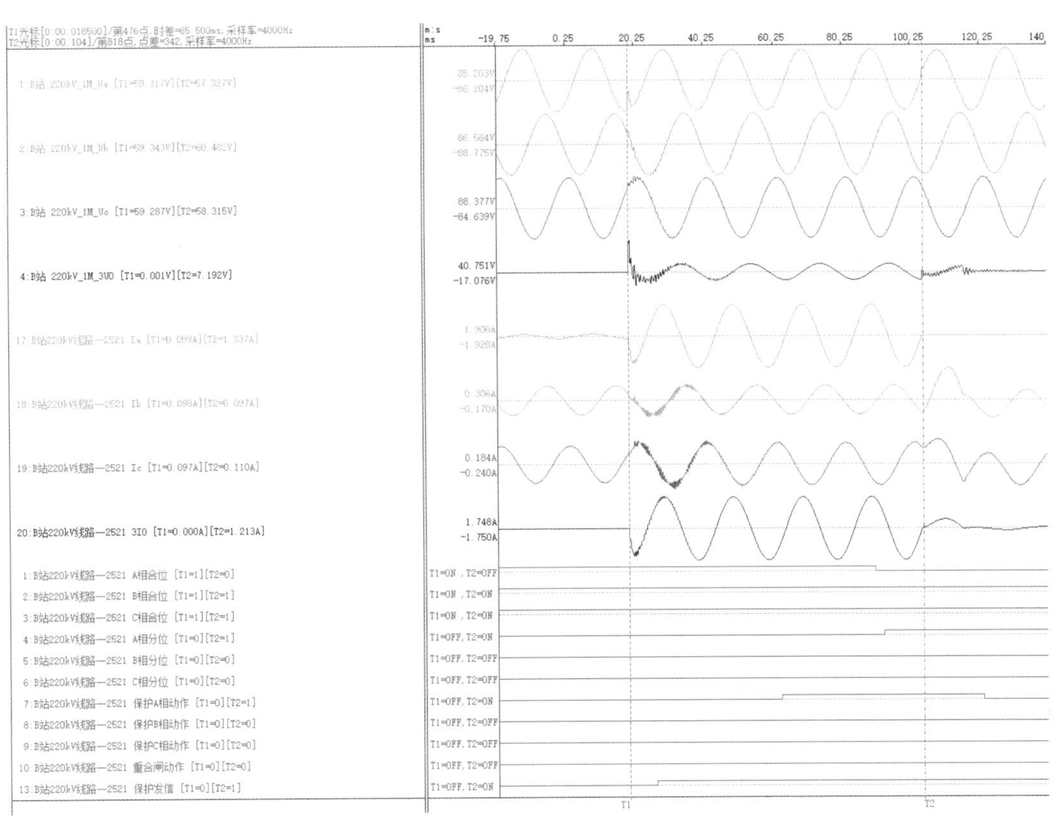

图 2-8-11 AB Ⅰ线路 B 站侧录波波形（第一次保护动作时）

1）从图 2-8-11 解析可知 0ms 故障态电压特征解析：母线电压 A 相电压下降不明显，仍有 57.3V，B、C 相电压虽受到故障影响幅值小幅上升，但幅值变化程度较小，三相电压之间的夹角受到故障影响，不再互相夹角 120°，故障时出现零序电压，由于 A 相电压降落，因此初步怀疑故障相为 A 相。

2）从图 2-8-11 解析可知 0ms 故障态电流特征解析：AB Ⅰ线路 A 相电流升高，A 相故障电流二次值约 1.337A，B、C 相电流受故障影响出现小幅波动，且出现零序电流，说明故障相为 A 相。

3）从图 2-8-11 解析可知约 44ms 线路保护差动保护、纵联零序保护动作切除 A 站侧开关后，A 相故障电流消失，A 相电压恢复正常，说明线路保护范围内故障切除，故障持续 4 周波 80ms 左右。

4）从图 2-8-11 解析可知 0ms 故障态相量特征解析：由于故障相 A 相电压下降，剩余残压仍有 57.3V，B、C 相电压虽受到故障影响幅值小幅上升，但幅值变化程度较小，产生的零序电压幅值约为 7.19V，零序电流二次值约为 1.3A，通过相位解析，零序电流超前零序电压约 95°，故障相电压超前故障相电流约 1°，说明故障受到了接地电阻影响，故障特征不完全符合线路区内单相接地故障的典型特征，但是从零序电流和电压的相位，还是可以判断其为区内经过渡电阻单相接地故障，如图 2-8-12 所示。与 A 侧比较，B 站侧更靠近电源端，且其故障电流变大幅度更明显，A 站侧 A 相电流甚至比负荷电流更小，说明故障电流基本在 B 站侧流入大地，A 站侧 A 相电流为受到故障影响后的负荷电流，所以故障特征不明显。

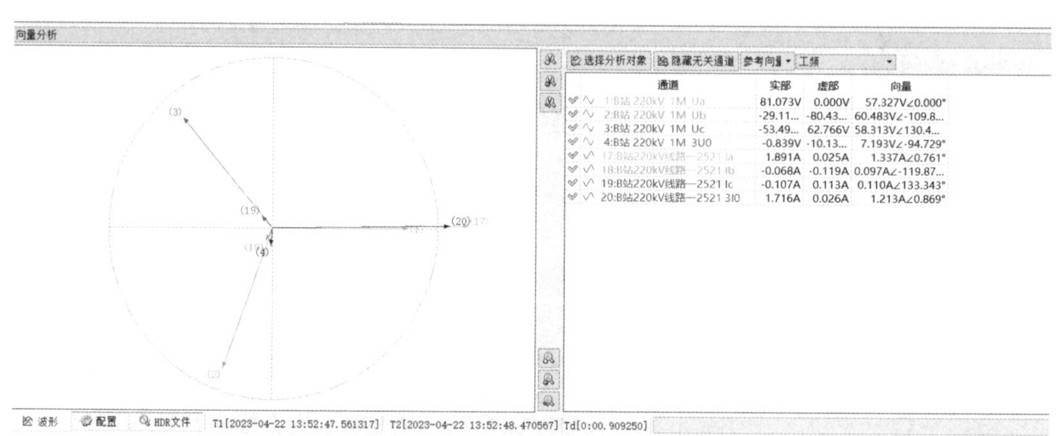

图 2-8-12　AB Ⅰ 线路 B 站侧录波波形（第一次保护动作时相量分析）

T1光标[0:00.013500]/第476点,时差=966.500ms,采样率=4000Hz
T2光标[0:00.985]/第4342点,点差=3866,采样率=4000Hz
1:B站 220kV_1M_Ua [T1=59.317V][T2=57.337V]
2:B站 220kV_1M_Ub [T1=59.343V][T2=60.441V]
3:B站 220kV_1M_Uc [T1=59.287V][T2=58.331V]
4:B站 220kV_1M_3U0 [T1=0.001V][T2=7.118V]
17:B站220kV线路—2521 Ia [T1=0.099A][T2=1.260A]
18:B站220kV线路—2521 Ib [T1=0.098A][T2=0.089A]
19:B站220kV线路—2521 Ic [T1=0.097A][T2=0.098A]
20:B站220kV线路—2521 3I0 [T1=0.000A][T2=1.173A]
1:B站220kV线路—2521 A相合位 [T1=1][T2=1]
2:B站220kV线路—2521 B相合位 [T1=1][T2=1]
3:B站220kV线路—2521 C相合位 [T1=1][T2=1]
4:B站220kV线路—2521 A相分位 [T1=0][T2=0]
5:B站220kV线路—2521 B相分位 [T1=0][T2=0]
6:B站220kV线路—2521 C相分位 [T1=0][T2=0]
7:B站220kV线路—2521 保护A相动作 [T1=0][T2=1]
8:B站220kV线路—2521 保护B相动作 [T1=0][T2=1]
9:B站220kV线路—2521 保护C相动作 [T1=0][T2=1]
10:B站220kV线路—2521 重合闸动作 [T1=0][T2=1]
13:B站220kV线路—2521 保护发信 [T1=0][T2=1]

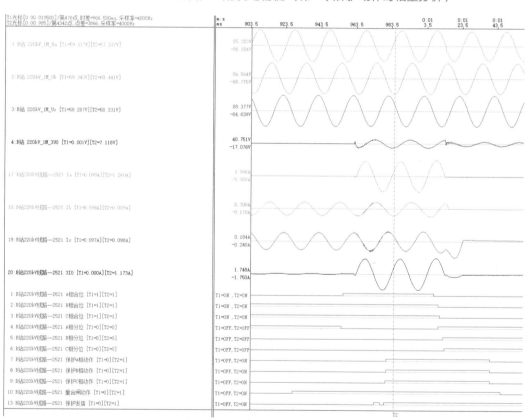

图 2-8-13　AB Ⅰ 线路 B 站侧录波波形（重合闸及第二次保护动作时）

5）从图 2－8－13 解析可知约 909ms AB Ⅰ线路 B 侧保护重合闸动作合上 A 相开关，约 938ms AB Ⅰ线路 B 侧 A 相开关成功合上。A 相开关合上后故障特征重现，母线电压 A 相下降不明显，仍有 57.3V，B、C 相电压虽受到故障影响幅值小幅上升，但幅值变化程度较小，故障时出现零序电压，AB Ⅰ线路 A 相电流升高，B、C 相电流受故障影响出现小幅波动，且出现零序电流，第二次相量特征与第一次一样，零序电流超前零序电压约 95°，故障相电压超前故障相电流约 1°，判断其仍为区内经过渡电阻单相接地故障，如图 2－8－14 所示。

6）从图 2－8－13 解析可知约 962ms 纵联差动保护动作切除 B 站侧三相开关后，A 相故障电流消失，母线电压恢复正常，说明重合闸成功后故障未切除，线路保护再次动作后切除范围内故障，重合后故障持续 3 周波 60ms 左右。

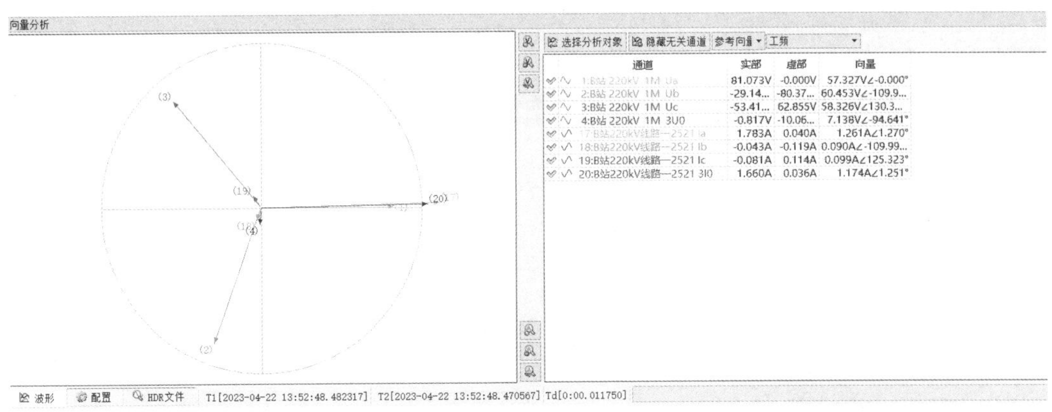

图 2－8－14 AB Ⅰ线路 B 站侧录波波形（第二次保护动作时相量分析）

三、综合总结

从波形特征解析，系统发生了 AB Ⅰ线 A 相永久性经过渡电阻接地故障，A 站侧 A 相电压几乎不降低，剩余电压幅值为 57.3V，B 站侧靠近电源端故障后 A 相电压也几乎不降低，剩余电压幅值为 57.3V，A 侧 A 相电流变化特征不明显，为受故障影响后的负荷电流，B 侧 A 相电流变大明显，产生零序电压和零序电流，其相量分析两侧均为正方向区内，说明故障发生于靠近线路 B 站侧某处，且为经过渡电阻接地。因为受到过渡电阻影响，电压降低程度不明显，导致未能直观判断故障点位置，结合两侧保护装置故障信息测距结果，A 站侧测距为 49.8km，B 站侧测距为 0.5km，印证了故障发生于线路 A 站侧末端，即 B 站侧出口处。在保护动作第一次跳开 A 相开关后，故障消失，重合闸动作合上开关后 A 相经过渡电阻接地故障重现，保护再次动作跳开三相开关，说明为 A 相永久性故障。AB Ⅰ线路 A、B 站侧保护故障信息测距分别见表 2－8－5 和表 2－8－6。

表 2-8-5　　AB Ⅰ 线路 A 站侧保护故障信息测距

序号	故障参数名称	故障参数实际值	故障参数单位
1	故障相电压	57.24	V
2	故障相电流	0.06	A
3	最大零序电流	0.05	A
4	最大差动电流	1.07	A
5	故障测距	49.80	km
6	故障相别	A	

表 2-8-6　　AB Ⅰ 线路 B 站侧保护故障信息测距

序号	故障参数名称	故障参数实际值	故障参数单位
1	故障相电压	57.49	V
2	故障相电流	1.34	A
3	最大零序电流	1.23	A
4	最大差动电流	1.28	A
5	故障测距	0.50	km
6	故障相别	A	

从保护动作行为解析，第一次保护动作时 A 站侧差动保护动作，B 站侧差动保护动作。两侧保护的距离Ⅰ段保护未动作，纵联距离保护也未动作，说明受到过渡电阻影响了距离保护的判断。两侧保护重合闸动作均重合，重合后两侧 A 相经过渡电阻接地故障重现，保护再次动作跳开三相开关，且第二次保护动作时 A 站纵联差动保护动作，B 站纵联差动保护动作，两侧均是差动保护动作，说明过渡电阻影响了零序保护，零序电流较小可能处于纵联零序保护动作临界状态，导致了重合后 AB 侧纵联零序未动作。两侧距离加速和零序加速未动作也是受到了过渡电阻影响。上述保护动作行为也说明为 A 相永久性故障。

综上所述，本次故障位于 AB Ⅰ 线路 A 站侧末端即 B 站侧出口处，故障性质为 A 相永久性经过渡电阻接地故障，AB Ⅰ 线线路保护动作行为正确。

2.9　50%处单相永久性经电阻接地

一、故障信息

故障发生前 A 站、B 站、C 站运行方式为 AB Ⅰ 线、AB Ⅱ 线、AC Ⅰ 线、BC Ⅰ 线、#1 主变、#2 主变、母联均在合位，A 站#1 主变、AB Ⅰ 线、AB Ⅱ 线挂 1M、#2 主变、

ACⅠ线挂2M。ABⅠ线A站侧TA变比2400/1，B站侧TA变比2000/1。线路全长50km。仿真系统过渡电阻设置50Ω。故障发生前A站、B站、C站运行方式如图2-9-1所示。

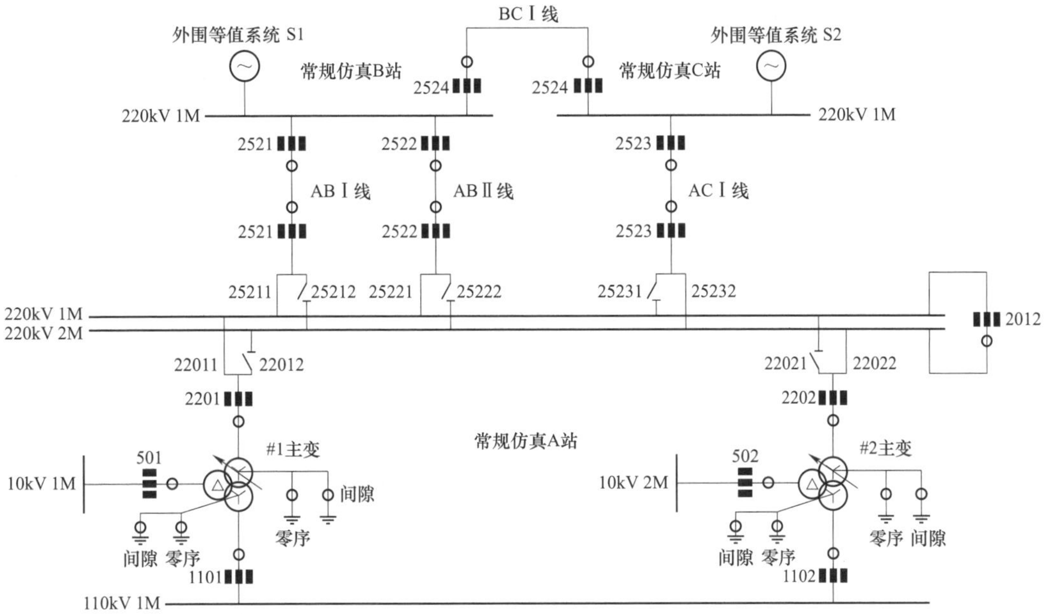

图2-9-1 故障发生前A站、B站、C站运行方式

故障发生后，ABⅠ线线路两侧开关均在分位，其余开关位置未发生变化，故障发生后A站、B站、C站运行方式如图2-9-2所示。

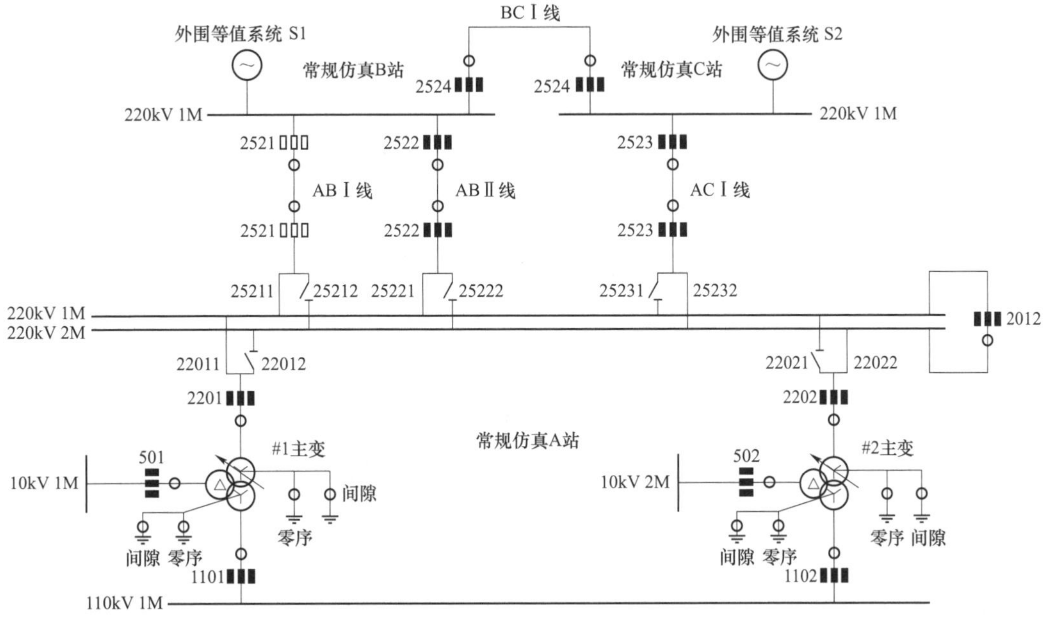

图2-9-2 故障发生后A站、B站、C站运行方式

二、录波图解析

1. 保护动作报文解析

（1）从 A 站 AB Ⅰ 线故障录波 HDR 文件读取相关保护信息，以保护启动初始时刻为基准，见表 2-9-1。

表 2-9-1　　　　AB Ⅰ 线 A 站保护动作简报

序号	动作报文对应时间	动作报文名称	动作相别	动作报文变化值
1	0ms	保护启动		1
2	6ms	纵联差动保护动作	A	1
3	60ms	纵联差动保护动作		0
4	860ms	重合闸动作		1
5	920ms	纵联差动保护动作	ABC	1
6	971ms	纵联差动保护动作		0
7	980ms	重合闸动作		0
8	7987ms	保护启动		0

如表 2-9-1 中所示，AB Ⅰ 线路 A 站侧保护启动后约 6ms 纵联差动保护动作，保护出口跳 A 相开关，860ms 重合闸动作，重合上 A 相开关，920ms 纵联差动保护动作，保护出口跳三相开关。

（2）从 B 站侧 AB Ⅰ 线保护故障录波 HDR 文件读取相关保护信息，以保护启动初始时刻为基准，见表 2-9-2。

表 2-9-2　　　　AB Ⅰ 线 B 站侧保护动作简报

序号	动作报文对应时间	动作报文名称	动作相别	动作报文变化值
1	0ms	保护启动		1
2	11ms	纵联差动保护动作	A	1
3	67ms	纵联差动保护动作		0
4	867ms	重合闸动作		1
5	925ms	纵联差动保护动作	ABC	1
6	978ms	纵联差动保护动作		0
7	987ms	重合闸动作		0
8	7992ms	保护启动		0

如表 2-9-2 中所示，AB Ⅰ 线路 B 站侧保护启动后约 11ms 纵联差动保护动作，保护出口跳 A 相开关，867ms 重合闸动作，重合上 A 相开关，925ms 纵联差动保护动作，保护出口跳三相开关。

2. 开关量变位解析

（1）以故障初始时刻为基准，AB Ⅰ线路 A 站侧开关量变位图如图 2-9-3 和图 2-9-4 所示。

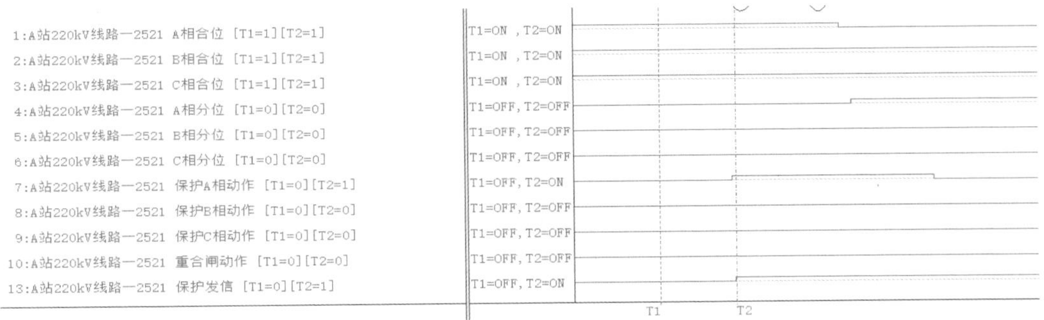

图 2-9-3 AB Ⅰ线路 A 站侧 A 站侧开关量变位图（第一次保护动作时）

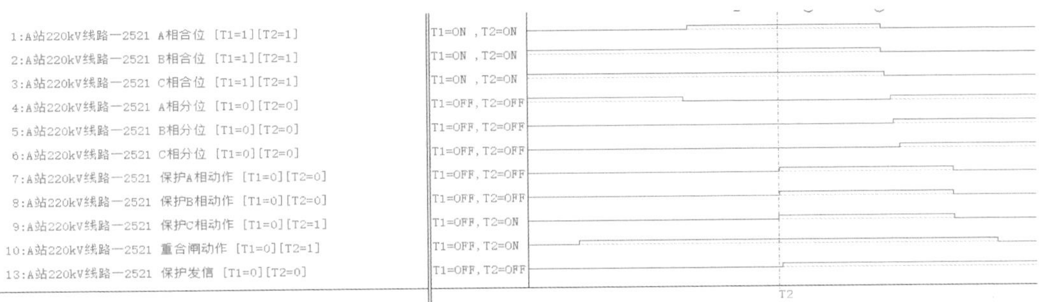

图 2-9-4 AB Ⅰ线路 A 站侧 A 站侧开关量变位图（重合闸及第二次动作时）

AB Ⅰ线路 A 站侧开关量变位时间顺序见表 2-9-3。

表 2-9-3 AB Ⅰ线路 A 站侧开关量变位时间顺序

位置	第 1 次变位时间	第 2 次变位时间	第 3 次变位时间	第 4 次变位时间
1:A 站 220kV 线路一 2521 A 相合位	↓ 46.000ms	↑ 907.250ms	961.000ms	
2:A 站 220kV 线路一 2521 B 相合位	↓ 961.000ms			
3:A 站 220kV 线路一 2521 C 相合位	↓ 962.000ms			
4:A 站 220kV 线路一 2521 A 相分位	↑ 49.000ms	↓ 906.000ms	↑ 963.750ms	
5:A 站 220kV 线路一 2521 B 相分位	↑ 964.500ms			
6:A 站 220kV 线路一 2521 C 相分位	↑ 966.250ms			
7:A 站 220kV 线路一 2521 保护 A 相动作	↑ 18.250ms	↓ 70.250ms	↑ 932.500ms	↓ 981.000ms
8:A 站 220kV 线路一 2521 保护 B 相动作	↑ 932.500ms	↓ 981.000ms		
9:A 站 220kV 线路一 2521 保护 C 相动作	↑ 932.250ms	↓ 981.250ms		
10:A 站 220kV 线路一 2521 重合闸动作	↑ 877.000ms	↓ 993.750ms		
13:A 站 220kV 线路一 2521 保护发信	↑ 19.000ms	↓ 220.750ms	↑ 933.250ms	↓ 1132.000ms

（2）以故障初始时刻为基准，AB Ⅰ 线路 B 站侧开关量变位情况如图 2－9－5 和图 2－9－6 所示。

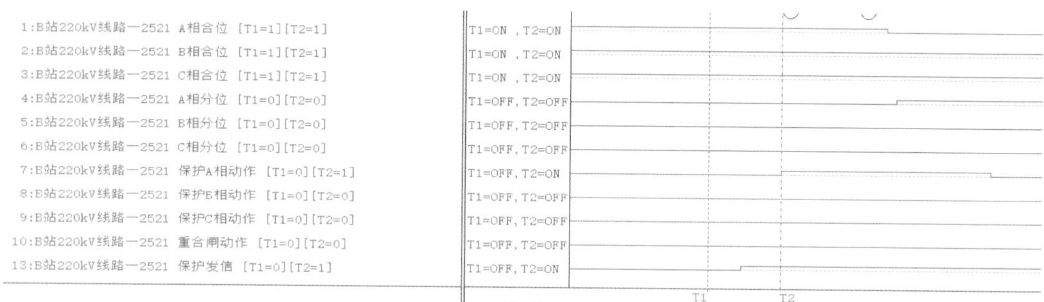

图 2－9－5　AB Ⅰ 线路 B 站侧开关量变位图（第一次保护动作时）

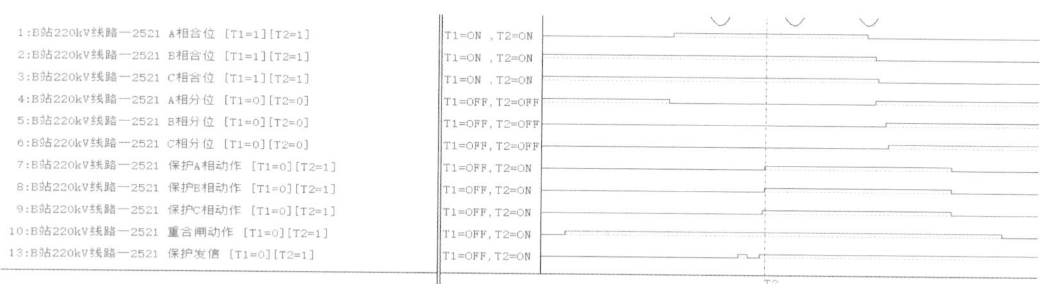

图 2－9－6　AB Ⅰ 线路 B 站侧开关量变位图（重合闸及第二次保护动作时）

AB Ⅰ 线路 B 站侧开关量变位时间顺序见表 2－9－4。

表 2－9－4　AB Ⅰ 线路 B 站侧开关量变位时间顺序

位置	第 1 次变位时间	第 2 次变位时间	第 3 次变位时间	第 4 次变位时间	第 5 次变位时间	第 6 次变位时间
1:B 站 220kV 线路一 2521 A 相合位	↓ 45.750ms	↑ 908.250ms	↓ 960.500ms			
2:B 站 220kV 线路一 2521 B 相合位	↓ 962.750ms					
3:B 站 220kV 线路一 2521 C 相合位	↓ 963.500ms					
4:B 站 220kV 线路一 2521 A 相分位	↑ 48.250ms	↓ 907.250ms	↑ 962.750ms			
5:B 站 220kV 线路一 2521 B 相分位	↑ 965.500ms					
6:B 站 220kV 线路一 2521 C 相分位	↑ 966.250ms					
7:B 站 220kV 线路一 2521 保护 A 相动作	↑ 18.750ms	↓ 72.750ms	↑ 933.000ms	↓ 983.500ms		
8:B 站 220kV 线路一 2521 保护 B 相动作	↑ 933.000ms	↓ 983.500ms				
9:B 站 220kV 线路一 2521 保护 C 相动作	↑ 932.500ms	↓ 983.500ms				

续表

位置	第 1 次变位时间	第 2 次变位时间	第 3 次变位时间	第 4 次变位时间	第 5 次变位时间	第 6 次变位时间
10:B 站 220kV 线路一 2521 重合闸动作	↑ 879.250ms	↓ 997.250ms				
13:B 站 220kV 线路一 2521 保护发信	↑ 8.500ms	↓ 223.250ms	↑ 926.000ms	↓ 928.500ms	↑ 931.750ms	↓1134.000ms

小结：故障发生后约 18.25ms AB Ⅰ线路 A 侧保护动作，18.75ms AB Ⅰ线路 B 侧保护动作，约 46ms AB Ⅰ线路 A 站侧 A 相开关跳开，约 45.75ms AB Ⅰ线路 B 站侧 A 相开关跳开，成功隔离故障，约 877ms AB Ⅰ线路 A 侧保护重合闸动作，约 879ms AB Ⅰ线路 B 侧保护重合闸动作，约 907ms AB Ⅰ线路 A 侧 A 相开关成功合上，约 908ms AB Ⅰ线路 B 侧 A 相开关成功合上，约 932.25ms A 侧保护再次动作，约 933ms B 侧保护再次动作，约 966ms 跳开两侧三相开关。

3. 波形特征解析

（1）AB Ⅰ线路 A 站侧录波图解析。查看 AB Ⅰ线路 A 站侧故障波形图，如图 2－9－7～图 2－9－9 所示。

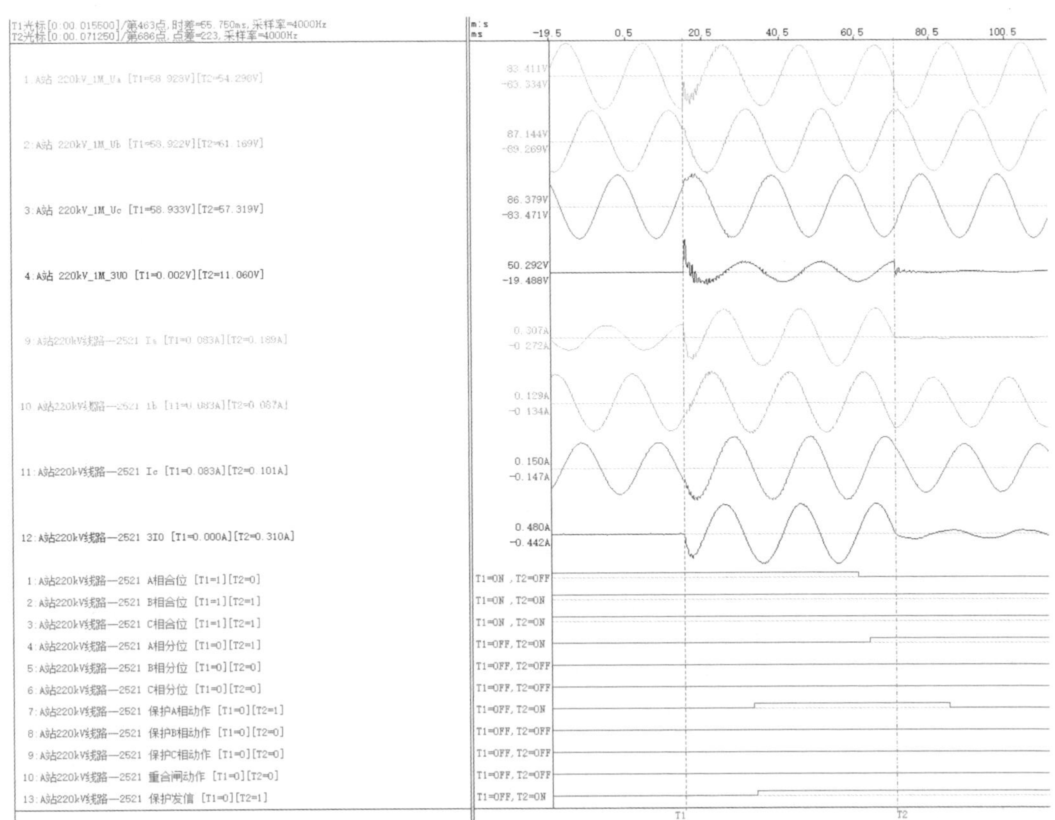

图 2-9-7　AB Ⅰ线路 A 站侧录波波形（第一次保护动作时）

1）从图 2－9－7 解析可知 0ms 故障态电压特征解析：故障发生后，母线电压 A 相电压下降剩余残压 54V，持续 2.5 周波 50ms 左右，剩余电压较高，B、C 相电压虽受到故障影响幅值小幅上升，但幅值变化程度较小，三相电压之间的夹角受到故障影响，不再互相夹角 120°，故障时出现零序电压，由于 A 相电压降落，因此初步怀疑故障相为 A 相。

2）从图 2－9－7 解析可知 0ms 故障态电流特征解析：ABⅠ线路 A 相电流小幅变大，持续 2.5 周波 50ms 左右，A 相故障电流二次值约 0.188A，B、C 相电流受故障影响出现小幅波动，且出现零序电流，怀疑因过渡电阻导致故障电流偏小。

3）从图 2－9－7 解析可知约 18.25ms 线路保护差动保护动作切除 A 站侧开关后，A 相故障电流消失，A 相电压恢复正常，说明线路保护范围内故障切除，故障持续 2.5 周波 50ms 左右。

4）从图 2－9－7 解析可知 0ms 故障态相量特征解析：由于故障相 A 相剩余电压降低不明显，仍有 54V，B、C 相电压虽受到故障影响幅值小幅上升，但幅值变化程度较小。产生的零序电压幅值约为 11V，零序电流二次值约为 0.31A，通过相位解析，零序电流超前零序电压约 98°，但是故障相电流超前故障相电压约 0.5°，说明故障受到了接地电阻影响，故障特征不完全符合线路区内单相接地故障的典型特征，但是从零序电流和电压的相位，还是可以判断其为区内单相接地故障，如图 2－9－8 所示。

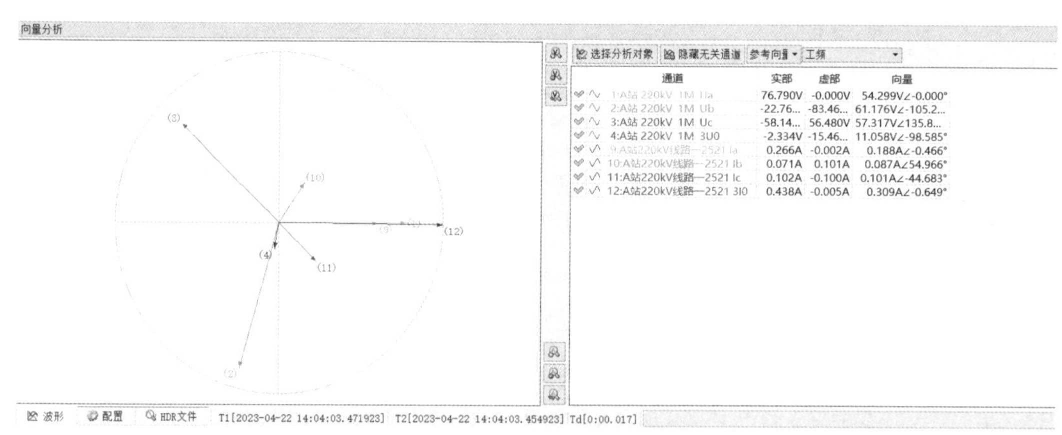

图 2－9－8　ABⅠ线路 A 站侧录波波形（第一次保护动作时相量分析）

5）从图 2－9－9 解析可知约 877ms ABⅠ线路 A 侧保护重合闸动作合上 A 相开关，约 907ms ABⅠ线路 A 侧 A 相开关成功合上。A 相开关合上后故障特征重现，母线电压 A 相下降，B、C 相电压虽受到故障影响幅值小幅上升，但幅值变化程度较小，故障时出现零序电压，ABⅠ线路 A 相电流升高，B、C 相电流受故障影响出现小幅波动，且出现零序电流，第二次故障时电流和电压幅值与第一次比较基本一致，A 相剩余电压约 54.3V，A 相故障电流为 0.2A，零序电压约为 11V，零序电流为 0.32A，第二次相量特征零序电流超前零序电压约 98°，故障相电流滞后故障相电压约 0.7°，与第一次类似，零序特征较为明显，所以判断仍为线路区内经过渡电阻单相接地故障特征，如图 2－9－10 所示。

6）从图 2－9－9 解析可知约 932ms 纵联差动保护动作切除 A 站侧三相开关后，A 相故障电流消失，母线电压恢复正常，说明重合闸成功后故障未切除，线路保护再次动作后切除范围内故障，重合后故障持续 2.5 周波 50ms 左右。

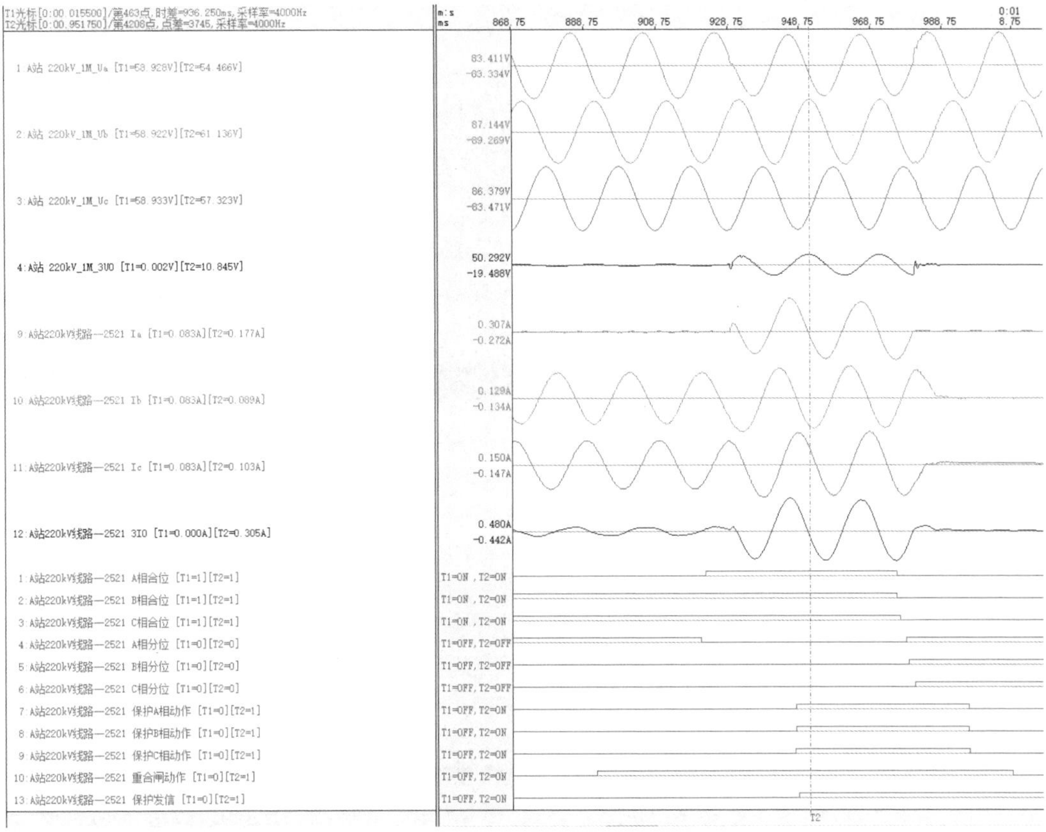

图 2－9－9 AB Ⅰ 线路 A 站侧录波波形（重合闸及第二次保护动作时）

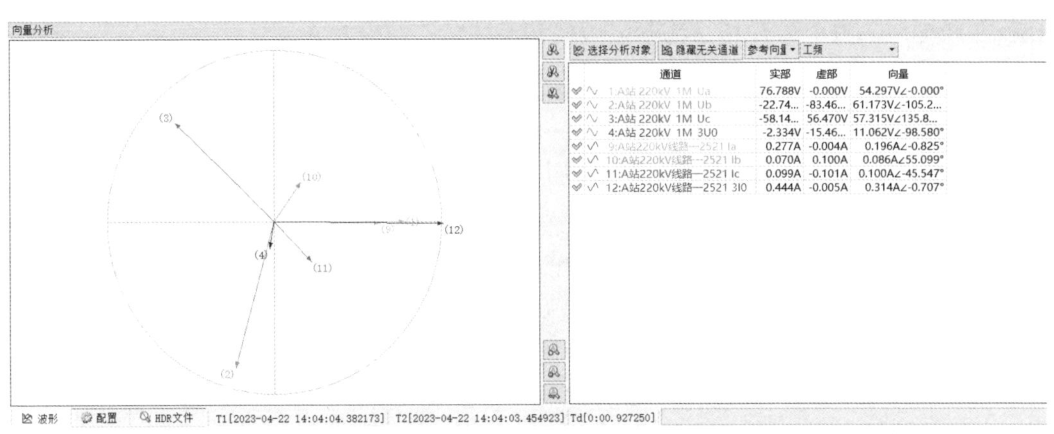

图 2－9－10 AB Ⅰ 线路 A 站侧录波波形（第二次保护动作时相量分析）

（2）AB Ⅰ线路 B 站侧录波图解析。查看 AB Ⅰ线路 B 站侧故障波形图，如图 2－9－11～图 2－9－13 所示。

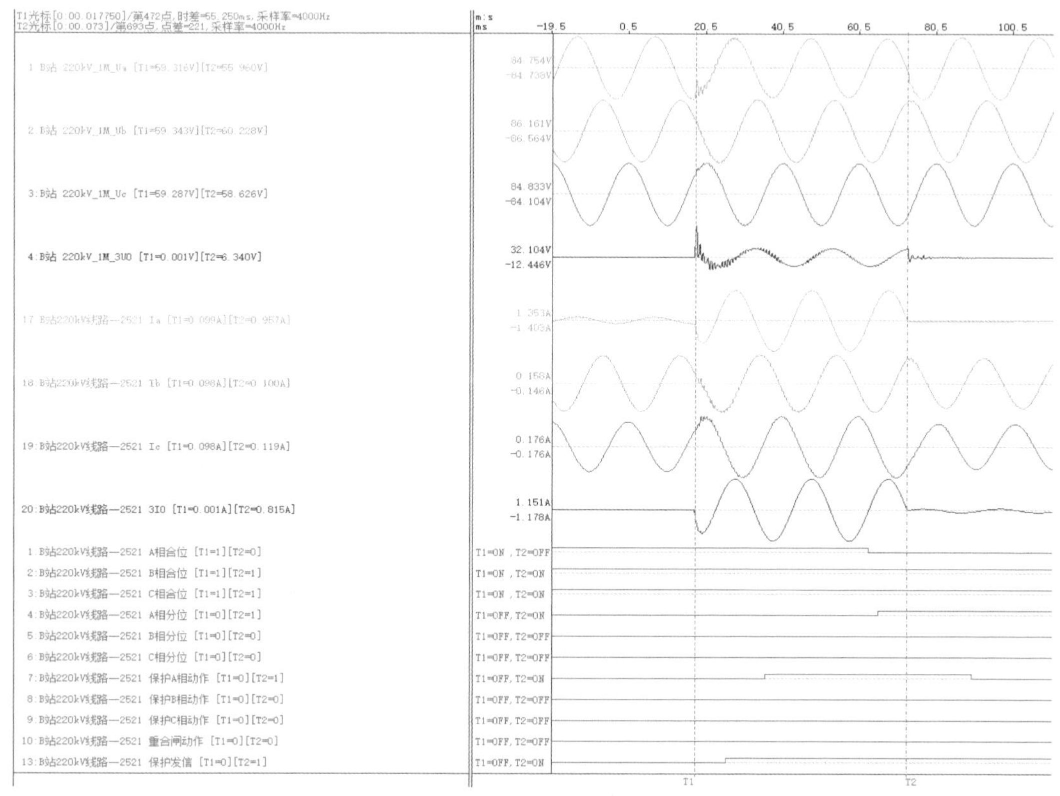

图 2－9－11　AB Ⅰ线路 B 站侧录波波形（第一次保护动作时）

1）从图 2－9－11 解析可知 0ms 故障态电压特征解析：母线电压 A 相电压下降不明显，仍有 56V，持续 2.5 周波 50ms 左右，B、C 相电压虽受到故障影响幅值小幅上升，但幅值变化程度较小，三相电压之间的夹角受到故障影响，不再互相夹角 120°，故障时出现零序电压，由于 A 相电压降落，因此初步怀疑故障相为 A 相。

2）从图 2－9－11 解析可知 0ms 故障态电流特征解析：AB Ⅰ线路 A 相电流升高，持续 2.5 周波 50ms 左右，A 相故障电流二次值约为 0.96A，B、C 相电流受故障影响出现小幅波动，且出现零序电流，说明故障相为 A 相。

3）从图 2－9－11 解析可知 0ms 故障态相量特征解析：由于故障相 A 相电压下降，剩余残压仍有 56V，B、C 相电压虽受到故障影响幅值小幅上升，但幅值变化程度较小，产生的零序电压幅值约为 6.23V，零序电流二次值约为 0.81A，通过相位解析，零序电流超前零序电压约 95°，故障相电压滞后故障相电流约 8.5°，说明故障受到了接地电阻影响，故障特征不完全符合线路区内单相接地故障的典型特征，但是从零序电流和电压的相位，还是可以判断其为区内经过渡电阻单相接地故障，如图 2－9－12 所示。与 A 侧比较，B 站侧更靠近电源端，且其故障电流变大幅度更明显。

4）从图 2－9－11 解析可知约 18.75ms 线路保护差动保护、纵联零序保护动作切除 A 站侧开关后，A 相故障电流消失，A 相电压恢复正常，说明线路保护范围内故障切除，故障持续 2.5 周波 50ms 左右。

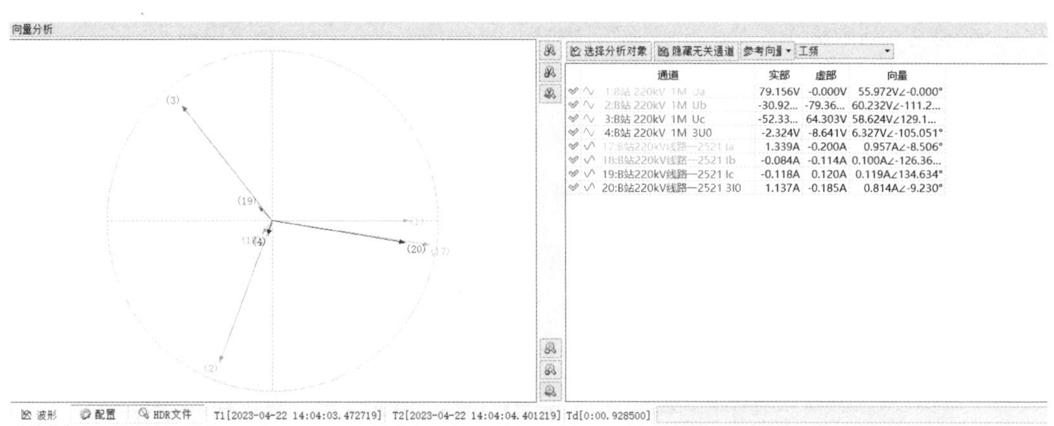

向量分析
选择分析对象
隐藏无关通道
参考向量
工频
通道
实部
虚部
向量
1:B站 220kV 1M Ua　79.156V　-0.000V　55.972V∠-0.000°
2:B站 220kV 1M Ub　-30.92…　-79.36…　60.232V∠-111.2…
3:B站 220kV 1M Uc　-52.33…　64.303V　58.624V∠129.1…
4:B站 220kV 1M 3U0　-2.324V　-8.641V　6.327V∠-105.051°
17:B站220kV线路—2521 Ia　1.339A　-0.200A　0.957A∠-8.506°
18:B站220kV线路—2521 Ib　-0.084A　-0.114A　0.100A∠-126.36…
19:B站220kV线路—2521 Ic　-0.118A　0.120A　0.119A∠134.634°
20:B站220kV线路—2521 3I0　1.137A　-0.185A　0.814A∠-9.230°
波形
配置
HDR文件
T1[2023-04-22 14:04:03.472719]　T2[2023-04-22 14:04:04.401219]　Td[0:00.928500]

图 2－9－12　AB Ⅰ线路 B 站侧录波波形（第一次保护动作时相量分析）

1:B站 220kV_1M_Ua [T1=59.316V][T2=55.090V]
2:B站 220kV_1M_Ub [T1=59.343V][T2=60.227V]
3:B站 220kV_1M_Uc [T1=59.287V][T2=58.623V]
4:B站 220kV_1M_3U0 [T1=0.001V][T2=6.319V]
17:B站220kV线路—2521 Ia [T1=0.099A][T2=0.966A]
18:B站220kV线路—2521 Ib [T1=0.098A][T2=0.100A]
19:B站220kV线路—2521 Ic [T1=0.098A][T2=0.122A]
20:B站220kV线路—2521 3I0 [T1=0.001A][T2=0.818A]
1:B站220kV线路—2521 A相合位 [T1=1][T2=1]
2:B站220kV线路—2521 B相合位 [T1=1][T2=1]
3:B站220kV线路—2521 C相合位 [T1=1][T2=1]
4:B站220kV线路—2521 A相分位 [T1=0][T2=0]
5:B站220kV线路—2521 B相分位 [T1=0][T2=0]
6:B站220kV线路—2521 C相分位 [T1=0][T2=0]
7:B站220kV线路—2521 保护A相动作 [T1=0][T2=1]
8:B站220kV线路—2521 保护B相动作 [T1=0][T2=1]
9:B站220kV线路—2521 保护C相动作 [T1=0][T2=1]
10:B站220kV线路—2521 重合闸动作 [T1=0][T2=1]
13:B站220kV线路—2521 保护发信 [T1=0][T2=1]
874.75
894.75
914.75
934.75
954.75
974.75
994.75
0:01
14.75
T2

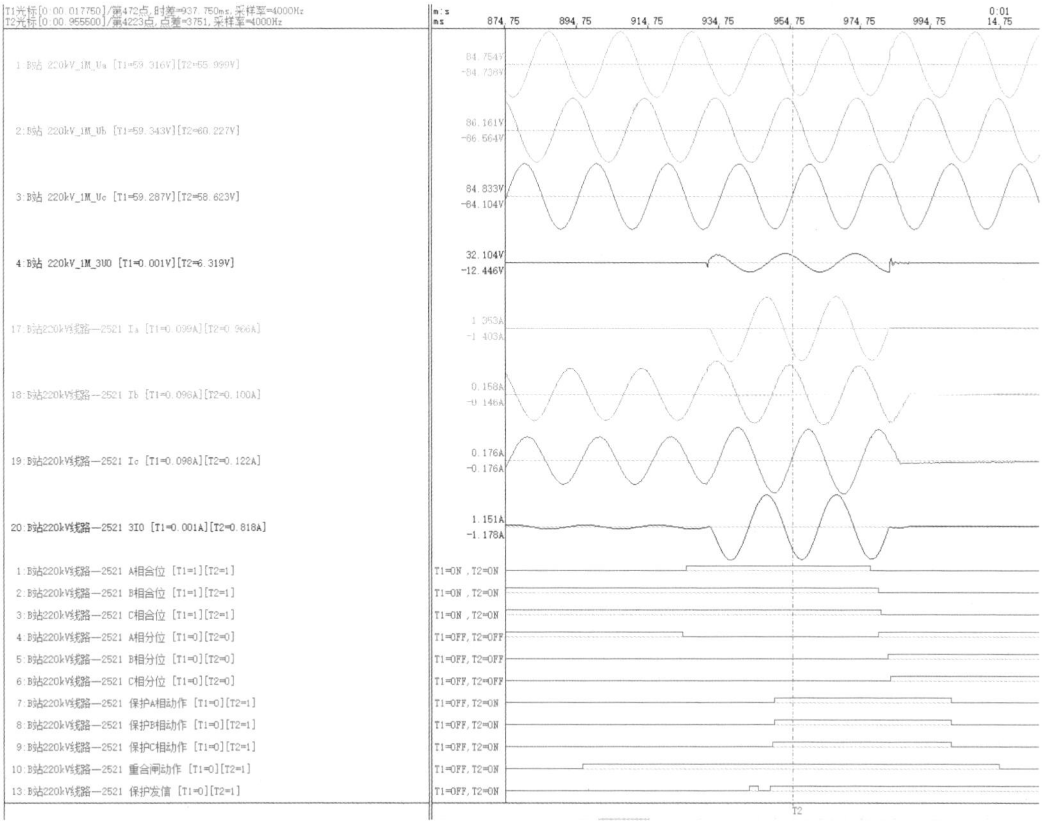

图 2－9－13　AB Ⅰ线路 B 站侧录波波形（重合闸及第二次保护动作时）

5）从图 2－9－13 解析可知约 932ms AB Ⅰ 线路 B 侧保护重合闸动作合上 A 相开关，约 908ms AB Ⅰ 线路 B 侧 A 相开关成功合上。A 相开关合上后故障特征重现，母线电压 A 相下降不明显，仍有 56V，B、C 相电压虽受到故障影响幅值小幅上升，但幅值变化程度较小，故障时出现零序电压，AB Ⅰ 线路 A 相电流升高，B、C 相电流受故障影响出现小幅波动，且出现零序电流，第二次相量特征与第一次一样，零序电流超前零序电压约 95°，故障相电压滞后相电流约 8.6°，故障电流略微增大，判断其仍为区内经过渡电阻单相接地故障，如图 2－9－14 所示。

6）从图 2－9－13 解析可知约 933ms 纵联差动保护动作切除 B 站侧三相开关后，A 相故障电流消失，母线电压恢复正常，说明重合闸成功后故障未切除，线路保护再次动作后切除范围内故障，重合后故障持续 2.5 周波 50ms 左右。

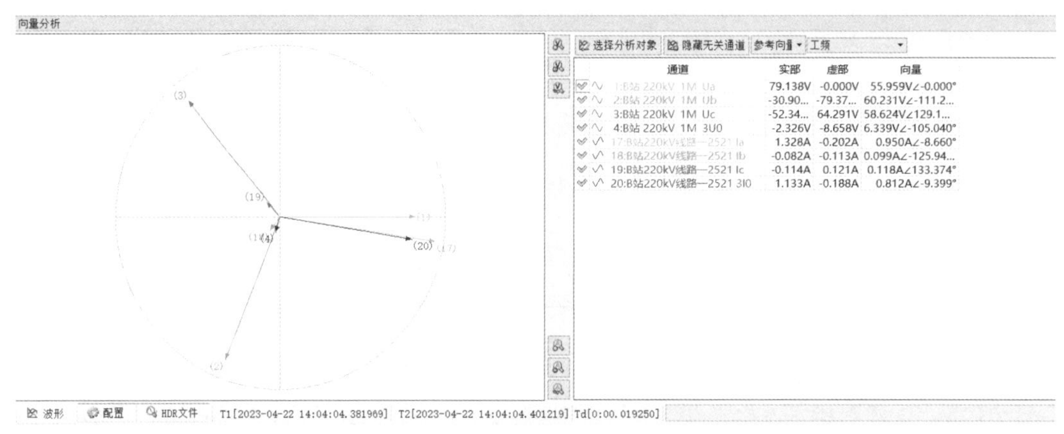

图 2－9－14　AB Ⅰ 线路 B 站侧录波波形（第二次保护动作时相量分析）

三、综合总结

从波形特征解析，系统发生了 AB Ⅰ 线 A 相永久性经过渡电阻接地故障，A 站侧 A 相电压降低为 54.3V，B 站侧靠近电源端故障后 A 相电压降低为 56V，降低程度均比较小，两侧 A 相电流变大明显，产生零序电压和零序电流，其相量分析两侧均为正方向区内，说明故障发生于线路中间某处，且为经过渡电阻接地。因为受到过渡电阻影响，电压降低程度不明显，导致未能直观判断故障点位置，结合两侧保护装置故障信息测距结果，A 站侧测距为 24.2km，B 站侧测距为 25.2km，印证了故障发生于线路 50%处。在保护动作第一次跳开 A 相开关后，故障消失，重合闸动作合上开关后 A 相经过渡电阻接地故障重现，保护再次动作跳开三相开关，说明为 A 相永久性故障。AB Ⅰ 线路 A、B 站侧保护故障信息测距分别见表 2－9－5 和表 2－9－6。

表 2-9-5　　AB Ⅰ线路 A 站侧保护故障信息测距

序号	故障参数名称	故障参数实际值	故障参数单位
1	故障相电压	54.44	V
2	故障相电流	0.19	A
3	最大零序电流	0.31	A
4	最大差动电流	0.98	A
5	故障测距	24.20	km
6	故障相别	A	

表 2-9-6　　AB Ⅰ线路 B 站侧保护故障信息测距

序号	故障参数名称	故障参数实际值	故障参数单位
1	故障相电压	56.13	V
2	故障相电流	0.96	A
3	最大零序电流	0.82	A
4	最大差动电流	1.19	A
5	故障测距	25.20	km
6	故障相别	A	

从保护动作行为解析，第一次保护动作时 A 站侧差动保护动作，B 站侧差动保护。两侧保护的距离Ⅰ段保护未动作，纵联距离、纵联零序保护也未动作，说明受到过渡电阻影响了距离保护的判断。两侧保护重合闸动作均重合，重合后两侧 A 相经过渡电阻接地故障重现，保护再次动作跳开三相开关，且第二次保护动作时 A 站纵联差动保护动作，B 站纵联差动保护动作，两侧均是纵联差动保护动作，说明过渡电阻影响了纵联距离、纵联零序。两侧距离加速和零序加速未动作也是受到了过渡电阻影响。上述保护动作行为也说明为 A 相永久性故障。

综上所述，本次故障位于 AB Ⅰ线路 50%处，故障性质为 A 相永久性经过渡电阻接地故障，AB Ⅰ线路保护动作行为正确。

2.10　出口处两相金属性短路

一、故障信息

故障发生前 A 站、B 站、C 站运行方式为 AB Ⅰ线、AB Ⅱ线、AC Ⅰ线、BC Ⅰ线、#1 主变、#2 主变、母联均在合位，A 站#1 主变、AB Ⅰ线、AB Ⅱ线挂 1M、#2 主变、

ACⅠ线挂 2M。ABⅠ线 A 站侧 TA 变比 2400/1，B 站侧 TA 变比 2000/1。线路全长 50km。故障发生前 A 站、B 站、C 站运行方式如图 2-10-1 所示。

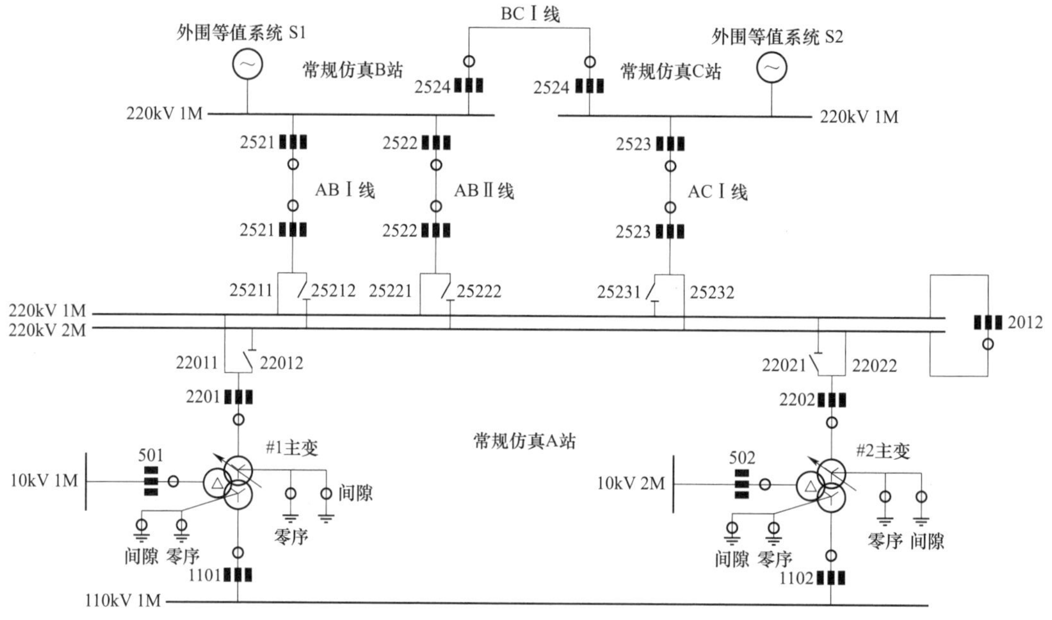

图 2-10-1 故障发生前 A 站、B 站、C 站运行方式

故障发生后，ABⅠ线路两侧开关均在合位，其余开关位置未发生变化，故障发生后 A 站、B 站、C 站运行方式图 2-10-2 所示。

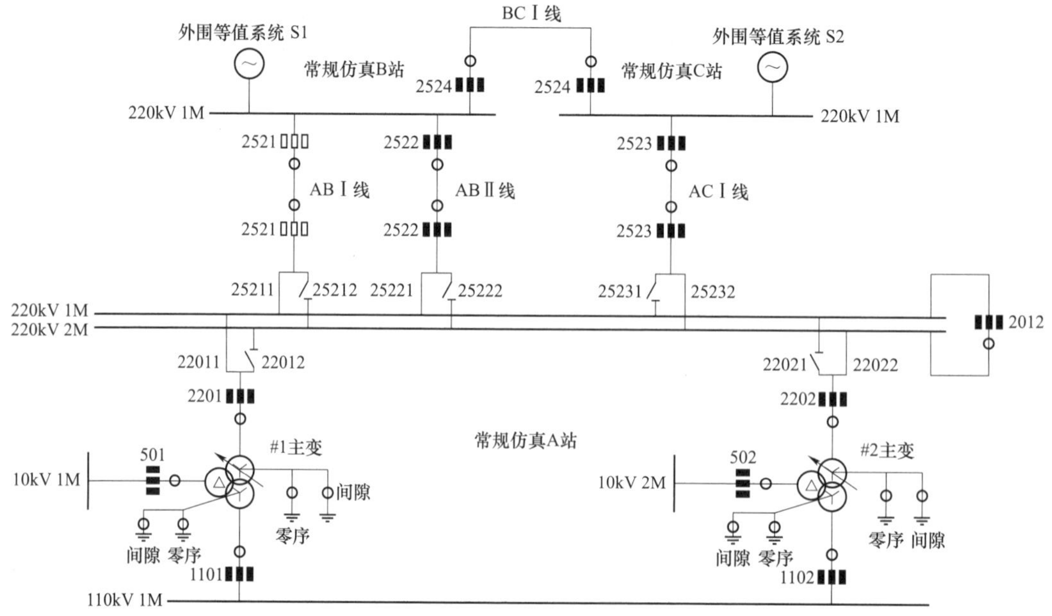

图 2-10-2 故障发生后 A 站、B 站、C 站运行方式

二、录波图解析

1. 保护动作报文解析

（1）从 A 站 AB Ⅰ 线故障录波 HDR 文件读取相关保护信息，以保护启动初始时刻为基准，见表 2－10－1。

表 2－10－1　　AB Ⅰ 线 A 站保护动作简报

序号	动作报文对应时间	动作报文名称	动作相别	动作报文变化值
1	0ms	保护启动		1
2	7ms	纵联差动保护动作	ABC	1
3	14ms	纵联距离动作	ABC	1
4	17ms	相间距离 Ⅰ 段动作	ABC	1
5	63ms	纵联差动保护动作		0
6	63ms	纵联距离动作		0
7	63ms	相间距离 Ⅰ 段动作		0
8	7074ms	保护启动		0

如表 2－10－1 中所示，AB Ⅰ 线路 A 站侧保护启动后约 7ms 纵联差动保护动作，14ms 纵联距离保护动作，17ms 相间距离 Ⅰ 段保护动作，保护出口跳三相开关，保护装置为单重。

（2）从 B 站侧 AB Ⅰ 线保护故障录波 HDR 文件读取相关保护信息，以保护启动初始时刻为基准，见表 2－10－2。

表 2－10－2　　AB Ⅰ 线 B 站侧保护动作简报

序号	动作报文对应时间	动作报文名称	动作相别	动作报文变化值
1	0ms	保护启动		1
2	7ms	纵联差动保护动作	ABC	1
3	16ms	纵联距离动作	ABC	1
4	63ms	纵联差动保护动作		0
5	63ms	纵联距离动作		0
6	7074ms	保护启动		0

如表 2－10－2 中所示，AB Ⅰ 线路 B 站侧保护启动后约 7ms 纵联差动保护动作，16ms 纵联距离保护动作，保护出口跳三相开关，保护装置为单重。

2. 开关量变位解析

（1）以故障初始时刻为基准，AB Ⅰ线路 A 站侧开关量变位图如图 2-10-3 所示。

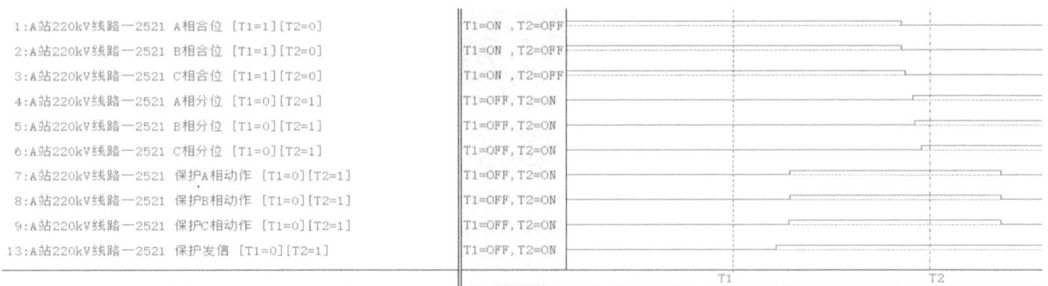

图 2-10-3　AB Ⅰ线路 A 站侧 A 站侧开关量变位图（保护动作时）

AB Ⅰ线路 A 站侧开关量变位时间顺序见表 2-10-3。

表 2-10-3　　AB Ⅰ线路 A 站侧开关量变位时间顺序

位置	第 1 次变位时间	第 2 次变位时间
1:A 站 220kV 线路一 2521 A 相合位	↓ 43.250ms	
2:A 站 220kV 线路一 2521 B 相合位	↓ 43.250ms	
3:A 站 220kV 线路一 2521 C 相合位	↓ 44.250ms	
4:A 站 220kV 线路一 2521 A 相分位	↑ 46.250ms	
5:A 站 220kV 线路一 2521 B 相分位	↑ 46.750ms	
6:A 站 220kV 线路一 2521 C 相分位	↑ 48.500ms	
7:A 站 220kV 线路一 2521 保护 A 相动作	↑ 14.500ms	↓ 69.000ms
8:A 站 220kV 线路一 2521 保护 B 相动作	↑ 14.500ms	↓ 69.000ms
9:A 站 220kV 线路一 2521 保护 C 相动作	↑ 14.250ms	↓ 69.000ms
13:A 站 220kV 线路一 2521 保护发信	↑ 11.000ms	↓ 220.000ms

（2）以故障初始时刻为基准，AB Ⅰ线路 B 站侧开关量变位情况如图 2-10-4 所示。

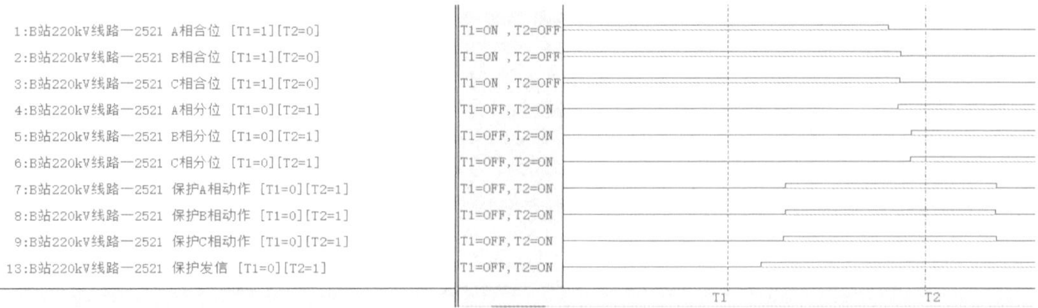

图 2-10-4　AB Ⅰ线路 B 站侧开关量变位图（保护动作时）

AB Ⅰ线路 B 站侧开关量变位时间顺序见表 2-10-4。

表 2－10－4　　　　　AB Ⅰ线路 B 站侧开关量变位时间顺序

位置	第 1 次变位时间	第 2 次变位时间
1:B 站 220kV 线路一 2521 A 相合位	↓ 41.500ms	
2:B 站 220kV 线路一 2521 B 相合位	↓ 44.750ms	
3:B 站 220kV 线路一 2521 C 相合位	↓ 44.500ms	
4:B 站 220kV 线路一 2521 A 相分位	↑ 44.000ms	
5:B 站 220kV 线路一 2521 B 相分位	↑ 47.500ms	
6:B 站 220kV 线路一 2521 C 相分位	↑ 47.250ms	
7:B 站 220kV 线路一 2521 保护 A 相动作	↑ 14.750ms	↓ 69.500ms
8:B 站 220kV 线路一 2521 保护 B 相动作	↑ 14.750ms	↓ 69.250ms
9:B 站 220kV 线路一 2521 保护 C 相动作	↑ 14.250ms	↓ 69.500ms
13:B 站 220kV 线路一 2521 保护发信	↑ 8.500ms	↓ 220.000ms

小结：故障发生后约 14.5ms，AB Ⅰ线路 A 站侧保护动作，约 14.75ms AB Ⅰ线路 B 站侧保护动作，约 44.25ms AB Ⅰ线路 A 站侧三相开关跳开，约 44.75ms AB Ⅰ线路 B 站侧三相开关跳开，成功隔离故障。

3. 波形特征解析

（1）AB Ⅰ线路 A 站侧录波图解析。查看 AB Ⅰ线路 A 站侧故障波形图，如图 2－10－5 所示。

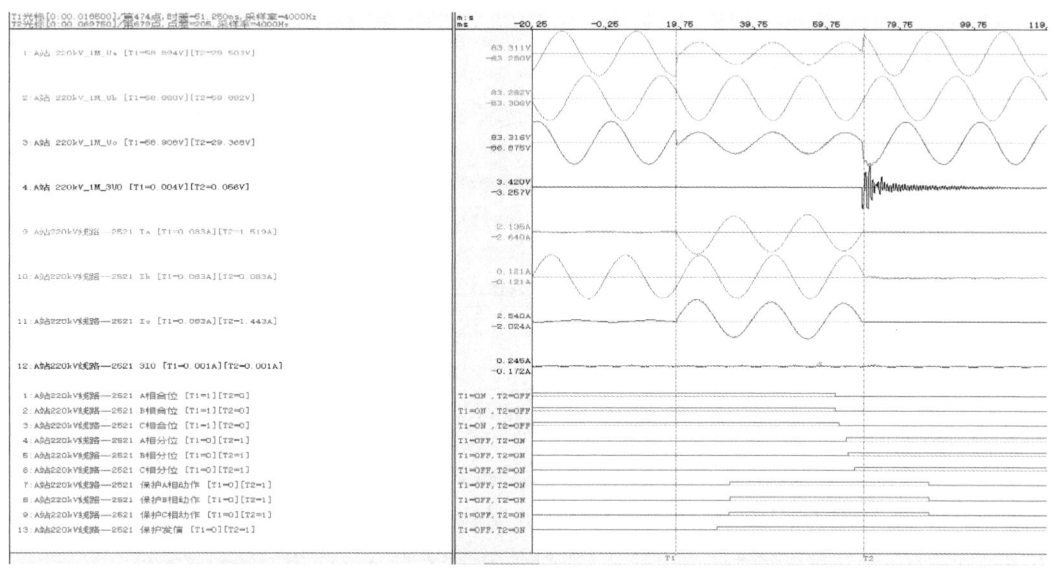

图 2－10－5　AB Ⅰ线路 A 站侧录波波形（保护动作时）

1）从图 2－10－5 解析可知 0ms 故障态电压特征解析：母线电压 A、C 相电压均下降至约 29.4V，基本一致，约为正常电压 57.74V 的一半，持续 2.5 周波 50ms 左右。相位均基本相同，相位仅相差不到 1°，B 相电压虽受到故障影响幅值小幅上升，但幅值变化程度较小，故障时未出现零序电压，说明初步判断为故障相为 A、C 相相间短路故障，且由于 A、C 相相位基本一致，幅值为正常电压一半，因此初步判断故障点靠近 A 站出口处。

2）从图 2－10－5 解析可知 0ms 故障态电流特征解析：ABⅠ线路 A、C 相电流变大，持续 2.5 周波 50ms 左右，二次值 A 相约 1.54A，C 相 1.46A，幅值基本一致，方向基本相反，B 相电流为 0.083A（负荷电流），且未出现零序电流，说明故障相为 A、C 相。

3）从图 2－10－5 解析可知约 14.5ms 线路保护差动保护、纵联距离、相间距离Ⅰ段保护动作切除 A 站侧三相开关后，A、C 相故障电流消失，A、C 相电压恢复正常，说明线路保护范围内故障切除，故障持续 2.5 周波 50ms 左右。

4）从图 2－10－5 解析可知 0ms 故障态相量特征解析：相量分析，未产生零序电压零序电流，说明未出现接地故障。A 相电压超前 A 相电流约 174°，C 相电压滞后 C 相电流约 6°，A、C 相电压相位基本同向相位仅相差不到 1°，A、C 相电流相位基本反相，约为 180°，符合线路区内两相短路故障典型特征，如图 2－10－6 所示。

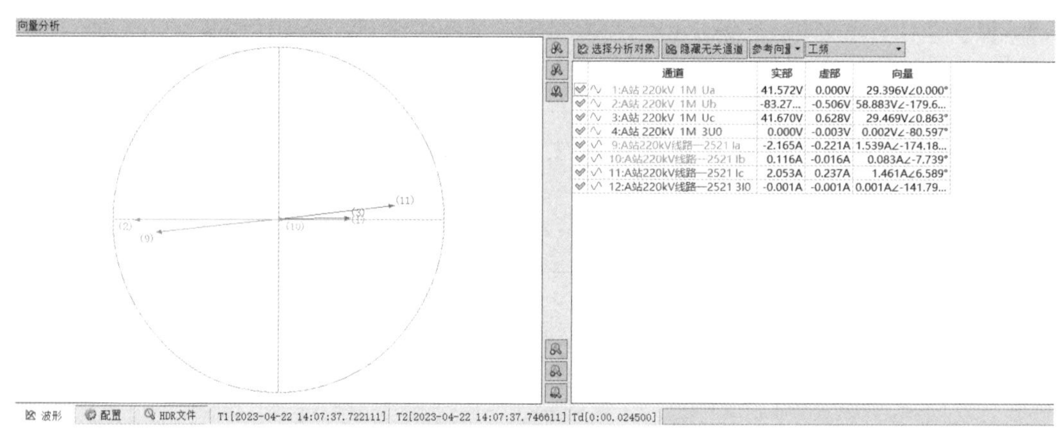

图 2－10－6　ABⅠ线路 A 站侧录波波形（保护动作时相量分析）

（2）ABⅠ线路 B 站侧录波图解析。查看 ABⅠ线路 B 站侧故障波形图，如图 2－10－7 所示。

1）从图 2－10－7 解析可知 0ms 故障态电压特征解析：母线电压 A、C 相电压均下降至约 39.4V，持续 2.5 周波 50ms 左右，幅值基本一致，但是相位相差约 83°，B 相电压虽受到故障影响幅值小幅上升，但幅值变化程度较小，故障时未出现零序电压，说明初步判断为故障相为 A、C 相相间短路故障，且由于 A、C 相电压残余电压较大，且 A、C 相电压相位相差角度较大，因此初步判断为 B 站远端 A、C 相间短路故障。

2）从图 2－10－7 解析可知 0ms 故障态电流特征解析：ABⅠ线路 A、C 相电流变大，持续 2.5 周波 50ms 左右，二次值 A 相约为 1.755A，C 相为 1.853A，幅值基本一致，A、C 相电流角度相差约 179.3°，方向基本相反，B 相电流为 0.098A（负荷电流），且未出现零序电流，说明故障相为 A、C 相。

3）从图 2－10－7 解析可知约 14.75ms 线路保护差动保护、纵联距离、相间距离 I 段保护动作切除 A 站侧三相开关后，A、C 相故障电流消失，A、C 相电压恢复正常，说明线路保护范围内故障切除，故障持续 2.5 周波 50ms 左右。

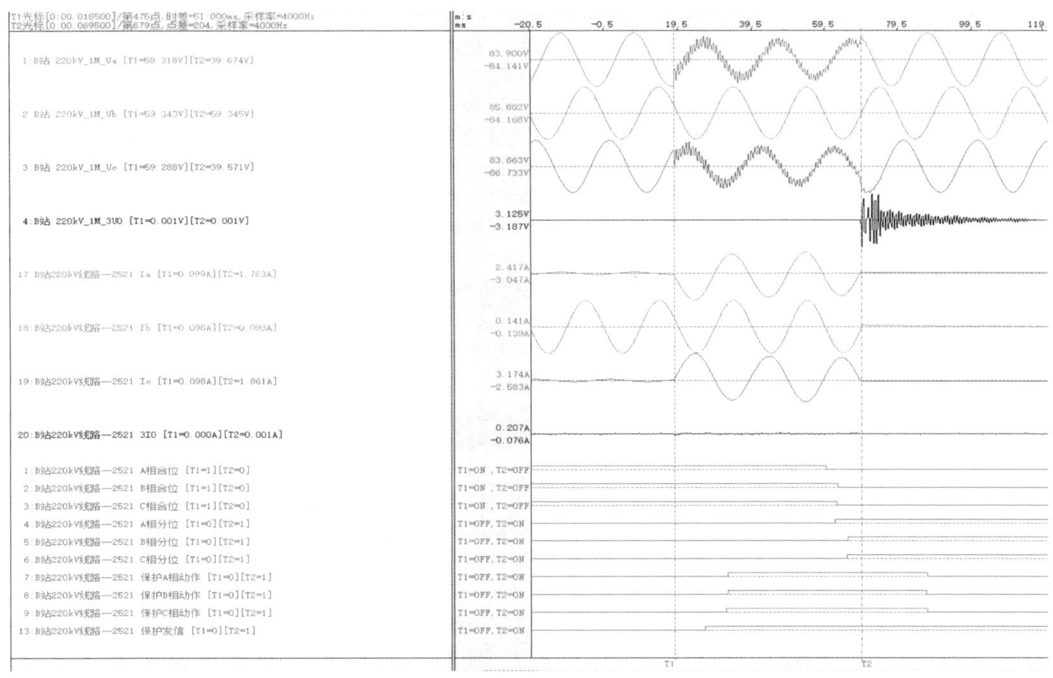

图 2－10－7　AB I 线路 B 站侧录波波形（保护动作时）

4）从图 2－10－7 解析可知 0ms 故障态相量特征解析：相量分析，未产生零序电压零序电流，说明未出现接地故障。A 相电压超前 A 相电流约 130.5°，C 相电压超前 C 相电流约 33.5°，A、C 相电流相位基本反相，约为 180°，符合线路区内两相短路故障典型特征，如图 2－10－8 所示。

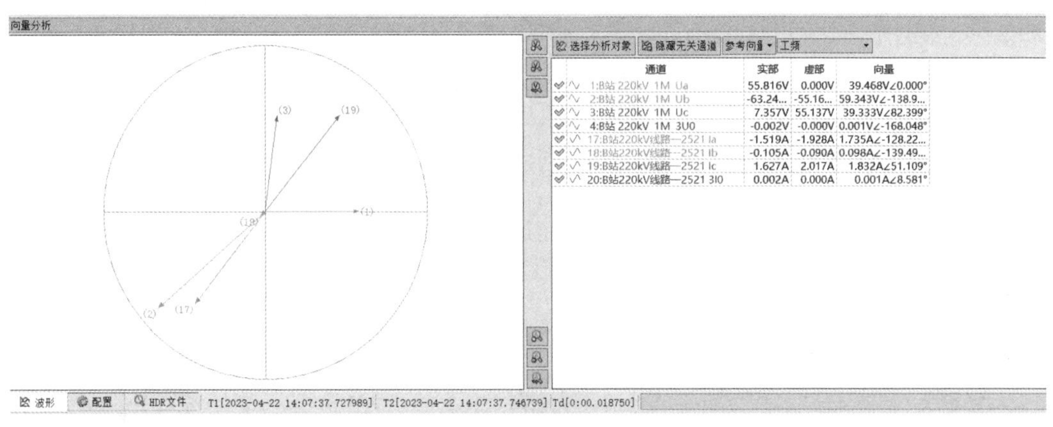

图 2－10－8　AB I 线路 B 站侧录波波形（保护动作时相量分析）

三、综合总结

从波形特征解析，系统发生了 AB Ⅰ线 A、C 相间金属性短路故障，A 站侧 C、A 相电压角度相差几乎为 0V，B 站侧靠近电源端，故障后 C、A 相电压角度相差较大，两侧 A、C 相故障电流均较大，无零序电压和零序电流，相量分析两侧均为正方向区内，说明故障发生于线路 A 站侧出口处。结合两侧保护装置故障信息测距结果，A 站侧测距为 0km，B 站侧测距约 49.8km，也印证了故障发生于线路 A 站侧出口处。AB Ⅰ线路 A、B 站侧保护故障信息测距见表 2－10－5 和表 2－10－6。

表 2－10－5　　AB Ⅰ线路 A 站侧保护故障信息测距

序号	故障参数名称	故障参数实际值	故障参数单位
1	故障相电压	0.53	V
2	故障相电流	3.01	A
3	最大零序电流	0.01	A
4	最大差动电流	3.05	A
5	故障测距	0.00	km
6	故障相别	AC	

表 2－10－6　　AB Ⅰ线路 B 站侧保护故障信息测距

序号	故障参数名称	故障参数实际值	故障参数单位
1	故障相电压	52.20	V
2	故障相电流	3.67	A
3	最大零序电流	0.00	A
4	最大差动电流	3.66	A
5	故障测距	49.80	km
6	故障相别	AC	

从保护动作行为解析，A 站侧差动保护、纵联距离、相间距离Ⅰ段保护动作，B 站侧差动保护、纵联距离动作。A 站比 B 站多了相间距离Ⅰ段保护动作，众所周知，距离Ⅰ段保护范围一般整定为线路全长的 80%～85%，保护动作行为符合故障发生于线路 A 站侧出口处。

综上所述，本次故障位于 AB Ⅰ线路 A 站侧出口处，故障性质为 A、C 相两相金属性短路故障，AB Ⅰ线线路保护动作行为正确。

2.11　末端处两相金属性短路

一、故障信息

故障发生前 A 站、B 站、C 站运行方式为 AB Ⅰ线、ABⅡ线、AC Ⅰ线、BC Ⅰ线、#1 主变、#2 主变、母联均在合位，A 站#1 主变、AB Ⅰ线、ABⅡ线挂 1M、#2 主变、AC Ⅰ线挂 2M。AB Ⅰ线 A 站侧 TA 变比 2400/1，B 站侧 TA 变比 2000/1。线路全长 50km。故障发生前 A 站、B 站、C 站运行方式如图 2-11-1 所示。

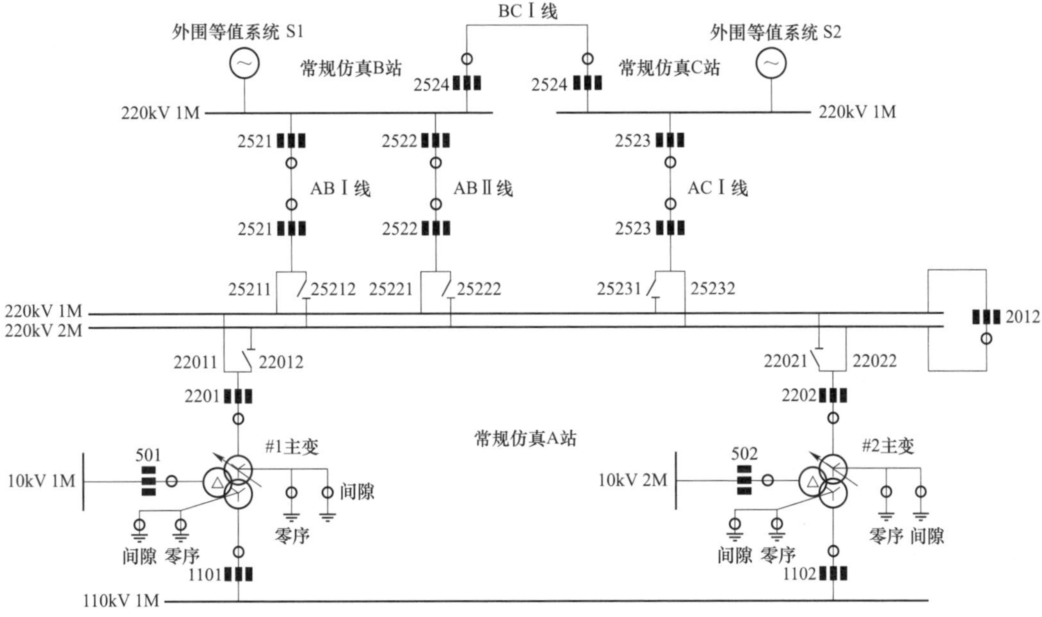

图 2-11-1 故障发生前 A 站、B 站、C 站运行方式

故障发生后，AB Ⅰ线线路两侧开关均在合位，其余开关位置未发生变化，故障发生后 A 站、B 站、C 站运行方式如图 2-11-2 所示。

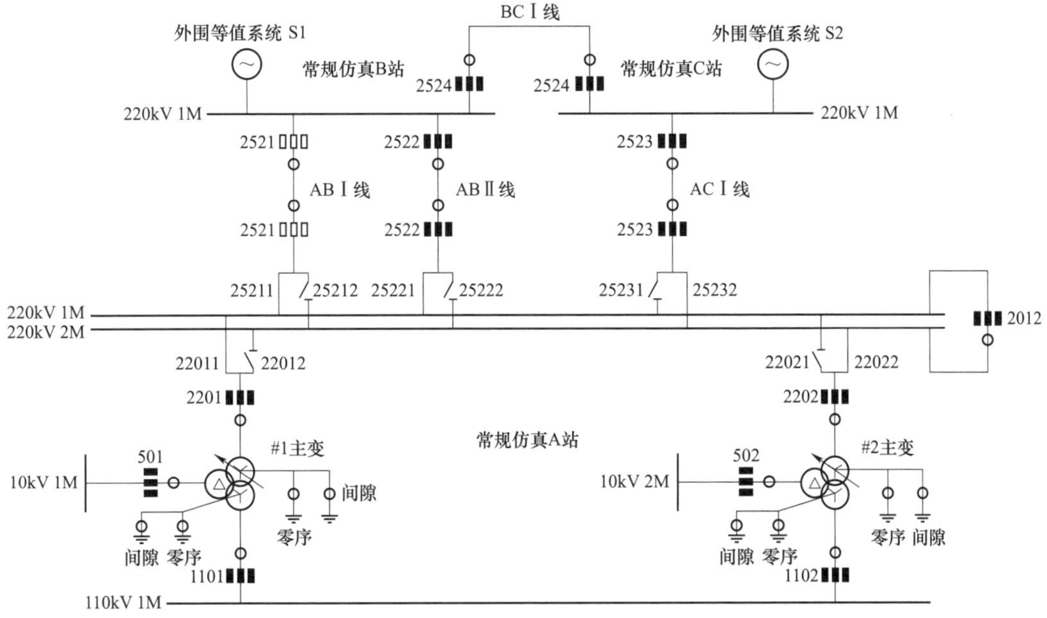

图 2-11-2 故障发生后 A 站、B 站、C 站运行方式

二、录波图解析

1. 保护动作报文解析

（1）从 A 站 AB Ⅰ线故障录波 HDR 文件读取相关保护信息，以保护启动初始时刻为基准，见表 2－11－1。

表 2－11－1　　AB Ⅰ线 A 站保护动作简报

序号	动作报文对应时间	动作报文名称	动作相别	动作报文变化值
1	0ms	保护启动		1
2	6ms	纵联差动保护动作	ABC	1
3	52ms	纵联差动保护动作		0
4	7068ms	保护启动		0

如表 2－11－1 中所示，AB Ⅰ线路 A 站侧保护启动后约 6ms 纵联差动保护动作，保护出口跳三相开关，保护装置为单重。

（2）从 B 站侧 AB Ⅰ线保护故障录波 HDR 文件读取相关保护信息，以保护启动初始时刻为基准，见表 2－11－2。

表 2－11－2　　AB Ⅰ线 B 站侧保护动作简报

序号	动作报文对应时间	动作报文名称	动作相别	动作报文变化值
1	0ms	保护启动		1
2	12ms	纵联差动保护动作	ABC	1
3	15ms	相间距离Ⅰ段动作	ABC	1
4	23ms	纵联距离动作	ABC	1
5	75ms	纵联差动保护动作		0
6	75ms	纵联距离动作		0
7	75ms	相间距离Ⅰ段动作		0
8	7086ms	保护启动		0

如表 2－11－2 中所示，AB Ⅰ线路 B 站侧保护启动后约 12ms 纵联差动保护动作，15ms 相间距离Ⅰ段保护动作，23ms 纵联距离保护动作，保护出口跳三相开关，保护装置为单重。

2. 开关量变位解析

（1）以故障初始时刻为基准，AB Ⅰ线路 A 站侧开关量变位图如图 2－11－3 所示。

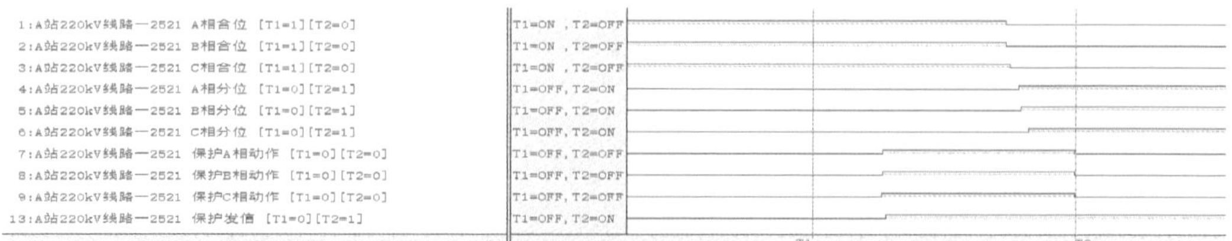

图 2－11－3　AB Ⅰ线路 A 站侧 A 站侧开关量变位图（保护动作时）

AB Ⅰ 线路 A 站侧开关量变位时间顺序见表 2－11－3。

表 2－11－3　　　　AB Ⅰ 线路 A 站侧开关量变位时间顺序

位置	第 1 次变位时间	第 2 次变位时间
1:A 站 220kV 线路一 2521 A 相合位	↓ 44.750ms	
2:A 站 220kV 线路一 2521 B 相合位	↓ 44.750ms	
3:A 站 220kV 线路一 2521 C 相合位	↓ 45.750ms	
4:A 站 220kV 线路一 2521 A 相分位	↑ 47.750ms	
5:A 站 220kV 线路一 2521 B 相分位	↑ 48.250ms	
6:A 站 220kV 线路一 2521 C 相分位	↑ 50.000ms	
7:A 站 220kV 线路一 2521 保护 A 相动作	↑ 16.250ms	↓ 60.750ms
8:A 站 220kV 线路一 2521 保护 B 相动作	↑ 16.250ms	↓ 60.750ms
9:A 站 220kV 线路一 2521 保护 C 相动作	↑ 16.000ms	↓ 60.750ms
13:A 站 220kV 线路一 2521 保护发信	↑ 17.000ms	↓ 211.500ms

（2）以故障初始时刻为基准，AB Ⅰ 线路 B 站侧开关量变位情况如图 2－11－4 所示。

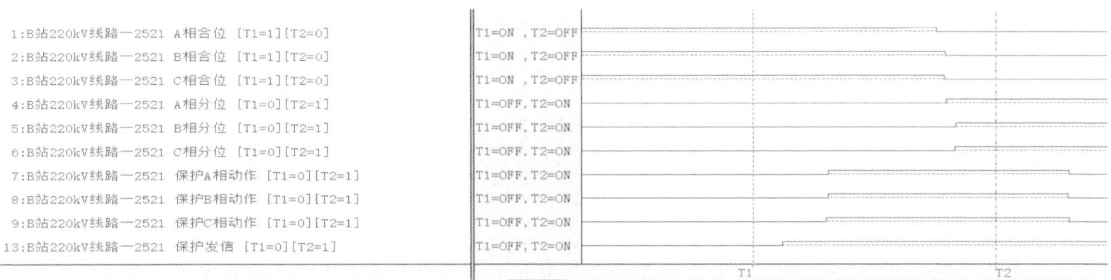

图 2－11－4　AB Ⅰ 线路 B 站侧开关量变位图（保护动作时）

AB Ⅰ 线路 B 站侧开关量变位时间顺序见表 2－11－4。

表 2－11－4　　　　AB Ⅰ 线路 B 站侧开关量变位时间顺序

位置	第 1 次变位时间	第 2 次变位时间
1:B 站 220kV 线路一 2521 A 相合位	↓ 46.000ms	
2:B 站 220kV 线路一 2521 B 相合位	↓ 48.250ms	
3:B 站 220kV 线路一 2521 C 相合位	↓ 48.000ms	
4:B 站 220kV 线路一 2521 A 相分位	↑ 48.500ms	
5:B 站 220kV 线路一 2521 B 相分位	↑ 51.000ms	
6:B 站 220kV 线路一 2521 C 相分位	↑ 50.750ms	
7:B 站 220kV 线路一 2521 保护 A 相动作	↑ 18.500ms	↓ 79.750ms
8:B 站 220kV 线路一 2521 保护 B 相动作	↑ 18.500ms	↓ 79.500ms
9:B 站 220kV 线路一 2521 保护 C 相动作	↑ 18.000ms	↓ 79.750ms
13:B 站 220kV 线路一 2521 保护发信	↑ 7.250ms	↓ 230.250ms

小结：故障发生后约 16.25ms，ABⅠ线路 A 站侧保护动作，约 18.5ms ABⅠ线路 B 站侧保护动作，约 45.75ms ABⅠ线路 A 站侧三相开关跳开，约 48.25ms ABⅠ线路 B 站侧三相开关跳开，成功隔离故障。

3. 波形特征解析

（1）ABⅠ线路 A 站侧录波图解析。查看 ABⅠ线路 A 站侧故障波形图，如图 2－11－5 所示。

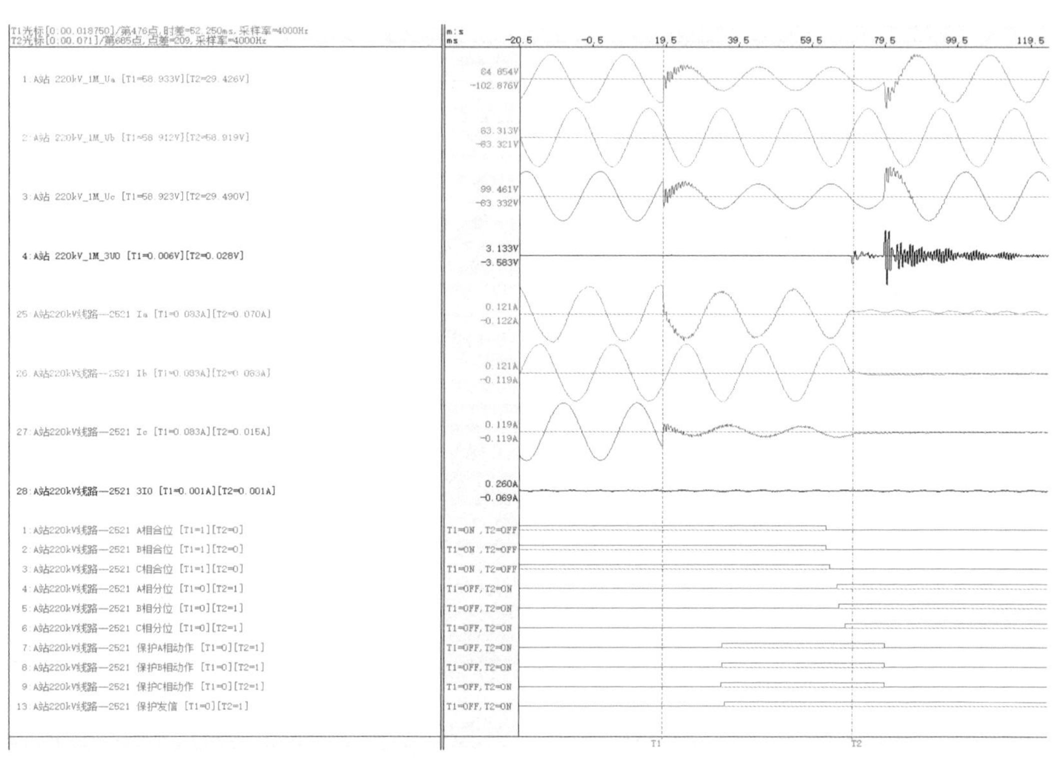

图 2－11－5　ABⅠ线路 A 站侧录波波形（保护动作时）

1）从图 2－11－5 解析可知 0ms 故障态电压特征解析：母线电压 A、C 相电压均下降至约 29.5V，持续 3 周波 60ms 左右，基本一致，约为正常电压 57.74V 的一半。相位均基本相同，相位相差 2°，B 相电压虽受到故障影响幅值小幅上升，但幅值变化程度较小，故障时未出现零序电压，说明初步判断为故障相为 A、C 相相间短路故障。

2）从图 2－11－5 解析可知 0ms 故障态电流特征解析：ABⅠ线路 A、C 相电流二次值 A 相约为 0.07A，C 相为 0.014A，幅值较小，方向 A、C 相间夹角约为 35°，B 相电流为 0.083A（负荷电流），且未出现零序电流，故障电流特征不明显。

3）从图 2－11－5 解析可知约 16.25ms 线路保护差动保护动作切除 A 站侧三相开关后，A、C 相故障电流消失，A、C 相电压恢复正常，说明线路保护范围内故障切除，故障持续 3 周波 60ms 左右。

4）从图 2－11－5 解析可知 0ms 故障态相量特征解析：相量分析，未产生零序电压零序电流，说明未出现接地故障。A 相电压超前 A 相电流约 178°，C 相电压滞后 C 相电流约 145°，A、C 相电压相位基本同向相位仅相差不到 1°，A、C 相电流相位夹角约为 35°，不太符合线路区内两相短路故障典型特征，但是 A、C 相各自电压电流之间的角度仍在正方向判别范围内，A、C 相电流未反相初步判断为由于故障点位置距离 A 侧保护较远导致，但是不影响其 A、C 相间故障判断，如图 2－11－6 所示。

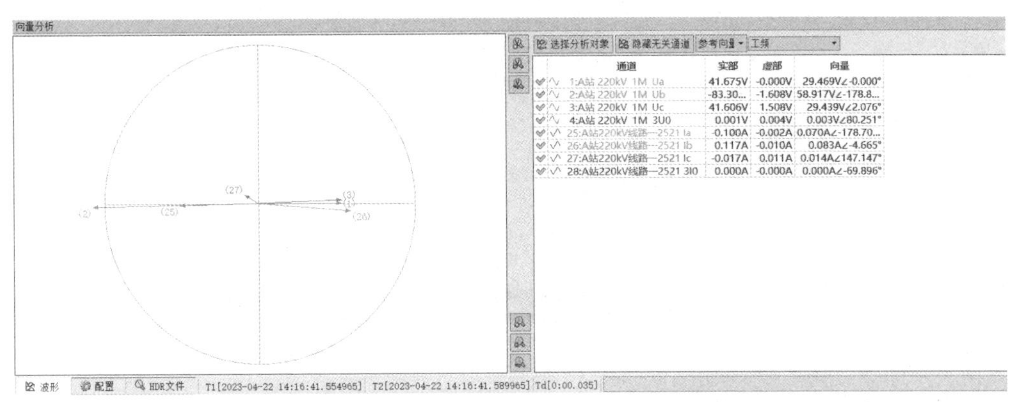

图 2－11－6　ABⅠ线路 A 站侧录波波形（保护动作时相量分析）

（2）ABⅠ线路 B 站侧录波图解析。查看 ABⅠ线路 B 站侧故障波形图，如图 2－11－7 所示。

1）从图 2－11－7 解析可知 0ms 故障态电压特征解析：母线电压 A、C 相电压均下降至约 29.6V，持续 3 周波 60ms 左右，幅值基本一致，相位相差约 3°，B 相电压虽受到故障影响幅值小幅上升，但幅值变化程度较小，故障时未出现零序电压，说明初步判断为故障相为 AC 相相间短路故障，且由于 A、C 相电压幅值基本一致，相位相差约 3°，因此初步判断为 B 站出口处 AC 相间短路故障。

2）从图 2－11－7 解析可知 0ms 故障态电流特征解析：ABⅠ线路 A、C 相电流变大，持续 3 周波 60ms 左右，二次值 A 相约为 7.11A，C 相为 7.2A，幅值基本一致，A、C 相电流角度相差约 180°，方向基本相反，B 相电流为 0.098A（负荷电流），且未出现零序电流，说明故障相为 AC 相。

3）从图 2－11－7 解析可知约 18.5ms 线路保护差动保护、纵联距离、相间距离Ⅰ段保护动作切除 A 站侧三相开关后，A、C 相故障电流消失，A、C 相电压恢复正常，说明线路保护范围内故障切除，故障持续 3 周波 60ms 左右。

4）从图 2－11－7 解析可知 0ms 故障态相量特征解析：相量分析，未产生零序电压零序电流，说明未出现接地故障。A 相电压超前 A 相电流约 174°，C 相电压滞后 C 相电流约 3°，A、C 相电流相位基本反相，约为 180°，符合线路区内两相短路故障典型特征，如图 2－11－8 所示。

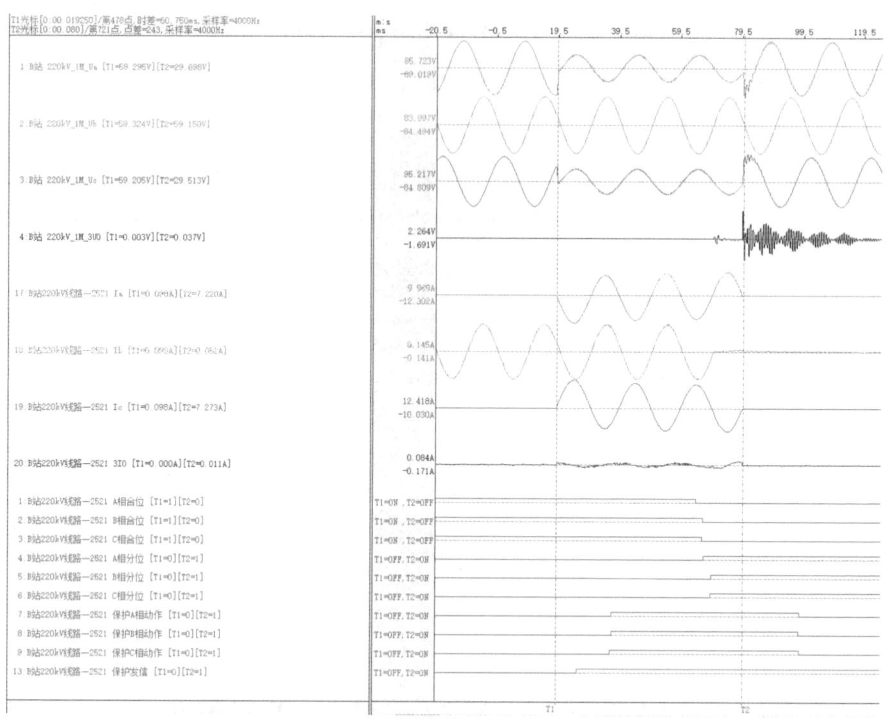

图 2-11-7　AB Ⅰ 线路 B 站侧录波波形（保护动作时）

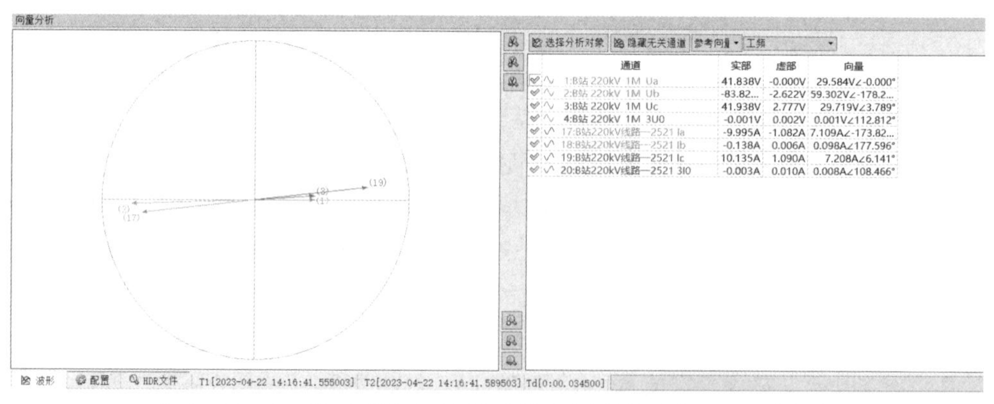

图 2-11-8　AB Ⅰ 线路 B 站侧录波波形（保护动作时相量分析）

三、综合总结

从波形特征解析，系统发生了 AB Ⅰ 线 AC 相间金属性短路故障，A 站侧 C、A 相电压角度相差较小，A 站侧 A、C 相电流变化较小，B 站侧靠近电源端，故障后 C、A 相电压角度相差几乎为 0V，两侧 A、C 相故障电流均较大，A、C 相电流相位相反，无零序电压和零序电流。A、B 两侧比较下，B 侧由于是电源侧，故障电流几乎均在 B 侧 A、C 相间流过，因此使得 A 侧受到远离故障点的影响，使得其 A、C 相间电流幅值较小甚至小于负荷电流，且角度并未反向，相差约 35°。相量分析两侧均为正方向区内，说明故障发生于线路 A 站侧末端，即 B 站侧出口处。结合两侧保护装置故障信息测距结果，A 站侧测距为 49.3km，B 站侧测距约 0.5km，也印证了故障发生于线路 A 站侧出口处。ABⅠ线路 A、B 站侧保护故障信息测距见表 2－11－5 和表 2－11－6。

表 2－11－5　　ABⅠ线路 A 站侧保护故障信息测距

序号	故障参数名称	故障参数实际值	故障参数单位
1	故障相电压	1.01	V
2	故障相电流	0.06	A
3	最大零序电流	0.01	A
4	最大差动电流	6.06	A
5	故障测距	49.30	km
6	故障相别	AC	

表 2－11－6　　ABⅠ线路 B 站侧保护故障信息测距

序号	故障参数名称	故障参数实际值	故障参数单位
1	故障相电压	2.03	V
2	故障相电流	14.41	A
3	最大零序电流	0.01	A
4	最大差动电流	7.27	A
5	故障测距	0.50	km
6	故障相别	AC	

从保护动作行为解析，A 站侧差动保护保护动作，B 站侧差动保护、纵联距离、相间距离Ⅰ段保护动作。B 站比 A 站多了纵联距离、相间距离Ⅰ段保护动作，众所周知，距离Ⅰ段保护范围一般整定为线路全长的 80%～85%，保护动作行为符合故障发生于线路 B 站侧出口处，且由于故障点远离 A 站侧的原因，A 侧 A、C 相电流均较小，使得纵联距离保护未动作。

综上所述，本次故障位于 ABⅠ线路 A 站侧末端即 B 站侧出口处，故障性质为 A、C 相两相金属性短路故障，ABⅠ线线路保护动作行为正确。

2.12　50%处两相金属性短路

一、故障信息

故障发生前 A 站、B 站、C 站运行方式为 ABⅠ线、ABⅡ线、ACⅠ线、BCⅠ线、#1 主变、#2 主变、母联均在合位，A 站#1 主变、ABⅠ线、ABⅡ线挂 1M、#2 主变、

ACⅠ线挂2M。ABⅠ线A站侧TA变比2400/1,B站侧TA变比2000/1。线路全长50km。故障发生前A站、B站、C站运行方式如图2-12-1所示。

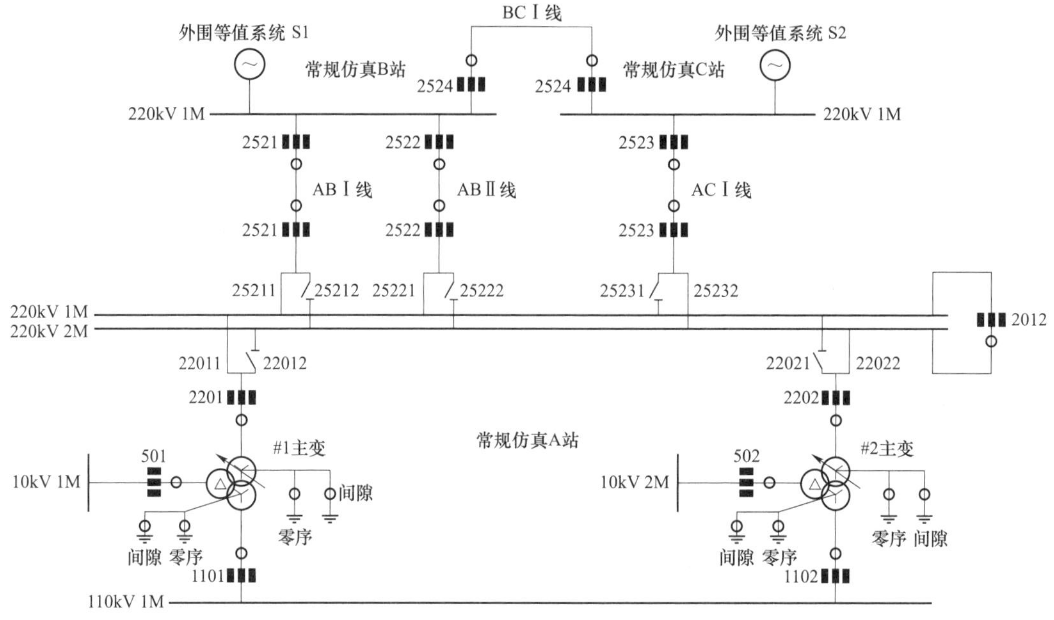

图2-12-1 故障发生前A站、B站、C站运行方式

故障发生后，ABⅠ线线路两侧开关均在合位，其余开关位置未发生变化，故障发生后A站、B站、C站运行方式如图2-12-2所示。

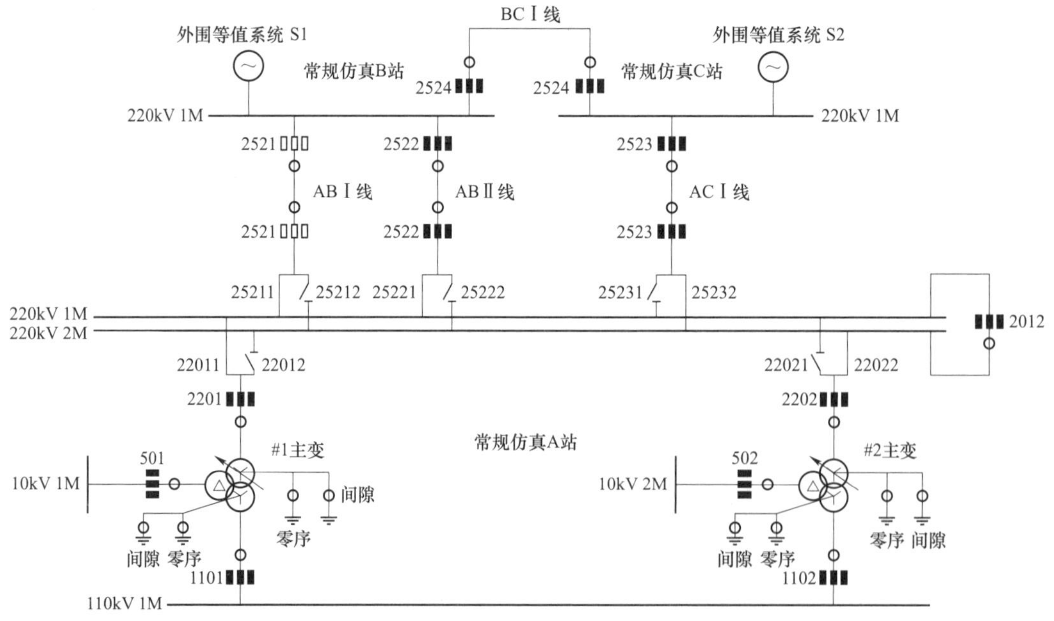

图2-12-2 故障发生后A站、B站、C站运行方式

二、录波图解析

1. 保护动作报文解析

（1）从 A 站 AB Ⅰ 线故障录波 HDR 文件读取相关保护信息，以保护启动初始时刻为基准，见表 2－12－1。

表 2－12－1　　AB Ⅰ 线 A 站保护动作简报

序号	动作报文对应时间	动作报文名称	动作相别	动作报文变化值
1	0ms	保护启动		1
2	7ms	纵联差动保护动作	ABC	1
3	17ms	纵联距离动作	ABC	1
4	23ms	相间距离Ⅰ段动作	ABC	1
5	63ms	纵联差动保护动作		0
6	63ms	纵联距离动作		0
7	63ms	相间距离Ⅰ段动作		0
8	7074ms	保护启动		0

如表 2－12－1 中所示，AB Ⅰ 线路 A 站侧保护启动后约 7ms 纵联差动保护动作，17ms 纵联距离保护动作，23ms 相间距离Ⅰ段保护动作，保护出口跳三相开关，保护装置为单重。

（2）从 B 站侧 AB Ⅰ 线保护故障录波 HDR 文件读取相关保护信息，以保护启动初始时刻为基准，见表 2－12－2。

表 2－12－2　　AB Ⅰ 线 B 站侧保护动作简报

序号	动作报文对应时间	动作报文名称	动作相别	动作报文变化值
1	0ms	保护启动		1
2	8ms	纵联差动保护动作	ABC	1
3	21ms	纵联距离动作	ABC	1
4	22ms	相间距离Ⅰ段动作	ABC	1
5	72ms	纵联差动保护动作		0
6	72ms	纵联距离动作		0
7	72ms	相间距离Ⅰ段动作		0
8	7076ms	保护启动		0

如表 2－12－2 中所示，AB Ⅰ 线路 B 站侧保护启动后约 8ms 纵联差动保护动作，21ms 纵联距离保护动作，22ms 相间距离Ⅰ段保护动作，保护出口跳三相开关，保护装置为单重。

2. 开关量变位解析

（1）以故障初始时刻为基准，ABⅠ线路 A 站侧开关量变位图如图 2-12-3 所示。

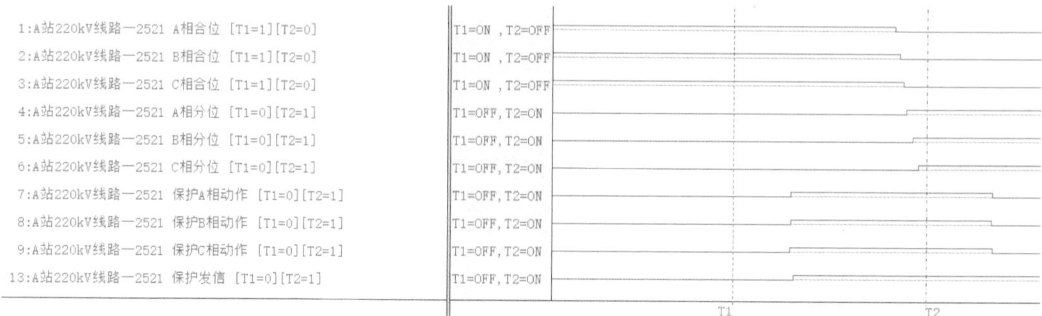

图 2-12-3　ABⅠ线路 A 站侧 A 站侧开关量变位图（保护动作时）

ABⅠ线路 A 站侧开关量变位时间顺序见表 2-12-3。

表 2-12-3　　ABⅠ线路 A 站侧开关量变位时间顺序

位置	第 1 次变位时间	第 2 次变位时间
1:A 站 220kV 线路一 2521 A 相合位	↓ 43.000ms	
2:A 站 220kV 线路一 2521 B 相合位	↓ 44.250ms	
3:A 站 220kV 线路一 2521 C 相合位	↓ 45.250ms	
4:A 站 220kV 线路一 2521 A 相分位	↑ 46.000ms	
5:A 站 220kV 线路一 2521 B 相分位	↑ 47.750ms	
6:A 站 220kV 线路一 2521 C 相分位	↑ 49.250ms	
7:A 站 220kV 线路一 2521 保护 A 相动作	↑ 15.250ms	↓ 69.000ms
8:A 站 220kV 线路一 2521 保护 B 相动作	↑ 15.250ms	↓ 68.750ms
9:A 站 220kV 线路一 2521 保护 C 相动作	↑ 15.000ms	↓ 69.000ms
13:A 站 220kV 线路一 2521 保护发信	↑ 16.000ms	↓ 219.750ms

（2）以故障初始时刻为基准，ABⅠ线路 B 站侧开关量变位情况如图 2-12-4 所示。

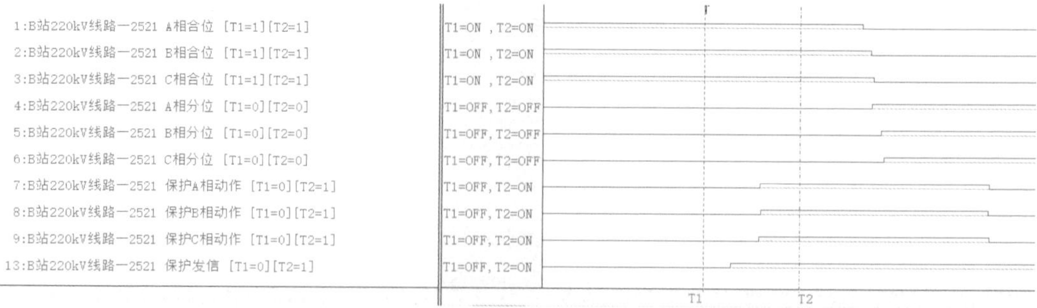

图 2-12-4　ABⅠ线路 B 站侧开关量变位图（保护动作时）

ABⅠ线路B站侧开关量变位时间顺序见表2-12-4。

表2-12-4　　ABⅠ线路B站侧开关量变位时间顺序

位置	第1次变位时间	第2次变位时间
1:B站220kV线路一2521 A相合位	↓ 42.500ms	
2:B站220kV线路一2521 B相合位	↓ 44.750ms	
3:B站220kV线路一2521 C相合位	↓ 45.500ms	
4:B站220kV线路一2521 A相分位	↑ 45.000ms	
5:B站220kV线路一2521 B相分位	↑ 47.500ms	
6:B站220kV线路一2521 C相分位	↑ 48.250ms	
7:B站220kV线路一2521 保护A相动作	↑ 15.000ms	↓ 76.500ms
8:B站220kV线路一2521 保护B相动作	↑ 15.250ms	↓ 76.250ms
9:B站220kV线路一2521 保护C相动作	↑ 14.750ms	↓ 76.500ms
13:B站220kV线路一2521 保护发信	↑ 7.250ms	↓ 227.000ms

小结：故障发生后约15.25ms，ABⅠ线路A站侧保护动作，约18.5ms ABⅠ线路B站侧保护动作，约45.25ms ABⅠ线路A站侧三相开关跳开，约48.25ms ABⅠ线路B站侧三相开关跳开，成功隔离故障。

3. 波形特征解析

（1）ABⅠ线路A站侧录波图解析。查看ABⅠ线路A站侧故障波形图，如图2-12-5所示。

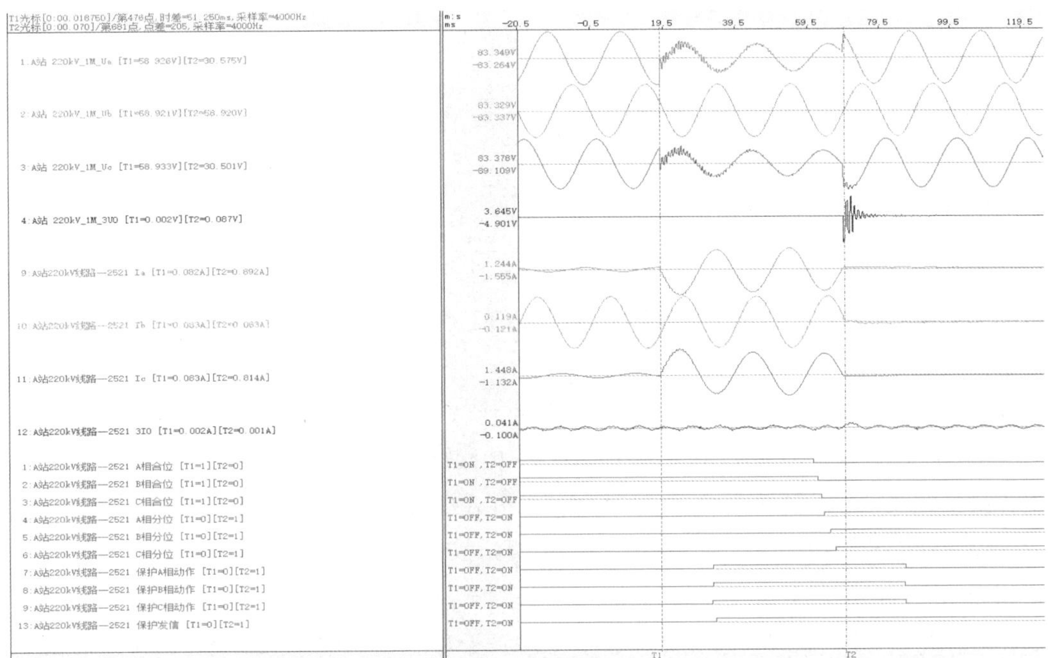

图2-12-5　ABⅠ线路A站侧录波波形（保护动作时）

1）从图 2－12－5 解析可知 0ms 故障态电压特征解析：母线电压 A、C 相电压均下降至约 30.4V，持续 2.5 周波 50ms 左右，幅值基本一致。A、C 相电压相位相差 28°，B 相电压虽受到故障影响幅值小幅上升，但幅值变化程度较小，故障时未出现零序电压，说明初步判断为故障相为 A、C 相相间短路故障。

2）从图 2－12－5 解析可知 0ms 故障态电流特征解析：ABⅠ线路 A、C 相电流二次值 A 相约为 0.9A，C 相为 0.824A，幅值较小，方向 A、C 相间夹角约为 35°，B 相电流为 0.083A（负荷电流），且未出现零序电流，故障电流特征不明显。

3）从图 2－12－5 解析可知约 15.25ms 线路保护纵联差动保护动作，相间距离Ⅰ段保护动作，纵联距离保护动作切除 A 站侧三相开关后，A、C 相故障电流消失，A、C 相电压恢复正常，说明线路保护范围内故障切除，故障持续 2.5 周波 50ms 左右。

4）从图 2－12－5 解析可知 0ms 故障态相量特征解析：相量分析，未产生零序电压零序电流，说明未出现接地故障。A 相电压超前 A 相电流约 155°，C 相电压超前 C 相电流约 1°，A、C 相电流相位夹角约为 182°，基本反向，符合线路区内两相短路故障典型特征，如图 2－12－6 所示。

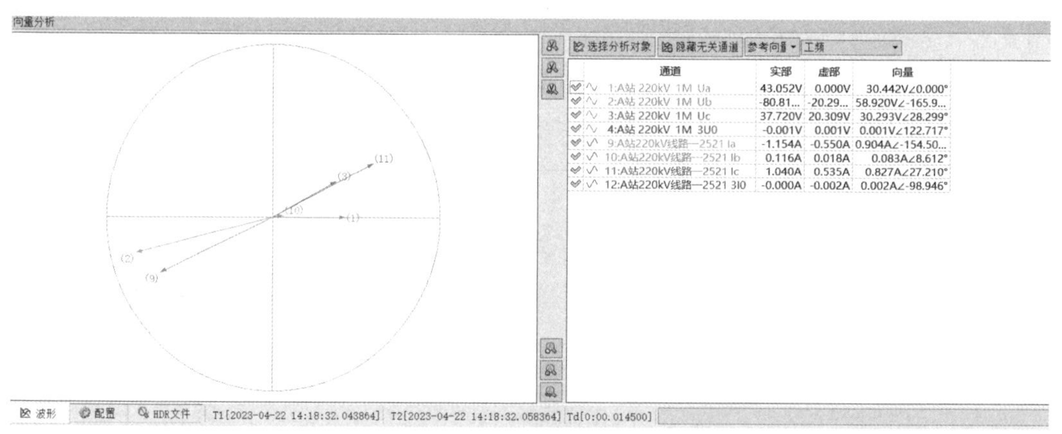

图 2－12－6　ABⅠ线路 A 站侧录波波形（保护动作时相量分析）

（2）ABⅠ线路 B 站侧录波图解析。查看 ABⅠ线路 B 站侧故障波形图，如图 2－12－7 所示。

1）从图 2－12－7 解析可知 0ms 故障态电压特征解析：母线电压 A、C 相电压均下降至约 37V，持续 2.5 周波 50ms 左右，A、C 相幅值基本一致，相位相差约 74°，B 相电压虽受到故障影响幅值小幅上升，但幅值变化程度较小，故障时未出现零序电压，说明初步判断为故障相为 A、C 相相间短路故障，且由于 A、C 相电压幅值基本一致，相位相差约 74°，因此初步判断为线路 A、C 相间短路故障。

2）从图 2－12－7 解析可知 0ms 故障态电流特征解析：ABⅠ线路 A、C 相电流变大，持续 2.5 周波 50ms 左右，二次值 A 相约为 3.07A，C 相为 3.17A，幅值基本一致，A、C

相电流角度相差约 180°，方向基本相反，B 相电流为 0.098A（负荷电流），且未出现零序电流，说明故障相为 A、C 相。

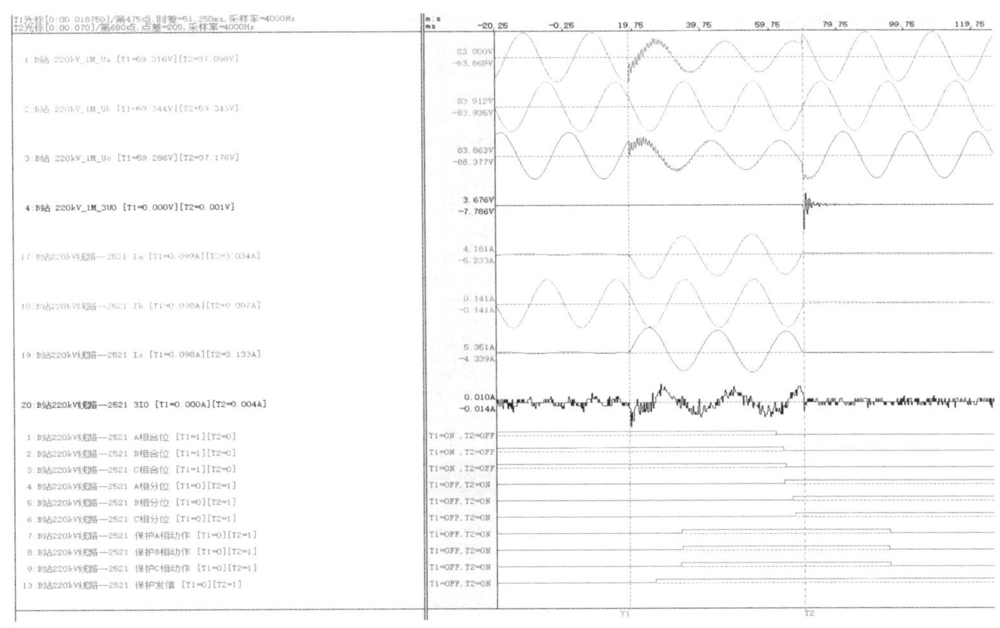

图 2-12-7　AB Ⅰ线路 B 站侧录波波形（保护动作时）

3）从图 2-12-7 解析可知约 18.5ms 线路保护差动保护、纵联距离、相间距离Ⅰ段保护动作切除 A 站侧三相开关后，A、C 相故障电流消失，A、C 相电压恢复正常，说明线路保护范围内故障切除，故障持续 2.5 周波 50ms 左右。

4）从图 2-12-7 解析可知 0ms 故障态相量特征解析：相量分析，未产生零序电压零序电流，说明未出现接地故障。A 相电压超前 A 相电流约 132°，C 相电压超前 C 相电流约 27°，A、C 相电流相位基本反相，约为 180°，符合线路区内两相短路故障典型特征，且两侧比较，两侧电压均有较大夹角，所以判断故障点位于线路中间某处，如图 2-12-8 所示。

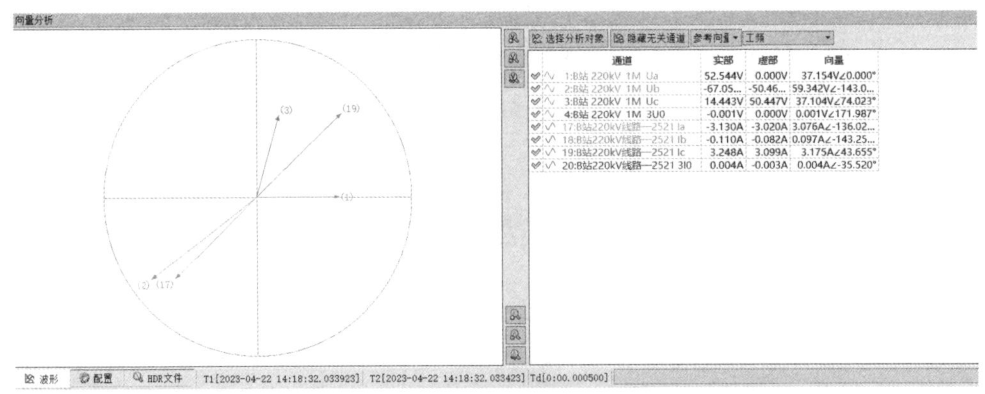

图 2-12-8　AB Ⅰ线路 B 站侧录波波形（保护动作时相量分析）

三、综合总结

从波形特征解析，系统发生了ABⅠ线A、C相间金属性短路故障，两侧A、C相电压角度相差较小，B站侧靠近电源端，两侧A、C相故障电流均较大，且两侧比较B站侧比A站侧故障电流大，A、C相电流相位相反，无零序电压和零序电流。相量分析两侧均为正方向区内，说明故障发生于线路中间某处。结合两侧保护装置故障信息测距结果，A站侧测距为24.2km，B站侧测距约25.5km，印证了故障发生于线路50%处。ABⅠ线路A、B站侧保护故障信息测距分别见表2－12－5和表2－12－6。

表2－12－5　　ABⅠ线路A站侧保护故障信息测距

序号	故障参数名称	故障参数实际值	故障参数单位
1	故障相电压	14.87	V
2	故障相电流	1.72	A
3	最大零序电流	0.01	A
4	最大差动电流	3.49	A
5	故障测距	24.20	km
6	故障相别	AC	

表2－12－6　　ABⅠ线路B站侧保护故障信息测距

序号	故障参数名称	故障参数实际值	故障参数单位
1	故障相电压	44.80	V
2	故障相电流	6.26	A
3	最大零序电流	0.00	A
4	最大差动电流	4.19	A
5	故障测距	25.50	km
6	故障相别	AC	

从保护动作行为解析，A站侧纵联差动，相间距离Ⅰ段，纵联距离保护动作，B站侧差动保护、纵联距离、相间距离Ⅰ段保护动作。距离Ⅰ段保护范围一般整定为线路全长的80％～85%，保护动作行为符合故障发生于线路50%处。

综上所述，本次故障位于ABⅠ线路50%处，故障性质为A、C相两相金属性短路故障，ABⅠ线线路保护动作行为正确。

2.13　出口处两相金属性接地短路

一、故障信息

故障发生前A站、B站、C站运行方式为ABⅠ线、ABⅡ线、ACⅠ线、BCⅠ线、

#1 主变、#2 主变、母联均在合位，A 站#1 主变、AB Ⅰ线、ABⅡ线挂 1M、#2 主变、AC Ⅰ线挂 2M。AB Ⅰ线 A 站侧 TA 变比 2400/1，B 站侧 TA 变比 2000/1。线路全长 50km。故障发生前 A 站、B 站、C 站运行方式如图 2-13-1 所示。

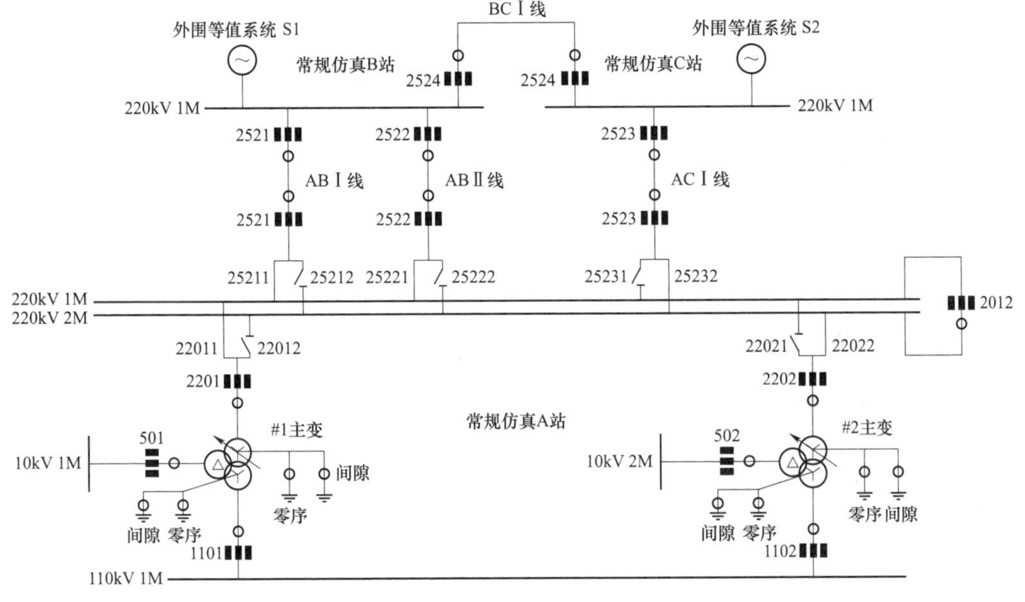

图 2-13-1 故障发生前 A 站、B 站、C 站运行方式

故障发生后，AB Ⅰ线线路两侧开关均在合位，其余开关位置未发生变化，故障发生后 A 站、B 站、C 站运行方式如图 2-13-2 所示。

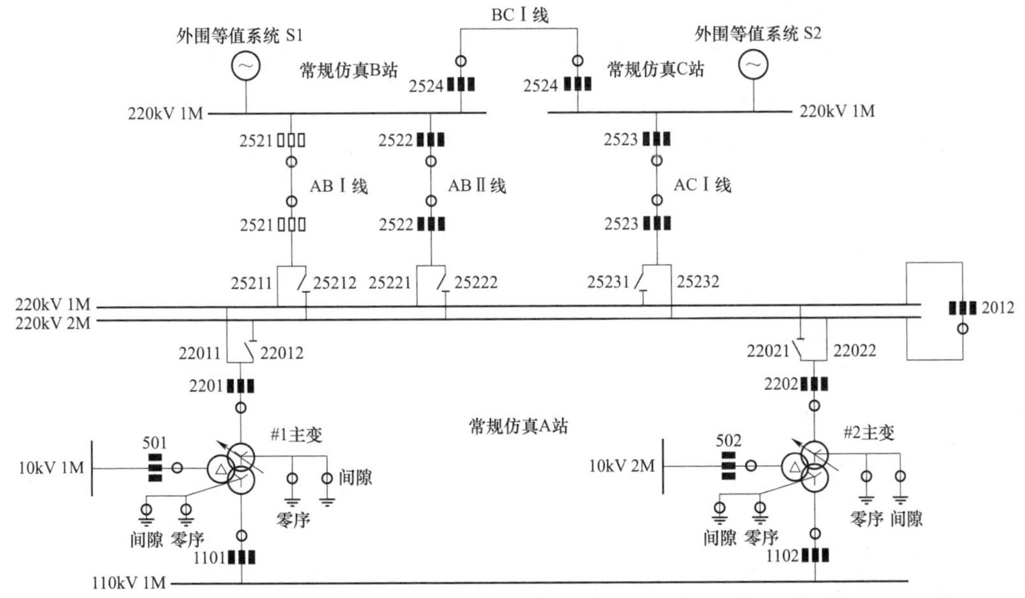

图 2-13-2 故障发生后 A 站、B 站、C 站运行方式

二、录波图解析

1. 保护动作报文解析

（1）从A站ABⅠ线故障录波HDR文件读取相关保护信息，以保护启动初始时刻为基准，见表2-13-1。

表2-13-1　　ABⅠ线A站保护动作简报

序号	动作报文对应时间	动作报文名称	动作相别	动作报文变化值
1	0ms	保护启动		1
2	8ms	纵联差动保护动作	ABC	1
3	13ms	纵联零序动作	ABC	1
4	13ms	纵联距离动作	ABC	1
5	18ms	相间距离Ⅰ段动作	ABC	1
6	18ms	接地距离Ⅰ段动作	ABC	1
7	66ms	纵联差动保护动作		0
8	66ms	纵联距离动作		0
9	66ms	纵联零序动作		0
10	66ms	接地距离Ⅰ段动作		0
11	66ms	相间距离Ⅰ段动作		0
12	7076ms	保护启动		0

如表2-13-1中所示，ABⅠ线路A站侧保护启动后约8ms纵联差动保护动作，13ms纵联零序保护动作，13ms纵联距离保护动作，18ms相间距离Ⅰ段保护动作，18ms接地距离Ⅰ段保护动作，保护出口跳三相开关，保护装置为单重。

（2）从B站侧ABⅠ线保护故障录波HDR文件读取相关保护信息，以保护启动初始时刻为基准，见表2-13-2。

表2-13-2　　ABⅠ线B站侧保护动作简报

序号	动作报文对应时间	动作报文名称	动作相别	动作报文变化值
1	0ms	保护启动		1
2	8ms	纵联差动保护动作	ABC	1
3	16ms	纵联距离动作	ABC	1
4	16ms	纵联零序动作	ABC	1
5	66ms	纵联差动保护动作		0
6	66ms	纵联距离动作		0

续表

序号	动作报文对应时间	动作报文名称	动作相别	动作报文变化值
7	66ms	纵联零序动作		0
8	7076ms	保护启动		0

如表 2－13－2 中所示，AB Ⅰ 线路 B 站侧保护启动后约 8ms 纵联差动保护动作，16ms 纵联零序保护动作，16ms 纵联距离保护动作，保护出口跳三相开关，保护装置为单重。

2. 开关量变位解析

（1）以故障初始时刻为基准，AB Ⅰ 线路 A 站侧开关量变位图如图 2－13－3 所示。

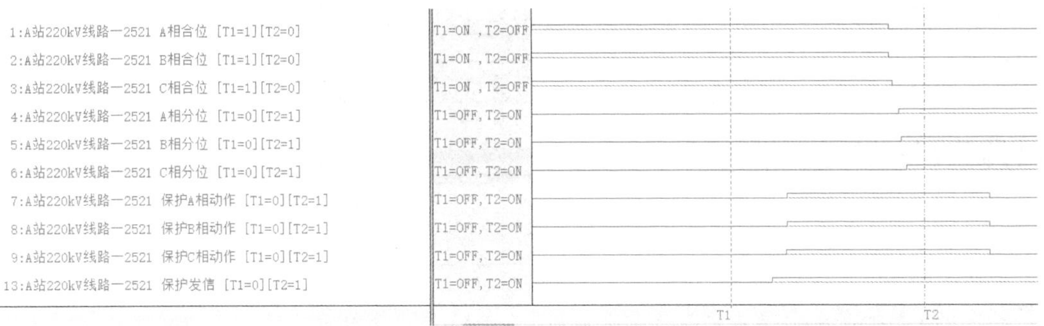

图 2－13－3　AB Ⅰ 线路 A 站侧 A 站侧开关量变位图（保护动作时）

AB Ⅰ 线路 A 站侧开关量变位时间顺序见表 2－13－3。

表 2－13－3　AB Ⅰ 线路 A 站侧开关量变位时间顺序

位置	第 1 次变位时间	第 2 次变位时间
1:A 站 220kV 线路一 2521 A 相合位	↓ 43.750ms	
2:A 站 220kV 线路一 2521 B 相合位	↓ 43.750ms	
3:A 站 220kV 线路一 2521 C 相合位	↓ 44.750ms	
4:A 站 220kV 线路一 2521 A 相分位	↑ 46.500ms	
5:A 站 220kV 线路一 2521 B 相分位	↑ 47.250ms	
6:A 站 220kV 线路一 2521 C 相分位	↑ 48.750ms	
7:A 站 220kV 线路一 2521 保护 A 相动作	↑ 15.500ms	↓ 71.750ms
8:A 站 220kV 线路一 2521 保护 B 相动作	↑ 15.500ms	↓ 71.750ms
9:A 站 220kV 线路一 2521 保护 C 相动作	↑ 15.250ms	↓ 71.750ms
13:A 站 220kV 线路一 2521 保护发信	↑ 11.250ms	↓ 222.500ms

（2）以故障初始时刻为基准，AB Ⅰ 线路 B 站侧开关量变位情况，如图 2－13－4 所示。

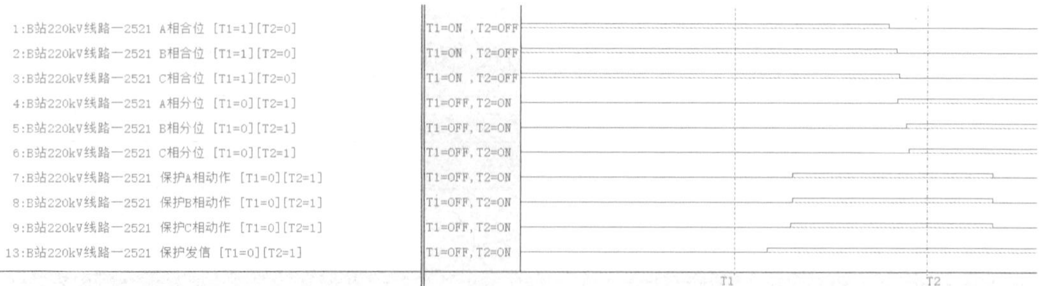

图 2-13-4　AB Ⅰ线路 B 站侧开关量变位图（保护动作时）

AB Ⅰ线路 B 站侧开关量变位时间顺序见表 2-13-4。

表 2-13-4　　AB Ⅰ线路 B 站侧开关量变位时间顺序

位置	第 1 次变位时间	第 2 次变位时间
1:B 站 220kV 线路一 2521 A 相合位	↓ 43.000ms	
2:B 站 220kV 线路一 2521 B 相合位	↓ 45.250ms	
3:B 站 220kV 线路一 2521 C 相合位	↓ 46.000ms	
4:B 站 220kV 线路一 2521 A 相分位	↑ 45.500ms	
5:B 站 220kV 线路一 2521 B 相分位	↑ 48.000ms	
6:B 站 220kV 线路一 2521 C 相分位	↑ 48.750ms	
7:B 站 220kV 线路一 2521 保护 A 相动作	↑ 16.000ms	↓ 72.250ms
8:B 站 220kV 线路一 2521 保护 B 相动作	↑ 16.000ms	↓ 72.250ms
9:B 站 220kV 线路一 2521 保护 C 相动作	↑ 15.500ms	↓ 72.250ms
13:B 站 220kV 线路一 2521 保护发信	↑ 9.000ms	↓ 222.750ms

小结：故障发生后约 15.5ms，AB Ⅰ线路 A 站侧保护动作，约 15.5ms AB Ⅰ线路 B 站侧保护动作，约 44.75ms AB Ⅰ线路 A 站侧三相开关跳开，约 46ms AB Ⅰ线路 B 站侧三相开关跳开，成功隔离故障。

3. 波形特征解析

（1）AB Ⅰ线路 A 站侧录波图解析。查看 AB Ⅰ线路 A 站侧故障波形图，如图 2-13-5 所示。

1）从图 2-13-5 解析可知 0ms 故障态电压特征解析：母线电压 A、C 相电压均下降至约 0.35V，几乎为 0V，持续 2.5 周波 50ms 左右，B 相电压虽受到故障影响幅值小幅上升，但幅值变化程度较小，故障时出现零序电压，说明初步判断故障为 A、C 相相间接地短路故障，且故障相电压基本为 0，所以初步判断故障点靠近 A 站出口处。

2）从图 2-13-5 解析可知 0ms 故障态电流特征解析：AB Ⅰ线路 A、C 相电流变大，持续 2.5 周波 50ms 左右，二次值 A 相约 1.70A，C 相 1.54A，幅值基本一致，方向基本相反，B 相电流为 0.1A（负荷电流），且出现零序电流，说明故障相为 A、C 相，即 A、

C 相相间接地短路故障。

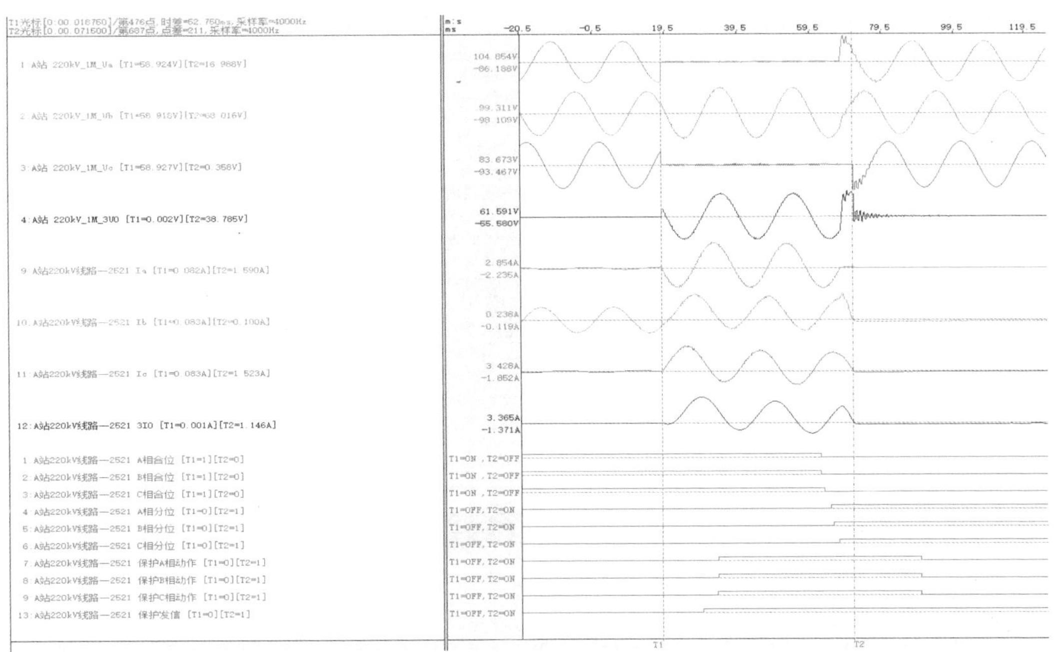

图 2-13-5　AB Ⅰ线路 A 站侧录波波形（保护动作时）

3）从图 2-13-5 解析可知约 15.5ms 线路保护纵联差动，纵联零序，纵联距离，相间距离Ⅰ段，接地距离Ⅰ段保护动作切除 A 站侧三相开关后，A、C 相故障电流消失，A、C 相电压恢复正常，说明线路保护范围内故障切除，故障持续 2.5 周波 50ms 左右。

4）从图 2-13-5 解析可知 0ms 故障态相量特征解析：相量分析，产生零序电压约为 38.5V，零序电流约为 1.3A，说明出现接地故障。零序电流超前零序电流约 95°，A、C 相电流相差角度约 65°，符合线路区内两相接地短路故障典型特征，且故障点靠近 A 站侧保护安装处，如图 2-13-6 所示。

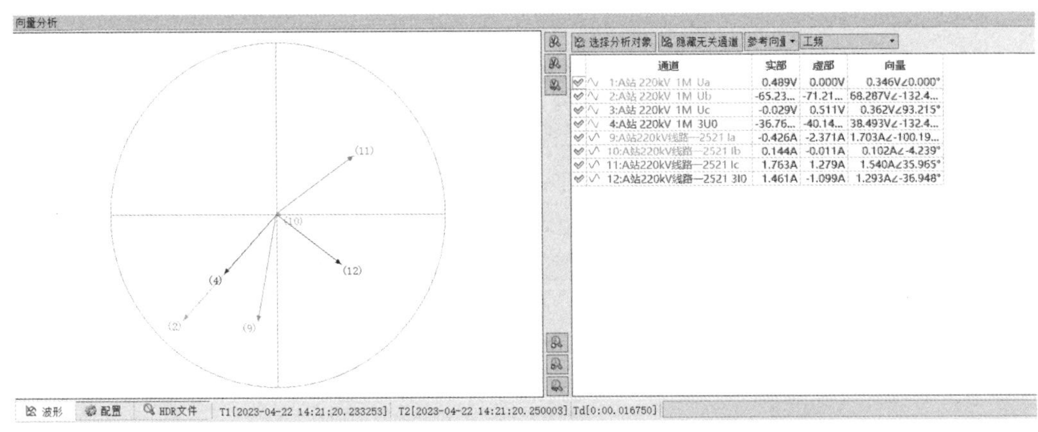

通道	实部	虚部	向量
1:A站 220kV 1M Ua	0.489V	0.000V	0.346V∠0.000°
2:A站 220kV 1M Ub	-65.23...	-71.21...	68.287V∠-132.4...
3:A站 220kV 1M Uc	-0.029V	0.511V	0.362V∠93.215°
4:A站 220kV 1M 3U0	-36.76...	-40.14...	38.493V∠-132.4...
9:A站220kV线路—2521 Ia	-0.426A	-2.371A	1.703A∠-100.19...
10:A站220kV线路—2521 Ib	0.144A	-0.011A	0.102A∠-4.239°
11:A站220kV线路—2521 Ic	1.763A	1.279A	1.540A∠35.965°
12:A站220kV线路—2521 3I0	1.461A	-1.099A	1.293A∠-36.948°

图 2-13-6　AB Ⅰ线路 A 站侧录波波形（保护动作时相量分析）

（2）ABⅠ线路B站侧录波图解析。查看ABⅠ线路B站侧故障波形图，如图2－13－7所示。

1）从图2－13－7解析可知0ms故障态电压特征解析：母线电压A、C相电压均下降至约32V，持续2.5周波50ms左右，幅值基本一致，但是相位相差约110°，B相电压虽受到故障影响幅值小幅上升，但幅值变化程度较小，故障时出现零序电压，说明初步判断为A、C相相间接地短路故障，且由于A、C相电压残余电压较大，A、C相电压相位相差角度较大，因此初步判断为B站远端A、C相间接地短路故障。

2）从图2－13－7解析可知0ms故障态电流特征解析：ABⅠ线路A、C相电流变大，持续2.5周波50ms左右，二次值A相约1.95A，C相1.91A，幅值基本一致，A、C相电流角度相差约145°，B相电流为0.13A（负荷电流），且出现零序电流，说明初步判断为A、C相相间接地短路故障。

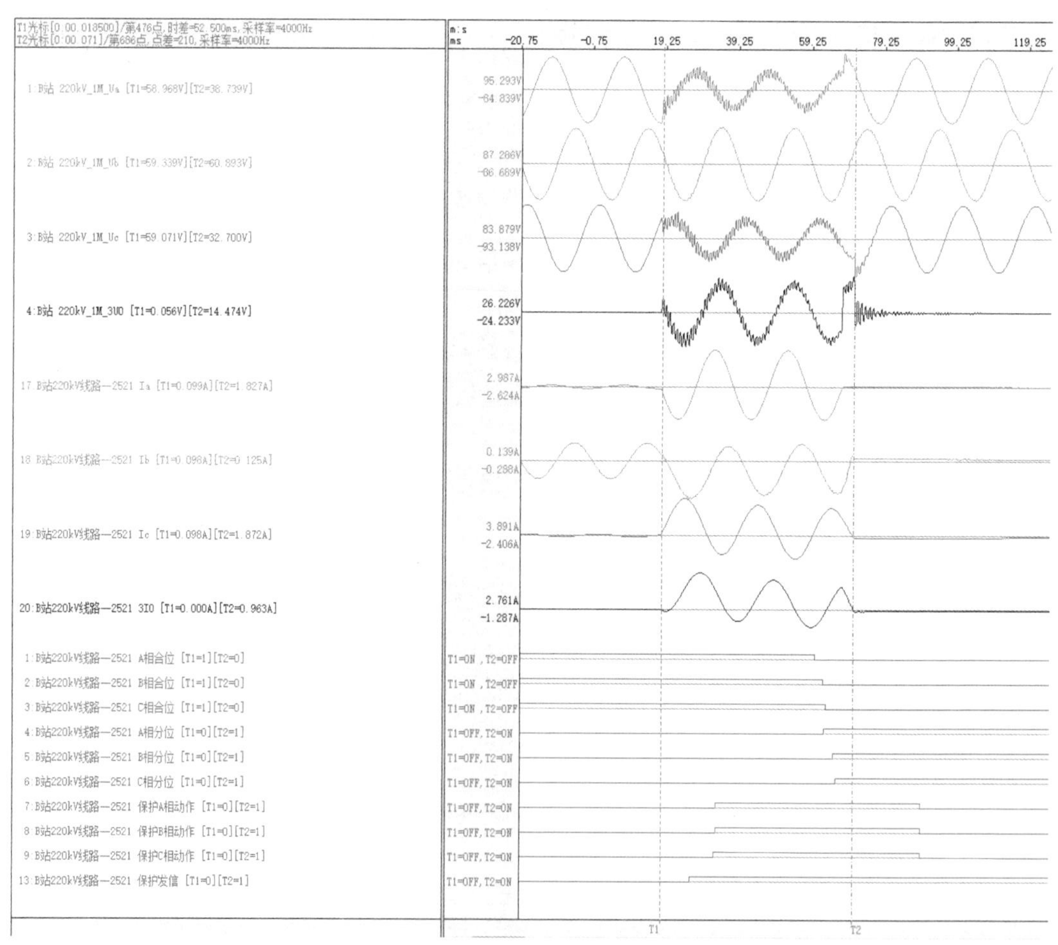

图2－13－7　ABⅠ线路B站侧录波波形（保护动作时）

3）从图 2－13－7 解析可知约 15.5ms 线路保护差动保护、纵联距离、纵联零序保护动作切除 A 站侧三相开关后，A、C 相故障电流消失，A、C 相电压恢复正常，说明线路保护范围内故障切除，故障持续 2.5 周波 50ms 左右。

4）从图 2－13－7 解析可知 0ms 故障态相量特征解析：相量分析，由于产生零序电压约为 14V，零序电流约为 1.06A，说明出现接地故障。零序电流超前零序电流约 92°，A 相电压超前 A 相电流约 98°，C 相电压超前 C 相电流约 63°，符合线路区内两相接地短路故障典型特征，且故障点远离 B 站侧保护安装处，如图 2－13－8 所示。

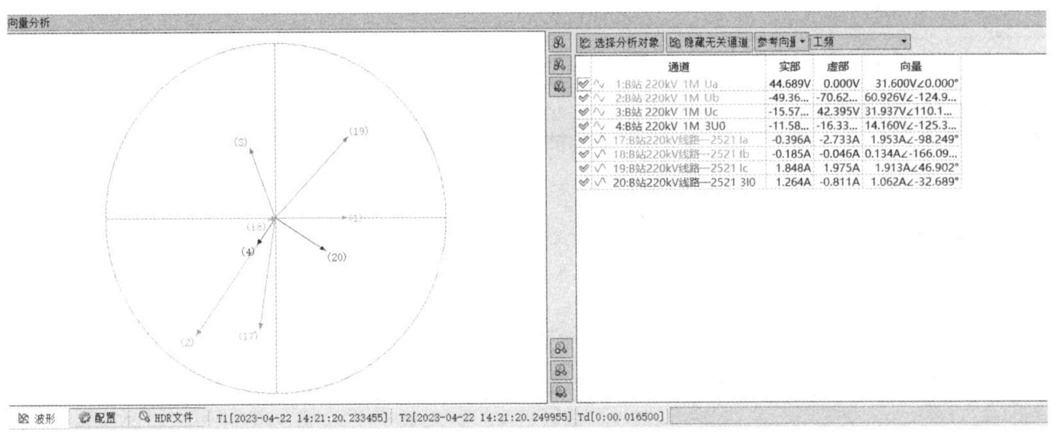

通道	实部	虚部	向量
1:B站 220kV 1M Ua	44.689V	0.000V	31.600V∠0.000°
2:B站 220kV 1M Ub	-49.36...	-70.62...	60.926V∠-124.9...
3:B站 220kV 1M Uc	-15.57...	42.395V	31.937V∠110.1...
4:B站 220kV 1M 3U0	-11.58...	-16.33...	14.160V∠-125.3...
17:B站220kV线路—2521 Ia	-0.396A	-2.733A	1.953A∠-98.249°
18:B站220kV线路—2521 Ib	-0.185A	-0.046A	0.134A∠-166.09...
19:B站220kV线路—2521 Ic	1.848A	1.975A	1.913A∠46.902°
20:B站220kV线路—2521 3I0	1.264A	-0.811A	1.062A∠-32.689°

图 2－13－8　AB Ⅰ 线路 B 站侧录波波形（保护动作时相量分析）

三、综合总结

从波形特征解析，系统发生了 AB Ⅰ 线 A、C 相间金属性接地短路故障，A 站侧 A、C 相电压幅值几乎为 0V，B 站侧靠近电源端，故障后 A、C 相残余电压较大，两侧 A、C 相故障电流均较大，产生零序电压和零序电流，两侧零序电流均超前零序电压约 95°。A 站侧相电压相电流角度因电压几乎为 0V 难以判断，但是 B 站侧 A 相电压超前 A 相电流约 98°，C 相电压超前 C 相电流约 63°。相量分析两侧均为正方向区内，说明故障发生于线路 A 站侧出口处。结合两侧保护装置故障信息测距结果，A 站侧测距为 0km，B 站侧测距约 49.8km，也印证了故障发生于线路 A 站侧出口处。AB Ⅰ 线路 A、B 站侧保护故障信息测距分别见表 2－13－5 和表 2－13－6。

表 2-13-5　　AB Ⅰ线路 A 站侧保护故障信息测距

序号	故障参数名称	故障参数实际值	故障参数单位
1	故障相电压	0.50	V
2	故障相电流	3.01	A
3	最大零序电流	1.41	A
4	最大差动电流	3.35	A
5	故障测距	0.00	km
6	故障相别	AC	

表 2-13-6　　AB Ⅰ线路 B 站侧保护故障信息测距

序号	故障参数名称	故障参数实际值	故障参数单位
1	故障相电压	52.33	V
2	故障相电流	3.68	A
3	最大零序电流	1.18	A
4	最大差动电流	4.02	A
5	故障测距	49.80	km
6	故障相别	AC	

从保护动作行为解析，A 站侧差动保护、纵联零序，纵联距离，相间距离Ⅰ段，接地距离Ⅰ段保护动作，B 站侧差动保护、纵联距离、纵联零序动作。A 站比 B 站多了相间距离Ⅰ段、接地距离Ⅰ段保护动作，众所周知，距离Ⅰ段保护范围一般整定为线路全长的 80%～85%，保护动作行为符合故障发生于线路 A 站侧出口处。由于接地故障电流较大，两侧纵联距离和纵联零序均动作。

综上所述，本次故障位于 AB Ⅰ线路 A 站侧出口处，故障性质为 A、C 相两相金属性接地短路故障，AB Ⅰ线线路保护动作行为正确。

2.14　末端两相金属性接地短路

一、故障信息

故障发生前 A 站、B 站、C 站运行方式为 AB Ⅰ线、AB Ⅱ线、AC Ⅰ线、BC Ⅰ线、#1 主变、#2 主变、母联均在合位，A 站#1 主变、AB Ⅰ线、AB Ⅱ线挂 1M、#2 主变、AC Ⅰ线挂 2M。AB Ⅰ线 A 站侧 TA 变比 2400/1，B 站侧 TA 变比 2000/1。线路全长 50km。

故障发生前 A 站、B 站、C 站运行方式如图 2－14－1 所示。

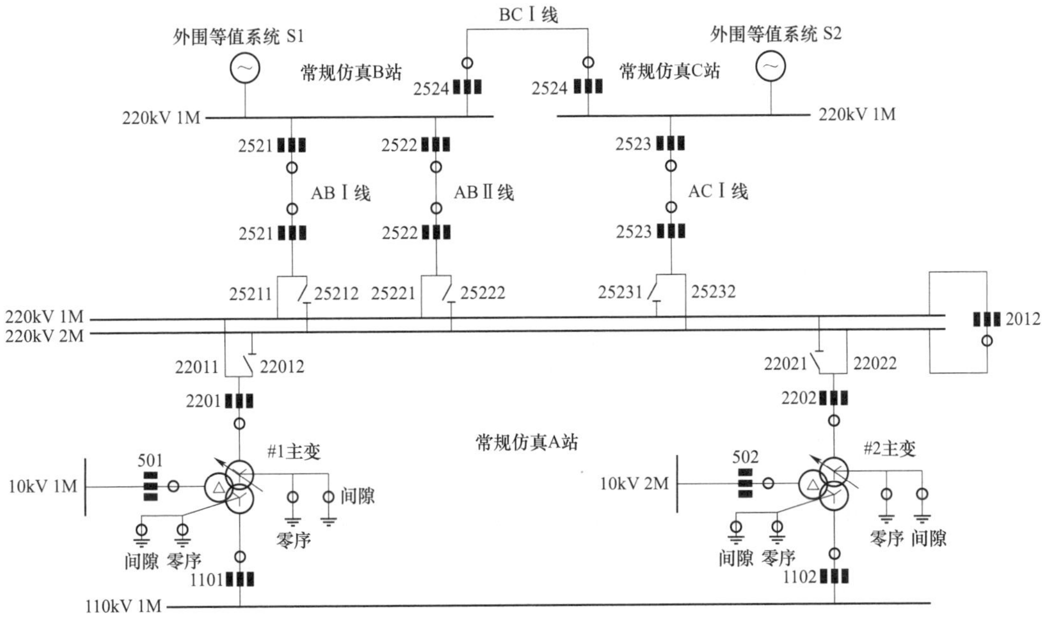

图 2－14－1　故障发生前 A 站、B 站、C 站运行方式

故障发生后，AB Ⅰ线线路两侧开关均在合位，其余开关位置未发生变化，故障发生后 A 站、B 站、C 站运行方式如图 2－14－2 所示。

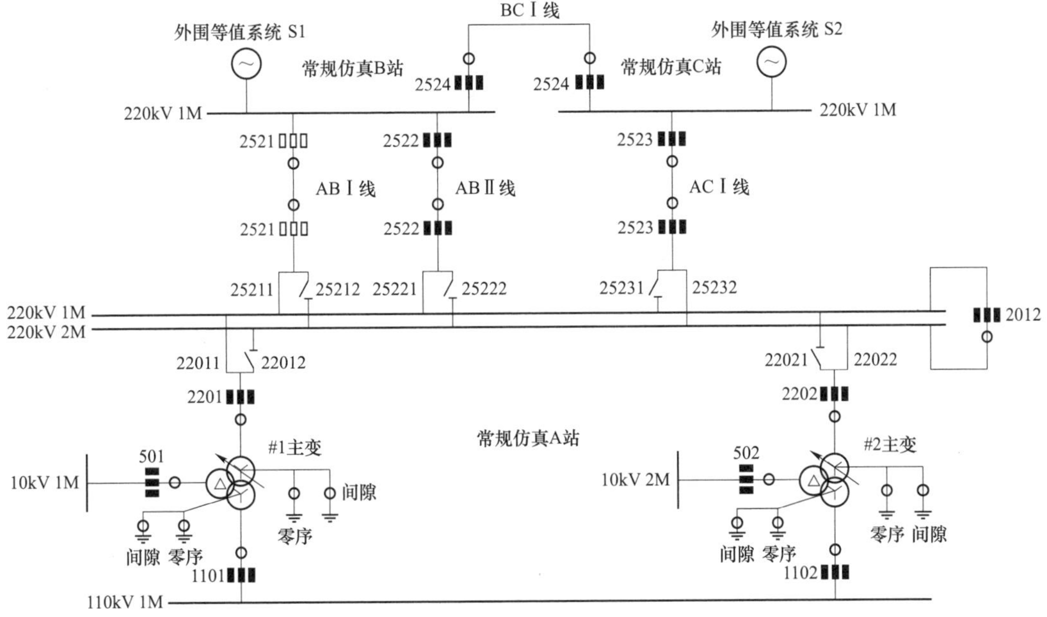

图 2－14－2　故障发生后 A 站、B 站、C 站运行方式

二、录波图解析

1. 保护动作报文解析

（1）从 A 站 AB Ⅰ 线故障录波 HDR 文件读取相关保护信息，以保护启动初始时刻为基准，见表 2－14－1。

表 2－14－1　　AB Ⅰ 线 A 站保护动作简报

序号	动作报文对应时间	动作报文名称	动作相别	动作报文变化值
1	0ms	保护启动		1
2	6ms	纵联差动保护动作	ABC	1
3	66ms	纵联差动保护动作		0
4	7018ms	保护启动		0

如表 2－14－1 中所示，AB Ⅰ 线路 A 站侧保护启动后约 6ms 纵联差动保护动作，保护出口跳三相开关，保护装置为单重。

（2）从 B 站侧 AB Ⅰ 线保护故障录波 HDR 文件读取相关保护信息，以保护启动初始时刻为基准，见表 2－14－2。

表 2－14－2　　AB Ⅰ 线 B 站侧保护动作简报

序号	动作报文对应时间	动作报文名称	动作相别	动作报文变化值
1	0ms	保护启动		1
2	12ms	纵联差动保护动作	ABC	1
3	12ms	接地距离 Ⅰ 段动作	ABC	1
4	15ms	相间距离 Ⅰ 段动作	ABC	1
5	23ms	纵联距离动作	ABC	1
6	23ms	纵联零序动作	ABC	1
7	74ms	纵联差动保护动作		0
8	74ms	纵联距离动作		0
9	74ms	纵联零序动作		0
10	74ms	接地距离 Ⅰ 段动作		0
11	74ms	相间距离 Ⅰ 段动作		0
12	7084ms	保护启动		0

如表 2－14－2 中所示，AB Ⅰ 线路 B 站侧保护启动后约 12ms 纵联差动保护动作，12ms 接地距离 Ⅰ 段保护动作，15ms 相间距离 Ⅰ 段保护动作，23ms 纵联距离保护动作，23ms 纵联零序保护动作，保护出口跳三相开关，保护装置为单重。

2. 开关量变位解析

（1）以故障初始时刻为基准，AB Ⅰ线路 A 站侧开关量变位图如图 2-14-3 所示。

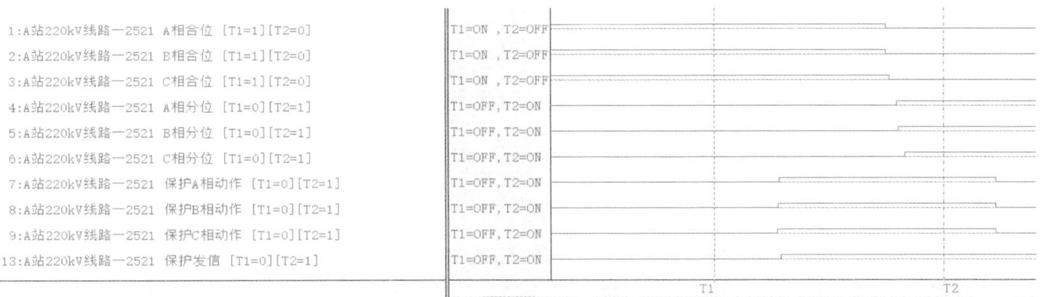

图 2-14-3 AB Ⅰ线路 A 站侧 A 站侧开关量变位图（保护动作时）

AB Ⅰ线路 A 站侧开关量变位时间顺序见表 2-14-3。

表 2-14-3　　AB Ⅰ线路 A 站侧开关量变位时间顺序

位置	第 1 次变位时间	第 2 次变位时间
1:A 站 220kV 线路一 2521 A 相合位	↓ 45.250ms	
2:A 站 220kV 线路一 2521 B 相合位	↓ 45.250ms	
3:A 站 220kV 线路一 2521 C 相合位	↓ 46.250ms	
4:A 站 220kV 线路一 2521 A 相分位	↑ 48.250ms	
5:A 站 220kV 线路一 2521 B 相分位	↑ 48.750ms	
6:A 站 220kV 线路一 2521 C 相分位	↑ 50.500ms	
7:A 站 220kV 线路一 2521 保护 A 相动作	↑ 17.000ms	↓ 74.750ms
8:A 站 220kV 线路一 2521 保护 B 相动作	↑ 16.750ms	↓ 74.750ms
9:A 站 220kV 线路一 2521 保护 C 相动作	↑ 16.500ms	↓ 74.750ms
13:A 站 220kV 线路一 2521 保护发信	↑ 17.500ms	↓ 225.500ms

（2）以故障初始时刻为基准，AB Ⅰ线路 B 站侧开关量变位情况如图 2-14-4 所示。

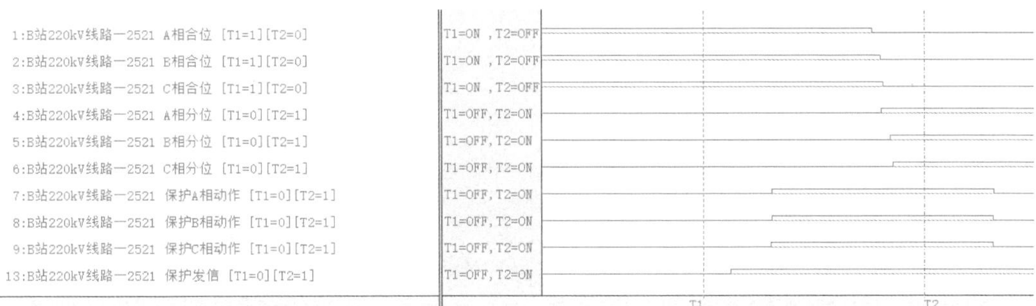

图 2-14-4 AB Ⅰ线路 B 站侧开关量变位图（保护动作时）

AB Ⅰ线路 B 站侧开关量变位时间顺序见表 2-14-4。

表 2-14-4　　　　　AB Ⅰ线路 B 站侧开关量变位时间顺序

位置	第 1 次变位时间	第 2 次变位时间
1:B 站 220kV 线路一 2521 A 相合位	↓ 45.500ms	
2:B 站 220kV 线路一 2521 B 相合位	↓ 47.750ms	
3:B 站 220kV 线路一 2521 C 相合位	↓ 48.500ms	
4:B 站 220kV 线路一 2521 A 相分位	↑ 48.000ms	
5:B 站 220kV 线路一 2521 B 相分位	↑ 50.500ms	
6:B 站 220kV 线路一 2521 C 相分位	↑ 51.250ms	
7:B 站 220kV 线路一 2521 保护 A 相动作	↑ 18.250ms	↓ 79.000ms
8:B 站 220kV 线路一 2521 保护 B 相动作	↑ 18.250ms	↓ 78.750ms
9:B 站 220kV 线路一 2521 保护 C 相动作	↑ 18.000ms	↓ 78.750ms
13:B 站 220kV 线路一 2521 保护发信	↑ 7.250ms	↓ 229.500ms

小结：故障发生后约 16.5ms，AB Ⅰ线路 A 站侧保护动作，约 18ms AB Ⅰ线路 B 站侧保护动作，约 46.25ms AB Ⅰ线路 A 站侧三相开关跳开，约 48.5ms AB Ⅰ线路 B 站侧三相开关跳开，成功隔离故障。

3. 波形特征解析

（1）AB Ⅰ线路 A 站侧录波图解析。查看 AB Ⅰ线路 A 站侧故障波形图，如图 2-14-5 所示。

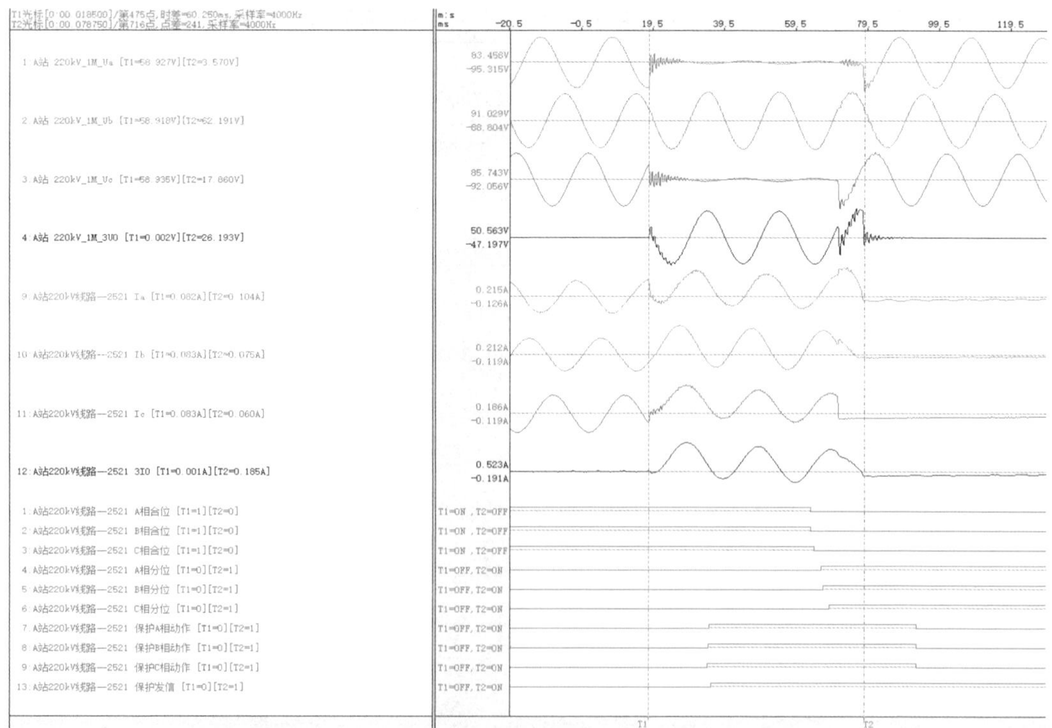

图 2-14-5　AB Ⅰ线路 A 站侧录波波形（保护动作时）

1）从图 2－14－5 解析可知 0ms 故障态电压特征解析：母线电压 A、C 相电压均下降约 3.2V，几乎为 0V，持续 3 周波 60ms 左右，B 相电压受到故障影响幅值上升，且出现较大零序电压，说明初步判断故障为 A、C 相相间接地短路故障，且故障相电压残压较小，所以初步判断故障点靠近 A 站出口处。

2）从图 2－14－5 解析可知 0ms 故障态电流特征解析：ABⅠ线路 A、C 相电流均较小甚至小于负荷电流，二次值 A 相约 0.084A，C 相 0.063A，B 相电流为 0.1A（负荷电流），且出现零序电流，说明故障相为 A、C 相，即 A、C 相相间接地短路故障。

3）从图 2－14－5 解析可知约 16.5ms 线路保护纵联差动保护动作切除 A 站侧三相开关后，A、C 相故障电流消失，A、C 相电压恢复正常，说明线路保护范围内故障切除，故障持续 3 周波 60ms 左右。

4）从图 2－14－5 解析可知 0ms 故障态相量特征解析：相量分析，产生零序电压约为 32V，零序电流约为 0.2A，说明出现接地故障。零序电流超前零序电流约 101°，A、C 相电流相差角度约 45°，A 相电压超前 A 相电流约 109°，C 相电压超前 C 相电流约 83°，虽然故障相电流和电压均较小，但是符合线路区内两相接地短路故障典型特征，由于 A 站侧虽然故障相剩余电压较小，但是故障电流也较小，因此故障点并不位于 A 站侧出口处附近，如图 2－14－6 所示。

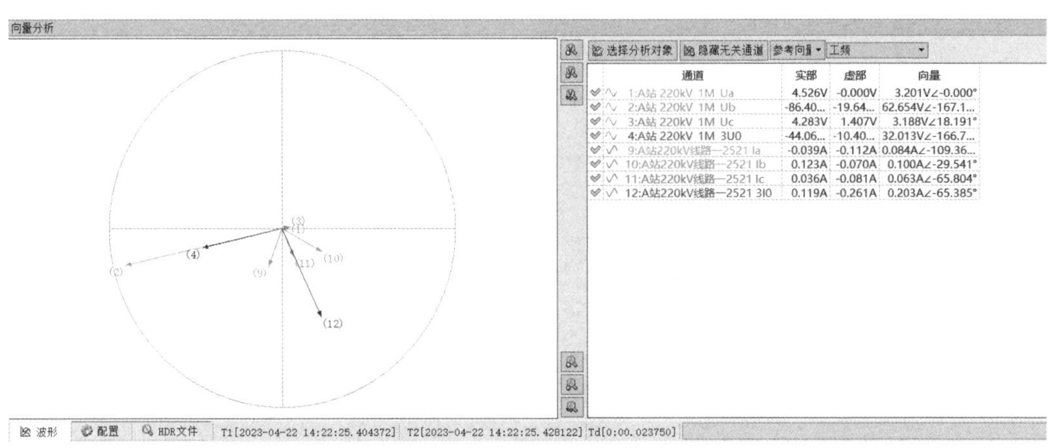

通道	实部	虚部	向量
1:A站 220kV 1M Ua	4.526V	-0.000V	3.201V∠-0.000°
2:A站 220kV 1M Ub	-86.40...	-19.64...	62.654V∠-167.1...
3:A站 220kV 1M Uc	4.283V	1.407V	3.188V∠18.191°
4:A站 220kV 1M 3U0	-44.06...	-10.40...	32.013V∠-166.7...
9:A站220kV线路—2521 Ia	-0.039A	-0.112A	0.084A∠-109.36...
10:A站220kV线路—2521 Ib	0.123A	-0.070A	0.100A∠-29.541°
11:A站220kV线路—2521 Ic	0.036A	-0.081A	0.063A∠-65.804°
12:A站220kV线路—2521 3I0	0.119A	-0.261A	0.203A∠-65.385°

图 2－14－6　ABⅠ线路 A 站侧录波波形（保护动作时相量分析）

（2）ABⅠ线路 B 站侧录波图解析。查看 ABⅠ线路 B 站侧故障波形图，如图 2－14－7 所示。

1）从图 2－14－7 解析可知 0ms 故障态电压特征解析：母线电压 A、C 相电压均下降约 1.4V，持续 3 周波 60ms 左右，A、C 相电压幅值基本一致，但是相位相差约 110°，B 相电压受到故障影响幅值上升，且出现零序电压，说明初步判断为 A、C 相相间接地短路故障，且由于 A、C 相电压残余电压较小，且 A、C 相电压相位相差角度较大，因此初步判断为 B 站出口处近端 A、C 相间接地短路故障。

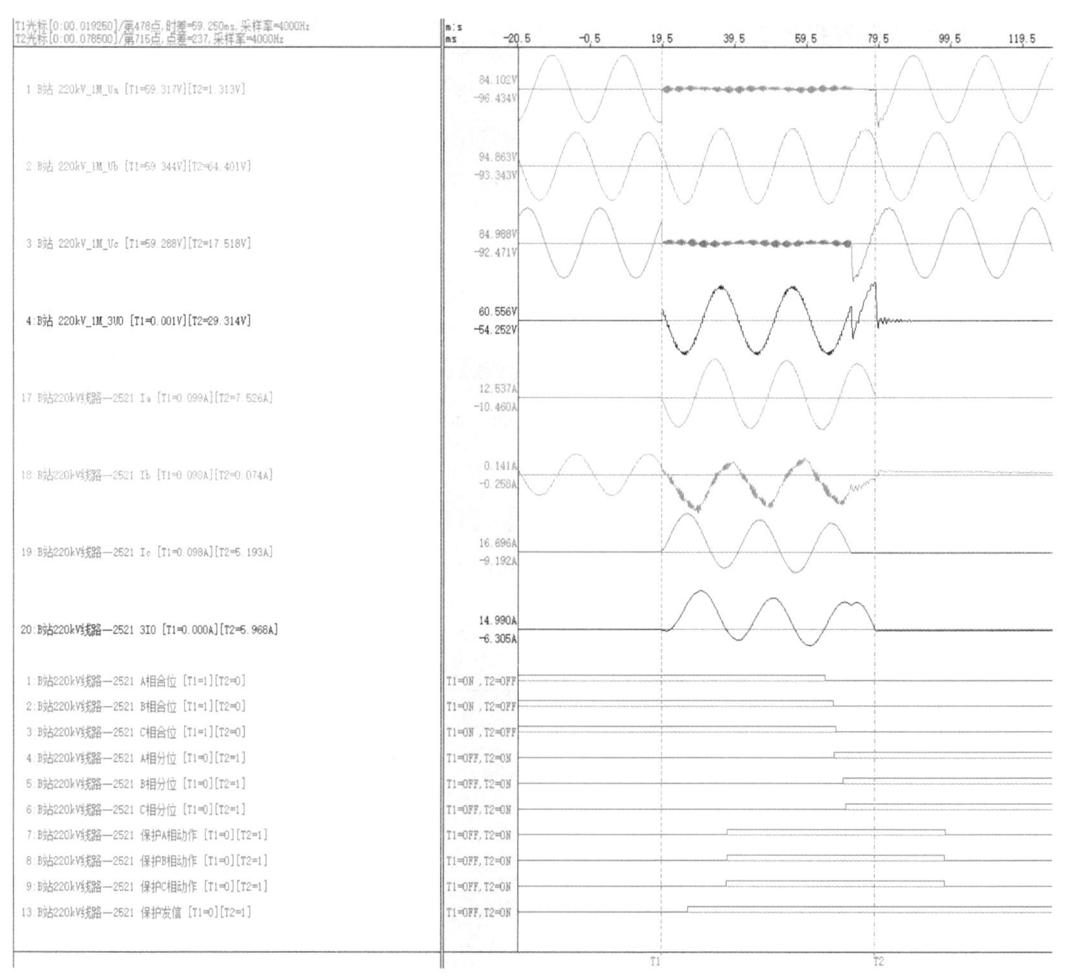

图 2－14－7　AB Ⅰ线路 B 站侧录波波形（保护动作时）

2）从图 2－14－7 解析可知 0ms 故障态电流特征解析：AB Ⅰ线路 A、C 相电流变大，持续 3 周波 60ms 左右，二次值 A 相约 7.82A，C 相 7.77A，幅值基本一致，A、C 相电流角度相差约 65°，B 相电流为 0.095A（负荷电流），且出现零序电流，说明初步判断为 B 站出口处近端 A、C 相相间接地短路故障。

3）从图 2－14－7 解析可知约 18ms 线路保护纵联差动，接地距离Ⅰ段，相间距离Ⅰ段，纵联距离，纵联零序保护动作，切除 A 站侧三相开关后，A、C 相故障电流消失，A、C 相电压恢复正常，说明线路保护范围内故障切除，故障持续 3 周波 60ms 左右。

4）从图 2－14－7 解析可知 0ms 故障态相量特征解析：相量分析，由于产生零序电压约 36V，零序电流约 5.73A，说明出现接地故障。零序电流超前零序电流约 97°，A 相电压超前 A 相电流约 100°，C 相电压超前 C 相电流约 60°，符合线路区内两相接地短路故障典型特征，且故障点靠近 B 站侧保护安装处，如图 2－14－8 所示。

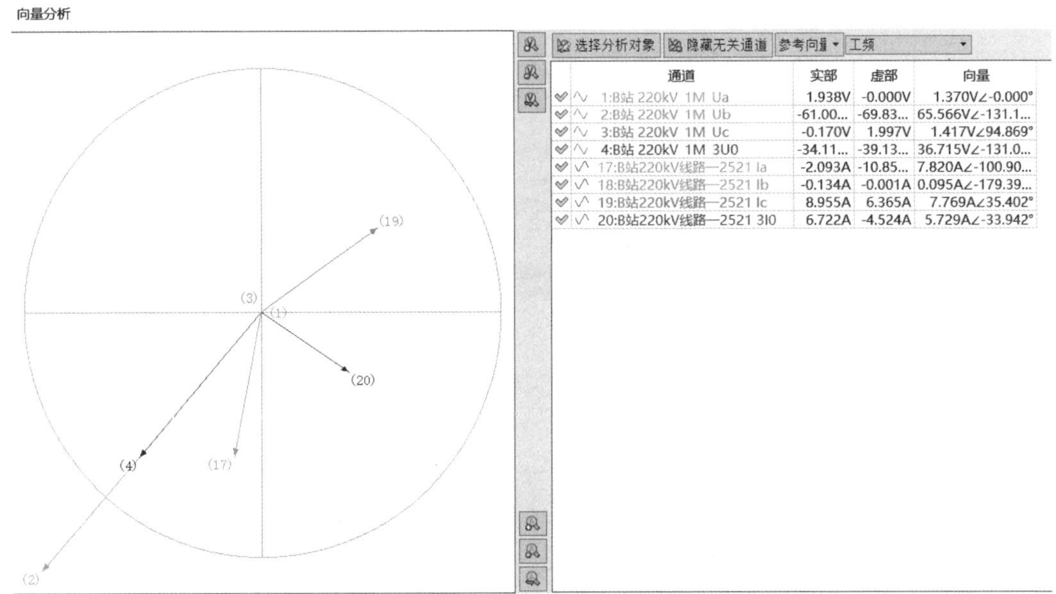

图 2－14－8 AB Ⅰ线路 B 站侧录波波形（保护动作时相量分析）

三、综合总结

从波形特征解析，系统发生了 AB Ⅰ线 A、C 相间金属性接地短路故障，A 站侧 A、C 相电压幅值几乎为 0V，但是故障电流较小甚至小于负荷电流，产生较小零序电压和零序电流。B 站侧靠近电源端，故障后 A、C 相残余电压约 1.4V，两侧 A、C 相故障电流均较大，产生较大零序电压和零序电流，两侧零序电流均超前零序电压约 97°～100°。A 站侧 A 相电压超前 A 相电流约 100°，C 相电压超前 C 相电流约 60°。B 站侧 A 相电压超前 A 相电流约 98°，C 相电压超前 C 相电流约 63°。相量分析两侧均为正方向区内，说明故障发生于线路 A 站侧末端即 B 站出口处。结合两侧保护装置故障信息测距结果，A 站侧测距为 49.4km，B 站侧测距约为 0.5km，也印证了故障发生于线路 A 站侧末端即 B 站出口处。AB Ⅰ线路 A、B 站侧保护故障信息测距分别见表 2－14－5 和表 2－14－6。

表 2-14-5　　AB Ⅰ线路 A 站侧保护故障信息测距

序号	故障参数名称	故障参数实际值	故障参数单位
1	故障相电压	1.01	V
2	故障相电流	0.06	A
3	最大零序电流	0.21	A
4	最大差动电流	6.72	A
5	故障测距	49.40	km
6	故障相别	AC	

表 2-14-6　　AB Ⅰ线路 B 站侧保护故障信息测距

序号	故障参数名称	故障参数实际值	故障参数单位
1	故障相电压	2.02	V
2	故障相电流	14.54	A
3	最大零序电流	5.99	A
4	最大差动电流	8.05	A
5	故障测距	0.50	km
6	故障相别	AC	

从保护动作行为解析，A 站侧差动保护动作，B 站侧差动保护、相间距离Ⅰ段、接地距离Ⅰ段、纵联距离、纵联零序动作。B 站比 A 站多了相间距离Ⅰ段、接地距离Ⅰ段、纵联距离、纵联零序保护动作，众所周知，距离Ⅰ段保护范围一般整定为线路全长的 80%～85%，保护动作行为符合故障发生于线路 A 站侧末端即 B 站出口处。由于接地故障电流较大，B 侧纵联距离和纵联零序均动作，但是由于 A 站侧故障电流较小，远离故障点，因此 A 纵联距离和纵联零序均未动作。

综上所述，本次故障位于 AB Ⅰ线路 A 站侧末端即 B 站出口处，故障性质为 A、C 相两相金属性接地短路故障，AB Ⅰ线线路保护动作行为正确。

2.15　50%处两相金属性接地短路

一、故障信息

故障发生前 A 站、B 站、C 站运行方式为 AB Ⅰ线、AB Ⅱ线、AC Ⅰ线、BC Ⅰ线、#1 主变、#2 主变、母联均在合位，A 站#1 主变、AB Ⅰ线、AB Ⅱ线挂 1M、#2 主变、AC Ⅰ线挂 2M。ABⅠ线 A 站侧 TA 变比 2400/1，B 站侧 TA 变比 2000/1。线路全长 50km。故障发生前 A 站、B 站、C 站运行方式如图 2-15-1 所示。

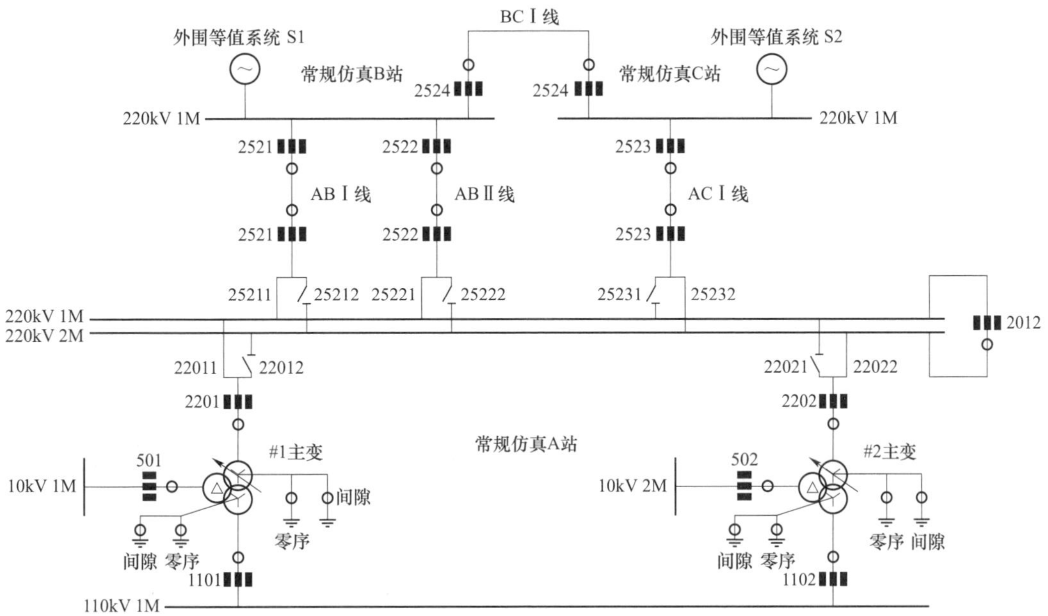

图 2-15-1　故障发生前 A 站、B 站、C 站运行方式

故障发生后，ABⅠ线线路两侧开关均在合位，其余开关位置未发生变化，故障发生后 A 站、B 站、C 站运行方式如图 2-15-2 所示。

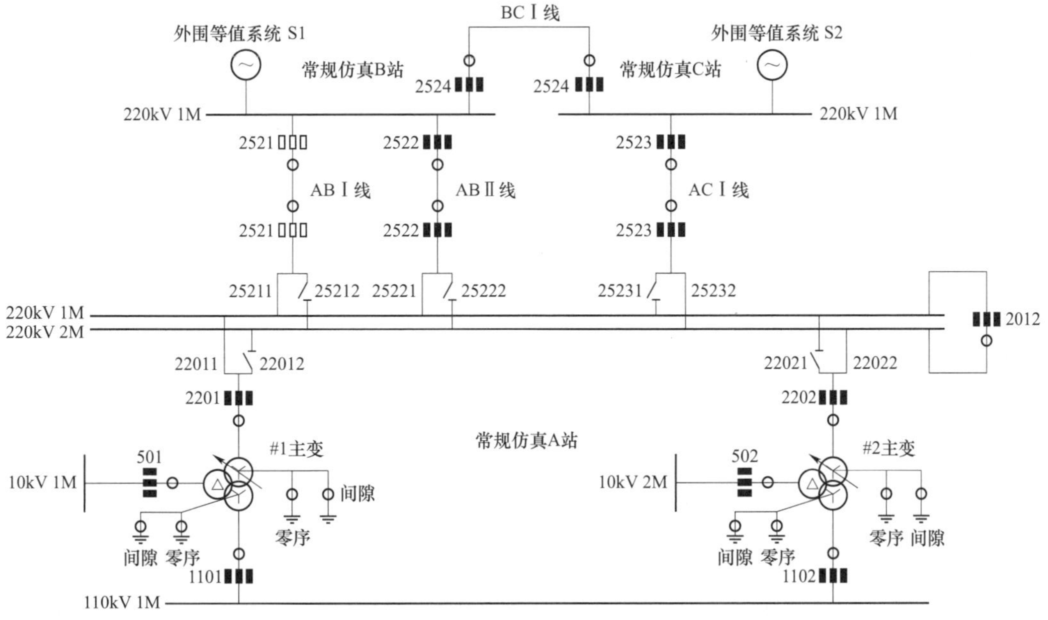

图 2-15-2　故障发生后 A 站、B 站、C 站运行方式

二、录波图解析

1. 保护动作报文解析

（1）从 A 站 AB Ⅰ线故障录波 HDR 文件读取相关保护信息，以保护启动初始时刻为基准，见表 2－15－1。

表 2－15－1　　AB Ⅰ线 A 站保护动作简报

序号	动作报文对应时间	动作报文名称	动作相别	动作报文变化值
1	0ms	保护启动		1
2	7ms	纵联差动保护动作	ABC	1
3	13ms	纵联零序动作	ABC	1
4	17ms	纵联距离动作	ABC	1
5	22ms	接地距离Ⅰ段动作	ABC	1
6	22ms	相间距离Ⅰ段动作	ABC	1
7	65ms	纵联差动保护动作		0
8	65ms	纵联距离动作		0
9	65ms	纵联零序动作		0
10	65ms	接地距离Ⅰ段动作		0
11	65ms	相间距离Ⅰ段动作		0
12	7075ms	保护启动		0

如表 2－15－1 中所示，AB Ⅰ线路 A 站侧保护启动后约 7ms 纵联差动保护动作，13ms 纵联零序保护动作，17ms 纵联距离保护动作，22ms 接地距离Ⅰ段保护动作，22ms 相间距离Ⅰ段保护动作。保护出口跳三相开关，保护装置为单重。

（2）从 B 站侧 AB Ⅰ线保护故障录波 HDR 文件读取相关保护信息，以保护启动初始时刻为基准，见表 2－15－2。

表 2－15－2　　AB Ⅰ线 B 站侧保护动作简报

序号	动作报文对应时间	动作报文名称	动作相别	动作报文变化值
1	0ms	保护启动		1
2	8ms	纵联差动保护动作	ABC	1
3	19ms	接地距离Ⅰ段动作	ABC	1
4	21ms	纵联距离动作	ABC	1
5	21ms	纵联零序动作	ABC	1
6	22ms	相间距离Ⅰ段动作	ABC	1
7	73ms	纵联差动保护动作		0
8	73ms	纵联距离动作		0

续表

序号	动作报文对应时间	动作报文名称	动作相别	动作报文变化值
9	73ms	纵联零序动作		0
10	73ms	接地距离Ⅰ段动作		0
11	73ms	相间距离Ⅰ段动作		0
12	7077ms	保护启动		0

如表 2－15－2 中所示，ABⅠ线路 B 站侧保护启动后约 8ms 纵联差动保护动作，19ms 接地距离Ⅰ段保护动作，21ms 纵联距离保护动作，21ms 纵联零序保护动作，22ms 相间距离Ⅰ段保护动作，保护出口跳三相开关，保护装置为单重。

2. 开关量变位解析

（1）以故障初始时刻为基准，ABⅠ线路 A 站侧开关量变位图如图 2－15－3 所示。

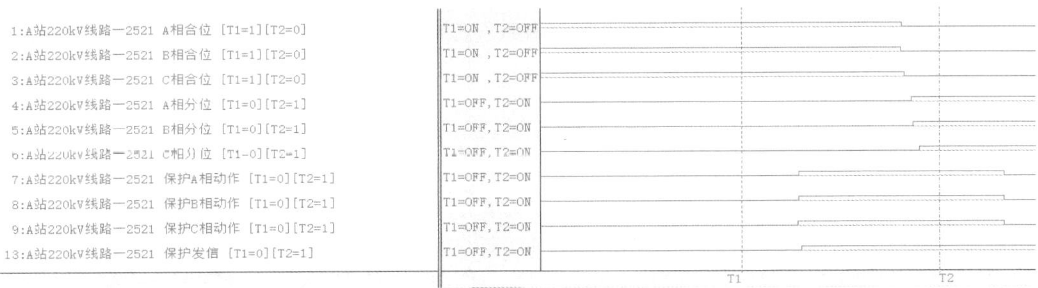

图 2－15－3 ABⅠ线路 A 站侧 A 站侧开关量变位图（保护动作时）

ABⅠ线路 A 站侧开关量变位时间顺序见表 2－15－3。

表 2－15－3 ABⅠ线路 A 站侧开关量变位时间顺序

位置	第 1 次变位时间	第 2 次变位时间
1:A 站 220kV 线路一 2521 A 相合位	↓ 43.500ms	
2:A 站 220kV 线路一 2521 B 相合位	↓ 43.250ms	
3:A 站 220kV 线路一 2521 C 相合位	↓ 44.250ms	
4:A 站 220kV 线路一 2521 A 相分位	↑ 46.250ms	
5:A 站 220kV 线路一 2521 B 相分位	↑ 46.750ms	
6:A 站 220kV 线路一 2521 C 相分位	↑ 48.500ms	
7:A 站 220kV 线路一 2521 保护 A 相动作	↑ 15.250ms	↓ 71.500ms
8:A 站 220kV 线路一 2521 保护 B 相动作	↑ 15.250ms	↓ 71.500ms
9:A 站 220kV 线路一 2521 保护 C 相动作	↑ 15.000ms	↓ 71.500ms
13:A 站 220kV 线路一 2521 保护发信	↑ 16.000ms	↓ 222.250ms

（2）以故障初始时刻为基准，ABⅠ线路 B 站侧开关量变位情况如图 2－15－4 所示。

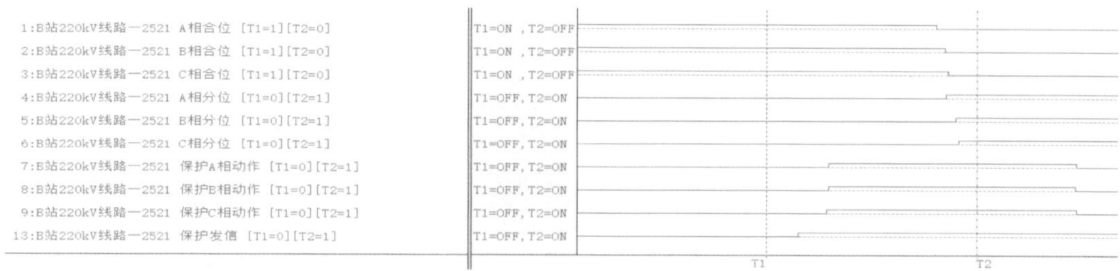

图 2-15-4　AB Ⅰ线路 B 站侧开关量变位图（保护动作时）

AB Ⅰ线路 B 站侧开关量变位时间顺序见表 2-15-4。

表 2-15-4　　AB Ⅰ线路 B 站侧开关量变位时间顺序

位置	第 1 次变位时间	第 2 次变位时间
1:B 站 220kV 线路一 2521 A 相合位	↓ 43.000ms	
2:B 站 220kV 线路一 2521 B 相合位	↓ 45.250ms	
3:B 站 220kV 线路一 2521 C 相合位	↓ 46.000ms	
4:B 站 220kV 线路一 2521 A 相分位	↑ 45.500ms	
5:B 站 220kV 线路一 2521 B 相分位	↑ 48.000ms	
6:B 站 220kV 线路一 2521 C 相分位	↑ 48.750ms	
7:B 站 220kV 线路一 2521 保护 A 相动作	↑ 15.750ms	↓ 78.750ms
8:B 站 220kV 线路一 2521 保护 B 相动作	↑ 15.750ms	↓ 78.500ms
9:B 站 220kV 线路一 2521 保护 C 相动作	↑ 15.250ms	↓ 78.750ms
13:B 站 220kV 线路一 2521 保护发信	↑ 8.000ms	↓ 229.250ms

小结：故障发生后约 15ms，AB Ⅰ线路 A 站侧保护动作，约 15.25ms AB Ⅰ线路 B 站侧保护动作，约 44.25ms AB Ⅰ线路 A 站侧三相开关跳开，约 46ms AB Ⅰ线路 B 站侧三相开关跳开，成功隔离故障。

3. 波形特征解析

（1）AB Ⅰ线路 A 站侧录波图解析。查看 AB Ⅰ线路 A 站侧故障波形图，如图 2-15-5 所示。

1）从图 2-15-5 解析可知 0ms 故障态电压特征解析：母线电压 A、C 相电压均下降约 10.2V，持续 2.5 周波 50ms 左右，A、C 相电压幅值基本一致，A、C 相电压相差角度约 93°，相差较大 B 相电压受到故障影响幅值上升，且出现较大零序电压，说明初步判断故障为 A、C 相相间接地短路故障。

2）从图 2-15-5 解析可知 0ms 故障态电流特征解析：AB Ⅰ线路 A、C 相电流均较大，持续 2.5 周波 50ms 左右，二次值 A 相约 0.992A，C 相 0.932A，A、C 相电流相差角度约 127° 相差较大，B 相电流为 0.1A（负荷电流），且出现零序电流，说明故障相为 A、C 相，即 A、C 相相间接地短路故障。

3）从图 2-15-5 解析可知约 15ms 线路保护纵联差动，接地距离Ⅰ段，相间距离

Ⅰ段，纵联距离，纵联零序保护动作切除 A 站侧三相开关后，A、C 相故障电流消失，A、C 相电压恢复正常，说明线路保护范围内故障切除，故障持续 2.5 周波 50ms 左右。

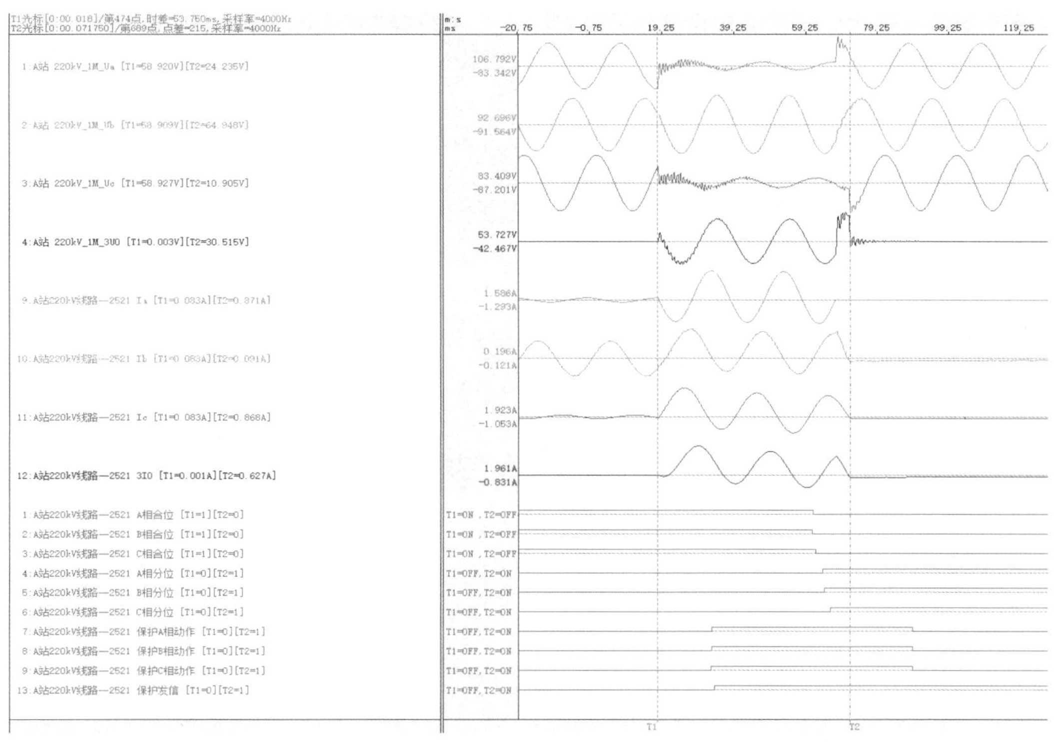

图 2-15-5　AB Ⅰ线路 A 站侧录波波形（保护动作时）

4）从图 2-15-5 解析可知 0ms 故障态相量特征解析：相量分析，产生零序电压约为 28.8V，零序电流约为 0.91A，说明出现接地故障。零序电流超前零序电流约 95°，A 相电压超前 A 相电流约 101°，C 相电压超前 C 相电流约 66°，符合线路区内两相接地短路故障典型特征，如图 2-15-6 所示。

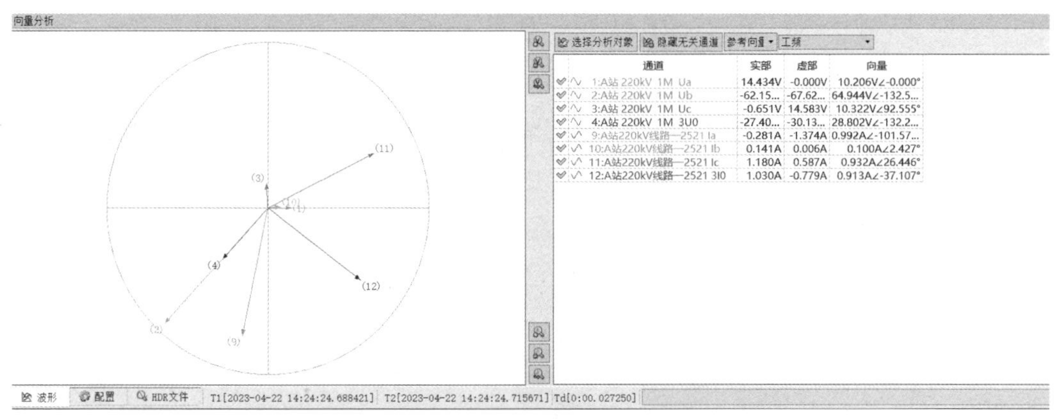

图 2-15-6　AB Ⅰ线路 A 站侧录波波形（保护动作时相量分析）

（2）AB Ⅰ线路 B 站侧录波图解析。查看 AB Ⅰ线路 B 站侧故障波形图如图 2－15－7 所示。

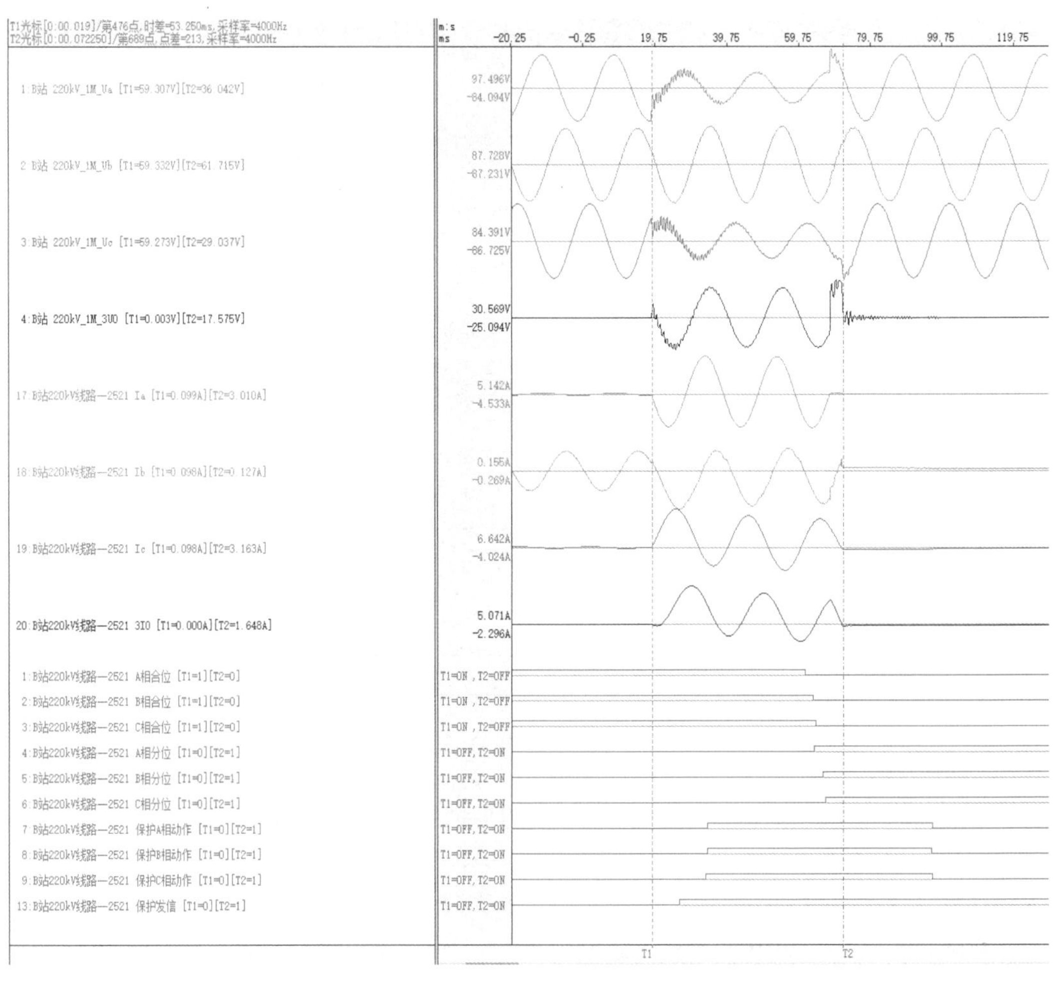

图 2－15－7　AB Ⅰ线路 B 站侧录波波形（保护动作时）

1）从图 2－15－7 解析可知 0ms 故障态电压特征解析：母线电压 A、C 相电压均下降约 27.5V，持续 2.5 周波 50ms 左右，A、C 相电压幅值基本一致，但是相位相差约 107°，B 相电压受到故障影响幅值上升，且出现零序电压，说明初步判断为 A、C 相相间接地短路故障，且由于 A、C 相电压残余电压较大，但是有 B 侧靠近电源端，结合 A 侧 A、C 相电压均约为 10.2V，因此初步判断为线路上某处 A、C 相间接地短路故障。

2）从图 2－15－7 解析可知 0ms 故障态电流特征解析：AB Ⅰ线路 A、C 相电流变大，持续 2.5 周波 50ms 左右，二次值 A 相约为 3.374A，C 相为 3.363A，幅值基本一致，A、

C 相电流角度相差约 136°，相差较大，B 相电流为 0.14A（负荷电流），且出现零序电流，B 侧故障电流不如 B 站出口处故障时大，也不如 A 站出口处故障时小，说明初步判断为线路上某处 A、C 相间接地短路故障。

3）从图 2－15－7 解析可知约 18ms 线路保护纵联差动，接地距离Ⅰ段，相间距离Ⅰ段，纵联距离，纵联零序保护动作，切除 A 站侧三相开关后，A、C 相故障电流消失，A、C 相电压恢复正常，说明线路保护范围内故障切除，故障持续 2.5 周波 50ms 左右。

4）从图 2－15－7 解析可知 0ms 故障态相量特征解析：相量分析，由于产生零序电压约为 16V，零序电流约为 2.39A，说明出现接地故障。零序电流超前零序电流约 94°，A 相电压超前 A 相电流约 98°，C 相电压超前 C 相电流约 69°，符合线路区内两相接地短路故障典型特征，如图 2－15－8 所示。

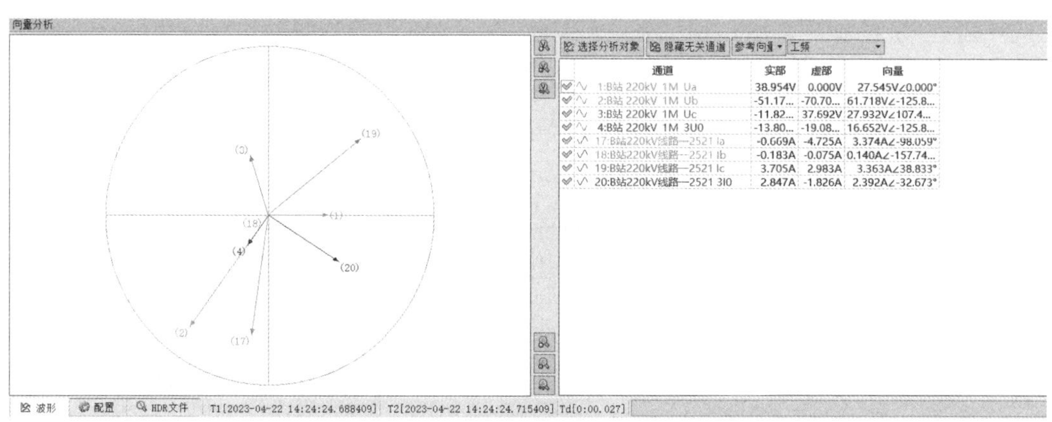

图 2－15－8　AB Ⅰ线路 B 站侧录波波形（保护动作时相量分析）

三、综合总结

从波形特征解析，系统发生了 AB Ⅰ线 A、C 相间金属性接地短路故障，A 站侧 A、C 相电压幅值为 10.2V，B 站侧靠近电源端，故障后 A、C 相残余电压约为 27.5V，两侧 A、C 相故障电流均较大，产生较大零序电压和零序电流，两侧零序电流均超前零序电压约 95°。A 站侧 A 相电压超前 A 相电流约 101°，C 相电压超前 C 相电流约 66°。B 站侧 A 相电压超前 A 相电流约 98°，C 相电压超前 C 相电流约 69°。相量分析两侧均为正方向区内，说明故障发生于线路中间某处。结合两侧保护装置故障信息测距结果，A 站侧测距为 24.3km，B 站侧测距约为 25.5km，也印证了故障发生于线路 50%处。AB Ⅰ线路 A、B 站侧保护故障信息测距分别见表 2－15－5 和表 2－15－6。

表 2-15-5　　　　AB Ⅰ线路 A 站侧保护故障信息测距

序号	故障参数名称	故障参数实际值	故障参数单位
1	故障相电压	14.86	V
2	故障相电流	1.73	A
3	最大零序电流	0.81	A
4	最大差动电流	3.81	A
5	故障测距	24.30	km
6	故障相别	AC	

表 2-15-6　　　　AB Ⅰ线路 B 站侧保护故障信息测距

序号	故障参数名称	故障参数实际值	故障参数单位
1	故障相电压	44.87	V
2	故障相电流	6.26	A
3	最大零序电流	2.13	A
4	最大差动电流	4.57	A
5	故障测距	25.50	km
6	故障相别	AC	

从保护动作行为解析，A 站侧差动保护、相间距离Ⅰ段、接地距离Ⅰ段、纵联距离、纵联零序动作动作，B 站侧差动保护、相间距离Ⅰ段、接地距离Ⅰ段、纵联距离、纵联零序动作。两侧保护动作一致，众所周知，距离Ⅰ段保护范围一般整定为线路全长的 80%～85%，保护动作行为符合故障发生于线路 50%处。

综上所述，本次故障位于 ABⅠ线路 50%处，故障性质为 A、C 相两相金属性接地短路故障，ABⅠ线线路保护动作行为正确。

2.16　出口处两相经电阻接地短路

一、故障信息

故障发生前 A 站、B 站、C 站运行方式为 ABⅠ线、ABⅡ线、ACⅠ线、BCⅠ线、#1 主变、#2 主变、母联均在合位，A 站#1 主变、ABⅠ线、ABⅡ线挂 1M、#2 主变、ACⅠ线挂 2M。ABⅠ线 A 站侧 TA 变比 2400/1，B 站侧 TA 变比 2000/1。线路全长 50km。仿真系统过渡电阻设置 50Ω。故障发生前 A 站、B 站、C 站运行方式如图 2-16-1 所示。

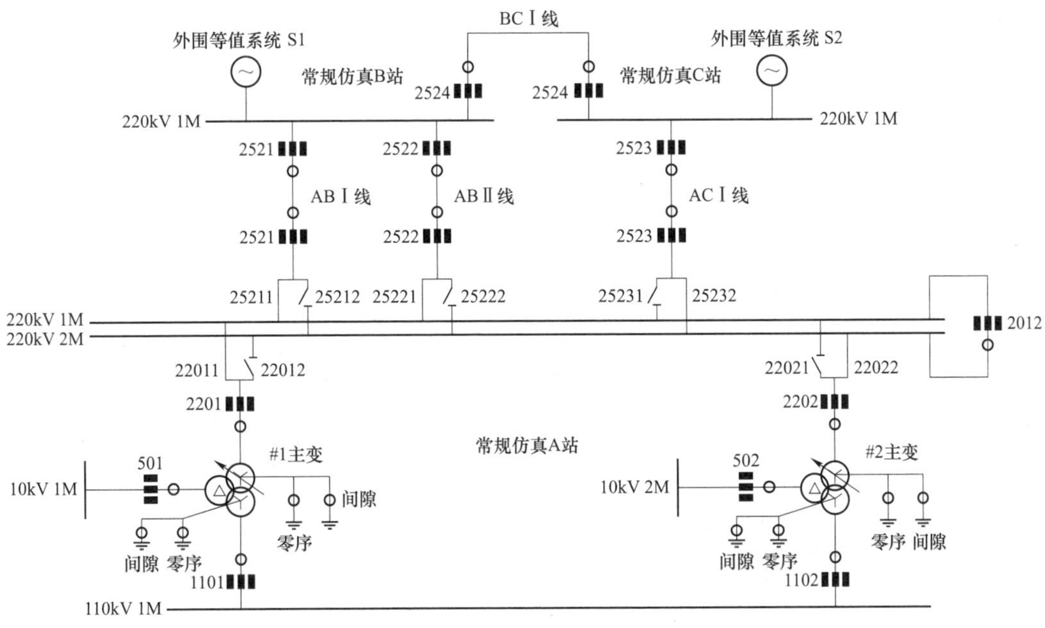

图 2-16-1 故障发生前 A 站、B 站、C 站运行方式

故障发生后，AB Ⅰ线线路两侧开关均在合位，其余开关位置未发生变化，故障发生后 A 站、B 站、C 站运行方式如图 2-16-2 所示。

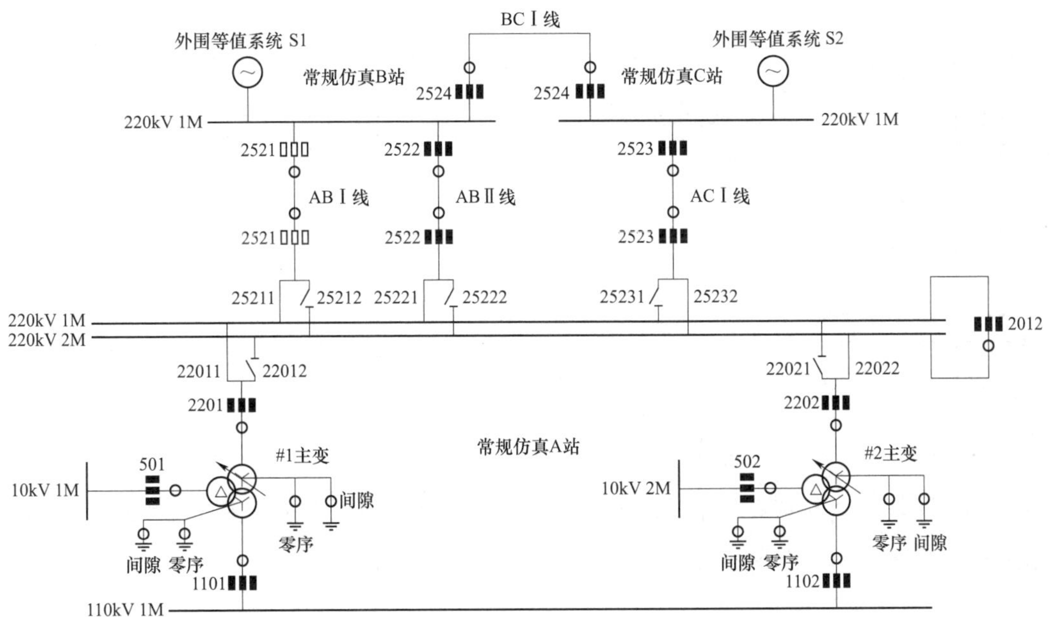

图 2-16-2 故障发生后 A 站、B 站、C 站运行方式

二、录波图解析

1. 保护动作报文解析

（1）从A站AB Ⅰ线故障录波HDR文件读取相关保护信息，以保护启动初始时刻为基准，见表2－16－1。

表2－16－1　　AB Ⅰ线A站保护动作简报

序号	动作报文对应时间	动作报文名称	动作相别	动作报文变化值
1	0ms	保护启动		1
2	8ms	纵联差动保护动作	ABC	1
3	69ms	纵联差动保护动作		0
4	7081ms	保护启动		0

如表2－16－1中所示，AB Ⅰ线路A站侧保护启动后约8ms纵联差动保护动作，保护出口跳三相开关，保护装置为单重。

（2）从B站侧AB Ⅰ线保护故障录波HDR文件读取相关保护信息，以保护启动初始时刻为基准，见表2－16－2。

表2－16－2　　AB Ⅰ线B站侧保护动作简报

序号	动作报文对应时间	动作报文名称	动作相别	动作报文变化值
1	0ms	保护启动		1
2	7ms	纵联差动保护动作	ABC	1
3	21ms	纵联距离动作	ABC	1
4	69ms	纵联差动保护动作		0
5	69ms	纵联距离动作		0
6	7081ms	保护启动		0

如表2－16－2中所示，AB Ⅰ线路B站侧保护启动后约7ms纵联差动保护动作，21ms纵联距离保护动作，保护出口跳三相开关，保护装置为单重。

2. 开关量变位解析

（1）以故障初始时刻为基准，AB Ⅰ线路A站侧开关量变位图如图2－16－3所示。

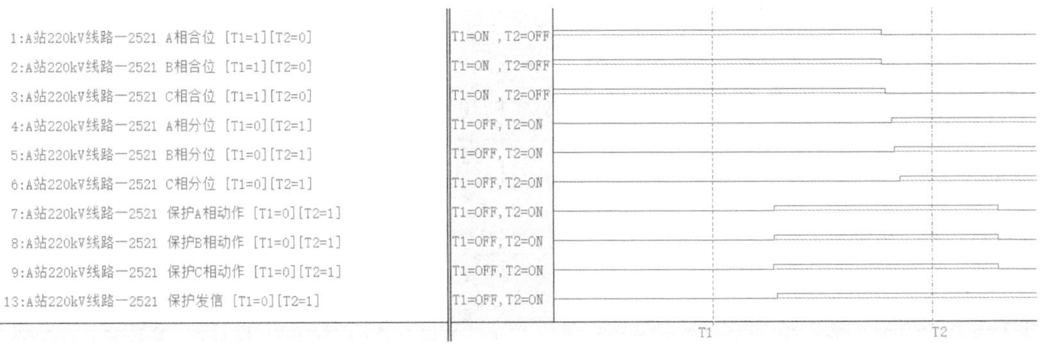

图 2-16-3 AB Ⅰ线路 A 站侧 A 站侧开关量变位图（保护动作时）

AB Ⅰ线路 A 站侧开关量变位时间顺序见表 2-16-3。

表 2-16-3 AB Ⅰ线路 A 站侧开关量变位时间顺序

位置	第 1 次变位时间	第 2 次变位时间
1:A 站 220kV 线路一 2521 A 相合位	↓ 44.500ms	
2:A 站 220kV 线路一 2521 B 相合位	↓ 44.500ms	
3:A 站 220kV 线路一 2521 C 相合位	↓ 45.500ms	
4:A 站 220kV 线路一 2521 A 相分位	↑ 47.250ms	
5:A 站 220kV 线路一 2521 B 相分位	↑ 48.000ms	
6:A 站 220kV 线路一 2521 C 相分位	↑ 49.500ms	
7:A 站 220kV 线路一 2521 保护 A 相动作	↑ 16.000ms	↓ 75.500ms
8:A 站 220kV 线路一 2521 保护 B 相动作	↑ 16.000ms	↓ 75.500ms
9:A 站 220kV 线路一 2521 保护 C 相动作	↑ 15.750ms	↓ 75.500ms
13:A 站 220kV 线路一 2521 保护发信	↑ 16.750ms	↓ 226.250ms

（2）以故障初始时刻为基准，AB Ⅰ线路 B 站侧开关量变位情况如图 2-16-4 所示。

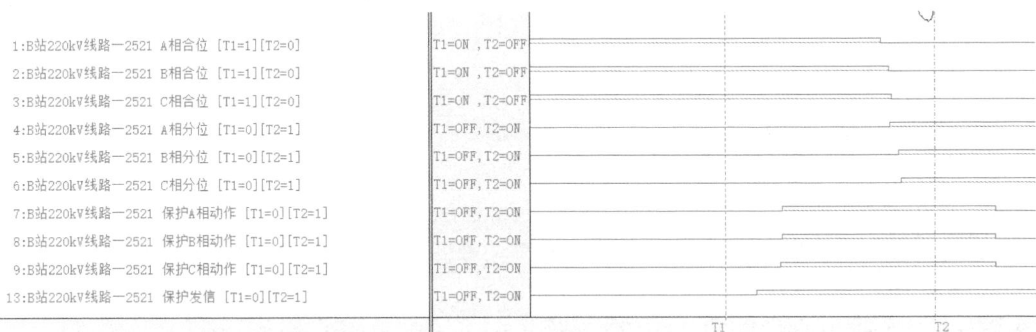

图 2-16-4 AB Ⅰ线路 B 站侧开关量变位图（保护动作时）

AB Ⅰ线路 B 站侧开关量变位时间顺序见表 2-16-4。

表 2-16-4　　AB Ⅰ 线路 B 站侧开关量变位时间顺序

位置	第 1 次变位时间	第 2 次变位时间
1:B 站 220kV 线路一 2521 A 相合位	↓ 43.000ms	
2:B 站 220kV 线路一 2521 B 相合位	↓ 45.250ms	
3:B 站 220kV 线路一 2521 C 相合位	↓ 46.000ms	
4:B 站 220kV 线路一 2521 A 相分位	↑ 45.500ms	
5:B 站 220kV 线路一 2521 B 相分位	↑ 48.000ms	
6:B 站 220kV 线路一 2521 C 相分位	↑ 48.750ms	
7:B 站 220kV 线路一 2521 保护 A 相动作	↑ 15.500ms	↓ 75.000ms
8:B 站 220kV 线路一 2521 保护 B 相动作	↑ 15.500ms	↓ 75.000ms
9:B 站 220kV 线路一 2521 保护 C 相动作	↑ 15.000ms	↓ 75.000ms
13:B 站 220kV 线路一 2521 保护发信	↑ 8.500ms	↓ 225.500ms

小结：故障发生后约 15.75ms，AB Ⅰ 线路 A 站侧保护动作，约 15ms AB Ⅰ 线路 B 站侧保护动作，约 45.5ms AB Ⅰ 线路 A 站侧三相开关跳开，约 46ms AB Ⅰ 线路 B 站侧三相开关跳开，成功隔离故障。

3. 波形特征解析

（1）AB Ⅰ 线路 A 站侧录波图解析。查看 AB Ⅰ 线路 A 站侧故障波形图，如图 2-16-5 所示。

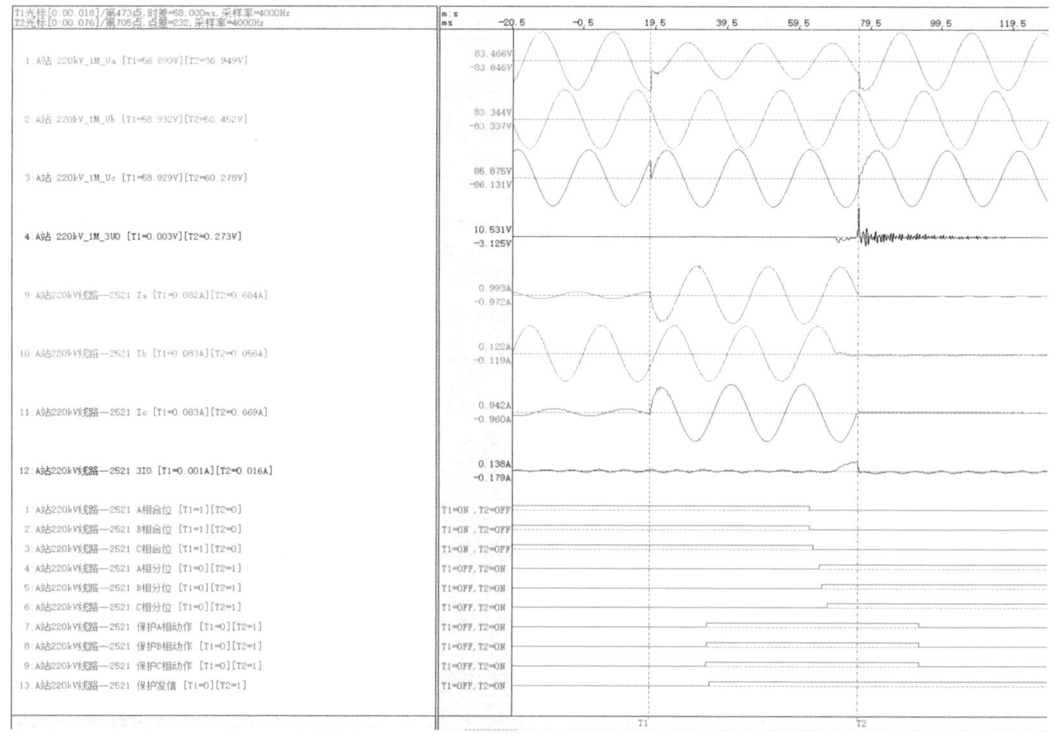

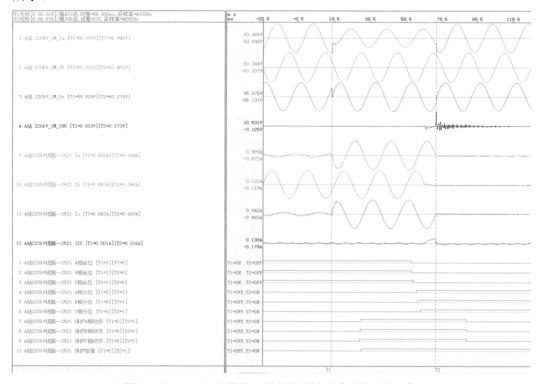

图 2-16-5　AB Ⅰ 线路 A 站侧录波波形（保护动作时）

1）从图 2－16－5 解析可知 0ms 故障态电压特征解析：母线电压 A 相电压下降约 36.89V，持续 3 周波 60ms 左右，B 相电压基本不变虽受到故障影响幅值有变化小幅上升，C 相电压受到故障影响幅值小幅上升 60.33V，A、C 相电压相差角度约 110°，未出现零序电压，说明初步判断故障为 A 相故障。

2）从图 2－16－5 解析可知 0ms 故障态电流特征解析：AB Ⅰ 线路 A、C 相电流变大，持续 3 周波 60ms 左右，二次值 A 相约 0.69A，C 相 0.66A，幅值基本一致，A、C 相电流相差角度约 186°，B 相电流为 0.08A（负荷电流），且未出现零序电流，说明故障相为 A、C 相，即初步判断为 A、C 相相间短路故障。

3）从图 2－16－5 解析可知约 15.75ms 线路保护纵联差动保护动作切除 A 站侧三相开关后，A、C 相故障电流消失，A、C 相电压恢复正常，说明线路保护范围内故障切除，故障持续 3 周波 60ms 左右。

4）从图 2－16－5 解析可知 0ms 故障态相量特征解析：相量分析，未产生零序电压零序电流，A、C 相电流相差角度约 186° 并未反向，A、C 相电压幅值不相等且相差角度较大，不符合线路区内两相相间短路故障典型特征，所以初步怀疑为两相经电阻接地短路故障，由于接地电阻影响，且 A 侧远离电源端，导致接地点未出现零序电压，C 相剩余电压较大，A、C 相电流幅值类似但是角度并未反向，A、C 相电压幅值不相等且相差角度较大。AB Ⅰ 线路 A 站侧录波波形（保护动作时相量分析）如图 2－16－6 所示。

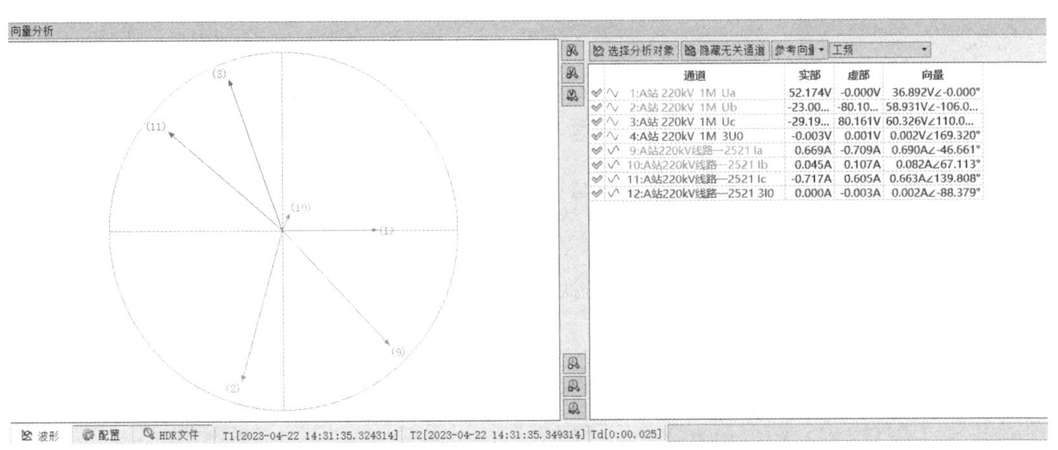

图 2－16－6　AB Ⅰ 线路 A 站侧录波波形（保护动作时相量分析）

（2）AB Ⅰ 线路 B 站侧录波图解析。查看 AB Ⅰ 线路 B 站侧故障波形图，如图 2－16－7 所示。

1）从图 2－16－7 解析可知 0ms 故障态电压特征解析：母线电压 A 相电压下降约 48V，持续 3 周波 60ms 左右，B 相电压虽受到故障影响幅值小幅上升，但幅值变化程度较小，C 相电压受到故障影响幅值小幅上升 58.6V，A、C 相电压相差角度约 113°，未出现零序电压，说明初步判断故障为 A 相故障。

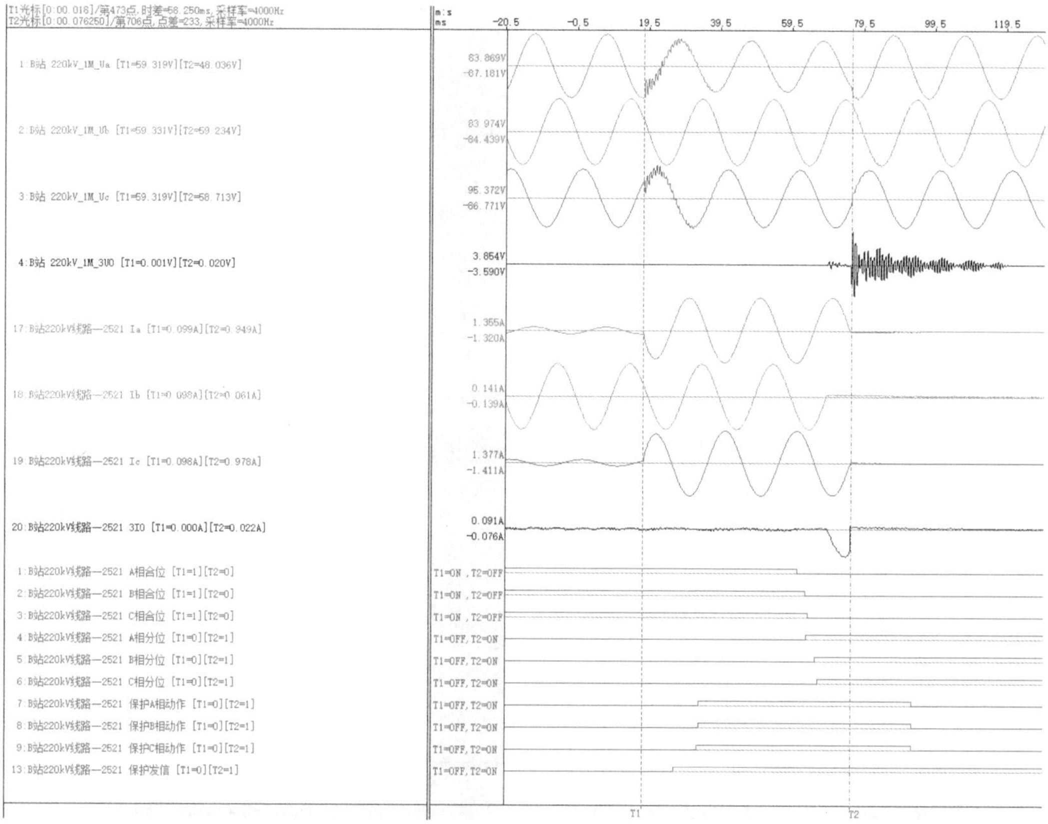

图 2-16-7　AB Ⅰ线路 B 站侧录波波形（保护动作时）

2）从图 2-16-7 解析可知 0ms 故障态电流特征解析：AB Ⅰ线路 A、C 相电流变大，持续 3 周波 60ms 左右，二次值 A 相约为 0.94A，C 相为 0.98A，幅值基本一致，A、C 相电流角度相差约 175，B 相电流为 0.098A（负荷电流），无零序电流，说明初步判断为 A、C 相相间短路故障。

3）从图 2-16-7 解析可知约 15ms 线路保护差动保护、纵联距离保护动作切除 A 站侧三相开关后，A、C 相故障电流消失，A、C 相电压恢复正常，说明线路保护范围内故障切除，故障持续 3 周波 60ms 左右。

4）从图 2-16-7 解析可知 0ms 故障态相量特征解析：相量分析，未产生零序电压、零序电流，A、C 相电流相差角度约 175° 并未完全反向，A、C 相电压幅值不相等且相差角度较大，不符合线路区内两相相间短路故障典型特征，所以初步怀疑为两相经电阻接地短路故障，由于接地电阻影响，且 B 侧靠近电源端，导致接地点未出现零序电压，A、C 相剩余电压较大，A、C 相电流幅值类似但是角度并未反向，A、C 相电压幅值不相等且相差角度较大。AB Ⅰ线路 B 站侧录波波形（保护动作时相量分析）如图 2-16-8 所示。

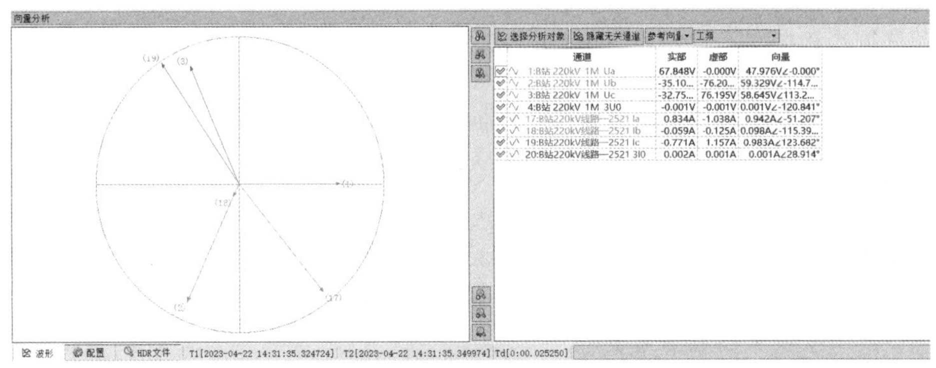

图 2-16-8　AB Ⅰ线路 B 站侧录波波形（保护动作时相量分析）

三、综合总结

从波形特征解析，系统发生了 AB Ⅰ线 A、C 相间经电阻接地短路故障，两侧均未产生零序电压零序电流，A、C 相电流相差角度接近 180° 但是并未完全反向，A、C 相电压幅值不相等且相差角度较大，不符合线路区内两相相间短路故障典型特征，所以考虑为两相经电阻接地短路故障，由于接地电阻影响，导致接地点未出现零序电压，A、C 相剩余电压较大，A、C 相电流幅值类似但是角度并未反向，A、C 相电压幅值不相等且相差角度较大。结合两侧保护装置故障信息测距和选相结果，A 站侧测距为 0km，B 站侧测距约为 49.8km，判断故障发生于线路 A 站侧出口处。AB Ⅰ线路 A、B 站侧保护故障信息测距分别见表 2-16-5 和表 2-16-6。

表 2-16-5　　AB Ⅰ线路 A 站侧保护故障信息测距

序号	故障参数名称	故障参数实际值	故障参数单位
1	故障相电压	81.20	V
2	故障相电流	1.35	A
3	最大零序电流	0.00	A
4	最大差动电流	1.50	A
5	故障测距	0.00	km
6	故障相别	AC	

表 2-16-6　　AB Ⅰ线路 B 站侧保护故障信息测距

序号	故障参数名称	故障参数实际值	故障参数单位
1	故障相电压	89.70	V
2	故障相电流	1.93	A
3	最大零序电流	0.01	A
4	最大差动电流	1.80	A
5	故障测距	49.80	km
6	故障相别	AC	

从保护动作行为解析，A 站侧差动保护动作，B 站侧差动保护、纵联距离保护动作，众所周知，距离Ⅰ段保护范围一般整定为线路全长的 80%～85%，由于过渡电阻影响，导致两侧接地距离Ⅰ段和相间距离Ⅰ段保护均未动作。由于未出现零序电压零序电流，因此两侧纵联零序保护也未动作，两侧比较，A 站侧远离电源端，B 站侧靠近电源端故障电流较大，A 站侧由于过渡电阻影响导致纵联距离未动作，B 站侧故障电流较大纵联距离仍动作。动作行为符合故障发生于线路 A 站侧出口处。

综上所述，本次故障位于 ABⅠ线路 A 站侧出口处，故障性质为 A、C 相两相经电阻接地短路故障，ABⅠ线线路保护动作行为正确。

2.17　末端两相经电阻短路

一、故障信息

故障发生前 A 站、B 站、C 站运行方式为 ABⅠ线、ABⅡ线、ACⅠ线、BCⅠ线、#1 主变、#2 主变、母联均在合位，A 站#1 主变、ABⅠ线、ABⅡ线挂 1M、#2 主变、ACⅠ线挂 2M。ABⅠ线 A 站侧 TA 变比 2400/1，B 站侧 TA 变比 2000/1。线路全长 50km。故障发生前 A 站、B 站、C 站运行方式如图 2－17－1 所示。

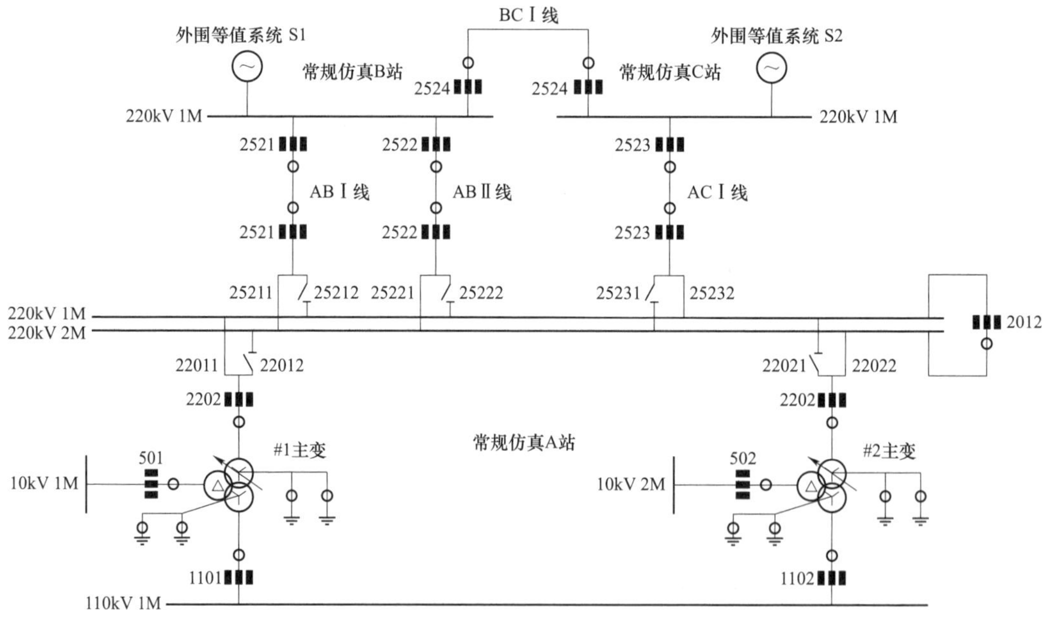

图 2－17－1　故障发生前 A 站、B 站、C 站运行方式

故障发生后，ABⅠ线线路两侧开关均在分位，其余开关位置也未发生变化，故障发生后 A 站、B 站、C 站运行方式，如图 2－17－2 所示。

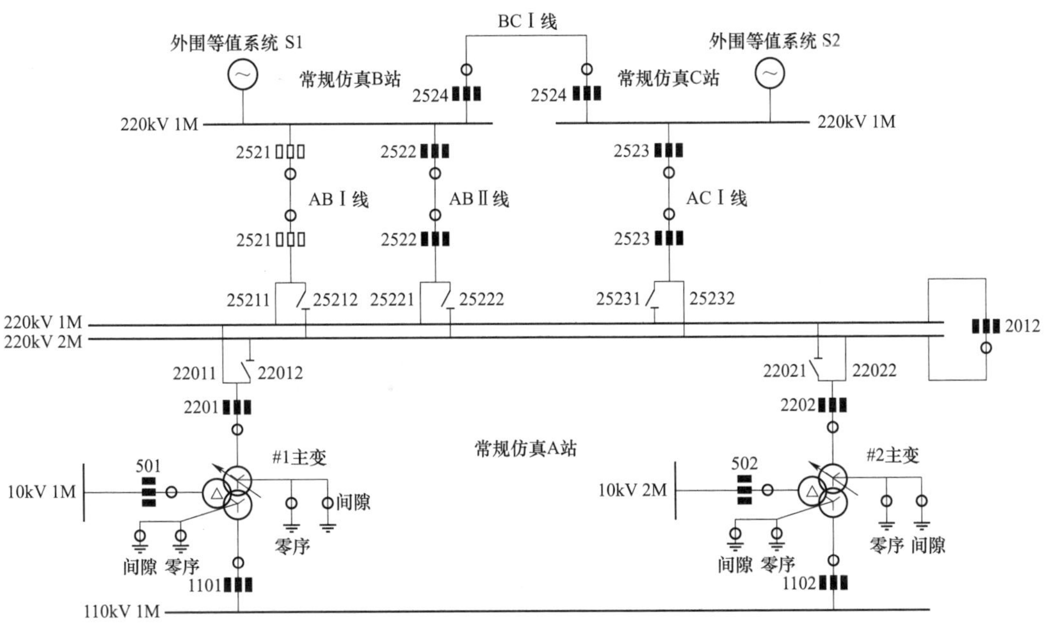

图 2-17-2 故障发生后 A 站、B 站、C 站运行方式

二、故障录波图解析

1. 保护动作报文解析

（1）从 A 站 AB Ⅰ线故障录波 HDR 文件读取相关保护信息，以保护启动初始时刻为基准，见表 2-17-1。

表 2-17-1 AB Ⅰ线 A 站保护动作简报

序号	动作报文对应时间	动作报文名称	动作相别	动作报文变化值
1	0ms	保护启动		1
2	7ms	纵联差动保护动作	ABC	1
3	54ms	纵联差动保护动作		0
4	7071ms	保护启动		0

如表 2-17-1 中所示，AB Ⅰ线路 A 站侧保护启动后约 7ms 纵联差动保护动作，保护出口跳 ABC 三相开关。

（2）从 B 站侧 AB Ⅰ线保护故障录波 HDR 文件读取相关保护信息，以保护启动初始时刻为基准，见表 2-17-2。

表 2-17-2 AB Ⅰ线 B 站侧保护动作简报

序号	动作报文对应时间	动作报文名称	动作相别	动作报文变化值
1	0ms	保护启动		1

续表

序号	动作报文对应时间	动作报文名称	动作相别	动作报文变化值
2	37ms	纵联差动保护动作	ABC	1
3	50ms	纵联距离动作	ABC	1
4	90ms	纵联差动保护动作		0
5	90ms	纵联距离动作		0
6	7102ms	保护启动		0

如表 2－17－2 中所示，AB Ⅰ线路 B 站侧保护启动后约 37ms 纵联差动保护动作，50ms 纵联距离动作，保护出口跳 ABC 三相开关。

2. 开关量变位解析

（1）以故障初始时刻为基准，AB Ⅰ线路 A 站侧开关量变位图如图 2－17－3 所示。

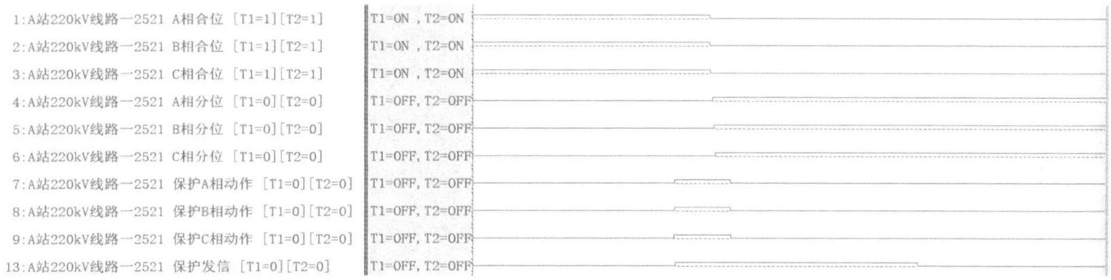

1:A站220kV线路一2521 A相合位 [T1=1][T2=1] T1=ON ，T2=ON
2:A站220kV线路一2521 B相合位 [T1=1][T2=1] T1=ON ，T2=ON
3:A站220kV线路一2521 C相合位 [T1=1][T2=1] T1=ON ，T2=ON
4:A站220kV线路一2521 A相分位 [T1=0][T2=0] T1=OFF，T2=OFF
5:A站220kV线路一2521 B相分位 [T1=0][T2=0] T1=OFF，T2=OFF
6:A站220kV线路一2521 C相分位 [T1=0][T2=0] T1=OFF，T2=OFF
7:A站220kV线路一2521 保护A相动作 [T1=0][T2=0] T1=OFF，T2=OFF
8:A站220kV线路一2521 保护B相动作 [T1=0][T2=0] T1=OFF，T2=OFF
9:A站220kV线路一2521 保护C相动作 [T1=0][T2=0] T1=OFF，T2=OFF
13:A站220kV线路一2521 保护发信 [T1=0][T2=0] T1=OFF，T2=OFF

图 2－17－3 AB Ⅰ线路 A 站侧 A 站侧开关量变位图

AB Ⅰ线路 A 站侧开关量变位时间顺序见表 2－17－3。

表 2－17－3 AB Ⅰ线路 A 站侧开关量变位时间顺序

位置	第 1 次变位时间	第 2 次变位时间
1:A 站 220kV 线路一 2521 A 相合位	↓ 191.000ms	
2:A 站 220kV 线路一 2521 B 柜合位	↓ 191.000ms	
3:A 站 220kV 线路一 2521 C 柜合位	↓ 192.000ms	
4:A 站 220kV 线路一 2521 A 相分位	↑ 193.750ms	
5:A 站 220kV 线路一 2521 B 相分位	↑ 194.500ms	
6:A 站 220kV 线路一 2521 C 相分位	↑ 196.000ms	
7:A 站 220kV 线路一 2521 保护 A 相动作	↑ 162.750ms	↓ 208.000ms
8:A 站 220kV 线路一 2521 保护 B 相动作	↑ 162.750ms	↓ 208.000ms
9:A 站 220kV 线路一 2521 保护 C 相动作	↑ 162.500ms	↓ 208.250ms
13:A 站 220kV 线路一 2521 保护发信	↑ 163.500ms	↓ 359.000ms

（2）以故障初始时刻为基准，AB Ⅰ线路 B 站侧开关量变位情况如图 2－17－4 所示。

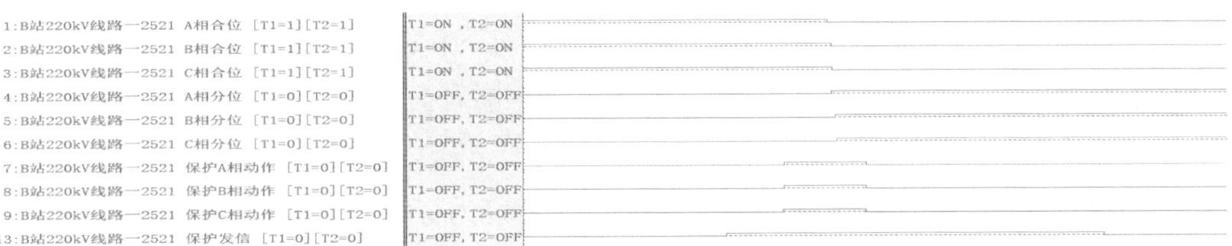

图 2-17-4 AB Ⅰ线路 B 站侧开关量变位图

AB Ⅰ线路 B 站侧开关量变位时间顺序见表 2-17-4。

表 2-17-4 AB Ⅰ线路 B 站侧开关量变位时间顺序

位置	第 1 次变位时间	第 2 次变位时间
1:B 站 220kV 线路一 2521 A 相合位	↓ 190.500ms	
2:B 站 220kV 线路一 2521 B 相合位	↓ 192.750ms	
3:B 站 220kV 线路一 2521 C 相合位	↓ 193.500ms	
4:B 站 220kV 线路一 2521 A 相分位	↑ 193.000ms	
5:B 站 220kV 线路一 2521 B 相分位	↑ 195.500ms	
6:B 站 220kV 线路一 2521 C 相分位	↑ 196.250ms	
7:B 站 220kV 线路一 2521 保护 A 相动作	↑ 163.000ms	↓ 214.500ms
8:B 站 220kV 线路一 2521 保护 B 相动作	↑ 163.000ms	↓ 214.250ms
9:B 站 220kV 线路一 2521 保护 C 相动作	↑ 162.500ms	↓ 214.500ms
13:B 站 220kV 线路一 2521 保护发信	↑ 127.000ms	↓ 365.000ms

小结：故障发生后，AB Ⅰ线路 B 侧保护感受到电流立刻变大启动，记该时刻为 0ms，约 30ms AB Ⅰ线路 A 侧保护启动，约 37ms AB Ⅰ线路 A 侧保护动作跳三相开关，37ms AB Ⅰ线路 B 侧保护动作跳三相开关，约 80ms AB Ⅰ线路 A 站侧三相开关跳开，约 80ms AB Ⅰ线路 B 站侧三相开关跳开，成功隔离故障。

3. 波形特征解析

（1）AB Ⅰ线路 A 站侧录波图解析。AB Ⅰ线路 A 站侧故障波形图如图 2-17-5 所示。

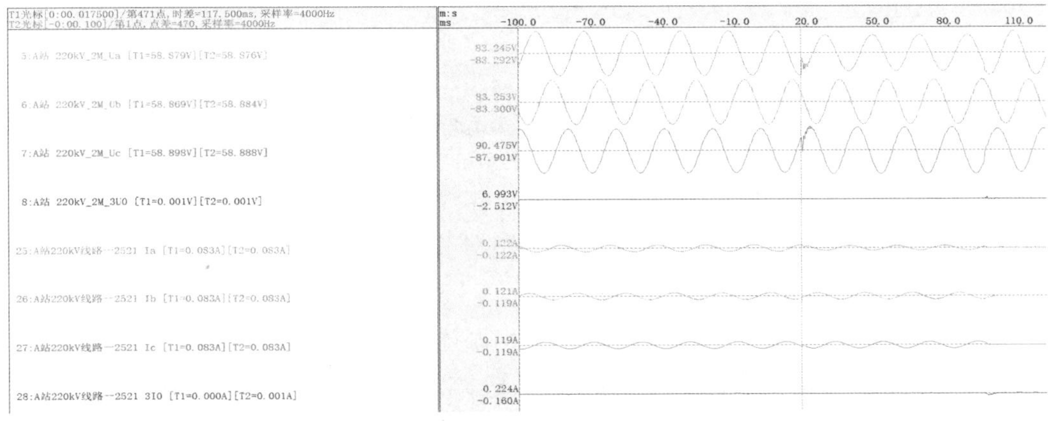

图 2-17-5 AB Ⅰ线路 A 站侧录波波形（保护动作时）

1）从图 2－17－5 解析可知 0ms 故障态电压特征为母线电压 A 相电压轻微下降，持续 4 周波 77ms 左右，电压约为 47.8V；C 相电压轻微升高，电压约为 62.1V；B 相电压基本不变，且未出现零序电压。

2）从图 2－17－5 解析可知 0ms 故障态电流特征为三相电流除 C、A 相位有轻微变化外，幅值基本不变，持续 4 周波 77ms 左右。

3）从图 2－17－5 解析可知 0ms 故障态相量特征为 C、A 相母线电压有轻微变化，三相电流基本不变，故障特征不明显，但可以看到电压不再三相对称，提示系统内远端可能存在非正常运行状态。

4）从图 2－17－5 解析可知 77ms 三相电压恢复正常：说明本线路两侧开关跳开后，提示系统恢复了正常运行状态，说明故障应存在本线路区内。

（2）AB Ⅰ 线路 B 站侧录波图解析。AB Ⅰ 线路 B 站侧故障波形图如图 2－17－6 所示。

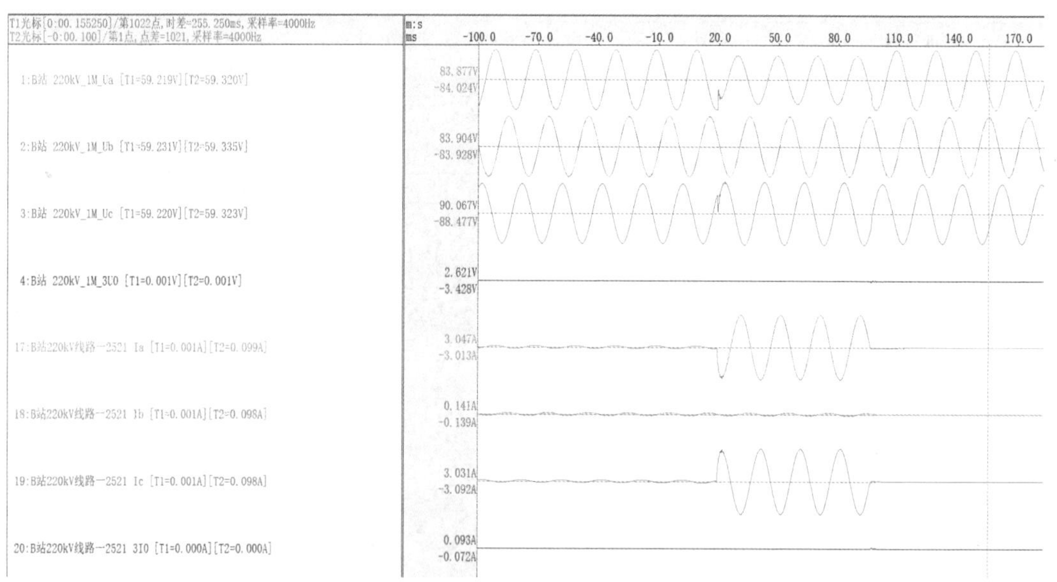

图 2－17－6　AB Ⅰ 线路 B 站侧录波波形（保护动作时）

1）从图 2－17－6 解析可知 0ms 故障态电压特征为母线电压 A 相电压轻微突变下降，持续 4 周波 77ms 左右，电压约为 48.3V，C 相电压轻微升高，电压约为 62.5V，B 相电压基本不变，且未出现零序电压。

2）从图 2－17－6 解析可知 0ms 故障态电流特征为 AB Ⅰ 线路 C、A 相电流突变升高，持续 4 周波 77ms 左右，反向相反，大小基本相等，持续 4 个周波 77ms 左右，B 相电流基本不变，且无零序电流突变，说明故障相为 C、A 相间。

3）从图 2－17－6 解析可知 77ms 三相电压恢复正常。说明本线路两侧开关跳开后，提示系统恢复了正常运行状态，说明线路保护范围内故障切除。

4）从图 2－17－6 解析可知 0ms 故障态相量特征为由于故障母线电压 A 相电压轻微下降，电压约为 48.3V，C 相电压轻微升高，电压约为 62.5V，B 相电压基本不变，且未出现零序电压，C、A 相电流升高，B 相电流基本不变，且无零序电流。通过相位解析，U_{CA} 与 I_{CA} 相位基本一致，符合近端正方向相间短路故障特征，且短路阻抗为阻性，即近端经过渡电阻短路，如图 2－17－7 所示。

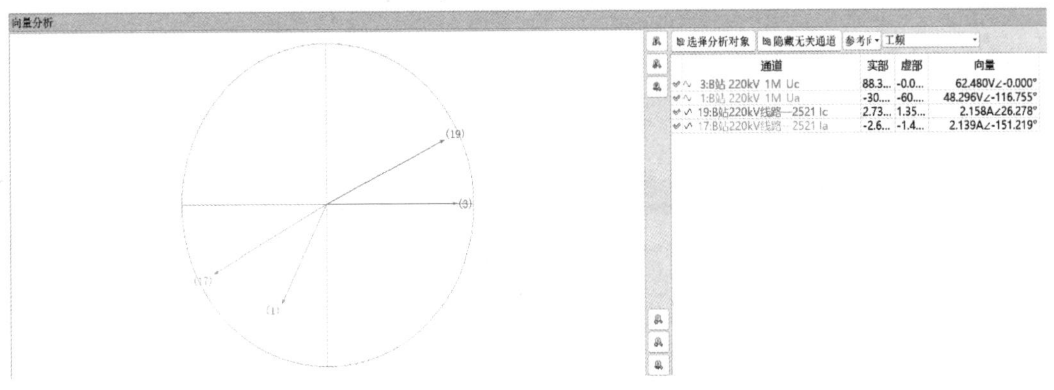

图 2－17－7 AB Ⅰ 线路 B 站侧录波波形（保护动作时相量分析）

三、综合总结

从波形图解析可知，系统发生了 AB Ⅰ 线线路末端（B 站近端）C、A 相经过渡电阻相间短路。A 站侧母线电压 A 相电压轻微突变下降，电压约为 47.8V；C 相电压轻微突变升高，电压约为 62.1V；B 相电压基本不变，且未出现零序电压突变；B 站侧母线电压 A 相电压轻微突变下降，电压约为 48.3V；C 相电压轻微突变升高，电压约为 62.5V；B 相电压基本不变，且未出现零序电压突变。A 站侧电流基本不变，B 站侧 C、A 相电流突变升高，反向相反，大小基本相等，B 相电流基本不变，且无零序电流突变，说明故障相为 C、A 相间。依据相量分析，B 站侧可明确正方向区内，A 站侧特征不明显，说明故障发生于线路 B 站侧出口处，即 A 站末端处。根据线路保护差流情况，可以判断 C、A 相区内故障。结合两侧保护装置故障信息测距结果，A 站侧测距为 48.9km，B 站侧测距 0.6km，也印证了故障发生于线路 B 站侧出口处，即 A 站末端处。在保护动作跳开两侧三相开关后，故障消失，三相电压恢复正常。AB Ⅰ 线路 A、B 站侧保护故障信息测距分别见表 2－17－5 和表 2－17－6。

表 2-17-5　　AB Ⅰ线路 A 站侧保护故障信息测距

序号	故障参数名称	故障参数实际值	故障参数单位
1	故障相电压	94.30	V
2	故障相电流	0.11	A
3	最大零序电流	0.01	A
4	最大差动电流	1.75	A
5	故障测距	48.90	km
6	故障相别	AC	

表 2-17-6　　AB Ⅰ线路 B 站侧保护故障信息测距

序号	故障参数名称	故障参数实际值	故障参数单位
1	故障相电压	95.02	V
2	故障相电流	4.32	A
3	最大零序电流	0.01	A
4	最大差动电流	2.10	A
5	故障测距	0.60	km
6	故障相别	AC	

从保护动作行为解析，保护动作时两侧纵联差动保护动作，值得注意的是，两侧差动的动作时间 A 站侧为 7ms，B 站侧为 37ms。说明 B 站侧故障特征明显，先于 A 站侧立即启动，而 A 站侧故障特征不明显，保护是由对侧启动。上述保护动作行为说明故障点是在 A 站远端，B 站永久性故障。

综上所述，本次故障位于 AB Ⅰ线路 B 站侧出口处，即 A 站末端处，故障性质为 C、A 相间经过渡电阻永久性故障，AB Ⅰ线线路保护动作行为正确。

2.18　线路 50%处两相经电阻短路

一、故障信息

故障发生前 A 站、B 站、C 站运行方式为 AB Ⅰ线、AB Ⅱ线、AC Ⅰ线、BC Ⅰ线、#1 主变、#2 主变、母联均在合位，A 站#1 主变、AB Ⅰ线、AB Ⅱ线挂 1M、#2 主变、AC Ⅰ线挂 2M。AB Ⅰ线 A 站侧 TA 变比 2400/1，B 站侧 TA 变比 2000/1。线路全长 50km。故障发生前 A 站、B 站、C 站运行方式如图 2-18-1 所示。

故障发生后，AB Ⅰ线线路两侧开关均在分位，其余开关位置也未发生变化，故障发生后 A 站、B 站、C 站运行方式，故障发生后 A 站、B 站、C 站运行方式如图 2-18-2 所示。

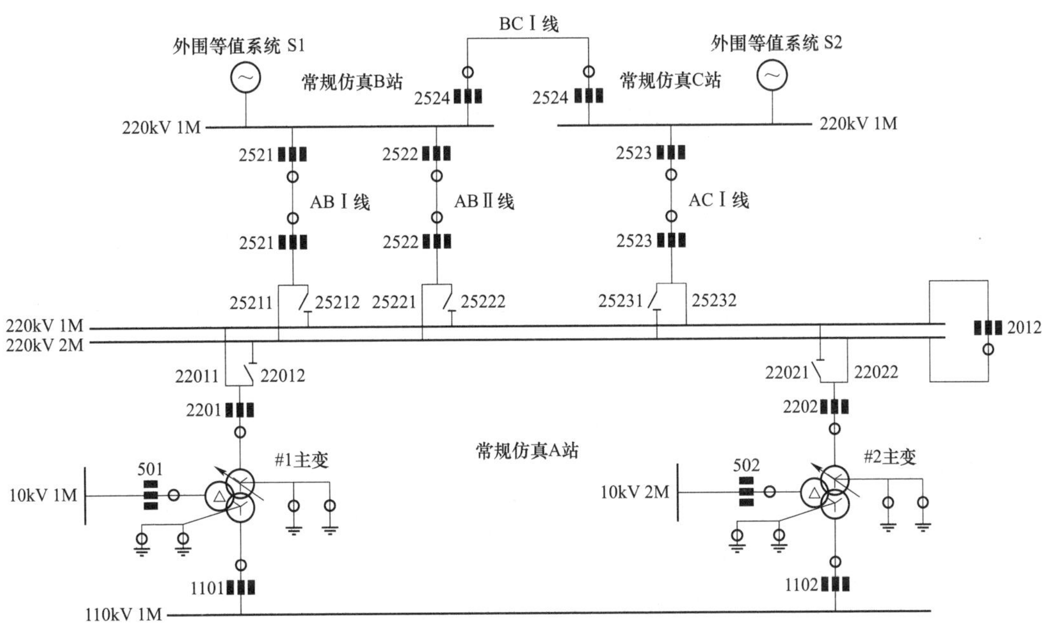

图 2-18-1　故障发生前 A 站、B 站、C 站运行方式

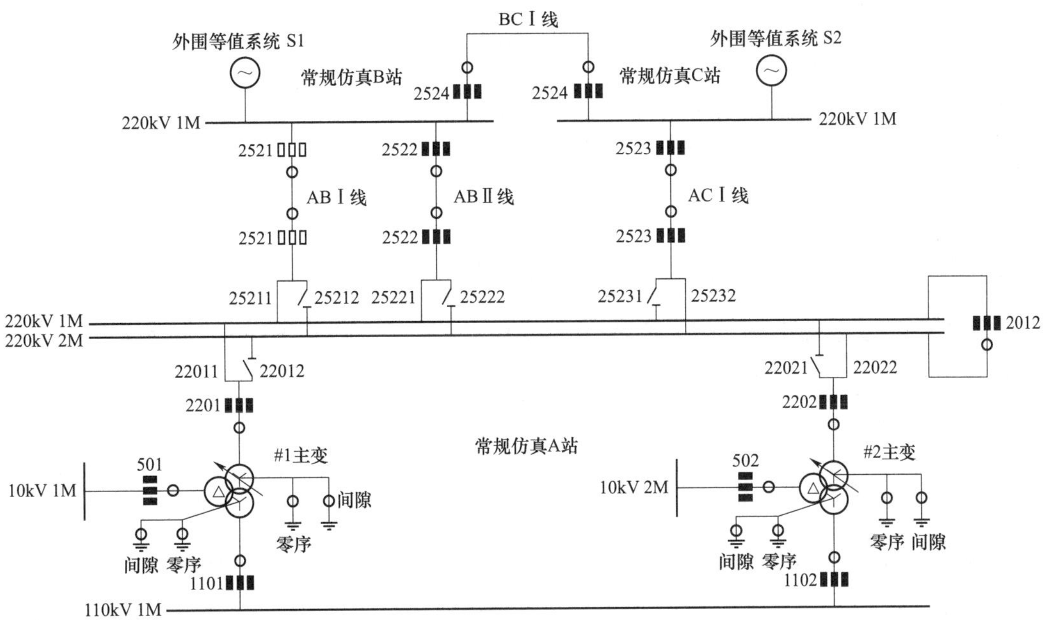

图 2-18-2　故障发生后 A 站、B 站、C 站运行方式

二、故障录波图解析

1. 保护动作报文解析

（1）从 A 站 AB Ⅰ线故障录波 HDR 文件读取相关保护信息，以保护启动初始时刻为

基准，见表 2－18－1。

表 2－18－1　　AB Ⅰ线 A 站保护动作简报

序号	动作报文对应时间	动作报文名称	动作相别	动作报文变化值
1	0ms	保护启动		1
2	7ms	纵联差动保护动作	ABC	1
3	58ms	纵联差动保护动作		0
4	7070ms	保护启动		0

如表 2－18－1 中所示，AB Ⅰ线路 A 站侧保护启动后约 7ms 纵联差动保护动作，保护出口跳 ABC 三相开关。

（2）从 B 站侧 AB Ⅰ线保护故障录波 HDR 文件读取相关保护信息，以保护启动初始时刻为基准，见表 2－18－2。

表 2－18－2　　AB Ⅰ线 B 站侧保护动作简报

序号	动作报文对应时间	动作报文名称	动作相别	动作报文变化值
1	0ms	保护启动		1
2	8ms	纵联差动保护动作	ABC	1
3	22ms	纵联距离动作	ABC	1
4	60ms	纵联差动保护动作		0
5	60ms	纵联距离动作		0
6	7072ms	保护启动		0

如表 2－18－2 中所示，AB Ⅰ线路 B 站侧保护启动后约 8ms 纵联差动保护动作，22ms 纵联距离动作，保护出口跳 ABC 三相开关。

2. 开关量变位解析

（1）以故障初始时刻为基准，AB Ⅰ线路 A 站侧开关量变位图如图 2－18－3 所示。

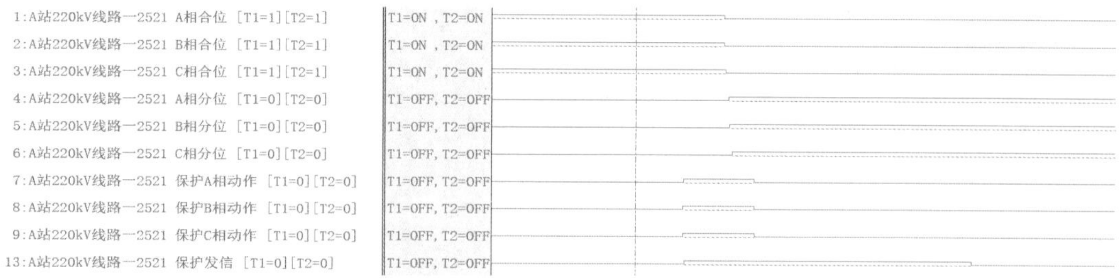

图 2－18－3　AB Ⅰ线路 A 站侧 A 站侧开关量变位图

AB Ⅰ线路 A 站侧开关量变位时间顺序见表 2－18－3。

表 2-18-3　　　　AB Ⅰ线路 A 站侧开关量变位时间顺序

位置	第 1 次变位时间	第 2 次变位时间
1:A 站 220kV 线路一 2521 A 相合位	↓ 61.000ms	
2:A 站 220kV 线路一 2521 B 相合位	↓ 61.000ms	
3:A 站 220kV 线路一 2521 C 相合位	↓ 62.000ms	
4:A 站 220kV 线路一 2521 A 相分位	↑ 64.000ms	
5:A 站 220kV 线路一 2521 B 相分位	↑ 64.500ms	
6:A 站 220kV 线路一 2521 C 相分位	↑ 66.250ms	
7:A 站 220kV 线路一 2521 保护 A 相动作	↑ 32.750ms	↓ 82.000ms
8:A 站 220kV 线路一 2521 保护 B 相动作	↑ 32.500ms	↓ 82.000ms
9:A 站 220kV 线路一 2521 保护 C 相动作	↑ 32.250ms	↓ 82.250ms
13:A 站 220kV 线路一 2521 保护发信	↑ 33.250ms	↓ 233.000ms

（2）以故障初始时刻为基准，AB Ⅰ线路 B 站侧开关量变位情况如图 2-18-4 所示。

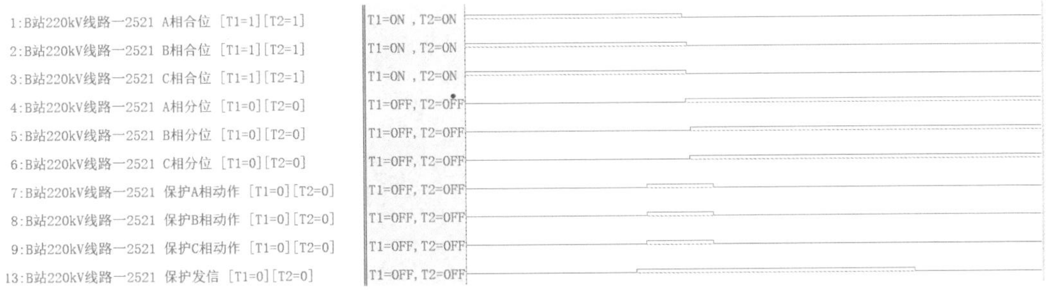

1:B站220kV线路一2521 A相合位 [T1=1][T2=1]　T1=ON ,T2=ON
2:B站220kV线路一2521 B相合位 [T1=1][T2=1]　T1=ON ,T2=ON
3:B站220kV线路一2521 C相合位 [T1=1][T2=1]　T1=ON ,T2=ON
4:B站220kV线路一2521 A相分位 [T1=0][T2=0]　T1=OFF,T2=OFF
5:B站220kV线路一2521 B相分位 [T1=0][T2=0]　T1=OFF,T2=OFF
6:B站220kV线路一2521 C相分位 [T1=0][T2=0]　T1=OFF,T2=OFF
7:B站220kV线路一2521 保护A相动作 [T1=0][T2=0]　T1=OFF,T2=OFF
8:B站220kV线路一2521 保护B相动作 [T1=0][T2=0]　T1=OFF,T2=OFF
9:B站220kV线路一2521 保护C相动作 [T1=0][T2=0]　T1=OFF,T2=OFF
13:B站220kV线路一2521 保护发信 [T1=0][T2=0]　T1=OFF,T2=OFF

图 2-18-4　AB Ⅰ线路 B 站侧开关量变位图

AB Ⅰ线路 B 站侧开关量变位时间顺序见表 2-18-4。

表 2-18-4　　　　AB Ⅰ线路 B 站侧开关量变位时间顺序

位置	第 1 次变位时间	第 2 次变位时间
1:B 站 220kV 线路一 2521 A 相合位	↓ 61.000ms	
2:B 站 220kV 线路一 2521 B 相合位	↓ 64.250ms	
3:B 站 220kV 线路一 2521 C 相合位	↓ 63.750ms	
4:B 站 220kV 线路一 2521 A 相分位	↑ 63.250ms	
5:B 站 220kV 线路一 2521 B 相分位	↑ 67.000ms	
6:B 站 220kV 线路一 2521 C 相分位	↑ 66.500ms	
7:B 站 220kV 线路一 2521 保护 A 相动作	↑ 34.250ms	↓ 83.750ms
8:B 站 220kV 线路一 2521 保护 B 相动作	↑ 34.250ms	↓ 83.750ms
9:B 站 220kV 线路一 2521 保护 C 相动作	↑ 33.750ms	↓ 83.750ms
13:B 站 220kV 线路一 2521 保护发信	↑ 26.250ms	↓ 234.250ms

小结：故障发生后，ABⅠ线路两侧保护感受到电流立刻变大启动，约7ms ABⅠ线路两侧保护差动动作，两侧三相开关跳开，成功隔离故障。

3. 波形特征解析

（1）ABⅠ线路A站侧录波图解析。查看ABⅠ线路A站侧故障波形图，如图2-18-5所示。

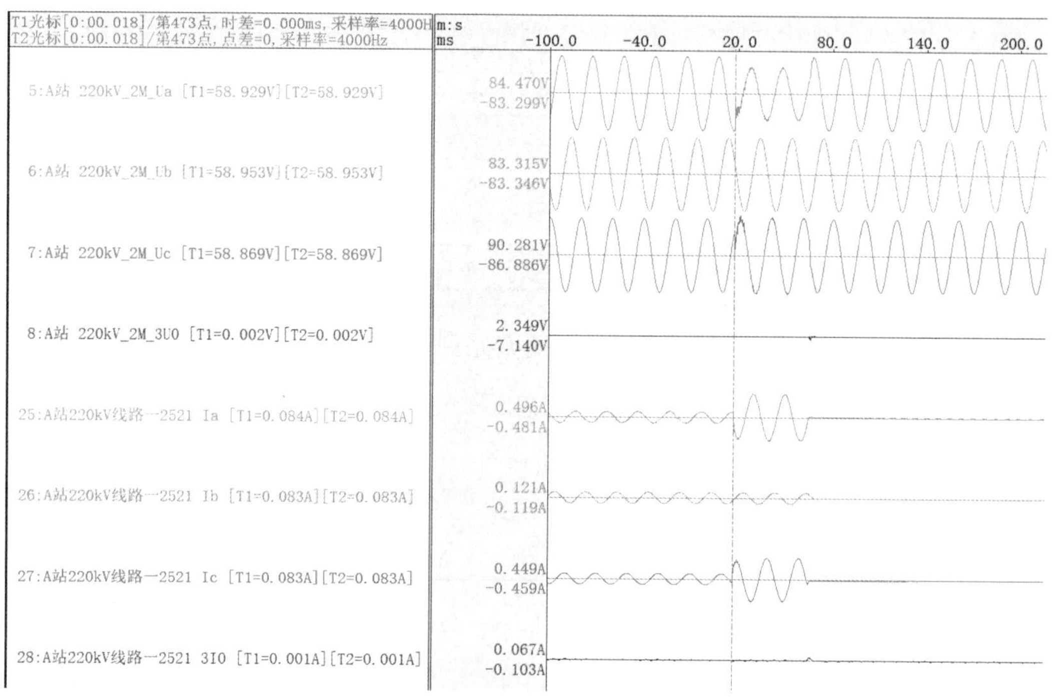

图2-18-5 ABⅠ线路A站侧录波波形（保护动作时）

1）从图2-18-5解析可知0ms故障态电压特征为母线电压A相电压明显下降，持续2.5周波50ms左右，电压约为41.94V，C相电压轻微升高，电压约为59.95V，B相电压基本不变，且未出现零序电压。

2）从图2-18-5解析可知0ms故障态电流特征为C相电流与A相位电流明显增大，持续2.5周波50ms左右，相位相反，幅值基本相同。

3）从图2-18-5解析可知50ms三相电压恢复正常：说明本线路两侧开关跳开后，提示系统恢复了正常运行状态，说明故障应存在本线路区内。

4）从图2-18-5解析可知0ms故障态相量特征为由于故障母线电压A相电压明显下降，电压约为41.94V，C相电压轻微升高，电压约为59.95V，B相电压基本不变，且未出现零序电压，C、A相电流升高，且方向相反大小基本相等，B相电流基本不变，且无零序电流。通过相位解析，U_{CA}与I_{CA}相位基本一致，符合正方向相间短路故障特征，且短路阻抗为阻性，即正方向经过渡电阻短路，如图2-18-6所示。

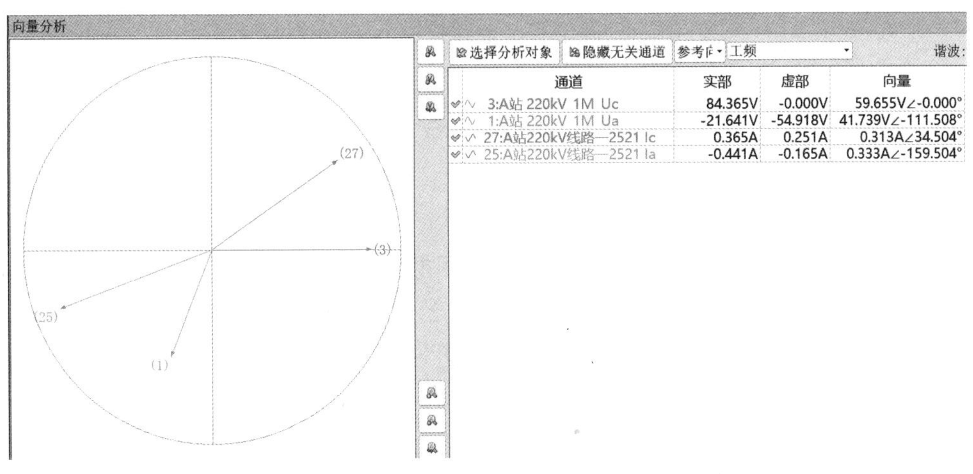

图 2-18-6　AB Ⅰ线路 A 站侧录波波形（保护动作时相量分析）

（2）AB Ⅰ线路 B 站侧录波图解析。查看 AB Ⅰ线路 B 站侧故障波形图，如图 2-18-7 所示。

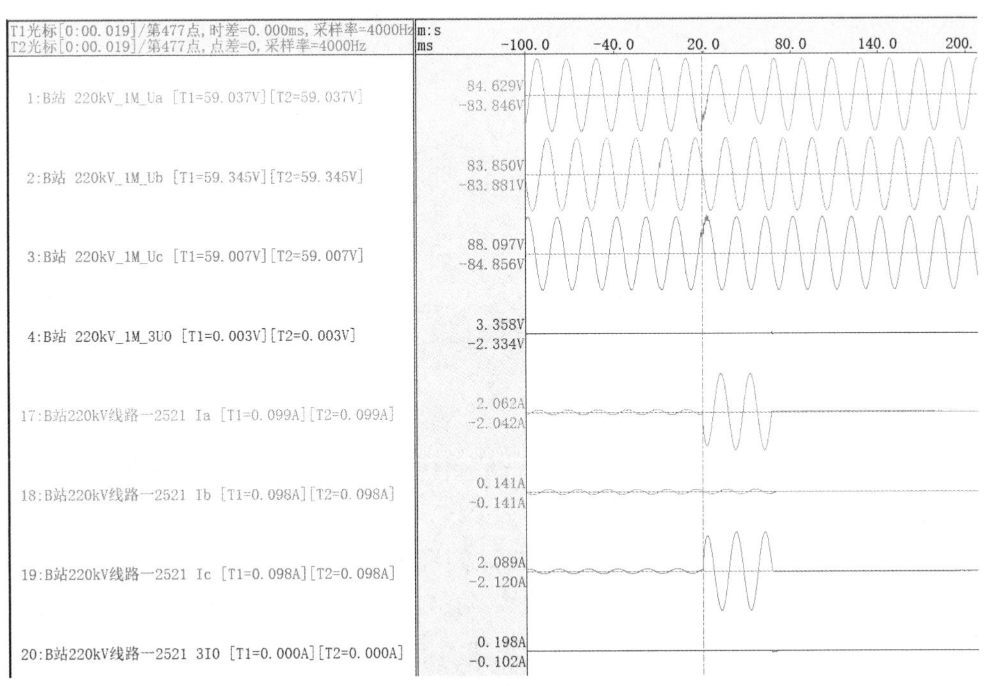

图 2-18-7　AB Ⅰ线路 B 站侧录波波形（保护动作时）

1）从图 2-18-7 解析可知 0ms 故障态电压特征为母线电压 A 相电压轻微下降，持续 2.5 周波 50ms 左右，电压约为 47.83V，C 相电压基本不变，B 相电压基本不变，且未出现零序电压。

2）从图 2-18-7 解析可知 0ms 故障态电流特征为 AB Ⅰ线路 C、A 相电流升高，持续 2.5 周波 50ms 左右，反向相反，大小基本相等，B 相电流基本不变，且无零序电流，说明故障相为 C、A 相间。

3）从图 2－18－7 解析可知 50ms 三相电压恢复正常：说明本线路两侧开关跳开后，提示系统恢复了正常运行状态，说明线路保护范围内故障切除。

4）从图 2－18－7 解析可知 0ms 故障态相量特征为由于故障母线电压 A 相电压轻微下降，电压约 47.83V，C 相电压基本不变，B 相电压基本不变，且未出现零序电压，C、A 相电流升高，B 相电流基本不变，且无零序电流。通过相位解析，U_{CA} 与 I_{CA} 相位基本一致，符合正方向相间短路故障特征，且短路阻抗为阻性，即正方向经过渡电阻短路，如图 2－18－8 所示。

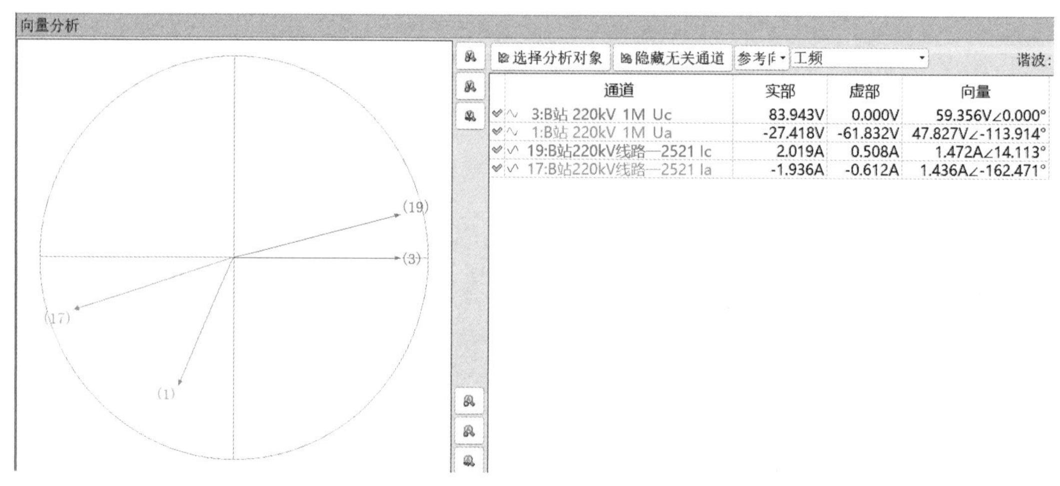

通道	实部	虚部	向量
3:B站 220kV 1M Uc	83.943V	0.000V	59.356V∠0.000°
1:B站 220kV 1M Ua	-27.418V	-61.832V	47.827V∠-113.914°
19:B站220kV线路—2521 Ic	2.019A	0.508A	1.472A∠14.113°
17:B站220kV线路—2521 Ia	-1.936A	-0.612A	1.436A∠-162.471°

图 2－18－8　AB Ⅰ线路 B 站侧录波波形（保护动作时相量分析）

三、综合总结

从波形特征解析，系统发生了 AB Ⅰ线线路区内 C、A 相经过渡电阻相间短路。A 站侧母线电压 A 相电压明显下降，电压约 41.94V，C 相电压轻微升高，电压约为 59.95V，B 相电压基本不变，且未出现零序电压，B 站侧母线电压 A 相电压轻微下降，电压约为 48.3V，C 相电压轻微升高，电压约为 62.5V，B 相电压基本不变，且未出现零序电压。A 站侧 C、A 相电流升高，且方向相反大小基本相等，B 相电流基本不变，且无零序电流，B 站侧 C、A 相电流升高，且方向相反大小基本相等，B 相电流基本不变，且无零序电流，说明故障相为 C、A 相间。依据相量分析，A 站及 B 站侧可明确正方向区内。根据线路保护差流情况，亦可以判断 C、A 相区内故障。结合两侧保护装置故障信息测距结果，A 站侧测距为 24.3km，B 站侧测距为 25.4km，说明故障点在线路 50%处。在保护动作跳开两侧三相开关后，故障消失，三相电压恢复正常。值得说明的是，因为 AB

Ⅰ线与 ABⅡ线是双回线，所以两侧均向故障点提供的故障电流，两侧故障相母线电压特征也符合送电侧两相经过渡电阻短路时保护安装处电压相量关系，相关理论分析可参考继电保护教材内容。ABⅠ线路 A、B 站侧保护故障信息测距分别见表 2－18－5 和表 2－18－6。

表 2－18－5　　ABⅠ线路 A 站侧保护故障信息测距

序号	故障参数名称	故障参数实际值	故障参数单位
1	故障相电压	86.01	V
2	故障相电流	0.65	A
3	最大零序电流	0.01	A
4	最大差动电流	1.57	A
5	故障测距	24.30	km
6	故障相别	AC	

表 2－18－6　　ABⅠ线路 B 站侧保护故障信息测距

序号	故障参数名称	故障参数实际值	故障参数单位
1	故障相电压	90.71	V
2	故障相电流	2.95	A
3	最大零序电流	0.01	A
4	最大差动电流	1.88	A
5	故障测距	25.40	km
6	故障相别	AC	

从保护动作行为解析，故障发生后，两侧纵联差动保护立刻动作。上述保护动作行为说明两侧均提供了故障电流，印证了故障点在线路中间的分析。

综上所述，本次故障位于 ABⅠ线路 50%处，故障性质为 C、A 相间经过渡电阻永久性故障，ABⅠ线线路保护动作行为正确。

2.19　线路出口处两相经电阻接地短路

一、故障信息

故障发生前 A 站、B 站、C 站运行方式为 ABⅠ线、ABⅡ线、ACⅠ线、BCⅠ线、#1 主变、#2 主变、母联均在合位，A 站#1 主变、ABⅠ线、ABⅡ线挂 1M、#2 主变、

ACⅠ线挂 2M。ABⅠ线 A 站侧 TA 变比 2400/1，B 站侧 TA 变比 2000/1。线路全长 50km。故障发生前 A 站、B 站、C 站运行方式如图 2-19-1 所示。

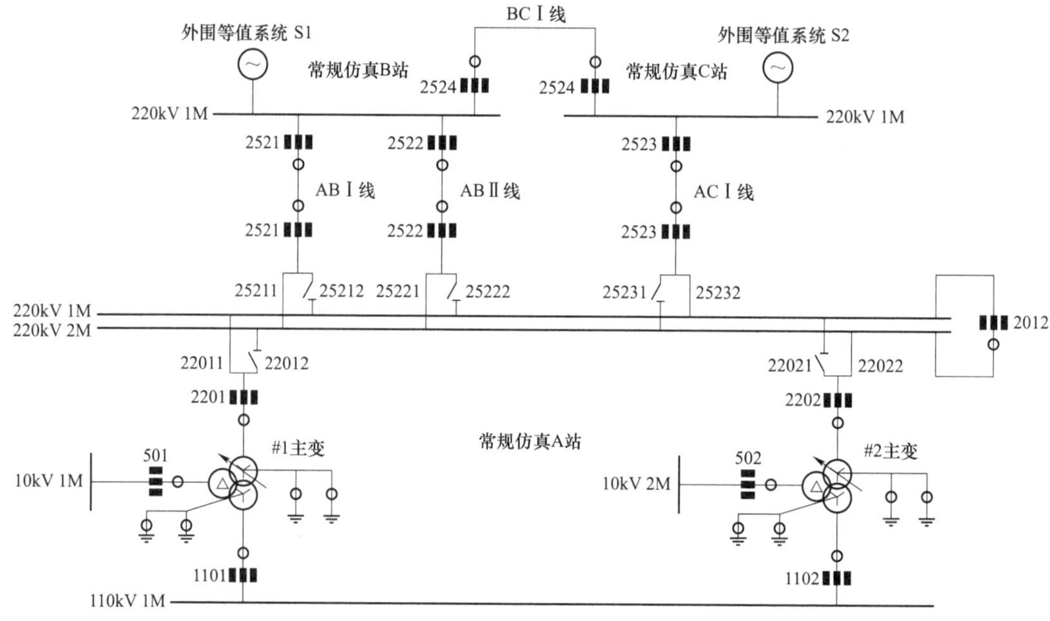

图 2-19-1 故障发生前 A 站、B 站、C 站运行方式

故障发生后，ABⅠ线线路两侧开关均在分位，其余开关位置也未发生变化，故障发生后 A 站、B 站、C 站运行方式如图 2-19-2 所示。

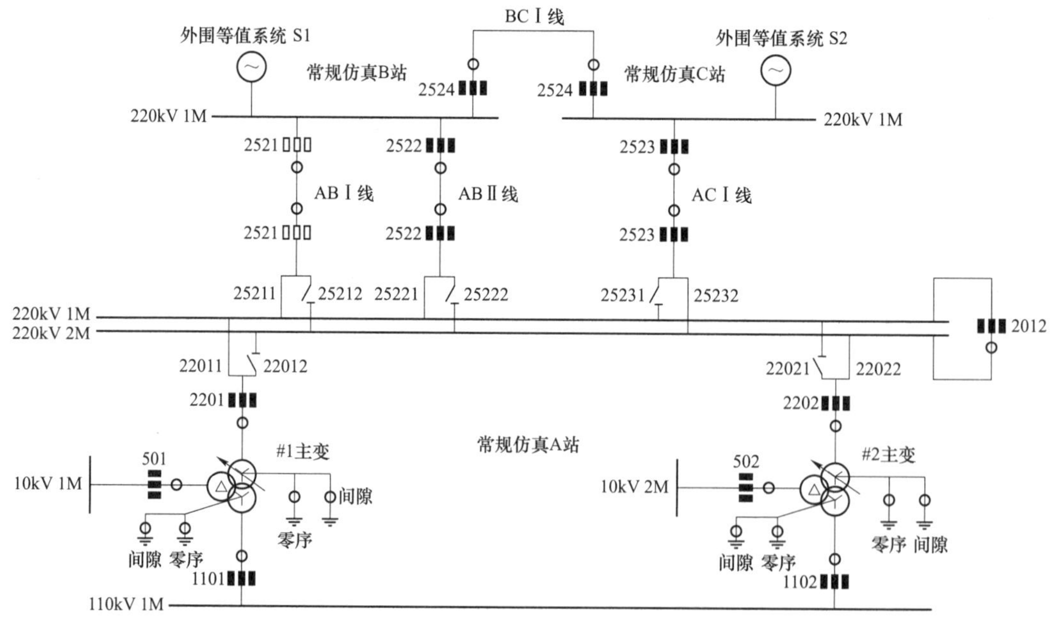

图 2-19-2 故障发生后 A 站、B 站、C 站运行方式

二、故障录波图解析

1. 保护动作报文解析

（1）从A站AB Ⅰ线故障录波HDR文件读取相关保护信息，以保护启动初始时刻为基准，见表2-19-1。

表2-19-1　　AB Ⅰ线A站保护动作简报

序号	动作报文对应时间	动作报文名称	动作相别	动作报文变化值
1	0ms	保护启动		1
2	8ms	纵联差动保护动作	ABC	1
3	13ms	纵联零序动作	ABC	1
4	14ms	纵联距离动作	ABC	1
5	18ms	接地距离Ⅰ段动作	ABC	1
6	18ms	相间距离Ⅰ段动作	ABC	1
7	68ms	纵联差动保护动作		0
8	68ms	纵联距离动作		0
9	68ms	纵联零序动作		0
10	68ms	接地距离Ⅰ段动作		0
11	68ms	相间距离Ⅰ段动作		0
12	7080ms	保护启动		0

如表2-19-1中所示，AB Ⅰ线路A站侧保护启动后约8ms纵联差动保护动作，13ms纵联零序动作，14ms纵联距离动作，18ms接地距离Ⅰ段动作，18ms相间距离Ⅰ段动作，保护出口跳ABC三相开关。

（2）从B站侧AB Ⅰ线保护故障录波HDR文件读取相关保护信息，以保护启动初始时刻为基准，见表2-19-2。

表2-19-2　　AB Ⅰ线B站侧保护动作简报

序号	动作报文对应时间	动作报文名称	动作相别	动作报文变化值
1	0ms	保护启动		1
2	7ms	纵联差动保护动作	ABC	1
3	16ms	纵联距离动作	ABC	1
4	16ms	纵联零序动作	ABC	1
5	63ms	纵联差动保护动作		0
6	63ms	纵联距离动作		0
7	63ms	纵联零序动作		0
8	7074ms	保护启动		0

如表 2－19－2 中所示，AB Ⅰ 线路 B 站侧保护启动后约 7ms 纵联差动保护动作，16ms 纵联零序动作，16ms 纵联距离动作，保护出口跳 ABC 三相开关。

2. 开关量变位解析

（1）以故障初始时刻为基准，AB Ⅰ 线路 A 站侧开关量变位图如图 2－19－3 所示。

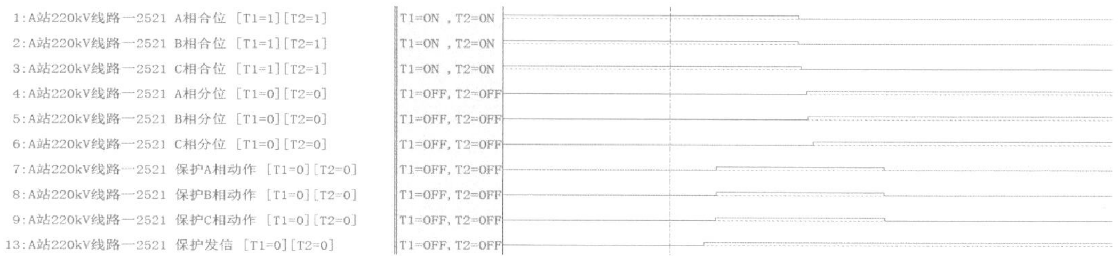

图 2－19－3 AB Ⅰ 线路 A 站侧 A 站侧开关量变位图

AB Ⅰ 线路 A 站侧开关量变位时间顺序见表 2－19－3。

表 2－19－3 AB Ⅰ 线路 A 站侧开关量变位时间顺序

位置	第 1 次变位时间	第 2 次变位时间
1:A 站 220kV 线路一 2521 A 相合位	↓ 44.750ms	
2:A 站 220kV 线路一 2521 B 相合位	↓ 44.500ms	
3:A 站 220kV 线路一 2521 C 相合位	↓ 45.500ms	
4:A 站 220kV 线路一 2521 A 相分位	↑ 47.500ms	
5:A 立 220kV 线路一 2521 B 相分位	↑ 48.000ms	
6:A 站 220kV 线路一 2521 C 相分位	↑ 49.750ms	
7:A 站 220kV 线路一 2521 保护 A 相动作	↑ 16.000ms	↓ 74.500ms
8:A 站 220kV 线路一 2521 保护 B 相动作	↑ 16.000ms	↓ 74.500ms
9:A 站 220kV 线路一 2521 保护 C 相动作	↑ 15.750ms	↓ 74.750ms
13:A 站 220kV 线路一 2521 保护发信	↑ 11.750ms	↓ 225.500ms

（2）以故障初始时刻为基准，AB Ⅰ 线路 B 站侧开关量变位情况如图 2－19－4 所示。

1:B站220kV线路一2521 A相合位 [T1=1][T2=1] T1=ON ，T2=ON
2:B站220kV线路一2521 B相合位 [T1=1][T2=1] T1=ON ，T2=ON
3:B站220kV线路一2521 C相合位 [T1=1][T2=1] T1=ON ，T2=ON
4:B站220kV线路一2521 A相分位 [T1=0][T2=0] T1=OFF，T2=OFF
5:B站220kV线路一2521 B相分位 [T1=0][T2=0] T1=OFF，T2=OFF
6:B站220kV线路一2521 C相分位 [T1=0][T2=0] T1=OFF，T2=OFF
7:B站220kV线路一2521 保护A相动作 [T1=0][T2=0] T1=OFF，T2=OFF
8:B站220kV线路一2521 保护B相动作 [T1=0][T2=0] T1=OFF，T2=OFF
9:B站220kV线路一2521 保护C相动作 [T1=0][T2=0] T1=OFF，T2=OFF
13:B站220kV线路一2521 保护发信 [T1=0][T2=0] T1=OFF，T2=OFF
29:B站220kV线路二2522 保护发信 [T1=0][T2=0] T1=OFF，T2=OFF
61:C站220kV线路四2524 保护发信 [T1=0][T2=0] T1=OFF，T2=OFF

图 2－19－4 AB Ⅰ 线路 B 站侧开关量变位图

AB Ⅰ 线路 B 站侧开关量变位时间顺序见表 2－19－4。

表 2－19－4　　　　AB Ⅰ线路 B 站侧开关量变位时间顺序

位置	第 1 次变位时间	第 2 次变位时间
1:B 站 220kV 线路一 2521 A 相合位	↓ 42.250ms	
2:B 话 220kV 线路一 2521 B 和合位	↓ 44.500ms	
3:B 站 220kV 线路一 2521 C 相合位	↓ 45.250ms	
4:B 站 220kV 线路一 2521 A 相分位	↑ 44.750ms	
5:B 站 220kV 线路一 2521 B 相分位	↑ 47.250ms	
6:B 站 220kV 线路一 2521 C 相分位	↑ 48.000ms	
7:B 站 220kV 线路一 2521 保护 A 和动作	↑ 14.750ms	↓ 69.500ms
8:B 站 220kV 线路一 2521 保护 B 相动作	↑ 14.750ms	↓ 69.250ms
9:B 站 220kV 线路一 2521 保护 C 相动作	↑ 14.250ms	↓ 69.500ms
13:B 站 220kV 线路一 2521 保护发信	↑ 8.500ms	↓ 220.000ms
29:B 站 220kV 线路一 2522 保护发信	↑ 22.000ms	↓ 68.250ms
61:C 站 220kV 线路一 2524 保护发信	↑ 31.250ms	↓ 64.000ms

小结：故障发生后，AB Ⅰ线路两侧保护感受到电流立刻变大启动，约 7ms AB Ⅰ线路两侧保护差动动作，两侧三相开关跳开，成功隔离故障。

3. 波形特征解析

（1）AB Ⅰ线路 A 站侧录波图解析。查看 AB Ⅰ线路 A 站侧故障波形图，如图 2－19－5 所示。

1）从图 2－19－5 解析可知 0ms 故障态电压特征为母线电压 C 相、A 相电压明显下降，持续 2.5 周波 50ms 左右，电压大小基本相等约为 23V，相位基本一致，B 相电压基本不变，出现了零序电压。

2）从图 2－19－5 解析可知 0ms 故障态电流特征为 C 相电流与 A 相位电流明显增大，持续 2.5 周波 50ms 左右，相位相差 160°，存在零序电流。

3）从图 2－19－5 解析可知 50ms 三相电压恢复正常：说明本线路两侧开关跳开后，提示系统恢复了正常运行状态，说明故障应存在本线路区内。

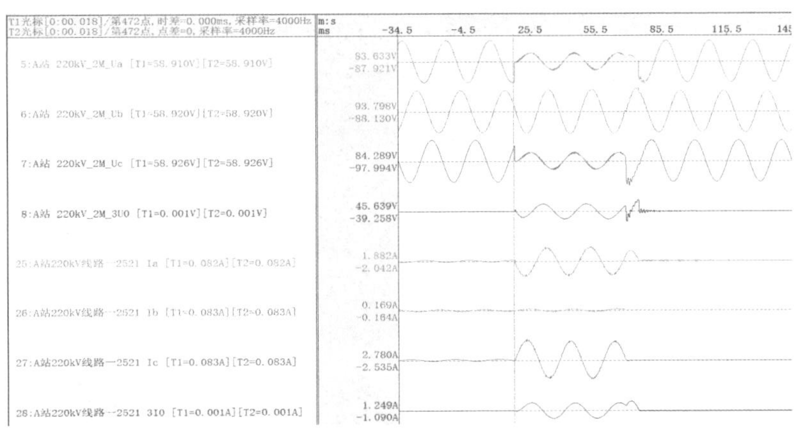

图 2－19－5　AB Ⅰ线路 A 站侧录波波形（保护动作时）

4）从图 2－19－5 解析可知 0ms 故障态相量特征为故障母线电压 C、A 相电压明显下降，电压约 23V，B 相电压基本不变，且出现零序电压，C、A 相电流升高，相位相差 160°，存在零序电流。通过相位解析，如图 2－19－6 所示，零序电流超前零序电压 95°，说明正方向存在接地故障。U_{CA} 电压大小幅值基本相同，说明母线上或线路出口处存在两相短路，即保护安装处即为故障点。又因为存在零序电压，说明故障点接地，而 C、A 两相电压为 23V 不为零，说明 C、A 相两相短路经过渡电阻接地。考虑到故障为两相经电阻接地短路，且由于 U_{CA} 几乎等于 0V 不方便采用相间电压及相间电流判断故障方向，因此采用序量分析单独分析 C 相、A 相情况，如图 2－19－7 所示。可见 A 相正序电压 U_{1A} 超前 A 相电流 I_A 93°，C 相正序电压 U_{1C} 超前 C 相电流 I_C 51°，同样符合正方向特征。即线路近端正方向两相短路且经过渡电阻接地。

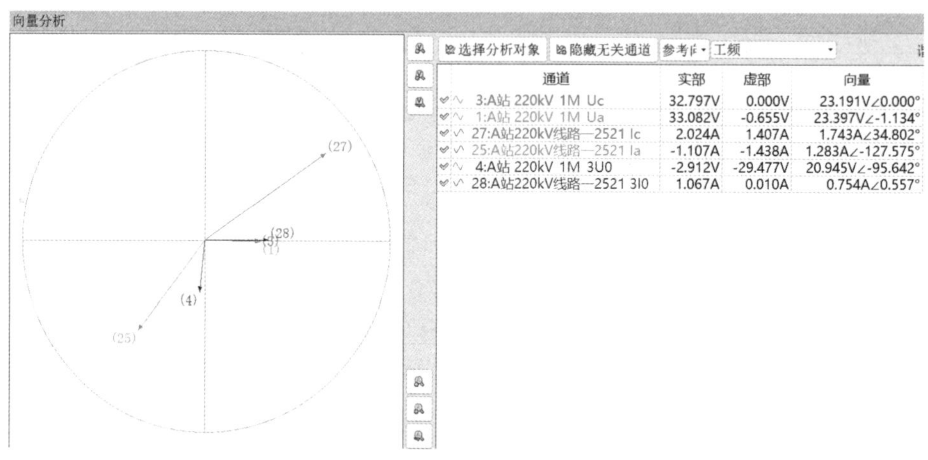

通道	实部	虚部	向量
3:A站 220kV 1M Uc	32.797V	0.000V	23.191V∠0.000°
1:A站 220kV 1M Ua	33.082V	-0.655V	23.397V∠-1.134°
27:A站220kV线路—2521 Ic	2.024A	1.407A	1.743A∠34.802°
25:A站220kV线路—2521 Ia	-1.107A	-1.438A	1.283A∠-127.575°
4:A站 220kV 1M 3U0	-2.912V	-29.477V	20.945V∠-95.642°
28:A站220kV线路—2521 3I0	1.067A	0.010A	0.754A∠0.557°

图 2－19－6　AB Ⅰ 线路 A 站侧录波波形（保护动作时相量分析）

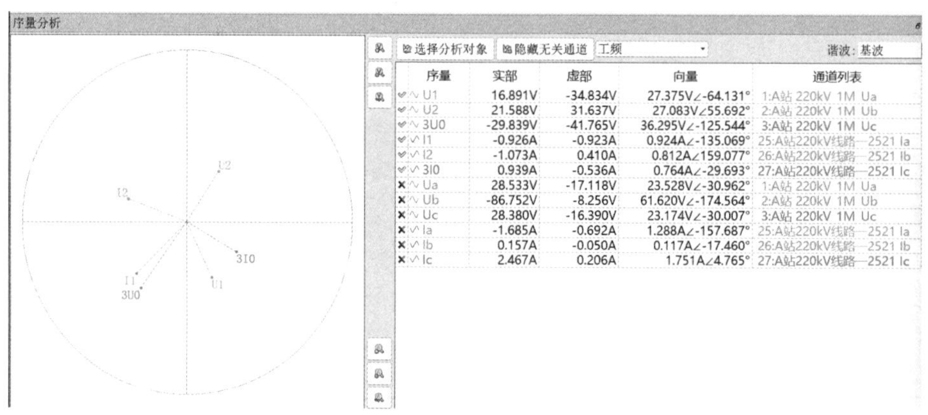

序量	实部	虚部	向量	通道列表
U1	16.891V	-34.834V	27.375V∠-64.131°	1:A站 220kV 1M Ua
U2	21.588V	31.637V	27.083V∠55.692°	2:A站 220kV 1M Ub
3U0	-29.839V	-41.765V	36.295V∠-125.544°	3:A站 220kV 1M Uc
I1	-0.926A	-0.923A	0.924A∠-135.069°	25:A站220kV线路—2521 Ia
I2	-1.073A	0.410A	0.812A∠159.077°	26:A站220kV线路—2521 Ib
3I0	0.939A	-0.536A	0.764A∠-29.693°	27:A站220kV线路—2521 Ic
Ua	28.533V	-17.118V	23.528V∠-30.962°	1:A站 220kV 1M Ua
Ub	-86.752V	-8.256V	61.620V∠-174.564°	2:A站 220kV 1M Ub
Uc	28.380V	-16.390V	23.174V∠-30.007°	3:A站 220kV 1M Uc
Ia	-1.685A	-0.692A	1.288A∠-157.687°	25:A站220kV线路—2521 Ia
Ib	0.157A	-0.050A	0.117A∠-17.460°	26:A站220kV线路—2521 Ib
Ic	2.467A	0.206A	1.751A∠4.765°	27:A站220kV线路—2521 Ic

图 2－19－7　AB Ⅰ 线路 A 站侧录波波形（保护动作时序量分析）

（2）ABⅠ线路 B 站侧录波图解析。查看 ABⅠ线路 B 站侧故障波形图，如图 2－19－8 所示。

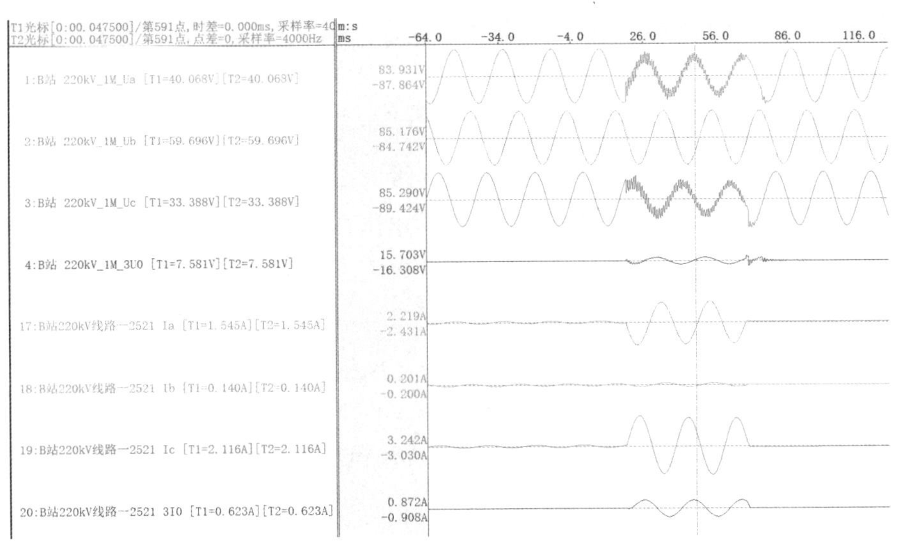

图 2-19-8　AB Ⅰ线路 B 站侧录波波形（保护动作时）

1）从图 2-19-8 解析可知 0ms 故障态电压特征为母线电压 A 相电压下降，持续 2.5 周波 50ms 左右，电压约为 39.95V，C 相电压下降，电压约为 33.18V，B 相电压基本不变，出现零序电压。

2）从图 2-19-8 解析可知 0ms 故障态电流特征为 C 相电流与 A 相位电流明显增大，持续 2.5 周波 50ms 左右，相位相差 195°，存在零序电流。

3）从图 2-19-8 解析可知 50ms 三相电压恢复正常：说明本线路两侧开关跳开后，提示系统恢复了正常运行状态，说明线路保护范围内故障切除。

4）从图 2-19-8 解析可知 0ms 故障态相量特征为故障母线电压 C、A 相电压明显下降，B 相电压基本不变，且出现零序电压，C、A 相电流升高，相位相差 195°，存在零序电流。通过相位解析，如图 2-19-9 所示，零序电流超前零序电压 94°，说明正方向存在接地故障。U_{CA} 电压超前 I_{CA} 约 86°，符合相间短路正方向特征。即线路正方向存在两相短路且接地。

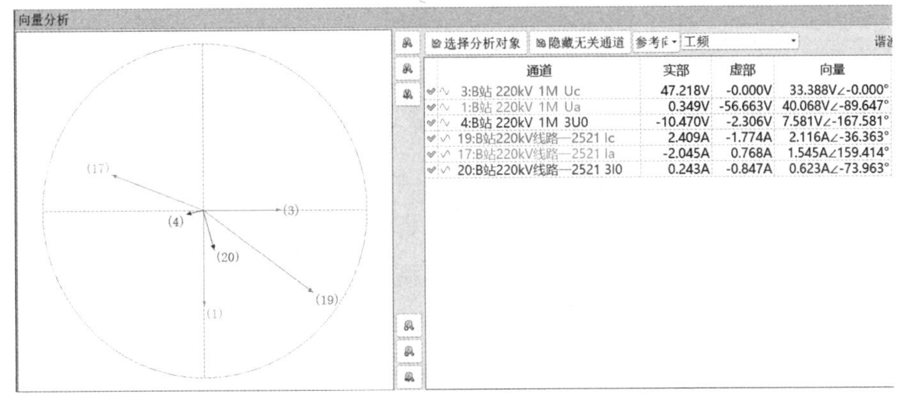

图 2-19-9　AB Ⅰ线路 B 站侧录波波形（保护动作时相量分析）

三、综合总结

从波形特征解析，系统发生了 AB Ⅰ 线 A 站侧出口处两相经过渡电阻接地短路故障。A 站侧母线电压 C、A 相电压明显下降，大小相位基本一致，电压约 23V，B 相电压基本不变。B 站侧电压 C、A 相电压明显下降，B 相电压基本不变，且出现零序电压。A 站侧 C、A 相电流升高，相位相差 160°，存在零序电流。B 站侧 C、A 相电流升高，相位相差 195°，存在零序电流。通过前述分析，可确定 C、A 相间经过渡电阻接地短路发生线路区内，A 站及 B 站侧可明确正方向，且位置在 A 站出口处。结合两侧保护装置故障信息测距结果，A 站侧测距为 0km，B 站侧测距为 49.8km，亦说明故障点 A 站出口。在保护动作跳开两侧三相开关后，故障消失，三相电压恢复正常。AB Ⅰ 线路 A、B 站侧保护故障信息测距分别见表 2－19－5 和表 2－19－6。

表 2－19－5　　AB Ⅰ 线路 A 站侧保护故障信息测距

序号	故障参数名称	故障参数实际值	故障参数单位
1	故障相电压	0.53	V
2	故障相电流	3.01	A
3	最大零序电流	0.75	
4	最大差动电流	3.56	A
5	故障测距	0.00	km
6	故障相别	AC	

表 2－19－6　　AB Ⅰ 线路 B 站侧保护故障信息测距

序号	故障参数名称	故障参数实际值	故障参数单位
1	故障相电压	52.35	V
2	故障相电流	3.69	A
3	最大零序电流	0.63	A
4	最大差动电流	4.25	A
5	故障测距	49.80	km
6	故障相别	AC	

从保护动作行为解析，故障发生后，A 站侧差动保护、接地距离 Ⅰ 段、相间距离 Ⅰ 段、纵联距离、纵联零序保护动作，B 站侧差动保护、纵联距离、纵联零序保护动作。说明故障类型为区内相间接地故障。距离 Ⅰ 段保护范围一般整定为线路全长的 80%，仅 A 站侧距离 Ⅰ 段动作，而 B 站侧距离 Ⅰ 段未动作，说明故障点在 A 站侧线路出口处。

综上所述，本次故障位于 AB Ⅰ 线路 A 站侧出口处，故障性质为 C、A 相间经过渡电阻接地永久性故障，AB Ⅰ 线线路保护动作行为正确。

2.20 线路末端两相经电阻接地短路

一、故障信息

故障发生前 A 站、B 站、C 站运行方式为 ABⅠ线、ABⅡ线、ACⅠ线、BCⅠ线、#1 主变、#2 主变、母联均在合位，A 站#1 主变、ABⅠ线、ABⅡ线挂 1M、#2 主变、ACⅠ线挂 2M。ABⅠ线 A 站侧 TA 变比 2400/1，B 站侧 TA 变比 2000/1。线路全长 50km。故障发生前 A 站、B 站、C 站运行方式如图 2-20-1 所示。

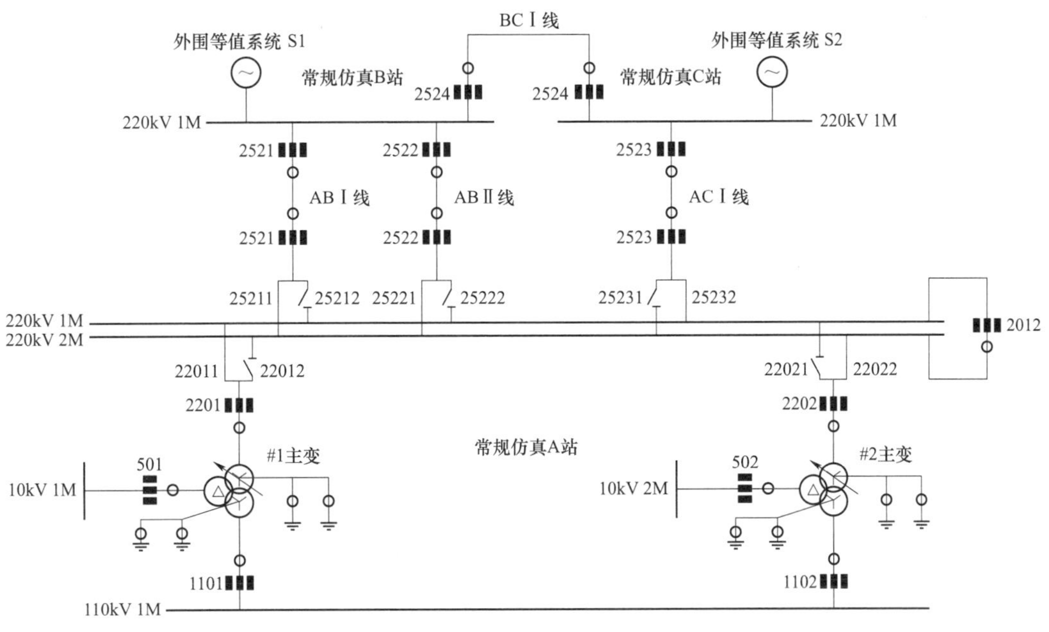

图 2-20-1 故障发生前 A 站、B 站、C 站运行方式

故障发生后，ABⅠ线线路两侧开关均在分位，其余开关位置也未发生变化，故障发生后 A 站、B 站、C 站运行方式如图 2-20-2 所示。

二、故障录波图解析

1. 保护动作报文解析

（1）从 A 站 ABⅠ线故障录波 HDR 文件读取相关保护信息，以保护启动初始时刻为基准，见表 2-20-1。

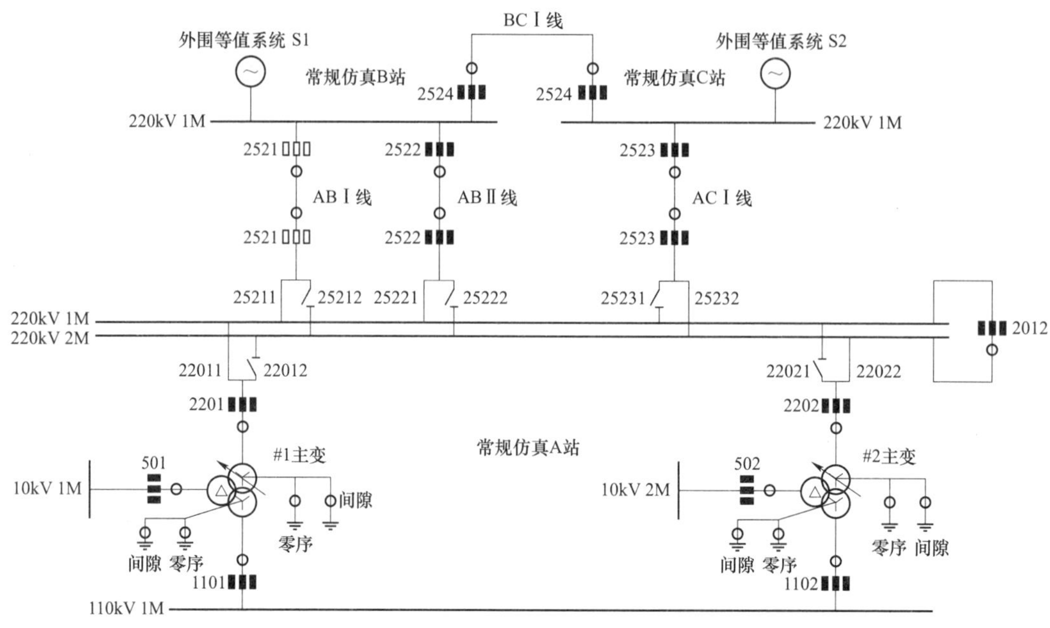

图 2-20-2　故障发生后 A 站、B 站、C 站运行方式

表 2-20-1　　AB Ⅰ线 A 站保护动作简报

序号	动作报文对应时间	动作报文名称	动作相别	动作报文变化值
1	0ms	保护启动		1
2	6ms	纵联差动保护动作	ABC	1
3	52ms	纵联差动保护动作		0
4	7067ms	保护启动		0

如表 2-20-1 中所示，AB Ⅰ线路 A 站侧保护启动后约 6ms 纵联差动保护动作，保护出口跳 ABC 三相开关。

（2）从 B 站侧 AB Ⅰ线保护故障录波 HDR 文件读取相关保护信息，以保护启动初始时刻为基准，见表 2-20-2。

表 2-20-2　　AB Ⅰ线 B 站侧保护动作简报

序号	动作报文对应时间	动作报文名称	动作相别	动作报文变化值
1	0ms	保护启动		1
2	12ms	纵联差动保护动作	ABC	1
3	15ms	接地距离Ⅰ段动作	ABC	1
4	15ms	相间距离Ⅰ段动作	ABC	1
5	23ms	纵联距离动作	ABC	1
6	23ms	纵联零序动作	ABC	1

续表

序号	动作报文对应时间	动作报文名称	动作相别	动作报文变化值
7	74ms	纵联差动保护动作		0
8	74ms	纵联距离动作		0
9	74ms	纵联零序动作		0
10	74ms	接地距离Ⅰ段动作		0
11	74ms	相间距离Ⅰ段动作		0
12	7085ms	保护启动		0

如表 2-20-2 中所示，ABⅠ线路 B 站侧保护启动后约 12ms 纵联差动保护动作，15ms 接地距离Ⅰ段动作，15ms 相间距离Ⅰ段动作，23ms 纵联零序动作，23ms 纵联距离动作，保护出口跳 ABC 三相开关。

2. 开关量变位解析

（1）以故障初始时刻为基准，ABⅠ线路 A 站侧开关量变位图如图 2-20-3 所示。

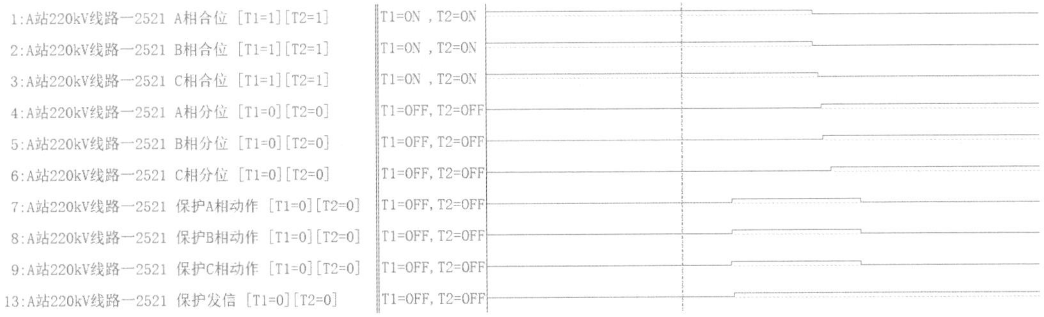

图 2-20-3　ABⅠ线路 A 站侧 A 站侧开关量变位图

ABⅠ线路 A 站侧开关量变位时间顺序见表 2-20-3。

表 2-20-3　　ABⅠ线路 A 站侧开关量变位时间顺序

位置	第 1 次变位时间	第 2 次变位时间
1:A 站 220kV 线路一 2521 A 相合位	↓ 45.000ms	
2:A 站 220kV 线路一 2521 B 相合位	↓ 45.000ms	
3:A 站 220kV 线路一 2521 C 相合位	↓ 47.000ms	
4:A 站 220kV 线路一 2521 A 相分位	↑ 48.000ms	
5:A 站 220kV 线路一 2521 B 相分位	↑ 48.500ms	
6:A 站 220kV 线路一 2521 C 相分位	↑ 51.250ms	
7:A 站 220kV 线路一 2521 保护 A 相动作	↑ 17.000ms	↓ 61.500ms
8:A 站 220kV 线路一 2521 保护 B 相动作	↑ 17.000ms	↓ 61.500ms
9:A 站 220kV 线路一 2521 保护 C 相动作	↑ 16.750ms	↓ 61.500ms
13:A 站 220kV 线路一 2521 保护发信	↑ 17.750ms	↓ 212.250ms

（2）以故障初始时刻为基准，AB Ⅰ线路 B 站侧开关量变位情况如图 2－20－4 所示。

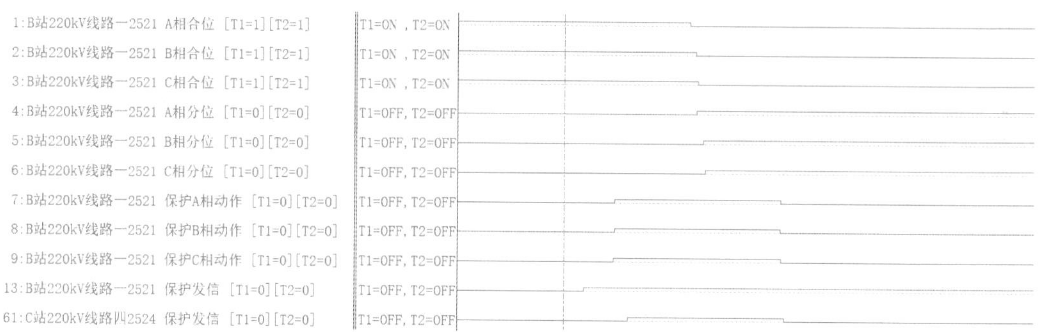

图 2－20－4　AB Ⅰ线路 B 站侧开关量变位图

AB Ⅰ线路 B 站侧开关量变位时间顺序见表 2－20－4。

表 2－20－4　　AB Ⅰ线路 B 站侧开关量变位时间顺序

位置	第 1 次变位时间	第 2 次变位时间
1:B 站 220kV 线路一 2521 A 相合位	↓ 45.750ms	
2:B 站 220kV 线路一 2521 B 相合位	↓ 48.000ms	
3:B 站 220kV 线路一 2521 C 相合位	↓ 48.750ms	
4:B 站 220kV 线路一 2521 A 相分位	↑ 48.250ms	
5:B 站 220kV 线路一 2521 B 相分位	↑ 50.750ms	
6:B 站 220kV 线路一 2521 C 相分位	↑ 51.500ms	
7:B 站 220kV 线路一 2521 保护 A 相动作	↑ 18.500ms	↓ 79.000ms
8:B 站 220kV 线路一 2521 保护 B 相动作	↑ 18.500ms	↓ 78.750ms
9:B 站 220kV 线路一 2521 保护 C 相动作	↑ 18.000ms	↓ 79.000ms
13:B 站 220kV 线路一 2521 保护发信	↑ 7.250ms	↓ 229.500ms
61:C 站 220kV 线路四 2524 保护发信	↑ 23.250ms	↓ 80.250ms

小结：故障发生后，AB Ⅰ线路两侧保护感受到电流立刻变大启动，约 17ms AB Ⅰ线路两侧保护差动动作，两侧三相开关跳开，成功隔离故障。

3. 波形特征解析

（1）AB Ⅰ线路 A 站侧录波图解析。查看 AB Ⅰ线路 A 站侧故障波形图，图 2－20－5 所示。

1）从图 2－20－5 解析可知 0ms 故障态电压特征为母线电压 C 相、A 相电压明显下降，持续 3 周波 60ms 左右，电压大小基本相等，均约为 27.5V，相位基本一致，B 相电压基本不变，出现了零序电压。

2）从图 2－20－5 解析可知 0ms 故障态电流特征为 C 相电流与 A 相幅值电流基本不变，持续 3 周波 60ms 左右，存在零序电流。

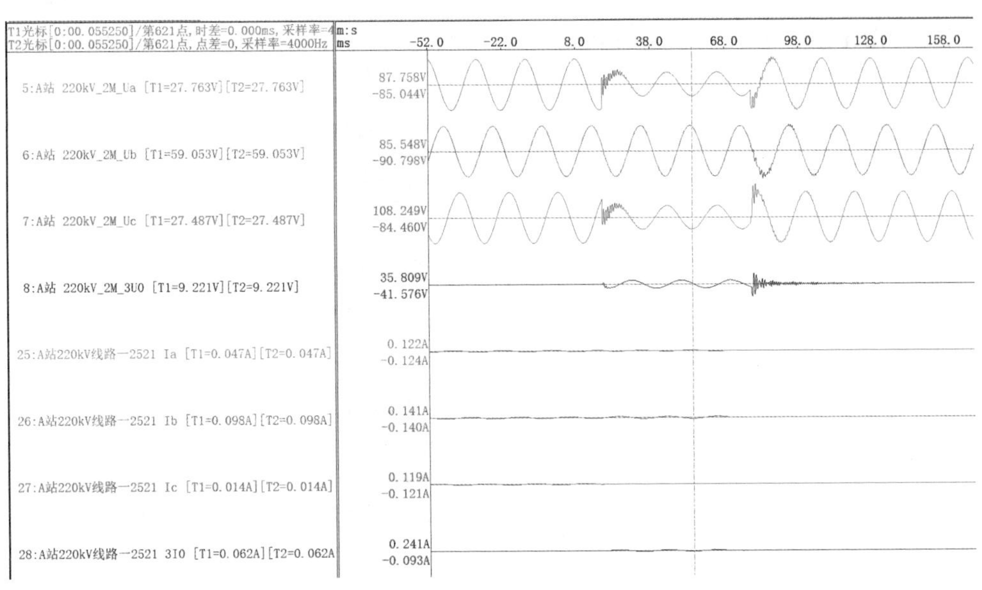

图 2-20-5 AB Ⅰ线路 A 站侧录波波形（保护动作时）

3）从图 2-20-5 解析可知 60ms 三相电压恢复正常：说明本线路两侧开关跳开后，提示系统恢复了正常运行状态，说明故障应存在本线路区内。

4）从图 2-20-5 解析可知 0ms 故障态相量特征为故障母线电压 C、A 相电压明显下降，电压约为 27.5V，B 相电压基本不变，且出现零序电压，由于 A 站侧背后无电源点，因此 C、A 相电流幅值无明显变化，存在零序电流。通过相位解析，如图 2-20-6 所示，零序电流超前零序电压 103°，说明正方向存在接地故障。U_{CA} 电压下降，幅值相位基本一致，且 C、A 相电流基本为零，说明此处 C、A 相电压与故障点电压基本相同。又因为存在零序电压，说明故障点接地，而 C、A 两相电压为 27.5V 不为零，说明 C、A 相两相短路经过渡电阻接地。

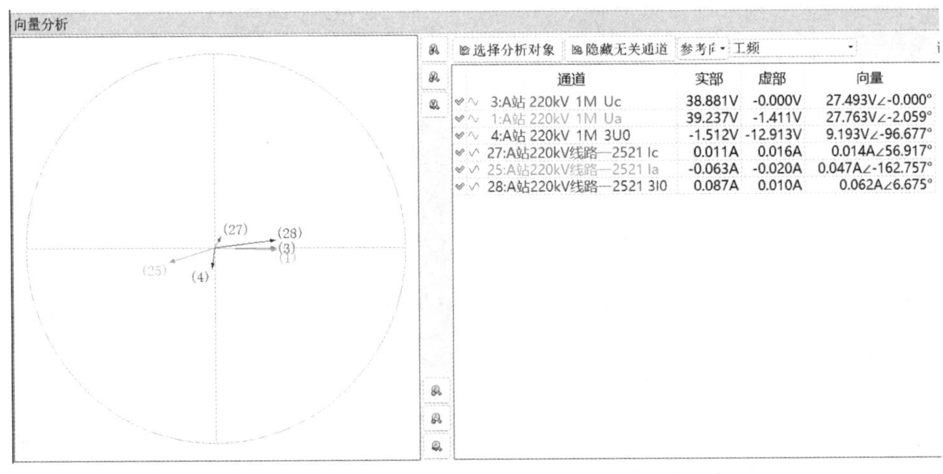

通道	实部	虚部	向量
3:A站 220kV 1M Uc	38.881V	-0.000V	27.493V∠-0.000°
1:A站 220kV 1M Ua	39.237V	-1.411V	27.763V∠-2.059°
4:A站 220kV 1M 3U0	-1.512V	-12.913V	9.193V∠-96.677°
27:A站220kV线路一2521 Ic	0.011A	0.016A	0.014A∠56.917°
25:A站220kV线路一2521 Ia	-0.063A	-0.020A	0.047A∠-162.757°
28:A站220kV线路一2521 3I0	0.087A	0.010A	0.062A∠6.675°

图 2-20-6 AB Ⅰ线路 A 站侧录波波形（保护动作时相量分析）

（2）AB Ⅰ 线路 B 站侧录波图解析。查看 AB Ⅰ 线路 B 站侧故障波形图，如图 2－20－7 所示。

1）从图 2－20－7 解析可知 0ms 故障态电压特征为母线电压 A 相电压下降，持续 3 周波 60ms 左右，电压约为 27.97V，C 相电压下降，电压约为 27.45V，B 相电压基本不变，出现零序电压。

2）从图 2－20－7 解析可知 0ms 故障态电流特征为 C 相电流与 A 相位电流明显增大，持续 3 周波 60ms 左右，C 相幅值约为 8A，A 相幅值约为 6.31A，相位相差 174°，存在零序电流。

3）从图 2－20－7 解析可知 60ms 三相电压恢复正常：说明本线路两侧开关跳开后，提示系统恢复了正常运行状态，说明线路保护范围内故障切除。

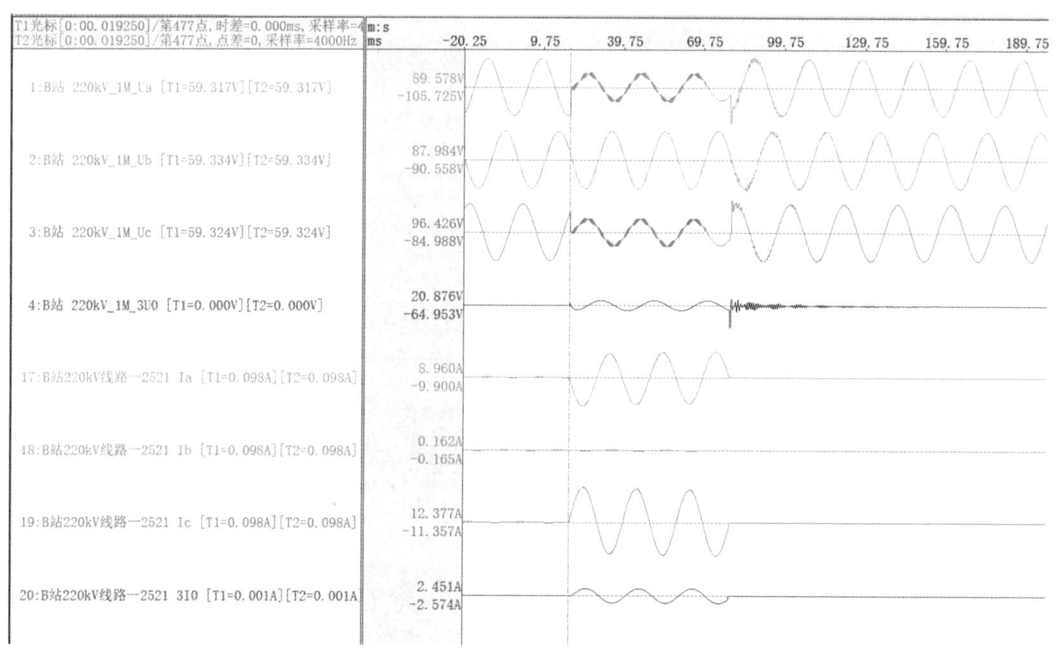

图 2－20－7　AB Ⅰ 线路 B 站侧录波波形（保护动作时）

4）从图 2－20－7 解析可知 0ms 故障态相量特征为故障母线电压 C、A 相电压明显下降，幅值相位相同，电压约 27V，B 相电压基本不变，且出现零序电压，C 相电流与 A 相位电流明显增大，C 相幅值约为 8A，A 相幅值约为 6.31A，相位相差 174°，存在零序电流。通过相位解析，如图 2－20－8 所示，零序电流超前零序电压 95°，说明正方向存在接地故障。U_{CA} 电压幅值相位相同，且有较大故障电流，说明母线上或线路出口处存在两相短路，即保护安装处为故障点。又因为存在零序电压，说明故障点接地，而 C、A 两相电压为 27V 不为零，说明 C、A 相两相短路经过渡电阻接地。针对故障为两相经接地短路，且 U_{CA} 几乎等于 0，采用序量分析单独分析 C 相、A 相情况，如图 2－20－9

所示，可见 A 相正序电压 U_{1A} 超前 I_A 104°，C 相正序电压 U_{1C} 超前 I_C 50°，同样符合正方向特征。即线路近端正方向两相短路且经过渡电阻接地。

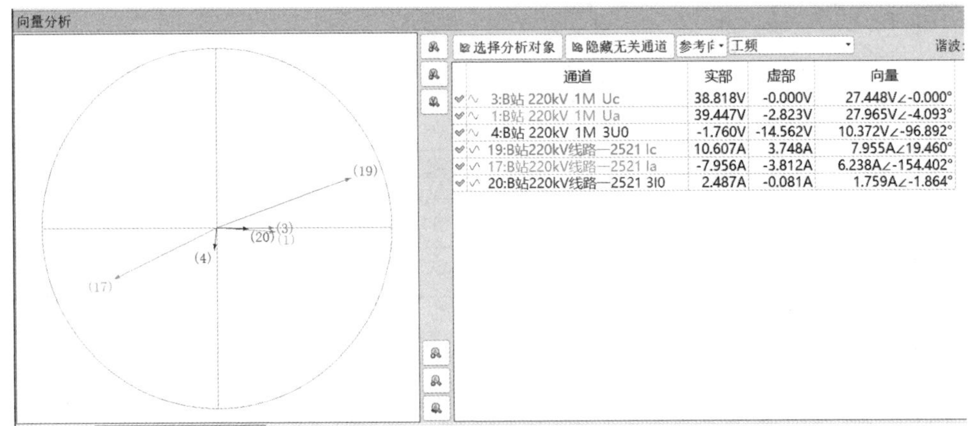

通道	实部	虚部	向量
3:B站 220kV 1M Uc	38.818V	-0.000V	27.448V∠-0.000°
1:B站 220kV 1M Ua	39.447V	-2.823V	27.965V∠-4.093°
4:B站 220kV 1M 3U0	-1.760V	-14.562V	10.372V∠-96.892°
19:B站220kV线路—2521 Ic	10.607A	3.748A	7.955A∠19.460°
17:B站220kV线路—2521 Ia	-7.956A	-3.812A	6.238A∠-154.402°
20:B站220kV线路—2521 3I0	2.487A	-0.081A	1.759A∠-1.864°

图 2-20-8　AB Ⅰ 线路 B 站侧录波波形（保护动作时相量分析）

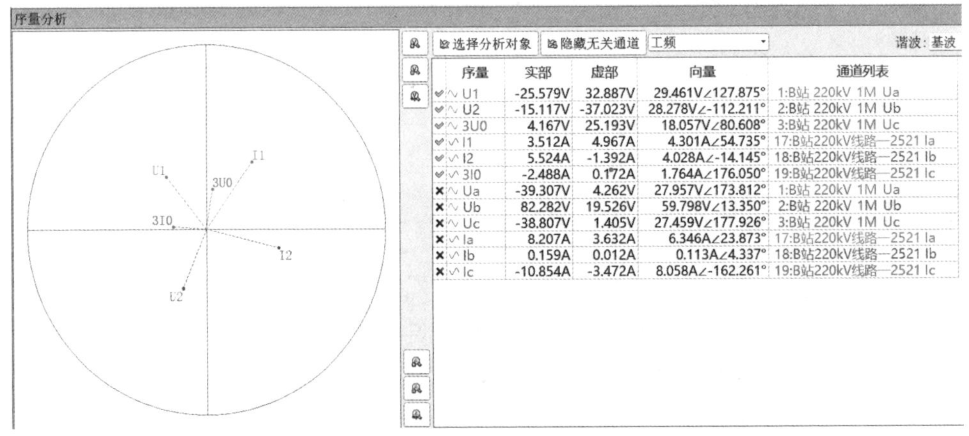

序量	实部	虚部	向量	通道列表
U1	-25.579V	32.887V	29.461V∠127.875°	1:B站 220kV 1M Ua
U2	-15.117V	-37.023V	28.278V∠-112.211°	2:B站 220kV 1M Ub
3U0	4.167V	25.193V	18.057V∠80.608°	3:B站 220kV 1M Uc
I1	3.512A	4.967A	4.301A∠54.735°	17:B站220kV线路—2521 Ia
I2	5.524A	-1.392A	4.028A∠-14.145°	18:B站220kV线路—2521 Ib
3I0	-2.488A	0.172A	1.764A∠176.050°	19:B站220kV线路—2521 Ic
Ua	-39.307V	4.262V	27.957V∠173.812°	1:B站 220kV 1M Ua
Ub	82.282V	19.526V	59.798V∠13.350°	2:B站 220kV 1M Ub
Uc	-38.807V	1.405V	27.459V∠177.926°	3:B站 220kV 1M Uc
Ia	8.207A	3.632A	6.346A∠23.873°	17:B站220kV线路—2521 Ia
Ib	0.159A	0.012A	0.113A∠4.337°	18:B站220kV线路—2521 Ib
Ic	-10.854A	-3.472A	8.058A∠-162.261°	19:B站220kV线路—2521 Ic

图 2-20-9　AB Ⅰ 线路 B 站侧录波波形（保护动作时序量分析）

三、综合总结

从波形特征解析，系统发生了 A、B Ⅰ 线线路末端两相经电阻接地短路。两侧母线电压 C、A 相电压明显下降，大小相位基本一致，电压约 27V，B 相电压基本不变。A 站侧 C 相电流与 A 相幅值电流基本不变，存在零序电流。B 站侧 C 相电流与 A 相位电流明显增大，C 相幅值约为 8A，A 相幅值约为 6.31A，相位相差 174°，存在零序电流。通过前述分析，可确定 C、A 相间经过渡电阻接地短路发生线路区内，A 站及 B 站侧可明确正方向，且位置在 B 站出口处。结合两侧保护装置故障信息测距结果，A 站侧测距 49.3km，B 站侧测距 0.4km，亦说明故障点在 B 站出口。在保护动作跳开两侧三相开关后，故障消失，三相电压恢复正常。AB Ⅰ 线路 A、B 站侧保护故障信息测距分别见表 2-20-5 和表 2-20-6。

表 2-20-5　　AB Ⅰ线路 A 站侧保护故障信息测距

序号	故障参数名称	故障参数实际值	故障参数单位
1	故障相电压	1.04	V
2	故障相电流	0.06	A
3	最大零序电流	0.06	A
4	最大差动电流	6.76	A
5	故障测距	49.30	km
6	故障相别	AC	

表 2-20-6　　AB Ⅰ线路 B 站侧保护故障信息测距

序号	故障参数名称	故障参数实际值	故障参数单位
1	故障相电压	2.03	V
2	故障相电流	14.42	A
3	最大零序电流	1.77	A
4	最大差动电流	8.11	A
5	故障测距	0.40	km
6	故障相别	AC	

从保护动作行为解析，故障发生后，B 站侧差动保护、接地距离Ⅰ段、相间距离Ⅰ段、纵联距离、纵联零序保护动作，A 站侧差动保护保护动作。说明故障类型为区内相间接地故障。距离Ⅰ段保护范围一般整定为线路全长的 80%，仅 B 站侧距离Ⅰ段动作，而 A 站侧距离Ⅰ段未动作，说明故障点在 B 站侧线路出口处。

综上所述，本次故障位于 AB Ⅰ线路 B 站侧出口处，故障性质为 CA 相间经过渡电阻接地永久性故障，AB Ⅰ线线路保护动作行为正确。

2.21　线路 50%处两相经电阻接地短路

一、故障信息

故障发生前 A 站、B 站、C 站运行方式为 AB Ⅰ线、AB Ⅱ线、AC Ⅰ线、BC Ⅰ线、#1 主变、#2 主变、母联均在合位，A 站#1 主变、AB Ⅰ线、AB Ⅱ线挂 1M、#2 主变、AC Ⅰ线挂 2M。AB Ⅰ线 A 站侧 TA 变比 2400/1，B 站侧 TA 变比 2000/1。线路全长 50km。故障发生前 A 站、B 站、C 站运行方式如图 2-21-1 所示。

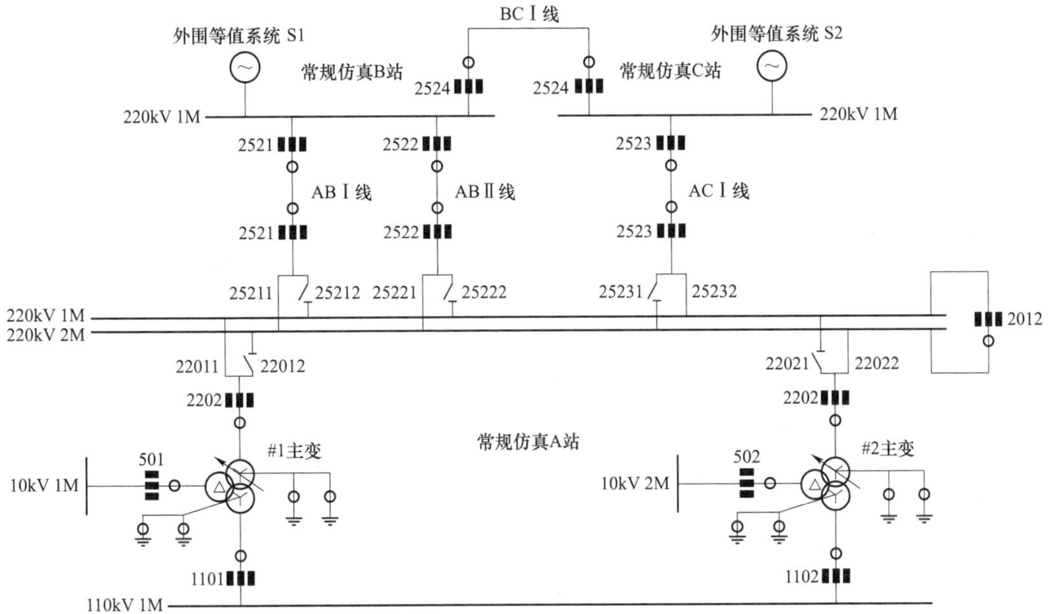

图 2-21-1　故障发生前 A 站、B 站、C 站运行方式

故障发生后，AB Ⅰ线线路两侧开关均在分位，其余开关位置也未发生变化，故障发生后 A 站、B 站、C 站运行方式如图 2-21-2 所示。

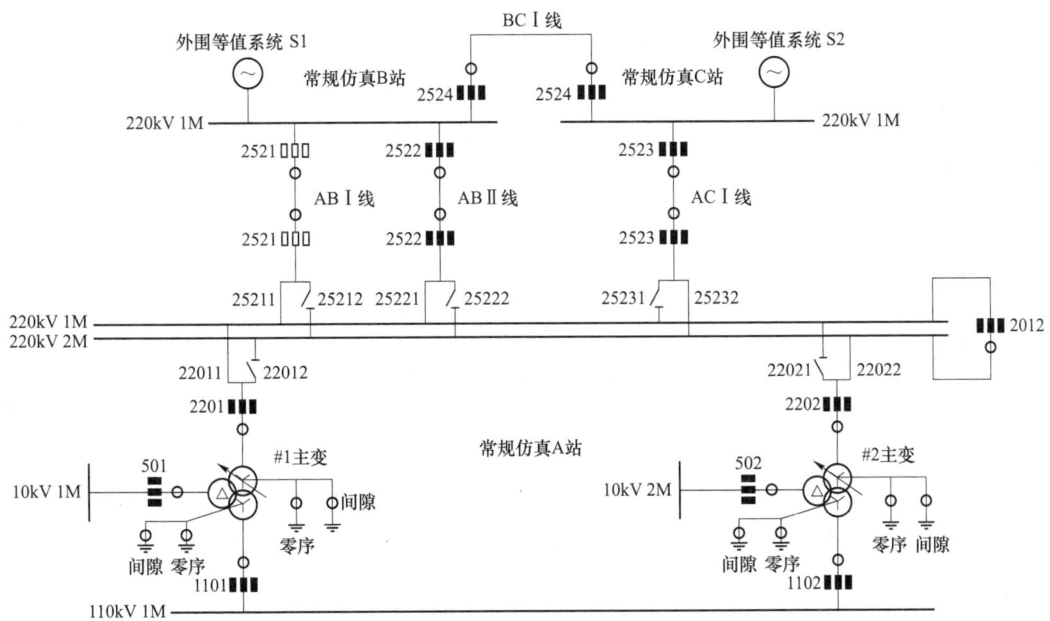

图 2-21-2　故障发生后 A 站、B 站、C 站运行方式

二、故障录波图解析

1. 保护动作报文解析

（1）从 A 站 AB Ⅰ线故障录波 HDR 文件读取相关保护信息，以保护启动初始时刻为基准，见表 2－21－1。

表 2－21－1　　AB Ⅰ线 A 站保护动作简报

序号	动作报文对应时间	动作报文名称	动作相别	动作报文变化值
1	0ms	保护启动		1
2	7ms	纵联差动保护动作	ABC	1
3	15ms	纵联零序动作	ABC	1
4	17ms	纵联距离动作	ABC	1
5	22ms	相间距离Ⅰ段动作	ABC	1
6	62ms	纵联差动保护动作		0
7	62ms	纵联距离动作		0
8	62ms	纵联零序动作		0
9	62ms	相间距离Ⅰ段动作		0
10	7073ms	保护启动		0

如表 2－21－1 中所示，AB Ⅰ线路 A 站侧保护启动后 7ms 纵联差动保护动作，15ms 纵联零序动作，17ms 纵联距离动作，22ms 相间距离Ⅰ段动作，保护出口跳 ABC 三相开关。

（2）从 B 站侧 AB Ⅰ线保护故障录波 HDR 文件读取相关保护信息，以保护启动初始时刻为基准，见表 2－21－2。

表 2－21－2　　AB Ⅰ线 B 站侧保护动作简报

序号	动作报文对应时间	动作报文名称	动作相别	动作报文变化值
1	0ms	保护启动		1
2	8ms	纵联差动保护动作	ABC	1
3	22ms	纵联距离动作	ABC	1
4	22ms	纵联零序动作	ABC	1
5	22ms	相间距离Ⅰ段动作	ABC	1
6	26ms	接地距离Ⅰ段动作	ABC	1
7	64ms	纵联差动保护动作		0
8	64ms	纵联距离动作		0
9	64ms	纵联零序动作		0

续表

序号	动作报文对应时间	动作报文名称	动作相别	动作报文变化值
10	64ms	接地距离Ⅰ段动作		0
11	64ms	相间距离Ⅰ段动作		0
12	7075ms	保护启动		0

如表 2-21-2 中所示，ABⅠ线路 B 站侧保护启动后约 8ms 纵联差动保护动作，22ms 纵联零序动作，22ms 纵联距离动作，22ms 相间距离Ⅰ段动作，26ms 接地距离Ⅰ段动作，保护出口跳 ABC 三相开关。

2. 开关量变位解析

（1）以故障初始时刻为基准，ABⅠ线路 A 站侧开关量变位图如图 2-21-3 所示。

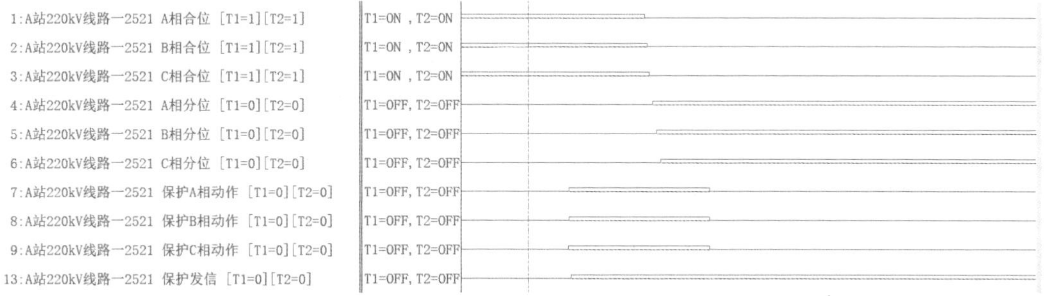

图 2-21-3 ABⅠ线路 A 站侧 A 站侧开关量变位图

ABⅠ线路 A 站侧开关量变位时间顺序见表 2-21-3。

表 2-21-3 ABⅠ线路 A 站侧开关量变位时间顺序

位置	第 1 次变位时间	第 2 次变位时间
1:A 站 220kV 线路一 2521 A 相合位	↓ 43.250ms	
2:A 站 220kV 线路一 2521 B 相合位	↓ 44.250ms	
3:A 站 220kV 线路一 2521 C 相合位	↓ 45.000ms	
4:A 站 220kV 线路一 2521 A 相分位	↑ 46.250ms	
5:A 站 220kV 线路一 2521 B 相分位	↑ 47.750ms	
6:A 站 220kV 线路一 2521 C 相分位	↑ 49.250ms	
7:A 站 220kV 线路一 2521 保护 A 相动作	↑ 15.250ms	↓ 68.000ms
8:A 站 220kV 线路一 2521 保护 B 相动作	↑ 15.250ms	↓ 68.000ms
9:A 站 220kV 线路一 2521 保护 C 相动作	↑ 15.000ms	↓ 68.000ms
13:A 站 220kV 线路一 2521 保护发信	↑ 16.000ms	↓ 218.750ms

（2）以故障初始时刻为基准，ABⅠ线路 B 站侧开关量变位情况如图 2-21-4 所示。

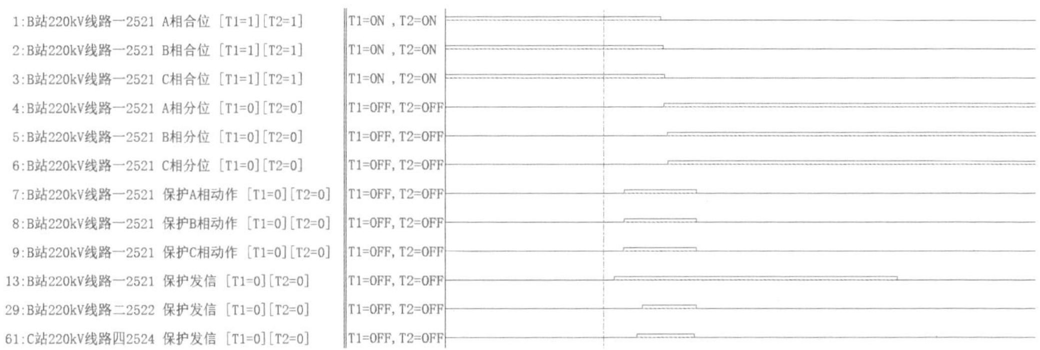

图 2-21-4 AB Ⅰ线路 B 站侧开关量变位图

ABⅠ线路 B 站侧开关量变位时间顺序见表 2-21-4。

表 2-21-4 AB Ⅰ线路 B 站侧开关量变位时间顺序

位置	第 1 次变位时间	第 2 次变位时间
1:B 站 220kV 线路一 2521 A 相合位	↓ 42.500ms	
2:B 站 220kV 线路一 2521 B 相合位	↓ 44.500ms	
3:B 站 220kV 线路一 2521 C 相合位	↓ 45.250ms	
4:B 站 220kV 线路一 2521 A 相分位	↑ 44.750ms	
5:B 站 220kV 线路一 2521 B 相分位	↑ 47.250ms	
6:B 站 220kV 线路一 2521 C 相分位	↑ 48.000ms	
7:B 站 220kV 线路一 2521 保护 A 相动作	↑ 15.500ms	↓ 69.500ms
8:B 站 220kV 线路一 2521 保护 B 相动作	↑ 15.500ms	↓ 69.250ms
9:B 站 220kV 线路一 2521 保护 C 相动作	↑ 15.000ms	↓ 69.250ms
13:B 站 220kV 线路一 2521 保护发信	↑ 7.750ms	↓ 219.750ms
29:B 站 220kV 线路一 2522 保护发信	↑ 29.000ms	↓ 69.500ms
61:C 站 220kV 线路四 2524 保护发信	↑ 24.750ms	↓ 67.750ms

小结：故障发生后，ABⅠ线路两侧保护感受到电流立刻变大启动，约 15ms ABⅠ线路两侧保护差动动作，两侧三相开关跳开，成功隔离故障。

3. 波形特征解析

（1）ABⅠ线路 A 站侧录波图解析。查看 ABⅠ线路 A 站侧故障波形图，如图 2-21-5 所示。

1）从图 2-21-5 解析可知 0ms 故障态电压特征为母线电压 A 相电压下降，持续 2.5 周波 51ms 左右，电压约为 28.23V，C 相电压下降，电压约为 22.74V，B 相电压基本不变，出现零序电压。

2）从图 2-21-5 解析可知 0ms 故障态电流特征为 C 相电流与 A 相位电流明显增大，持续 2.5 周波 51ms 左右，C 相幅值约为 0.98A，A 相幅值约 0.75A，相位相差 165°，存在零序电流。

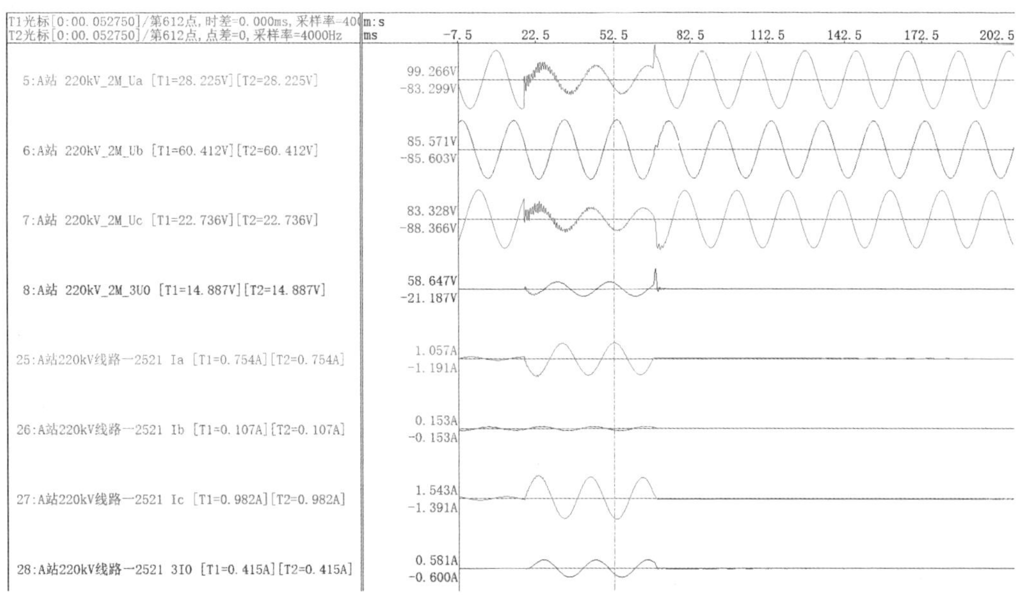

图 2-21-5 AB Ⅰ 线路 A 站侧录波波形（保护动作时）

3）从图 2-21-5 解析可知 51ms 三相电压恢复正常：说明本线路两侧开关跳开后，提示系统恢复了正常运行状态，说明故障应存在本线路区内。

4）从图 2-21-5 解析可知 0ms 故障态相量特征为故障母线电压 A 相电压下降，电压约 28.23V，C 相电压下降，电压约 22.74V，B 相电压基本不变，出现零序电压。C 相电流与 A 相位电流明显增大，C 相幅值约 0.98A，A 相幅值约 0.75A，相位相差 165°，存在零序电流。通过相位解析，如图 2-21-6 所示，零序电流超前零序电压 97.6°，说明正方向存在接地故障。U_{CA} 电压相位超前 I_{CA} 相位约 85°，说明正方面存在相间故障，即正方向发生 C、A 相两相短路经过渡电阻接地。

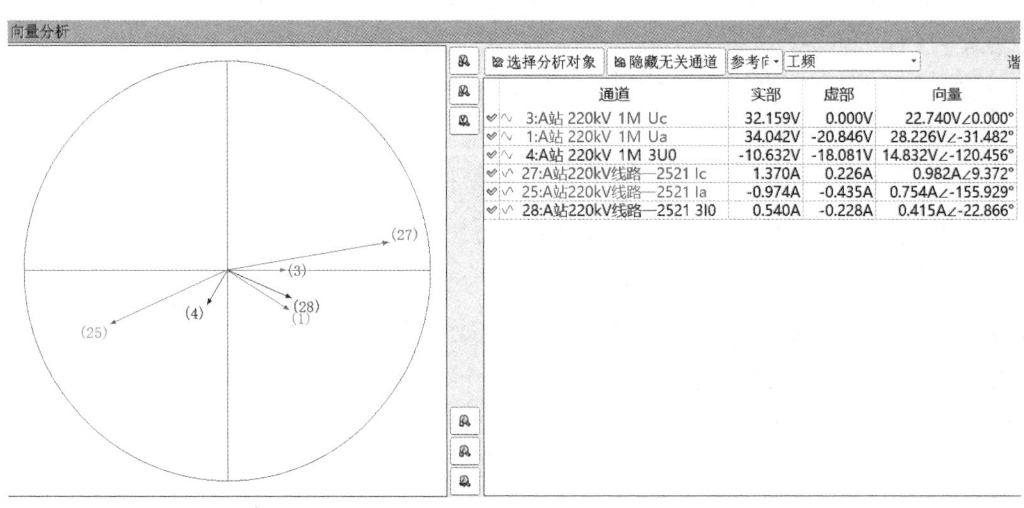

图 2-21-6 AB Ⅰ 线路 A 站侧录波波形（保护动作时相量分析）

（2）AB Ⅰ线路B站侧录波图解析。查看AB Ⅰ线路B站侧故障波形图，如图2－21－7所示。

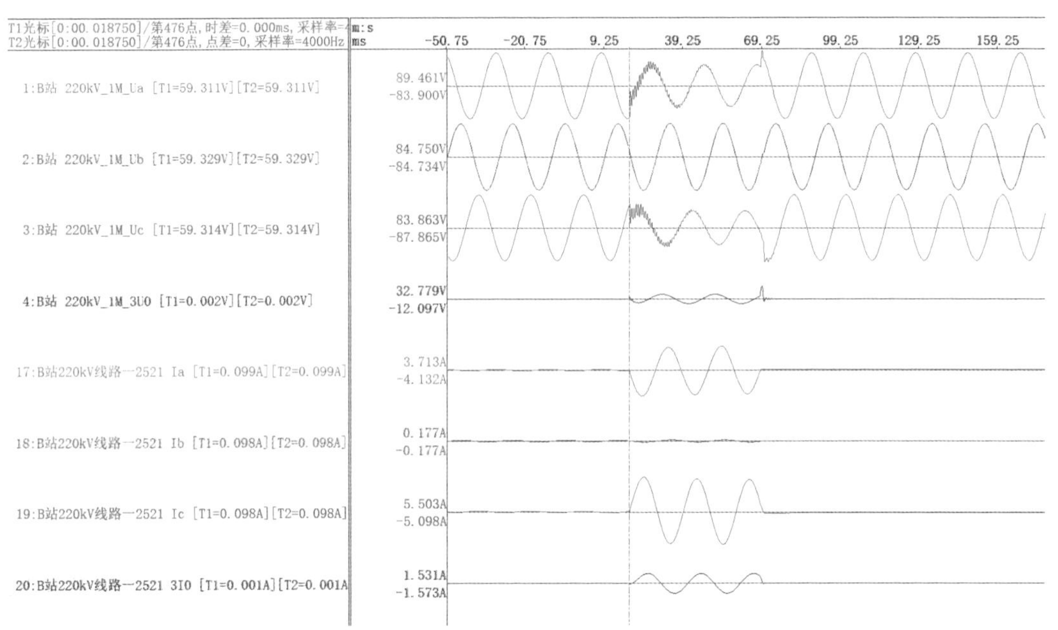

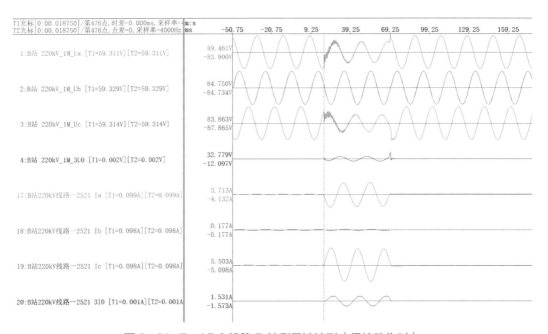

图 2－21－7　AB Ⅰ线路 B 站侧录波波形（保护动作时）

1）从图 2－21－7 解析可知 0ms 故障态电压特征为母线电压 A 相电压下降，电压约 37.75V，C 相电压下降，电压约为 30.85V，B 相电压基本不变，出现零序电压。

2）从图 2－21－7 解析可知 0ms 故障态电流特征为 C 相电流与 A 相位电流明显增大，C 相幅值约为 3.59A，A 相幅值约为 2.64A，相位相差 166°，存在零序电流。

3）从图 2－21－7 解析可知 51ms 三相电压恢复正常：说明本线路两侧开关跳开后，提示系统恢复了正常运行状态，说明线路保护范围内故障切除。

4）从图 2－21－7 解析可知 0ms 故障态相量特征为故障母线电压 A 相电压下降，电压约为 37.75V，C 相电压下降，电压约为 30.85V，B 相电压基本不变，出现零序电压。C 相电流与 A 相位电流明显增大，C 相幅值约为 3.59A，A 相幅值约为 2.64A，相位相差 166°，存在零序电流。通过相位解析，如图 2－21－8 所示，零序电流超前零序电压 95°，说明正方向存在接地故障。U_{CA} 电压相位超前 I_{CA} 相位约 85°，说明正方面存在相间故障，即正方向发生 C、A 相两相短路经过渡电阻接地。

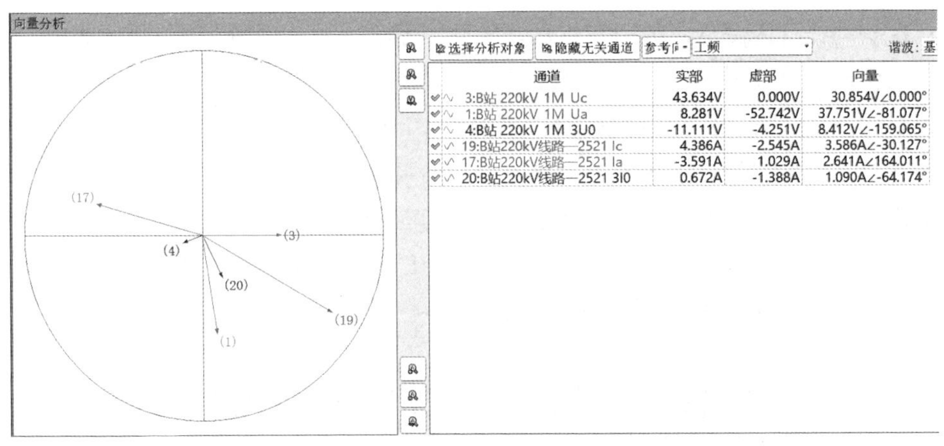

图 2-21-8 AB Ⅰ 线路 B 站侧录波波形（保护动作时相量分析）

三、综合总结

从波形特征解析，系统发生了 AB Ⅰ 线线路末端两相相间并经过渡电阻接地短路。两侧故障母线电压 A 相电压下降，C 相电压下降，B 相电压基本不变，出现零序电压。C 相电流与 A 相位电流明显增大，存在零序电流。通过前述分析，可确定 CA 相间经过渡电阻接地短路发生线路区内，A 站及 B 站侧可明确正方向，且位置在线路中间处。结合两侧保护装置故障信息测距结果，A 站侧测距 24.3km，B 站侧测距 25.5km，亦说明故障点在 50%。在保护动作跳开两侧三相开关后，故障消失，三相电压恢复正常。AB Ⅰ 线路 A、B 站侧保护故障信息测距分别见表 2-21-5 和表 2-21-6。

表 2-21-5　　AB Ⅰ 线路 A 站侧保护故障信息测距

序号	故障参数名称	故障参数实际值	故障参数单位
1	故障相电压	14.89	V
2	故障相电流	1.73	A
3	最大零序电流	0.41	A
4	最大差动电流	4.02	A
5	故障测距	24.30	km
6	故障相别	AC	

表 2-21-6　　AB Ⅰ 线路 B 站侧保护故障信息测距

序号	故障参数名称	故障参数实际值	故障参数单位
1	故障相电压	44.85	V
2	故障相电流	6.27	A
3	最大零序电流	1.09	A
4	最大差动电流	4.83	A
5	故障测距	25.50	km
6	故障相别	AC	

从保护动作行为解析，故障发生后，B 站侧差动保护、接地距离Ⅰ段、相间距离Ⅰ段、纵联距离、纵联零序保护动作，A 站侧差动保护、相间距离Ⅰ段、纵联距离、纵联零序保护动作。分析 A 站侧接地距离Ⅰ段未动作，B 站侧接地距离Ⅰ段动作情况：过渡电阻在送电侧附加阻抗呈阻容性，在受电侧附加阻抗呈阻感性，因此本次接地故障存在过渡电阻。说明故障类型为区内线路中段部分相间经过渡电阻接地故障。

综上所述，本次故障位于 ABⅠ线路 50%处，故障性质为 CA 相间经过渡电阻接地永久性故障，ABⅠ线线路保护动作行为正确。

2.22 线路出口处三相金属性短路

一、故障信息

故障发生前 A 站、B 站、C 站运行方式为 ABⅠ线、ABⅡ线、ACⅠ线、BCⅠ线、#1 主变、#2 主变、母联均在合位，A 站#1 主变、ABⅠ线、ABⅡ线挂 1M、#2 主变、ACⅠ线挂 2M。ABⅠ线 A 站侧 TA 变比 2400/1，B 站侧 TA 变比 2000/1。线路全长 50km。故障发生前 A 站、B 站、C 站运行方式如图 2－22－1 所示。

故障发生后，ABⅠ线线路两侧开关均在分位，其余开关位置也未发生变化，故障发生后 A 站、B 站、C 站运行方式如图 2－22－2 所示。

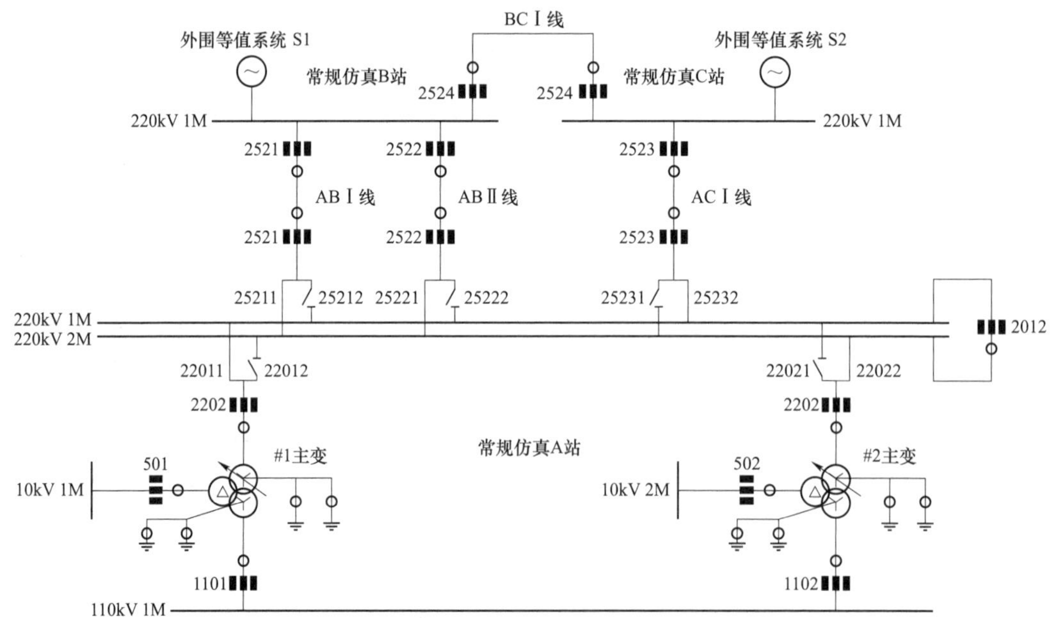

图 2－22－1 故障发生前 A 站、B 站、C 站运行方式

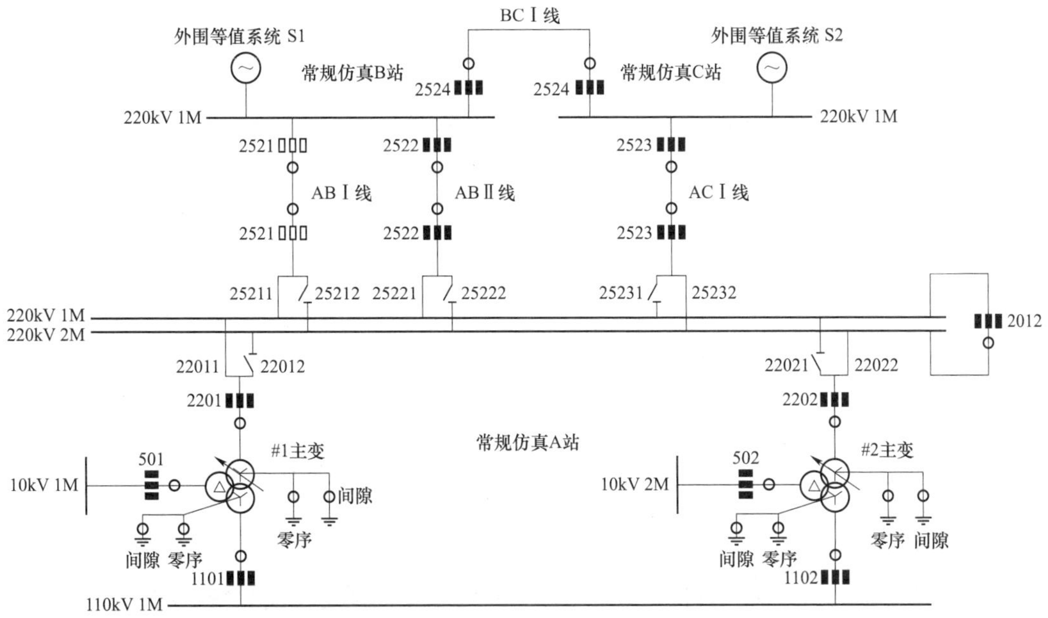

图 2-22-2　故障发生后 A 站、B 站、C 站运行方式

二、故障录波图解析

1. 保护动作报文解析

（1）从 A 站 AB Ⅰ线故障录波 HDR 文件读取相关保护信息，以保护启动初始时刻为基准，见表 2-22-1。

表 2-22-1　　AB Ⅰ线 A 站保护动作简报

序号	动作报文对应时间	动作报文名称	动作相别	动作报文变化值
1	0ms	保护启动		1
2	8ms	纵联差动保护动作	ABC	1
3	16ms	纵联距离动作	ABC	1
4	27ms	接地距离Ⅰ段动作	ABC	1
5	27ms	相间距离Ⅰ段动作	ABC	1
6	68ms	纵联差动保护动作		0
7	68ms	纵联距离动作		0
8	68ms	接地距离Ⅰ段动作		0
9	68ms	相间距离Ⅰ段动作		0
10	7078ms	保护启动		0

如表 2-22-1 中所示，AB Ⅰ线路 A 站侧保护启动后约 8ms 纵联差动保护动作，16ms 纵联距离动作，27ms 接地距离Ⅰ段动作，27ms 相间距离Ⅰ段动作，保护出口跳 ABC 三相开关。

（2）从 B 站侧 AB Ⅰ线保护故障录波 HDR 文件读取相关保护信息，以保护启动初始时刻为基准，见表 2-22-2。

表 2-22-2　　AB Ⅰ线 B 站侧保护动作简报

序号	动作报文对应时间	动作报文名称	动作相别	动作报文变化值
1	0ms	保护启动		1
2	8ms	纵联差动保护动作	ABC	1
3	16ms	纵联距离动作	ABC	1
4	73ms	纵联差动保护动作		0
5	73ms	纵联距离动作		0
6	7078ms	保护启动		0

如表 2-22-2 中所示，AB Ⅰ线路 B 站侧保护启动后约 8ms 纵联差动保护动作，16ms 纵联距离动作，保护出口跳 ABC 三相开关。

2. 开关量变位解析

（1）以故障初始时刻为基准，AB Ⅰ线路 A 站侧开关量变位图如图 2-22-3 所示。

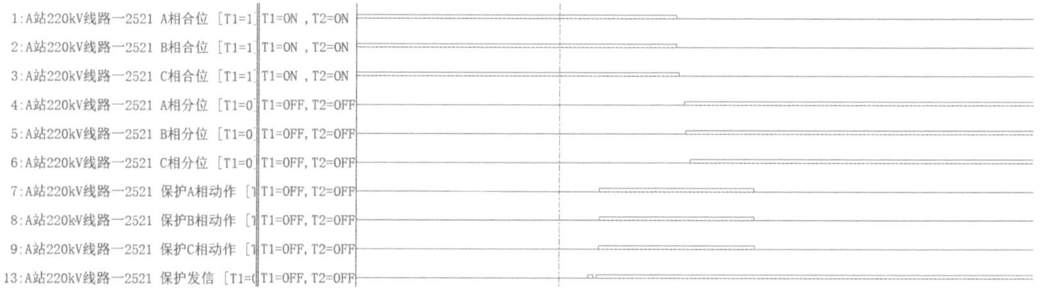

图 2-22-3　AB Ⅰ线路 A 站侧 A 站侧开关量变位图

AB Ⅰ线路 A 站侧开关量变位时间顺序见表 2-22-3。

表 2-22-3　　AB Ⅰ线路 A 站侧开关量变位时间顺序

位置	第 1 次变位时间	第 2 次变位时间	第 3 次变位时间	第 4 次变位时间
1:A 站 220kV 线路一 2521 A 相合位	↓ 43.500ms			
2:A 站 220kV 线路一 2521 B 相合位	↓ 43.500ms			
3:A 站 220kV 线路一 2521 C 相合位	↓ 44.500ms			
4:A 站 220kV 线路一 2521 A 相分位	↑ 46.500ms			
5:A 站 220kV 线路一 2521 B 相分位	↑ 47.000ms			
6:A 站 220kV 线路一 2521 C 相分位	↑ 48.750ms			
7:A 站 220kV 线路一 2521 保护 A 相动作	↑ 15.000ms	↓ 72.750ms		
8:A 站 220kV 线路一 2521 保护 B 相动作	↑ 15.000ms	↓ 72.750ms		
9:A 站 220kV 线路一 2521 保护 C 相动作	↑ 14.750ms	↓ 73.000ms		
13:A 站 220kV 线路一 2521 保护发信	↑ 10.750ms	↓ 12.750ms	↑ 14.000ms	↓ 223.750ms

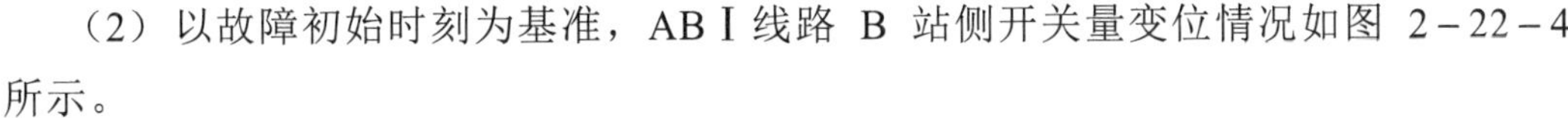

（2）以故障初始时刻为基准，ABⅠ线路 B 站侧开关量变位情况如图 2－22－4 所示。

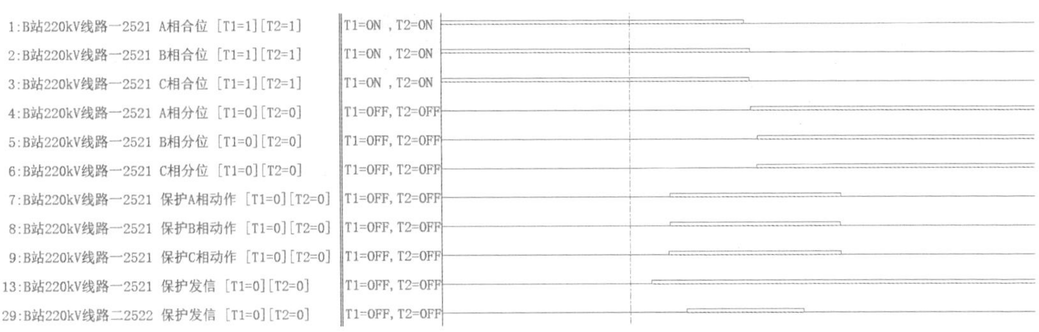

图 2－22－4 ABⅠ线路 B 站侧开关量变位图

ABⅠ线路 B 站侧开关量变位时间顺序见表 2－22－4。

表 2－22－4 ABⅠ线路 B 站侧开关量变位时间顺序

位置	第 1 次变位时间	第 2 次变位时间
1:B 站 220kV 线路一 2521 A 相合位	↓ 42.750ms	
2:B 站 220kV 线路一 2521 B 相合位	↓ 45.000ms	
3:B 站 220kV 线路一 2521 C 相合位	↓ 44.750ms	
4:B 站 220kV 线路一 2521 A 相分位	↑ 45.250ms	
5:B 站 220kV 线路一 2521 B 相分位	↑ 47.750ms	
6:B 站 220kV 线路一 2521 C 相分位	↑ 47.500ms	
7:B 站 220kV 线路一 2521 保护 A 相动作	↑ 15.000ms	↓ 79.000ms
8:B 站 220kV 线路一 2521 保护 B 相动作	↑ 15.000ms	↓ 78.750ms
9:B 站 220kV 线路一 2521 保护 C 相动作	↑ 14.500ms	↓ 79.000ms
13:B 站 220kV 线路一 2521 保护发信	↑ 8.000ms	↓ 229.500ms
29:B 站 220kV 线路一 2522 保护发信	↑ 21.250ms	↓ 65.000ms

小结：故障发生后，ABⅠ线路两侧保护感受到电流立刻变大启动，约 15ms ABⅠ线路两侧保护差动动作，两侧三相开关跳开，成功隔离故障。

3. 波形特征解析

（1）ABⅠ线路 A 站侧录波图解析。查看 ABⅠ线路 A 站侧故障波形图，如图 2－22－5 所示。

1）从图 2－22－5 解析可知 0ms 故障态电压特征为母线三相电压为 0V，持续 2.5 周波 50ms 左右，无零序电压。

2）从图 2－22－5 解析可知 0ms 故障态电流特征为三相电流明显增大，持续 2.5 周波 50ms 左右，为对称正序电流，无零序电流。

3）从图 2－22－5 解析可知 50ms 三相电压恢复正常：说明本线路两侧开关跳开后，提示系统恢复了正常运行状态，说明故障应存在本线路区内。

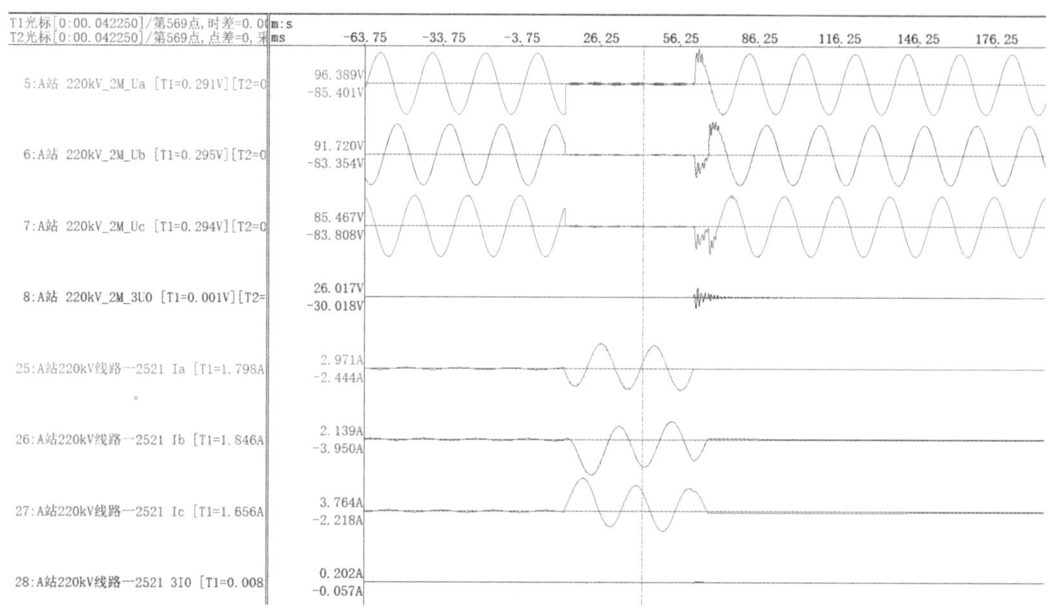

图 2－22－5　AB Ⅰ 线路 A 站侧录波波形（保护动作时）

4）从图 2－22－6 解析可知 0ms 故障态相量特征为母线三相电压为 0V，无零序电压，三相电流明显增大，为对称正序电流，无零序电流。可以确认线路出口或母线三相短路故障。

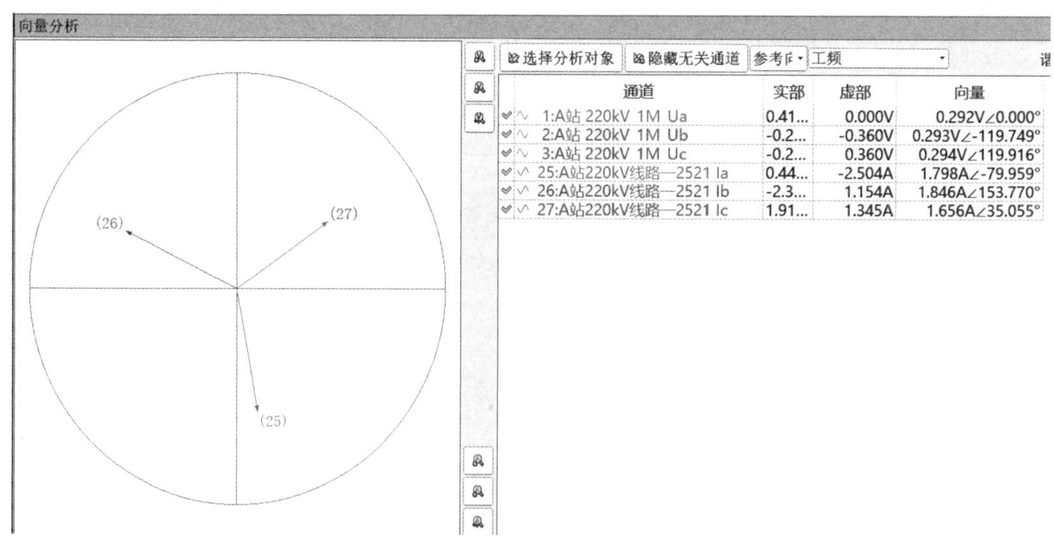

图 2－22－6　AB Ⅰ 线路 A 站侧录波波形（保护动作时相量分析）

（2）AB Ⅰ 线路B站侧录波图解析。查看AB Ⅰ 线路B站侧故障波形图，如图2－22－7所示。

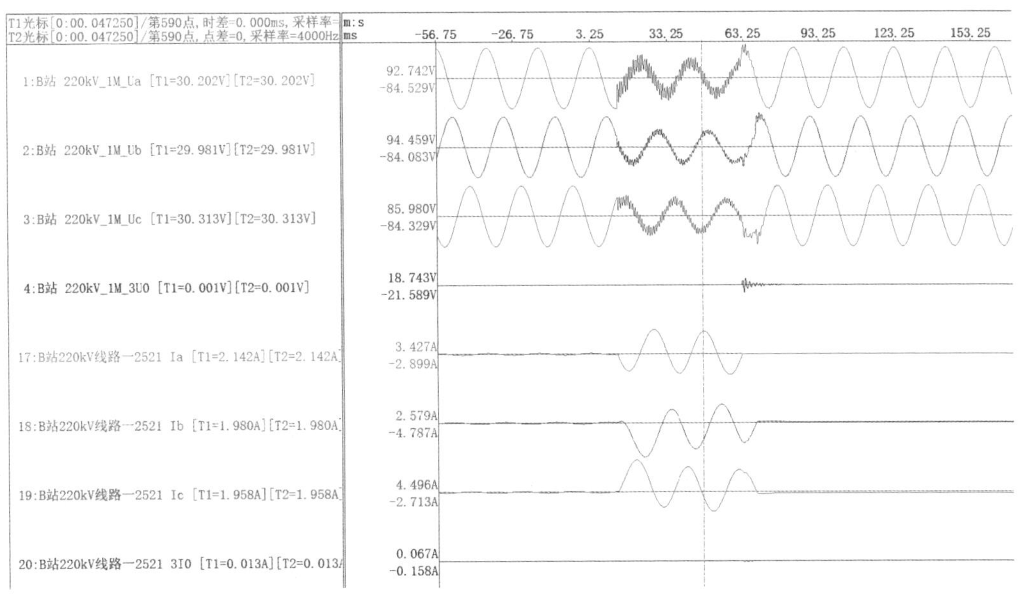

图2－22－7　AB Ⅰ 线路 B 站侧录波波形（保护动作时）

图 2－22－7 中所示录波信息：

1）从图 2－22－7 解析可知 0ms 故障态电压特征为母线三相电压对称，持续 2.5 周波 50ms 左右，为 30V，无零序电压。

2）从图 2－22－7 解析可知 0ms 故障态电流特征为三相电流明显增大，持续 2.5 周波 50ms 左右，为对称正序电流，无零序电流。

3）从图 2－22－7 解析可知 50ms 三相电压恢复正常：说明本线路两侧开关跳开后，提示系统恢复了正常运行状态，说明线路保护范围内故障切除。

4）从图 2－22－8 解析可知 0ms 故障态相量特征为母线三相电压对称，为 30V，无零序电压。三相电流明显增大，为对称正序电流，无零序电流。向量分析可知三相电压均超前三相电流 81°，可以确认线路正方向三相短路故障。

三、综合总结

从波形特征解析，系统发生了 AB Ⅰ 线 A 站侧出口处三相短路故障。A 站母线三相电压为 0V，无零序电压，三相电流明显增大，为对称正序电流，无零序电流。可以确认线路出口或母线三相短路故障，结合线路两侧开关跳开故障即消失，可以确认故障点在线路正向出口处。B 站母线三相电压对称，为 30V，无零序电压。三相电流明显增大，为对称正序电流，无零序电流。向量分析可知三相电压均超前三相电流 81°，可以确认线路正方向三相短路故障。结合两侧保护装置故障信息测距结果，A 站侧测距 0.5km，B 站侧测距 51.6km，亦说明故障点 A 站出口。在保护动作跳开两侧三相开关后，故障消失，三相电压恢复正常。AB Ⅰ 线路 A、B 站侧保护故障信息测距分别见表 2-22-5 和表 2-22-6。

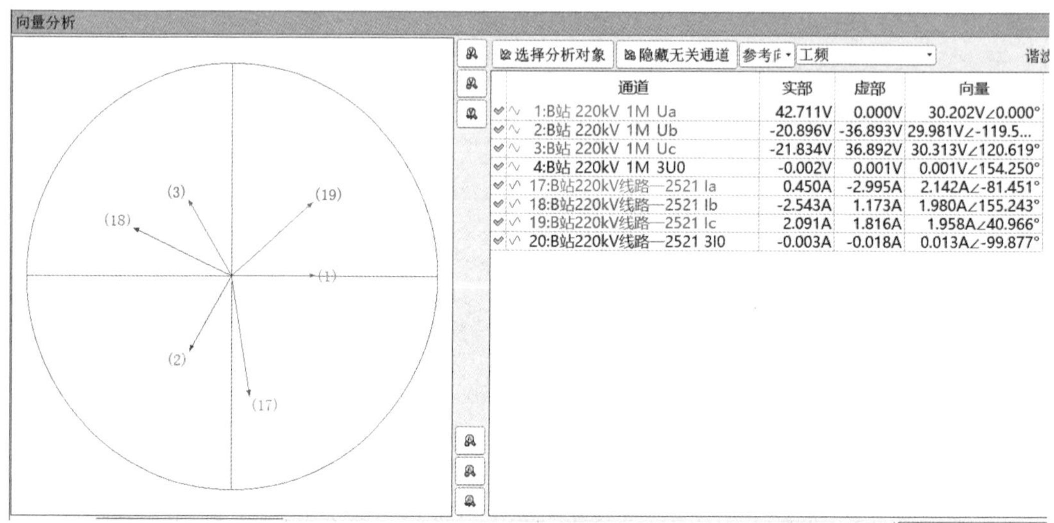

图 2-22-8　AB Ⅰ 线路 B 站侧录波波形（保护动作时相量分析）

表 2-22-5　　AB Ⅰ 线路 A 站侧保护故障信息测距

序号	故障参数名称	故障参数实际值	故障参数单位
1	故障相电压	0.51	V
2	故障相电流	3.01	A
3	最大零序电流	0.01	A
4	最大差动电流	3.53	A
5	故障测距	0.50	km
6	故障相别	ABC	

表 2-22-6　　AB Ⅰ 线路 B 站侧保护故障信息测距

序号	故障参数名称	故障参数实际值	故障参数单位
1	故障相电压	52.18	V
2	故障相电流	3.68	A
3	最大零序电流	0.01	A
4	最大差动电流	4.24	A
5	故障测距	51.60	km
6	故障相别	ABC	

从保护动作行为解析，故障发生后，A 站侧纵联差动保护动作，纵联距离动作，接地距离Ⅰ段动作，相间距离Ⅰ段动作，B 站侧纵联差动保护动作，纵联距离动作。考虑差动选相为 ABC，说明故障类型为区内三相短路故障。距离Ⅰ段保护范围一般整定为线路全长的 80%，仅 A 站侧距离Ⅰ段动作，而 B 站侧距离Ⅰ段未动作，说明故障点在 A 站侧线路出口处。

综上所述，本次故障位于 ABⅠ线路 A 站侧出口处，故障性质为三相短路故障，ABⅠ线线路保护动作行为正确。

2.23 线路末端三相金属性短路

一、故障信息

故障发生前 A 站、B 站、C 站运行方式为 ABⅠ线、ABⅡ线、ACⅠ线、BCⅠ线、#1 主变、#2 主变、母联均在合位，A 站#1 主变、ABⅠ线、ABⅡ线挂 1M、#2 主变、ACⅠ线挂 2M。ABⅠ线 A 站侧 TA 变比 2400/1，B 站侧 TA 变比 2000/1。线路全长 50km。故障发生前 A 站、B 站、C 站运行方式如图 2－23－1 所示。

故障发生后，ABⅠ线线路两侧开关均在分位，其余开关位置也未发生变化，故障发生后 A 站、B 站、C 站运行方式，如图 2－23－2 所示。

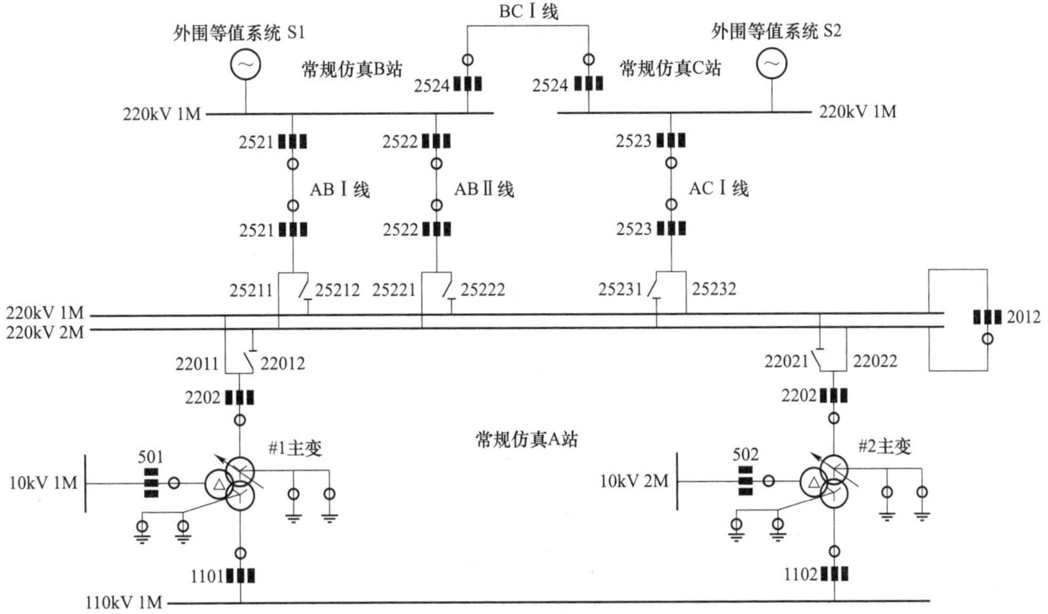

图 2－23－1 故障发生前 A 站、B 站、C 站运行方式

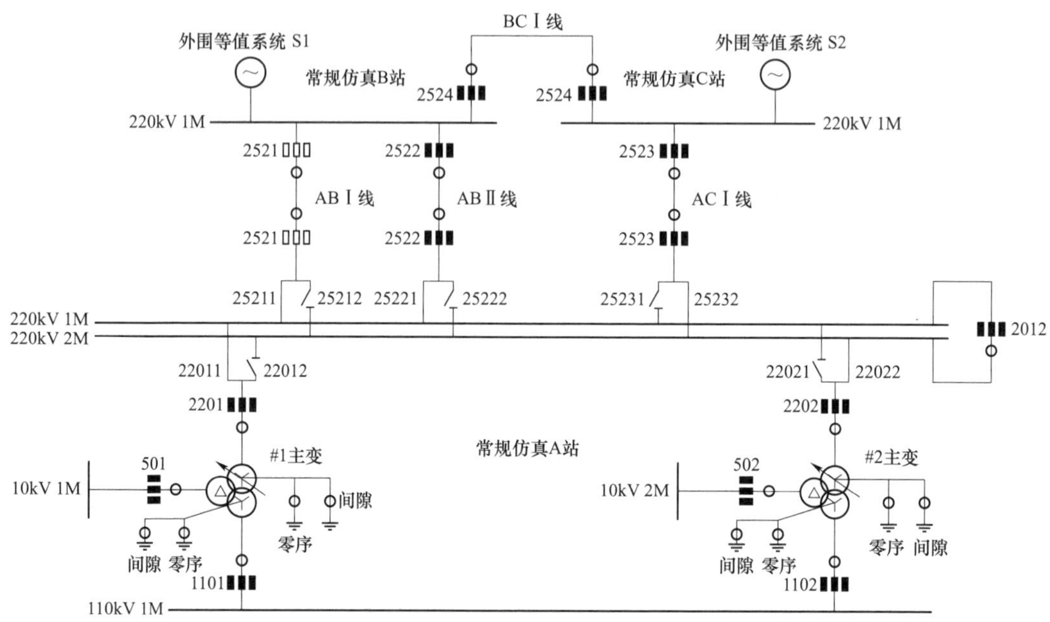

图 2-23-2　故障发生后 A 站、B 站、C 站运行方式

二、故障录波图解析

1. 保护动作报文解析

（1）从 A 站 AB Ⅰ线故障录波 HDR 文件读取相关保护信息，以保护启动初始时刻为基准，见表 2-23-1。

表 2-23-1　　　　AB Ⅰ线 A 站保护动作简报

序号	动作报文对应时间	动作报文名称	动作相别	动作报文变化值
1	0ms	保护启动		1
2	6ms	纵联差动保护动作	ABC	1
3	47ms	纵联差动保护动作		0
4	7021ms	保护启动		0

如表 2-23-1 中所示，AB Ⅰ线路 A 站侧保护启动后约 6ms 纵联差动保护动作，16ms 纵联距离动作，保护出口跳 ABC 三相开关。

（2）从 B 站侧 AB Ⅰ线保护故障录波 HDR 文件读取相关保护信息，以保护启动初始时刻为基准，见表 2-23-2。

表 2-23-2　　AB Ⅰ线 B 站侧保护动作简报

序号	动作报文对应时间	动作报文名称	动作相别	动作报文变化值
1	0ms	保护启动		1
2	12ms	纵联差动保护动作	ABC	1
3	12ms	相间距离Ⅰ段动作	ABC	1
4	23ms	纵联距离动作	ABC	1
5	28ms	接地距离Ⅰ段动作	ABC	1
6	78ms	纵联差动保护动作		0
7	78ms	纵联距离动作		0
8	78ms	接地距离Ⅰ段动作		0
9	78ms	相间距离Ⅰ段动作		0
10	7083ms	保护启动		0

如表 2-23-2 中所示，AB Ⅰ线路 B 站侧保护启动后约 12ms 纵联差动保护动作，12ms 相间距离Ⅰ段动作，23ms 纵联距离动作，28ms 接地距离Ⅰ段动作，保护出口跳 ABC 三相开关。

2. 开关量变位解析

（1）以故障初始时刻为基准，AB Ⅰ线路 A 站侧开关量变位图如图 2-23-3 所示。

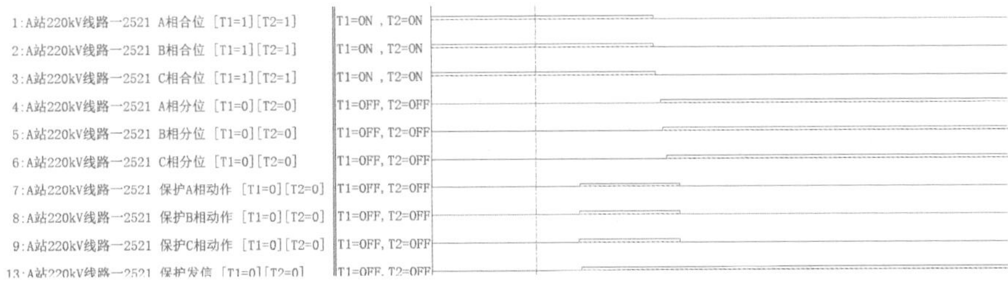

图 2-23-3　AB Ⅰ线路 A 站侧 A 站侧开关量变位图

AB Ⅰ线路 A 站侧开关量变位时间顺序见表 2-23-3。

表 2-23-3　　AB Ⅰ线路 A 站侧开关量变位时间顺序

位置	第 1 次变位时间	第 2 次变位时间
1:A 站 220kV 线路一 2521 A 相合位	↓ 45.500ms	
2:A 站 220kV 线路一 2521 B 相合位	↓ 45.500ms	
3:A 站 220kV 线路一 2521 C 相合位	↓ 46.250ms	
4:A 站 220kV 线路一 2521 A 相分位	↑ 48.250ms	
5:A 站 220kV 线路一 2521 B 相分位	↑ 49.000ms	
6:A 站 220kV 线路一 2521 C 相分位	↑ 50.500ms	
7:A 站 220kV 线路一 2521 保护 A 相动作	↑ 17.000ms	↓ 55.500ms
8:A 站 220kV 线路一 2521 保护 B 相动作	↑ 16.750ms	↓ 55.500ms
9:A 站 220kV 线路一 2521 保护 C 相动作	↑ 16.500ms	↓ 55.500ms
13:A 站 220kV 线路一 2521 保护发信	↑ 17.500ms	↓ 206.250ms

（2）以故障初始时刻为基准，ABⅠ线路B站侧开关量变位情况如图2－23－4所示。

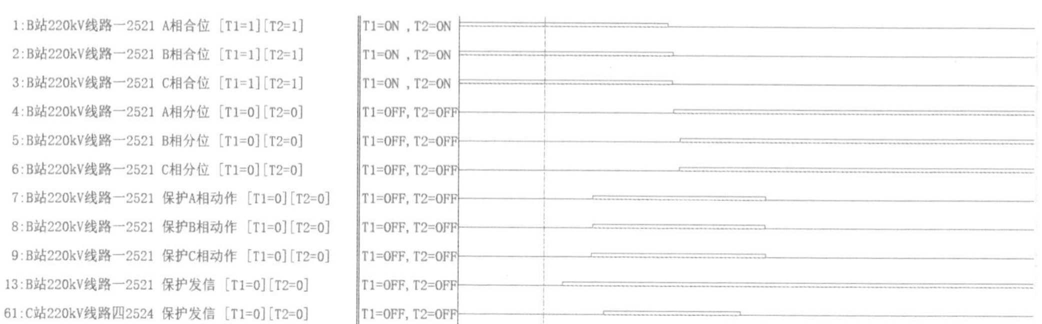

图2－23－4　ABⅠ线路B站侧开关量变位图

ABⅠ线路B站侧开关量变位时间顺序见表2－23－4。

表2－23－4　　ABⅠ线路B站侧开关量变位时间顺序

位置	第1次变位时间	第2次变位时间
1:B站220kV线路一2521 A相合位	↓ 46.000ms	
2:B站220kV线路一2521 B相合位	↓ 48.000ms	
3:B站220kV线路一2521 C相合位	↓ 47.750ms	
4:B站220kV线路一2521 A相分位	↑ 48.250ms	
5:B站220kV线路一2521 B相分位	↑ 50.750ms	
6:B站220kV线路一2521 C相分位	↑ 50.500ms	
7:B站220kV线路一2521 保护A相动作	↑ 18.250ms	↓ 83.000ms
8:B站220kV线路一2521 保护B相动作	↑ 18.250ms	↓ 82.750ms
9:B站220kV线路一2521 保护C相动作	↑ 17.750ms	↓ 83.000ms
13:B站220kV线路一2521 保护发信	↑ 7.000ms	↓ 233.500ms
61:C站220kV线路四2524 保护发信	↑ 22.500ms	↓ 73.750ms

小结：故障发生后，ABⅠ线路两侧保护感受到电流立刻变大启动，约17ms ABⅠ线路两侧保护差动动作，两侧三相开关跳开，成功隔离故障。

3. 波形特征解析

（1）ABⅠ线路A站侧录波图解析。查看ABⅠ线路A站侧故障波形图，如图2－23－5所示。

1）从图2－23－5解析可知0ms故障态电压特征为母线三相电压几乎为0V，持续3周波57ms左右，无零序电压。

2）从图2－23－5解析可知0ms故障态电流特征为无故障电流，持续3周波57ms左右。

3）从图2－22－5解析可知57ms三相电压恢复正常：说明本线路两侧开关跳开后，提示系统恢复了正常运行状态，说明故障应存在本线路区内。

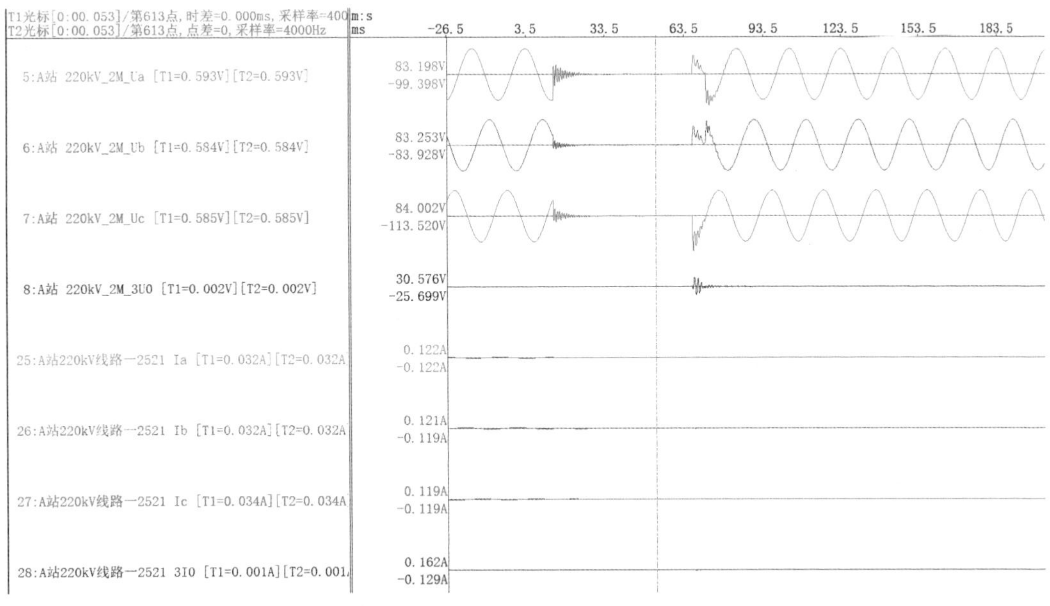

图 2-23-5　AB Ⅰ 线路 A 站侧录波波形（保护动作时）

4）从图 2-23-6 解析可知 0ms 故障态相量特征为母线三相电压几乎为 0V，相量分析电压为正序，无零序电压，无故障电流。考虑到本侧无电源，可以基本确认线路上发生三相短路故障。

（2）AB Ⅰ 线路 B 站侧录波图解析。查看 AB Ⅰ 线路 B 站侧故障波形图，如图 2-23-7 所示。

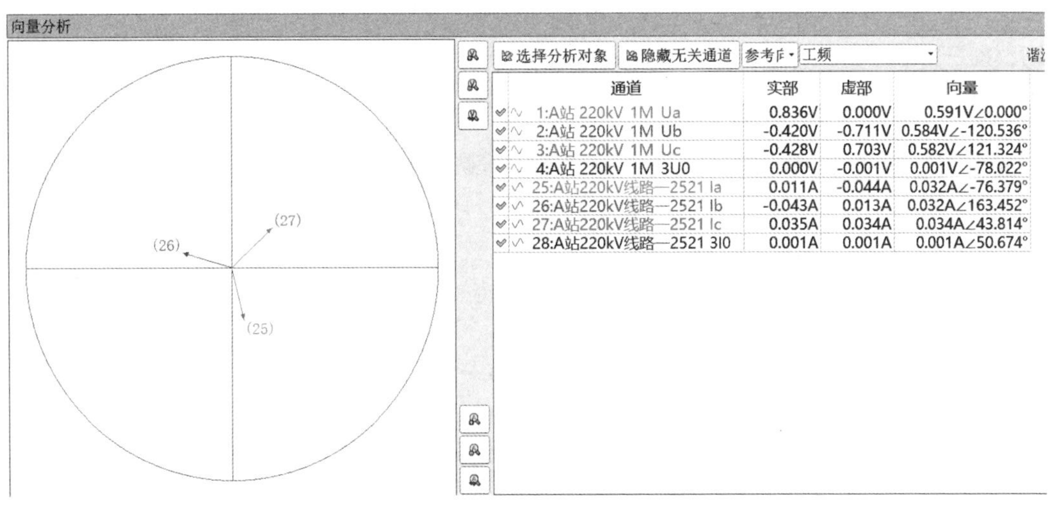

通道	实部	虚部	向量
1:A站 220kV 1M Ua	0.836V	0.000V	0.591V∠0.000°
2:A站 220kV 1M Ub	-0.420V	-0.711V	0.584V∠-120.536°
3:A站 220kV 1M Uc	-0.428V	0.703V	0.582V∠121.324°
4:A站 220kV 1M 3U0	0.000V	-0.001V	0.001V∠-78.022°
25:A站220kV线路—2521 Ia	0.011A	-0.044A	0.032A∠-76.379°
26:A站220kV线路—2521 Ib	-0.043A	0.013A	0.032A∠163.452°
27:A站220kV线路—2521 Ic	0.035A	0.034A	0.034A∠43.814°
28:A站220kV线路—2521 3I0	0.001A	0.001A	0.001A∠50.674°

图 2-23-6　AB Ⅰ 线路 A 站侧录波波形（保护动作时相量分析）

1）从图 2-23-7 解析可知 0ms 故障态电压特征为母线三相电压几乎为 0V，持续 3 周波 57ms 左右，无零序电压。

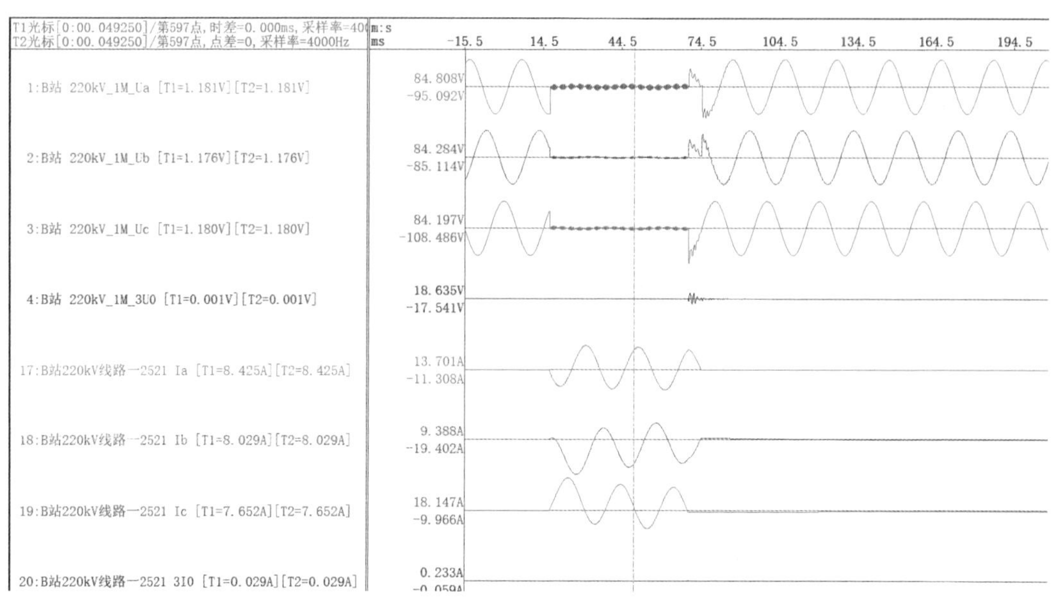

图 2-23-7　AB Ⅰ线路 B 站侧录波波形（保护动作时）

2）从图 2-23-7 解析可知 0ms 故障态电流特征为三相电流明显增大，持续 3 周波 57ms 左右，基本为对称正序电流，无零序电流。

3）从图 2-23-7 解析可知 57ms 三相电压恢复正常：说明本线路两侧开关跳开后，提示系统恢复了正常运行状态，说明线路保护范围内故障切除。

4）从图 2-23-8 解析可知 0ms 故障态相量特征为母线三相电压几乎为 0V，无零序电压。三相电流明显增大，基本为对称正序电流，无零序电流。相量分析可知三相电压均超前三相电流 82°，可以确认线路正方向三相短路故障。考虑到电压非常小，几乎为零，可以确认故障点在正向出口处。

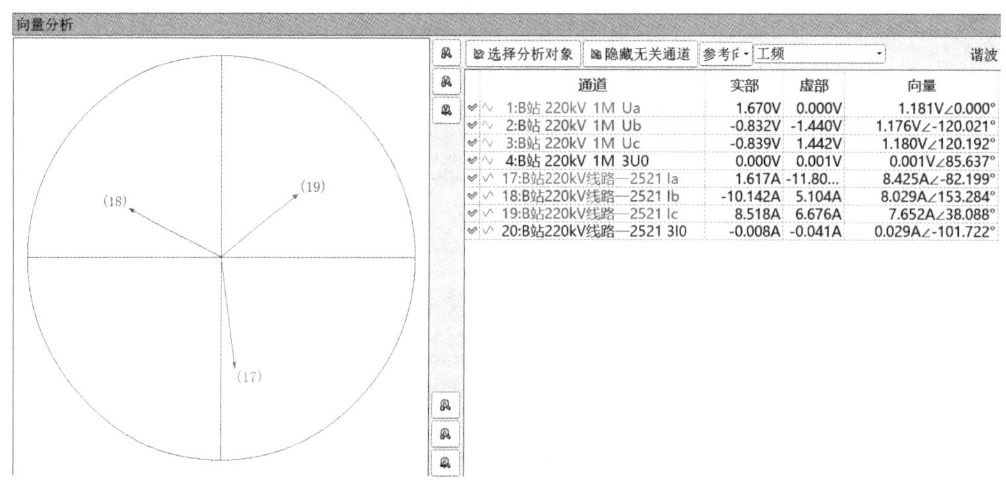

图 2-23-8　AB Ⅰ线路 B 站侧录波波形（保护动作时相量分析）

三、综合总结

从波形特征解析，系统发生了 AB Ⅰ 线 B 站侧出口处三相短路故障。A 站母线三相电压为 0V，无零序电压，三相电流为零。B 站母线三相电压几乎为 0V，无零序电压。三相电流明显增大，基本为对称正序电流，无零序电流。B 站向量分析可知三相电压均超前三相电流 82°，可以确认线路正方向三相短路故障。可以确认线路出口或母线三相短路故障，结合线路两侧开关跳开故障即消失，可以确认故障点在对 A 站而言的线路末端处。结合两侧保护装置故障信息测距结果，A 站侧测距 51.8km，B 站侧测距 0.5km，亦说明故障点在 B 站侧出口处。在保护动作跳开两侧三相开关后，故障消失，三相电压恢复正常。AB Ⅰ 线路 A、B 站侧保护故障信息测距分别见表 2－23－5 和表 2－23－6。

从保护动作行为解析，故障发生后，A 站侧纵联差动保护动作，纵联距离动作，B 站侧纵联差动保护动作，纵联距离动作，接地距离 Ⅰ 段动作，相间距离 Ⅰ 段动作。考虑差动选相为 ABC，说明故障类型为区内三相短路故障。距离 Ⅰ 段保护范围一般整定为线路全长的 80%，A 站侧距离 Ⅰ 段未动作，而 B 站侧距离 Ⅰ 段动作，说明故障点在 B 站侧线路出口处。

表 2－23－5　　AB Ⅰ 线路 A 站侧保护故障信息测距

序号	故障参数名称	故障参数实际值	故障参数单位
1	故障相电压	1.00	V
2	故障相电流	0.06	A
3	最大零序电流	0.00	A
4	最大差动电流	7.05	A
5	故障测距	51.80	km
6	故障相别	ABC	

表 2－23－6　　AB Ⅰ 线路 B 站侧保护故障信息测距

序号	故障参数名称	故障参数实际值	故障参数单位
1	故障相电压	2.03	V
2	故障相电流	14.66	A
3	最大零序电流	0.24	A
4	最大差动电流	8.47	A
5	故障测距	0.50	km
6	故障相别	ABC	

综上所述，本次故障位于 A 站 ABⅠ线线路末端（B 站出口处），故障性质为三相短路故障，ABⅠ线线路保护动作行为正确。

2.24 线路 50%处三相金属性短路

一、故障信息

故障发生前 A 站、B 站、C 站运行方式为 ABⅠ线、ABⅡ线、ACⅠ线、BCⅠ线、#1 主变、#2 主变、母联均在合位，A 站#1 主变、ABⅠ线、ABⅡ线挂 1M、#2 主变、ACⅠ线挂 2M。ABⅠ线 A 站侧 TA 变比 2400/1，B 站侧 TA 变比 2000/1。线路全长 50km。故障发生前 A 站、B 站、C 站运行方式如图 2－24－1 所示。

故障发生后，ABⅠ线线路两侧开关均在分位，其余开关位置也未发生变化，故障发生后 A 站、B 站、C 站运行方式如图 2－24－2 所示。

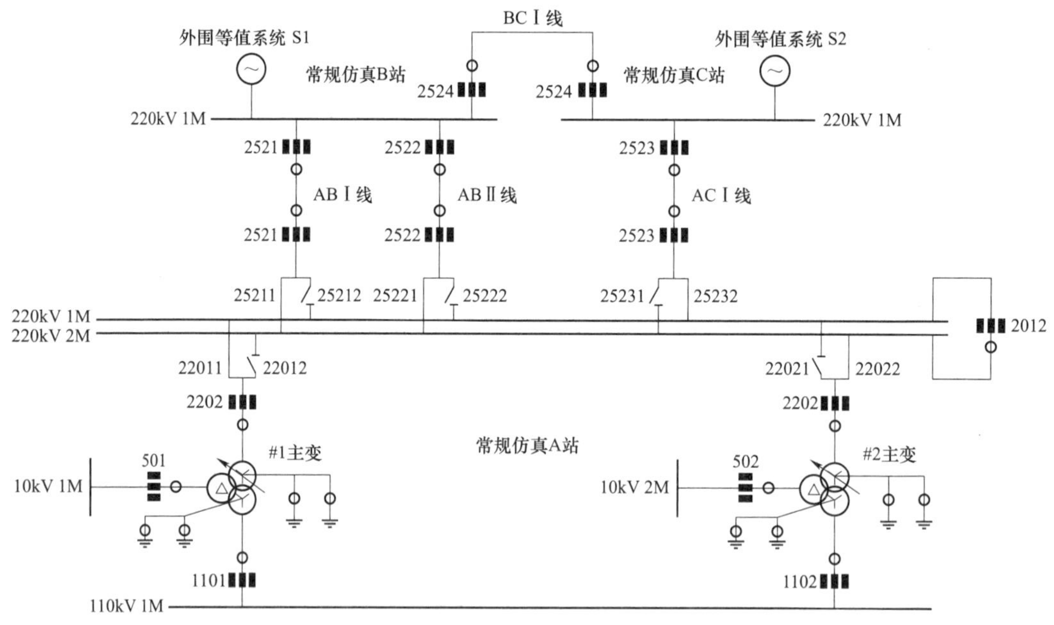

图 2－24－1 故障发生前 A 站、B 站、C 站运行方式

二、故障录波图解析

1. 保护动作报文解析

（1）从 A 站 ABⅠ线故障录波 HDR 文件读取相关保护信息，以保护启动初始时刻为基准，见表 2－24－1。

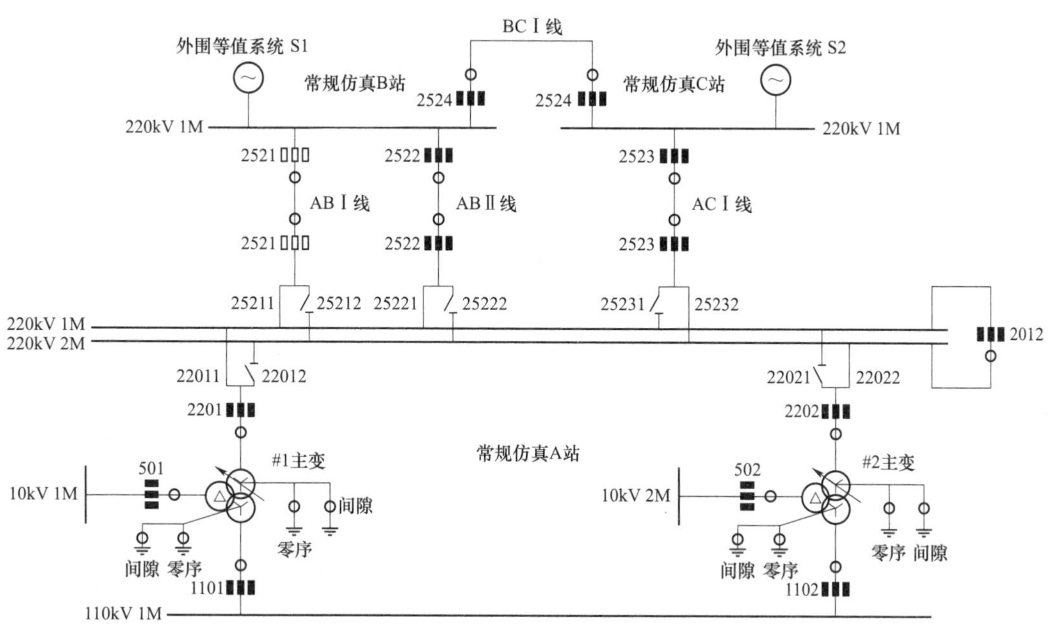

图 2-24-2 故障发生后 A 站、B 站、C 站运行方式

表 2-24-1 AB Ⅰ线 A 站保护动作简报

序号	动作报文对应时间	动作报文名称	动作相别	动作报文变化值
1	0ms	保护启动		1
2	8ms	纵联差动保护动作	ABC	1
3	17ms	纵联距离动作	ABC	1
4	20ms	相间距离Ⅰ段动作	ABC	1
5	36ms	接地距离Ⅰ段动作	ABC	1
6	67ms	纵联差动保护动作		0
7	67ms	纵联距离动作		0
8	67ms	接地距离Ⅰ段动作		0
9	67ms	相间距离Ⅰ段动作		0
10	7078ms	保护启动		0

如表 2-24-1 中所示，AB Ⅰ线路 A 站侧保护启动后约 8ms 纵联差动保护动作，17ms 纵联距离动作，20ms 相间距离Ⅰ段动作，36ms 接地距离Ⅰ段动作，保护出口跳 ABC 三相开关。

（2）从 B 站侧 AB Ⅰ线保护故障录波 HDR 文件读取相关保护信息，以保护启动初始时刻为基准，见表 2-24-2。

表 2-24-2　　　　AB Ⅰ 线 B 站侧保护动作简报

序号	动作报文对应时间	动作报文名称	动作相别	动作报文变化值
1	0ms	保护启动		1
2	8ms	纵联差动保护动作	ABC	1
3	17ms	纵联距离动作	ABC	1
4	18ms	相间距离Ⅰ段动作	ABC	1
5	74ms	纵联差动保护动作		0
6	74ms	纵联距离动作		0
7	74ms	相间距离Ⅰ段动作		0
8	7078ms	保护启动		0

如表 2-24-2 中所示，AB Ⅰ 线路 B 站侧保护启动后约 8ms 纵联差动保护动作，17ms 纵联距离动作，18ms 相间距离Ⅰ段动作，保护出口跳 ABC 三相开关。

2. 开关量变位解析

（1）以故障初始时刻为基准，AB Ⅰ 线路 A 站侧开关量变位图如图 2-24-3 所示。

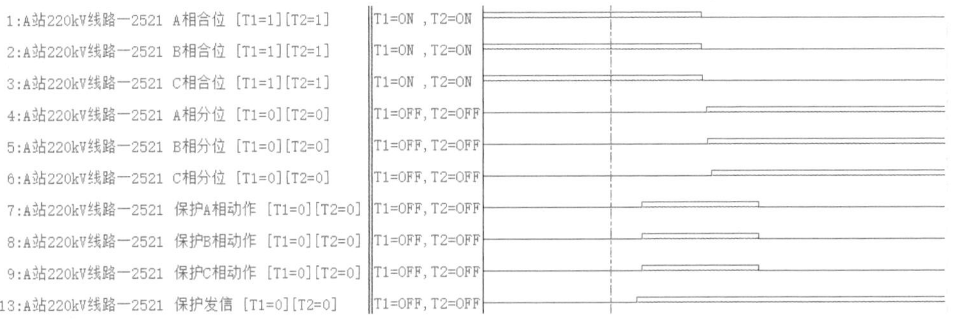

图 2-24-3　AB Ⅰ 线路 A 站侧 A 站侧开关量变位图

AB Ⅰ 线路 A 站侧开关量变位时间顺序见表 2-24-3。

表 2-24-3　　　　AB Ⅰ 线路 A 站侧开关量变位时间顺序

位置	第 1 次变位时间	第 2 次变位时间
1:A 站 220kV 线路一 2521 A 相合位	↓ 43.750ms	
2:A 站 220kV 线路一 2521 B 相合位	↓ 43.750ms	
3:A 站 220kV 线路一 2521 C 相合位	↓ 44.500ms	
4:A 站 220kV 线路一 2521 A 相分位	↑ 46.500ms	
5:A 站 220kV 线路一 2521 B 相分位	↑ 47.000ms	
6:A 站 220kV 线路一 2521 C 相分位	↑ 48.750ms	
7:A 站 220kV 线路一 2521 保护 A 相动作	↑ 15.000ms	↓ 72.000ms
8:A 站 220kV 线路一 2521 保护 B 相动作	↑ 15.000ms	↓ 72.000ms
9:A 站 220kV 线路一 2521 保护 C 相动作	↑ 14.750ms	↓ 72.000ms
13:A 站 220kV 线路一 2521 保护发信	↑ 12.500ms	↓ 222.750ms

（2）以故障初始时刻为基准，ABⅠ线路 B 站侧开关量变位情况如图 2－24－4 所示。

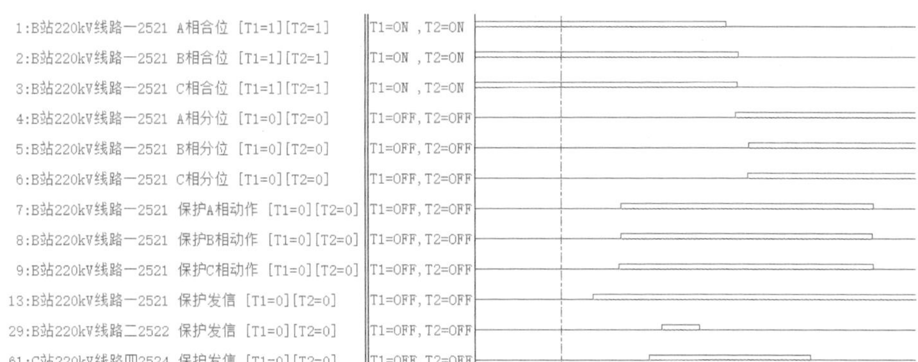

图 2－24－4　ABⅠ线路 B 站侧开关量变位图

ABⅠ线路 B 站侧开关量变位时间顺序见表 2－24－4。

表 2－24－4　　ABⅠ线路 B 站侧开关量变位时间顺序

位置	第 1 次变位时间	第 2 次变位时间
1:B 站 220kV 线路一 2521 A 相合位	↓ 41.750ms	
2:B 站 220kV 线路一 2521 B 相合位	↓ 45.000ms	
3:B 站 220kV 线路一 2521 C 相合位	↓ 44.750ms	
4:B 站 220kV 线路一 2521 A 相分位	↑ 44.250ms	
5:B 站 220kV 线路一 2521 B 相分位	↑ 47.750ms	
6:B 站 220kV 线路一 2521 C 相分位	↑ 47.500ms	
7:B 站 220kV 线路一 2521 保护 A 相动作	↑ 15.000ms	↓ 79.750ms
8:B 站 220kV 线路一 2521 保护 B 相动作	↑ 15.000ms	↓ 79.500ms
9:B 站 220kV 线路一 2521 保护 C 相动作	↑ 14.500ms	↓ 79.750ms
13:B 站 220kV 线路一 2521 保护发信	↑ 8.000ms	↓ 230.250ms
29:B 站 220kV 线路二 2522 保护发信	↑ 25.500ms	↓ 35.000ms
61:C 站 220kV 线路四 2524 保护发信	↑ 22.250ms	↓ 63.500ms

小结：故障发生后，ABⅠ线路两侧保护感受到电流立刻变大启动，约 15ms ABⅠ线路两侧保护差动动作，两侧三相开关跳开，成功隔离故障。

3. 波形特征解析

（1）ABⅠ线路 A 站侧录波图解析。查看 ABⅠ线路 A 站侧故障波形图，如图 2－24－5 所示。

1）从图 2－24－5 解析可知 0ms 故障态电压特征为母线三相电压为 8.53V，持续 2.75 周波 55ms 左右，三相对称且为正序，无零序电压。

2）从图 2－24－5 解析可知 0ms 故障态电流特征为三相电流明显增大，约为 1A，持续 2.75 周波 55ms 左右，对称正序电流，无零序电流。

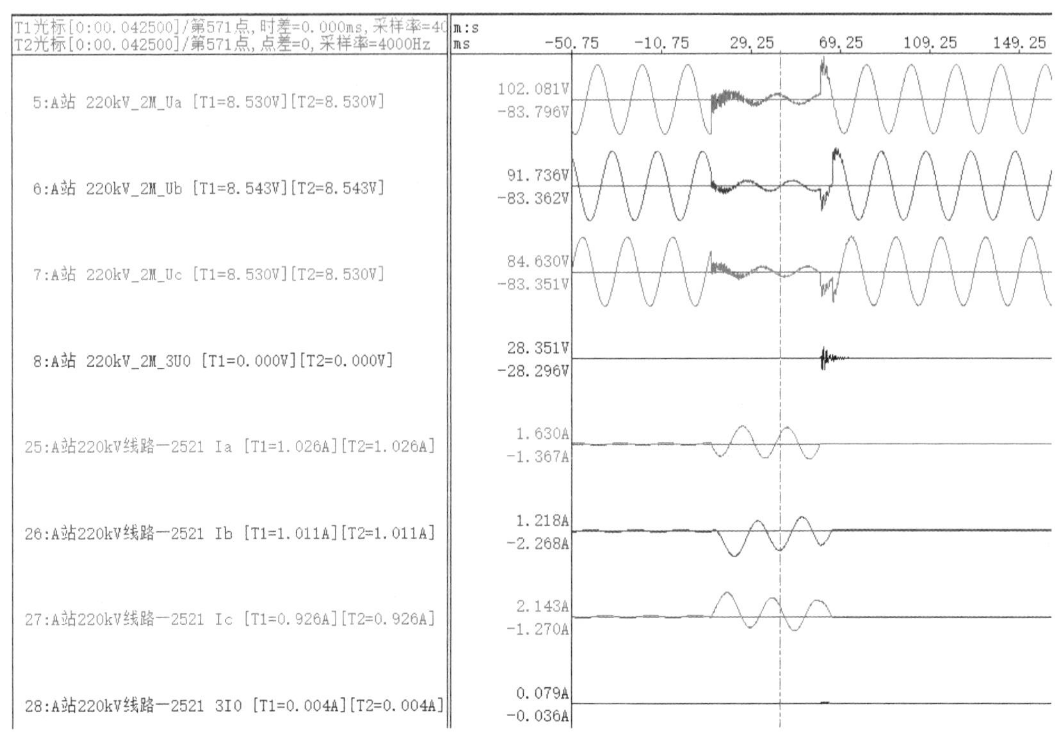

图 2-24-5　AB Ⅰ 线路 A 站侧录波波形（保护动作时）

3）从图 2-24-5 解析可知 55ms 三相电压恢复正常：说明本线路两侧开关跳开后，提示系统恢复了正常运行状态，说明故障应存在本线路区内。

4）从图 2-24-5 解析可知 0ms 故障态相量特征为母线三相电压为 8.53V，三相对称且为正序，无零序电压。三相电流明显增大，约为 1A，对称正序电流，无零序电流。相量分析可知电压超前电流一个线路阻抗角 81°。可以确认线路正方向发生三相短路故障。AB Ⅰ 线路 A 站侧录波波形（保护动作时相量分析）如图 2-24-6 所示。

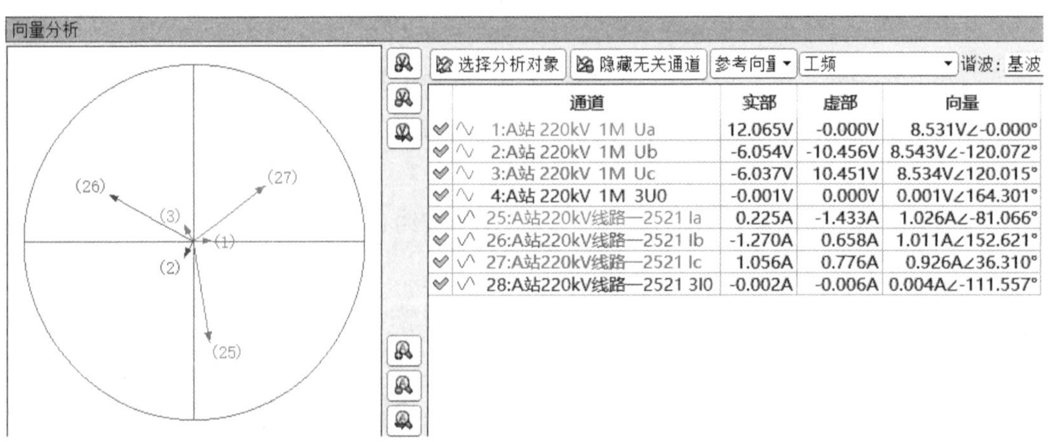

通道	实部	虚部	向量
1:A站 220kV 1M Ua	12.065V	-0.000V	8.531V∠-0.000°
2:A站 220kV 1M Ub	-6.054V	-10.456V	8.543V∠-120.072°
3:A站 220kV 1M Uc	-6.037V	10.451V	8.534V∠120.015°
4:A站 220kV 1M 3U0	-0.001V	0.000V	0.001V∠164.301°
25:A站220kV线路—2521 Ia	0.225A	-1.433A	1.026A∠-81.066°
26:A站220kV线路—2521 Ib	-1.270A	0.658A	1.011A∠152.621°
27:A站220kV线路—2521 Ic	1.056A	0.776A	0.926A∠36.310°
28:A站220kV线路—2521 3I0	-0.002A	-0.006A	0.004A∠-111.557°

图 2-24-6　AB Ⅰ 线路 A 站侧录波波形（保护动作时相量分析）

（2）ABⅠ线路B站侧录波图解析。查看ABⅠ线路B站侧故障波形图，如图2－24－7所示。图2－24－7中所示录波信息：

1）从图2－24－7解析可知0ms故障态电压特征为母线三相电压为25.83V，持续2.75周波55ms左右，三相对称且为正序，无零序电压。

2）从图2－24－7解析可知0ms故障态电流特征为三相电流明显增大，约为3.5A，持续2.75周波55ms左右，对称正序电流，无零序电流。

3）从图2－24－7解析可知55ms三相电压恢复正常：说明本线路两侧开关跳开后，提示系统恢复了正常运行状态，说明线路保护范围内故障切除。

4）从图2－24－7解析可知0ms故障态相量特征为母线三相电压为25.83V，三相对称且为正序，无零序电压。三相电流明显增大，约为3.5A，对称正序电流，无零序电流。相量分析可知电压超前电流一个线路阻抗角81°。可以确认线路正方向发生三相短路故障。ABⅠ线路B站侧录波波形（保护动作时相量分析）如图2－24－8所示。

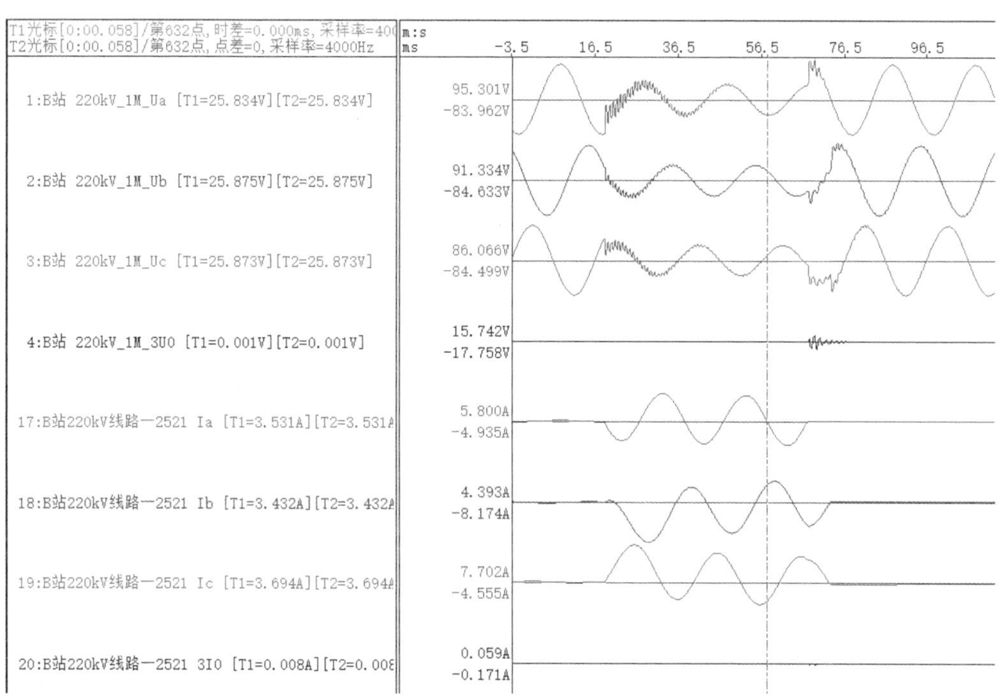

图2－24－7 ABⅠ线路B站侧录波波形（保护动作时）

三、综合总结

从波形特征解析，系统发生了ABⅠ线50%处三相短路故障。A站母线三相电压为降低，三相对称且为正序，无零序电压。三相电流明显增大，对称正序电流，无零序电流。相量分析可知电压超前电流一个线路阻抗角81°。可以确认线路正方向发生三相短路故

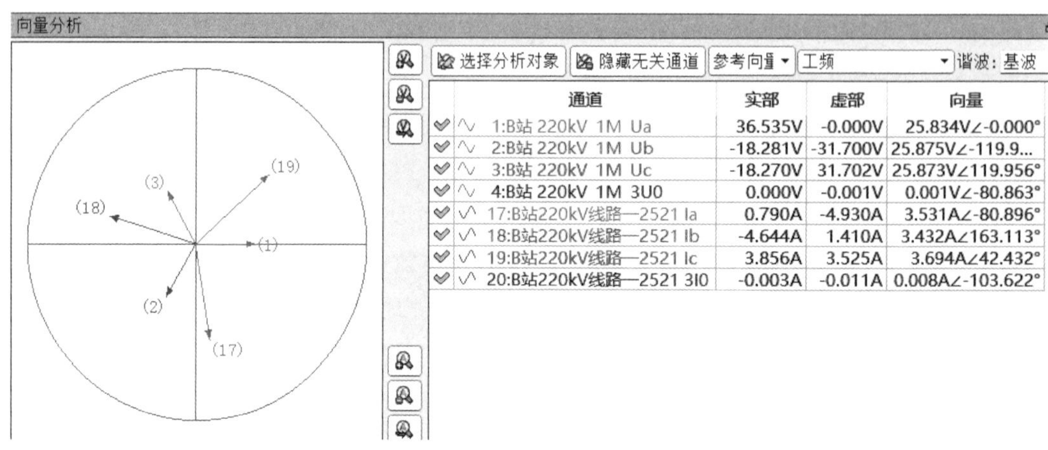

向量分析
选择分析对象
隐藏无关通道
参考向量
工频
谐波：基波
通道 实部 虚部 向量
1:B站 220kV 1M Ua 36.535V -0.000V 25.834V∠-0.000°
2:B站 220kV 1M Ub -18.281V -31.700V 25.875V∠-119.9...
3:B站 220kV 1M Uc -18.270V 31.702V 25.873V∠119.956°
4:B站 220kV 1M 3U0 0.000V -0.001V 0.001V∠-80.863°
17:B站220kV线路—2521 Ia 0.790A -4.930A 3.531A∠-80.896°
18:B站220kV线路—2521 Ib -4.644A 1.410A 3.432A∠163.113°
19:B站220kV线路—2521 Ic 3.856A 3.525A 3.694A∠42.432°
20:B站220kV线路—2521 3I0 -0.003A -0.011A 0.008A∠-103.622°
(1)
(2)
(3)
(17)
(18)
(19)

图 2-24-8　AB Ⅰ线路 B 站侧录波波形（保护动作时相量分析）

障。B 站母线三相电压降低，三相对称且为正序，无零序电压。三相电流明显增大，对称正序电流，无零序电流。相量分析可知电压超前电流一个线路阻抗角 81°。可以确认线路正方向发生三相短路故障。结合两侧信息可以确定线路区内中段发生三相短路故障。结合两侧保护装置故障信息测距结果，A 站侧测距 26.1km，B 站侧测距 26km，亦说明故障点线路中段 50%处。在保护动作跳开两侧三相开关后，故障消失，三相电压恢复正常。AB Ⅰ线路 A、B 站侧保护故障信息测距分别为表 2-24-5 和表 2-24-6。

表 2-24-5　　AB Ⅰ线路 A 站侧保护故障信息测距

序号	故障参数名称	故障参数实际值	故障参数单位
1	故障相电压	14.87	V
2	故障相电流	1.73	A
3	最大零序电流	0.01	A
4	最大差动电流	4.03	A
5	故障测距	26.10	km
6	故障相别	ABC	

表 2-24-6　　AB Ⅰ线路 B 站侧保护故障信息测距

序号	故障参数名称	故障参数实际值	故障参数单位
1	故障相电压	44.80	V
2	故障相电流	6.26	A
3	最大零序电流	0.02	A
4	最大差动电流	4.84	A
5	故障测距	26.00	km
6	故障相别	ABC	

从保护动作行为解析，故障发生后，A 站侧纵联差动保护动作，纵联距离动作，接地距离Ⅰ段动作，相间距离Ⅰ段动作，B 站侧纵联差动保护动作，纵联距离动作，相间距离Ⅰ段动作。考虑差动选相为 ABC，说明故障类型为区内三相短路故障。距离Ⅰ段保护范围一般整定为线路全长的 80%，两侧距离Ⅰ段均动作，说明故障点在线路中段。

综上所述，本次故障位于 ABⅠ线路 50%处，故障性质为三相短路故障，ABⅠ线线路保护动作行为正确。

2.25 线路出口处三相经电阻接地短路

一、故障信息

故障发生前 A 站、B 站、C 站运行方式为 ABⅠ线、ABⅡ线、ACⅠ线、BCⅠ线、#1 主变、#2 主变、母联均在合位，A 站#1 主变、ABⅠ线、ABⅡ线挂 1M、#2 主变、ACⅠ线挂 2M。ABⅠ线 A 站侧 TA 变比 2400/1，B 站侧 TA 变比 2000/1。线路全长 50km。故障发生前 A 站、B 站、C 站运行方式如图 2－25－1 所示。

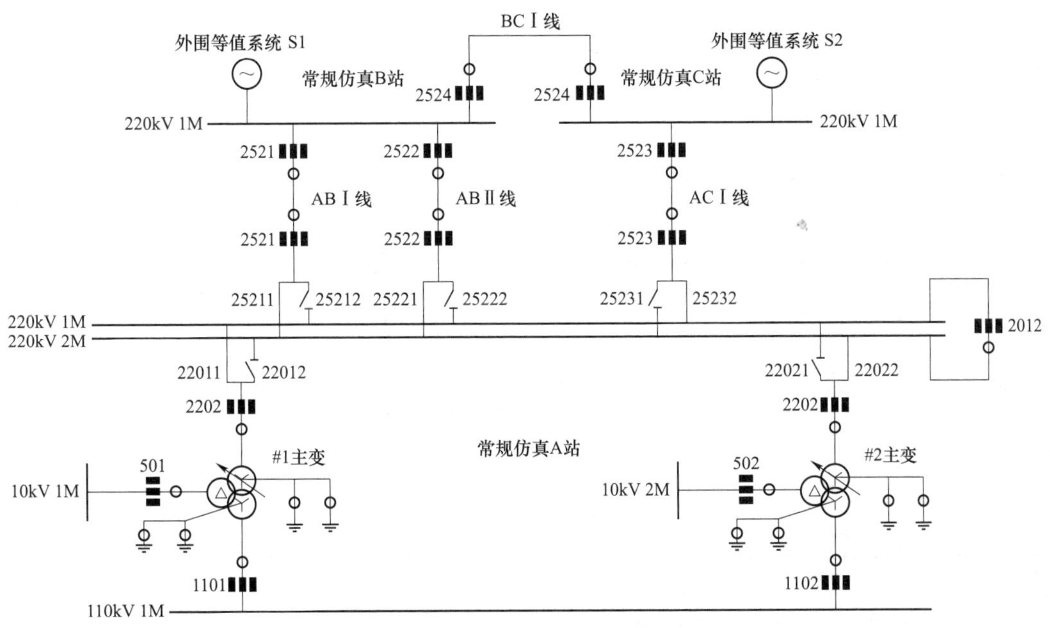

图 2－25－1 故障发生前 A 站、B 站、C 站运行方式

故障发生后，ABⅠ线线路两侧开关均在分位，其余开关位置也未发生变化，故障发生后 A 站、B 站、C 站运行方式，如图 2－25－2 所示。

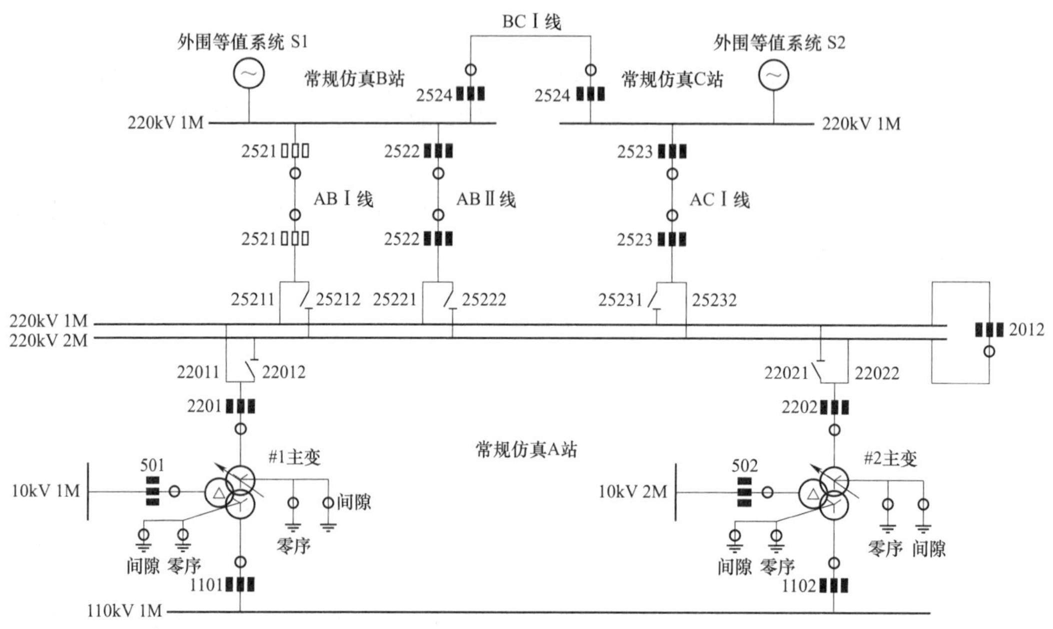

图 2-25-2　故障发生后 A 站、B 站、C 站运行方式

二、故障录波图解析

1. 保护动作报文解析

（1）从 A 站 AB Ⅰ线故障录波 HDR 文件读取相关保护信息，以保护启动初始时刻为基准，见表 2-25-1。

表 2-25-1　　AB Ⅰ线 A 站保护动作简报

序号	动作报文对应时间	动作报文名称	动作相别	动作报文变化值
1	0ms	保护启动		1
2	8ms	纵联差动保护动作	C	1
3	11ms	纵联差动保护动作	ABC	1
4	74ms	纵联差动保护动作		0
5	7086ms	保护启动		0

如表 2-25-1 中所示，AB Ⅰ线路 A 站侧保护启动后约 8ms 纵联差动保护动作，保护出口跳三相开关。

（2）从 B 站侧 AB Ⅰ线保护故障录波 HDR 文件读取相关保护信息，以保护启动初始时刻为基准，见表 2-25-2。

表 2-25-2　　　　AB Ⅰ线 B 站侧保护动作简报

序号	动作报文对应时间	动作报文名称	动作相别	动作报文变化值
1	0ms	保护启动		1
2	8ms	纵联差动保护动作	C	1
3	11ms	纵联差动保护动作	ABC	1
4	67ms	纵联差动保护动作		0
5	7077ms	保护启动		0

如表 2-25-2 中所示，AB Ⅰ线路 B 站侧保护启动后约 8ms 纵联差动保护动作，保护出口跳三相开关。

2. 开关量变位解析

（1）以故障初始时刻为基准，AB Ⅰ线路 A 站侧开关量变位图如图 2-25-3 所示。

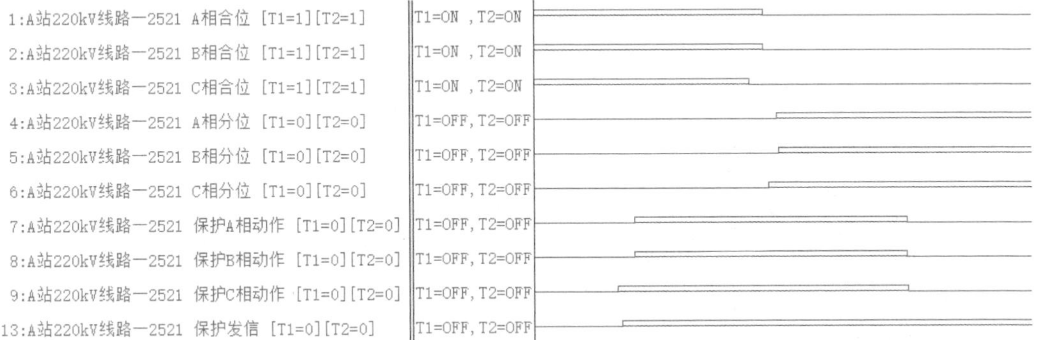

图 2-25-3　AB Ⅰ线路 A 站侧开关量变位图

AB Ⅰ线路 A 站侧开关量变位时间顺序见表 2-25-3。

表 2-25-3　　　　AB Ⅰ线路 A 站侧开关量变位时间顺序

位置	第 1 次变位时间	第 2 次变位时间
1:A 站 220kV 线路一 2521 A 相合位	↓ 47.750ms	
2:A 站 220kV 线路一 2521 B 相合位	↓ 47.750ms	
3:A 站 220kV 线路一 2521 C 相合位	↓ 44.750ms	
4:A 站 220kV 线路一 2521 A 相分位	↑ 50.750ms	
5:A 站 220kV 线路一 2521 B 相分位	↑ 51.250ms	
6:A 站 220kV 线路一 2521 C 相分位	↑ 49.000ms	
7:A 站 220kV 线路一 2521 保护 A 相动作	↑ 19.250ms	↓ 80.250ms
8:A 站 220kV 线路一 2521 保护 B 相动作	↑ 19.250ms	↓ 80.250ms
9:A 站 220kV 线路一 2521 保护 C 相动作	↑ 15.500ms	↓ 80.500ms
13:A 站 220kV 线路一 2521 保护发信	↑ 16.500ms	↓ 231.250ms

（2）以故障初始时刻为基准，AB Ⅰ 线路 B 站侧开关量变位情况如图 2－25－4 所示。

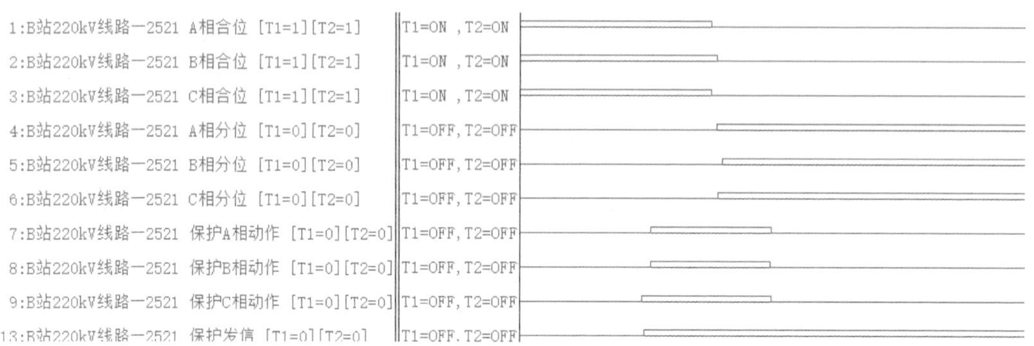

图 2－25－4 AB Ⅰ 线路 B 站侧开关量变位图

AB Ⅰ 线路 B 站侧开关量变位时间顺序见表 2－25－4。

表 2－25－4 AB Ⅰ 线路 B 站侧开关量变位时间顺序

位置	第 1 次变位时间	第 2 次变位时间
1:B 站 220kV 线路一 2521 A 相合位	↓ 46.000ms	
2:B 站 220kV 线路一 2521 B 相合位	↓ 48.250ms	
3:B 站 220kV 线路一 2521 C 相合位	↓ 46.000ms	
4:B 站 220kV 线路一 2521 A 相分位	↑ 48.500ms	
5:B 站 220kV 线路一 2521 B 相分位	↑ 50.750ms	
6:B 站 220kV 线路一 2521 C 相分位	↑ 48.750ms	
7:B 站 220kV 线路一 2521 保护 A 相动作	↑ 18.750ms	↓ 72.750ms
8:B 站 220kV 线路一 2521 保护 B 相动作	↑ 18.750ms	↓ 72.500ms
9:B 站 220kV 线路一 2521 保护 C 相动作	↑ 15.000ms	↓ 72.750ms
13:B 站 220kV 线路一 2521 保护发信	↑ 15.750ms	↓ 223.000ms

小结：故障发生后约 15ms AB Ⅰ 线路两侧保护三相纵联差动动作，约 50ms 时跳开三相开关。

3. 波形特征解析

（1）AB Ⅰ 线路 A 站侧录波图解析。查看 AB Ⅰ 线路 A 站侧故障波形图，如图 2－25－5 所示。

1）从图 2－25－5 解析可知 0ms 故障态电压特征为母线三相电压下降，持续 2.75 周波 55ms 左右，对称且为正序，电压幅值约为 53.7V，未出现零序电压，说明故障相为三相对称短路。在故障切除时，AC 相开关先分开，B 相开关分开较慢，此时出现零序电压。

2）从图 2－25－5 解析可知 0ms 故障态电流特征为 AB Ⅰ 线路三相电流升高，持续 2.75 周波 55ms 左右，对称且为正序，幅值约为 0.41A，未出现零序电流，说明故障相为三相对称短路。在故障切除时，AC 相开关先分开，B 相开关分开较慢，此时出现零序电流。

3）从图 2－25－5 解析可知约 15ms 线路保护差动保护切除 A 站侧开关后，三相故障电流消失，三相电压恢复正常，说明线路保护范围内故障切除。

4）从图 2－25－5 解析可知 0ms 故障态相量特征为三相电压下降且对称，三相电流升高且对称，通过相位解析，三相电流超前三相电压约 3°，说明正方向存在纯阻性故障，由于故障切除时出现零序电压电流，且幅值较大，超出两相断线能够产生的零序电流，因此故障类型为三相经过渡电阻短路并接地，如图 2－25－6 所示。

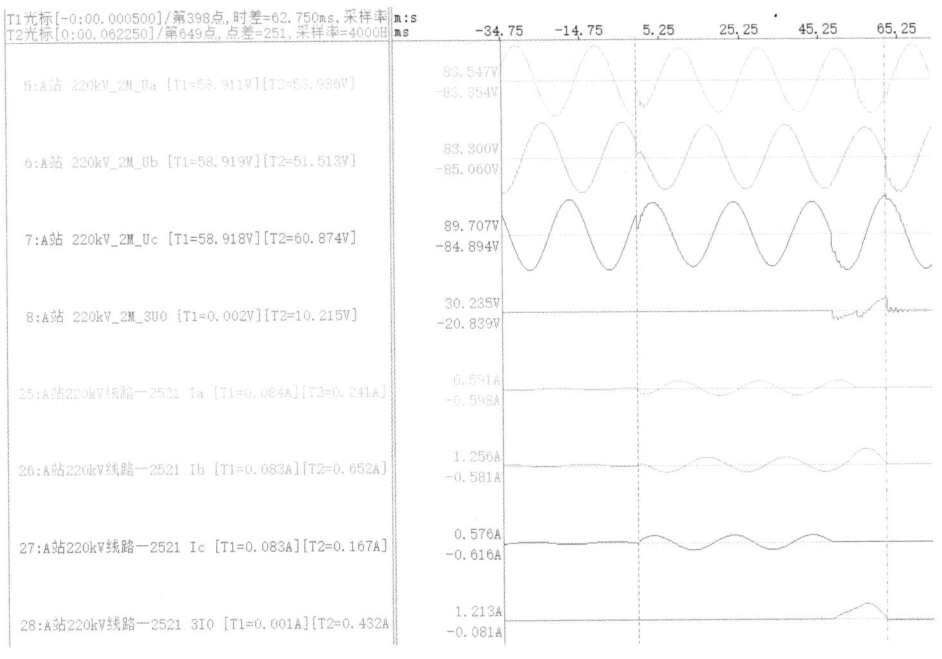

图 2－25－5 AB I 线路 A 站侧录波波形

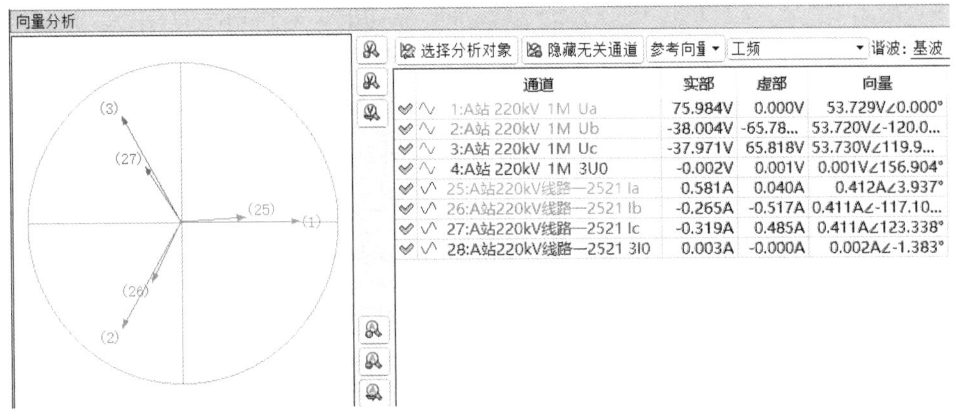

通道	实部	虚部	向量
1:A站 220kV 1M Ua	75.984V	0.000V	53.729V∠0.000°
2:A站 220kV 1M Ub	-38.004V	-65.78...	53.720V∠-120.0...
3:A站 220kV 1M Uc	-37.971V	65.818V	53.730V∠119.9...
4:A站 220kV 1M 3U0	-0.002V	0.001V	0.001V∠156.904°
25:A站220kV线路—2521 Ia	0.581A	0.040A	0.412A∠3.937°
26:A站220kV线路—2521 Ib	-0.265A	-0.517A	0.411A∠-117.10...
27:A站220kV线路—2521 Ic	-0.319A	0.485A	0.411A∠123.338°
28:A站220kV线路—2521 3I0	0.003A	-0.000A	0.002A∠-1.383°

图 2－25－6 AB I 线路 A 站侧录波波形（相量分析）

（2）AB Ⅰ 线路B站侧录波图解析。查看AB Ⅰ 线路B站侧故障波形图，如图2－25－7所示。

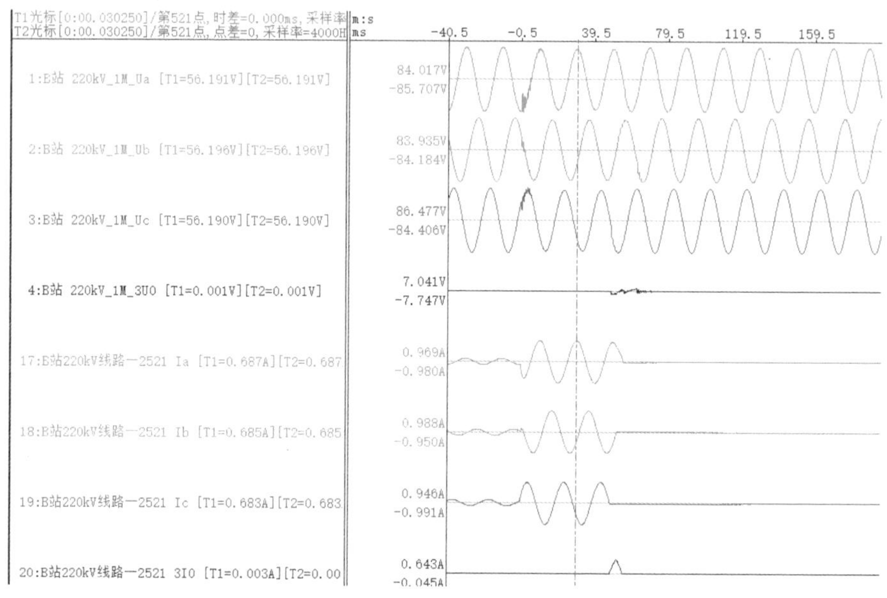

图 2－25－7　AB Ⅰ 线路 B 站侧录波波形

1）从图2－25－7解析可知0ms故障态电压特征为母线三相电压轻微下降，持续2.75周波55ms左右，对称且为正序，电压幅值由59.3V降至约56.2V，未出现零序电压，说明故障相为三相对称短路。在故障切除时，C相开关先分开，AB相开关分开较慢，此时出现零序电压。

2）从图2－25－7解析可知0ms故障态电流特征为AB Ⅰ 线路三相电流升高，持续2.75周波55ms左右，对称且为正序，幅值约为0.687A，未出现零序电流，说明故障相为三相对称短路。在故障切除时，C相开关先分开，AB相开关分开较慢，此时出现零序电流。

3）从图2－25－7解析可知约15ms线路保护差动保护动作切除B站侧三相开关后，三相故障电流消失，三相电压恢复正常，说明线路保护范围内故障切除。

4）从图2－25－7解析可知0ms故障态相量特征为三相电压轻微下降且对称，三相电流升高且对称，通过相位解析，三相电流滞后三相电压约9°，说明正方向存在纯阻性故障，由于故障切除时出现零序电压电流，且幅值较大，超出单相断线能够产生的零序电流，因此故障类型为三相经过渡电阻短路并接地，如图2－25－8所示。

三、综合总结

从波形特征解析，系统发生了AB Ⅰ 线三相A站出口处经过渡电阻三相短路故障。A站侧三相电压下降较多，B站侧靠近电源端故障后三相电压仅轻微下降，两侧三相故障电流均较小，且三相对称，向量分析两侧均为正方向区内，说明故障发生于区内，位置在靠近线路 A 站侧出口处（离 A 站侧近）。结合两侧保护装置故障信息测距结果，A 站侧测距 398.8km，B 站侧测距 298.4km，也印证了该故障为经过渡电阻三相短路。由于故障切除时出现零序电压电流，且幅值较大，超出断线能够产生的零序电流，因此故障类型为三相经过渡电阻短路并接地。AB Ⅰ 线路 A、B 站侧保护故障信息测距分别见表 2–25–5 和表 2–25–6。

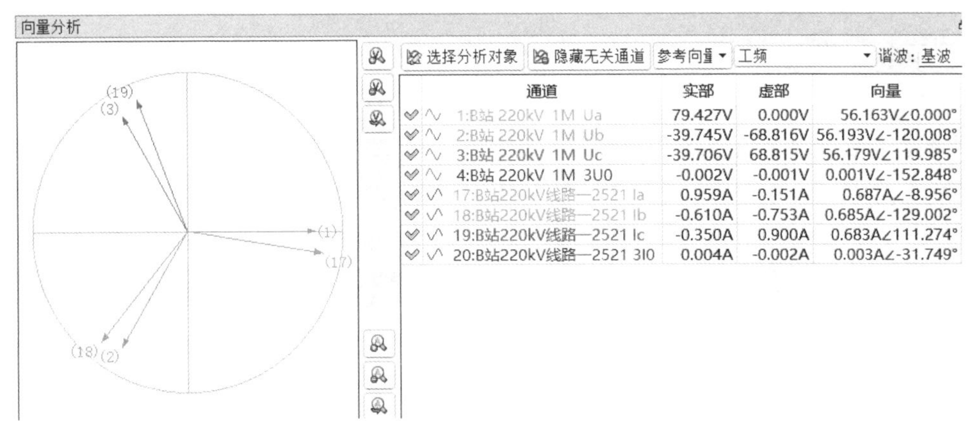

图 2–25–8 AB Ⅰ 线路 B 站侧录波波形（相量分析）

表 2–25–5 AB Ⅰ 线路 A 站侧保护故障信息测距

序号	故障参数名称	故障参数实际值	故障参数单位
1	故障相电压	93.32	V
2	故障相电流	0.71	A
3	最大零序电流	0.01	A
4	最大差动电流	1.00	A
5	故障测距	398.80	km
6	故障相别	ABC	

表 2–25–6 AB Ⅰ 线路 B 站侧保护故障信息测距

序号	故障参数名称	故障参数实际值	故障参数单位
1	故障相电压	97.57	V
2	故障相电流	1.19	A
3	最大零序电流	0.01	A
4	最大差动电流	1.19	A
5	故障测距	298.40	km
6	故障相别	ABC	

从保护动作行为解析，线路两侧均为三相差动保护动作，距离Ⅰ段均未动作，说明两侧测量阻抗超出整定保护范围，印证了该故障为经过渡电阻三相短路。

综上所述，本次故障位于 AB Ⅰ 线路 A 站侧出口处，故障性质为线路出口处三相经电阻接地短路，AB Ⅰ 线线路保护动作行为正确。

2.26　线路末端三相经电阻接地短路

一、故障信息

故障发生前 A 站、B 站、C 站运行方式为 AB Ⅰ 线、AB Ⅱ 线、AC Ⅰ 线、BC Ⅰ 线、#1 主变、#2 主变、母联均在合位，A 站#1 主变、AB Ⅰ 线、AB Ⅱ 线挂 1M、#2 主变、AC Ⅰ 线挂 2M。AB Ⅰ 线 A 站侧 TA 变比 2400/1，B 站侧 TA 变比 2000/1。线路全长 50km。故障发生前 A 站、B 站、C 站运行方式如图 2－26－1 所示。

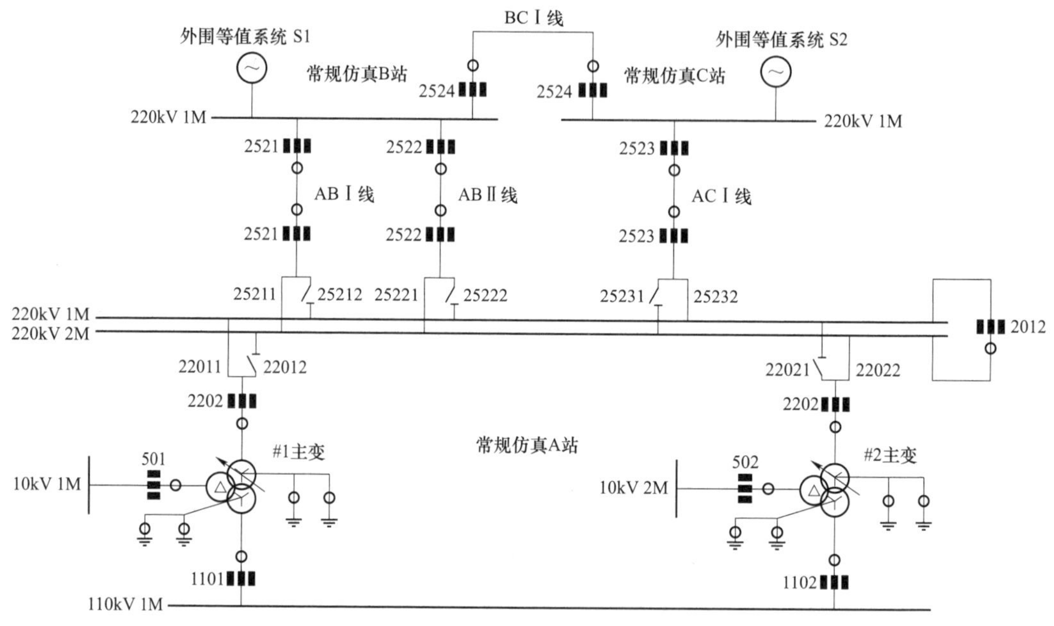

图 2－26－1　故障发生前 A 站、B 站、C 站运行方式

故障发生后，AB Ⅰ 线线路两侧开关均在分位，其余开关位置也未发生变化，故障发生后 A 站、B 站、C 站运行方式如图 2－26－2 所示。

二、故障录波图解析

1. 保护动作报文解析

（1）从 A 站 AB Ⅰ 线故障录波 HDR 文件读取相关保护信息，以保护启动初始时刻为基准，见表 2－26－1。

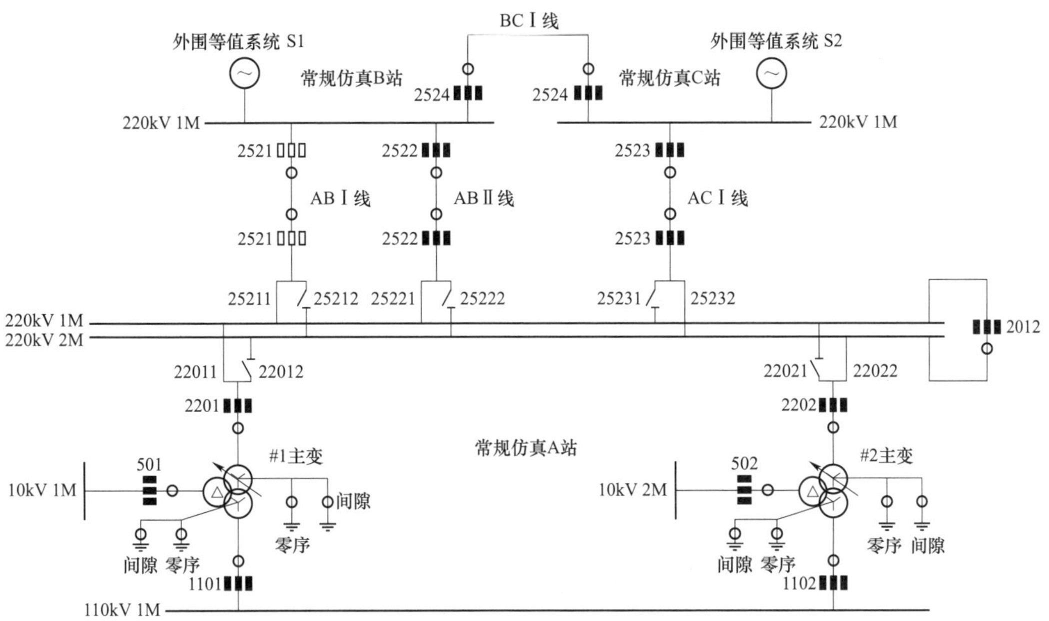

图 2-26-2　故障发生后 A 站、B 站、C 站运行方式

表 2-26-1　　　　AB Ⅰ线 A 站保护动作简报

序号	动作报文对应时间	动作报文名称	动作相别	动作报文变化值
1	0ms	保护启动		1
2	6ms	纵联差动保护动作	ABC	1
3	47ms	纵联差动保护动作		0
4	50ms	纵联差动保护动作	ABC	1
5	91ms	纵联差动保护动作		0

如表 2-26-1 中所示，AB Ⅰ线路 A 站侧保护启动后约 6ms 纵联差动保护动作，保护出口跳三相开关。

（2）从 B 站侧 AB Ⅰ线保护故障录波 HDR 文件读取相关保护信息，以保护启动初始时刻为基准，见表 2-26-2。

表 2-26-2　　　　AB Ⅰ线 B 站侧保护动作简报

序号	动作报文对应时间	动作报文名称	动作相别	动作报文变化值
1	0ms	保护启动		1
2	15ms	纵联差动保护动作	ABC	1
3	77ms	纵联差动保护动作		0
4	7086ms	保护启动		0

如表 2-26-2 中所示，AB Ⅰ线路 B 站侧保护启动后约 15ms 纵联差动保护动作，

保护出口跳三相开关。

2. 开关量变位解析

（1）以故障初始时刻为基准，AB Ⅰ线路 A 站侧开关量变位图如图 2–26–3 所示。

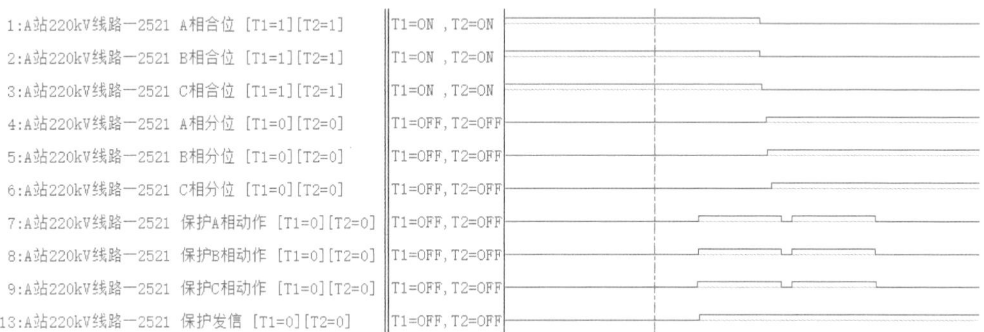

图 2–26–3　AB Ⅰ线路 A 站侧开关量变位图

AB Ⅰ线路 A 站侧开关量变位时间顺序见表 2–26–3。

表 2–26–3　　AB Ⅰ线路 A 站侧开关量变位时间顺序

位置	第 1 次变位时间	第 2 次变位时间	第 3 次变位时间	第 4 次变位时间
1:A 站 220kV 线路一 2521 A 相合位	↓ 49.000ms			
2:A 站 220kV 线路一 2521 B 相合位	↓ 49.000ms			
3:A 站 220kV 线路一 2521 C 相合位	↓ 50.000ms			
4:A 站 220kV 线路一 2521 A 相分位	↑ 52.000ms			
5:A 站 220kV 线路一 2521 B 相分位	↑ 52.500ms			
6:A 站 220kV 线路一 2521 C 相分位	↑ 54.250ms			
7:A 站 220kV 线路一 2521 保护 A 相动作	↑ 20.500ms	↓ 59.000ms	↑ 63.750ms	↓ 103.000ms
8:A 站 220kV 线路一 2521 保护 B 相动作	↑ 20.250ms	↓ 59.000ms	↑ 63.750ms	↓ 103.000ms
9:A 站 220kV 线路一 2521 保护 C 相动作	↑ 20.000ms	↓ 59.000ms	↑ 63.750ms	↓ 103.250ms
13:A 站 220kV 线路一 2521 保护发信	↑ 21.000ms	↓ 254.000ms		

（2）以故障初始时刻为基准，AB Ⅰ线路 B 站侧开关量变位情况如图 2–26–4 所示。

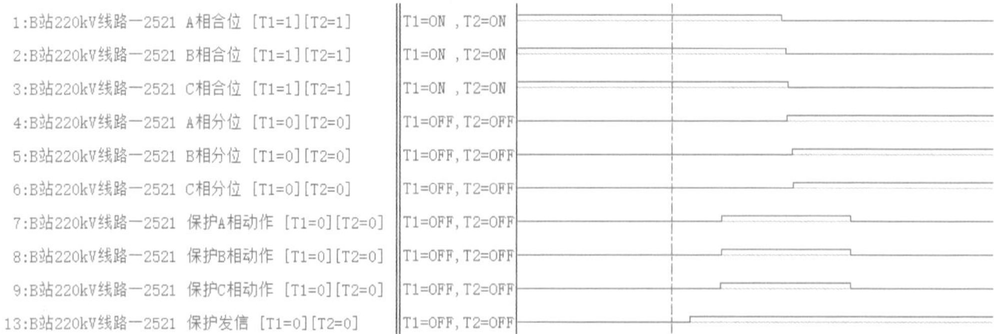

图 2–26–4　AB Ⅰ线路 B 站侧开关量变位图

AB Ⅰ线路 B 站侧开关量变位时间顺序见表 2－26－4。

表 2－26－4　　AB Ⅰ线路 B 站侧开关量变位表

位置	第 1 次变位时间	第 2 次变位时间
1:B 站 220kV 线路一 2521 A 相合位	↓ 50.250ms	
2:B 站 220kV 线路一 2521 B 相合位	↓ 52.500ms	
3:B 站 220kV 线路一 2521 C 相合位	↓ 53.250ms	
4:B 站 220kV 线路一 2521 A 相分位	↑ 52.750ms	
5:B 站 220kV 线路一 2521 B 相分位	↑ 55.500ms	
6:B 站 220kV 线路一 2521 C 相分位	↑ 56.000ms	
7:B 站 220kV 线路一 2521 保护 A 相动作	↑ 22.750ms	↓ 82.500ms
8:B 站 220kV 线路一 2521 保护 B 相动作	↑ 22.750ms	↓ 82.250ms
9:B 站 220kV 线路一 2521 保护 C 相动作	↑ 22.250ms	↓ 82.250ms
13:B 站 220kV 线路一 2521 保护发信	↑ 8.250ms	↓ 232.750ms

小结：故障发生后约 20ms AB Ⅰ线路两侧保护三相纵联差动动作，约 56ms 时跳开三相开关。

3. 波形特征解析

（1）AB Ⅰ线路 A 站侧录波图解析。查看 AB Ⅰ线路 A 站侧故障波形图，如图 2－26－5 所示。

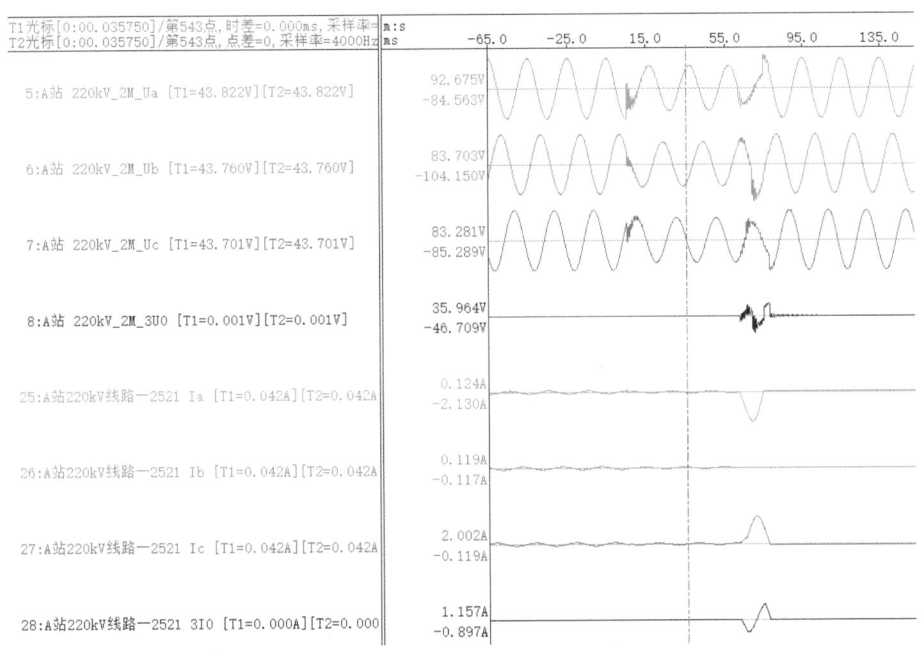

图 2－26－5　AB Ⅰ线路 A 站侧录波波形

1）从图 2－26－5 解析可知 0ms 故障态电压特征为母线三相电压下降，持续 3 周波

60ms 左右，对称且为正序，电压幅值约为 43.7V，未出现零序电压，说明故障相为三相对称短路。在故障切除时，B 相开关先分开，AC 相开关分开较慢，此时出现零序电压。

2）从图 2－26－5 解析可知 0ms 故障态电流特征为 AB Ⅰ线路三相幅值无明显变化，持续 3 周波 60ms 左右，对称且为正序，未出现零序电流，说明故障相为三相对称短路。在故障切除时，B 相开关先分开，AC 相开关分开较慢，此时出现零序电流。

3）从图 2－26－5 解析可知约 20ms 线路保护差动保护切除 A 站侧开关后，三相故障电流消失，三相电压恢复正常，证明故障在内区，说明线路保护范围内故障切除。

4）从图 2－26－5 解析可知 0ms 故障态相量特征为三相电压下降且对称，说明线路或母线上存在三相故障。由于故障切除时出现零序电压电流，且幅值较大，超出单相断线能够产生的零序电流，因此故障类型为三相经过渡电阻短路并接地，从本侧波形无法判别区内外情况，如图 2－26－6 所示。

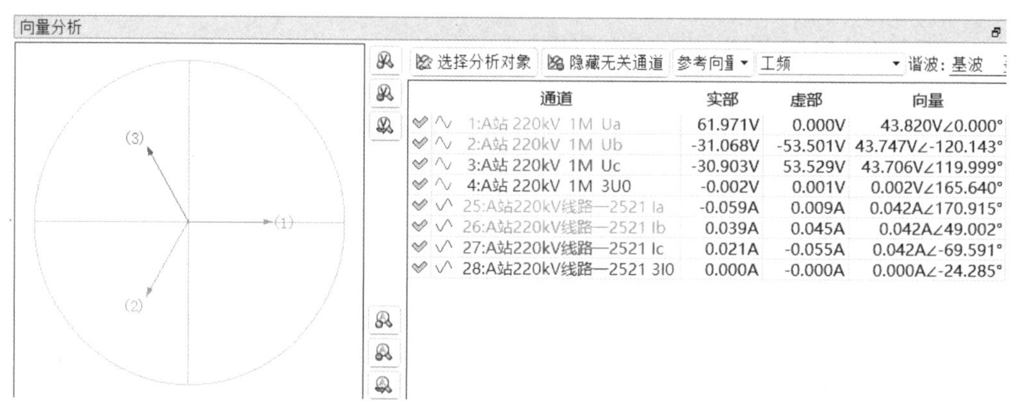

通道	实部	虚部	向量
1:A站 220kV 1M Ua	61.971V	0.000V	43.820V∠0.000°
2:A站 220kV 1M Ub	-31.068V	-53.501V	43.747V∠-120.143°
3:A站 220kV 1M Uc	-30.903V	53.529V	43.706V∠119.999°
4:A站 220kV 1M 3U0	-0.002V	0.001V	0.002V∠165.640°
25:A站220kV线路—2521 Ia	-0.059A	0.009A	0.042A∠170.915°
26:A站220kV线路—2521 Ib	0.039A	0.045A	0.042A∠49.002°
27:A站220kV线路—2521 Ic	0.021A	-0.055A	0.042A∠-69.591°
28:A站220kV线路—2521 3I0	0.000A	-0.000A	0.000A∠-24.285°

图 2－26－6　AB Ⅰ线路 A 站侧录波波形（相量分析）

（2）AB Ⅰ线路 B 站侧录波图解析。查看 AB Ⅰ线路 B 站侧故障波形图，如图 2－26－7 所示。

1）从图 2－26－7 解析可知 0ms 故障态电压特征为母线三相电压下降，持续 3 周波 60ms 左右，对称且为正序，电压幅值降至约 44V，未出现零序电压，说明故障相为三相对称短路。在故障切除时，A 相开关先分开，BC 相开关分开较慢，此时出现零序电压。

2）从图 2－26－7 解析可知 0ms 故障态电流特征为 AB Ⅰ线路三相电流升高，持续 3 周波 60ms 左右，对称且为正序，幅值约为 4.88A，未出现零序电流，说明故障相为三相对称短路。在故障切除时，A 相开关先分开，BC 相开关分开较慢，此时出现零序电流。

3）从图 2－26－7 解析可知约 20ms 线路保护差动保护动作切除 B 站侧三相开关后，三相故障电流消失，三相电压恢复正常，说明线路保护范围内故障切除。

4）从图 2－26－7 解析可知 0ms 故障态相量特征为三相电压下降且对称，三相电流升高且对称，通过相位解析，三相电流滞后三相电压约 0°，说明正方向出口存在纯阻性故障，由于故障切除时出现零序电压电流，且幅值较大，超出单相断线能够产生的零序电流，因此故障类型为三相经过渡电阻短路并接地，如图 2-26-8 所示。

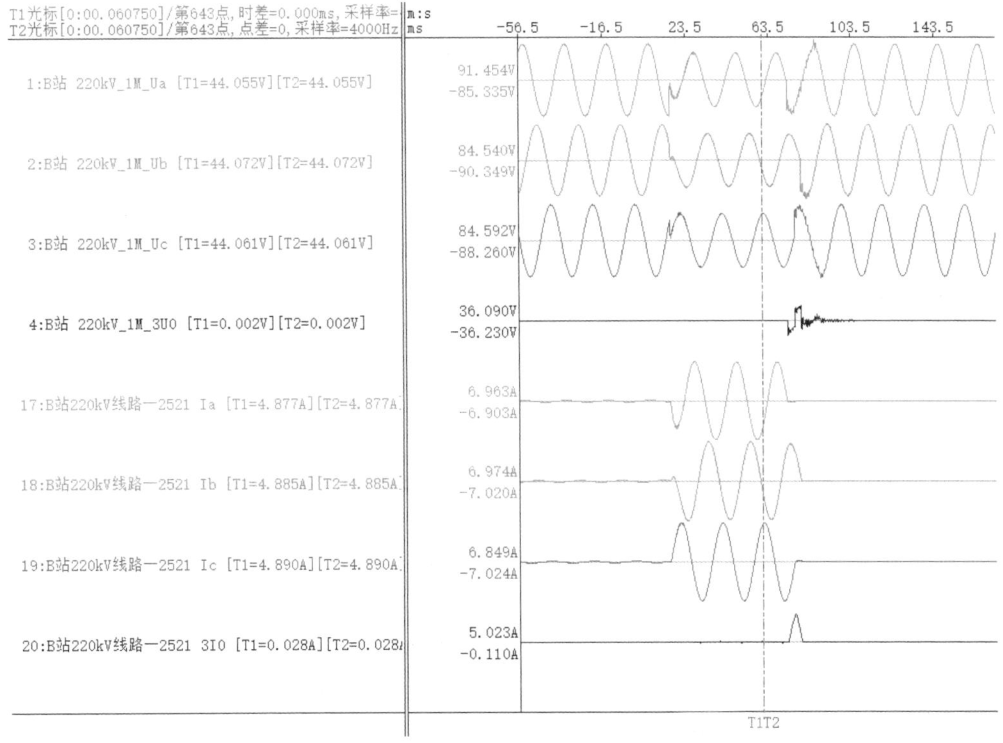

图 2-26-7　AB Ⅰ线路 B 站侧录波波形

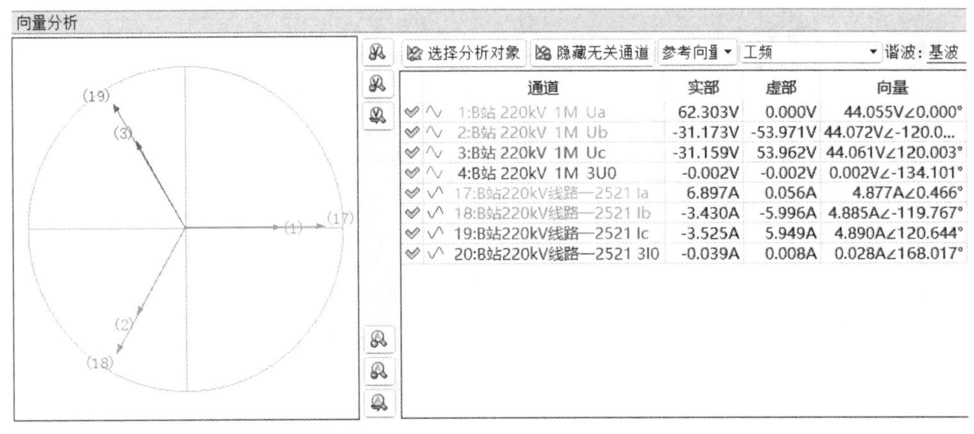

通道	实部	虚部	向量
1:B站 220kV 1M Ua	62.303V	0.000V	44.055V∠0.000°
2:B站 220kV 1M Ub	-31.173V	-53.971V	44.072V∠-120.0...
3:B站 220kV 1M Uc	-31.159V	53.962V	44.061V∠120.003°
4:B站 220kV 1M 3U0	-0.002V	-0.002V	0.002V∠-134.101°
17:B站220kV线路—2521 Ia	6.897A	0.056A	4.877A∠0.466°
18:B站220kV线路—2521 Ib	-3.430A	-5.996A	4.885A∠-119.767°
19:B站220kV线路—2521 Ic	-3.525A	5.949A	4.890A∠120.644°
20:B站220kV线路—2521 3I0	-0.039A	0.008A	0.028A∠168.017°

图 2-26-8　AB Ⅰ线路 B 站侧录波波形（相量分析）

三、综合总结

从波形特征解析，系统发生了 AB Ⅰ线三相 B 站出口处经过渡电阻三相短路故障。A 站侧及B站侧三相电压下降基本一致，均为正序对称电压，幅值约为44V，A站侧三相电流较小，B站侧三相故障电流均较大，且三相对称。向量分析B站侧三相电压电流相位相同，说明故障发生于区内，且位置在靠近线路B站侧出口处（A站ABⅠ线末端），A站侧因背后无电源点电流无明显变化。结合两侧保护装置故障信息测距结果，A站侧测距3271.7km，B站侧测距32.8km，也印证了该故障为经过渡电阻三相短路。由于故障切除时出现零序电压电流，且幅值较大，超出断线能够产生的零序电流，因此故障类型为三相经过渡电阻短路并接地。ABⅠ线路A、B站侧保护故障信息测分别见表2-26-5和表2-26-6。

表2-26-5　　ABⅠ线路A站侧保护故障信息测距

序号	故障参数名称	故障参数实际值	故障参数单位
1	故障相电压	76.00	V
2	故障相电流	0.07	A
3	最大零序电流	0.00	A
4	最大差动电流	4.06	A
5	故障测距	3271.70	km
6	故障相别	ABC	

表2-26-6　　ABⅠ线路B站侧保护故障信息测距

序号	故障参数名称	故障参数实际值	故障参数单位
1	故障相电压	76.46	V
2	故障相电流	8.51	A
3	最大零序电流	0.02	A
4	最大差动电流	4.88	A
5	故障测距	32.80	km
6	故障相别	ABC	

从保护动作行为解析，线路两侧均为三相差动保护动作，距离Ⅰ段均未动作，说明两侧测量阻抗超出整定保护范围，印证了该故障为经过渡电阻三相短路。

综上所述，本次故障位于ABⅠ线路B站侧出口处（A站ABⅠ线线路末端），故障性质为线路出口处三相经电阻接地短路，ABⅠ线线路保护动作行为正确。

2.27　线路50%处三相经电阻接地短路

一、故障信息

故障发生前A站、B站、C站运行方式为ABⅠ线、ABⅡ线、ACⅠ线、BCⅠ线、#1主变、#2主变、母联均在合位，A站#1主变、ABⅠ线、ABⅡ线挂1M、#2主变、

AC Ⅰ线挂 2M。AB Ⅰ线 A 站侧 TA 变比 2400/1，B 站侧 TA 变比 2000/1。线路全长 50km。故障发生前 A 站、B 站、C 站运行方式如图 2－27－1 所示。

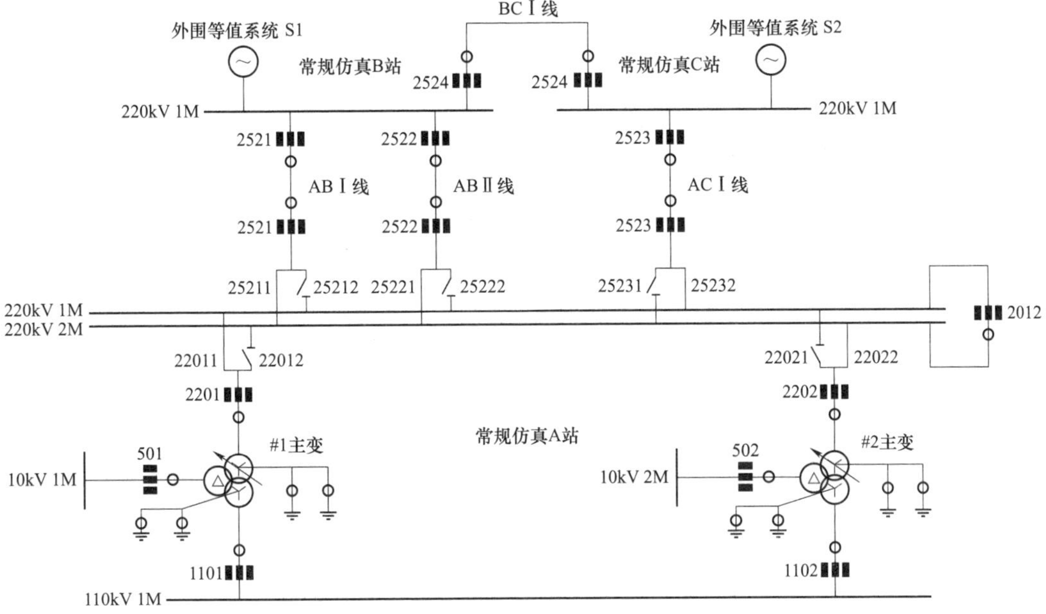

图 2－27－1　故障发生前 A 站、B 站、C 站运行方式

故障发生后，AB Ⅰ线线路两侧开关均在分位，其余开关位置也未发生变化，故障发生后 A 站、B 站、C 站运行方式如图 2－27－2 所示。

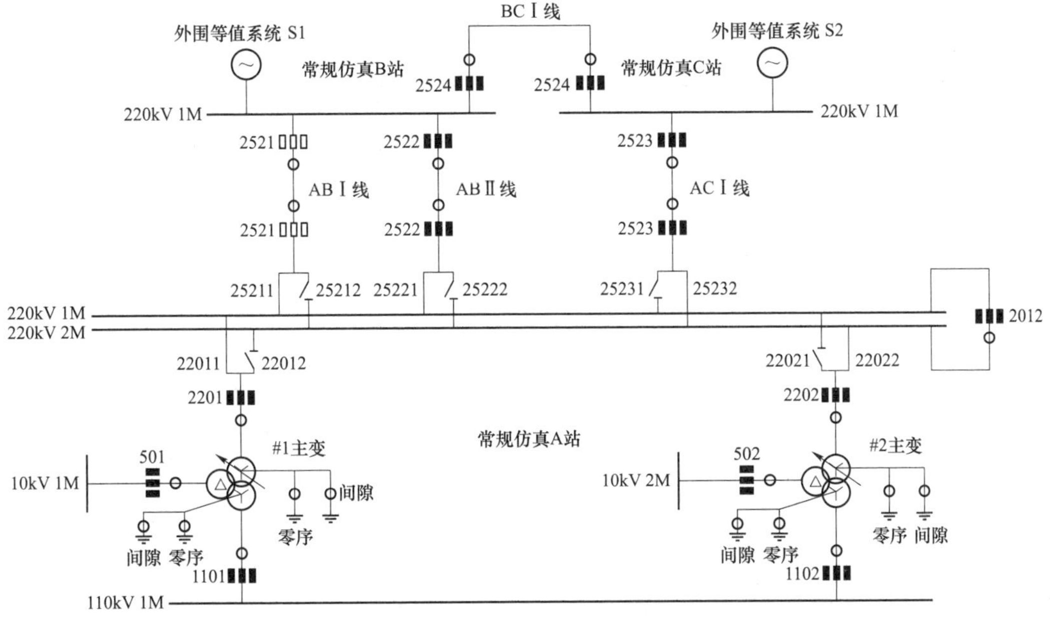

图 2－27－2　故障发生后 A 站、B 站、C 站运行方式

二、故障录波图解析

1. 保护动作报文解析

（1）从 A 站 AB Ⅰ 线故障录波 HDR 文件读取相关保护信息，以保护启动初始时刻为基准，见表 2－27－1。

表 2－27－1　　AB Ⅰ 线 A 站保护动作简报

序号	动作报文对应时间	动作报文名称	动作相别	动作报文变化值
1	0ms	保护启动		1
2	8ms	纵联差动保护动作	C	1
3	10ms	纵联差动保护动作	ABC	1
4	63ms	纵联差动保护动作		0
5	7073ms	保护启动		0

如表 2－27－1 中所示，AB Ⅰ 线路 A 站侧保护启动后约 8ms 纵联差动保护动作，保护出口跳三相开关。

（2）从 B 站侧 AB Ⅰ 线保护故障录波 HDR 文件读取相关保护信息，以保护启动初始时刻为基准，见表 2－27－2。

表 2－27－2　　AB Ⅰ 线 B 站侧保护动作简报

序号	动作报文对应时间	动作报文名称	动作相别	动作报文变化值
1	0ms	保护启动		1
2	8ms	纵联差动保护动作	C	1
3	11ms	纵联差动保护动作	ABC	1
4	71ms	纵联差动保护动作		0
5	7082ms	保护启动		0

如表 2－27－2 中所示，AB Ⅰ 线路 B 站侧保护启动后约 8ms 纵联差动保护动作，保护出口跳三相开关。

2. 开关量变位解析

（1）以故障初始时刻为基准，AB Ⅰ 线路 A 站侧开关量变位图如图 2－27－3 所示。

AB Ⅰ 线路 A 站侧开关量变位时间顺序见表 2－27－3。

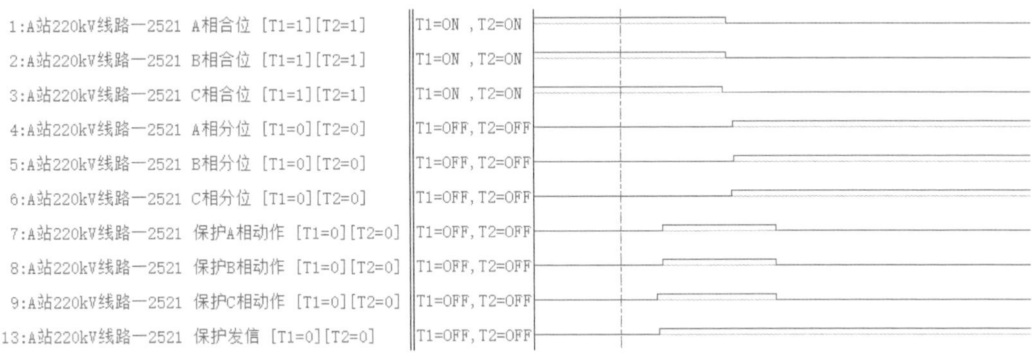

图 2-27-3 AB Ⅰ线路 A 站侧开关量变位图

表 2-27-3　　AB Ⅰ线路 A 站侧开关量变位时间顺序

位置	第 1 次变位时间	第 2 次变位时间
1:A 站 220kV 线路一 2521 A 相合位	↓ 47.250ms	
2:A 站 220kV 线路一 2521 B 相合位	↓ 47.250ms	
3:A 站 220kV 线路一 2521 C 相合位	↓ 45.500ms	
4:A 站 220kV 线路一 2521 A 相分位	↑ 50.250ms	
5:A 站 220kV 线路一 2521 B 相分位	↑ 50.750ms	
6:A 站 220kV 线路一 2521 C 相分位	↑ 49.500ms	
7:A 站 220kV 线路一 2521 保护 A 相动作	↑ 18.750ms	↓ 69.000ms
8:A 站 220kV 线路一 2521 保护 B 相动作	↑ 18.750ms	↓ 69.000ms
9:A 站 220kV 线路一 2521 保护 C 相动作	↑ 16.000ms	↓ 69.000ms
13:A 站 220kV 线路一 2521 保护发信	↑ 17.000ms	↓ 220.000ms

（2）以故障初始时刻为基准，AB Ⅰ线路 B 站侧开关量变位情况如图 2-27-4 所示。

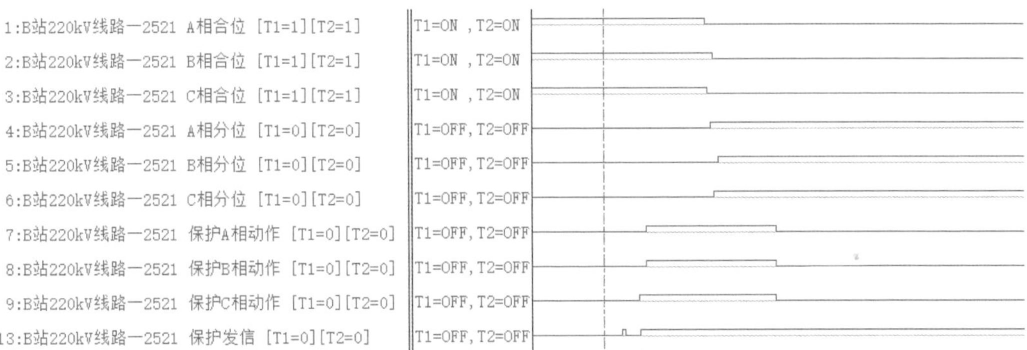

图 2-27-4 AB Ⅰ线路 B 站侧开关量变位图

ABⅠ线路 B 站侧开关量变位时间顺序见表 2－27－4。

表 2－27－4　　　　　　ABⅠ线路 B 站侧开关量变位表

位置	第 1 次变位时间	第 2 次变位时间	第 3 次变位时间	第 4 次变位时间
1:B 站 220kV 线路一 2521 A 相合位	↓ 45.000ms			
2:B 站 220kV 线路一 2521 B 相合位	↓ 48.250ms			
3:B 站 220kV 线路一 2521 C 相合位	↓ 46.000ms			
4:B 站 220kV 线路一 2521 A 相分位	↑ 47.500ms			
5:B 站 220kV 线路一 2521 B 相分位	↑ 51.000ms			
6:B 站 220kV 线路一 2521 C 相分位	↑ 48.750ms			
7:B 站 220kV 线路一 2521 保护 A 相动作	↑ 18.250ms	↓ 76.250ms		
8:B 站 220kV 线路一 2521 保护 B 相动作	↑ 18.250ms	↓ 76.250ms		
9:B 站 220kV 线路一 2521 保护 C 相动作	↑ 15.250ms	↓ 76.250ms		
13:B 站 220kV 线路一 2521 保护发信	↑ 8.000ms	↓ 9.500ms	↑ 16.000ms	↓ 226.750ms

小结：故障发生后约 15ms ABⅠ线路两侧保护三相纵联差动动作，约 51ms 时跳开三相开关。

3. 波形特征解析

（1）ABⅠ线路 A 站侧录波图解析。查看 ABⅠ线路 A 站侧故障波形图，如图 2－27－5 所示。

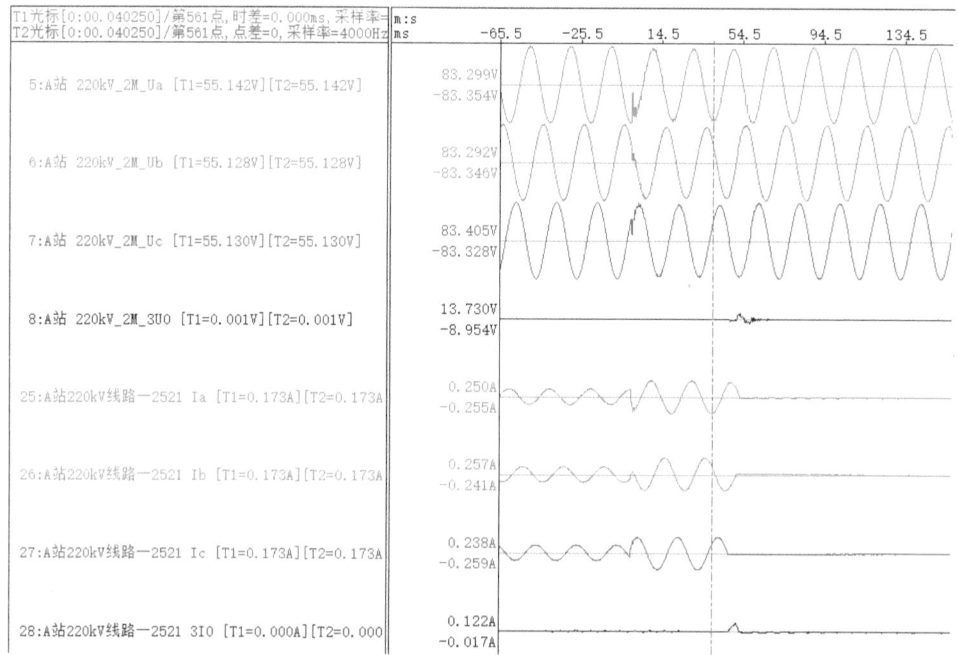

图 2－27－5　ABⅠ线路 A 站侧录波波形

1）从图 2－27－5 解析可知 0ms 故障态电压特征为母线三相电压轻微下降，持续 3 周波 60ms 左右，对称且为正序，电压幅值由 58.9V 下降至约 55.11V，未出现零序电压，说明故障相为三相对称短路。在故障切除时，C 相开关先分开，AB 相开关分开较慢，此时出现零序电压。

2）从图 2－27－5 解析可知 0ms 故障态电流特征为 ABⅠ线路三相幅值轻微变大 0.173A，持续 3 周波 60ms 左右，对称且为正序，未出现零序电流，说明故障相为三相对称短路。在故障切除时，C 相开关先分开，AB 相开关分开较慢，此时出现零序电流。

3）从图 2－27－5 解析可知约 18ms 线路保护差动保护切除 A 站侧开关后，三相故障电流消失，三相电压恢复正常，证明故障在内区，说明线路保护范围内故障切除。

4）从图 2－27－5 解析可知 0ms 故障态相量特征为三相电压下降且对称，三相电流轻微变大且对称，三相电压滞后三相电流 5°，说明线路正方向上存在三相经过渡电阻故障。由于故障切除时出现零序电压电流，且幅值较大，超出单相断线能够产生的零序电流，因此故障类型为三相经过渡电阻短路并接地，如图 2－27－6 所示。

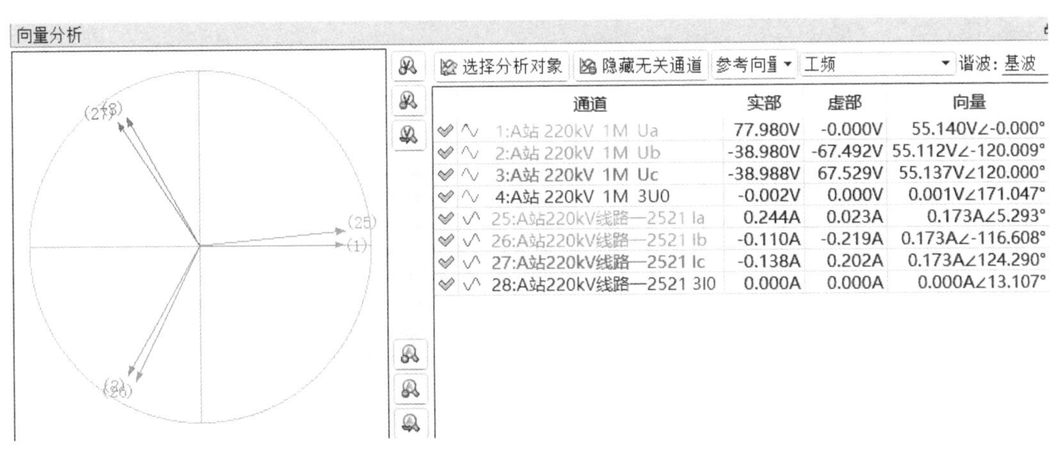

图 2－27－6 ABⅠ线路 A 站侧录波波形（相量分析）

（2）ABⅠ线路 B 站侧录波图解析。查看 ABⅠ线路 B 站侧故障波形图，如图 2－27－7 所示。

1）从图 2－27－7 解析可知 0ms 故障态电压特征为母线三相电压轻微下降，持续 3 周波 60ms 左右，对称且为正序，电压幅值由 59.3V 下降至约 56.5V，未出现零序电压，说明故障相为三相对称短路。在故障切除时，B 相开关先分开，AC 相开关分开较慢，此时出现零序电压。

2）从图 2－27－7 解析可知 0ms 故障态电流特征为 ABⅠ线路三相电流幅值 1A，持续 3 周波 60ms 左右，对称且为正序，未出现零序电流，说明故障相为三相对称短路。在故障切除时，B 相开关先分开，AC 相开关分开较慢，此时出现零序电流。

3）从图 2－27－7 解析可知约 18ms 线路保护差动保护动作切除 B 站侧三相开关后，三相故障电流消失，三相电压恢复正常，说明线路保护范围内故障切除。

4）从图 2－27－7 解析可知 0ms 故障态相量特征为三相电压下降且对称，三相电流变大且对称，三相电压超前三相电流 6°，说明线路正方向上存在三相经过渡电阻故障。由于故障切除时出现零序电压电流，且幅值较大，超出单相断线能够产生的零序电流，因此故障类型为三相经过渡电阻短路并接地，如图 2－27－8 所示。

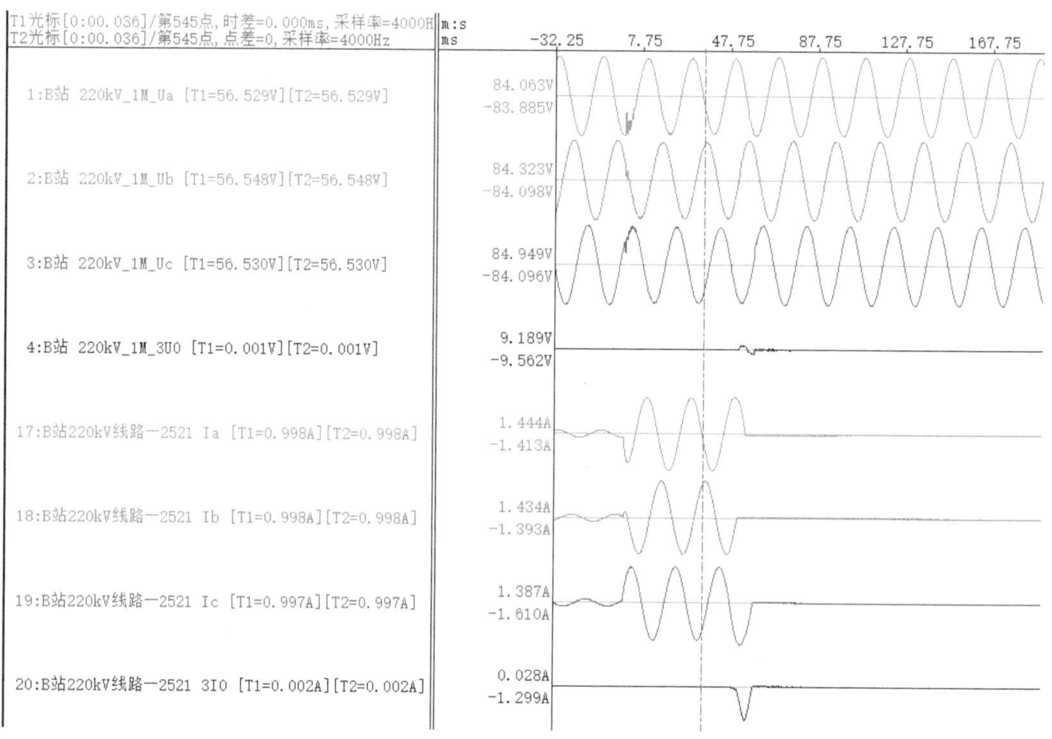

图 2－27－7　AB Ⅰ线路 B 站侧录波波形

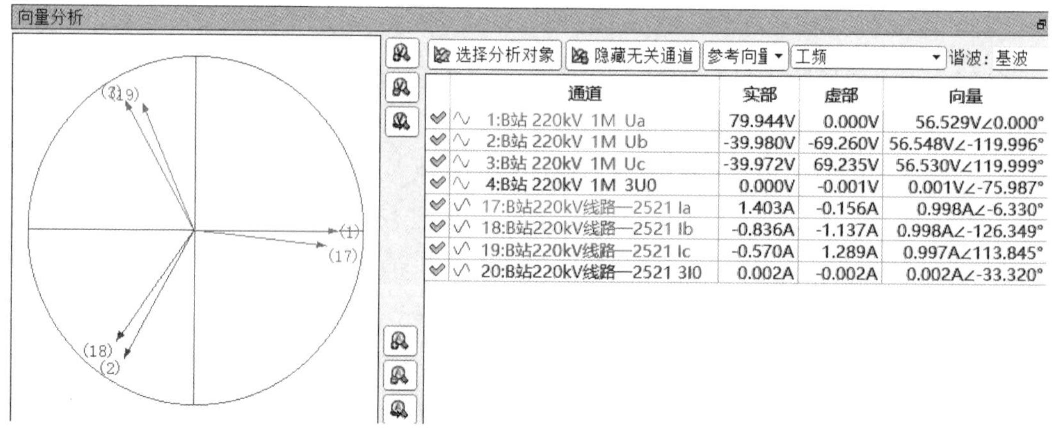

通道	实部	虚部	向量
1:B站 220kV 1M Ua	79.944V	0.000V	56.529V∠0.000°
2:B站 220kV 1M Ub	-39.980V	-69.260V	56.548V∠-119.996°
3:B站 220kV 1M Uc	-39.972V	69.235V	56.530V∠119.999°
4:B站 220kV 1M 3U0	0.000V	-0.001V	0.001V∠-75.987°
17:B站220kV线路—2521 Ia	1.403A	-0.156A	0.998A∠-6.330°
18:B站220kV线路—2521 Ib	-0.836A	-1.137A	0.998A∠-126.349°
19:B站220kV线路—2521 Ic	-0.570A	1.289A	0.997A∠113.845°
20:B站220kV线路—2521 3I0	0.002A	-0.002A	0.002A∠-33.320°

图 2－27－8　AB Ⅰ线路 B 站侧录波波形（相量分析）

三、综合总结

从波形特征解析，系统发生了 AB Ⅰ线三相线路 50%处经过渡电阻三相短路故障。A 站侧及 B 站侧三相电压均有一定下降，均为正序对称电压，B 站侧三相故障电流较大，A 站侧三相故障电流相对较小但仍提供了明显故障电流，且三相对称，说明故障点在线路中段。相量分析 B 站侧三相电压超前三相电流相位 6°，说明正方向故障，A 站侧三相电压滞后三相电流相位 5°，正方向故障，结合两侧信息，故障发生于线路区内。结合两侧保护装置故障信息测距结果，A 站侧测距 975.6km，B 站侧测距 206.7km，也印证了该故障为经过渡电阻三相短路。由于故障切除时出现零序电压电流，且幅值较大，超出断线能够产生的零序电流，因此故障类型为三相经过渡电阻短路并接地。AB Ⅰ线路 A、B 站侧保护故障信息测距分别见表 2-27-5 和表 2-27-6。

表 2-27-5　　AB Ⅰ线路 A 站侧保护故障信息测距

序号	故障参数名称	故障参数实际值	故障参数单位
1	故障相电压	95.76	V
2	故障相电流	0.30	A
3	最大零序电流	0.01	A
4	最大差动电流	1.02	A
5	故障测距	975.60	km
6	故障相别	ABC	

表 2-27-6　　AB Ⅰ线路 B 站侧保护故障信息测距

序号	故障参数名称	故障参数实际值	故障参数单位
1	故障相电压	98.29	V
2	故障相电流	1.74	A
3	最大零序电流	0.01	A
4	最大差动电流	1.23	A
5	故障测距	206.70	km
6	故障相别	ABC	

从保护动作行为解析，线路两侧均为三相差动保护动作，距离Ⅰ段均未动作，说明两侧测量阻抗超出整定保护范围，印证了该故障为经过渡电阻三相短路。

综上所述，本次故障位于 AB Ⅰ线路 50%处，故障性质为线路出口处三相经电阻接地短路，AB Ⅰ线线路保护动作行为正确。

2.28 线路出口处两相各经50Ω电阻接地

一、故障信息

故障发生前A站、B站、C站运行方式为ABⅠ线、ABⅡ线、ACⅠ线、BCⅠ线、#1主变、#2主变、母联均在合位，A站#1主变、ABⅠ线、ABⅡ线挂1M、#2主变、ACⅠ线挂2M。ABⅠ线A站侧TA变比2400/1，B站侧TA变比2000/1。线路全长50km。故障发生前A站、B站、C站运行方式如图2-28-1所示。

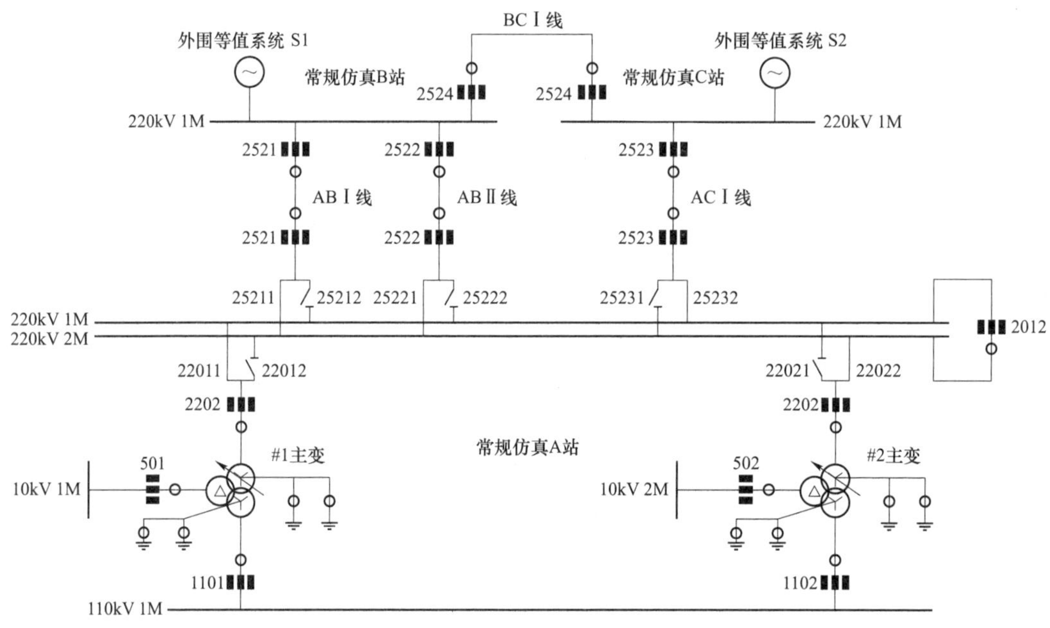

图2-28-1 故障发生前A站、B站、C站运行方式

故障发生后，ABⅠ线线路两侧开关均在分位，其余开关位置也未发生变化，故障发生后A站、B站、C站运行方式如图2-28-2所示。

二、故障录波图解析

1. 保护动作报文解析

（1）从A站ABⅠ线故障录波HDR文件读取相关保护信息，以保护启动初始时刻为基准，见表2-28-1。

如表2-28-1中所示，ABⅠ线路A站侧保护启动后约8ms纵联差动保护动作，保护出口跳三相开关。

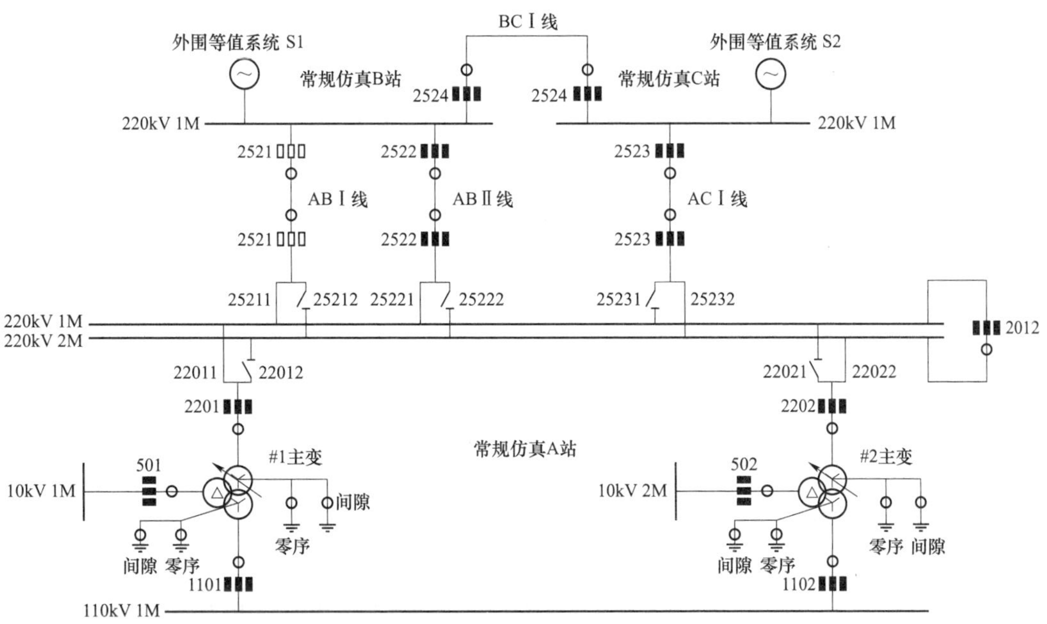

图 2-28-2 故障发生后 A 站、B 站、C 站运行方式

表 2-28-1 AB Ⅰ线 A 站保护动作简报

序号	动作报文对应时间	动作报文名称	动作相别	动作报文变化值
1	0ms	保护启动		1
2	8ms	纵联差动保护动作	C	1
3	11ms	纵联差动保护动作	ABC	1
4	67ms	纵联差动保护动作		0
5	7078ms	保护启动		0

（2）从 B 站侧 AB Ⅰ线保护故障录波 HDR 文件读取相关保护信息，以保护启动初始时刻为基准，见表 2-28-2。

表 2-28-2 AB Ⅰ线 B 站侧保护动作简报

序号	动作报文对应时间	动作报文名称	动作相别	动作报文变化值
1	0ms	保护启动		1
2	8ms	纵联差动保护动作	C	1
3	11ms	纵联差动保护动作	ABC	1
4	67ms	纵联差动保护动作		0
5	7078ms	保护启动		0

如表 2-28-2 中所示，AB Ⅰ线路 B 站侧保护启动后约 8ms 纵联差动保护动作，保护出口跳三相开关。

2. 开关量变位解析

（1） 以故障初始时刻为基准，AB Ⅰ线路 A 站侧开关量变位图如图 2－28－3 所示。

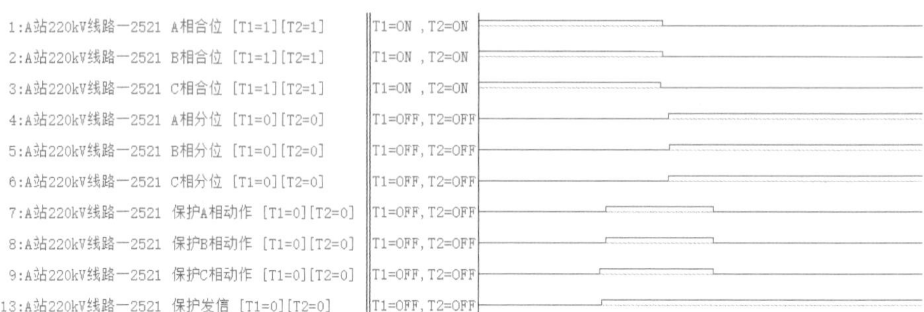

图 2－28－3　AB Ⅰ线路 A 站侧开关量变位图

AB Ⅰ线路 A 站侧开关量变位时间顺序见表 2－28－3。

表 2－28－3　　AB Ⅰ线路 A 站侧开关量变位时间顺序

位置	第 1 次变位时间	第 2 次变位时间
1:A 站 220kV 线路一 2521 A 相合位	↓ 47.000ms	
2:A 站 220kV 线路一 2521 B 相合位	↓ 46.750ms	
3:A 站 220kV 线路一 2521 C 相合位	↓ 46.000ms	
4:A 站 220kV 线路一 2521 A 相分位	↑ 49.750ms	
5:A 站 220kV 线路一 2521 B 相分位	↑ 50.250ms	
6:A 站 220kV 线路一 2521 C 相分位	↑ 50.000ms	
7:A 站 220kV 线路一 2521 保护 A 相动作	↑ 19.000ms	↓ 72.500ms
8:A 站 220kV 线路一 2521 保护 B 相动作	↑ 18.750ms	↓ 72.500ms
9:A 站 220kV 线路一 2521 保护 C 相动作	↑ 16.000ms	↓ 72.500ms
13:A 站 220kV 线路一 2521 保护发信	↑ 17.000ms	↓ 223.250ms

（2） 以故障初始时刻为基准，AB Ⅰ线路 B 站侧开关量变位情况如图 2－28－4 所示。

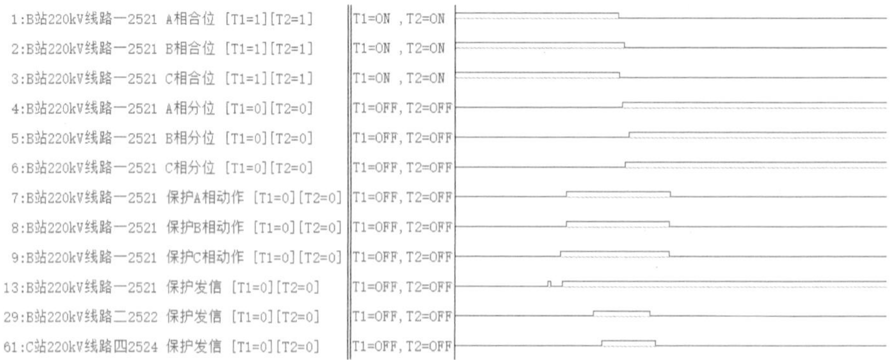

图 2－28－4　AB Ⅰ线路 B 站侧开关量变位图

AB Ⅰ线路 B 站侧开关量变位时间顺序见表 2－28－4。

表 2-28-4　　　　AB Ⅰ线路 B 站侧开关量变位时间顺序

位置	第 1 次变位时间	第 2 次变位时间	第 3 次变位时间	第 4 次变位时间
1:B 站 220kV 线路一 2521 A 相合位	↓ 45.250ms			
2:B 站 220kV 线路一 2521 B 相合位	↓ 48.250ms			
3:B 站 220kV 线路一 2521 C 相合位	↓ 46.000ms			
4:B 站 220kV 线路一 2521 A 相分位	↑ 47.500ms			
5:B 站 220kV 线路一 2521 B 相分位	↑ 51.000ms			
6:B 站 220kV 线路一 2521 C 相分位	↑ 48.750ms			
7:B 站 220kV 线路一 2521 保护 A 相动作	↑ 18.250ms	↓ 72.250ms		
8:B 站 220kV 线路一 2521 保护 B 相动作	↑ 18.250ms	↓ 72.000ms		
9:B 站 220kV 线路一 2521 保护 C 相动作	↑ 15.250ms	↓ 72.000ms		
13:B 站 220kV 线路一 2521 保护发信	↑ 8.750ms	↓ 10.250ms	↑ 16.250ms	↓ 222.750ms
29:B 站 220kV 线路二 2522 保护发信	↑ 32.250ms	↓ 61.750ms		
61:C 站 220kV 线路四 2524 保护发信	↑ 36.750ms	↓ 64.750ms		

小结：故障发生后约 18ms AB Ⅰ线路两侧保护三相纵联差动动作，约 51ms 时跳开三相开关。

3. 波形特征解析

（1）AB Ⅰ线路 A 站侧录波图解析。查看 AB Ⅰ线路 A 站侧故障波形图，如图 2-28-5 所示。

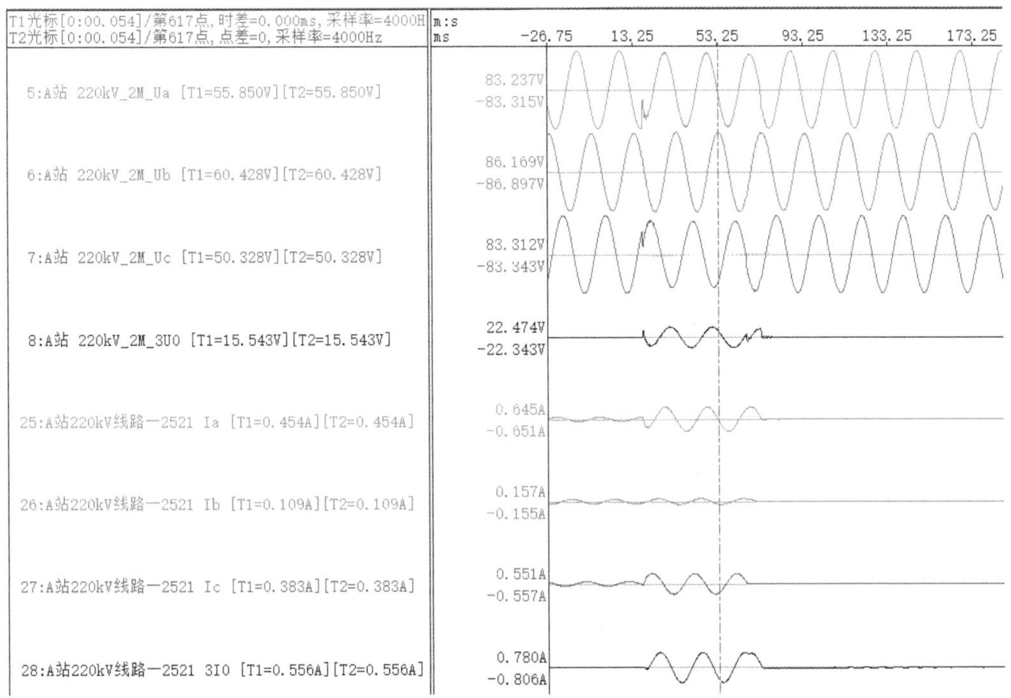

图 2-28-5　AB Ⅰ线路 A 站侧录波波形

1）从图 2－28－5 解析可知 0ms 故障态电压特征为母线 A 相电压轻微下降至 55.85V，持续 2.75 周波 55ms 左右，B 相电压轻微升高至 60.43V，C 相电压下降至 50.33V，出现零序电压。

2）从图 2－28－5 解析可知 0ms 故障态电流特征为 AC 相电流幅值明显变大，持续 2.75 周波 55ms 左右，其中 A 相 0.454A，C 相 0.383A，B 相电流幅值轻微增大，出现零序电流。

3）从图 2－28－5 解析可知约 18ms 线路保护差动保护切除 A 站侧开关后，三相故障电流消失，三相电压恢复正常，证明故障在内区，说明线路保护范围内故障切除。

4）从图 2－28－5 解析可知 0ms 故障态相量特征为零序电流超前零序电压 94.7°，说明正方向存在接地故障。观察 U_{CA} 与 I_{CA} 相角，两者基本同相位，符合正方向相间故障特征，且短路阻抗呈现电阻性。单独分析 A 相、C 相情况，U_A 滞后 I_A 约 3.5°，U_C 超前 I_C 约 3.5°，说明 A 相正方向经过渡电阻接地，C 相正方向经过渡电阻接地。综合以上分析，正方向发生 A 相、C 相单独经过渡电阻接地。AB Ⅰ 线路 A 站侧录波波形（相量分析）如图 2－28－6 所示。

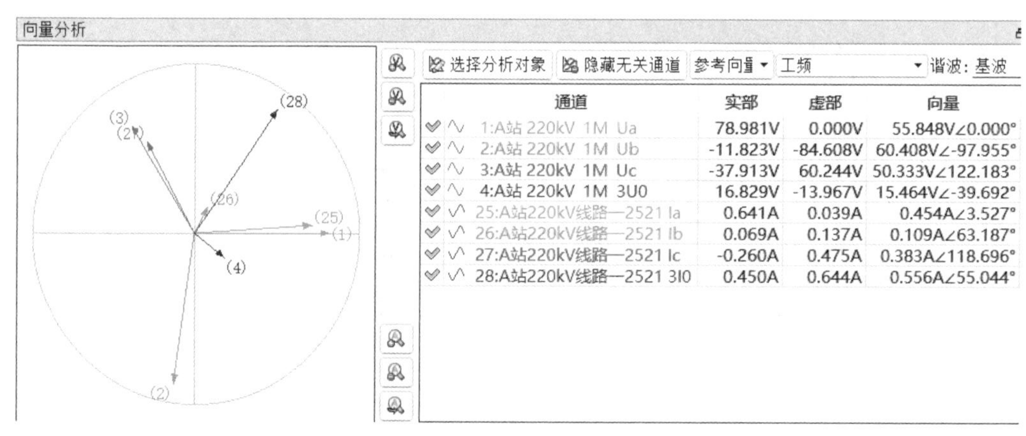

通道	实部	虚部	向量
1:A站 220kV 1M Ua	78.981V	0.000V	55.848V∠0.000°
2:A站 220kV 1M Ub	-11.823V	-84.608V	60.408V∠-97.955°
3:A站 220kV 1M Uc	-37.913V	60.244V	50.333V∠122.183°
4:A站 220kV 1M 3U0	16.829V	-13.967V	15.464V∠-39.692°
25:A站220kV线路—2521 Ia	0.641A	0.039A	0.454A∠3.527°
26:A站220kV线路—2521 Ib	0.069A	0.137A	0.109A∠63.187°
27:A站220kV线路—2521 Ic	-0.260A	0.475A	0.383A∠118.696°
28:A站220kV线路—2521 3I0	0.450A	0.644A	0.556A∠55.044°

图 2－28－6 AB Ⅰ 线路 A 站侧录波波形（相量分析）

（2）AB Ⅰ 线路 B 站侧录波图解析。查看 AB Ⅰ 线路 B 站侧故障波形图，如图 2－28－7 所示。

1）从图 2－28－7 解析可知 0ms 故障态电压特征为母线 A 相电压轻微下降至 56.19V，持续 2.75 周波 55ms 左右，B 相电压轻微升高至 59.51V，C 相电压下降至 55.67V，出现零序电压。

2）从图 2－28－7 解析可知 0ms 故障态电流特征为 AC 相电流幅值明显变大，持续 2.75 周波 55ms 左右，其中 A 相 0.683A，C 相 0.639A，B 相电流幅值轻微增大，出现零序电流。

3）从图 2－28－7 解析可知约 18ms 线路保护差动保护动作切除 B 站侧三相开关后，三相故障电流消失，三相电压恢复正常，说明线路保护范围内故障切除。

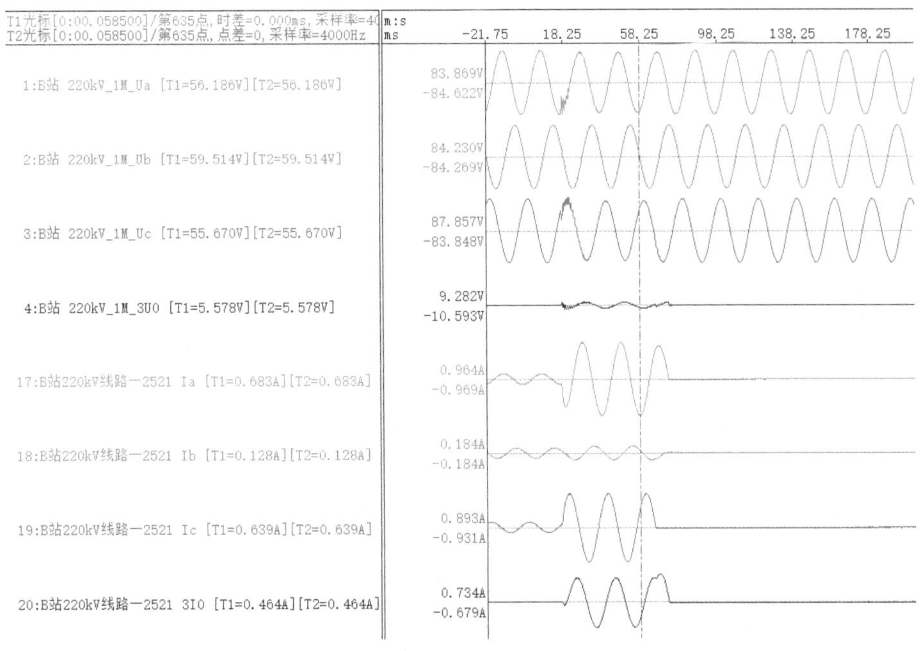

图 2-28-7 AB Ⅰ 线路 B 站侧录波波形

4）从图 2-28-7 解析可知 0ms 故障态相量特征为零序电流超前零序电压 95.2°，说明正方向存在接地故障。观察 U_{CA} 与 I_{CA} 相角，两者基本同相位，符合正方向相间故障特征，且短路阻抗呈现电阻性。单独分析 A 相、C 相情况，U_A 滞后 I_A 约 12.88°，U_C 超前 I_C 约 5.5°，说明 A 相正方向经过渡电阻接地，C 相正方向经过渡电阻接地。综合以上分析，正方向发生 A 相、C 相单独经过渡电阻接地。AB Ⅰ 线路 B 站侧录波波形（相量分析）如图 2-28-8 所示。

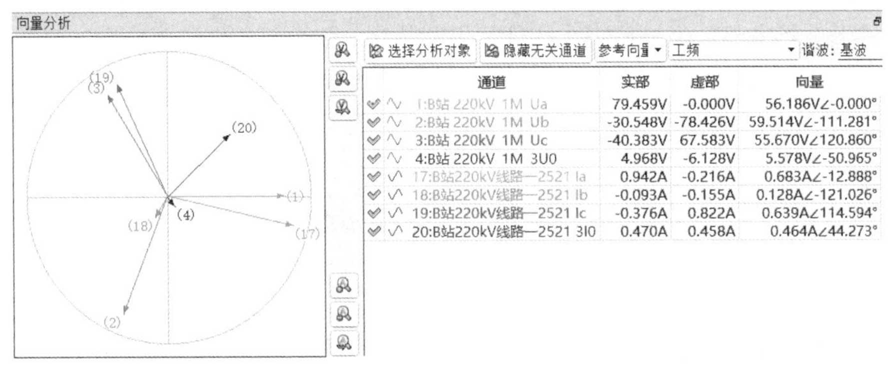

通道	实部	虚部	向量
1:B站 220kV 1M Ua	79.459V	-0.000V	56.186V∠-0.000°
2:B站 220kV 1M Ub	-30.548V	-78.426V	59.514V∠-111.281°
3:B站 220kV 1M Uc	-40.383V	67.583V	55.670V∠120.860°
4:B站 220kV 1M 3U0	4.968V	-6.128V	5.578V∠-50.965°
17:B站220kV线路—2521 Ia	0.942A	-0.216A	0.683A∠-12.888°
18:B站220kV线路—2521 Ib	-0.093A	-0.155A	0.128A∠-121.026°
19:B站220kV线路—2521 Ic	-0.376A	0.822A	0.639A∠114.594°
20:B站220kV线路—2521 3I0	0.470A	0.458A	0.464A∠44.273°

图 2-28-8 AB Ⅰ 线路 B 站侧录波波形（相量分析）

三、综合总结

从波形特征解析，系统发生了 AB Ⅰ 线线路区内 AC 两相各经过渡电阻接地故障。

A 站侧电压幅值下降较多，从相位分析得知，A 相正方向经过渡电阻接地，C 相正方向经过渡电阻接地。B 站侧电压幅值轻微下降，从相位分析得知，A 相正方向经过渡电阻接地，C 相正方向经过渡电阻接地。结合两侧保护装置故障信息测距结果，A 站侧测距 0km，B 站侧测距 49.8km，说明该故障点位于 A 站侧出口处。ABⅠ线路 A、B 站侧保护故障信息测距分别见表 2－28－5 和表 2－28－6。

表 2－28－5　　ABⅠ线路 A 站侧保护故障信息测距

序号	故障参数名称	故障参数实际值	故障参数单位
1	故障相电压	93.36	V
2	故障相电流	0.71	A
3	最大零序电流	0.56	A
4	最大差动电流	1.02	A
5	故障测距	0.00	km
6	故障相别	AC	

表 2－28－6　　ABⅠ线路 B 站侧保护故障信息测距

序号	故障参数名称	故障参数实际值	故障参数单位
1	故障相电压	97.61	V
2	故障相电流	1.19	A
3	最大零序电流	0.46	A
4	最大差动电流	1.23	A
5	故障测距	49.80	km
6	故障相别	AC	

从保护动作行为解析，线路两侧均为三相差动保护动作，距离Ⅰ段均未动作，说明两侧测量阻抗超出整定保护范围，印证了该故障为 AC 两相各经过渡电阻接地故障。

综上所述，本次故障位于 ABⅠ线路 A 站侧出口处，故障性质为 AC 两相各经过渡电阻接地，ABⅠ线线路保护动作行为正确。

2.29　线路末端两相各经 50Ω电阻接地

一、故障信息

故障发生前 A 站、B 站、C 站运行方式为 ABⅠ线、ABⅡ线、ACⅠ线、BCⅠ线、#1 主变、#2 主变、母联均在合位，A 站#1 主变、ABⅠ线、ABⅡ线挂 1M、#2 主变、ACⅠ线挂 2M。ABⅠ线 A 站侧 TA 变比 2400/1，B 站侧 TA 变比 2000/1。线路全长 50km。故障发生前 A 站、B 站、C 站运行方式如图 2－29－1 所示。

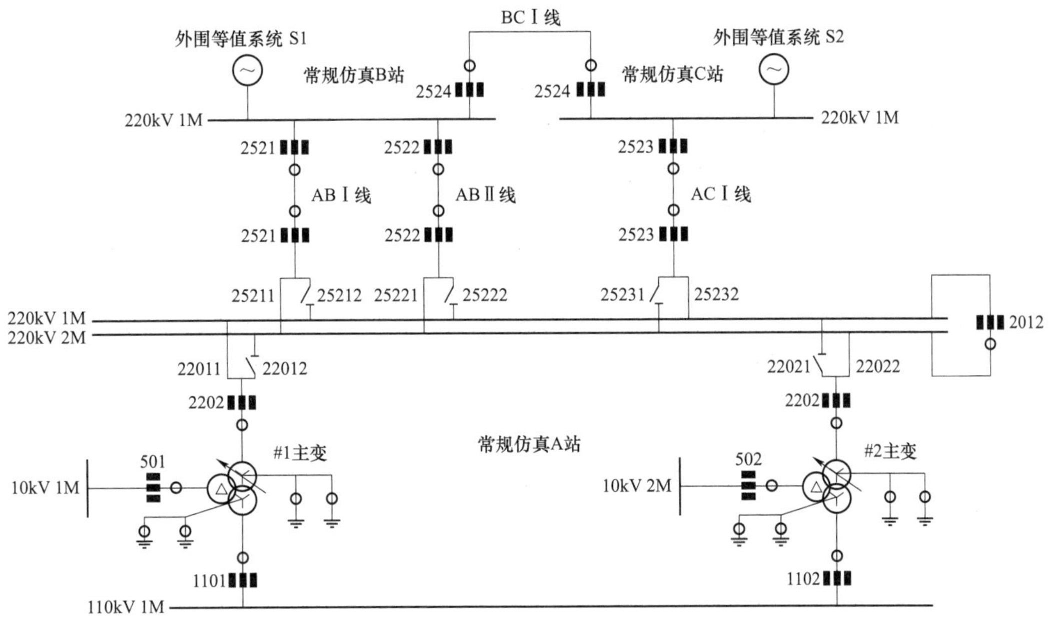

图 2-29-1 故障发生前 A 站、B 站、C 站运行方式

故障发生后，AB Ⅰ线线路两侧开关均在分位，其余开关位置也未发生变化，故障发生后 A 站、B 站、C 站运行方式如图 2-29-2 所示。

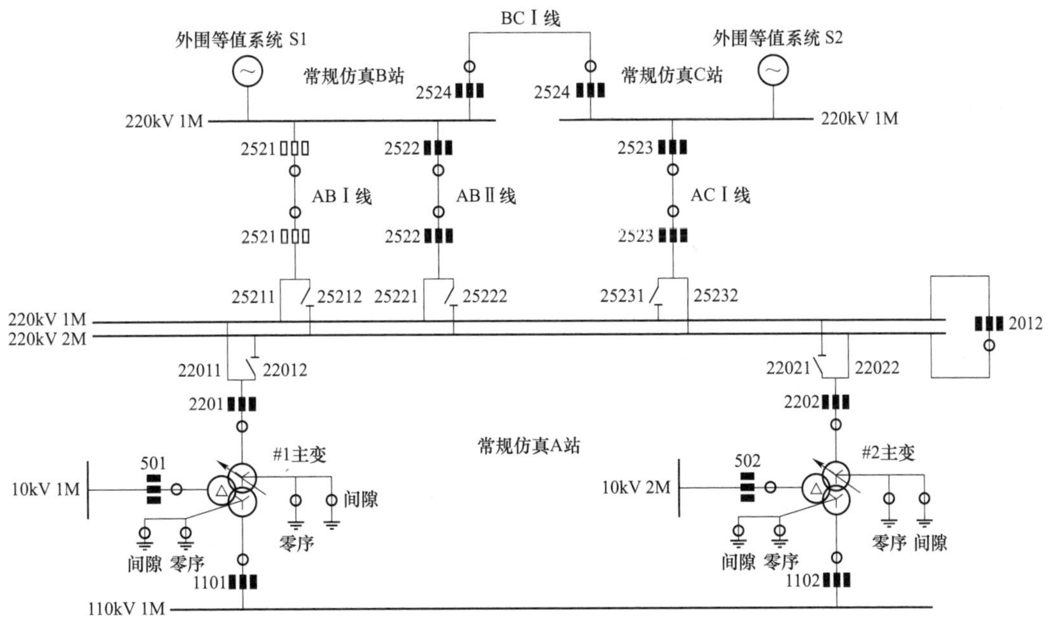

图 2-29-2 故障发生后 A 站、B 站、C 站运行方式

二、故障录波图解析

1. 保护动作报文解析

（1）从A站ABⅠ线故障录波HDR文件读取相关保护信息，以保护启动初始时刻为基准，见表2-29-1。

表2-29-1　　ABⅠ线A站保护动作简报

序号	动作报文对应时间	动作报文名称	动作相别	动作报文变化值
1	0ms	保护启动		1
2	7ms	纵联差动保护动作	ABC	1
3	72ms	纵联差动保护动作		0
4	7085ms	保护启动		0

如表2-29-1中所示，ABⅠ线路A站侧保护启动后约7ms纵联差动保护动作，保护出口跳三相开关。

（2）从B站侧ABⅠ线保护故障录波HDR文件读取相关保护信息，以保护启动初始时刻为基准，见表2-29-2。

表2-29-2　　ABⅠ线B站侧保护动作简报

序号	动作报文对应时间	动作报文名称	动作相别	动作报文变化值
1	0ms	保护启动		1
2	36ms	纵联差动保护动作	ABC	1
3	98ms	纵联差动保护动作		0
4	7108ms	保护启动		0

如表2-29-2中所示，ABⅠ线路B站侧保护启动后约36ms纵联差动保护动作，保护出口跳三相开关。

2. 开关量变位解析

（1）以故障初始时刻为基准，ABⅠ线路A站侧开关量变位图如图2-29-3所示。

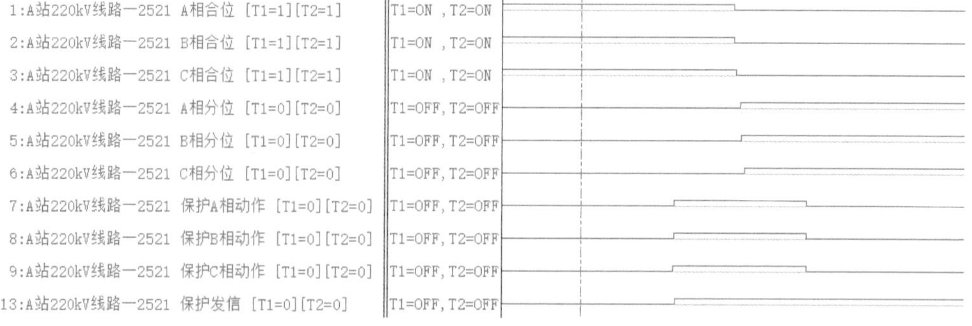

图2-29-3　ABⅠ线路A站侧开关量变位图

AB Ⅰ线路 A 站侧开关量变位时间顺序见表 2－29－3。

表 2－29－3　　AB Ⅰ线路 A 站侧开关量变位时间顺序

位置	第 1 次变位时间	第 2 次变位时间
1:A 站 220kV 线路一 2521 A 相合位	↓ 72.250ms	
2:A 站 220kV 线路一 2521 B 相合位	↓ 72.250ms	
3:A 站 220kV 线路一 2521 C 相合位	↓ 73.250ms	
4:A 站 220kV 线路一 2521 A 相分位	↑ 75.250ms	
5:A 站 220kV 线路一 2521 B 相分位	↑ 75.750ms	
6:A 站 220kV 线路一 2521 C 相分位	↑ 77.500m	
7:A 站 220kV 线路一 2521 保护 A 相动作	↑ 43.750ms	↓ 106.750ms
8:A 站 220kV 线路一 2521 保护 B 相动作	↑ 43.750ms	↓ 106.750ms
9:A 站 220kV 线路一 2521 保护 C 相动作	↑ 43.500ms	↓ 106.750ms
13:A 站 220kV 线路一 2521 保护发信	↑ 44.500ms	↓ 257.500ms

（2）以故障初始时刻为基准，AB Ⅰ线路 B 站侧开关量变位情况如图 2－29－4 所示。

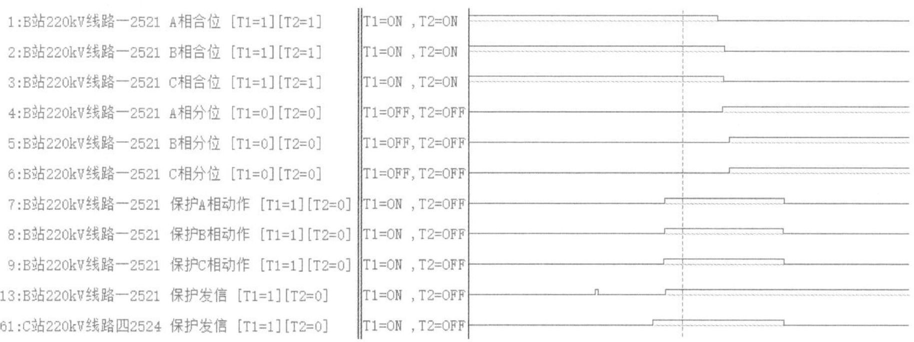

图 2－29－4　AB Ⅰ线路 B 站侧开关量变位时间顺序图

AB Ⅰ线路 B 站侧开关量变位时间顺序见表 2－29－4。

表 2－29－4　　AB Ⅰ线路 B 站侧开关量变位时间顺序

位置	第 1 次变位时间	第 2 次变位时间	第 3 次变位时间	第 4 次变位时间
1:B 站 220kV 线路一 2521 A 相合位	↓ 70.500ms			
2:B 站 220kV 线路一 2521 B 相合位	↓ 73.750ms			
3:B 站 220kV 线路一 2521 C 相合位	↓ 73.500ms			
4:B 站 220kV 线路一 2521 A 相分位	↑ 73.000ms			
5:B 站 220kV 线路一 2521 B 相分位	↑ 76.500ms			
6:B 站 220kV 线路一 2521 C 相分位	↑ 76.250ms			
7:B 站 220kV 线路一 2521 保护 A 相动作	↑ 43.750ms	↓ 104.250ms		
8:B 站 220kV 线路一 2521 保护 B 相动作	↑ 43.750ms	↓ 104.000ms		
9:B 站 220kV 线路一 2521 保护 C 相动作	↑ 43.250ms	↓ 104.250ms		
13:B 站 220kV 线路一 2521 保护发信	↑ 8.250ms	↓ 9.750ms	↑ 44.250ms	↓ 254.750ms
61:C 站 220kV 线路四 2524 保护发信	↑ 38.000ms	↓ 104.250ms		

小结：故障发生后约 44ms AB Ⅰ线路两侧保护三相纵联差动动作，约 76ms 时跳开三相开关。

3. 波形特征解析

（1）AB Ⅰ线路 A 站侧录波图解析。查看 AB Ⅰ线路 A 站侧故障波形图，如图 2－29－5 所示。

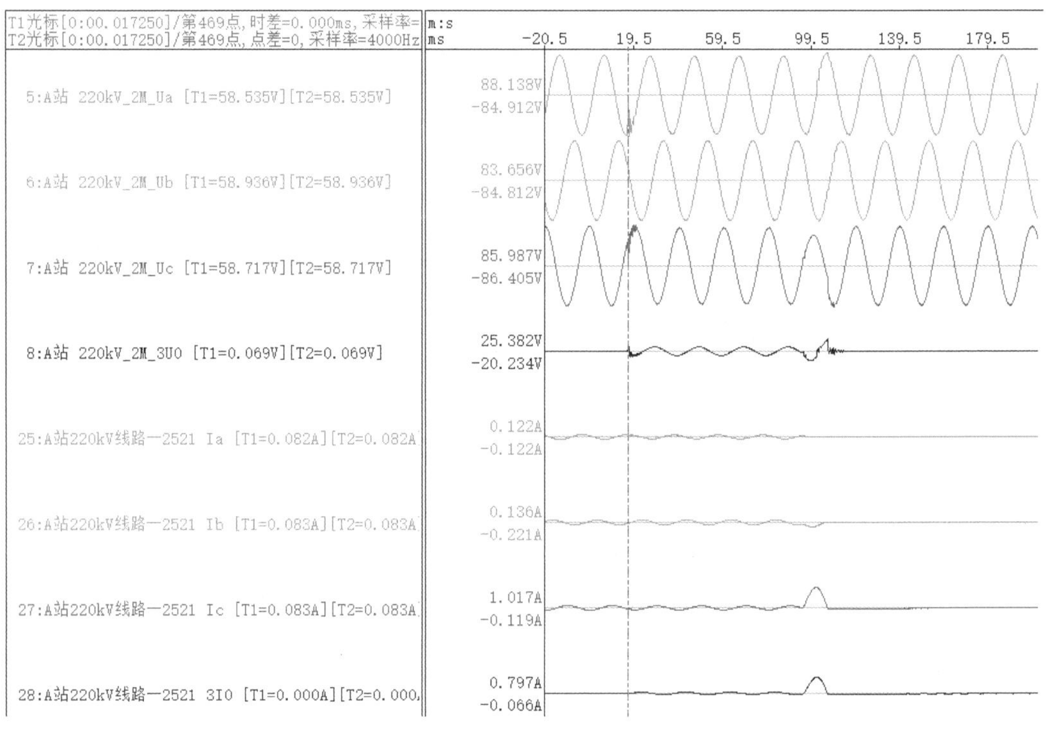

图 2－29－5 AB Ⅰ线路 A 站侧录波波形

1）从图 2－29－5 解析可知 0ms 故障态电压特征为母线 A 相电压轻微下降至 57.63V，持续 3.5 周波 70ms 左右，B 相电压幅值基本不变，C 相电压轻微下降至 56.45V，出现零序电压。

2）从图 2－29－5 解析可知 0ms 故障态电流特征为三相电流无明显变化，持续 3.5 周波 70ms 左右，但出现零序电流。

3）从图 2－29－5 解析可知约 44ms 线路保护差动保护切除 A 站侧开关后，三相故障电流消失，三相电压恢复正常，证明故障在内区，说明线路保护范围内故障切除。

4）从图 2－29－5 解析可知 0ms 故障态相量特征为零序电流超前零序电压 105°，说明正方向存在接地故障。因故障电流较小，电压下降不明显，仅依据本侧信息只能判断出正方向发生接地故障。AB Ⅰ线路 A 站侧录波波形（相量分析）如图 2－29－6 所示。

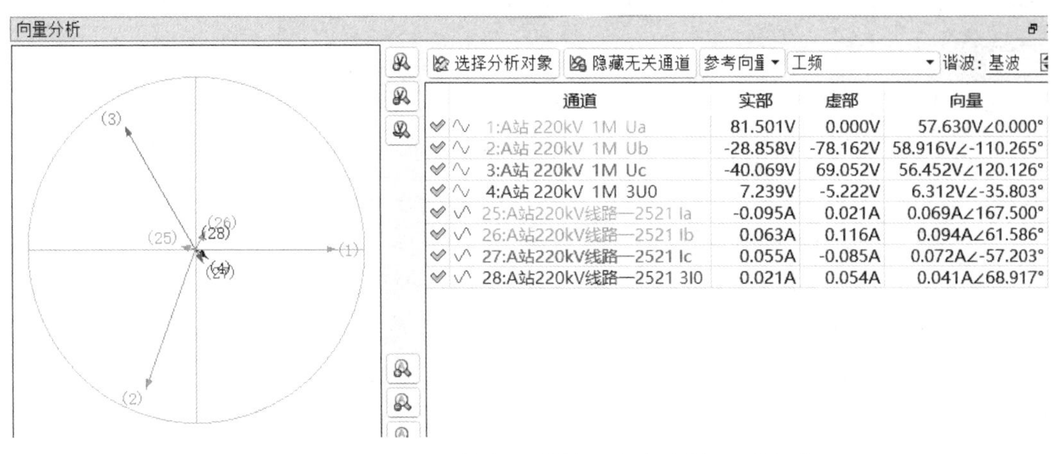

图 2-29-6　AB Ⅰ 线路 A 站侧录波波形（相量分析）

（2）AB Ⅰ线路 B 站侧录波图解析。查看 AB Ⅰ线路 B 站侧故障波形图，如图 2-29-7 所示。

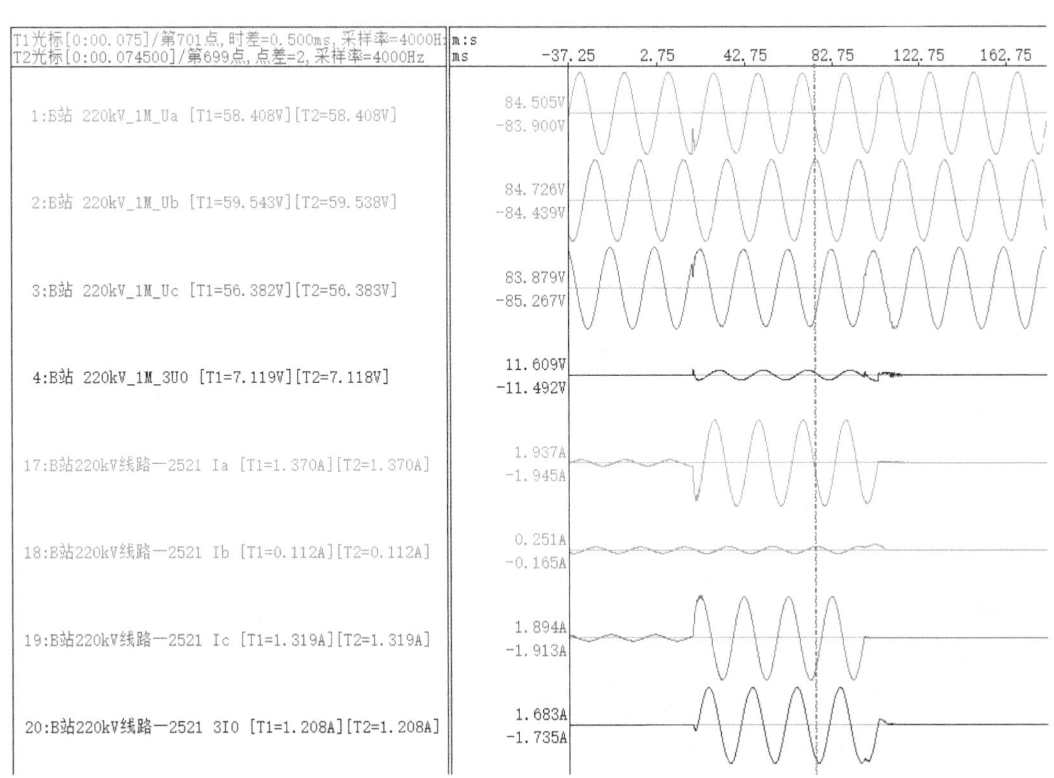

图 2-29-7　AB Ⅰ 线路 B 站侧录波波形

1）从图 2-29-7 解析可知 0ms 故障态电压特征为母线 A 相电压轻微下降至 58.4V，

持续 3.5 周波 70ms 左右，B 相电压轻微升高至 59.54V，C 相电压下降至 56.38V，出现零序电压。

2）从图 2－29－7 解析可知 0ms 故障态电流特征为 AC 相电流幅值明显变大，持续 3.5 周波 70ms 左右，其中 A 相 1.37A，C 相 1.32A，B 相电流幅值轻微增大，出现零序电流。

3）从图 2－29－7 解析可知约 44ms 线路保护差动保护动作切除 B 站侧三相开关后，三相故障电流消失，三相电压恢复正常，说明线路保护范围内故障切除。

4）从图 2－29－7 解析可知 0ms 故障态相量特征为零序电流超前零序电压 94.4°，说明正方向存在接地故障。观察 U_{CA} 与 I_{CA} 相角，两者基本同相位，符合正方向相间故障特征，且短路阻抗呈现电阻性。单独分析 A 相、C 相情况，U_A 滞后 I_A 约 0.4°，U_C 滞后 I_C 约 2°，说明 A 相正方向经过渡电阻接地，C 相正方向经过渡电阻接地。综合以上分析，正方向发生 A 相、C 相单独经过渡电阻接地。ABⅠ线路 B 站侧录波波形（向量分析）如图 2－29－8 所示。

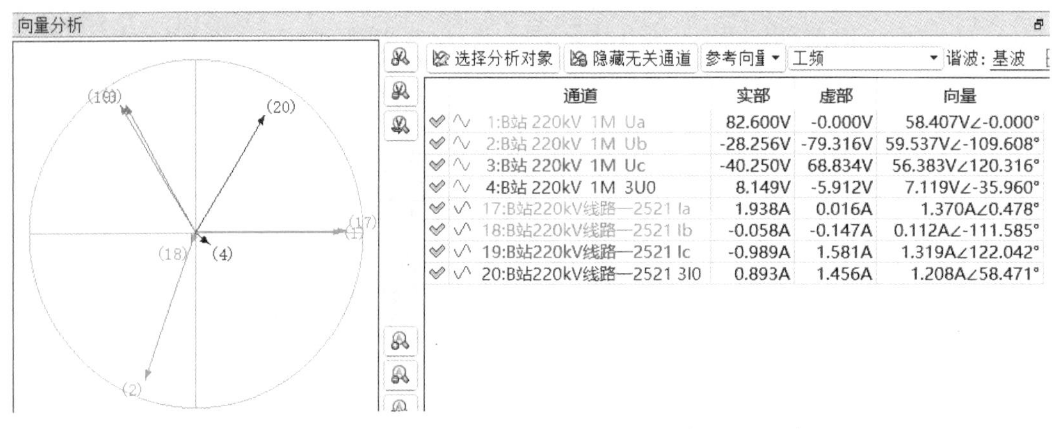

图 2－29－8　ABⅠ线路 B 站侧录波波形（向量分析）

三、综合总结

从波形特征解析，系统发生了 ABⅠ线线路区内 AC 两相各经过渡电阻接地故障。B 站侧电压幅值下降较多，从相位分析得知，A 相正方向经过渡电阻接地，C 相正方向经过渡电阻接地。A 站侧故障特征不明显，电压幅值轻微下降，从零序电压与零序电流相位关系得知正方向存在接地故障。结合两侧保护装置故障信息测距结果，A 站侧测距 48.2km，B 站侧测距 1.3km，说明该故障点位于 B 站侧出口处。ABⅠ线路 A、B 站侧保护故障信息测距分别见表 2－29－5 和表 2－29－6。

表 2-29-5　　AB Ⅰ线路 A 站侧保护故障信息测距

序号	故障参数名称	故障参数实际值	故障参数单位
1	故障相电压	99.18	V
2	故障相电流	0.12	A
3	最大零序电流	0.04	A
4	最大差动电流	1.09	A
5	故障测距	48.20	km
6	故障相别	AC	

表 2-29-6　　AB Ⅰ线路 B 站侧保护故障信息测距

序号	故障参数名称	故障参数实际值	故障参数单位
1	故障相电压	99.87	V
2	故障相电流	2.35	A
3	最大零序电流	1.22	A
4	最大差动电流	1.31	A
5	故障测距	1.30	km
6	故障相别	AC	

从保护动作行为解析，A 站侧因无明显故障电流，由对侧启动，因此启动较晚。线路两侧均为三相差动保护动作，距离Ⅰ段均未动作，说明两侧测量阻抗超出整定保护范围，印证了该故障为 AC 两相各经过渡电阻接地故障。

综上所述，本次故障位于 AB Ⅰ线路 B 站侧出口处（对 A 站而言是线路末端），故障性质为 AC 两相各经过渡电阻接地，AB Ⅰ线线路保护动作行为正确。

2.30 线路单相断线

一、故障信息

故障发生前 A 站、B 站、C 站运行方式为 AB Ⅰ线、AB Ⅱ线、AC Ⅰ线、BC Ⅰ线、#1 主变、#2 主变、母联均在合位，A 站#1 主变、AB Ⅰ线、AB Ⅱ线挂 1M、#2 主变、AC Ⅰ线挂 2M。AB Ⅰ线 A 站侧 TA 变比 2400/1，B 站侧 TA 变比 2000/1。线路全长 50km。故障发生前 A 站、B 站、C 站运行方式如图 2-30-1 所示。

故障发生后，故障电流未达到三相不一致定值，保护未动作，AB Ⅰ线线路两侧开关均在合位，其余开关位置也未发生变化，故障发生后 A 站、B 站、C 站运行方式如图 2-30-2 所示。

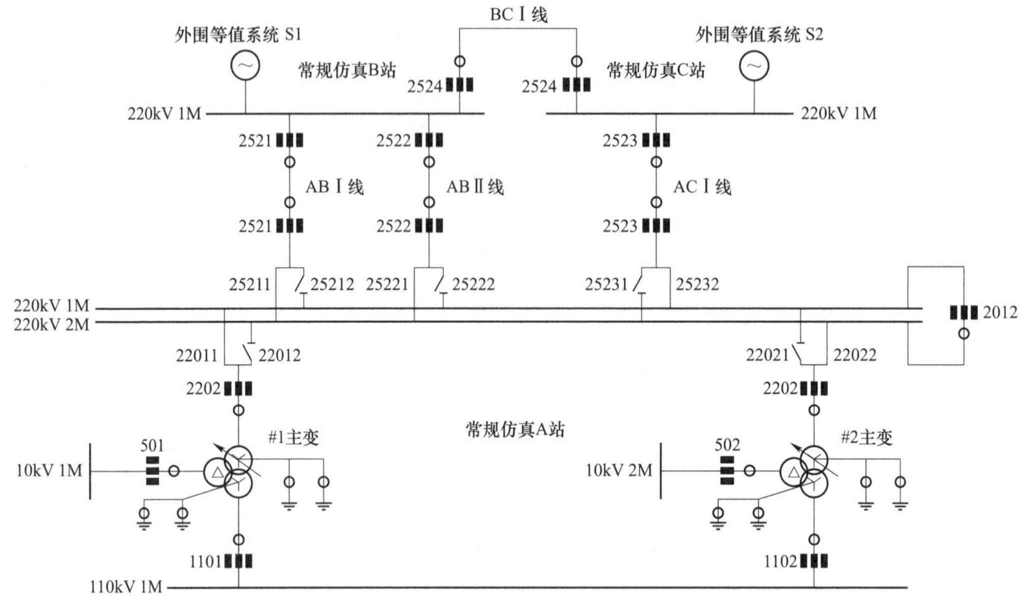

图 2-30-1　故障发生前 A 站、B 站、C 站运行方式

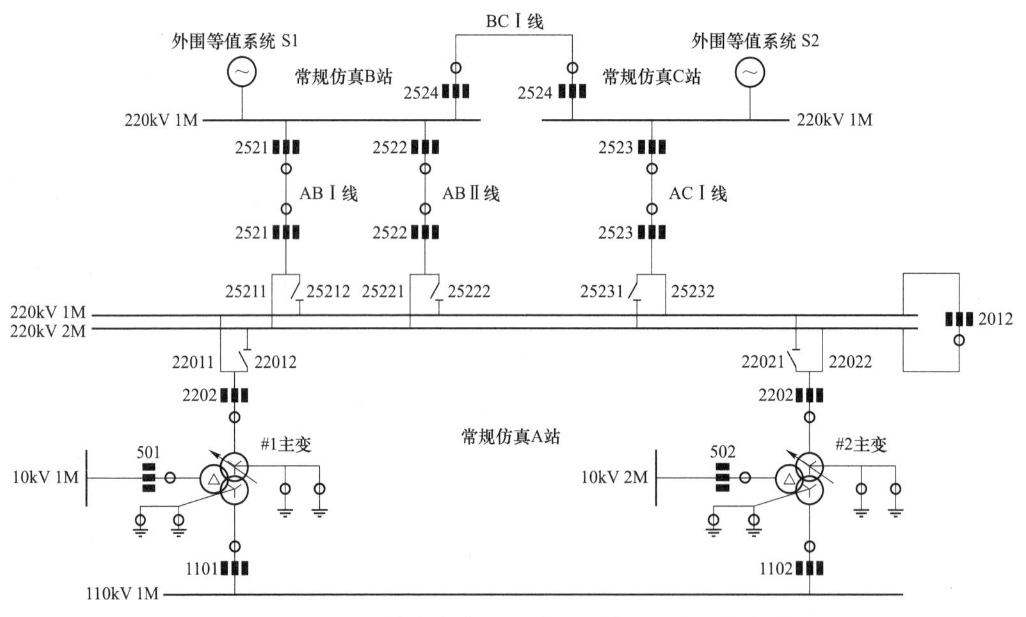

图 2-30-2　故障发生后 A 站、B 站、C 站运行方式

二、故障录波图解析

1. 保护动作报文解析

（1） 从 A 站 AB Ⅰ线故障录波 HDR 文件读取相关保护信息，以保护启动初始时刻为基准，见表 2-30-1。

表 2-30-1　　AB Ⅰ线 A 站保护动作简报

序号	动作报文对应时间	动作报文名称	动作相别	动作报文变化值
1	0ms	保护启动		1
2	7017ms	保护启动		0

如表 2-30-1 中所示，AB Ⅰ线路 A 站侧保护在断线后保护启动。

（2）从 B 站侧 AB Ⅰ线保护故障录波 HDR 文件读取相关保护信息，以保护启动初始时刻为基准，见表 2-30-2。

表 2-30-2　　AB Ⅰ线 B 站侧保护动作简报

序号	动作报文对应时间	动作报文名称	动作相别	动作报文变化值
1	0ms	保护启动		1
2	7018ms	保护启动		0

如表 2-30-2 中所示，AB Ⅰ线路 B 站侧保护在断线后保护启动。

2. 开关量变位解析

小结：故障发生后线路保护电流量未达到三相不一致电流定值，保护未动作，无开关量变位信息。

3. 波形特征解析

（1）AB Ⅰ线路 A 站侧录波图解析。查看 AB Ⅰ线路 A 站侧故障波形图，如图 2-30-3 所示。

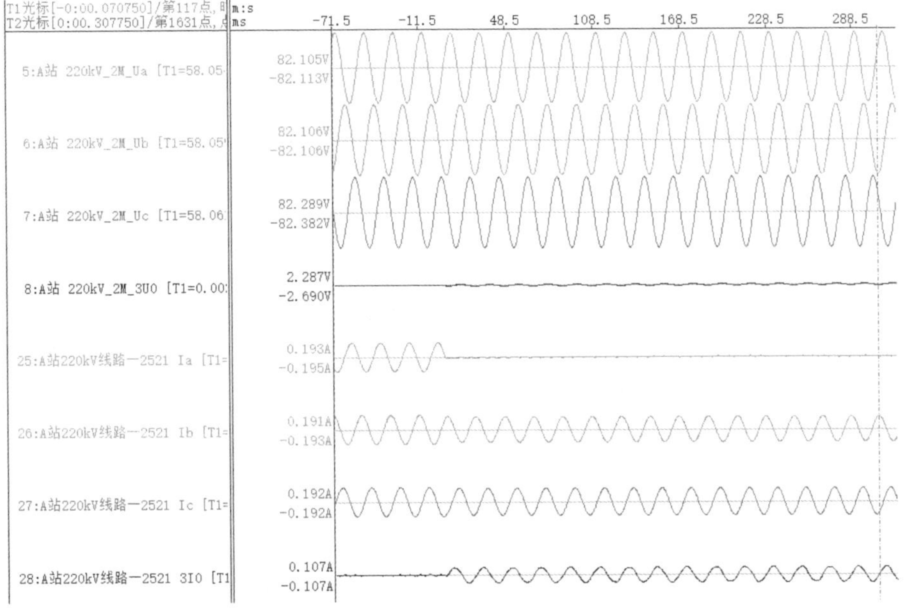

图 2-30-3　AB Ⅰ线路 A 站侧录波波形

1）从图 2－30－3 解析可知 0ms 故障态电压特征为母线三相电压几乎无变化。

2）从图 2－30－3 解析可知 0ms 故障态电流特征为 A 相消失，BC 相电流与断线前相同，出现零序电流。

3）从图 2－30－3 解析可知 0ms 故障态相量特征为零序电流超前零序电压 101.5°，说明正方向存在零序电源。观察 U_b 与 I_b 相角，U_c 与 I_c 相角，BC 相电压、电流幅值，与正常负荷状态相同，而 A 相电流消失，可以判断正方向发生断线故障。AB Ⅰ 线路 A 站侧录波波形（相量分析）如图 2－30－4 所示。

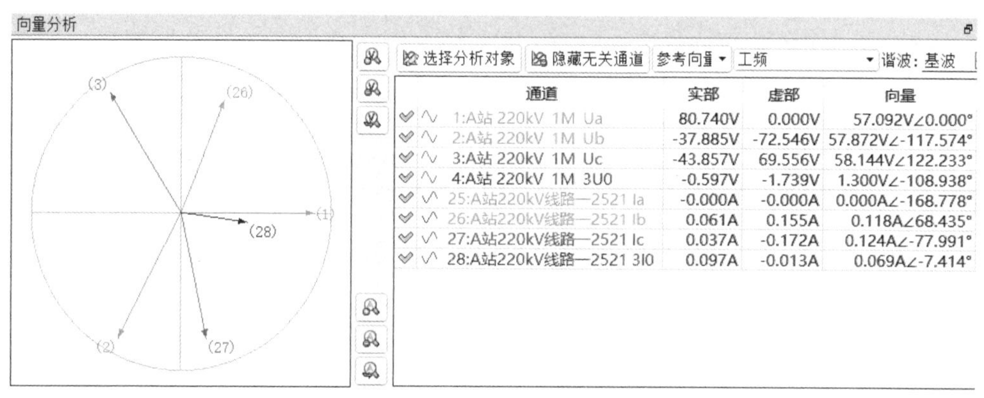

图 2－30－4　AB Ⅰ 线路 A 站侧录波波形（相量分析）

（2）AB Ⅰ 线路 B 站侧录波图解析。查看 AB Ⅰ 线路 B 站侧故障波形图，如图 2－30－5 所示。

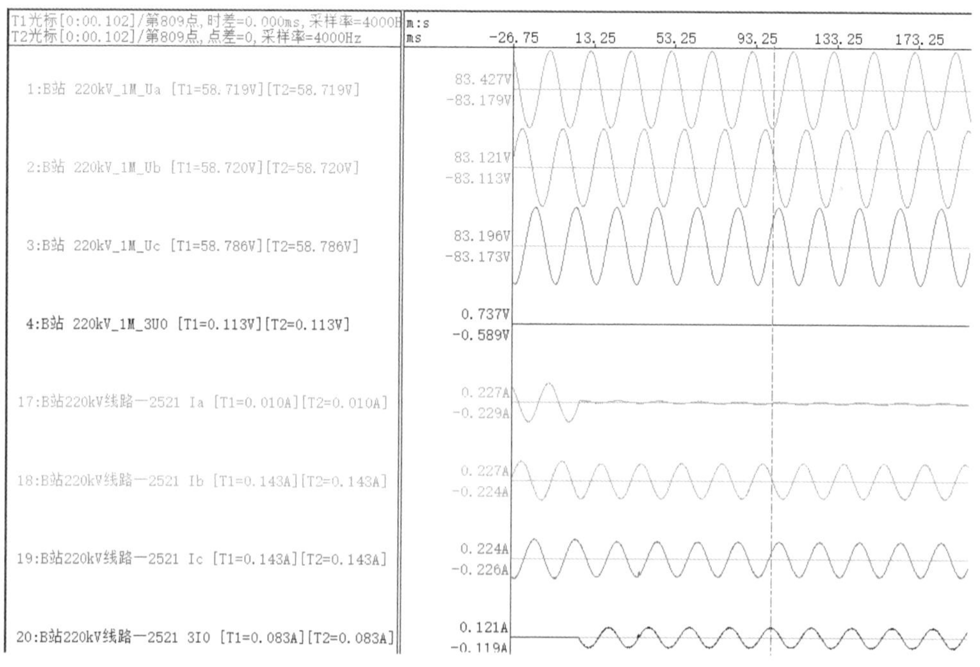

图 2－30－5　AB Ⅰ 线路 B 站侧录波波形

1）从图 2－30－5 解析可知 0ms 故障态电压特征为母线三相电压几乎无变化。

2）从图 2－30－5 解析可知 0ms 故障态电流特征为 A 相消失，BC 相电流与断线前相同，出现零序电流。

3）从图 2－30－5 解析可知 0ms 故障态相量特征为零序电流超前零序电压 87.76°，说明正方向存在接地或断线。观察 U_b 与 I_b 相角，U_c 与 I_c 相角，BC 相电压、电流幅值，与正常负荷状态相同，而 A 相电流消失，可以判断正方向发生断线故障。如图 2－30－6 所示。

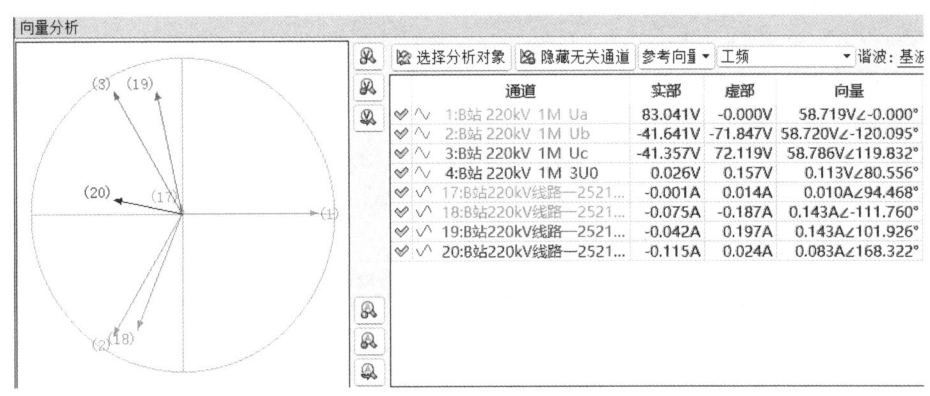

通道	实部	虚部	向量
1:B站 220kV 1M Ua	83.041V	-0.000V	58.719V∠-0.000°
2:B站 220kV 1M Ub	-41.641V	-71.847V	58.720V∠-120.095°
3:B站 220kV 1M Uc	-41.357V	72.119V	58.786V∠119.832°
4:B站 220kV 1M 3U0	0.026V	0.157V	0.113V∠80.556°
17:B站220kV线路—2521...	-0.001A	0.014A	0.010A∠94.468°
18:B站220kV线路—2521...	-0.075A	-0.187A	0.143A∠-111.760°
19:B站220kV线路—2521...	-0.042A	0.197A	0.143A∠101.926°
20:B站220kV线路—2521...	-0.115A	0.024A	0.083A∠168.322°

图 2－30－6　AB Ⅰ线路 B 站侧录波波形（相量分析）

三、综合总结

从波形特征解析，系统发生了 AB Ⅰ线 A 相断线故障。A 相电流为零，U_b 与 I_b 相角，U_c 与 I_c 相角，BC 相电压、电流幅值，与正常负荷状态相同。

从保护动作行为解析，线路两侧均仅有启动录波，且两侧无差流，零序电流未达到保护三相不一致动作值，因此三相不一致保护未动作。

综上所述，本次故障为 AB Ⅰ线路 A 相断线故障。

2.31　线路 50%处两相各经 50Ω电阻接地

一、故障信息

故障发生前 A 站、B 站、C 站运行方式为 AB Ⅰ线、AB Ⅱ线、AC Ⅰ线、BC Ⅰ线、#1 主变、#2 主变、母联均在合位，A 站#1 主变、AB Ⅰ线、AB Ⅱ线挂 1M、#2 主变、AC Ⅰ线挂 2M。AB Ⅰ线 A 站侧 TA 变比 2400/1，B 站侧 TA 变比 2000/1。线路全长 50km。故障发生前 A 站、B 站、C 站运行方式如图 2－31－1 所示。

故障发生后，AB Ⅰ线线路两侧开关均在分位，其余开关位置也未发生变化，故障发生后 A 站、B 站、C 站运行方式如图 2－31－2 所示。

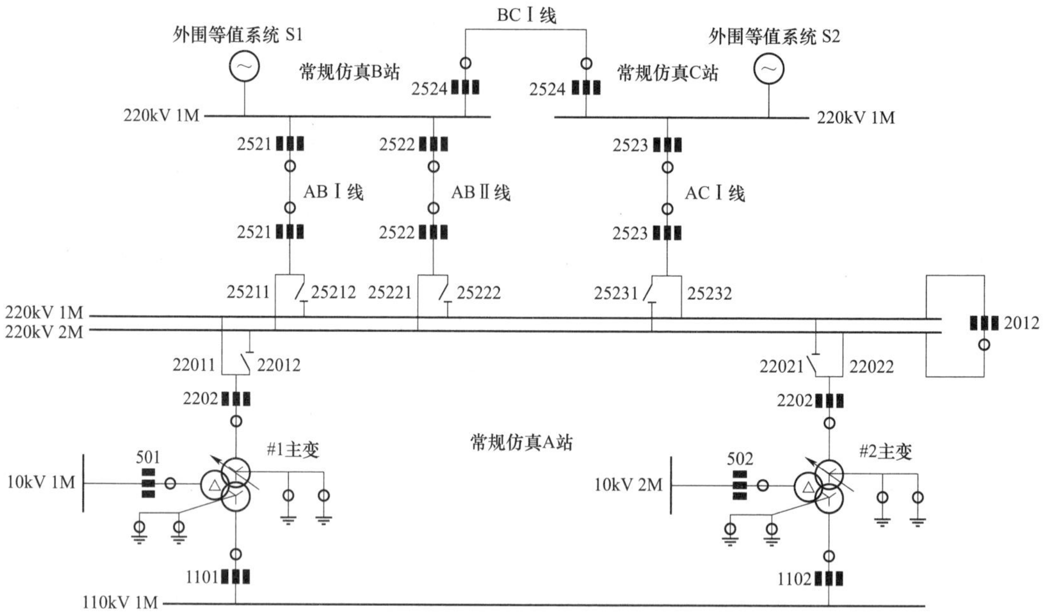

图 2-31-1　故障发生前 A 站、B 站、C 站运行方式

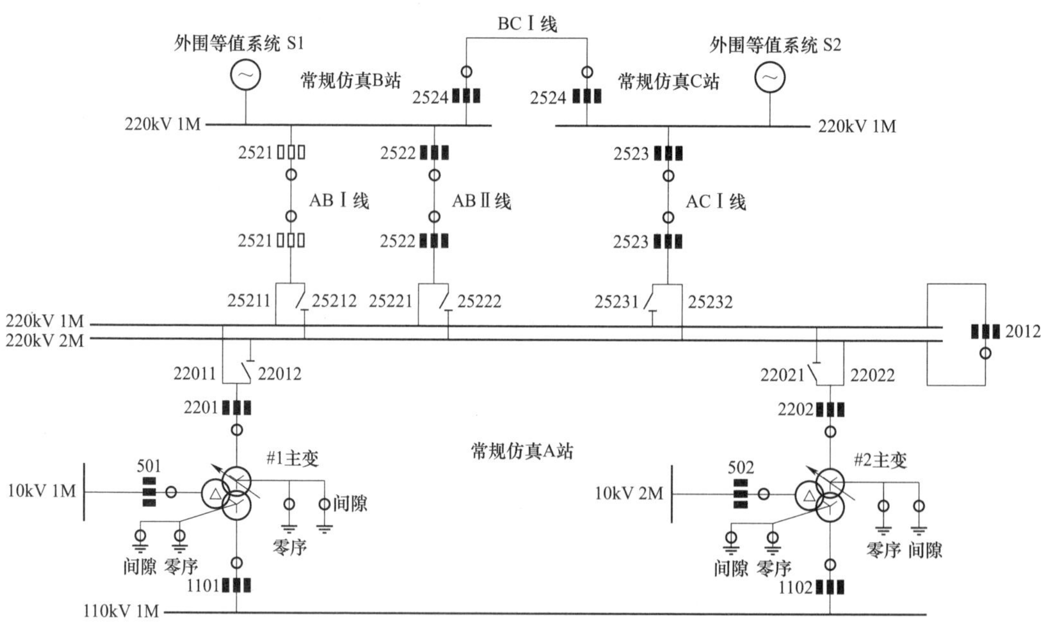

图 2-31-2　故障发生后 A 站、B 站、C 站运行方式

二、故障录波图解析

1. 保护动作报文解析

（1）从 A 站 AB Ⅰ线故障录波 HDR 文件读取相关保护信息，以保护启动初始时刻

为基准，见表2－31－1。

表2－31－1 AB Ⅰ线A站保护动作简报

序号	动作报文对应时间	动作报文名称	动作相别	动作报文变化值
1	0ms	保护启动		1
2	7ms	纵联差动保护动作	C	1
3	10ms	纵联差动保护动作	ABC	1
4	71ms	纵联差动保护动作		0
5	7083ms	保护启动		0

如表2－31－1中所示，AB Ⅰ线路A站侧保护启动后约7ms纵联差动保护动作，保护出口跳三相开关。

（2）从B站侧AB Ⅰ线保护故障录波HDR文件读取相关保护信息，以保护启动初始时刻为基准，见表2－31－2。

表2－31－2 AB Ⅰ线B站侧保护动作简报

序号	动作报文对应时间	动作报文名称	动作相别	动作报文变化值
1	0ms	保护启动		1
2	8ms	纵联差动保护动作	C	1
3	11ms	纵联差动保护动作	ABC	1
4	67ms	纵联差动保护动作		0
5	7078ms	保护启动		0

如表2－31－2中所示，AB Ⅰ线路B站侧保护启动后约8ms纵联差动保护动作，保护出口跳三相开关。

2. 开关量变位解析

（1）以故障初始时刻为基准，AB Ⅰ线路A站侧开关量变位图如图2－31－3所示。

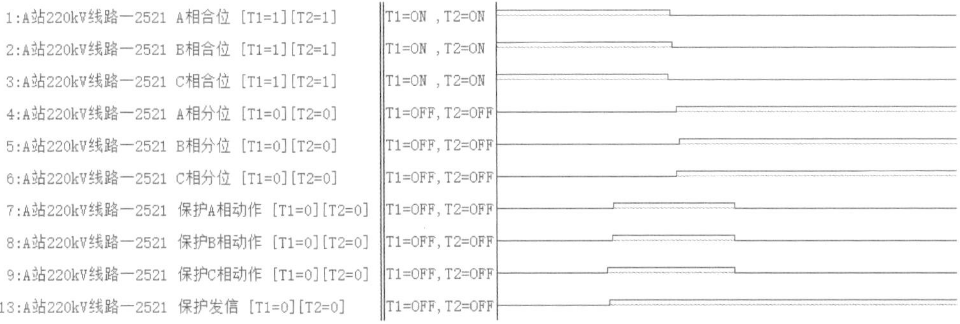

图2－31－3 AB Ⅰ线路A站侧开关量变位时间顺序图

AB Ⅰ 线路 A 站侧开关量变位时间顺序见表 2－31－3。

表 2－31－3　　AB Ⅰ 线路 A 站侧开关量变位时间顺序

位置	第 1 次变位时间	第 2 次变位时间
1:A 站 220kV 线路一 2521 A 相合位	↓ 46.250ms	
2:A 站 220kV 线路一 2521 B 相合位	↓ 47.250ms	
3:A 站 220kV 线路一 2521 C 相合位	↓ 45.250ms	
4:A 站 220kV 线路一 2521 A 相分位	↑ 49.000ms	
5:A 站 220kV 线路一 2521 B 相分位	↑ 50.750ms	
6:A 站 220kV 线路一 2521 C 相分位	↑ 49.250ms	
7:A 站 220kV 线路一 2521 保护 A 相动作	↑ 18.500ms	↓ 77.000ms
8:A 站 220kV 线路一 2521 保护 B 相动作	↑ 18.250ms	↓ 77.000ms
9:A 站 220kV 线路一 2521 保护 C 相动作	↑ 15.500ms	↓ 77.000ms
13:A 站 220kV 线路一 2521 保护发信	↑ 16.500ms	↓ 228.000ms

（2）以故障初始时刻为基准，AB Ⅰ 线路 B 站侧开关量变位情况如图 2－31－4 所示。

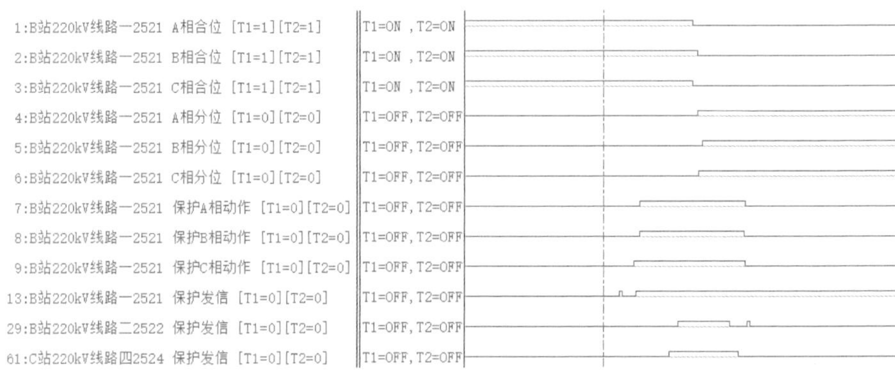

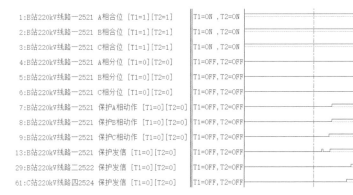

图 2－31－4　AB Ⅰ 线路 B 站侧开关量变位图

AB Ⅰ 线路 B 站侧开关量变位时间顺序见表 2－31－4。

表 2－31－4　　AB Ⅰ 线路 B 站侧开关量变位时间顺序

位置	第 1 次变位时间	第 2 次变位时间	第 3 次变位时间	第 4 次变位时间
1:B 站 220kV 线路一 2521 A 相合位	↓ 45.500ms			
2:B 站 220kV 线路一 2521 B 相合位	↓ 47.750ms			
3:B 站 220kV 线路一 2521 C 相合位	↓ 45.500ms			
4:B 站 220kV 线路一 2521 A 相分位	↑ 48.000ms			
5:B 站 220kV 线路一 2521 B 相分位	↑ 50.500ms			
6:B 站 220kV 线路一 2521 C 相分位	↑ 48.250ms			
7:B 站 220kV 线路一 2521 保护 A 相动作	↑ 18.500ms	↓ 72.250ms		
8:B 站 220kV 线路一 2521 保护 B 相动作	↑ 18.500ms	↓ 72.000ms		
9:B 站 220kV 线路一 2521 保护 C 相动作	↑ 15.250ms	↓ 72.250ms		
13:B 站 220kV 线路一 2521 保护发信	↑ 8.000ms	↓ 9.500ms	↑ 16.250ms	↓ 222.750ms
29:B 站 220kV 线路二 2521 保护发信	↑ 37.750ms	↓ 64.250ms	↑ 73.500ms	↓ 75.000ms
61:C 站 220kV 线路四 2524 保护发信	↑ 33.500ms	↓ 69.000ms		

小结：故障发生后约 18ms AB Ⅰ 线路两侧保护三相纵联差动动作，约 51ms 时跳开三相开关。

3. 波形特征解析

（1）AB Ⅰ 线路 A 站侧录波图解析。查看 AB Ⅰ 线路 A 站侧故障波形图，如图 2－31－5 所示。

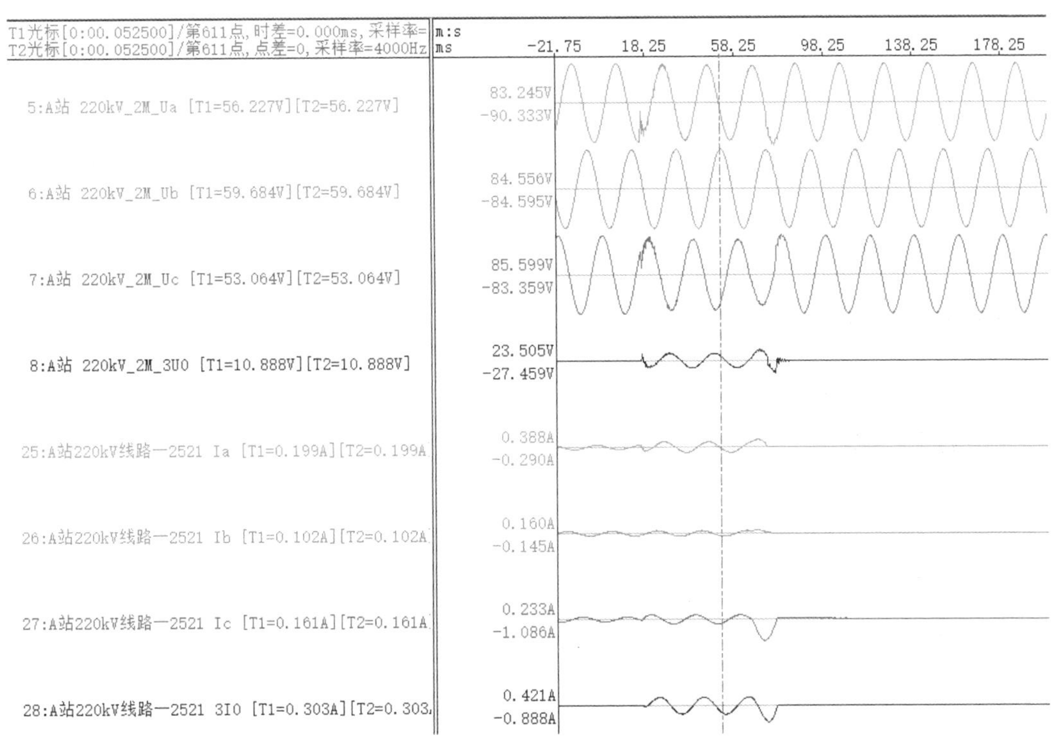

图 2－31－5　AB Ⅰ 线路 A 站侧录波波形

1）从图 2－31－5 解析可知 0ms 故障态电压特征为母线 A 相电压轻微下降至 57.23V，持续 2.75 周波 55ms 左右，B 相电压轻微升高至 59.66V，C 相电压轻微下降至 53.07V，出现零序电压。

2）从图 2－31－5 解析可知 0ms 故障态电流特征为 A 相电流轻微升高至 0.2A，持续 2.75 周波 55ms 左右，C 相电流轻微升高至 0.161A，B 相电流无明显变化，出现零序电流。

3）从图 2－31－5 解析可知约 18ms 线路保护差动保护切除 A 站侧开关后，三相故障电流消失，三相电压恢复正常，证明故障在内区，说明线路保护范围内故障切除。

4）从图 2－31－5 解析可知 0ms 故障态相量特征为零序电流超前零序电压 98.4°，说明正方向存在接地故障。观察 U_{CA} 与 I_{CA} 相角，两者基本同相位，符合正方向相间故障特征，且短路阻抗呈现电阻性。单独分析 A 相、C 相情况，U_A 滞后 I_A 约 6.3°，U_C 超

前 I_C 约 4°，说明 A 相正方向经过渡电阻接地，C 相正方向经过渡电阻接地。综合以上分析，正方向发生 A 相、C 相单独经过渡电阻接地。AB Ⅰ线路 A 站侧录波波形（相量分析）如图 2－31－6 所示。

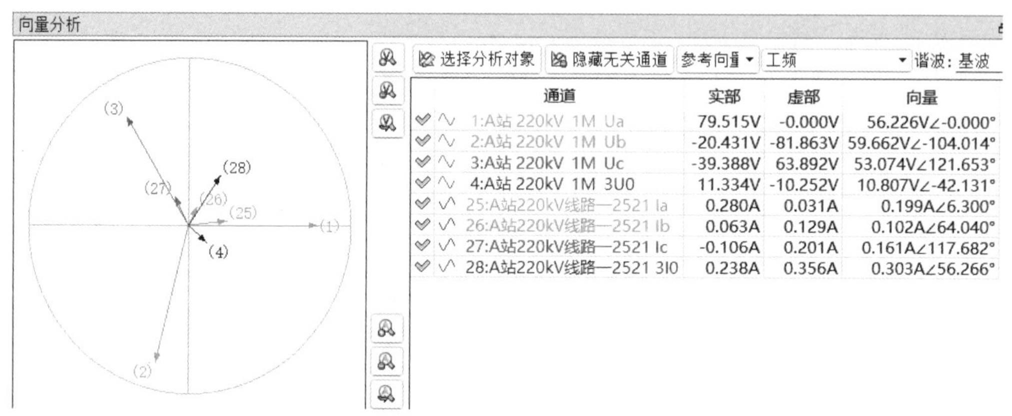

通道	实部	虚部	向量
1:A站 220kV 1M Ua	79.515V	-0.000V	56.226V∠-0.000°
2:A站 220kV 1M Ub	-20.431V	-81.863V	59.662V∠-104.014°
3:A站 220kV 1M Uc	-39.388V	63.892V	53.074V∠121.653°
4:A站 220kV 1M 3U0	11.334V	-10.252V	10.807V∠-42.131°
25:A站220kV线路—2521 Ia	0.280A	0.031A	0.199A∠6.300°
26:A站220kV线路—2521 Ib	0.063A	0.129A	0.102A∠64.040°
27:A站220kV线路—2521 Ic	-0.106A	0.201A	0.161A∠117.682°
28:A站220kV线路—2521 3I0	0.238A	0.356A	0.303A∠56.266°

图 2－31－6　AB Ⅰ线路 A 站侧录波波形（相量分析）

（2）AB Ⅰ线路 B 站侧录波图解析。查看 AB Ⅰ线路 B 站侧故障波形图，如图 2－31－7 所示。

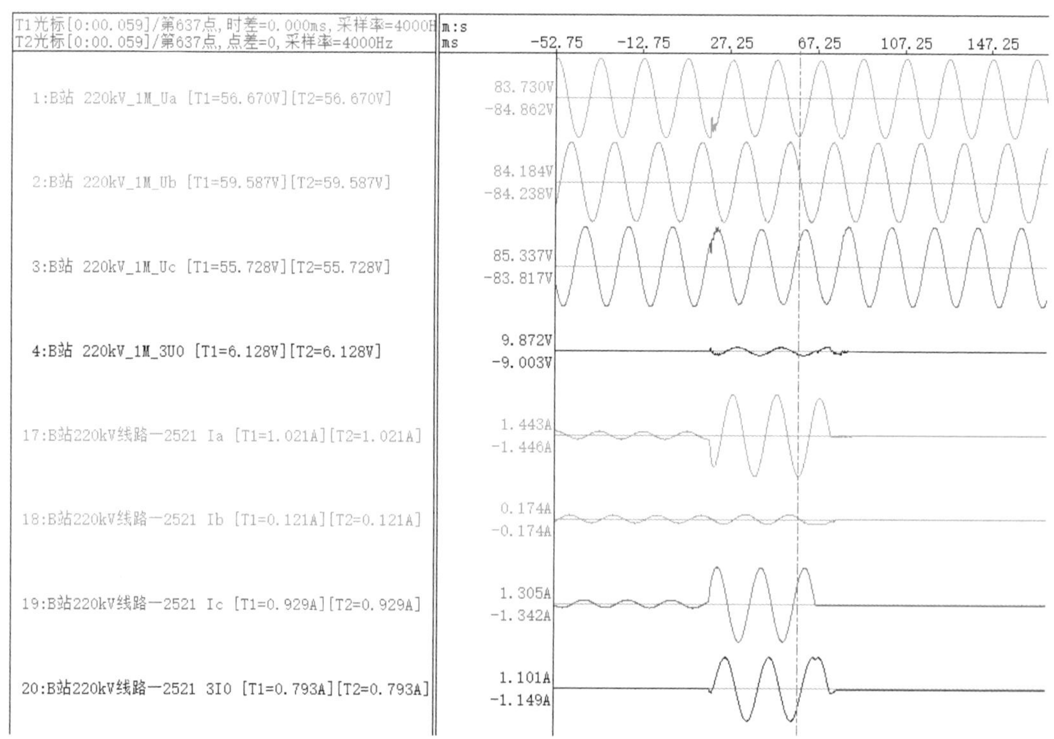

图 2－31－7　AB Ⅰ线路 B 站侧录波波形

1）从图 2－31－7 解析可知 0ms 故障态电压特征为母线 A 相电压轻微下降至 56.67V，持续 2.75 周波 55ms 左右，B 相电压轻微升高至 59.58V，C 相电压下降至 55.73V，出现零序电压。

2）从图 2－31－7 解析可知 0ms 故障态电流特征为 AC 相电流幅值明显变大，持续 2.75 周波 55ms 左右，其中 A 相 1.02A，C 相 0.93A，B 相电流幅值轻微增大，出现零序电流。

3）从图 2－31－7 解析可知约 18ms 线路保护差动保护动作切除 B 站侧三相开关后，三相故障电流消失，三相电压恢复正常，说明线路保护范围内故障切除。

4）从图 2－31－7 解析可知 0ms 故障态相量特征为零序电流超前零序电压 91.87°，说明正方向存在接地故障。观察 U_{CA} 与 I_{CA} 相角，两者基本同相位，符合正方向相间故障特征，且短路阻抗呈现电阻性。单独分析 A 相、C 相情况，U_A 滞后 I_A 约 10.82°，U_C 超前 I_C 约 7°，说明 A 相正方向经过渡电阻接地，C 相正方向经过渡电阻接地。综合以上分析，正方向发生 A 相、C 相单独经过渡电阻接地。AB Ⅰ 线路 B 站侧录波波形（相量分析）如图 2－31－8 所示。

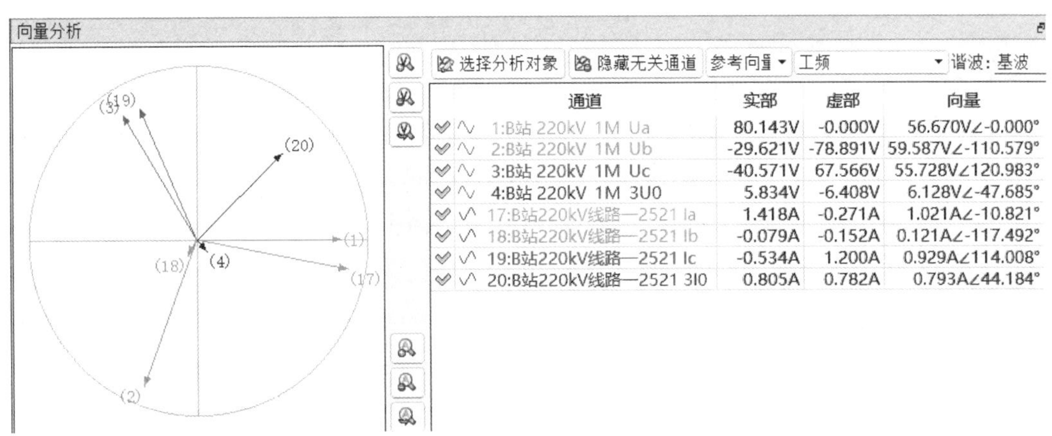

图 2－31－8　AB Ⅰ 线路 B 站侧录波波形（相量分析）

三、综合总结

从波形特征解析，系统发生了 AB Ⅰ 线线路区内 AC 两相各经过渡电阻接地故障。B 站侧电压幅值下降较多，从相位分析得知，A 相正方向经过渡电阻接地，C 相正方向经过渡电阻接地。A 站侧电压幅值下降较少，从相位分析得知，A 相正方向经过渡电阻接地，C 相正方向经过渡电阻接地。结合两侧保护装置故障信息测距结果，A 站侧测距 24.2km，B 站侧测距 25.6km，说明该故障点位于线路 50%处。AB Ⅰ 线路 A、B 站侧保护故障信息测距分别见表 2－31－5 和表 2－31－6。

表 2-31-5　　AB Ⅰ线路 A 站侧保护故障信息测距

序号	故障参数名称	故障参数实际值	故障参数单位
1	故障相电压	95.82	V
2	故障相电流	0.30	A
3	最大零序电流	0.31	A
4	最大差动电流	1.04	A
5	故障测距	24.20	km
6	故障相别	AC	

表 2-31-6　　AB Ⅰ线路 B 站侧保护故障信息测距

序号	故障参数名称	故障参数实际值	故障参数单位
1	故障相电压	98.19	V
2	故障相电流	1.73	A
3	最大零序电流	0.80	A
4	最大差动电流	1.25	A
5	故障测距	25.60	km
6	故障相别	AC	

从保护动作行为解析，线路两侧均为三相差动保护动作，距离Ⅰ段均未动作，说明两侧测量阻抗超出整定保护范围，印证了该故障为 AC 两相各经过渡电阻接地故障。

综上所述，本次故障位于 AB Ⅰ线路 50%处，故障性质为 AC 两相各经过渡电阻接地，AB Ⅰ线线路保护动作行为正确。

本章思考题

1. 中性点直接接地运行系统的高压线路近电源侧出口处单相接地短路时候的典型故障录波特征是什么？

2. 中性点直接接地运行系统的高压线路近电源侧出口处两相短路时候的典型故障录波特征是什么？

3. 线路近端相间短路时，故障相间电压与故障相间电流的相位关系与短路阻抗角之间有什么关系？

4. 线路发生三相经过渡电阻短路时弱电源侧三相电压与故障点电压是什么关系？

5. 线路发生单相接地故障时，某侧保护背后无主变中性点接地，此时该侧保护能采集到零序电流吗？

3　变压器常见故障波形解析

3.1　星形侧单相金属性接地

一、故障信息

故障发生前 A 站、B 站、C 站运行方式为 ABⅠ线、ABⅡ线、ACⅠ线、BCⅠ线、#1 主变、#2 主变均在合位，A 站#1 主变、ABⅠ线挂 1M、#2 主变、ACⅠ线、ABⅡ线挂 2M，#1 主变接地运行、#2 主变不接地运行，#1 主变、#2 主变均为 Y/△11 接线方式，如图 3－1－1 所示。

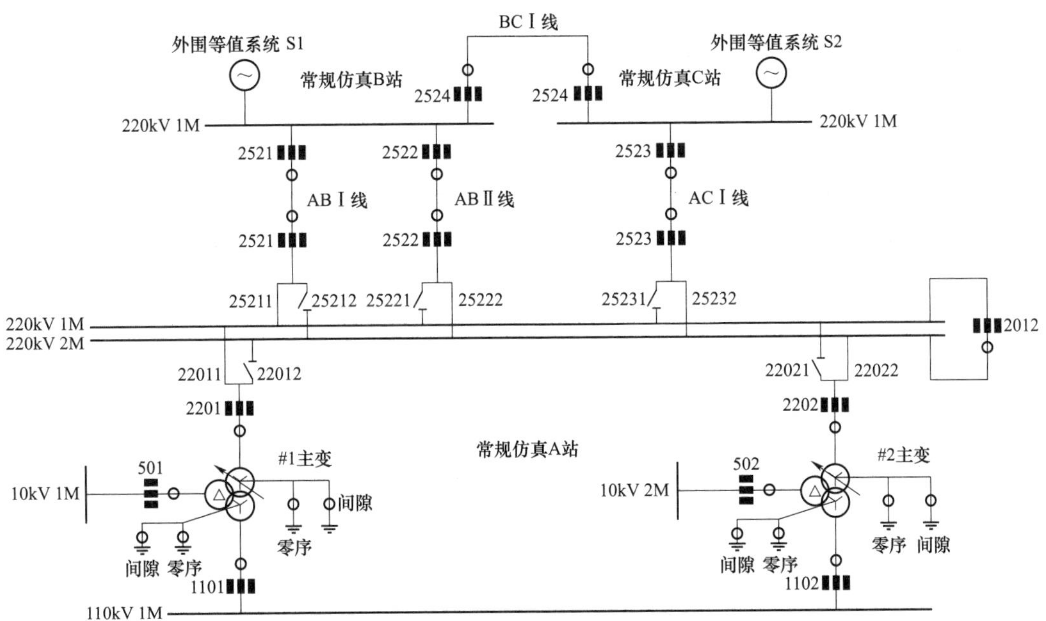

图 3－1－1　故障发生前 A 站、B 站、C 站运行方式

故障发生后，#1 主变三侧开关均在分位，其余开关均在合位，故障发生后 A 站、B 站、C 站运行方式，如图 3－1－2 所示。

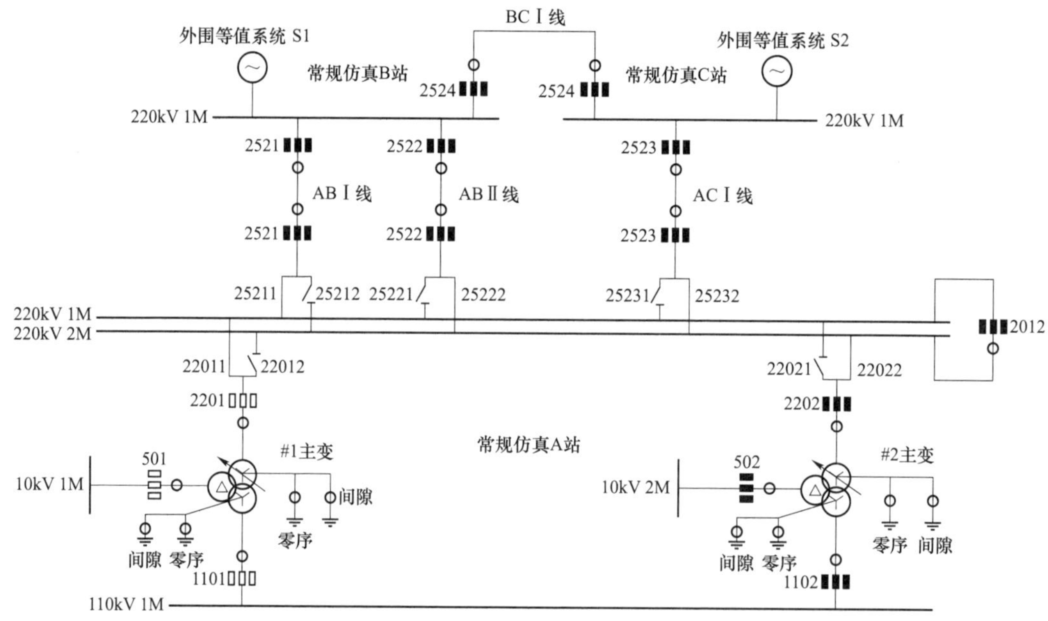

图 3-1-2 故障发生后 A 站、B 站、C 站运行方式

二、故障录波图解析

1. 保护动作报文解析

从 A 站#1 主变保护故障录波 HDR 文件读取相关保护信息，以保护启动初始时刻为基准，见表 3-1-1。

表 3-1-1 A 站#1 主变保护动作简报

序号	动作报文对应时间	动作报文名称	动作相别	动作报文变化值
1	0ms	保护启动		1
2	7ms	纵差保护	A	1
3		跳高压侧		1
4		跳中压侧		1
5		跳低压 1 分支		1
6	11ms	纵差差动速断	A	1
7	22ms	纵差保护	ABC	1
8	22ms	纵差工频变化差动	A	1
9	64ms	纵差差动速断		0
10	86ms	纵差保护		0
11	86ms	纵差工频变化量差动		0
12		跳高压侧		0
13		跳中压侧		0
14		跳低压 1 分支		0
15	593ms	保护启动		0

如表 3－1－1 中所示，A 站#1 主变保护启动后约 7ms，#1 主变纵差保护动作，故障选相 A 相，保护出口跳#1 主变三侧开关；约 11ms，#1 主变纵差差动速断动作，故障选相 A 相；约 22ms，#1 主变纵差保护动作，故障选相 ABC 相；约 22ms，#1 主变工频变化量差动动作，故障选相 A 相。

2. 开关量变位解析

以故障初始时刻为基准，A 站侧开关量变位图如图 3－1－3 所示。

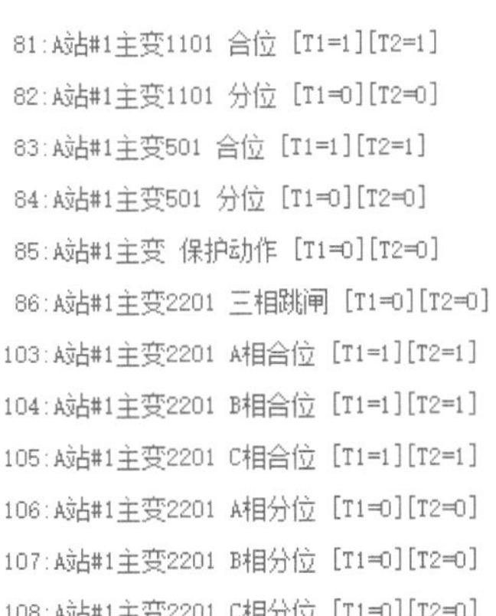

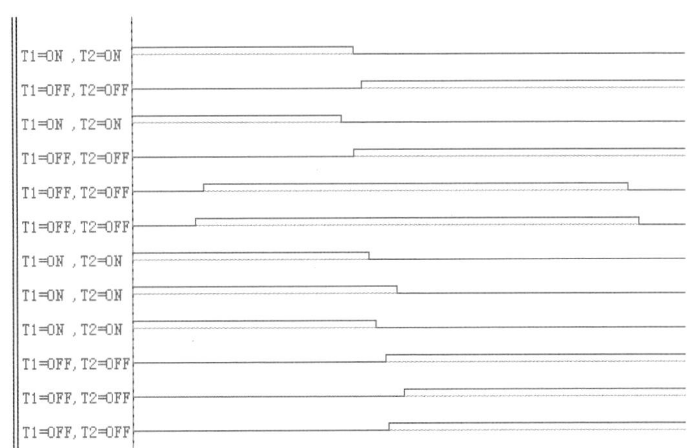

图 3－1－3　A 站侧开关量变位图

A 站侧开关量变位时间顺序见表 3－1－2。

表 3－1－2　　　　A 站侧开关量变位时间顺序

位置	第 1 次变位时间	第 2 次变位时间
3:A 站#1 主变 1101 合位	↓ 49.750ms	
4:A 站#1 主变 1101 分位	↑ 51.250ms	
5:A 站#1 主变 501 合位	↓ 47.500ms	
6:A 站#1 主变 501 分位	↑ 49.750ms	
7:A 站#1 主变保护动作	↑ 22.750ms	↓ 99.500ms
8:A 站#1 主变 2201 三相跳闸	↑ 21.250ms	↓ 101.500ms
10:A 站#1 主变 2201 A 相合位	↓ 52.500ms	
11:A 站#1 主变 2201 B 相合位	↓ 57.500ms	
12:A 站#1 主变 2201 C 相合位	↓ 53.750ms	
13:A 站#1 主变 2201 A 相分位	↑ 55.500ms	
14:A 站#1 主变 2201 B 相分位	↑ 58.750ms	
15:A 站#1 主变 2201 C 相分位	↑ 56.000ms	

小结：故障发生后约 23ms，#1 主变差动保护动作；约 50ms 成功跳开#1 主变低压侧 501 开关；约 52ms，成功跳开#1 主变中压侧 1101 开关；约 59ms 成功跳开#1 主变高

压侧 2201 开关三相。

3. 录波图解析

A 站侧#1 主变保护录波图解析。A 站侧#1 主变保护录波图如图 3－1－4～图 3－1－6 所示。

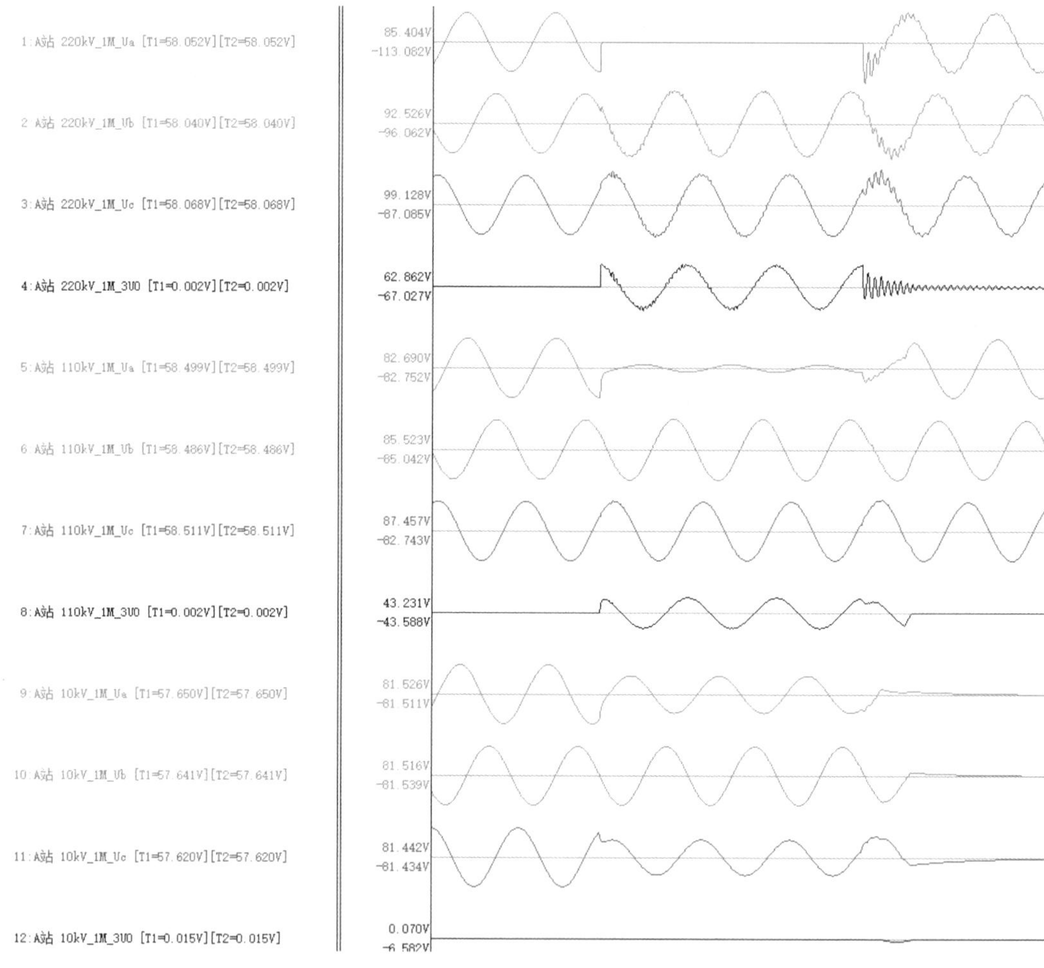

图 3－1－4　A 站侧#1 主变保护电压波形

（1）从图 3－1－4 解析可知 0ms 故障态电压特征：高压侧母线 A 相电压突变下降至 0V，B、C 相电压基本不变，且出现零序电压突变；中压侧 A 相电压下降至 7V 左右，B、C 相电压基本不变，且出现零序电压突变；说明故障相为#1 主变高压侧 A 相。

（2）从图 3－1－5 解析可知 0ms 故障态电流特征：高压侧 A 相电流升高，且出现零序电流突变，说明故障相为#1 主变高压侧 A 相。

（3）从图 3－1－6 解析可知故障态潮流特征：通过判断高压侧零序电压、零序电流相位关系，可知#1 主变高压侧零序电流角度超前零序电压约 95°，符合区内故障特征。

（4）从表 3－1－2 解析可知 23ms #1 主变保护动作。

（5）从表 3－1－2 解析可知 59ms #1 主变三侧开关跳开后，高压侧、中压侧母线电压恢复，低压侧母线电压为 0V，说明故障被切除。故障持续了约 2.95 个周波 59ms。

13:A站#1主变高压侧 Ia [T1=0.266A][T2=0.266A]
9.119A
-7.825A
14:A站#1主变高压侧 Ib [T1=0.267A][T2=0.267A]
0.378A
-0.378A
15:A站#1主变高压侧 Ic [T1=0.266A][T2=0.266A]
0.791A
-0.866A
16:A站#1主变高压侧 3I0 [T1=0.001A][T2=0.001A]
8.089A
-6.870A
17:A站#1主变中压侧 Ia [T1=0.326A][T2=0.326A]
0.465A
-1.508A
18:A站#1主变中压侧 Ib [T1=0.325A][T2=0.325A]
0.581A
-0.566A
19:A站#1主变中压侧 Ic [T1=0.326A][T2=0.326A]
0.695A
-0.546A
20:A站#1主变中压侧 3I0 [T1=0.001A][T2=0.001A]
0.819A
-0.825A
21:A站#1主变低压侧 Ia [T1=0.294A][T2=0.294A]
0.417A
-0.416A
22:A站#1主变低压侧 Ib [T1=0.292A][T2=0.292A]
0.418A
-0.414A
23:A站#1主变低压侧 Ic [T1=0.293A][T2=0.293A]
0.416A
-0.418A
24:A站#1主变低压侧 3I0 [T1=0.001A][T2=0.001A]
0.007A

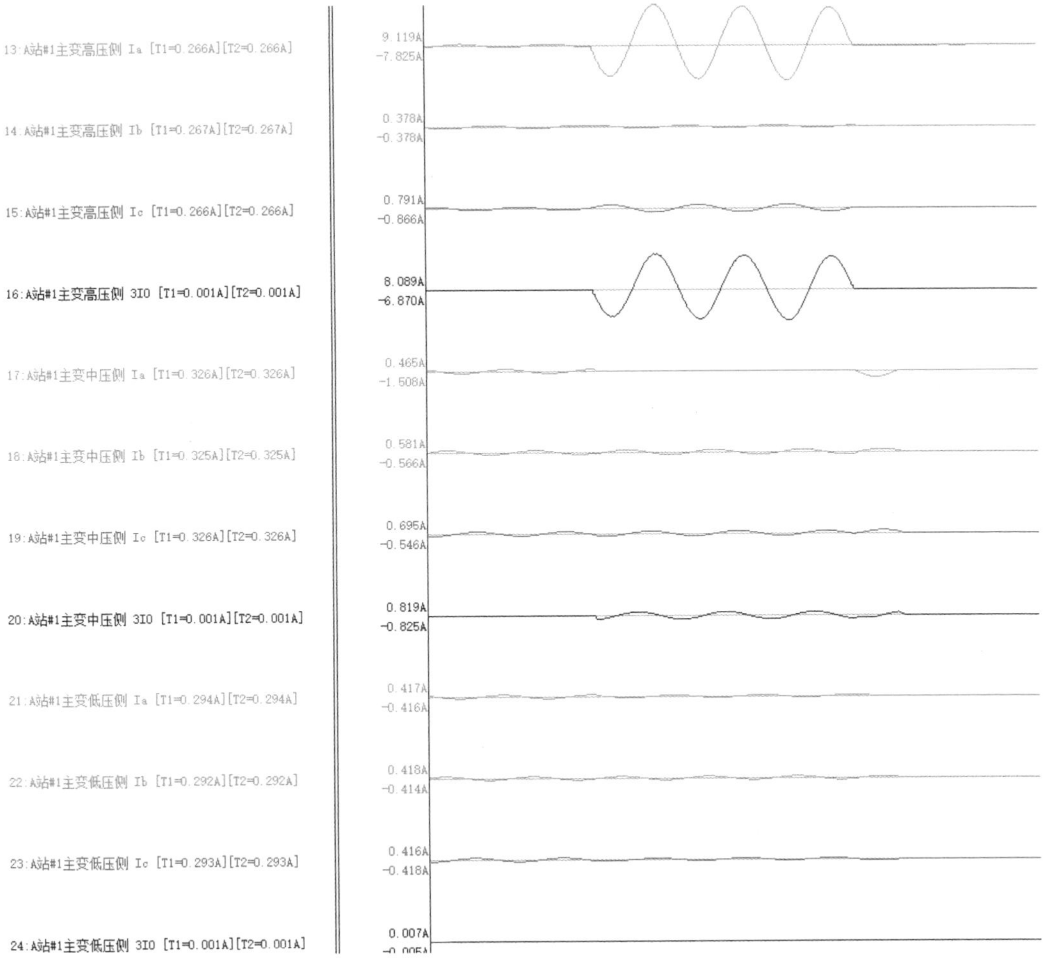

图 3－1－5　A 站侧#1 主变保护电流波形

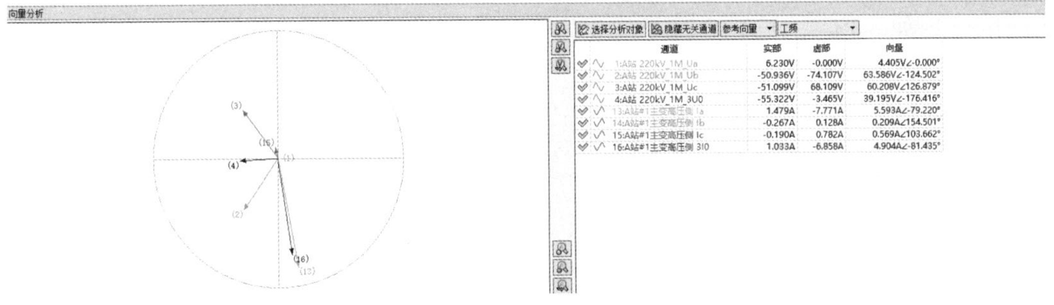

向量分析
(3)
(15)
(1)
(4)
(2)
(16)
(13)
选择分析对象
隐藏无关通道
参考向量
工频
通道
实部
虚部
向量
1:A站 220kV_1M_Ua 6.230V -0.000V 4.405V∠-0.000°
2:A站 220kV_1M_Ub -50.936V -74.107V 63.586V∠-124.502°
3:A站 220kV_1M_Uc -51.099V 68.109V 60.208V∠126.879°
4:A站 220kV_1M_3U0 -55.322V -3.465V 39.195V∠-176.416°
13:A站#1主变高压侧 Ia 1.479A -7.771A 5.593A∠-79.220°
14:A站#1主变高压侧 Ib -0.267A 0.128A 0.209A∠154.501°
15:A站#1主变高压侧 Ic -0.190A 0.782A 0.569A∠103.662°
16:A站#1主变高压侧 3I0 1.033A -6.858A 4.904A∠-81.435°

图 3－1－6　A 站侧#1 主变保护高压侧电压电流向量

三、综合总结

从 A 站#1 主变故障录波图特征解析，系统发生了 A 相金属性接地故障，A 站#1 主变高压侧 A 相电压突变下降至 0V，B、C 相电压基本不变，#1 主变高压侧零序电流超前零序电压，说明故障发生于 A 站#1 主变高压侧。

从保护动作行为解析，A 站#1 主变差动保护动作，跳开#1 主变三侧开关后切除故障。

综上所述，本次故障#1 主变高压侧区内故障，故障性质为 A 相金属性接地故障，主变保护动作行为正确。

3.2 星形侧单相经电阻接地

一、故障信息

故障发生前 A 站、B 站、C 站运行方式为 AB Ⅰ线、AB Ⅱ线、AC Ⅰ线、BC Ⅰ线、#1 主变、#2 主变均在合位，A 站#1 主变、AB Ⅰ线挂 1M、#2 主变、AC Ⅰ线、AB Ⅱ线挂 2M，#1 主变接地运行、#2 主变不接地运行，#1 主变、#2 主变均为 Y/△11 接线方式，如图 3-2-1 所示。

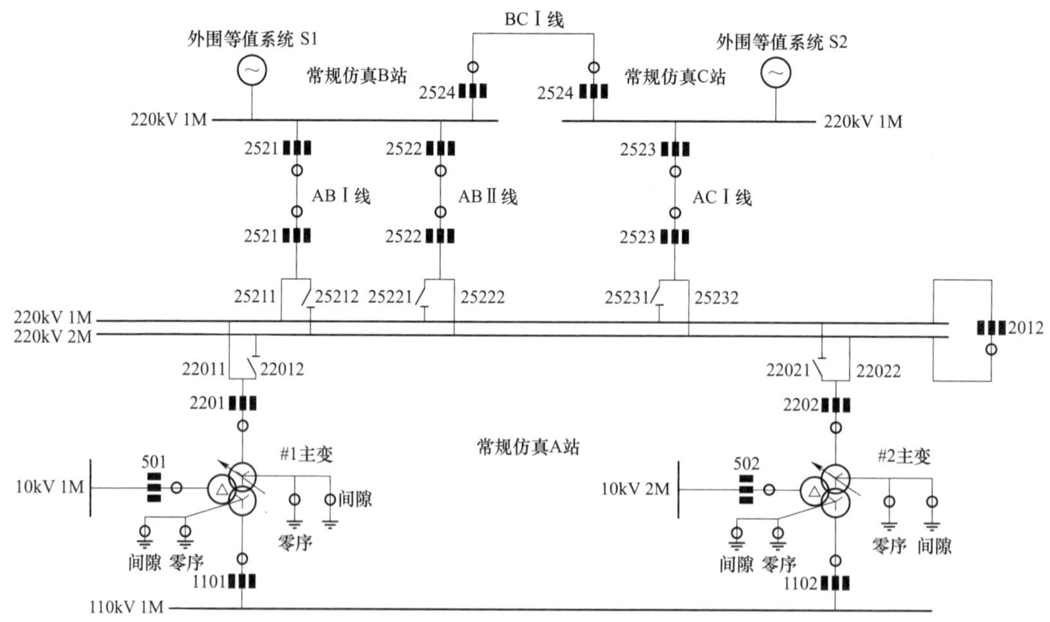

图 3-2-1 故障发生前 A 站、B 站、C 站运行方式

故障发生后，#1 主变三侧开关均在分位，其余开关均在合位，故障发生后 A 站、B 站、C 站运行方式如图 3-2-2 所示。

二、故障录波图解析

1. 保护动作报文解析

从 A 站#1 主变保护故障录波 HDR 文件读取相关保护信息，以保护启动初始时刻为基准，见表 3-2-1。

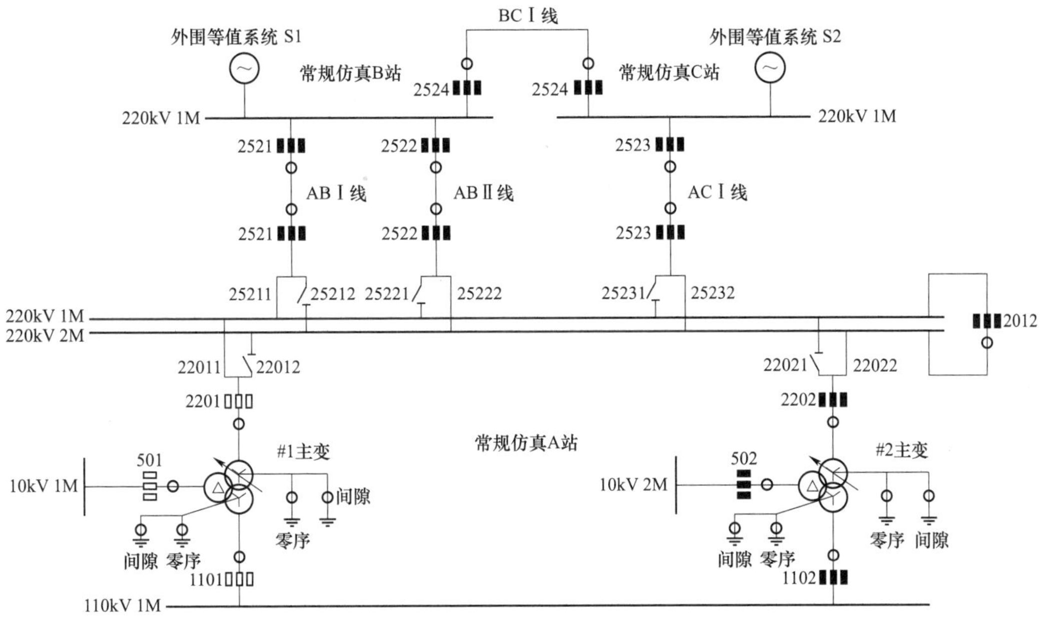

图 3-2-2　故障发生后 A 站、B 站、C 站运行方式

表 3-2-1　　A 站#1 主变保护动作简报

序号	动作报文对应时间	动作报文名称	动作相别	动作报文变化值
1	0ms	保护启动		1
2	17ms	纵差保护	A	1
3		跳高压侧		1
4		跳中压侧		1
5		跳低压 1 分支		1
6	18ms	纵差保护	AB	1
7	18ms	纵差工频变化里	A	1
8	22ms	纵差保护	ABC	1
9	102ms	纵差保护		0
10	102ms	纵差工频变化量差动		0
11		跳高压侧		0
12		跳中压侧		0
13		跳低压 1 分支		0
14	612ms	保护启动		0

如表 3-2-1 中所示，A 站#1 主变保护启动后约 17ms，#1 主变纵差保护动作，故障选相 A 相，保护出口跳#1 主变三侧开关；约 18ms，#1 主变纵差保护动作，故障选相 AB 相；约 18ms，#1 主变纵差工频变化量动作，故障选相 A 相；约 22ms，#1 主变纵差保护动作，故障选相 ABC 相。

2. 开关量变位解析

以故障初始时刻为基准，A 站侧开关量变位图如图 3-2-3 所示。

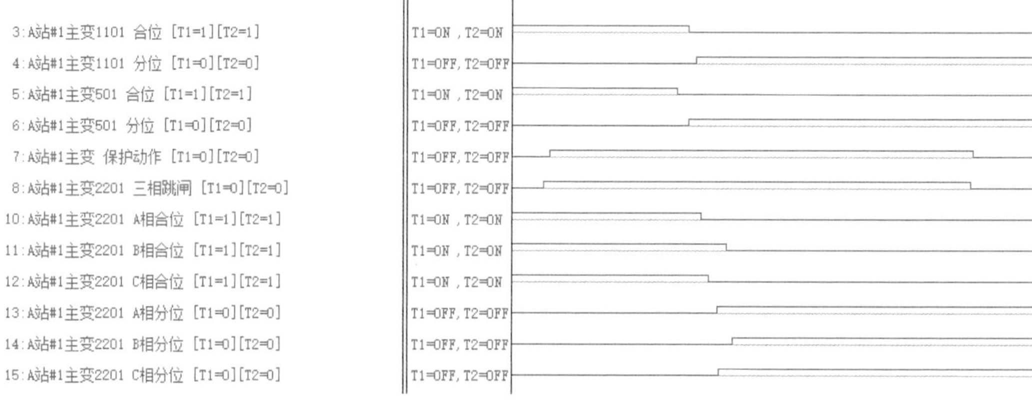

图 3-2-3 A 站侧开关量变位图

A 站侧开关量变位时间顺序见表 3-2-2。

表 3-2-2 A 站侧开关量变位时间顺序

位置	第 1 次变位时间	第 2 次变位时间
3:A 站#1 主变 1101 合位	↓ 60.750ms	
4:A 站#1 主变 1101 分位	↑ 62.250ms	
5:A 站#1 主变 501 合位	↓ 58.500ms	
6:A 站#1 主变 501 分位	↑ 60.750ms	
7:A 站#1 主变保护动作	↑ 33.500ms	↓ 117.000ms
8:A 站#1 主变 2201 三相跳闸	↑ 32.250ms	↓ 116.500ms
10:A 站#1 主变 2201 A 相合位	↓ 63.250ms	
11:A 站#1 主变 2201 B 相合位	↓ 68.250ms	
12:A 站#1 主变 2201 C 相合位	↓ 64.750ms	
13:A 站#1 主变 2201 A 相分位	↑ 66.500ms	
14:A 站#1 主变 2201 B 相分位	↑ 69.500ms	
15:A 站#1 主变 2201 C 相分位	↑ 66.750ms	

小结：故障发生后约 34ms，#1 主变差动保护动作；约 61ms 成功跳开#1 主变低压侧 501 开关；约 63ms，成功跳开#1 主变中压侧 1101 开关；约 70ms 成功跳开#1 主变高压侧 2201 开关三相。

3. 波形特征解析

A 站侧#1 主变保护录波图解析。A 站侧#1 主变保护录波图，如图 3-2-4～图 3-2-6 所示。

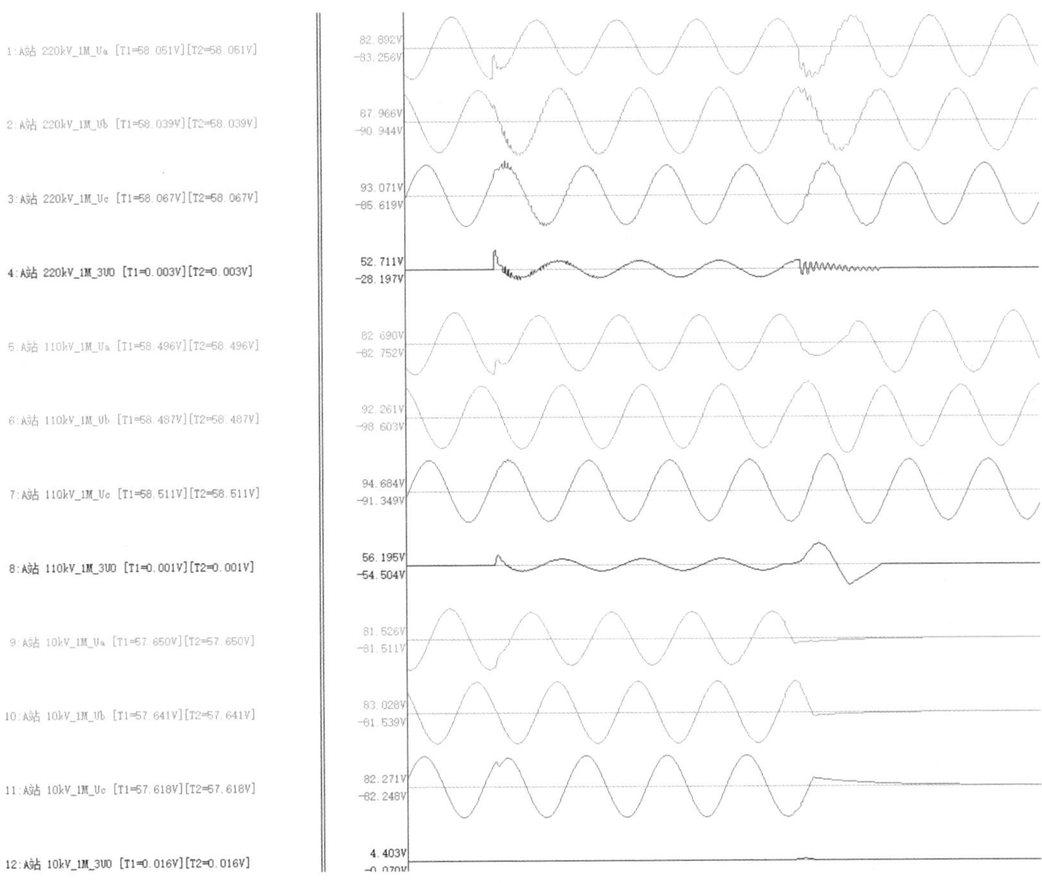

图 3-2-4 A 站侧#1 主变保护电压波形

（1）从图 3-2-4 解析可知 0ms 故障态电压特征：高压侧母线 A 相电压下降至约 50V，B、C 相电压基本不变，且出现零序电压；中压侧 A 相电压下降至约 50V，B、C 相电压基本不变，且出现零序电压；说明故障相为#1 主变高压侧 A 相。

（2）从图 3-2-5 解析可知 0ms 故障态电流特征：高压侧 A 相电流升高，且出现零序电流突变，说明故障相为#1 主变高压侧 A 相。

（3）从图 3-2-6 解析可知故障态潮流特征：通过判断高压侧零序电压、零序电流相位关系，可知#1 主变高压侧零序电流角度超前零序电压约 95°，符合区内故障特征。

（4）从表 3－2－2 解析可知 34ms #1 主变保护动作。

（5）从表 3－2－2 解析可知 70ms #1 主变三侧开关跳开后，高压侧、中压侧母线电压恢复，低压侧母线电压为 0V，说明故障被切除。故障持续了约 3.5 个周波 70ms。

13:A站#1主变高压侧 Ia [T1=0.266A][T2=0.266A] 2.863A -2.872A
14:A站#1主变高压侧 Ib [T1=0.267A][T2=0.267A] 0.449A -0.452A
15:A站#1主变高压侧 Ic [T1=0.266A][T2=0.266A] 0.509A -0.762A
16:A站#1主变高压侧 3I0 [T1=0.001A][T2=0.001A] 2.172A -2.172A
17:A站#1主变中压侧 Ia [T1=0.325A][T2=0.325A] 0.465A -1.515A
18:A站#1主变中压侧 Ib [T1=0.326A][T2=0.326A] 0.522A -0.522A
19:A站#1主变中压侧 Ic [T1=0.326A][T2=0.326A] 1.134A -0.464A
20:A站#1主变中压侧 3I0 [T1=0.000A][T2=0.000A] 1.053A -1.060A
21:A站#1主变低压侧 Ia [T1=0.294A][T2=0.294A] 0.417A -0.416A
22:A站#1主变低压侧 Ib [T1=0.292A][T2=0.292A] 0.418A -0.414A
23:A站#1主变低压侧 Ic [T1=0.293A][T2=0.293A] 0.418A -0.421A
24:A站#1主变低压侧 3I0 [T1=0.001A][T2=0.001A] 0.007A

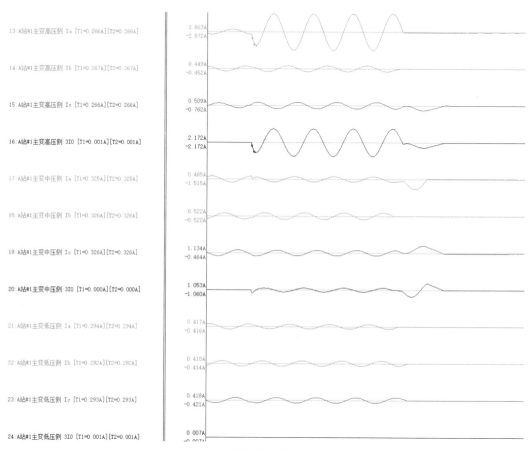

图 3－2－5　A 站侧#1 主变保护电流波形

图 3－2－6　A 站侧#1 主变保护高压侧电压电流向量

三、综合总结

从 A 站#1 主变故障录波图特征解析，系统发生了 A 相经电阻接地故障，A 站#1 主变高压侧 A 相电压下降得不明显，B、C 相电压基本不变，#1 主变高压侧 A 相电流突然增大、出现零序电流突变，且零序电流超前零序电压约 95°，说明故障发生于 A 站#1 主变高压侧。

从保护动作行为解析，A 站#1 主变差动保护动作，跳开#1 主变三侧开关后切除故障。

综上所述，本次故障#1 主变高压侧区内故障，故障性质为 A 相经电阻接地故障，主变保护动作行为正确。

3.3 三角形侧单相金属性接地

一、故障信息

故障发生前 A 站、B 站、C 站运行方式为 ABⅠ线、ABⅡ线、ACⅠ线、BCⅠ线、#1 主变、#2 主变均在合位，A 站#1 主变、ABⅠ线挂 1M、#2 主变、ACⅠ线、ABⅡ线挂 2M，#1 主变接地运行、#2 主变不接地运行，#1 主变、#2 主变均为 Y/△11 接线方式，如图 3－3－1 所示。

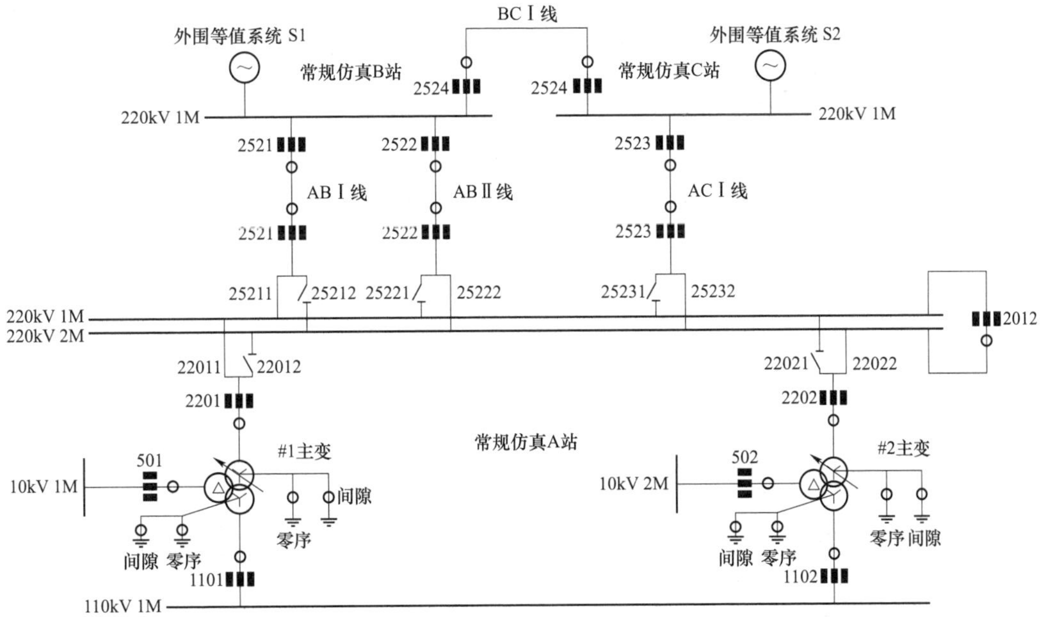

图 3－3－1　故障发生前 A 站、B 站、C 站运行方式

故障发生后，系统内没有开关跳闸，各开关均在合位，故障发生后 A 站、B 站、C 站运行方式如图 3－3－2 所示。

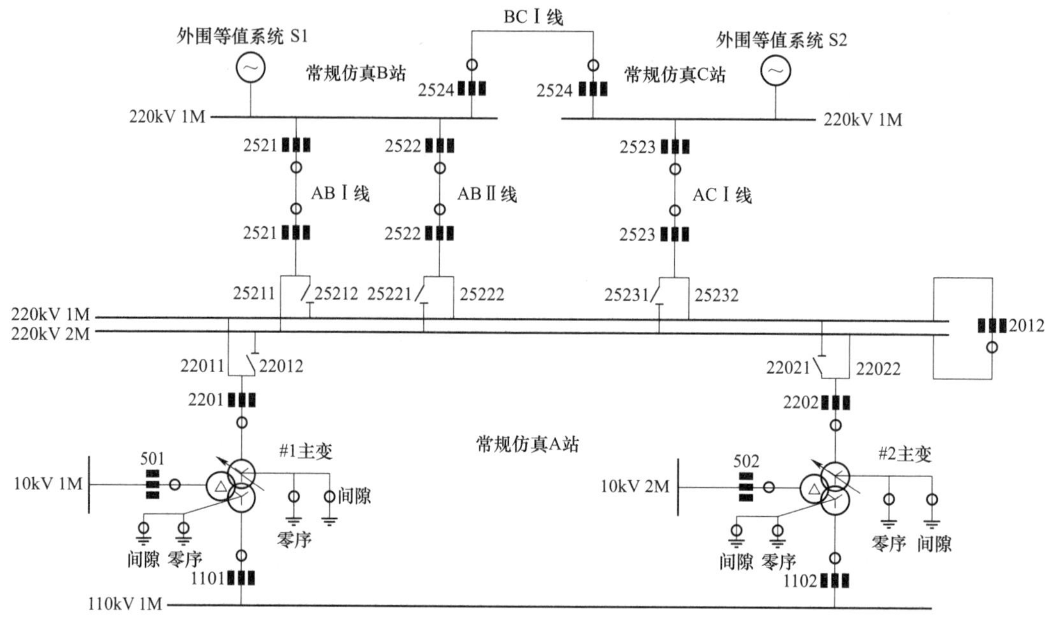

图 3－3－2　故障发生后 A 站、B 站、C 站运行方式

二、故障录波图解析

1. 开关量变位解析

以故障初始时刻为基准，A 站侧开关量变位图如图 3－3－3 所示。

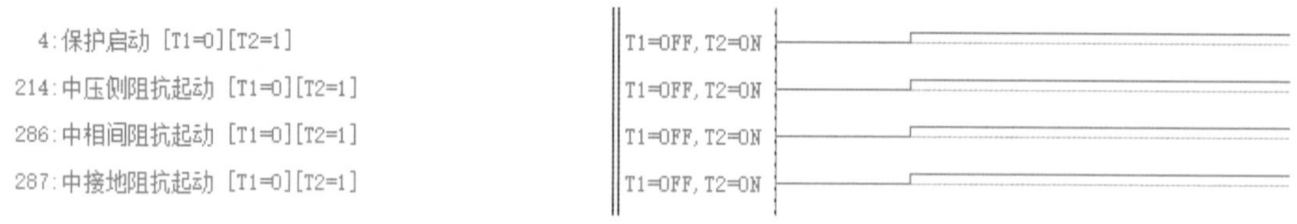

图 3－3－3　A 站侧开关量变位图

小结：故障发生后，#1 主变保护启动，但未发生保护动作。

2. 波形特征解析

A 站侧#1 主变保护录波图解析。A 站侧#1 主变保护录波图，如图 3－3－4、图 3－3－5

所示。

（1）从图 3－3－4 解析可知故障态电压特征：#1 主变低压侧 10kV 母线 A 相电压降为 0V，B、C 相电压升高至 100V 左右，且出现零序电压；#1 主变高压侧、中压侧电压未有明显变化。

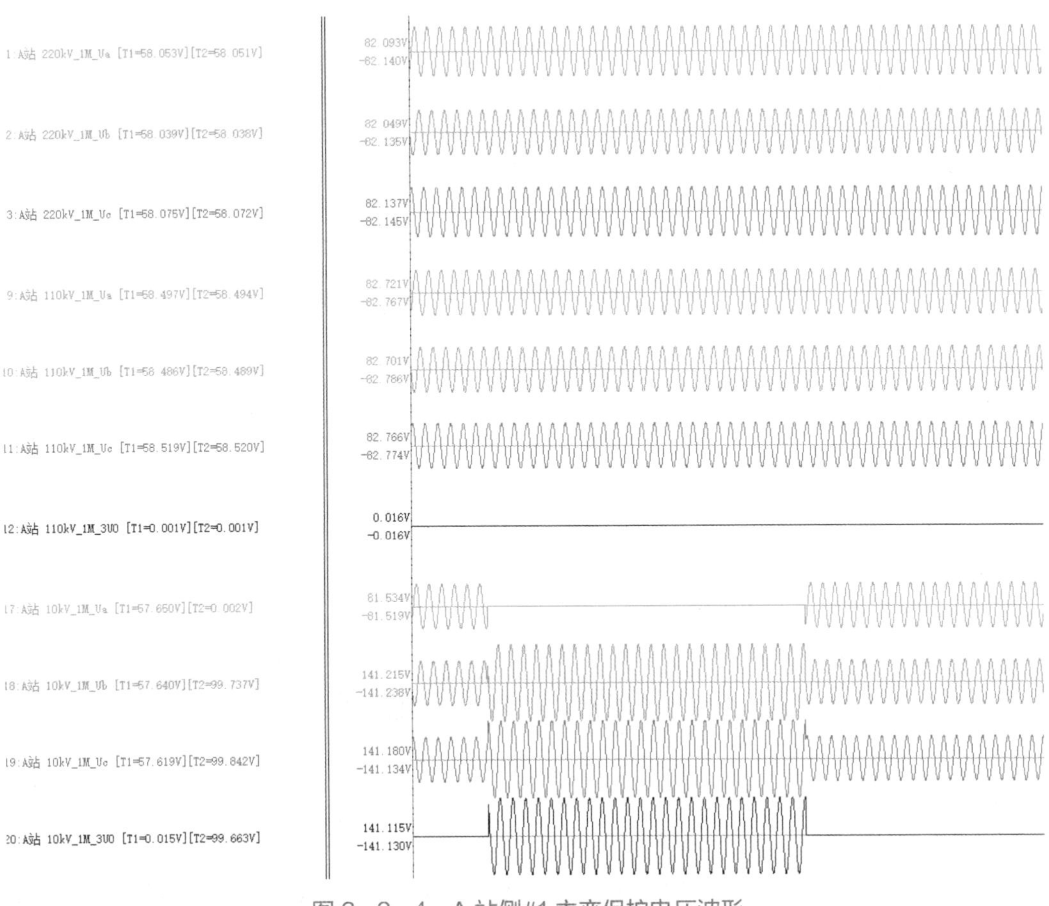

图 3－3－4　A 站侧#1 主变保护电压波形

（2）从图 3－3－5 解析可知故障态电流特征：#1 主变三侧电流未有明显变化。

三、综合总结

从 A 站#1 主变故障录波图特征解析，当系统发生了三角形侧 A 相金属性接地故障时，A 站#1 主变保护只启动不动作。

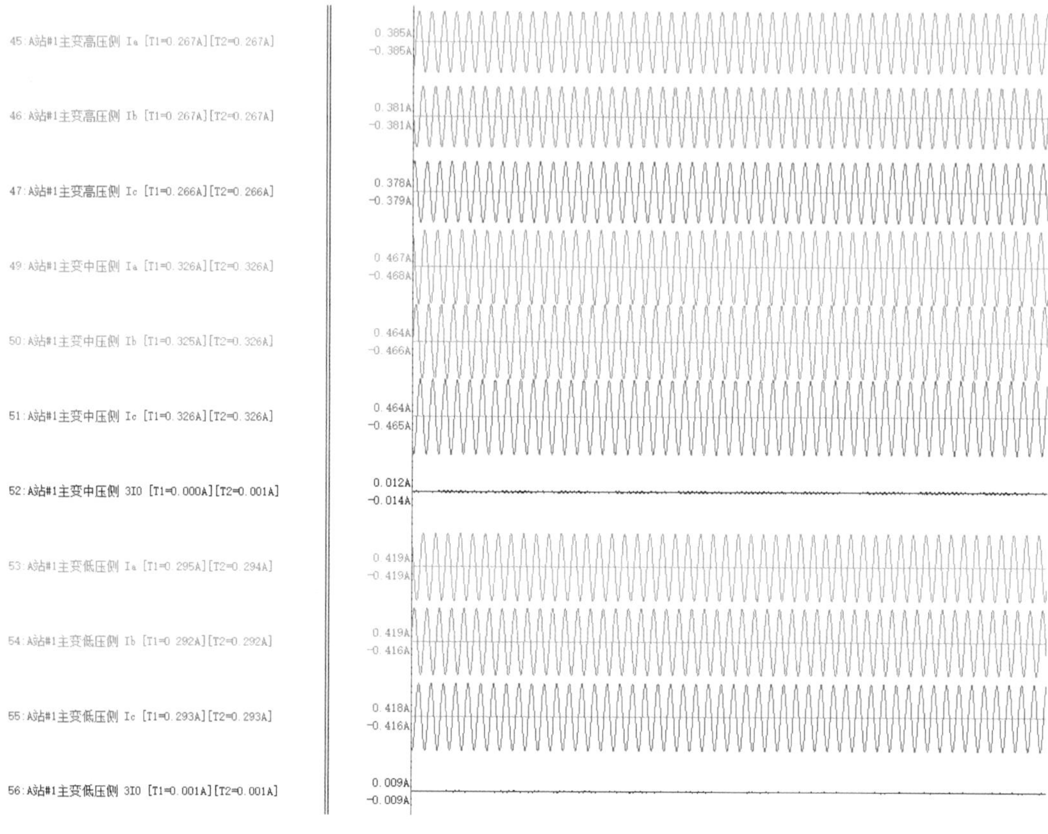

图 3-3-5　A 站侧#1 主变保护电流波形

3.4　三角形侧单相经电阻接地

一、故障信息

故障发生前 A 站、B 站、C 站运行方式为 ABⅠ线、ABⅡ线、ACⅠ线、BCⅠ线、#1 主变、#2 主变均在合位，A 站#1 主变、ABⅠ线挂 1M、#2 主变、ACⅠ线、ABⅡ线挂 2M，#1 主变接地运行、#2 主变不接地运行，#1 主变、#2 主变均为 Y/△11 接线方式，如图 3-4-1 所示。

故障发生后，系统内没有开关跳闸，各开关均在合位，故障发生后 A 站、B 站、C 站运行方式，如图 3-4-2 所示。

二、故障录波图解析

故障发生后，#1 主变保护未启动，保护未动作。

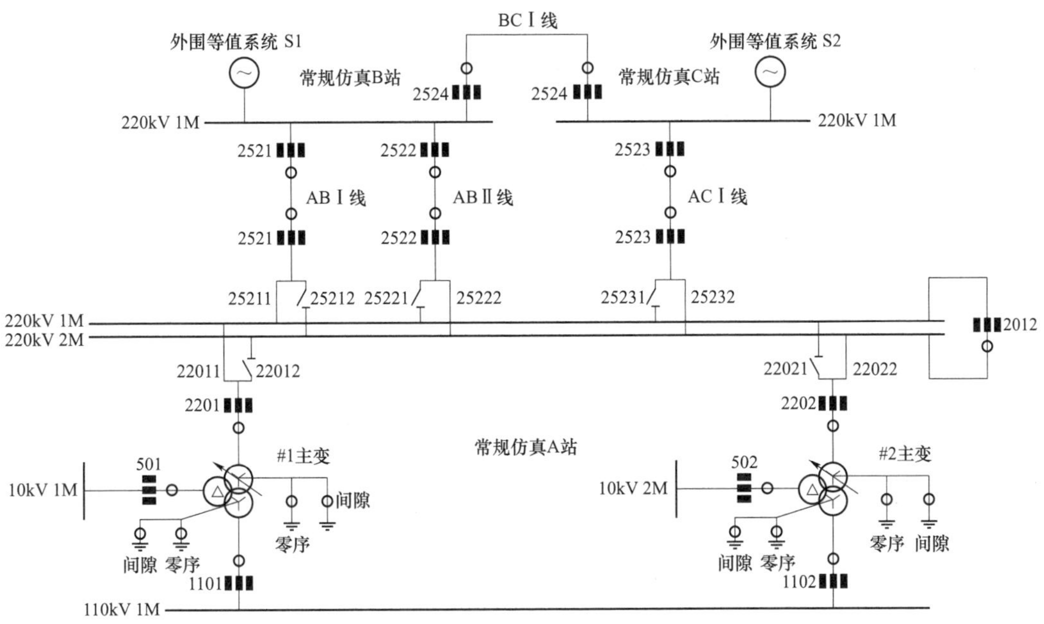

图 3-4-1　故障发生前 A 站、B 站、C 站运行方式

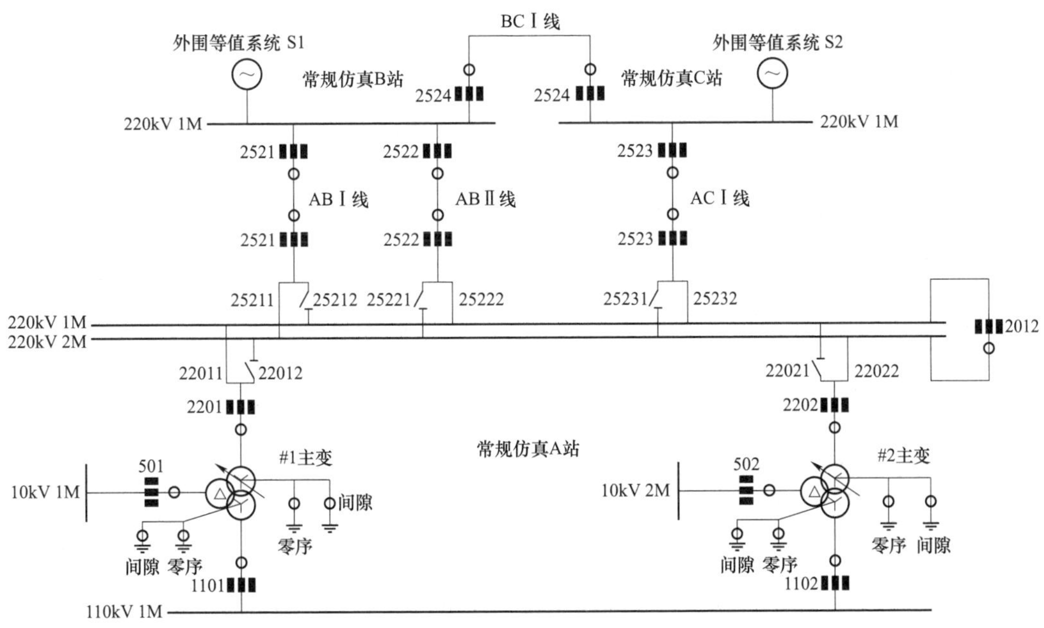

图 3-4-2　故障发生后 A 站、B 站、C 站运行方式

A 站侧#1 主变保护录波图解析。A 站侧#1 主变保护录波图，如图 3－4－3 所示。

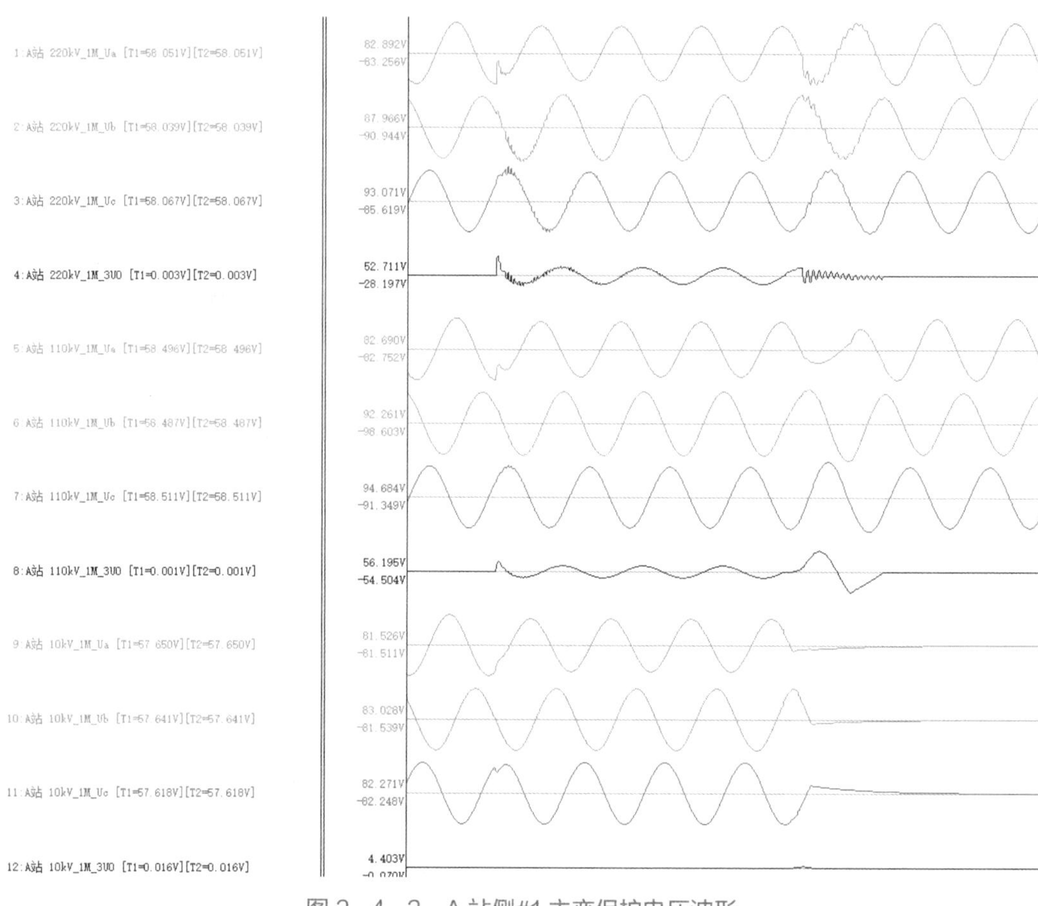

图 3－4－3　A 站侧#1 主变保护电压波形

（1）从图 3－4－3 解析可知故障态电压特征：故障期间，系统电压均没有明显变化。

（2）从图 3－4－4 解析可知故障态电流特征：故障期间，系统电流均没有明显变化。

三、综合总结

从 A 站#1 主变故障录波图特征解析，当系统发生了三角形侧 A 相经电阻（50Ω）接地故障时，A 站#1 主变保护只启动不动作。

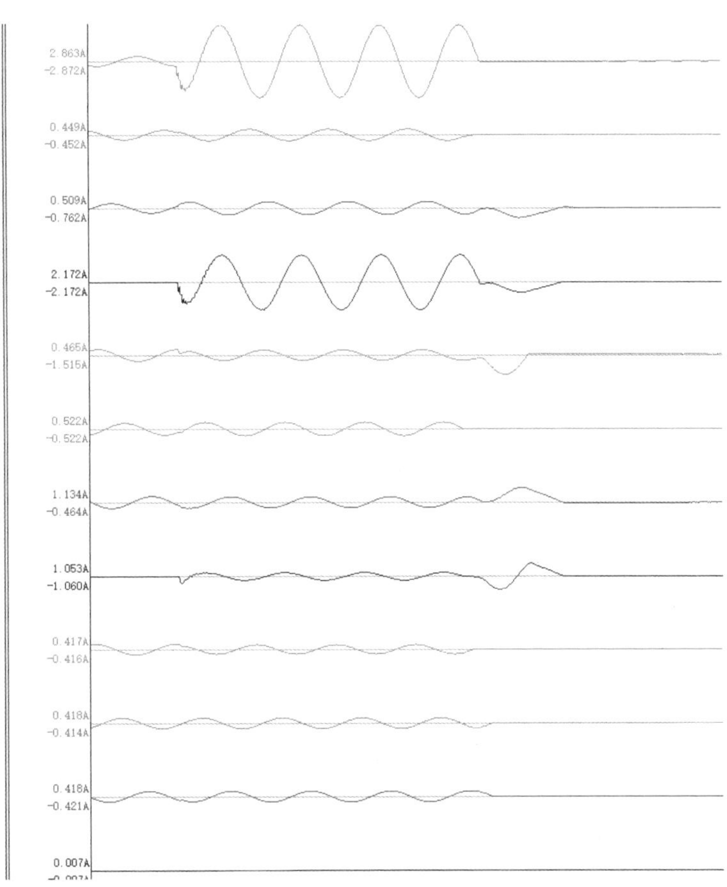

图 3-4-4 A 站侧#1 主变保护电流波形

3.5 星形侧两相金属性短路

一、故障信息

故障发生前 A 站、B 站、C 站运行方式为 ABⅠ线、ABⅡ线、ACⅠ线、BCⅠ线、#1 主变、#2 主变均在合位，A 站#1 主变、ABⅠ线挂 1M、#2 主变、ACⅠ线、ABⅡ线挂 2M，#1 主变接地运行、#2 主变不接地运行，#1 主变、#2 主变均为 Y/△11 接线方式，如图 3-5-1 所示。

故障发生后，#1 主变三侧开关均在分位，其余开关均在合位，故障发生后 A 站、B 站、C 站运行方式如图 3-5-2 所示。

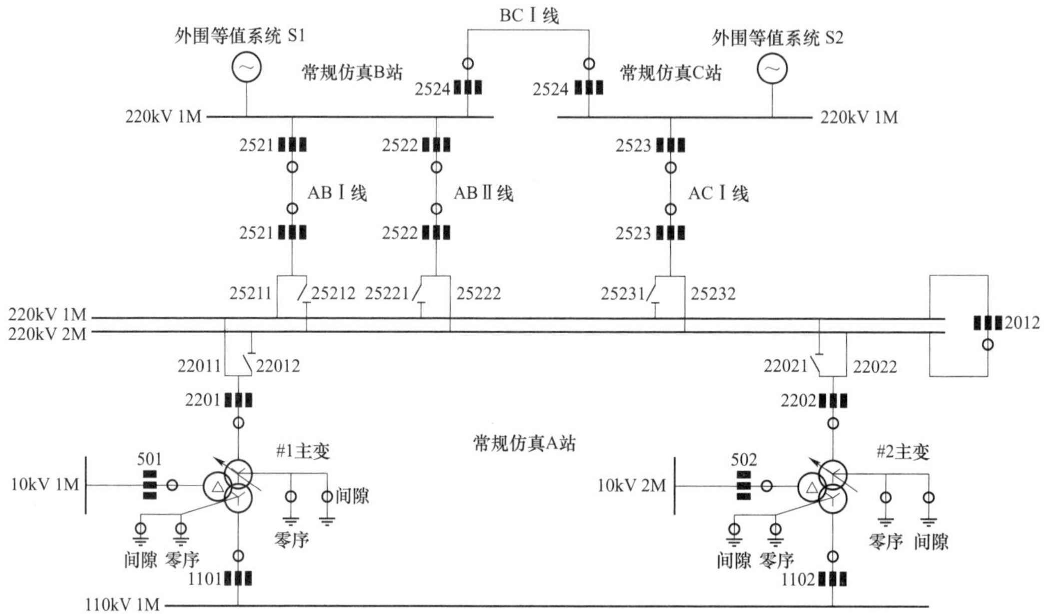

图 3-5-1 故障发生前 A 站、B 站、C 站运行方式

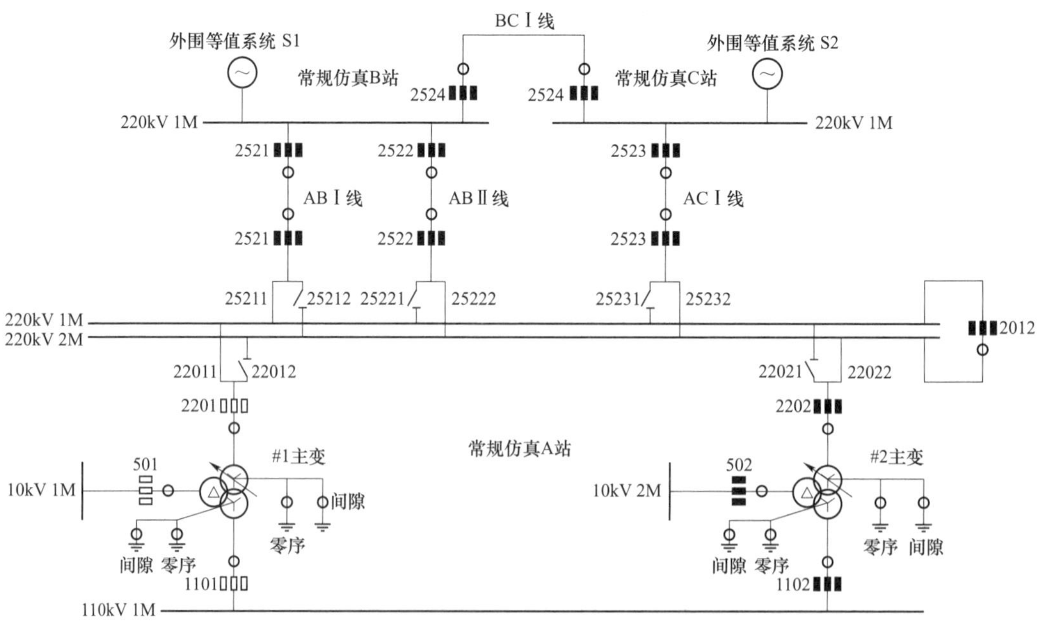

图 3-5-2 故障发生后 A 站、B 站、C 站运行方式

二、故障录波图解析

1. 保护动作报文解析

从A站#1主变保护故障录波HDR文件读取相关保护信息，以保护启动初始时刻为基准，见表3－5－1。

表3－5－1　A站#1主变保护动作简报

序号	动作报文对应时间	动作报文名称	动作相别	动作报文变化值
1	0ms	保护启动		1
2	6ms	纵差差动速断	AC	1
3		跳高压侧		1
4		跳中压侧		1
5		跳低压1分支		1
6	7ms	纵差保护	AC	1
7	23ms	纵差工频变化量差动	AC	1
8	69ms	纵差差动速断		0
9	88ms	纵差保护		0
10	88ms	纵差工频变化量差动		0
11		跳高压侧		0
12		跳中压侧		0
13		跳低压1分支		0
14	595ms	保护启动		0

如表3－5－1中所示，A站#1主变保护启动后约6ms，#1主变纵差保护动作，故障选相AC相，保护出口跳#1主变三侧开关；约7ms，#1主变纵差差动速断动作，故障选相AC相；约23ms，#1主变纵差工频变化量差动动作，故障选相AC相。

2. 开关量变位解析

以故障初始时刻为基准，A站侧开关量变位图如图3－5－3所示。

图3－5－3　A站侧开关量变位图

A 站侧开关量变位时间顺序见表 3－5－2。

表 3－5－2　　　　A 站侧开关量变位时间顺序

位置	第 1 次变位时间	第 2 次变位时间
3:A 站#1 主变 1101 合位	↓ 48.500ms	
4:A 站#1 主变 1101 分位	↑ 50.000ms	
5:A 站#1 主变 501 合位	↓ 46.250ms	
6:A 站#1 主变 501 分位	↑ 48.500ms	
7:A 站#1 主变保护动作	↑ 21.750ms	↓ 103.000ms
8:A 站#1 主变 2201 三相跳闸	↑ 20.250ms	↓ 103.000ms
10:A 站#1 主变 2201 A 相合位	↓ 51.500ms	
11:A 站#1 主变 2201 B 相合位	↓ 56.500ms	
12:A 站#1 主变 2201 C 相合位	↓ 53.000ms	
13:A 站#1 主变 2201 A 相分位	↑ 54.750ms	
14:A 站#1 主变 2201 B 相分位	↑ 57.750ms	
15:A 站#1 主变 2201 C 相分位	↑ 55.000ms	

小结：故障发生后约 22ms，#1 主变差动保护动作；约 49ms 成功跳开#1 主变低压侧 501 开关；约 50ms，成功跳开#1 主变中压侧 1101 开关；约 58ms 成功跳开#1 主变高压侧 2201 开关三相。

3. 波形特征解析

A 站侧#1 主变保护录波图解析。A 站侧#1 主变保护录波图，如图 3－5－4～图 3－5－6 所示。

（1）从图 3－5－4 解析可知 0ms 故障态电压特征：高压侧母线 A、C 相电压下降至 29V 左右且等值同相，B 相电压基本不变，A、C 相电压与 B 相电压反向，且未出现零序电压；中压侧母线 A、C 相电压下降至 29V 左右且等值同相，B 相电压基本不变，A、C 相电压与 B 相电压反向，且未出现零序电压；低压侧母线 A、B 相电压下降至 49V 左右且等值同相，C 相电压降为 0V；说明故障相为#1 主变高压侧 A、C 相。

（2）从图 3－5－5 解析可知 0ms 故障态电流特征：高压侧 A、C 相电流升高，且未出现零序电流；中压侧、低压侧电流变化不大；说明故障相为#1 主变高压侧 A、C 相。

（3）从图 3－5－6 解析可知故障态潮流特征：由于故障相为 A、C 相，通过判断高压侧 U_A 与 U_C 基本同相，且与 U_B 反向；I_C 超前 U_C 约 10°，U_A 超前 I_A 约 170°，符合两相短路的故障特征。

（4）从表 3－5－2 解析可知 22ms #1 主变保护动作。

（5）从表 3－5－2 解析可知 58ms #1 主变三侧开关跳开后，高压侧、中压侧母线电压恢复，低压侧母线电压为 0V，说明故障被切除。故障持续了约 2.9 个周波 58ms。

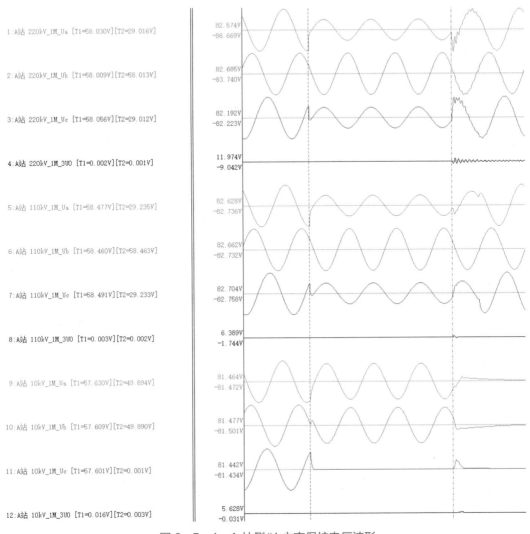

1:A站 220kV_1M_Ua [T1=58.030V][T2=29.016V] 82.574V -86.669V
2:A站 220kV_1M_Ub [T1=58.009V][T2=58.013V] 82.685V -83.740V
3:A站 220kV_1M_Uc [T1=58.056V][T2=29.012V] 82.192V -82.223V
4:A站 220kV_1M_3U0 [T1=0.002V][T2=0.001V] 11.974V -9.042V
5:A站 110kV_1M_Ua [T1=58.477V][T2=29.235V] 82.628V -82.736V
6:A站 110kV_1M_Ub [T1=58.460V][T2=58.463V] 82.662V -82.732V
7:A站 110kV_1M_Uc [T1=58.491V][T2=29.233V] 82.704V -82.758V
8:A站 110kV_1M_3U0 [T1=0.003V][T2=0.002V] 6.389V -1.744V
9:A站 10kV_1M_Ua [T1=57.630V][T2=49.894V] 81.464V -81.472V
10:A站 10kV_1M_Ub [T1=57.609V][T2=49.890V] 81.477V -81.501V
11:A站 10kV_1M_Uc [T1=57.601V][T2=0.001V] 81.442V -81.434V
12:A站 10kV_1M_3U0 [T1=0.016V][T2=0.003V] 5.628V -0.031V

图 3-5-4　A 站侧#1 主变保护电压波形

三、综合总结

从 A 站#1 主变故障录波图特征解析，系统发生了 A、C 相间短路故障，A 站#1 主变高压侧、中压侧的 A、C 相电压几乎等值同相，B 相电压基本不变，低压侧母线 C 相电压几乎降为 0V，I_C 超前 U_C 约 10°，U_A 超前 I_A 约 170°，符合两相短路的故障特征，说明故障发生于 A 站#1 主变高压侧 A、C 相。

从保护动作行为解析，A 站#1 主变差动保护动作，跳开#1 主变三侧开关后切除故障。

综上所述，本次故障#1 主变高压侧区内故障，故障性质为 A、C 相相间短路故障，主变保护动作行为正确。

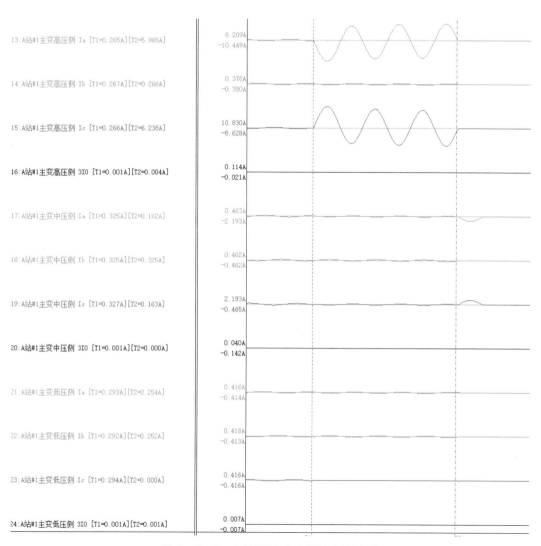

13:A站#1主变高压侧 Ia [T1=0.265A][T2=5.965A] 8.209A -10.449A

14:A站#1主变高压侧 Ib [T1=0.267A][T2=0.266A] 0.378A -0.380A

15:A站#1主变高压侧 Ic [T1=0.266A][T2=6.238A] 10.830A -8.628A

16:A站#1主变高压侧 3I0 [T1=0.001A][T2=0.004A] 0.114A -0.021A

17:A站#1主变中压侧 Ia [T1=0.325A][T2=0.162A] 0.463A -2.193A

18:A站#1主变中压侧 Ib [T1=0.325A][T2=0.325A] 0.462A -0.462A

19:A站#1主变中压侧 Ic [T1=0.327A][T2=0.163A] 2.193A -0.465A

20:A站#1主变中压侧 3I0 [T1=0.001A][T2=0.000A] 0.040A -0.142A

21:A站#1主变低压侧 Ia [T1=0.293A][T2=0.254A] 0.416A -0.414A

22:A站#1主变低压侧 Ib [T1=0.292A][T2=0.252A] 0.418A -0.413A

23:A站#1主变低压侧 Ic [T1=0.294A][T2=0.000A] 0.416A -0.416A

24:A站#1主变低压侧 3I0 [T1=0.001A][T2=0.001A] 0.007A -0.007A

图 3-5-5　A 站侧#1 主变保护电流波形

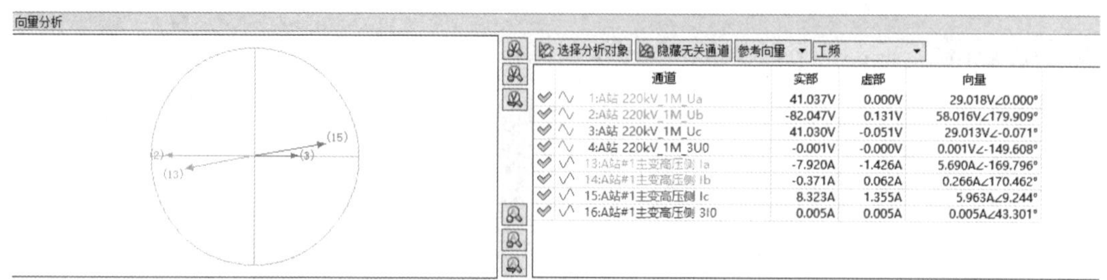

通道	实部	虚部	向量
1:A站 220kV_1M_Ua	41.037V	0.000V	29.018V∠0.000°
2:A站 220kV_1M_Ub	-82.047V	0.131V	58.016V∠179.909°
3:A站 220kV_1M_Uc	41.030V	-0.051V	29.013V∠-0.071°
4:A站 220kV_1M_3U0	-0.001V	-0.000V	0.001V∠-149.608°
13:A站#1主变高压侧 Ia	-7.920A	-1.426A	5.690A∠-169.796°
14:A站#1主变高压侧 Ib	-0.371A	0.062A	0.266A∠170.462°
15:A站#1主变高压侧 Ic	8.323A	1.355A	5.963A∠9.244°
16:A站#1主变高压侧 3I0	0.005A	0.005A	0.005A∠43.301°

图 3-5-6　A 站侧#1 主变保护高压侧电压电流向量

3.6 星形侧两相经电阻短路

一、故障信息

故障发生前A站、B站、C站运行方式为ABⅠ线、ABⅡ线、ACⅠ线、BCⅠ线、#1主变、#2主变均在合位，A站#1主变、ABⅠ线挂1M、#2主变、ACⅠ线、ABⅡ线挂2M，#1主变接地运行、#2主变不接地运行，#1主变、#2主变均为Y/△11接线方式，如图3－6－1所示。

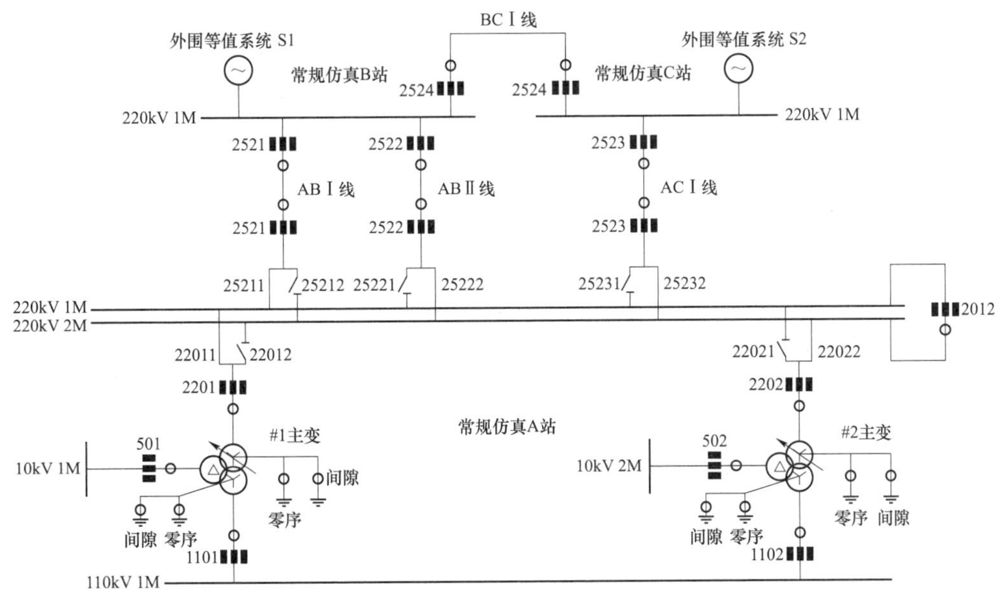

图3－6－1 故障发生前A站、B站、C站运行方式

故障发生后，#1主变三侧开关均在分位，其余开关均在合位，故障发生后A站、B站、C站运行方式，如图3－6－2所示。

二、故障录波图解析

1. 保护动作报文解析

从A站#1主变保护故障录波HDR文件读取相关保护信息，以保护启动初始时刻为基准，见表3－6－1。

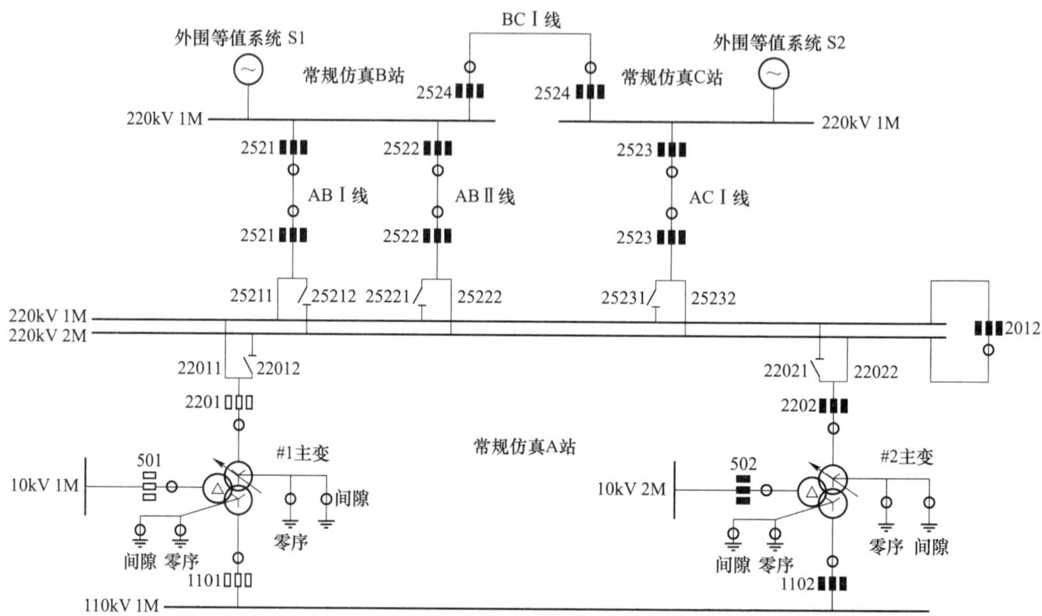

图 3-6-2 故障发生后 A 站、B 站、C 站运行方式

表 3-6-1 A 站#1 主变保护动作简报

序号	动作报文对应时间	动作报文名称	动作相别	动作报文变化值
1	0ms	保护启动		1
2	8ms	纵差保护	AC	1
3		跳高压侧		1
4		跳中压侧		1
5		跳低压 1 分支		1
6	19ms	纵差工频变化量差动	AC	1
7	87ms	纵差保护		0
8	87ms	纵差工频变化量差动		0
9		跳高压侧		0
10		跳中压侧		0
11		跳低压 1 分支		0
12	594ms	保护启动		0

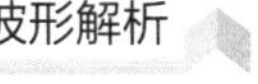

如表 3－6－1 中所示，A 站#1 主变保护启动后约 8ms，#1 主变纵差保护动作，故障选相 AC 相，保护出口跳#1 主变三侧开关；约 19ms，#1 主变纵差工频变化量差动动作，故障选相 AC 相。

2. 开关量变位解析

以故障初始时刻为基准，A 站侧开关量变位图如图 3－6－3 所示。

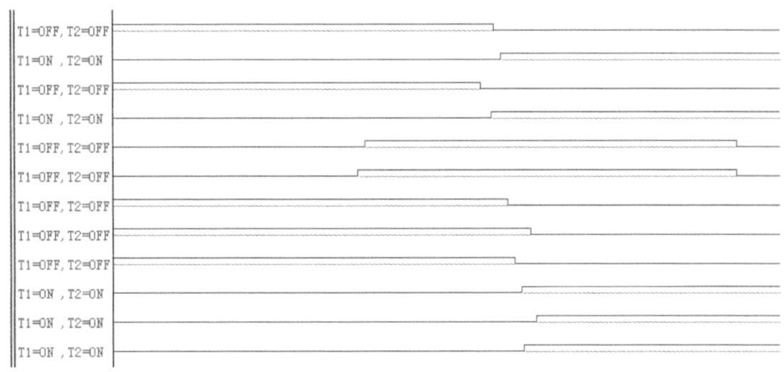

图 3－6－3　A 站侧开关量变位图

A 站侧开关量变位时间顺序见表 3－6－2。

表 3－6－2　　　　A 站侧开关量变位时间顺序

位置	第 1 次变位时间	第 2 次变位时间
3:A 站#1 主变 1101 合位	↓ 50.250ms	
4:A 站#1 主变 1101 分位	↑ 51.750ms	
5:A 站#1 主变 501 合位	↓ 47.500ms	
6:A 站#1 主变 501 分位	↑ 49.750ms	
7:A 站#1 主变保护动作	↑ 23.250ms	↓ 102.250ms
8:A 站#1 主变 2201 三相跳闸	↑ 21.750ms	↓ 102.250ms
10:A 站#1 主变 2201 A 相合位	↓ 53.250ms	
11:A 站#1 主变 2201 B 相合位	↓ 58.250ms	
12:A 站#1 主变 2201 C 相合位	↓ 54.750ms	
13:A 站#1 主变 2201 A 相分位	↑ 56.250ms	
14:A 站#1 主变 2201 B 相分位	↑ 59.500ms	
15:A 站#1 主变 2201 C 相分位	↑ 56.750ms	

小结：故障发生后约 24ms，#1 主变差动保护动作；约 50ms 成功跳开#1 主变低压侧 501 开关；约 52ms，成功跳开#1 主变中压侧 1101 开关；约 60ms 成功跳开#1 主变高压侧 2201 开关三相。

3. 波形特征解析

A 站侧#1 主变保护录波图解析。A 站侧#1 主变保护录波图，如图 3－6－4～图 3－6－6 所示。

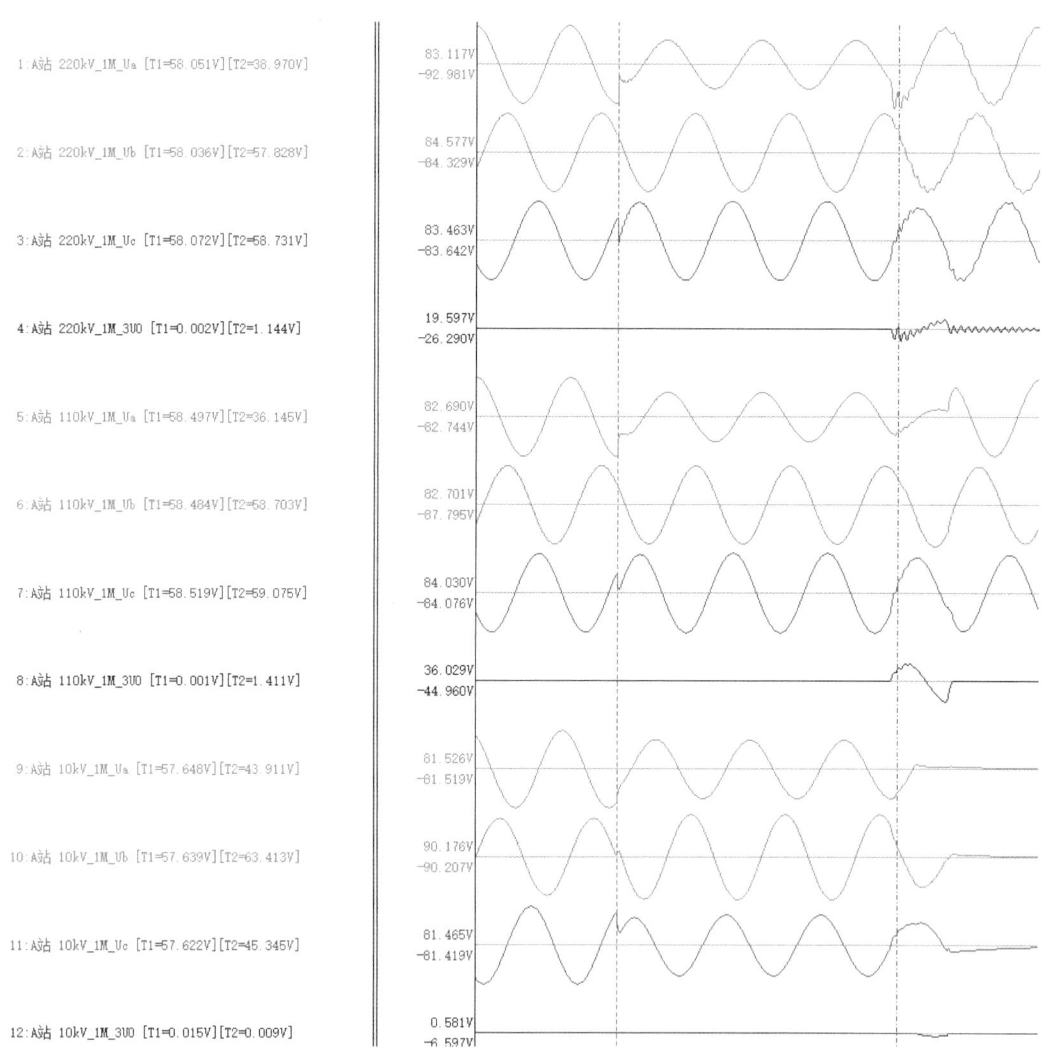

图 3－6－4　A 站侧#1 主变保护电压波形

（1）从图 3－6－4 解析可知 0ms 故障态电压特征：高压侧母线 A 下降至约 36V，B、C 相电压基本不变且未出现零序电压；中压侧母线 A 下降至约 36V，B、C 相电压基本不变且未出现零序电压；低压侧母线 A、C 相电压下降至 49V 左右且等值同相，C 相电压降为 0V；说明故障相为#1 主变高压侧 A、C 相。

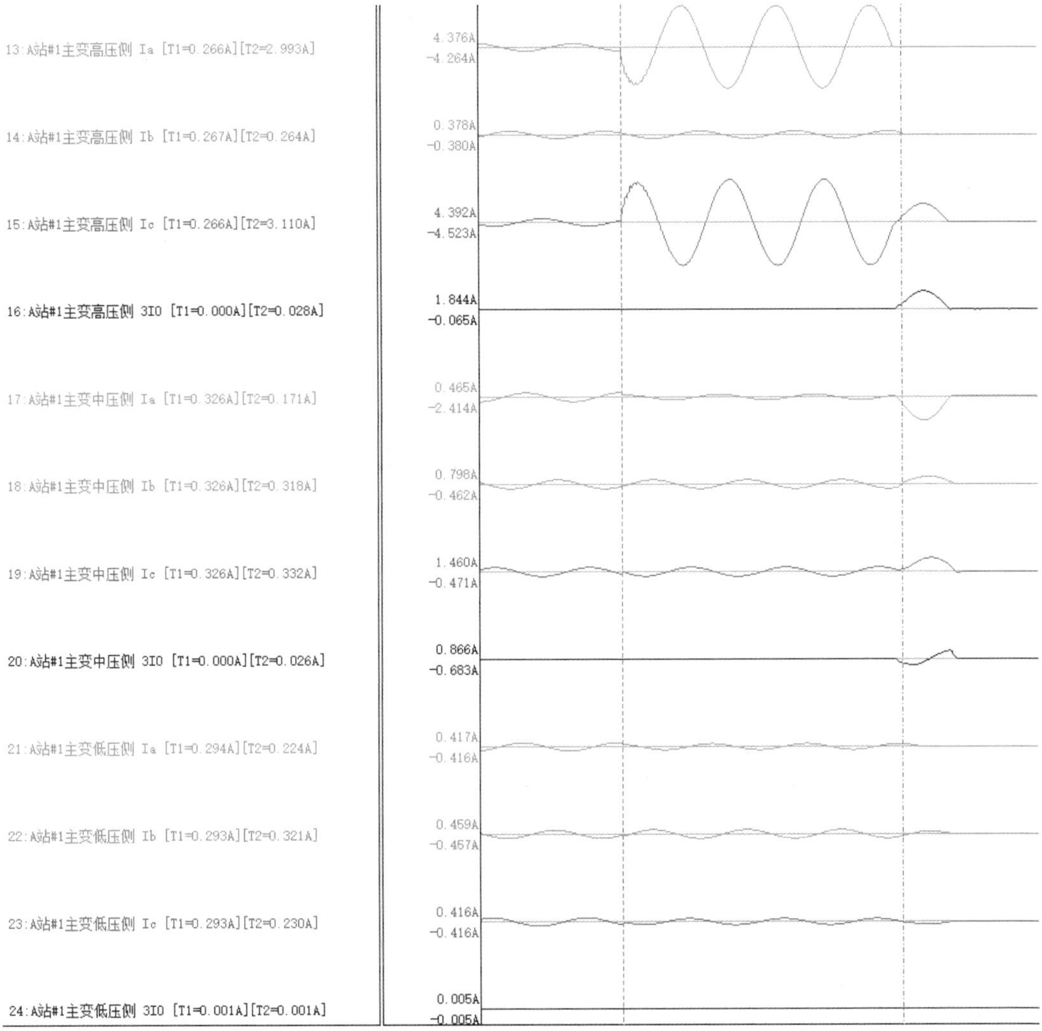

13:A站#1主变高压侧 Ia [T1=0.266A][T2=2.993A]
4.376A
-4.264A
14:A站#1主变高压侧 Ib [T1=0.267A][T2=0.264A]
0.378A
-0.380A
15:A站#1主变高压侧 Ic [T1=0.266A][T2=3.110A]
4.392A
-4.523A
16:A站#1主变高压侧 3I0 [T1=0.000A][T2=0.028A]
1.844A
-0.065A
17:A站#1主变中压侧 Ia [T1=0.326A][T2=0.171A]
0.465A
-2.414A
18:A站#1主变中压侧 Ib [T1=0.326A][T2=0.318A]
0.798A
-0.462A
19:A站#1主变中压侧 Ic [T1=0.326A][T2=0.332A]
1.460A
-0.471A
20:A站#1主变中压侧 3I0 [T1=0.000A][T2=0.026A]
0.866A
-0.683A
21:A站#1主变低压侧 Ia [T1=0.294A][T2=0.224A]
0.417A
-0.416A
22:A站#1主变低压侧 Ib [T1=0.293A][T2=0.321A]
0.459A
-0.457A
23:A站#1主变低压侧 Ic [T1=0.293A][T2=0.230A]
0.416A
-0.416A
24:A站#1主变低压侧 3I0 [T1=0.001A][T2=0.001A]
0.005A
-0.005A

图 3-6-5 A 站侧#1 主变保护电流波形

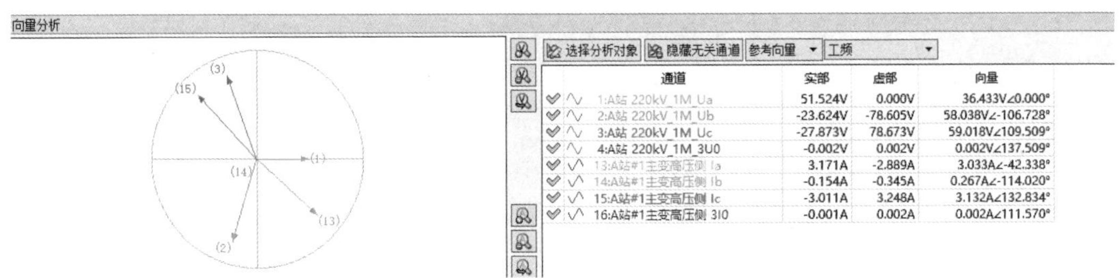

向量分析
(3)
(15)
(1)
(14)
(13)
(2)
选择分析对象
隐藏无关通道
参考向量
工频
通道 实部 虚部 向量
1:A站 220kV_1M_Ua 51.524V 0.000V 36.433V∠0.000°
2:A站 220kV_1M_Ub -23.624V -78.605V 58.038V∠-106.728°
3:A站 220kV_1M_Uc -27.873V 78.673V 59.018V∠109.509°
4:A站 220kV_1M_3U0 -0.002V 0.002V 0.002V∠137.509°
13:A站#1主变高压侧 Ia 3.171A -2.889A 3.033A∠-42.338°
14:A站#1主变高压侧 Ib -0.154A -0.345A 0.267A∠-114.020°
15:A站#1主变高压侧 Ic -3.011A 3.248A 3.132A∠132.834°
16:A站#1主变高压侧 3I0 -0.001A 0.002A 0.002A∠111.570°

图 3-6-6 A 站侧#1 主变保护高压侧电压电流向量

（2）从图 3－6－5 解析可知 0ms 故障态电流特征：高压侧 A、C 相电流升高，且未出现零序电流；中压侧、低压侧电流变化不大；说明故障相为#1 主变高压侧 A、C 相。

（3）从图 3－6－6 解析可知故障态潮流特征：由于故障相为 A、C 相，通过判断高压侧电压电流相位关系，U_A 超前 I_A 约 42°，U_C 滞后 I_C 约 23°，符合两相经电阻短路的故障特征。

（4）从表 3－6－2 解析可知 24ms #1 主变保护动作。

（5）从表 3－6－2 解析可知 60ms #1 主变三侧开关跳开后，高压侧、中压侧母线电压恢复，低压侧母线电压为 0V，说明故障被切除。故障持续了约 3 个周波 60ms。

三、综合总结

从 A 站#1 主变故障录波图特征解析，系统发生了 A、C 相间短路故障，A 站#1 主变高压侧、中压侧的 A 相电压均有所下降，B、C 相电压基本不变，低压侧母线 A、C 相电压均有所下降，U_A 超前 I_A 约 42°，U_C 滞后 I_C 约 23°，符合两相经电阻短路的故障特征，说明故障发生于 A 站#1 主变高压侧 A、C 相。

从保护动作行为解析，A 站#1 主变差动保护动作，跳开#1 主变三侧开关后切除故障。

综上所述，本次故障#1 主变高压侧区内故障，故障性质为 A、C 相相间经电阻短路故障，主变保护动作行为正确。

3.7　三角形侧两相金属性短路

一、故障信息

故障发生前 A 站、B 站、C 站运行方式为 ABⅠ线、ABⅡ线、ACⅠ线、BCⅠ线、#1 主变、#2 主变均在合位，A 站#1 主变、ABⅠ线挂 1M、#2 主变、ACⅠ线、ABⅡ线挂 2M，#1 主变接地运行、#2 主变不接地运行，#1 主变、#2 主变均为 Y/△11 接线方式，图 3－7－1 所示。

故障发生后，#1 主变三侧开关均在分位，其余开关均在合位，故障发生后 A 站、B 站、C 站运行方式如图 3－7－2 所示。

二、故障录波图解析

1. 保护动作报文解析

从 A 站#1 主变保护故障录波 HDR 文件读取相关保护信息，以保护启动初始时刻为基准，见表 3-7-1。

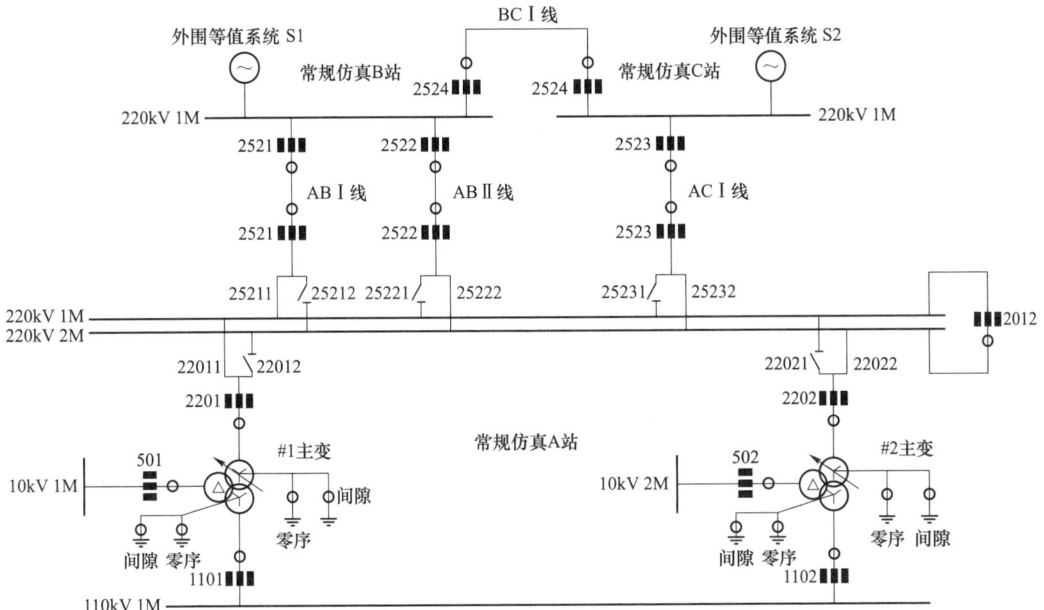

图 3-7-1 故障发生前 A 站、B 站、C 站运行方式

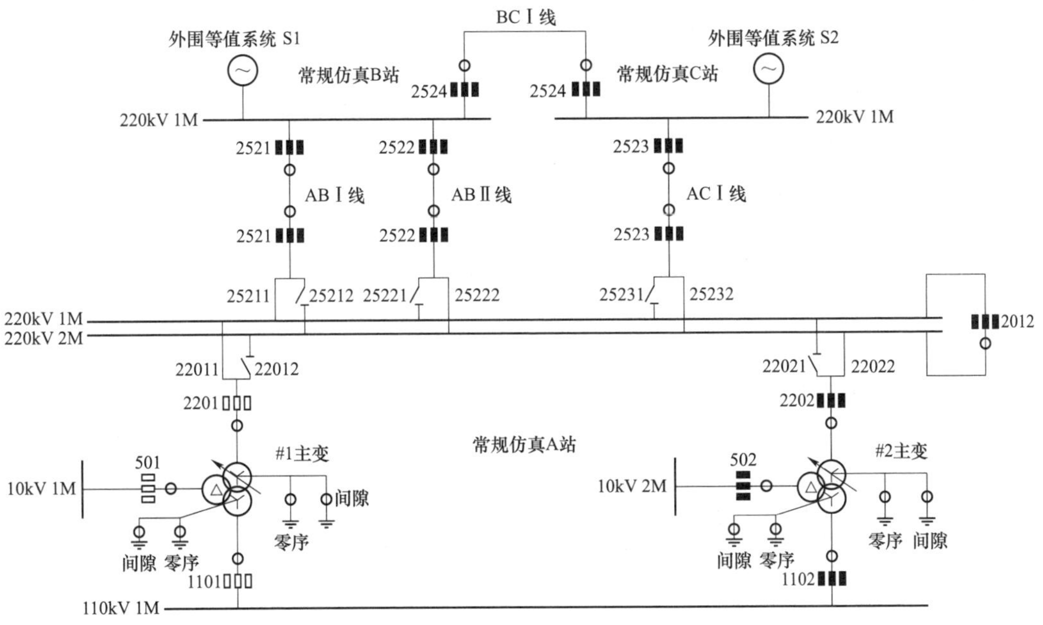

图 3-7-2 故障发生后 A 站、B 站、C 站运行方式

表 3-7-1　　A 站#1 主变保护动作简报

序号	动作报文对应时间	动作报文名称	动作相别	动作报文变化值
1	0ms	保护启动		1
2	21ms	纵差保护	A	1
3		跳高压侧		1
4		跳中压侧		1
5		跳低压 1 分支		1
6	22ms	纵差工频变化量差动	A	1
7	36ms	纵差保护	ABC	1
8	96ms	纵差保护		0
9	96ms	纵差工频变化量差动		0
10		跳高压侧		0
11		跳中压侧		0
12		跳低压 1 分支		0
13	599ms	保护启动		0

如表 3-7-1 中所示，A 站#1 主变保护启动后约 21ms，#1 主变纵差保护动作，故障选相 A 相，保护出口跳#1 主变三侧开关；约 22ms，#1 主变纵差工频变化量差动动作，故障选相 AC 相；约 36ms，#1 主变纵差保护动作，故障选相 ABC 相。

2. 开关量变位解析

以故障初始时刻为基准，A 站侧开关量变位图如图 3-7-3 所示。

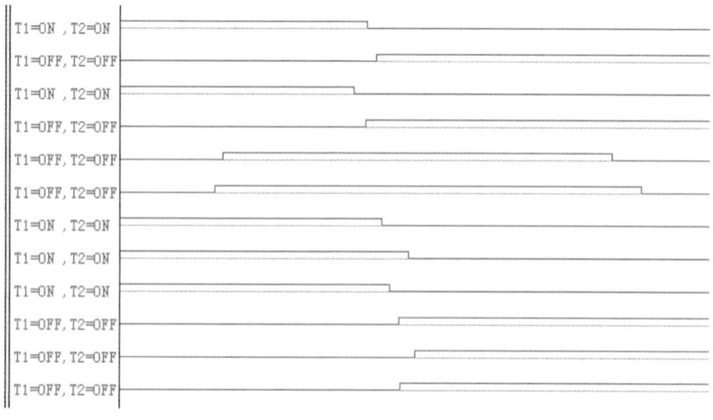

图 3-7-3　A 站侧开关量变位图

A 站侧开关量变位时间顺序见表 3-7-2。

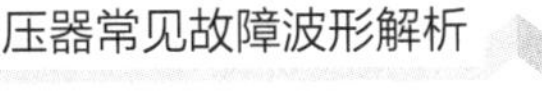

表 3-7-2　　A 站侧开关量变位时间顺序

位置	第 1 次变位时间	第 2 次变位时间
3:A 站#1 主变 1101 合位	↓ 63.500ms	
4:A 站#1 主变 1101 分位	↑ 65.250ms	
5:A 站#1 主变 501 合位	↓ 61.000ms	
6:A 站#1 主变 501 分位	↑ 63.250ms	
7:A 站#1 主变保护动作	↑ 36.500ms	↓ 109.750ms
8:A 站#1 主变 2201 三相跳闸	↑ 35.000ms	↓ 115.250ms
10:A 站#1 主变 2201 A 相合位	↓ 66.250ms	
11:A 站#1 主变 2201 B 相合位	↓ 71.250ms	
12:A 站#1 主变 2201 C 相合位	↓ 67.750ms	
13:A 站#1 主变 2201 A 相分位	↑ 69.500ms	
14:A 站#1 主变 2201 B 相分位	↑ 72.500ms	
15:A 站#1 主变 2201 C 相分位	↑ 69.750ms	

小结：故障发生后约 37ms，#1 主变差动保护动作；约 64ms 成功跳开#1 主变低压侧 501 开关；约 64ms，成功跳开#1 主变中压侧 1101 开关；约 73ms 成功跳开#1 主变高压侧 2201 开关三相。

3. 波形特征解析

A 站侧#1 主变保护录波图解析。A 站侧#1 主变保护录波图，如图 3-7-4～图 3-7-6 所示。

（1）从图 3-7-4 解析可知 0ms 故障态电压特征：低压侧母线 A、C 相电压下降至 29V 左右且等值同相，B 相电压基本不变，且未出现零序电压；高压侧、中压侧母线 A 相电压有所下降但下降不明显；高压侧、中压侧母线 B、C 相电压基本不变；说明故障相为#1 主变低压侧 A、C 相。

（2）从图 3-7-5 解析可知 0ms 故障态电流特征：高压侧 A、B、C 相电流均有所增大，但 A 相电流变化最大；中压侧 A、B、C 相电流均有所增大，但 A 相电流变化最大；中压侧、低压侧电流变化不大；低压侧 A、C 相电流接近等值同相；说明故障相为#1 主变低压侧 A、C 相。

（3）从图 3-7-6、图 3-7-7 解析可知故障态潮流特征：由于故障相为 A、C 相，通过判断高压侧 U_A 超前 I_A 约 86°；低压侧 U_A 与 U_C 基本同相，I_A 超前 U_A 约 166°，I_C

超前 U_C 约 166°，需要注意的是此处低压侧电流为负荷电流，不是故障电流；符合两相短路的故障特征。

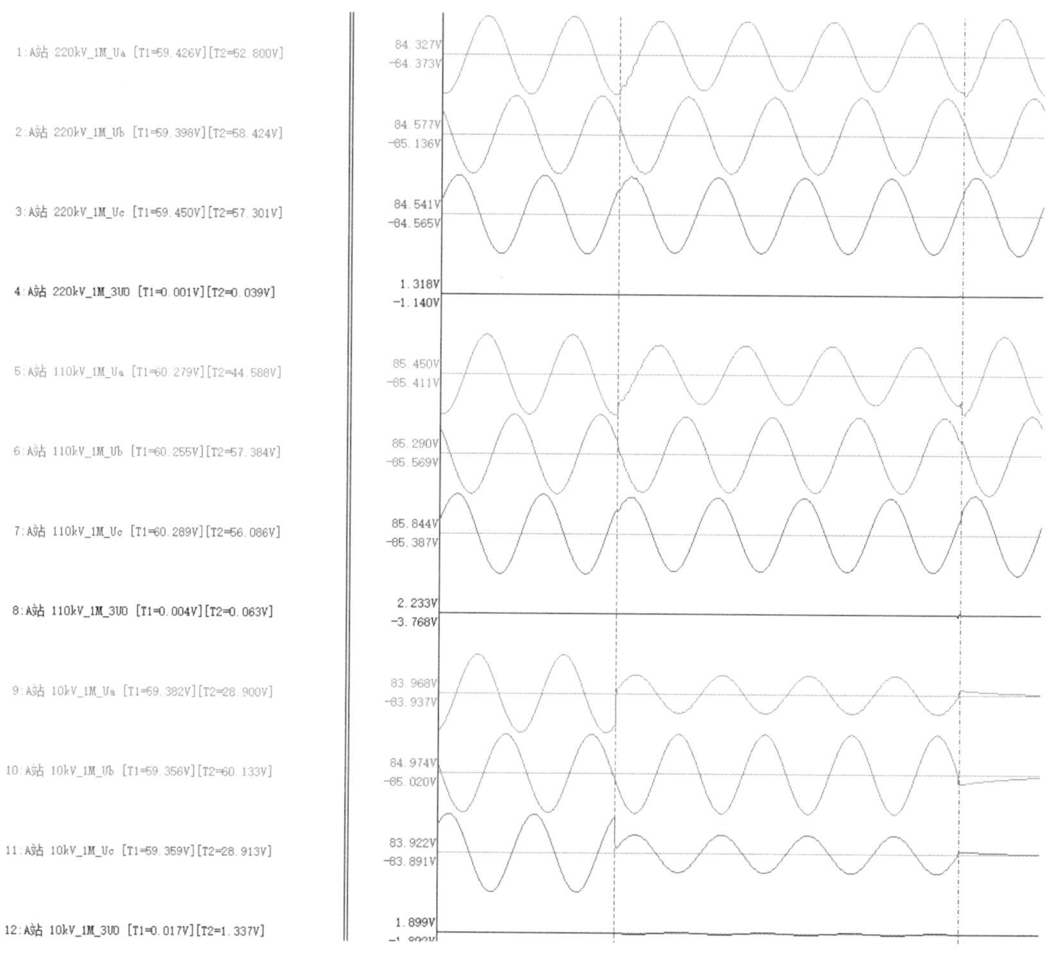

图 3-7-4　A 站侧#1 主变保护电压波形

（4）从表 3-7-2 解析可知 37ms #1 主变保护动作。

（5）从表 3-7-2 解析可知 73ms #1 主变三侧开关跳开后，高压侧、中压侧母线电压恢复，低压侧母线电压为 0V，说明故障被切除。故障持续了约 3.65 个周波 73ms。

三、综合总结

从 A 站#1 主变故障录波图特征解析，系统发生了 A、C 相间短路故障，A 站#1 主变低压侧的 A、C 相电压等值同相，B 相电压基本不变，高压侧、中压侧母线 A 相电压有所下降但下降不明显，低压侧 I_A 超前 U_A 约 166°，I_C 超前 U_C 约 166°，符合两相短路的故障特征，说明故障发生于 A 站#1 主变低压侧 A、C 相。

从保护动作行为解析，A 站#1 主变差动保护动作，跳开#1 主变三侧开关后切除故障。

综上所述，本次故障#1 主变低压侧区内故障，故障性质为 A、C 相相间短路故障，主变保护动作行为正确。

13:A站#1主变高压侧 Ia [T1=0.069A][T2=0.413A]　0.654A　-0.557A
14:A站#1主变高压侧 Ib [T1=0.070A][T2=0.151A]　0.205A　-0.252A
15:A站#1主变高压侧 Ic [T1=0.069A][T2=0.264A]　0.362A　-0.410A
16:A站#1主变高压侧 3I0 [T1=0.001A][T2=0.001A]　0.010A　-0.017A
17:A站#1主变中压侧 Ia [T1=0.037A][T2=0.576A]　0.909A　-0.788A
18:A站#1主变中压侧 Ib [T1=0.037A][T2=0.319A]　0.440A　-0.510A
19:A站#1主变中压侧 Ic [T1=0.037A][T2=0.255A]　0.348A　-0.412A
20:A站#1主变中压侧 3I0 [T1=0.000A][T2=0.002A]　0.033A　-0.012A
21:A站#1主变低压侧 Ia [T1=0.285A][T2=0.142A]　0.403A　-0.405A
22:A站#1主变低压侧 Ib [T1=0.284A][T2=0.285A]　0.406A　-0.402A
23:A站#1主变低压侧 Ic [T1=0.286A][T2=0.143A]　0.405A　-0.405A
24:A站#1主变低压侧 3I0 [T1=0.001A][T2=0.000A]　0.007A　-0.007A

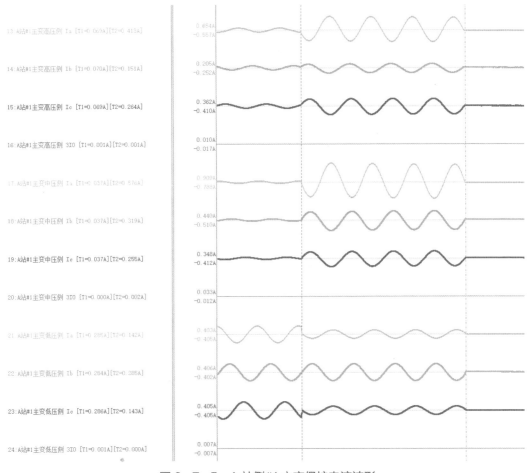

图 3-7-5　A 站侧#1 主变保护电流波形

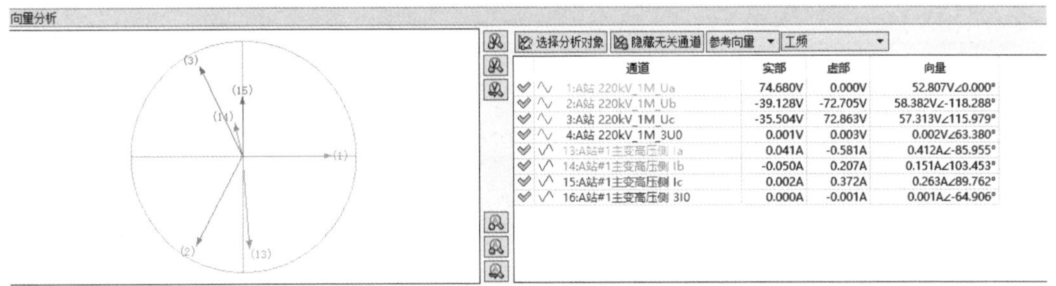

通道	实部	虚部	向量
1:A站 220kV_1M_Ua	74.680V	0.000V	52.807V∠0.000°
2:A站 220kV_1M_Ub	-39.128V	-72.705V	58.382V∠-118.288°
3:A站 220kV_1M_Uc	-35.504V	72.863V	57.313V∠115.979°
4:A站 220kV_1M_3U0	0.001V	0.003V	0.002V∠63.380°
13:A站#1主变高压侧 Ia	0.041A	-0.581A	0.412A∠-85.955°
14:A站#1主变高压侧 Ib	-0.050A	0.207A	0.151A∠103.453°
15:A站#1主变高压侧 Ic	0.002A	0.372A	0.263A∠89.762°
16:A站#1主变高压侧 3I0	0.000A	-0.001A	0.001A∠-64.906°

图 3-7-6　A 站侧#1 主变保护高压侧电压电流向量

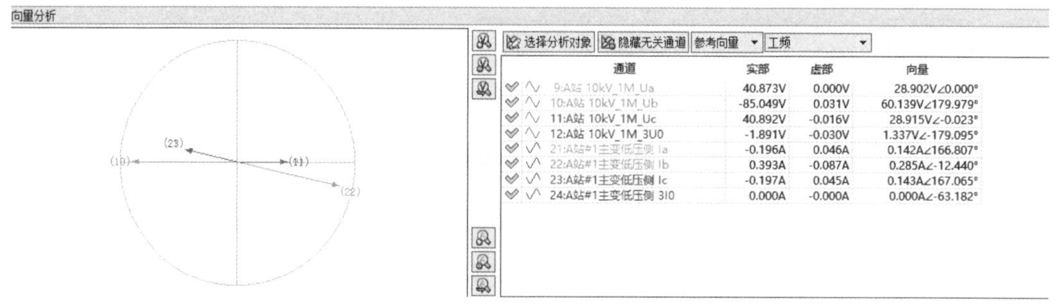

通道	实部	虚部	向量
9:A站 10kV_1M_Ua	40.873V	0.000V	28.902V∠0.000°
10:A站 10kV_1M_Ub	-85.049V	0.031V	60.139V∠179.979°
11:A站 10kV_1M_Uc	40.892V	-0.016V	28.915V∠-0.023°
12:A站 10kV_1M_3U0	-1.891V	-0.030V	1.337V∠-179.095°
21:A站#1主变低压侧 Ia	-0.196A	0.046A	0.142A∠166.807°
22:A站#1主变低压侧 Ib	0.393A	-0.087A	0.285A∠-12.440°
23:A站#1主变低压侧 Ic	-0.197A	0.045A	0.143A∠167.065°
24:A站#1主变低压侧 3I0	0.000A	-0.000A	0.000A∠-63.182°

图 3-7-7　A 站侧#1 主变保护低压侧电压电流向量

3.8　星形侧三相短路

一、故障信息

故障发生前 A 站、B 站、C 站运行方式为 ABⅠ线、ABⅡ线、ACⅠ线、BCⅠ线、#1 主变、#2 主变均在合位，A 站#1 主变、ABⅠ线挂 1M、#2 主变、ACⅠ线、ABⅡ线挂 2M，#1 主变接地运行、#2 主变不接地运行，#1 主变、#2 主变均为 Y/△11 接线方式，如图 3-8-1 所示。

故障发生后，#1 主变三侧开关均在分位，其余开关均在合位，故障发生后 A 站、B 站、C 站运行方式如图 3-8-2 所示。

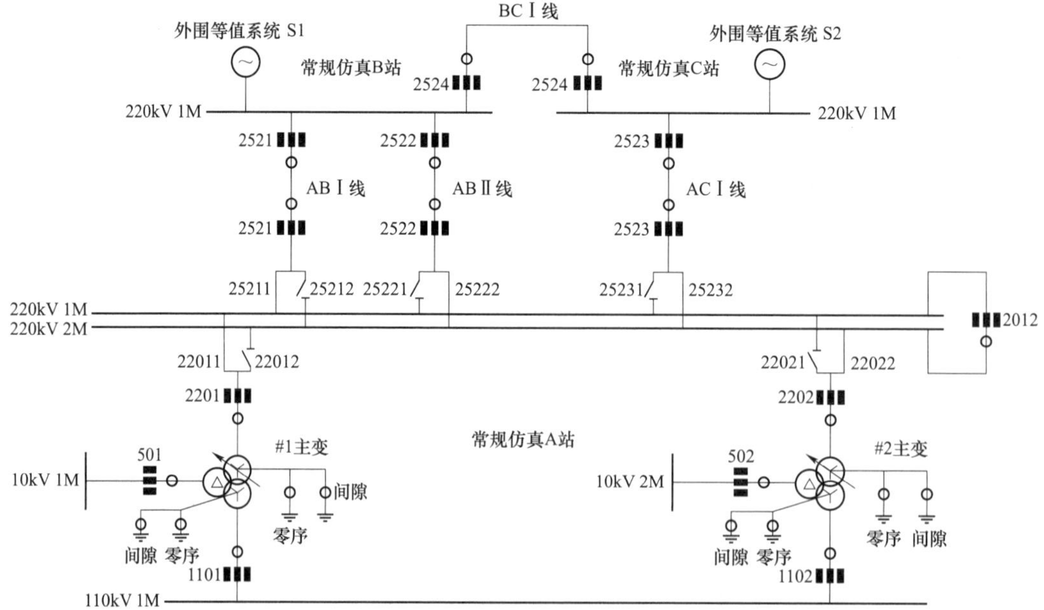

图 3-8-1　故障发生前 A 站、B 站、C 站运行方式

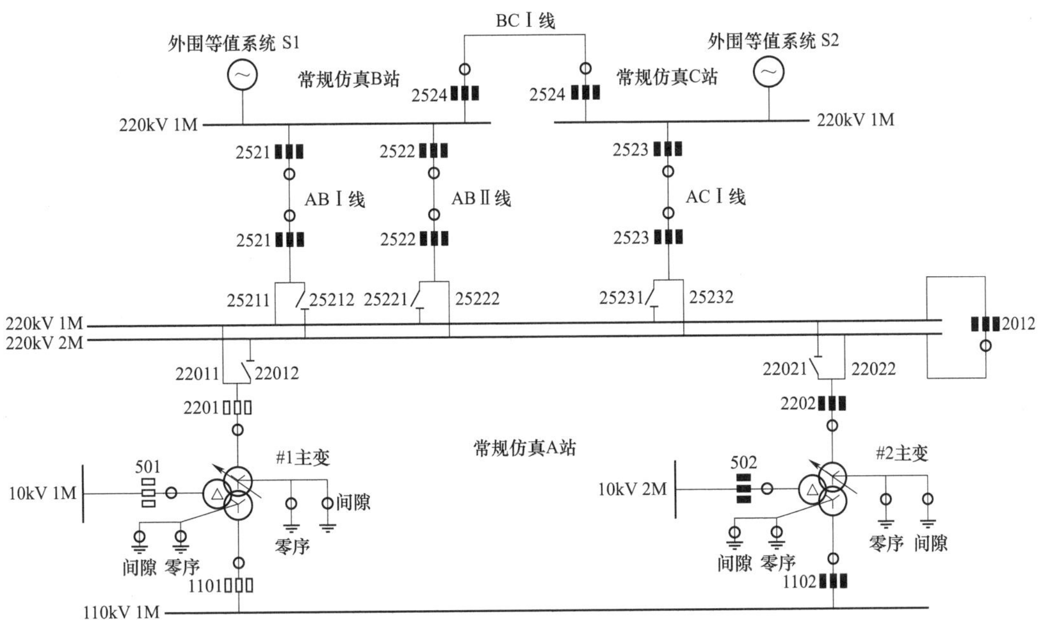

图 3-8-2 故障发生后 A 站、B 站、C 站运行方式

二、故障录波图解析

1. 保护动作报文解析

从 A 站#1 主变保护故障录波 HDR 文件读取相关保护信息，以保护启动初始时刻为基准，见表 3-8-1。

表 3-8-1 A 站#1 主变保护动作简报

序号	动作报文对应时间	动作报文名称	动作相别	动作报文变化值
1	0ms	保护启动		1
2	5ms	纵差差动速断	C	1
3		跳高压侧		1
4		跳中压侧		1
5		跳低压 1 分支		1
6	7ms	纵差保护	C	1
7	7ms	纵差差动速断	BC	1
8	8ms	纵差差动速断	ABC	1
9	19ms	纵差工频变化量差动	C	1
10	22ms	纵差保护	BC	1
11	22ms	纵差工频变化量差动	BC	1
12	22ms	纵差保护	ABC	1
13	72ms	纵差差动速断		0
14	82ms	纵差保护		0
15	82ms	纵差工频变化量差动		0

续表

序号	动作报文对应时间	动作报文名称	动作相别	动作报文变化值
16		跳高压侧		0
17		跳中压侧		0
18		跳低压 1 分支		0
19	583ms	保护启动		0

如表 3－8－3 中所示，A 站#1 主变保护启动后约 5ms，#1 主变纵差保护动作，故障选相 C 相，保护出口跳#1 主变三侧开关；约 7ms，#1 主变纵差差动速断动作，故障选相 ABC 相；约 19ms，#1 主变工频变化量差动动作，故障选相 C 相；约 22ms，#1 主变纵差保护动作，故障选相 BC 相；约 22ms，#1 主变工频变化量差动动作，故障选相 BC 相；约 22ms，#1 主变纵差保护动作，故障选相 ABC 相。

2. 开关量变位解析

以故障初始时刻为基准，A 站侧开关量变位图如图 3－8－3 所示。

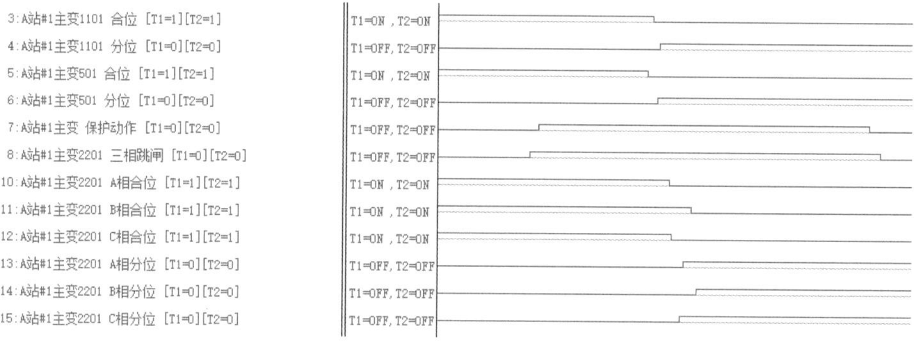

图 3－8－3　A 站侧开关量变位图

A 站侧开关量变位时间顺序见表 3－8－2。

表 3－8－2　　A 站侧开关量变位时间顺序

位置	第 1 次变位时间	第 2 次变位时间
3:A 站#1 主变 1101 合位	↓ 47.250ms	
4:A 站#1 主变 1101 分位	↑ 48.750ms	
5:A 站#1 主变 501 合位	↓ 46.000ms	
6:A 站#1 主变 501 分位	↑ 48.250ms	
7:A 站#1 主变保护动作	↑ 21.250ms	↓ 96.500ms
8:A 站#1 主变 2201 三相跳闸	↑ 19.250ms	↓ 99.000ms
10:A 站#1 主变 2201 A 相合位	↓ 51.000ms	
11:A 站#1 主变 2201 B 相合位	↓ 56.000ms	
12:A 站#1 主变 2201 C 相合位	↓ 51.500ms	
13:A 站#1 主变 2201 A 相分位	↑ 54.250ms	
14:A 站#1 主变 2201 B 相分位	↑ 57.250ms	
15:A 站#1 主变 2201 C 相分位	↑ 53.500ms	

小结：故障发生后约 22ms，#1 主变差动保护动作；约 50ms 成功跳开#1 主变低压侧 501 开关；约 52ms，成功跳开#1 主变中压侧 1101 开关；约 58ms 成功跳开#1 主变高压侧 2201 开关三相。

3. 波形特征解析

A 站侧#1 主变保护录波图解析。A 站侧#1 主变保护录波图如图 3－8－4～图 3－8－6 所示。

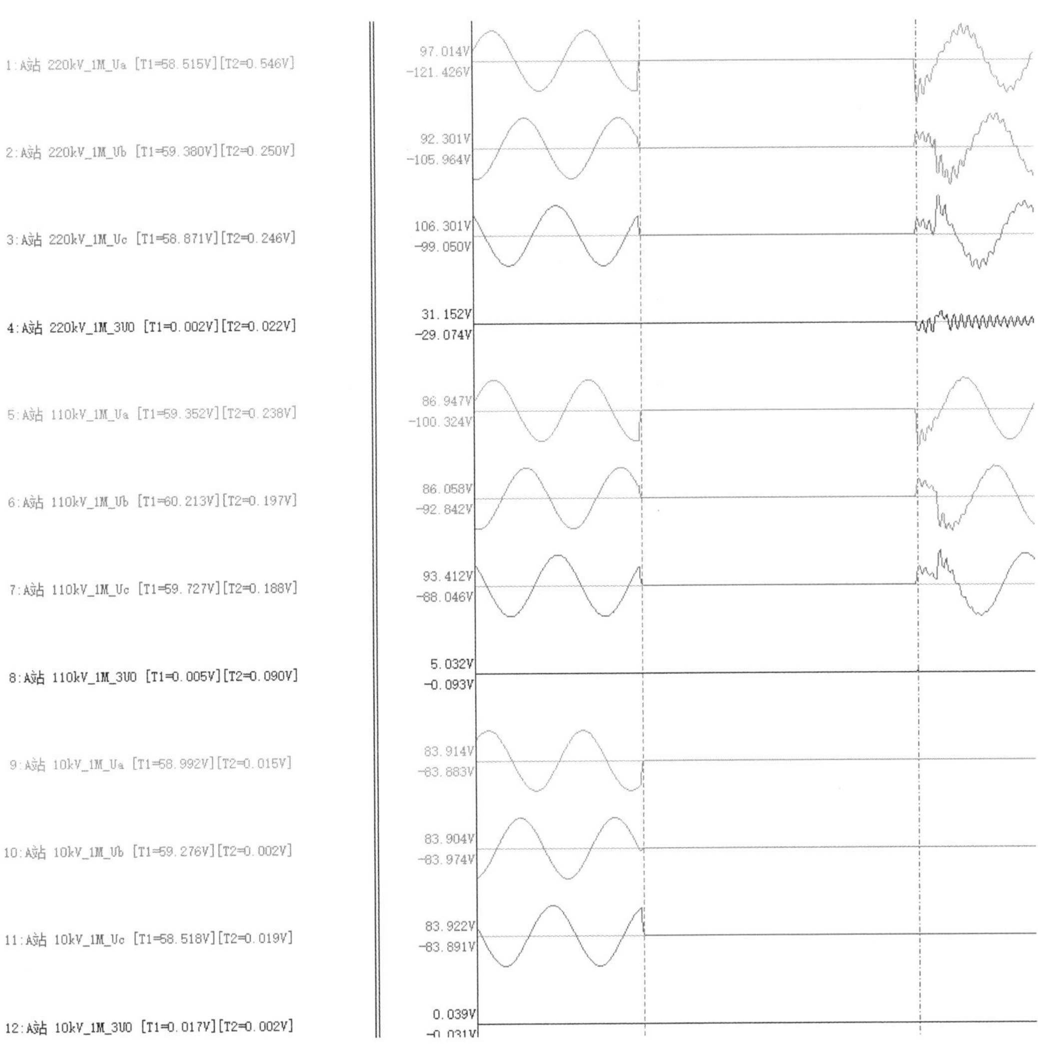

图 3－8－4　A 站侧#1 主变保护电压波形

13:A站#1主变高压侧 Ia [T1=0.073A][T2=6.926A]　11.774A　-9.694A
14:A站#1主变高压侧 Ib [T1=0.070A][T2=6.908A]　8.436A　-16.183A
15:A站#1主变高压侧 Ic [T1=0.070A][T2=7.132A]　15.053A　-9.646A
16:A站#1主变高压侧 3I0 [T1=0.001A][T2=0.014A]　1.295A　-0.083A
17:A站#1主变中压侧 Ia [T1=0.037A][T2=0.001A]　0.057A　-0.057A
18:A站#1主变中压侧 Ib [T1=0.037A][T2=0.000A]　0.053A　-0.055A
19:A站#1主变中压侧 Ic [T1=0.037A][T2=0.000A]　0.053A　-0.053A
20:A站#1主变中压侧 3I0 [T1=0.001A][T2=0.001A]　0.031A　-0.017A
21:A站#1主变低压侧 Ia [T1=0.284A][T2=0.001A]　0.403A　-0.405A
22:A站#1主变低压侧 Ib [T1=0.284A][T2=0.001A]　0.404A　-0.402A
23:A站#1主变低压侧 Ic [T1=0.284A][T2=0.001A]　0.407A　-0.405A
24:A站#1主变低压侧 3I0 [T1=0.001A][T2=0.000A]　0.036A　-0.005A

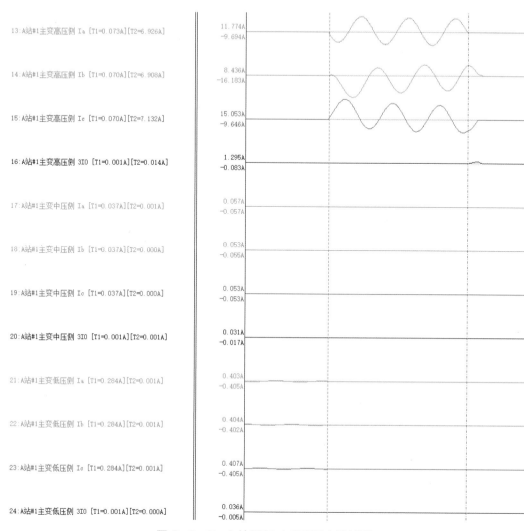

图 3-8-5　A 站侧#1 主变保护电流波形

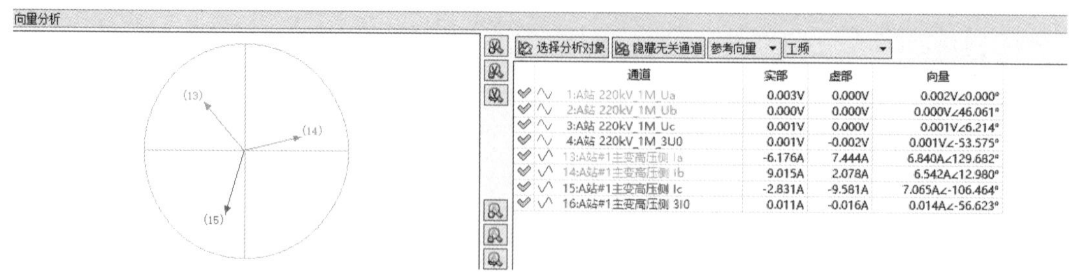

通道	实部	虚部	向量
1:A站 220kV_1M_Ua	0.003V	0.000V	0.002V∠0.000°
2:A站 220kV_1M_Ub	0.000V	0.000V	0.000V∠46.061°
3:A站 220kV_1M_Uc	0.001V	0.000V	0.001V∠6.214°
4:A站 220kV_1M_3U0	0.001V	-0.002V	0.001V∠-53.575°
13:A站#1主变高压侧 Ia	-6.176A	7.444A	6.840A∠129.682°
14:A站#1主变高压侧 Ib	9.015A	2.078A	6.542A∠12.980°
15:A站#1主变高压侧 Ic	-2.831A	-9.581A	7.065A∠-106.464°
16:A站#1主变高压侧 3I0	0.011A	-0.016A	0.014A∠-56.623°

图 3-8-6　A 站侧#1 主变保护高压侧电压电流向量

（1）从图 3-8-4 解析可知 0ms 故障态电压特征：高压侧母线 A、B、C 相电压下降至 0V，且未出现零序电压；中压侧母线 A、B、C 相电压下降至 0V，且未出现零序电压；低压侧母线 A、B、C 相电压下降至 0V，且未出现零序电压；说明故障相为 ABC 相。

（2）从图 3－8－4 解析可知 0ms 故障态电流特征：高压侧 A、B、C 相电流升高，且未出现零序电流，中压侧、低压侧电流为 0A；说明故障相为#1 主变高压侧 ABC 相。

（3）从图 3－8－5 解析可知故障态潮流特征：由于故障相 A 相电压为 0V，可采用记忆电压方法进行解析，通过故障前一个周波过零点向后推算 20ms 间隔处过零点来进行相位判断，通过相位解析，对于#1 主变高压侧实际 A 相电压超前 A 相电流约 10°，符合区内故障特征。

（4）从表 3－8－2 解析可知 22ms #1 主变保护动作。

（5）从表 3－8－2 解析可知 58ms #1 主变三侧开关跳开后，高压侧、中压侧母线电压恢复，低压侧母线电压为 0V，说明故障被切除。故障持续了约 2.9 个周波 58ms。

三、综合总结

从 A 站#1 主变故障录波图特征解析，系统发生了 ABC 相三相短路故障，A 站#1 主变高压侧、中压侧、低压侧的 A、B、C 相电压都几乎降为 0V，高压侧三相电流都变大，中压侧、低压侧电流接近为 0A，说明故障发生于 A 站#1 主变高压侧。

从保护动作行为解析，A 站#1 主变差动保护动作，跳开#1 主变三侧开关后切除故障。

综上所述，本次故障#1 主变高压侧区内故障，故障性质为 ABC 三相短路故障，主变保护动作行为正确。

3.9 星形侧三相经电阻短路

一、故障信息

故障发生前 A 站、B 站、C 站运行方式为 ABⅠ线、ABⅡ线、ACⅠ线、BCⅠ线、#1 主变、#2 主变均在合位，A 站#1 主变、ABⅠ线挂 1M、#2 主变、ACⅠ线、ABⅡ线挂 2M，#1 主变接地运行、#2 主变不接地运行，#1 主变、#2 主变均为 Y/△11 接线方式，如图 3－9－1 所示。

故障发生后，#1 主变三侧开关均在分位，其余开关均在合位，故障发生后 A 站、B 站、C 站运行方式如图 3－9－2 所示。

二、故障录波图解析

1. 保护动作报文解析

从 A 站#1 主变保护故障录波 HDR 文件读取相关保护信息，以保护启动初始时刻为基准，见表 3-9-1。

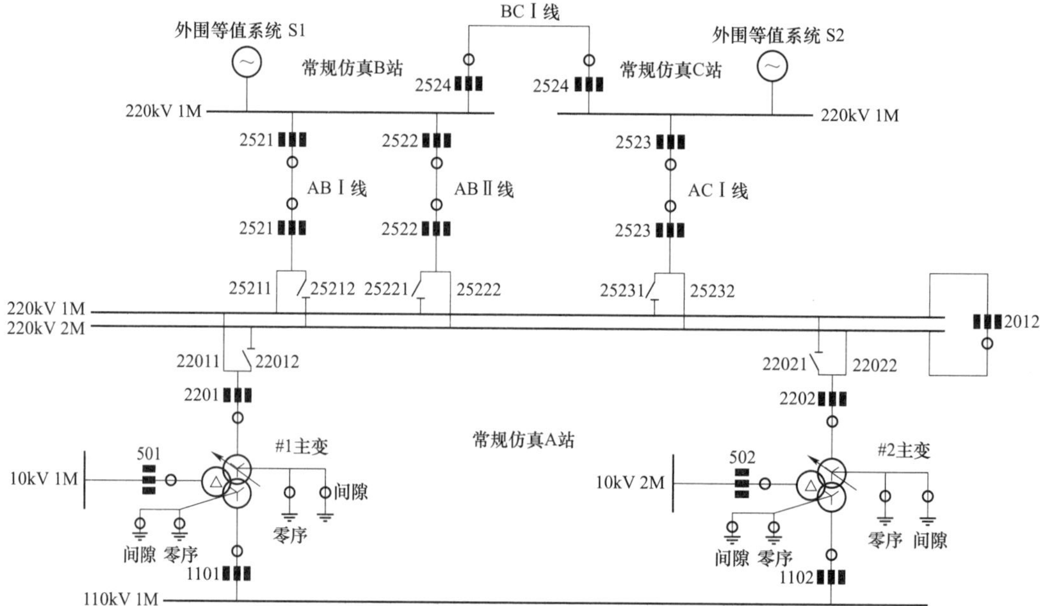

图 3-9-1　故障发生前 A 站、B 站、C 站运行方式

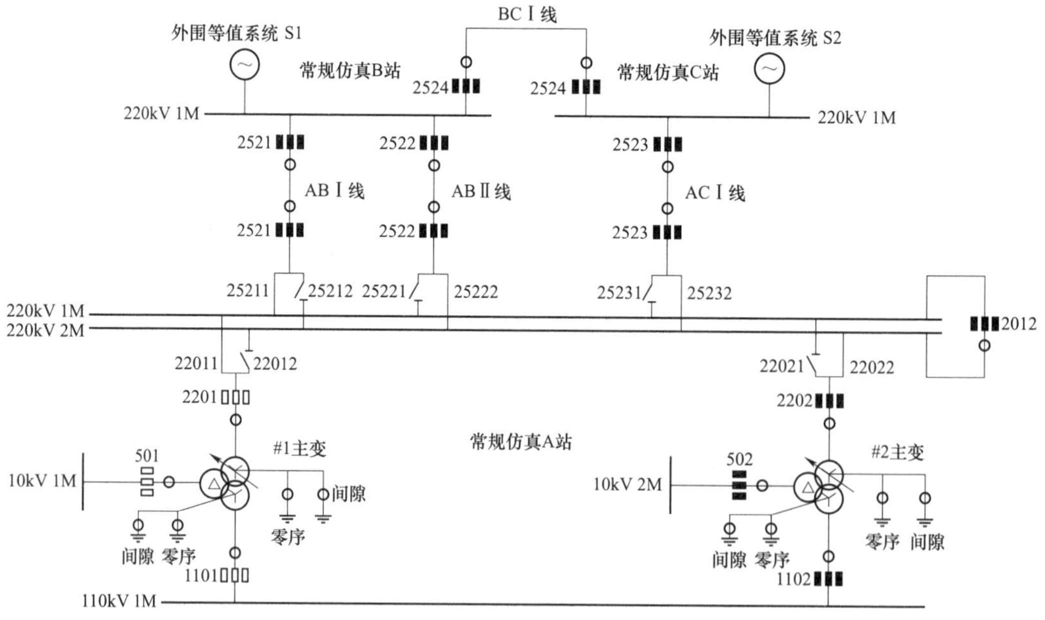

图 3-9-2　故障发生后 A 站、B 站、C 站运行方式

表 3-9-1　　A 站#1 主变保护动作简报

序号	动作报文对应时间	动作报文名称	动作相别	动作报文变化值
1	0ms	保护启动		1
2	18ms	纵差保护	BC	1
3	18ms	纵差工频变化里差动	C	1
4		跳高压侧		1
5		跳中压侧		1
6		跳低压 1 分支		1
7	19ms	纵差保护	ABC	1
8	19ms	纵差工频变化量差动	AC	1
9	100ms	纵差保护		0
10	100ms	纵差工频变化量差动		0
11		跳高压侧		0
12		跳中压侧		0
13		跳低压 1 分支		0
14	606ms	保护启动		0

如表 3-9-1 中所示，A 站#1 主变保护启动后约 18ms，#1 主变纵差工频变化量差动保护动作，故障选相 C 相，保护出口跳#1 主变三侧开关；约 19ms，#1 主变纵差工频变化量差动保护动作，故障选相 ABC 相。

2. 开关量变位解析

以故障初始时刻为基准，A 站侧开关量变位图如图 3-9-3 所示。

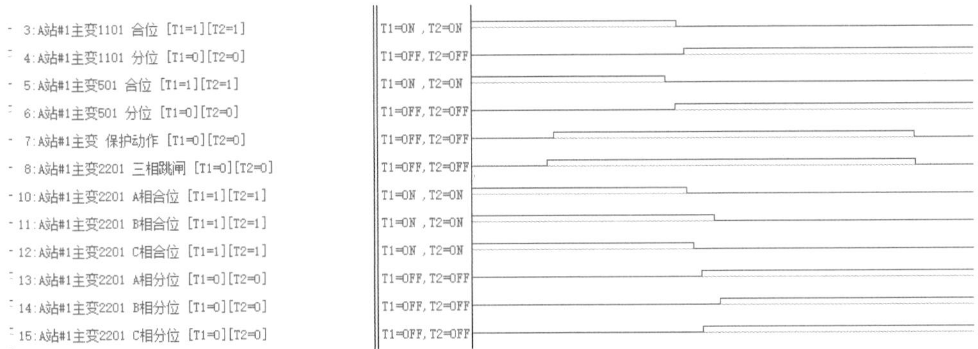

图 3-9-3　A 站侧开关量变位图

A 站侧开关量变位时间顺序见表 3-9-2。

表 3-9-2　　A 站侧开关量变位时间顺序

位置	第 1 次变位时间	第 2 次变位时间
3:A 站#1 主变 1101 合位	↓ 60.500ms	
4:A 站#1 主变 1101 分位	↑ 62.250ms	
5:A 站#1 主变 501 合位	↓ 58.000ms	

续表

位置	第 1 次变位时间	第 2 次变位时间
6:A 站#1 主变 501 分位	↑ 60.250ms	
7:A 站#1 主变保护动作	↑ 33.250ms	↓ 113.500ms
8:A 站#1 主变 2201 三相跳闸	↑ 31.750ms	↓ 113.750ms
10:A 站#1 主变 2201 A 相合位	↓ 62.750ms	
11:A 站#1 主变 2201 B 相合位	↓ 68.750ms	
12:A 站#1 主变 2201 C 相合位	↓ 64.250ms	
13:A 站#1 主变 2201 A 相分位	↑ 66.000ms	
14:A 站#1 主变 2201 B 相分位	↑ 70.000ms	
15:A 站#1 主变 2201 C 相分位	↑ 66.250ms	

小结：故障发生后约 33ms，#1 主变差动保护动作；约 61ms 成功跳开#1 主变低压侧 501 开关；约 63ms，成功跳开#1 主变中压侧 1101 开关；约 70ms 成功跳开#1 主变高压侧 2201 开关三相。

3. 波形特征解析

A 站侧#1 主变保护录波图解析。A 站侧#1 主变保护录波图如图 3-9-4～图 3-9-6 所示。

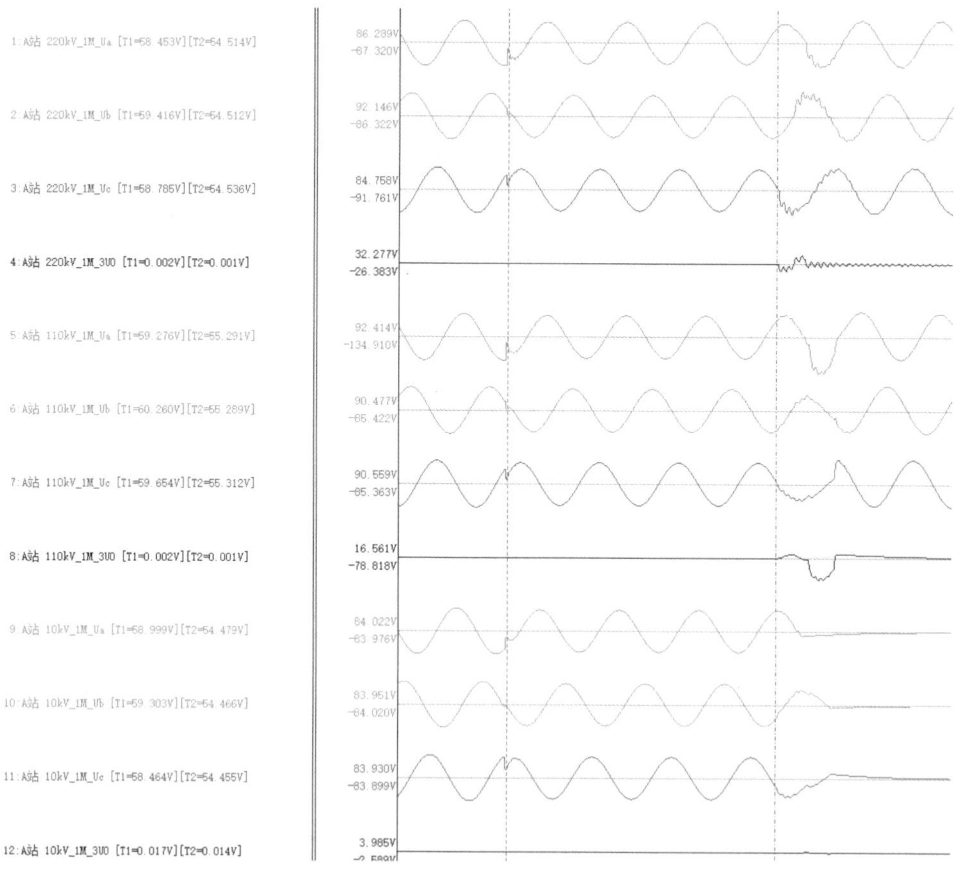

图 3-9-4 A 站侧#1 主变保护电压波形

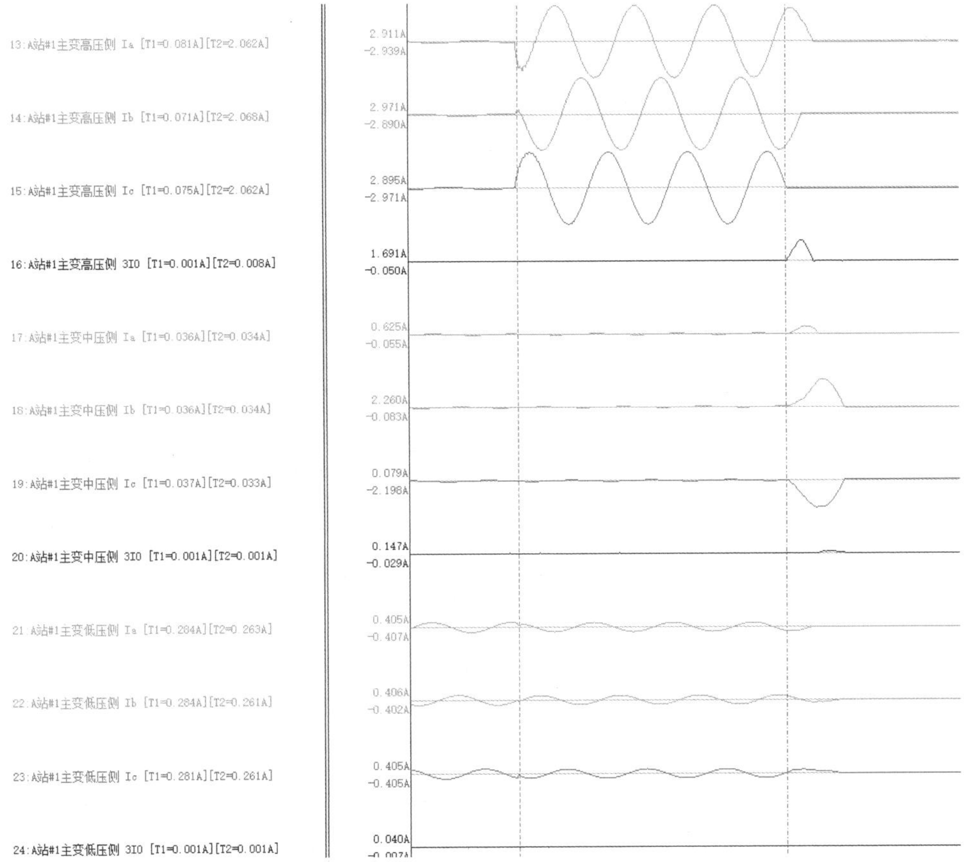

13:A站#1主变高压侧 Ia [T1=0.081A][T2=2.062A] 2.911A -2.939A
14:A站#1主变高压侧 Ib [T1=0.071A][T2=2.068A] 2.971A -2.890A
15:A站#1主变高压侧 Ic [T1=0.075A][T2=2.062A] 2.895A -2.971A
16:A站#1主变高压侧 3I0 [T1=0.001A][T2=0.008A] 1.691A -0.050A
17:A站#1主变中压侧 Ia [T1=0.036A][T2=0.034A] 0.625A -0.055A
18:A站#1主变中压侧 Ib [T1=0.036A][T2=0.034A] 2.260A -0.083A
19:A站#1主变中压侧 Ic [T1=0.037A][T2=0.033A] 0.079A -2.198A
20:A站#1主变中压侧 3I0 [T1=0.001A][T2=0.001A] 0.147A -0.029A
21:A站#1主变低压侧 Ia [T1=0.284A][T2=0.263A] 0.405A -0.407A
22:A站#1主变低压侧 Ib [T1=0.284A][T2=0.261A] 0.406A -0.402A
23:A站#1主变低压侧 Ic [T1=0.281A][T2=0.261A] 0.405A -0.405A
24:A站#1主变低压侧 3I0 [T1=0.001A][T2=0.001A] 0.040A

图 3-9-5　A 站侧#1 主变保护电流波形

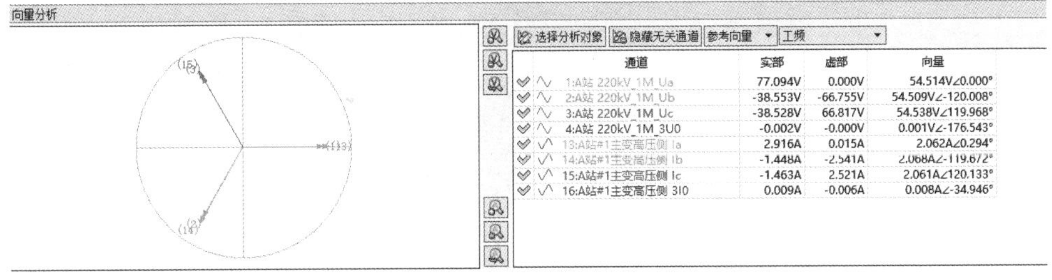

通道	实部	虚部	向量
1:A站 220kV_1M_Ua	77.094V	0.000V	54.514V∠0.000°
2:A站 220kV_1M_Ub	-38.553V	-66.755V	54.509V∠-120.008°
3:A站 220kV_1M_Uc	-38.528V	66.817V	54.538V∠119.968°
4:A站 220kV_1M_3U0	-0.002V	-0.000V	0.001V∠-176.543°
13:A站#1主变高压侧 Ia	2.916A	0.015A	2.062A∠0.294°
14:A站#1主变高压侧 Ib	-1.448A	-2.541A	2.068A∠-119.672°
15:A站#1主变高压侧 Ic	-1.463A	2.521A	2.061A∠120.133°
16:A站#1主变高压侧 3I0	0.009A	-0.006A	0.008A∠-34.946°

图 3-9-6　A 站侧#1 主变保护高压侧电压电流向量

（1）从图 3-9-4 解析可知 0ms 故障态电压特征：高压侧母线 A、B、C 相电压均下降至约 54V，幅值接近相同；中压侧母线 A、B、C 相电压均下降，幅值接近相同；低压侧母线 A、B、C 相电压均下降，幅值接近相同；说明故障相为 ABC 相。

（2）从图 3-9-5 解析可知 0ms 故障态电流特征：高压侧 A、B、C 相电流升高，且未出现零序电流，中压侧、低压侧电流为 0A；说明故障相为#1 主变高压侧 ABC 相。

（3）从图 3-9-6 解析可知故障态潮流特征：由于故障相为 A、B、C 相，通过判断高压侧电压与电流的相位关系，可知 U_A 与 I_A，U_B 与 I_B，U_C 与 I_C 基本同相，符合三相经电阻短路的故障特征。

（4）从表 3－9－2 解析可知 33ms #1 主变保护动作。

（5）从表 3－9－2 解析可知 70ms #1 主变三侧开关跳开后，高压侧、中压侧母线电压恢复，低压侧母线电压为 0V，说明故障被切除。故障持续了约 3.5 个周波 70ms。

三、综合总结

从 A 站#1 主变故障录波图特征解析，系统发生了 ABC 相三相短路故障，A 站#1 主变高压侧、中压侧、低压侧的 A、B、C 相电压都有所下降，但下降得不明显，高压侧三相电流都变大，中压侧、低压侧电流接近为 0A，说明故障发生于 A 站#1 主变高压侧。

从保护动作行为解析，A 站#1 主变差动保护动作，跳开#1 主变三侧开关后切除故障。

综上所述，本次故障#1 主变高压侧区内故障，故障性质为 ABC 三相经电阻短路故障，主变保护动作行为正确。

3.10 三角形侧三相短路

一、故障信息

故障发生前 A 站、B 站、C 站运行方式为 AB Ⅰ线、AB Ⅱ线、AC Ⅰ线、BC Ⅰ线、#1 主变、#2 主变均在合位，A 站#1 主变、AB Ⅰ线挂 1M、#2 主变、AC Ⅰ线、AB Ⅱ线挂 2M，#1 主变接地运行、#2 主变不接地运行，#1 主变、#2 主变均为 Y/△11 接线方式，如图 3－10－1 所示。

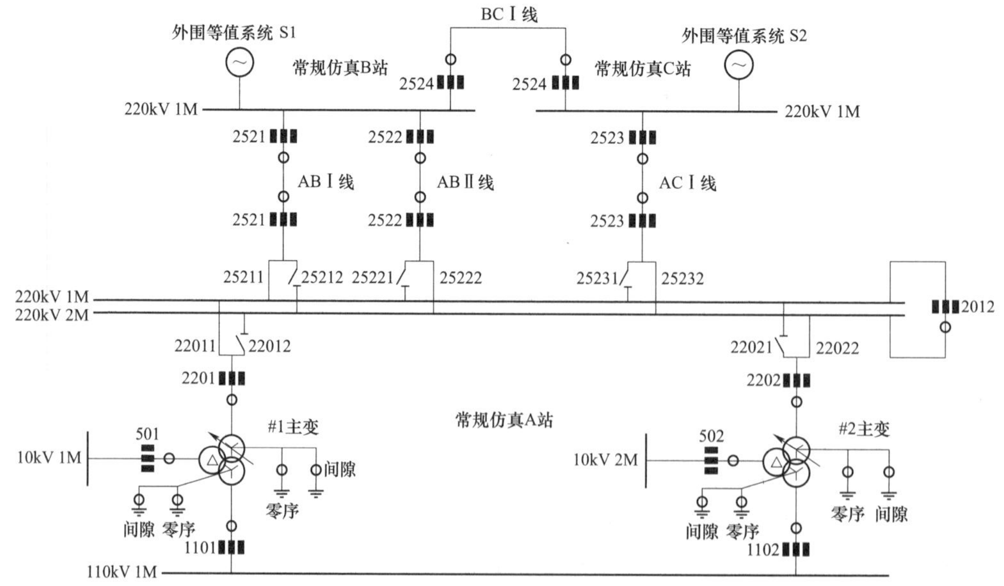

图 3－10－1　故障发生前 A 站、B 站、C 站运行方式

故障发生后，#1 主变三侧开关均在分位，其余开关均在合位，故障发生后 A 站、B 站、C 站运行方式如图 3-10-2 所示。

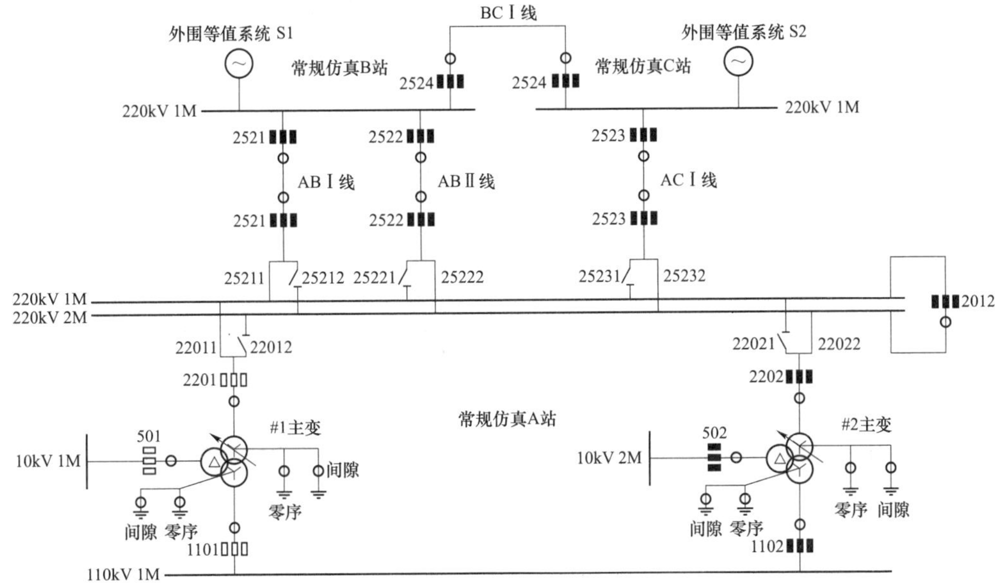

图 3-10-2 故障发生后 A 站、B 站、C 站运行方式

二、故障录波图解析

1. 保护动作报文解析

从 A 站#1 主变保护故障录波 HDR 文件读取相关保护信息，以保护启动初始时刻为基准，见表 3-10-1。

表 3-10-1 A 站#1 主变保护动作简报

序号	动作报文对应时间	动作报文名称	动作相别	动作报文变化值
1	0ms	保护启动		1
2	16ms	纵差保护	C	1
3		跳高压侧		1
4		跳中压侧		1
5		跳低压 1 分支		1
6	18ms	纵差工频变化量差动	C	1
7	22ms	纵差保护	ABC	1
8	22ms	纵差工频变化量差动	BC	1
9	94ms	纵差保护		0
10	94ms	纵差工频变化量差动		0

续表

序号	动作报文对应时间	动作报文名称	动作相别	动作报文变化值
11		跳高压侧		0
12		跳中压侧		0
13		跳低压 1 分支		0
14	601ms	保护启动		0

如表 3－10－1 中所示，A 站#1 主变保护启动后约 16ms，#1 主变纵差工频变化量差动保护动作，故障选相 C 相，保护出口跳#1 主变三侧开关；约 18ms，#1 主变纵差工频变化量差动保护动作，故障选相 ABC 相；约 22ms，#1 主变纵差工频变化量差动保护动作，故障选相 BC 相。

2. 开关量变位解析

以故障初始时刻为基准，A 站侧开关量变位图如图 3－10－3 所示。

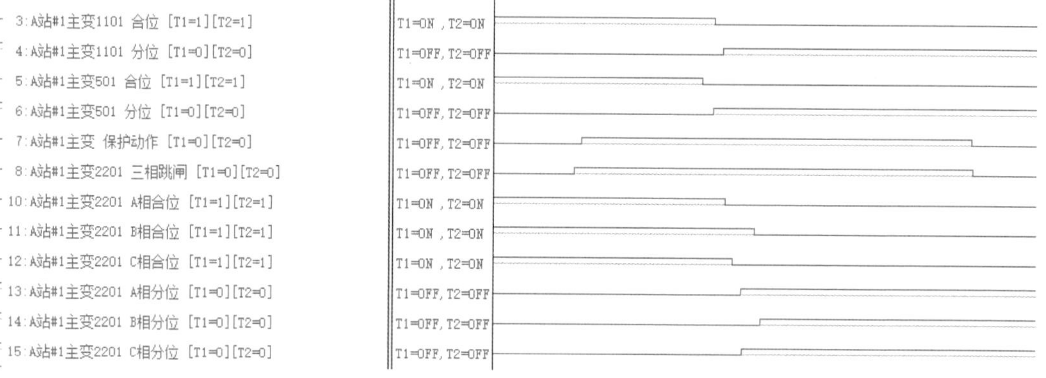

图 3－10－3　A 站侧开关量变位图

A 站侧开关量变位时间顺序见表 3－10－2。

表 3－10－2　　A 站侧开关量变位时间顺序

位置	第 1 次变位时间	第 2 次变位时间
3:A 站#1 主变 1101 合位	↓ 58.750ms	
4:A 站#1 主变 1101 分位	↑ 60.250ms	
5:A 站#1 主变 501 合位	↓ 56.500ms	
6:A 站#1 主变 501 分位	↑ 58.750ms	
7:A 站#1 主变保护动作	↑ 31.250ms	↓ 108.250ms
8:A 站#1 主变 2201 三相跳闸	↑ 30.000ms	↓ 110.000ms
10:A 站#1 主变 2201 A 相合位	↓ 61.250ms	
11:A 站#1 主变 2201 B 相合位	↓ 66.250ms	

续表

位置	第 1 次变位时间	第 2 次变位时间
12:A 站#1 主变 2201 C 相合位	↓ 62.500ms	
13:A 站#1 主变 2201 A 相分位	↑ 64.500ms	
14:A 站#1 主变 2201 B 相分位	↑ 67.500ms	
15:A 站#1 主变 2201 C 相分位	↑ 64.500ms	

小结：故障发生后约 32ms，#1 主变差动保护动作；约 61ms 成功跳开#1 主变低压侧 501 开关；约 63ms，成功跳开#1 主变中压侧 1101 开关；约 70ms 成功跳开#1 主变高压侧 2201 开关三相。

3. 波形特征解析

A 站侧#1 主变保护录波图解析。A 站侧#1 主变保护录波图如图 3－10－4～图 3－10－7 所示。

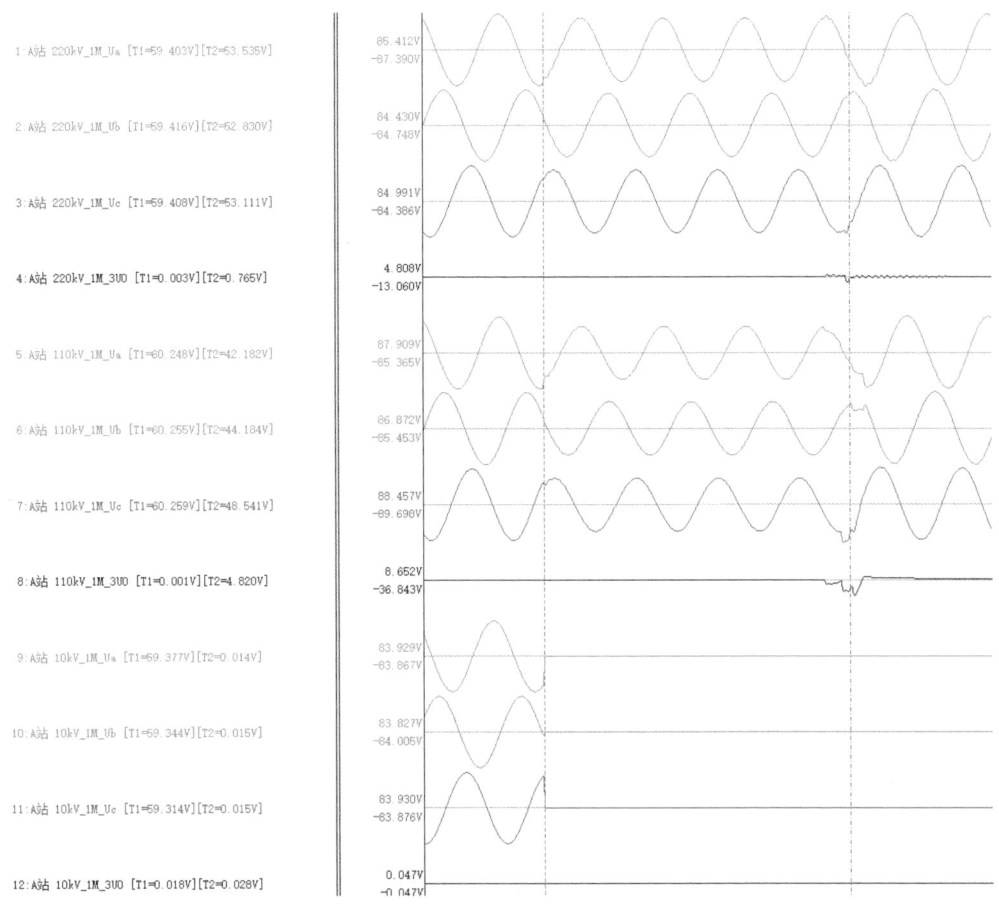

图 3－10－4　A 站侧#1 主变保护电压波形

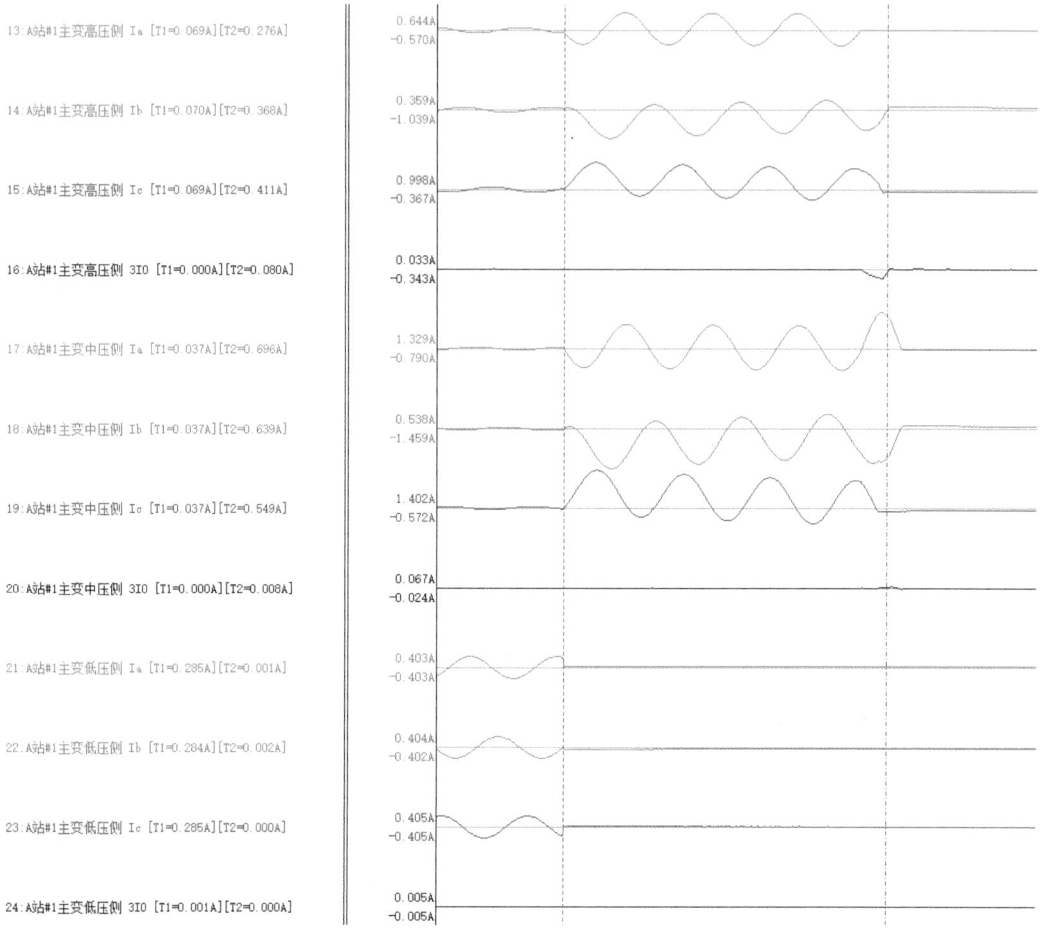

13:A站#1主变高压侧 Ia [T1=0.069A][T2=0.276A]
0.644A
-0.570A
14:A站#1主变高压侧 Ib [T1=0.070A][T2=0.368A]
0.359A
-1.039A
15:A站#1主变高压侧 Ic [T1=0.069A][T2=0.411A]
0.998A
-0.367A
16:A站#1主变高压侧 3I0 [T1=0.000A][T2=0.080A]
0.033A
-0.343A
17:A站#1主变中压侧 Ia [T1=0.037A][T2=0.696A]
1.329A
-0.790A
18:A站#1主变中压侧 Ib [T1=0.037A][T2=0.639A]
0.538A
-1.459A
19:A站#1主变中压侧 Ic [T1=0.037A][T2=0.549A]
1.402A
-0.572A
20:A站#1主变中压侧 3I0 [T1=0.000A][T2=0.008A]
0.067A
-0.024A
21:A站#1主变低压侧 Ia [T1=0.285A][T2=0.001A]
0.403A
-0.403A
22:A站#1主变低压侧 Ib [T1=0.284A][T2=0.002A]
0.404A
-0.402A
23:A站#1主变低压侧 Ic [T1=0.285A][T2=0.000A]
0.405A
-0.405A
24:A站#1主变低压侧 3I0 [T1=0.001A][T2=0.000A]
0.005A
-0.005A

图 3-10-5　A 站侧#1 主变保护电流波形

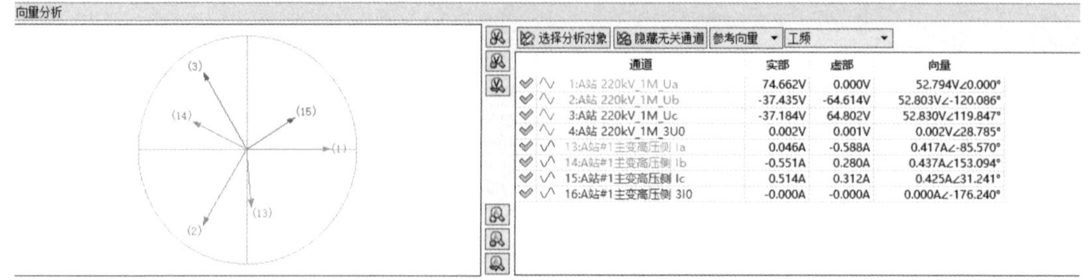

向量分析
(3)
(14)
(15)
(1)
(2)
(13)
选择分析对象
隐藏无关通道
参考向量
工频
通道 | 实部 | 虚部 | 向量
1:A站 220kV_1M_Ua | 74.662V | 0.000V | 52.794V∠0.000°
2:A站 220kV_1M_Ub | -37.435V | -64.614V | 52.803V∠-120.086°
3:A站 220kV_1M_Uc | -37.184V | 64.802V | 52.830V∠119.847°
4:A站 220kV_1M_3U0 | 0.002V | 0.001V | 0.002V∠28.785°
13:A站#1主变高压侧 Ia | 0.046A | -0.588A | 0.417A∠-85.570°
14:A站#1主变高压侧 Ib | -0.551A | 0.280A | 0.437A∠153.094°
15:A站#1主变高压侧 Ic | 0.514A | 0.312A | 0.425A∠31.241°
16:A站#1主变高压侧 3I0 | -0.000A | -0.000A | 0.000A∠-176.240°

图 3-10-6　A 站侧#1 主变保护高压侧电压电流向量

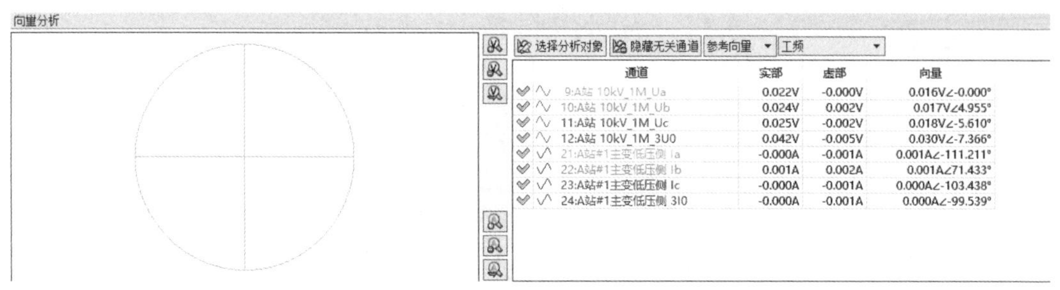

图 3-10-7 A 站侧#1 主变保护低压侧电压电流向量

（1）从图 3-10-4 解析可知 0ms 故障态电压特征：高压侧母线 A、B、C 相电压均下降至约 52V，幅值接近相同；中压侧母线 A、B、C 相电压均下降至约 45V，幅值接近相同；低压侧母线 A、B、C 相电压均下降至 0V；说明故障相为 ABC 相。

（2）从图 3-10-5 解析可知 0ms 故障态电流特征：高压侧、中压侧 A、B、C 相电流升高，且未出现零序电流，低压侧电流为 0A；说明故障相为#1 主变低压侧 ABC 相。

（3）从图 3-10-6、图 3-10-7 解析可知故障态潮流特征：由于故障相为 A、B、C 相，通过判断高压侧电压与电流的相位关系，可知 U_A 超前 I_A 约 86°，U_B 超前 I_B 约 87°，U_C 超前 I_C 约 86°；低压侧电压、电流均下降至 0V；符合低压侧三相短路的故障特征。

（4）从表 3-10-2 解析可知 32ms #1 主变保护动作。

（5）从表 3-10-2 解析可知 70ms #1 主变三侧开关跳开后，高压侧、中压侧母线电压恢复，低压侧母线电压为 0V，说明故障被切除。故障持续了约 3.5 个周波 70ms。

三、综合总结

从 A 站#1 主变故障录波图特征解析，系统发生了 ABC 相三相短路故障，A 站#1 主变高压侧、中压侧的 A、B、C 相电压都有所下降，但下降得不明显，高压侧、中压侧三相电流都变大，低压侧电压、电流都接近为 0A，说明故障发生于 A 站#1 主变低压侧区内。

从保护动作行为解析，A 站#1 主变差动保护动作，跳开#1 主变三侧开关后切除故障。

综上所述，本次故障#1 主变低压侧区内故障，故障性质为 ABC 三相短路故障，主变保护动作行为正确。

3.11 星形侧两相接地短路

一、故障信息

故障发生前A站、B站、C站运行方式为ABⅠ线、ABⅡ线、ACⅠ线、BCⅠ线、#1主变、#2主变均在合位，A站#1主变、ABⅠ线挂1M、#2主变、ACⅠ线、ABⅡ线挂2M，#1主变接地运行、#2主变不接地运行，#1主变、#2主变均为Y/△11接线方式，如图3－11－1所示。

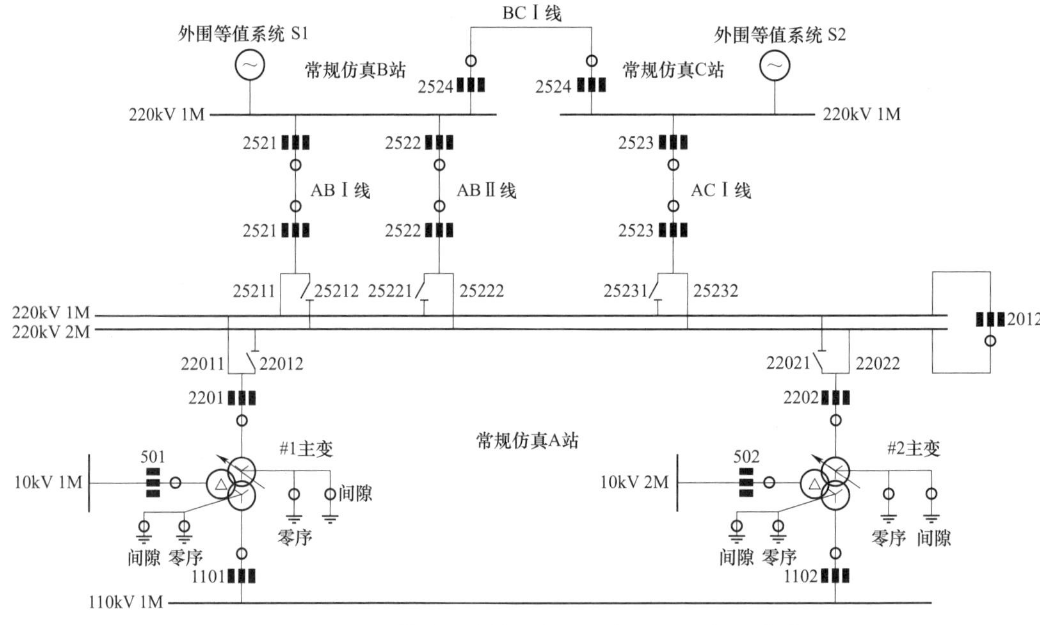

图3－11－1 故障发生前A站、B站、C站运行方式

故障发生后，#1主变三侧开关均在分位，其余开关均在合位，故障发生后A站、B站、C站运行方式如图3－11－2所示。

二、故障录波图解析

1. 保护动作报文解析

从A站#1主变保护故障录波HDR文件读取相关保护信息，以保护启动初始时刻为基准，见表3－11－1。

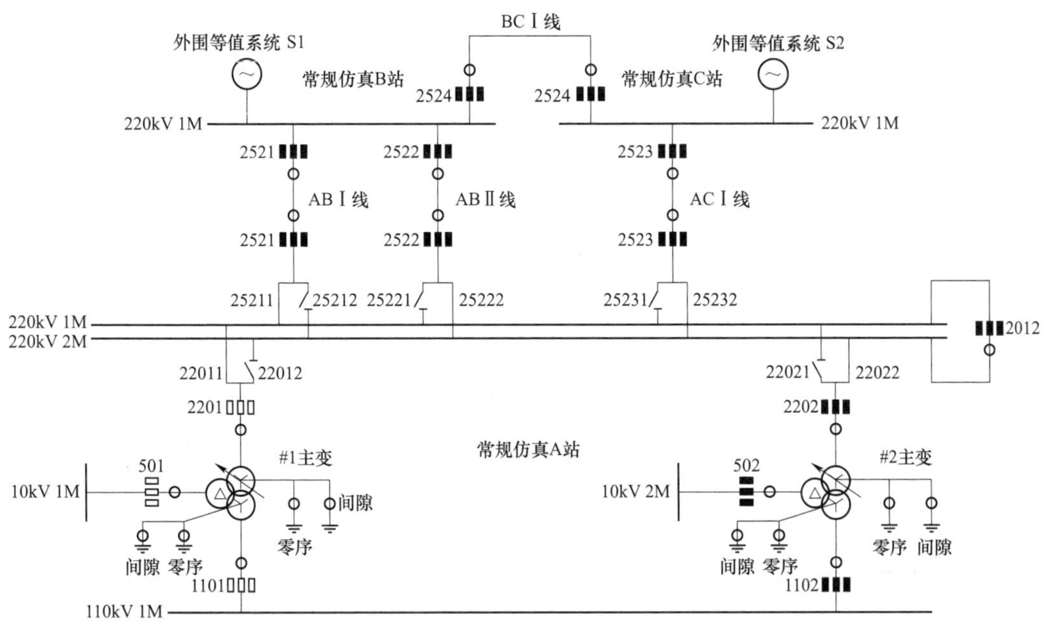

图 3-11-2 故障发生后 A 站、B 站、C 站运行方式

表 3-11-1 A 站#1 主变保护动作简报

序号	动作报文对应时间	动作报文名称	动作相别	动作报文变化值
1	0ms	保护启动		1
2	6ms	纵差差动速断	C	1
3		跳高压侧		1
4		跳中压侧		1
5		跳低压 1 分支		1
6	7ms	纵差保护	AC	1
7	8ms	纵差差动速断	AC	1
8	22ms	纵差保护	ABC	1
9	22ms	纵差工频变化量差动	AC	1
10	69ms	纵差差动速断		0
11	87ms	纵差保护		0
12	87ms	纵差工频变化量差动		0
13		跳高压侧		0
14		跳中压侧		0
15		跳低压 1 分支		0
16	595ms	保护启动		0

如表 3－11－1 中所示，A 站#1 主变保护启动后约 6ms，#1 主变纵差速断保护动作，故障选相 C 相，保护出口跳#1 主变三侧开关；约 7ms，#1 主变纵差保护动作，故障选相 AC 相；约 8ms，#1 主变纵差速断保护动作；约 22ms，#1 主变纵差保护动作，故障选相 ABC 相；约 22ms，#1 主变纵差工频变化量差动动作，故障选相 AC 相。

2. 开关量变位解析

以故障初始时刻为基准，A 站侧开关量变位图如图 3－11－3 所示。

图 3－11－3　A 站侧开关量变位图

A 站侧开关量变位时间顺序见表 3－11－2。

表 3－11－2　　A 站侧开关量变位时间顺序

位置	第 1 次变位时间	第 2 次变位时间
3:A 站#1 主变 1101 合位	↓ 48.250ms	
4:A 站#1 主变 1101 分位	↑ 50.000ms	
5:A 站#1 主变 501 合位	↓ 47.000ms	
6:A 站#1 主变 501 分位	↑ 49.250ms	
7:A 站#1 主变保护动作	↑ 21.750ms	↓ 102.250ms
8:A 站#1 主变 2201 三相跳闸	↑ 20.250ms	↓ 102.000ms
10:A 站#1 主变 2201 A 相合位	↓ 51.250ms	
11:A 站#1 主变 2201 B 相合位	↓ 56.000ms	
12:A 站#1 主变 2201 C 相合位	↓ 52.500ms	
13:A 站#1 主变 2201 A 相分位	↑ 54.250ms	
14:A 站#1 主变 2201 B 相分位	↑ 57.250ms	
15:A 站#1 主变 2201 C 相分位	↑ 54.500ms	

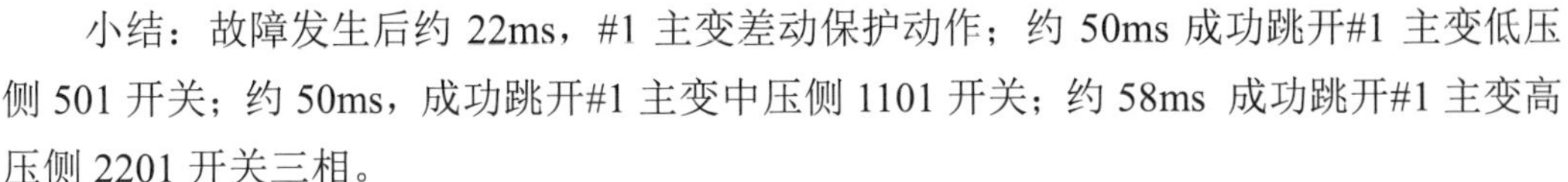

小结：故障发生后约 22ms，#1 主变差动保护动作；约 50ms 成功跳开#1 主变低压侧 501 开关；约 50ms，成功跳开#1 主变中压侧 1101 开关；约 58ms 成功跳开#1 主变高压侧 2201 开关三相。

3. 波形特征解析

A 站侧#1 主变保护录波图解析。A 站侧#1 主变保护录波图，如图 3－11－4～图 3－11－6 所示。

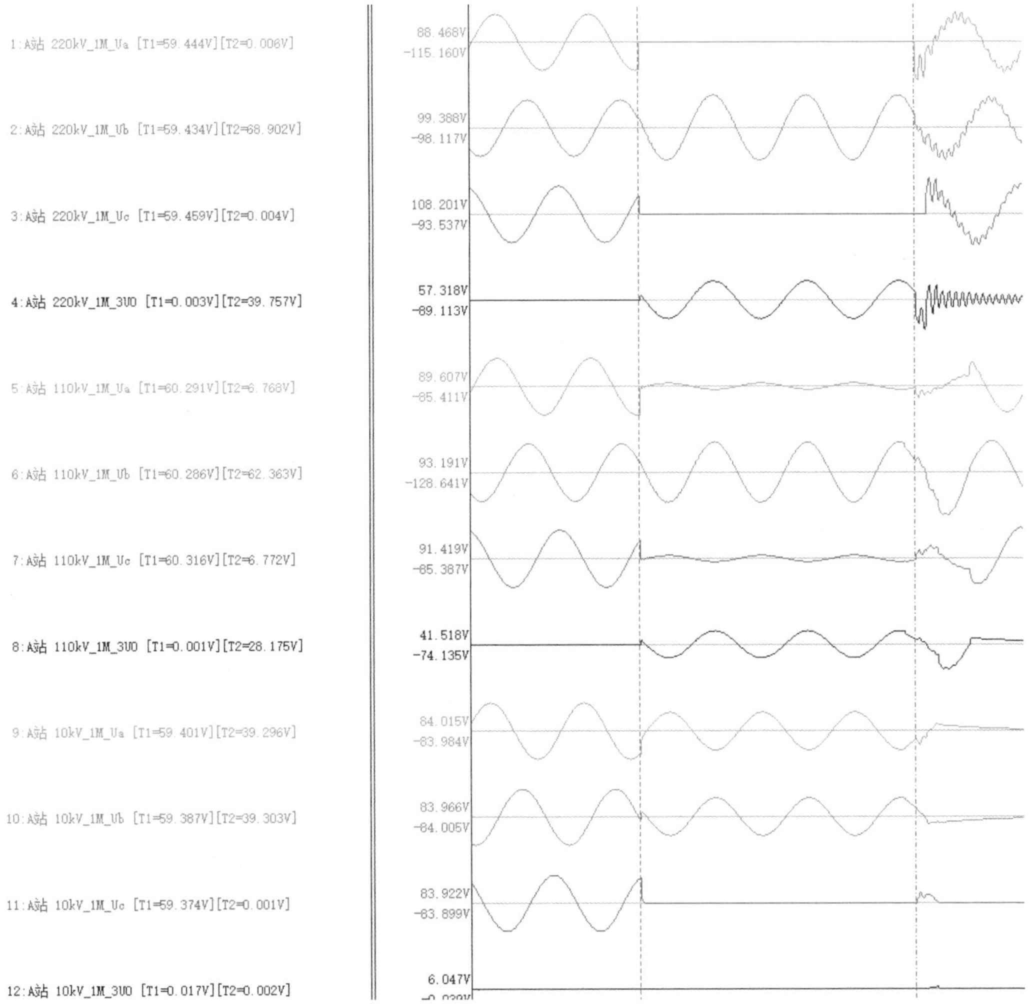

图 3－11－4　A 站侧#1 主变保护电压波形

（1）从图 3－11－4 解析可知 0ms 故障态电压特征：高压侧母线 A、C 相电压下降至 0V，B 相电压基本不变，且出现零序电压突变；中压侧母线 A、C 相电压下降接近 0V 且等值同相，B 相电压基本不变，且出现零序电压突变；低压侧母线 A、B 相电压下降至 45V 左右且等值同相，C 相电压降为 0V；说明故障相为#1 主变高压侧 A、C 相。

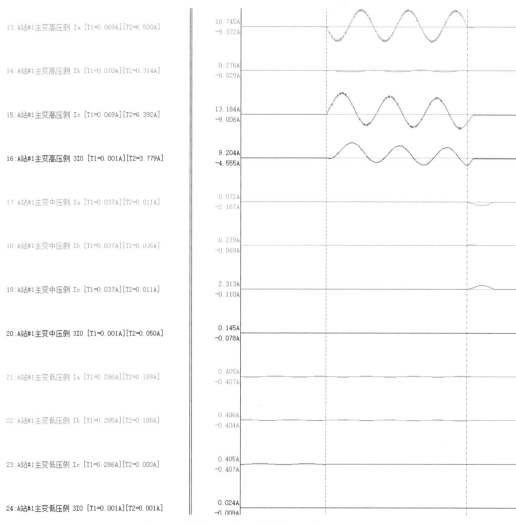

13:A站#1主变高压侧 Ia [T1=0.069A][T2=6.500A] 10.745A -9.372A
14:A站#1主变高压侧 Ib [T1=0.070A][T2=0.314A] 0.276A -0.829A
15:A站#1主变高压侧 Ic [T1=0.069A][T2=6.392A] 13.184A -9.006A
16:A站#1主变高压侧 3I0 [T1=0.001A][T2=3.779A] 9.204A -4.555A
17:A站#1主变中压侧 Ia [T1=0.037A][T2=0.011A] 0.072A -2.167A
18:A站#1主变中压侧 Ib [T1=0.037A][T2=0.035A] 0.279A -0.069A
19:A站#1主变中压侧 Ic [T1=0.037A][T2=0.011A] 2.313A -0.110A
20:A站#1主变中压侧 3I0 [T1=0.001A][T2=0.050A] 0.145A -0.078A
21:A站#1主变低压侧 Ia [T1=0.286A][T2=0.189A] 0.405A -0.407A
22:A站#1主变低压侧 Ib [T1=0.285A][T2=0.188A] 0.406A -0.404A
23:A站#1主变低压侧 Ic [T1=0.286A][T2=0.000A] 0.405A -0.407A
24:A站#1主变低压侧 3I0 [T1=0.001A][T2=0.001A] 0.024A -0.009A

图 3-11-5　A 站侧#1 主变保护电流波形

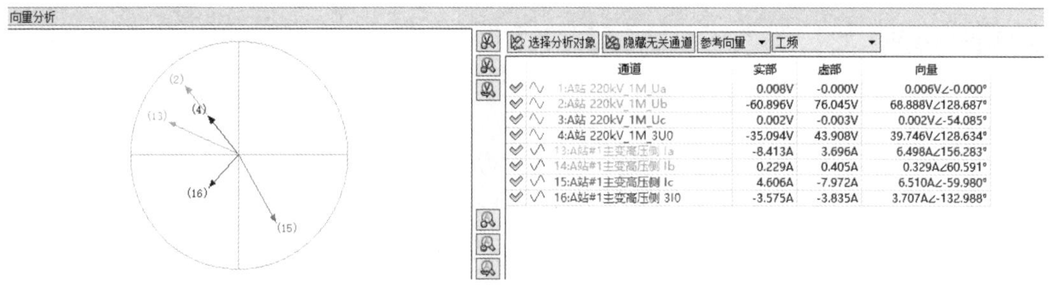

通道	实部	虚部	向量
1:A站 220kV_1M_Ua	0.008V	-0.000V	0.006V∠-0.000°
2:A站 220kV_1M_Ub	-60.896V	76.045V	68.888V∠128.687°
3:A站 220kV_1M_Uc	0.002V	-0.003V	0.002V∠-54.085°
4:A站 220kV_1M_3U0	-35.094V	43.908V	39.746V∠128.634°
13:A站#1主变高压侧 Ia	-8.413A	3.696A	6.498A∠156.283°
14:A站#1主变高压侧 Ib	0.229A	0.405A	0.329A∠60.591°
15:A站#1主变高压侧 Ic	4.606A	-7.972A	6.510A∠-59.980°
16:A站#1主变高压侧 3I0	-3.575A	-3.835A	3.707A∠-132.988°

图 3-11-6　A 站侧#1 主变保护高压侧电压电流向量

（2）从图 3-11-5 解析可知 0ms 故障态电流特征：高压侧 A、C 相电流升高，且出现零序电流突变；中压侧、低压侧电流变化不大；说明故障相为#1 主变高压侧 A、

C 相。

（3）从图 3－11－6 解析可知故障态潮流特征：由于故障相为 A、C 相，通过判断高压侧 U_A 与 U_C 电压下降至 0V，高压侧零序电流超前零序电压约 100°，符合两相接地短路的故障特征。

（4）从表 3－11－2 解析可知 22ms #1 主变保护动作。

（5）从表 3－11－2 解析可知 58ms #1 主变三侧开关跳开后，高压侧、中压侧母线电压恢复，低压侧母线电压为 0V，说明故障被切除。故障持续了约 2.9 个周波 58ms。

三、综合总结

从 A 站#1 主变故障录波图特征解析，系统发生了 A、C 相间短路故障，A 站#1 主变高压侧、中压侧的 A、C 相电压几乎等值同相，B 相电压基本不变，且出现零序电压突变，低压侧母线 C 相电压几乎降为 0V，高压侧电流增大且零序电流超前零序电压约 100°，符合两相接地短路的故障特征，说明故障发生于 A 站#1 主变高压侧 A、C 相。

从保护动作行为解析，A 站#1 主变差动保护动作，跳开#1 主变三侧开关后切除故障。

综上所述，本次故障#1 主变高压侧区内故障，故障性质为 A、C 相相间接地短路故障，主变保护动作行为正确。

3.12 三角形侧两相接地短路

一、故障信息

故障发生前 A 站、B 站、C 站运行方式为 ABⅠ线、ABⅡ线、ACⅠ线、BCⅠ线、#1 主变、#2 主变均在合位，A 站#1 主变、ABⅠ线挂 1M、#2 主变、ACⅠ线、ABⅡ线挂 2M，#1 主变接地运行、#2 主变不接地运行，#1 主变、#2 主变均为 Y/△11 接线方式，如图 3－12－1 所示。

故障发生后，#1 主变三侧开关均在分位，其余开关均在合位，故障发生后 A 站、B 站、C 站运行方式，如图 3－12－2 所示。

二、故障录波图解析

1. 保护动作报文解析

从 A 站#1 主变保护故障录波 HDR 文件读取相关保护信息，以保护启动初始时刻为基准，见表 3－12－1。

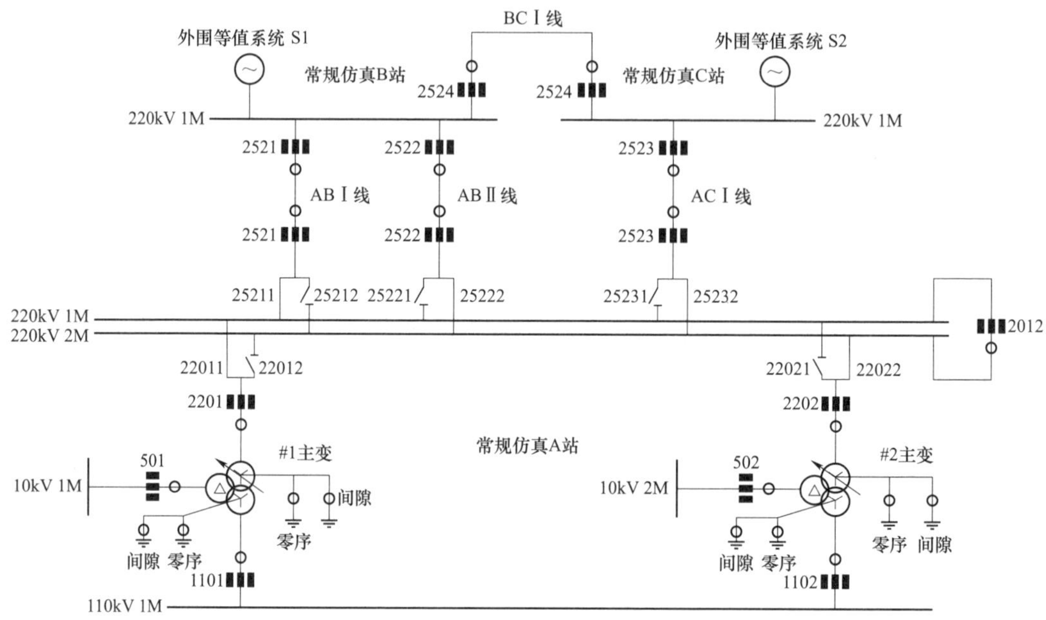

图 3-12-1　故障发生前 A 站、B 站、C 站运行方式

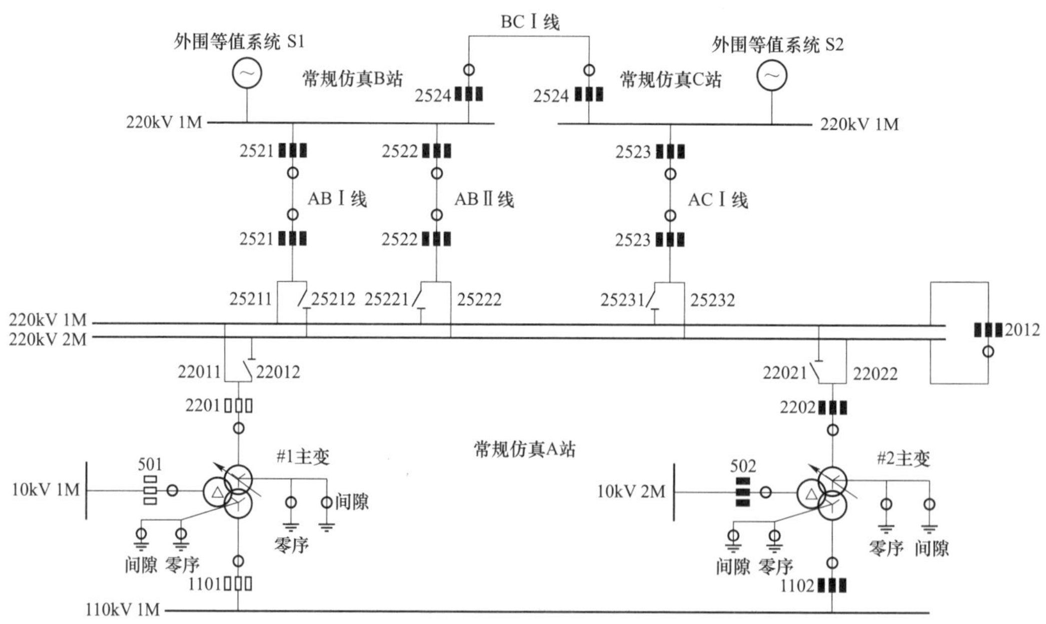

图 3-12-2　故障发生后 A 站、B 站、C 站运行方式

表 3－12－1　　A 站#1 主变保护动作简报

序号	动作报文对应时间	动作报文名称	动作相别	动作报文变化值
1	0ms	保护启动		1
2	16ms	纵差保护	A	1
3		跳高压侧		1
4		跳中压侧		1
5		跳低压 1 分支		1
6	22ms	纵差工频变化量差动	A	1
7	35ms	纵差保护	ABC	1
8	85ms	纵差保护		0
9	85ms	纵差工频变化量差动		0
10		跳高压侧		0
11		跳中压侧		0
12		跳低压 1 分支		0
13	589ms	保护启动		0

如表 3－12－1 中所示，A 站#1 主变保护启动后约 16ms，#1 主变纵差保护动作，故障选相 A 相，保护出口跳#1 主变三侧开关；约 22ms，#1 主变工频变化量差动保护动作，故障选相 A 相；约 35ms，#1 主变纵差保护动作，故障选相 ABC 相。

2. 开关量变位解析

以故障初始时刻为基准，A 站侧开关量变位图如图 3－12－3 所示。

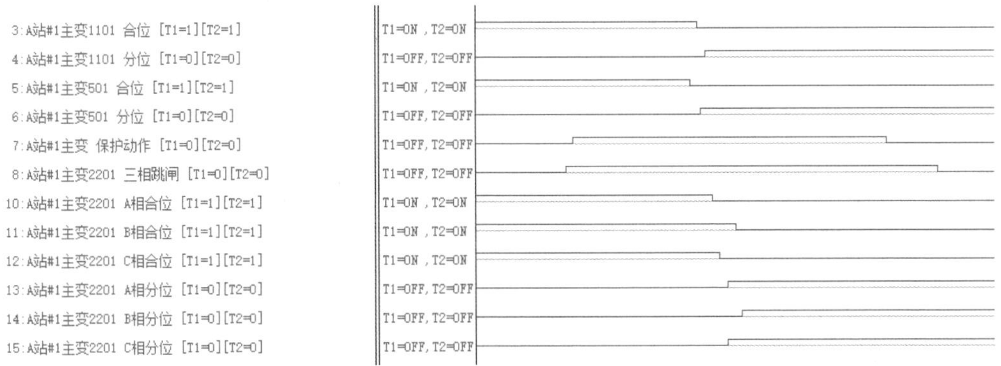

图 3－12－3　A 站侧开关量变位图

A 站侧开关量变位时间顺序见表 3－12－2。

表 3－12－2　　A 站侧开关量变位时间顺序

位置	第 1 次变位时间	第 2 次变位时间
3:A 站#1 主变 1101 合位	↓ 58.750ms	
4:A 站#1 主变 1101 分位	↑ 60.500ms	
5:A 站#1 主变 501 合位	↓ 57.250ms	

续表

位置	第 1 次变位时间	第 2 次变位时间
6:A 站#1 主变 501 分位	↑ 59.500ms	
7:A 站#1 主变保护动作	↑ 32.250ms	↓ 99.500ms
8:A 站#1 主变 2201 三相跳闸	↑ 30.750ms	↓ 110.750ms
10:A 站#1 主变 2201 A 相合位	↓ 62.000ms	
11:A 站#1 主变 2201 B 相合位	↓ 67.000ms	
12:A 站#1 主变 2201 C 相合位	↓ 63.500ms	
13:A 站#1 主变 2201 A 相分位	↑ 65.250ms	
14:A 站#1 主变 2201 B 相分位	↑ 68.250ms	
15:A 站#1 主变 2201 C 相分位	↑ 65.250ms	

小结：故障发生后约 33ms，#1 主变差动保护动作；约 60ms 成功跳开#1 主变低压侧 501 开关；约 61ms，成功跳开#1 主变中压侧 1101 开关；约 69ms 成功跳开#1 主变高压侧 2201 开关三相。

3. 波形特征解析

A 站侧#1 主变保护录波图解析。A 站侧#1 主变保护录波图如图 3-12-4～图 3-12-7 所示。

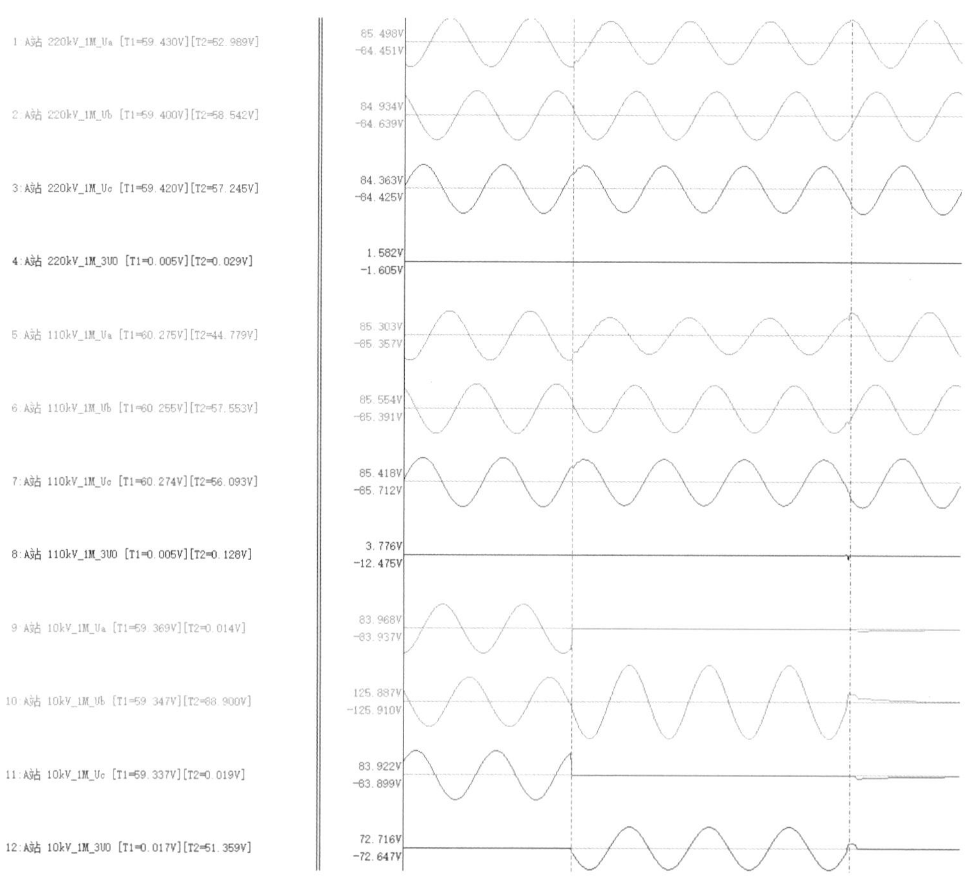

图 3-12-4　A 站侧#1 主变保护电压波形

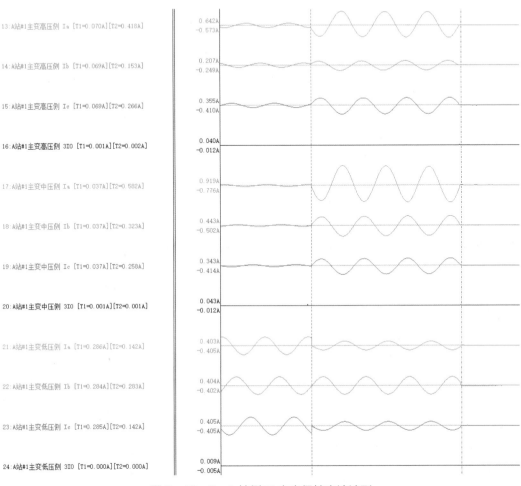

13:A站#1主变高压侧 Ia [T1=0.070A][T2=0.418A]

14:A站#1主变高压侧 Ib [T1=0.069A][T2=0.153A]

15:A站#1主变高压侧 Ic [T1=0.069A][T2=0.266A]

16:A站#1主变高压侧 3I0 [T1=0.001A][T2=0.002A]

17:A站#1主变中压侧 Ia [T1=0.037A][T2=0.582A]

18:A站#1主变中压侧 Ib [T1=0.037A][T2=0.323A]

19:A站#1主变中压侧 Ic [T1=0.037A][T2=0.258A]

20:A站#1主变中压侧 3I0 [T1=0.001A][T2=0.001A]

21:A站#1主变低压侧 Ia [T1=0.286A][T2=0.142A]

22:A站#1主变低压侧 Ib [T1=0.284A][T2=0.283A]

23:A站#1主变低压侧 Ic [T1=0.285A][T2=0.142A]

24:A站#1主变低压侧 3I0 [T1=0.000A][T2=0.000A]

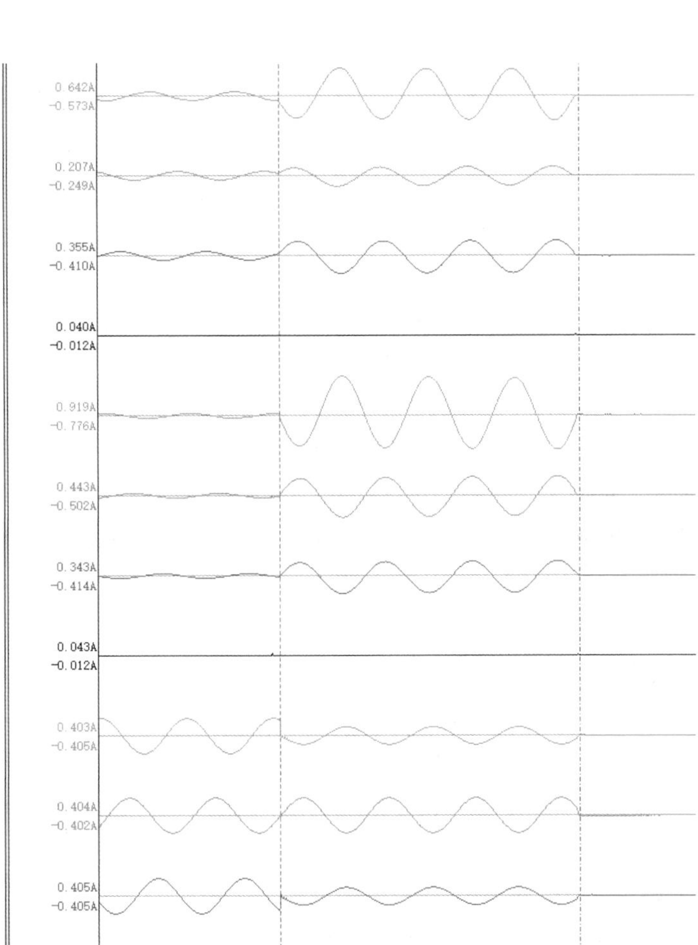

图 3-12-5　A 站侧#1 主变保护电流波形

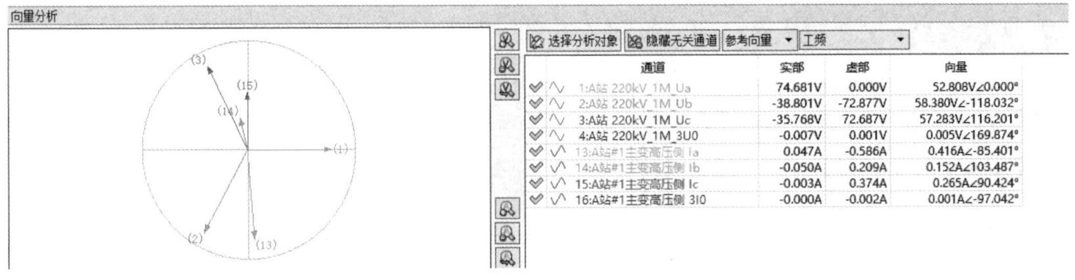

图 3-12-6　A 站侧#1 主变保护高压侧电压电流向量

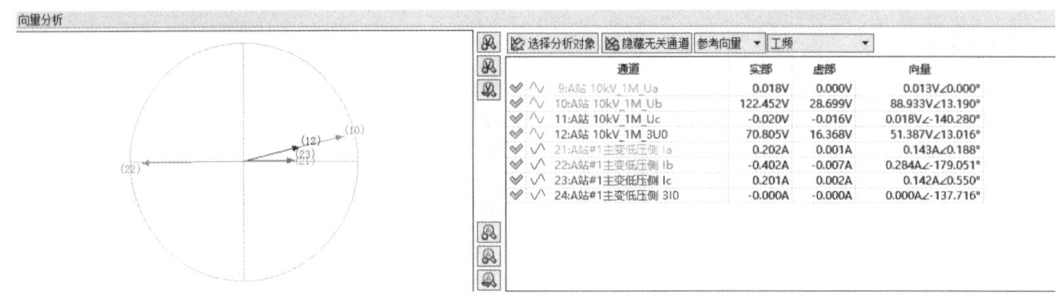

图 3-12-7　A 站侧#1 主变保护低压侧电压电流向量

（1）从图 3-12-4 解析可知 0ms 故障态电压特征：高压侧母线 A 相电压下降得不明显，B、C 相电压基本不变，且未出现零序电压；中压侧母线 A 相电压下降至约 45V，B、C 相电压基本不变，且未出现零序电压；低压侧母线 A、C 相电压下降至 0V，B 相电压升高至约 90V；说明故障相为#1 主变低压侧 A、C 相。

（2）从图 3-12-5 解析可知 0ms 故障态电流特征：高压侧、中压侧 A、B、C 相电流均升高，且 A、C 相电流升高较明显；低压侧 A、B、C 相电流均升高，B 电流升高较明显，A、C 相电流接近等值同相且 B 相电流与 A、C 电流相量和等值反相，且未出现零序电流；说明故障相为#1 主变低压侧 A、C 相。

（3）从图 3-12-6、图 3-12-7 解析可知故障态潮流特征：由于故障相为 A、C 相，通过判断高压侧 I_A 电流突变最大；低压侧 U_A、U_C 降为 0V，I_B 超前 U_B 约 167°，符合两相接地短路的故障特征。

（4）从表 3-12-2 解析可知 33ms #1 主变保护动作。

（5）从表 3-12-2 解析可知 69ms #1 主变三侧开关跳开后，高压侧、中压侧母线电压恢复，低压侧母线电压为 0V，说明故障被切除。故障持续了约 3.45 个周波 69ms。

三、综合总结

从 A 站#1 主变故障录波图特征解析，系统发生了 A、C 相间短路故障，A 站#1 主变高压侧、中压侧的电压下降不明显，且未出现零序电压，低压侧母线 A、C 相电压几乎降为 0V，B 相电压升高至约 90V；高压侧、中压侧电流均有增大且 B 相电流与 A、C 电流相量和等值反相，且未出现零序电流，符合两相接地短路的故障特征，说明故障发生于 A 站#1 主变高压侧 A、C 相。

从保护动作行为解析，A 站#1 主变差动保护动作，跳开#1 主变三侧开关后切除故障。

综上所述，本次故障#1 主变低压侧区内故障，故障性质为 A、C 相间接地短路故障，主变保护动作行为正确。

本章思考题

1. 变压器常见的故障类型有哪些？

2. 变压器 Y/△－11 接线时，当 Y 侧发生区内两相相间短路故障时，Y 侧、△侧的电压、电流向量关系分别是怎样的？请画出相应的向量图。

3. 变压器 Y/△－11 接线时，当△侧发生区内两相相间短路故障时，Y 侧、△侧的电压、电流向量关系分别是怎样的？请画出相应的向量图。

4. 变压器 Y/△－11 接线时，Y 侧发生区内单相经电阻接地故障时，与金属性接地相比，对 Y 侧电压、电流有什么影响？

5. 变压器 Y/△－11 接线时，△侧发生区内单相接地故障时，变压器差动保护是否会动作？为什么？

4 母线常见故障波形解析

4.1 母线单相金属性接地

一、故障信息

事故发生前 A 站运行方式：220kV AB Ⅰ线 2521 开关、#1 主变变高 2201 开关挂Ⅰ母运行，220kV AB Ⅱ线 2522 开关、#2 主变变高 2202 开关挂Ⅱ母运行，220kV 母联 2012 开关在合位，母线并列运行，#1 主变中性点接地、#2 主变中性点不接地，如图 4－1－1 所示。

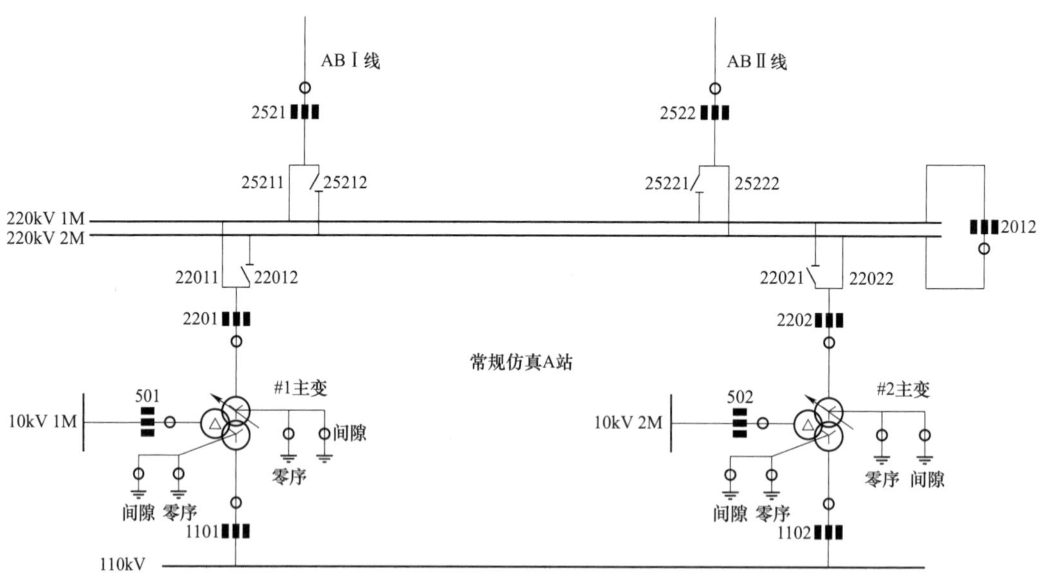

图 4－1－1 故障发生前 A 站运行方式

事故发生后 A 站的运行方式：220kV AB Ⅰ线 2521 开关、#1 主变变高 2201 开关、220kV 母联 2012 开关在分位，220kV AB Ⅱ线 2522 开关、#2 主变变高 2202 开关在合位，如图 4－1－2 所示。

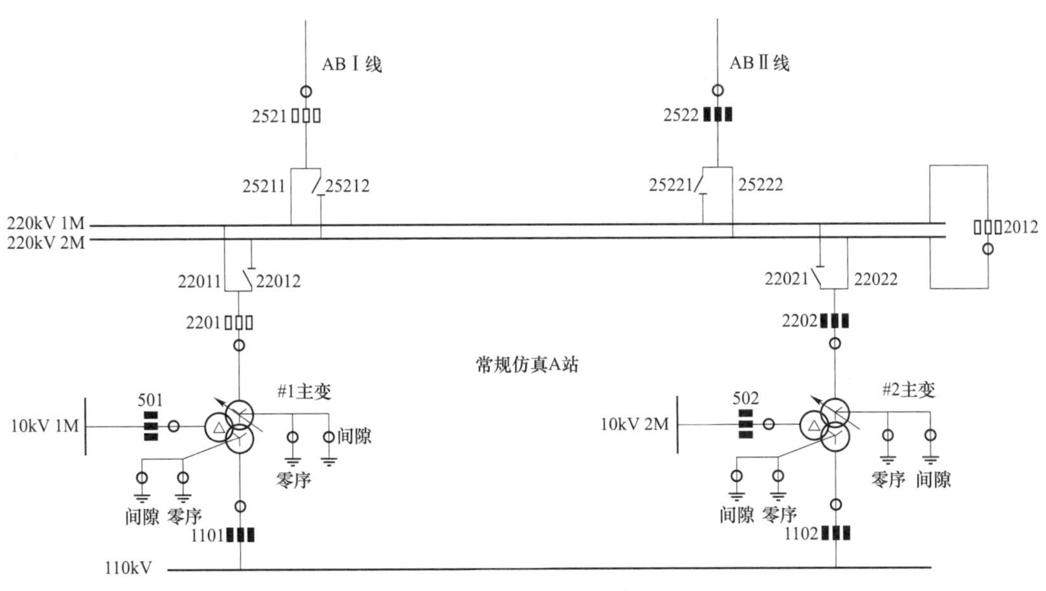

图 4-1-2　故障发生后 A 站运行方式

二、故障录波图解析

1. 保护动作报文解析

A 站母差保护故障录波 HDR 文件读取保护动作信息，以故障启动时刻为基准的保护动作简报，见表 4-1-1。

表 4-1-1　母差保护动作简报

序号	动作报文对应时间	动作报文名称	动作相别	动作报文变化值
1	0ms	突变量启动		1
2	0ms	保护启动		1
3	3ms	差流启动		1
4	6ms	Ⅰ M 差动动作	A	1
5	79ms	Ⅰ M 差动动作	A	0
6	46ms	突变量启动		0
7	46ms	突变量启动		0
8	80ms	差流启动		0

表 4-1-1 中，A 站母差保护启动后 6ms，Ⅰ M 差动动作，故障选相 A 相，母差保护动作出口跳Ⅰ M 上所有开关。

2. 开关量变位解析

A 站总故障录波 HDR 文件读取相关间隔开关量信息，以故障启动时刻为基准，A 站侧开关量变位图如图 4-1-3 所示。

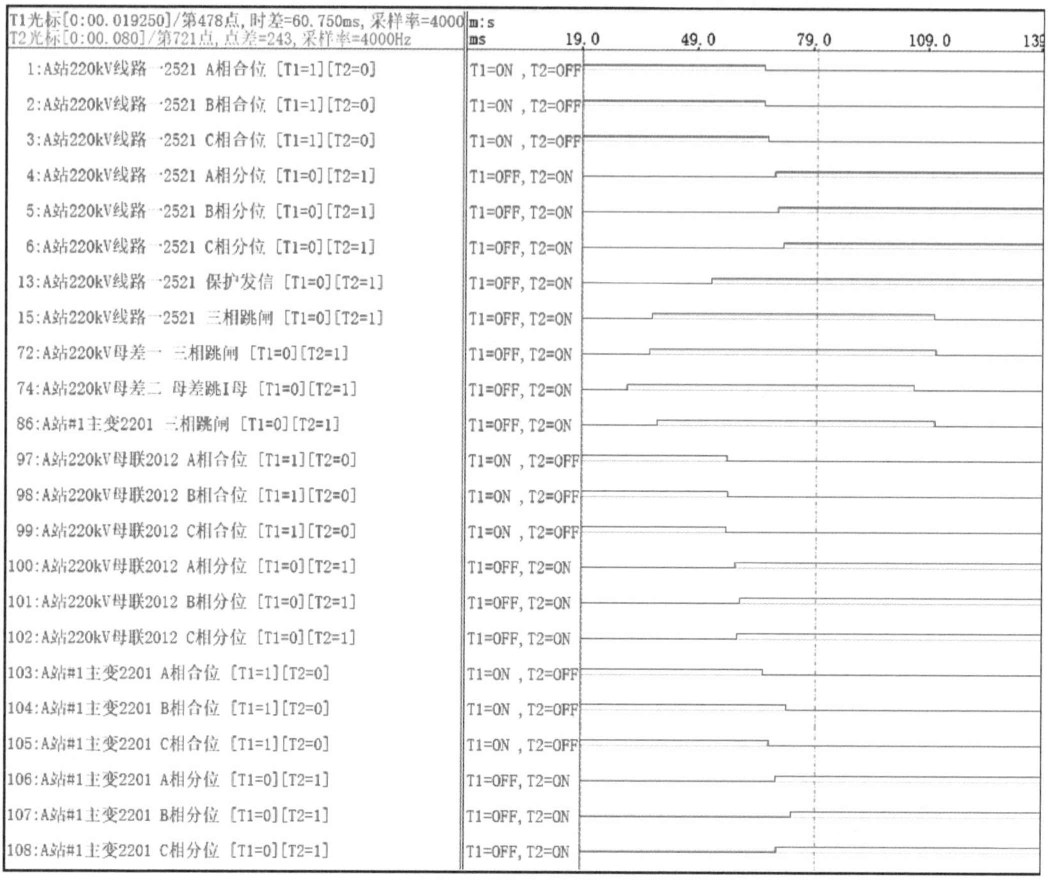

T1光标[0:00.019250]/第478点,时差=60.750ms,采样率=4000
T2光标[0:00.080]/第721点,点差=243,采样率=4000Hz
m:s
ms 19.0 49.0 79.0 109.0 139

1:A站220kV线路一2521 A相合位 [T1=1][T2=0] T1=ON ,T2=OFF
2:A站220kV线路一2521 B相合位 [T1=1][T2=0] T1=ON ,T2=OFF
3:A站220kV线路一2521 C相合位 [T1=1][T2=0] T1=ON ,T2=OFF
4:A站220kV线路一2521 A相分位 [T1=0][T2=1] T1=OFF, T2=ON
5:A站220kV线路一2521 B相分位 [T1=0][T2=1] T1=OFF, T2=ON
6:A站220kV线路一2521 C相分位 [T1=0][T2=1] T1=OFF, T2=ON
13:A站220kV线路一2521 保护发信 [T1=0][T2=1] T1=OFF, T2=ON
15:A站220kV线路一2521 三相跳闸 [T1=0][T2=1] T1=OFF, T2=ON
72:A站220kV母差一 三相跳闸 [T1=0][T2=1] T1=OFF, T2=ON
74:A站220kV母差二 母差跳I母 [T1=0][T2=1] T1=OFF, T2=ON
86:A站#1主变2201 三相跳闸 [T1=0][T2=1] T1=OFF, T2=ON
97:A站220kV母联2012 A相合位 [T1=1][T2=0] T1=ON ,T2=OFF
98:A站220kV母联2012 B相合位 [T1=1][T2=0] T1=ON ,T2=OFF
99:A站220kV母联2012 C相合位 [T1=1][T2=0] T1=ON ,T2=OFF
100:A站220kV母联2012 A相分位 [T1=0][T2=1] T1=OFF, T2=ON
101:A站220kV母联2012 B相分位 [T1=0][T2=1] T1=OFF, T2=ON
102:A站220kV母联2012 C相分位 [T1=0][T2=1] T1=OFF, T2=ON
103:A站#1主变2201 A相合位 [T1=1][T2=0] T1=ON ,T2=OFF
104:A站#1主变2201 B相合位 [T1=1][T2=0] T1=ON ,T2=OFF
105:A站#1主变2201 C相合位 [T1=1][T2=0] T1=ON ,T2=OFF
106:A站#1主变2201 A相分位 [T1=0][T2=1] T1=OFF, T2=ON
107:A站#1主变2201 B相分位 [T1=0][T2=1] T1=OFF, T2=ON
108:A站#1主变2201 C相分位 [T1=0][T2=1] T1=OFF, T2=ON

图 4-1-3 A 站侧开关量变位图

A 站侧开关量变位时间顺序见表 4-1-2。

表 4-1-2 A 站侧开关量变位时间顺序

位置	第 1 次变位时间	第 2 次变位时间
1:A 站 220kV 线路一 2521 A 相合位	↓ 47.250ms	
2:A 站 220kV 线路一 2521 B 相合位	↓ 47.250ms	
3:A 站 220kV 线路一 2521 C 相合位	↓ 48.250ms	
4:A 站 220kV 线路一 2521 A 相分位	↑ 50.000ms	
5:A 站 220kV 线路一 2521 B 相分位	↑ 50.750ms	
6:A 站 220kV 线路一 2521 C 相分位	↑ 52.250ms	
13:A 站 220kV 线路一 2521 保护发信	↑ 33.500ms	↓ 253.250ms
15:A 站 220kV 线路一 2521 三相跳闸	↑ 18.250ms	↓ 91.500ms
72:A 站 220kV 母差一三相跳闸	↑ 17.500ms	↓ 92.000ms
74:A 站 220kV 母差二母差跳母	↑ 11.750ms	↓ 86.250ms
86:A 站#1 主变 2201 三相跳闸	↑ 19.500ms	↓ 91.750ms

续表

位置	第 1 次变位时间	第 2 次变位时间
97:A 站 220kV 母联 2012 A 相合位	↓ 37.750ms	
98:A 站 220kV 母联 2012 B 相合位	↓ 38.000ms	
99:A 站 220kV 母联 2012 C 相合位	↓ 37.500ms	
100:A 站 220kV 母联 2012 A 相分位	↑ 40.000ms	
101:A 站 220kV 母联 2012 B 相分位	↑ 41.250ms	
102:A 站 220kV 母联 2012 C 相分位	↑ 40.500ms	
103:A 站#1 主变 2201 A 相合位	↓ 47.250ms	
104:A 站#1 主变 2201 B 相合位	↓ 53.250ms	
105:A 站#1 主变 2201 C 相合位	↓ 48.750ms	
106:A 站#1 主变 2201 A 相分位	↑ 50.500ms	
107:A 站#1 丰变 2201 B 相分位	↑ 54.500ms	
108:A 站#1 主变 2201 C 相分位	↑ 50.750ms	

分析：在故障发生保护启动后约 6ms，Ⅰ M 差动动作，故障选相 A 相，约 11.75ms 后，母差保护动作出口跳Ⅰ M 上所有开关，40～55ms 后，220kV Ⅰ M 上 220kV AB Ⅰ线 2521 开关、#1 主变变高 2201 开关、220kV 母联 2012 开关分闸。

3. 波形特征解析

从 A 站总故障录波 HDR 文件读取相关间隔电气量信息。

（1）故障发生前后 220kV 母线电压录波图如图 4－1－4 所示。

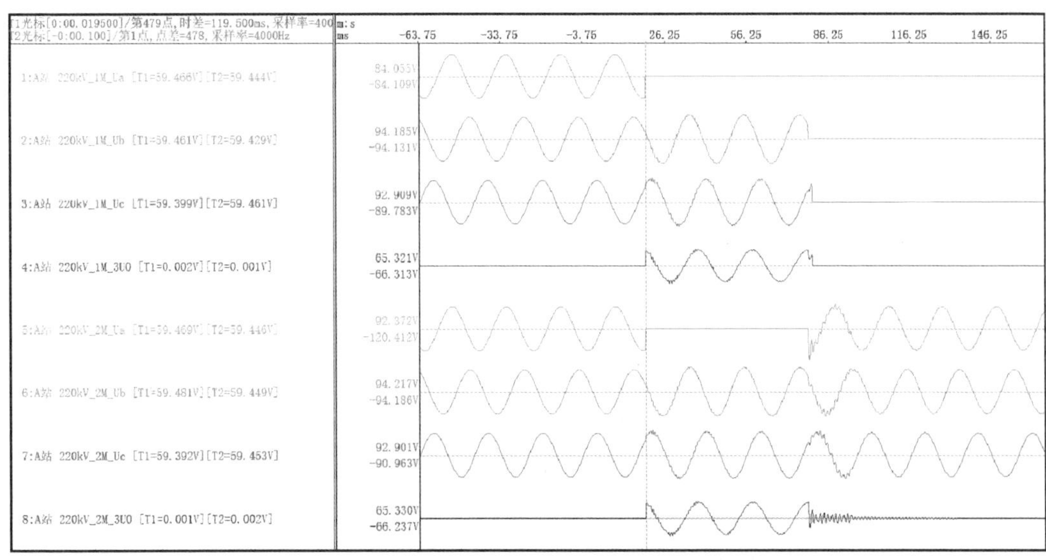

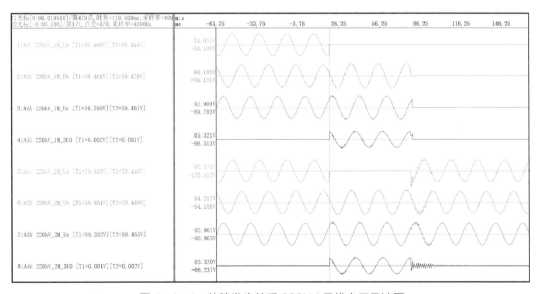

图 4－1－4　故障发生前后 220kV 母线电压录波图

从图 4－1－4 解析可知 T_1 时刻（故障发生时间）：母线 A 相电压突变下降为 0，B、

C 相电压基本不变，且零序电压突变，说明系统发生 A 相金属性接地故障。

从图 4－1－4 解析可知 60ms 后：Ⅰ母 A、B、C、$3U_0$ 电压消失，Ⅱ母三相电压恢复正常、$3U_0$ 电压消失，说明Ⅰ母失压，Ⅱ母正常运行，故障持续 3 个周波 60ms 左右。

（2）故障发生前后 220kV 线路间隔电流录波图如图 4－1－5 所示。

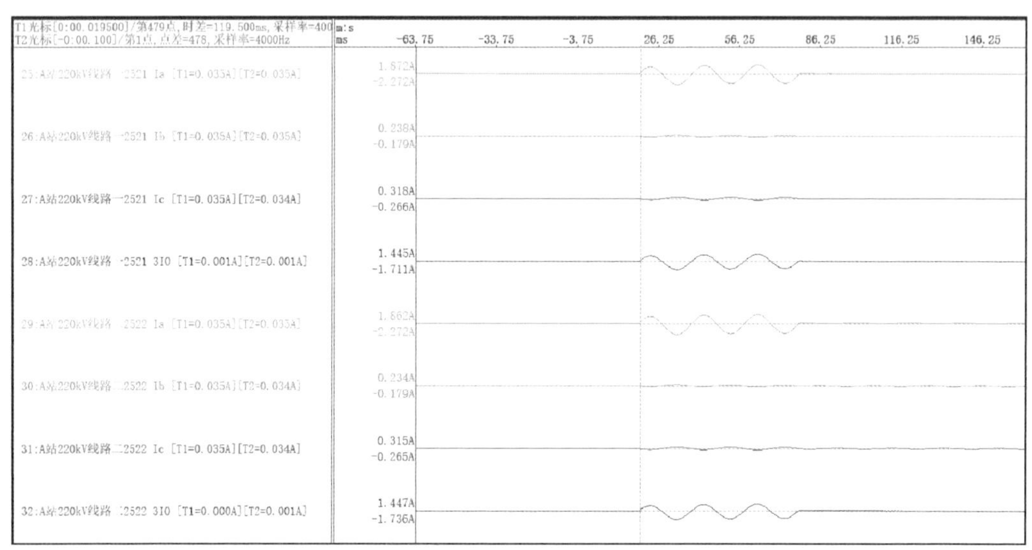

图 4－1－5　故障发生前后 220kV 线路间隔电流录波图

故障发生前后 220kV 母联间隔电流录波图如图 4－1－6 所示。

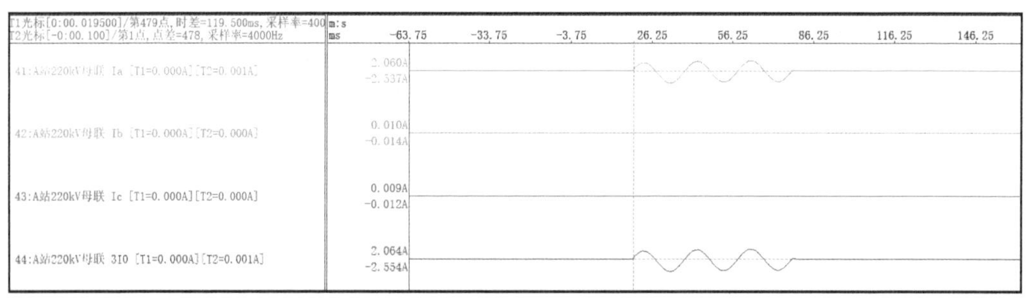

图 4－1－6　故障发生前后 220kV 母联间隔电流录波图

从图 4－1－5 和图 4－1－6 解析可知 T_1 时刻（故障发生时间）：线路间隔和母联间隔中 A 相电流增大，零序电流突变增大且与 A 相电流相位相同大小相等，持续 3 个周波 60ms 左右，B、C 相负荷电流基本不变，说明故障相为 A 相。

从图 4－1－5 和图 4－1－6 解析可知，220kV ABⅠ线、220kV ABⅡ线、220kV 母联 2012 间隔电流突变并且同相位，持续 3 个周波 60ms 左右，且零序电流滞后零序电压约 90°，220kV ABⅠ线故障相量图如图 4－1－7 所示，说明 220kV ABⅠ线发生区外的故障，在线路 TA 极性靠母线侧，母联 TA 极性靠ⅠM 侧的情况下，可知线路间隔故障电流是流入母线，母联间隔故障电流是由Ⅱ母流向Ⅰ母。

从图 4-1-5 和图 4-1-6 解析可知，60ms 后 220kV AB Ⅰ线、母联 2012 间隔电流消失，220kV ABⅡ线间隔恢复为正常负荷电流。根据开关量变位解析可知，220kV AB Ⅰ线 2521 开关、220kV 母联 2012 开关跳开。

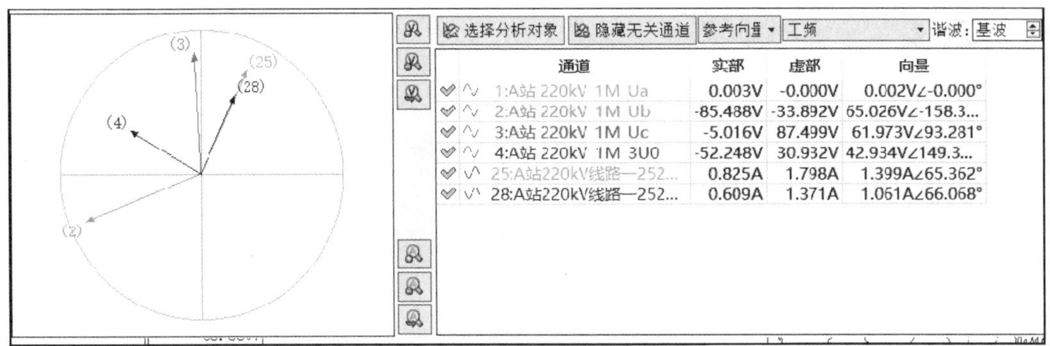

图 4-1-7　220kV AB Ⅰ线故障时故障相量图

（3）故障发生前后主变变高开关电流录波图如图 4-1-8 所示。

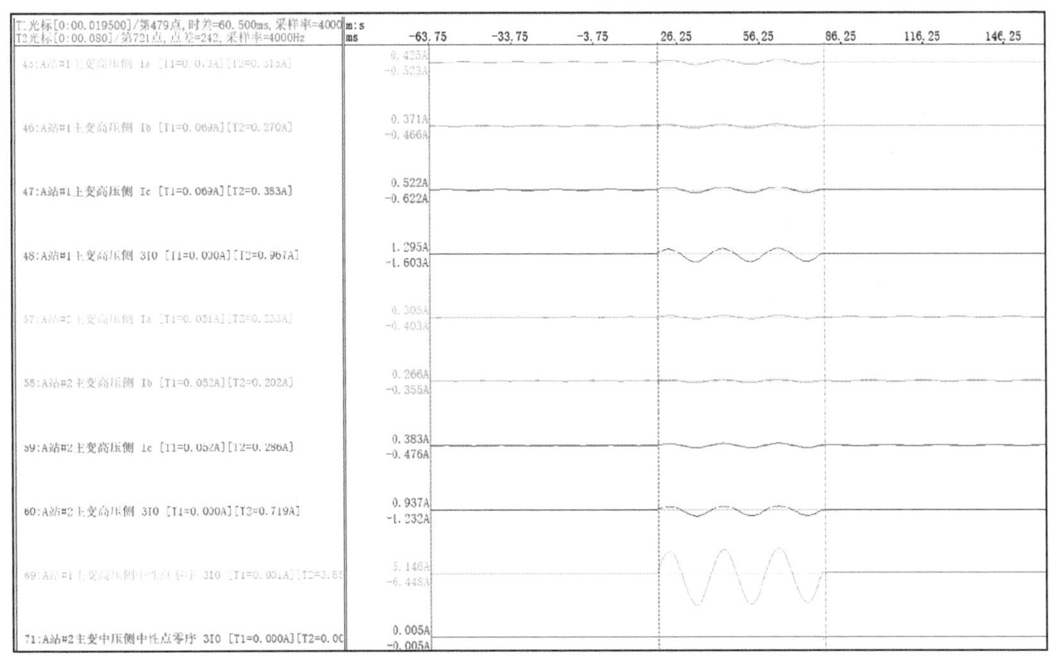

图 4-1-8　故障发生前后主变变高开关电流录波图

从图 4-1-8 解析可知 T_1 时刻（故障发生时间）：因主变中压侧和低压侧无电源，故主变变高开关间隔未向母线提供短路电流，仅呈现为零序电流增加。在#1 主变高压侧中性点直接接地运行方式下，当系统发生接地故障时，#1 主变变高开关三相会流过大小相等、方向相同的零序电流；#2 主变变电中性点不接地，图 4-1-8 中#2 主变变高开关三相出现了零序电流，分析可知其高压侧中性点保护间隙发生了击穿，故障期间形成了零序电流通道。

从图 4－1－8 解析可知 T_2 时刻（故障切除时间）：#1 主变变高电流为 0，#2 主变变高恢复为正常负荷电流。根据开关量变位解析可知，#1 主变变高开关跳开。

三、综合总结

综合上述保护动作报文解析、开关量变位解析、电气量录波图特征解析可知，A 站 Ⅰ M 母线区域内发生 A 相金属性接地故障，母差保护动作跳开 Ⅰ M 上所有开关，成功隔离故障。

分析要点：故障相电压降低为 0，故障相电流明显增大，出现零序电压、零序电流；母线上与外部电源连接的间隔故障电流均流入母线，母联（分段）间隔故障电流由非故障母线流向故障母线；母差保护动作跳开故障母线后，非故障母线恢复正常运行。

4.2　母线单相经电阻接地

一、故障信息

故障发生前 A 站运行方式：220kV ABⅠ线 2521 开关、#1 主变变高 2201 开关挂Ⅰ母运行，220kV ABⅡ线 2522 开关、#2 主变变高 2202 开关挂Ⅱ母运行，220kV 母联 2012 开关在合位，母线并列运行，#1 主变中性点接地、#2 主变中性点不接地，如图 4－2－1 所示。

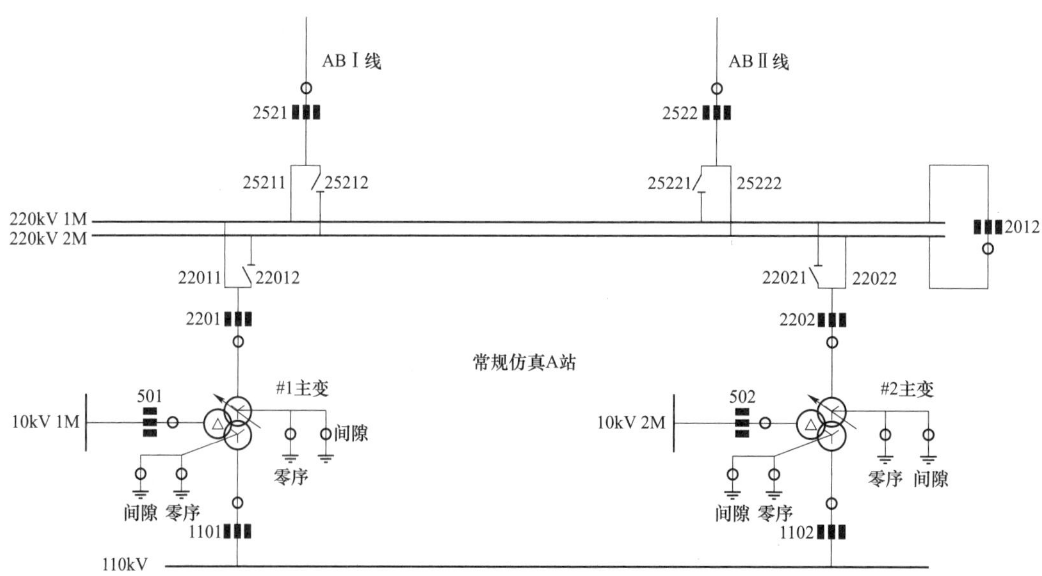

图 4－2－1　故障发生前 A 站运行方式

故障发生后A站的运行方式：220kV ABⅠ线2521开关、#1主变变高2201开关、220kV母联2012开关在分位，220kV ABⅡ线2522开关、#2主变变高2202开关在合位，如图4-2-2所示。

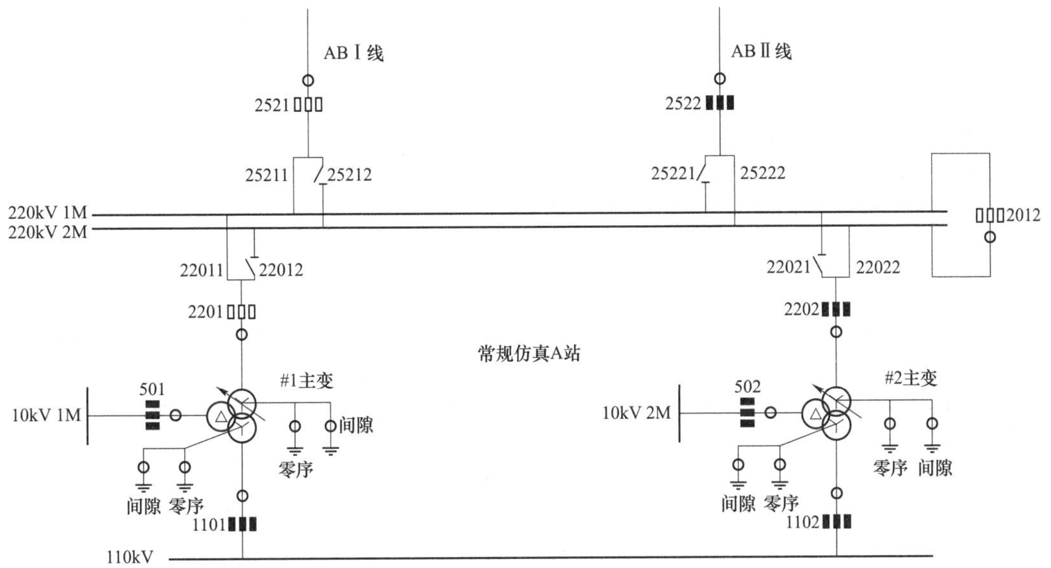

图4-2-2 故障发生后A站运行方式

二、故障录波图解析

1. 保护动作报文解析

从A站母差保护故障录波HDR文件读取保护动作信息，以故障启动时刻为基准的保护动作简报见表4-2-1。

表4-2-1 母差保护动作简报

序号	动作报文对应时间	动作报文名称	动作相别	动作报文变化值
1	0ms	突变量启动		1
2	0ms	保护启动		1
3	6ms	差流启动		1
4	8ms	ⅠM母差动动作	A	1
5	75ms	ⅠM母差动动作	A	0
6	75ms	突变量启动		0
7	75ms	差流启动		0
8	126ms	保护启动		0

表4-2-1中，A站母差保护启动后8ms，ⅠM差动动作，故障选相A相，母差保护动作出口跳ⅠM上所有开关。

2. 开关量变位解析

从 A 站总故障录波 HDR 文件读取相关间隔开关量信息，以故障启动时刻为基准，A 站侧开关量变位图如图 4－2－3 所示。

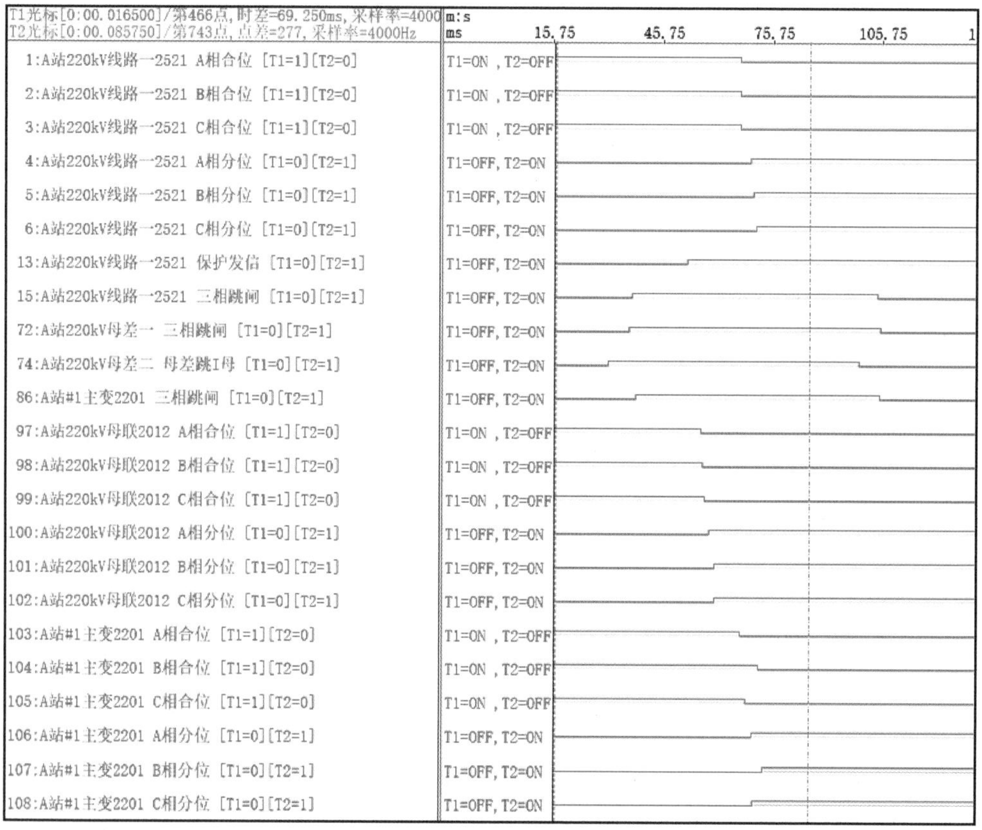

T1光标[0:00.016500]/第466点,时差=69.250ms,采样率=4000
T2光标[0:00.085750]/第743点,点差=277,采样率=4000Hz

m:s ms 15.75 45.75 75.75 105.75 1

1:A站220kV线路一2521 A相合位 [T1=1][T2=0]	T1=ON ,T2=OFF
2:A站220kV线路一2521 B相合位 [T1=1][T2=0]	T1=ON ,T2=OFF
3:A站220kV线路一2521 C相合位 [T1=1][T2=0]	T1=ON ,T2=OFF
4:A站220kV线路一2521 A相分位 [T1=0][T2=1]	T1=OFF, T2=ON
5:A站220kV线路一2521 B相分位 [T1=0][T2=1]	T1=OFF, T2=ON
6:A站220kV线路一2521 C相分位 [T1=0][T2=1]	T1=OFF, T2=ON
13:A站220kV线路一2521 保护发信 [T1=0][T2=1]	T1=OFF, T2=ON
15:A站220kV线路一2521 三相跳闸 [T1=0][T2=1]	T1=OFF, T2=ON
72:A站220kV母差一 三相跳闸 [T1=0][T2=1]	T1=OFF, T2=ON
74:A站220kV母差二 母差跳I母 [T1=0][T2=1]	T1=OFF, T2=ON
86:A站#1主变2201 三相跳闸 [T1=0][T2=1]	T1=OFF, T2=ON
97:A站220kV母联2012 A相合位 [T1=1][T2=0]	T1=ON ,T2=OFF
98:A站220kV母联2012 B相合位 [T1=1][T2=0]	T1=ON ,T2=OFF
99:A站220kV母联2012 C相合位 [T1=1][T2=0]	T1=ON ,T2=OFF
100:A站220kV母联2012 A相分位 [T1=0][T2=1]	T1=OFF, T2=ON
101:A站220kV母联2012 B相分位 [T1=0][T2=1]	T1=OFF, T2=ON
102:A站220kV母联2012 C相分位 [T1=0][T2=1]	T1=OFF, T2=ON
103:A站#1主变2201 A相合位 [T1=1][T2=0]	T1=ON ,T2=OFF
104:A站#1主变2201 B相合位 [T1=1][T2=0]	T1=ON ,T2=OFF
105:A站#1主变2201 C相合位 [T1=1][T2=0]	T1=ON ,T2=OFF
106:A站#1主变2201 A相分位 [T1=0][T2=1]	T1=OFF, T2=ON
107:A站#1主变2201 B相分位 [T1=0][T2=1]	T1=OFF, T2=ON
108:A站#1主变2201 C相分位 [T1=0][T2=1]	T1=OFF, T2=ON

图 4－2－3　A 站侧开关量变位图

A 站侧开关量变位时间顺序见表 4－2－2。

表 4－2－2　　A 站侧开关量变位时间顺序

位置	第 1 次变位时间	第 2 次变位时间
1:A 站 220kV 线路一 2521 A 相合位	↓ 50.250ms	
2:A 站 220kV 线路一 2521 B 相合位	↓ 50.250ms	
3:A 站 220kV 线路一 2521 C 相合位	↓ 50.250ms	
4:A 站 220kV 线路一 2521 A 相分位	↑ 53.000ms	
5:A 站 220kV 线路一 2521 B 相分位	↑ 53.750ms	
6:A 站 220kV 线路一 2521 C 相分位	↑ 54.500ms	
13:A 站 220kV 线路一 2521 保护发信	↑ 35.750ms	↓ 249.750ms
15:A 站 220kV 线路一 2521 三相跳闸	↑ 20.750ms	↓ 88.000ms
72:A 站 220kV 母差一三相跳闸	↑ 20.000ms	↓ 88.750ms

续表

位置	第1次变位时间	第2次变位时间
74:A 站 220kV 母差二母差跳Ⅰ母	↑ 14.250ms	↓ 82.750ms
86:A 站#1 主变 2201 三相跳闸	↑ 21.750ms	↓ 88.500ms
97:A 站 220kV 母联 2012 A 相合位	↓ 39.500ms	
98:A 站 220kV 母联 2012 B 相合位	↓ 40.000ms	
99:A 站 220kV 母联 2012 C 相合位	↓ 40.500ms	
100:A 站 220kV 母联 2012 A 相分位	↑ 41.750ms	
101:A 站 220kV 母联 2012 B 相分位	↑ 43.250ms	
102:A 站 220kV 母联 2012 C 相分位	↑ 43.250ms	
103:A 站#1 主变 2201 A 相合位	↓ 50.250ms	
104:A 站#1 主变 2201 B 相合位	↓ 55.250ms	
105:A 站#1 主变 2201 C 相合位	↓ 51.750ms	
106:A 站#1 主变 2201 A 相分位	↑ 53.500ms	
107:A 站#1 主变 2201 B 相分位	↑ 56.500ms	
108:A 站#1 主变 2201 C 相分位	↑ 53.750ms	

分析：在故障发生保护启动后约 8ms，ⅠM 差动动作，故障选相 A 相，约 14.25ms 后母差保护动作出口跳ⅠM 上所有开关，39～57ms 后，220kV ⅠM 上 220kV ABⅠ线 2521 开关、#1 主变变高 2201 开关、220kV 母联 2012 开关分闸。

3. 录波图解析

从 A 站总故障录波 HDR 文件读取相关间隔电气量信息。

（1）故障发生前后 220kV 母线电压录波图如图 4-2-4 所示。

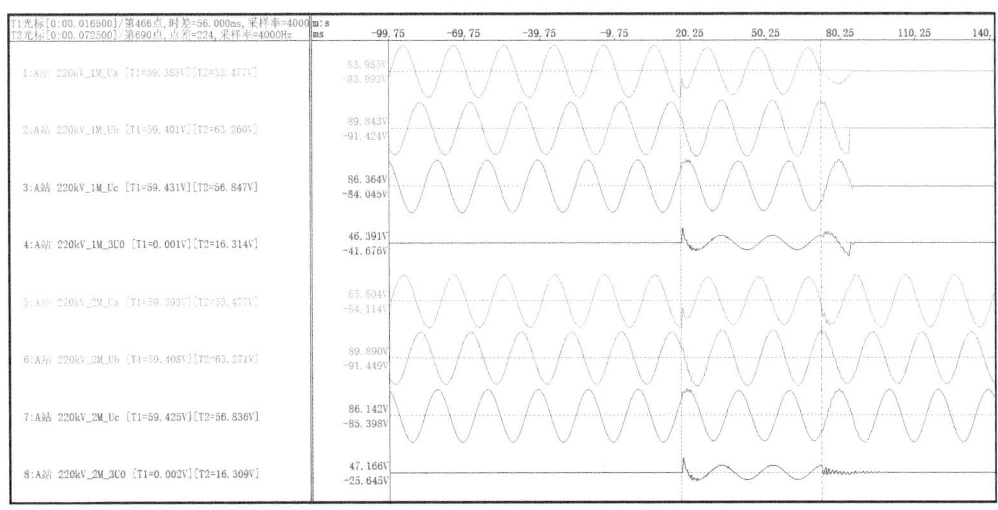

图 4-2-4 故障发生前后 220kV 母线电压录波图

从图 4-2-4 解析可知 T_1 时刻（故障发生时间）：母线 A 相电压发生突变、幅值变小，B、C 相电压基本不变，且出现零序电压突变，说明系统发生 A 相接地故障。

从图 4－2－4 解析可知 T_2 时刻（故障切除时间）：Ⅰ母 A、B、C、$3U_0$ 电压消失，Ⅱ母三相电压恢复正常、$3U_0$ 电压消失，说明Ⅰ母失压，Ⅱ母正常运行，故障持续时间约 56ms（注意：图 4－2－4 中Ⅰ母电压在故障切除后经过约半个周波才衰减到零，是因为仿真系统的功放输出存在拖尾现象，实际故障中不会出现）。

（2）故障发生前后 220kV 线路间隔电流录波图如图 4－2－5 所示。

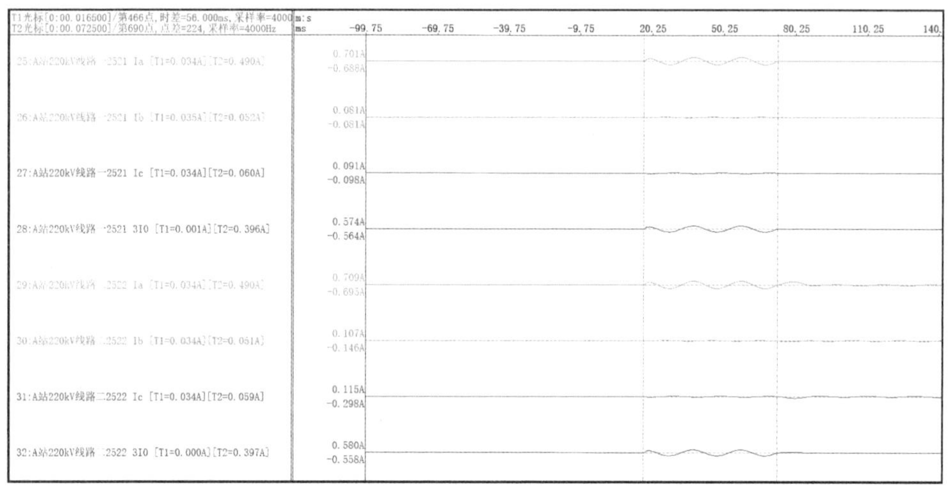

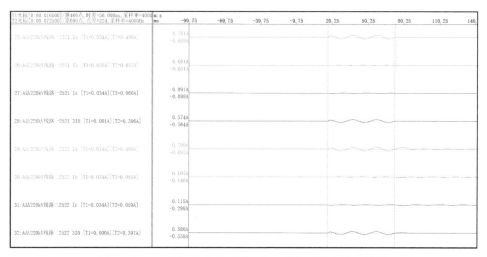

图 4－2－5　故障发生前后 220kV 线路间隔电流录波图

故障发生前后 220kV 母联间隔电流录波图如图 4－2－6 所示。

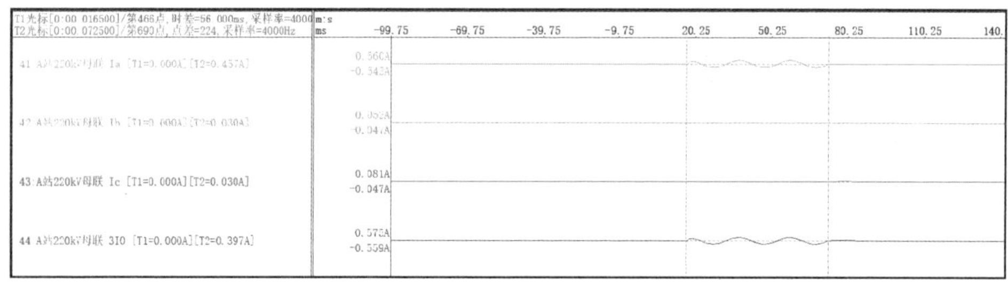

图 4－2－6　故障发生前后 220kV 母联间隔电流录波图

从图 4－2－5 和图 4－2－6 解析可知 T_1 时刻（故障发生时间）：线路间隔和母联间隔中 A 相电流增大，零序电流增大且与 A 相电流相位相同大小相等，B、C 相负荷电流基本不变，说明故障相为 A 相。

从图 4－2－5 和图 4－2－6 解析可知 T_1 时刻（故障发生时间）：220kV ABⅠ线、220kV ABⅡ线、220kV 母联 2012 间隔电流同相位，且零序电流滞后零序电压约 90°，说明 220kV ABⅠ线发生区外的故障，在线路 TA 极性靠母线侧，母联 TA 极性靠ⅠM 侧的情况下，可知线路间隔故障电流是流入母线，母联间隔故障电流是由Ⅱ母流向Ⅰ母，判断是ⅠM 母线区域内发生 A 相接地故障，故障时故障相量图如图 4－2－7 所示。图 4－2－4 所示

A 相电压突变减小，但是大于零，说明 A 相经过渡电阻接地。

从图 4-2-5 和图 4-2-6 解析可知 T_2 时刻（故障切除时间）：220kV ABⅠ线、母联 2012 间隔电流消失，220kV ABⅡ线 2522 间隔恢复为正常负荷电流。根据开关量变位解析可知，220kV ABⅠ线 2521 开关、220kV 母联 2012 开关跳开。

图 4-2-7　故障时故障向量图

（3）故障发生前后主变变高开关电流录波图如图 4-2-8 所示。

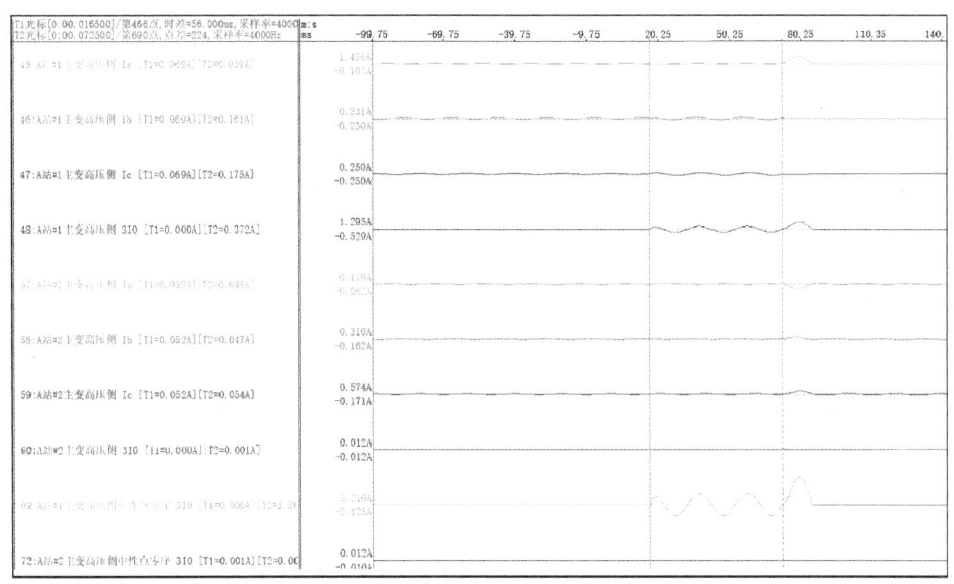

图 4-2-8　故障发生前后主变变高开关电流录波图

从图 4-2-8 解析可知 T_1 时刻（故障发生时间）：因主变中压侧和低压侧无电源，故主变变高开关间隔未向母线提供短路电流，仅呈现为零序电流增加。在#1 主变高压侧是中性点接地运行方式下，当系统发生接地故障时，#1 主变变高开关三相会流过大小相等、方向相同的零序电流；#2 主变变高中性点不接地或经间隙接地，在中性点间隙未击穿时变高开关无零序电流（注意：图 4-2-8 中#1 主变高压侧零序电流与中性点零序电流大小不同是因为变比不同引起，折算到一次值后相同）。

从图 4-2-8 解析可知 T_2 时刻（故障切除时间）：#1 主变变高电流为 0，#2 主变变高恢复为正常负荷电流。根据开关量变位解析可知，#1 主变变高开关跳开（注意：图 4-2-8 中故障相电流和零序电流在开关切除后经过 0.5～1 个周波才衰减到零，是因为仿真系统的功放存在拖尾现象，实际故障中不会如此明显）。

三、综合总结

综合上述保护动作报文解析、开关量变位解析、电气量录波图特征解析可知，A 站 ⅠM 母线区域内发生 A 相经过渡电阻接地故障，母差保护动作跳开 ⅠM 上所有开关，故障成功隔离。

分析要点：母线故障相电压发生突变降低且大于 0，出现零序电压、零序电流；母线上与外部电源连接的间隔故障电流均流入母线，母联（分段）间隔故障电流由非故障母线流向故障母线；母差保护动作跳开故障母线后，非故障母线恢复正常运行。

4.3 母线两相金属性短路

一、故障信息

故障发生前 A 站运行方式为：220kV ABⅠ线 2521 开关、#1 主变变高 2201 开关挂Ⅰ母运行，220kV ABⅡ线 2522 开关、#2 主变变高 2202 开关挂Ⅱ母运行，220kV 母联 2012 开关在合位，母线并列运行，#1 主变中性点接地、#2 主变中性点不接地，如图 4-3-1 所示。

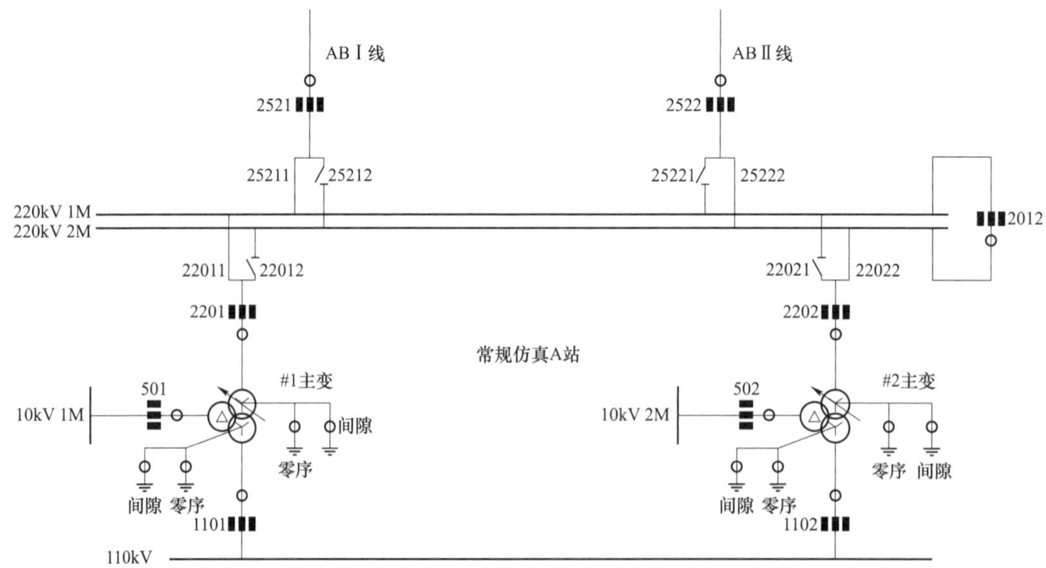

图 4-3-1　故障发生前 A 站运行方式

故障发生后，220kV ABⅠ线2521开关、#1主变变高2201开关、220kV母联2012开关在分位，220kV ABⅡ线2522开关、#2主变变高2202开关在合位，如图4-3-2所示。

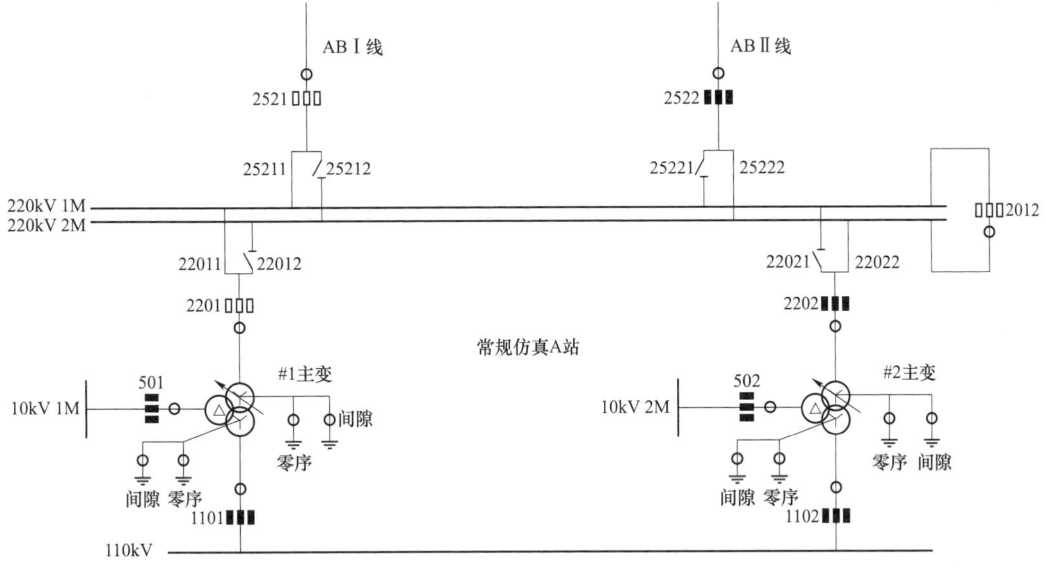

图4-3-2　故障发生后A站运行方式

二、故障录波图解析

1. 保护动作报文解析

从A站母差保护故障录波HDR文件读取相关保护动作信息，以故障启动时刻为基准，母差保护动作简报见表4-3-1。

表4-3-1　　母差保护动作简报

序号	动作报文对应时间	动作报文名称	动作相别	动作报文变化值
1	0ms	突变量启动		1
2	0ms	保护启动		1
3	2ms	差流启动		1
4	6ms	ⅠM母差动动作	CA	1
5	80ms	ⅠM母差动动作	CA	0
6	80ms	突变量启动		0
7	80ms	差流启动		0
8	94ms	保护启动		0

表4-3-1中，A站母差保护启动后6ms，ⅠM差动动作，故障选相CA相，母差保护动作出口跳ⅠM上所有开关。

2. 开关量变位解析

从A站总故障录波HDR文件读取相关间隔开关量信息，以故障启动时刻为基准，

A 站侧开关量变位图如图 4－3－3 所示。

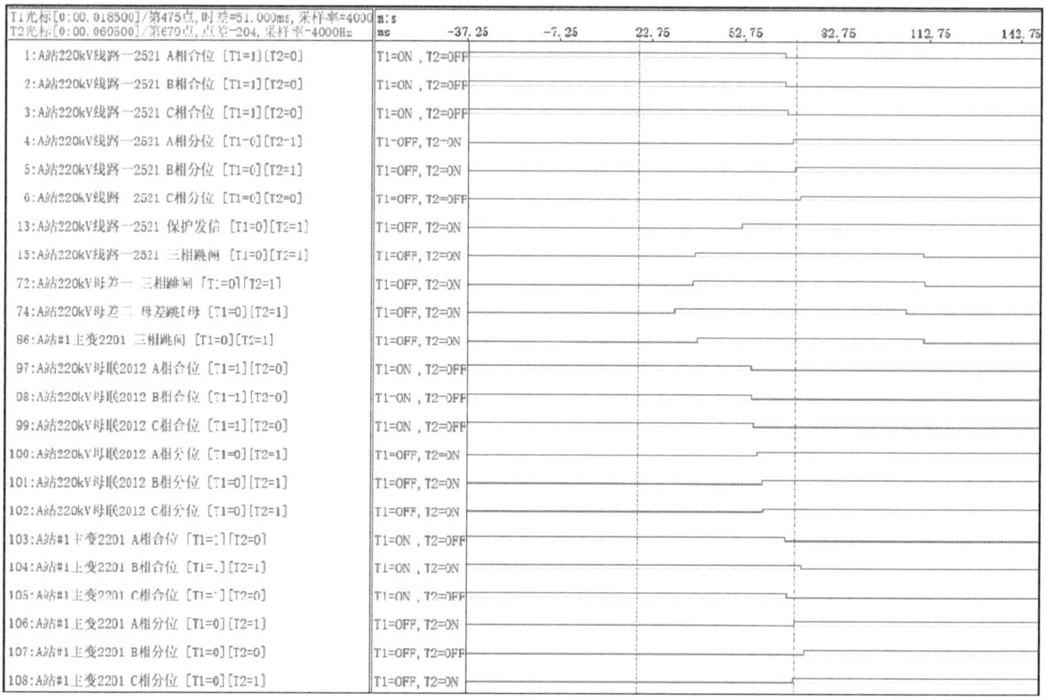

T1光标[0:00.018500]/第475点,时差=51.000ms,采样率=4000Hz
T2光标[0:00.069500]/第679点,点差=204,采样率=4000Hz
m:s ms -37.25 -7.25 22.75 52.75 82.75 112.75 142.75
1:A站220kV线路一2521 A相合位 [T1=1][T2=0] T1=ON，T2=OFF
2:A站220kV线路一2521 B相合位 [T1=1][T2=0] T1=ON，T2=OFF
3:A站220kV线路一2521 C相合位 [T1=1][T2=0] T1=ON，T2=OFF
4:A站220kV线路一2521 A相分位 [T1=0][T2=1] T1=OFF，T2=ON
5:A站220kV线路一2521 B相分位 [T1=0][T2=1] T1=OFF，T2=ON
6:A站220kV线路一2521 C相分位 [T1=0][T2=0] T1=OFF，T2=OFF
13:A站220kV线路一2521 保护发信 [T1=0][T2=1] T1=OFF，T2=ON
15:A站220kV线路一2521 三相跳闸 [T1=0][T2=1] T1=OFF，T2=ON
72:A站220kV母差一 三相跳闸 [T1=0][T2=1] T1=OFF，T2=ON
74:A站220kV母差二 母差跳I母 [T1=0][T2=1] T1=OFF，T2=ON
86:A站#1主变2201 三相跳闸 [T1=0][T2=1] T1=OFF，T2=ON
97:A站220kV母联2012 A相合位 [T1=1][T2=0] T1=ON，T2=OFF
98:A站220kV母联2012 B相合位 [T1=1][T2=0] T1=ON，T2=OFF
99:A站220kV母联2012 C相合位 [T1=1][T2=0] T1=ON，T2=OFF
100:A站220kV母联2012 A相分位 [T1=0][T2=1] T1=OFF，T2=ON
101:A站220kV母联2012 B相分位 [T1=0][T2=1] T1=OFF，T2=ON
102:A站220kV母联2012 C相分位 [T1=0][T2=1] T1=OFF，T2=ON
103:A站#1主变2201 A相合位 [T1=1][T2=0] T1=ON，T2=OFF
104:A站#1主变2201 B相合位 [T1=1][T2=1] T1=ON，T2=ON
105:A站#1主变2201 C相合位 [T1=1][T2=0] T1=ON，T2=OFF
106:A站#1主变2201 A相分位 [T1=0][T2=1] T1=OFF，T2=ON
107:A站#1主变2201 B相分位 [T1=0][T2=0] T1=OFF，T2=OFF
108:A站#1主变2201 C相分位 [T1=0][T2=1] T1=OFF，T2=ON

图 4－3－3　A 站侧开关量变位图

A 站侧开关量变位时间顺序见表 4－3－2。

表 4－3－2　A 站侧开关量变位时间顺序

位置	第 1 次变位时间	第 2 次变位时间
1:A 站 220kV 线路一 2521 A 相合位	↓ 47.250ms	
2:A 站 220kV 线路一 2521 B 相合位	↓ 47.250ms	
3:A 站 220kV 线路一 2521 C 相合位	↓ 48.250ms	
4:A 站 220kV 线路一 2521 A 相分位	↑ 50.000ms	
5:A 站 220kV 线路一 2521 B 相分位	↑ 50.750ms	
6:A 站 220kV 线路一 2521 C 相分位	↑ 52.250ms	
13:A 站 220kV 线路一 2521 保护发信	↑ 33.500ms	↓ 254.000ms
15:A 站 220kV 线路一 2521 三相跳闸	↑ 18.250ms	↓ 92.250ms
72:A 站 220kV 母差一三相跳闸	↑ 17.500ms	↓ 92.750ms
74:A 站 220kV 母差二母差跳 I 母	↑ 11.750ms	↓ 86.750ms
86:A 站#1 主变 2201 三相跳闸	↑ 19.250ms	↓ 92.500ms
97:A 站 220kV 母联 2012 A 相合位	↓ 36.750ms	
98:A 站 220kV 母联 2012 B 相合位	↓ 37.000ms	
99:A 站 220kV 母联 2012 C 相合位	↓ 37.500ms	

续表

位置	第 1 次变位时间	第 2 次变位时间
100:A 站 220kV 母联 2012 A 相分位	↑ 38.750ms	
101:A 站 220kV 母联 2012 B 相分位	↑ 40.250ms	
102:A 站 220kV 母联 2012 C 相分位	↑ 40.500ms	
103:A 站#1 主变 2201 A 相合位	↓ 48.000ms	
104:A 站#1 主变 2201 B 相合位	↓ 53.000ms	
105:A 站#1 主变 2201 C 相合位	↓ 48.500ms	
106:A 站#1 主变 2201 A 相分位	↑ 51.000ms	
107:A 站#1 主变 2201 B 相分位	↑ 54.250ms	
108:A 站#1 主变 2201 C 相分位	↑ 50.500ms	

分析：在故障发生保护启动后约 6ms，Ⅰ M 差动动作，故障选相 CA 相，约 11.75ms 后，母差保护动作出口跳Ⅰ M 上所有开关，36～55ms 后，220kV ABⅠ线 2521 开关、#1 主变变高 2201 开关、220kV 母联 2012 开关分闸。

3. 波形特征解析

从 A 站总故障录波 HDR 文件读取相关间隔电气量信息。

（1）故障发生前后 220kV 母线电压录波图如图 4-3-4 所示。

从图 4-3-4 解析可知 T_1 时刻（故障发生时间）：母线 CA 相电压明显下降，且大小相等、相位相同，B 相电压基本为正常值，B 相电压相位与 C、A 相电压相位相反，无零序电压 $3U_0$，说明系统发生 CA 相间短路故障；通过分析可知，三相电压幅值关系为 $U_C=U_A=0.5U_B$。

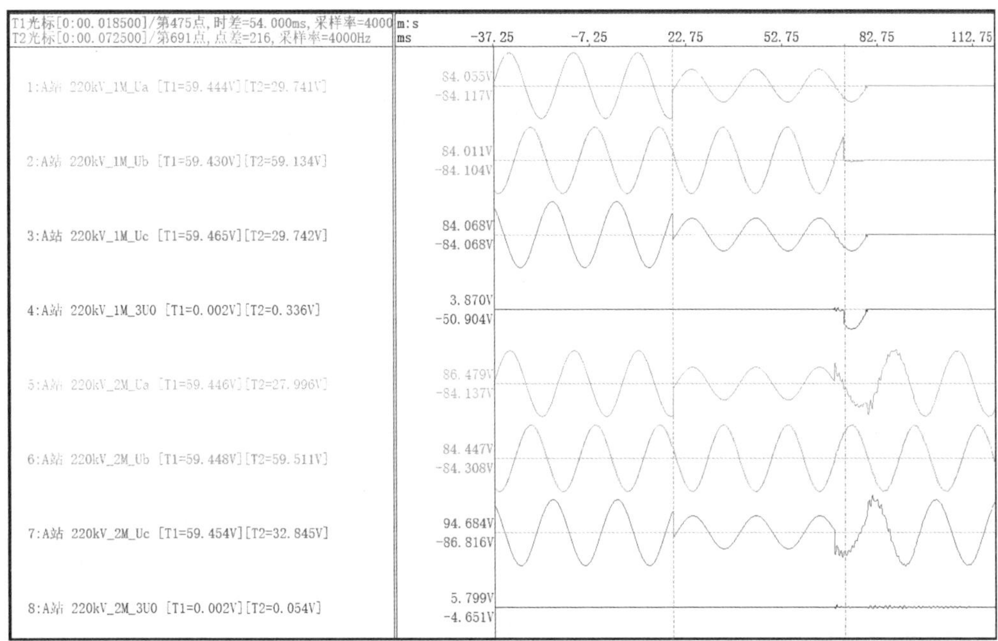

图 4-3-4　故障发生前后 220kV 母线电压录波图

从图 4–3–4 解析可知 T_2 时刻（故障切除时间）：Ⅰ母三相电压消失，Ⅱ母三相电压恢复正常，无零序电压 $3U_0$，说明Ⅰ母失压，Ⅱ母正常运行，故障持续时间约 54ms。（注意：图 4–3–4 中Ⅰ母电压在故障切除后经过约半个周波才衰减到零且出现零序电压，是因为仿真系统的功放输出存在拖尾现象，实际故障中不会出现）。

（2）故障发生前后 220kV 线路间隔电流录波图如图 4–3–5 所示。

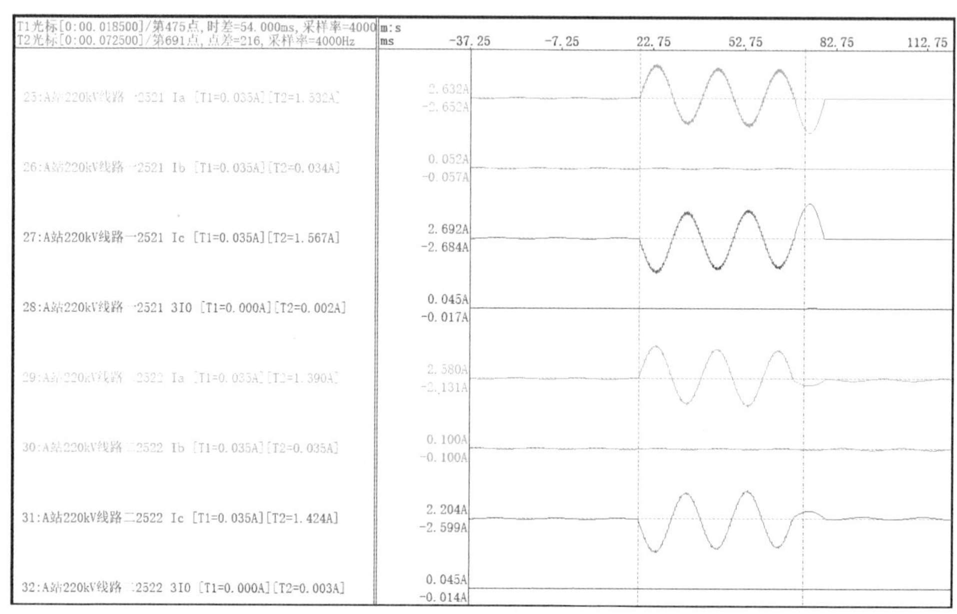

图 4–3–5　故障发生前后 220kV 线路间隔电流录波图

故障发生前后 220kV 母联间隔电流录波图如图 4–3–6 所示。

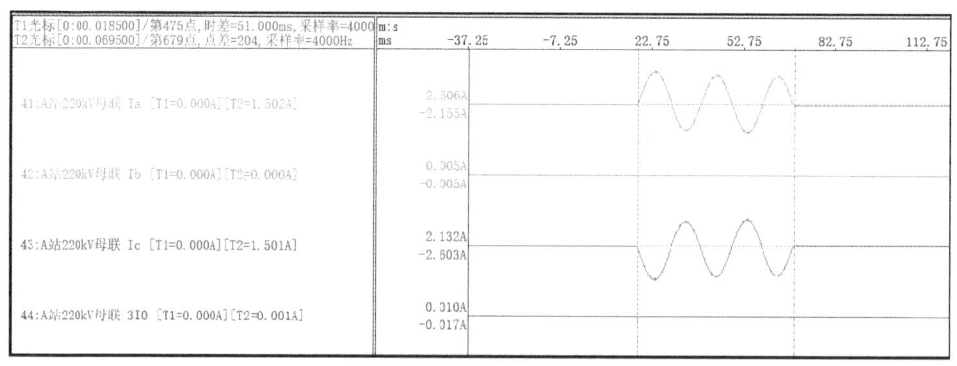

图 4–3–6　故障发生前后 220kV 母联间隔电流录波图

从图 4–3–5 和图 4–3–6 解析可知，T_1 时刻（故障发生时间）：线路间隔和母联间隔中 CA 相电流均明显增大，且本间隔内 C 相电流与 A 相电流大小相等、相位相反，无零序电流，B 相为负荷电流基本不变，说明故障相为 CA 相。

从图 4–3–5 和图 4–3–6 解析可知，以 220kV ABⅠ线间隔为例分析电流电压的相量关系（220kV ABⅡ线间隔、220kV 母联 2012 间隔同理），在线路 TA 极性端靠母线侧情况下，以正常相 B 相电压为参考向量，220kV AB Ⅰ线中故障相电流的滞后相 I_a 滞后正常相电压 U_b 约 170°，因超前相电流 I_c 与滞后相电流 I_a 相位相反，故 I_c 超前 U_b 约 10°。故障时线路间隔电流电压相量图如图 4－3－7 所示，符合母线区域内发生 CA 相间金属性短路故障的特征，可知线路间隔故障电流流入母线。在母联 TA 极性端靠ⅠM 侧的情况下，从图 4－3－5 和图 4－3－6 对比可知，220kV 母联 2012 间隔 A 相电流、C 相电流与 220kV ABⅡ线间隔 A 相电流、C 相电流相位相同，可知母联间隔故障电流由Ⅱ母流入Ⅰ母。综合分析可知，故障点在ⅠM 母线范围内。

图 4－3－7　故障时线路间隔电流电压相量图

从图 4－3－5 和图 4－3－6 解析可知，T_2 时刻（故障切除时间）：220kV ABⅠ线、母联 2012 间隔电流消失，220kV ABⅡ线 2522 间隔恢复为正常负荷电流。根据开关量变位解析可知，220kV ABⅠ线 2521 开关、220kV 母联 2012 开关跳开（注：请忽略仿真波形拖尾情况）。

（3）故障发生前后主变变高开关电流录波图如图 4－3－8 所示。

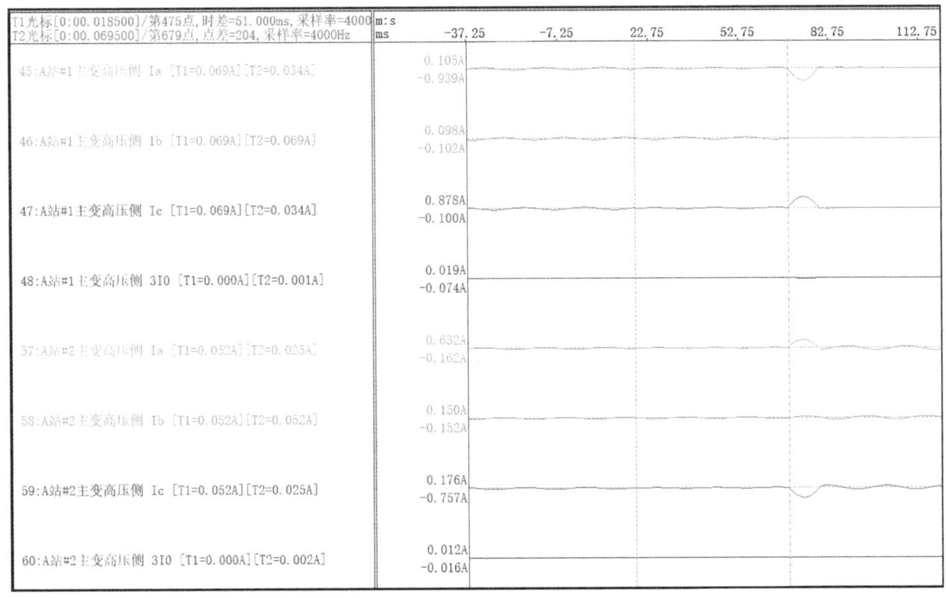

图 4－3－8　故障发生前后主变变高开关电流录波图

从图 4-3-8 解析可知，T_1 时刻（故障发生时间）：因主变中压侧和低压侧无电源，故主变变高开关间隔未向母线提供短路电流，保持负荷电流不变，说明主变区域内不存在短路故障。

从图 4-3-8 解析可知 T_2 时刻（故障切除时间）：#1 主变变高电流为 0，#2 主变变高为正常负荷电流。根据开关量变位解析可知，#1 主变变高开关跳开（注意：请忽略仿真波形拖尾情况）。

三、综合总结

综合上述保护动作报文解析、开关量变位解析、电气量录波图特征解析可知，A 站Ⅰ M 母线区域内发生 CA 相金属性短路故障，母差保护动作跳开Ⅰ M 上所有开关，故障成功隔离。

分析要点：母线故障相电压大小相等、相位相同，故障相电压幅值等于非故障相电压的一半，且与非故障相电压相位相反；故障相电流大小相等、方向相反，母线上与外部电源连接的间隔故障电流均流入母线，母联（分段）间隔故障电流由非故障母线流向故障母线；无零序电压、零序电流；母差保护动作跳开故障母线后，非故障母线恢复正常运行。

4.4 母线两相经电阻短路

一、故障信息

故障发生前 A 站运行方式：220kV ABⅠ线 2521 开关、#1 主变变高 2201 开关挂Ⅰ母运行，220kV ABⅡ线 2522 开关、#2 主变变高 2202 开关挂Ⅱ母运行，220kV 母联 2012 开关在合位，母线并列运行，#1 主变中性点接地、#2 主变中性点不接地，如图 4-4-1 所示。

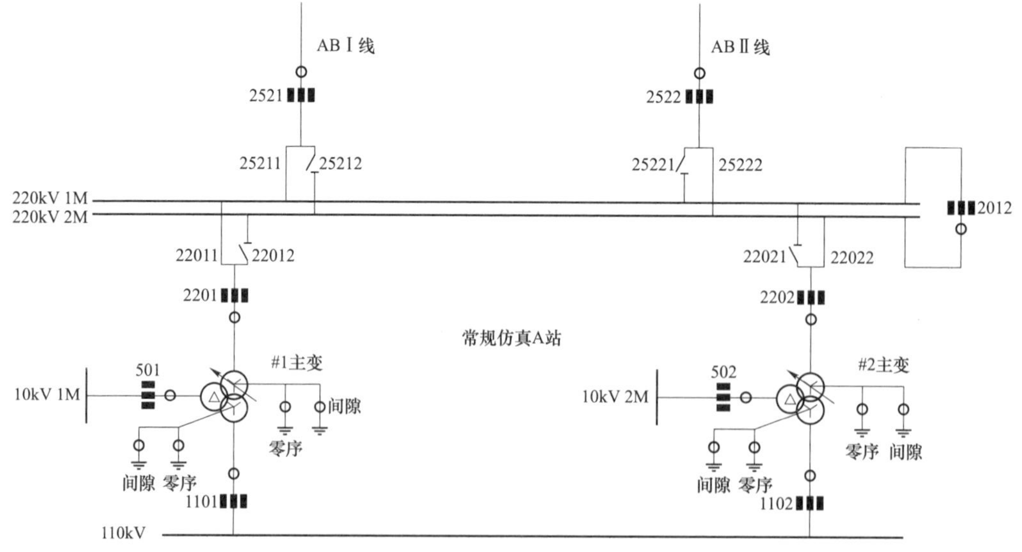

图 4-4-1　故障发生前 A 站运行方式

故障发生后 A 站运行方式：220kV AB Ⅰ线 2521 开关、#1 主变变高 2201 开关、220kV 母联 2012 开关在分位，220kV AB Ⅱ线 2522 开关、#2 主变变高 2202 开关在合位，如图 4－4－2 所示。

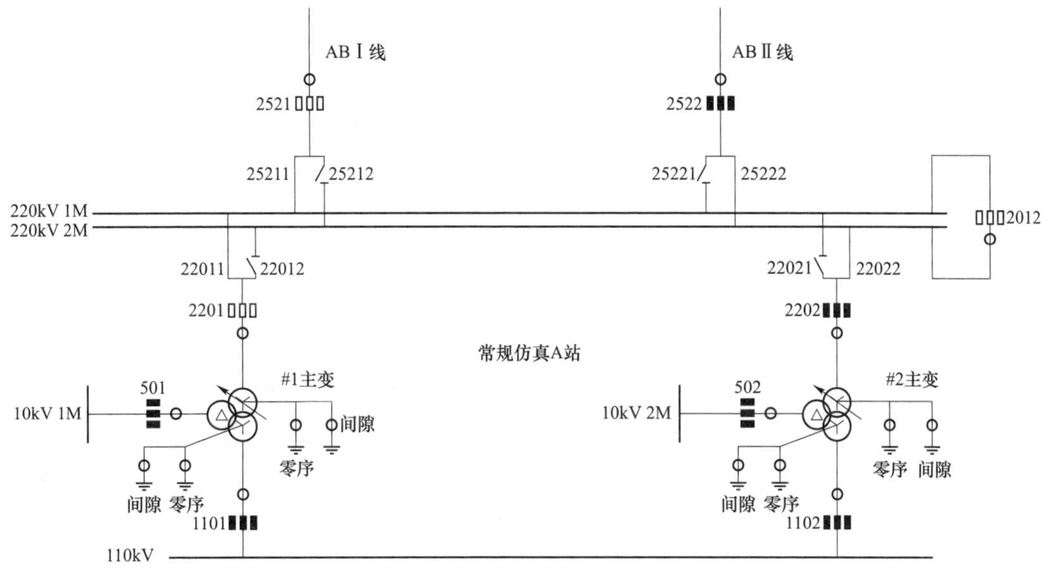

图 4－4－2　故障发生后 A 站运行方式

二、故障录波图解析

1. 保护动作报文解析

从 A 站母差保护故障录波 HDR 文件读取相关保护动作信息，以故障启动时刻为基准的保护动作简报见表 4－4－1。

表 4－4－1　　母差保护动作简报

序号	动作报文对应时间	动作报文名称	动作相别	动作报文变化值
1	0ms	突变量启动		1
2	0ms	保护启动		1
3	4ms	差流启动		1
4	8ms	Ⅰ M 母差动动作	CA	1
5	76ms	Ⅰ M 母差动动作	CA	0
6	76ms	突变量启动		0
7	76ms	差流启动		0
8	81ms	保护启动		0

表 4－4－1 中，A 站母差保护启动后 8ms，Ⅰ M 差动动作，故障选相 CA 相，母差保护动作出口跳Ⅰ M 上所有开关。

2. 开关量变位解析

A 站总故障录波 HDR 文件读取相关间隔开关量信息，以故障启动时刻为基准，A 站侧开关量变位图如图 4－4－3 所示。

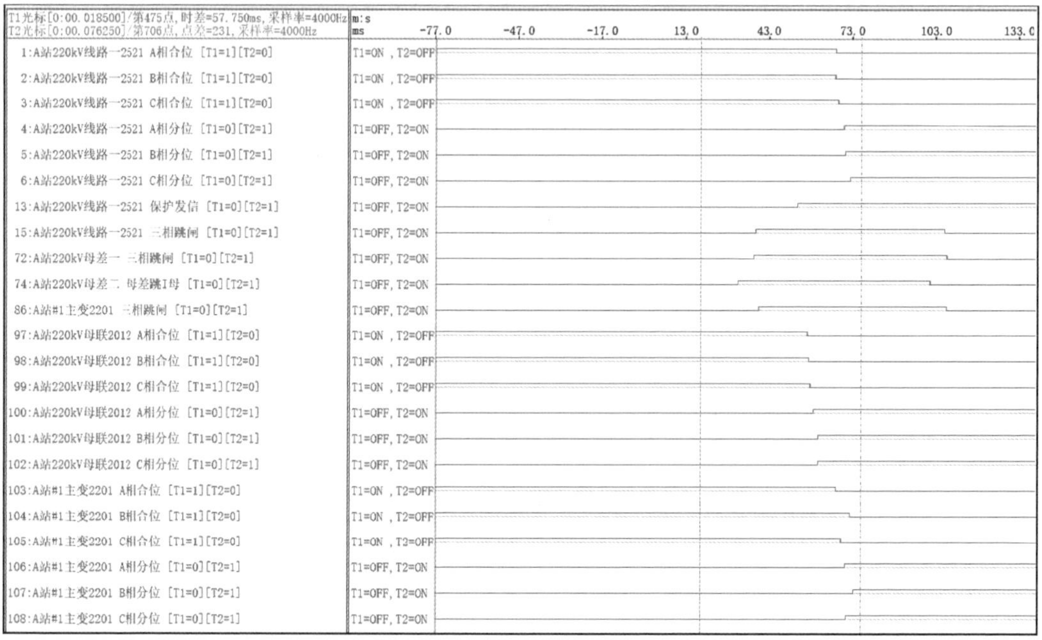

图 4－4－3　A 站侧开关量变位图

A 站侧开关量变位时间顺序见表 4－4－2。

表 4－4－2　A 站侧开关量变位时间顺序

位置	第 1 次变位时间	第 2 次变位时间
1:A 站 220kV 线路一 2521 A 相合位	↓ 49.000ms	
2:A 站 220kV 线路一 2521 B 相合位	↓ 48.750ms	
3:A 站 220kV 线路一 2521 C 相合位	↓ 49.750ms	
4:A 站 220kV 线路一 2521 A 相分位	↑ 51.750ms	
5:A 站 220kV 线路一 2521 B 相分位	↑ 52.250ms	
6:A 站 220kV 线路一 2521 C 相分位	↑ 54.000ms	
13:A 站 220kV 线路一 2521 保护发信	↑ 35.250ms	↓ 250.000ms
15:A 站 220kV 线路一 2521 三相跳闸	↑ 20.000ms	↓ 88.000ms
72:A 站 220kV 母差一三相跳闸	↑ 19.250ms	↓ 88.750ms
74:A 站 220kV 母差二母差跳 I 母	↑ 13.500ms	↓ 82.750ms
86:A 站#1 主变 2201 三相跳闸	↑ 21.000ms	↓ 88.500ms
97:A 站 220kV 母联 2012 A 相合位	↓ 38.750ms	
98:A 站 220kV 母联 2012 B 相合位	↓ 39.250ms	

续表

位置		第 1 次变位时间	第 2 次变位时间
99:A 站 220kV 母联 2012 C 相合位	↓	39.750ms	
100:A 站 220kV 母联 2012 A 相分位	↑	41.000ms	
101:A 站 220kV 母联 2012 B 相分位	↑	42.500ms	
102:A 站 220kV 母联 2012 C 相分位	↑	42.500ms	
103:A 站#1 主变 2201 A 相合位	↓	49.000ms	
104:A 站#1 主变 2201 B 相合位	↓	54.000ms	
105:A 站#1 主变 2201 C 相合位	↓	50.750ms	
106:A 站#1 主变 2201 A 相分位	↑	52.250ms	
107:A 站#1 主变 2201 B 相分位	↑	55.250ms	
108:A 站#1 主变 2201 C 相分位	↑	52.500ms	

分析：在故障发生保护启动后约 8ms，ⅠM 差动动作，故障选相 CA 相，约 13.5ms 后，母差保护动作出口跳ⅠM 上所有开关，38～53ms 后，220kV ABⅠ线 2521 开关、#1 主变变高 2201 开关、220kV 母联 2012 开关分闸。

3. 波形特征解析

从 A 站总故障录波 HDR 文件读取相关间隔电气量信息。

（1）故障发生前后 220kV 母线电压录波图如图 4－4－4 所示。

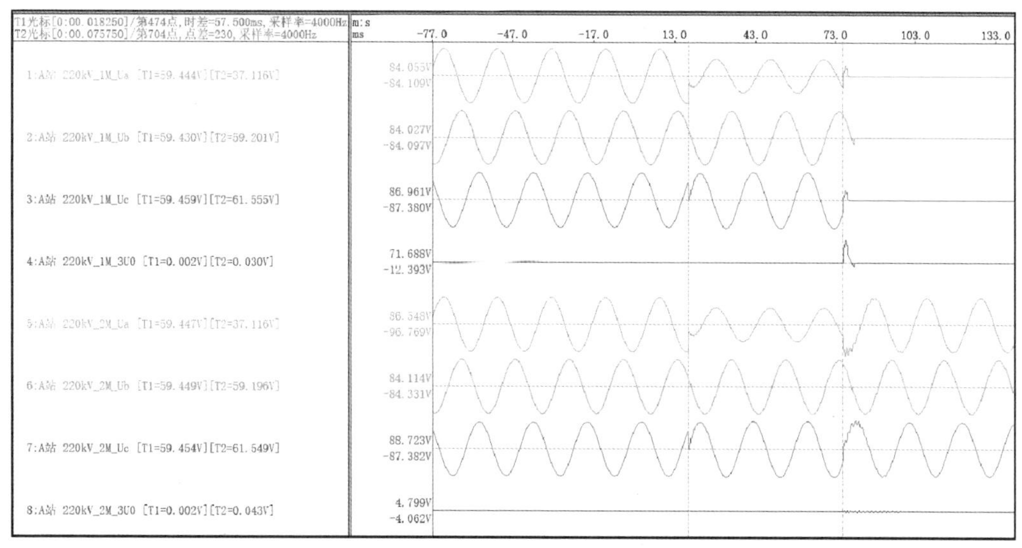

图 4－4－4　故障发生前后 220kV 母线电压录波图

从图 4－4－4 解析可知 T_1 时刻（故障发生时间）：母线 CA 相电压发生突变（注意：当相间经过渡电阻短路时，在过渡电阻为零时故障相电压幅值为正常相电压的 0.5 倍，随着过渡电阻的增大，故障相电压中的超前相电压幅值先逐渐增大然后减小，故障相电压中的滞后相电压幅值先减小后增大，当过渡电阻无穷大时恢复为正常电压），无零序电压，初步判断故障相为 CA 相，且未发生接地故障；但故障相与非故障相电压幅值、相位关系不再是 CA 相金属性短路波形特征，故判断系统发生 CA 相间经过渡电阻短路故障。

从图 4-4-4 解析可知 T_2 时刻（故障切除时间）：Ⅰ母三相电压消失，Ⅱ母三相电压恢复正常，无 $3U_0$ 零序电压，说明Ⅰ母失压，Ⅱ母正常运行，故障持续时间约 57ms。（注意：请忽略仿真系统的拖尾现象）。

（2）故障发生前后 220kV 线路间隔电流录波图如图 4-4-5 所示。

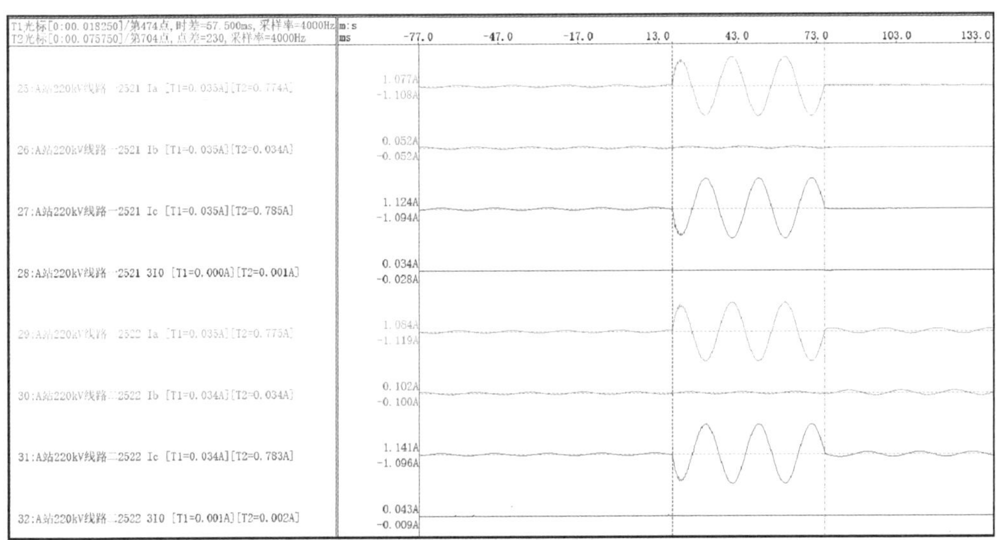

图 4-4-5 故障发生前后 220kV 线路间隔电流录波图

故障发生前后 220kV 母联间隔电流录波图如图 4-4-6 所示。

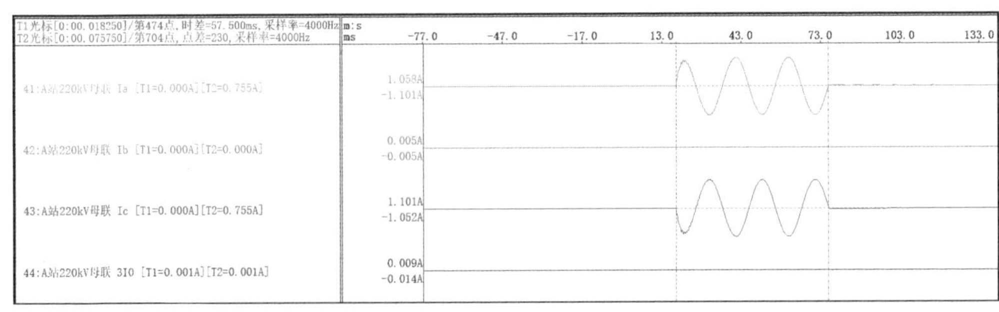

图 4-4-6 故障发生前后 220kV 母联间隔电流录波图

从图 4-4-5 和图 4-4-6 解析可知 T_1 时刻（故障发生时间）：线路间隔和母联间隔中 CA 相电流均明显增大，且本间隔内 C 相电流与 A 相电流大小相等、相位相反（注意：

当相间经过渡电阻短路时，故障相间电流相位关系不变，但幅值随过渡电阻的增大而减小)，无零序电流，B相为负荷电流基本不变，说明故障相为CA相。

从图4-4-5和图4-4-6解析可知：以220kV ABⅠ线间隔为例分析电流电压的相量关系（220kV ABⅡ线间隔、220kV 母联2012间隔同理），在线路TA极性端靠母线侧情况下，以正常相B相电压为参考向量，220kV ABⅠ线中故障相电流的滞后相 I_a 滞后正常相电压 U_b 约120°，因超前相电流 I_c 与滞后相电流 I_a 相位相反，故 I_c 超前 U_b 约60°符合母线区域内发生CA相间经过渡电阻短路故障的特征，故障时线路间隔电流电压相量图如图4-4-7所示。注意：当相间经过渡电阻短路时，故障相电流与正常相电压的相位关系出现变化，在本案例中随过渡电阻的增大，正常相电压 U_b 超前故障相电流中的滞后相 I_a 的角度在180°～90°之间变化，当过渡电阻趋近无穷大时故障电流幅值趋近为0。在母联TA极性端靠ⅠM侧的情况下，从图4-4-5和图4-4-6对比可知，220kV 母联2012间隔A相电流、C相电流与220kV ABⅡ线间隔A相电流、C相电流同相位，可知母联间隔故障电流由Ⅱ母流入Ⅰ母。综合分析可知，故障点在ⅠM母线范围内。

从图4-4-5和图4-4-6解析可知 T_2 时刻（故障切除时间）：220kV ABⅠ线、母联2012间隔电流消失，220kV ABⅡ线2522间隔恢复为正常负荷电流。根据开关量变位解析可知，220kV ABⅠ线2521开关、220kV 母联2012开关跳开（注：请忽略仿真波形拖尾情况）。

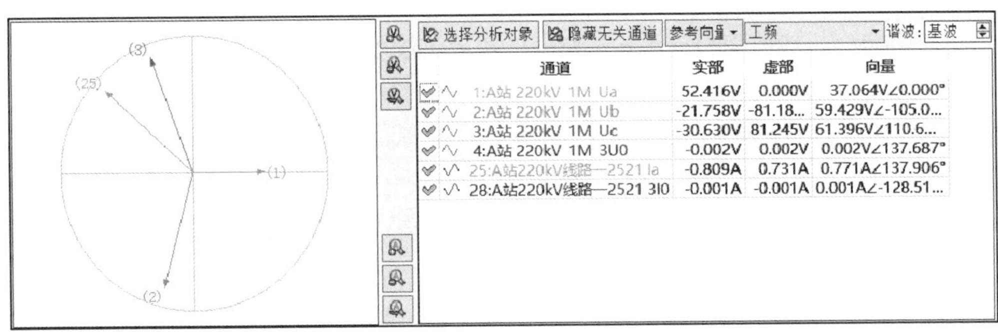

图4-4-7 故障时线路间隔电流电压相量图

（3）故障发生前后主变变高开关电流录波图如图4-4-8所示。

从图4-4-8解析可知，T_1 时刻（故障发生时间）因主变中压侧和低压侧无电源，故主变变高开关间隔未向母线提供短路电流，保持负荷电流不变，说明主变区域内不存在短路故障。

从图4-4-8解析可知 T_2 时刻（故障切除时间）：#1主变变高电流为0，#2主变变高为正常负荷电流。根据开关量变位解析可知，#1主变变高开关跳开（注意：请忽略仿真波形拖尾情况）。

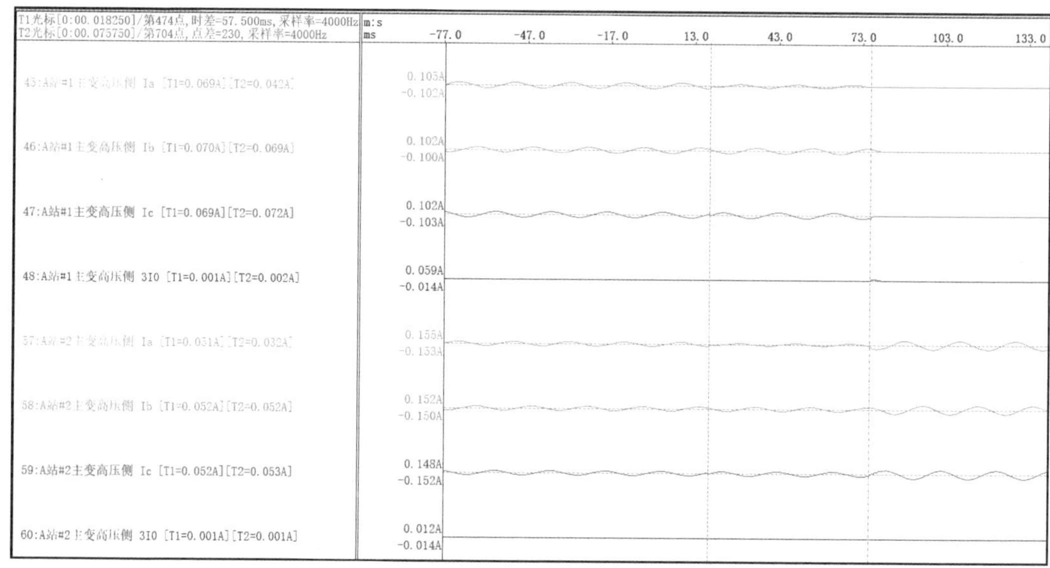

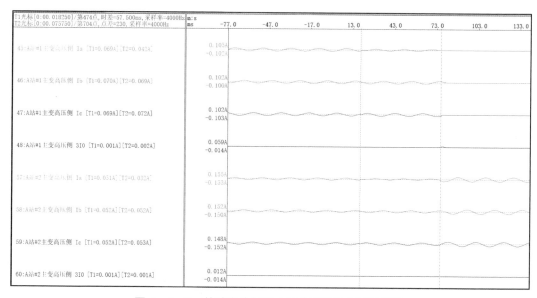

图 4-4-8 故障发生前后主变变高开关电流波形图

三、综合总结

综合上述保护动作报文解析、开关量变位解析、电气量录波图特征解析可知，A 站 I M 母线区域内发生 CA 相间经过渡电阻短路故障，母差保护动作跳开 I M 上所有开关，故障成功隔离。

分析要点：母线故障相电压发生突变（随着过渡电阻的增大，故障相电压中的超前相电压幅值先逐渐增大然后减小，故障相电压中的滞后相电压幅值先减小后增大，当过渡电阻无穷大时恢复为正常电压）；故障相电流大小相等、相位相反，母线上与外部电源连接的间隔故障电流均流入母线，母联（分段）间隔故障电流由非故障母线流向故障母线；无零序电压、零序电流；母差保护动作跳开故障母线后，非故障母线恢复正常运行。

4.5 母线三相短路

一、故障信息

故障发生前 A 站运行方式为：220kV AB Ⅰ线 2521 开关、#1 主变变高 2201 开关挂 Ⅰ 母运行，220kV AB Ⅱ线 2522 开关、#2 主变变高 2202 开关挂 Ⅱ 母运行，220kV 母联 2012 开关在合位，母线并列运行，#1 主变中性点接地、#2 主变中性点不接地，如图 4-5-1 所示。

故障发生后，220kV AB Ⅰ线 2521 开关、#1 主变变高 2201 开关、220kV 母联 2012

开关在分位，220kV ABⅡ线2522开关、#2主变变高2202开关在合位，A站运行方式如图4-5-2所示。

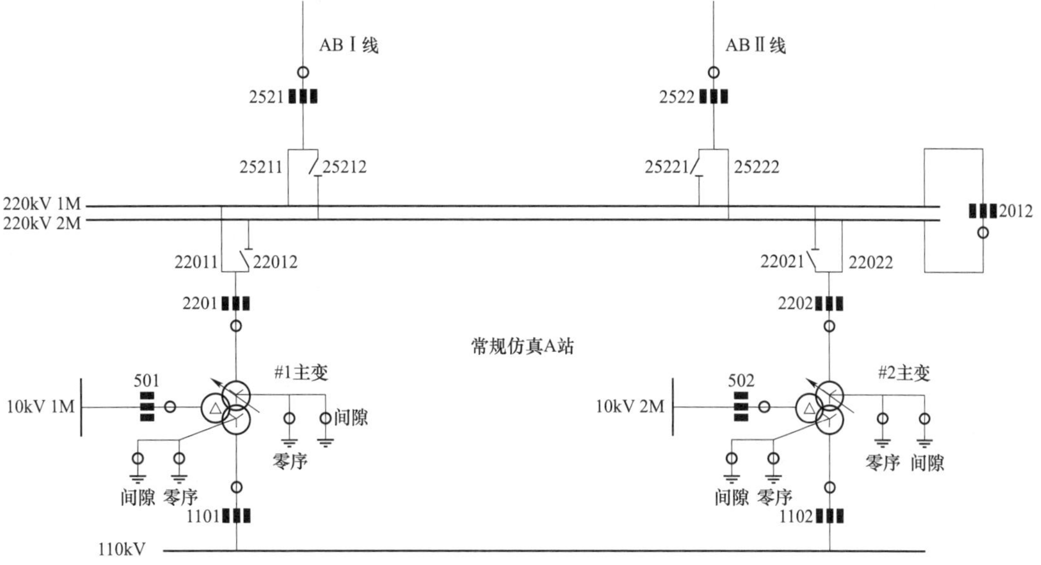

图4-5-1 故障发生前A站运行方式

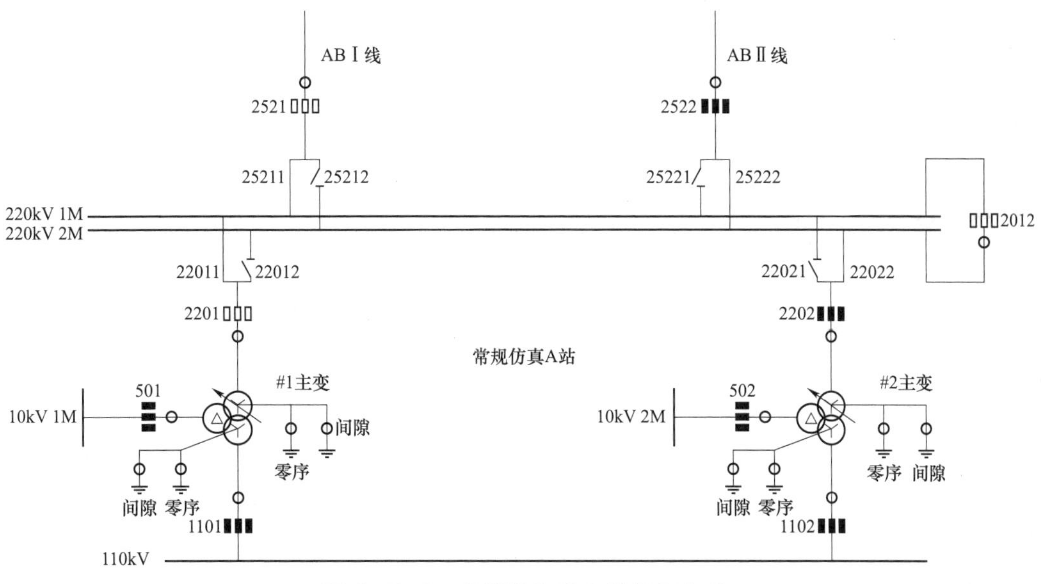

图4-5-2 故障发生后A站运行方式

二、故障录波图解析

1. 保护动作报文解析

从A站母差保护故障录波HDR文件读取相关保护动作信息，以故障启动时刻为基准，保护动作简报见表 4－5－1。

表 4－5－1　　母差保护动作简报

序号	动作报文对应时间	动作报文名称	动作相别	动作报文变化值
1	0ms	突变量启动		1
2	0ms	保护启动		1
3	2ms	差流启动		1
4	6ms	Ⅰ M 母差动动作	ABC	1
5	78ms	Ⅰ M 母差动动作	ABC	0
6	73ms	突变量启动		0
7	73ms	差流启动		0
8	77ms	差流启动		0

表 4－5－1 中，A 站母差保护启动后 6ms，Ⅰ M 差动动作，故障选相 ABC 相，母差保护动作出口跳Ⅰ M 上所有开关。

2. 开关量变位解析

从 A 站总故障录波 HDR 文件读取相关间隔开关量信息，以故障启动时刻为基准，A 站侧开关量变位图如图 4－5－3 所示。

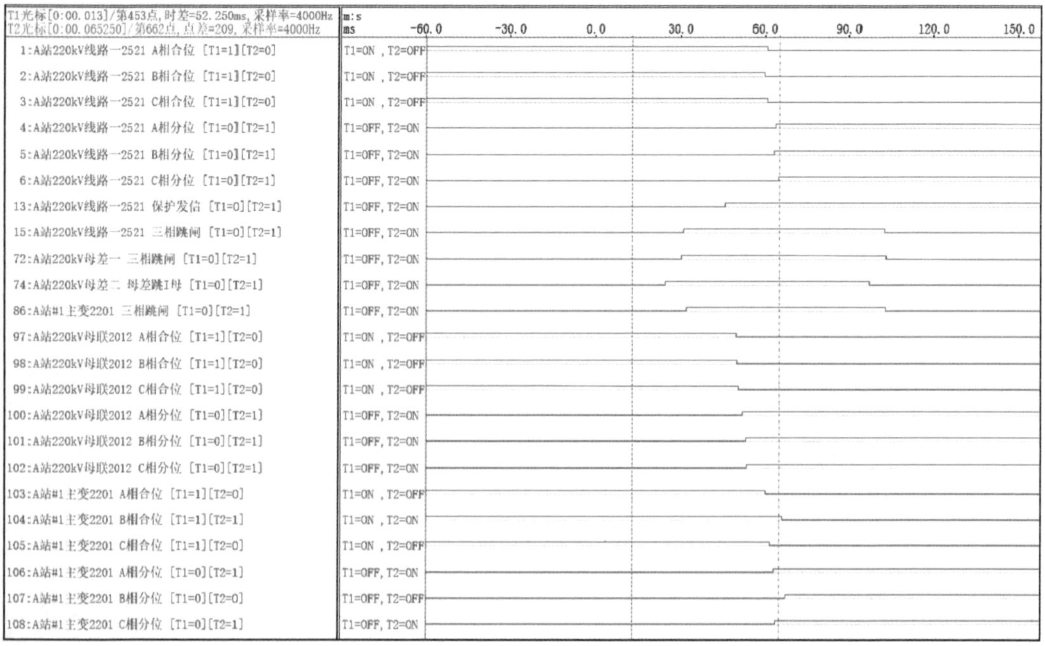

图 4－5－3　A 站侧开关量变位图

开关量变位时间顺序见表 4－5－2。

表 4－5－2　　　　A 站侧开关量变位时间顺序

位置	第 1 次变位时间	第 2 次变位时间
1:A 站 220kV 线路一 2521 A 相合位	↓ 47.750ms	
2:A 站 220kV 线路一 2521 B 相合位	↓ 46.750ms	
3:A 站 220kV 线路一 2521 C 相合位	↓ 47.750ms	
4:A 站 220kV 线路一 2521 A 相分位	↑ 50.750ms	
5:A 站 220kV 线路一 2521 B 相分位	↑ 50.250ms	
6:A 站 220kV 线路一 2521 C 相分位	↑ 51.750ms	
13:A 站 220kV 线路一 2521 保护发信	↑ 33.000ms	↓ 251.750ms
15:A 站 220kV 线路一 2521 三相跳闸	↑ 18.000ms	↓ 89.500ms
72:A 站 220kV 母差一三相跳闸	↑ 17.250ms	↓ 90.000ms
74:A 站 220kV 母差二母差跳Ⅰ母	↑ 11.500ms	↓ 84.000ms
86:A 站#1 主变 2201 三相跳闸	↑ 19.000ms	↓ 89.750ms
97:A 站 220kV 母联 2012 A 相合位	↓ 37.000ms	
98:A 站 220kV 母联 2012 B 相合位	↓ 37.250ms	
99:A 站 220kV 母联 2012 C 相合位	↓ 37.750ms	
100:A 站 220kV 母联 2012 A 相分位	↑ 39.250ms	
101:A 站 220kV 母联 2012 B 相分位	↑ 40.500ms	
102:A 站 220kV 母联 2012 C 相分位	↑ 40.750ms	
103:A 站#1 主变 2201 A 相合位	↓ 47.250ms	
104:A 站#1 主变 2201 B 相合位	↓ 53.250ms	
105:A 站#1 主变 2201 C 相合位	↓ 48.750ms	
106:A 站#1 主变 2201 A 相分位	↑ 50.250ms	
107:A 站#1 主变 2201 B 相分位	↑ 54.500ms	
108:A 站#1 主变 2201 C 相分位	↑ 50.750ms	

分析：在故障发生保护启动后约 6ms，ⅠM 差动动作，故障选相 ABC 相，11.5ms 后，母差保护动作出口跳ⅠM 上所有开关，37～55ms 后，220kV ABⅠ线 2521 开关、#1 主变变高 2201 开关、220kV 母联 2012 开关分闸。

3. 波形特征解析

从 A 站总故障录波 HDR 文件读取相关间隔电气量信息。

（1）故障发生前后 220kV 母线电压录波图如图 4－5－4 所示。

从图 4－5－4 解析可知 T_1 时刻（故障发生时间）：母线三相电压明显下降（金属性短路时故障点电压趋近于零），无零序电压，说明系统发生三相金属性短路故障。

从图 4－5－4 解析可知 T_2 时刻（故障切除时间）：Ⅰ母三相电压消失，Ⅱ母三相电压恢复正常，说明Ⅰ母失压，Ⅱ母正常运行（注：图中Ⅰ母电压经 0.5～1 个周波才衰减到零，是因为仿真系统的功放输出存在拖尾现象，实际故障中不会这么明显）。

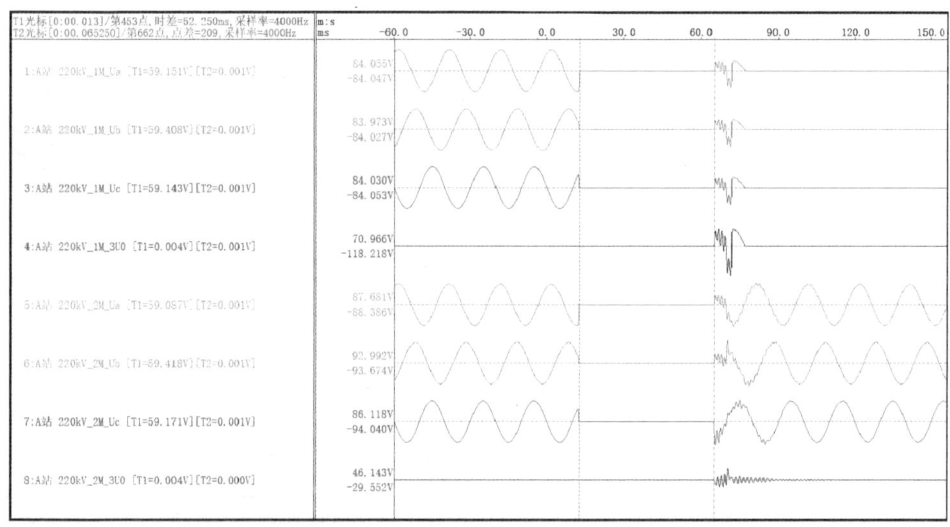

图 4-5-4　故障发生前后 220kV 母线电压录波图

（2）故障发生前后 220kV 线路间隔电流录波图如图 4-5-5 所示。

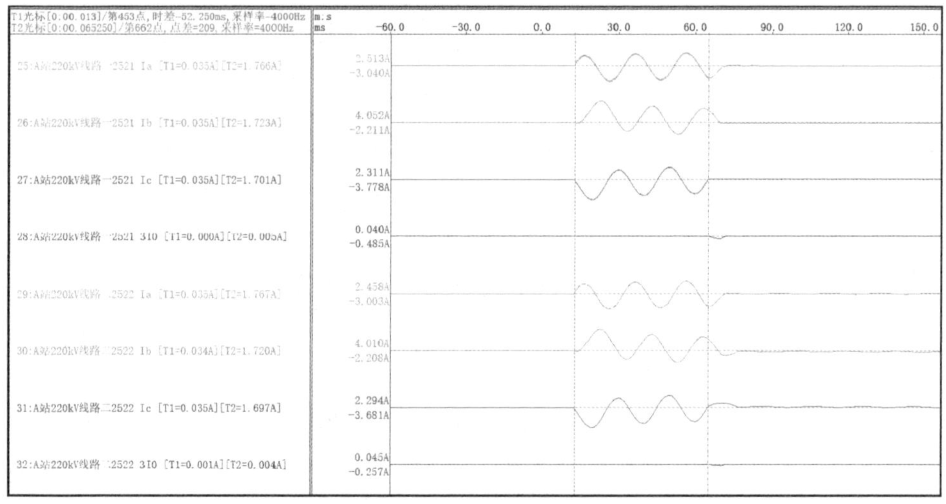

图 4-5-5　故障发生前后 220kV 线路间隔电流录波图

故障发生前后 220kV 母联间隔电流录波图如图 4-5-6 所示。

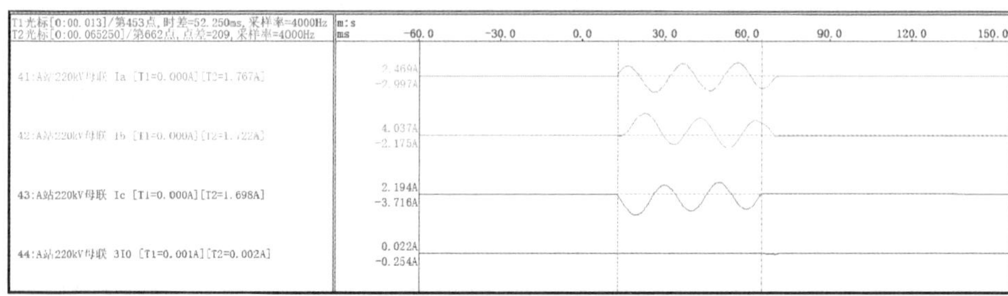

图 4-5-6　故障发生前后 220kV 母联间隔电流录波图

从图 4－5－5 和图 4－5－6 解析可知 T_1 时刻（故障发生时间）：线路间隔和母联间隔中三相电流明显增大，无零序电流，说明故障类型为 ABC 三相短路。以 220kV ABⅠ线间隔为例分析电流电压的相量关系（220kV ABⅡ线间隔、220kV 母联 2012 间隔同理），在线路 TA 极性端靠母线侧情况下，三相电流呈正序分量特征，故障时线路间隔电流电压相量图如图 4－5－7 所示，符合母线区域内发生三相短路故障的特征，可知线路间隔故障电流流入母线。在母联 TA 极性端靠ⅠM 侧的情况下，从图 4－5－5 和图 4－5－6 对比可知，220kV 母联 2012 间隔三相短路电流与 220kV ABⅡ线间隔三相短路电流同相位，可知母联间隔故障电流由Ⅱ母流入Ⅰ母。综合分析可知，故障点在ⅠM 母线范围内。

从图 4－5－5 和图 4－5－6 解析可知 T_2 时刻（故障切除时间）：220kV ABⅠ线、母联 2012 间隔三相电流消失，220kV ABⅡ线 2522 间隔恢复为正常负荷电流。根据开关量变位解析可知，220kV ABⅠ线 2521 开关、220kV 母联 2012 开关跳开（注意：请忽略仿真波形拖尾情况）。

图 4－5－7　故障时线路间隔电流电压相量图

（3）图 4－5－8 为故障发生前后主变变高开关电流录波图。

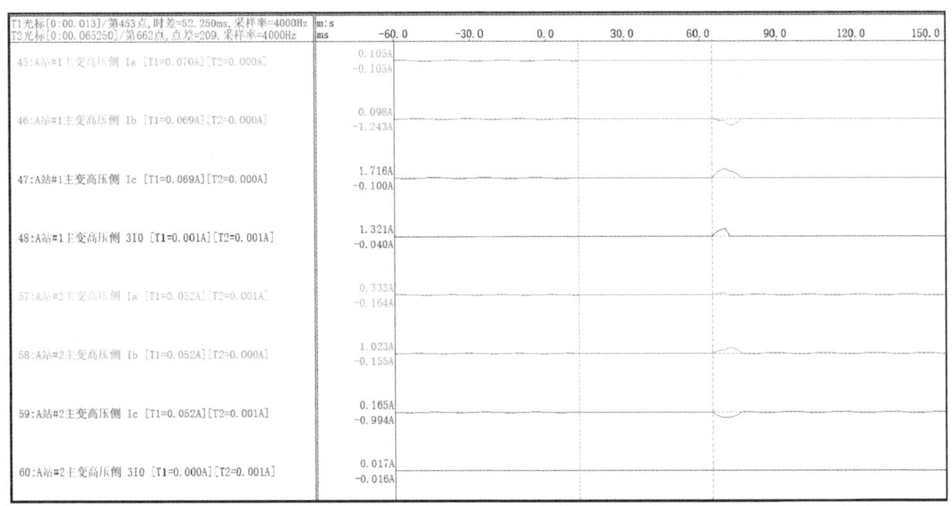

图 4－5－8　故障发生前后主变变高开关电流录波图

从图 4－5－8 解析可知，T_1 时刻（故障发生时间）：因主变中压侧和低压侧无电源，故主变变高开关间隔未向母线提供短路电流，保持负荷电流不变，说明主变区域内不存在短路故障。

从图 4－5－8 解析可知，T_2 时刻（故障切除时间）：#1 主变变高电流为 0，#2 主变变高为正常负荷电流。根据开关量变位解析可知，#1 主变变高开关跳开（注意：请忽略仿真波形拖尾情况）。

三、综合总结

综合上述保护动作报文解析、开关量变位解析、电气量录波图特征解析可知，A 站 I M 母线区域内发生三相金属性短路故障，母差保护动作跳开 I M 上所有开关，故障成功隔离。

分析要点：故障时母线三相电压明显降低（金属性短路时故障点电压趋近于零）；三相故障电流大小相等、呈正序分量特征，母线上与外部电源连接的间隔故障电流均流入母线，母联（分段）间隔故障电流由非故障母线流向故障母线；无零序电压、零序电流；母差保护动作跳开故障母线后，非故障母线恢复正常运行。

4.6　母线三相经电阻短路

一、故障信息

故障发生前 A 站运行方式为：220kV AB Ⅰ线 2521 开关、#1 主变变高 2201 开关挂Ⅰ母运行，220kV AB Ⅱ线 2522 开关、#2 主变变高 2202 开关挂Ⅱ母运行，220kV 母联 2012 开关在合位，母线并列运行，#1 主变中性点接地、#2 主变中性点不接地，如图 4－6－1 所示。

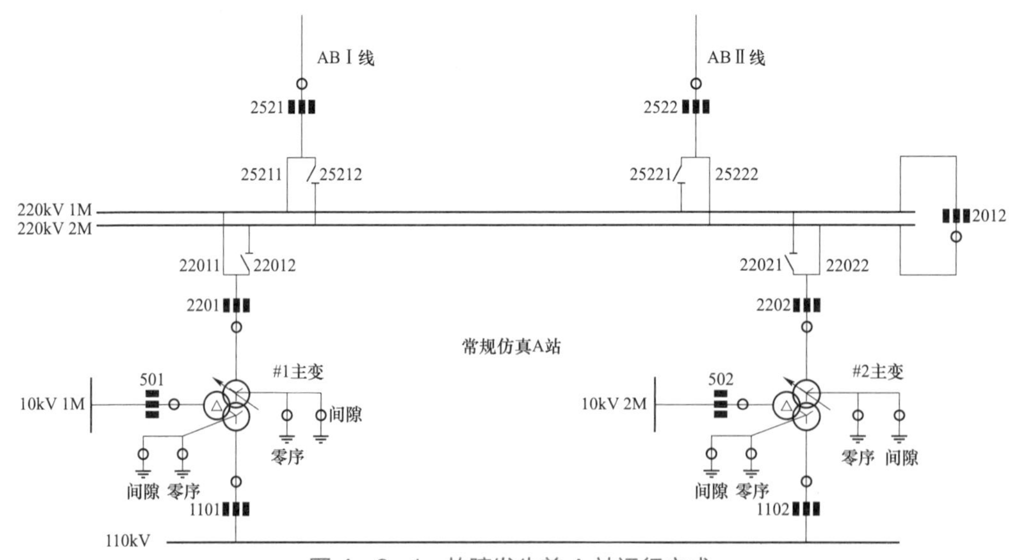

图 4－6－1　故障发生前 A 站运行方式

故障发生后，220kV ABⅠ线 2521 开关、#1 主变变高 2201 开关、220kV 母联 2012 开关在分位，220kV ABⅡ线 2522 开关、#2 主变变高 2202 开关在合位，A 站运行方式如图 4－6－2 所示。

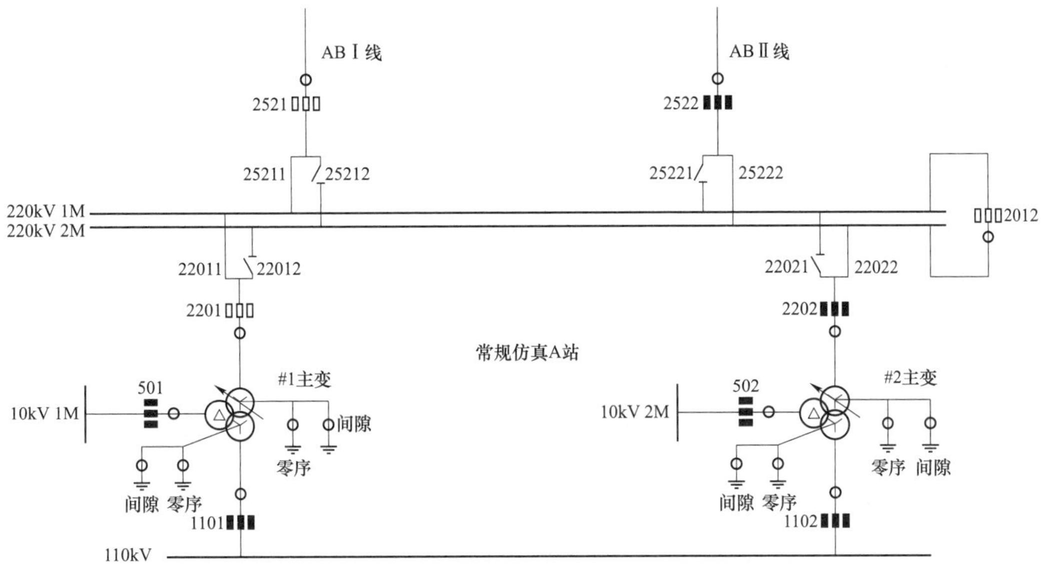

图 4－6－2　故障发生后 A 站运行方式

二、故障录波图解析

1. 保护动作报文解析

从 A 站母差保护故障录波 HDR 文件读取相关保护动作信息，以故障启动时刻为基准，母差保护动作事件见表 4－6－1。

表 4－6－1　母差保护动作事件

序号	动作报文对应时间	动作报文名称	动作相别	动作报文变化值
1	0ms	突变量启动		1
2	0ms	保护启动		1
3	3ms	差流启动		1
4	8ms	ⅠM 母差动动作	ABC	1
5	79ms	ⅠM 母差动动作	ABC	0
6	75ms	突变量启动		0
7	75ms	差流启动		0
8	79ms	保护启动		0

表 4－6－1 中，A 站母差保护启动后 8ms，ⅠM 差动动作，故障选相 ABC 相，母差保护动作出口跳ⅠM 上所有开关。

2. 开关量变位解析

从 A 站总故障录波 HDR 文件读取相关间隔开关量信息，以故障启动时刻为基准，A 站侧开关量变位图如图 4－6－3 所示。

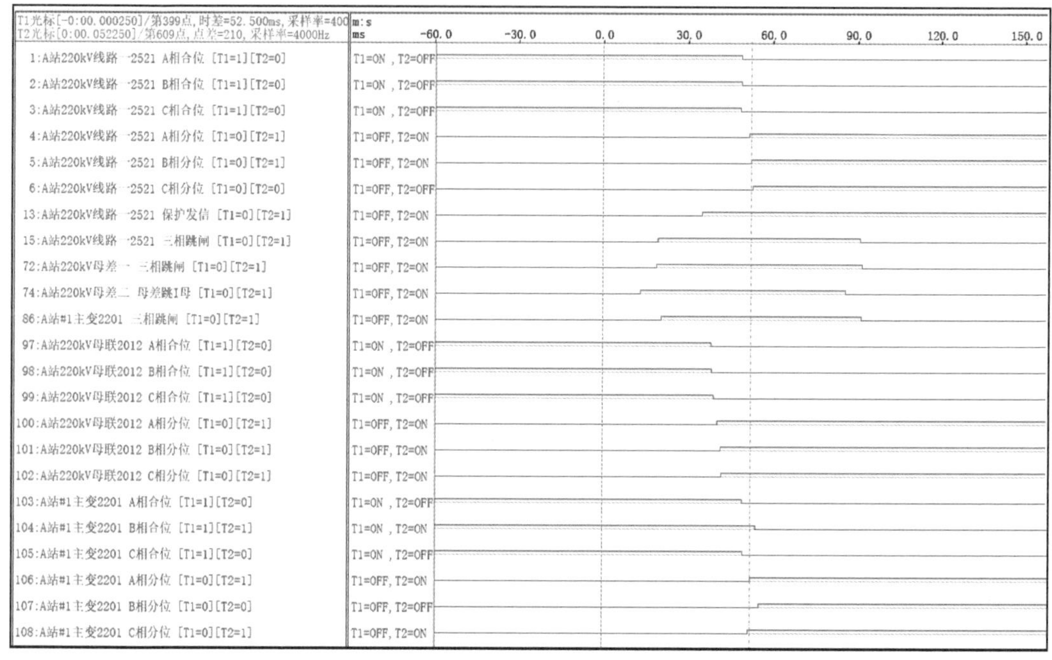

图 4－6－3　A 站侧开关量变位图

A 站侧开关量变位时间顺序见表 4－6－2。

表 4－6－2　　A 站侧开关量变位时间顺序

位置	第 1 次变位时间	第 2 次变位时间
1:A 站 220kV 线路一 2521 A 相合位	↓ 49.000ms	
2:A 站 220kV 线路一 2521 B 相合位	↓ 49.000ms	
3:A 站 220kV 线路一 2521 C 相合位	↓ 48.750ms	
4:A 站 220kV 线路一 2521 A 相分位	↑ 51.750ms	
5:A 站 220kV 线路一 2521 B 相分位	↑ 52.500ms	
6:A 站 220kV 线路一 2521 C 相分位	↑ 53.000ms	
13:A 站 220kV 线路一 2521 保护发信	↑ 35.000ms	↓ 253.000ms
15:A 站 220kV 线路一 2521 三相跳闸	↑ 19.500ms	↓ 91.000ms
72:A 站 220kV 母差一三相跳闸	↑ 19.000ms	↓ 91.750ms
74:A 站 220kV 母差二母差跳 I 母	↑ 13.250ms	↓ 85.750ms
86:A 站#1 主变 2201 三相跳闸	↑ 20.750ms	↓ 91.500ms
97:A 站 220kV 母联 2012 A 相合位	↓ 38.250ms	
98:A 站 220kV 母联 2012 B 相合位	↓ 38.500ms	
99:A 站 220kV 母联 2012 C 相合位	↓ 39.250ms	

续表

位置	第 1 次变位时间	第 2 次变位时间
100:A 站 220kV 母联 2012 A 相分位	↑ 40.500ms	
101:A 站 220kV 母联 2012 B 相分位	↑ 41.750ms	
102:A 站 220kV 母联 2012 C 相分位	↑ 42.000ms	
103:A 站#1 主变 2201 A 相合位	↓ 49.500ms	
104:A 站#1 主变 2201 B 相合位	↓ 54.250ms	
105:A 站#1 主变 2201 C 相合位	↓ 49.750ms	
106:A 站#1 主变 2201 A 相分位	↑ 52.500ms	
107:A 站#1 主变 2201 B 相分位	↑ 55.500ms	
108:A 站#1 主变 2201 C 相分位	↑ 51.750ms	

分析：在故障发生保护启动后约 8ms，Ⅰ M 差动护动作，故障选相 ABC 相，13.25ms 后，母差保护动作出口跳Ⅰ M 上所有开关，38～56ms 后，220kV ABⅠ线 2521 开关、#1 主变变高 2201 开关、220kV 母联 2012 开关分闸。

3. 波形特征解析

从 A 站总故障录波 HDR 文件读取相关间隔电气量信息。

（1）故障发生前后 220kV 母线电压录波图如图 4-6-4 所示。

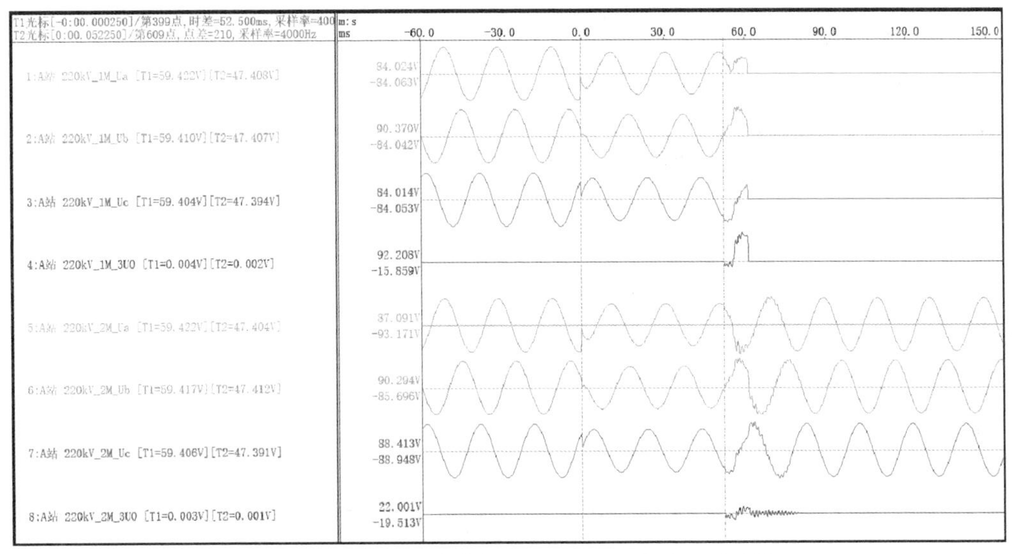

图 4-6-4 故障发生前后 220kV 母线电压录波图

从图 4-6-4 解析可知 T_1 时刻（故障发生时间）：母线三相电压明显下降且幅值基本相等且均大于零（注意：经过渡电阻短路时，故障点三相电压随过渡电阻的增大而增大，当过渡电阻无穷大时恢复为正常电压），呈正序分量特征，无零序电压，说明系统发生三相经过渡电阻短路故障。

从图 4-6-4 解析可知 T_2 时刻（故障切除时间）：Ⅰ母三相电压消失，Ⅱ母三相电压恢复正常，说明Ⅰ母失压，Ⅱ母正常运行（注意：图中Ⅰ母电压经 0.5～1 个周波才衰减到零，是因为仿真系统的功放输出存在拖尾现象，实际故障中不会这么明显）。

（2）故障发生前后 220kV 线路间隔电流录波图如图 4-6-5 所示。

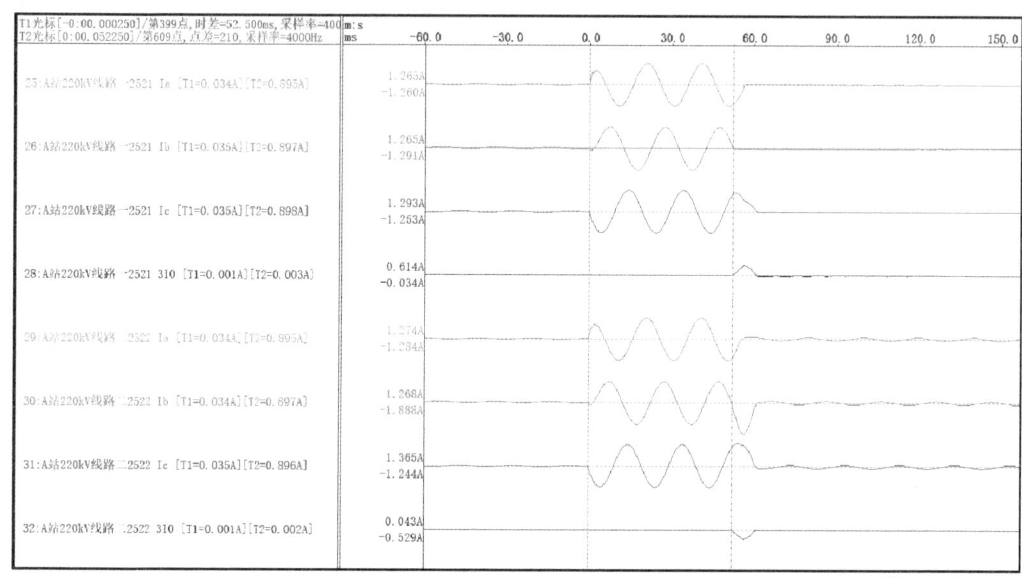

图 4-6-5 故障发生前后 220kV 线路间隔电流录波图

（3）故障发生前后 220kV 母联间隔电流录波图如图 4-6-6 所示。

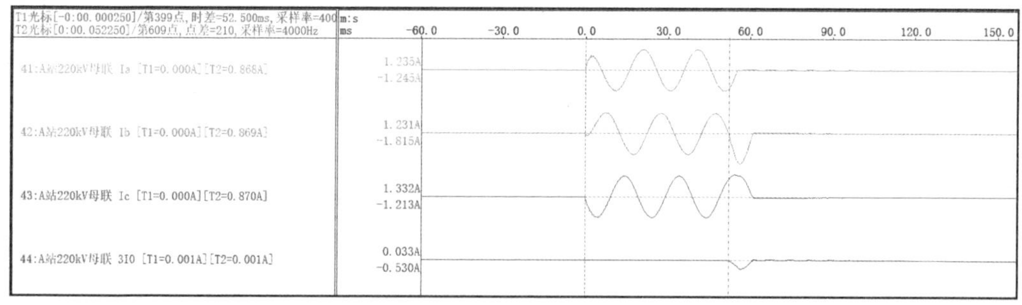

图 4-6-6 故障发生前后 220kV 母联间隔电流录波图

从图 4-6-5 和图 4-6-6 解析可知 T_1 时刻（故障发生时间）：线路间隔和母联间隔中三相电流明显增大，无零序电流，说明故障类型为三相短路。

从图 4-6-5 和图 4-6-6 解析可知，以 220kV ABⅠ线间隔为例分析电流电压的相量关系（220kV ABⅡ线间隔、220kV 母联 2012 间隔同理），在线路 TA 极性端靠母线侧情况下，故障相电流超前故障相电压约 180°，且三相电流为呈现为正序电流特征，故障时故障相量图如图 4-6-7 所示。符合母线区域内发生三相短路故障的特征，可知线路间隔故障电流流入母线。在母联 TA 极性端靠ⅠM 侧的情况下，从图 4-6-5 和图 4-6-6 对比可知，220kV 母联 2012 间隔三相短路电流与 220kV ABⅡ线间隔三相短路电流同相位，可知母联间隔故障电流由Ⅱ母流入Ⅰ母。综合分析可知，故障点在ⅠM 母线范围内。

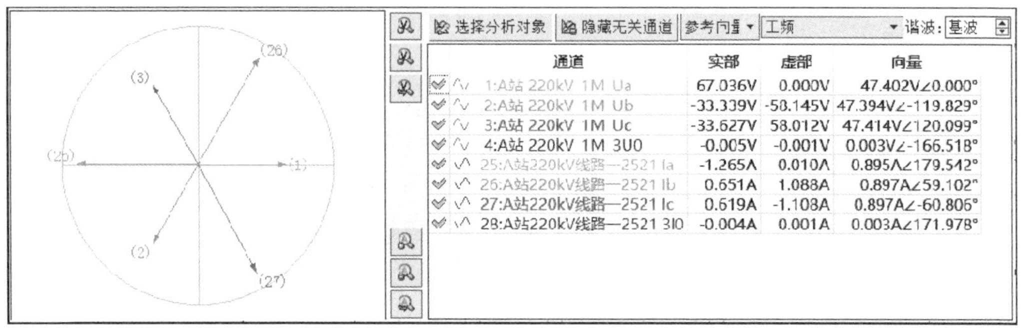

图 4-6-7　故障时故障相量图

从图 4-6-5 和图 4-6-6 解析可知 T_2 时刻（故障切除时间）：220kV ABⅠ线、母联 2012 间隔三相电流消失，220kV ABⅡ线 252 间隔恢复为正常负荷电流。根据开关量变位解析可知，220kV ABⅠ线 2521 开关、220kV 母联 2012 开关跳开（注：请忽略仿真波形拖尾情况）。

（4）图 4-6-8 为故障发生前后主变变高开关电流录波图：

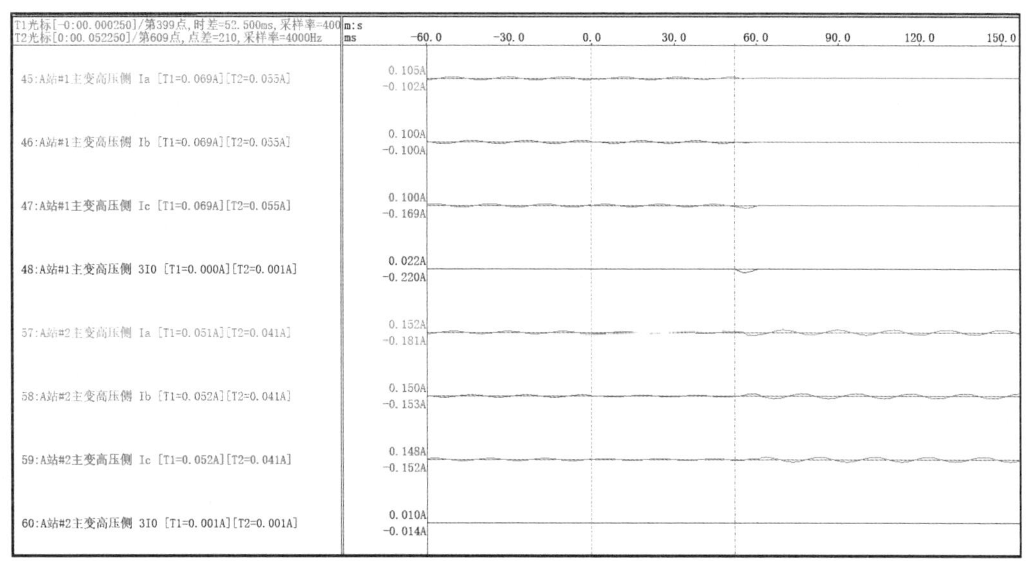

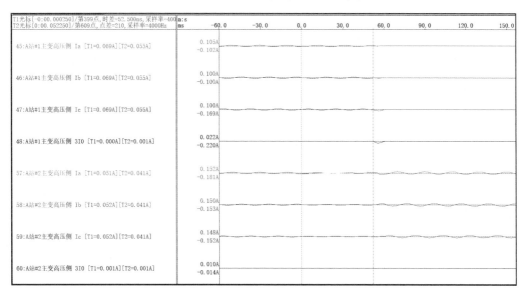

图 4-6-8　故障时主变变高开关电流波形图

从图 4-6-8 解析可知 T_1 时刻（故障发生时间）：因主变中压侧和低压侧无电源，故主变变高开关间隔未向母线提供短路电流，保持负荷电流不变，说明主变区域内不存在短路故障。

从图 4-6-8 解析可知 T_2 时刻（故障切除时间）：#1 主变变高电流为 0，#2 主变变高为正常负荷电流。根据开关量变位解析可知，#1 主变变高开关跳开（注意：请忽略仿真波形拖尾情况）。

三、综合总结

综合上述保护动作报文解析、开关量变位解析、电气量录波图特征解析可知，A 站ⅠM 母线区域内发生三相经过渡电阻短路故障，母差保护动作跳开ⅠM 上所有开关，故障成功隔离。

分析要点：母线三相电压明显下降且幅值基本相等且均大于零（注意：经过渡电阻短路时，故障点三相电压随过渡电阻的增大而增大），符合正序分量特征；三相故障电流大小相等、符合正序分量特征，母线上与外部电源连接的间隔故障电流均流入母线，母联（分段）间隔故障电流由非故障母线流向故障母线；无零序电压、零序电流；母差保护动作跳开故障母线后，非故障母线恢复正常运行。

4.7 母线两相接地短路

一、故障信息

故障发生前 A 站运行方式为：220kV ABⅠ线 2521 开关、#1 主变变高 2201 开关挂Ⅰ母运行，220kV ABⅡ线 2522 开关、#2 主变变高 2202 开关挂Ⅱ母运行，220kV 母联 2012 开关在合位，母线并列运行，#1 主变中性点接地、#2 主变中性点不接地，如图 4－7－1 所示。

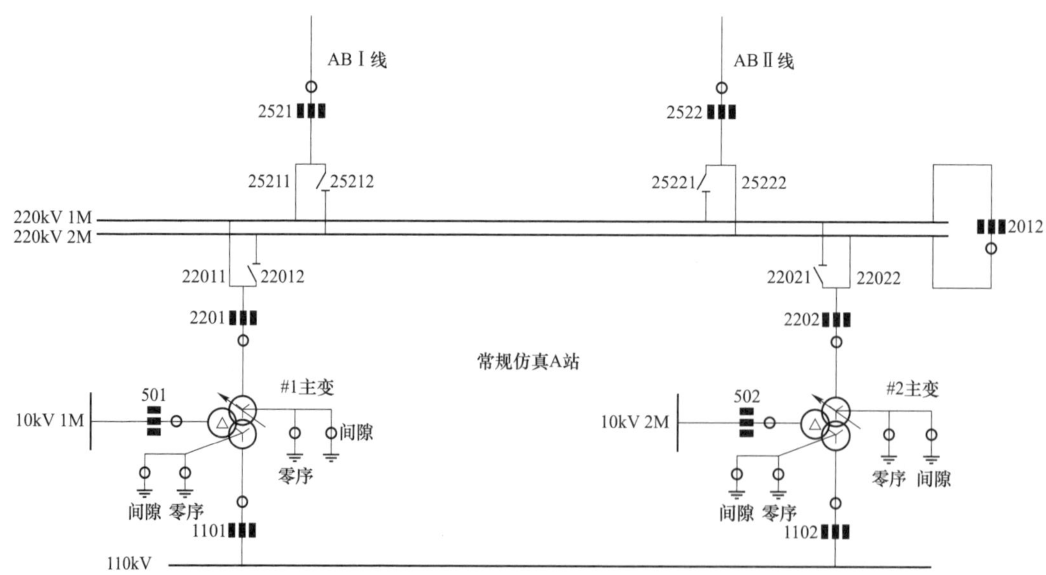

图 4－7－1 故障发生前 A 站运行方式

故障发生后，220kV AB Ⅰ线 2521 开关、#1 主变变高 2201 开关、220kV 母联 2012 开关在分位，220kV AB Ⅱ线 2522 开关、#2 主变变高 2202 开关在合位，运行方式如图 4-7-2 所示。

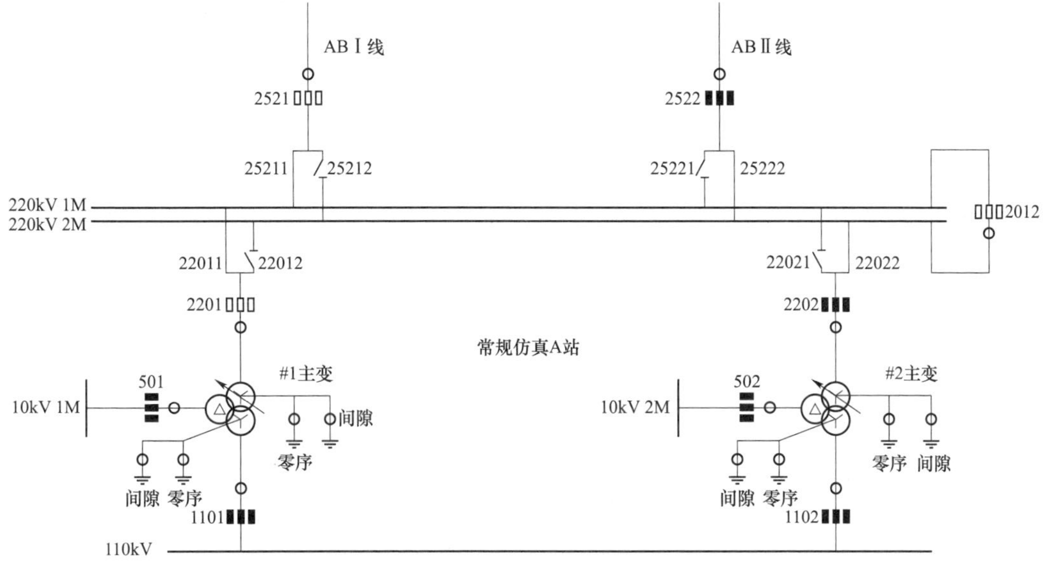

图 4-7-2 故障发生后 A 站运行方式

二、故障录波图解析

1. 保护动作报文解析

从 A 站母差保护故障录波 HDR 文件读取相关保护动作信息，以故障启动时刻为基准，保护动作简报见表 4-7-1。

表 4-7-1 母差保护动作简报

序号	动作报文对应时间	动作报文名称	动作相别	动作报文变化值
1	0ms	突变量启动		1
2	0ms	保护启动		1
3	2ms	差流启动		1
4	6ms	Ⅰ M 母差动动作	CA	1
5	50ms	突变量启动		0
6	79ms	差流启动		0
7	81ms	Ⅰ M 母差动动作	CA	0
8	95ms	保护启动		0

表 4-7-1 中，A 站母差保护启动后 6ms，Ⅰ M 差动动作，故障选相 CA 相，母差保护动作出口跳Ⅰ M 上所有开关。

2. 开关量变位解析

从 A 站总故障录波 HDR 文件读取相关间隔开关量信息，以故障启动时刻为基准，A 站侧开关量变位图如图 4-7-3 所示。

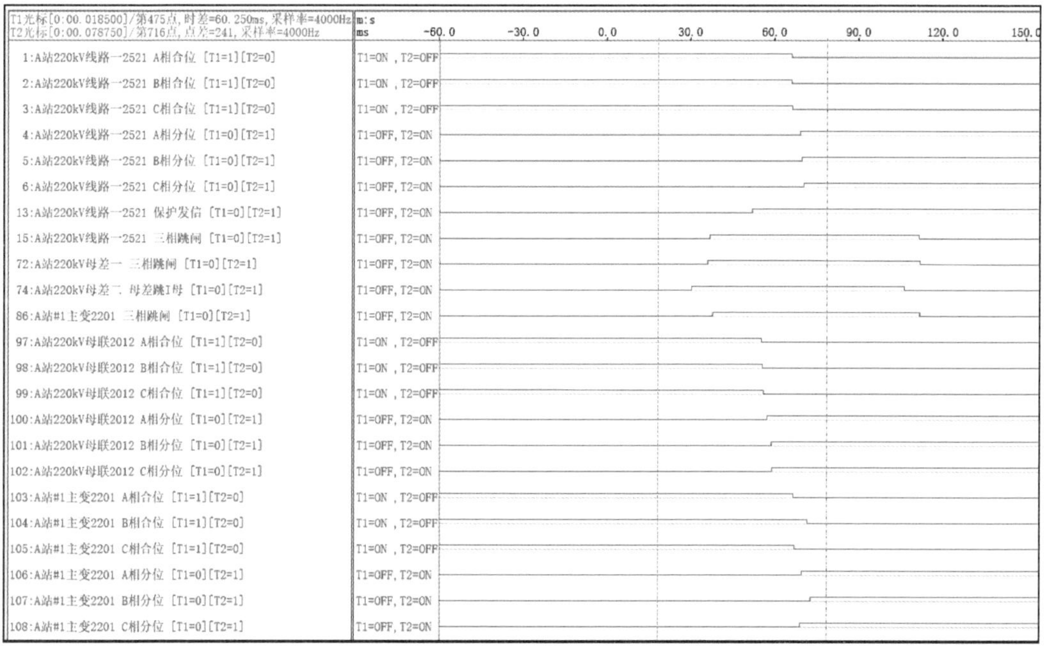

图 4-7-3　A 站侧开关量变位图

A 站侧开关量变位时间顺序见表 4-7-2。

表 4-7-2　　A 站侧开关量变位时间顺序

位置	第 1 次变位时间	第 2 次变位时间
1:A 站 220kV 线路一 2521 A 相合位	↓ 47.750ms	
2:A 站 220kV 线路一 2521 B 相合位	↓ 47.750ms	
3:A 站 220kV 线路一 2521 C 相合位	↓ 48.000ms	
4:A 站 220kV 线路一 2521 A 相分位	↑ 50.750ms	
5:A 站 220kV 线路一 2521 B 相分位	↑ 51.250ms	
6:A 站 220kV 线路一 2521 C 相分位	↑ 52.000ms	
13:A 站 220kV 线路一 2521 保护发信	↑ 33.750ms	↓ 255.250ms
15:A 站 220kV 线路一 2521 三相跳闸	↑ 18.500ms	↓ 93.250ms
72:A 站 220kV 母差一三相跳闸	↑ 17.750ms	↓ 93.750ms
74:A 站 220kV 母差二母差跳 I 母	↑ 12.000ms	↓ 88.000ms
86:A 站#1 主变 2201 三相跳闸	↑ 19.500ms	↓ 93.500ms
97:A 站 220kV 母联 2012 A 相合位	↓ 37.000ms	
98:A 站 220kV 母联 2012 B 相合位	↓ 37.250ms	

续表

位置	第 1 次变位时间	第 2 次变位时间
99:A 站 220kV 母联 2012 C 相合位	↓ 37.750ms	
100:A 站 220kV 母联 2012 A 相分位	↑ 39.000ms	
101:A 站 220kV 母联 2012 B 相分位	↑ 40.500ms	
102:A 站 220kV 母联 2012 C 相分位	↑ 40.750ms	
103:A 站#1 主变 2201 A 相合位	↓ 48.250ms	
104:A 站#1 主变 2201 B 相合位	↓ 53.250ms	
105:A 站#1 主变 2201 C 相合位	↓ 48.750ms	
106:A 站#1 主变 2201 A 相分位	↑ 51.250ms	
107:A 站#1 主变 2201 B 相分位	↑ 54.500ms	
108:A 站#1 主变 2201 C 相分位	↑ 50.750ms	

分析：在故障发生保护启动后约 6ms，ⅠM 差动动作，故障选相 CA 相，12ms 母差保护动作出口跳ⅠM 上所有开关，37～54ms 后 220kV ABⅠ线 2521 开关、#1 主变变高 2201 开关、220kV 母联 2012 开关分闸。

3. 波形特征解析

从 A 站总故障录波 HDR 文件读取相关间隔电气量信息。

（1）故障发生前后 220kV 母线电压录波图如图 4－7－4 所示。

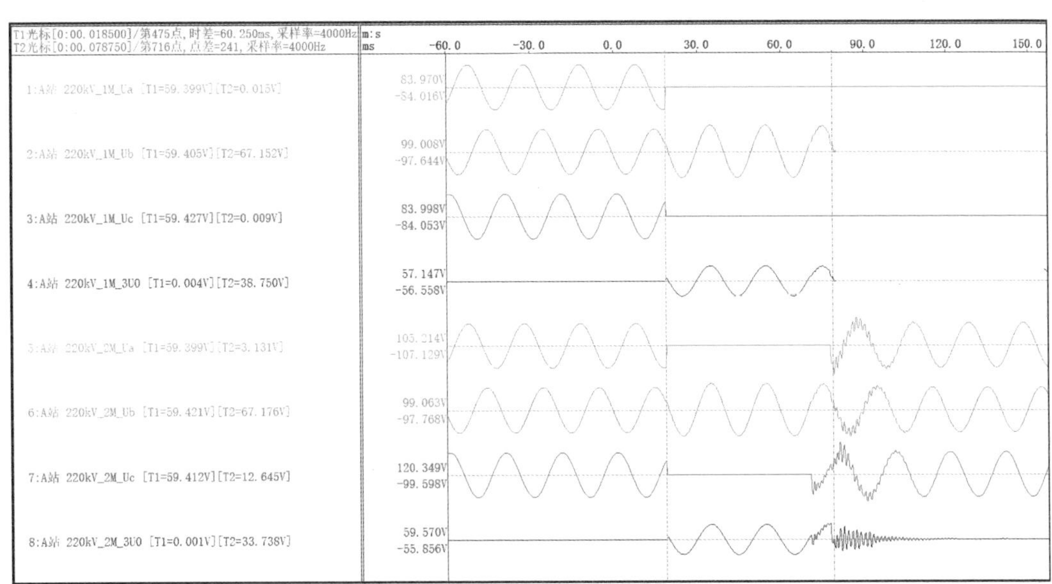

图 4－7－4 故障发生前后 220kV 母线电压录波图

从图 4－7－4 解析可知 T_1 时刻（故障发生时间）：母线 C 相、A 相电压明显下降，且幅值趋近为 0（说明是金属性短路故障），B 相电压基本为正常值，零序电压较大，且

U_b与$3U_0$相位相同、幅值相近，说明系统发生CA相间金属性接地短路故障。

从图4-7-4解析可知T_2时刻（故障切除时间）：Ⅰ母三相电压消失，Ⅱ母三相电压恢复正常，$3U_0$零序电压消失，说明Ⅰ母失压，Ⅱ母正常运行，故障持续时间约60ms（注意：图中Ⅰ母电压经0.5～1个周波以内才衰减到零，是因为仿真系统的功放输出存在拖尾现象，实际故障中不会这么明显）。

（2）故障发生前后220kV线路间隔电流录波图如图4-7-5所示。

故障发生前后220kV母联间隔电流录波图如图4-7-6所示。

T_1时刻（故障发生时间）：线路间隔和母联间隔中C相、A相电流均明显增大，且本间隔内C相电流与A相电流幅值基本相等，超前相电流I_c与滞后相电流I_a之间夹角随系统等值零序阻抗$Z_{\Sigma 0}$从0～∞增大而在60°～180°之间变化，出现较大零序电流$3I_0$，B相为负荷电流基本不变，说明故障类型为CA相间接地短路。

从图4-7-5和图4-7-6解析可知，以220kV ABⅠ线间隔为例分析电流电压的相量关系（220kV ABⅡ线间隔、220kV母联2012间隔同理），在线路TA极性端靠母线侧情况下，以正常相B相电压为参考向量，220kV ABⅠ线中故障相电流的超前相I_c滞后正常相电压U_b约15°、滞后相电流I_a滞后正常相电压U_b约155°，零序电流$3I_0$相位在故障相电流I_c、I_a相位中间附近，$3U_0$超前$3I_0$约90°，故障时故障相量图如图4-7-7所示，符合母线区域内发生CA相间短路故障的特征，可知线路间隔故障电流流入母线。在母联TA极性端靠ⅠM侧的情况下，由图4-7-5和图4-7-6对比可知，220kV母联2012间隔A相电流、C相电流与220kV ABⅡ线间隔A相电流、C相电流相位相同，可知母联间隔故障电流由Ⅱ母流入Ⅰ母。综合分析可知，故障点在ⅠM母线范围内。

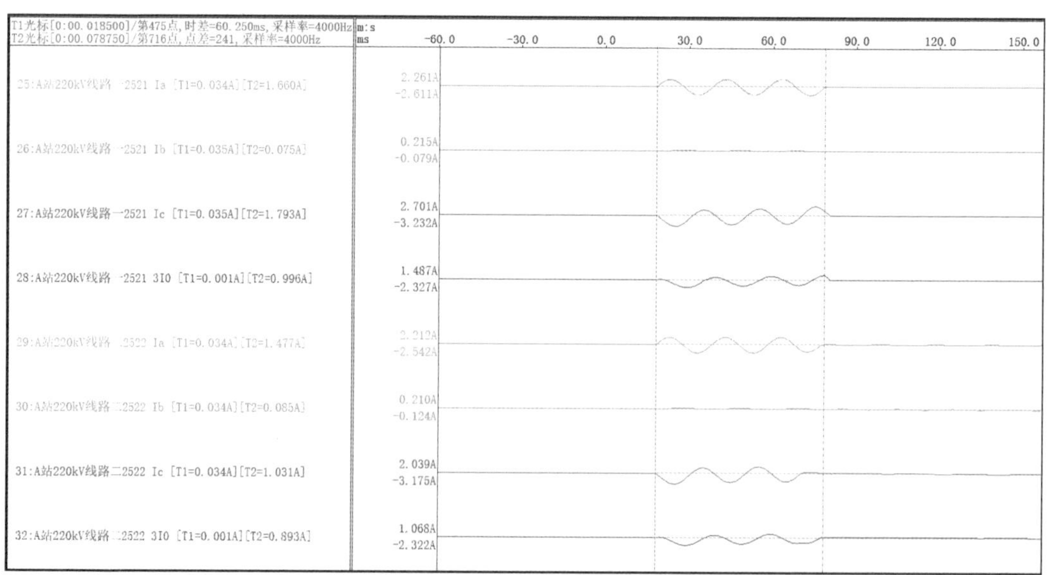

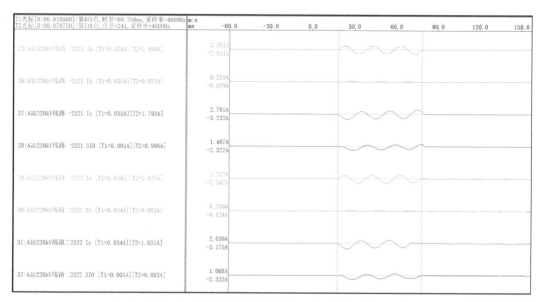

图4-7-5 故障发生前后220kV线路间隔电流录波图

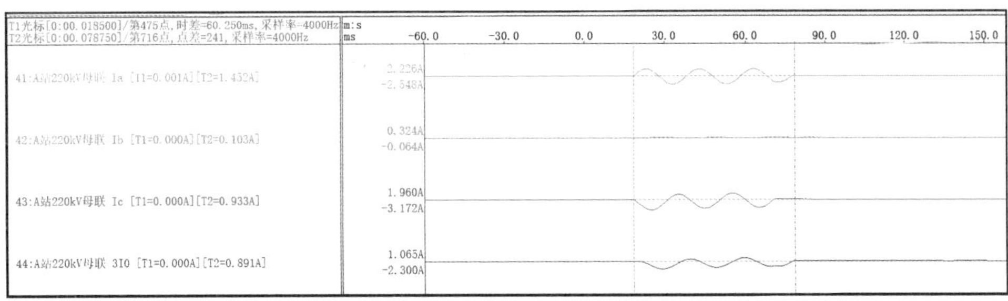

图 4-7-6　故障发生前后 220kV 母联间隔电流录波图

从图 4-7-5 和图 4-7-6 解析可知 T_2 时刻（故障切除时间）：220kV ABⅠ线、母联 2012 间隔电流消失，220kV ABⅡ线 2522 间隔恢复为正常负荷电流。根据开关量变位解析可知，220kV ABⅠ线 2521 开关、220kV 母联 2012 开关跳开（注：请忽略仿真波形拖尾情况）。

通道	实部	虚部	向量
1:A站 220kV 1M Ua	0.026V	-0.000V	0.018V∠-0.000°
2:A站 220kV 1M Ub	-7.215V	96.990V	68.772V∠94.255°
3:A站 220kV 1M Uc	0.013V	-0.003V	0.010V∠-14.080°
4:A站 220kV 1M 3U0	-4.290V	55.956V	39.683V∠94.384°
25:A站220kV线路—2521 Ia	1.131A	-2.005A	1.628A∠-60.571°
26:A站220kV线路—2521 Ib	-0.110A	-0.046A	0.084A∠-157.407°
27:A站220kV线路—2521 Ic	0.320A	2.169A	1.551A∠81.617°
28:A站220kV线路—2521 3I0	1.324A	0.115A	0.940A∠4.975°

图 4-7-7　故障时故障相量图

（3）故障发生前后主变变高开关电流录波图如图 4-7-8 所示。

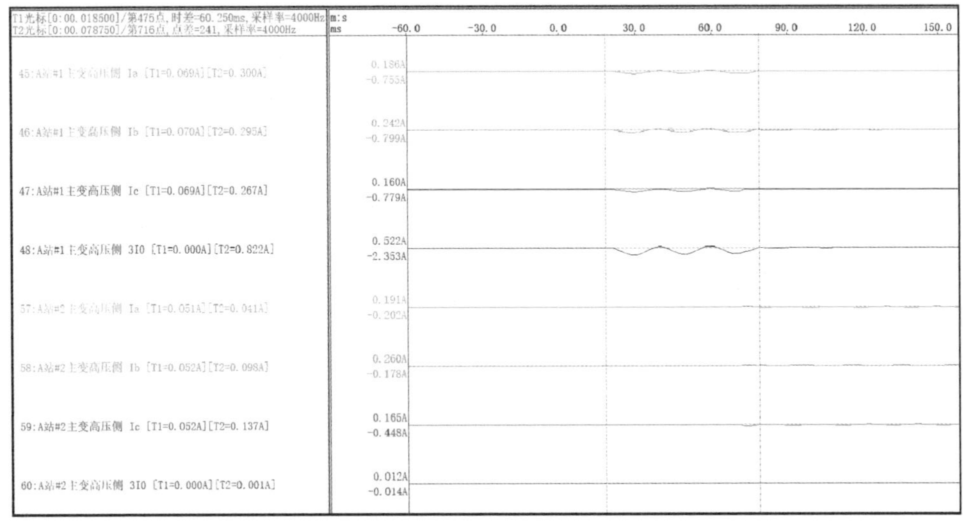

图 4-7-8　故障发生前后主变变高开关电流录波图

从图 4－7－8 解析可知 T_1 时刻（故障发生时间）：因主变中压侧和低压侧无电源，故主变变高开关间隔未向母线提供短路电流，仅呈现为零序电流增加。在#1 主变高压侧是中性点接地运行方式下，当系统发生接地故障时，#1 主变变高开关三相会流过大小相等、方向相同的零序电流；#2 主变变高中性点不接地（或经间隙接地），在中性点间隙未击穿时变高开关无零序电流（注意：图中#1 主变高压侧零序电流与中性点零序电流大小不同是因为变比不同引起，折算到一次值后相同）。

从图 4－7－8 解析可知 T_2 时刻（故障切除时间）：#1 主变变高电流为 0，#2 主变变高为正常负荷电流。根据开关量变位解析可知，#1 主变变高开关跳开。

三、综合总结

综合上述保护动作报文解析、开关量变位解析、电气量录波图特征解析可知，A 站Ⅰ M 母线区域内发生 CA 相间金属性短路接地故障，母差保护动作跳开Ⅰ M 上所有开关，故障成功隔离。

分析要点：母线 CA 相电压下降，且幅值趋近为 0，B 相电压基本为正常值，零序电压较大，且 U_b 与 $3U_0$ 相位相同、幅值相近；故障相 CA 相电流幅值基本相等，且零序电流 $3I_0$ 相位在故障相电流 I_c、I_a 相位中间附近，B 相为负荷电流基本不变，母线上与外部电源连接的间隔故障电流均流入母线，母联（分段）间隔故障电流由非故障母线流向故障母线；母差保护动作跳开故障母线后，非故障母线恢复正常运行。

4.8　母线两相经电阻接地短路

一、故障信息

故障发生前 A 站运行方式为：220kV AB Ⅰ线 2521 开关、#1 主变变高 2201 开关挂Ⅰ母运行，220kV AB Ⅱ线 2522 开关、#2 主变变高 2202 开关挂Ⅱ母运行，220kV 母联 2012 开关在合位，母线并列运行，#1 主变中性点接地、#2 主变中性点不接地，如图 4－8－1 所示。

故障发生后，220kV AB Ⅰ线 2521 开关、#1 主变变高 2201 开关、220kV 母联 2012 开关在分位，220kV AB Ⅱ线 2522 开关、#2 主变变高 2202 开关在合位，A 站运行方式如图 4－8－2 所示。

二、故障录波图解析

1. 保护动作报文解析

从 A 站母差保护故障录波 HDR 文件读取相关保护动作信息，以故障启动时刻为基准，保护动作简报见表 4-8-1。

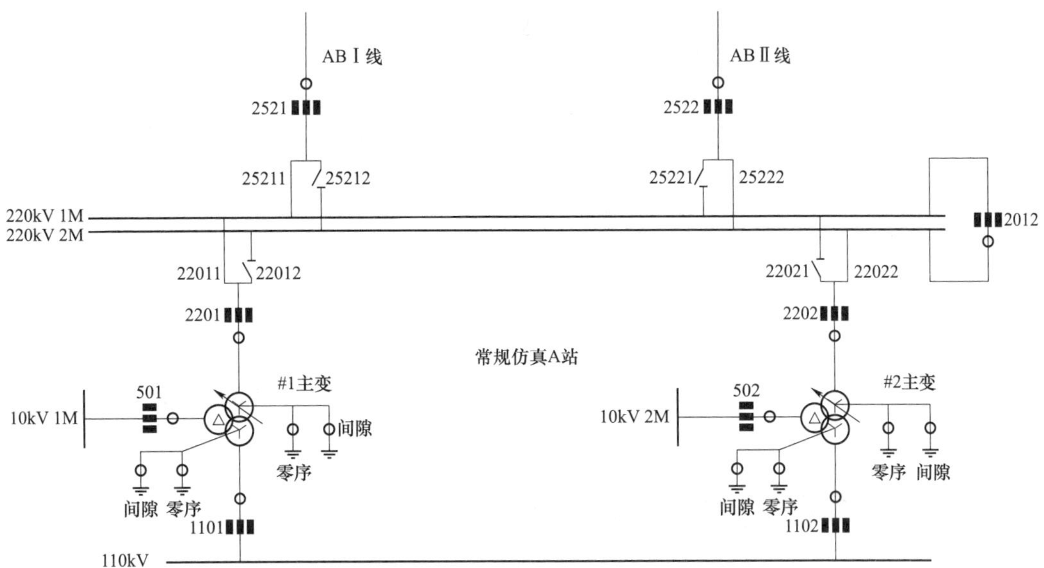

图 4-8-1　故障发生前 A 站运行方式

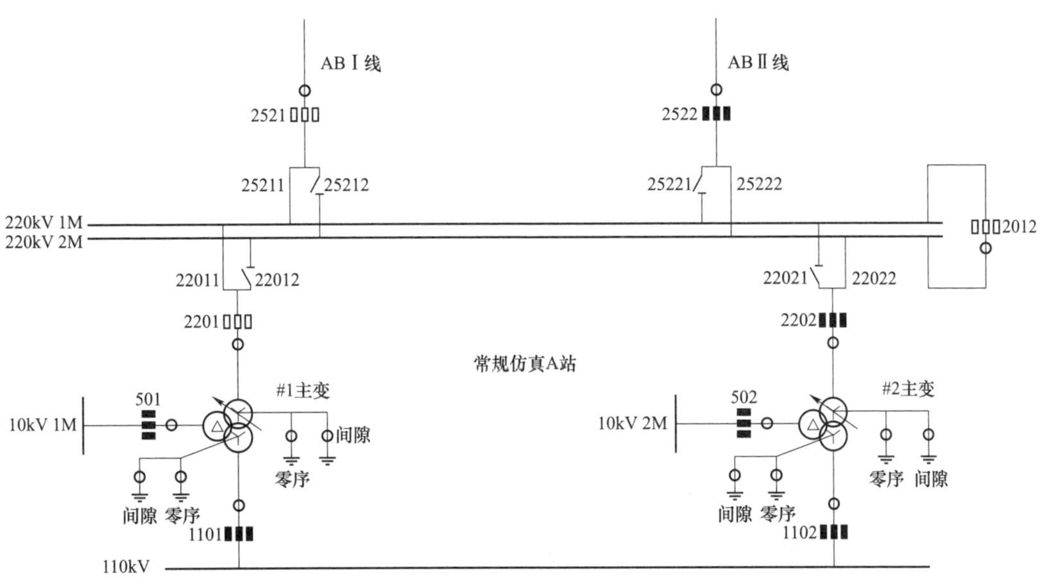

图 4-8-2　故障发生后 A 站运行方式

表 4-8-1　　母差保护动作简报

序号	动作报文对应时间	动作报文名称	动作相别	动作报文变化值
1	0ms	突变量启动		1
2	0ms	保护启动		1
3	9ms	差流启动		1

续表

序号	动作报文对应时间	动作报文名称	动作相别	动作报文变化值
4	7ms	Ⅰ M 母差动动作	CA	1
5	76ms	Ⅰ M 母差动动作	CA	0
6	75ms	突变量启动		0
7	75ms	差流启动		0
8	96ms	保护启动		0

表 4－8－1 中，A 站母差保护启动后 7ms，Ⅰ M 差动动作，故障选相 CA 相，母差保护动作出口跳Ⅰ M 上所有开关。

2. 开关量变位解析

从 A 站总故障录波 HDR 文件读取相关间隔开关量信息，以故障启动时刻为基准，A 站侧开关量变位图如图 4－8－3 所示。

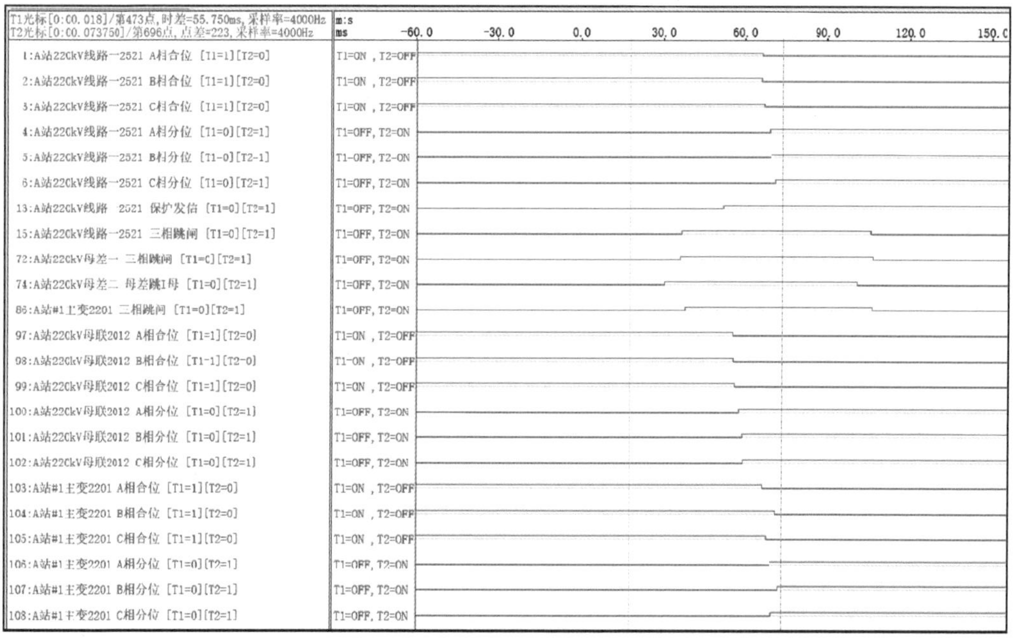

图 4－8－3　A 站侧开关量变位图

A 站侧开关量变位时间顺序见表 4－8－2。

表 4－8－2　　A 站侧开关量变位时间顺序

位置	第 1 次变位时间	第 2 次变位时间
1:A 站 220kV 线路一 2521 A 相合位	↓ 48.250ms	
2:A 站 220kV 线路一 2521 B 相合位	↓ 48.000ms	
3:A 站 220kV 线路一 2521 C 相合位	↓ 49.000ms	
4:A 站 220kV 线路一 2521 A 相分位	↑ 51.000ms	

续表

位置	第 1 次变位时间	第 2 次变位时间
5:A 站 220kV 线路一 2521 B 相分位	↑ 51.500ms	
6:A 站 220kV 线路一 2521 C 相分位	↑ 53.250ms	
13:A 站 220kV 线路一 2521 保护发信	↑ 34.000ms	↓ 250.500ms
15:A 站 220kV 线路一 2521 三相跳闸	↑ 19.000ms	↓ 88.000ms
72:A 站 220kV 母差一三相跳闸	↑ 18.500ms	↓ 88.750ms
74:A 站 220kV 母差二母差跳 I 母	↑ 12.500ms	↓ 82.750ms
86:A 站#1 主变 2201 三相跳闸	↑ 20.250ms	↓ 88.500ms
97:A 站 220kV 母联 2012 A 相合位	↓ 37.750ms	
98:A 站 220kV 母联 2012 B 相合位	↓ 38.000ms	
99:A 站 220kV 母联 2012 C 相合位	↓ 38.500ms	
100:A 站 220kV 母联 2012 A 相分位	↑ 40.000ms	
101:A 站 220kV 母联 2012 B 相分位	↑ 41.250ms	
102:A 站 220kV 母联 2012 C 相分位	↑ 41.500ms	
103:A 站#1 主变 2201 A 相合位	↓ 48.500ms	
104:A 站#1 主变 2201 B 相合位	↓ 53.500ms	
105:A 站#1 主变 2201 C 相合位	↓ 50.000ms	
106:A 站#1 主变 2201 A 相分位	↑ 51.500ms	
107:A 站#1 主变 2201 B 相分位	↑ 54.500ms	
108:A 站#1 主变 2201 C 相分位	↑ 52.000ms	

分析：在故障发生后约 7ms，ⅠM 差动动作，故障选相 CA 相，约 12.5ms 后，母差保护动作出口跳ⅠM 上所有开关，37～55ms 后，220kV ABⅠ线 2521 开关、#1 主变变高 2201 开关、220kV 母联 2012 开关分闸。

3. 波形特征解析

从 A 站总故障录波 HDR 文件读取相关间隔电气量信息。

（1）故障发生前后 220kV 母线电压录波图如图 4－8－4 所示。

从图 4－8－4 解析可知 T_1 时刻（故障发生时间）：母线 C 相、A 相电压发生突变、幅值下降但均明显大于零（说明不是金属性接地故障），B 相电压基本为正常值，$3U_0$ 零序电压较大，说明系统发生 CA 相间经过渡电阻接地短路故障。

从图 4－8－4 解析可知 T_2 时刻（故障切除时间）：Ⅰ母三相电压消失，Ⅱ母三相电压恢复正常，$3U_0$ 零序电压消失，说明Ⅰ母失压，Ⅱ母正常运行（注意：图中Ⅰ母电压经 0.5～1 个周波以内才衰减到零，是因为仿真系统的功放输出存在拖尾现象，实际故障中不会这么明显）。

（2）故障发生前后 220kV 线路间隔电流录波图如图 4－8－5 所示。

故障发生前后 220kV 母联间隔电流录波图如图 4－8－6 所示。

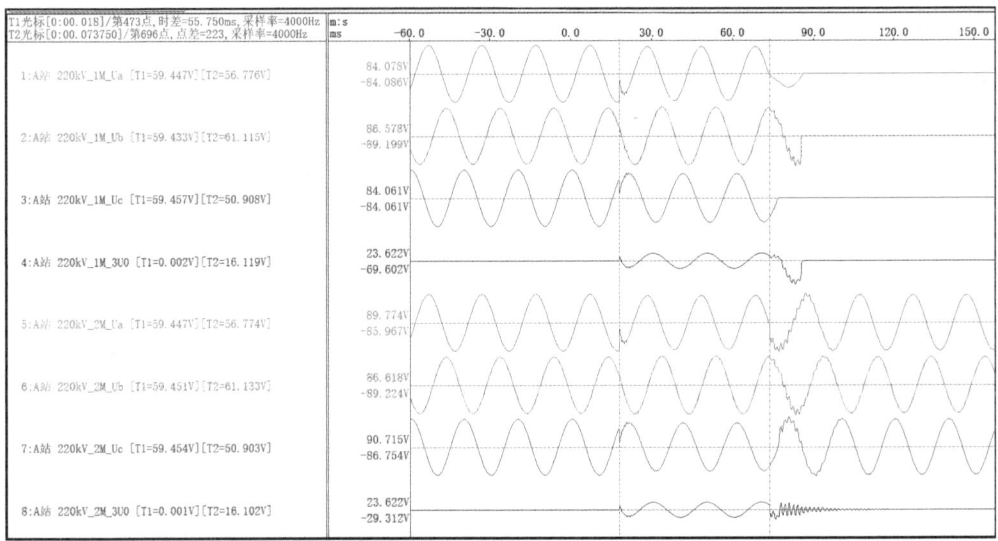

图 4-8-4　故障发生前后 220kV 母线电压录波图

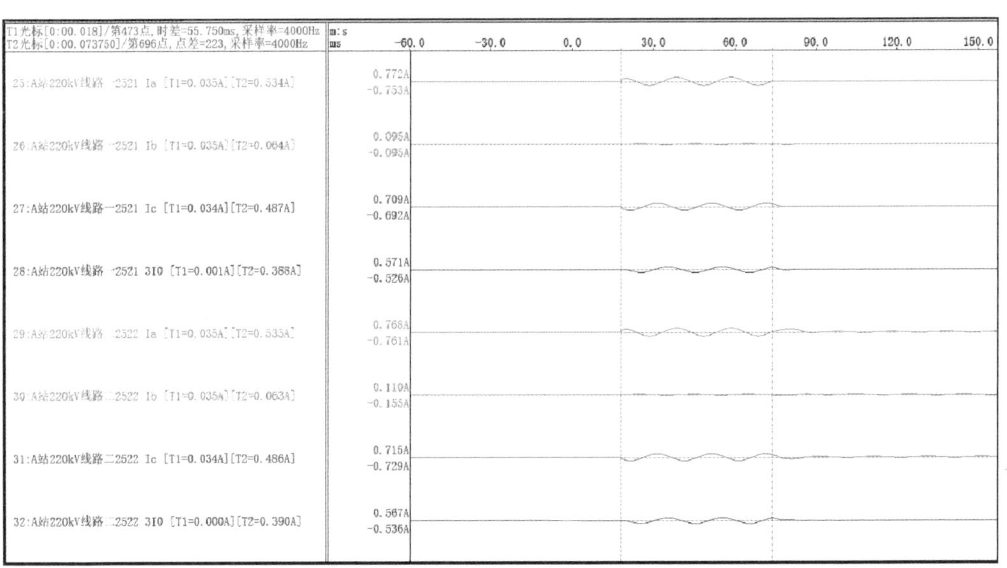

图 4-8-5　故障发生前后 220kV 线路间隔电流录波图

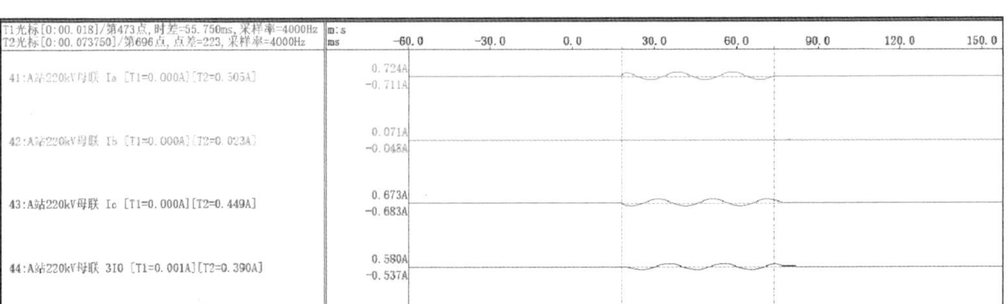

图 4-8-6　故障发生前后 220kV 母联间隔电流录波图

从图 4－8－5 和图 4－8－6 解析可知 T_1 时刻（故障发生时间）：线路间隔和母联间隔中 C 相、A 相电流均明显增大，且出现较大的 $3I_0$ 零序电流，B 相为负荷电流基本不变，说明故障类型为 CA 相间接地短路。

从图 4－8－5 和图 4－8－6 解析可知，以 220kV AB Ⅰ线间隔为例分析电流电压的相量关系（220kV AB Ⅱ线间隔、220kV 母联 2012 间隔同理），在线路 TA 极性端靠母线侧情况下，以正常相 B 相电压为参考向量，因过渡电阻影响，故障相电流电压幅值、相位较 CA 相间金属性接地时均发生变化，220kV AB Ⅰ线中故障相电流的超前相 I_c 超前正常相电压 U_b 约 43°、滞后相 I_a 滞后正常相电压 U_b 约 83°，零序电流 $3I_0$ 相位在故障相电流 I_c、I_a 相位中间附近，$3U_0$ 超前 $3I_0$ 约 85°，故障时故障相量图如图 4－8－7 所示，符合母线区域内发生 CA 相间短路故障的特征，可知线路间隔故障电流流入母线。在母联 TA 极性端靠Ⅰ M 侧的情况下，从图 4－8－5 和图 4－8－6 对比可知，220kV 母联 2012 间隔 A 相电流、C 相电流与 220kV AB Ⅱ线间隔 A 相电流、C 相电流相位相同，可知母联间隔故障电流由Ⅱ母流入Ⅰ母。综合分析可知，故障点在Ⅰ M 母线范围内。

图 4－8－7 故障时故障相量图

从图 4－8－5 和图 4－8－6 解析可知 T_2 时刻（故障切除时间）：220kV AB Ⅰ线、母联 2012 间隔电流消失，220kV AB Ⅱ线 2522 间隔恢复为正常负荷电流。根据开关量变位解析可知，220kV AB Ⅰ线 2521 开关、220kV 母联 2012 开关跳开（注意：请忽略仿真波形拖尾情况）。

（3）故障发生前后主变变高开关电流录波图如图 4－8－8 所示。

从图 4－8－8 解析可知 T_1 时刻（故障发生时间）：因主变中压侧和低压侧无电源，故主变变高开关间隔未向母线提供短路电流，仅呈现为零序电流增加。在#1 主变高压侧是中性点接地运行方式下，当系统发生接地故障时，#1 主变变高开关三相会流过大小相等、方向相同的零序电流；#2 主变变高中性点不接地（或经间隙接地），在中性点间隙未击穿时变高开关无零序电流（注意：图中#1 主变高压侧零序电流与中性点零序电流大小不同是因为变比不同引起，折算到一次值后相同）。

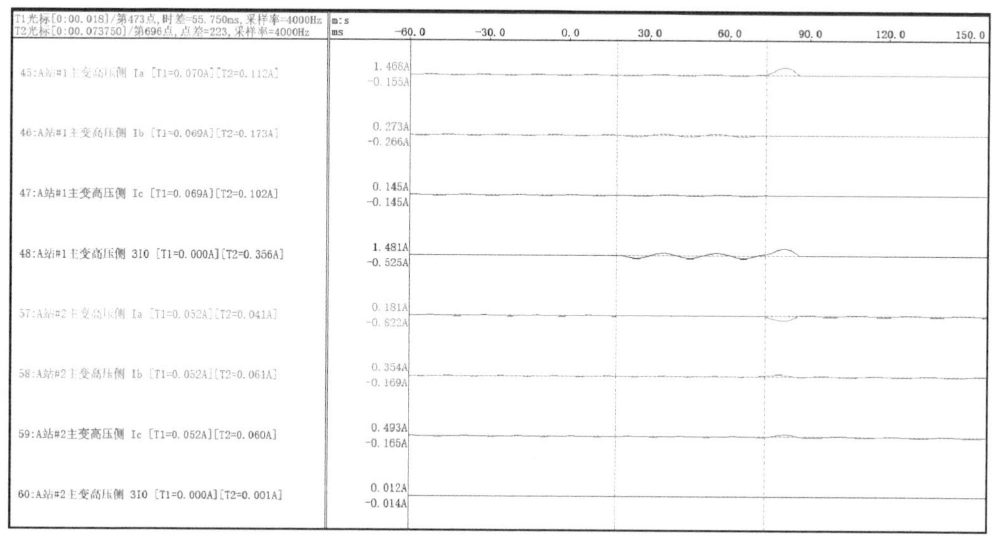

图 4-8-8　故障发生前后主变变高开关电流录波图

从图 4-8-8 解析可知 T_2 时刻（故障切除时间）：#1 主变变高电流为 0，#2 主变变高为正常负荷电流。根据开关量变位解析可知，#1 主变变高开关跳开（注意：请忽略仿真波形拖尾情况）。

三、综合总结

综合上述保护动作报文解析、开关量变位解析、电气量录波图特征解析可知，A 站Ⅰ M 母线区域内发生 CA 相间经过渡电阻的接地短路故障，母差保护动作跳开Ⅰ M 上所有开关，故障成功隔离。

分析要点：幅值下降但均明显大于 0（说明不是金属性接地故障），B 相电压基本为正常值，零序电压 $3U_0$ 较大；线路间隔和母联间隔中 C 相、A 相电流均明显增大，且出现较大的零序电流 $3I_0$，受过渡电阻影响，故障相电流电压幅值、相位较 CA 相间金属性接地时均发生变化，零序电流 $3I_0$ 相位在故障相电流 I_c、I_a 相位中间附近，$3U_0$ 超前 $3I_0$ 约 85°，B 相为负荷电流基本不变，母线上与外部电源连接的间隔故障电流均流入母线，母联（分段）间隔故障电流由非故障母线流向故障母线；母差保护动作跳开故障母线后，非故障母线恢复正常运行。

4.9　母线区外故障线路开关失灵

一、故障信息

故障发生前 A 站运行方式为：220kV AB Ⅰ线 2521 开关、#1 主变变高 2201 开关挂Ⅰ母运行，220kV ABⅡ线 2522 开关、#2 主变变高 2202 开关挂Ⅱ母运行，220kV 母联 2012 开关在合位，母线并列运行，#1 主变中性点接地、#2 主变中性点不接地，如图 4-9-1 所示。

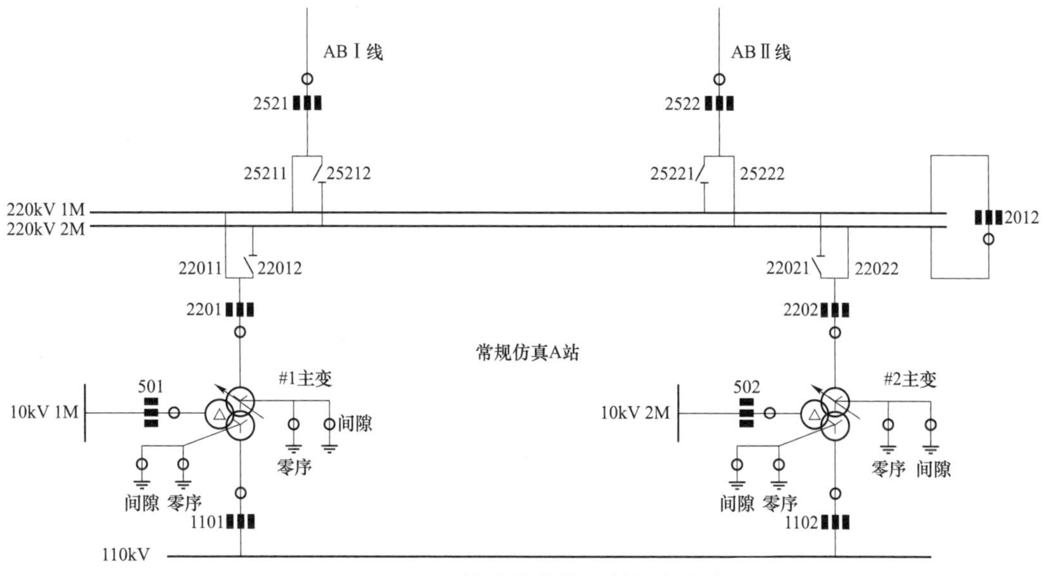

图 4-9-1　故障发生前 A 站运行方式

故障发生后，220kV ABⅠ线 2521 开关、#1 主变变高 2201 开关、220kV 母联 2012 开关在分位，220kV ABⅡ线 2522 开关、#2 主变变高 2202 开关在合位，运行方式如图 4-9-2 所示。

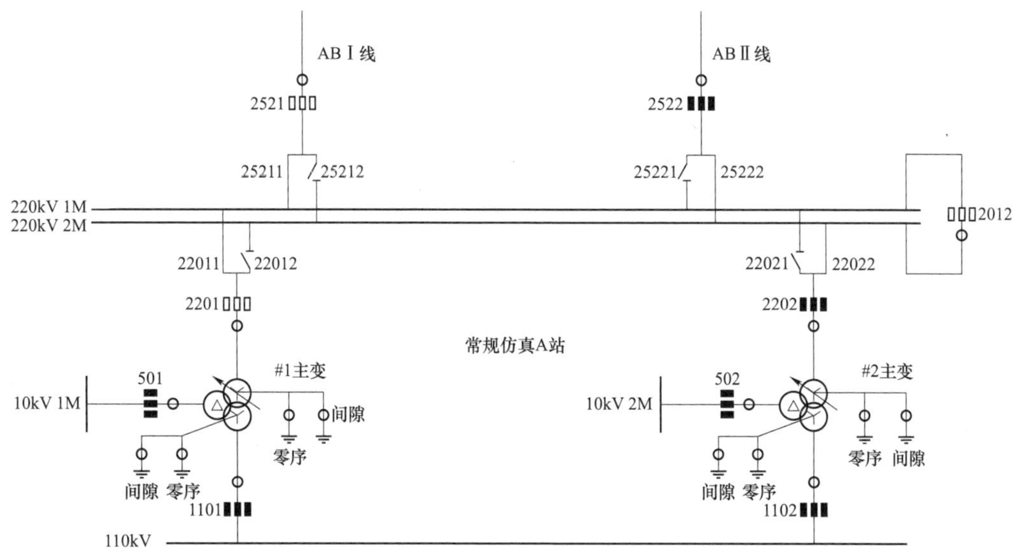

图 4-9-2　故障发生后 A 站运行方式

二、故障录波图解析

1. 保护动作报文解析

在A站母线保护中，支路4为220kV AB Ⅰ线2521线路，从A站2521线路保护故障录波HDR文件读取相关保护动作信息，以故障启动时刻为基准，保护动作简报见表4－9－1。

表4－9－1　　220kV AB Ⅰ线2521线路保护动作简报

序号	动作报文对应时间	动作报文名称	动作相别	动作报文变化值
1	0ms	保护启动		1
2	8ms	纵联差动保护动作	A	1
3	13ms	纵联距离动作	A	1
4	13ms	纵联零序动作	A	1
5	17ms	接地距离Ⅰ段动作	A	1
6	158ms	纵联差动保护动作	ABC	1
7	158ms	纵联距离动作	ABC	1
8	158ms	纵联零序动作	ABC	1
9	158ms	接地距离Ⅰ段动作	ABC	1
10	158ms	单跳失败三跳动作	ABC	1
11	490ms	纵联差动保护动作		0
12	490ms	纵联距离动作		0
13	490ms	纵联零序动作		0
14	490ms	接地距离Ⅰ段动作		0
15	490ms	单跳失败三跳动作		0

表4－9－1中，220kV AB Ⅰ线2521线路发生A相接地故障，8～17ms电流差动保护、纵联零序/距离保护和距离Ⅰ段保护动作选跳A相，故障仍持续存在，158ms电流差动保护、纵联零序/距离保护和距离Ⅰ段保护、单跳失败三跳动作跳三相，但故障仍未隔离，由此判断系统发生220kV AB Ⅰ线2521间隔发生A相接地且线路保护未成功隔离故障，将导致ⅠM母线失灵保护动作。

从A站母线保护故障录波HDR文件读取相关保护动作信息，以故障启动时刻为基准，保护动作简报见表4－9－2。

表4－9－2　　母差保护动作简报

序号	动作报文对应时间	动作报文名称	动作相别	动作报文变化值
1	0ms	突变量启动		1
2	0ms	保护启动		1
3	183ms	失灵保护跟跳动作		1
4	185ms	支路4_失灵出口	ABC	1

续表

序号	动作报文对应时间	动作报文名称	动作相别	动作报文变化值
5	284ms	失灵保护跳母联		1
6	284ms	失灵保护跳分段 1		1
7	434ms	Ⅰ M 母失灵保护动作		1
8	490ms	支路 4_失灵出口	ABC	0
9	494ms	失灵保护跳母联		0
10	494ms	失灵保护跳分段 1		0
11	494ms	Ⅰ M 母失灵保护动作		0
12	495ms	失灵保护跟跳动作		0

表 4-9-2 中，A 站母线保护启动后 183ms 失灵保护动作，跟跳支路 4，跟跳失败（可从后面开关变位图中判断），284ms Ⅰ M 失灵保护跳母联出口，434ms Ⅰ M 失灵保护动作跳 Ⅰ M 上所有开关。

2. 开关量变位解析

从 A 站总故障录波 HDR 文件读取相关间隔开关量信息，以故障启动时刻为基准，A 站侧开关量变位图如图 4-9-3 所示。

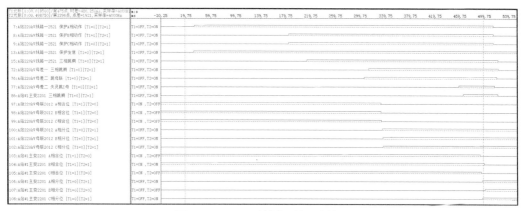

图 4-9-3 A 站侧开关量变位图

开关量变位时间顺序见表 4-9-3。

表 4-9-3 A 站侧开关量变位时间顺序

位置	第 1 次变位时间	第 2 次变位时间
7:A 站 220kV 线路一 2521 保护 A 相动作	↑ 15.500ms	↓ 495.750ms
8:A 站 220kV 线路一 2521 保护 B 相动作	↑ 166.250ms	↓ 495.750ms
9:A 站 220kV 线路一 2521 保护 C 相动作	↑ 166.000ms	↓ 495.750ms
13:A 站 220kV 线路一 2521 保护发信	↑ 13.750ms	↓ 665.000ms
15:A 站 220kV 线路一 2521 三相跳闸	↑ 195.750ms	↓ 503.500ms
72:A 站 220kV 母差一三相跳闸	↑ 295.000ms	↓ 504.250ms
76:A 站 220kV 母差二跳母联	↑ 288.000ms	↓ 501.750ms
77:A 站 220kV 母差二失灵跳 Ⅰ 母	↑ 440.000ms	↓ 498.000ms

续表

位置	第 1 次变位时间	第 2 次变位时间
86:A 站#1 主变 2201 三相跳闸	↑ 447.250ms	↓ 503.750ms
97:A 站 220kV 母联 2012 A 相合位	↓ 314.500ms	
98:A 站 220kV 母联 2012 B 相合位	↓ 314.750ms	
99:A 站 220kV 母联 2012 C 相合位	↓ 315.500ms	
100:A 站 220kV 母联 2012 A 相分位	↑ 316.750ms	
101:A 站 220kV 母联 2012 B 相分位	↑ 318.000ms	
102:A 站 220kV 母联 2012 C 相分位	↑ 318.250ms	
103:A 站#1 主变 2201 A 相合位	↓ 475.500ms	
104:A 站#1 主变 2201 B 相合位	↓ 481.500ms	
105:A 站#1 主变 2201 C 相合位	↓ 477.000ms	
106:A 站#1 主变 2201 A 相分位	↑ 478.500ms	
107:A 站#1 主变 2201 B 相分位	↑ 482.750ms	
108:A 站#1 主变 2201 C 相分位	↑ 479.000ms	

分析：在故障发生 220kV AB Ⅰ线 2521 线路保护启动后约 15.5ms 线路主保护动作出口选跳 A 相开关，但在图 4－9－3、表 4－9－2 中检查并未发现 A 相开关分闸变位记录，说明 A 相开关拒动，随后 166～195ms 线路主保护三跳动作出口，但三相开关均未分闸，判断开关发生拒动；因线路保护动作出口一直保持且故障电流持续存在，288ms 母线失灵保护动作跳母联出口，316～318ms 母联 2012 开关分闸；440ms 母线失灵跳Ⅰ母动作出口，479～482ms#1 主变 2201 开关分闸。至此，除 220kV AB Ⅰ线 2521 开关拒动外，挂ⅠM 上的所有开关（#1 主变变高 2201 开关、220kV 母联 2012 开关）均跳开。

3．波形特征解析

从 A 站总故障录波 HDR 文件读取相关间隔电气量信息。

（1）故障发生前后 220kV 母线电压录波图如图 4－9－4 所示。

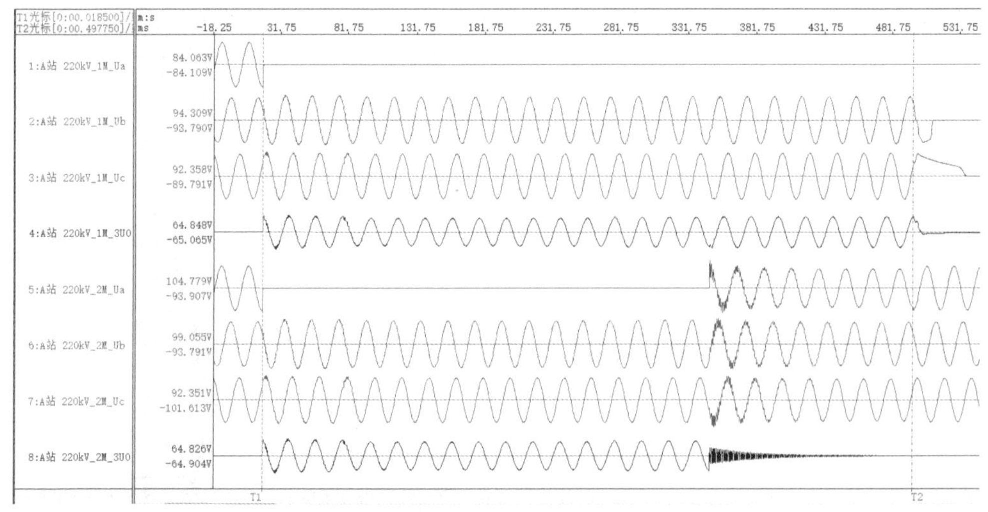

图 4－9－4　故障发生前后 220kV 母线电压录波图

从图 4－9－4 解析可知 T_1 时刻（故障发生时间）：母线 A 相电压明显下降、幅值趋近于 0，B、C 相电压基本不变，且出现较大零序电压 $3U_0$，由此判断系统发生靠近母线端的 A 相金属性接地短路故障。

从图 4－9－4 解析可知，故障持续约 330ms 后因失灵保护动作跳开母联 2012 开关，Ⅱ母 A、B、C 电压恢复正常、ⅡM 的零序电压 $3U_0$ 消失，Ⅱ母恢复正常运行；但Ⅰ母 A 相电压仍接近于 0，且零序电压 $3U_0$ 仍然较大，说明故障仍然存在（注意：请忽略仿真系统的拖尾现象）。

从图 4－9－4 解析可知 T_2 时刻（故障隔离时间）：故障持续约 480ms 后因母线失灵保护动作跳开Ⅰ母所有开关（拒动开关除外），此时Ⅰ母 A、B、C 电压及 $3U_0$ 消失，成功隔离故障（注意：请忽略仿真系统的拖尾现象）。

故障发生前后 220kV 线路间隔电流录波图如图 4－9－5 所示。

故障发生前后 220kV 母联间隔电流录波图如图 4－9－6 所示。

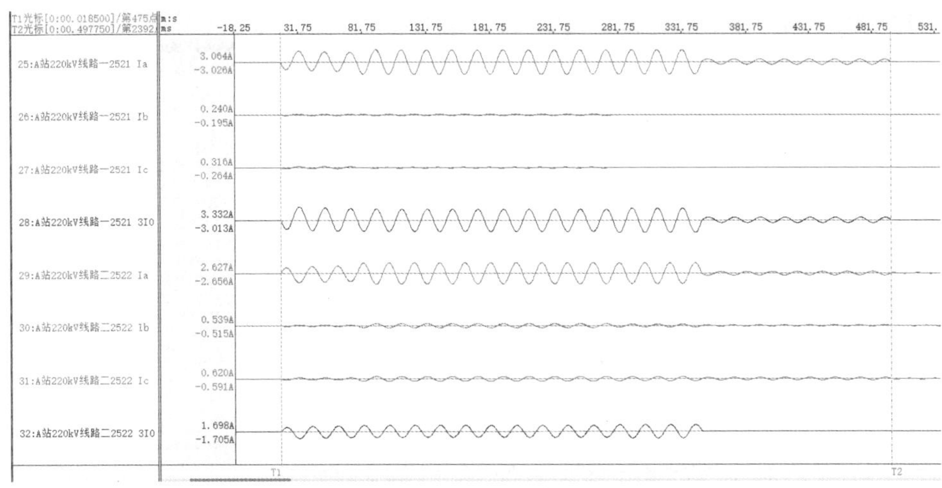

图 4－9－5　故障发生前后 220kV 线路间隔电流录波图

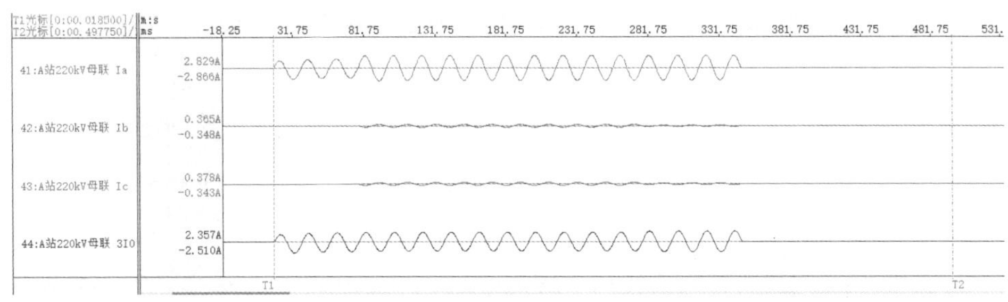

图 4－9－6　故障发生前后 220kV 母联间隔电流录波图

从图 4－9－5 和图 4－9－6 解析可知 T_1 时刻（故障发生时间）：线路间隔和母联间隔中 A 相电流均明显增大，出现较大 $3I_0$ 零序电流，说明故障类型为 A 相接地短路。

从图 4－9－5 和图 4－9－6 解析可知，在线路 TA 极性端靠母线侧、母联 TA 极性端靠Ⅰ M 侧的情况下，AB Ⅰ 线间隔 A 相故障电流 I_a 滞后 Ⅰ 母 A 相电压 U_a 约 50°，$3I_0$ 超前 $3U_0$ 约 100°，且 I_a 与 $3I_0$ 电流相位相同，故障起始段 AB Ⅰ 线故障相量图如图 4－9－7 所示，由此可知 AB Ⅰ 线保护范围内发生 A 相接地故障；同时对比发现 AB Ⅰ 线间隔 A 相电流、零序电流 $3I_0$ 与 AB Ⅱ 线间隔、母联间隔 A 相电流、零序电流 $3I_0$ 相位相反。综合分析可知，AB Ⅰ 线故障电流流出母线，AB Ⅱ 线故障电流流入母线，母联间隔故障电流由 Ⅱ 母流入 Ⅰ 母，由此判断是挂 Ⅰ 母的 AB Ⅰ 线范围内发生 A 相接地故障。

从图 4－9－5 和图 4－9－6 解析可知，故障持续约 330ms 后失灵保护动作跳开母联开关，AB Ⅰ 线间隔 A 相故障电流、零序电流 $3I_0$ 减小，AB Ⅱ 线、母联间隔 A 相故障电流、零序电流 $3I_0$ 消失，AB Ⅱ 线恢复为正常负荷电流。

从图 4－9－5 和图 4－9－6 解析可知 T_2 时刻（故障隔离时间）：当母联开关跳开后，挂 Ⅰ 母运行的#1 主变间隔通过 110kV 侧向故障点提供短路电流（因变压器等值阻抗较大，故障电流明显降低），故障持续约 480ms 后失灵保护动作跳开 Ⅰ 母所有开关（#1 主变变高 2201 开关），成功隔离故障点，AB Ⅰ 线 A 相故障电流、零序电流 $3I_0$ 消失。

通道	实部	虚部	向量
1:A站 220kV 1M Ua	0.872V	0.000V	0.616V∠0.000°
2:A站 220kV 1M Ub	-15.783V	-86.625V	62.261V∠-100.326°
3:A站 220kV 1M Uc	-68.656V	49.060V	59.668V∠144.451°
4:A站 220kV 1M 3U0	-48.195V	-21.669V	37.365V∠-155.790°
25:A站220kV线路—2521 Ia	1.465A	-2.596A	2.108A∠-60.550°
28:A站220kV线路—2521 3I0	1.304A	-2.377A	1.917A∠-61.255°

图 4－9－7　故障起始段 AB Ⅰ 线故障相量图

（2）故障发生前后主变间隔电流录波图如图 4－9－8 所示。

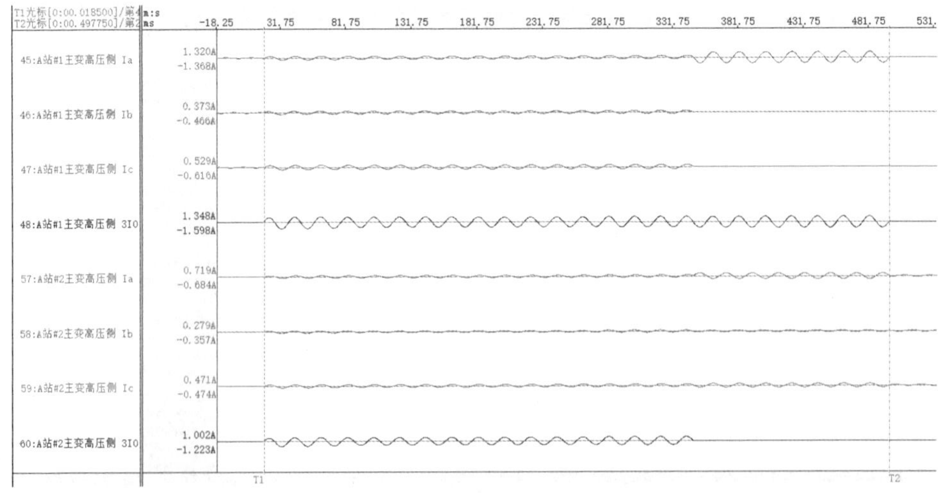

图 4－9－8　故障发生前后主变变高开关电流录波图

母联跳开后 AB Ⅰ线故障相量图如图 4-9-9 所示。

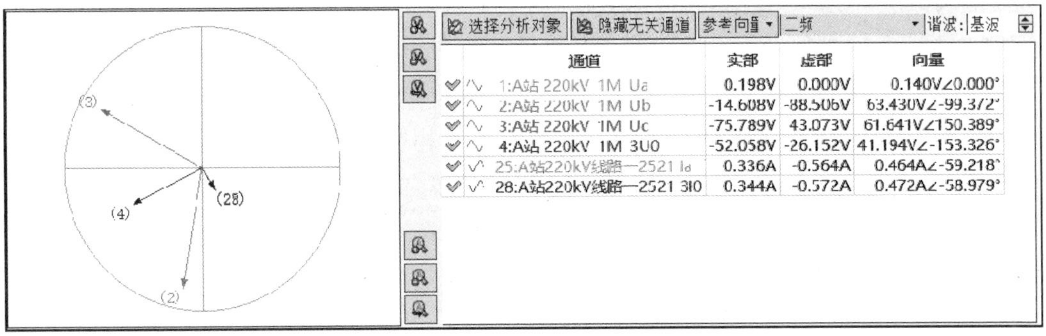

通道	实部	虚部	向量
1:A站 220kV 1M Ua	0.198V	0.000V	0.140V∠0.000°
2:A站 220kV 1M Ub	-14.608V	-88.506V	63.430V∠-99.372°
3:A站 220kV 1M Uc	-75.789V	43.073V	61.641V∠150.389°
4:A站 220kV 1M 3U0	-52.058V	-26.152V	41.194V∠-153.326°
25:A站220kV线路一2521 Ia	0.336A	-0.564A	0.464A∠-59.218°
28:A站220kV线路一2521 3I0	0.344A	-0.572A	0.472A∠-58.979°

图 4-9-9 母联跳开后 AB Ⅰ线故障相量图

从图 4-9-8 和图 4-9-9 解析可知 T_1 时刻（故障发生时间）：因主变中压侧和低压侧无电源，故主变变高开关间隔未向母线提供短路电流，仅呈现为零序电流增加。在#1 主变高压侧是中性点接地运行方式下，当系统发生接地故障时，#1 主变变高开关三相会流过大小相等、方向相同的零序电流；#2 主变变高中性点不接地（或经间隙接地），在中性点间隙未击穿时变高开关无零序电流。

从图 4-9-8 和图 4-9-9 解析可知，故障持续 330ms 后失灵保护动作跳开母联开关，此时由挂Ⅰ母运行的#1 主变间隔通过 110kV 侧向故障点提供短路电流（因变压器等值阻抗较大，故障电流明显降低），此时#1 主变变高 A 相故障电流与 AB Ⅰ线 A 相故障电流幅值相近（一次值）、相位相近，说明故障电流由#1 主变变高流入母线，经 AB Ⅰ线流出母线至故障点。

从图 4-9-8 和图 4-9-9 解析可知 T_2 时刻（故障隔离时间）：故障持续约 480ms 后失灵保护动作跳开Ⅰ母所有开关（#1 主变变高 2201 开关），#1 主变变高三相电流为 0，故障隔离。

三、综合总结

综合上述保护动作报文解析、开关量变位解析、电气量录波图特征解析可知 A 站 220kV AB Ⅰ线 A 相发生近端金属性接地故障，AB Ⅰ线 2521 开关拒动，导致 220kV 母线保护中ⅠM 失灵动作，跳开 220kV 母联开关及 220kV ⅠM 侧所有开关（拒动开关除外），成功隔离故障。

分析要点：故障初期母线 A 相电压明显下降、幅值趋近于 0，B、C 相电压基本不变，且出现较大零序电压 $3U_0$，故障持续约 330ms 后因失灵保护动作跳开母联 2012 开关，Ⅱ母 A、B、C 电压恢复正常、ⅡM 的零序电压 $3U_0$ 消失，Ⅱ母恢复正常运行；但Ⅰ母 A 相电压仍接近于 0，且零序电压 $3U_0$ 仍然较大，故障持续约 480ms 后因母线失灵保护动作跳开Ⅰ母所有开关（拒动开关除外），此时Ⅰ母 A、B、C 电压及零序电压 $3U_0$ 消失，成功隔离故障；故障初期线路间隔和母联间隔中 A 相电流均明显增大，出现较大零序电流 $3I_0$，说明故障类型为 A 相接地短路，故障持续 330ms 后失灵保护动作跳开母联开关，此时由挂Ⅰ母运行的#1 主变间隔通过 110kV 侧向故障点提供短路电流（因变压器等值阻抗较大，故障电流明显降低），此时#1 主变变高 A 相故障电流与 ABⅠ线 A 相故障电流幅值相近（一次值）、相位相近，说明故障电流由#1 主变变高流入母线，经 ABⅠ线流出母线至故障点。故障持续约 480ms 后失灵保护动作跳开Ⅰ母所有开关（#1 主变变高 2201 开关），#1 主变变高三相电流为 0，故障隔离。

4.10 母线区外故障线路开关击穿

一、故障信息

故障发生前 A 站运行方式为：220kV ABⅠ线 2521 开关、#1 主变变高 2201 开关挂Ⅰ母运行，220kV ABⅡ线 2522 开关、#2 主变变高 2202 开关挂Ⅱ母运行，220kV 母联 2012 开关在合位，母线并列运行，#1 主变中性点接地、#2 主变中性点不接地，如图 4-10-1 所示。

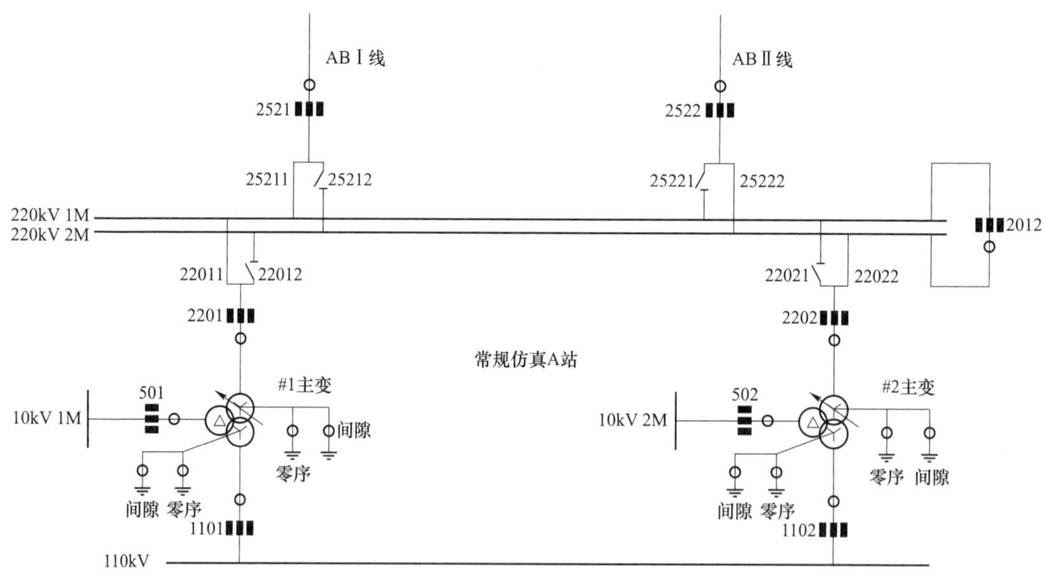

图 4-10-1　故障发生前 A 站运行方式

故障发生后，220kV ABⅠ线 2521 开关、#1 主变变高 2201 开关、220kV 母联 2012 开关在分位，220kV ABⅡ线 2522 开关、#2 主变变高 2202 开关在合位，运行方式如图 4-10-2 所示。

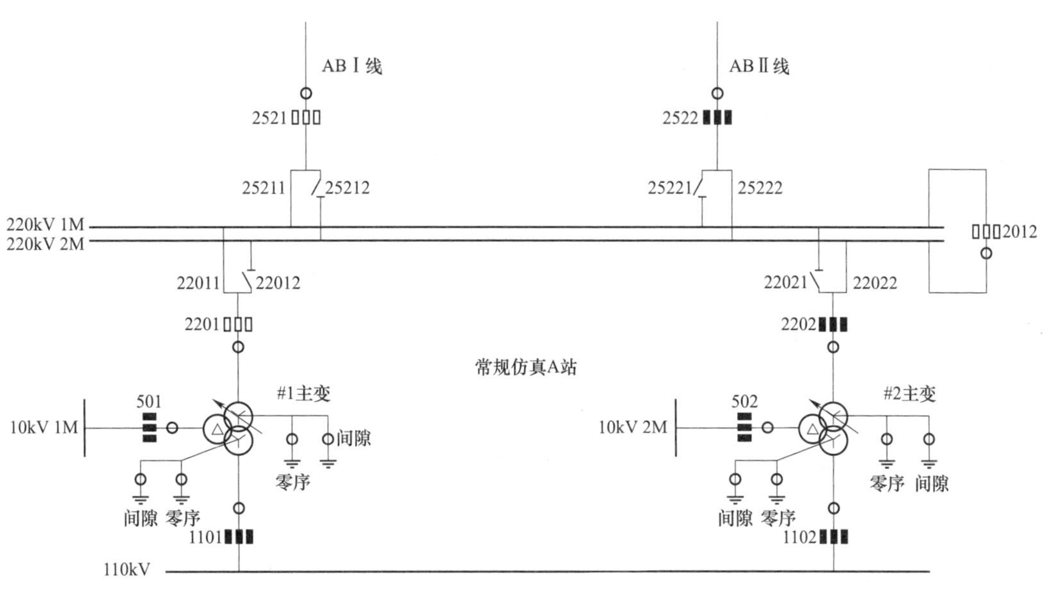

图 4-10-2 故障发生后 A 站运行方式

二、故障录波图解析

1. 保护动作报文解析

在 A 站母线保护中，支路 4 为 220kV AB Ⅰ线 2521 线路，从 A 站 2521 线路保护故障录波 HDR 文件读取相关保护动作信息，以故障启动时刻为基准，保护动作简报见表 4-10-1。

表 4-10-1 220kV AB Ⅰ线 2521 线路保护动作简报

序号	动作报文对应时间	动作报文名称	动作相别	动作报文变化值
1	0ms	保护启动		1
2	8ms	纵联差动保护动作	A	1
3	12ms	纵联距离动作	A	1
4	12ms	纵联零序动作	A	1
5	16ms	接地距离Ⅰ段动作	A	1
6	61ms	纵联差动保护动作		0
7	61ms	纵联距离动作		0
8	61ms	纵联零序动作		0
9	61ms	接地距离Ⅰ段动作		0
10	107ms	纵联差动保护动作	A	1
11	141ms	接地距离Ⅰ段动作	A	1

续表

序号	动作报文对应时间	动作报文名称	动作相别	动作报文变化值
12	143ms	纵联距离动作	A	1
13	257ms	纵联差动保护动作	ABC	1
14	257ms	纵联距离动作	ABC	1
15	257ms	接地距离Ⅰ段动作	ABC	1
16	257ms	单跳失败三跳动作	ABC	1
17	566ms	单相运行三跳动作	ABC	1
18	566ms	单相运行三跳启远跳发信		1
19	590ms	纵联差动保护动作		0
20	590ms	纵联距离动作		0
21	590ms	接地距离Ⅰ段动作		0
22	590ms	单跳失败三跳动作		0
23	590ms	单相运行三跳动作		0
24	590ms	单相运行三跳启远跳发信		0
25	7453ms	保护启动		0

表4－10－1中，220kV ABⅠ线2521线路发生A相接地故障，8～16ms电流差动保护、纵联零序/距离保护和距离Ⅰ段保护动作选跳A相，开关分闸成功隔离故障，61ms后保护动作返回。107～141ms电流差动保护、纵联距离保护及距离Ⅰ段保护再次动作，故障仍持续存在，257ms电流差动保护、纵联距离保护和距离Ⅰ段保护、单跳失败三跳动作跳三相，但故障仍未隔离，566ms发单相运行三跳动作、单相运行三跳启远跳发信，由此判断系统发生220kV ABⅠ线2521间隔发生A相接地且线路保护未成功隔离故障，将导致ⅠM母线失灵保护动作。

从A站母线保护故障录波HDR文件读取相关保护动作信息，以故障启动时刻为基准，保护动作简报见表4－10－2。

表4－10－2　　母差保护动作简报

序号	动作报文对应时间	动作报文名称	动作相别	动作报文变化值
1	0ms	突变量启动		1
2	0ms	保护启动		1
3	180ms	失灵保护跟跳动作		1
4	183ms	支路4_失灵出口	ABC	1
5	282ms	失灵保护跳母联		1

续表

序号	动作报文对应时间	动作报文名称	动作相别	动作报文变化值
6	282ms	失灵保护跳分段 1		1
7	432ms	Ⅰ M 母失灵保护动作		1
8	488ms	支路 4_失灵出口	ABC	0
9	493ms	失灵保护跟跳动作		0
10	493ms	失灵保护跳母联		0
11	493ms	失灵保护跳分段 1		0
12	493ms	Ⅰ M 母失灵保护动作		0
13	524ms	突变量启动		0
14	524ms	保护启动		0

表 4－10－2 中，A 站母线保护启动后 180ms 失灵保护动作，跟跳支路 4，跟跳失败（可从后面开关变位图中判断），282ms 失灵保护跳母联出口，432ms Ⅰ M 失灵保护动作跳 Ⅰ M 上所有开关。

2. 开关量变位解析

从 A 站总故障录波 HDR 文件读取相关间隔开关量信息，以故障启动时刻为基准，A 站侧开关量变位图如图 4－10－3 所示。

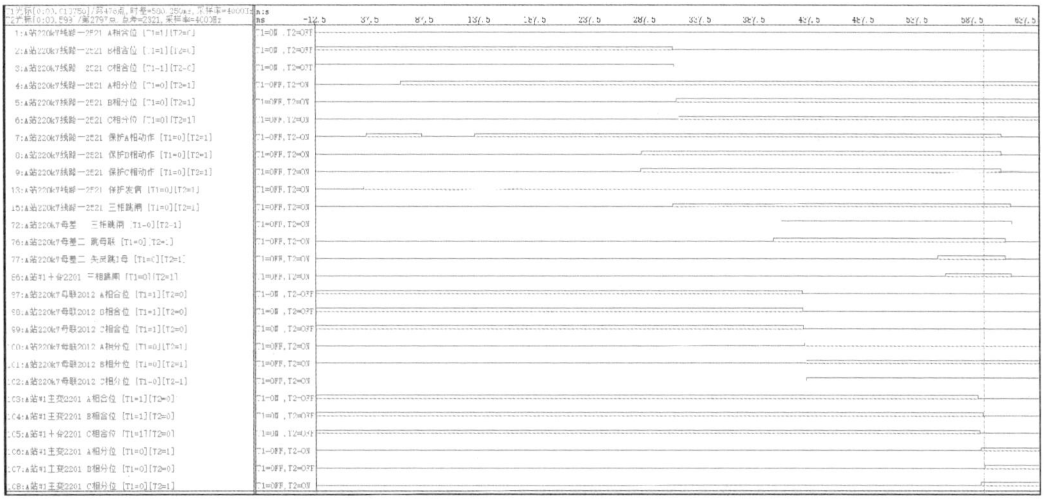

图 4－10－3　A 站侧开关量变位图

开关量变位时间顺序见表 4－10－3。

表 4-10-3　　　　　　　　A 站侧开关量变位时间顺序

位置	第 1 次变位时间	第 2 次变位时间	第 3 次变位时间	第 4 次变位时间
1:A 站 220kV 线路一 2521 A 相合位	↓ 44.750ms			
2:A 站 220kV 线路一 2521 B 相合位	↓ 294.750ms			
3:A 站 220kV 线路一 2521 C 相合位	↓ 295.750ms			
4:A 站 220kV 线路一 2521 A 相分位	↑ 47.750ms			
5:A 站 220kV 线路一 2521 B 相分位	↑ 298.250ms			
6:A 站 220kV 线路一 2521 C 相分位	↑ 300.000ms			
7:A 站 220kV 线路一 2521 保护 A 相动作	↑ 16.000ms	↓ 67.250ms	↑ 115.250ms	↓ 596.250ms
8:A 站 220kV 线路一 2521 保护 B 相动作	↑ 266.000ms	↓ 596.250ms		
9:A 站 220kV 线路一 2521 保护 C 相动作	↑ 265.750ms	↓ 596.500ms		
13:A 站 220kV 线路一 2521 保护发信	↑ 14.250ms	↓ 768.000ms		
15:A 站 220kV 线路一 2521 三相跳闸	↑ 294.750ms	↓ 605.750ms		
72:220kV 母差一三相跳闸	↑ 394.000ms	↓ 606.500ms		
76:A 站 220kV 母差二跳母联	↑ 387.000ms	↓ 600.750ms		
77:A 站 220kV 母差二失灵跳 I 母	↑ 538.750ms	↓ 600.500ms		
86:A 站#1 主变 2201 三相跳闸	↑ 546.250ms	↓ 606.000ms		
97:A 站 220kV 母联 2012 A 相合位	↓ 413.250ms			
98:A 站 220kV 母联 2012 B 相合位	↓ 413.500ms			
99:A 站 220kV 母联 2012 C 相合位	↓ 414.000ms			
100:A 站 220kV 母联 2012 A 相分位	↑ 415.250ms			
101:A 站 220kV 母联 2012 B 相分位	↑ 416.750ms			
102:A 站 220kV 母联 2012 C 相分位	↑ 417.000ms			
103:A 站#1 主变 2201 A 相合位	↓ 574.750ms			
104:A 站#1 主变 2201 B 相合位	↓ 579.750ms			
105:A 站#1 主变 2201 C 相合位	↓ 576.250ms			
106:A 站#1 主变 2201 A 相分位	↑ 578.000ms			
107:A 站#1 主变 2201 B 相分位	↑ 581.000ms			
108:A 站#1 主变 2201 C 相分位	↑ 578.000ms			

分析：在故障发生 220kV AB Ⅰ线 2521 线路保护启动后 16ms 线路主保护动作出口选跳 A 相开关，47.75ms A 相开关成功分闸成功隔离故障，67.25ms 保护动作返回。115.25ms 线路主保护再次动作选跳 A 相开关（期间 A 相开关保持在分闸位置），266ms 线路保护动作发三跳命令，298～300ms 2521 开关 B 相、C 相开关成功分闸，随后 387ms 母线失灵保护跳母联出口，415～416ms 母联 2012 开关三相分闸；538.75ms 母线失灵保护动作跳Ⅰ母出口，578～581ms #1 主变 2201 开关跳开。至此，挂ⅠM 上的所有开关（220kV AB Ⅰ线 2521 开关、#1 主变变高 2201 开关、220kV 母联 2012 开关）均跳开。

初步判断：220kV AB Ⅰ线 2521 线路在本间隔选跳 A 相后极短时间内再次故障，随后 2521 线路保护三跳动作跳开三相开关故障仍然持续，直至母线失灵保护动作跳开Ⅰ母上所有开关才将故障隔离。

3. 波形特征解析

从 A 站总故障录波 HDR 文件读取相关间隔电气量信息。

（1）故障发生前后 220kV 母线电压录波图如图 4－10－4 所示。

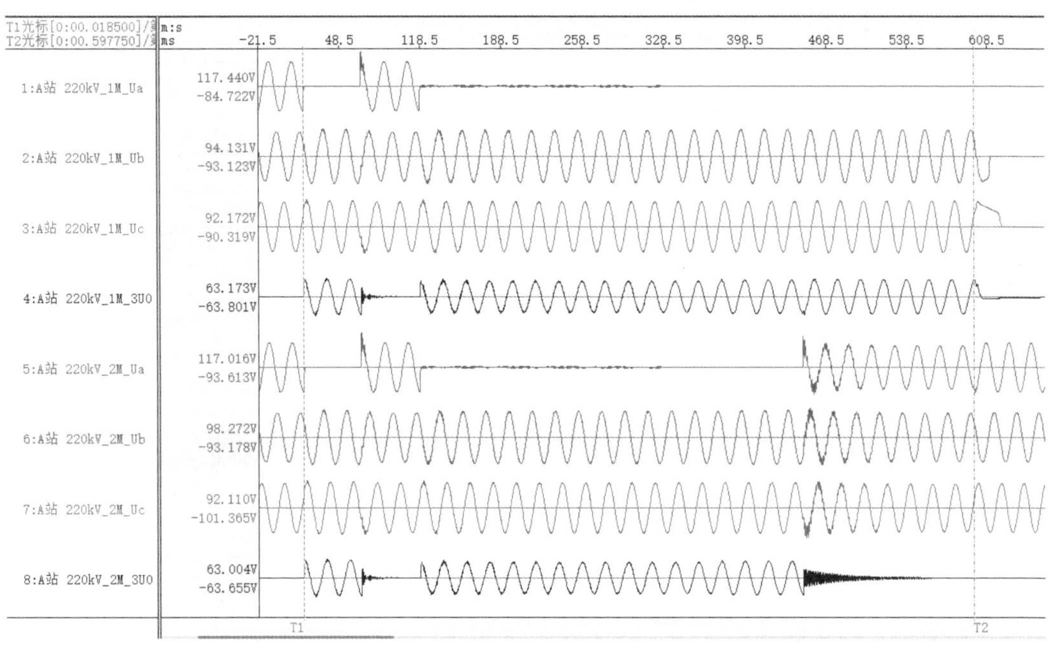

图 4－10－4　故障发生前后 220kV 母线电压录波图

从图 4－10－4 解析可知 T_1 时刻（故障起始发生时间）：母线 A 相电压明显下降、幅值趋近于 0，B、C 相电压基本不变，且出现较大零序电压 $3U_0$，由此判断系统发生靠近母线端的 A 相金属性接地故障，持续时间约 50ms，随着线路保护动作成功选跳 A 相开关，50～100ms 期间母线三相电压恢复正常、零序电压 $3U_0$ 消失，约 100ms 时刻开始母线 A 相电压再次下降为 0 且出现较大零序电压 $3U_0$，B、C 相电压基本不变，说明系统再次发生 A 相接地故障，随后故障一直持续。

从图 4－10－4 解析可知，故障从 100ms 持续至 430ms，因失灵保护动作跳开母联 2012 开关，约 430ms 时刻开始Ⅱ母三相电压恢复正常、ⅡM 的零序电压 $3U_0$ 消失，Ⅱ母恢复正常运行；但Ⅰ母 A 相电压仍接近于 0，且零序电压 $3U_0$ 仍然较大，说明故障仍然存在（注意：请忽略仿真系统的拖尾现象）。

从图 4－10－4 解析可知 T_2 时刻（故障隔离时间）：故障持续约 580ms，因母线失灵保护动作跳开Ⅰ母所有开关，此时Ⅰ母 A、B、C 电压及零序电压 $3U_0$ 消失，成功隔离故障（注意：请忽略仿真系统的拖尾现象）。

初步判断：A 相故障重复出现，期间直至母线失灵保护动作跳开Ⅰ母上的开关才将故障隔离。

（2）故障发生前后 220kV 线路间隔电流录波图如图 4－10－5 所示。

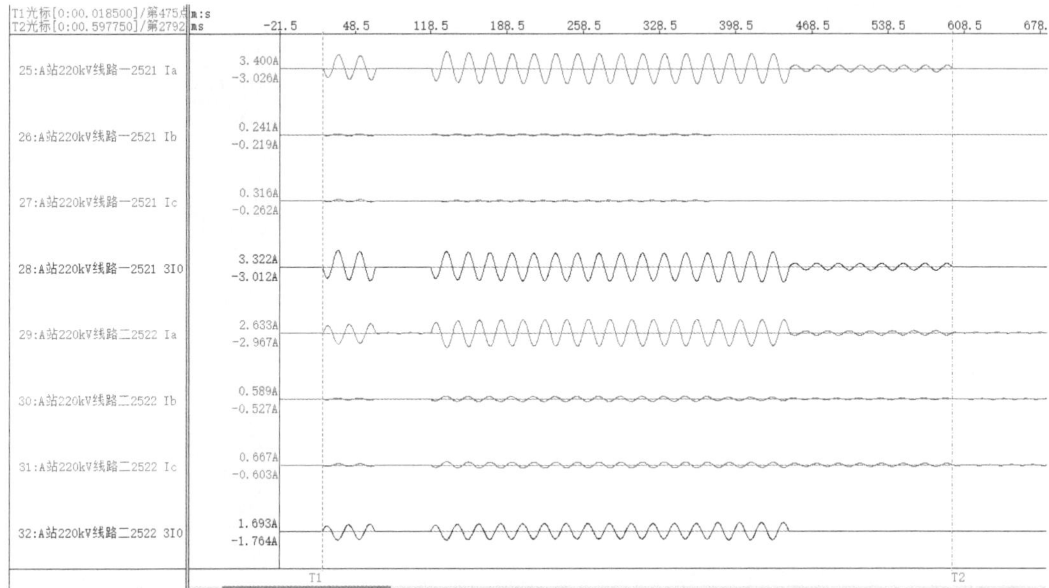

图 4－10－5　故障发生前后 220kV 线路间隔电流录波图

故障发生前后 220kV 母联间隔电流录波图，图 4－10－6 所示。

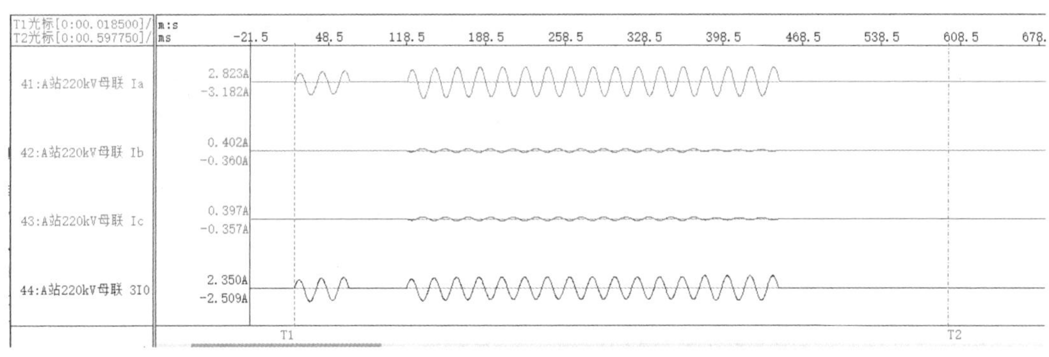

图 4－10－6　故障发生前后 220kV 母联间隔电流录波图

从图 4－10－5 和图 4－10－6 解析可知 T_1 时刻（故障起始发生时间）：线路间隔和母联间隔中 A 相电流均明显增大，出现较大零序电流 $3I_0$，说明故障类型为 A 相接地短路。

从图 4－10－5 和图 4－10－6 解析可知，在线路 TA 极性端靠母线侧、母联 TA 极性端靠 Ⅰ M 侧的情况下，AB Ⅰ 线间隔 A 相故障电流 I_a 滞后 Ⅰ 母 A 相电压 U_a 约 55°，$3I_0$ 超前 $3U_0$ 约 100°，且 I_a 与 $3I_0$ 电流相位相同，故障起始阶段线路及母联间隔电流电压故障相量图如图 4－10－7 所示，由此可知 AB Ⅰ 线保护范围内发生 A 相接地故障；同时对比发现 AB Ⅰ 线间隔 A 相电流、零序电流 $3I_0$ 与 AB Ⅱ 线间隔、母联间隔 A 相电流、零序电流 $3I_0$ 相位相反。综合分析可知，AB Ⅰ 线故障电流流出母线，AB Ⅱ 线故障电流流入母线，母联间隔故障电流由 Ⅱ 母流入 Ⅰ 母，由此判断是挂 Ⅰ 母的 AB Ⅰ 线范围内发生 A 相接地故障。

从图 4－10－5 和图 4－10－6 解析可知，在故障发生保护启动后，16ms 线路主保护动作出口选跳 A 相开关，47.75ms A 相开关成功分闸成功隔离故障，故障电流消失，系统恢复正常运行。

从图 4－10－5 和图 4－10－6 解析可知，在故障发生后 50～100ms 期间，系统正常运行。在约 100ms 时刻母线 A 相电压再次下降为 0 且出现较大零序电压 $3U_0$，B、C 相电压基本不变，且 AB Ⅰ 线间隔 A 相故障电流 I_a 滞后 Ⅰ 母 A 相电压 U_a 约 60°，$3I_0$ 超前 $3U_0$ 约 100°，且 I_a 与 $3I_0$ 电流相位相同，说明 AB Ⅰ 线间隔再次发生 A 相接地故障，随后故障一直持续。根据开关量变位解析可知，在第一次故障发生时 A 相开关已经跳开，电流也随之消失，而 100ms 时刻 A 相故障电流再次出现，母线 A 相电压明显降低，说明在 100ms 时刻 A 相开关已分闸但灭弧室被击穿，导致故障持续。

从图 4－10－5 和图 4－10－6 解析可知，在故障发生后 100～430ms 期间故障持续。从 430ms 开始 AB Ⅰ 线间隔故障电流降低、母联间隔故障电流消失，AB Ⅱ 线间隔故障分量电流消失恢复为正常负荷电流，由前面分析知是由失灵保护动作跳开母联 2012 开关导致，此后 Ⅱ 母恢复正常运行。

从图 4－10－5 和图 4－10－6 解析可知 T_2 时刻（故障隔离时间）：在故障发生后 430～580ms 期间，在母联开关跳开后，挂 Ⅰ 母运行的#1 主变间隔通过 110kV 侧向故障点提供短路电流（因变压器等值阻抗较大，故障电流明显降低），故障持续至 580ms 时刻，失灵保护动作跳开 Ⅰ 母所有开关（#1 主变变高 2201 开关），成功隔离故障点，AB Ⅰ 线 A 相故障电流、零序电流 $3I_0$ 消失。

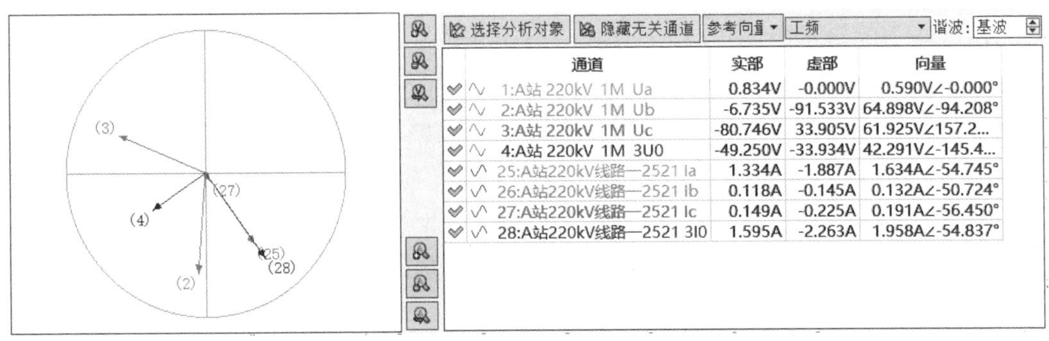

图 4－10－7　故障起始阶段线路及母联间隔电流电压故障相量图

（3）故障发生前后主变间隔电流录波图如图 4－10－8 所示。

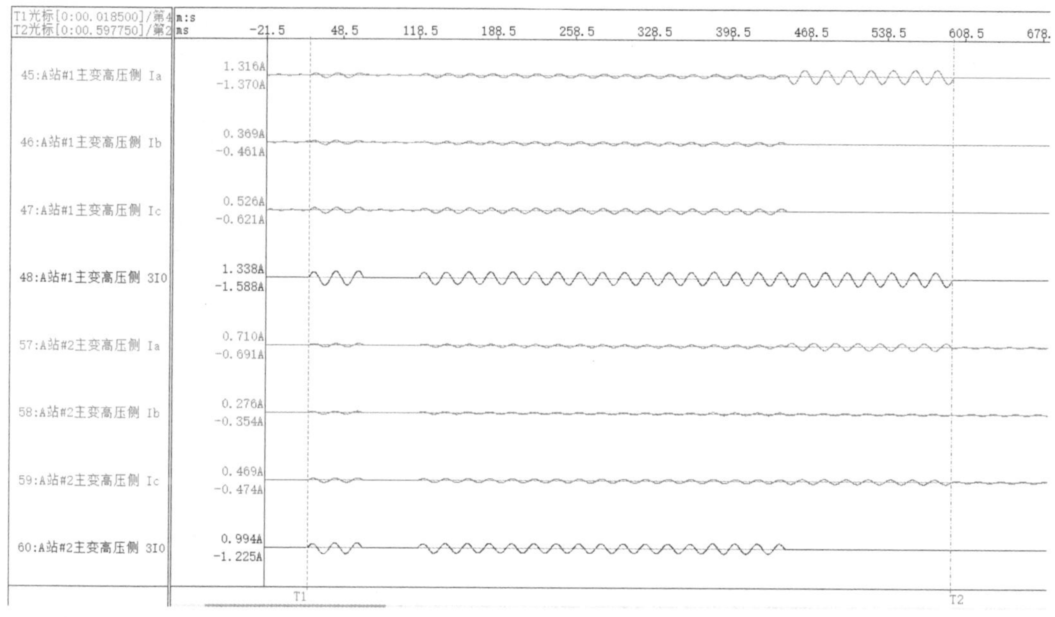

图 4-10-8　故障发生前后主变变高开关电流录波图

从图 4-10-8 解析可知 T_1 时刻（故障起始发生时间）：因主变中压侧和低压侧无电源，故主变变高开关间隔未向母线提供短路电流，仅呈现为零序电流增加。在#1 主变高压侧是中性点接地运行方式下，当系统发生接地故障时，#1 主变变高开关三相会流过大小相等、方向相同的零序电流；#2 主变变高中性点不接地（或经间隙接地），在中性点间隙未击穿时变高开关无零序电流。

从图 4-10-8 解析可知，在故障发生后 50～100ms 期间，ABⅠ线保护动作成功隔离故障，系统正常运行；约 100ms 时刻，ABⅠ线 A 相故障电流再次出现，在#1 主变高压侧开关三相及高压侧中性点再次出现零序电流，由上述分析可知是由 ABⅠ线 A 相开关击穿引起。

从图 4-10-8 解析可知，在故障发生后 100～430ms 期间故障持续。从 430ms 时刻开始，因失灵保护动作跳开母联 2012 开关，系统阻抗、短路电流潮流发生变化，挂Ⅰ母运行的#1 主变间隔通过 110kV 侧向故障点提供短路电流（因变压器等值阻抗较大，故障电流明显降低）。此时#1 主变变高 A 相故障电流与 ABⅠ线 A 相故障电流幅值相近（一次值）、相位相近，说明故障电流由#1 主变变高流入母线，经 ABⅠ线流出母线至故障点。

从图 4-10-8 解析可知，故障持续约 580ms 后失灵保护动作跳开Ⅰ母所有开关（#1 主变变高 2201 开关），#1 主变变高三相电流为 0，故障隔离。

三、综合总结

综合上述保护动作报文解析、开关量变位解析、电气量录波图特征解析可知，A 站

220kV ABⅠ线 A 相发生近端金属性接地故障，线路保护动作跳开 A 相后，A 相开关灭弧室被击穿，导致 220kV 母线保护中ⅠM 失灵保护动作，跳开 220kV 母联开关及 220kV ⅠM 侧所有开关，成功隔离故障。

分析要点：故障初期母线 A 相电压明显下降、幅值趋近于 0，B、C 相电压基本不变，且出现较大零序电压 $3U_0$，持续时间约 50ms，随着线路保护动作成功选跳 A 相开关，50～100ms 期间母线三相电压恢复正常、零序电压 $3U_0$ 消失，约 100ms 时刻开始母线 A 相电压再次下降为 0 且出现较大零序电压 $3U_0$，B、C 相电压基本不变，说明系统再次发生 A 相接地故障，随后故障一直持续，故障持续约 430ms 后因失灵保护动作跳开母联 2012 开关，Ⅱ母 A、B、C 电压恢复正常、ⅡM 的零序电压 $3U_0$ 消失，Ⅱ母恢复正常运行；但Ⅰ母 A 相电压仍接近于 0，且零序电压 $3U_0$ 仍然较大，故障持续约 580ms 后因母线失灵保护动作跳开Ⅰ母所有开关（拒动开关除外），此时Ⅰ母 A、B、C 电压及零序电压 $3U_0$ 消失，成功隔离故障。

故障初期线路间隔和母联间隔中 A 相电流均明显增大，出现较大零序电流 $3I_0$，根据相电流电压相位、零序电流电压相位关系可判断 ABⅠ线发生 A 相接地故障，持续时间约 50ms，随着线路保护动作成功选跳 A 相开关，故障电流消失，100ms 时刻 A 相开关处于分闸位但再次出现较大故障电流，母线 A 相电压明显降低，可判断 ABⅠ线 A 相开关灭弧室被击穿，故障持续 430ms 后失灵保护动作跳开母联开关，此时由挂Ⅰ母运行的#1 主变间隔通过 110kV 侧向故障点提供短路电流（因变压器等值阻抗较大，故障电流明显降低），此时#1 主变变高 A 相故障电流与 ABⅠ线 A 相故障电流幅值相近（一次值）、相位相近，说明故障电流由#1 主变变高流入母线，经 ABⅠ线流出母线至故障点。故障持续约 580ms 后失灵保护动作跳开Ⅰ母所有开关（#1 主变变高 2201 开关），#1 主变变高三相电流为 0，故障隔离。

本章思考题

1. 单相接地故障有哪些特征？单相金属性接地和经过渡电阻接地有哪些主要区别？

2. 两相短路故障有哪些特征？两相金属性接地和经过渡电阻接地有哪些主要区别？

3. 三相接地故障有哪些特征？三相金属性接地和经过渡电阻接地有哪些主要区别？

4. 两相短路接地故障有哪些特征？两相短路金属性接地和经过渡电阻接地有哪些区别？

5. 线路开关失灵后母差保护动作有哪些特征？线路开关失灵与线路开关击穿有哪些区别？

5 系统线路复杂故障波形解析

5.1 双回线同名相跨线故障

一、故障信息

故障发生前系统运行方式为：A 站 220kV 线路一 2521 开关、220kV 线路二 2522 开关、#1 主变变高 2201 开关挂Ⅰ母运行，#2 主变变高 2202 开关挂Ⅱ母运行，220kV 母联 2012 开关在合位，母线并列运行，#1 主变中性点接地、#2 主变中性点不接地。系统中线路三 2523 停运，如图 5－1－1 所示。

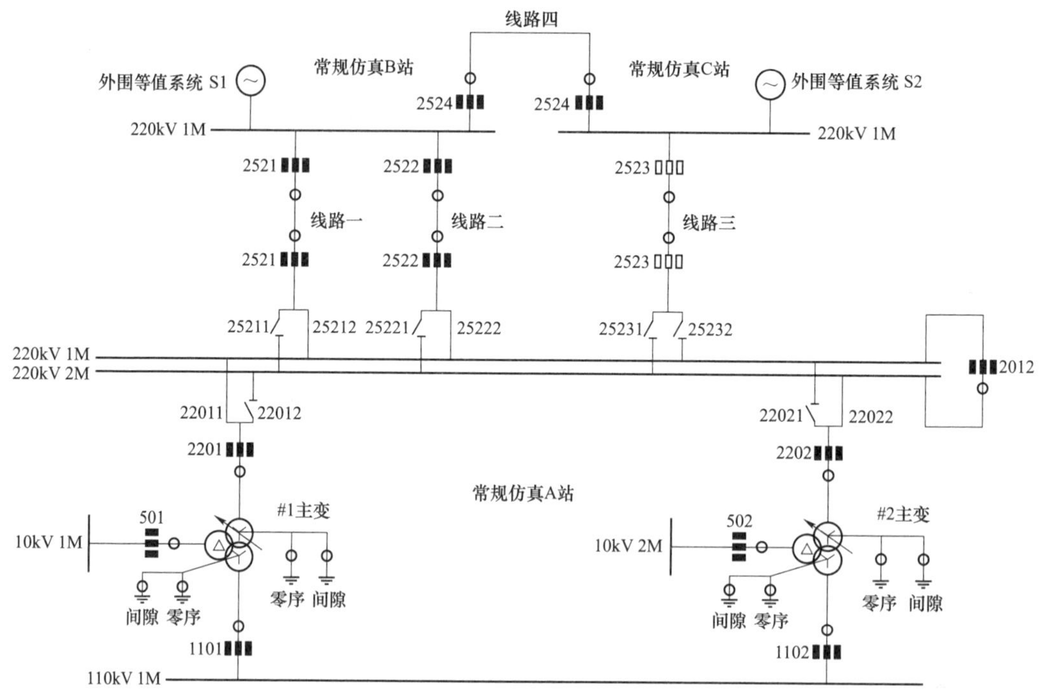

图 5－1－1　故障发生前系统运行方式

故障发生后，无保护动作。故障发生后系统运行方式发生前一致。

二、录波图解析

1. 保护动作报文解析

无保护动作。

2. 开关量变位解析

无开关量变位。

3. 波形特征解析

（1）A 站电压、线路电流、主变高压侧集中录波图如图 5－1－2～图 5－1－4 所示。

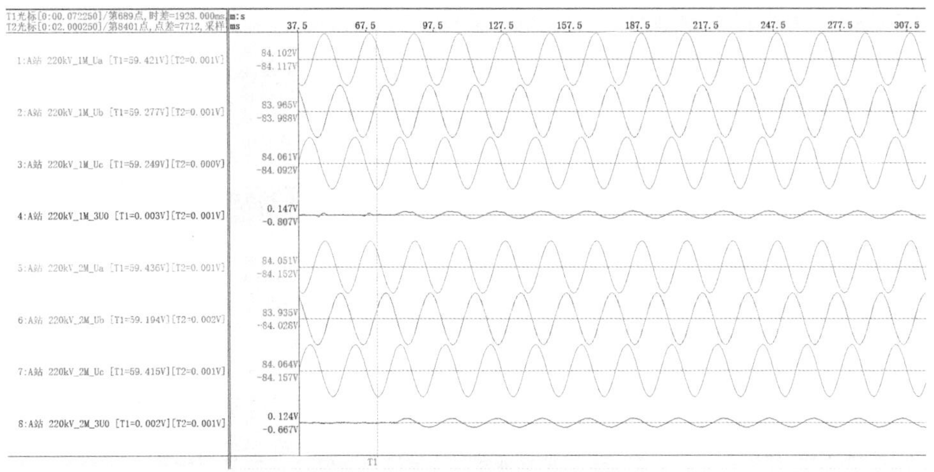

图 5－1－2　A 站电压录波图

从图 5－1－2 解析可知（以故障初始 T_1 光标时刻为基准），0ms 故障发生后 A 站电压特征为母线三相电压基本不变，出现零序电压。

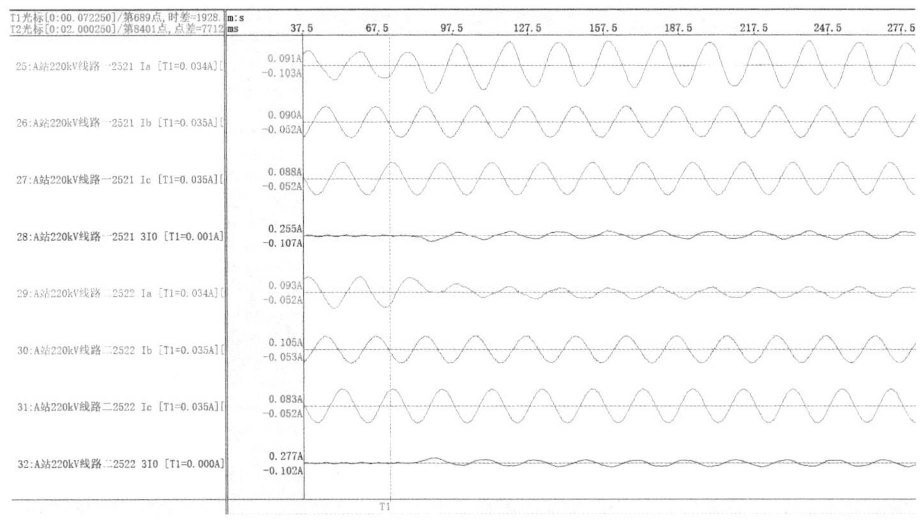

图 5－1－3　A 站线路电流录波图

从图 5-1-3 解析可知（以故障初始 T_1 光标时刻为基准），0ms 故障发生后 A 站电流特征为线路一 A 相电流升高，B、C 相电流基本不变，出现零序电流；线路二 A 相电流降低，B、C 相电流基本不变，出现零序电流。

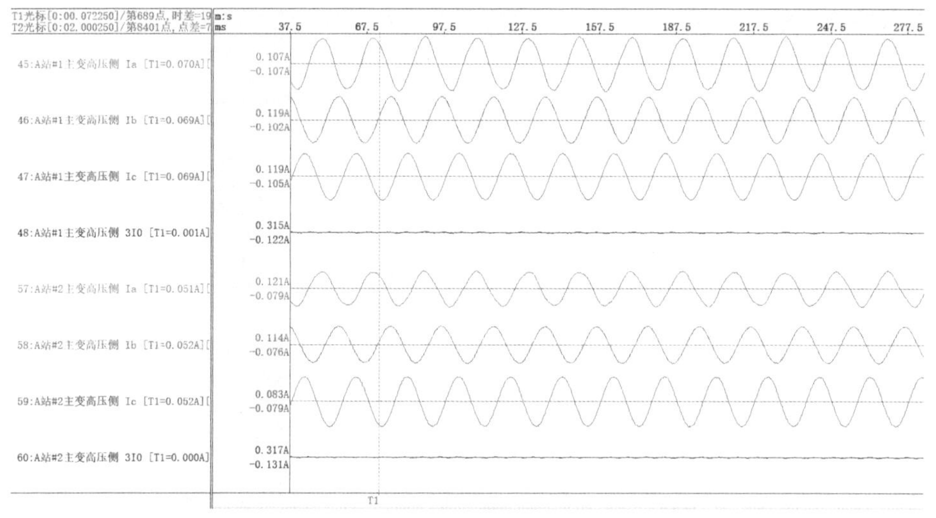

图 5-1-4　A 站主变高压侧电流录波图

从图 5-1-4 解析可知（以故障初始 T_1 光标时刻为基准），0ms 故障发生后 A 站#1 主变、#2 主变高压侧三相电流基本不变，无明显零序电流。线路一 A 相电流增加量与线路二 A 相电流减少量基本相等，两条线路产生的零序电流等大反相。

（2）B、C 站电压、电流集中录波图如图 5-1-5 和图 5-1-6 所示。

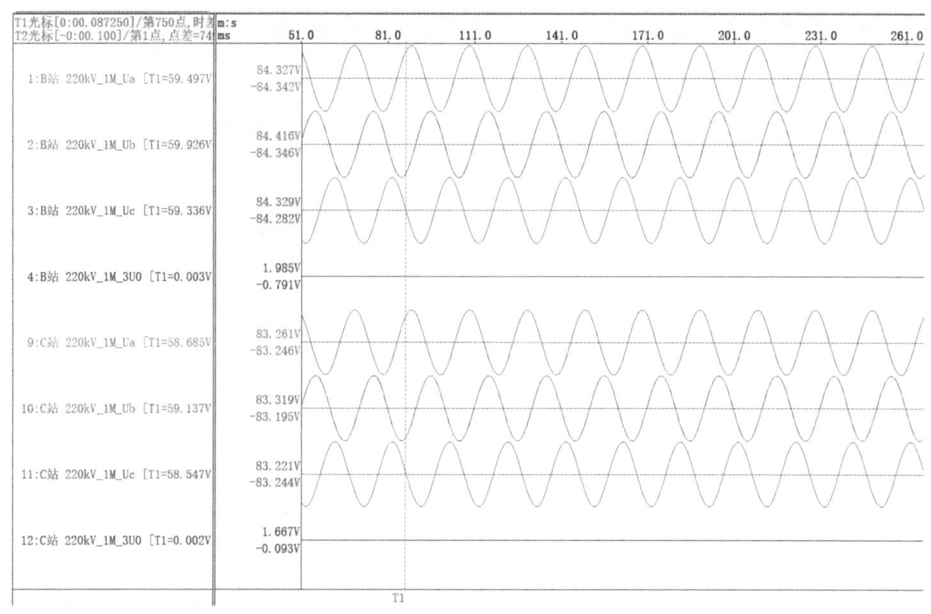

图 5-1-5　B、C 站电压录波图

从图 5－1－5 解析可知（以故障初始 T_1 光标时刻为基准），0ms 故障发生后 B、C 站电压特征为母线三相电压基本不变，无明显零序电压。

从图 5－1－6 解析可知（以故障初始 T_1 光标时刻为基准），0ms 故障发生后 B、C 站电流特征为线路一、线路二三相电流基本不变，无明显零序电流。

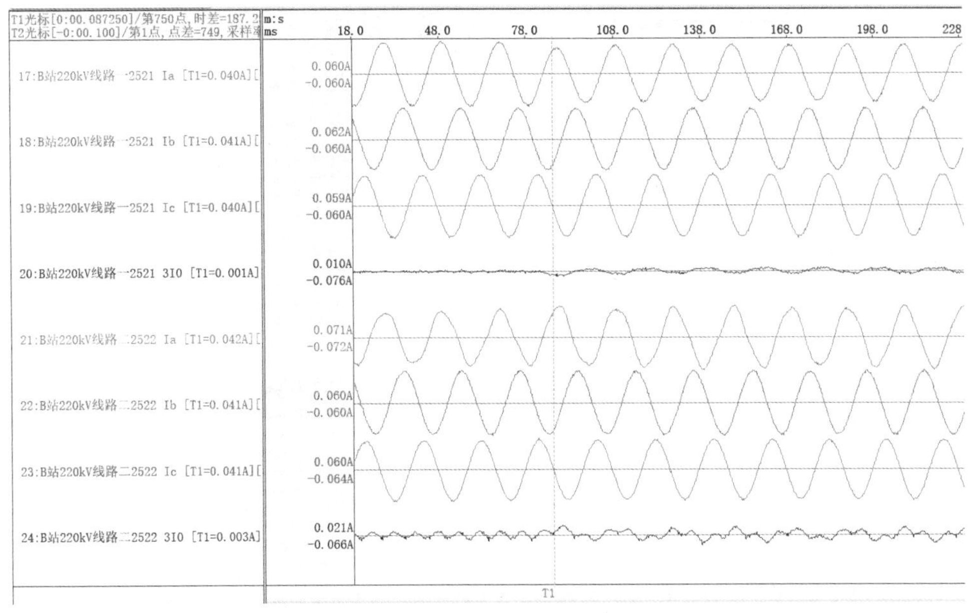

图 5－1－6　B、C 站电流录波图

三、综合总结

故障发生后零序电流的分布情况为：A 站——线路一、线路二产生等大反相零序电流；两台主变压器高压侧均无明显零序电流。B 站——线路一、线路二均无明显零序电流。

本次故障在线路一、线路二和 A 站母线（不包含 B 站母线）间产生了零序环流，结合 A 站侧线路相电流变化情况，可判断线路一、线路二发生了 A 相同名相跨接故障。因故障发生后 A 站零序电压高于 B 站电压，所以故障点靠近 A 站侧。系统轻负荷运行，两侧线路保护正确未动作。

5.2　双回线同名相跨线后接地故障

一、故障信息

故障发生前系统运行方式为：A 站 220kV 线路一 2521 开关、220kV 线路二 2522 开关、#1 主变变高 2201 开关挂Ⅰ母运行，#2 主变变高 2202 开关挂Ⅱ母运行，220kV 母联 2012 开关在合位，母线并列运行，#1 主变中性点接地、#2 主变中性点不接地。系统中线路三 2523 停运，如图 5-2-1 所示。

故障发生后，线路一、线路二动作跳闸，重合不成功。线路一 2521 两侧开关、线路二 2522 两侧开关、线路三 2523 两侧开关在分位，其余开关合位，运行方式如图 5-2-2 所示。

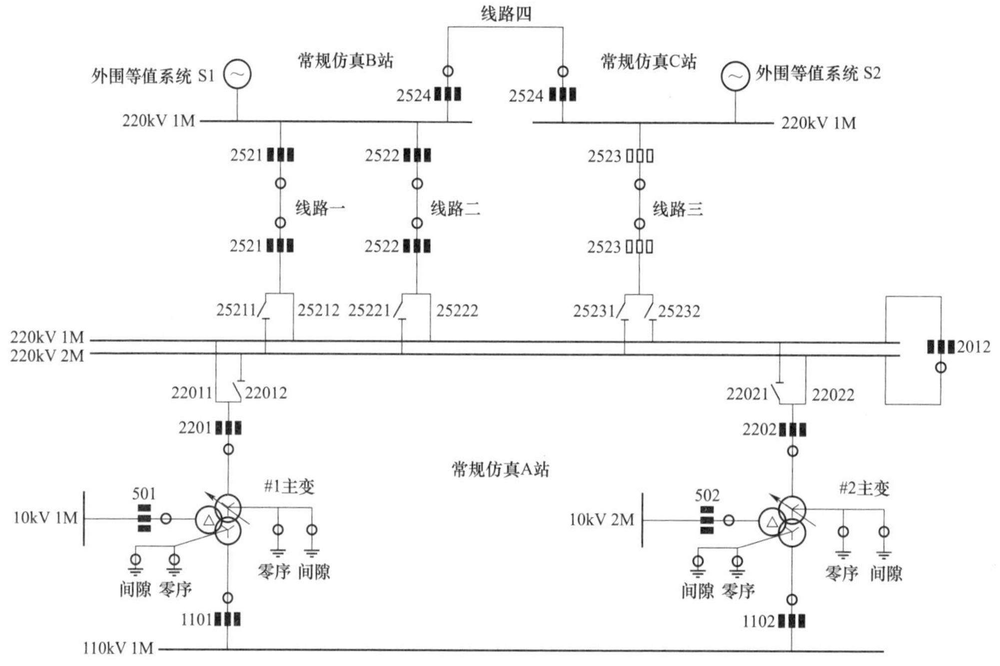

图 5-2-1 故障发生前 A 站、B 站、C 站运行方式

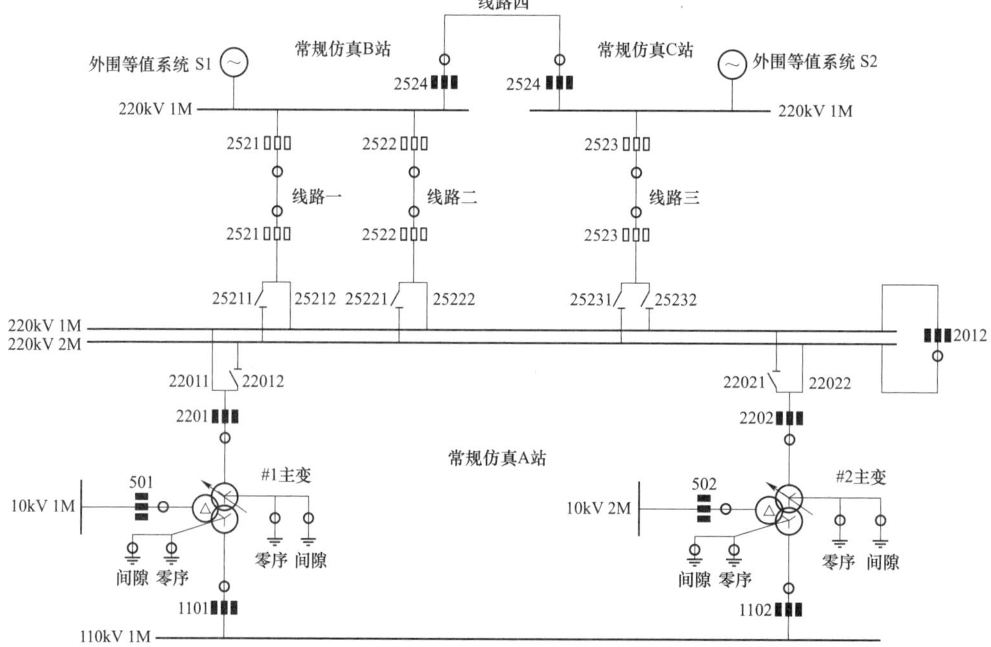

图 5-2-2 故障发生后 A 站、B 站、C 站运行方式

二、录波图解析

1. 保护动作报文解析

（1）从保护故障录波 HDR 文件读取相关保护信息，以保护启动时刻为基准，线路一 A 站侧保护动作简报见表 5-2-1，线路一 B 站侧保护动作简报见表 5-2-2。

表 5-2-1　　线路一 A 站侧保护动作简报

序号	动作报文对应时间	动作报文名称	动作相别	动作报文变化值
1	0ms	保护启动		1
2	6ms	纵联差动保护动作	A	1
3	65ms	纵联差动保护动作		0
4	865ms	重合闸动作		1
5	922ms	纵联差动保护动作	ABC	1
6	974ms	纵联差动保护动作		0
7	985ms	重合闸动作		0
8	7956ms	保护启动		0

线路一 A 站侧保护启动后 6ms 差动保护动作，故障选相 A 相，保护出口单跳 A 相开关；865ms 重合闸动作，A 相开关重合；922ms 重合于故障，保护动作出口跳三相开关。

表 5-2-2　　线路一 B 站侧保护动作简报

序号	动作报文对应时间	动作报文名称	动作相别	动作报文变化值
1	0ms	保护启动		1
2	10ms	纵联差动保护动作	A	1
3	22ms	纵联距离动作	A	1
4	22ms	纵联零序动作	A	1
5	68ms	纵联差动保护动作		0
6	68ms	纵联距离动作		0
7	68ms	纵联零序动作		0
8	868ms	重合闸动作		1
9	923ms	纵联差动保护动作	ABC	1
10	963ms	纵联距离动作	ABC	1
11	978ms	纵联差动保护动作		0
12	978ms	纵联距离动作		0
13	988ms	重合闸动作		0
14	7988ms	保护启动		0

线路一 B 站侧保护启动后 10ms 差动保护动作，故障选相 A 相，保护出口单跳 A 相开关；868ms 重合闸动作，A 相开关重合；923ms 重合于故障，保护动作出口跳三相开关。

（2）从保护故障录波 HDR 文件读取相关保护信息，以保护启动时刻为基准，线路二 A 站侧保护动作简报见表 5-2-3，线路二 B 站侧保护动作简报见表 5-2-4。

表 5-2-3　　线路二 A 站侧保护动作简报

序号	动作报文对应时间	动作报文名称	动作相别	动作报文变化值
1	0ms	保护启动		1
2		采样已同步		1
3	26ms	纵联差动保护动作	A	1
4	26ms	分相差动动作	A	1
5		数据来源通道一		1
6		三相差动电流		1
7		三相制动电流		1
8		对侧差动动作		1
9		故障相电压		1
10		故障相电流		1
11		测距阻抗	A	1
12		故障测距	A	1
13	86ms	分相差动动作		0
14	86ms	纵联差动保护动作		0
15	87ms	单跳启动重合		1
16	87ms	三相不一致启动		1
17	887ms	重合闸动作		1
18	964ms	重合闸动作		0
19	965ms	永跳闭锁重合闸		1
20	965ms	加速联跳动作	ABC	1
21	965ms	三跳闭锁重合闸		1
22	1019ms	加速联跳动作		0

线路二 A 站侧保护启动后 26ms 差动保护动作，故障选相 A 相，保护出口单跳 A 相开关；887ms 重合闸动作，A 相开关重合；965ms 重合于故障，保护动作出口跳三相开关。

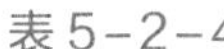

表 5-2-4　　　　线路二 B 站侧保护动作简报

序号	动作报文对应时间	动作报文名称	动作相别	动作报文变化值
1	0ms	保护启动		1
2		采样已同步		1
3	16ms	纵联阻抗发信	A	1
4	17ms	纵联零序发信		1
5	28ms	纵联差动保护动作	A	1
6	28ms	分相差动动作	A	1
7		数据来源通道一		1
8		三相差动电流		1
9		三相制动电流		1
10		对侧差动动作		1
11	47ms	纵联保护动作	A	1
12		故障相电压		1
13		故障相电流		1
14		测距阻抗	A	1
15		故障测距	A	1
16	91ms	分相差动动作		0
17	91ms	纵联差动保护动作		0
18	91ms	纵联保护动作		0
19	92ms	单跳启动重合		1
20	95ms	三相不一致启动		1
21	892ms	重合闸动作		1
22	953ms	重合闸动作		0
23	954ms	距离相近加速动作	ABC	1
24	954ms	距离加速动作	ABC	1
25	954ms	距离Ⅱ段加速动作	ABC	1
26	954ms	距离加速动作	ABC	1
27	955ms	三跳闭锁重合闸		1
28	957ms	永跳闭锁重合闸		1
29	961ms	纵联差动保护动作	ABC	1
30	961ms	分相差动动作	ABC	1

线路二 B 站侧保护启动后 28ms 差动保护动作，故障选相 A 相，保护出口单跳 A 相开关；892ms 重合闸动作，A 相开关重合；954ms 重合于故障，保护动作出口跳三相开关。

2. 开关量变位解析

（1）以故障初始时刻为基准，A 站侧开关量变位图如图 5-2-3 所示。

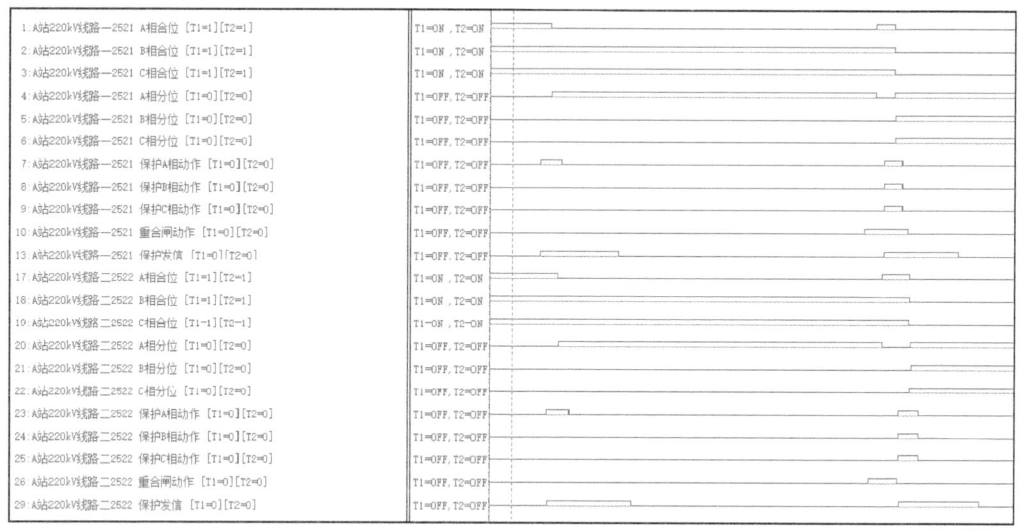

图 5-2-3　A 站侧开关量变位图

A 站侧开关量变位时间顺序见表 5-2-5。

表 5-2-5　　　　A 站侧开关量变位时间顺序

位置	第 1 次变位时间	第 2 次变位时间	第 3 次变位时间	第 4 次变位时间
1:A 站 220kV 线路一 2521 A 相合位	↓ 101.500ms	↑ 968.250ms	↓ 1017.500ms	
2:A 站 220kV 线路一 2521 B 相合位	↓ 1017.500ms			
3:A 站 220kV 线路一 2521 C 相合位	↓ 1018.250ms			
4:A 站 220kV 线路一 2521 A 相分位	↑ 104.250ms	↓ 967.000ms	↑ 1020.000ms	
5:A 站 220kV 线路一 2521 B 相分位	↑ 1020.750ms			
6:A 站 220kV 线路一 2521 C 相分位	↑ 1022.250ms			
7:A 站 220kV 线路一 2521 保护 A 相动作	↑ 73.750ms	↓ 131.000ms	↑ 989.500ms	↓ 1040.000ms
8:A 站 220kV 线路一 2521 保护 B 相动作	↑ 989.500ms	↓ 1040.000ms		
9:A 站 220kV 线路一 2521 保护 C 相动作	↑ 989.250ms	↓ 1040.000ms		
10:A 站 220kV 线路一 2521 重合闸动作	↑ 937.500ms	↓ 1054.500ms		
13:A 站 220kV 线路一 2521 保护发信	↑ 74.500ms	↓ 281.250ms	↑ 990.250ms	↓ 1190.750ms
17:A 站 220kV 线路二 2522 A 相合位	↓ 121.000ms	↑ 985.750ms	↓ 1060.000ms	
18:A 站 220kV 线路二 2522 B 相合位	↓ 1060.500ms			
19:A 站 220kV 线路二 2522 C 相合位	↓ 1058.000ms			
20:A 站 220kV 线路二 2522 A 相分位	↑ 123.750ms	↓ 984.500ms	↑ 1062.500ms	
21:A 站 220kV 线路二 2522 B 相分位	↑ 1063.250ms			
22:A 站 220kV 线路二 2522 C 相分位	↑ 1060.000ms			

续表

位置	第 1 次变位时间	第 2 次变位时间	第 3 次变位时间	第 4 次变位时间
23:A 站 220kV 线路二 2522 保护 A 相动作	↑ 92.000ms	↓ 152.000ms	↑ 1031.000ms	↓ 1083.750ms
24:A 站 220kV 线路二 2522 保护 B 相动作	↑ 1030.750ms	↓ 1084.000ms		
25:A 站 220kV 线路二 2522 保护 C 相动作	↑ 1030.750ms	↓ 1083.750ms		
26:A 站 220kV 线路二 2522 重合闸动作	↑ 950.250ms	↓ 1029.000ms		
29:A 站 220kV 线路二 2522 保护发信	↑ 95.000ms	↓ 317.500ms	↑ 1033.750ms	↓ 1249.250ms

（2）以故障初始时刻为基准，B 站侧开关量变位图如图 5－2－4 所示。

B 站侧开关量变位时间顺序见表 5－2－6。

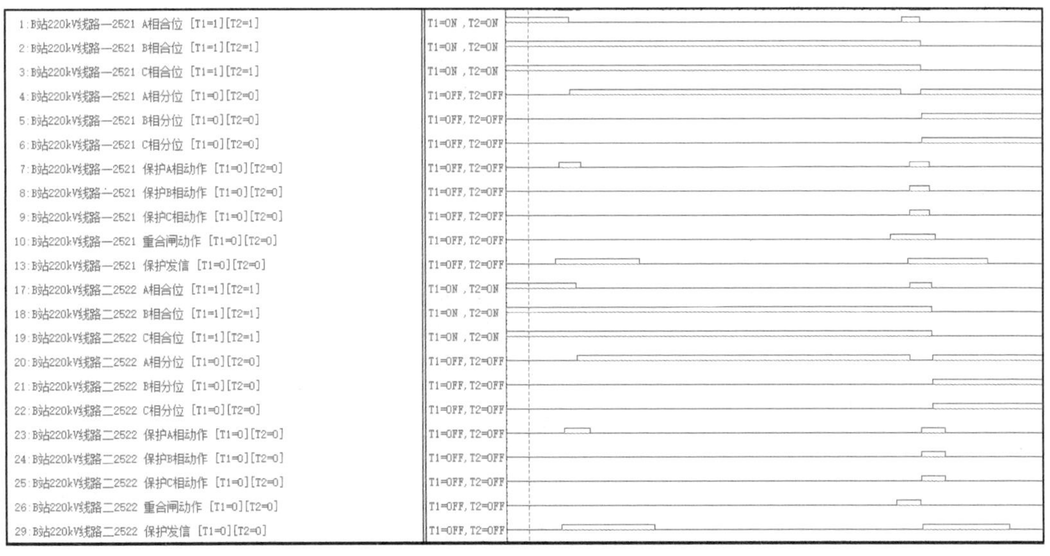

图 5－2－4　B 站侧开关量变位图

表 5－2－6　　B 站侧开关量变位时间顺序

位置	第 1 次变位时间	第 2 次变位时间	第 3 次变位时间	第 4 次变位时间
1:B 站 220kV 线路一 2521 A 相合位	↓ 104.750ms	↑ 968.750ms	↓ 1017.500ms	
2:B 站 220kV 线路一 2521 B 相合位	↓ 1019.750ms			
3:B 站 220kV 线路一 2521 C 相合位	↓ 1020.750ms			
4:B 站 220kV 线路一 2521 A 相分位	↑ 107.000ms	↓ 967.750ms	↑ 1019.750ms	
5:B 站 220kV 线路一 2521 B 相分位	↑ 1022.250ms			
6:B 站 220kV 线路一 2521 C 相分位	↑ 1023.250ms			
7:B 站 220kV 线路一 2521 保护 A 相动作	↑ 77.500ms	↓ 134.000ms	↑ 990.750ms	↓ 1043.000ms

续表

位置	第 1 次变位时间	第 2 次变位时间	第 3 次变位时间	第 4 次变位时间
8:B 站 220kV 线路一 2521 保护 B 相动作	↑ 990.750ms	↓ 1043.000ms		
9:B 站 220kV 线路一 2521 保护 C 相动作	↑ 990.250ms	↓ 1043.000ms		
10:B 站 220kV 线路一 2521 重合闸动作	↑ 940.250ms	↓ 1058.500ms		
13:B 站 220kV 线路一 2521 保护发信	↑ 68.000ms	↓ 284.500ms	↑ 984.750ms	↓ 1193.500ms
17:B 站 220kV 线路二 2522 A 相合位	↓ 122.500ms	↑ 991.000ms	↓ 1049.250ms	
18:B 站 220kV 线路二 2522 B 相合位	↓ 1050.250ms			
19:B 站 220kV 线路二 2522 C 相合位	↓ 1049.500ms			
20:B 站 220kV 线路二 2522 A 相分位	↑ 125.000ms	↓ 989.750ms	↑ 1051.750ms	
21:B 站 220kV 线路二 2522 B 相分位	↑ 1052.750ms			
22:B 站 220kV 线路二 2522 C 相分位	↑ 1052.500ms			
23:B 站 220kV 线路二 2522 保护 A 相动作	↑ 92.500ms	↓ 157.750ms	↑ 1020.500ms	↓ 1084.500ms
24:B 站 220kV 线路二 2522 保护 B 相动作	↑ 1020.500ms	↓ 1084.500ms		
25:B 站 220kV 线路二 2522 保护 C 相动作	↑ 1020.500ms	↓ 1084.750ms		
26:B 站 220kV 线路二 2522 重合闸动作	↑ 956.000ms	↓ 1018.000ms		
29:: B 站 220kV 线路二 2522 保护发信	↑ 82.250ms	↓ 322.750ms	↑ 1023.000ms	↓ 1250.000ms

故障发生后，线路一 75ms 两侧保护动作跳 A 相开关，约 105ms 两侧 A 相开关分闸，940ms 两侧保护重合闸动作，968ms A 相开关重合成功，990ms 两侧保护动作跳三相开关，约 1020ms 两侧三相开关分闸；线路二 92ms 两侧保护动作跳 A 相开关，125ms 两侧 A 相开关分闸，950ms 两侧保护重合闸动作，约 990ms A 相开关重合成功，1020ms 两侧保护动作跳三相开关，约 1050ms 两侧三相开关分闸。

3. 波形特征解析

A、B 站故障全过程集中录波图（后续分析均以 T_1 光标的故障初始时刻为基准）如图 5-2-5 和图 5-2-6 所示。

下面对故障的各个阶段进行分析：

（1）0～60ms，A 站侧线路一、线路二产生等大反相零序电流；B 站侧线路一、线路二均无明显零序电流。在线路一、线路二和 A 站母线（不包含 B 站母线）间产生了零序环流，可判断 0～60ms 线路一、线路二发生了 A 相同名相跨接故障。

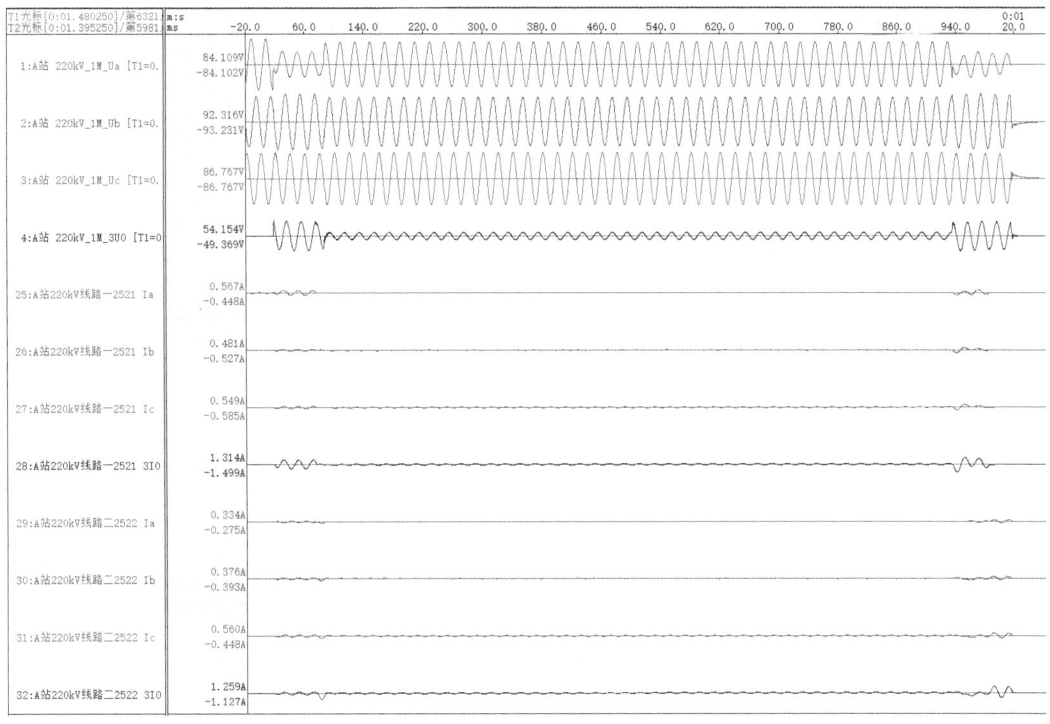

图 5-2-5　A 站故障全过程集中录波图

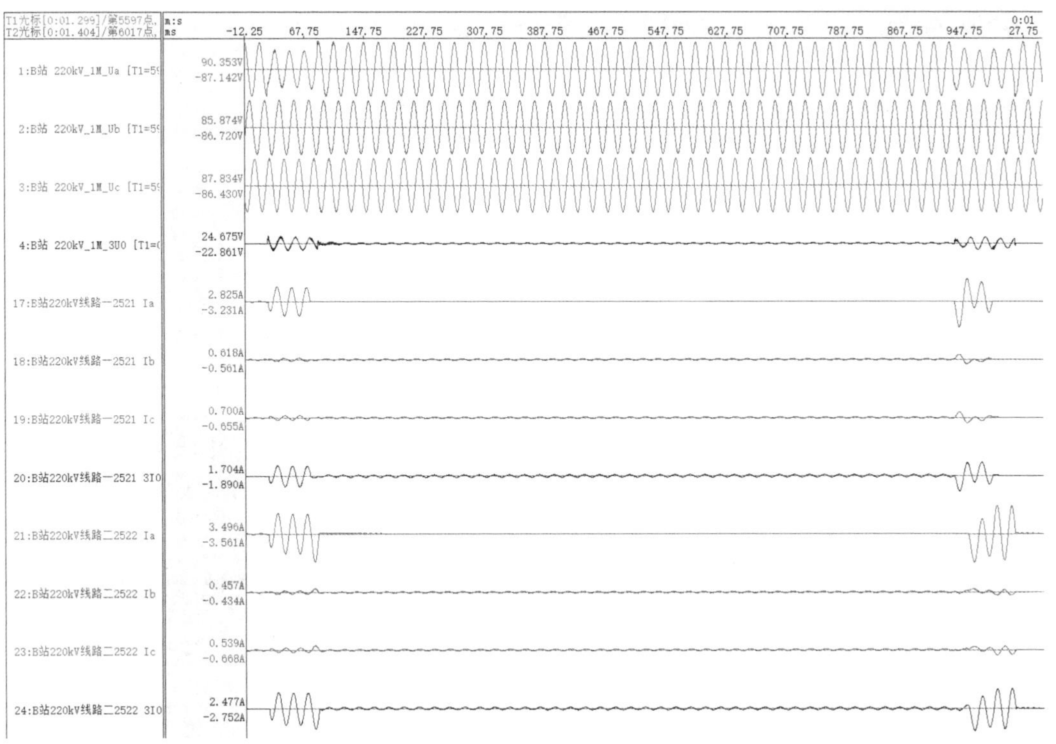

图 5-2-6　B 站故障全过程集中录波图

（2）60（T_1）～120ms（T_2）A、B 站集中录波图及相量图如图 5－2－7～图 5－2－10 所示。

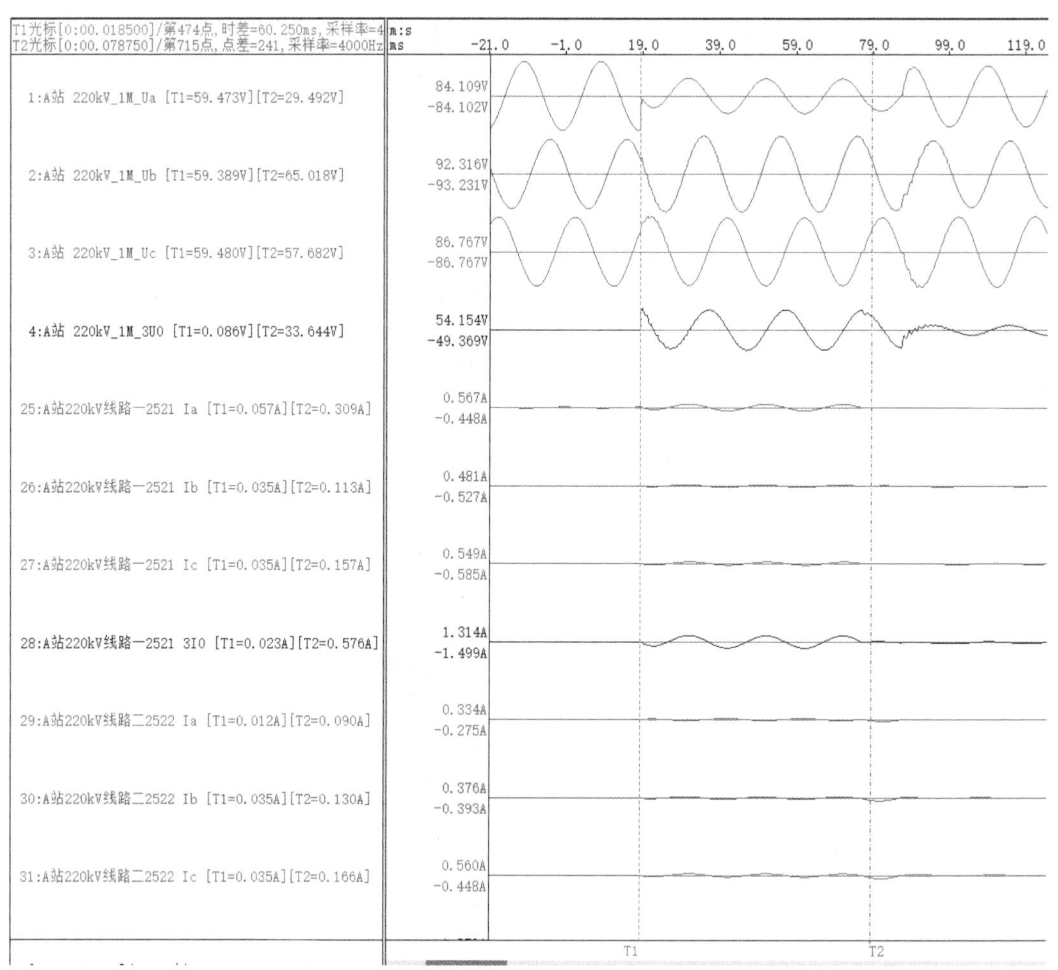

图 5－2－7　60（T_1）～120ms（T_2）A 站集中录波图

从图 5－2－7 解析可知，60～120ms A 站电压电流特征为母线 A 相电压下降为 29.3V，B、C 相电压稍有升高，出现 30V 左右零序电压。线路一、线路二的三相电流均略有增大，出现零序电流。

从图 5－2－8 解析可知，60～120ms B 站电压电流特征为母线 A 相电压下降为 40.8V，B、C 相电压无明显变化，出线 14V 左右零序电压。线路一、线路二 A 相电流明显增大，B、C 相电流略有增大，出现零序电流。

由电压、电流特征可初步判断系统发生了 A 相接地故障。

下面对 60～120ms 线路两端零序分量进行分析，相量图如图 5－2－9 所示。

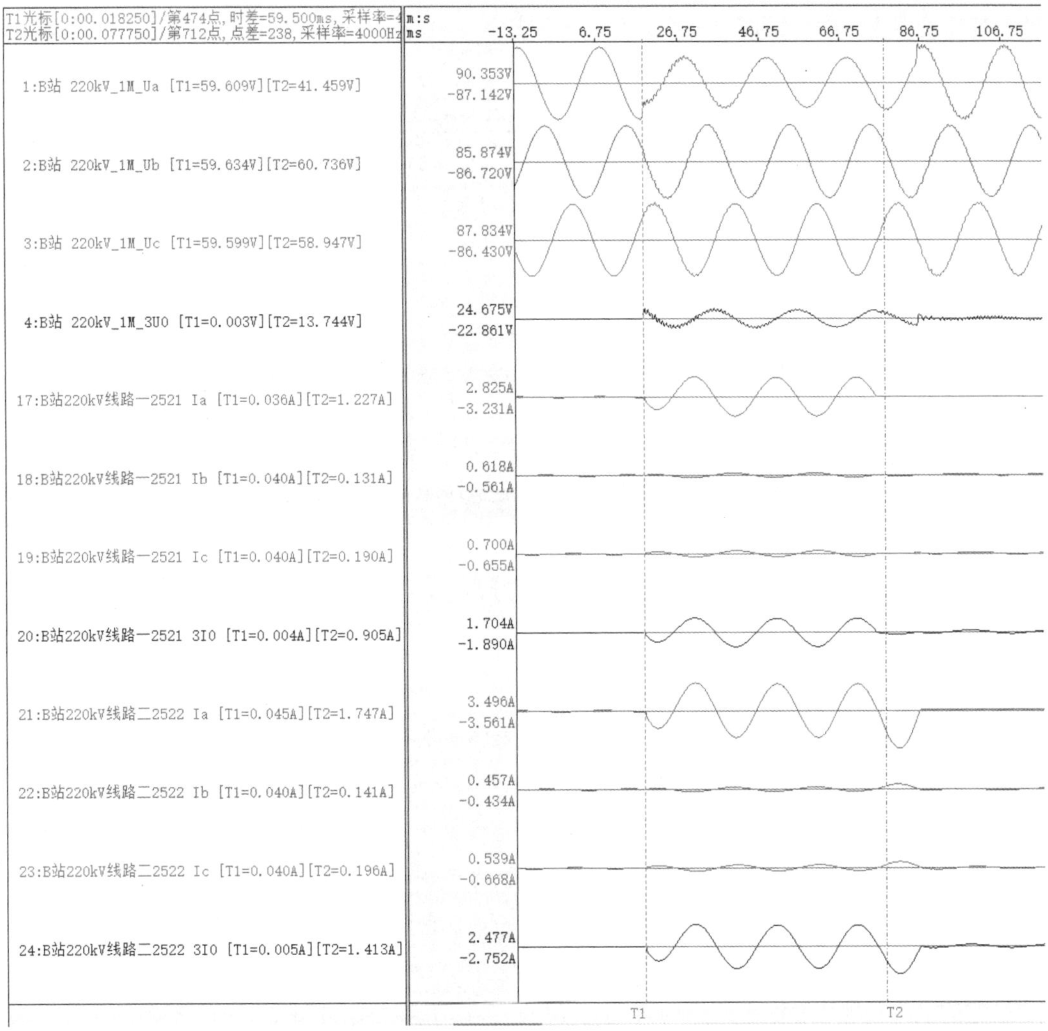

T1光标[0:00.018250]/第474点,时差=59.500ms,采样率=4
T2光标[0:00.077750]/第712点,点差=238,采样率=4000Hz
m:s
ms
-13.25
6.75
26.75
46.75
66.75
86.75
106.75
1:B站 220kV_1M_Ua [T1=59.609V][T2=41.459V]
90.353V
-87.142V
2:B站 220kV_1M_Ub [T1=59.634V][T2=60.736V]
85.874V
-86.720V
3:B站 220kV_1M_Uc [T1=59.599V][T2=58.947V]
87.834V
-86.430V
4:B站 220kV_1M_3U0 [T1=0.003V][T2=13.744V]
24.675V
-22.861V
17:B站220kV线路一2521 Ia [T1=0.036A][T2=1.227A]
2.825A
-3.231A
18:B站220kV线路一2521 Ib [T1=0.040A][T2=0.131A]
0.618A
-0.561A
19:B站220kV线路一2521 Ic [T1=0.040A][T2=0.190A]
0.700A
-0.655A
20:B站220kV线路一2521 3I0 [T1=0.004A][T2=0.905A]
1.704A
-1.890A
21:B站220kV线路二2522 Ia [T1=0.045A][T2=1.747A]
3.496A
-3.561A
22:B站220kV线路二2522 Ib [T1=0.040A][T2=0.141A]
0.457A
-0.434A
23:B站220kV线路二2522 Ic [T1=0.040A][T2=0.196A]
0.539A
-0.668A
24:B站220kV线路二2522 3I0 [T1=0.005A][T2=1.413A]
2.477A
-2.752A
T1
T2

图 5-2-8　60（T_1）~120ms（T_2）B 站集中录波图

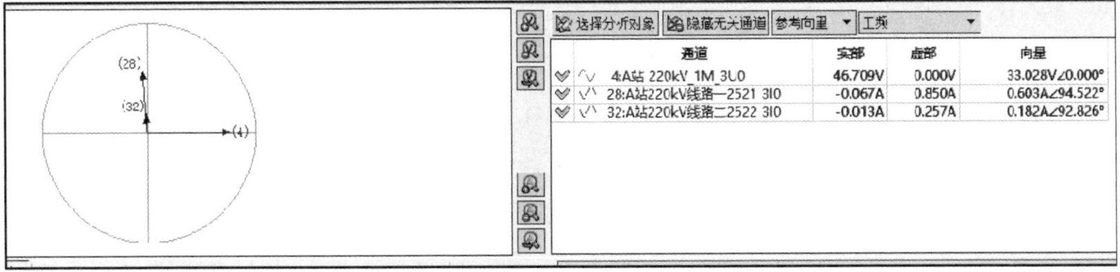

(28)
(32)
(4)
选择分析对象
隐藏无关通道
参考向量
工频
通道
实部
虚部
向量
4:A站 220kV_1M_3U0
46.709V
0.000V
33.028V∠0.000°
28:A站220kV线路一2521 3I0
-0.067A
0.850A
0.603A∠94.522°
32:A站220kV线路二2522 3I0
-0.013A
0.257A
0.182A∠92.826°

图 5-2-9　60~120ms A 站线路零序分量相量图

从图 5－2－9 解析可知，60～120ms 线路一 A 站侧零序电压电流满足 arg（U_0/I_0）＝－95°；线路二 A 站侧零序电压电流满足 arg（U_0/I_0）＝－93°。

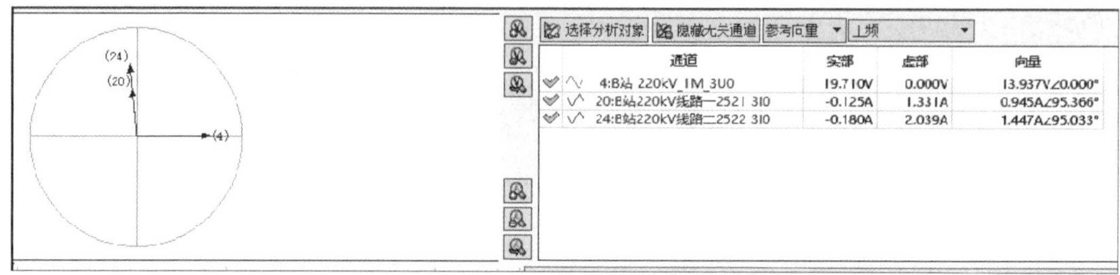

图 5－2－10　60～120ms B 站线路零序分量相量图

从图 5－2－10 解析可知，60～120ms 线路一 B 站侧零序电压电流满足 arg（U_0/I_0）＝－95°；线路二 B 站侧零序电压电流满足 arg（U_0/I_0）＝－95°。

线路一、线路二两站侧零序电压电流相位关系符合线路正向故障特征。因此，60～120ms 系统在线路一、线路二发生 A 相跨接故障的基础上，又发生了 A 相接地故障，故障持续 3 个周波（约 60ms）。

（3）120～970ms 电压电流特征：

A 站母线 A 相电压恢复至 52V，B、C 相电压无明显变化，仍有 8.5V 左右零序电压。线路一、线路二 A 相电流为 0，B、C 相电流为负荷电流，有少量零序电流。

B 站母线 A 相电压恢复至 59V，B、C 相电压无明显变化，仍有 1.5V 左右零序电压。线路一、线路二 A 相电流为 0，B、C 相电流为负荷电流，有少量零序电流。

线路一、线路二两侧均单相跳闸后，系统处于非全相运行状态，此时断口两侧零序电压相位相反，零序电流呈现穿越电流特征。

（4）970（T_1）～1050ms（T_2）A、B 站集中录波图如图 5－2－11 和图 5－2－12 所示。

从图 5－2－11 解析可知，970～1050ms A 站电压电流特征为母线 A 相电压下降为 29.3V，B、C 相电压稍有升高，出现 30V 左右零序电压。线路一、线路二的三相电流均略有增大，出现零序电流。

从图 5－2－12 解析可知，970～1050ms B 站电压电流特征为母线 A 相电压下降为 40.8V，B、C 相电压无明显变化，出线 14V 左右零序电压。线路一、线路二 A 相电流明显增大，B、C 相电流略有增大，出现零序电流。

由电压、电流特征可判断 970～1050ms 线路先后重合于 A 相永久性接地故障，故障持续 4 个周波（约 80ms）。

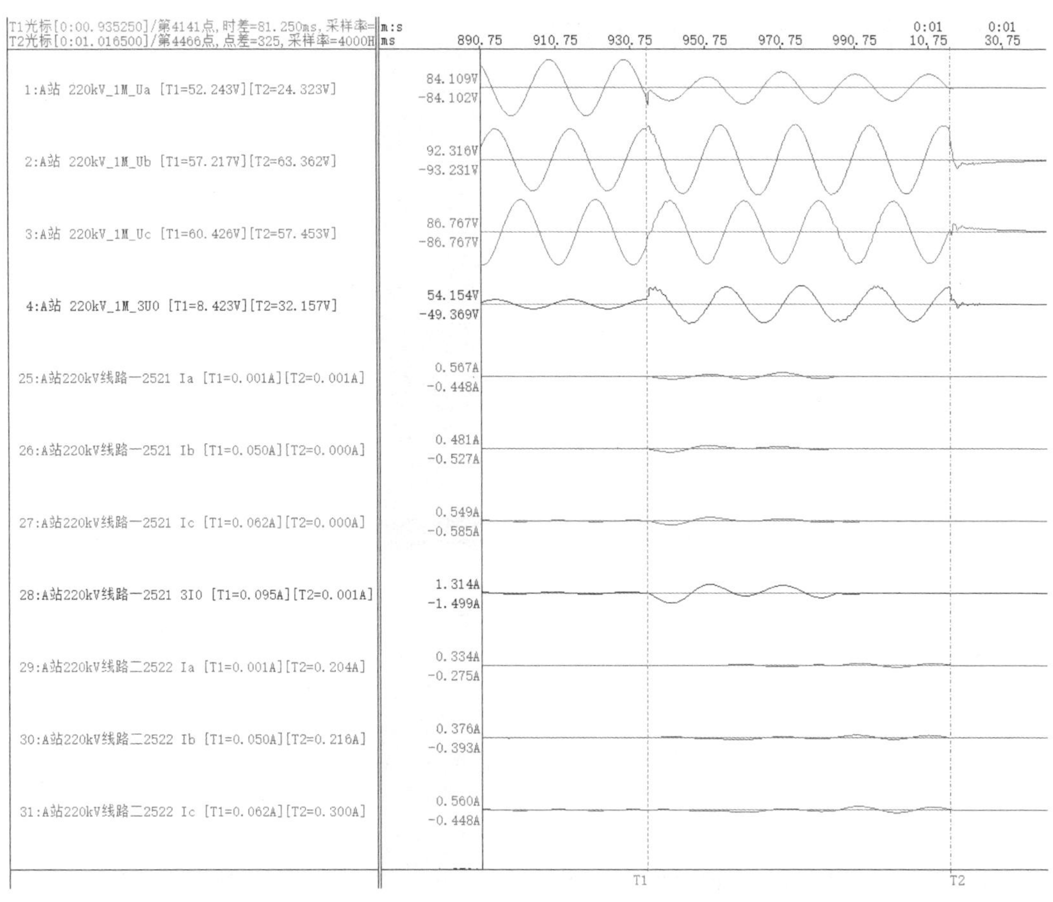

图 5-2-11 970（T_1）~1050ms（T_2）A 站集中录波图

三、综合总结

系统 0~60ms 发生了线路一、线路二 A 相同名相跨接故障。此时 A 站侧电压无明显变化，线路一、线路二产生等大反相零序电流，两台主变压器高压侧均无明显零序电流。B 站侧电压无明显变化，线路一、线路二均无明显零序电流。可知在跨线故障点、线路一、线路二和 A 站母线（不包含 B 站母线）间产生了零序环流。由于系统负荷较轻，未引起电气量产生较大波动，两侧线路保护均未启动；60~120ms，线路两侧母线 A 相电压下降，B、C 相电压无明显变化，出现零序电压，线路一、线路二 A 相电流明显增大。根据电压电流线特征可判断系统发生了 A 相接地故障，由线路两侧零序电压与零序电流的相位关系可以判断故障点位置在双回线上，双回线两侧保护均正确选相并跳闸。约 850ms 后，两条线路重合于故障后保护三相跳闸。

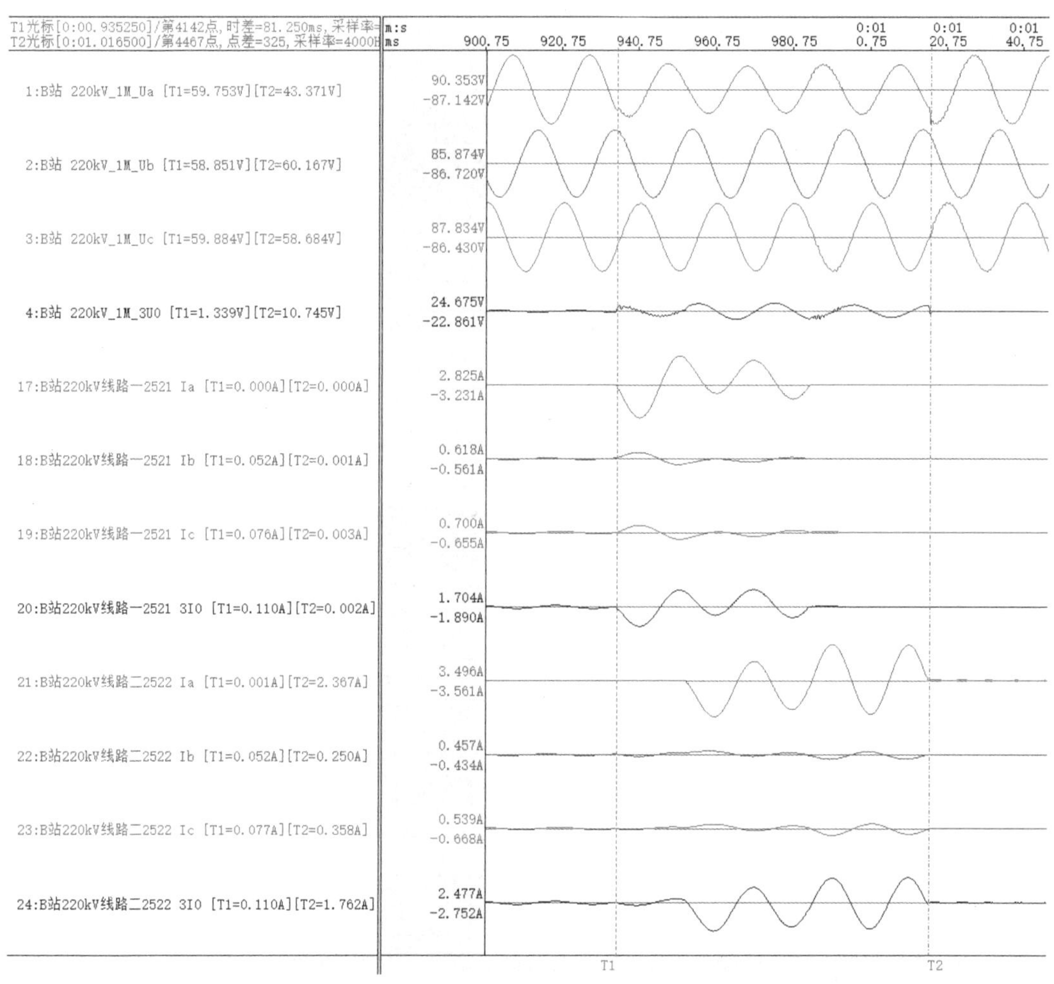

图 5-2-12 970（T_1）~1050ms（T_2）B 站集中录波图

5.3 双回线异名相跨线故障

一、故障信息

故障发生前系统运行方式为：A 站 220kV 线路一 2521 开关、220kV 线路二 2522 开关、#1 主变变高 2201 开关挂Ⅰ母运行，220kV 线路三 2523 开关、#2 主变变高 2202 开关挂Ⅱ母运行，220kV 母联 2012 开关在合位，母线并列运行，#1 主变中性点接地、#2 主变中性点不接地，如图 5-3-1 所示。

故障发生后，线路一、线路二动作跳闸，重合不成功。线路一 2521 两侧开关、线路二 2522 两侧开关在分位，其余开关合位，运行方式如图 5-3-2 所示。

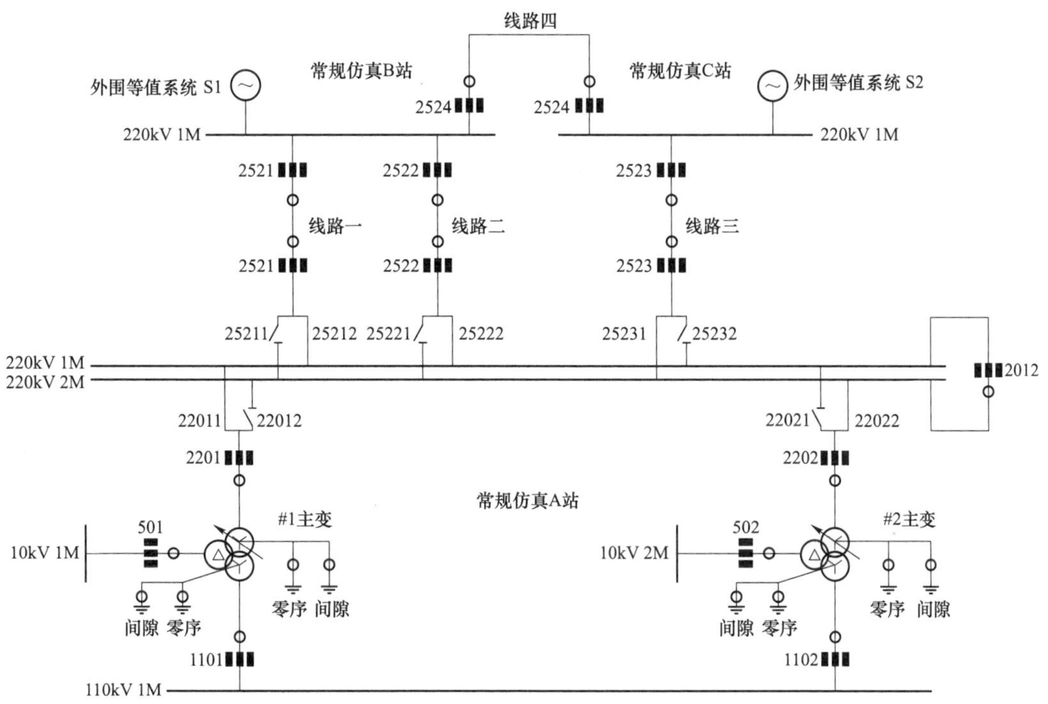

图 5-3-1 故障发生前 A 站、B 站、C 站运行方式

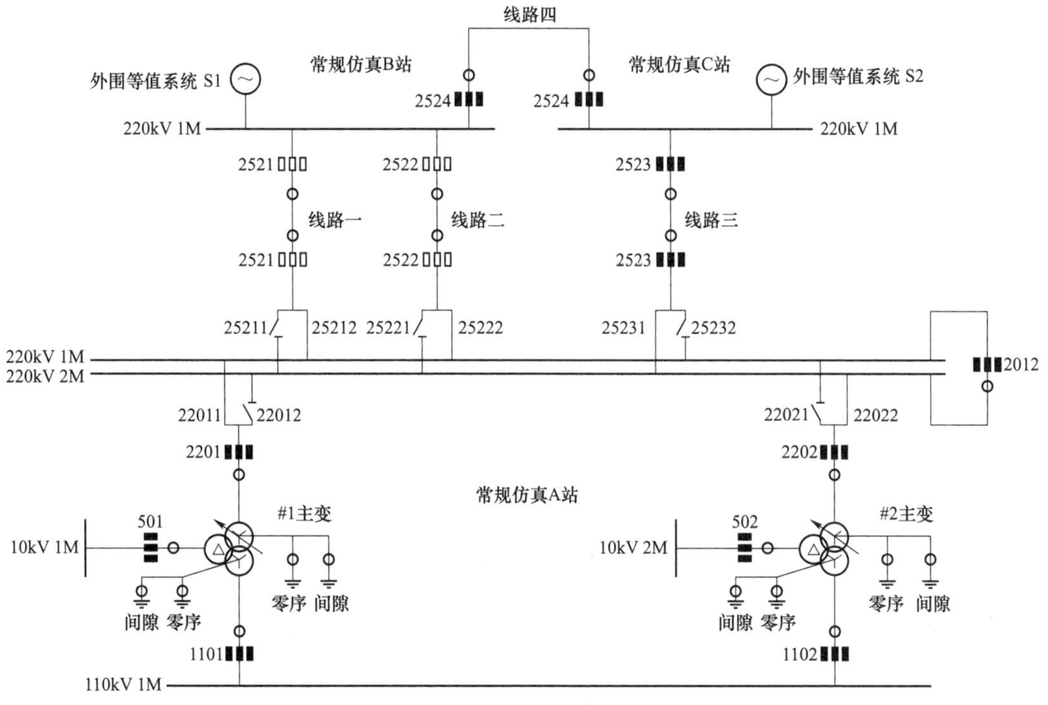

图 5-3-2 故障发生后 A 站、B 站、C 站运行方式

二、录波图解析

1. 保护动作报文解析

（1）从保护故障录波 HDR 文件读取相关保护信息，以保护启动时刻为基准，线路一 A 站侧保护动作简报见表 5-3-1，线路一 B 站侧保护动作简报见表 5-3-2。

表 5-3-1　　线路一 A 站侧保护动作简报

序号	动作报文对应时间	动作报文名称	动作相别	动作报文变化值
1	0ms	保护启动		1
2	8ms	纵联差动保护动作	A	1
3	13ms	纵联距离动作	A	1
4	13ms	纵联零序动作	A	1
5	23ms	接地距离Ⅰ段动作	A	1
6	63ms	纵联差动保护动作		0
7	63ms	纵联距离动作		0
8	63ms	纵联零序动作		0
9	63ms	接地距离Ⅰ段动作		0
10	863ms	重合闸动作		1
11	924ms	纵联差动保护动作	ABC	1
12	935ms	距离加速动作	ABC	1
13	959ms	接地距离Ⅰ段动作	ABC	1
14	960ms	纵联距离动作	ABC	1
15	978ms	零序加速动作	ABC	1
16	983ms	重合闸动作		0
17	983ms	纵联差动保护动作		0
18	983ms	纵联距离动作		0
19	983ms	接地距离Ⅰ段动作		0
20	983ms	距离加速动作		0
21	983ms	零序加速动作		0
22	7994ms	保护启动		0

线路一 A 站侧保护启动后 8ms 差动保护动作，23ms 接地距离Ⅰ段动作，故障选相 A 相，保护出口单跳 A 相开关；863ms 重合闸动作，A 相开关重合；924ms 重合于故障，保护动作出口跳三相开关。

表 5-3-2　　　　线路一 B 站侧保护动作简报

序号	动作报文对应时间	动作报文名称	动作相别	动作报文变化值
1	0ms	保护启动		1
2	8ms	纵联差动保护动作	A	1
3	20ms	纵联距离动作	A	1
4	63ms	纵联差动保护动作		0
5	63ms	纵联距离动作		0
6	863ms	重合闸动作		1
7	925ms	纵联差动保护动作	ABC	1
8	963ms	纵联距离动作	ABC	1
9	983ms	重合闸动作		0
10	985ms	纵联差动保护动作		0
11	985ms	纵联距离动作		0
12	7994ms	保护启动		0

线路一 B 站侧保护启动后 8ms 差动保护动作，故障选相 A 相，保护出口单跳 A 相开关；863ms 重合闸动作，A 相开关重合；925ms 重合于故障，保护动作出口跳三相开关。

（2）从保护故障录波 HDR 文件读取相关保护信息，以保护启动时刻为基准，线路二 A 站侧保护动作简报见表 5-3-3，线路二 B 站侧保护动作简报见表 5-3-4。

表 5-3-3　　　　线路二 A 站侧保护动作简报

序号	动作报文对应时间	动作报文名称	动作相别	动作报文变化值
1	0ms	保护启动		1
2		采样已同步		1
3	14ms	纵联差动保护动作	C	1
4	14ms	分相差动动作	C	1
5		数据来源通道一		1
6		对侧差动动作		1
7		三相差动电流		1
8		三相制动电流		1
9		故障相电压		1
10		故障相电流		1
11		测距阻抗	C	1
12		故障测距	C	1
13	71ms	分相差动动作		0
14	71ms	纵联差动保护动作		0
15	72ms	单跳启动重合		1
16	77ms	三相不一致启动		1
17	871ms	重合闸动作		1
18	943ms	纵联差动保护动作	ABC	1
19	943ms	分相差动动作	ABC	1

线路二 A 站侧保护启动后 14ms 差动保护动作，故障选相 C 相，保护出口单跳 C 相开关；871ms 重合闸动作，C 相开关重合；943ms 重合于故障，保护动作出口跳三相开关。

表 5-3-4　　　　线路二 B 站侧保护动作情况

序号	动作报文对应时间	动作报文名称	动作相别	动作报文变化值
1	0ms	保护启动		1
2		采样已同步		1
3		数据来源通道一		1
4	14ms	纵联差动保护动作	C	1
5	14ms	分相差动动作	C	1
6	15ms	纵联阻抗发信	CA	1
7		对侧差动动作		1
8		三相差动电流		1
9		三相制动电流		1
10	32ms	纵联保护动作	C	1
11		故障相电压		1
12		故障相电流		1
13		测距阻抗	C	1
14		故障测距	C	1
15	70ms	分相差动动作		0
16	70ms	纵联差动保护动作		0
17	70ms	纵联保护动作		0
18	71ms	单跳启动重合		1
19	76ms	三相不一致启动		1
20	871ms	重合闸动作		1
21	937ms	重合闸动作		0
22	938ms	距离Ⅱ段加速动作	ABC	1
23	938ms	距离加速动作	ABC	1
24	938ms	三跳闭锁重合闸		1
25	941ms	永跳闭锁重合闸		1
26	943ms	纵联差动保护动作	ABC	1
27	943ms	分相差动动作	ABC	1

线路二 B 站侧保护启动后 14ms 差动保护动作，故障选相 C 相，保护出口单跳 C 相开关；871ms 重合闸动作，C 相开关重合；938ms 重合于故障，保护动作出口跳三相开关。

2. 开关量变位解析

（1）以故障初始时刻为基准，A 站侧开关量变位图如图 5－3－3 所示。

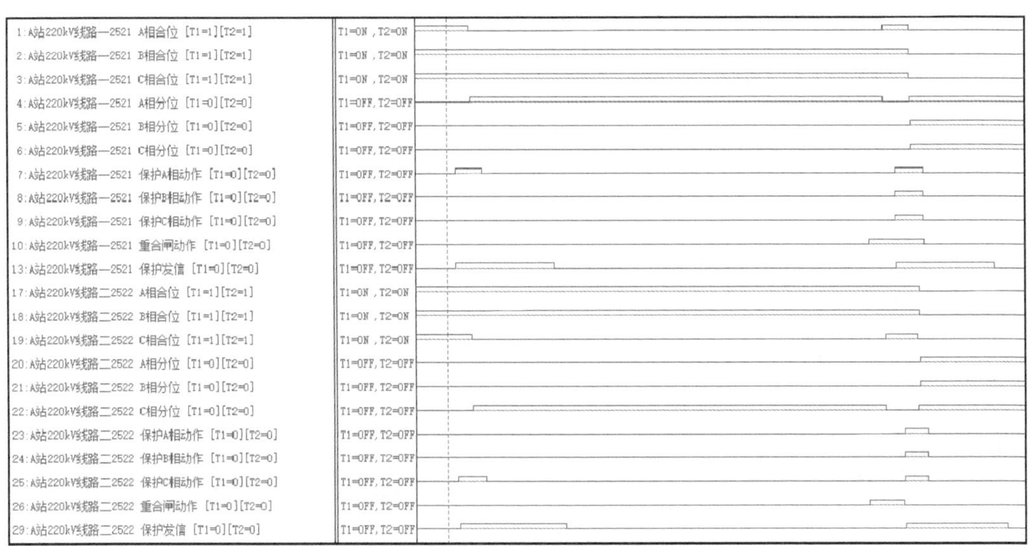

图 5－3－3 A 站侧开关量变位图

A 站侧开关量变位时间顺序见表 5－3－5。

表 5－3－5 A 站侧开关量变位时间顺序

位置	第 1 次变位时间	第 2 次变位时间	第 3 次变位时间	第 4 次变位时间
1:A 站 220kV 线路一 2521 A 相合位	↓ 44.000ms	↑ 906.000ms	↓ 960.750ms	
2:A 站 220kV 线路一 2521 B 相合位	↓ 961.000ms			
3:A 站 220kV 线路一 2521 C 相合位	↓ 962.000ms			
4:A 站 220kV 线路一 2521 A 相分位	↑ 46.750ms	↓ 904.750ms	↑ 963.500ms	
5:A 站 220kV 线路一 2521 B 相分位	↑ 964.500ms			
6:A 站 220kV 线路一 2521 C 相分位	↑ 966.250ms			
7:A 站 220kV 线路一 2521 保护 A 相动作	↑ 15.500ms	↓ 68.500ms	↑ 932.250ms	↓ 989.250ms
8:A 站 220kV 线路一 2521 保护 B 相动作	↑ 932.250ms	↓ 989.250ms		
9:A 站 220kV 线路一 2521 保护 C 相动作	↑ 932.000ms	↓ 989.250ms		
10:A 站 220kV 线路一 2521 重合闸动作	↑ 875.250ms	↓ 992.000ms		
13:A 站 220kV 线路一 2521 保护发信	↑ 15.500ms	↓ 219.000ms	↑ 932.750ms	↓ 1140.000ms

续表

位置	第 1 次变位时间	第 2 次变位时间	第 3 次变位时间	第 4 次变位时间
17:A 站 220kV 线路二 2522 A 相合位	↓ 980.500ms			
18:A 站 220kV 线路二 2522 B 相合位	↓ 981.000ms			
19:A 站 220kV 线路二 2522 C 相合位	↓ 48.500ms	↑ 910.250ms	↓ 978.250ms	
20:A 站 220kV 线路二 2522 A 相分位	↑ 983.750ms			
21:A 站 220kV 线路二 2522 B 相分位	↑ 984.250ms			
22:A 站 220kV 线路二 2522 C 相分位	↑ 50.500ms	↓ 909.000ms	↑ 980.250ms	
23:A 站 220kV 线路二 2522 保护 A 相动作	↑ 951.250ms	↓ 999.000ms		
24:A 站 220kV 线路二 2522 保护 B 相动作	↑ 951.000ms	↓ 999.250ms		
25:A 站 220kV 线路二 2522 保护 C 相动作	↑ 19.750ms	↓ 77.500ms	↑ 951.000ms	↓ 999.000ms
26:A 站 220kV 线路二 2522 重合闸动作	↑ 876.250ms	↓ 949.250ms		
29:A 站 220kV 线路二 2522 保护发信	↑ 23.500ms	↓ 243.000ms	↑ 953.750ms	↓ 1164.500ms

（2）以故障初始时刻为基准，B 站侧开关量变位图如图 5-3-4 所示。

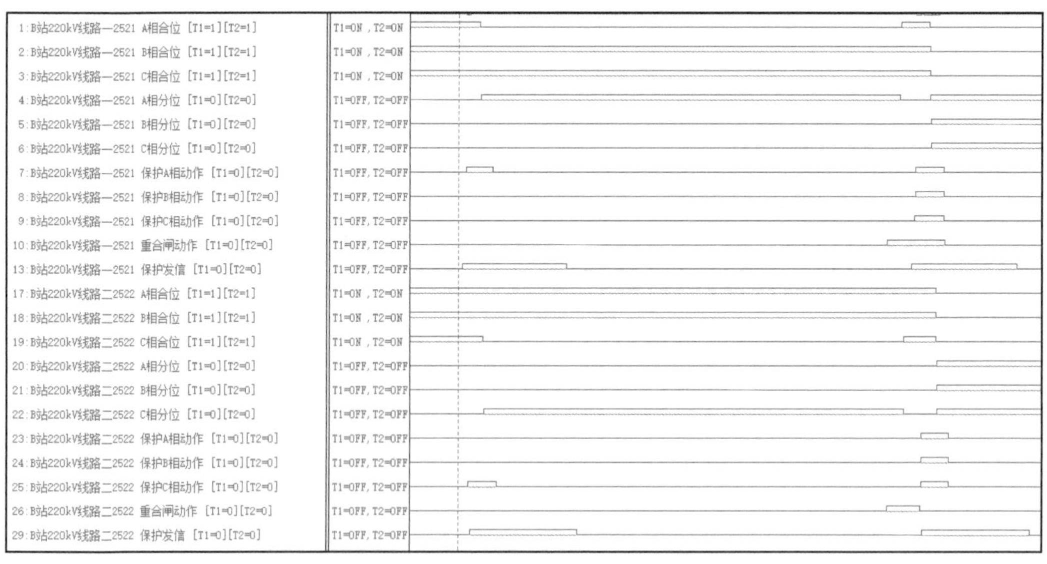

图 5-3-4　B 站侧开关量变位图

B 站侧开关量变位时间顺序见表 5-3-6。

表 5-3-6　　B 站侧开关量变位时间顺序

位置	第 1 次变位时间	第 2 次变位时间	第 3 次变位时间	第 4 次变位时间
1:B 站 220kV 线路一 2521 A 相合位	↓ 42.750ms	↑ 903.250ms	↓ 960.500ms	
2:B 站 220kV 线路一 2521 B 相合位	↓ 963.000ms			
3:B 站 220kV 线路一 2521 C 相合位	↓ 962.750ms			
4:B 站 220kV 线路一 2521 A 相分位	↑ 45.250ms	↓ 902.250ms	↑ 962.750ms	
5:B 站 220kV 线路一 2521 B 相分位	↑ 965.750ms			
6:B 站 220kV 线路一 2521 C 相分位	↑ 965.500ms			
7:B 站 220kV 线路一 2521 保护 A 相动作	↑ 15.250ms	↓ 68.500ms	↑ 932.750ms	↓ 991.000ms
8:B 站 220kV 线路一 2521 保护 B 相动作	↑ 932.750ms	↓ 990.750ms		
9:B 站 220kV 线路一 2521 保护 C 相动作	↑ 932.250ms	↓ 990.750ms		
10:B 站 220kV 线路一 2521 重合闸动作	↑ 874.750ms	↓ 992.750ms		
13:B 站 220kV 线路一 2521 保护发信	↑ 8.250ms	↓ 218.750ms	↑ 925.750ms	↓ 1141.250ms
17:B 站 220kV 线路二 2522 A 相合位	↓ 974.750ms			
18:B 站 220kV 线路二 2522 B 相合位	↓ 975.250ms			
19:B 站 220kV 线路二 2522 C 相合位	↓ 48.750ms	↑ 910.250ms	↓ 974.500ms	
20:B 站 220kV 线路二 2522 A 相分位	↑ 977.250ms			
21:B 站 220kV 线路二 2522 B 相分位	↑ 978.250ms			
22:B 站 220kV 线路二 2522 C 相分位	↑ 52.000ms	↓ 909.000ms	↑ 977.750ms	
23:B 站 220kV 线路二 2522 保护 A 相动作	↑ 945.000ms	↓ 1001.500ms		
24:B 站 220kV 线路二 2522 保护 B 相动作	↑ 945.000ms	↓ 1001.500ms		
25:B 站 220kV 线路二 2522 保护 C 相动作	↑ 18.750ms	↓ 77.500ms	↑ 945.250ms	↓ 1001.750ms
26:B 站 220kV 线路二 2522 重合闸动作	↑ 875.750ms	↓ 942.500ms		
29:B 站 220kV 线路二 2522 保护发信	↑ 22.500ms	↓ 242.250ms	↑ 947.750ms	↓ 1166.500ms

故障发生后，线路一 15ms 两侧保护动作跳 A 相开关，40ms 两侧 A 相开关分闸，875ms 两侧保护重合闸动作，905ms A 相开关重合成功，920ms 两侧保护动作跳三相开关，960ms 两侧三相开关分闸；线路二 19ms 两侧保护动作跳 C 相开关，50ms 两侧 C 相开关分闸，875ms 两侧保护重合闸动作，909ms C 相开关重合成功，950ms 两侧保护动作跳三相开关，980ms 两侧三相开关分闸。

3. 波形特征解析

A、B 站故障全过程集中录波图（后续分析均以 T_1 光标的故障初始时刻为基准）如图 5-3-5 和图 5-3-6 所示。

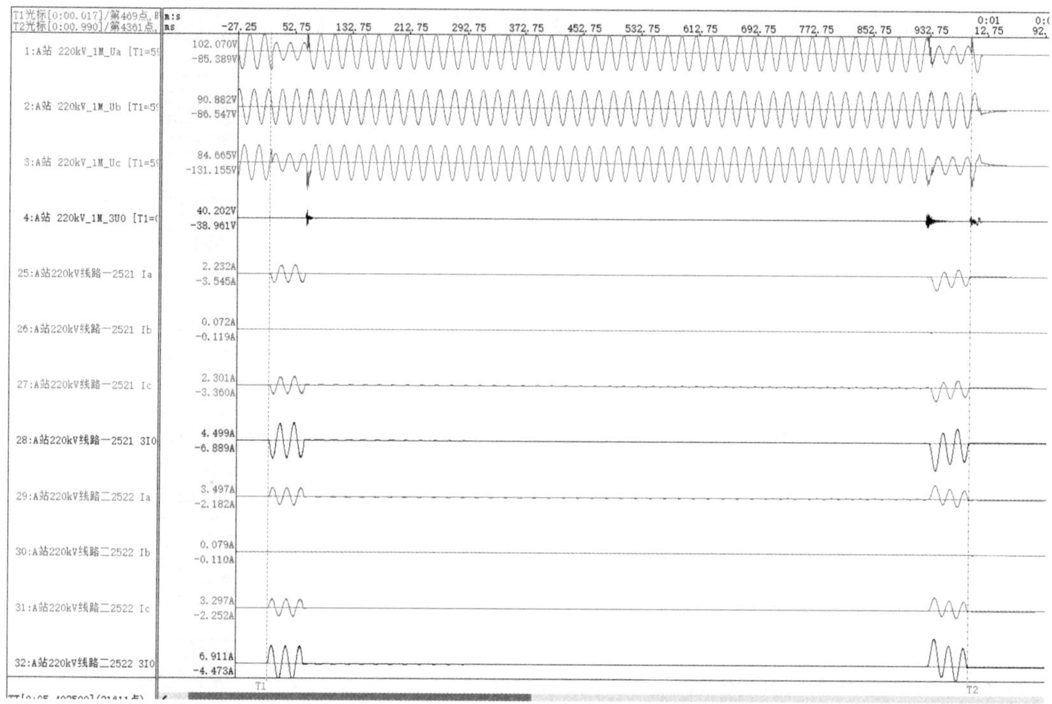

图 5-3-5　A 站故障全过程集中录波图

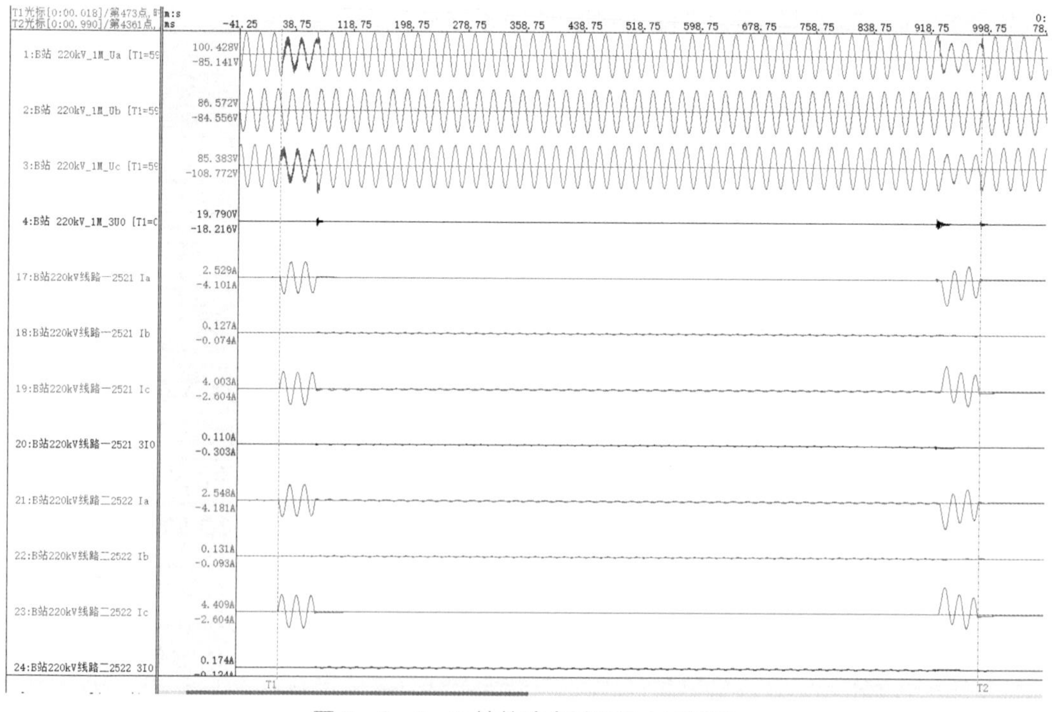

图 5-3-6　B 站故障全过程集中录波图

下面对故障的各个阶段进行分析：

（1）0（T_1）～50ms（T_2）A、B 站集中录波图及相量图如图 5－3－7～图 5－3－10 所示。

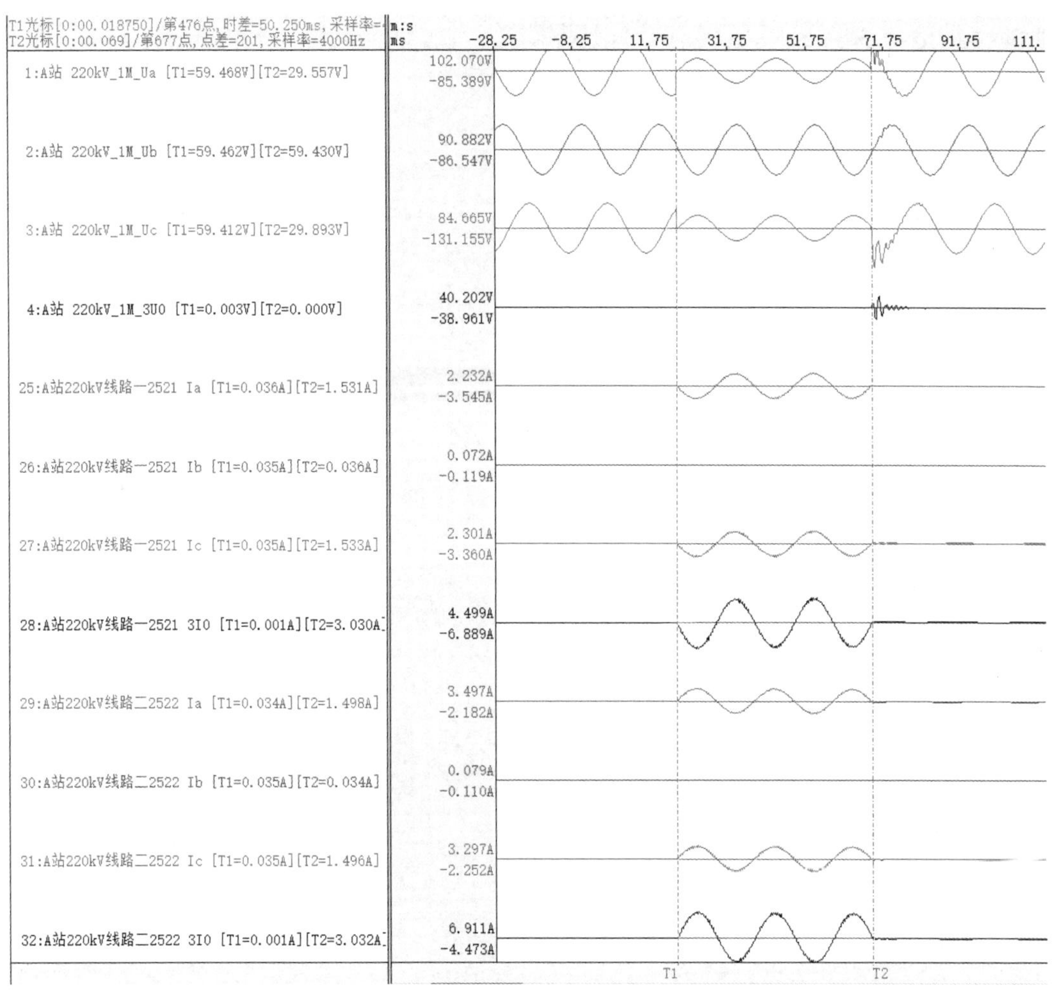

图 5－3－7　0（T_1）～50ms（T_2）A 站集中录波图

从图 5－3－7 解析可知，0～50ms A 站电压电流特征为母线 B 相电压基本不变，$U_A = U_C = 29.8V$，无零序电压。线路一、线路二均出现同相位的 A、C 相故障电流，且有较大的零序电流。

从图 5－3－8 解析可知，0～50ms B 站电压电流特征为母线 B 相电压基本不变，A、C 相电压下降至 40V 左右，其电压间夹角也减小，无零序电压。线路一、线路二均出现等大反相的 A、C 相故障电流，无零序电流。

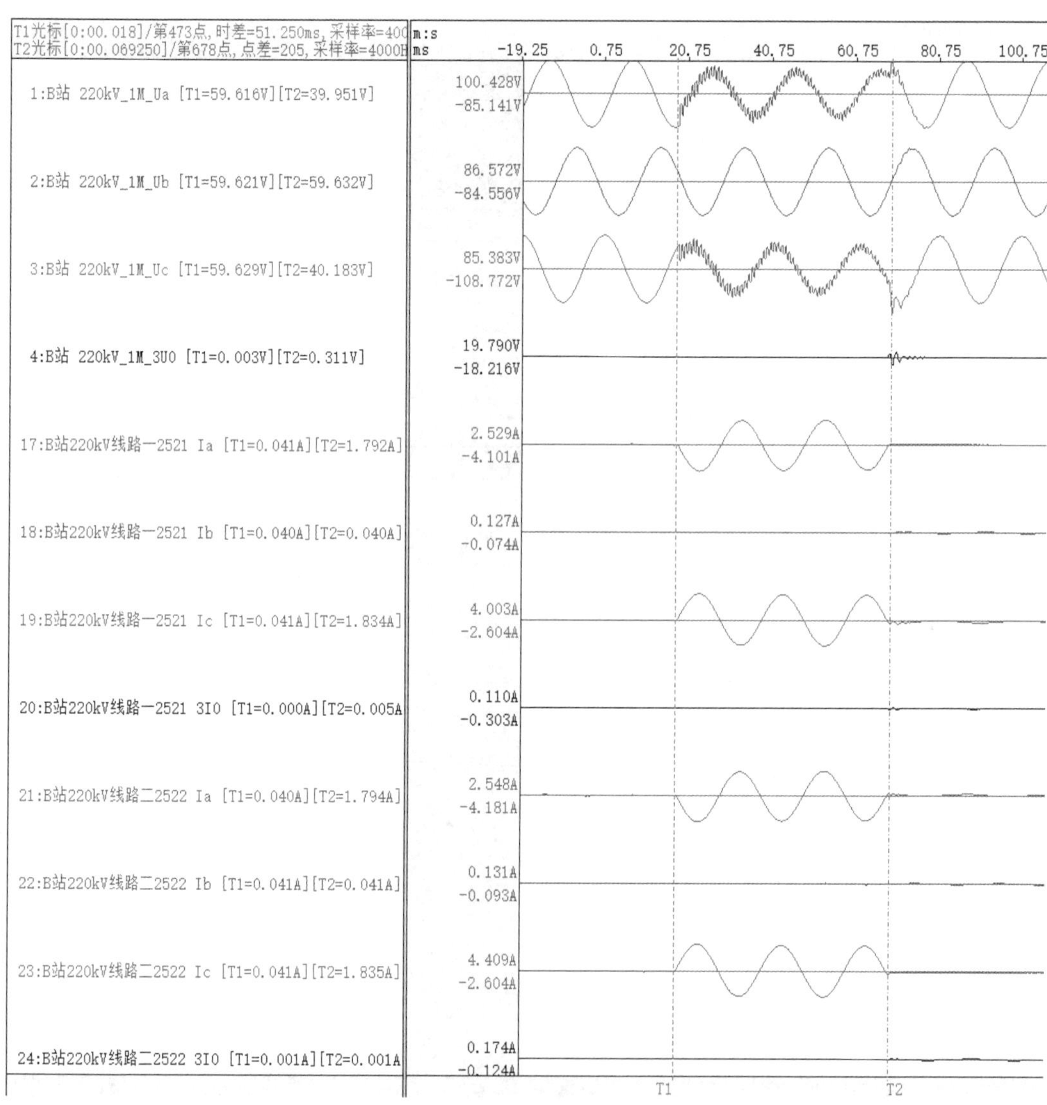

图 5-3-8　0（T_1）～50ms（T_2）B 站集中录波图

由电压特征可初步判断系统在 A 站附近发生了 AC 相金属性短路故障，B 站侧线路电流特征符合此判断结果，但 A 站侧线路电流出现较大零序分量，与一般相间短路电流特征不符。

对于线路正向发生 AC 相间金属性短路故障，若不考虑线路电阻，arg（U_{CA}/I_{CA}）= 90°。由于 $I_C=-I_A$，因此 arg（U_{CA}/I_C）=90°，arg（U_{CA}/I_A）=−90°。下面对线路两侧故障相电压电流相位关系进行分析。

从图 5－3－9 解析可知，0～50ms 对于 A 站侧线路一有 arg（U_{CA}/I_C）≈－90°，arg（U_{CA}/I_A）≈－90°，即 A 相为正向故障特征，C 相为反向故障特征。线路二有 arg（U_{CA}/I_C）≈90°，arg（U_{CA}/I_A）≈90°，即 A 相为反向故障特征，C 相为正向故障特征。

通道	实部	虚部	向量
1:A站 220kV_1M_Ua	42.696V	0.000V	30.190V∠0.000°
3:A站 220kV_1M_Uc	41.122V	6.832V	29.476V∠9.432°
25:A站220kV线路一2521 Ia	-2.130A	-0.554A	1.556A∠-165.420°
27:A站220kV线路一2521 Ic	-2.133A	-0.545A	1.557A∠-165.662°
29:A站220kV线路二2522 Ia	2.083A	0.556A	1.524A∠14.945°
31:A站220kV线路二2522 Ic	2.075A	0.553A	1.518A∠14.927°

图 5－3－9　0～50ms A 站线路故障相电压电流相量图

从图 5－3－10 解析可知，0～50ms 对于 B 站侧线路一有 arg（U_{CA}/I_C）≈－90°，arg（U_{CA}/I_A）≈90°，即 A、C 相均为正向故障特征。线路二有 arg（U_{CA}/I_C）≈－90°，arg（U_{CA}/I_A）≈90°，同样 A、C 相均为正向故障特征。

通道	实部	虚部	向量
1:B站 220kV_1M_Ua	55.366V	-0.000V	39.150V∠-0.000°
3:B站 220kV_1M_Uc	7.467V	56.223V	40.105V∠82.435°
17:B站220kV线路一2521 Ia	-1.674A	-1.912A	1.797A∠-131.194°
19:B站220kV线路一2521 Ic	1.714A	1.956A	1.839A∠48.760°
21:B站220kV线路二2522 Ia	-1.670A	-1.918A	1.798A∠-131.050°
23:B站220kV线路二2522 Ic	1.718A	1.954A	1.840A∠48.682°

图 5－3－10　0～50ms B 站线路故障相电压电流相量图

结合线路保护差流选相结果（线路一选 A 相，线路二选 C 相）。因此，0～50ms 系统在 A 站出口处线路一 A 相与线路二 C 相发生异名相金属性跨线短路故障，故障持续 2.5 个周波（约 50ms）。

（2）50～905ms，线路一 A 相、线路二 C 相两侧单相跳闸后，均处于非全相运行状态。A、B 站母线恢复至正常电压，无明显零序电压。两线路均产生少量零序电流，主要以零序环流形式存在于双回线之间。

（3）905（T_1）～960ms（T_2）A、B 站集中录波图如图 5－3－11 和图 5－3－12 所示。

从图 5－3－11 解析可知，905～960ms A 站电压电流特征为母线 B 相电压基本不变，$U_A=U_C=29.8V$，无零序电压。线路一、线路二均出现同相位的 A、C 相故障电流，且有较大的零序电流。

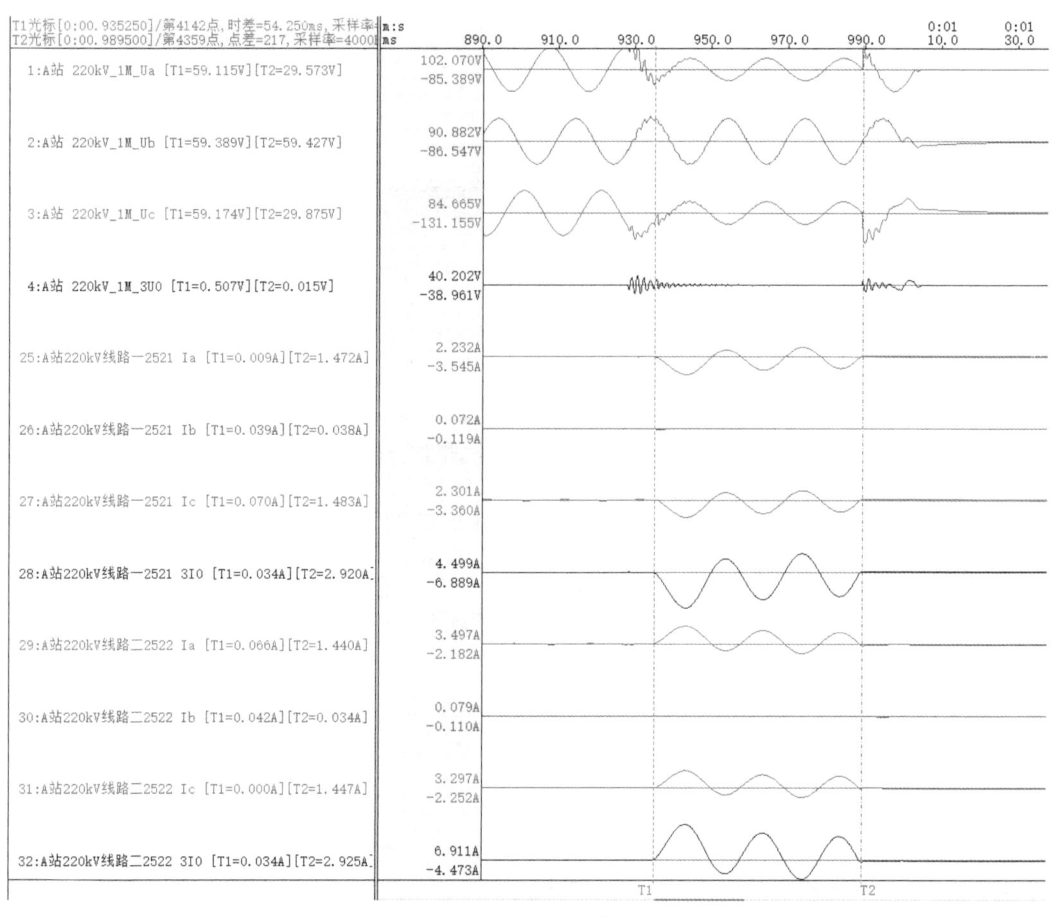

图 5-3-11 905（T_1）~960ms（T_2）A 站集中录波图

从图 5-3-12 解析可知，905～960ms B 站电压电流特征为母线 B 相电压基本不变，A、C 相电压下降至 40V 左右，其电压间夹角也减小，无零序电压。线路一、线路二均出现等大反相的 A、C 相故障电流，无零序电流。

由电压、电流特征可判断 905～960ms 线路重合于线路一 A 相与线路二 C 相发生的异名相金属性跨线短路故障，故障持续 2.75 个周波（约 55ms）。

三、综合总结

系统 0～50ms 线路两侧 B 相电压基本不变，A、C 相电压降低，无零序电压，A 站侧 A、C 相电压几乎完全相等且与 B 相电压等大反相位。由电压特征可初步判断在 A 站附近发生了 A、C 相金属性相间短路。再结合故障相间电压与故障相间电流的相位关系

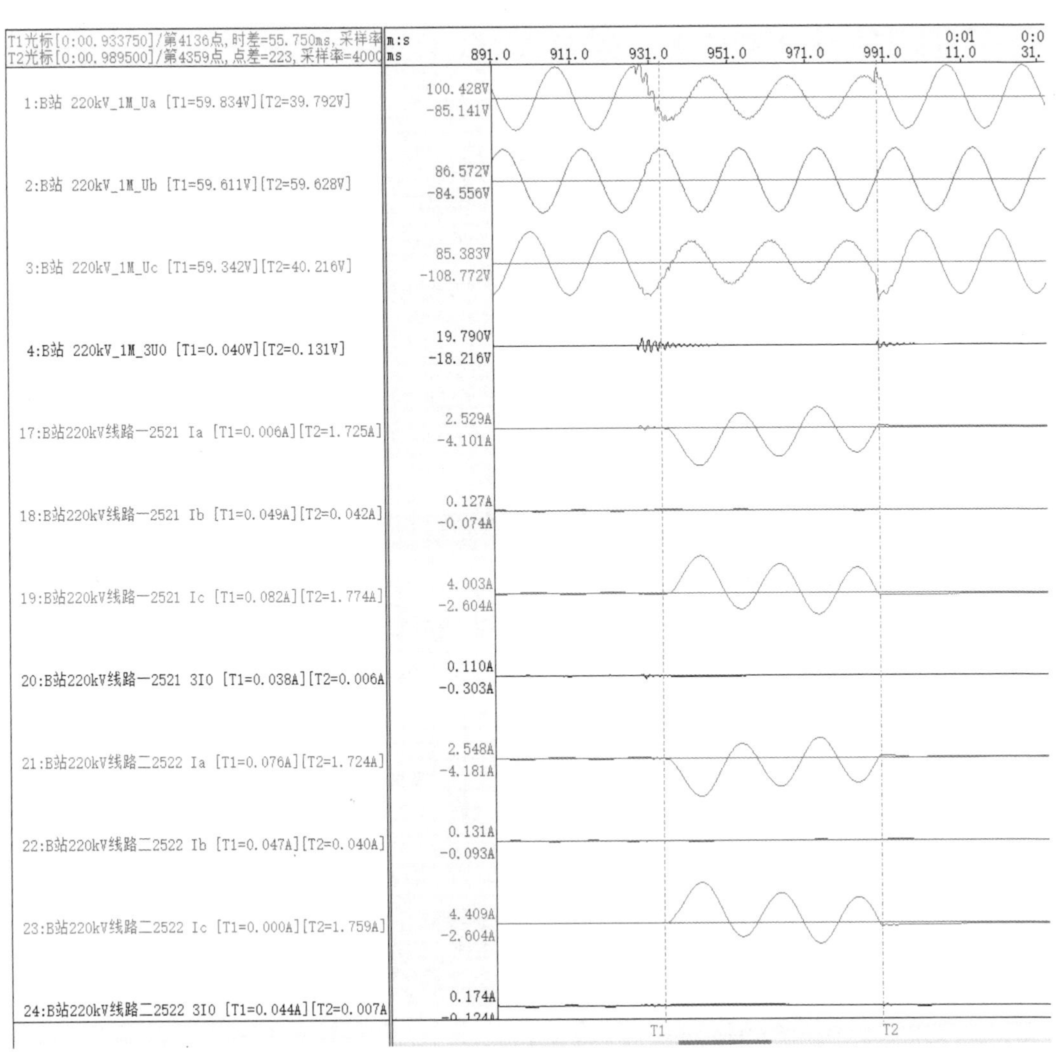

图 5-3-12 905（T_1）~960ms（T_2）B 站集中录波图

可判断，A 相故障点在线路一上，C 相故障点在线路二上。因此此时系统发生了线路一 A 相与线路二 C 相发生的异名相金属性永久跨线短路故障，双回线两侧差动保护均正确选相并跳闸。约 855ms 后，两条线路重合于故障后保护三相跳闸。

本案例中，首先由电压特征判断故障类型，再由此类故障应有的电压电流相位关系来判断故障点在某保护安装点的相对位置（正向/反向），最终锁定故障区域。注意保护的选相元件（尤其是差流选相元件）的选相结果可以对判断故障点的位置提供有力帮助。

5.4 双回线同时发生异名相接地短路故障

一、故障信息

故障发生前系统运行方式为：A 站 220kV 线路一 2521 开关、220kV 线路二 2522 开关、#1 主变变高 2201 开关挂Ⅰ母运行，220kV 线路三 2523 开关、#2 主变变高 2202 开关挂Ⅱ母运行，220kV 母联 2012 开关在合位，母线并列运行，#1 主变中性点接地、#2 主变中性点不接地，如图 5－4－1 所示。

故障发生后，线路一、线路二动作跳闸，重合不成功。线路一 2521 两侧开关、线路二 2522 两侧开关在分位，其余开关合位，运行方式如图 5－4－2 所示。

二、录波图解析

1. 保护动作报文解析

（1）从保护故障录波 HDR 文件读取相关保护信息，以保护启动时刻为基准，线路一 A 站侧保护动作简报见表 5－4－1，线路一 B 站侧保护动作简报见表 5－4－2。

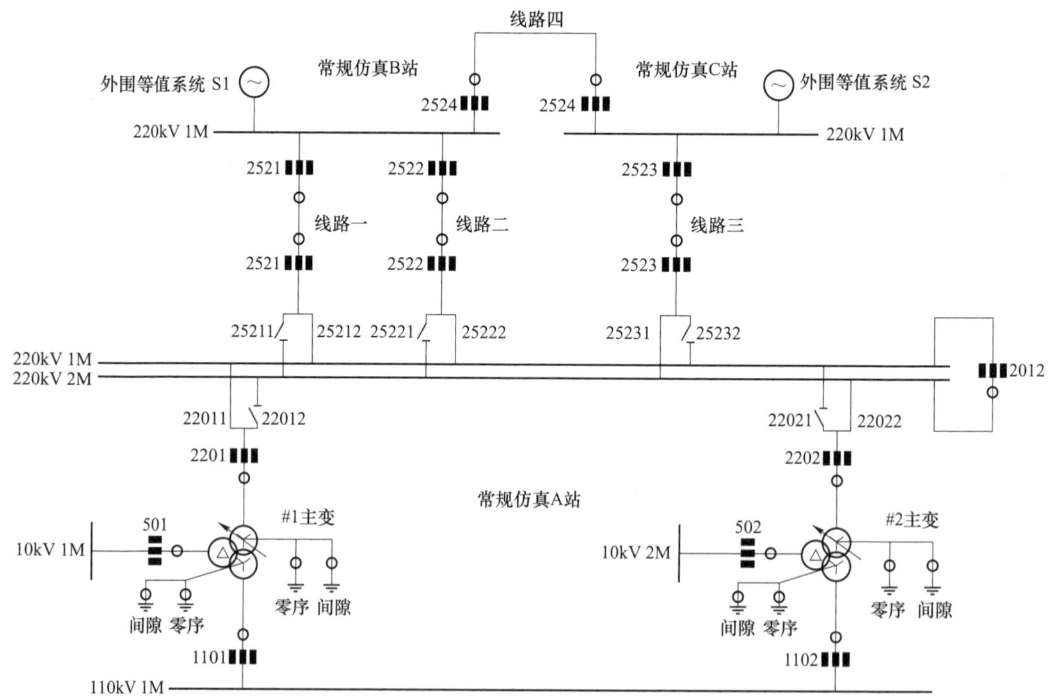

图 5－4－1 故障发生前 A 站、B 站、C 站运行方式

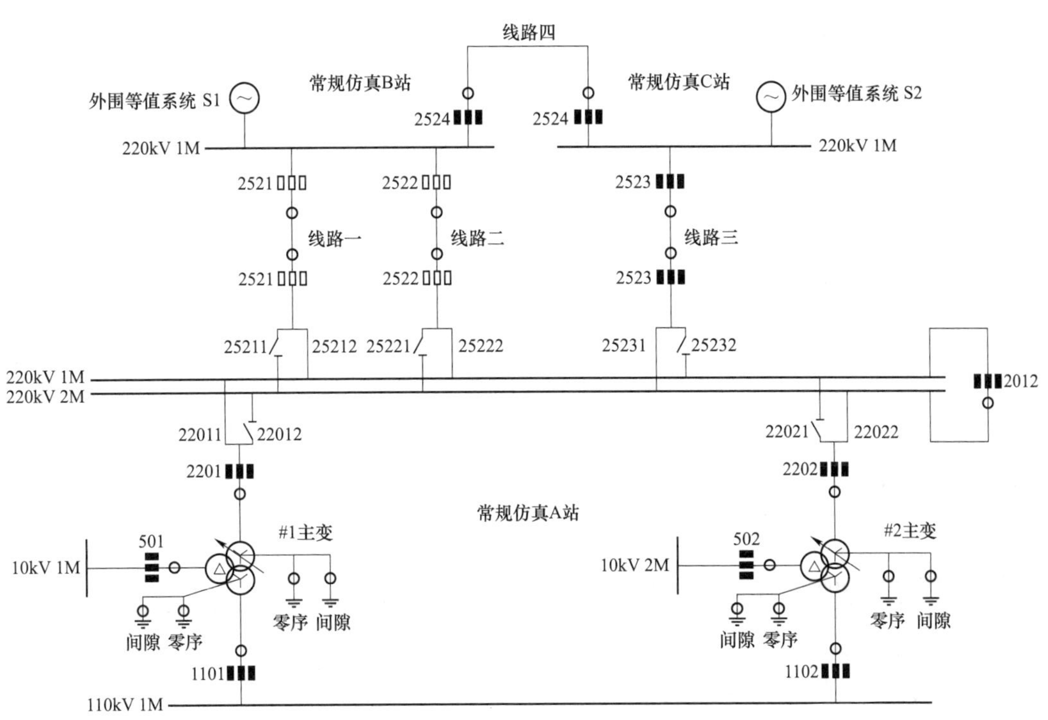

图 5-4-2　故障发生后 A 站、B 站、C 站运行方式

表 5-4-1　　线路一 A 站侧保护动作简报

序号	动作报文对应时间	动作报文名称	动作相别	动作报文变化值
1	0ms	保护启动		1
2	8ms	纵联差动保护动作	A	1
3	14ms	纵联距离动作	A	1
4	24ms	纵联零序动作	A	1
5	24ms	接地距离 I 段动作	A	1
6	72ms	纵联差动保护动作		0
7	72ms	纵联距离动作		0
8	72ms	纵联零序动作		0
9	72ms	接地距离 I 段动作		0
10	872ms	重合闸动作		1
11	919ms	纵联差动保护动作	ABC	1
12	942ms	距离加速动作	ABC	1
13	963ms	纵联距离动作	ABC	1
14	976ms	零序加速动作	ABC	1

线路一 A 站侧保护启动后 8ms 差动保护动作，24ms 接地距离 I 段动作，故障选相 A 相，保护出口单跳 A 相开关；872ms 重合闸动作，A 相开关重合；919ms 重合于故障，

保护动作出口跳三相开关。

表 5-4-2　　线路一 B 站侧保护动作简报

序号	动作报文对应时间	动作报文名称	动作相别	动作报文变化值
1	0ms	保护启动		1
2	8ms	纵联差动保护动作	A	1
3	19ms	接地距离Ⅰ段动作	A	1
4	20ms	纵联距离动作	A	1
5	20ms	纵联零序动作	A	1
6	61ms	纵联差动保护动作		0
7	61ms	纵联距离动作		0
8	61ms	纵联零序动作		0
9	61ms	接地距离Ⅰ段动作		0
10	861ms	重合闸动作		1
11	916ms	纵联差动保护动作	ABC	1
12	946ms	距离加速动作	ABC	1
13	955ms	接地距离Ⅰ段动作	ABC	1
14	957ms	纵联距离动作	ABC	1

线路一 B 站侧保护启动后 8ms 差动保护动作，19ms 接地距离Ⅰ段动作，故障选相 A 相，保护出口单跳 A 相开关；861ms 重合闸动作，A 相开关重合；916ms 重合于故障，保护动作出口跳三相开关。

（2）从保护故障录波 HDR 文件读取相关保护信息，以保护启动时刻为基准，线路二 A 站侧保护动作简报见表 5-4-3，线路二 B 站侧保护动作简报见表 5-4-4。

表 5-4-3　　线路二 A 站侧保护动作简报

序号	动作报文对应时间	动作报文名称	动作相别	动作报文变化值
1	0ms	保护启动		1
2		采样已同步		1
3	13ms	纵联差动保护动作	C	1
4	13ms	分相差动动作	C	1
5		数据来源通道一		1
6	25ms	纵联阻抗发信	C	1
7		三相差动电流		1
8		三相制动电流		1

续表

序号	动作报文对应时间	动作报文名称	动作相别	动作报文变化值
9		对侧差动动作		1
10		故障相电压		1
11		故障相电流		1
12		测距阻抗		1
13		故障测距	C	1
14	82ms	分相差动动作	C	0
15	82ms	纵联差动保护动作		0
16	83ms	单跳启动重合		1
17	86ms	三相不一致启动		1
18	883ms	重合闸动作		1
19	949ms	重合闸动作		0
20	950ms	距离相近加速动作	ABC	1
21	950ms	距离加速动作	ABC	1
22	950ms	距离Ⅱ段加速动作	ABC	1
23	950ms	距离加速动作	ABC	1
24	950ms	三跳闭锁重合闸		1
25	953ms	永跳闭锁重合闸		1
26	956ms	纵联差动保护动作	ABC	1
27	956ms	分相差动动作	ABC	1
28		三相差动电流		1
29		三相制动电流		1
30	961ms	加速联跳动作	ABC	1
31	998ms	零序加速动作	ABC	1

线路二 A 站侧保护启动后 13ms 差动保护动作，故障选相 C 相，保护出口单跳 C 相开关；883ms 重合闸动作，C 相开关重合；950ms 重合于故障，保护动作出口跳三相开关。

表 5-4-4　　　　　线路二 B 站侧保护动作简报

序号	动作报文对应时间	动作报文名称	动作相别	动作报文变化值
1	0ms	保护启动		1
2		采样已同步		1
3	13ms	纵联差动保护动作	C	1
4	13ms	分相差动动作	C	1
5		数据来源通道一		1

续表

序号	动作报文对应时间	动作报文名称	动作相别	动作报文变化值
6	15ms	纵联阻抗发信	C	1
7		对侧差动动作		1
8		三相差动电流		1
9		三相制动电流		1
10	31ms	纵联保护动作	C	1
11		故障相电压		1
12		故障相电流		1
13		测距阻抗	C	1
14		故障测距	C	1
15	80ms	分相差动动作		0
16	80ms	纵联差动保护动作		0
17	80ms	纵联保护动作		0
18	82ms	单跳启动重合		1
19	87ms	三相不一致启动		1
20	881ms	重合闸动作		1
21	947ms	重合闸动作		0
22	948ms	距离相近加速动作	ABC	1
23	948ms	距离加速动作	ABC	1
24	948ms	距离Ⅱ段加速动作	ABC	1
25	948ms	距离加速动作	ABC	1
26	949ms	三跳闭锁重合闸		1
27	951ms	永跳闭锁重合闸		1
28		三相差动电流		1
29		三相制动电流		1
30	953ms	纵联差动保护动作	ABC	1
31	953ms	分相差动动作	ABC	1
32	959ms	加速联跳动作	ABC	1

线路二 B 站侧保护启动后 13ms 差动保护动作，故障选相 C 相，保护出口单跳 C 相开关；881ms 重合闸动作，C 相开关重合；948ms 重合于故障，保护动作出口跳三相开关。

2. 开关量变位解析

（1）以故障初始时刻为基准，A 站侧开关量变位图如图 5-4-3 所示。

A 站侧开关量变位时间顺序见表 5-4-5。

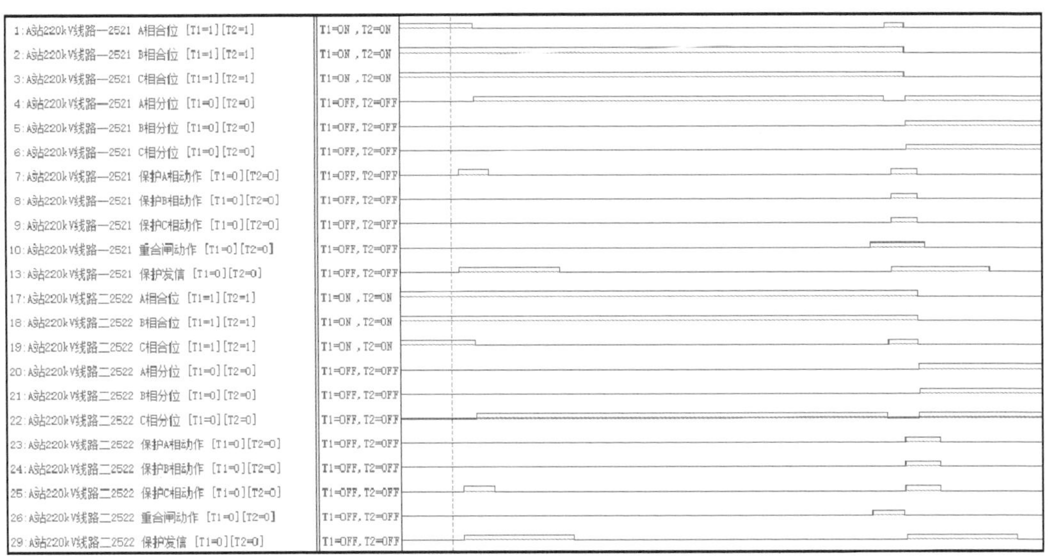

图 5-4-3　A 站侧开关量变位图

表 5-4-5　　　　A 站侧开关量变位时间顺序

位置	第 1 次变位时间	第 2 次变位时间	第 3 次变位时间	第 4 次变位时间
1:A 站 220kV 线路一 2521 A 相合位	↓ 44.500ms	↑ 916.000ms	↓ 956.500ms	
2:A 站 220kV 线路一 2521 B 相合位	↓ 956.500ms			
3:A 站 220kV 线路一 2521 C 相合位	↓ 957.250ms			
4:A 站 220kV 线路一 2521 A 相分位	↑ 47.250ms	↓ 914.750ms	↑ 959.000ms	
5:A 站 220kV 线路一 2521 B 相分位	↑ 960.000ms			
6:A 站 220kV 线路一 2521 C 相分位	↑ 961.500ms			
7:A 站 220kV 线路一 2521 保护 A 相动作	↑ 16.250ms	↓ 78.250ms	↑ 927.750ms	↓ 987.250ms
8:A 站 220kV 线路一 2521 保护 B 相动作	↑ 927.750ms	↓ 987.250ms		
9:A 站 220kV 线路一 2521 保护 C 相动作	↑ 927.500ms	↓ 987.500ms		
10:A 站 220kV 线路一 2521 重合闸动作	↑ 885.000ms	↓ 1001.750ms		
13:A 站 220kV 线路一 2521 保护发信	↑ 16.000ms	↓ 228.750ms	↑ 928.750ms	↓ 1138.250ms
17:A 站 220kV 线路二 2522 A 相合位	↓ 987.250ms			
18:A 站 220kV 线路二 2522 B 相合位	↓ 987.500ms			
19:A 站 220kV 线路二 2522 C 相合位	↓ 50.000ms	↑ 921.500ms	↓ 986.000ms	
20:A 站 220kV 线路二 2522 A 相分位	↑ 989.750ms			
21:A 站 220kV 线路二 2522 B 相分位	↑ 990.500ms			
22:A 站 220kV 线路二 2522 C 相分位	↑ 52.000ms	↓ 920.250ms	↑ 988.000ms	
23:A 站 220kV 线路二 2522 保护 A 相动作	↑ 958.250ms	↓ 1032.000ms		
24:A 站 220kV 线路二 2522 保护 B 相动作	↑ 958.000ms	↓ 1032.000ms		
25:A 站 220kV 线路二 2522 保护 C 相动作	↑ 22.000ms	↓ 89.500ms	↑ 958.250ms	↓ 1032.000ms
26:A 站 220kV 线路二 2522 重合闸动作	↑ 887.500ms	↓ 956.250ms		
29:A 站 220kV 线路二 2522 保护发信	↑ 21.500ms	↓ 255.000ms	↑ 960.750ms	↓ 1197.500ms

（2）以故障初始时刻为基准，B 站侧开关量变位图如图 5－4－4 所示。

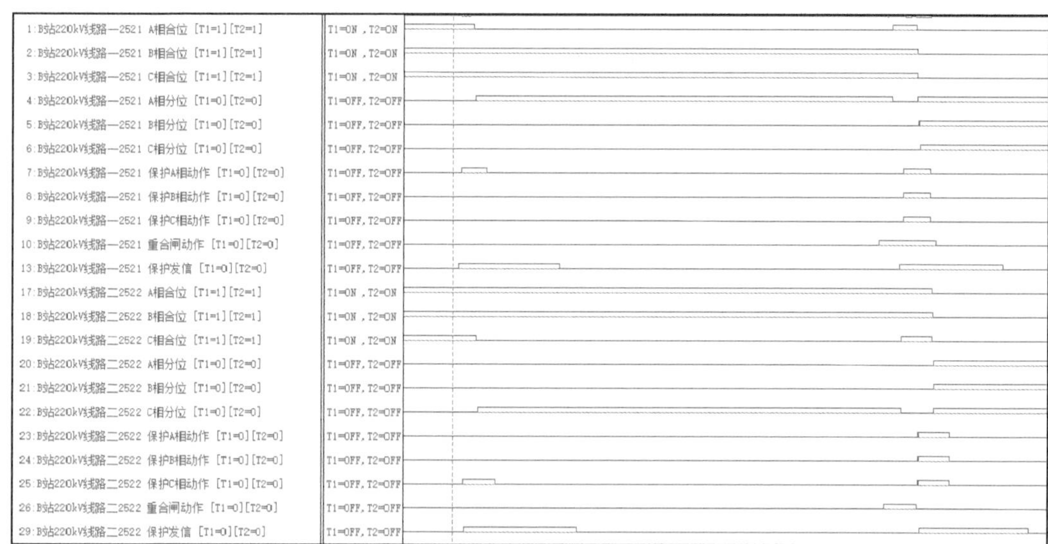

图 5－4－4　B 站侧开关量变位图

B 站侧开关量变位时间顺序见表 5－4－6。

表 5－4－6　　B 站侧开关量变位时间顺序

位置	第 1 次变位时间	第 2 次变位时间	第 3 次变位时间	第 4 次变位时间
1:B 站 220kV 线路一 2521 A 相合位	↓ 42.500ms	↑ 902.250ms	↓ 951.250ms	
2:B 站 220kV 线路一 2521 B 相合位	↓ 953.750ms			
3:B 站 220kV 线路一 2521 C 相合位	↓ 954.500ms			
4:B 站 220kV 线路一 2521 A 相分位	↑ 45.000ms	↓ 901.250ms	↑ 953.750ms	
5:B 站 220kV 线路一 2521 B 相分位	↑ 956.250ms			
6:B 站 220kV 线路一 2521 C 相分位	↑ 957.000ms			
7:B 站 220kV 线路一 2521 保护 A 相动作	↑ 15.750ms	↓ 67.250ms	↑ 924.000ms	↓ 979.000ms
8:B 站 220kV 线路一 2521 保护 B 相动作	↑ 924.000ms	↓ 978.750ms		
9:B 站 220kV 线路一 2521 保护 C 相动作	↑ 923.750ms	↓ 978.750ms		
10:B 站 220kV 线路一 2521 重合闸动作	↑ 873.500ms	↓ 991.750ms		
13:B 站 220kV 线路一 2521 保护发信	↑ 8.750ms	↓ 217.750ms	↑ 916.250ms	↓ 1129.250ms
17:B 站 220kV 线路二 2522 A 相合位	↓ 984.250ms			
18:B 站 220kV 线路二 2522 B 相合位	↓ 985.000ms			
19:B 站 220kV 线路二 2522 C 相合位	↓ 48.250ms	↑ 920.500ms	↓ 984.250ms	
20:B 站 220kV 线路二 2522 A 相分位	↑ 986.750ms			
21:B 站 220kV 线路二 2522 B 相分位	↑ 987.500ms			
22:B 站 220kV 线路二 2522 C 相分位	↑ 51.250ms	↓ 919.250ms	↑ 987.250ms	
23:B 站 220kV 线路二 2522 保护 A 相动作	↑ 955.250ms	↓ 1019.250ms		
24:B 站 220kV 线路二 2522 保护 B 相动作	↑ 955.250ms	↓ 1019.500ms		

续表

位置	第 1 次变位时间	第 2 次变位时间	第 3 次变位时间	第 4 次变位时间
25:B 站 220kV 线路二 2522 保护 C 相动作	↑ 19.250ms	↓ 88.000ms	↑ 955.500ms	↓ 1019.500ms
26:B 站 220kV 线路二 2522 重合闸动作	↑ 886.000ms	↓ 953.000ms		
29:B 站 220kV 线路二 2522 保护发信	↑ 22.000ms	↓ 253.250ms	↑ 957.750ms	↓ 1185.000ms

故障发生后，线路一 15ms 两侧保护动作跳 A 相开关，42ms 两侧 A 相开关分闸，约 880ms 两侧保护重合闸动作，约 910ms A 相开关重合成功，925ms 两侧保护动作跳三相开关，955ms 两侧三相开关分闸；线路二 20ms 两侧保护动作跳 C 相开关，50ms 两侧 C 相开关分闸，886ms 两侧保护重合闸动作，920ms C 相开关重合成功，955ms 两侧保护动作跳三相开关，985ms 两侧三相开关分闸。

3. 波形特征解析

A、B 站故障全过程集中录波图（后续分析均以 T_1 光标的故障初始时刻为基准）如图 5-4-5 和图 5-4-6 所示。

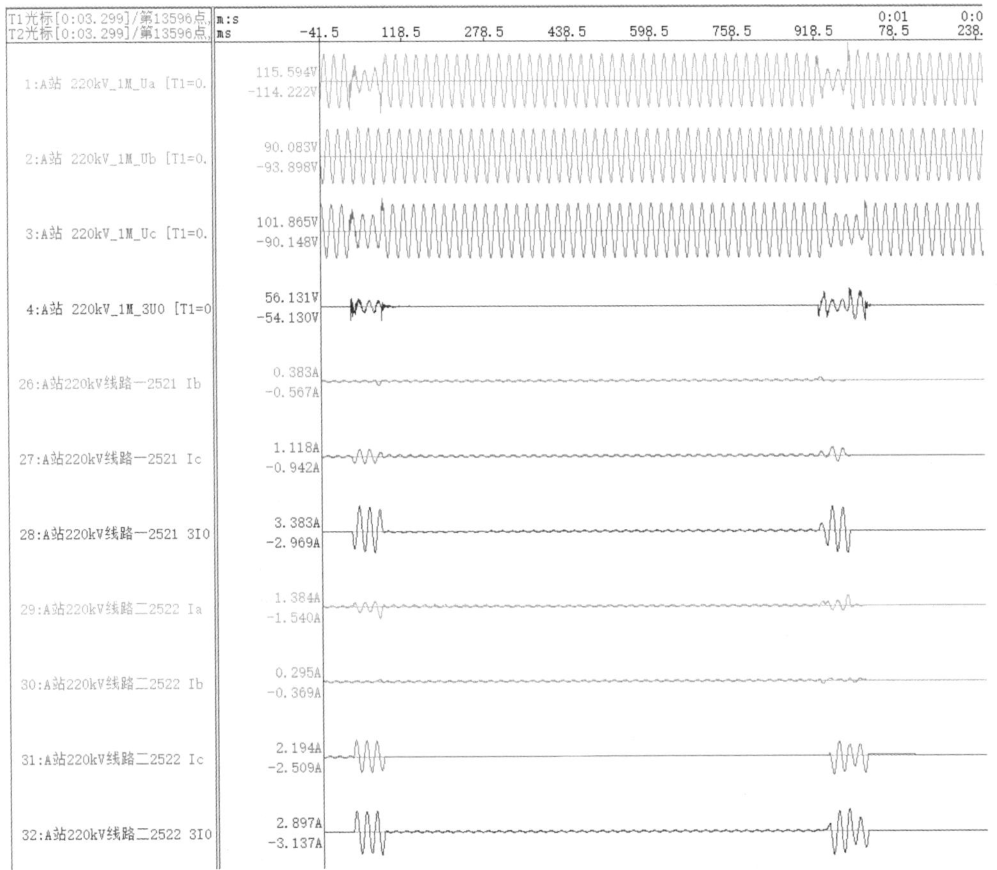

图 5-4-5　A 站故障全过程集中录波图

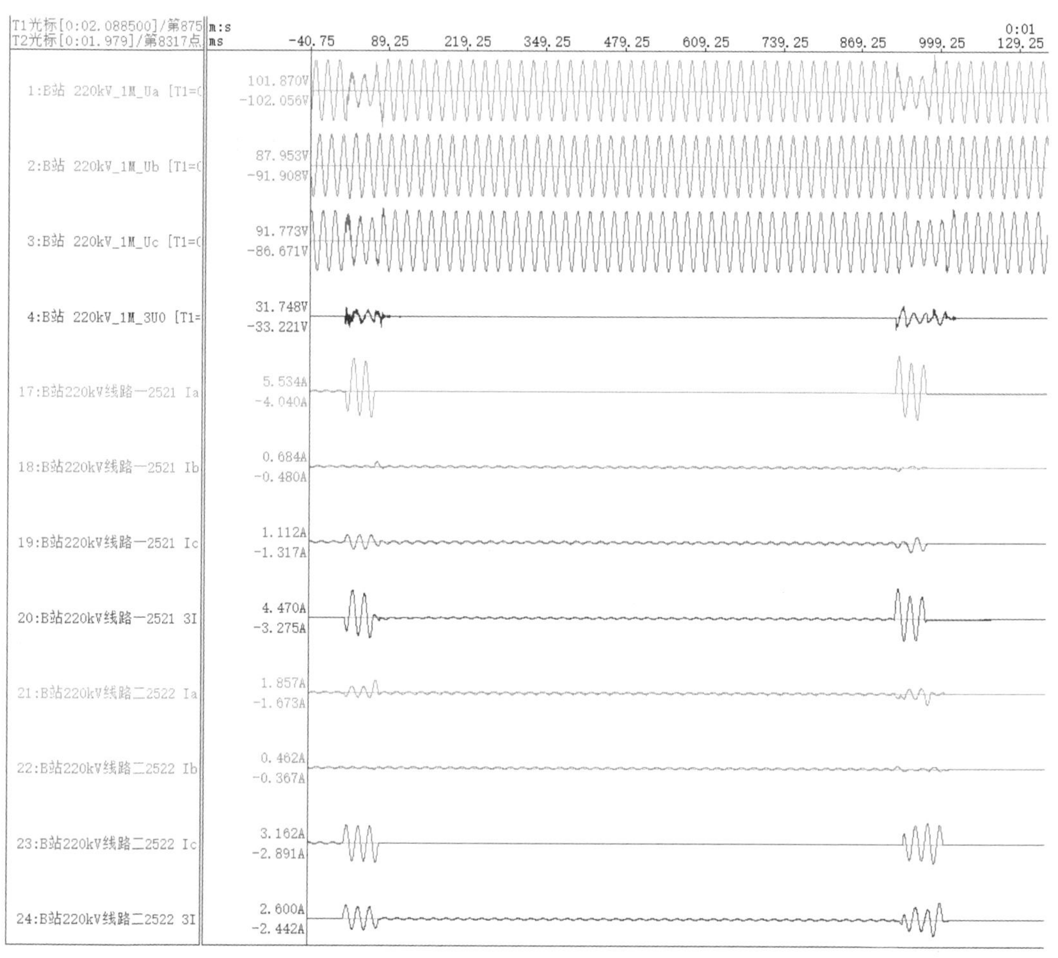

图 5-4-6　B 站故障全过程集中录波图

下面对故障的各个阶段进行分析：

（1）0（T_1）～60ms（T_2）A、B 站集中录波图、相量图及装置录波图如图 5-4-7～图 5-4-12 所示。

从图 5-4-7 解析可知，0～60ms A 站电压电流特征为母线 A、C 相电压降低，产生约 12.6V 零序电压。线路一、线路二 A、C 相电流均增大，且产生零序电流。

从图 5-4-8 解析可知，0～60ms B 站电压电流特征为母线 A、C 相电压降低，产生约 9.8V 零序电压。线路一、线路二 A、C 相电流均增大，且产生零序电流。

由电压特征可初步判断系统发生了 A、C 两相接地故障，线路正向发生单相接地短路故障，故障相电压电流关系满足 0°＜arg（U/I）＝90°；反向发生单相接地短路故障，故障相电压电流关系满足－180°＜arg（U/I）＝－90°。下面对线路两侧故障相电压电流相位关系进行分析。

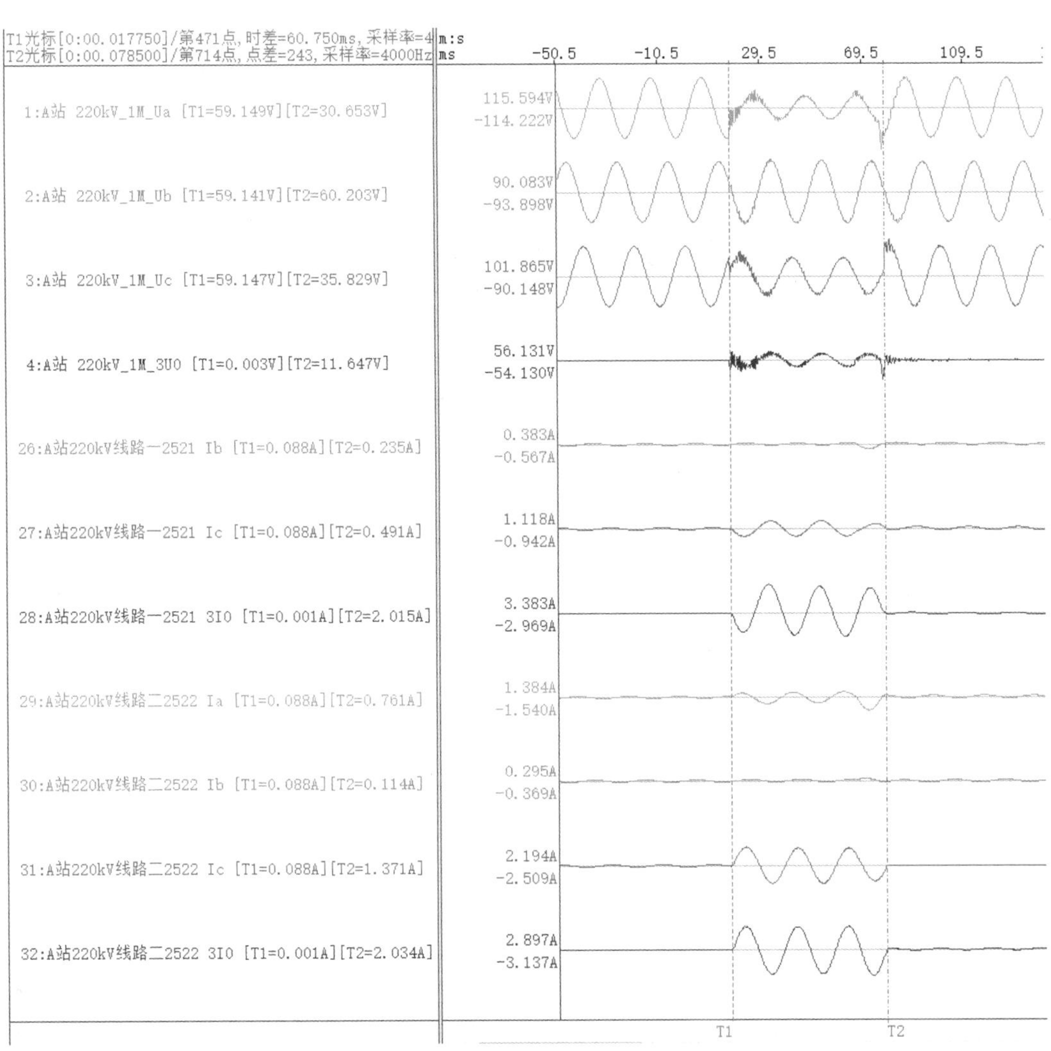

图 5-4-7　0（T_1）~60ms（T_2）A 站集中录波图

从图 5-4-9 解析可知，（A 站侧为负荷侧）0~60ms 对于线路一，arg（U_A/I_A）=78°，A 相接地故障点在保护的正方向，arg（U_C/I_C）=－197°，C 相接地故障点在保护的反方向；对于线路二，arg（U_A/I_A）=－109°，A 相接地故障点在保护的反方向。arg（U_C/I_C）=23°，C 相接地故障点在保护的正方向。

从图 5-4-10 解析可知（B 站侧为电源侧），0~60ms 对于线路一，arg（U_A/I_A）=80°，arg（U_C/I_C）=26°；对于线路二，arg（U_A/I_A）=73°，arg（U_C/I_C）=32°，故障点均在保护的正方向。

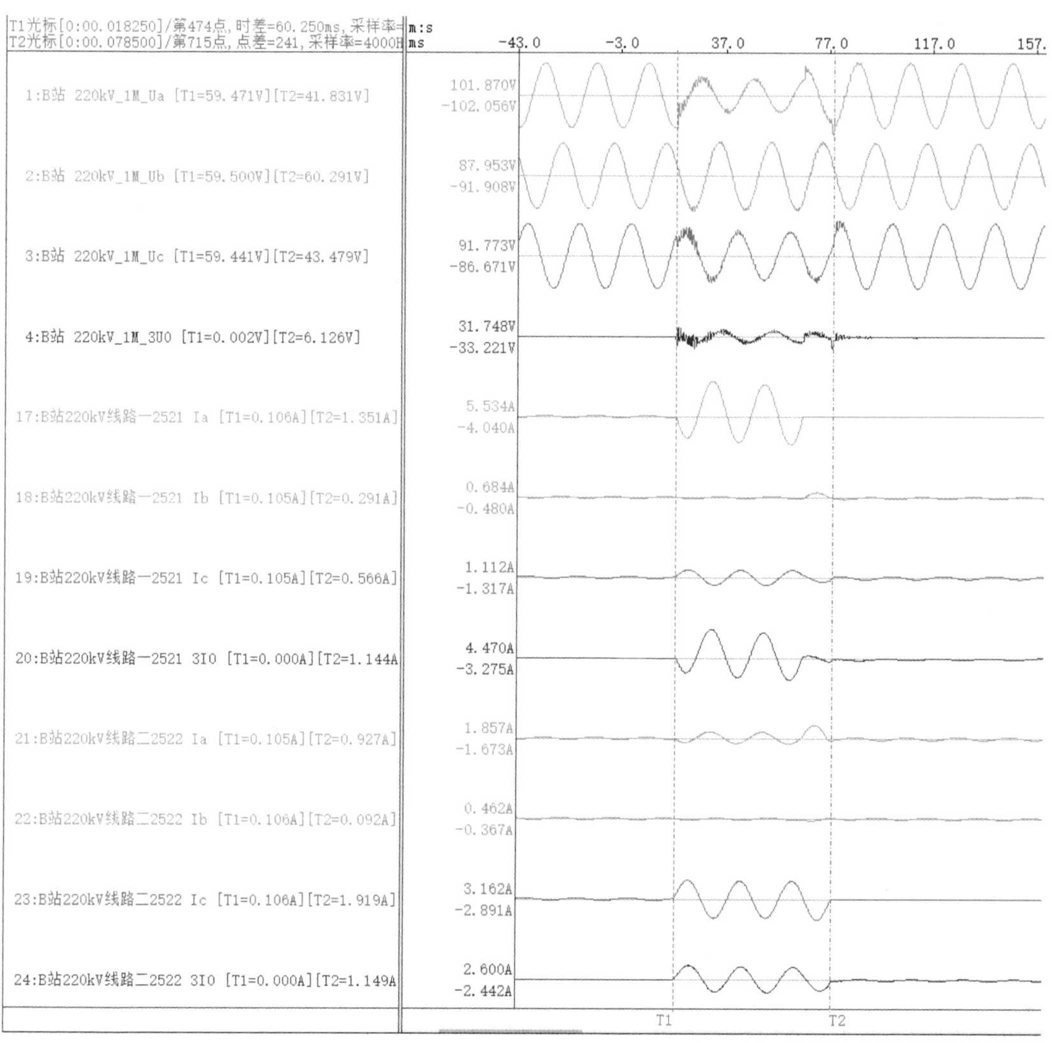

图 5-4-8　0（T_1）～60ms（T_2）B 站集中录波图

(31)
(3)
(29)
(1)
(27)
(25)

选择分析对象　隐藏无关通道　参考向量　工频

通道	实部	虚部	向量
1:A站 220kV_1M_Ua	32.374V	0.000V	22.892V∠0.000°
3:A站 220kV_1M_Uc	-6.986V	50.803V	36.261V∠97.830°
25:A站220kV线路—2521 Ia	0.431A	-2.115A	1.526A∠-78.473°
27:A站220kV线路—2521 Ic	-0.141A	-0.896A	0.642A∠-98.914°
29:A站220kV线路二2522 Ia	-0.219A	0.623A	0.467A∠109.379°
31:A站220kV线路二2522 Ic	0.531A	2.015A	1.473A∠75.236°

图 5-4-9　0～60ms A 站线路故障相电压电流相量图

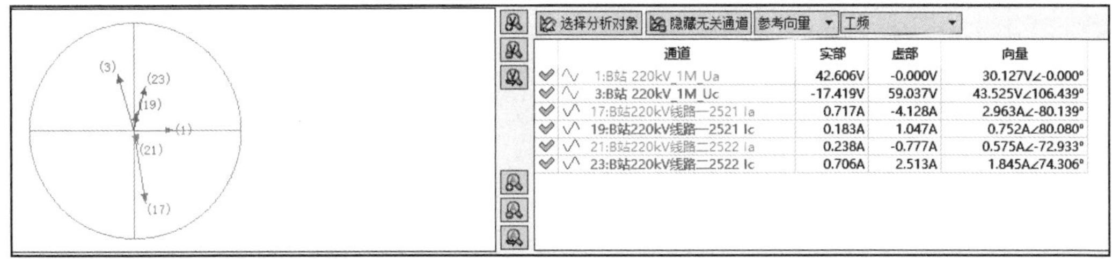

图 5－4－10　0～60ms B 站线路故障相电压电流相量图

综合以上信息分析，0～60ms 线路一区内发生了 A 相接地故障，同时线路二区内发生了 C 相接地故障。因 C 相电压明显高于 A 相电压，且故障线路 C 相电压电流角度明显小于 90°，可判断线路二发生 C 相经电阻接地故障，故障持续 3 个周波（约 60ms）。

从图 5－4－11 解析可知，0～60ms 线路一产生 A 相差流，说明线路一区内发生 A 相短路故障。

从图 5－4－12 解析可知，0～60ms 线路二产生 C 相差流，说明线路二区内发生 C 相短路故障。

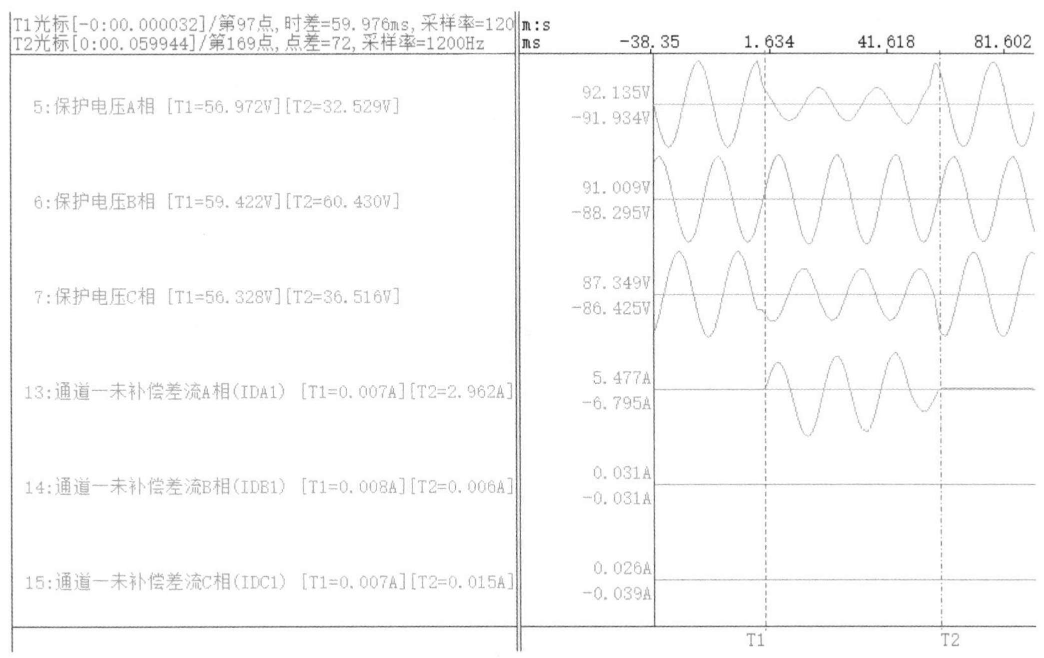

图 5－4－11　0～60ms 线路一差流录波图

上述双回线保护差流选相结果可印证判断。

（2）60～910ms，线路一 A 相、线路二 C 相两侧单相跳闸后，均处于非全相运行状态。A、B 站母线恢复至正常电压，无明显零序电压。两线路均产生少量零序电流，主要以零序环流形式存在于双回线之间。

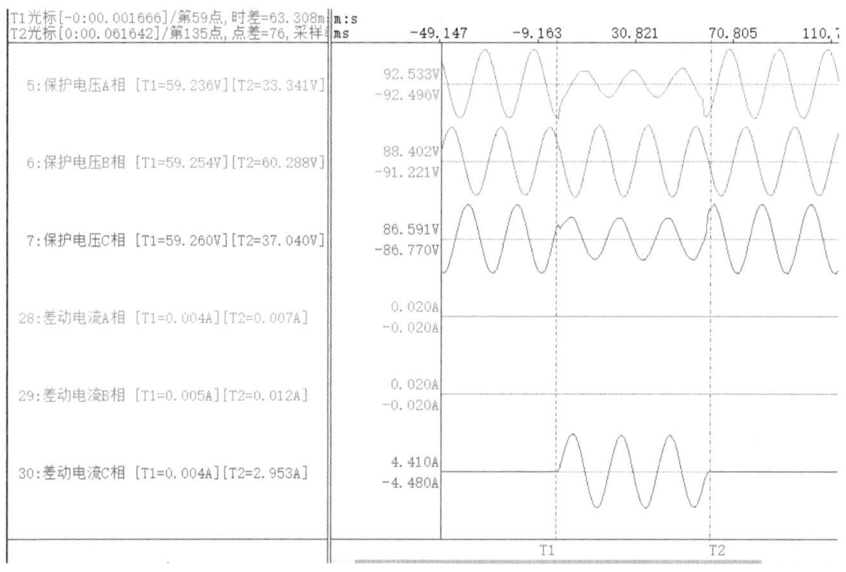

图 5-4-12　0～60ms 线路二差流录波图

（3）910（T_1）～1000ms（T_2）A、B 站集中录波图如图 5-4-13 和图 5-4-14 所示。

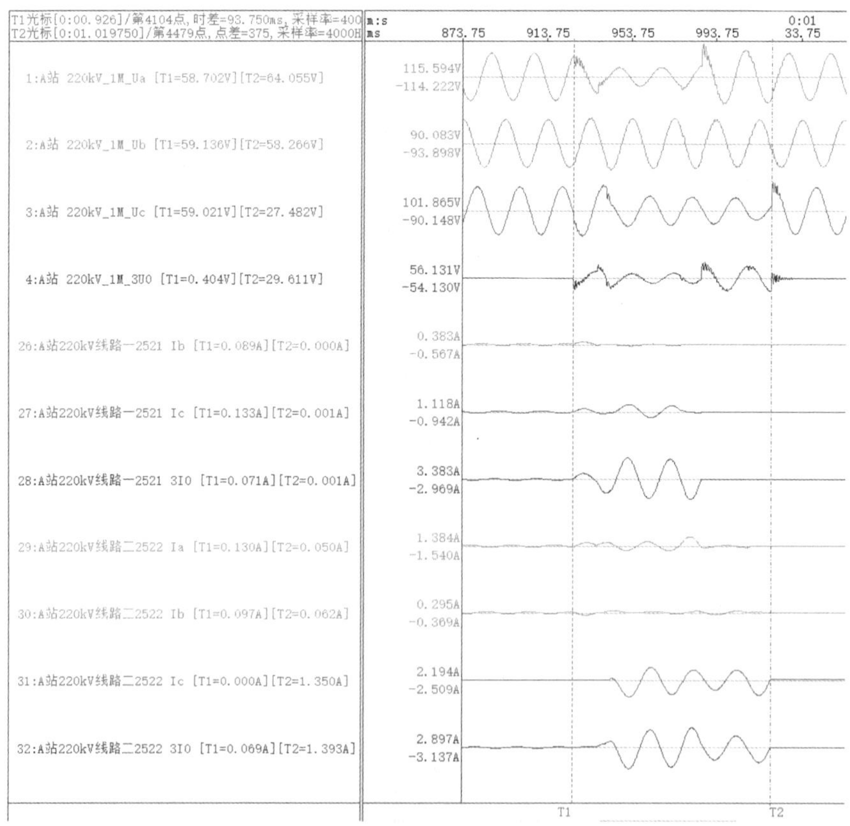

图 5-4-13　910（T_1）～1000ms（T_2）A 站集中录波图

从图 5－4－13 解析可知，910～1000ms A 站电压电流特征为母线 A、C 相电压降低，产生约 12.6V 零序电压。线路一、线路二 A、C 相电流先后增大，且产生零序电流。

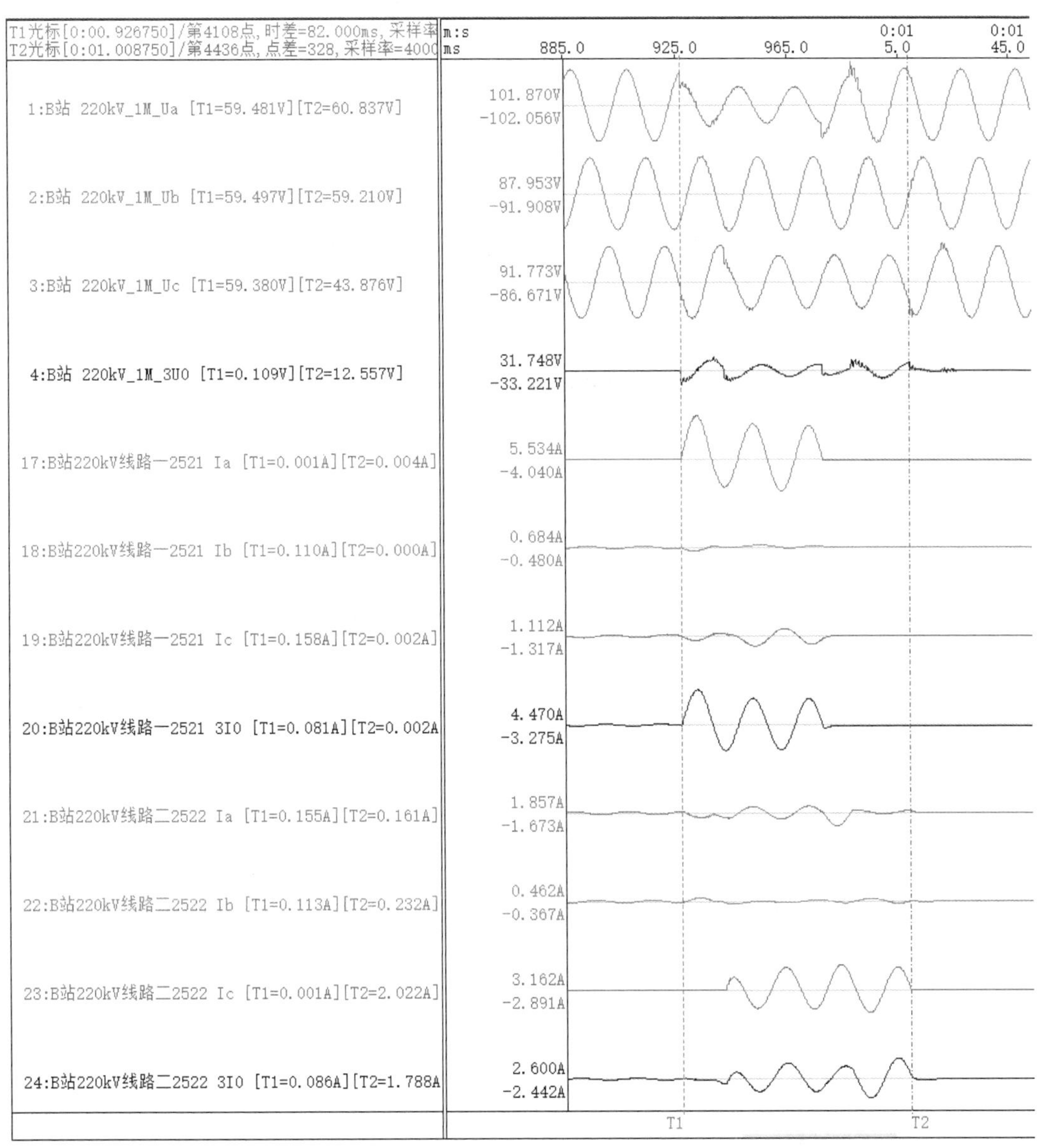

图 5－4－14　910（T_1）～1000ms（T_2）B 站集中录波图

从图 5－4－14 解析可知，910～1000ms B 站电压电流特征为母线 A、C 相电压降低，产生约 9.8V 零序电压。线路一、线路二 A、C 相电流均增大，且产生零序电流。

由电压、电流特征可判断 910～1000ms 两线路先后重合于单相永久性接地故障，故障持续 4.5 个周波（约 90ms）。

三、综合总结

系统 0～60ms 线路两侧 B 相电压变化不明显，A、C 相电压降低，产生零序电压。线路一、线路二 A、C 相电流均增大，且产生零序电流。由电压特征可初步判断系统发生了接地短路故障且故障相与 A、C 相有关。再结合故障相电压与故障相电流的相位关系可判断，A 相故障点在线路一上，C 相故障点在线路二上。系统发生了线路一 A 相永久接地故障与线路二 C 相永久接地故障（C 相电压高于 A 相电压，因此 C 相故障点的过渡电阻大于 A 相），双回线两侧差动保护均正确选相并跳闸。约 850ms 后，两条线路先后重合于故障后保护三相跳闸。

本案例中，同样先由电压特征判断故障类型，再由此类故障应有的电压电流相位关系来判断故障点在某保护安装点的相对位置（正向/反向），锁定故障区域，再由保护选相结果作辅助判断。注意此故障为多点接地故障，不可通过零序电压、零序电流相位关系来判断故障点位置（该方法仅适用于单一故障点的接地故障）。

5.5 双回线同时发生两相短路与单相接地短路故障

一、故障信息

事故发生前系统运行方式为：A 站 220kV 线路一 2521 开关、220kV 线路二 2522 开关、#1 主变变高 2201 开关挂Ⅰ母运行，220kV 线路三 2523 开关、#2 主变变高 2202 开关挂Ⅱ母运行，220kV 母联 2012 开关在合位，母线并列运行，#1 主变中性点接地、#2 主变中性点不接地，如图 5－5－1 所示。

故障发生后，线路一、线路二保护动作跳闸，重合不成功。线路一 2521 两侧开关、线路二 2522 两侧开关在分位，其余开关合位，运行方式如图 5－5－2 所示。

二、录波图解析

1. 保护动作报文解析

（1）从保护故障录波 HDR 文件读取相关保护信息，以保护启动时刻为基准，线路一 A 站侧保护动作简报见表 5－5－1，线路一 B 站侧保护动作简报见表 5－5－2。

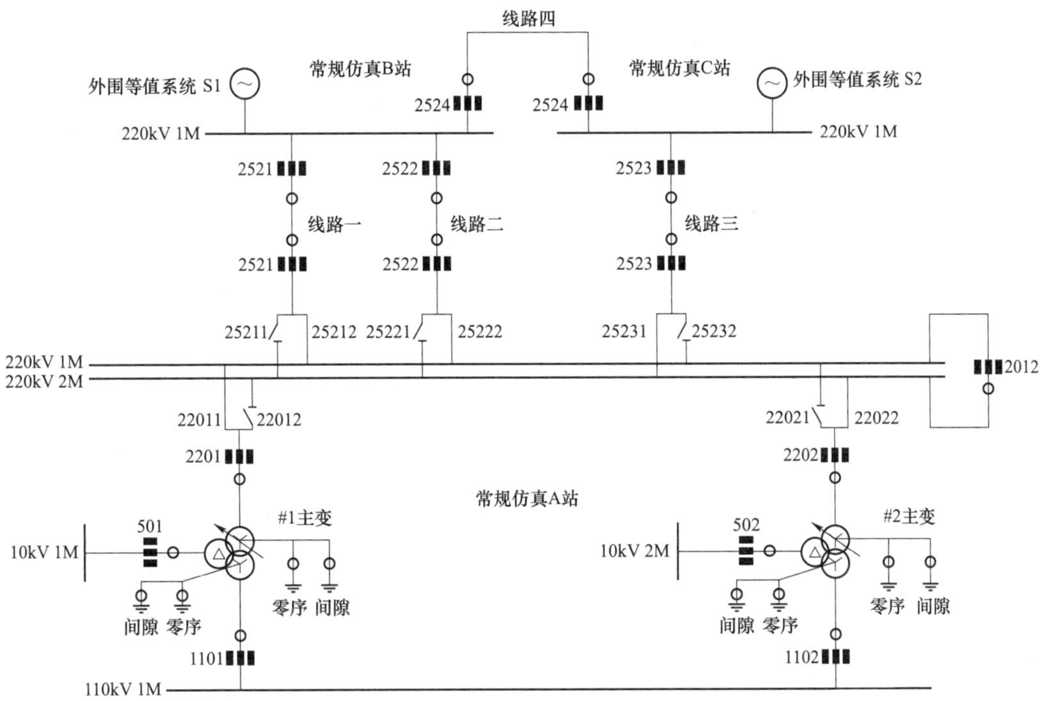

图 5-5-1 故障发生前 A 站、B 站、C 站运行方式

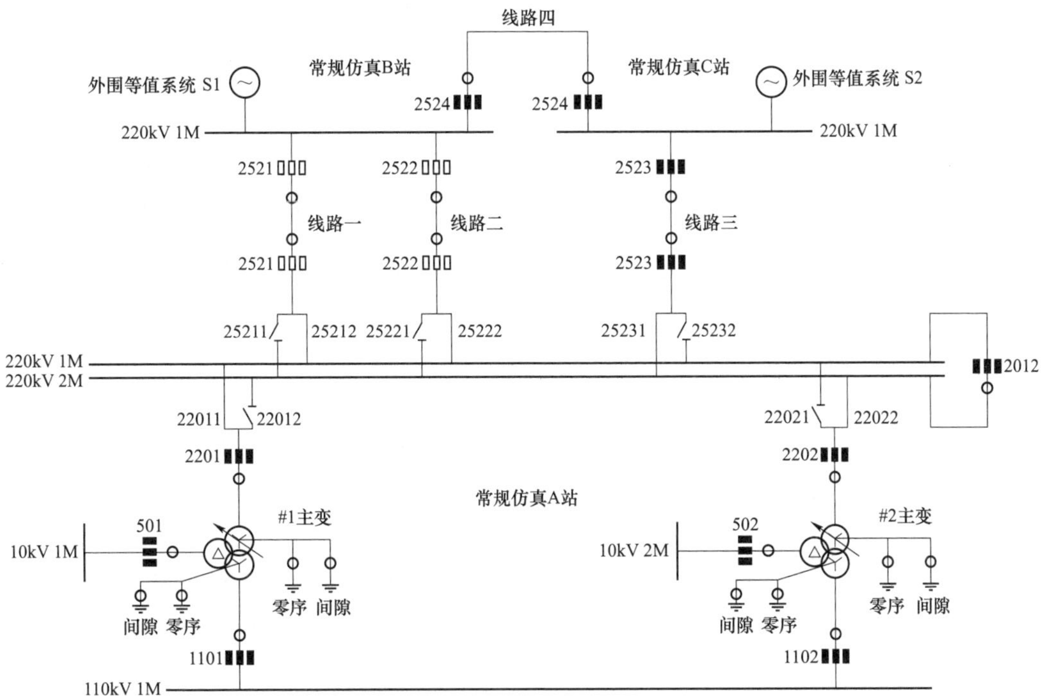

图 5-5-2 故障发生后 A 站、B 站、C 站运行方式

表 5-5-1　　线路一 A 站侧保护动作简报

序号	动作报文对应时间	动作报文名称	动作相别	动作报文变化值
1	0ms	保护启动		1
2	8ms	纵联差动保护动作	A	1
3	9ms	纵联差动保护动作	ABC	1
4	18ms	纵联距离动作	ABC	1
5	32ms	相间距离Ⅰ段动作	ABC	1

线路一 A 站侧保护启动后 8ms 差动保护动作，32ms 相间距离Ⅰ段动作，保护出口单跳三相开关。

表 5-5-2　　线路一 B 站侧保护动作简报

序号	动作报文对应时间	动作报文名称	动作相别	动作报文变化值
1	0ms	保护启动		1
2	10ms	纵联差动保护动作	A	1
3	11ms	纵联差动保护动作	ABC	1
4	21ms	纵联距离动作	ABC	1
5	21ms	相间距离Ⅰ段动作	ABC	1

线路一 B 站侧保护启动后 10ms 差动保护动作，21ms 相间距离Ⅰ段动作，保护出口单跳三相开关。

（2）从保护故障录波 HDR 文件读取相关保护信息，以保护启动时刻为基准，线路二 A 站侧保护动作简报见表 5-5-3，线路二 B 站侧保护动作简报见表 5-5-4。

表 5-5-3　　线路二 A 站侧保护动作简报

序号	动作报文对应时间	动作报文名称	动作相别	动作报文变化值
1	0ms	保护启动		1
2		采样已同步		1
3	13ms	纵联差动保护动作	A	1
4	13ms	分相差动动作	A	1
5		数据来源通道一		1
6	18ms	纵联阻抗发信	A	1
7	19ms	纵联零序发信		1
8		三相差动电流		1
9		三相制动电流		1

续表

序号	动作报文对应时间	动作报文名称	动作相别	动作报文变化值
10		对侧差动动作		1
11	31ms	纵联保护动作	A	1
12		故障相电压		1
13		故障相电流		1
14		测距阻抗	A	1
15		故障测距	A	1
16	80ms	分相差动动作		0
17	80ms	纵联差动保护动作		0
18	80ms	纵联保护动作		0
19	82ms	单跳启动重合		1
20	84ms	三相不一致启动		1
21	880ms	重合闸动作		1
22	947ms	重合闸动作		0
23	948ms	距离相近加速动作	ABC	1
24	948ms	距离加速动作	ABC	1
25	948ms	距离Ⅱ段加速动作	ABC	1
26	948ms	距离加速动作	ABC	1

线路二 A 站侧保护启动后 13ms 差动保护动作，故障选相 A 相，保护出口单跳 A 相开关；880ms 重合闸动作，A 相开关重合；948ms 重合于故障，保护动作出口跳三相开关。

表 5-5-4　　　　线路二 B 站侧保护动作简报

序号	动作报文对应时间	动作报文名称	动作相别	动作报文变化值
1	0ms	保护启动		1
2		采样已同步		1
3	12ms	纵联差动保护动作	A	1
4	12ms	分相差动动作	A	1
5		数据来源通道一		1
6	15ms	纵联阻抗发信	A	1
7	16ms	纵联零序发信		1
8		对侧差动动作		1
9		三相差动电流		1
10		三相制动电流		1

续表

序号	动作报文对应时间	动作报文名称	动作相别	动作报文变化值
11	31ms	纵联保护动作	A	1
12		故障相电压		1
13		故障相电流		1
14		测距阻抗	A	1
15		故障测距	A	1
16	80ms	分相差动动作		0
17	80ms	纵联差动保护动作		0
18	80ms	纵联保护动作		0
19	80ms	单跳启动重合		1
20	83ms	三相不一致启动		1
21	880ms	重合闸动作		1
22	947ms	重合闸动作		0
23	948ms	距离相近加速动作	ABC	1
24	948ms	距离加速动作	ABC	1
25	948ms	距离Ⅱ段加速动作	ABC	1
26	948ms	距离加速动作	ABC	1

线路二 B 站侧保护启动后 12ms 差动保护动作，故障选相 A 相，保护出口单跳 A 相开关；880ms 重合闸动作，A 相开关重合；948ms 重合于故障，保护动作出口跳三相开关。

2. 开关量变位解析

（1）以故障初始时刻为基准，A 站侧开关量变位图如图 5－5－3 所示。

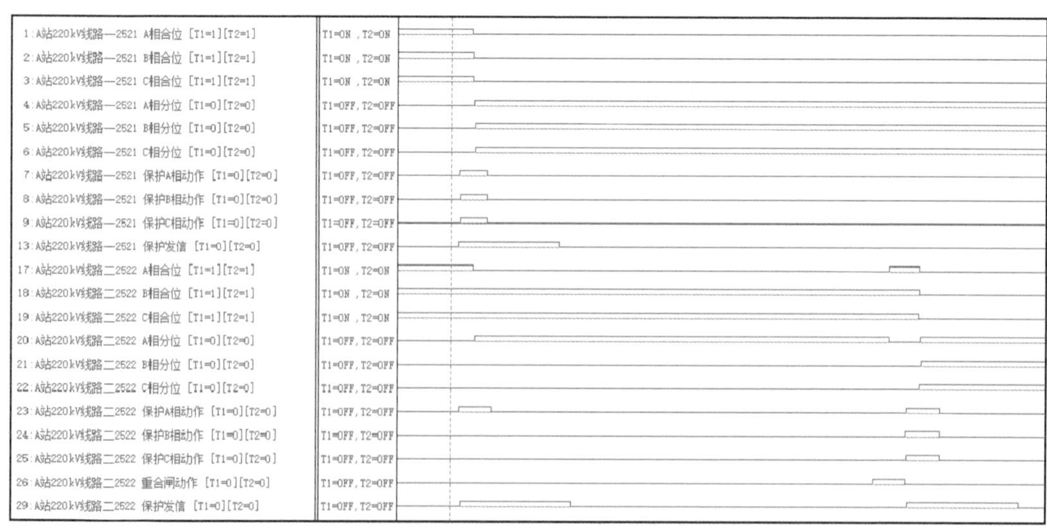

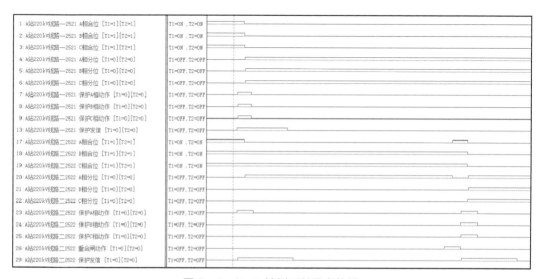

图 5－5－3　A 站侧开关量变位图

A 站侧开关量变位时间顺序见表 5-5-5。

表 5-5-5　　　　A 站侧开关量变位时间顺序

位置	第 1 次变位时间	第 2 次变位时间	第 3 次变位时间	第 4 次变位时间
1:A 站 220kV 线路一 2521 A 相合位	↓ 46.750ms			
2:A 站 220kV 线路一 2521 B 相合位	↓ 47.500ms			
3:A 站 220kV 线路一 2521 C 相合位	↓ 48.500ms			
4:A 站 220kV 线路一 2521 A 相分位	↑ 49.500ms			
5:A 站 220kV 线路一 2521 B 相分位	↑ 51.000ms			
6:A 站 220kV 线路一 2521 C 相分位	↑ 52.500ms			
7:A 站 220kV 线路一 2521 保护 A 相动作	↑ 18.250ms	↓ 76.250ms		
8:A 站 220kV 线路一 2521 保护 B 相动作	↑ 19.250ms	↓ 76.250ms		
9:A 站 220kV 线路一 2521 保护 C 相动作	↑ 19.000ms	↓ 76.250ms		
13:A 站 220kV 线路一 2521 保护发信	↑ 16.500ms	↓ 227.000ms		
17:A 站 220kV 线路二 2522 A 相合位	↓ 48.250ms	↑ 920.750ms	↓ 984.250ms	
18:A 站 220kV 线路二 2522 B 相合位	↓ 984.750ms			
19:A 站 220kV 线路二 2522 C 相合位	↓ 982.250ms			
20:A 站 220kV 线路二 2522 A 相分位	↑ 51.000ms	↓ 919.500ms	↑ 986.750ms	
21:A 站 220kV 线路二 2522 B 相分位	↑ 987.500ms			
22:A 站 220kV 线路二 2522 C 相分位	↑ 984.250ms			
23:A 站 220kV 线路二 2522 保护 A 相动作	↑ 18.750ms	↓ 86.250ms	↑ 955.000ms	↓ 1026.250ms
24:A 站 220kV 线路二 2522 保护 B 相动作	↑ 954.750ms	↓ 1026.250ms		
25:A 站 220kV 线路二 2522 保护 C 相动作	↑ 955.000ms	↓ 1026.250ms		
26:A 站 220kV 线路二 2522 重合闸动作	↑ 885.000ms	↓ 953.000ms		
29:A 站 220kV 线路二 2522 保护发信	↑ 21.750ms	↓ 251.500ms	↑ 957.500ms	↓ 1191.250ms

（2）以故障初始时刻为基准，B 站侧开关量变位图如图 5-5-4 所示。

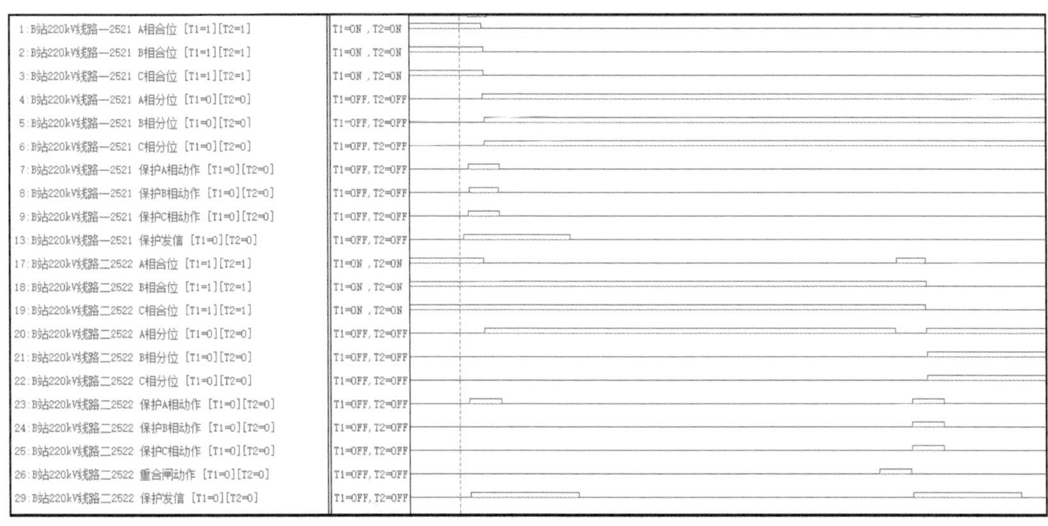

图 5-5-4　B 站侧开关量变位图

B 站侧开关量变位时间顺序见表 5－5－6。

表 5－5－6　　B 站侧开关量变位时间顺序

位置	第 1 次变位时间	第 2 次变位时间	第 3 次变位时间	第 4 次变位时间
1:B 站 220kV 线路一 2521 A 相合位	↓ 45.750ms			
2:B 站 220kV 线路一 2521 B 相合位	↓ 49.000ms			
3:B 站 220kV 线路一 2521 C 相合位	↓ 49.750ms			
4:B 站 220kV 线路一 2521 A 相分位	↑ 48.000ms			
5:B 站 220kV 线路一 2521 B 相分位	↑ 51.500ms			
6:B 站 220kV 线路一 2521 C 相分位	↑ 52.250ms			
7:B 站 220kV 线路一 2521 保护 A 相动作	↑ 18.250ms	↓ 83.000ms		
8:B 站 220kV 线路一 2521 保护 B 相动作	↑ 19.000ms	↓ 82.750ms		
9:B 站 220kV 线路一 2521 保护 C 相动作	↑ 18.500ms	↓ 83.000ms		
13:B 站 220kV 线路一 2521 保护发信	↑ 8.750ms	↓ 233.500ms		
17:B 站 220kV 线路二 2522 A 相合位	↓ 49.500ms	↑ 921.000ms	↓ 984.250ms	
18:B 站 220kV 线路二 2522 B 相合位	↓ 985.000ms			
19:B 站 220kV 线路二 2522 C 相合位	↓ 984.500ms			
20:B 站 220kV 线路二 2522 A 相分位	↑ 151.750ms	↓ 919.500ms	↑ 986.500ms	
21:B 站 220kV 线路二 2522 B 相分位	↑ 987.750ms			
22:B 站 220kV 线路二 2522 C 相分位	↑ 987.500ms			
23:B 站 220kV 线路二 2522 保护 A 相动作	↑ 19.250ms	↓ 87.250ms	↑ 955.500ms	↓ 1024.500ms
24:B 站 220kV 线路二 2522 保护 B 相动作	↑ 955.500ms	↓ 1024.500ms		
25:B 站 220kV 线路二 2522 保护 C 相动作	↑ 955.750ms	↓ 1024.750ms		
26:B 站 220kV 线路二 2522 重合闸动作	↑ 886.000ms	↓ 953.250ms		
29:B 站 220kV 线路二 2522 保护发信	↑ 22.500ms	↓ 252.250ms	↑ 958.250ms	↓ 1190.250ms
45:C 站 220kV 线路三 2523 保护发信	↑ 43.750ms	↓ 75.250ms	↑ 963.750ms	↓ 1016.250ms

故障发生后，线路一 19ms 两侧保护动作跳三相开关，49ms 两侧三相开关分闸；线路二 19ms 两侧保护动作跳 A 相开关，49ms 两侧 A 相开关分闸，886ms 两侧保护重合闸动作，921ms A 相开关重合成功，955ms 两侧保护动作跳三相开关，984ms 两侧三相开关分闸。

3. 波形特征解析

A、B 站故障全过程集中录波图（后续分析均以 T_1 光标的故障初始时刻为基准）如图 5－5－5 和图 5－5－6 所示。

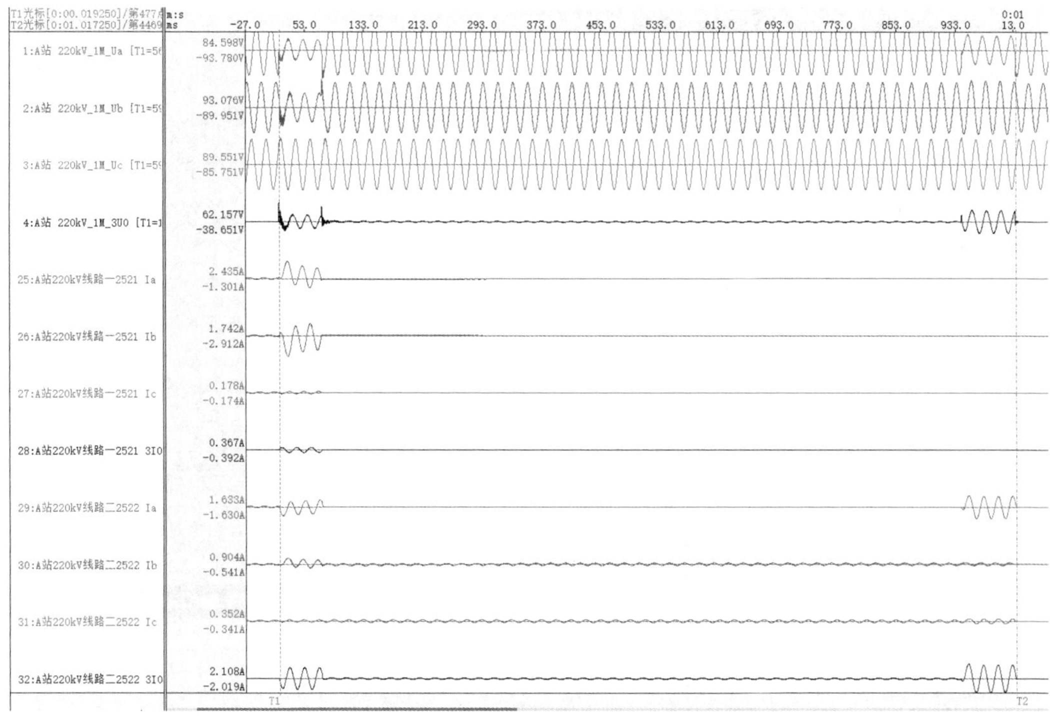

图 5-5-5 A 站故障全过程集中录波图

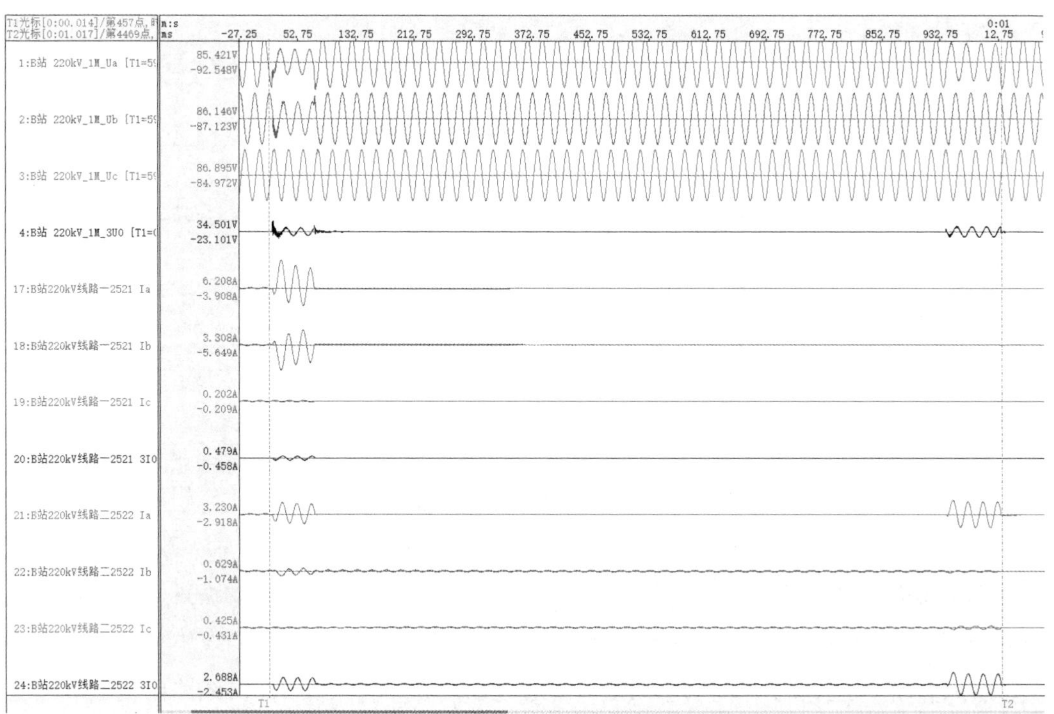

图 5-5-6 B 站故障全过程集中录波图

下面对故障的各个阶段进行分析：

（1）0（T_1）～60ms（T_2）A、B 站集中录波图、相量图及装置录波图如图 5－5－7～图 5－5－12 所示。

从图 5－5－7 解析可知，0～60ms A 站电压电流特征为母线 A、B 相电压降低，产生约 15.8V 零序电压。线路一、线路二 A、B 相电流均增大，且产生零序电流。

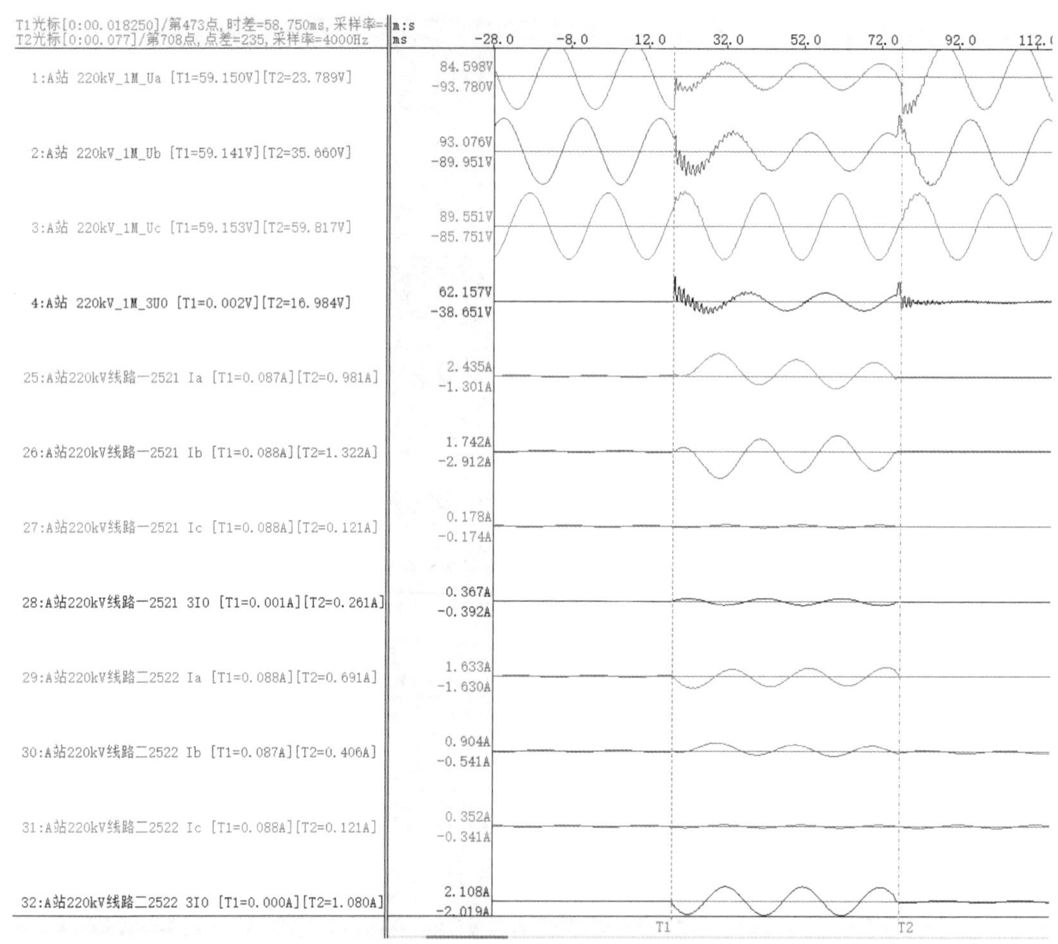

图 5－5－7　0（T_1）～60ms（T_2）A 站集中录波图

从图 5－5－8 解析可知，0～60ms B 站电压电流特征为母线 A、B 相电压降低，产生约 8.9V 零序电压。线路一、线路二 A、B 相电流均增大，且产生零序电流。

故障录波的电压特征表现为系统发生了 A、B 两相接地故障，线路正向发生单相接地短路故障，故障相电压电流关系满足 0°＜arg（U/I）＝90°；反向发生单相接地短路故障，故障相电压电流关系满足－180°＜arg（U/I）＝－90°。下面对线路两侧故障相电压电流相位关系进行分析。

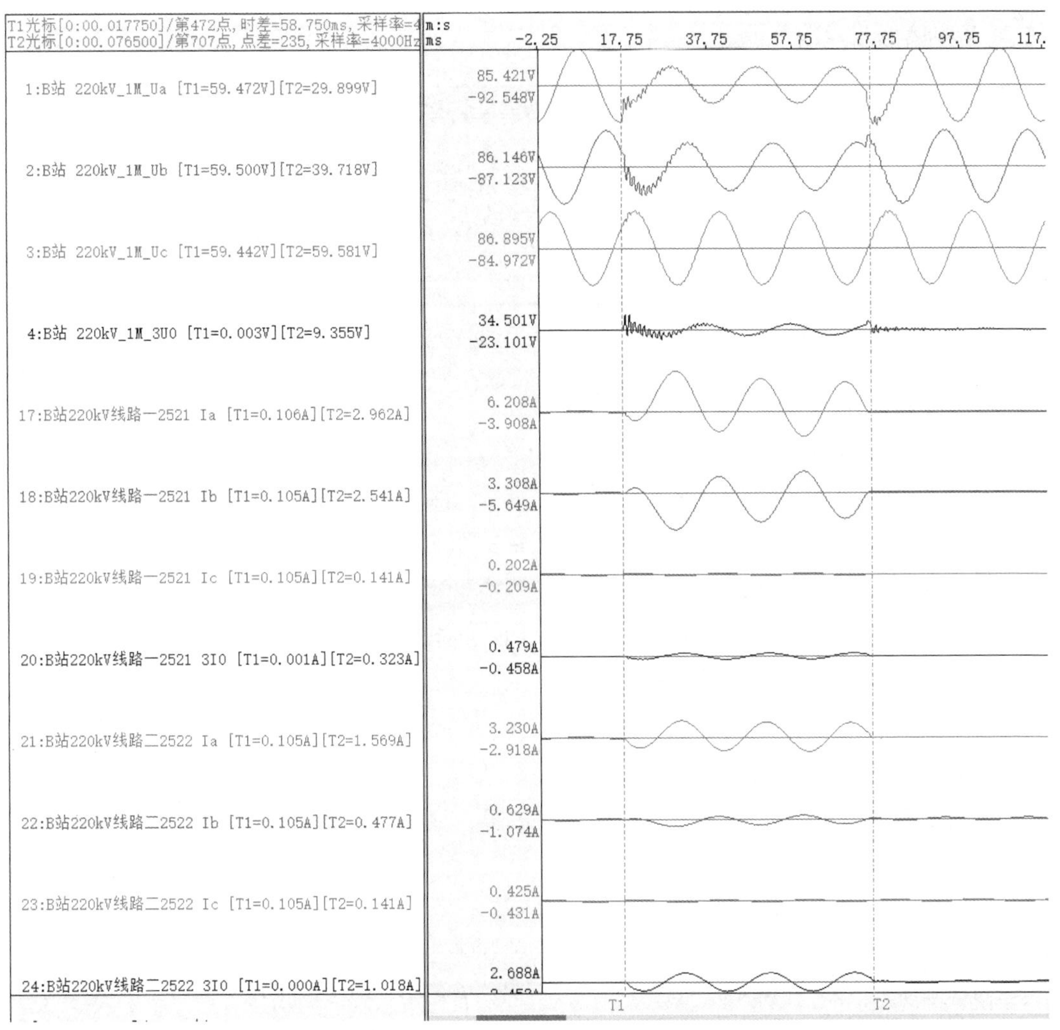

图 5-5-8　0（T_1）~60ms（T_2）B 站集中录波图

选择分析对象　隐藏无关通道　参考向量　工频

通道	实部	虚部	向量
1:A站 220kV_1M_Ua	33.793V	0.000V	23.895V∠0.000°
2:A站 220kV_1M_Ub	37.741V	-28.821V	33.578V∠-37.368°
25:A站220kV线路一2521 Ia	1.569A	0.623A	1.194A∠21.647°
26:A站220kV线路一2521 Ib	-2.108A	-0.515A	1.534A∠-166.269°
29:A站220kV线路二2522 Ia	0.711A	-0.601A	0.658A∠-40.225°
30:A站220kV线路二2522 Ib	0.613A	0.255A	0.469A∠22.596°

图 5-5-9　0~60ms A 站线路故障相电压电流相量图

从图 5-5-9 解析可知（A 站侧为负荷侧），0~60ms 对于线路一，arg（U_A/I_A）= −22°，arg（U_B/I_B）= 129°；对于线路二，arg（U_A/I_A）= 40°，arg（U_B/I_B）= −60°。

由以上数据可得出：对于 A 站侧的线路保护，仅线路二 A 相电压电流相位关系有正方向 A 相接地故障的特征。

选择分析对象　隐藏无关通道　参考向量　工频

通道	实部	虚部	向量
1:B站 220kV_1M_Ua	41.880V	-0.000V	29.614V∠-0.000°
2:B站 220kV_1M_Ub	16.404V	-52.012V	38.564V∠-72.496°
17:B站220kV线路一2521 Ia	4.578A	-1.316A	3.368A∠-16.034°
18:B站220kV线路一2521 Ib	-4.087A	0.874A	2.955A∠167.927°
21:B站220kV线路二2522 Ia	1.970A	-1.232A	1.643A∠-32.008°
22:B站220kV线路二2522 Ib	-0.780A	0.098A	0.556A∠172.837°

图 5-5-10　0～60ms B 站线路故障相电压电流相量图

从图 5-5-10 解析可知（B 站侧为电源侧），0～60ms 对于线路一，arg（U_A/I_A）= 16°，arg（U_B/I_B）= 120°；对于线路二，arg（U_A/I_A）= 32°，arg（U_B/I_B）= 115°。

由以上数据可得出：对于 B 站侧的线路保护，两条线路 A 相电压电流相位关系有正方向 A 相接地故障的特征，B 相电压电流相位关系有反方向 B 相接地故障的特征。考虑 B 站侧为电源侧，此分析结果显然不合理。

可见，故障相电压电流的相位关系并无明显单相接地特征，考虑利用线路保护差动电流数据判断故障点位置及故障类型：

从图 5-5-11 和图 5-5-12 解析可知，0～60ms 故障发生时线路一保护产生 A、B 相差流，说明线路一区内 A、B 相均发生短路故障。因 A、B 相差流等大反相，线路无零序差流，所以线路一区内发生 AB 相短路故障；线路二保护产生 A 相差流，说明线路二区内发生 A 相接地短路故障。

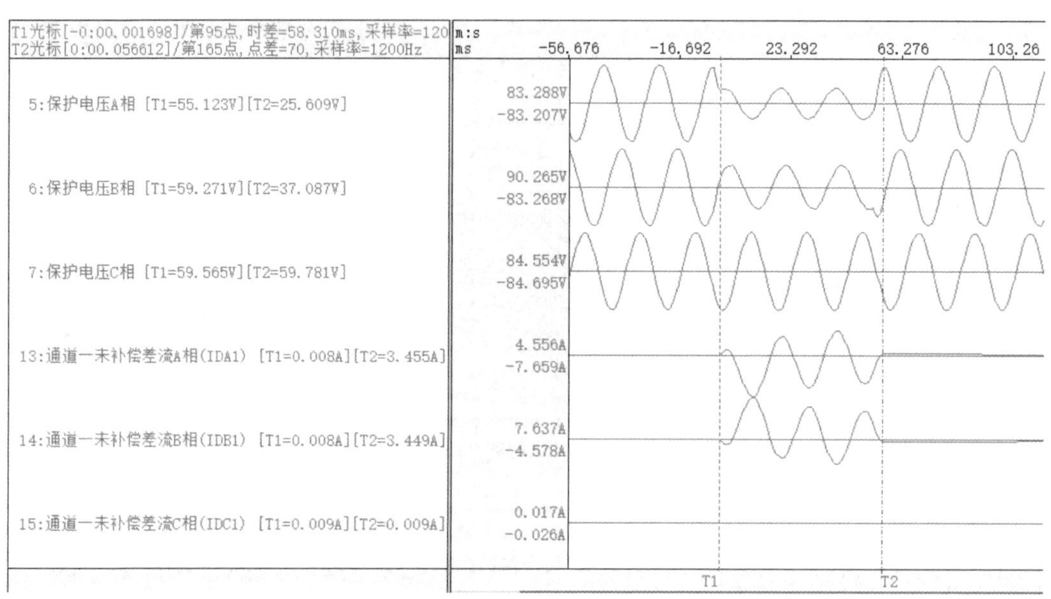

图 5-5-11　0～60ms 线路一差流录波图

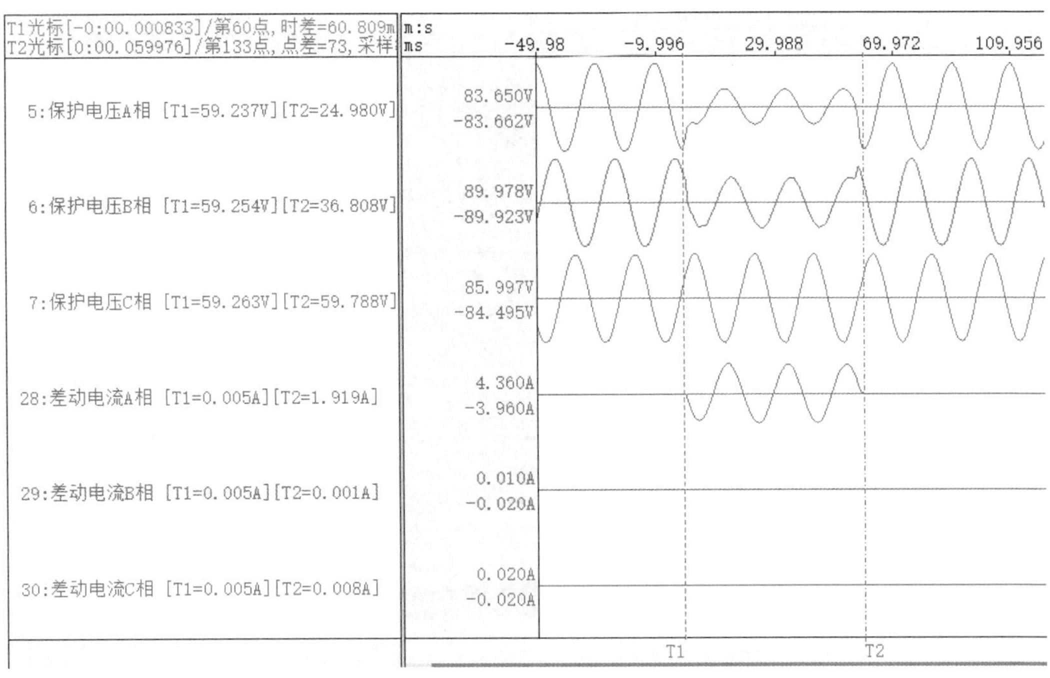

图 5-5-12　0～60ms 线路二差流录波图

综上所述，0～60ms 线路一区内发生了 AB 相短路故障，同时线路二区内发生了 A 相接地故障，故障持续 3 个周波（约 60ms）。

（2）60～920ms，线路一三相、线路二 A 相两侧开关跳闸后，A、B 站母线恢复至正常电压，有少量零序电压，线路二非全相运行产生少量零序电流。

（3）920（T_1）～995ms（T_2）A、B 站集中录波图及相量图如图 5-5-13～图 5-5-16 所示。

从图 5-5-13 解析可知，920～995ms A 站电压电流特征为母线 A 相电压下降为 33.4V，B、C 相电压稍有升高，出现 26.4V 零序电压。线路二的 A 相电流增大，出现零序电流。

从图 5-5-14 解析可知，920～995ms B 站电压电流特征为母线 A 相电压下降为 43.9V，B、C 相电压无明显变化，出线 11.9V 零序电压。线路二的 A 相电流增大，出现零序电流。

从图 5-5-15 解析可知，920～995ms 线路二 A 站侧故障相电压电流满足 arg（U_A/I_A）=21°，线路二 A 相电压电流相位关系满足正方向 A 相接地故障的特征。

从图 5-5-16 解析可知，920～995ms 线路二 B 站侧故障相电压电流满足 arg（U_A/I_A）=39°，线路二 A 相电压电流相位关系满足正方向 A 相接地故障的特征。

由电压、电流特征可判断 920～995ms 线路二重合于 A 相永久接地故障，故障持续 3.75 个周波（约 75ms）。

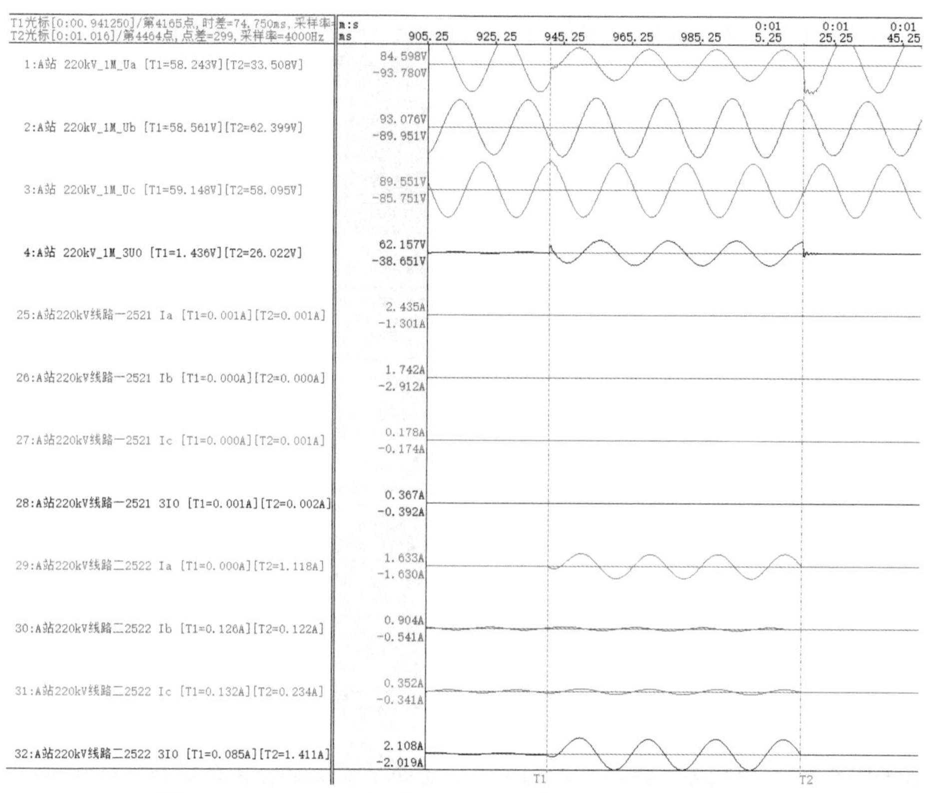

图 5-5-13　920（T_1）～995ms（T_2）A 站集中录波图

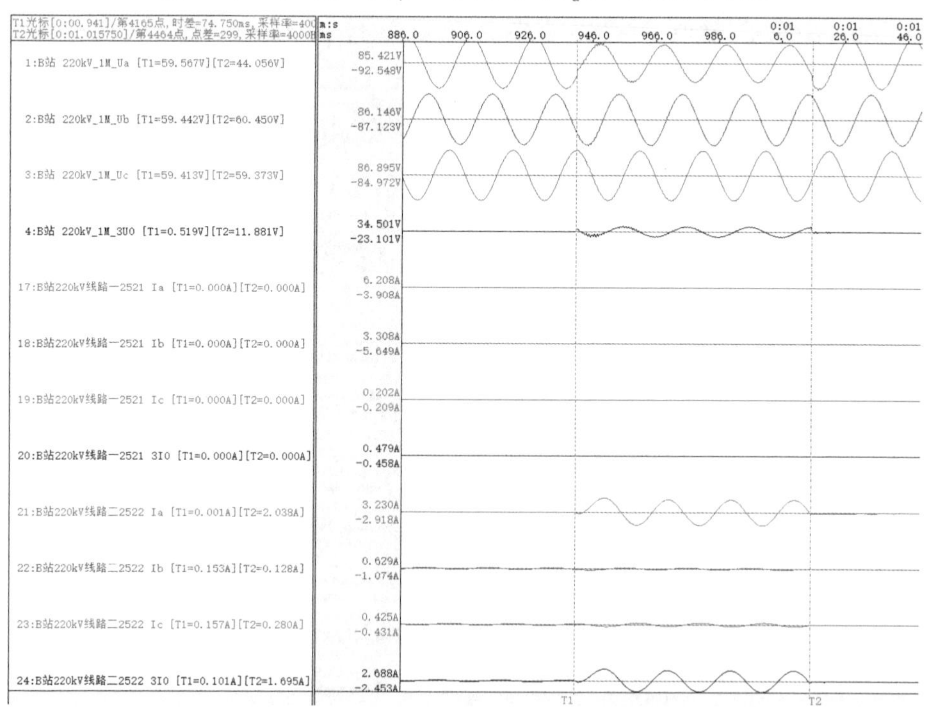

图 5-5-14　920（T_1）～995ms（T_2）B 站集中录波图

通道	实部	虚部	向量
1:A站 220kV_1M_Ua	47.165V	-0.000V	33.350V∠-0.000°
2:A站 220kV_1M_Ub	6.929V	-89.410V	63.412V∠-85.569°
25:A站220kV线路一2521 Ia	-0.001A	-0.001A	0.001A∠-150.381°
26:A站220kV线路一2521 Ib	-0.000A	-0.000A	0.000A∠-114.680°
29:A站220kV线路二2522 Ia	1.472A	-0.563A	1.115A∠-20.930°
30:A站220kV线路二2522 Ib	0.114A	0.161A	0.140A∠54.688°

图 5-5-15　920～995ms A 站线路故障相电压电流相量图

通道	实部	虚部	向量
1:B站 220kV_1M_Ua	62.491V	0.000V	44.188V∠0.000°
2:B站 220kV_1M_Ub	-25.326V	-81.525V	60.365V∠-107.258°
17:B站220kV线路一2521 Ia	-0.000A	0.000A	0.000A∠141.990°
18:B站220kV线路一2521 Ib	-0.000A	-0.000A	0.000A∠-121.210°
21:B站220kV线路二2522 Ia	2.286A	-1.848A	2.079A∠-38.949°
22:B站220kV线路二2522 Ib	-0.180A	-0.096A	0.144A∠-151.911°

图 5-5-16　920～995ms B 站线路故障相电压电流相量图

三、综合总结

系统 0～60ms 线路两侧 B 相电压变化不明显，A、C 相电压降低，产生零序电压。线路一、线路二 A、C 相电流均增大，且产生零序电流。由电压特征可初步判断系统发生了接地短路故障且故障相与 A、C 相有关。但故障相电压与故障相电流的相位关系不满足系统同时发生不同点单相接地的故障特征，结合线路保护跳闸的差流选相结果判断，系统发生了线路一 A 相永久接地故障，线路一 A、B 相间短路故障与线路二 A 相永久接地故障。线路一两侧差动保护动作三相跳闸，线路二两侧差动保护均正确选 A 相并跳闸。约 860ms 后，线路二重合于故障后保护三相跳闸。

本案例应与本章第四节对比分析，其电压特征类似，但故障相电压电流相位关系的特征迥异，突破点是利用线路保护的差流选相元件的选相结果以及差流特征来定位故障点、判断故障类型。

5.6　线路单相断线后一侧接地故障

一、故障信息

故障发生前系统运行方式为：A 站 220kV 线路一 2521 开关、220kV 线路二 2522 开关、#1 主变变高 2201 开关挂 Ⅰ 母运行，220kV 线路三 2523 开关、#2 主变变高 2202 开关挂 Ⅱ 母运行，220kV 母联 2012 开关在合位，母线并列运行，#1 主变中性点接地、#2 主变中性点不接地，如图 5-6-1 所示。

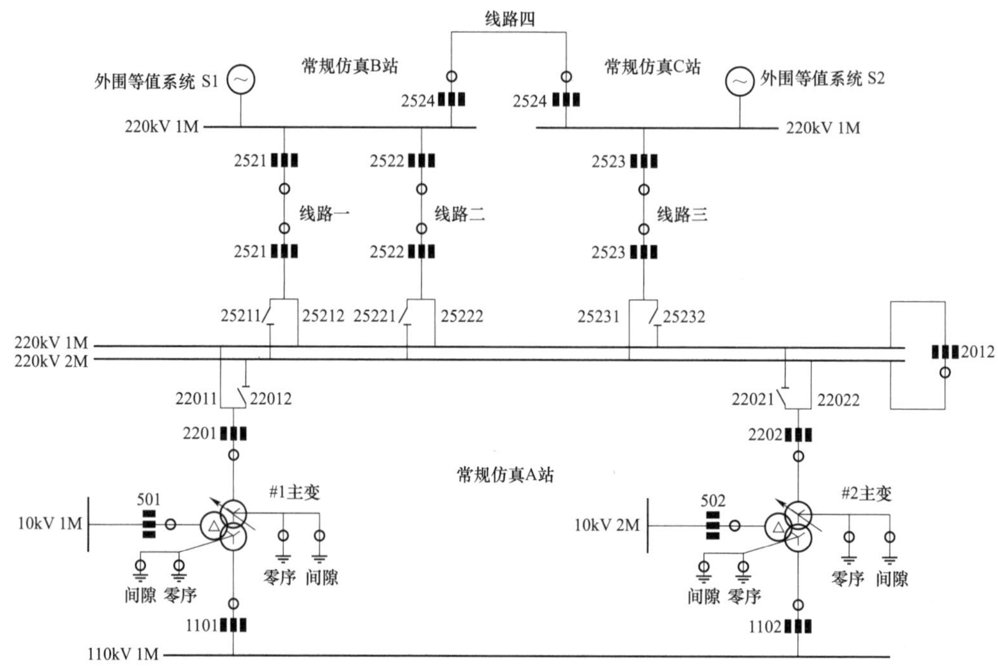

图 5-6-1　故障发生前 A 站、B 站、C 站运行方式

故障发生后，线路一保护动作跳闸，重合不成功。线路一 2521 两侧开关在分位，其余开关合位，运行方式如图 5-6-2 所示。

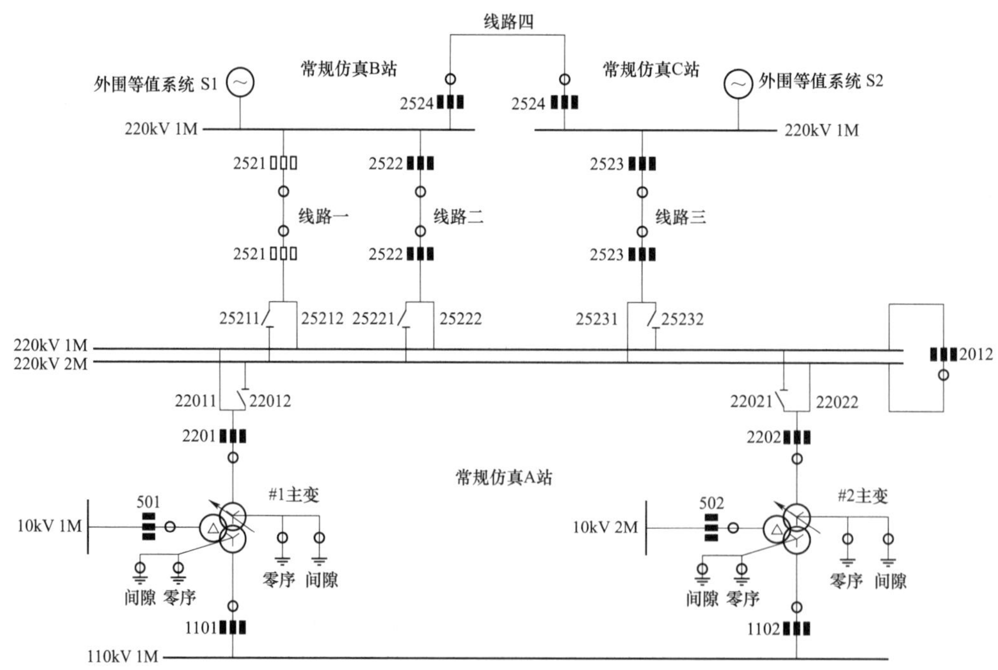

图 5-6-2　故障发生后 A 站、B 站、C 站运行方式

二、录波图解析

1. 保护动作报文解析

从保护故障录波 HDR 文件读取相关保护信息，以保护启动时刻为基准，线路一 A 站侧保护动作简报见表 5－6－1，线路一 B 站侧保护动作简报见表 5－6－2。

表 5－6－1　　线路一 A 站侧保护动作简报

序号	动作报文对应时间	动作报文名称	动作相别	动作报文变化值
1	0ms	保护启动		1
2	72ms	纵联差动保护动作	A	1
3	114ms	纵联差动保护动作		0
4	914ms	重合闸动作		1
5	1031ms	加速联跳动作	ABC	1
6	1034ms	重合闸动作		0
7	1043ms	纵联差动保护动作	ABC	1

线路一 A 站侧保护启动后 72ms 差动保护动作，故障选相 A 相，保护出口单跳 A 相开关；914ms 重合闸动作，A 相开关重合；1031ms 加速联跳动作，保护出口跳三相开关。

表 5－6－2　　线路一 B 站侧保护动作简报

序号	动作报文对应时间	动作报文名称	动作相别	动作报文变化值
1	0ms	保护启动		1
2	74ms	纵联差动保护动作	A	1
3	112ms	纵联距离动作	A	1
4	112ms	纵联零序动作	A	1
5	128ms	纵联差动保护动作		0
6	128ms	纵联距离动作		0
7	128ms	纵联零序动作		0
8	928ms	重合闸动作		1
9	987ms	纵联差动保护动作	ABC	1
10	1023ms	距离加速动作	ABC	1

线路一 B 站侧保护启动后 74ms 差动保护动作，故障选相 A 相，保护出口单跳 A 相开关；928ms 重合闸动作，A 相开关重合；987ms 重合于故障，保护动作出口跳三相开关。

2. 开关量变位解析

（1）以故障初始时刻为基准，A 站侧开关量变位图如图 5－6－3 所示。

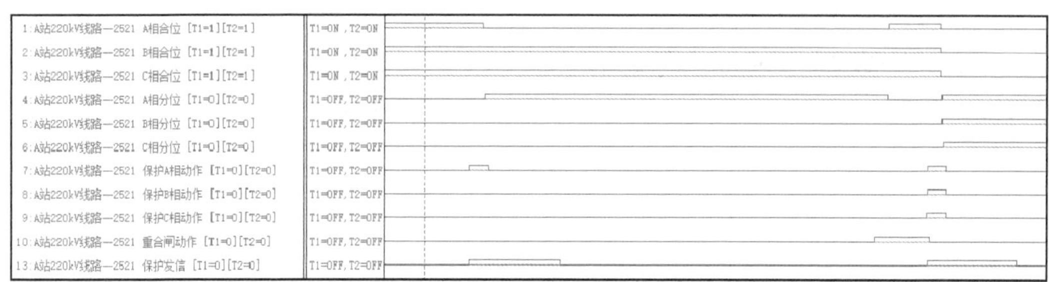

图 5－6－3　A 站侧开关量变位图

A 站侧开关量变位时间顺序见表 5－6－3。

表 5－6－3　　A 站侧开关量变位时间顺序

位置	第 1 次变位时间	第 2 次变位时间	第 3 次变位时间	第 4 次变位时间
1:A 站 220kV 线路一 2521 A 相合位	↓ 118.500ms	↑ 967.750ms	↓ 1077.250ms	
2:A 站 220kV 线路一 2521 B 相合位	↓ 1077.250ms			
3:A 站 220kV 线路一 2521 C 相合位	↓ 1078.250ms			
4:A 站 220kV 线路一 2521 A 相分位	↑ 121.250ms	↓ 966.500ms	↑ 1080.000ms	
5:A 站 220kV 线路一 2521 B 相分位	↑ 1080.750ms			
6:A 站 220kV 线路一 2521 C 相分位	↑ 1082.250ms			
7:A 站 220kV 线路一 2521 保护 A 相动作	↑ 90.000ms	↓ 130.250ms	↑ 1049.000ms	↓ 1087.750ms
8:A 站 220kV 线路一 2521 保护 B 相动作	↑ 1049.000ms	↓ 1087.750ms		
9:A 站 220kV 线路一 2521 保护 C 相动作	↑ 1048.750ms	↓ 1088.000ms		
10:A 站 220kV 线路一 2521 重合闸动作	↑ 937.000ms	↓ 1054.000ms		
13:A 站 220kV 线路一 2521 保护发信	↑ 90.750ms	↓ 280.750ms	↑ 1050.000ms	↓ 1238.750ms

（2）以故障初始时刻为基准，B 站侧开关量变位图如图 5－6－4 所示。

B 站侧开关量变位时间顺序见表 5－6－4。

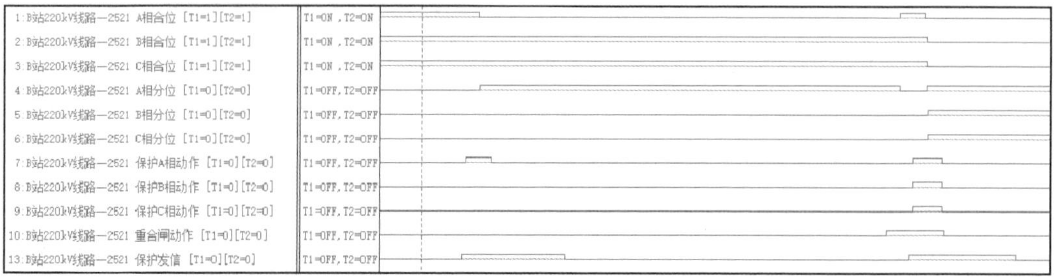

图 5－6－4　B 站侧开关量变位图

表 5-6-4　　　　　B 站侧开关量变位时间顺序

位置	第 1 次变位时间	第 2 次变位时间	第 3 次变位时间	第 4 次变位时间
1:B 站 220kV 线路一 2521 A 相合位	↓ 119.000ms	↑ 979.750ms	↓ 1031.750ms	
2:B 站 220kV 线路一 2521 B 相合位	↓ 1034.250ms			
3:B 站 220kV 线路一 2521 C 相合位	↓ 1035.000ms			
4:B 站 220kV 线路一 2521 A 相分位	↑ 121.500ms	↓ 978.750ms	↑ 1034.250ms	
5:B 站 220kV 线路一 2521 B 相分位	↑ 1036.750ms			
6:B 站 220kV 线路一 2521 C 相分位	↑ 1037.500ms			
7:B 站 220kV 线路一 2521 保护 A 相动作	↑ 92.000ms	↓ 144.250ms	↑ 1004.500ms	↓ 1065.250ms
8:B 站 220kV 线路一 2521 保护 B 相动作	↑ 1004.500ms	↓ 1065.000ms		
9:B 站 220kV 线路一 2521 保护 C 相动作	↑ 1004.000ms	↓ 1065.250ms		
10:B 站 220kV 线路一 2521 重合闸动作	↑ 950.750ms	↓ 1068.750ms		
13:B 站 220kV 线路一 2521 保护发信	↑ 85.000ms	↓ 294.750ms	↑ 996.750ms	↓ 1215.500ms
45:C 站 220kV 线路三 2523 保护发信	↑ 139.500ms	↓ 141.000ms	↑ 1048.500ms	↓ 1061.000ms

故障发生后，线路一 90ms 两侧保护动作跳 A 相开关，118ms 两侧 A 相开关分闸，约 950ms 两侧保护重合闸动作，979ms 两侧 A 相开关先后重合成功，1004msB 站侧保护动作，1031ms 开关三相开关分闸，1050msA 站侧保护动作，1077ms 三相开关分闸。

3. 波形特征解析

A、B 站故障全过程集中录波图（后续分析均以 T_1 光标的故障初始时刻为基准）如图 5-6-5 和图 5-6-6 所示。

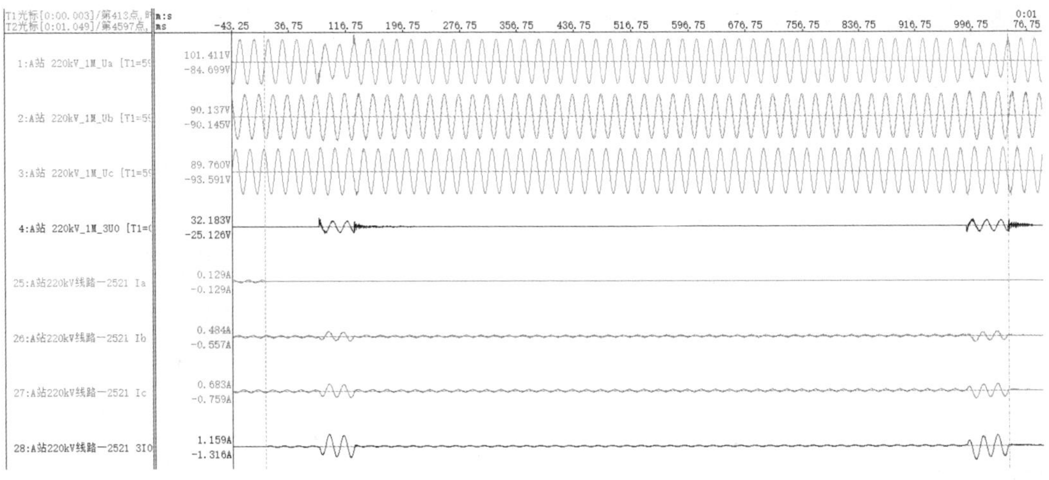

图 5-6-5　A 站故障全过程集中录波图

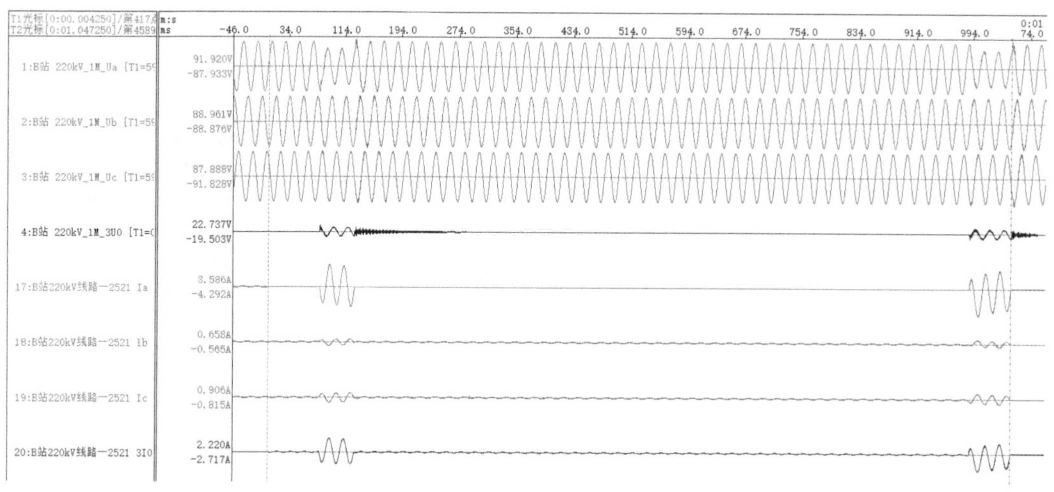

图 5-6-6　B 站故障全过程集中录波图

下面对故障的各个阶段进行分析：

（1）0（T_1）～75ms（T_2）A、B 站集中录波图及装置录波图如图 5-6-7～图 5-6-9 所示。

从图 5-6-7 解析可知，0～75ms A 站电压电流特征为母线电压均无明显变化，仅出现约 0.5V 零序电压。线路一 A 相电流降低为 0，线路出现零序电流。

从图 5-6-8 解析可知，0～75ms B 站电压电流特征为母线电压均无明显变化，仅出现约 0.5V 零序电压。线路一 A 相电流降低为 0，线路出现零序电流。

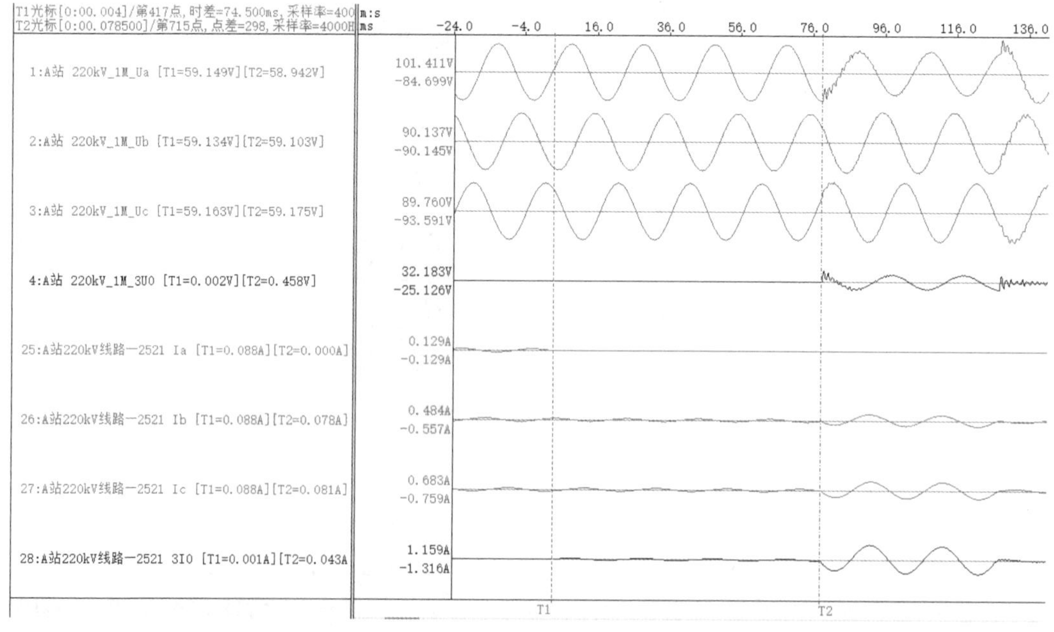

图 5-6-7　0（T_1）～75ms（T_2）A 站集中录波图

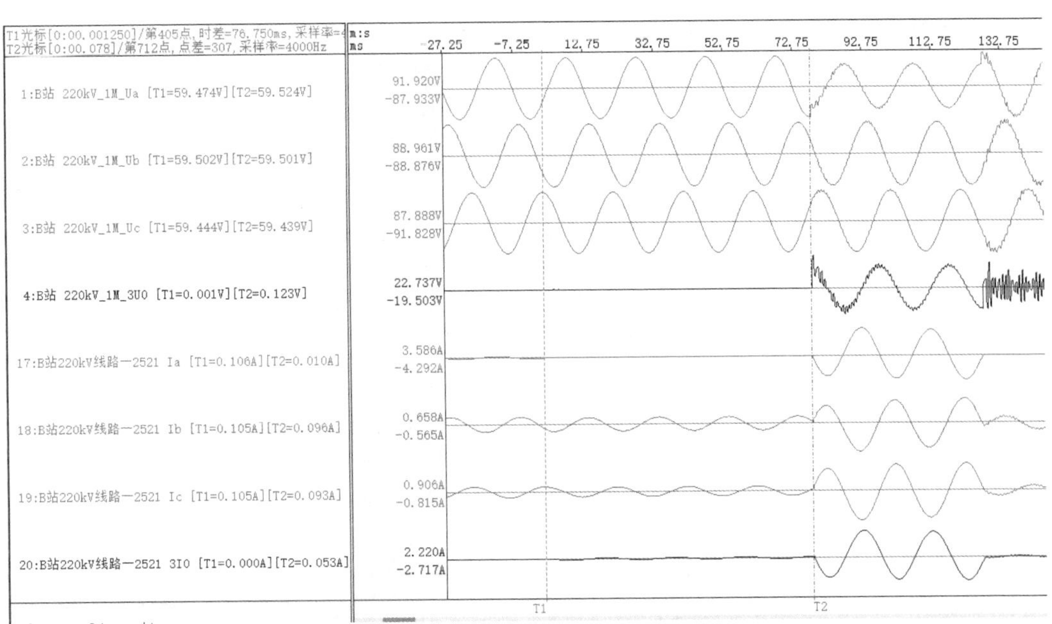

图 5-6-8 0（T_1）~75ms（T_2）B 站集中录波图

从图 5-6-9 解析可知，0～75ms 线路一两侧 A 相电流降低为 0，且 A 相无差流。

综合以上信息分析，0～75ms 线路一发生 A 相断线故障，流过线路的零序电流呈现穿越电流特征，故障持续 3.75 个周波（约 75ms）。

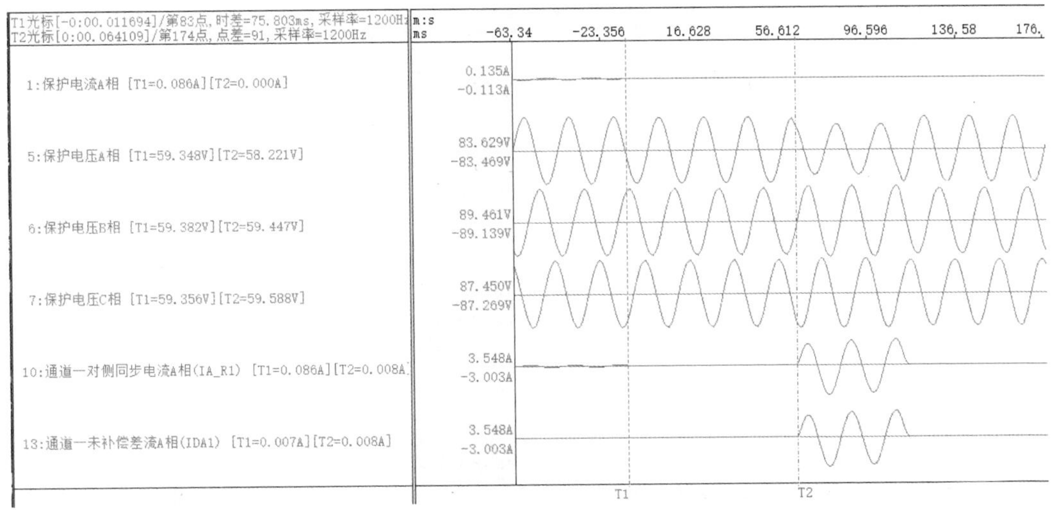

图 5-6-9 0（T_1）~75ms（T_2）线路一 A 站侧保护录波图

（2）75（T_1）～125ms（T_2）A、B 站集中录波图及相量图如图 5-6-10～图 5-6-12 所示。

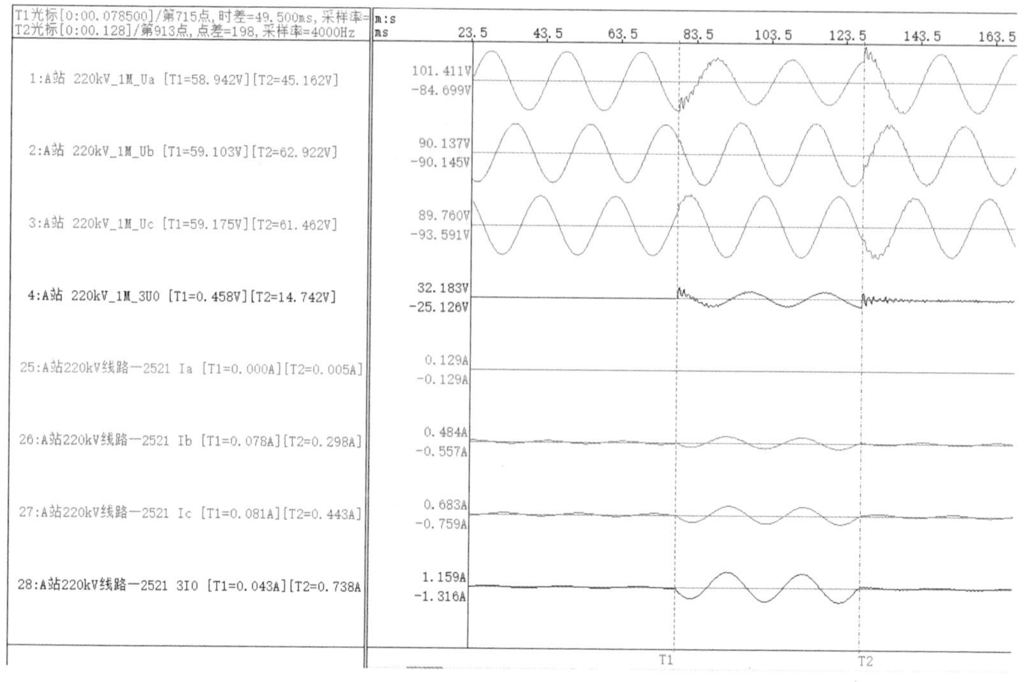

图 5-6-10　75（T_1）～125ms（T_2）A 站集中录波图

从图 5-6-10 解析可知，75～125ms A 站电压电流特征为母线 A 相电压降低，产生约 14.7V 零序电压。线路一 A 相电流仍为 0，B、C 相电流略有增大，且产生零序电流。

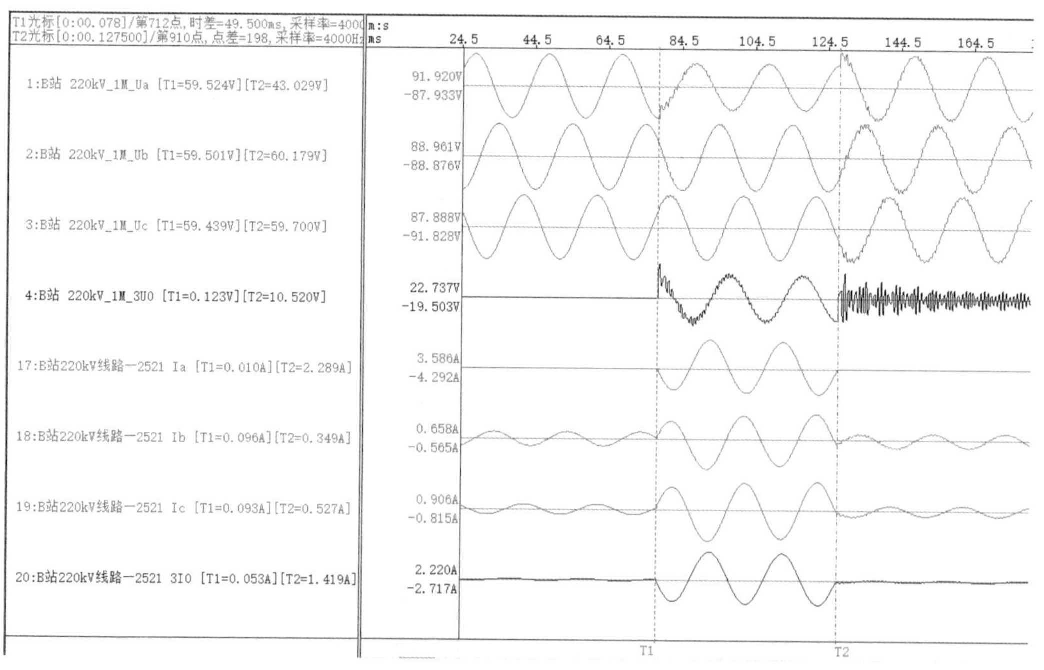

图 5-6-11　75（T_1）～125ms（T_2）B 站集中录波图

从图 5-6-11 解析可知，75～125ms B 站电压电流特征为母线 A 相电压降低，产生约 10.5V 零序电压。线路一 A 相电流增大，B、C 相电流略有增大，且产生零序电流。

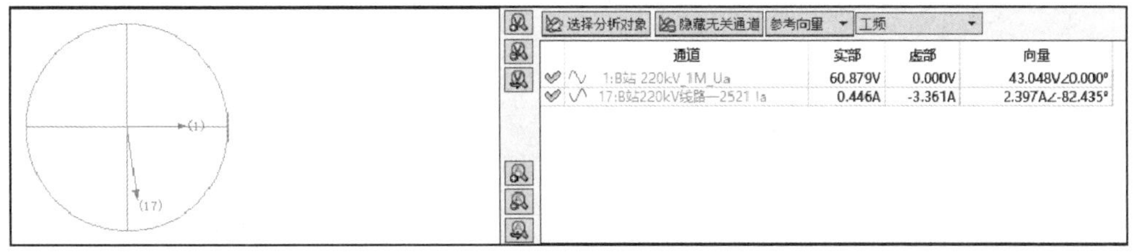

图 5-6-12 75～125ms B 站线路一故障相电压电流相量图

从图 5-6-12 解析可知，75～125ms B 站侧线路一故障相电压电流相位关系有 arg（U_A/I_A）=82°，说明线路保护正方向发生 A 相接地故障。而 A 站侧此时 A 相仍无流，考虑到第一阶段发生的 A 相断线故障，可知线路发生断线后靠近 B 站断头侧 A 相接地，故障持续 2.5 个周波（约 50ms）。

（3）125～980ms，线路一 A 相两侧开关跳闸后，A、B 站母线恢复至正常电压，有少量零序电压，线路一非全相运行产生少量零序电流，此时系统电流电压特征与第一个阶段相同。

（4）980（T_1）～1040ms（T_2）A、B 站集中录波图如图 5-6-13 和图 5-6-14 所示。

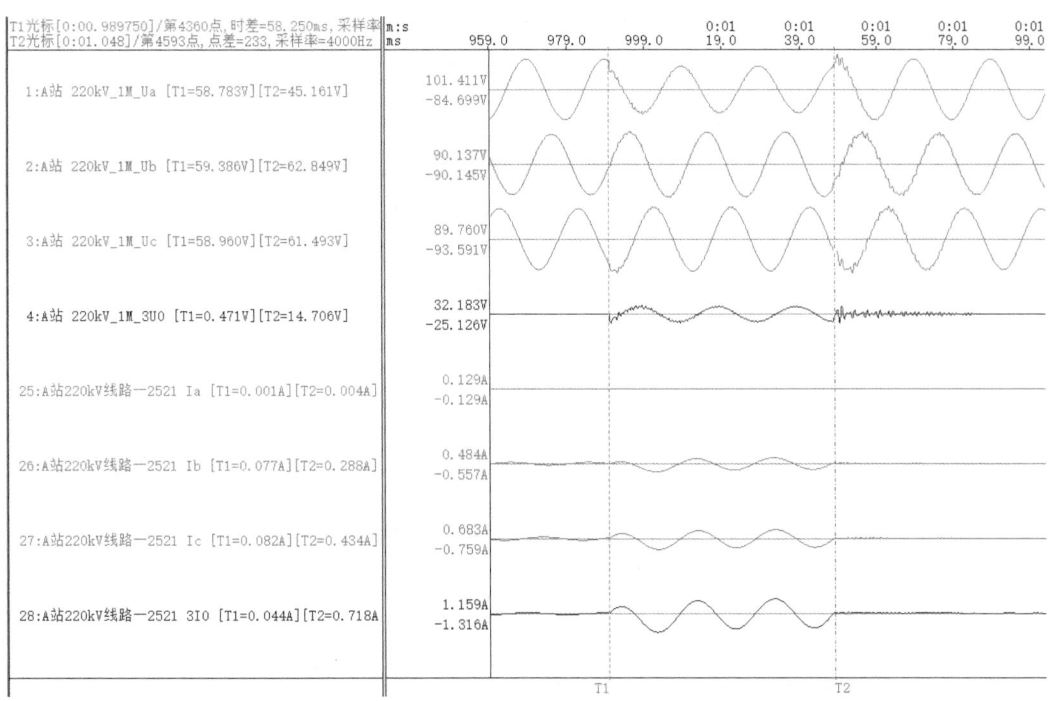

图 5-6-13 980（T_1）～1040ms（T_2）A 站集中录波图

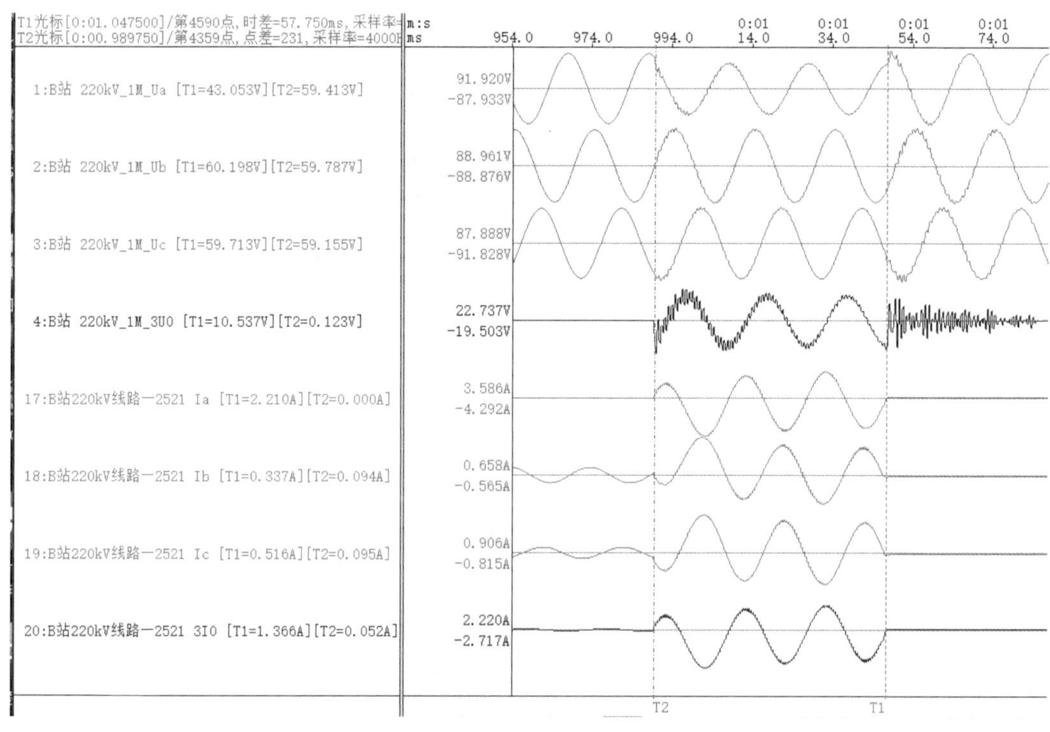

图 5-6-14 980（T_1）～1040ms（T_2）B 站集中录波图

从图 5-6-13 解析可知，980～1040ms A 站电压电流特征为母线 A 相电压降低，产生约 14.7V 零序电压。线路一 A 相电流仍为 0，B、C 相电流略有增大，且产生零序电流。

从图 5-6-14 解析可知，980～1040ms B 站电压电流特征为母线 A 相电压降低，产生约 10.5V 零序电压。线路一 A 相电流增大，B、C 相电流略有增大，且产生零序电流。

由电压、电流特征可判断 980～1040ms 线路二 B 站侧重合于故障，电压电流满足 A 相接地故障特征，保护距离加速、零序加速动作跳三相开关；A 站侧故障相仍然无故障电流，加速段保护不动作，加速联跳动作跳三相开关，故障持续 3 个周波（约 60ms）。

三、综合总结

系统 0～75ms 电压无明显变化，线路一两侧 A 相电流变为 0 且出现零序电流，线路一差动保护无差流。可知此时系统发生了线路一 A 相一次断线故障；75～125ms，线路两侧母线 A 相电压下降，B、C 相电压无明显变化，出线零序电压，线路一 A 站侧 A 相电流仍为 0，B 站侧 A 相电流明显增大。根据电压电流线特征可判断系统发生了 A 相接地故障，由线路相电压与相电流的相位关系可以判断故障点位置在保护正方向，此时线路一发生断线后靠近 B 站断头侧 A 相接地，线路一两侧差动保护均正确选相并跳闸。约 855ms 后，线路一路重合于故障，B 站侧故障相有故障电流，加速段保护动作三相跳闸，

A 站侧故障相仍然无故障电流，加速联跳动作三相跳闸。

注意线路一次断线与 TA 二次回路断线做区分：① 一次断线线路两侧保护断线相电流同时消失，并产生零序电流。而 TA 二次回路断线一般仅有单侧保护断线相电流消失和产生零序电流；② 一次断线线路保护不会产生差流，而 TA 二次回路断线线路保护会产生差流；③ 一次断线会影响所有 TA 绕组的二次电流，而 TA 二次回路断线仅影响断线绕组的二次电流。

5.7 线路单相断线后两侧先后接地故障

一、故障信息

故障发生前系统运行方式为：A 站 220kV 线路一 2521 开关、220kV 线路二 2522 开关、#1 主变变高 2201 开关挂Ⅰ母运行，220kV 线路三 2523 开关、#2 主变变高 2202 开关挂Ⅱ母运行，220kV 母联 2012 开关在合位，母线并列运行，#1 主变中性点接地、#2 主变中性点不接地，如图 5-7-1 所示。

故障发生后，线路一保护动作跳闸，重合不成功。线路一 2521 两侧开关在分位，其余开关合位，运行方式如图 5-7-2 所示。

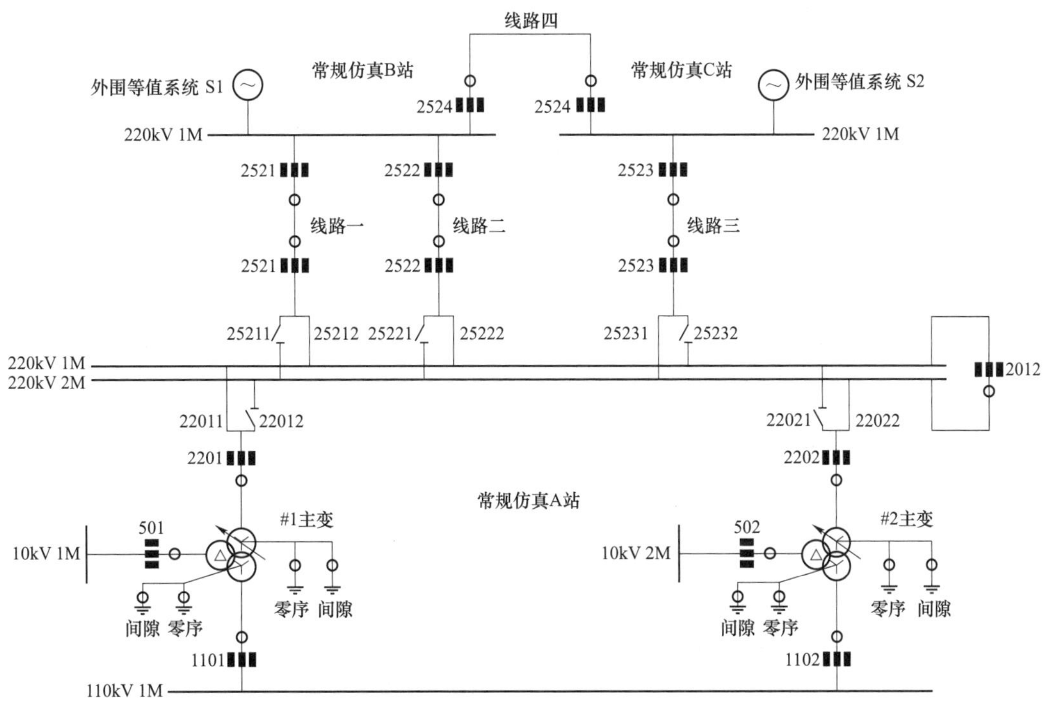

图 5-7-1 故障发生前 A 站、B 站、C 站运行方式

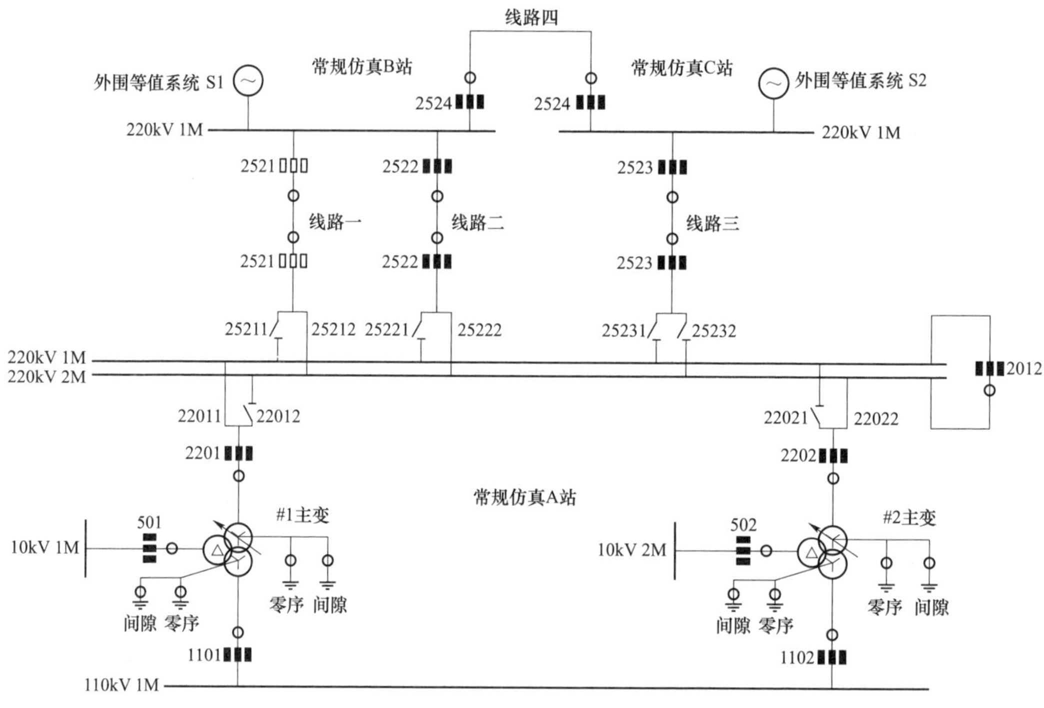

图 5-7-2　故障发生后 A 站、B 站、C 站运行方式

二、录波图解析

1. 保护动作报文解析

从保护故障录波 HDR 文件读取相关保护信息，以保护启动时刻为基准，线路一 A 站侧保护动作简报见表 5-7-1，线路一 B 站侧保护动作简报见表 5-7-2。

表 5-7-1　　线路一 A 站侧保护动作简报

序号	动作报文对应时间	动作报文名称	动作相别	动作报文变化值
1	0ms	保护启动		1
2	73ms	纵联差动保护动作	A	1
3	118ms	纵联距离动作	A	1
4	118ms	纵联零序动作	A	1
5	127ms	纵联差动保护动作		0
6	127ms	纵联距离动作		0
7	127ms	纵联零序动作		0
8	927ms	重合闸动作		1
9	1039ms	加速联跳动作	ABC	1

线路一 A 站侧保护启动后 73ms 差动保护动作，故障选相 A 相，保护出口单跳 A 相开关；927ms 重合闸动作，A 相开关重合；1039ms 加速联跳动作，保护出口跳三相开关。

表 5-7-2　　线路一 B 站侧保护动作简报

序号	动作报文对应时间	动作报文名称	动作相别	动作报文变化值
1	0ms	保护启动		1
2	73ms	纵联差动保护动作	A	1
3	112ms	纵联距离动作	A	1
4	112ms	纵联零序动作	A	1
5	138ms	纵联差动保护动作		0
6	138ms	纵联距离动作		0
7	138ms	纵联零序动作		0
8	938ms	重合闸动作		1
9	994ms	纵联差动保护动作	ABC	1
10	1026ms	距离加速动作	ABC	1

线路一 B 站侧保护启动后 73ms 差动保护动作，故障选相 A 相，保护出口单跳 A 相开关；938ms 重合闸动作，A 相开关重合；994ms 重合于故障，保护动作出口跳三相开关。

2. 开关量变位解析

（1）以故障初始时刻为基准，A 站侧开关量变位图如图 5-7-3 所示。

1:A站220kV线路一2521 A相合位 [T1=1][T2=1]	T1=ON ,T2=ON	
2:A站220kV线路一2521 B相合位 [T1=1][T2=1]	T1=ON ,T2=ON	
3:A站220kV线路一2521 C相合位 [T1=1][T2=1]	T1=ON ,T2=ON	
4:A站220kV线路一2521 A相分位 [T1=0][T2=0]	T1=OFF,T2=OFF	
5:A站220kV线路一2521 B相分位 [T1=0][T2=0]	T1=OFF,T2=OFF	
6:A站220kV线路一2521 C相分位 [T1=0][T2=0]	T1=OFF,T2=OFF	
7:A站220kV线路一2521 保护A相动作 [T1=0][T2=0]	T1=OFF,T2=OFF	
8:A站220kV线路一2521 保护B相动作 [T1=0][T2=0]	T1=OFF,T2=OFF	
9:A站220kV线路一2521 保护C相动作 [T1=0][T2=0]	T1=OFF,T2=OFF	
10:A站220kV线路一2521 重合闸动作 [T1=0][T2=0]	T1=OFF,T2=OFF	
13:A站220kV线路一2521 保护发信 [T1=0][T2=0]	T1=OFF,T2=OFF	

图 5-7-3　A 站侧开关量变位图

A 站侧开关量变位时间顺序见表 5-7-3。

表 5-7-3　　A 站侧开关量变位时间顺序

位置	第 1 次变位时间	第 2 次变位时间	第 3 次变位时间	第 4 次变位时间
1:A 站 220kV 线路一 2521A 相合位	↓ 119.750ms	↑ 981.000ms	↓ 1086.500ms	
2:A 站 220kV 线路一 2521B 相合位	↓ 1086.750ms			
3:A 站 220kV 线路 2521C 相合位	↓ 1087.500ms			
4:A 站 220kV 线路一 2521A 相分位	↑ 122.500ms	↓ 979.750ms	↑ 1089.250ms	
5:A 站 220kV 线路一 2521B 相分位	↑ 1090.000ms			
6:A 站 220kV 线路一 2521C 相分位	↑ 1091.500ms			
7:A 站 220kV 线路一 2521 保护 A 相动作	↑ 91.500ms	↓ 143.750ms	↑ 1058.250ms	↓ 1097.000ms
8:A 站 220kV 线路一 2521 保护 B 相动作	↑ 1058.250ms	↓ 1097.000ms		
9:A 站 220kV 线路一 2521 保护 C 相动作	↑ 1058.000ms	↓ 1097.000ms		
10:A 站 220kV 线路一 2521 重合闸动作	↑ 950.500ms	↓ 1067.250ms		
13:A 站 220kV 线路一 2521 保护发信	↑ 92.250ms	↓ 294.250ms	↑ 1059.000ms	↓ 1247.750ms

（2）以故障初始时刻为基准，B 站侧开关量变位图如图 5-7-4 所示。

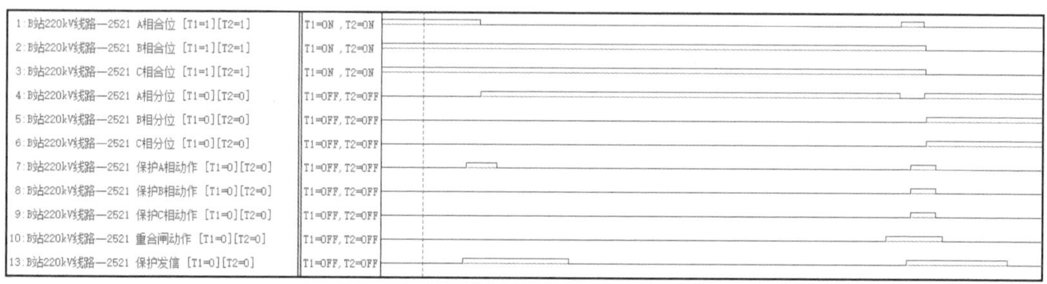

图 5-7-4　B 站侧开关量变位图

B 站侧开关量变位时间顺序见表 5-7-4。

表 5-7-4　　B 站侧开关量变位时间顺序

位置	第 1 次变位时间	第 2 次变位时间	第 3 次变位时间	第 4 次变位时间
1:B 站 220kV 线路一 2521 A 相合位	↓ 118.000ms	↑ 989.000ms	↓ 1038.000ms	
2:B 站 220kV 线路一 2521 B 相合位	↓ 1041.250ms			
3:B 站 220kV 线路一 2521 C 相合位	↓ 1041.000ms			
4:B 站 220kV 线路一 2521 A 相分位	↑ 120.500ms	↓ 988.000ms	↑ 1040.250ms	
5:B 站 220kV 线路一 2521 B 相分位	↑ 1044.000ms			
6:B 站 220kV 线路一 2521 C 相分位	↑ 1043.750ms			
7:B 站 220kV 线路一 2521 保护 A 相动作	↑ 90.500ms	↓ 153.750ms	↑ 1011.500ms	↓ 1063.750ms
8:B 站 220kV 线路一 2521 保护 B 相动作	↑ 1011.500ms	↓ 1063.500ms		
9:B 站 220kV 线路一 2521 保护 C 相动作	↑ 1011.000ms	↓ 1063.750ms		
10:B 站 220kV 线路一 2521 重合闸动作	↑ 960.250ms	↓ 1078.250ms		
13:B 站 220kV 线路一 2521 保护发信	↑ 83.750ms	↓ 304.250ms	↑ 1003.750ms	↓ 1214.250ms
45:C 站 220kV 线路三 2523 保护发信	↑ 111.500ms	↓ 143.000ms	↑ 1055.000ms	↓ 1059.750ms

故障发生后，线路一 90ms 两侧保护动作跳 A 相开关，118ms 两侧 A 相开关分闸，约 960ms 两侧保护重合闸动作，989ms 两侧 A 相开关先后重合成功，1011ms B 站侧保护动作，1041ms 开关三相开关分闸，1058ms A 站侧保护动作，1086ms 三相开关分闸。

3. 波形特征解析

A、B 站故障全过程集中录波图（后续分析均以 T_1 光标的故障初始时刻为基准）如图 5-7-5 和图 5-7-6 所示。

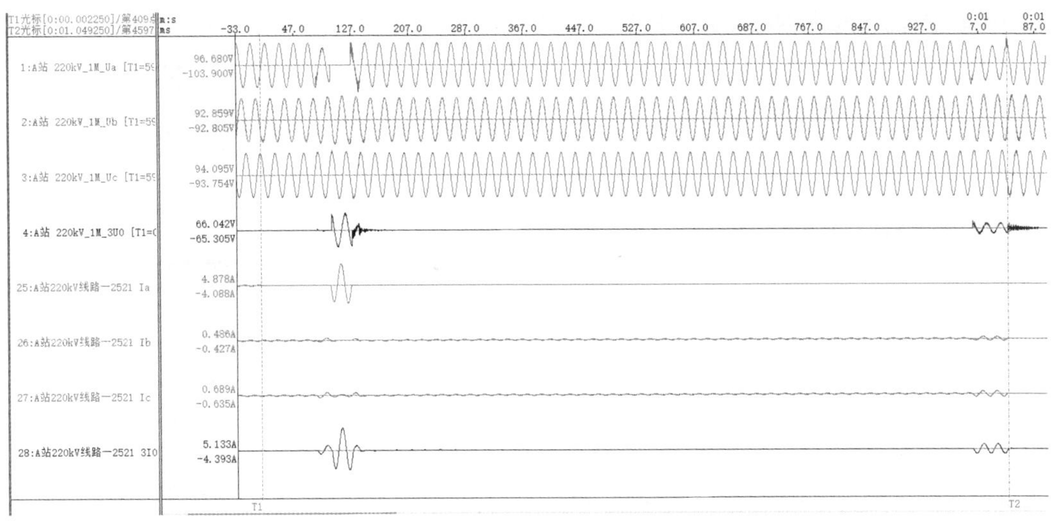

图 5-7-5　A 站故障全过程集中录波图

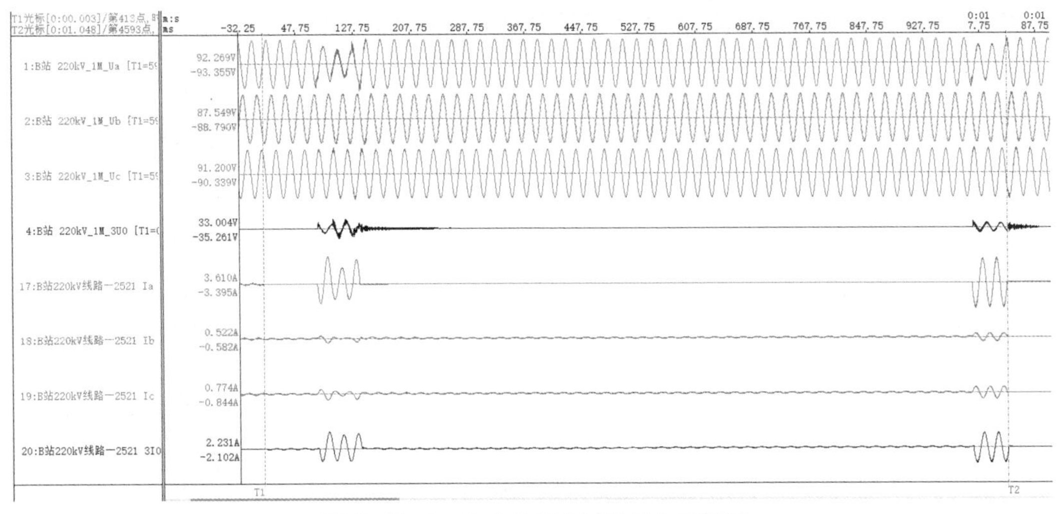

图 5-7-6　B 站故障全过程集中录波图

下面对故障的各个阶段进行分析：

（1）0（T_1）~75ms（T_2）A、B 站集中录波图及装置录波图如图 5-7-7~图 5-7-9 所示。

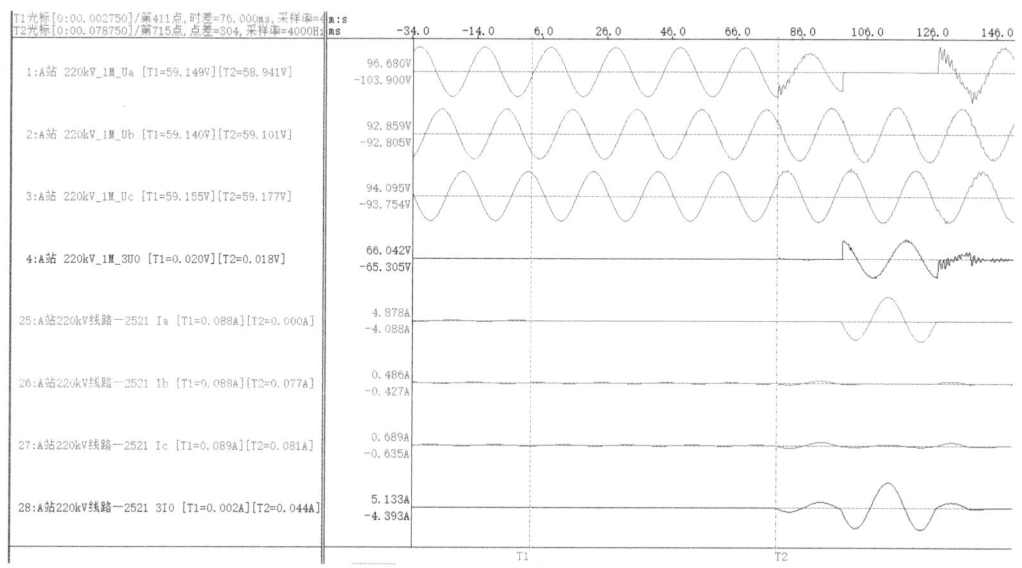

图 5-7-7　0（T_1）~75ms（T_2）A 站集中录波图

从图 5-7-7 解析可知，0~75ms A 站电压、电流特征为母线电压均无明显变化，仅出现约 0.5V 零序电压。线路一 A 相电流降低为 0，线路出现零序电流。

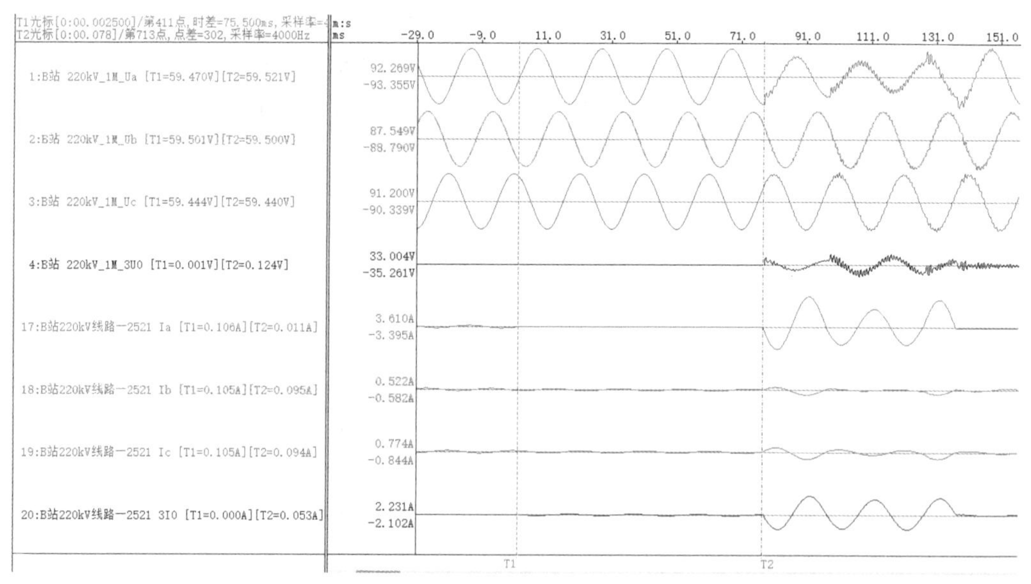

图 5-7-8　0（T_1）~75ms（T_2）B 站集中录波图

从图 5-7-8 解析可知，0~75ms B 站电压电流特征为母线电压均无明显变化，仅出现约 0.5V 零序电压。线路一 A 相电流降低为 0，线路出现零序电流。

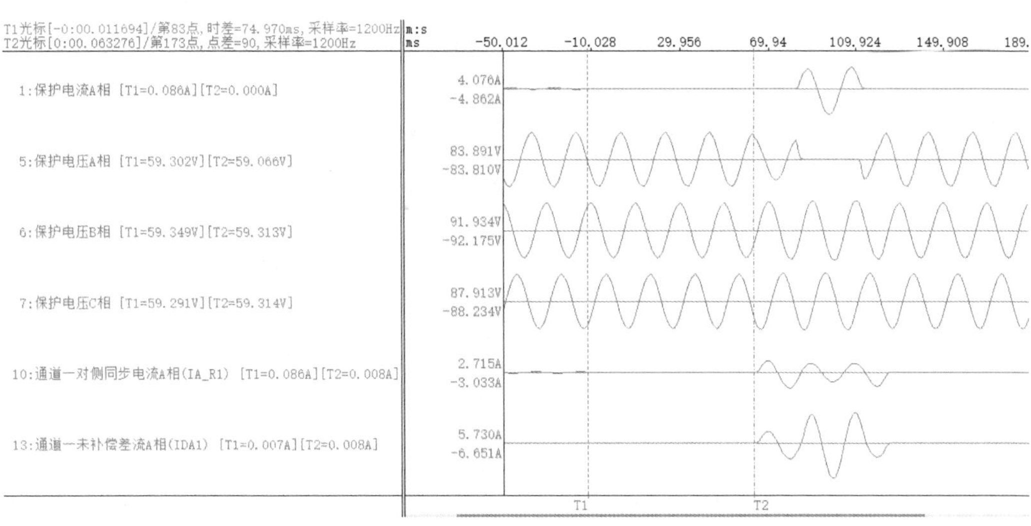

图 5-7-9　0（T_1）~75ms（T_2）线路一 A 站侧保护录波图

从图 5-7-9 解析可知，0～75ms 线路一两侧 A 相电流降低为 0，且 A 相无差流。

综合以上信息分析，0～75ms 线路一发生 A 相断线故障，流过线路的零序电流呈现穿越电流特征，故障持续 3.75 个周波（约 75ms）。

（2）75（T_1）～135ms（T_2）A、B 站集中录波图及相量图如图 5-7-10～图 5-7-13 所示。

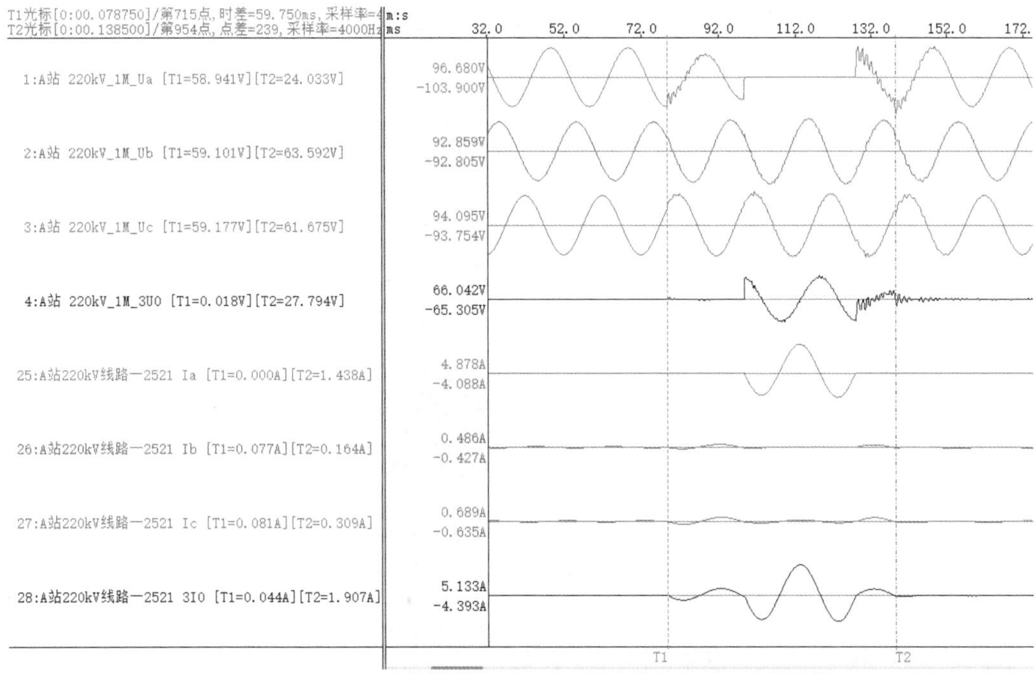

图 5-7-10　75（T_1）~135ms（T_2）A 站集中录波图

从图 5－7－10 解析可知，75～135ms A 站电压、电流特征为母线 A 相电压略微降低，产生少量零序电压。线路一 A 相电流仍为 0，B、C 相电流略有增大，且产生零序电流。约 20ms 后，A 相电压降为 0，A 相电流和零序电流增大。

从图 5－7－11 解析可知，75～135ms B 站电压、电流特征为母线 A 相电压降低，产生约 9.9V 零序电压。线路一 A 相电流增大，B、C 相电流略有增大，且产生零序电流。

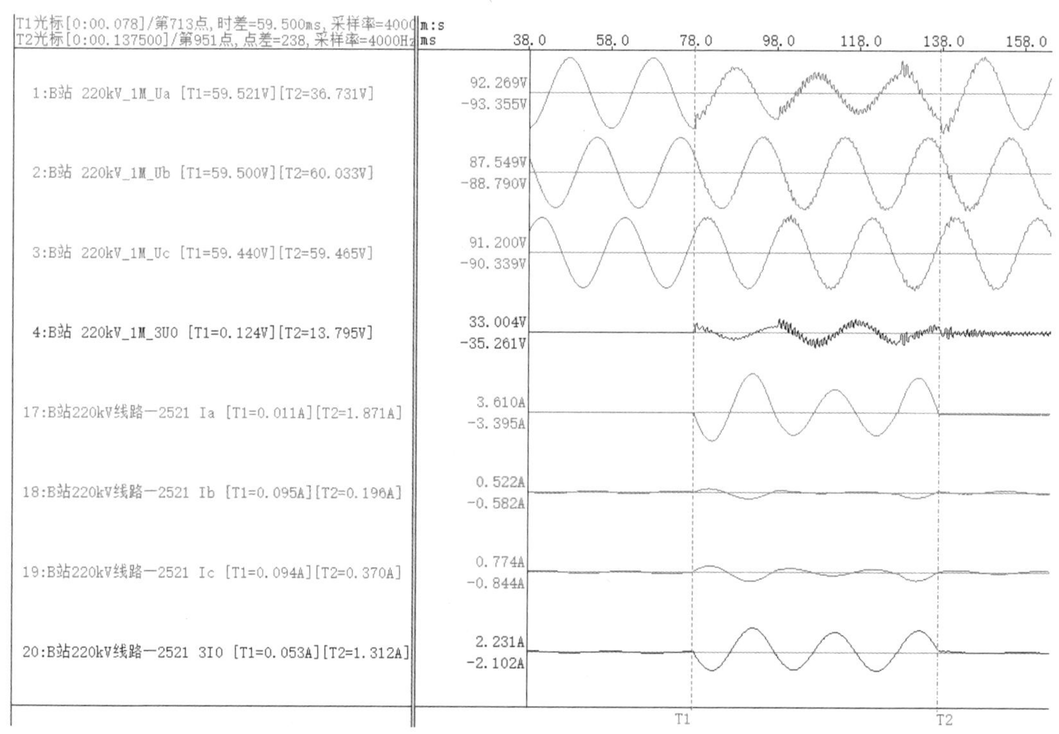

图 5－7－11　75（T_1）～135ms（T_2）B 站集中录波图

A 站侧线路一出现故障电流 I_A 后，U_A 降低为 0，因此通过零序电压、电流相位关系判断故障点位置。

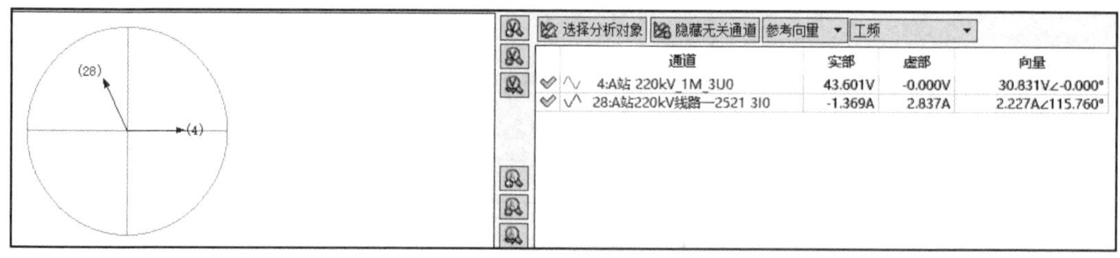

图 5－7－12　75～135ms A 站线路一零序分量相量图

从图 5－7－12 解析可知，75～135ms A 站侧线路一零序电压、电流相位关系有 arg

（U_0/I_0）＝－116°，说明接地故障点在线路保护正方向。

通道	实部	虚部	向量
1:B站 220kV_1M_Ua	55.688V	0.000V	39.377V∠0.000°
17:B站220kV线路一2521 Ia	0.480A	-2.818A	2.021A∠-80.328°

图 5－7－13　75～135ms B 站线路一故障相电压电流相量图

从图 5－7－13 解析可知，75～135ms B 站侧线路一故障相电压、电流相位关系有 arg（U_A/I_A）＝80°，说明接地故障点也在线路保护正方向。

线路两侧故障电流先后出现，考虑到第一阶段发生的 A 相断线故障，可知线路一在 A 站出口处发生断线后靠近 B 站断头侧 A 相接地，约 20ms 后靠近 A 站断头侧 A 相金属性接地，故障持续 3 个周波（约 60ms）。

（3）135～990ms，线路一 A 相两侧开关跳闸后，A、B 站母线恢复至正常电压，有少量零序电压，线路一非全相运行产生少量零序电流，此时系统电流、电压特征与第一个阶段相同。

（4）990（T_1）～1040ms（T_2）A、B 站集中录波图如图 5－7－14 和图 5－7－15 所示。

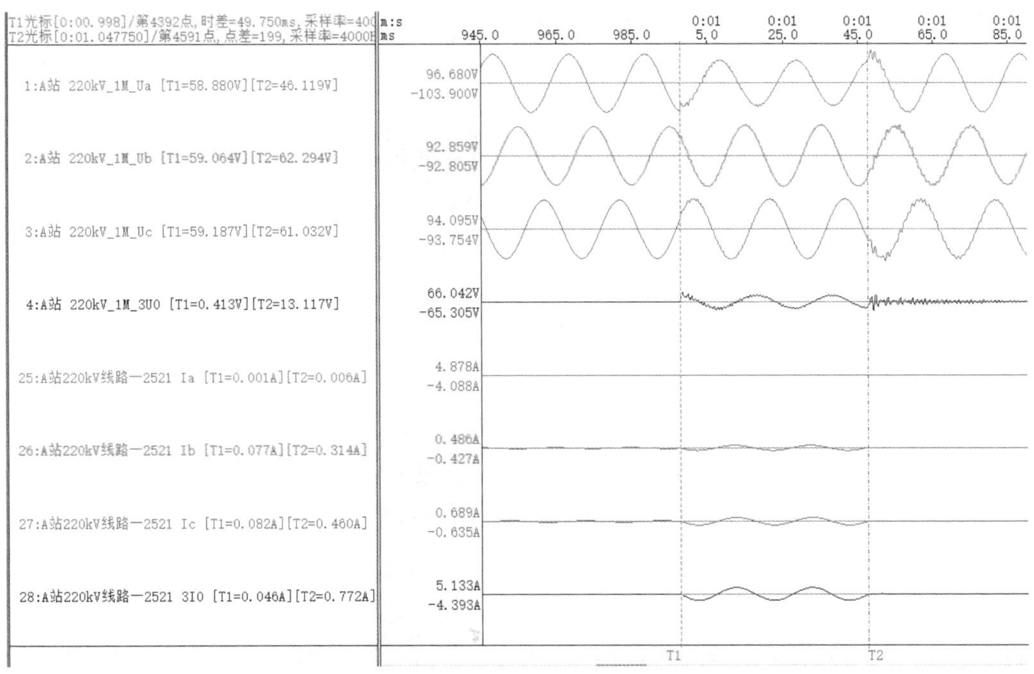

图 5－7－14　990（T_1）～1040ms（T_2）A 站集中录波图

从图 5-7-14 解析可知，990～1040ms A 站电压、电流特征为母线 A 相电压降至 46.1V，产生约 13.2V 零序电压。线路一 A 相电流仍为 0，B、C 相电流略有增大，且产生零序电流。

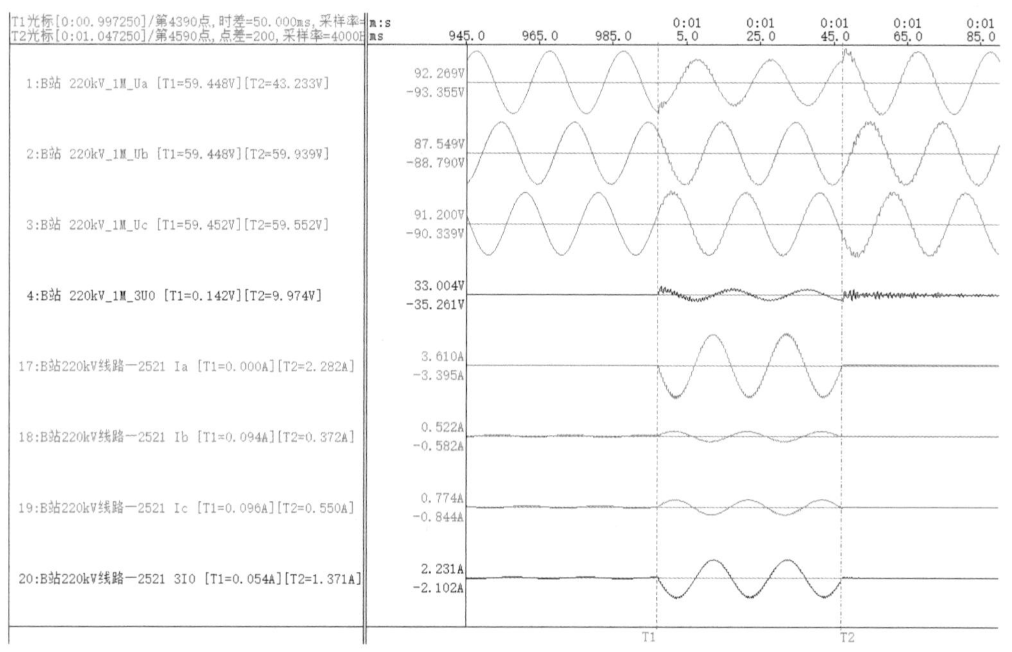

图 5-7-15　990（T_1）~1040ms（T_2）B 站集中录波图

从图 5-7-15 解析可知，990～1040ms B 站电压电流特征为母线 A 相电压降至 43.2V，产生约 9.9V 的零序电压。线路一 A 相电流增大，B、C 相电流略有增大，且产生零序电流。

综合以上信息分析，990～1040ms 线路一 B 站侧重合于故障，电压电流满足 A 相接地故障特征，保护距离加速、零序加速动作跳三相开关；A 站侧重合后 A 相无故障电流，说明 A 站侧接地故障为瞬时接地故障，加速段保护不动作，加速联跳动作跳三相开关，故障持续 2.5 个周波（约 50ms）。

三、综合总结

系统 0～75ms 电压无明显变化，线路一两侧 A 相电流变为 0 且出现零序电流，线路一差动保护无差流。可知此时系统发生了线路一 A 相一次断线故障；75～95ms，线路两侧母线 A 相电压下降，B、C 相电压无明显变化，出线零序电压，线路一 A 站侧 A 相电流仍为 0，B 站侧 A 相电流明显增大。根据电压电流线特征可判断系统发生了 A 相接地故障，由线路相电压与相电流的相位关系可以判断故障点位置在保护正方向，此时线路一发生断线后靠近 B 站断头侧 A 相接地；95～135ms，A 站母线电压降为 0，线路一 A 站侧 A 相电流增大，由线路零序电压与零序电流的相位关系可以判断故障点位置在保护正方向，此时线路发生断线后靠近 A 站断头侧 A 相金属性接地，线路一两侧差动保护均正确选相并跳闸。约 855ms 后，线路一路重合于故障，两侧加速段保护动作三相跳闸。

结合第 6 节故障案例分析可知线路轻载运行情况下，一次断线特征通常不明显，容易被忽略。但断线故障通常会对后续故障有所影响：如在双侧均可提供故障电流的网架结构下，两侧保护仅一侧有故障电流，另一侧故障相电流为 0（断线后单侧接地）；或两侧保护故障电流不同时出现（断线后两侧先后接地）。此时再去检查接地故障前的系统潮流，即可发现断线故障。

5.8 线路单相断线后跨线接地故障

一、故障信息

故障发生前系统运行方式为：A 站 220kV 线路一 2521 开关、220kV 线路二 2522 开关、#1 主变变高 2201 开关挂Ⅰ母运行，220kV 线路三 2523 开关、#2 主变变高 2202 开关挂Ⅱ母运行，220kV 母联 2012 开关在合位，母线并列运行，#1 主变中性点接地、#2 主变中性点不接地，如图 5－8－1 所示。

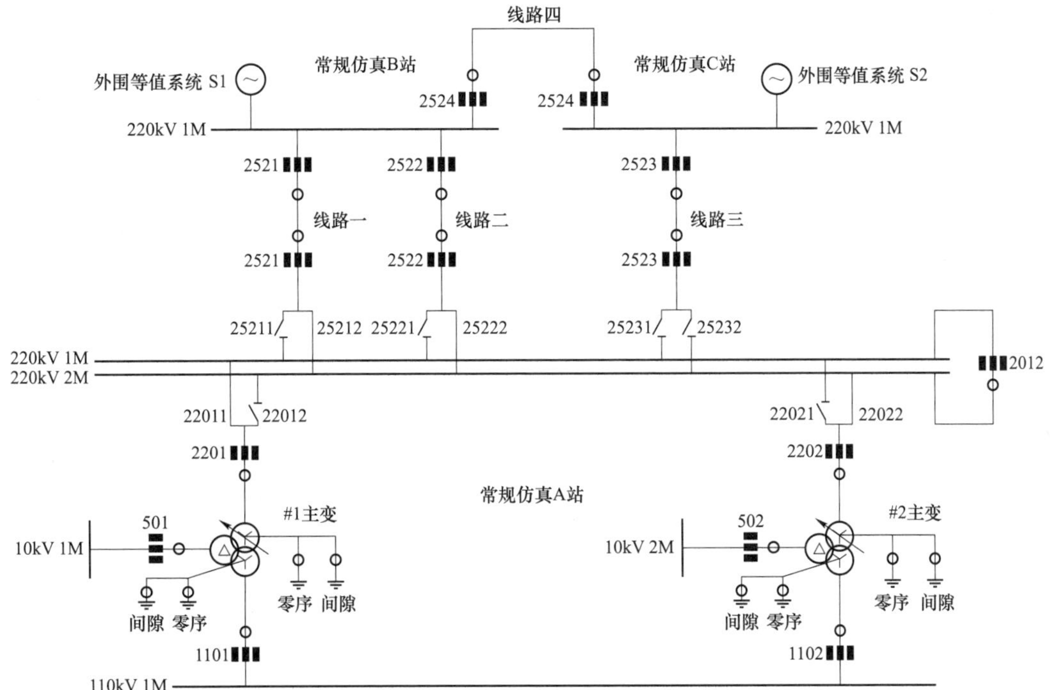

图 5－8－1 故障发生前 A 站、B 站、C 站运行方式

故障发生后，线路一、线路二保护动作跳闸，重合成功。故障发生后系统运行方式与故障发生前一致。

二、录波图解析

1. 保护动作报文解析

（1）从保护故障录波 HDR 文件读取相关保护信息，以保护启动时刻为基准，线路一 A 站侧保护动作简报见表 5－8－1，线路一 B 站侧保护动作简报见表 5－8－2。

表 5－8－1　　线路一 A 站侧保护动作简报

序号	动作报文对应时间	动作报文名称	动作相别	动作报文变化值
1	0ms	保护启动		1
2	78ms	纵联差动保护动作	A	1
3	133ms	纵联差动保护动作		0
4	933ms	重合闸动作		1

表 5－8－2　　线路一 B 站侧保护动作简报

序号	动作报文对应时间	动作报文名称	动作相别	动作报文变化值
1	0ms	保护启动		1
2	80ms	纵联差动保护动作	A	1
3	123ms	纵联差动保护动作		0
4	923ms	重合闸动作		1

线路一 A 站侧保护启动后 78ms 差动保护动作，故障选相 A 相，保护出口单跳 A 相开关；933ms 重合闸动作，A 相开关重合。

线路一 B 站侧保护启动后 80ms 差动保护动作，故障选相 A 相，保护出口单跳 A 相开关；923ms 重合闸动作，A 相开关重合。

（2）从保护故障录波 HDR 文件读取相关保护信息，以保护启动时刻为基准，线路二 A 站侧保护动作简报见表 5－8－3，线路二 B 站侧保护动作简报见表 5－8－4。

表 5－8－3　　线路二 A 站侧保护动作简报

序号	动作报文对应时间	动作报文名称	动作相别	动作报文变化值
1	0ms	保护启动		1
2		采样已同步		1
3	19ms	纵联零序发信		1
4	23ms	纵联差动保护动作	A	1
5	23ms	分相差动动作	A	1
6		数据来源通道一		1

续表

序号	动作报文对应时间	动作报文名称	动作相别	动作报文变化值
7		三相差动电流		1
8		三相制动电流		1
9		对侧差动动作		1
10		故障相电压		1
11		故障相电流		1
12		测距阻抗	A	1
13		故障测距	A	1
14	46ms	纵联保护动作	A	1
15	88ms	三相不一致启动		1
16	90ms	分相差动动作		0
17	90ms	纵联差动保护动作		0
18	90ms	纵联保护动作		0
19	90ms	单跳启动重合		1
20	890ms	重合闸动作		1

线路二 A 站侧保护启动（故障初未启动）后 23ms 差动保护动作，故障选相 A 相，保护出口单跳 A 相开关；890ms 重合闸动作，A 相开关重合。

表 5-8-4　　　　线路二 B 站侧保护动作简报

序号	动作报文对应时间	动作报文名称	动作相别	动作报文变化值
1	0ms	保护启动		1
2		采样已同步		1
3	86ms	纵联差动保护动作	A	1
4	86ms	分相差动动作	A	1
5		数据来源通道一		1
6	94ms	纵联零序发信		1
7		对侧差动动作		1
8		三相差动电流		1
9		三相制动电流		1
10		故障相电压		1
11		故障相电流		1
12		测距阻抗	A	1
13		故障测距	A	1
14	108ms	纵联保护动作	A	1
15	152ms	三相不一致启动		1

续表

序号	动作报文对应时间	动作报文名称	动作相别	动作报文变化值
16	154ms	分相差动动作		0
17	154ms	纵联差动保护动作		0
18	154ms	纵联保护动作		0
19	155ms	单跳启动重合		1
20	954ms	重合闸动作		1

线路二 B 站侧保护启动后 86ms 差动保护动作，故障选相 A 相，保护出口单跳 A 相开关；954ms 重合闸动作，A 相开关重合。

2. 开关量变位解析

（1）以故障初始时刻为基准，A 站侧开关量变位图如图 5-8-2 所示。

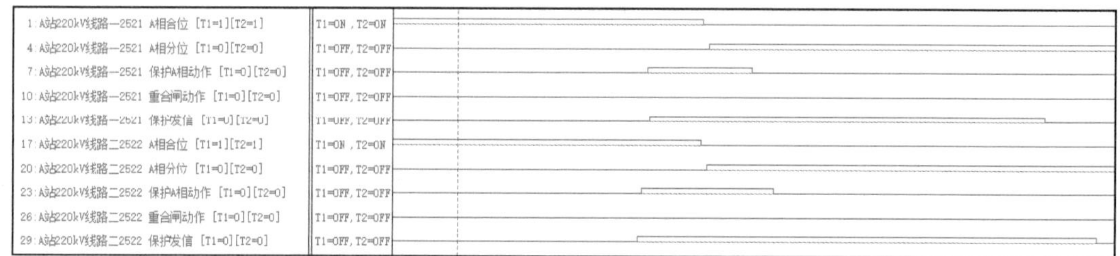

图 5-8-2　A 站侧开关量变位图

A 站侧开关量变位时间顺序见表 5-8-5。

表 5-8-5　A 站侧开关量变位时间顺序

位置	第 1 次变位时间	第 2 次变位时间
1:A 站 220kV 线路一 2521 A 相合位	↓ 126.000ms	↑ 987.250ms
4:A 站 220kV 线路一 2521 A 相分位	↑ 129.000ms	↓ 986.000ms
7:A 站 220kV 线路一 2521 保护 A 相动作	↑ 97.500ms	↓ 150.250ms
10:A 站 220kV 线路一 2521 重合闸动作	↑ 957.000ms	↓ 1074.000ms
13:A 站 220kV 线路一 2521 保护发信	↑ 98.250ms	↓ 300.750ms
17:A 站 220kV 线路二 2522 A 相合位	↓ 124.750ms	↑ 997.000ms
20:A 站 220kV 线路二 2522 A 相分位	↑ 127.750ms	↓ 995.500ms
23:A 站 220kV 线路二 2522 保护 A 相动作	↑ 94.500ms	↓ 162.000ms
26:A 站 220kV 线路二 2522 重合闸动作	↑ 960.750ms	↓ 1082.500ms
29:A 站 220kV 线路二 2522 保护发信	↑ 92.500ms	↓ 327.250ms

（2）以故障初始时刻为基准，B 站侧开关量变位图如图 5-8-3 所示。

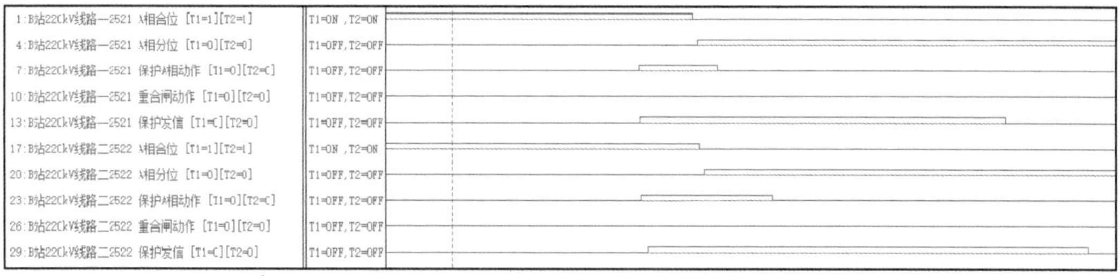

图 5-8-3　B 站侧开关量变位图

B 站侧开关量变位时间顺序见表 5-8-6。

表 5-8-6　　B 站侧开关量变位时间顺序

位置	第 1 次变位时间	第 2 次变位时间
1:B 站 220kV 线路一 2521 A 相合位	↓ 123.250ms	↑ 972.000ms
4:B 站 220kV 线路一 2521 A 相分位	↑ 125.750ms	↓ 971.000ms
7:B 站 220kV 线路一 2521 保护 A 相动作	↑ 95.750ms	↓ 136.500ms
10:B 站 220kV 线路一 2521 重合闸动作	↑ 942.750ms	↓ 1061.000ms
13:B 站 220kV 线路一 2521 保护发信	↑ 96.250ms	↓ 287.000ms
17:B 站 220kV 线路二 2522A 相合位	↓ 127.000ms	↑ 999.000ms
20:B 站 220kV 线路二 2522A 相分位	↑ 129.500ms	↓ 997.750ms
23:B 站 220kV 线路二 2522 保护 A 相动作	↑ 97.000ms	↓ 164.750ms
26:B 站 220kV 线路二 2522 重合闸动作	↑ 963.750ms	↓ 1064.750ms
29:B 站 220kV 线路二 2522 保护发信	↑ 100.250ms	↓ 330.000ms
45:C 站 220kV 线路三 2523 保护发信	↑ 115.750ms	↓ 154.750ms

故障发生后，线路一 95ms 两侧保护动作跳 A 相开关，123ms 两侧 A 相开关分闸，942ms B 站侧保护重合闸动作，957ms A 站侧保护重合闸动作，987ms 两侧 A 相开关先后重合成功；线路二 97ms 两侧保护动作跳 A 相开关，127ms 两侧 A 相开关分闸，963ms 两侧保护重合闸动作，997ms 两侧 A 相开关先后重合成功。

3. 波形特征解析

A、B 站故障全过程集中录波图（后续分析均以 T_1 光标的故障初始时刻为基准）如图 5-8-4 和图 5-8-5 所示。

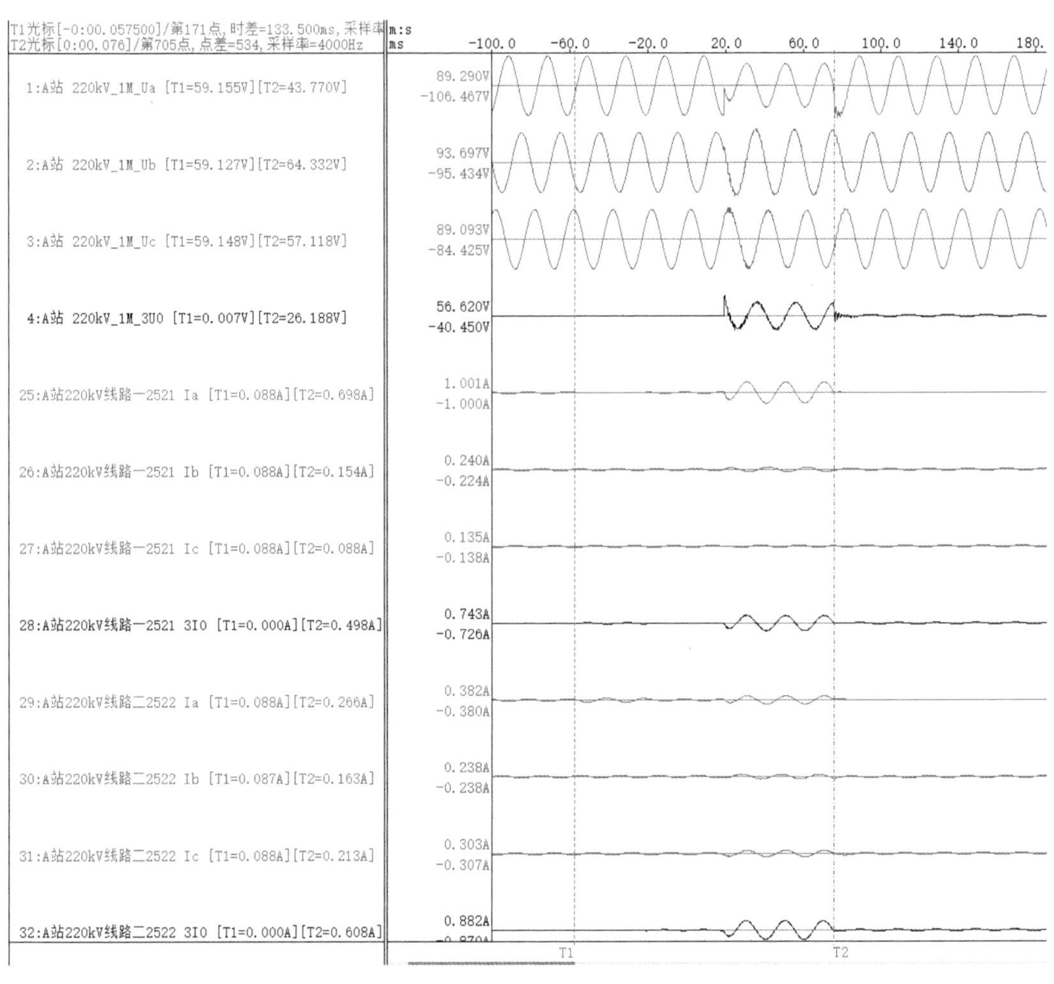

图 5-8-4　A 站故障全过程集中录波图

下面对故障的各个阶段进行分析：

（1）0（T_1）～35ms（T_2）A、B 站集中录波图及装置录波图如图 5-8-6～图 5-8-8 所示。

从图 5-8-6 解析可知，0～35ms A 站电压、电流特征为母线电压均无明显变化，仅出现约 0.5V 零序电压。线路一 A 相电流降低为 0，线路出现零序电流。

从图 5-8-7 解析可知，0～35ms B 站电压、电流特征为母线电压均无明显变化，仅出现约 0.5V 零序电压。线路一 A 相电流降低为 0，线路出现零序电流。

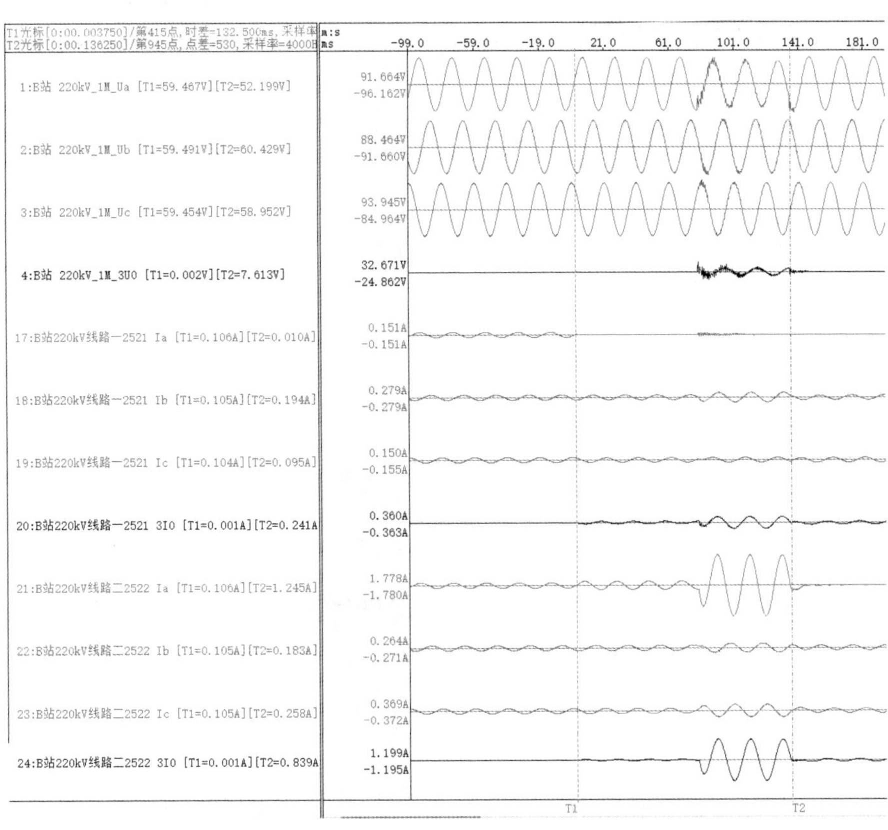

图 5-8-5 B 站故障全过程集中录波图

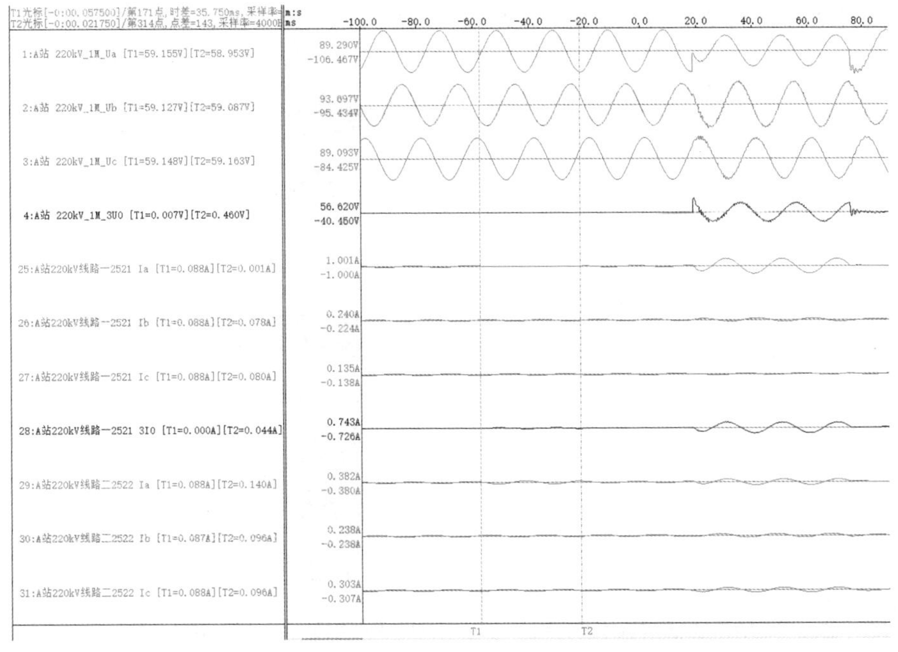

图 5-8-6 0（T_1）~35ms（T_2）A 站集中录波图

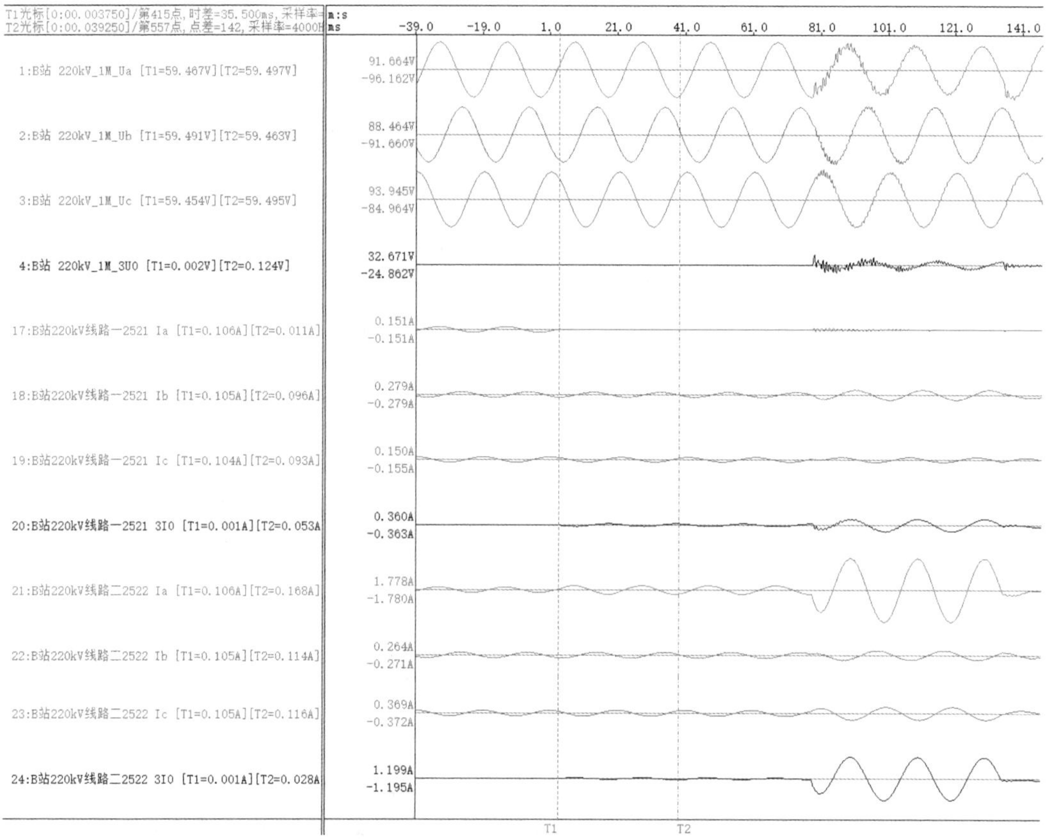

T1光标[0:00.003750]/第415点,时差=35.500ms,采样率=
T2光标[0:00.039250]/第557点,点差=142,采样率=4000Hz
m:s ms -39.0 -19.0 1.0 21.0 41.0 61.0 81.0 101.0 121.0 141.0
1:B站 220kV_1M_Ua [T1=59.467V][T2=59.497V] 91.664V -96.162V
2:B站 220kV_1M_Ub [T1=59.491V][T2=59.463V] 88.464V -91.660V
3:B站 220kV_1M_Uc [T1=59.454V][T2=59.495V] 93.945V -84.964V
4:B站 220kV_1M_3U0 [T1=0.002V][T2=0.124V] 32.671V -24.862V
17:B站220kV线路一2521 Ia [T1=0.106A][T2=0.011A] 0.151A -0.151A
18:B站220kV线路一2521 Ib [T1=0.105A][T2=0.096A] 0.279A -0.279A
19:B站220kV线路一2521 Ic [T1=0.104A][T2=0.093A] 0.150A -0.155A
20:B站220kV线路一2521 3I0 [T1=0.001A][T2=0.053A] 0.360A -0.363A
21:B站220kV线路二2522 Ia [T1=0.106A][T2=0.168A] 1.778A -1.780A
22:B站220kV线路二2522 Ib [T1=0.105A][T2=0.114A] 0.264A -0.271A
23:B站220kV线路二2522 Ic [T1=0.105A][T2=0.116A] 0.369A -0.372A
24:B站220kV线路二2522 3I0 [T1=0.001A][T2=0.028A] 1.199A -1.195A
T1 T2

图 5-8-7　0（T_1）~35ms（T_2）B 站集中录波图

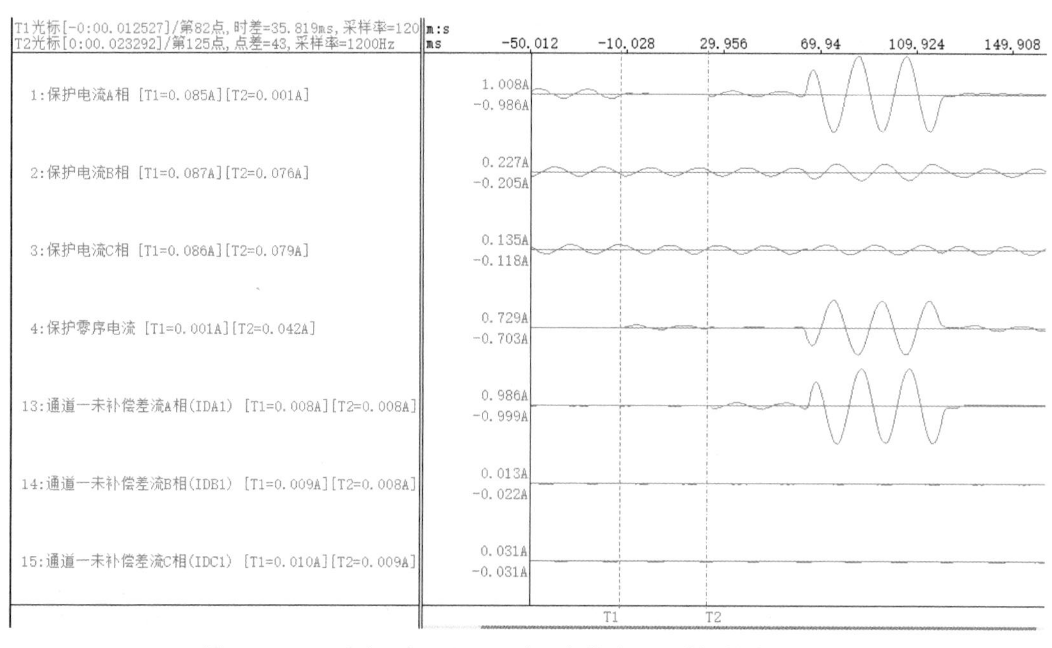

图 5-8-8　0（T_1）~35ms（T_2）线路一 A 站侧保护录波图

从图 5－8－8 解析可知，0～35ms 线路一两侧 A 相电流降低为 0，且 A 相无差流。

综合以上信息分析，0～35ms 线路一发生 A 相断线故障，流过线路的零序电流呈现穿越电流特征，故障持续 1.75 个周波（约 35ms）。

（2）35（T_1）～75ms（T_2）A、B 站集中录波图及装置录波图如图 5－8－9～图 5－8－12 所示。

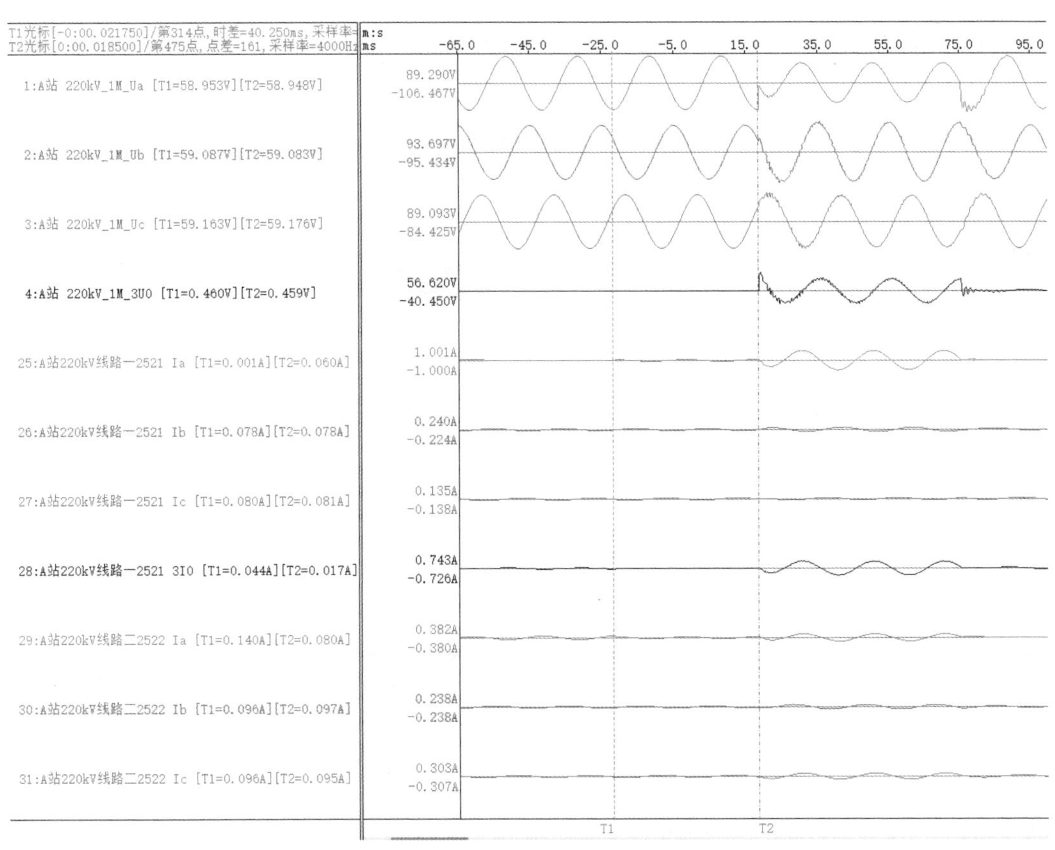

图 5－8－9　35（T_1）～75ms（T_2）A 站集中录波图

从图 5－8－9 解析可知，35～75ms A 站电压、电流特征为母线电压均无明显变化，仍存在约 0.5V 零序电压。线路一出现 A 相电流，线路仍有零序电流；线路二 A 相电流降低，出现零序电流。

从图 5－8－10 解析可知，35～75ms B 站电压、电流特征为母线电压均无明显变化，仍存在约 0.5V 零序电压。线路一 A 相电流仍为 0，线路出现零序电流；线路二 A 相电流无明显变化。

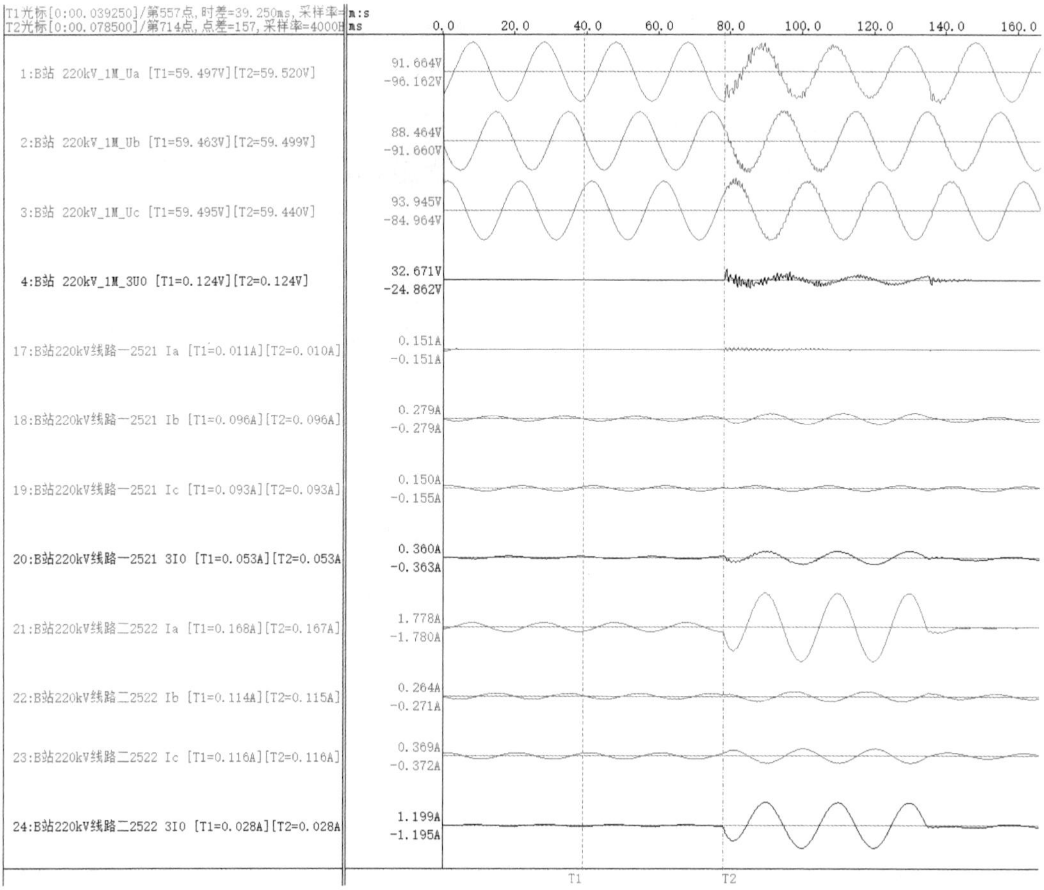

T1光标[0:00.039250]/第557点,时差=39.250ms,采样率=4000Hz
T2光标[0:00.078500]/第714点,点差=157,采样率=4000Hz

m:s ms 0.0 20.0 40.0 60.0 80.0 100.0 120.0 140.0 160.0

1:B站 220kV_1M_Ua [T1=59.497V][T2=59.520V] 91.664V -96.162V
2:B站 220kV_1M_Ub [T1=59.463V][T2=59.499V] 88.464V -91.660V
3:B站 220kV_1M_Uc [T1=59.495V][T2=59.440V] 93.945V -84.964V
4:B站 220kV_1M_3U0 [T1=0.124V][T2=0.124V] 32.671V -24.862V
17:B站220kV线路一2521 Ia [T1=0.011A][T2=0.010A] 0.151A -0.151A
18:B站220kV线路一2521 Ib [T1=0.096A][T2=0.096A] 0.279A -0.279A
19:B站220kV线路一2521 Ic [T1=0.093A][T2=0.093A] 0.150A -0.155A
20:B站220kV线路一2521 3I0 [T1=0.053A][T2=0.053A] 0.360A -0.363A
21:B站220kV线路二2522 Ia [T1=0.168A][T2=0.167A] 1.778A -1.780A
22:B站220kV线路二2522 Ib [T1=0.114A][T2=0.115A] 0.264A -0.271A
23:B站220kV线路二2522 Ic [T1=0.116A][T2=0.116A] 0.369A -0.372A
24:B站220kV线路二2522 3I0 [T1=0.028A][T2=0.028A] 1.199A -1.195A

T1 T2

图 5-8-10 35（T_1）～75ms（T_2）B 站集中录波图

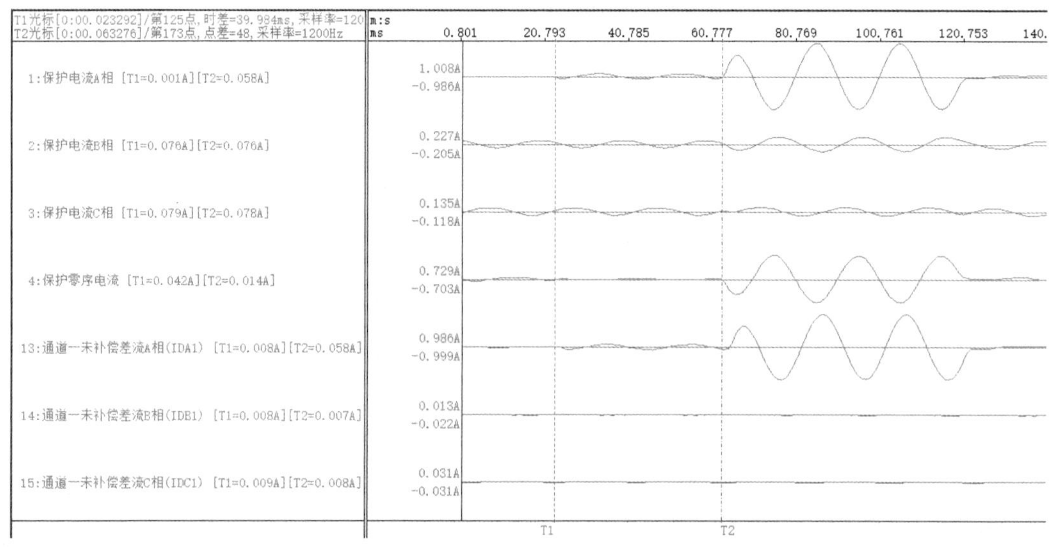

图 5-8-11 35（T_1）～75ms（T_2）线路一 A 站侧保护录波图

从图 5－8－11 解析可知，35～75ms 线路一 A 站侧出现 A 相电流，且 A 相产生差流。

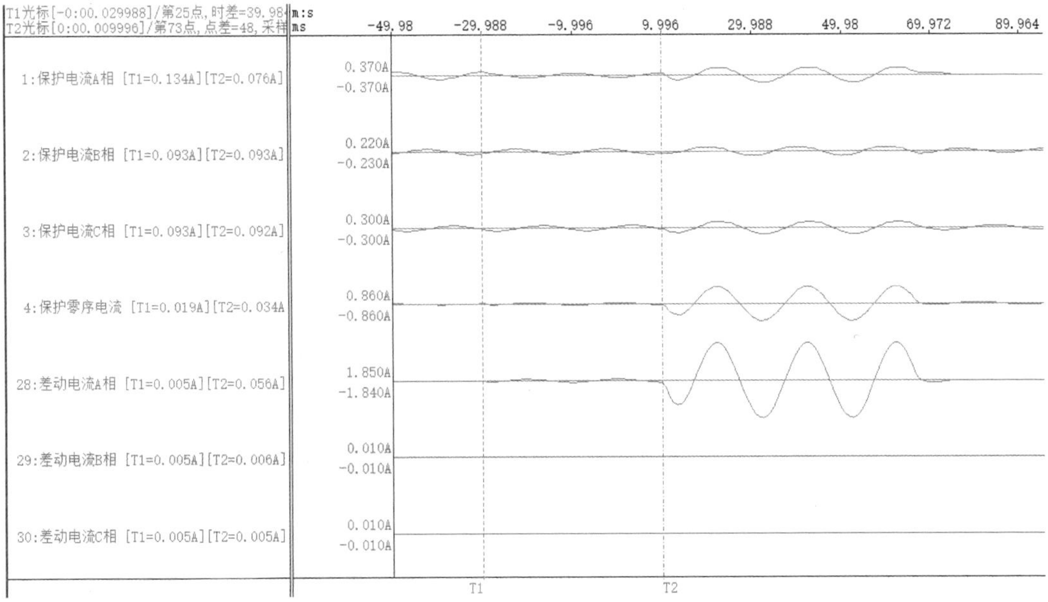

图 5－8－12 35（T_1）～75ms（T_2）线路二 A 站侧保护录波图

从图 5－8－12 解析可知，35～75ms 线路二 A 站侧 A 相电流降低，且 A 相产生差流。

综合以上信息分析，两线路均出现 A 相差流，说明两线路均存在使 A 相电流流入（流出）的故障点。结合线路一发生断线后 A 站侧断线相又出现电流，可知 35～75ms 线路一断线相 A 站侧断头搭接至线路二同名相，线路二 A 相电流经由线路一分流流入 A 站母线，故障持续 2 个周波（约 40ms）。

（3）75（T_1）～135ms（T_2）A、B 站集中录波图及故障相电压、电流相量图如图 5－8－13～图 5－8－16 所示。

从图 5－8－13 解析可知，75～135ms A 站电压、电流特征为母线 A 相电压降低，产生约 26.3V 零序电压。线路一、线路二 A 相电流增大，且产生零序电流。

从图 5－8－14 解析可知，75～135ms B 站电压、电流特征为母线 A 相电压降低，产生约 8.2V 零序电压。线路一 A 相电流仍为 0，线路二 A 相电流增大，且产生零序电流。

故障录波的电压特征表现为系统发生了 A 相接地故障，下面对线路两侧故障相电压、电流相位关系进行分析。

从图 5－8－15 解析可知，75～135ms A 站侧两线路故障相电压、电流相位关系有 arg（U_A/I_{A1}）＝1°、arg（U_A/I_{A2}）＝5°，说明接地故障点均在线路保护正方向。

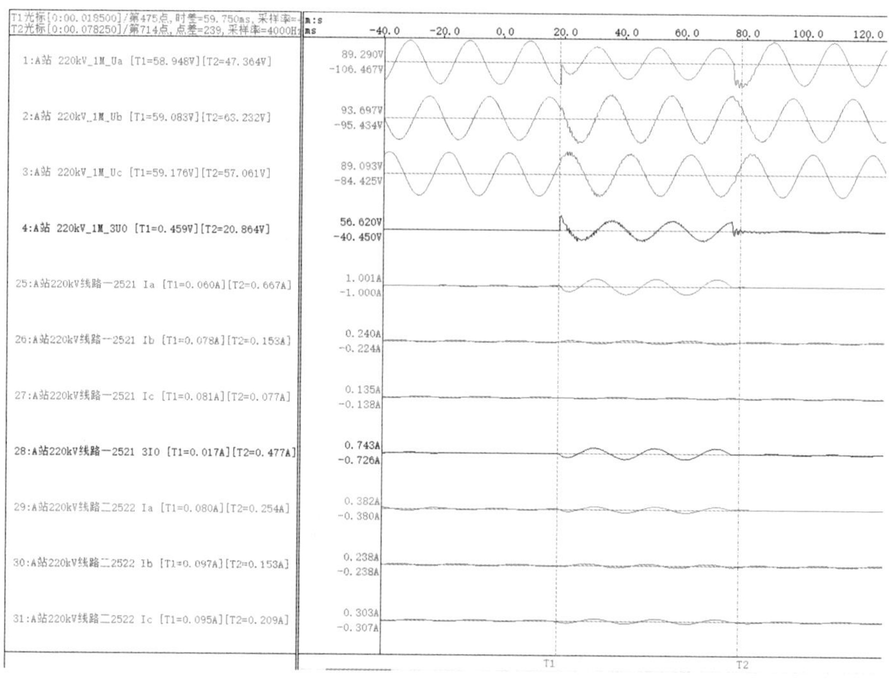

图 5-8-13　75（T_1）~135ms（T_2）A 站集中录波图

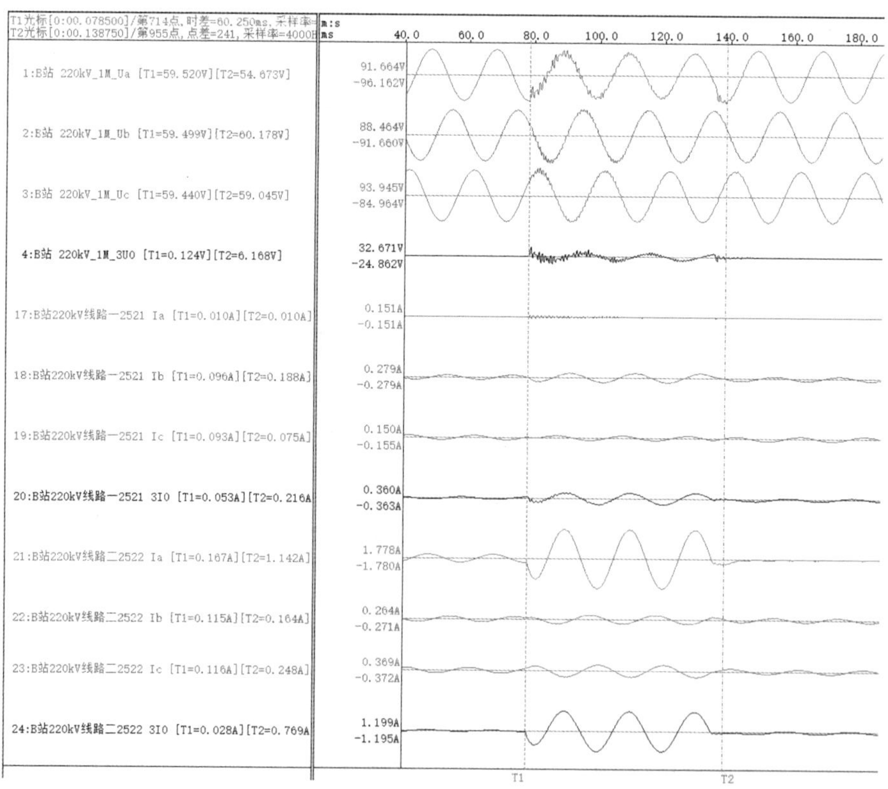

图 5-8-14　75（T_1）~135ms（T_2）B 站集中录波图

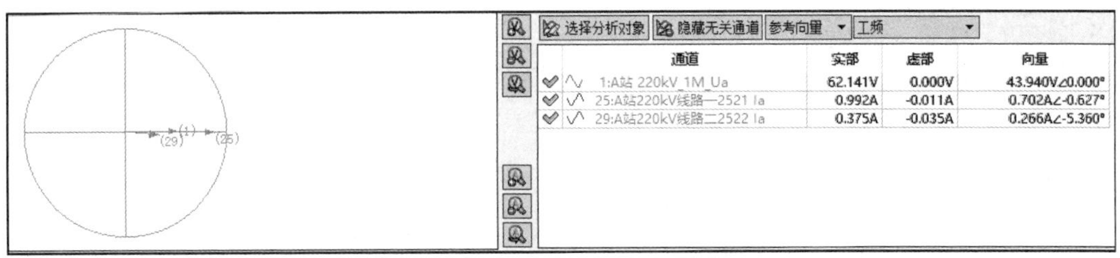

图 5-8-15　75～135ms A 站故障相电压电流相量图

图 5-8-16　75～135ms B 站故障相电压电流相量图

从图 5-8-16 解析可知，75～135ms B 站侧线路一无故障电流，线路二故障相电压电流相位关系有 arg（U_A/I_A）=23°，说明接地故障点在线路保护正方向。

考虑到前阶段发生的 A 相断线后同名相跨线故障，可知在线路一、二跨线约 40ms 后，线路二发生 A 相接地故障，故障持续 3 个周波（约 60ms）。由 A 站线路测量阻抗角接近 0°可知，此时发生的是线路靠近 A 站的 A 相经电阻瞬时接地故障。

三、综合总结

系统 0～35ms 电压无明显变化，线路一两侧 A 相电流变为 0 且出现零序电流，线路一差动保护无差流。可知此时系统发生了线路一 A 相一次断线故障；35～75ms 电压仍无明显变化，线路一 B 站侧出现 A 相电流，与此同时线路二 B 站侧 A 相电流降低，双回线均出现少量零序电流，可知此时线路一断线相 A 站侧断头搭接至线路二同名相；75～135ms，线路两侧母线 A 相电压下降，B、C 相电压无明显变化，出线零序电压，线路一 A 站侧 A 相电流、线路二两侧 A 相电流明显增大。根据电压电流线特征可判断系统发生了 A 相接地故障，由线路相电压与相电流的相位关系可以判断故障点位置在保护正方向，此时双回线在跨线后发生 A 相接地故障，双回线两侧差动保护均正确选相并跳闸。约 850ms 后，双回线重合成功。

第一阶段，线路一两侧 A 相电流同时消失，产生零序电流、电压，线路保护无差流，是很明显的 A 相断线特征；第二阶段，已断线的线路一 A 相在 A 站侧又出现电流，同时线路二对应相电流降低（分流），线路一、线路二同时出现差流。由基尔霍夫电流定律可知，差流出现说明线路一、线路二上必定有故障点使电流流入（流出），因此此时发生线路一断线相 A 站侧断头搭接至线路二同名相的跨线故障；第三阶段是经典的单相经电阻接地故障特征，只是故障电流分布受前阶段断线、跨线故障的影响，结合前阶段的判断较容易解析。

5.9　双回线路故障导致功率倒向

一、故障信息

故障发生前系统运行方式为：A 站 220kV 线路一 2521 开关、220kV 线路二 2522 开关、#1 主变变高 2201 开关挂Ⅰ母运行，220kV 线路三 2523 开关、#2 主变变高 2202 开关挂Ⅱ母运行，220kV 母联 2012 开关在合位，母线并列运行，#1 主变中性点接地、#2 主变中性点不接地。系统中线路四 2524 停运，如图 5－9－1 所示。

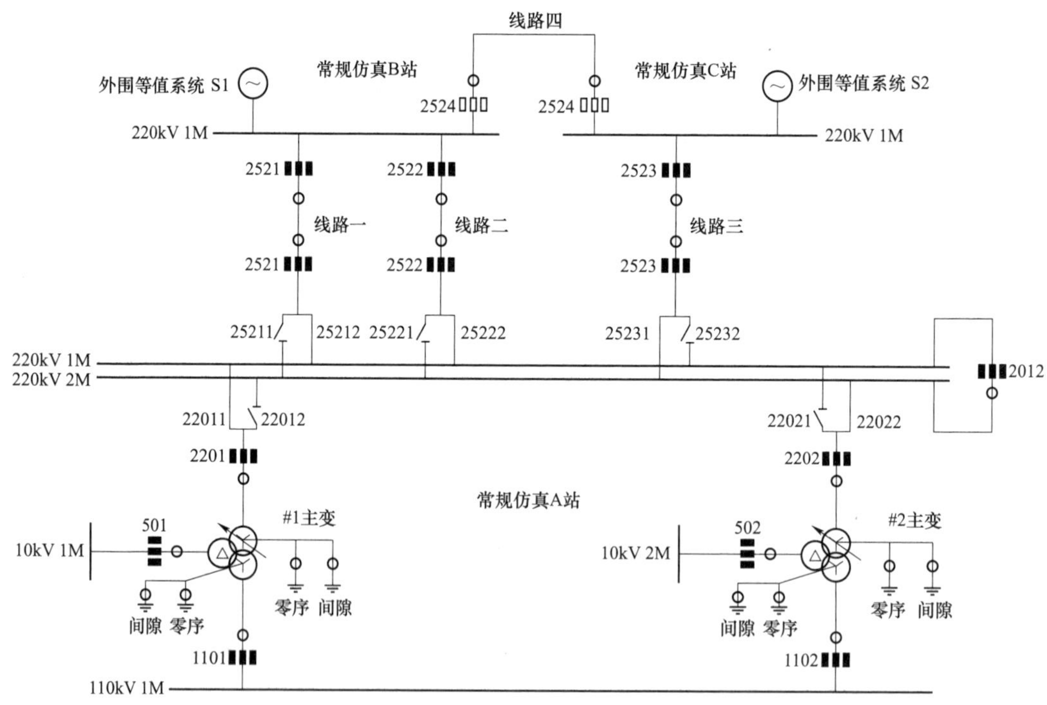

图 5－9－1　故障发生前 A 站、B 站、C 站运行方式

故障发生后，线路一、线路二保护动作跳闸，线路一重合成功。线路二 2522、线路四 2524 两侧开关在分位，其余开关合位，运行方式如图 5－9－2 所示。

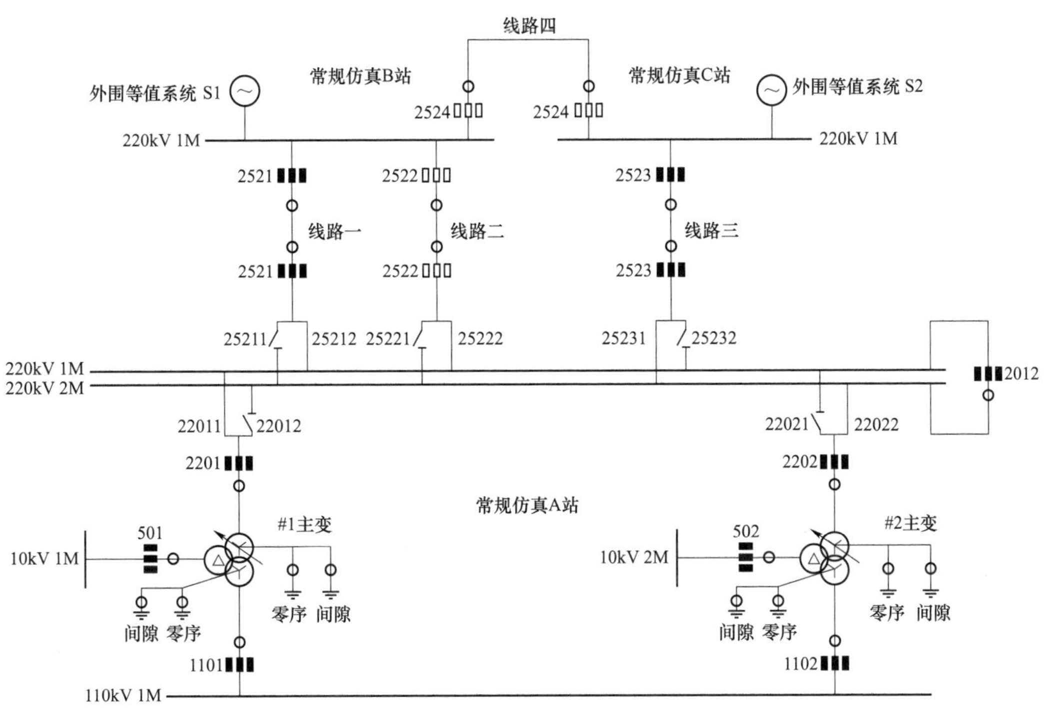

图 5-9-2 故障发生后 A 站、B 站、C 站运行方式

二、录波图解析

1. 保护动作报文解析

（1）从保护故障录波 HDR 文件读取相关保护信息，以保护启动时刻为基准，线路一 A 站侧保护动作简报见表 5-9-1，线路一 B 站侧保护动作简报见表 5-9-2。

表 5-9-1 线路一 A 站侧保护动作简报

序号	动作报文对应时间	动作报文名称	动作相别	动作报文变化值
1	0ms	保护启动		1
2	108ms	纵联距离动作	A	1
3	108ms	纵联零序动作	A	1
4	165ms	纵联距离动作		0
5	165ms	纵联零序动作		0
6	965ms	重合闸动作		1

线路一 A 站侧保护启动后 108ms 纵联距离、纵联零序保护动作，故障选相 A 相，保护出口单跳 A 相开关；965ms 重合闸动作，A 相开关重合。

表 5-9-2　　　　线路一 B 站侧保护动作简报

序号	动作报文对应时间	动作报文名称	动作相别	动作报文变化值
1	0ms	保护启动		1
2	218ms	纵联零序动作	A	1
3	262ms	纵联零序动作		0
4	1062ms	重合闸动作		1

线路一 B 站侧保护启动后 218ms 纵联零序保护动作，故障选相 A 相，保护出口单跳 A 相开关；1062ms 重合闸动作，A 相开关重合。

（2）从保护故障录波 HDR 文件读取相关保护信息，以保护启动时刻为基准，线路二 A 站侧保护动作简报见表 5-9-3，线路二 B 站侧保护动作简报见表 5-9-4。

表 5-9-3　　　　线路二 A 站侧保护动作简报

序号	动作报文对应时间	动作报文名称	动作相别	动作报文变化值
1	0ms	保护启动		1
2		采样失步		1
3	14ms	纵联阻抗发信	A	1
4	15ms	纵联零序发信		1
5	20ms	接地距离Ⅰ段动作	A	1
6	28ms	纵联保护动作	A	1
7		故障相电压		1
8		故障相电流		1
9		测距阻抗	A	1
10		故障测距	A	1
11	82ms	接地距离Ⅰ段动作		0
12	82ms	纵联保护动作		0
13	82ms	单跳启动重合		1
14	88ms	三相不一致启动		1
15	882ms	重合闸动作		1
16	947ms	距离Ⅱ段加速动作	ABC	1
17	947ms	距离加速动作	ABC	1
18	947ms	重合闸动作		0
19	947ms	三跳闭锁重合闸		1
20	950ms	永跳闭锁重合闸		1
21	955ms	距离相近加速动作	ABC	1
22	955ms	距离加速动作	ABC	1
23	958ms	接地距离Ⅰ段动作	ABC	1
24	994ms	零序加速动作	ABC	1

线路二 A 站侧保护启动（故障初未启动）后 20ms 接地距离Ⅰ段保护、28ms 纵联保护动作，故障选相 A 相，保护出口单跳 A 相开关；882ms 重合闸动作，A 相开关重合；947ms 加速保护动作，保护出口跳三相开关。

表 5-9-4　　线路二 B 站侧保护动作简报

序号	动作报文对应时间	动作报文名称	动作相别	动作报文变化值
1	0ms	保护启动		1
2		采样失步		1
3	14ms	纵联阻抗发信	A	1
4	15ms	纵联零序发信		1
5	28ms	纵联保护动作	A	1
6		故障相电压		1
7		故障相电流		1
8		测距阻抗	A	1
9		故障测距	A	1
10	132ms	纵联保护动作		0
11	133ms	单跳启动重合		1
12	135ms	三相不一致启动		1
13	932ms	重合闸动作		1
14	970ms	跳闸位置发信	A	1
15	996ms	重合闸动作		0
16	997ms	距离相近加速动作	ABC	1
17	997ms	距离加速动作	ABC	1
18	997ms	距离Ⅱ段加速动作	ABC	1
19	997ms	距离加速动作	ABC	1
20	998ms	三跳闭锁重合闸		1
21	1000ms	永跳闭锁重合闸		1
22	1047ms	零序加速动作	ABC	1

线路二 B 站侧保护启动后 28ms 纵联保护动作，故障选相 A 相，保护出口单跳 A 相开关；932ms 重合闸动作，A 相开关重合；997ms 加速保护动作，保护出口跳三相开关。

2. 开关量变位解析

（1）以故障初始时刻为基准，A 站侧开关量变位图如图 5-9-3 所示。

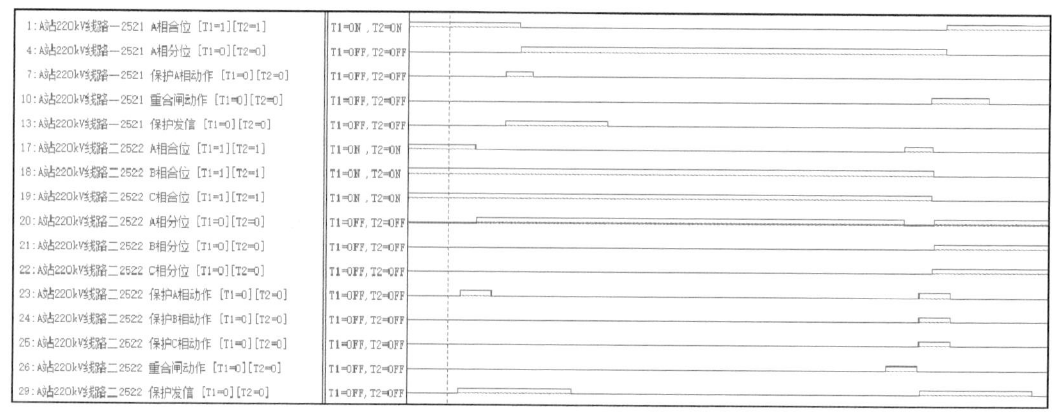

图 5-9-3　A 站侧开关量变位图

A 站侧开关量变位时间顺序见表 5-9-5。

表 5-9-5　　A 站侧开关量变位时间顺序

位置	第 1 次变位时间	第 2 次变位时间	第 3 次变位时间	第 4 次变位时间
1:A 站 220kV 线路 2521 A 相合位	↓ 145.500ms	↑ 1010.750ms		
4:A 站 220kV 线路一 2521 A 相分位	↑ 148.500ms	↓ 1009.500ms		
7:A 站 220kV 线路一 2521 保护 A 相动作	↑ 117.250ms	↓ 172.750ms		
10:A 站 220kV 线路一 2521 重合闸动作	↑ 979.250ms	↓ 1096.250ms		
13:A 站 220kV 线路一 2521 保护发信	↑ 117.250ms	↓ 323.250ms		
17:A 站 220kV 线路二 2522 A 相合位	↓ 56.000ms	↑ 924.500ms	↓ 984.750ms	
18:A 站 220kV 线路二 2522 B 相合位	↓ 985.500ms			
19:A 站 220kV 线路二 2522 C 相合位	↓ 982.750ms			
20:A 站 220kV 线路二 2522 A 相分位	↑ 58.750ms	↓ 923.250ms	↑ 987.500ms	
21:A 站 220kV 线路二 2522 B 相分位	↑ 988.250ms			
22:A 站 220kV 线路二 2522 C 相分位	↑ 984.750ms			
23:A 站 220kV 线路二 2522 保护 A 相动作	↑ 26.750ms	↓ 89.250ms	↑ 955.500ms	↓ 1021.500ms
24:A 站 220kV 线路二 2522 保护 B 相动作	↑ 955.250ms	↓ 1021.750ms		
25:A 站 220kV 线路二 2522 保护 C 相动作	↑ 955.500ms	↓ 1021.750ms		
26:A 站 220kV 线路二 2522 重合闸动作	↑ 888.000ms	↓ 953.500ms		
29:A 站 220kV 线路二 2522 保护发信	↑ 22.250ms	↓ 254.500ms	↑ 958.000ms	↓ 1187.250ms

（2）以故障初始时刻为基准，B 站侧开关量变位图如图 5-9-4 所示。

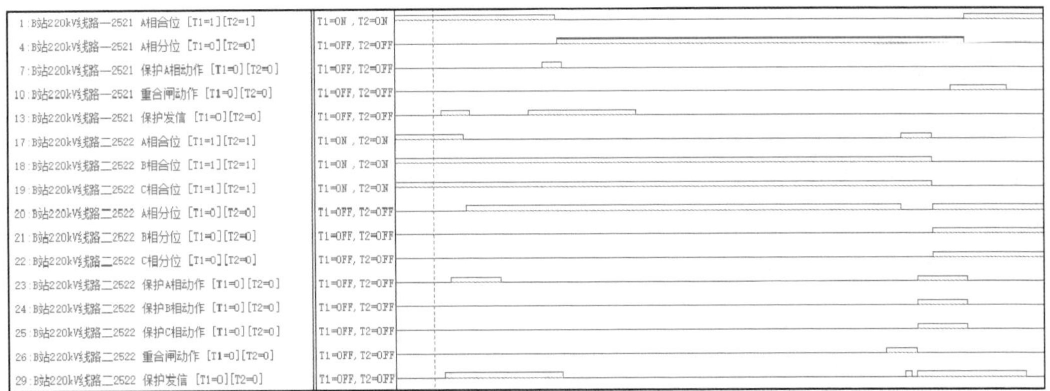

图 5-9-4 B 站侧开关量变位图

B 站侧开关量变位时间顺序见表 5-9-6。

表 5-9-6 B 站侧开关量变位时间顺序

位置	第 1 次变位时间	第 2 次变位时间	第 3 次变位时间	第 4 次变位时间
1:B 站 220kV 线路一 2521 A 相合位	↓ 253.750ms	↑ 1103.500ms		
4:B 站 220kV 线路一 2521 A 相分位	↑ 256.250ms	↓ 1102.500ms		
7:B 站 220kV 线路一 2521 保护 A 相动作	↑ 226.250ms	↓ 267.750ms		
10:B 站 220kV 线路一 2521 重合闸动作	↑ 1074.000ms	↓ 1192.250ms		
13:B 站 220kV 线路一 2521 保护发信	↑ 14.250ms	↓ 74.750ms	↑ 196.000ms	↓ 418.250ms
17:B 站 220kV 线路二 2522 A 相合位	↓ 63.500ms	↑ 971.750ms	↓ 1034.250ms	
18:B 站 220kV 线路二 2522 B 相合位	↓ 1035.250ms			
19:B 站 220kV 线路二 2522 C 相合位	↓ 1034.500ms			
20:B 站 220kV 线路二 2522 A 相分位	↑ 66.000ms	↓ 970.500ms	↑ 1036.750ms	
21:B 站 220kV 线路二 2522 B 相分位	↑ 1037.750ms			
22:B 站 220kV 线路二 2522 C 相分位	↑ 1037.250ms			
23:B 站 220kV 线路二 2522 保护 A 相动作	↑ 34.000ms	↓ 138.500ms	↑ 1005.500ms	↓ 1109.500ms
24:B 站 220kV 线路二 2522 保护 B 相动作	↑ 1005.500ms	↓ 1109.500ms		
25:B 站 220kV 线路二 2522 保护 C 相动作	↑ 1005.500ms	↓ 1109.750ms		
26:B 站 220kV 线路二 2522 重合闸动作	↑ 936.750ms	↓ 1003.000ms		
29:B 站 220kV 线路二 2522 保护发信	↑ 21.500ms	↓ 267.000ms	↑ 977.500ms	↓ 991.000ms

故障发生后，线路一 117ms A 站侧保护动作跳 A 相开关，145msA 相开关分闸。226ms B 站侧保护动作跳 A 相开关，253msA 相开关分闸。979ms A 站侧保护重合闸动作，1074ms B 站侧保护重合闸动作，1103ms 两侧 A 相开关先后重合成功；线路二 34ms 两侧保护动作跳 A 相开关，63ms 两侧 A 相开关分闸，888ms A 站侧保护重合闸动作，932ms B 站侧保护重合闸动作，970ms 两侧 A 相开关先后重合成功。955ms A 站侧保护动作，984ms 开关三相开关分闸，1005ms B 站侧保护动作，1034ms 三相开关分闸。

3. 波形特征解析

A、B 站故障全过程集中录波图（后续分析均以 T_1 光标的故障初始时刻为基准）如图 5-9-5 和图 5-9-6 所示。

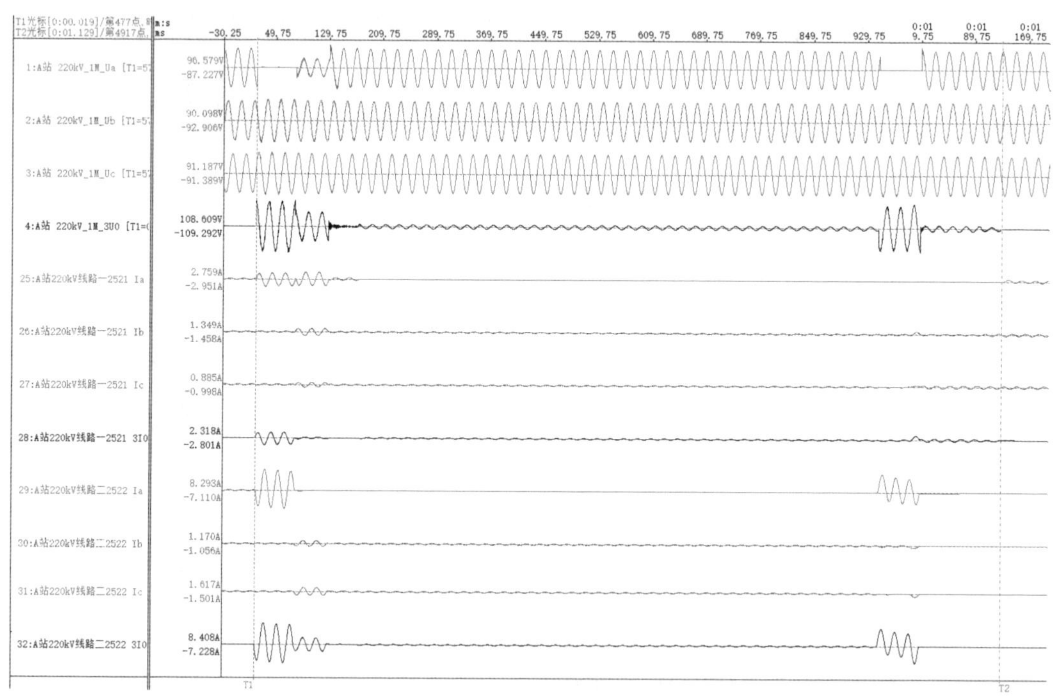

图 5-9-5　A 站故障全过程集中录波图

下面对故障的各个阶段进行分析：

（1）0（T_1）～60ms（T_2）A、B 站集中录波图及相量图如图 5-9-7～图 5-9-10 所示。

从图 5-9-7 解析可知，0～60ms A 站电压、电流特征为母线 A 相电压降为 0，出现约 71.9V 零序电压，线路一和线路二 A 相电流增大，产生零序电流。

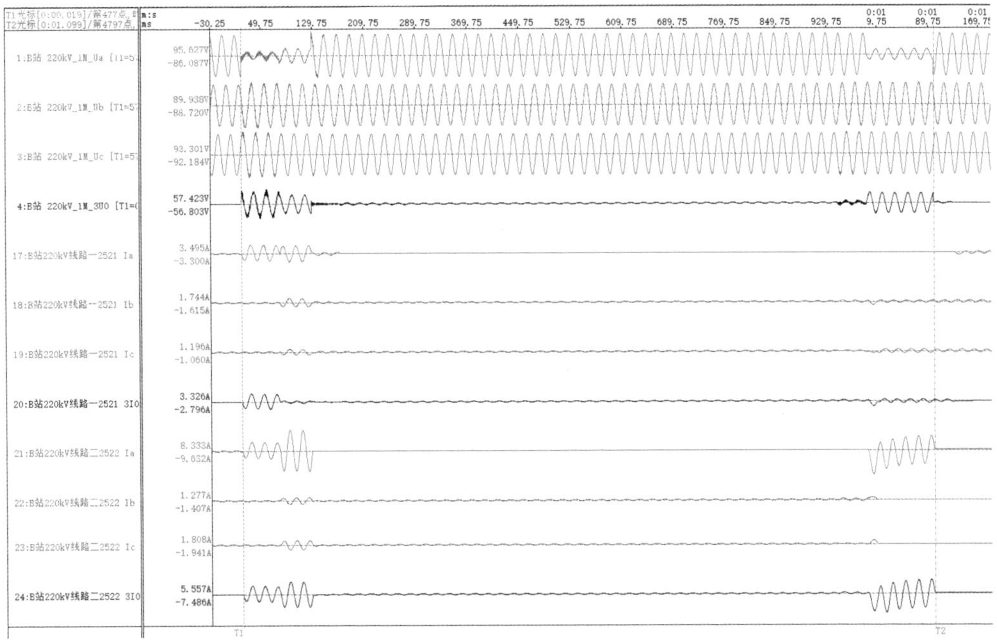

图 5-9-6　B 站故障全过程集中录波图

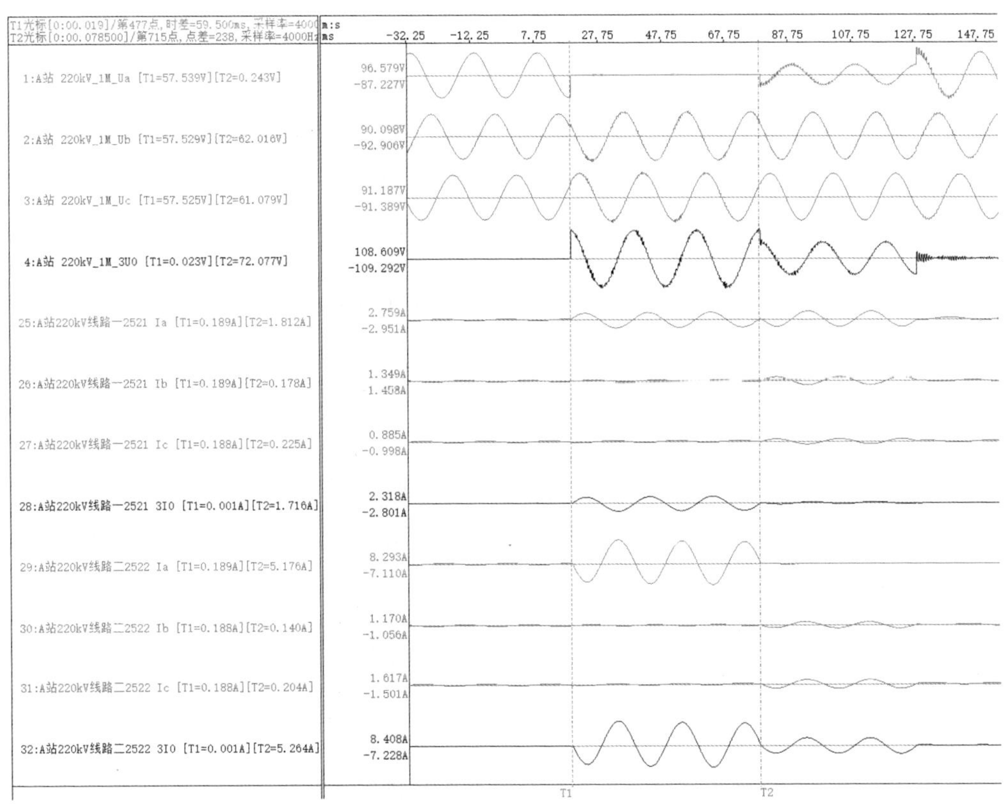

图 5-9-7　0（T_1）~60ms（T_2）A 站集中录波图

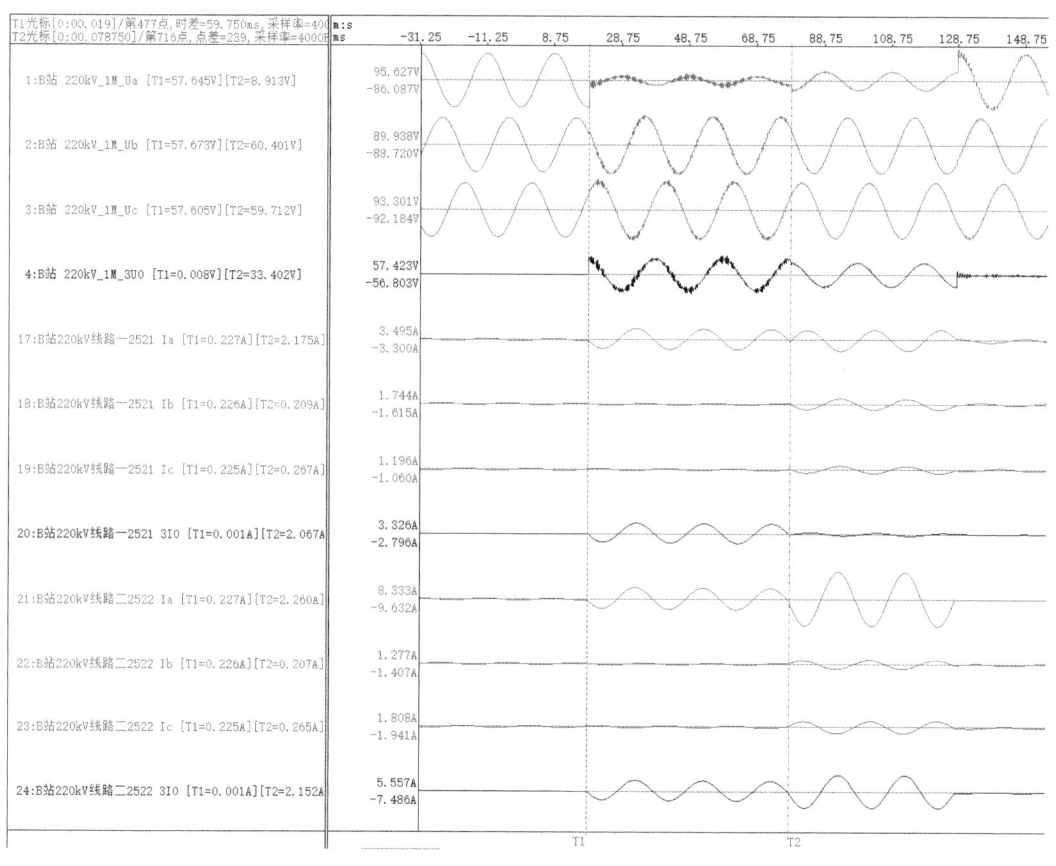

图 5-9-8　0（T_1）~60ms（T_2）B 站集中录波图

从图 5-9-8 解析可知，0～60ms B 站电压、电流特征为母线 A 相电压降为 8.9V，产生约 33.3V 零序电压。线路一和线路二 A 相电流增大，产生零序电流。

A 站侧发生故障后，U_A 降低为 0，因此通过零序电压、电流相位关系判断故障点位置。

选择分析对象　隐藏无关通道　参考向量　工频

通道	实部	虚部	向量
4:A站 220kV_1M_3U0	101.983V	0.000V	72.113V∠0.000°
28:A站220kV线路一2521 3I0	0.167A	-2.465A	1.747A∠-86.118°
32:A站220kV线路二2522 3I0	-0.669A	7.552A	5.361A∠95.064°

图 5-9-9　0~60ms A 站零序分量相量图

从图 5-9-9 解析可知，0～60ms A 站侧零序电压、电流相位关系有 arg（U_0/I_{01}）= 86°、arg（U_0/I_{02}）=－95°，可知接地故障点在线路一保护反方向，在线路二保护正方向。

图 5-9-10　0～60ms B 站故障相电压电流相量图

从图 5-9-10 解析可知，0～60ms B 站侧故障相电压、电流相位关系有 arg（U_A/I_{A1}）=80°、arg（U_A/I_{A2}）=80°，说明接地故障点在两线路保护正方向。

综合以上信息分析，0～60ms 系统发生线路二 A 站侧出口处 A 相金属性接地故障，B 站侧系统通过线路一、二向故障点提供短路电流，C 站侧系统通过线路三向故障点提供短路电流，线路二两侧纵联保护动作、A 站侧距离 I 段保护动作跳故障相开关，故障持续 3 个周波（约 60ms）。

（2）60（T_1）～110ms（T_2）A、B 站集中录波图如图 5-9-11 和图 5-9-12 所示。

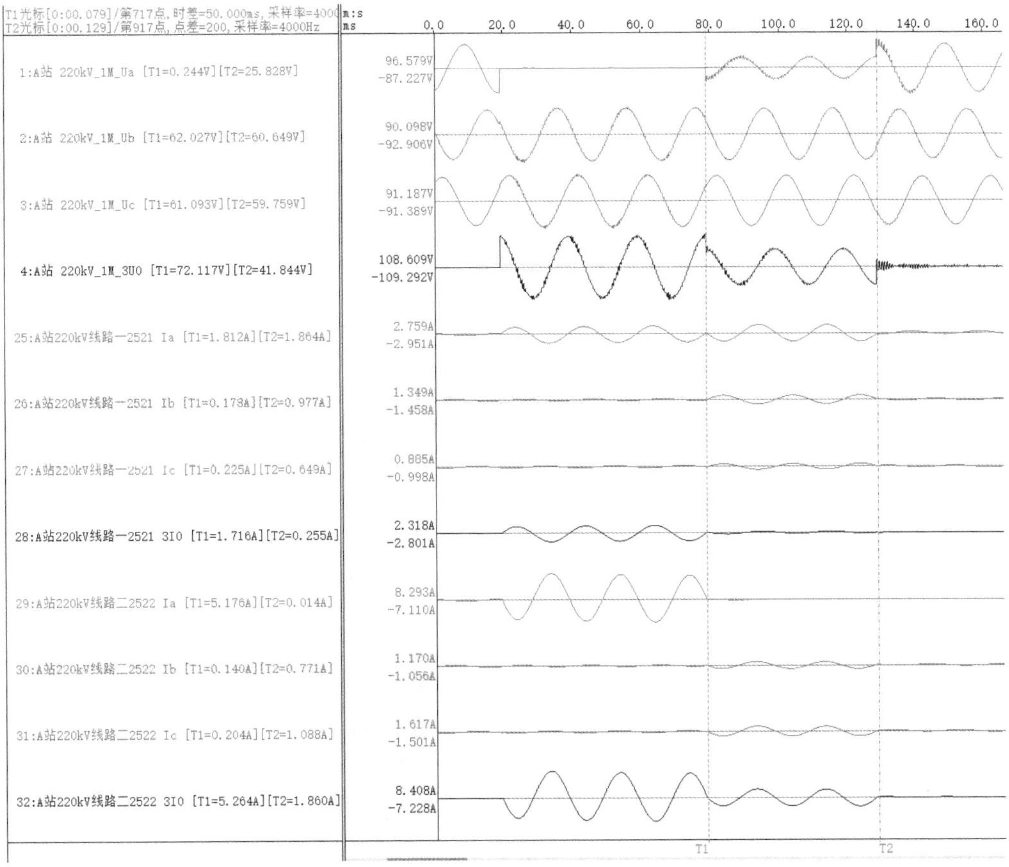

图 5-9-11　60（T_1）～110ms（T_2）A 站集中录波图

从图 5－9－11 解析可知，60～110ms A 站电压、电流特征为母线 A 相电压恢复为 25.8V，仍存在 41.8V 零序电压，线路一 A 相电流发生倒向，线路二 A 相电流消失，两线路仍有零序电流。

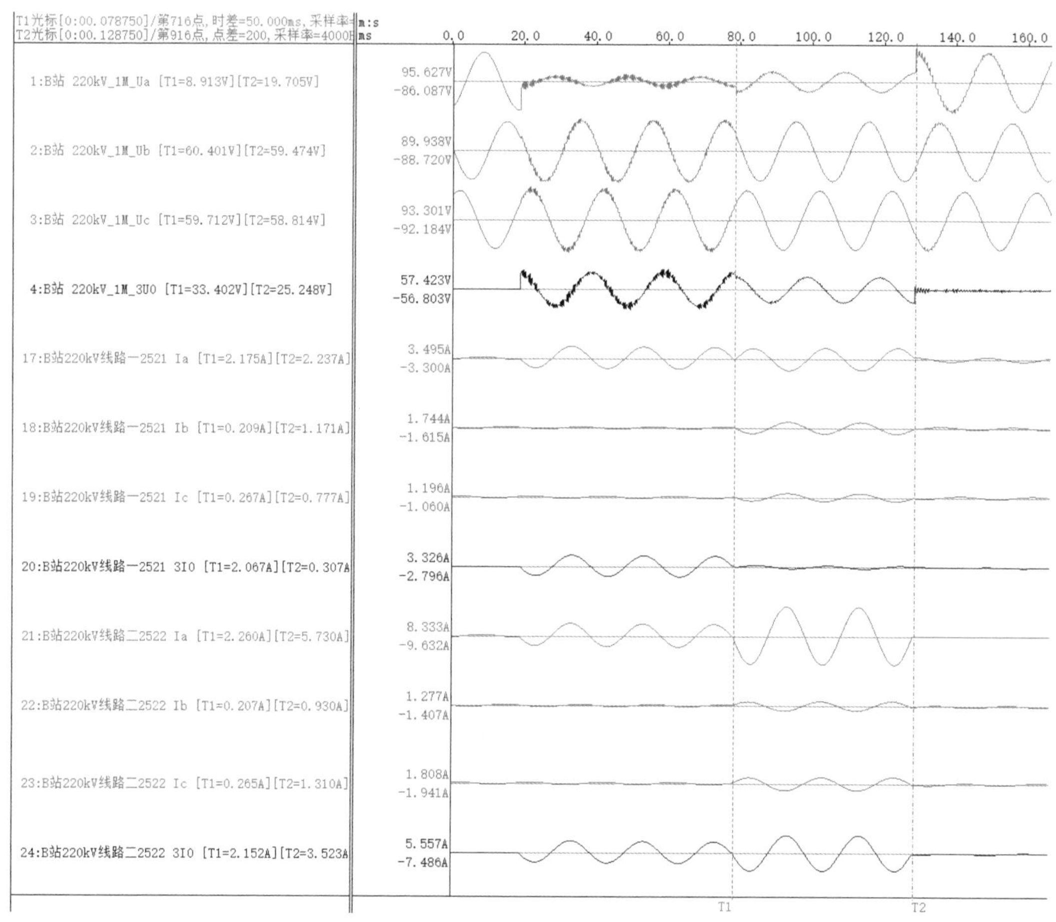

图 5－9－12 60（T_1）～110ms（T_2）B 站集中录波图

从图 5－9－12 解析可知，60～110ms B 站电压、电流特征为母线 A 相电压恢复为 19.7V，仍存在 25.2V 零序电压，线路一 A 相电流发生倒向，线路二 A 相电流增大，两线路仍有零序电流。

第一阶段线路二发生区内单相接地故障，保护跳两侧 A 相开关后，A 站侧开关成功分闸并灭弧，故障相电流降为 0。B 站侧开关分闸后未能第一时间灭弧，仍存在故障电流。此时 C 站侧系统通过线路三→线路一→线路二的路径向故障点提供短路电流，因此线路一发生功率倒向。线路一 A 站侧保护反方向元件返回速度和正向元件动作速度快于 B 站侧反方向元件动作速度，A 站侧纵联保护的方向元件由反向元件动作转正向元件动作后，仍能收到对侧允许信号而误动，保护跳 A 相开关。而后线路二 B 站侧开关成功灭弧，故障隔离，故障持续 2.5 个周波（约 50ms）。

（3）110～930ms，线路一 A 站侧、线路二两侧开关单相跳闸后，A、B 站母线恢复至正常电压，有少量零序电压，线路一、线路二非全相运行产生零序电流。此时因线路一 A 站侧保护动作，A 相开关分位，纵联保护向对侧发送允许信号。线路一非全相运行产生的零序电流、零序电压使 B 站侧保护零序方向元件动作，同时收到 A 站侧保护的允许信号，B 站侧纵联零序保护动作跳 A 相开关。

（4）930（T_1）～1080ms（T_2）A、B 站集中录波图如图 5-9-13 和图 5-9-14 所示。

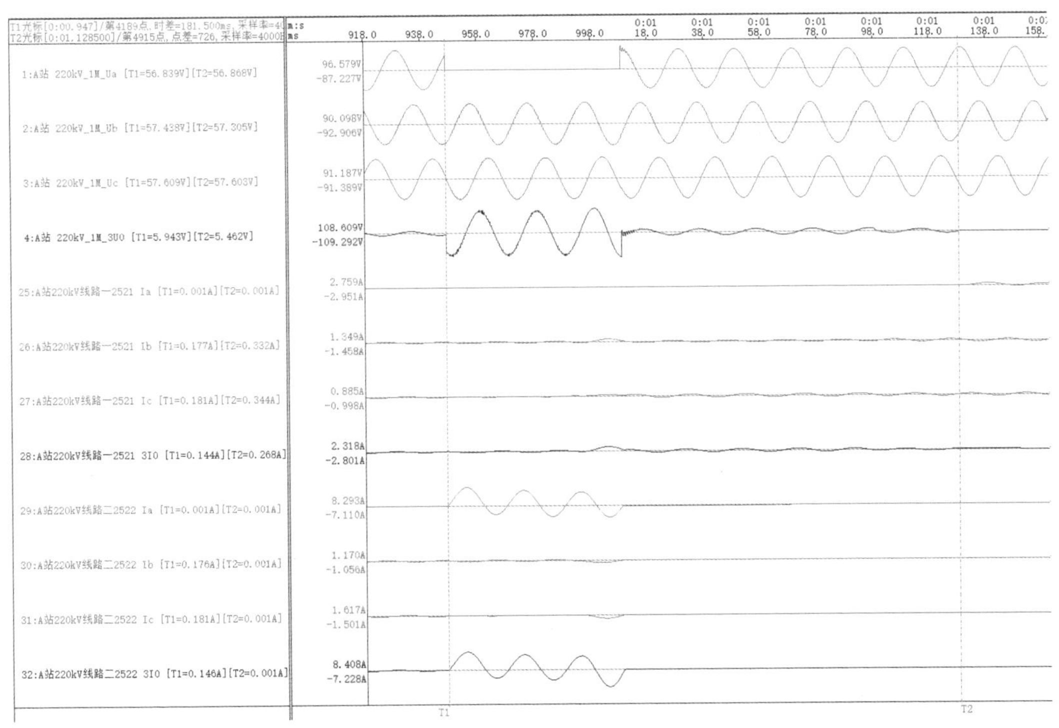

图 5-9-13　930（T_1）～1080ms（T_2）A 站集中录波图

从图 5-9-13 解析可知，930～1080ms A 站电压、电流特征为母线 A 相电压降落至 0，产生 72V 零序电压。线路二 A 相电流增大，产生零序电流；60ms 后，母线 A 相电压恢复为 25.8V，仍存在 41.8V 零序电压，线路二故障电流消失。

从图 5-9-14 解析可知，930～1080ms B 站电压、电流特征为母线 A 相电压轻微下降，产生 3.9V 零序电压。双回线三相电流均无明显变化；50ms 后，母线 A 相电压降落为 15.6V，产生 27.8V 零序电压，线路二 A 相电流增大，产生零序电流。

综合以上信息分析，930～980ms，线路二 A 站侧开关首先重合于故障，电压电流满足 A 相出口金属性接地故障特征，保护距离加速、零序加速动作跳三相开关。此时因线路一尚未重合，A、B 站系统联系不紧密，因此 B 站侧电压无明显变化；因线路二 B 站

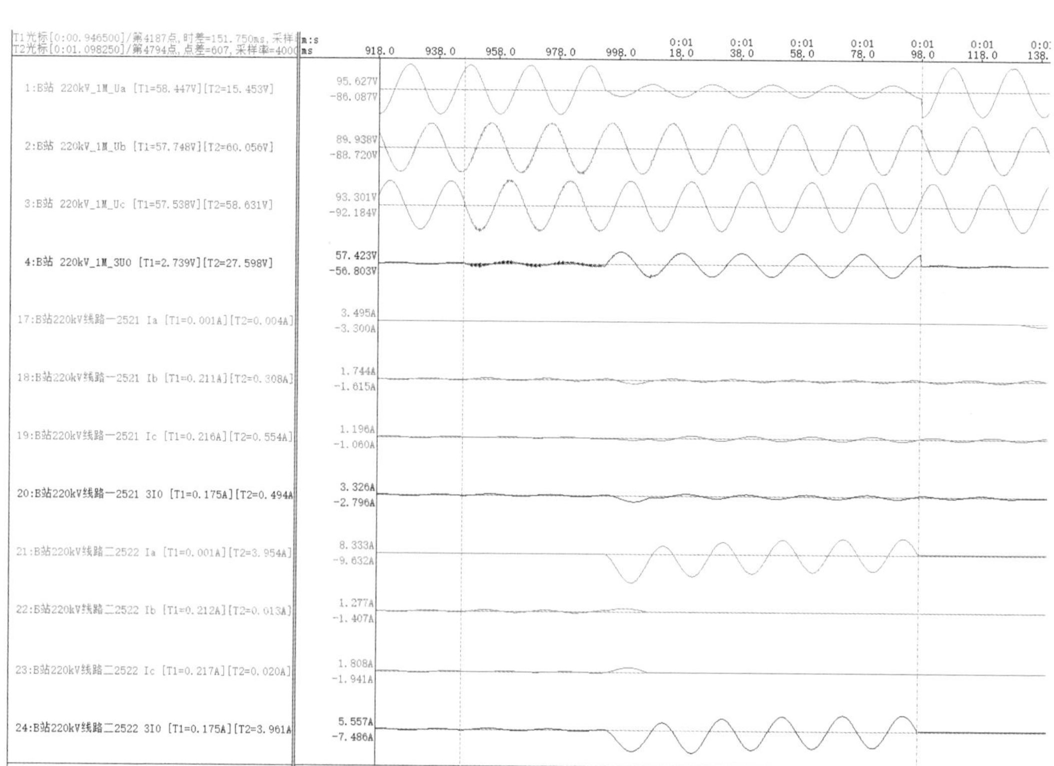

图 5-9-14　930（T_1）~1080ms（T_2）B 站集中录波图

侧开关灭弧较慢，保护动作元件返回时间以及重合闸动作时间相应推迟约 50ms，980~1080ms 线路二 B 站重合于故障后，保护距离加速、零序加速动作跳三相开关，故障持续 7.5 个周波（约 150ms）；线路一两侧重合后故障已隔离，重合成功。

三、综合总结

系统 0~60ms 线路两侧母线 A 相电压下降（其中 A 站母线 A 相电压降为 0），B、C 相电压无明显变化，出线零序电压，线路一、线路二两侧 A 相电流明显增大。根据电压电流线特征可判断系统发生了 A 相接地故障，由故障特征的相位关系可以判断故障点位置在保护正方向，此时系统发生了线路二 A 站侧出口处 A 相金属性接地故障，线路二两侧保护均正确选相并跳闸出口。线路二 A 站侧开关成功分闸并灭弧，B 站侧开关分闸但未灭弧，因此线路一发生功率倒向，纵联距离、零序保护误动作跳开线路一两侧 A 相开关。约 50ms 后，线路二 B 站侧开关成功灭弧，故障暂时隔离。约 820ms 后，线路二两侧先后合于故障并三相跳闸，故障隔离后线路一两侧重合成功。

双回线中一回线路出现内部故障，由于两侧开关切除不同时（可能由于两侧保护动作时间不一致、单侧开关慢分、单侧开关灭弧慢等原因），在切除故障期间非故障线路可能出现功率倒向现象，纵联保护可能因为正反向方向元件动作速度不配合或闭锁、允许信号展宽等问题导致误动作。分析时应注意开关动作前后故障潮流的变化，对纵联保护方向元件的动作行为、动作及返回的时序进行分析。

5.10 区外故障线路 TA 回路异常

一、故障信息

故障发生前系统运行方式为：A 站 220kV 线路一 2521 开关、220kV 线路二 2522 开关、#1 主变变高 2201 开关挂Ⅰ母运行，220kV 线路三 2523 开关、#2 主变变高 2202 开关挂Ⅱ母运行，220kV 母联 2012 开关在合位，母线并列运行，#1 主变中性点接地、#2 主变中性点不接地，如图 5－10－1 所示。

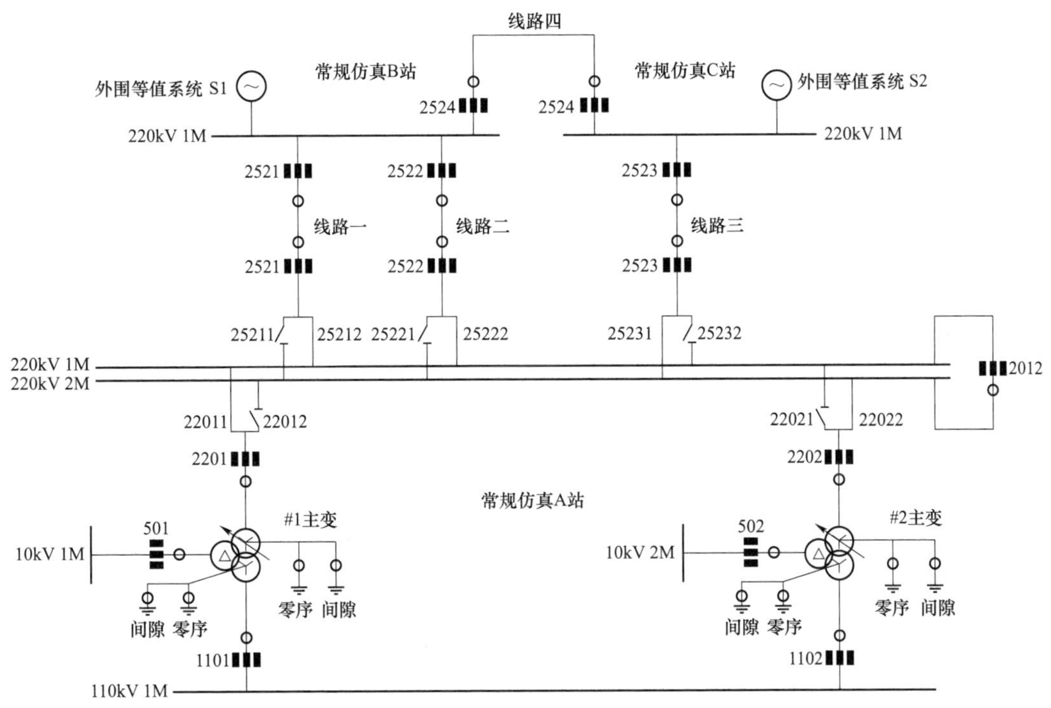

图 5－10－1 故障发生前 A 站、B 站、C 站运行方式

故障发生后，A 站母线保护、线路一两侧保护、线路二 B 站侧保护动作跳闸。线路一 2521 两侧开关、线路二 2522 两侧开关、#1 变高 2201 开关、母联 2012 开关在分位，其余开关合位，运行方式如图 5－10－2 所示。

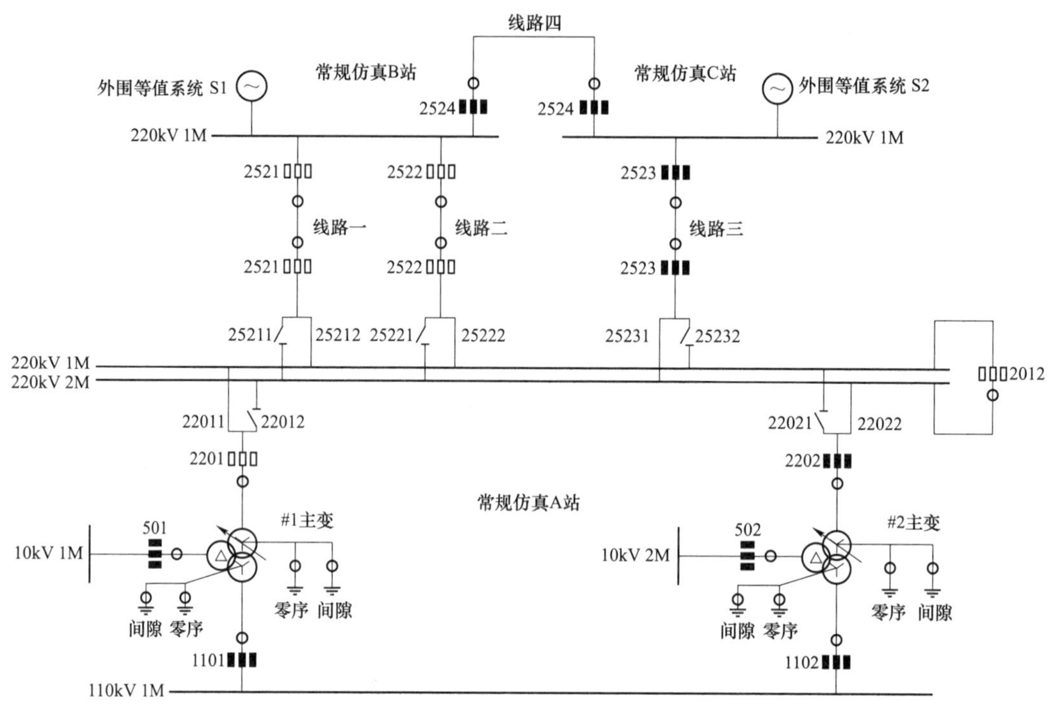

图 5-10-2　故障发生后 A 站、B 站、C 站运行方式

二、录波图解析

1. 保护动作报文解析

（1）从保护故障录波 HDR 文件读取相关保护信息，以**保护启动时刻**为基准，线路一 A 站侧保护动作简报见表 5-10-1，线路一 B 站侧保护动作简报见表 5-10-2。

表 5-10-1　　　　线路一 A 站侧保护动作简报

序号	动作报文对应时间	动作报文名称	动作相别	动作报文变化值
1	0ms	保护启动		1
2	13ms	纵联差动保护动作	ABC	1

线路一 A 站侧保护启动后 13ms 纵联差动保护动作，出口跳三相开关。

表 5-10-2　　　　线路一 B 站侧保护动作简报

序号	动作报文对应时间	动作报文名称	动作相别	动作报文变化值
1	0ms	保护启动		1
2	13ms	纵联差动保护动作	ABC	1

续表

序号	动作报文对应时间	动作报文名称	动作相别	动作报文变化值
3	27ms	纵联距离动作	ABC	1
4	27ms	纵联零序动作	ABC	1
5	33ms	远方跳闸动作	ABC	1

线路一 B 站侧保护启动后 13ms 纵联差动保护动作，出口跳三相开关。

（2）从保护故障录波 HDR 文件读取相关保护信息，以保护启动时刻为基准，线路二 B 站侧保护动作简报见表 5-10-3。

表 5-10-3　　线路二 B 站侧保护动作简报

序号	动作报文对应时间	动作报文名称	动作相别	动作报文变化值
1	0ms	保护启动		1
2		采样已同步		1
3	15ms	纵联阻抗发信	A	1
4	16ms	纵联零序发信		1
5	34ms	永跳闭锁重合闸		1
6	34ms	三跳闭锁重合闸		1
7	35ms	远方跳闸动作	ABC	1

线路二 B 站侧保护启动后 35ms 远方跳闸动作，出口跳三相开关。

（3）从保护故障录波 HDR 文件读取相关保护信息，以保护启动时刻为基准，A 站母线保护动作简报见表 5-10-4。

表 5-10-4　　A 站母线保护动作简报

序号	动作报文对应时间	动作报文名称	动作相别	动作报文变化值
1	0ms	突变量启动		1
2	0ms	保护启动		1
3	2ms	差流启动		1
4	5ms	1M 母差动动作	A	1

A 站母线保护启动后 5ms 1M 差动保护动作，故障选相 A 相，保护出口跳 220kV 1M 上所有开关。

2. 开关量变位解析

（1）以故障初始时刻为基准，A 站侧开关量变位图如图 5-10-3 所示。

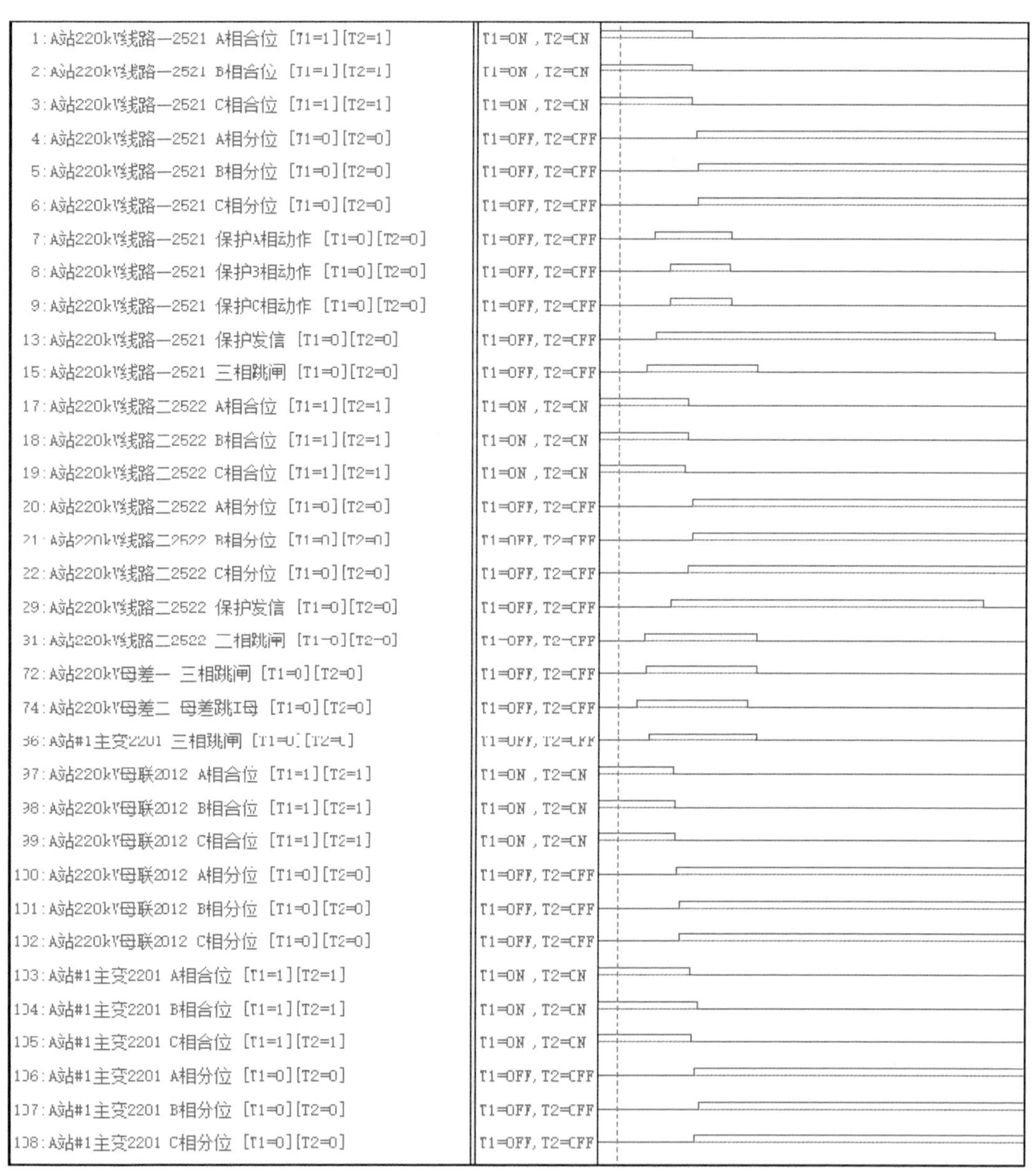

图 5-10-3　A 站侧开关量变位图

A 站侧开关量变位时间顺序见表 5-10-5。

表 5-10-5　　　　A 站侧开关量变位时间顺序

位置	第 1 次变位时间	第 2 次变位时间
1:A 站 220kV 线路一 2521 A 相合位	↓ 47.500ms	
2:A 站 220kV 线路一 2521 B 相合位	↓ 47.500ms	

续表

位置	第 1 次变位时间	第 2 次变位时间
3:A 站 220kV 线路一 2521 C 相合位	↓ 48.250ms	
4:A 站 220kV 线路一 2521 A 相分位	↑ 50.250ms	
5:A 站 220kV 线路一 2521 B 相分位	↑ 50.750ms	
6:A 站 220kV 线路一 2521 C 相分位	↑ 52.500ms	
7:A 站 220kV 线路一 2521 保护 A 相动作	↑ 22.000ms	↓ 77.250ms
8:A 站 220kV 线路一 2521 保护 B 相动作	↑ 22.000ms	↓ 77.250ms
9:A 站 220kV 线路一 2521 保护 C 相动作	↑ 21.750ms	↓ 77.250ms
13:A 站 220kV 线路一 2521 保护发信	↑ 22.750ms	↓ 254.000ms
15:A 站 220kV 线路一 2521 三相跳闸	↑ 18.500ms	↓ 91.750ms
17:A 站 220kV 线路二 2522 A 相合位	↓ 46.250ms	
18:A 站 220kV 线路二 2522 B 相合位	↓ 46.750ms	
19:A 站 220kV 线路二 2522 C 相合位	↓ 43.750ms	
20:A 站 220kV 线路二 2522 A 相分位	↑ 49.000ms	
21:A 站 220kV 线路二 2522 B 相分位	↑ 49.500ms	
22:A 站 220kV 线路二 2522 C 相分位	↑ 46.000ms	
29:A 站 220kV 线路二 2522 保护发信	↑ 37.000ms	↓ 243.500ms
31:A 站 220kV 线路二 2522 三相跳闸	↑ 17.250ms	↓ 91.750ms
72:A 站 220kV 母差一三相跳闸	↑ 17.750ms	↓ 92.250ms
74:A 站 220kV 母差二母差跳 I 母	↑ 12.000ms	↓ 86.250ms
86:A 站#1 主变 2201 三相跳闸	↑ 19.750ms	↓ 92.000ms
97:A 站 220kV 母联 2012 A 相合位	↓ 37.750ms	
98:A 站 220kV 母联 2012 B 相合位	↓ 38.250ms	
99:A 站 220kV 母联 2012 C 相合位	↓ 38.750ms	
100:A 站 220kV 母联 2012 A 相分位	↑ 40.000ms	
101:A 站 220kV 母联 2012 B 相分位	↑ 41.500ms	
102:A 站 220kV 母联 2012 C 相分位	↑ 41.500ms	
103:A 站#1 主变 2201 A 相合位	↓ 47.750ms	
104:A 站#1 主变 2201 B 相合位	↓ 53.750ms	
105:A 站#1 主变 2201 C 相合位	↓ 49.250ms	
106:A 站#1 主变 2201 A 相分位	↑ 50.750ms	
107:A 站#1 主变 2201 B 相分位	↑ 55.000ms	
108:A 站#1 主变 2201 C 相分位	↑ 51.250ms	

（2）以故障初始时刻为基准，B 站侧开关量变位图如图 5－10－4 所示。

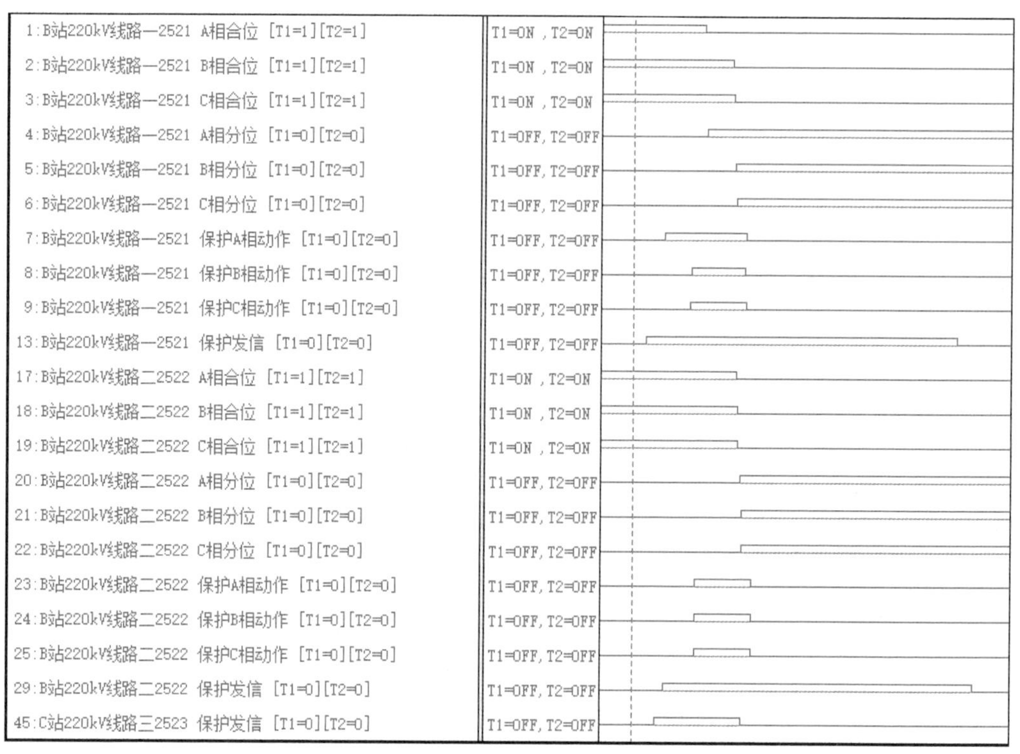

图 5-10-4　B 站侧开关量变位图

B 站侧开关量变位时间顺序见表 5-10-6 所示。

表 5-10-6　　B 站侧开关量变位时间顺序

位置	第 1 次变位时间	第 2 次变位时间
1:B 站 220kV 线路一 2521 A 相合位	↓ 49.250ms	
2:B 站 220kV 线路一 2521 B 相合位	↓ 51.500ms	
3:B 站 220kV 线路一 2521 C 相合位	↓ 51.000ms	
4:B 站 220kV 线路一 2521 A 相分位	↑ 51.500ms	
5:B 站 220kV 线路一 2521 B 相分位	↑ 54.000ms	
6:B 站 220kV 线路一 2521 C 相分位	↑ 53.750ms	
7:B 站 220kV 线路一 2521 保护 A 相动作	↑ 21.500ms	↓ 77.000ms
8:B 站 220kV 线路一 2521 保护 B 相动作	↑ 21.500ms	↓ 77.000ms
9:B 站 220kV 线路一 2521 保护 C 相动作	↑ 21.000ms	↓ 77.000ms
13:B 站 220kV 线路一 2521 保护发信	↑ 8.750ms	↓ 227.500ms
17:B 站 220kV 线路二 2522 A 相合位	↓ 71.000ms	
18:B 站 220kV 线路二 2522 B 相合位	↓ 70.750ms	
19:B 站 220kV 线路二 2522 C 相合位	↓ 71.250ms	
20:B 站 220kV 线路二 2522 A 相分位	↑ 73.500ms	
21:B 站 220kV 线路二 2522 B 相分位	↑ 73.500ms	
22:B 站 220kV 线路二 2522C 相分位	↑ 74.250ms	
23:B 站 220kV 线路二 2522 保护 A 相动作	↑ 40.750ms	↓ 81.250ms

续表

位置	第 1 次变位时间	第 2 次变位时间
24:B 站 220kV 线路二 2522 保护 B 相动作	↑ 40.750ms	↓ 81.500ms
25:B 站 220kV 线路二 2522 保护 C 相动作	↑ 40.750ms	↓ 81.750ms
29:B 站 220kV 线路二 2522 保护发信	↑ 21.750ms	↓ 241.500ms
45:C 站 220kV 线路三 2523 保护发信	↑ 16.000ms	↓ 76.750ms

故障发生后，12ms A 站 220kV 母线保护动作跳 1M，线路一 22ms 两侧侧保护动作跳三相开关，线路二 41ms B 站侧保护动作跳三相开关。A 站 38ms 母联 2012 开关分闸，约 47ms 线路一 2521、线路二 2522、#1 主变变高 2021 开关分闸。B 站 50ms 线路一 2521 开关三相分闸，71ms 线路二 2522 开关三相分闸。

3. 波形特征解析

A、B 站故障全过程集中录波图（后续分析均以 T_1 光标的故障初始时刻为基准）如图 5-10-5 和图 5-10-6 所示。

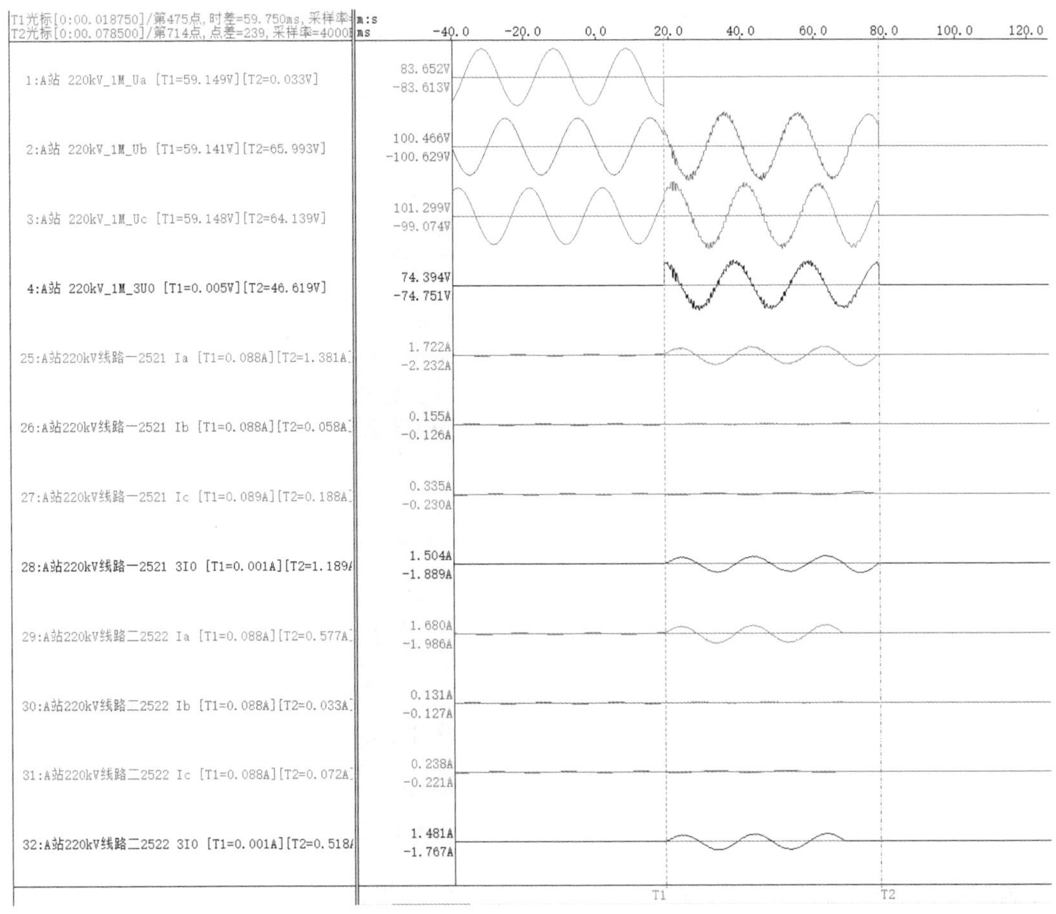

图 5-10-5　A 站故障全过程集中录波图

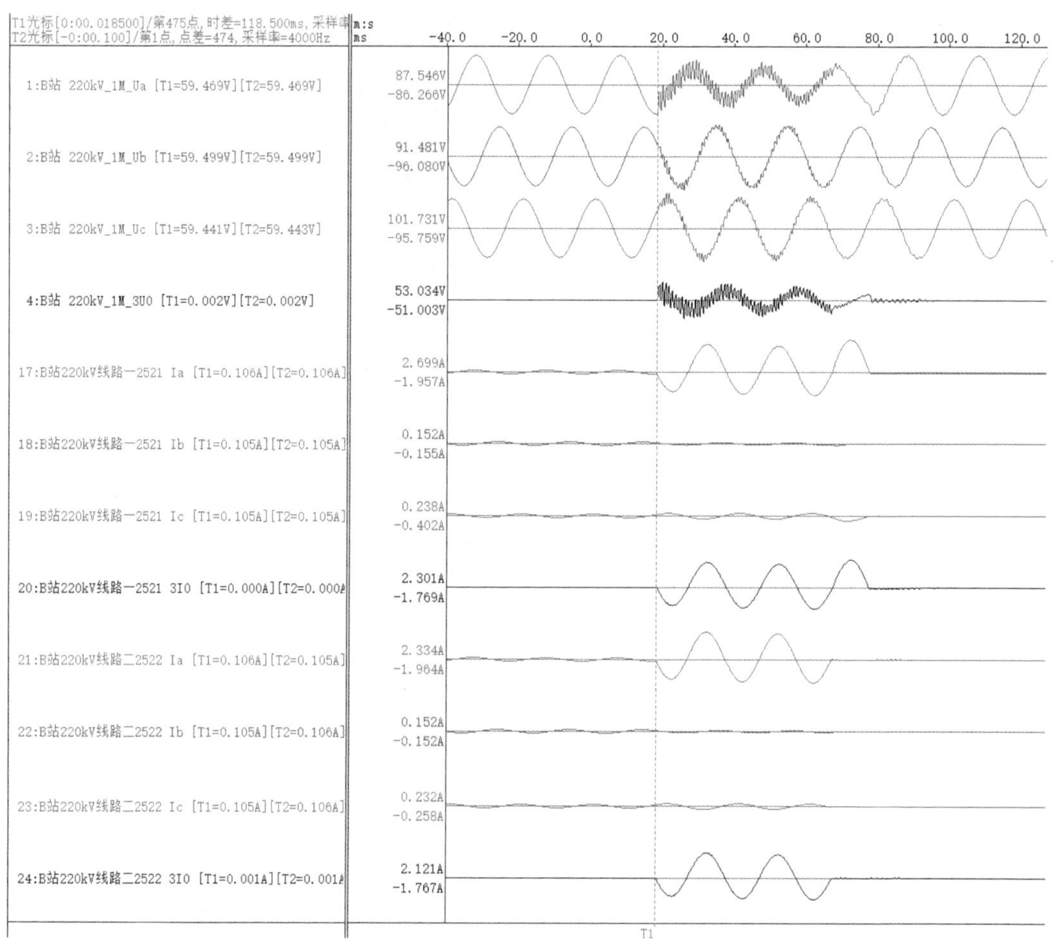

图 5-10-6　B 站故障全过程集中录波图

下面对故障阶段进行分析：

0（T_1）～60ms（T_2）A、B 站集中录波图、相量图及装置录波图如图 5-10-7～图 5-10-11 所示。

从图 5-10-7 解析可知，0～60ms A 站电压、电流特征为母线 A 相电压降为 0，出现约 47.1V 零序电压，线路一和线路二 A 相电流增大，产生零序电流。

从图 5-10-8 解析可知，0～60ms B 站电压、电流特征为母线 A 相电压降为 30.8V，产生约 18.6V 零序电压，线路一和线路二 A 相电流增大，产生零序电流。

A 站侧发生故障后，U_A 降低为 0，因此通过零序电压、电流相位关系判断故障点位置。

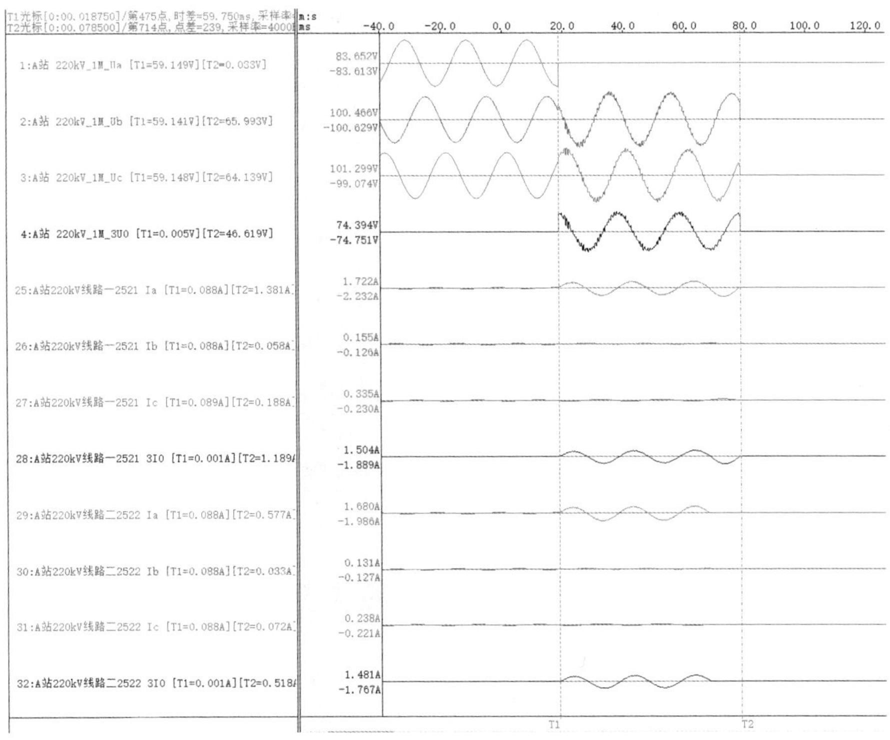

图 5-10-7　0（T_1）～60ms（T_2）A 站集中录波图

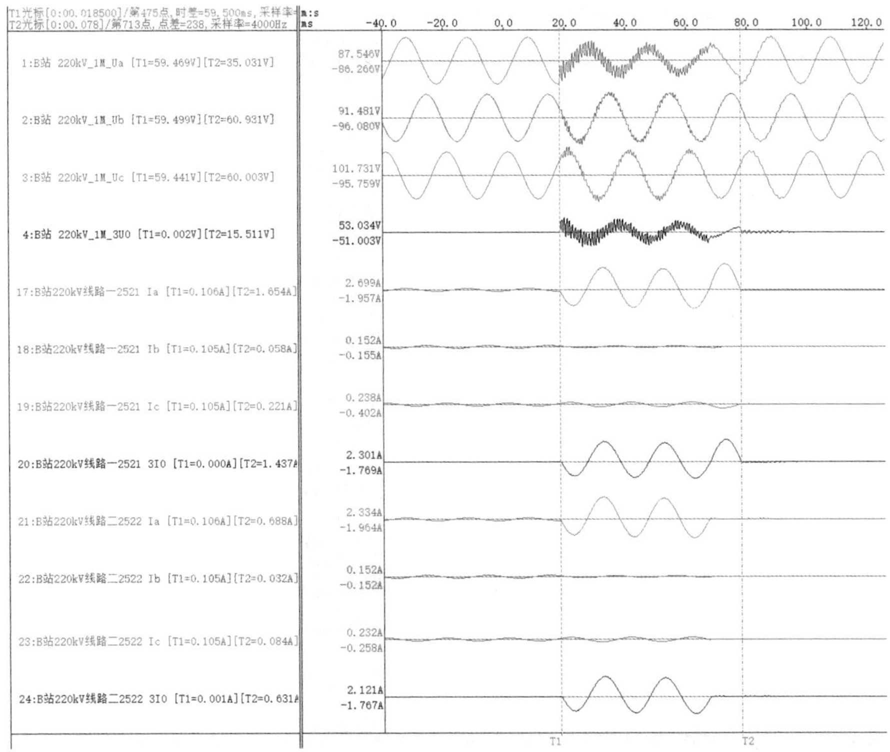

图 5-10-8　0（T_1）～60ms（T_2）B 站集中录波图

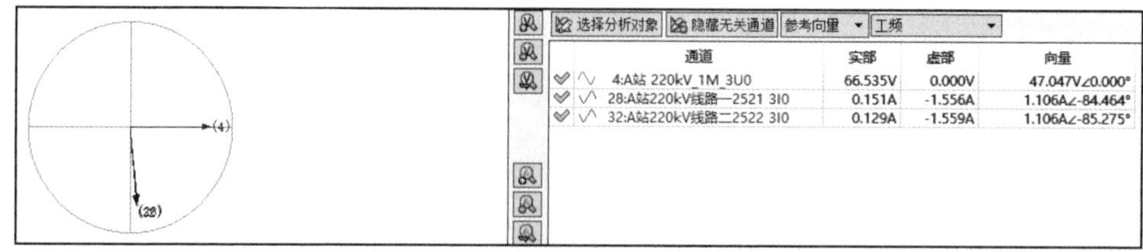

图 5-10-9　0～60ms A 站零序分量相量图

从图 5-10-9 解析可知，0～60ms A 站侧线路一零序电压电流相位关系有 arg（U_0/I_{01}）=84°、arg（U_0/I_{02}）=85°，可知接地故障点在两线路保护反方向。

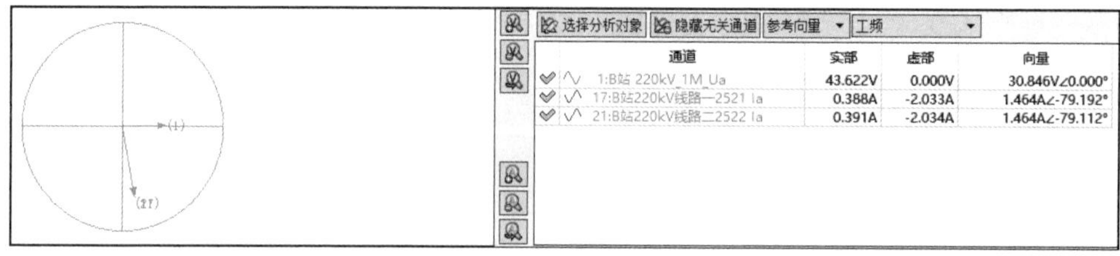

图 5-10-10　0～60ms B 站故障相电压电流相量图

从图 5-10-10 解析可知，0～60ms B 站侧线路一故障相电压、电流相位关系有 arg（U_A/I_{A1}）=79°、arg（U_A/I_{A2}）=79°，说明接地故障点在两线路保护正方向。

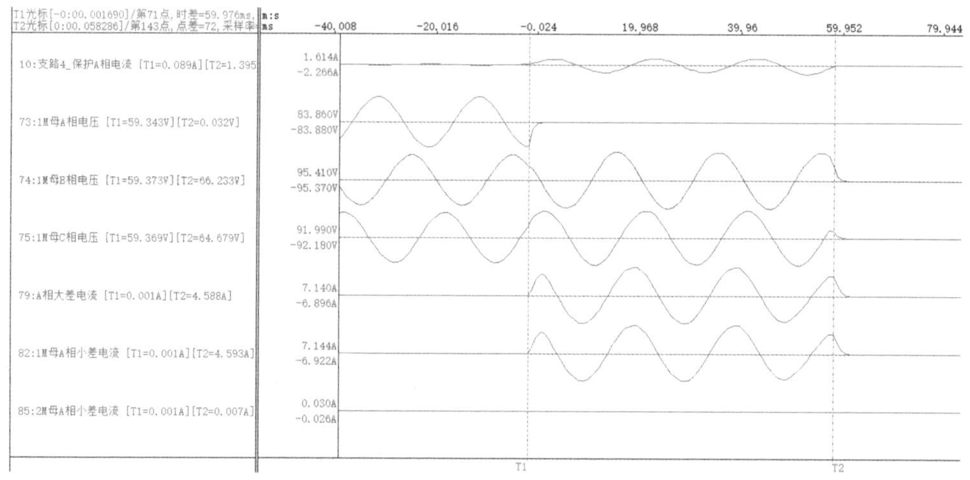

图 5-10-11　0（T_1）～60ms（T_2）A 站母线保护录波图

从图 5-10-11 解析可知，0～60ms A 站 220kV 母线保护Ⅰ母产生 A 相差流。

综合以上信息分析，0～60ms 系统发生 A 站 220kVⅠ母 A 相金属性接地故障，母线保护正确动作跳 220kVⅠ母，线路一保护误动，故障持续 3 个周波（约 60ms）。

以下对可能引起线路一误动的 TA 二次回路异常情况进行举例：

（1）线路一 A 站侧保护 TA 二次回路 A 相断线。线路一的线路保护装置录波如图 5-10-12～图 5-10-15 所示。

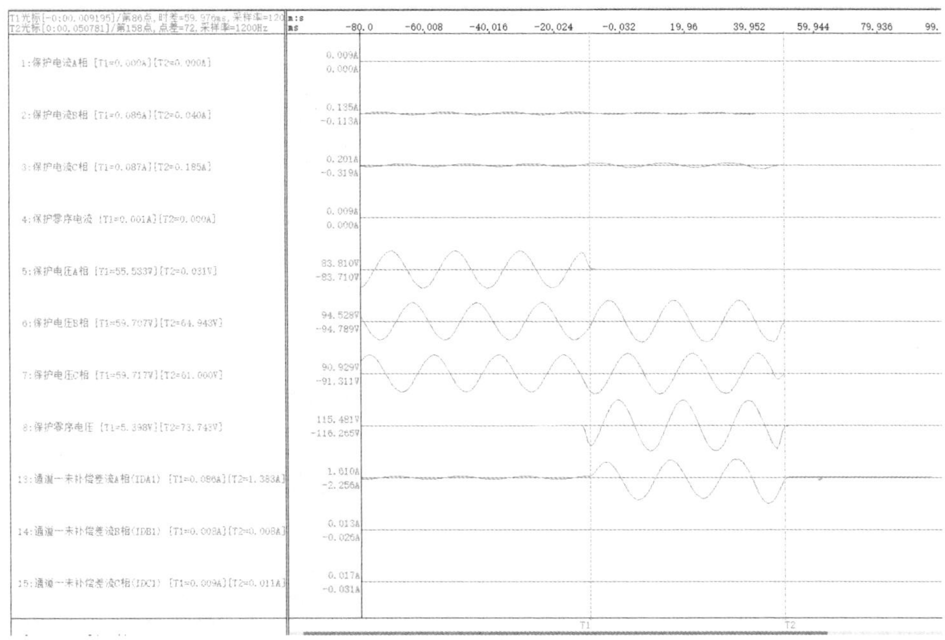

图 5-10-12　0（T_1）~60ms（T_2）线路一 A 站侧保护录波图

从图 5-10-12 解析可知，0~60ms 线路一 A 站侧线路保护故障时情况为：A 相无故障流，且产生 A 相差流，怀疑线路一 A 站侧保护 TA 二次回路 A 相断线导致两侧线路保护误动。

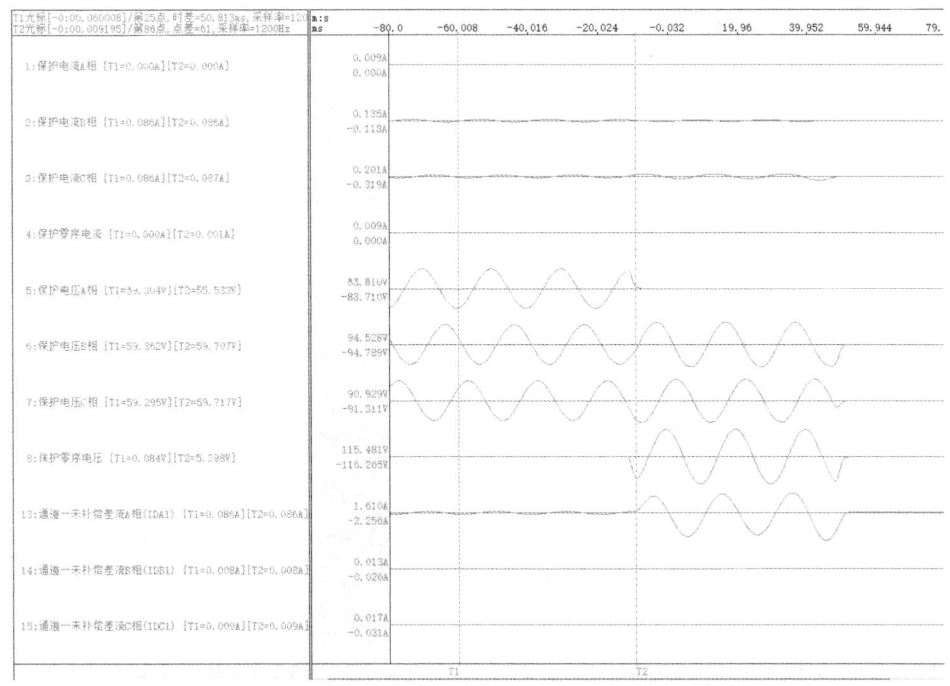

图 5-10-13　-50（T_1）~0ms（T_2）线路一 A 站侧保护录波图

从图 5－10－13 解析可知，－50～0ms 线路一 A 站侧线路保护故障前负荷情况为：A 相无流，同时线路保护 A 相差流明显高于 B、C 相（B、C 相差流约为 0）。

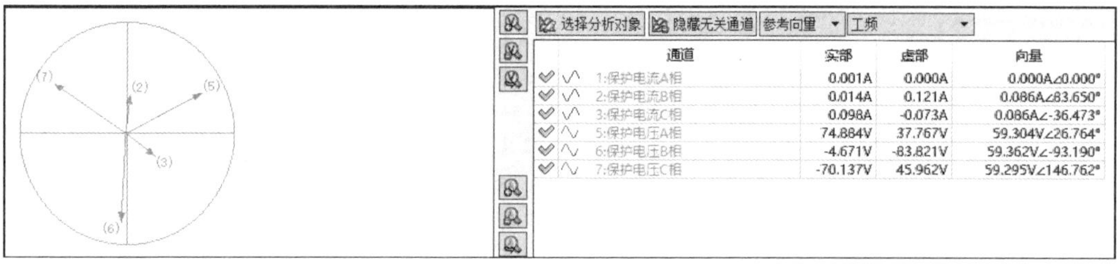
(7)
(2)
(5)
(3)
(6)
选择分析对象
隐藏无关通道
参考向量
工频
通道 实部 虚部 向量
1:保护电流A相 0.001A 0.000A 0.000A∠0.000°
2:保护电流B相 0.014A 0.121A 0.086A∠83.650°
3:保护电流C相 0.098A -0.073A 0.086A∠-36.473°
5:保护电压A相 74.884V 37.767V 59.304V∠26.764°
6:保护电压B相 -4.671V -83.821V 59.362V∠-93.190°
7:保护电压C相 -70.137V 45.962V 59.295V∠146.762°

图 5－10－14　－50～0ms 线路一 A 站侧保护负荷电压电流相量图

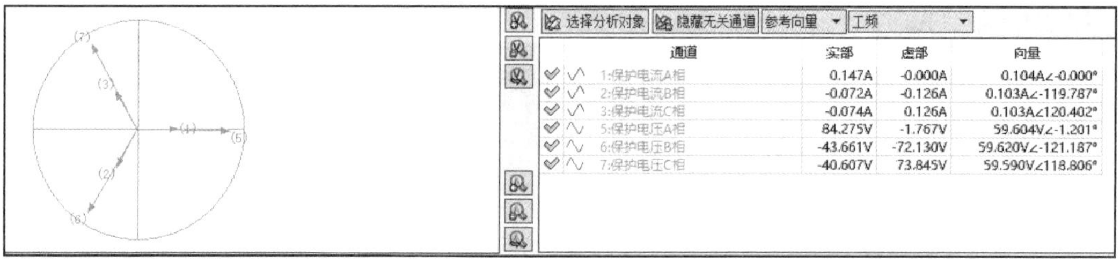
(7)
(3)
(1)
(5)
(2)
(6)
选择分析对象
隐藏无关通道
参考向量
工频
通道 实部 虚部 向量
1:保护电流A相 0.147A -0.000A 0.104A∠-0.000°
2:保护电流B相 -0.072A -0.126A 0.103A∠-119.787°
3:保护电流C相 -0.074A 0.126A 0.103A∠120.402°
5:保护电压A相 84.275V -1.767V 59.604V∠-1.201°
6:保护电压B相 -43.661V -72.130V 59.620V∠-121.187°
7:保护电压C相 -40.607V 73.845V 59.590V∠118.806°

图 5－10－15　－50～0ms 线路一 B 站侧保护负荷电压电流相量图

从图 5－10－14 和图 5－10－15 解析可知，－50～0ms 线路一 A 站侧线路保护故障前负荷相量关系为：B 站侧三相电压电流大约同相位，符合线路送电侧电压、电流的波形特征；A 站侧 B、C 相电流均与对应相电压大约反相位，符合线路受电侧电压电流的波形特征；可知此时并非线路一次断线，而是发生 A 站侧线路保护 TA 二次回路 A 相断线。因负荷较低，线路保护未告警。

（2）线路一 A 站侧保护 TA 二次回路 A 相极性反。线路一的线路保护装置录波图如图 5－10－16～图 5－10－19 所示。

从图 5－10－16 解析可知，0～60ms 线路一 A 站侧线路保护故障时情况为：A 相电流与集中录波相位反相，且产生 A 相差流，怀疑线路一 A 站侧保护 TA 二次回路 A 相极性反导致两侧线路保护误动。

从图 5－10－17 解析可知，－50～0ms 线路一 A 站侧线路保护故障前负荷情况为：三相均有负荷电流，但线路保护 A 相存在差流，B、C 差流约为 0。

从图 5－10－18 和图 5－10－19 解析可知，－50～0ms 线路一 A 站侧线路保护故障前负荷相量关系为：B 站侧三相电压电流大约同相位，符合线路送电侧电压、电流的波形特征；A 站侧 B、C 相电流均与对应相电压大约反相位，符合线路受电侧电压、电流的波形特征。A 相电压、电流大约同相位，明显不符合线路受电侧电压、电流的波形特征；可知 A 站侧线路保护 TA 二次回路 A 相极性反。因负荷较低，线路保护未告警。

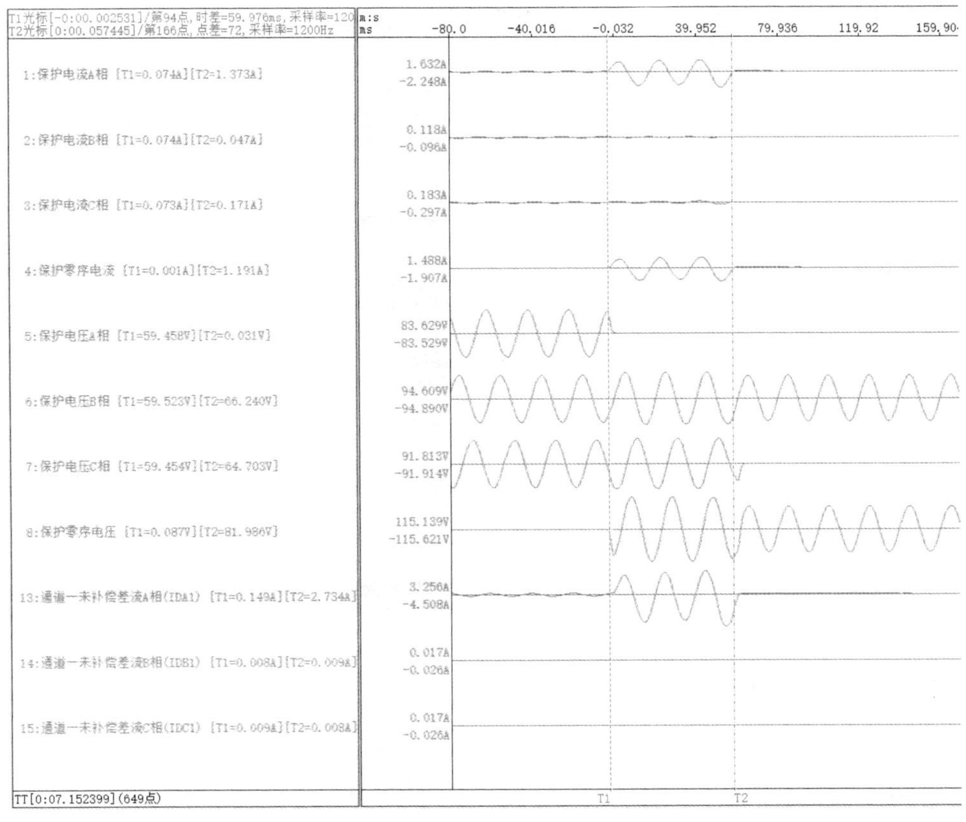

图 5-10-16　0（T_1）~60ms（T_2）线路一 A 站侧保护录波图

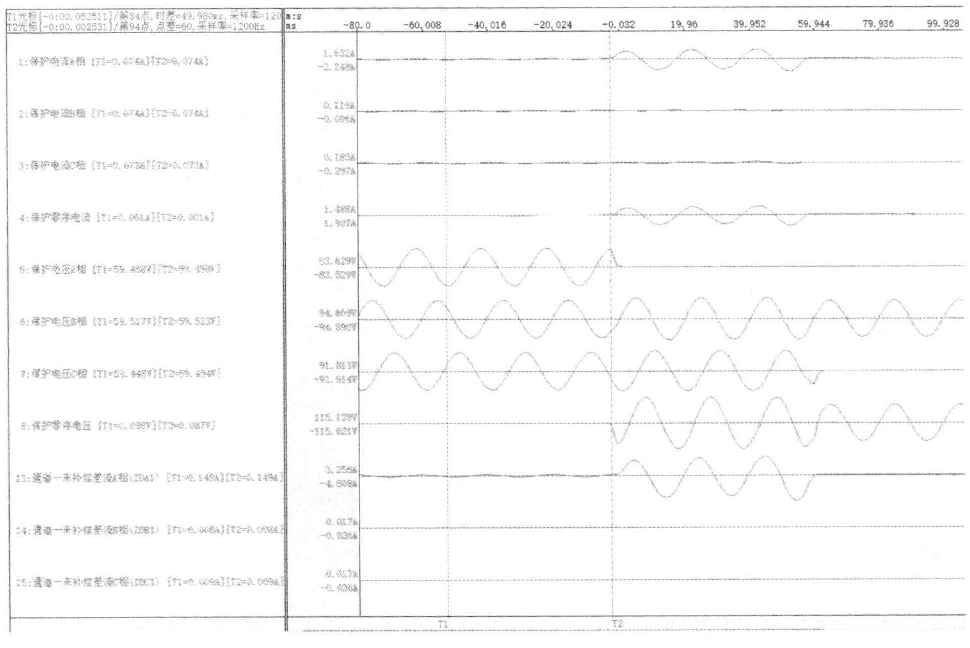

图 5-10-17　-50（T_1）~0ms（T_2）线路一 A 站侧保护录波图

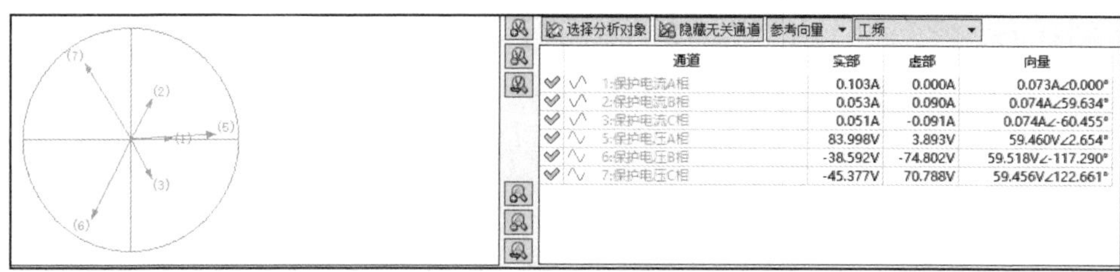

图 5-10-18　-50～0ms 线路一 A 站侧保护负荷电压电流相量图

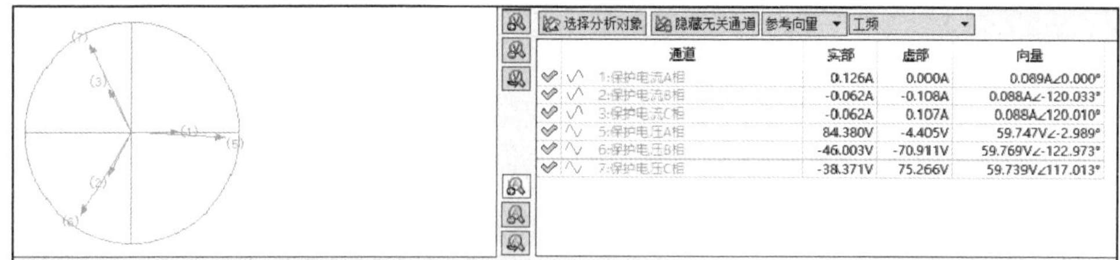

图 5-10-19　-50～0ms 线路一 B 站侧保护负荷电压电流相量图

（3）线路一 A 站侧保护 TA 二次回路相序错。线路一的线路保护装置录波图如图 5-10-20～图 5-10-23 所示。

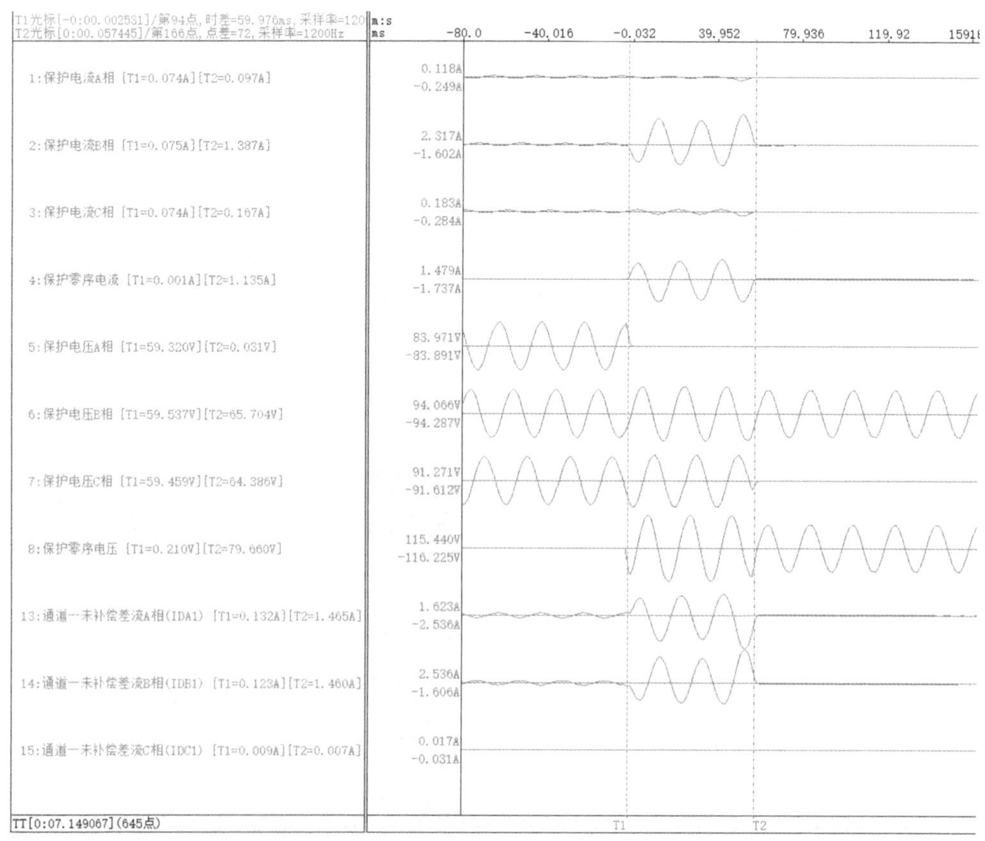

图 5-10-20　0（T_1）～60ms（T_2）线路一 A 站侧保护录波图

从图 5－10－20 解析可知，0～60ms 线路一 A 站侧线路保护故障时情况为：B 相电流增大，A 相电流无明显变化，且产生 A、B 相差流，怀疑线路一 A 站侧保护 TA 二次回路交错接线导致两侧线路保护误动。

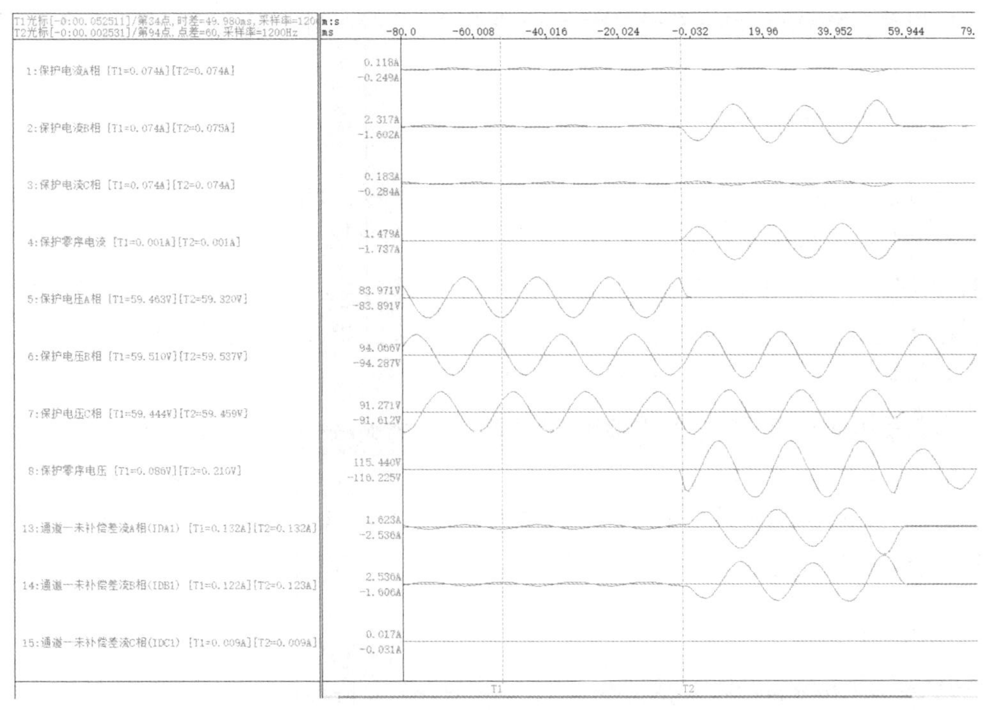

图 5－10－21 －50（T_1）～0ms（T_2）线路一 A 站侧保护录波图

从图 5－10－21 解析可知，－50～0ms 线路一 A 站侧线路保护故障前负荷情况为：三相均有负荷电流，但线路保护 A、B 相存在差流，C 差流约为 0。

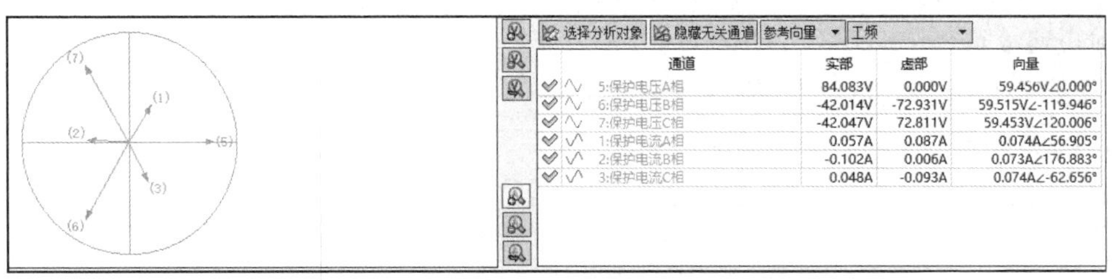

通道	实部	虚部	向量
5:保护电压A相	84.083V	0.000V	59.456V∠0.000°
6:保护电压B相	-42.014V	-72.931V	59.515V∠-119.946°
7:保护电压C相	-42.047V	72.811V	59.453V∠120.006°
1:保护电流A相	0.057A	0.087A	0.074A∠56.905°
2:保护电流B相	-0.102A	0.006A	0.073A∠176.883°
3:保护电流C相	0.048A	-0.093A	0.074A∠-62.656°

图 5－10－22 －50～0ms 线路一 A 站侧保护负荷电压电流相量图

通道	实部	虚部	向量
5:保护电压A相	84.497V	-0.000V	59.748V∠-0.000°
6:保护电压B相	-42.239V	-73.214V	59.768V∠-119.982°
7:保护电压C相	-42.252V	73.163V	59.741V∠120.006°
1:保护电流A相	0.125A	0.006A	0.088A∠2.597°
2:保护电流B相	-0.057A	-0.111A	0.088A∠-116.918°
3:保护电流C相	-0.068A	0.104A	0.088A∠122.960°

图 5－10－23 －50～0ms 线路一 B 站侧保护负荷电压电流相量图

从图 5－10－22 和图 5－10－23 解析可知，－50～0ms 线路一 A 站侧线路保护故障前负荷相量关系为：B 站侧三相电压、电流大约同相位，符合线路送电侧电压电流的波形特征；A 站侧三相电流成负序，仅 C 相电压、电流相位关系符合线路受电侧的电气量特征；可知发生 A 站侧线路保护 TA 二次回路 A、B 相电流回路错接。因负荷较低，线路保护未告警。

三、综合总结

系统 0～60ms 母线 A 相电压下降（其中 A 站母线 A 相电压降为 0），B、C 相电压无明显变化，出线零序电压，母线各支路 A 相电流明显增大。根据电压、电流线特征可判断系统发生了 A 相接地故障，由线路零序电压与零序电流的相位关系可以判断故障点位置在 A 站母线，此时系统发生了 A 站 220kV Ⅰ母 A 相金属性接地故障，母线保护正确动作跳开Ⅰ母上所有开关，线路一误动作跳闸。

在系统中同时刻有多个元件动作，但对录波分析仅定位到一个故障点，此时可怀疑保护装置误动作。应对误动的保护依次进行保护采样（可利用 TV、TA 不同二次绕组的数据对比，比较故障时、故障前的电压电流相量关系，以此定位采样回路的故障点）、保护定值、保护逻辑检查，直至查明保护误动原因。

本章思考题

1. 如何区分系统一次单相断线与 TA 二次回路单相开路？

2. 对于相间短路故障的纸质波形分析，难以计算故障相间电压及故障相间电流，此时应如何判断故障点位置？

3. 如何区分双回线同时发生异名相接地短路故障、双回线同时发生两相短路与单相接地短路故障？

4. 你认为波形分析的一般思路是什么？

5. 请解析下面的故障相量图。

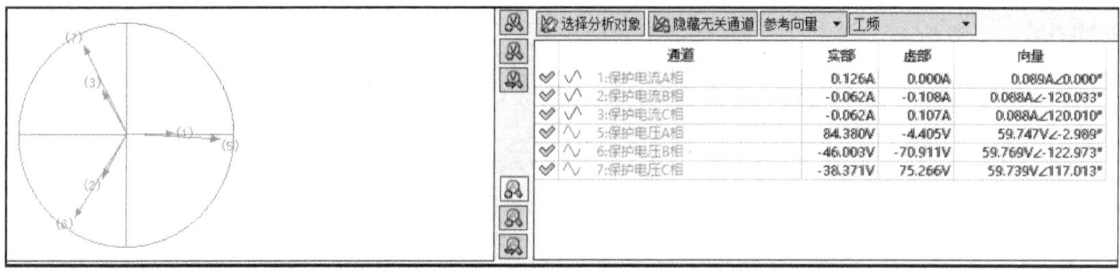

通道	实部	虚部	向量
1:保护电流A相	0.126A	0.000A	0.089A∠0.000°
2:保护电流B相	-0.062A	-0.108A	0.088A∠-120.033°
3:保护电流C相	-0.062A	0.107A	0.088A∠120.010°
5:保护电压A相	84.380V	-4.405V	59.747V∠-2.989°
6:保护电压B相	-46.003V	-70.911V	59.769V∠-122.973°
7:保护电压C相	-38.371V	75.266V	59.739V∠117.013°

6 变压器复杂故障波形解析

6.1 主变高压侧死区单相接地

一、故障信息

故障发生前A站、B站、C站运行方式为：ABⅠ线、ABⅡ线、ACⅠ线、BCⅠ线、#1主变、#2主变均在合位。A站ABⅠ、ABⅡ线、#1主变变高挂220kV 1M，A站ACⅠ、#2主变变高挂220kV 2M，#1主变高中压侧中性点接地，220kV母线并列运行，如图6-1-1所示。

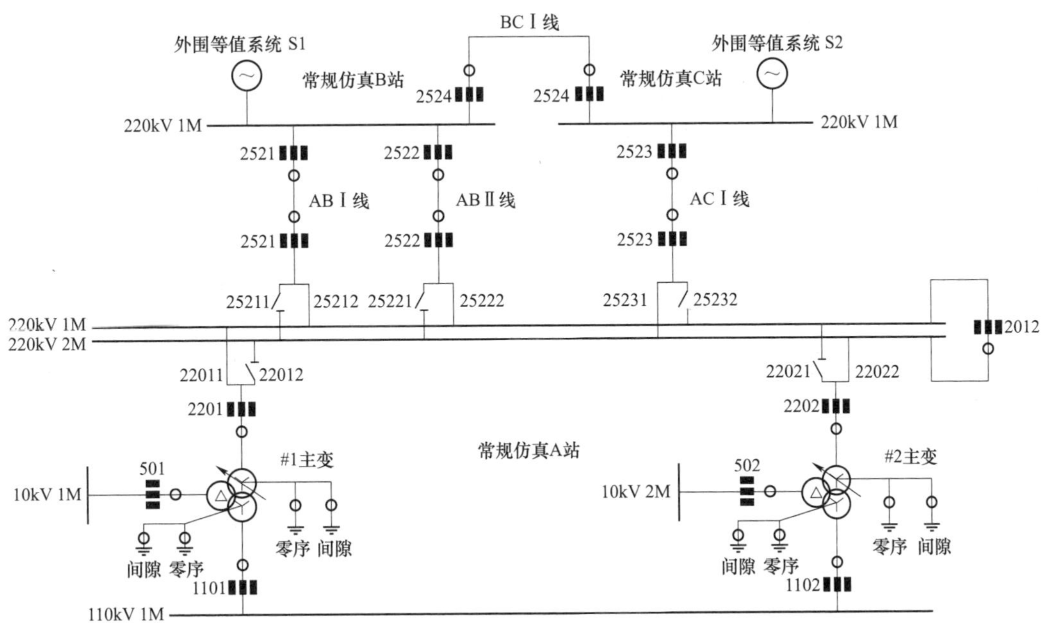

图6-1-1 故障发生前A站、B站、C站运行方式

故障发生后，A站220kV母差保护动作跳开220kV 1M上ABⅠ线、ABⅡ线、母联2012、#1主变变高2201，#1主变高压侧复压过流Ⅰ段动作跳开主变三侧开关，运行方

式如图 6－1－2 所示。

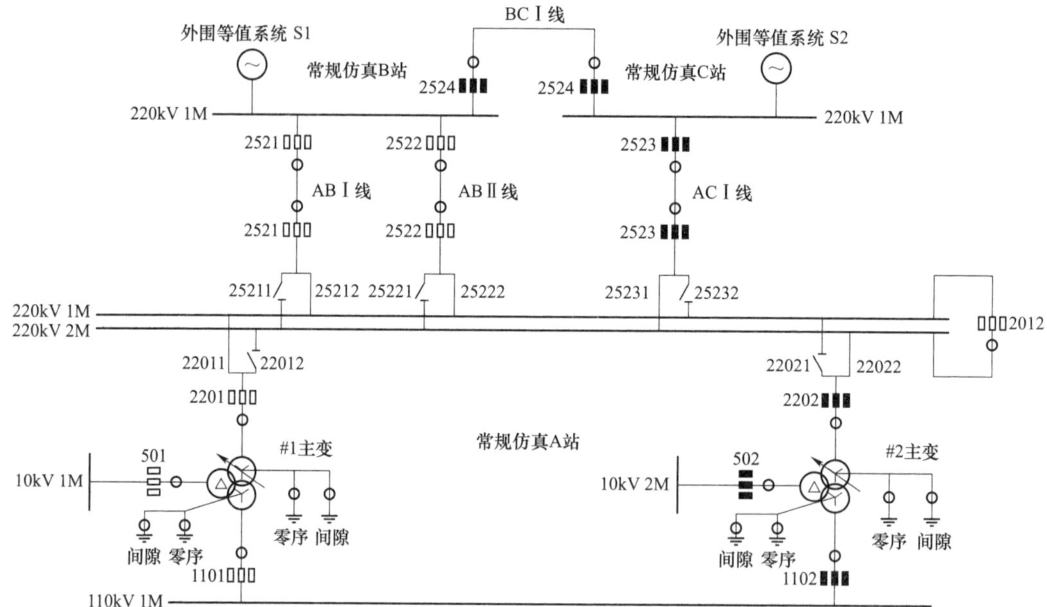

图 6－1－2　故障发生后 A 站、B 站、C 站运行方式

二、录波图解析

1. 保护动作报文解析

（1）从保护故障录波 HDR 文件读取相关保护信息，以保护启动初始时刻为基准，220kV 母差保护动作简报见表 6－1－1。

表 6－1－1　220kV 母差保护动作简报

序号	动作报文对应时间	动作报文名称	动作相别	动作报文变化值
1	0ms	突变量启动		1
2	0ms	保护启动		1
3	2ms	差流启动		1
4	60ms	突变量启动		1
5	60ms	突变量启动		1
6	7ms	1M 母差动动作	A	1
7	159ms	失灵保护跟跳动作		1
8	162ms	支路 2_失灵出口	ABC	1
9	260ms	失灵保护跳母联		1
10	260ms	失灵保护跳分段 1		1

续表

序号	动作报文对应时间	动作报文名称	动作相别	动作报文变化值
11	410ms	1M 母失灵保护动作		1
12	410ms	支路 2_失灵联跳变压器		1
13	437ms	1M 母差动动作	A	0
14	447ms	支路 2_失灵出口	ABC	0
15	452ms	失灵保护跟跳动作		0
16	452ms	失灵保护跳母联		0
17	452ms	失灵保护跳分段 1		0
18	452ms	1M 母失灵保护动作		0
19	452ms	支路 2_失灵联跳变压器		0
20	105ms	突变量启动		0
21	105ms	突变量启动		0
22	436ms	突变量启动		0
23	436ms	差流启动		0
24	463ms	保护启动		0

根据表 6－1－1，220kV 母差保护失灵定值中，失灵跟跳时间定值为 0.15s，失灵跳母联分段时间定值为 0.25s，失灵跳母线及联跳主变时间定值为 0.4s。从保护故障录波 HDR 文件读取相关保护信息，0ms 保护启动后，7ms 1M 母差 A 相差动动作，159ms 失灵保护跟跳动作，162ms 支路 2 失灵出口，260ms 失灵跳母联分段，410ms 失灵跳 1M 及失灵联跳主变（支路 2）。结合 220kV 母差保护定值，可以看出母差保护动作行为正确，各时间与定值相符。从上述简报可以初步推测，A 站 220kV 1M 区内发送了 A 相接地故障，而且支路 2（#1 主变）在母差保护动作后未能隔离故障，在后续分析中应重点分析。

（2）从保护故障录波 HDR 文件读取相关保护信息，以保护启动初始时刻为基准，#1 主变保护动作简报见表 6－1－2。

表 6－1－2　　#1 主变保护动作简报

序号	动作报文对应时间	动作报文名称	动作相别	动作报文变化值
1	0ms	保护启动		1
2	366ms	高复流 I 段	A	1
3		跳高压侧		1
4		跳中压侧		1

续表

序号	动作报文对应时间	动作报文名称	动作相别	动作报文变化值
5		跳低压 1 分支		1
6		跳备用出口 1		1
7		跳备用出口 2		1
8	431ms	高复流 I 段		0
9		跳高压侧		0
10		跳中压侧		0
11		跳低压 1 分支		0
12		跳备用出口 1		0
13		跳备用出口 2		0
14	947ms	保护启动		0

表 6－1－4 所示，0ms 保护启动，366ms 高复流 I 段动作，跳开主变高压侧、中压侧和低压侧，431ms 高复流 I 段返回。从上述信息可以知道，#1 主变高压侧复压过流 I 段动作后，故障隔离。

2. 开关量变位解析

（1）220kV 母差保护：以故障初始时刻为基准，A 站 220kV 母差保护开关量变位图况如图 6－1－3、图 6－1－4 所示。

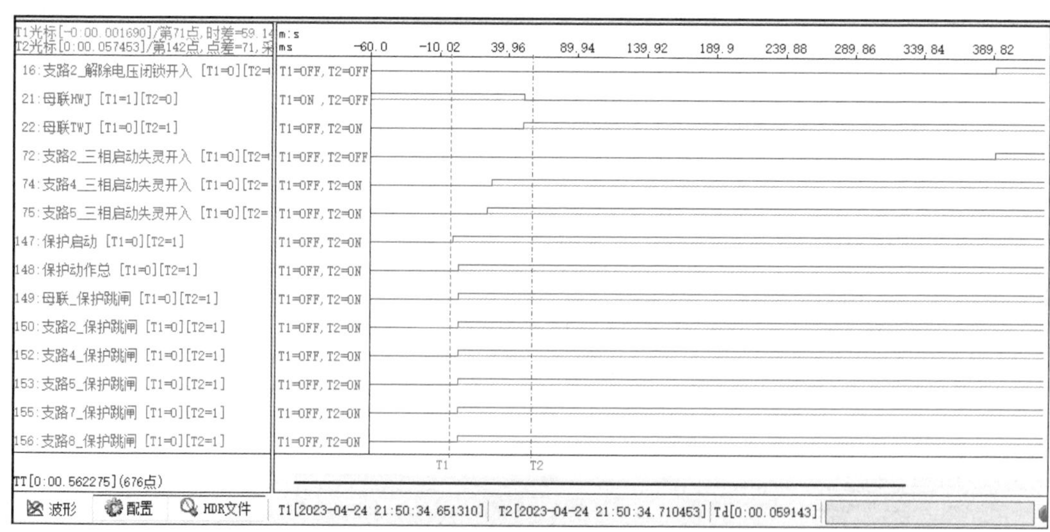

图 6－1－3　220kV 母差保护开关量变位图 1

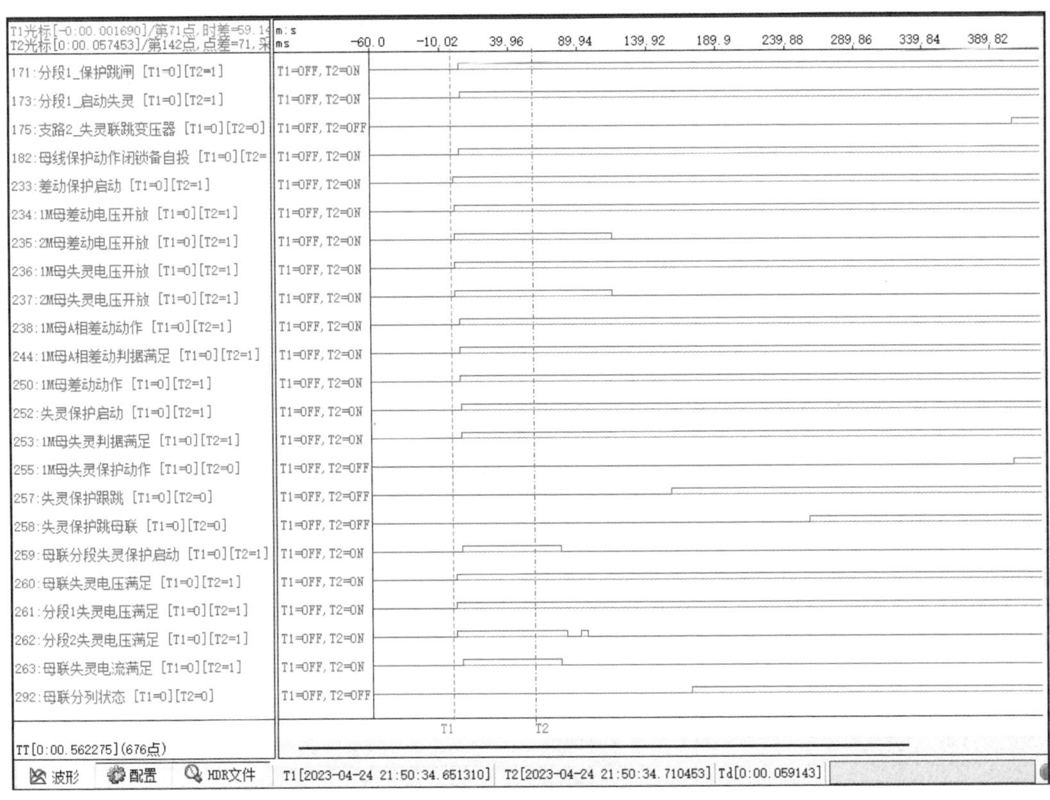

图 6-1-4 220kV 母差保护开关量变位图 2

从图 6-1-3 和图 6-1-4 解析可知，59ms 220kV 母差保护启动，64ms 母差保护跳支路、失灵跟跳、失灵跳母线，保护逻辑与动作简报相符。

A 站 220kV 母差保护开关量变位时间顺序见表 6-1-3 和表 6-1-4。

表 6-1-3 220kV 母差保护开关量变位时间顺序 1

位置	第 1 次变位时间	第 2 次变位时间	第 3 次变位时间	第 4 次变位时间
16:支路 2 解除电压闭锁开入	↑ 451.486ms	↓ 528.955ms		
21:母联 HWJ	↓ 111.622ms			
22:母联 TWJ	↑ 110.789ms			
72:支路 2 三相启动失灵开入	↑ 451.486ms	↓ 529.788ms		
74:支路 4 三相启动失灵开入	↑ 88.298ms	↓ 532.287ms		
75:支路 5 三相启动失灵开入	↑ 84.966ms	↓ 531.454ms		
147:保护启动	↑ 59.976ms	↓ 523.124ms		
148:保护动作总	↑ 64.141ms	↓ 511.462ms		
149:母联 保护跳闸	↑ 64.141ms	↓ 511.462ms		
150:支路 2 保护跳闸	↑ 64.141ms	↓ 511.462ms		

续表

位置	第 1 次变位时间	第 2 次变位时间	第 3 次变位时间	第 4 次变位时间
152:支路 4 保护跳闸	↑ 64.141ms	↓ 511.462ms		
153:支路 5 保护跳闸	↑ 64.141ms	↓ 511.462ms		
155:支路 7 保护跳闸	↑ 64.141ms	↓ 511.462ms		
156:支路 8 保护跳闸	↑ 64.141ms	↓ 511.462ms		

表 6-1-4　　220kV 母差保护开关量变位时间顺序 2

位置	第 1 次变位时间	第 2 次变位时间	第 3 次变位时间	第 4 次变位时间
171:分段 1 保护跳闸	↑ 64.141ms	↓ 511.462ms		
173:分段 1 启动失灵	↑ 64.974ms	↓ 513.128ms		
175:支路 2 失灵联跳变压器	↑ 466.480ms	↓ 511.462ms		
182:母线保护动作闭锁备自投	↑ 64.141ms	↓ 511.462ms		
233:差动保护启动	↑ 59.976ms	↓ 496.468ms		
234:1M 母差动电压开放	↑ 60.809ms			
235:2M 母差动电压开放	↑ 160.809ms	↓ 174.930ms		
236:1M 母失灵电压开放	↑ 60.809ms			
237:2M 母失灵电压开放	↑ 160.809ms	↓ 174.930ms		
238:1M 母 A 相差动动作	↑ 164.141ms	↓ 496.468ms		
244:1M 母 A 相差动判据满足	↑ 164.141ms	↓ 496.468ms		
250:1M 母差动动作	↑ 64.141ms	↓ 496.468ms		
252:失灵保护启动	↑ 64.974ms	↓ 523.124ms		
253:1M 母失灵判据满足	↑ 64.974ms	↓ 503.965ms		
255:1M 母失灵保护动作	↑ 466.480ms	↓ 511.462ms		
257:失灵保护跟跳	↑ 216.580ms	↓ 511.462ms		
258:失灵保护跳母联	↑ 316.540ms	↓ 511.462ms		
259:母联分段失灵保护启动	↑ 164.974ms	↓ 136.612ms		
260:母联失灵电压满足	↑ 60.809ms			
261:分段 1 失灵电压满足	↑ 60.809ms			
262:分段 2 失灵电压满足	↑ 60.809ms	↓ 140.777ms	↑ 150.773ms	↓ 155.771ms
263:母联失灵电流满足	↑ 64.974ms	↓ 136.612ms		
292:母联分列状态	↑ 230.741ms			

（2）#1 主变保护：以故障初始时刻为基准，A 站#1 主变保护开关量变位图如图 6-1-5 所示。

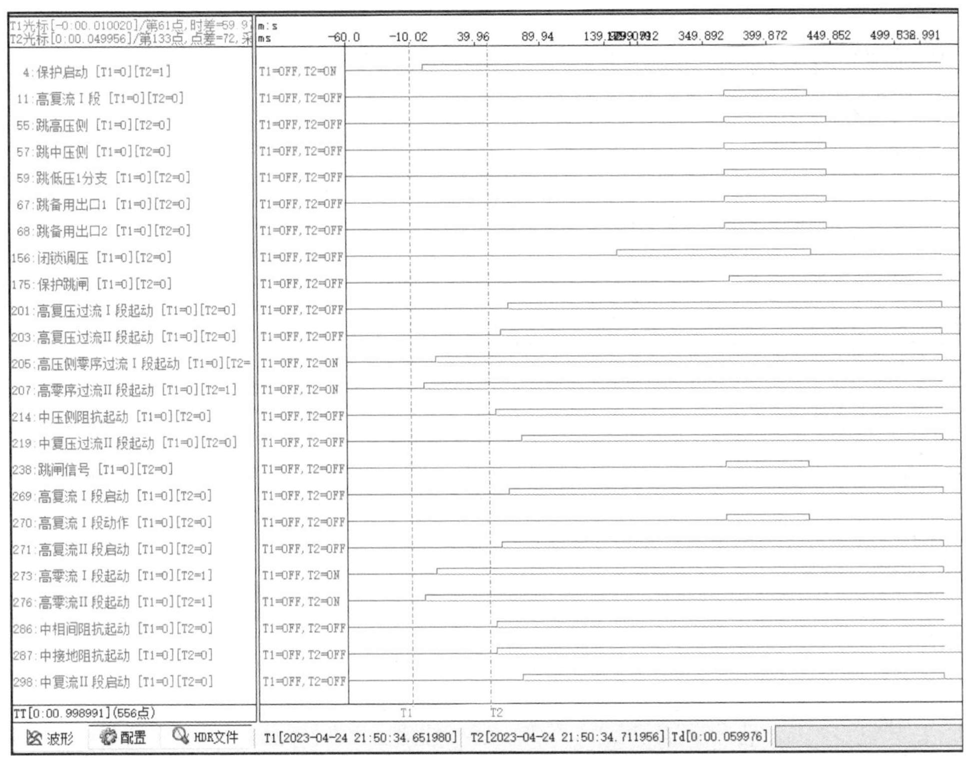

图 6-1-5 #1 主变保护开关量变位图

从图 6-1-5 解析可知，59ms #1 主变保护启动，426ms #1 主变高复流Ⅰ段保护动作，426ms #1 主变保护跳开关主变各侧开关。

A 站#1 主变保护开关量变位时间顺序见表 6-1-5。

表 6-1-5 #1 主变保护开关量变位时间顺序

位置	第 1 次变位时间	第 2 次变位时间
4:保护启动	↑ 59.976ms	
11:高复流Ⅰ段	↑ 426.552ms	↓ 491.526ms
55:跳高压侧	↑ 426.552ms	↓ 506.520ms
57:跳中压侧	↑ 426.552ms	↓ 506.520ms
59:跳低压 1 分支	↑ 426.552ms	↓ 506.520ms
67:跳备用出口 1	↑ 426.552ms	↓ 506.520ms
68:跳备用出口 2	↑ 426.552ms	↓ 506.520ms
156:闭锁调压	↑ 209.083ms	↓ 494.025ms
175:保护跳闸	↑ 429.884ms	
201:高复压过流Ⅰ段启动	↑ 124.950ms	↓ 998.991ms
203:高复压过流Ⅱ段启动	↑ 119.119ms	↓ 998.991ms
205:高压侧零序过流Ⅰ段启动	↑ 69.139ms	↓ 998.991ms

续表

位置	第 1 次变位时间	第 2 次变位时间
207:高零序过流Ⅱ段启动	↑ 59.976ms	
214:中压侧阻抗启动	↑ 114.954ms	
219:中复压过流Ⅱ段启动	↑ 134.946ms	↓ 998.991ms
238:跳闸信号	↑ 426.552ms	↓ 491.526ms
269:高复流Ⅰ段启动	↑ 124.950ms	↓ 998.991ms
270:高复流Ⅰ段动作	↑ 426.552ms	↓ 491.526ms
271:高复流Ⅱ段启动	↑ 119.119ms	↓ 998.991ms
273:高零流Ⅰ段启动	↑ 69.139ms	↓ 998.991ms
276:高零流Ⅱ段启动	↑ 59.976ms	

（3）故障录波器：以故障初始时刻为基准，A 站故障录波器开关量变位图如图 6-1-6 所示。

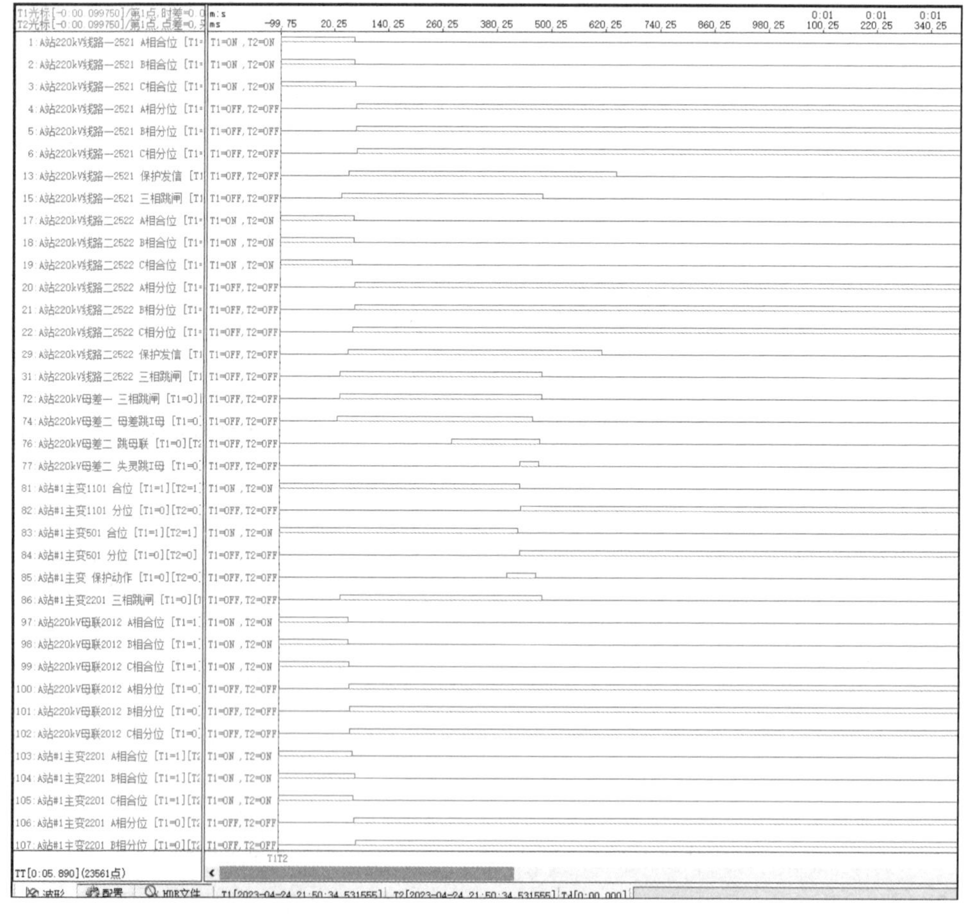

图 6-1-6　故障录波器开关量变位图

从图 6-1-6 解析可知，12ms 220kV 母差保护动作，47ms 220kV 1M 间隔开关跳开，387ms #1 主变保护动作，414ms #1 主变各侧开关跳开。

A 站故障录波器开关量变位时间顺序见表 6-1-6。

表 6-1-6　　故障录波器开关量变位时间顺序

位置	第 1 次变位时间	第 2 次变位时间
1:A 站 220kV 线路一 2521 A 相合位	↓ 47.750ms	
2:A 站 220kV 线路一 2521 B 相合位	↓ 47.750ms	
3:A 站 220kV 线路一 2521 C 相合位	↓ 48.500ms	
4:A 站 220kV 线路一 2521 A 相分位	↑ 50.500ms	
5:A 站 220kV 线路一 2521 B 相分位	↑ 51.000ms	
6:A 站 220kV 线路一 2521 C 相分位	↑ 52.750ms	
13:A 站 220kV 线路一 2521 保护发信	↑ 34.750ms	↓ 625.000ms
15:A 站 220kV 线路一 2521 三相跳闸	↑ 18.750ms	↓ 463.750ms
17:A 站 220kV 线路二 2522 A 相合位	↓ 46.500ms	
18:A 站 220kV 线路二 2522 B 相合位	↓ 46.750ms	
19:A 站 220kV 线路二 2522 C 相合位	↓ 44.250ms	
20:A 站 220kV 线路二 2522 A 相分位	↑ 49.250ms	
21:A 站 220kV 线路二 2522 B 相分位	↑ 49.750ms	
22:A 站 220kV 线路二 2522 C 相分位	↑ 46.250ms	
29:A 站 220kV 线路二 2522 保护发信	↑ 36.000ms	↓ 596.250ms
31:A 站 220kV 线路二 2522 三相跳闸	↑ 17.750ms	↓ 463.750ms
72:A 站 220kV 母差一三相跳闸	↑ 18.000ms	↓ 464.250ms
74:A 站 220kV 母差二母差跳 I 母	↑ 12.250ms	↓ 443.250ms
76:A 站 220kV 母差二跳母联	↑ 265.000ms	↓ 458.750ms
77:A 站 220kV 母差二失灵跳 I 母	↑ 416.000ms	↓ 458.250ms
81:A 站#1 主变 1101 合位	↓ 414.750ms	
82:A 站#1 主变 1101 分位	↑ 416.500ms	
83:A 站#1 主变 501 合位	↓ 412.250ms	
84:A 站#1 主变 501 分位	↑ 414.500ms	
85:A 站#1 主变保护动作	↑ 387.000ms	↓ 450.500ms
86:A 站#1 主变 2201 三相跳闸	↑ 20.000ms	↓ 465.750ms
97:A 站 220kV 母联 2012 A 相合位	↓ 38.000ms	
98:A 站 220kV 母联 2012 B 相合位	↓ 38.250ms	
99:A 站 220kV 母联 2012 C 相合位	↓ 38.750ms	
100:A 站 220kV 母联 2012 A 相分位	↑ 40.250ms	
101:A 站 220kV 母联 2012 B 相分位	↑ 41.500ms	
102:A 站 220kV 母联 2012 C 相分位	↑ 41.750ms	
103:A 站#1 主变 2201 A 相合位	↓ 48.000ms	

续表

位置	第 1 次变位时间	第 2 次变位时间
104:A 站#1 主变 2201 B 相合位	↓ 53.750ms	
105:A 站#1 主变 2201 C 相合位	↓ 49.500ms	
106:A 站#1 主变 2201 A 相分位	↑ 51.000ms	
107:A 站#1 主变 2201 B 相分位	↑ 55.000ms	
108:A 站#1 主变 2201 C 相分位	↑ 51.250ms	

3. 波形特征解析

（1）220kV 母差保护动作电压、电流录波图如图 6－1－7 和图 6－1－8 所示。

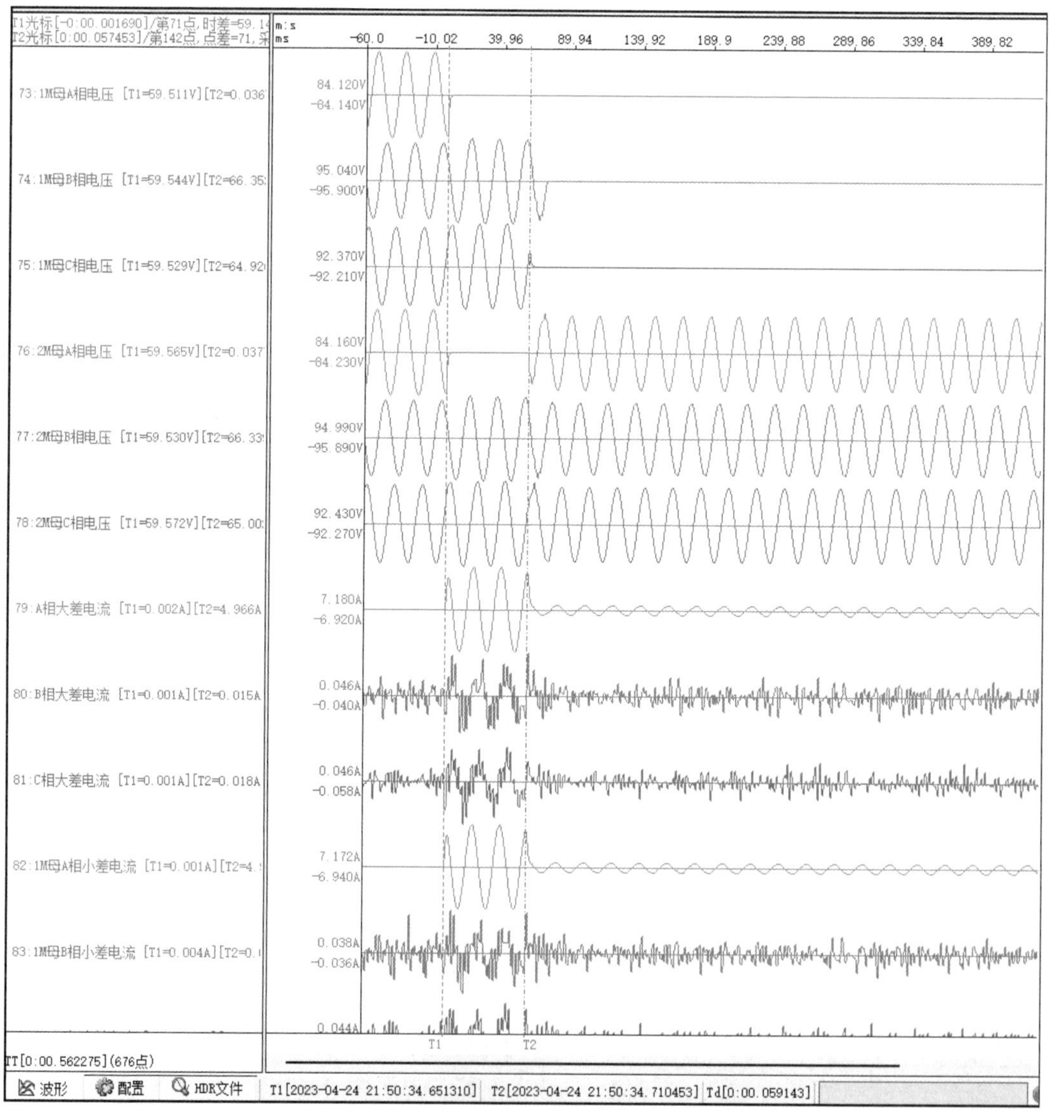

图 6－1－7　220kV 母差保护动作电压录波图

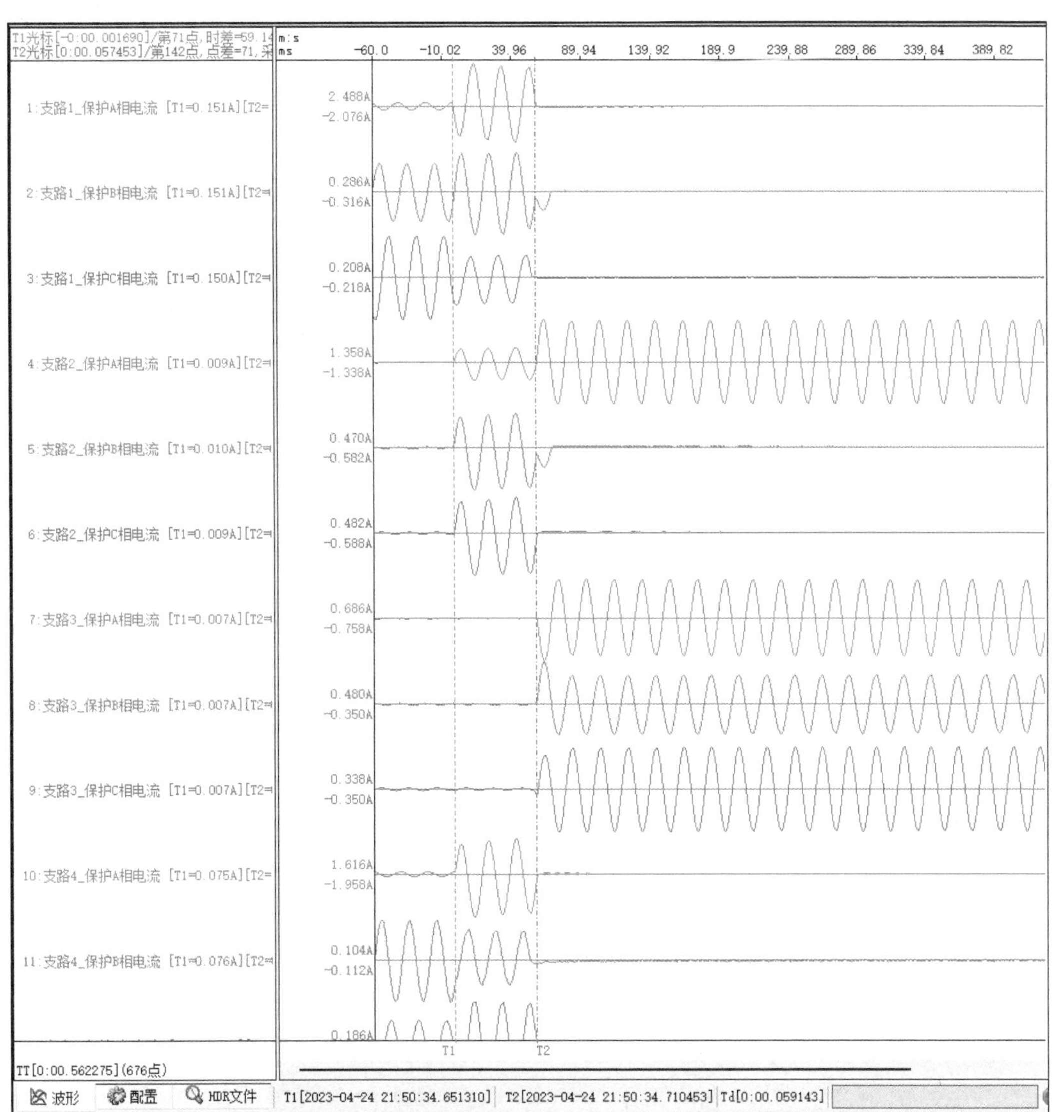

图 6-1-8 220kV 母差保护动作电流录波图

从图 6-1-1 解析可知，A 站 220kV 母线在事故前为并列运行，支路 1 为母联 2012，支路 2 为#1 主变变高，支路 3 为#2 主变变高，支路 4 为 AB Ⅰ线，支路 5 为 AB Ⅱ线，支路 6 为 AC Ⅰ线。

从图 6-1-7 解析可知，T_1 时刻 1M、2M 的母线 A 相电压直接降为 0V，B、C 两相的电压还是正常电压，符合 A 相近端金属性接地特征。约 60ms 后，1M 母线 B、C 相电压消失，2M 母线 A 相电压由 0V 恢复为正常电压。说明故障持续了约 60ms，1M 隔离后故障隔离，说明故障不在 2M 范围内。

从图 6-1-7 解析可知，T_1 时刻母差保护大差电流有效值为 0.001A，因 T_1 时刻电流

有效值是 T_1 时刻前 20ms 电流计算得到，说明在故障前 A 站 220kV 母差保护无差流。同时，解析图 6－1－8 可以看出，各支路在 T_1 时刻电流有效值均有电流，说明均有负荷。此时，母差保护大差、小差均无差流，说明各支路变比、极性、电流回路基本正常。T_1 时刻之后，由图 6－1－7 的通道 79、82 可以看出，A 相大差、1M A 相小差电流瞬间增大为 4.98A，由此也可以验证 A 站 220kV 的 1M 发生了 A 相金属性接地故障。母线差流在持续约 60ms 后，BC 相电流消失，但 A 相大差、1M 小差电流还有，只是差流变小了，说明 1M 范围内故障未真正隔离，这也与前面保护动作简报中 220kV 母差保护支路失灵保护动作行为相符。

从图 6－1－8 解析可知，支路 2（#1 主变）在 T_2 时刻电流变成了 0.356A 左右，且三相电流大小相等、方向相同。因 A 站为#1 主变高压侧中性点接地运行，主变差动保护区外发生 A 相接地故障时，接地变压器将流过零序电流，其特征与上述波形相符。其余支路三相电流无明显变化，结合前面电压可以判断故障点在 A 站 1M 范围内。由图 6－1－8 可以看出，支路 2（#1 主变）在 60ms 后，BC 两相电流消失，但 A 相电流比 T_2 时刻约大 2 倍，此时因 110kV 母线侧为并列运行，系统通过#2 主变→110kV 母线→#1 主变向故障点供故障电流，由图 6－1－8 的通道 4、7 可以看出，支路 2（#1 主变）与支路 3（#2 主变）A 相电流波形等大反相，可以得到验证。结合图 6－1－1，说明支路 2（#1 主变变高）的 A 相开关失灵了，或者故障点在#1 主变变高 A 相死区位置，需要结合开关位置进行判别。

（2）#1 主变保护动作电压、电流录波图如图 6－1－9 和图 6－1－10 所示。

从图 6－1－9 解析可知，T_1 时刻高压侧 A 相电压直接降为 0V，B、C 两相的电压还是正常电压，同时高压侧外接零序电压出现，符合 A 相近端金属性接地特征。约 60ms 后，高压侧 B、C 相电压及零序电压消失，说明#1 主变变高 B、C 相已经跳开。

从图 6－1－9 解析可知，T_1 时刻主变保护差动电流有效值约为 $0.001I_e$，因 T_1 时刻电流有效值是 T_1 时刻前 20ms 电流计算得到，说明在故障前#1 主变差动保护无差流。同时，解析图 6－1－9 可以看出，#1 主变在 T_1 时刻各侧电流有效值均有电流，说明均有负荷。此时，主变保护差动保护无差流，说明各侧电流互感器变比、极性、回路基本正常。T_1 时刻之后，#1 主变差动保护一直无差流。

从图 6－1－10 解析可知，#1 主变高压侧在 T_2 时刻电流变成了 0.356A 左右，且三相电流大小相等、方向相同。因 A 站为#1 主变高压侧中性点接地运行，主变差动保护区外发生 A 相接地故障时，接地变压器将流过零序电流，其特征与上述波形相符。图 6－1－10 的通道 2、3 所示，#1 主变高压侧在 60ms 后，BC 两相电流消失，但 A 相电流比 T_2 时刻约大 2 倍，结合图 6－1－9 和母差保护动作情况，说明#1 主变变高的 A 相开关失灵了，或者故障点在#1 主变变高 A 相死区位置，需要结合开关位置进行判别。从上述分析可知，#1 主变保护动作电流波形情况与 220kV 母差保护波形相符。

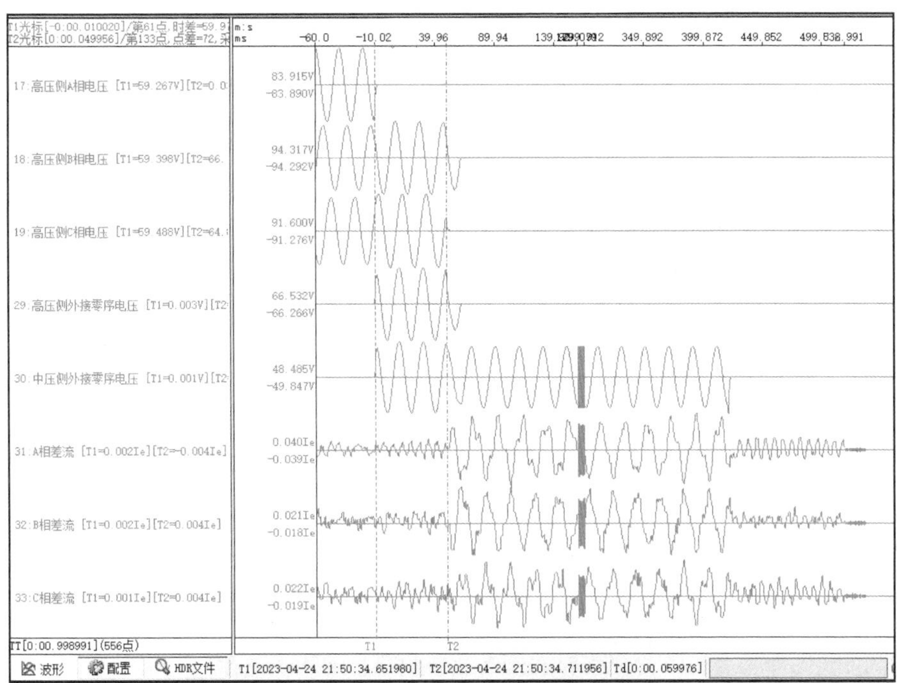

图 6-1-9 #1 主变保护动作电压录波图

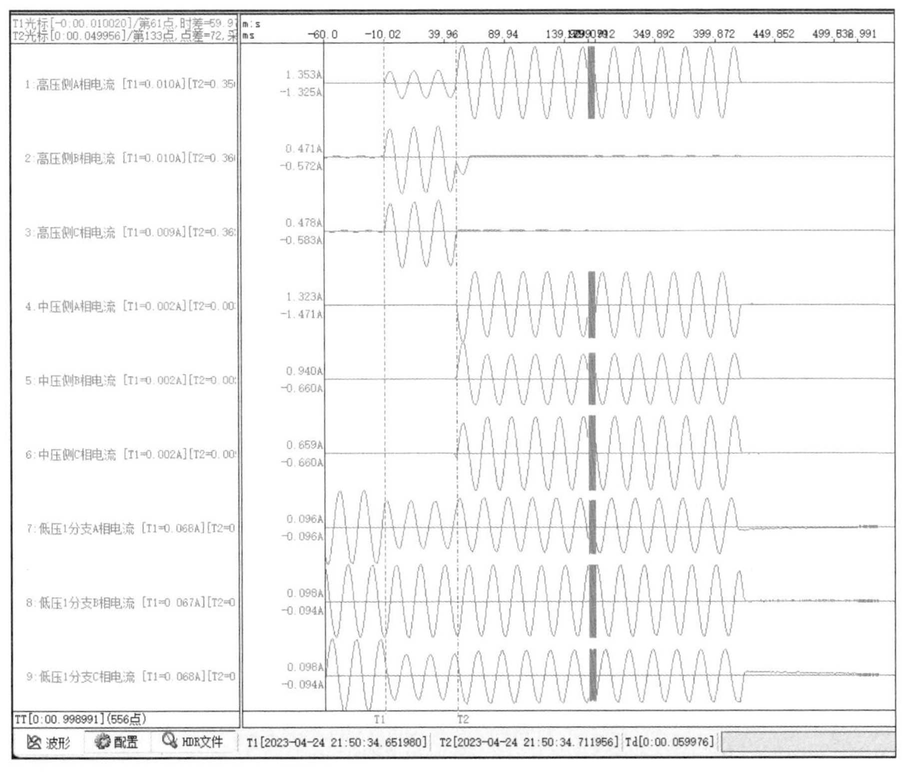

图 6-1-10 #1 主变保护动作电流录波图

（3）故障录波器录波图如图 6－1－11 所示。

从图 6－1－11 解析可知，T_1 时刻#1 主变高压侧三相跳闸命令收到，此为 220kV 母差保护跳闸。#1 主变高压侧 ABC 三相跳开，如图 6－1－11 中的通道 103～108 所示，#1 主变高压侧 B、C 相电压消失，#1 主变高压侧 B、C 相电流消失，#1 主变高压侧 A 相电流增大约 2 倍。对照图 6－1－10 的通道 9，即#1 主变高压侧 A 相电流波形，在 T_1 时刻之后的波形为连续的正弦波，没有出现波形间断、突变、不连贯等情况，可以排除 A 相开关击穿。因此，综合上述波形分析，可以判断故障为#1 主变高压侧 2201 开关死区 A 相金属性接地故障。

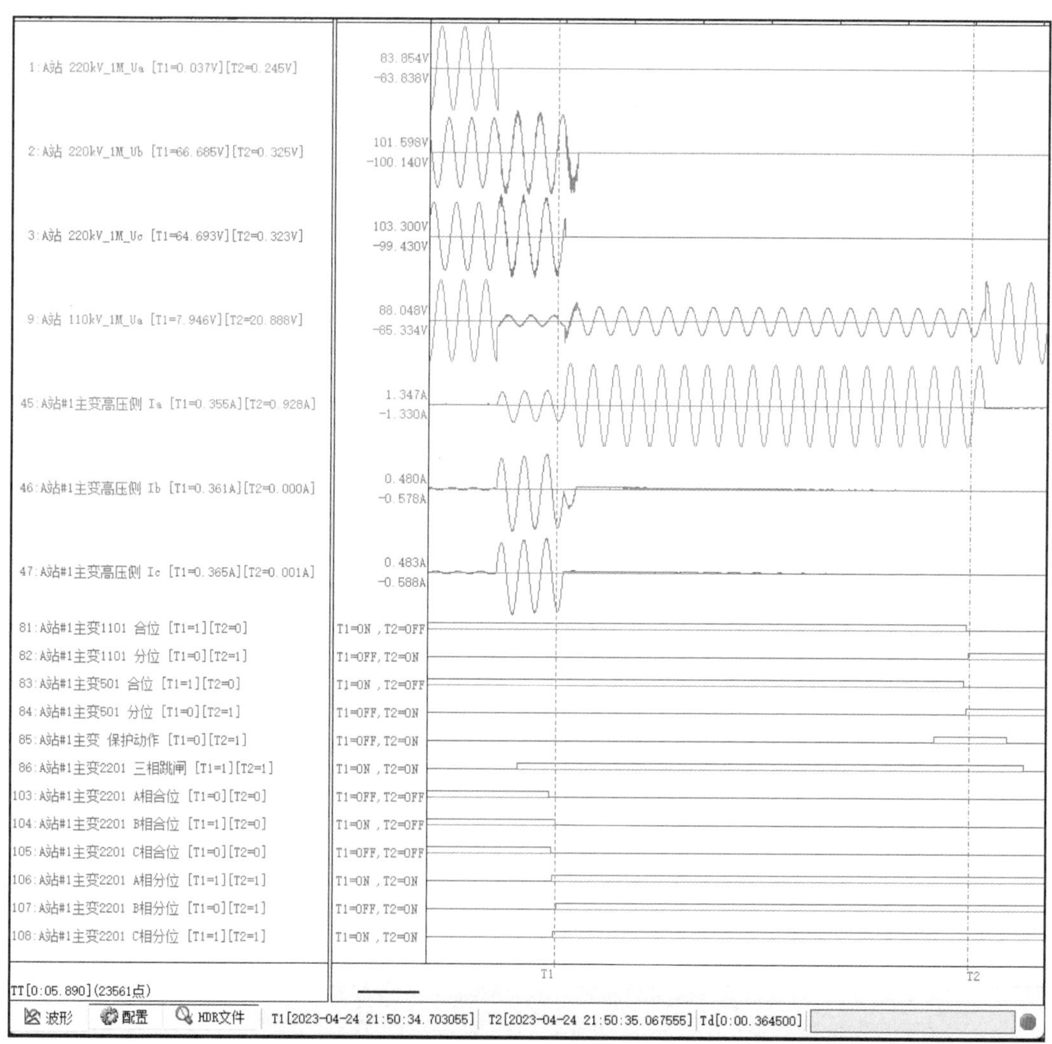

图 6－1－11　故障录波器录波图

三、综合总结

通过 220kV 母差保护、#1 主变保护动作简报，可以初步分析为 220kV 1M 母线 A 相接地故障，再结合录波图来进行验证推断。从 220kV 母差保护动作波形图中，首先解析电压波形，A 相电压突然降低为 0V，B、C 相电压不变，但在母差保护动作后，即约 60ms 后消失。220kV 母差保护大差、1M 小差均为 A 相有差流，持续 60ms，故障前大差、小差电流均为零，进一步说明发生了 A 相金属性接地故障。解析各支路电流情况，发现支路 2（#1 主变变高）在 220kV 母差保护动作后，A 相电流增大，之后 220kV 母差保护失灵跟跳、1M 失灵保护、失灵联跳主变各侧均动作，初步分析为#1 主变变高开关 A 相失灵或者死区发生故障。解析#1 主变保护动作波形，其波形情况与 220kV 母差保护完全相符，显示为 A 相金属性接地故障。最后，结合故障录波器波形，当 220kV 母差保护动作跳#1 主变变高 2201 开关后，2201 开关 TJR（三相跳闸）继电器动作，开关三相跳开。同时，解析#1 主变高压侧 A 相电流波形，在 T_1 时刻之后的波形为连续的正弦波，没有出现波形间断、突变、不连贯等情况，可以排除 A 相开关击穿。因此，综合上述波形分析，可以判断故障为#1 主变高压侧 2201 开关死区 A 相金属性接地故障，当#1 主变保护动作跳开变中 1101、变低 501 开关后，故障隔离。

综上所述，本次故障为#1 主变高压侧 2201 开关死区发生了 A 金属性接地故障，220kV 母差保护、#1 主变保护动作行为正确。

6.2 主变高压侧死区两相短路

一、故障信息

故障发生前 A 站、B 站、C 站运行方式为：AB Ⅰ 线、AB Ⅱ 线、AC Ⅰ 线、BC Ⅰ 线、#1 主变、#2 主变均在合位。A 站 AB Ⅰ、AB Ⅱ 线、#1 主变变高挂 220kV 1M，A 站 AC Ⅰ、#2 主变变高挂 220kV 2M，#1 主变高中压侧中性点接地，220kV 母线并列运行，如图 6－2－1 所示。

故障发生后，A 站 220kV 母差保护动作跳开 220kV 1M 上 AB Ⅰ 线、AB Ⅱ 线、母联 2012、#1 主变变高 2201，#1 主变高压侧复压过流 Ⅰ 段动作跳开主变三侧开关，运行方式如图 6－2－2 所示。

二、录波图解析

1. 保护动作报文解析

（1）从保护故障录波 HDR 文件读取相关保护信息，以保护启动初始时刻为基准，

220kV 母差保护动作简报见表 6-2-1。

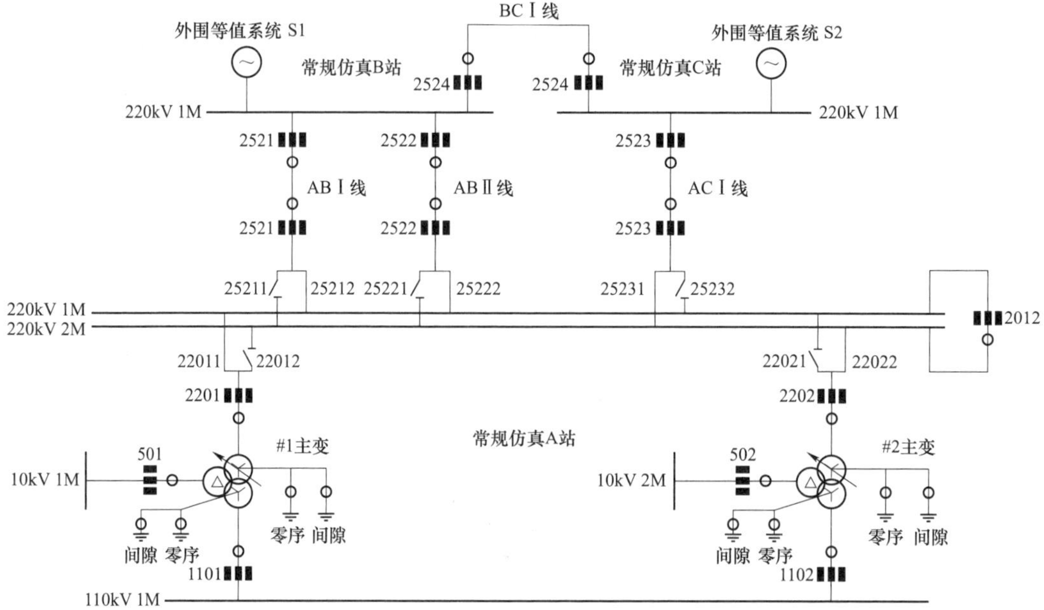

图 6-2-1　故障发生前 A 站、B 站、C 站运行方式

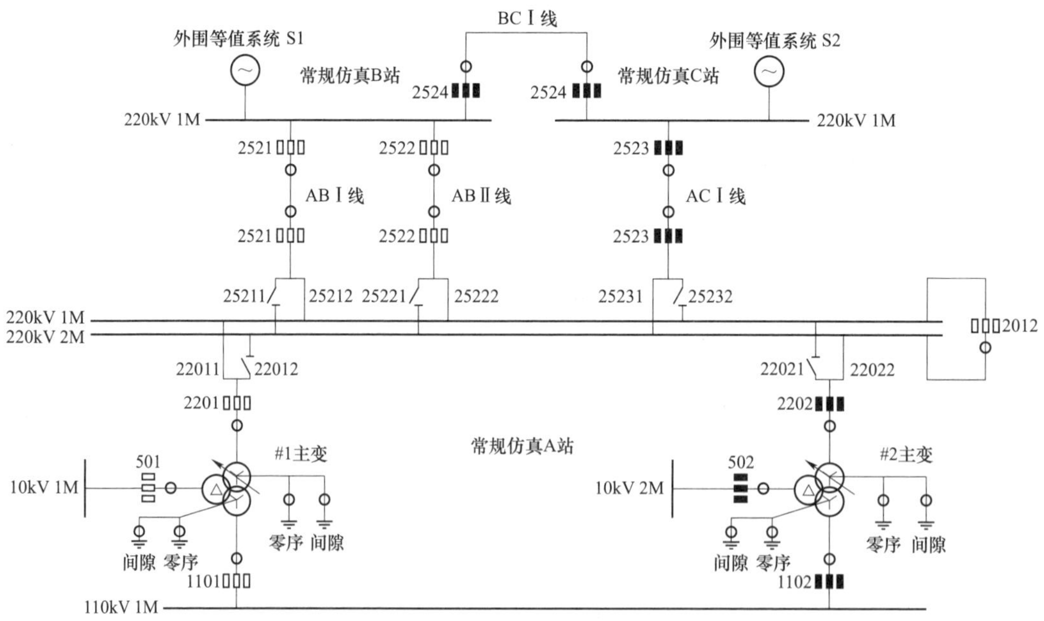

图 6-2-2　故障发生后 A 站、B 站、C 站运行方式

表 6-2-1　220kV 母差保护动作简报

序号	动作报文对应时间	动作报文名称	动作相别	动作报文变化值
1	0ms	突变量启动		1
2	0ms	突变量启动		1
3	0ms	保护启动		1
4	3ms	差流启动		1
5	3ms	差流启动		1
6	7ms	1M 母差动动作	AB	1
7	222ms	失灵保护跟跳动作		1
8	225ms	支路 2_失灵出口	ABC	1
9	323ms	失灵保护跳母联		1
10	323ms	失灵保护跳分段 1		1
11	434ms	1M 母差动动作	AB	0
12	435ms	支路 2_失灵出口	ABC	0
13	440ms	失灵保护跟跳动作		0
14	440ms	失灵保护跳母联		0
15	440ms	失灵保护跳分段 1		0
16	434ms	突变量启动		0
17	434ms	差流启动		0
18	434ms	突变量启动		0
19	434ms	差流启动		0
20	453ms	保护启动		0

根据表 6-2-1，220kV 母差保护失灵定值中，失灵跟跳时间定值为 0.15s，失灵跳母联分段时间定值为 0.25s，失灵跳母线及联跳主变时间定值为 0.4s。从保护故障录波 HDR 文件读取相关保护信息，0ms 保护启动后，7ms 1M 母差 AB 相差动动作，222ms 失灵保护跟跳动作，225ms 支路 2 失灵出口，323ms 失灵跳母联分段，440ms 失灵跳 1M 及失灵联跳主变（支路 2）。结合 220kV 母差保护定值，可以看出母差保护动作行为正确，各时间与定值相符。从上述简报可以初步推测，A 站 220kV 1M 区内发送了 AB 相故障，而且支路 2（#1 主变）在母差保护动作后未能隔离故障，在后续分析中应重点分析。

（2）从保护故障录波 HDR 文件读取相关保护信息，#1 主变保护动作简报见表 6-2-2。

表 6-2-2　　　　#1 主变保护动作简报

序号	动作报文对应时间	动作报文名称	动作相别	动作报文变化值
1	0ms	保护启动		1
2	315ms	高复流 I 段	AB	1
3		跳高压侧		1
4		跳中压侧		1
5		跳低压 1 分支		1
6		跳备用出口 1		1
7		跳备用出口 2		1
8	376ms	高复流 I 段		0
9		跳高压侧		0
10		跳中压侧		0
11		跳低压 1 分支		0
12		跳备用出口 1		0
13		跳备用出口 2		0
14	892ms	保护启动		0

根据表 6-2-2，0ms 保护启动，315ms 高复流 I 段动作，跳开主变高压侧、中压侧和低压侧，376ms 高复流 I 段返回。从上述信息可知，#1 主变高压侧复压过流 I 段动作后，故障隔离。

2. 开关量变位解析

（1）220kV 母差保护：以故障初始时刻为基准，A 站 220kV 母差保护开关量变位图如图 6-2-3 和图 6-2-4 所示。

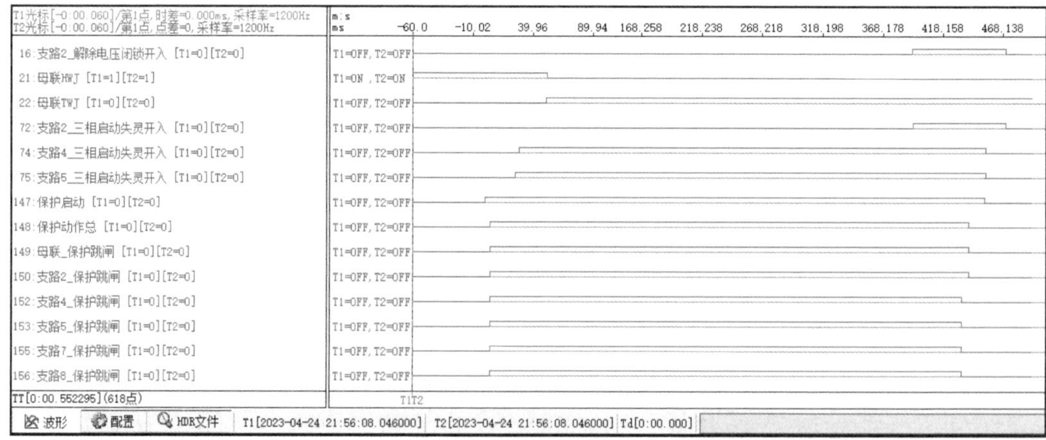

图 6-2-3　220kV 母差保护开关量变位图 1

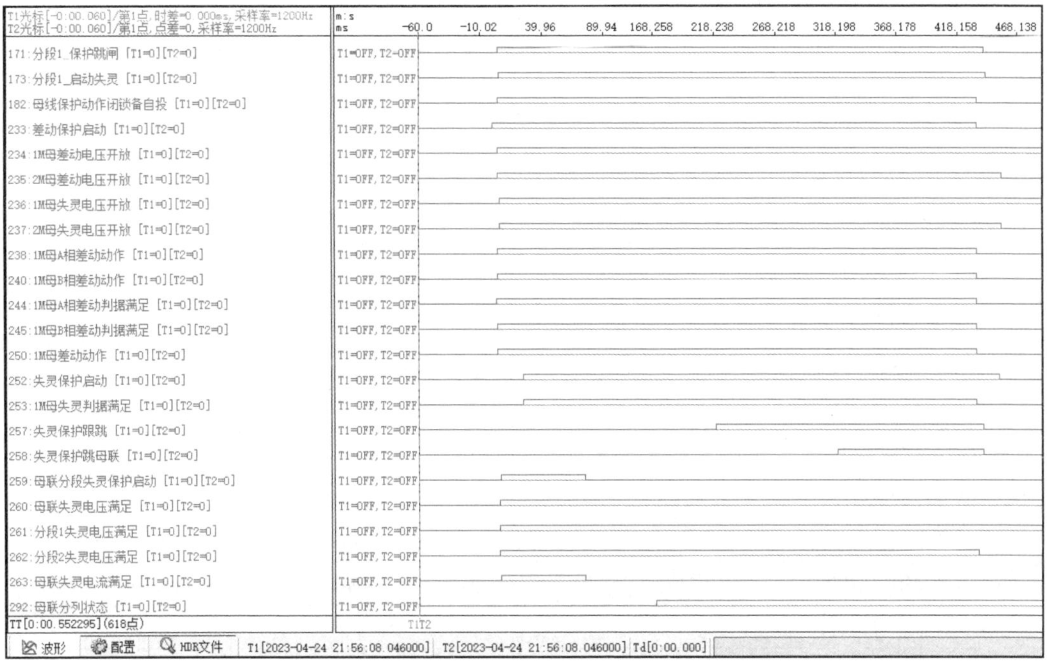

图 6-2-4　220kV 母差保护开关量变位图 2

从图 6-2-3 和图 6-2-4 解析可知，2.499ms 220kV 母差保护启动，6.664ms 220kV 母差 1M A 相、B 相差动保护动作，6.664ms 220kV 母差跳 220kV 1M，保护逻辑与动作简报相符。

A 站 220kV 母差保护开关量变位时间顺序见表 6-2-3 和表 6-2-4。

表 6-2-3　　220kV 母差保护开关量变位时间顺序 1

位置	第 1 次变位时间	第 2 次变位时间
16:支路 2 解除电压闭锁开入	↑ 394.858ms	↓ 473.160ms
21:母联 HWJ	↓ 54.145ms	
22:母联 TWJ	↑ 53.312ms	
72:支路 2 三相启动失灵开入	↑ 395.691ms	↓ 473.160ms
74:支路 4 三相启动失灵开入	↑ 30.821ms	↓ 456.500ms
75:支路 5 三相启动失灵开入	↑ 27.489ms	↓ 456.500ms
147:保护启动	↑ 2.499ms	↓ 455.667ms
148:保护动作总	↑ 6.664ms	↓ 442.339ms
149:母联 保护跳闸	↑ 6.664ms	↓ 442.339ms
150:支路 2 保护跳闸	↑ 6.664ms	↓ 442.339ms
152:支路 4 保护跳闸	↑ 6.664ms	↓ 436.508ms
153:支路 5 保护跳闸	↑ 6.664ms	↓ 436.508ms

续表

位置	第 1 次变位时间	第 2 次变位时间
155:支路 7 保护跳闸	↑ 6.664ms	↓ 436.508ms
156:支路 8 保护跳闸	↑ 6.664ms	↓ 436.508ms

表 6-2-4　　220kV 母差保护开关量变位时间顺序 2

位置	第 1 次变位时间	第 2 次变位时间
171:分段 1 保护跳闸	↑ 6.664ms	↓ 442.339ms
173:分段 1 启动失灵	↑ 7.497ms	↓ 444.005ms
182:母线保护动作闭锁备自投	↑ 6.664ms	↓ 436.508ms
233:差动保护启动	↑ 2.499ms	↓ 436.508ms
234:1M 母差动电压开放	↑ 6.664ms	
235:2M 母差动电压开放	↑ 6.664ms	↓ 457.333ms
236:1M 母失灵电压开放	↑ 8.330ms	
237:2M 母失灵电压开放	↑ 8.330ms	↓ 457.333ms
238:1M 母 A 相差动动作	↑ 6.664ms	↓ 436.508ms
240:1M 母 B 相差动动作	↑ 6.664ms	↓ 436.508ms
244:1M 母 A 相差动判据满足	↑ 5.831ms	↓ 436.508ms
245:1M 母 B 相差动判据满足	↑ 6.664ms	↓ 436.508ms
250:1M 母差动动作	↑ 6.664ms	↓ 436.508ms
252:失灵保护启动	↑ 27.489ms	↓ 455.667ms
253:1M 母失灵判据满足	↑ 27.489ms	↓ 436.508ms
257:失灵保护跟跳	↑ 222.427ms	↓ 442.339ms
258:失灵保护跳母联	↑ 322.387ms	↓ 442.339ms
259:母联分段失灵保护启动	↑ 9.163ms	↓ 77.469ms
260:母联失灵电压满足	↑ 8.330ms	
261:分段 1 失灵电压满足	↑ 8.330ms	
262:分段 2 失灵电压满足	↑ 8.330ms	↓ 438.174ms
263:母联失灵电流满足	↑ 9.163ms	↓ 77.469ms
292:母联分列状态	↑ 173.280ms	

（2）#1 主变保护：以故障初始时刻为基准，A 站#1 主变保护开关量变位图如图 6-2-5 所示。

从图 6-2-5 解析可知，4.998ms #1 主变保护启动，319ms #1 主变高复流 I 段保护动作，319ms #1 主变保护跳开关主变各侧开关。

A 站#1 主变保护开关量变位时间顺序见表 6-2-5。

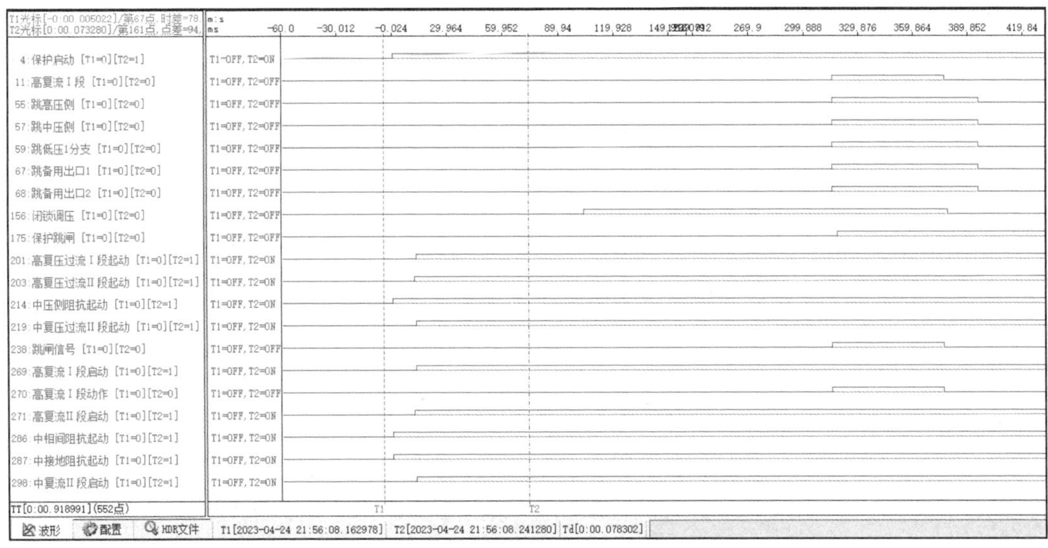

图 6-2-5　#1 主变保护开关量变位图

表 6-2-5　　#1 主变保护开关量变位时间顺序

位置	第 1 次变位时间	第 2 次变位时间
4:保护启动	↑ 4.998ms	
11:高复流 I 段	↑ 319.904ms	↓ 381.546ms
55:跳高压侧	↑ 319.904ms	↓ 399.872ms
57:跳中压则	↑ 319.904ms	↓ 399.872ms
59:跳低压 1 分支	↑ 319.904ms	↓ 399.872ms
67:跳备用出口 1	↑ 319.904ms	↓ 399.872ms
68:跳备用出口 2	↑ 319.904ms	↓ 399.872ms
156:闭锁调压	↑ 108.290ms	↓ 383.212ms
175:保护跳闸	↑ 323.236ms	
201:高复压过流 I 段启动	↑ 17.493ms	
203:高复压过流 Ⅱ 段启动	↑ 16.660ms	
214:中压侧阻抗启动	↑ 4.998ms	
219:中复压过流 Ⅱ 段启动	↑ 17.493ms	
238:跳闸信号	↑ 319.904ms	↓ 381.546ms
269:高复流 I 段启动	↑ 17.493ms	
270:高复流 I 段动作	↑ 319.904ms	↓ 381.546ms
271:高复流 Ⅱ 段启动	↑ 16.660ms	
286:中相间阻抗启动	↑ 4.998ms	
287:中接地阻抗启动	↑ 4.998ms	
298:中复流·Ⅱ 段启动	↑ 17.493ms	

（3）故障录波器：以故障初始时刻为基准，A 站故障录波器开关量变位图如图 6-2-6 所示。

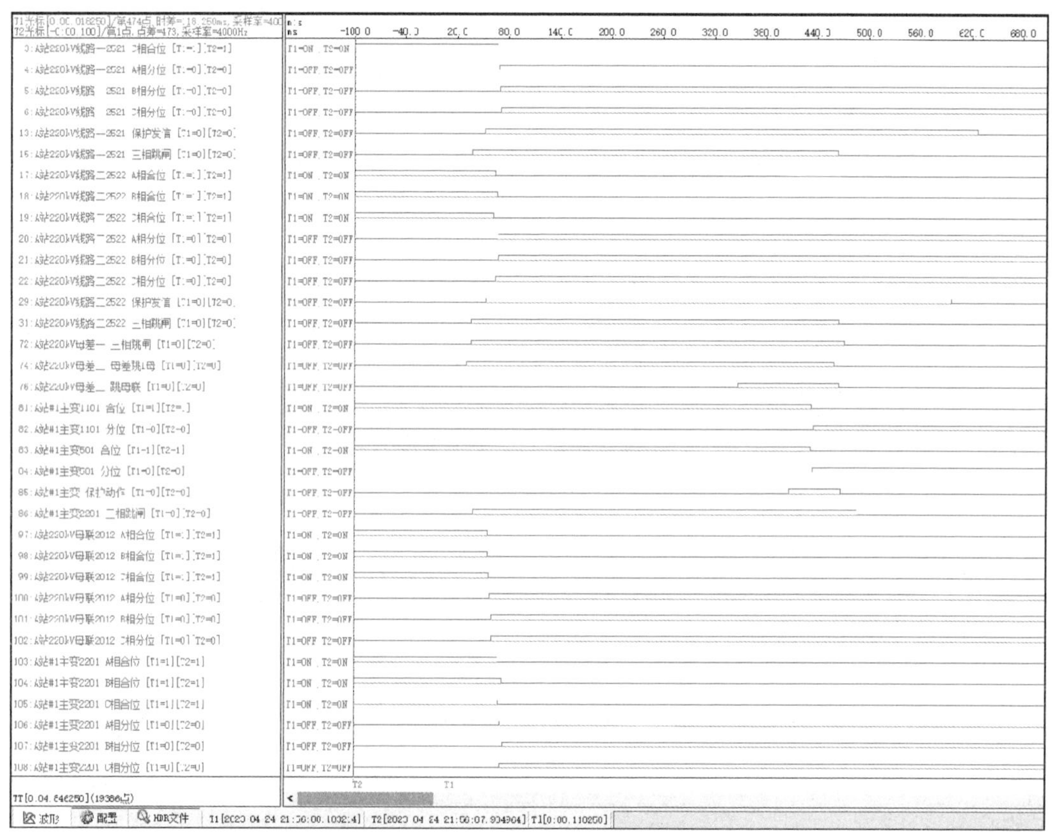

图 6-2-6 故障录波器开关量变位图

从图 6-2-6 解析可知，18ms 220kV 母差保护动作，48ms 220kV 1M 间隔开关跳开，20ms #1 主变保护动作，416ms#1 主变各侧开关跳开。

A 站故障录波器开关量变位时间顺序见表 6-2-6。

表 6-2-6 故障录波器开关量变位时间顺序

位置	第 1 次变位时间	第 2 次变位时间
1:A 站 220kV 线路一 2521 A 相合位	↓ 48.000ms	
2:A 站 220kV 线路一 2521 B 相合位	↓ 48.000ms	
3:A 站 220kV 线路一 2521 C 相合位	↓ 48.250ms	
4:A 站 220kV 线路一 2521 A 相分位	↑ 51.000ms	
5:A 站 220kV 线路一 2521 B 相分位	↑ 51.500ms	
6:A 站 220kV 线路一 2521 C 相分位	↑ 52.250ms	

续表

位置	第 1 次变位时间	第 2 次变位时间
13:A 站 220kV 线路一 2521 保护发信	↑ 33.750ms	↓ 608.250ms
15:A 站 220kV 线路一 2521 三相跳闸	↑ 18.750ms	↓ 446.000ms
17:A 站 220kV 线路二 2522 A 相合位	↓ 45.750ms	
18:A 站 220kV 线路二 2522 B 相合位	↓ 47.250ms	
19:A 站 220kV 线路二 2522 C 相合位	↓ 43.500ms	
20:A 站 220kV 线路二 2522 A 相分位	↑ 48.500ms	
21:A 站 220kV 线路二 2522 B 相分位	↑ 50.000ms	
22:A 站 220kV 线路二 2522 C 相分位	↑ 45.500ms	
29:A 站 220kV 线路二 2522 保护发信	↑ 34.750ms	↓ 577.500ms
31:A 站 220kV 线路二 2522 三相跳闸	↑ 17.750ms	↓ 446.250ms
72:A 站 220kV 母差一三相跳闸	↑ 18.000ms	↓ 452.750ms
74:A 站 220kV 母差二母差跳 I 母	↑ 12.250ms	↓ 440.750ms
76:A 站 220kV 母差二跳母联	↑ 328.250ms	↓ 447.000ms
81:A 站#1 主变 1101 合位	↓ 415.000ms	
82:A 站#1 主变 1101 分位	↑ 416.500ms	
83:A 站#1 主变 501 合位	↓ 413.750ms	
84:A 站#1 主变 501 分位	↑ 416.000ms	
85:A 站#1 主变保护动作	↑ 388.500ms	↓ 448.500ms
86:A 站#1 主变 2201 三相跳闸	↑ 20.000ms	↓ 467.500ms
97:A 站 220kV 母联 2012 A 相合位	↓ 37.750ms	
98:A 站 220kV 母联 2012 B 相合位	↓ 38.000ms	
99:A 站 220kV 母联 2012 C 相合位	↓ 38.500ms	
100:A 站 220kV 母联 2012 A 相分位	↑ 40.000ms	
101:A 站 220kV 母联 2012 B 相分位	↑ 41.250ms	
102:A 站 220kV 母联 2012 C 相分位	↑ 41.500ms	
103:A 站#1 主变 2201 A 相合位	↓ 48.500ms	
104:A 站#1 主变 2201 B 相合位	↓ 53.500ms	
105:A 站#1 主变 2201 C 相合位	↓ 50.000ms	
106:A 站#1 主变 2201 A 相分位	↑ 51.750ms	
107:A 站#1 主变 2201 B 相分位	↑ 54.750ms	
108:A 站#1 主变 2201 C 相分位	↑ 52.000ms	

3. 波形特征解析

（1）220kV 母差保护动作电压、电流录波图如图 6－2－7 和图 6－2－8 所示。

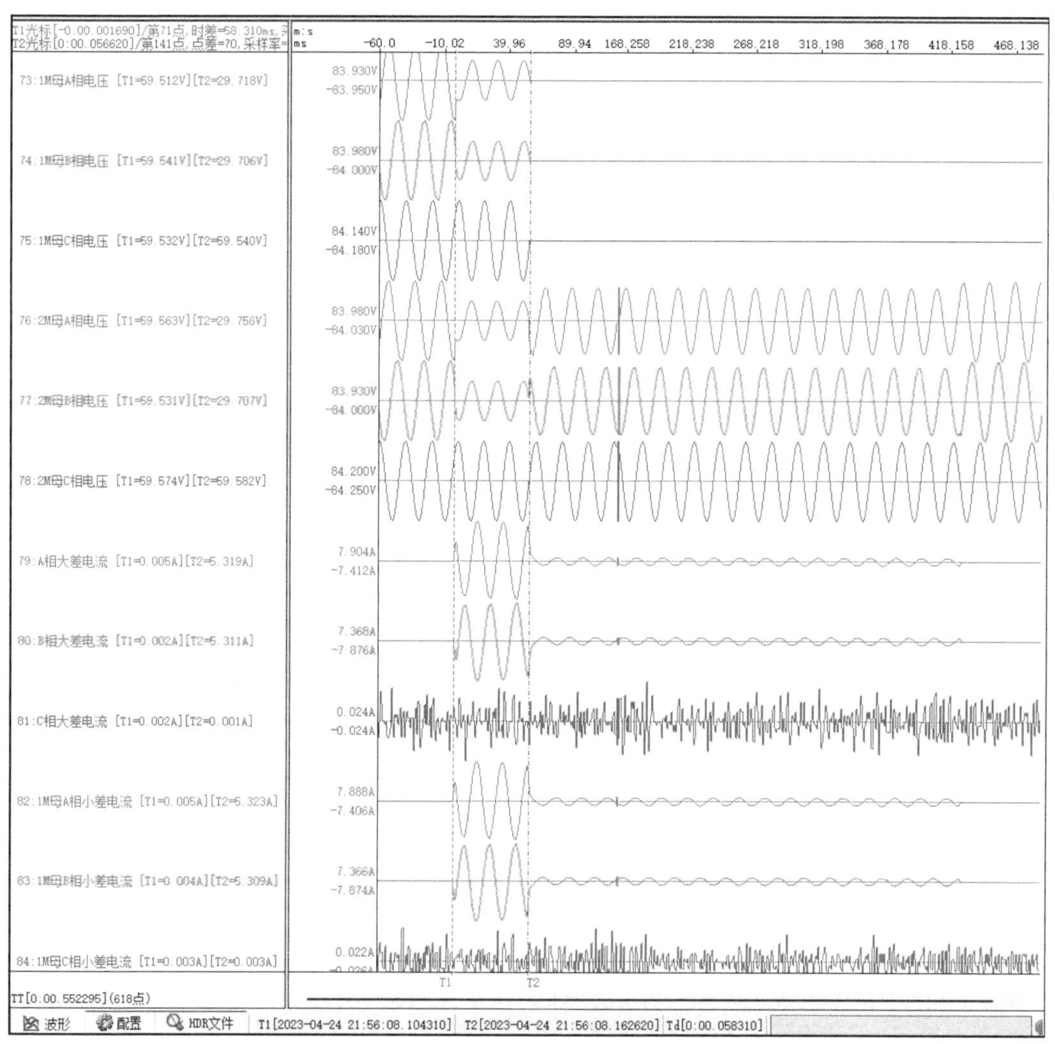

图 6－2－7　220kV 母差保护动作电压录波图

从图 6－2－1 解析可知，A 站 220kV 母线在事故前为并列运行，支路 1 为母联 2012，支路 2 为#1 主变变高，支路 3 为#2 主变变高，支路 4 为 ABⅠ线，支路 5 为 ABⅡ线，支路 6 为 ACⅠ线。

从图 6－2－7 解析可知，T_1 时刻 1M、2M 的母线 AB 相电压直接降为一半正常电压，且 AB 相电压相位相同，C 两相的电压还是正常电压，符合 AB 相近端金属性短路特征。约 55ms 后，1M 母线 A、B、C 相电压消失，2M 母线 AB 相电压由恢复为正常电压。说明故障持续了约 55ms，1M 隔离后故障隔离，说明故障不在 2M 范围内。

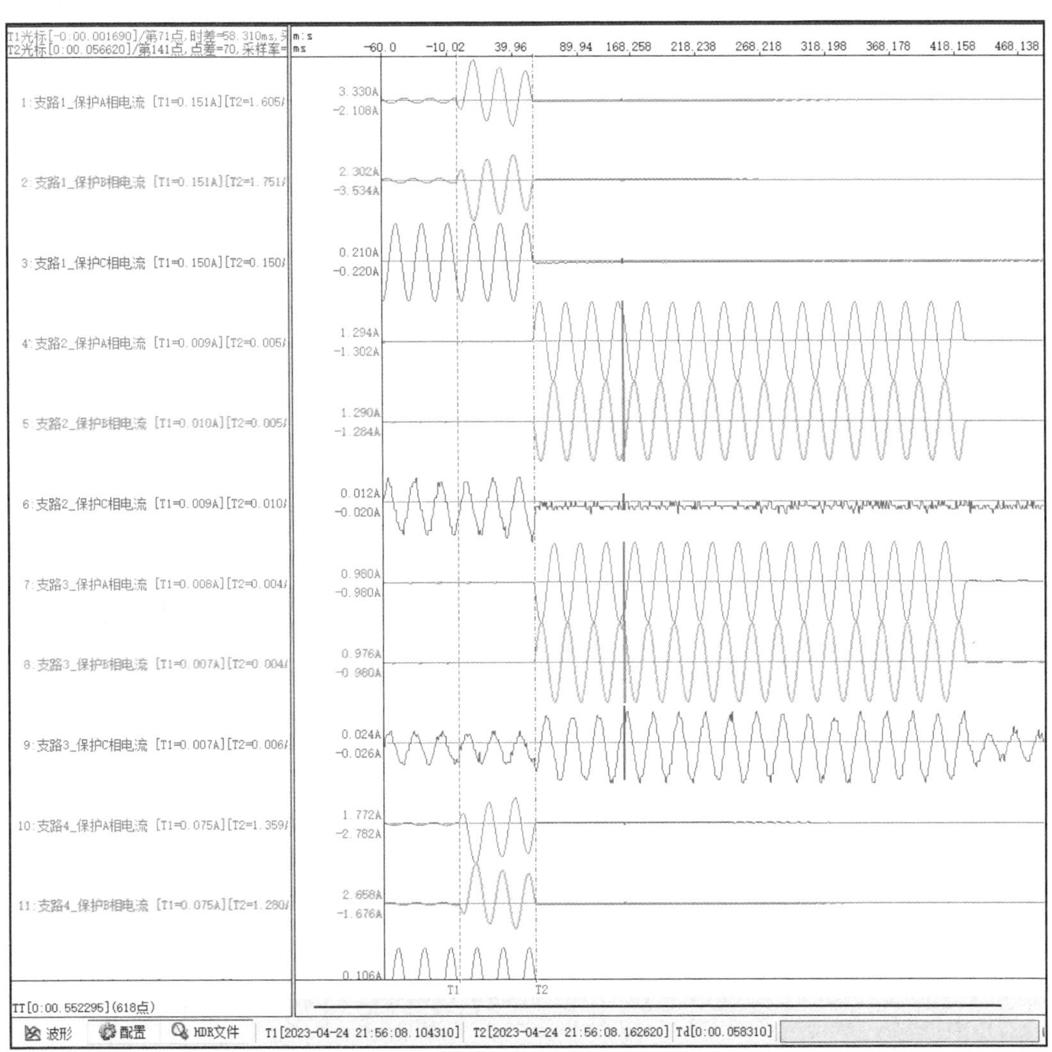

图 6-2-8 220kV 母差保护动作电流录波图

从图 6-2-7 解析可知，T_1 时刻母差保护大差电流有效值为 0.002A，因 T_1 时刻电流有效值是 T_1 时刻前 20ms 电流计算得到，说明在故障前 A 站 220kV 母差保护无差流。同时，解析图 6-2-8 可以看出，各支路在 T_1 时刻电流有效值均有电流，说明均有负荷。此时，母差保护大差、小差均无差流，说明各支路变比、极性、电流回路基本正常。T_1 时刻之后，由图 6-2-7 的通道 79、82 可以看出，AB 相大差、1M AB 相小差电流瞬间增大为 5.319A，由此也可以验证 A 站 220kV 的 1M 发生了 AB 相金属性短路故障。母线差流在持续约 55ms 后，C 相电流消失，但 AB 相大差、1M 小差电流还有，只是差流变小了，说明 1M 范围内故障未真正隔离，这也与前面保护动作简报中 220kV 母差保护支路失灵保护动作行为相符。

从图 6-2-8 解析可知，T_1 时刻开始，支路 1（母联 2012）有等大反相的 AB 相电流。

支路 2（#1 主变）在 T_1 时刻前有 0.01A 的负荷电流，T_1～T_2 期间支路 2 的 AB 相电流变为故障前的一半，约 0.005A，这是因为 220kV 发生 AB 相间短路后，母线电压变为正常值的一半，其负荷电流也变为原来的一半。同时，因 A 站 110kV 侧无电源点，#1、#2 主变通过 110kV 母线连通，220kV 并列运行时无法通过#2 主变提供故障电流。由图 6－2－8 的通道 4、5 可以看出，支路 2（#1 主变）在 55ms 后，C 相电流消失，但 AB 相出现了很大的故障电流，且 AB 相电流等大反相，符合 AB 两相短路特征。同时，支路 3（#2 主变）的 AB 相电流与支路 2（#1 主变）电流等大反相，即#1 主变故障电流为#2 主变通过 110kV 母线提供。结合图 6－2－1，说明支路 2（#1 主变变高）的 AB 相开关失灵了，或者故障点在#1 主变变高 AB 相死区位置，需要结合开关位置进行判别。

（2）#1 主变保护动作电压、电流录波图如图 6－2－9 和图 6－2－10 所示。

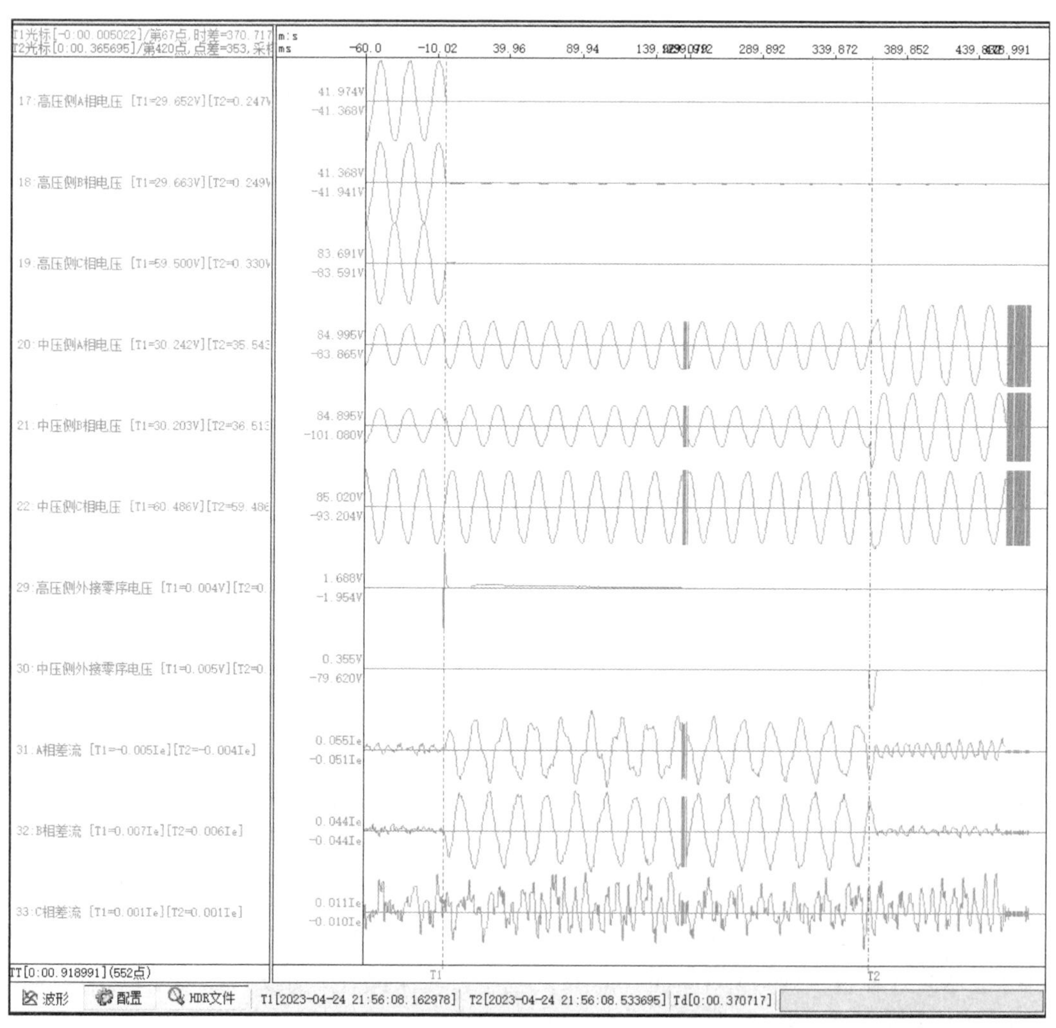

图 6－2－9　#1 主变保护动作电压录波图

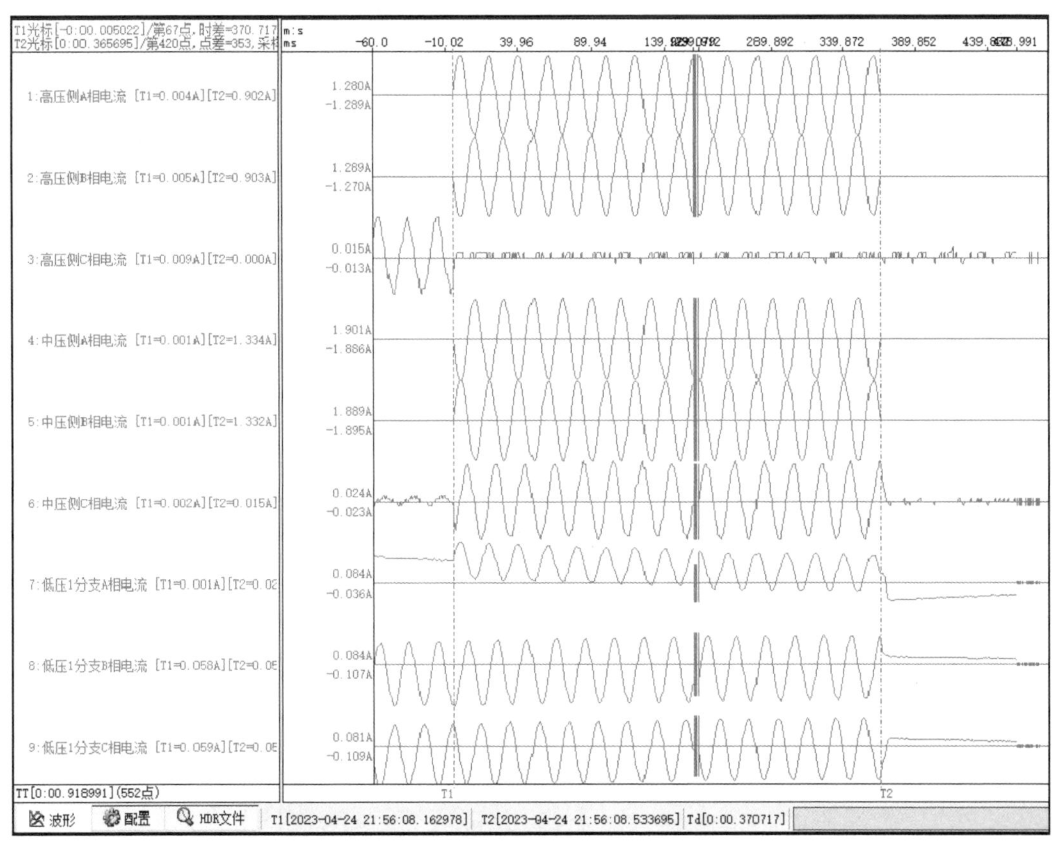

图 6-2-10 #1 主变保护动作电流录波图

从图 6-2-9 解析可知，T_1 时刻为 220kV 母差保护跳#1 主变变高开关时刻。T_1 之前#1 主变高压侧 AB 相电压有效值为 29.6V，C 相电压为正常电压，如图 6-2-9 的通道 17、18、19 所示。#1 主变中压侧电压 AB 相电压等大同向，赋值为 C 相电压的一半，相位与 C 相电压相反，即电压特征符合高压侧 AB 相间短路特征。同时，结合图 6-2-9 的通道 29、30，可以看出整个过程中均无零序电压。B、C 两相的电压还是正常电压，同时高压侧外接零序电压出现，符合 A 相近端金属性接地特征。约 430ms 后，即图 6-2-9 的 T_2 时刻，#1 主变中压侧、低压侧跳开，#1 主变中压侧三相电压恢复正常电压，说明故障已隔离。

从图 6-2-9 解析可知，T_1 时刻主变保护差动电流有效值约为 $0.005I_e$，因 T_1 时刻电流有效值是 T_1 时刻前 20ms 电流计算得到，说明在故障前#1 主变差动保护无差流。同时，解析图 6-2-10 可以看出，#1 主变在 T_1 时刻各侧电流有效值均有电流，说明均有负荷。此时，主变保护差动保护无差流，说明各侧电流互感器变比、极性、回路基本正常。T_1 时刻之后，#1 主变差动保护一直无差流。

从图 6–2–10 解析可知，#1 主变高压侧在 T_1 时刻之前，#1 主变 AB 相电流约为 0.05A，C 相电流约为 0.09A，该特征与母差保护相符。T_1 时刻之后，#1 主变高压侧 AB 两相电流为 0.9A 等大反相，#1 主变中压侧 AB 两相电流为 1.334A，若结合#1 主变高、中压侧额度电压和电流互感器变比，还可得到#1 主变高压侧等大反相 T_2 时刻电流变成了 0.356A 左右，且三相电流大小相等、方向相同。从上述分析可知，#1 主变保护动作电流波形情况与 220kV 母差保护波形相符。

（3）故障录波器录波图如图 6–2–11 和图 6–2–12 所示。

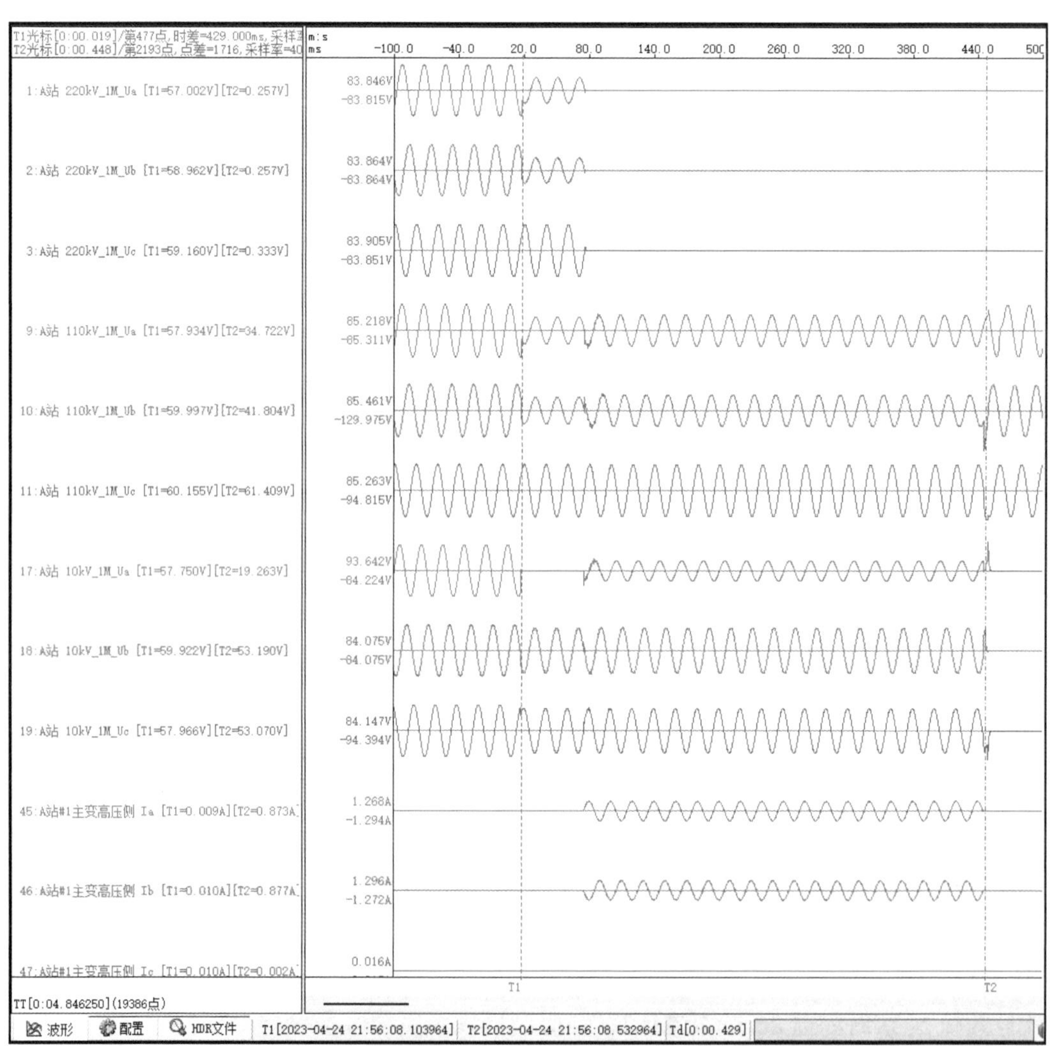

图 6–2–11　故障录波器录波图 1

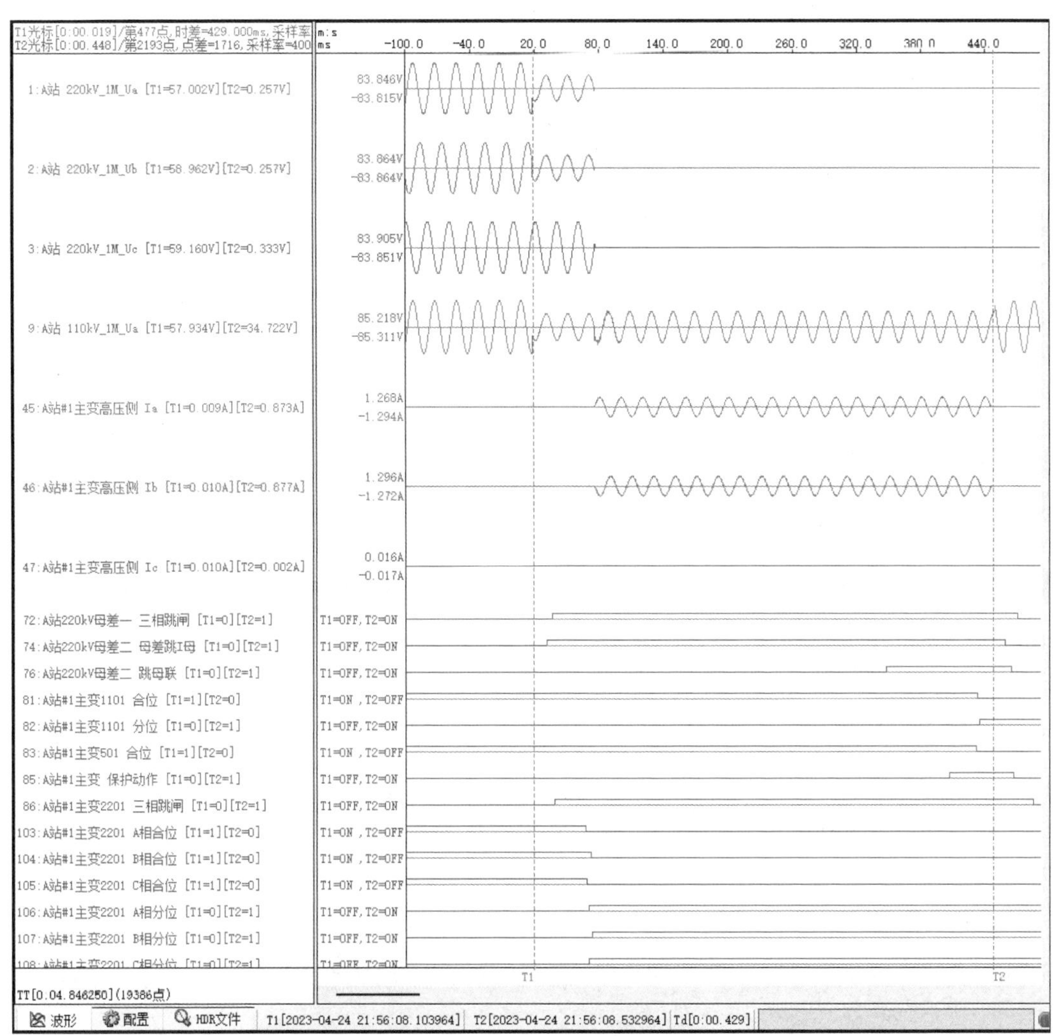

图 6-2-12　故障录波器录波图 2

从图 6-2-11 解析可知，T_1 时刻 220kV 1M 母线 AB 相电压降低为正常电压的一半，C 相电压正常。图 6-2-12 的通道 72～108 所示，A 站 220kV 母差保护动作，#1 主变高压侧三相跳闸命令收到，#1 主变高压侧三相开关跳开。同时，如图 6-2-11 所示，约 55ms，220kV 1M 三相电压消失，#1 主变高压侧 AB 相出现故障电流，且三相电压消失时刻与#1 主变电流出现时刻相同，与 220kV 母差保护、#1 主变保护动作录波图相符，这是因为 220kV 1M 所有间隔均已跳开，系统通过#2 主变→110kV 母线→#1 主变向故障点提供故障电流，说明故障点在#1 主变变高开关死区。此外，根据图 6-2-11 的通道 45、46，即#1 主变高压侧 AB 相电流波形，电流波形为连续的正弦波，没有出现波形间断、突变、不连贯等情况，可以排除 A 相开关击穿。因此，综合上述波形分析，可以判断故障为#1 主变高压侧 2201 开关死区 AB 相金属性相间短路故障。

三、综合总结

通过 220kV 母差保护、#1 主变保护动作简报，可以初步分析为 220kV 1M 母线 AB 相相间短路，再结合录波图来进行验证推断。从 220kV 母差保护动作波形图中，首先解析电压波形，AB 相电压突然降低为正常电压一半，C 相电压不变，与 AB 相电压相位相反。在母差保护动作后，即约 55ms 后，ABC 三相电压均消失。220kV 母差保护大差、1M 小差均为 AB 相有差流，前 55ms 较大，故障前大差、小差电流均为零，进一步说明发生了 AB 相金属性相间短路。解析各支路电流情况，发现支路 2（#1 主变变高）在 220kV 母差保护动作后，AB 相电流增大，之后 220kV 母差保护失灵跟跳、1M 失灵保护、失灵联跳主变各侧均动作，初步分析为#1 主变变高开关 AB 相失灵或者死区发生故障。解析#1 主变保护动作波形，其波形情况与 220kV 母差保护完全相符，显示为 AB 相金属性相间短路。最后，结合故障录波器波形，当 220kV 母差保护动作跳#1 主变变高 2201 开关后，2201 开关 TJR（三相跳闸）继电器动作，开关三相跳开。220kV 1M 所有间隔均已跳开，系统通过#2 主变→110kV 母线→#1 主变向故障点提供故障电流。同时，解析#1 主变高压侧 AB 相电流波形，电流波形为连续的正弦波，没有出现波形间断、突变、不连贯等情况，可以排除 A 相开关击穿。因此，综合上述波形分析，可以判断故障为#1 主变高压侧 2201 开关死区 AB 相金属性相间短路。

综上所述，本次故障为#1 主变高压侧 2201 开关死区发生了 AB 相金属性相间短路，220kV 母差保护、#1 主变保护动作行为正确。

6.3　主变高压侧死区两相接地短路

一、故障信息

故障发生前 A 站、B 站、C 站运行方式为：AB Ⅰ线、AB Ⅱ线、AC Ⅰ线、BC Ⅰ线、#1 主变、#2 主变均在合位。A 站 AB Ⅰ、AB Ⅱ线、#1 主变变高挂 220kV 1M，A 站 AC Ⅰ、#2 主变变高挂 220kV 2M，#1 主变高中压侧中性点接地，220kV 母线并列运行，如图 6－3－1 所示。

故障发生后，A 站 220kV 母差保护动作跳开 220kV 1M 上 AB Ⅰ线、AB Ⅱ线、母联 2012、#1 主变变高 2201，#1 主变高压侧复压过流Ⅰ段动作跳开主变三侧开关，运行方式如图 6－3－2 所示。

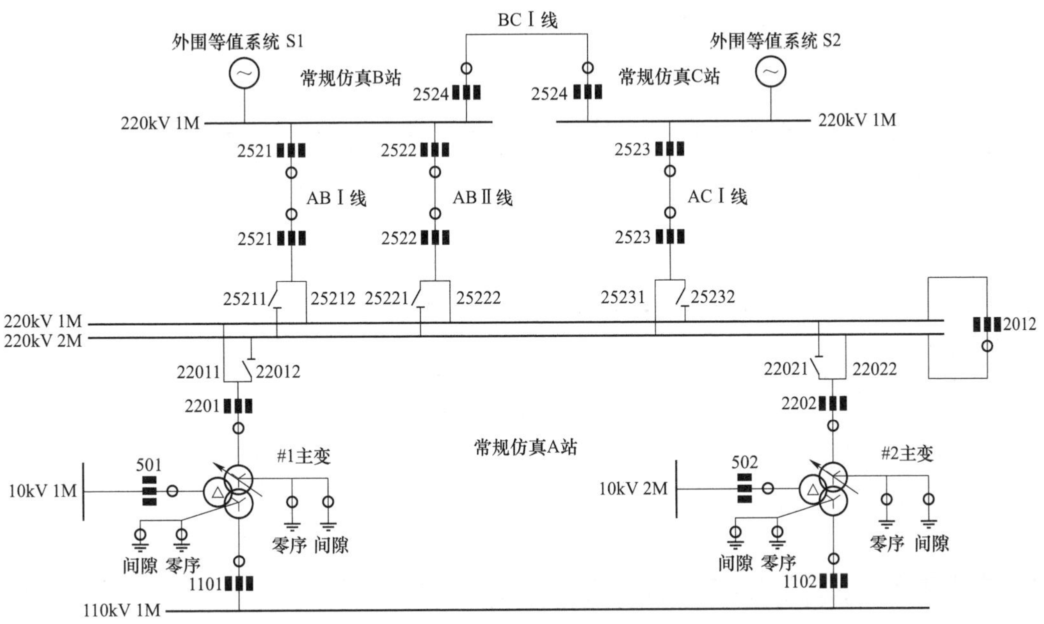

图 6-3-1 故障发生前 A 站、B 站、C 站运行方式

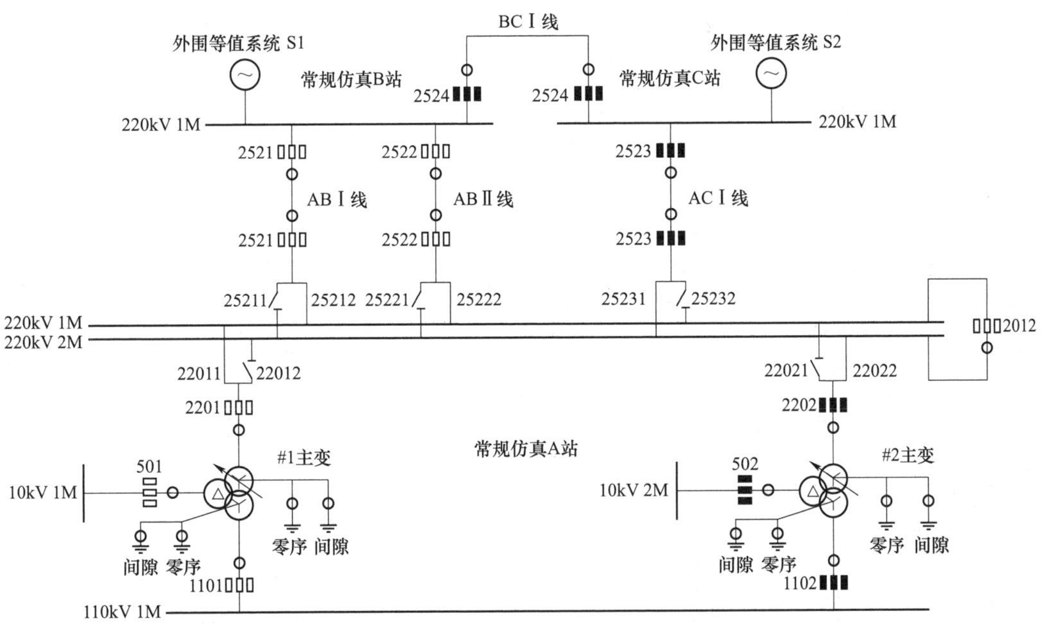

图 6-3-2 故障发生后 A 站、B 站、C 站运行方式

二、录波图解析

1. 保护动作报文解析

（1）从保护故障录波 HDR 文件读取相关保护信息，以保护启动初始时刻为基准，

220kV 母差保护动作简报见表 6－3－1。

表 6－3－1　　220kV 母差保护动作简报

序号	动作报文对应时间	动作报文名称	动作相别	动作报文变化值
1	0ms	突变量启动		1
2	0ms	突变量启动		1
3	0ms	保护启动		1
4	2ms	差流启动		1
5	3ms	突变量启动		1
6	6ms	差流启动		1
7	63ms	突变量启动		1
8	6ms	1M 母差动动作	AB	1
9	159ms	支路 2_失灵出口	ABC	1
10	159ms	失灵保护跟跳动作		1
11	262ms	失灵保护跳母联		1
12	262ms	失灵保护跳分段 1		1
13	412ms	1M 母失灵保护动作		1
14	412ms	支路 2_失灵联跳变压器		1
15	438ms	1M 母差动动作	AB	0
16	449ms	支路 2_失灵出口	ABC	0
17	454ms	失灵保护跟跳动作		0
18	454ms	失灵保护跳母联		0
19	454ms	失灵保护跳分段 1		0
20	454ms	1M 母失灵保护动作		0
21	454ms	支路 2_失灵联跳变压器		0
22	47ms	突变量启动		0
23	107ms	突变量启动		0
24	435ms	突变量启动		0
25	435ms	差流启动		0
26	437ms	突变量启动		0
27	437ms	差流启动		0
28	464ms	保护启动		0

根据表 6－3－1，220kV 母差保护失灵定值中，失灵跟跳时间定值为 0.15s，失灵跳母联分段时间定值为 0.25s，失灵跳母线及联跳主变时间定值为 0.4s。从保护故障录波

HDR 文件读取相关保护信息，0ms 保护启动后，6ms 1M 母差 AB 相差动动作，159ms 失灵保护跟跳动作，159ms 支路 2 失灵出口，262ms 失灵跳母联分段，454ms 失灵跳 1M 及失灵联跳主变（支路 2）。结合 220kV 母差保护定值，可以看出母差保护动作行为正确，各时间与定值相符。从上述简报可以初步推测，A 站 220kV 1M 区内发送了 AB 相故障，而且支路 2（#1 主变）在母差保护动作后未能隔离故障，在后续分析中应重点分析。

（2）从保护故障录波 HDR 文件读取相关保护信息，#1 主变保护动作简报见表 6－3－2。

表 6－3－2　　#1 主变保护动作简报

序号	动作报文对应时间	动作报文名称	动作相别	动作报文变化值
1	0ms	保护启动		1
2	366ms	高复流 I 段	AB	1
3		跳高压侧		1
4		跳中压侧		1
5		跳低压 1 分支		1
6		跳备用出口 1		1
7		跳备用出口 2		1
8	432ms	高复流 I 段		0
9		跳高压侧		0
10		跳中压侧		0
11		跳低压 1 分支		0
12		跳备用出口 1		0
13		跳备用出口 2		0
14	948ms	保护启动		0

根据表 6－3－2，0ms 保护启动，366ms 高复流 I 段动作，跳开主变高压侧、中压侧和低压侧，432ms 高复流 I 段返回。从上述信息可知，#1 主变高压侧复压过流 I 段动作后，故障隔离。

2. 开关量变位解析

（1）220kV 母差保护：以故障初始时刻为基准，A 站 220kV 母差保护开关量变位图如图 6－3－3 和图 6－3－4 所示。

从图 6－3－3 和图 6－3－4 解析可知，0.833ms 220kV 母差保护启动，4.165ms 220kV 母差 1M A 相、B 相差动保护动作，4.165ms 220kV 母差跳 220kV 1M，保护逻辑与动作简报相符。

A 站 220kV 母差保护开关量变位时间顺序见表 6－3－3 和表 6－3－4。

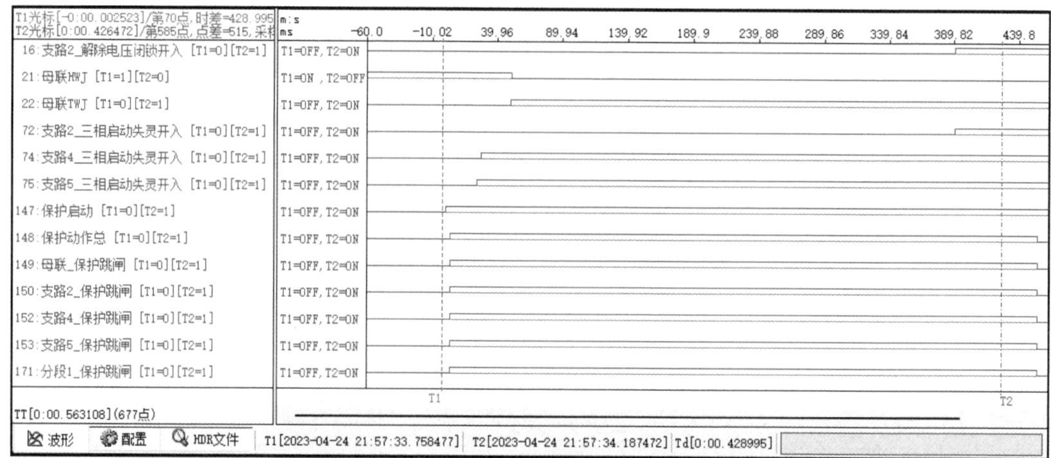

图 6-3-3 220kV 母差保护开关量变位图 1

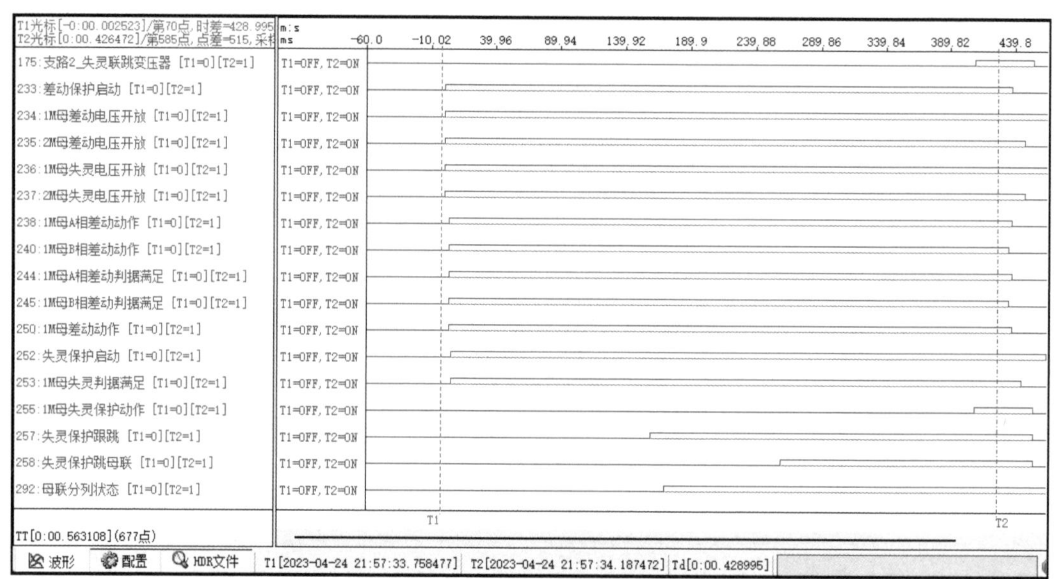

图 6-3-4 220kV 母差保护开关量变位图 2

表 6-3-3 220kV 母差保护开关量变位时间顺序 1

位置	第 1 次变位时间	第 2 次变位时间
16:支路 2 解除电压闭锁开入	↑ 391.510ms	↓ 469.812ms
21:母联 HWJ	↓ 51.646ms	
22:母联 TWJ	↑ 50.813ms	
72:支路 2 三相启动失灵开入	↑ 391.510ms	↓ 469.812ms
74:支路 4 三相启动失灵开入	↑ 28.322ms	↓ 474.810ms
75:支路 5 三相启动失灵开入	↑ 24.990ms	↓ 474.810ms
147:保护启动	↑ 0.833ms	↓ 464.814ms
148:保护动作总	↑ 4.165ms	↓ 454.818ms

续表

位置	第 1 次变位时间	第 2 次变位时间
149:母联保护跳闸	↑ 4.165ms	↓ 454.818ms
150:支路 2 保护跳闸	↑ 4.165ms	↓ 454.818ms
152:支路 4 保护跳闸	↑ 4.165ms	↓ 454.818ms
153:支路 5 保护跳闸	↑ 4.165ms	↓ 454.818ms
155:支路 7 保护跳闸	↑ 4.165ms	↓ 454.818ms
156:支路 8 保护跳闸	↑ 4.165ms	↓ 454.818ms

表 6-3-4　　220kV 母差保护开关量变位时间顺序 2

位置	第 1 次变位时间	第 2 次变位时间
171:分段 1 保护跳闸	↑ 4.165ms	↓ 454.818ms
173:分段 1 启动失灵	↑ 4.998ms	↓ 456.484ms
175:支路 2 失灵联跳变压器	↑ 409.836ms	↓ 454.818ms
182:母线保护动作闭锁备自投	↑ 4.165ms	↓ 454.818ms
233:差动保护启动	↑ 0.833ms	↓ 438.158ms
234:1M 母差动电压开放	↑ 0.833ms	
235:2M 母差动电压开放	↑ 0.833ms	↓ 448.154ms
236:1M 母失灵电压开放	↑ 0.833ms	
237:2M 母失灵电压开放	↑ 0.833ms	↓ 448.154ms
238:1M 母 A 相差动动作	↑ 4.165ms	↓ 438.158ms
240:1M 母 B 相差动动作	↑ 4.165ms	↓ 435.659ms
244:1M 母 A 相差动判据满足	↑ 4.165ms	↓ 438.158ms
245:1M 母 B 相差动判据满足	↑ 4.165ms	↓ 435.659ms
250:1M 母差动动作	↑ 4.165ms	↓ 438.158ms
252:失灵保护启动	↑ 5.831ms	↓ 464.814ms
253:1M 母失灵判据满足	↑ 5.831ms	↓ 445.655ms
255:1M 母失灵保护动作	↑ 409.836ms	↓ 454.818ms
257:失灵保护跟跳	↑ 159.936ms	↓ 454.818ms
258:失灵保护跳母联	↑ 259.896ms	↓ 454.818ms
259:母联分段失灵保护启动	↑ 4.998ms	↓ 78.302ms
260:母联失灵电压满足	↑ 0.833ms	
261:分段 1 失灵电压满足	↑ 0.833ms	
262:分段 2 失灵电压满足	↑ 0.833ms	↓ 428.995ms
263:母联失灵电流满足	↑ 4.998ms	↓ 78.302ms
292:母联分列状态	↑ 170.765ms	

（2）#1 主变保护：以故障初始时刻为基准，A 站#1 主变保护开关量变位图如图 6-3-5 所示。

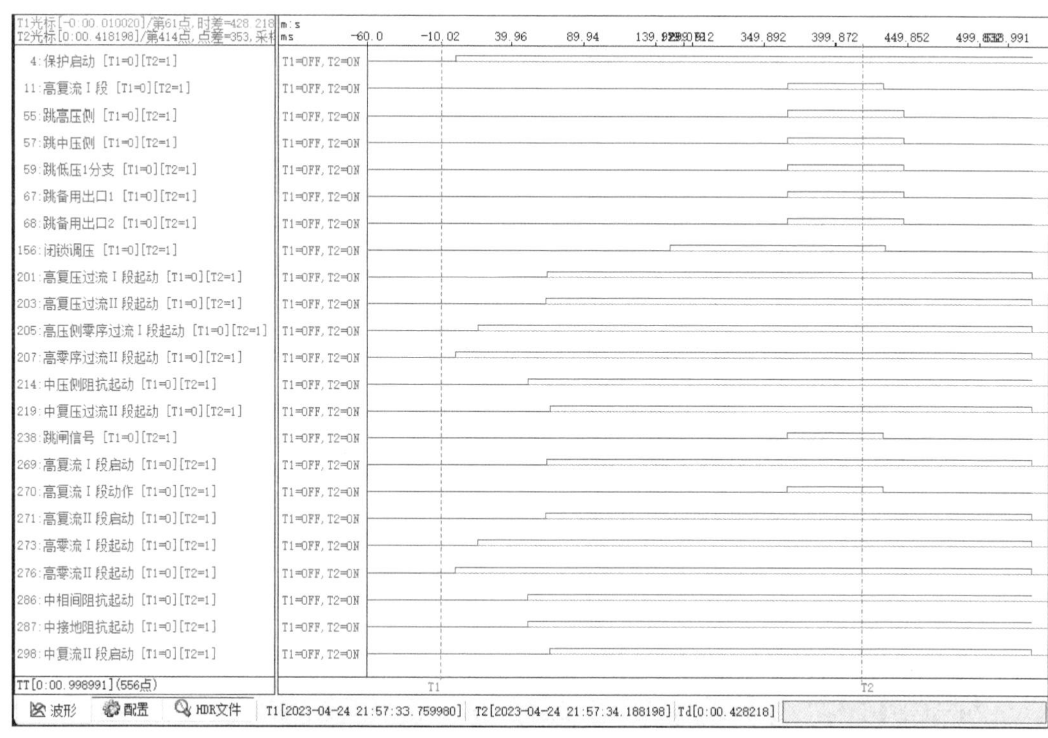

图 6-3-5　#1 主变保护开关量变位图

从图 6-3-5 解析可知，9.163ms #1 主变保护启动，375ms #1 主变高复流Ⅰ段保护动作，375ms #1 主变保护跳开关主变各侧开关。

A 站#1 主变保护开关量变位时间顺序见表 6-3-5。

表 6-3-5　#1 主变保护开关量变位时间顺序

位置	第 1 次变位时间	第 2 次变位时间
4:保护启动	↑ 9.163ms	
11:高复流Ⅰ段	↑ 375.739ms	↓ 441.546ms
55:跳高压侧	↑ 375.739ms	↓ 455.707ms
57:跳中压侧	↑ 375.739ms	↓ 455.707ms
59:跳低压 1 分支	↑ 375.739ms	↓ 455.707ms
67:跳备用出口 1	↑ 375.739ms	↓ 455.707ms
68:跳备用出口 2	↑ 375.739ms	↓ 455.707ms
156:闭锁调压	↑ 159.103ms	↓ 443.212ms
201:高复压过流Ⅰ段启动	↑ 73.304ms	↓ 948.178ms
203:高复压过流Ⅱ段启动	↑ 72.471ms	↓ 948.178ms
205:高压侧零序过流Ⅰ段启动	↑ 24.990ms	↓ 948.178ms
207:高零序过流Ⅱ段启动	↑ 9.163ms	↓ 948.178ms
214:中压侧阻抗启动	↑ 59.976ms	

续表

位置	第 1 次变位时间	第 2 次变位时间
219:中复压过流Ⅱ段启动	↑ 75.803ms	↓ 948.178ms
238:跳闸信号	↑ 375.739ms	↓ 441.546ms
269:高复流Ⅰ段启动	↑ 73.304ms	↓ 948.178ms
270:高复流Ⅰ段动作	↑ 375.739ms	↓ 441.546ms
271:高复流Ⅱ段启动	↑ 72.471ms	↓ 948.178ms
273:高零流Ⅰ段启动	↑ 24.990ms	↓ 948.178ms
276:高零流Ⅱ段启动	↑ 9.163ms	↓ 948.178ms
286:中相间阻抗启动	↑ 59.976ms	
287:中接地阻抗启动	↑ 59.976ms	
298:中复流Ⅱ段启动	↑ 75.803ms	↓ 948.178ms

（3）故障录波器：以故障初始时刻为基准，A 站故障录波器开关量变位图如图 6-3-6 所示。

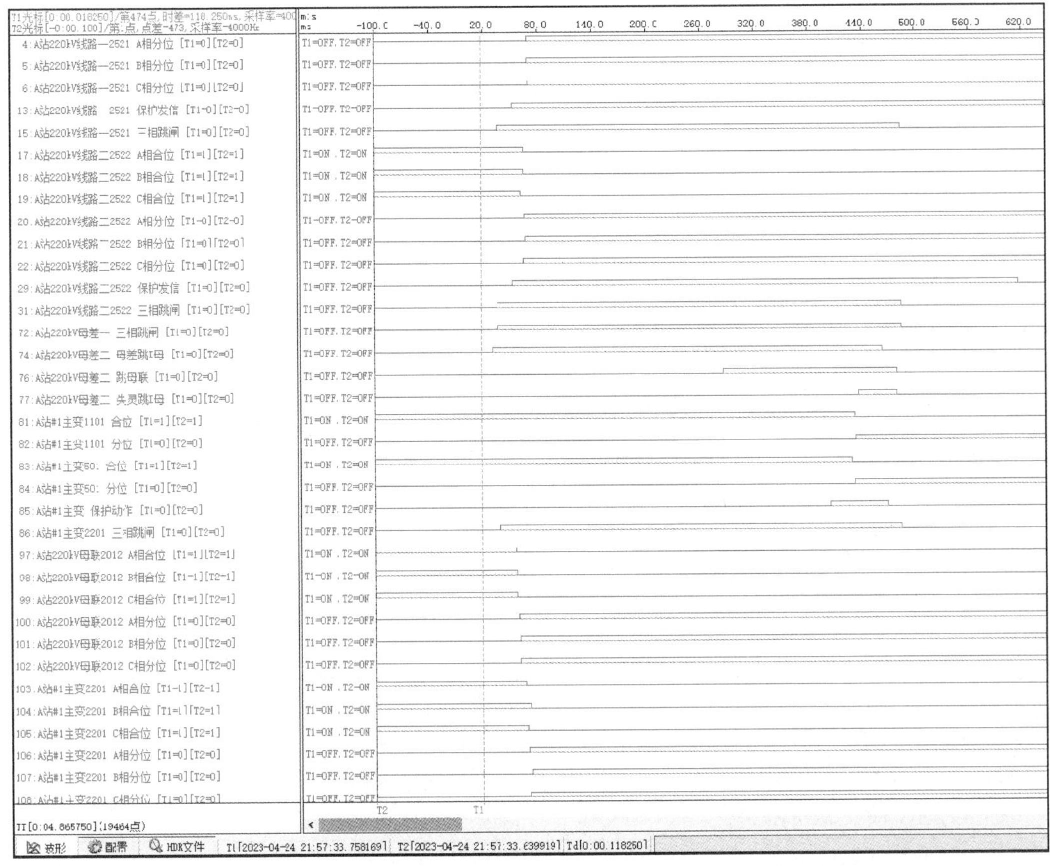

图 6-3-6 故障录波器开关量变位图

从图 6-3-6 解析可知，17.5ms 220kV 母差保护动作，47ms 220kV 1M 间隔开关跳开，19ms #1 主变保护动作，413ms #1 主变各侧开关跳开。

A 站故障录波器开关量变位时间顺序见表 6-3-6。

表 6-3-6　　故障录波器开关量变位时间顺序

位置	第 1 次变位时间	第 2 次变位时间
1:A 站 220kV 线路一 2521 A 相合位	↓ 47.750ms	
2:A 站 220kV 线路一 2521 B 相合位	↓ 47.750ms	
3:A 站 220kV 线路一 2521 C 相合位	↓ 47.500ms	
4:A 站 220kV 线路一 2521 A 相分位	↑ 50.500ms	
5:A 站 220kV 线路一 2521 B 相分位	↑ 51.000ms	
6:A 站 220kV 线路一 2521 C 相分位	↑ 51.750ms	
13:A 站 220kV 线路一 2521 保护发信	↑ 33.250ms	↓ 628.000ms
15:A 站 220kV 线路一 2521 三相跳闸	↑ 18.000ms	↓ 466.000ms
17:A 站 220kV 线路二 2522 A 相合位	↓ 45.250ms	
18:A 站 220kV 线路二 2522 B 相合位	↓ 45.750ms	
19:A 站 220kV 线路二 2522 C 相合位	↓ 43.000ms	
20:A 站 220kV 线路二 2522 A 相分位	↑ 48.000ms	
21:A 站 220kV 线路二 2522 B 相分位	↑ 48.500ms	
22:A 站 220kV 线路二 2522 C 相分位	↑ 45.250ms	
29:A 站 220kV 线路二 2522 保护发信	↑ 33.750ms	↓ 597.250ms
31:A 站 220kV 线路二 2522 三相跳闸	↑ 16.750ms	↓ 466.250ms
72:A 站 220kV 母差一三相跳闸	↑ 17.500ms	↓ 466.750ms
74:A 站 220kV 母差二母差跳 I 母	↑ 11.500ms	↓ 444.250ms
76:A 站 220kV 母差二跳母联	↑ 267.500ms	↓ 461.000ms
77:A 站 220kV 母差二失灵跳 I 母	↑ 417.750ms	↓ 460.750ms
81:A 站#1 主变 1101 合位	↓ 413.500ms	
82:A 站#1 主变 1101 分位	↑ 415.000ms	
83:A 站#1 主变 501 合位	↓ 411.000ms	
84:A 站#1 主变 501 分位	↑ 413.250ms	
85:A 站#1 主变保护动作	↑ 386.250ms	↓ 450.500ms
86:A 站#1 主变 2201 三相跳闸	↑ 19.250ms	↓ 466.500ms
97:A 站 220kV 母联 2012 A 相合位	↓ 37.000ms	
98:A 站 220kV 母联 2012 B 相合位	↓ 37.500ms	
99:A 站 220kV 母联 2012 C 相合位	↓ 38.000ms	
100:A 站 220kV 母联 2012 A 相分位	↑ 39.250ms	
101:A 站 220kV 母联 2012 B 相分位	↑ 40.750ms	
102:A 站 220kV 母联 2012 C 相分位	↑ 40.750ms	

续表

位置	第 1 次变位时间	第 2 次变位时间
103:A 站#1 主变 2201 A 相合位	↓ 47.500ms	
104:A 站#1 主变 2201 B 相合位	↓ 52.500ms	
105:A 站#1 主变 2201 C 相合位	↓ 49.250ms	
106:A 站#1 主变 2201 A 相分位	↑ 50.750ms	
107:A 站#1 主变 2201 B 相分位	↑ 53.750ms	

3. 波形特征解析

（1）220kV 母差保护动作电压、电流录波图如图 6－3－7 和图 6－3－8 所示。

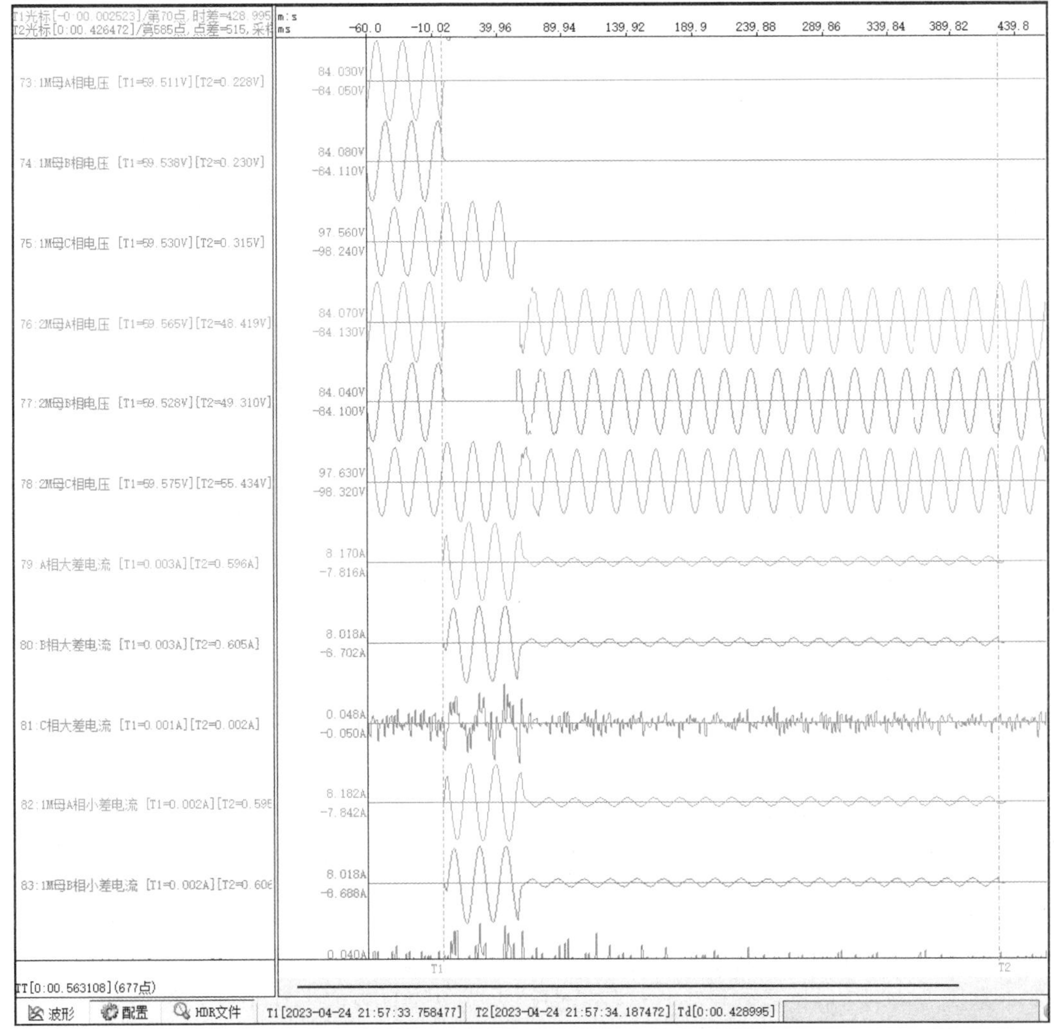

图 6－3－7 220kV 母差保护动作电压录波图

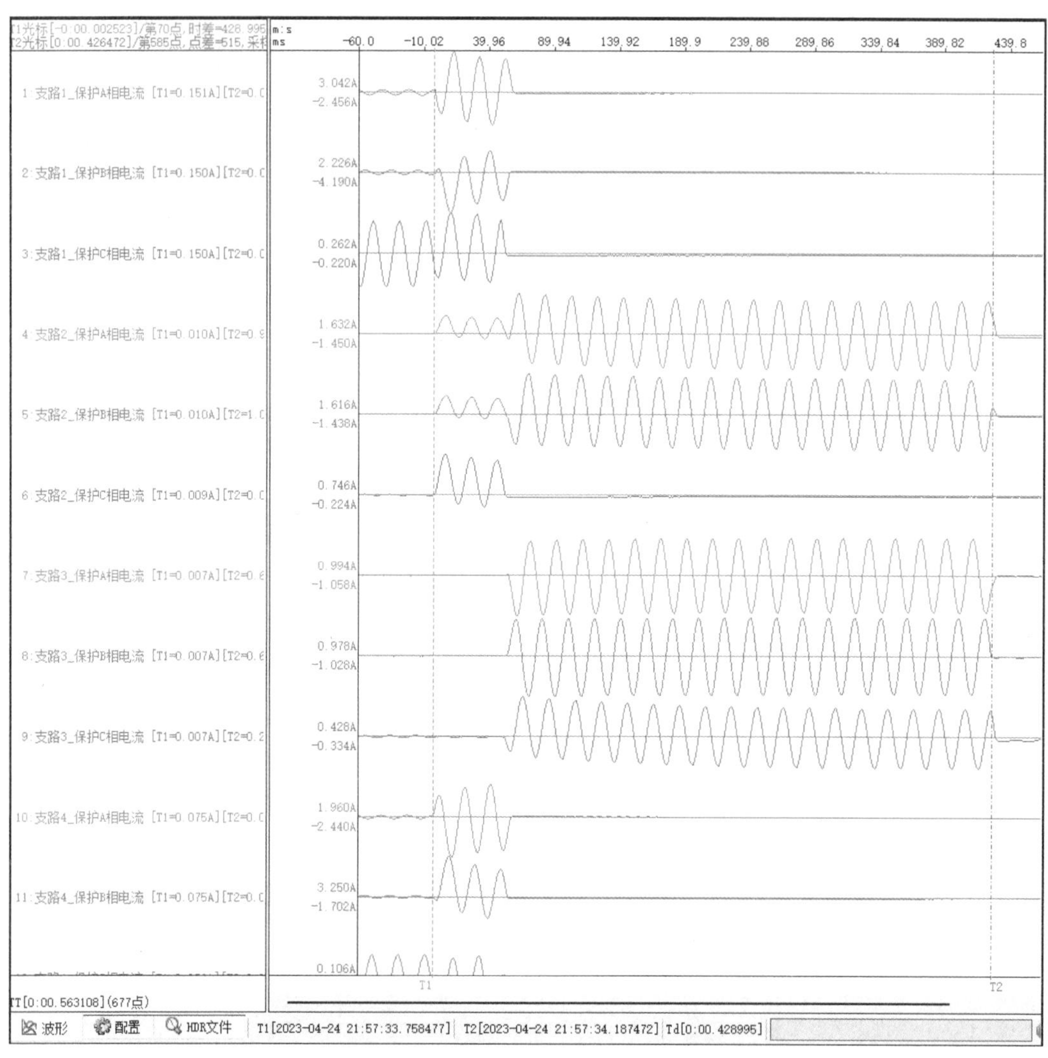

图 6-3-8　220kV 母差保护动作电流录波图

从图 6-3-1 解析可知，A 站 220kV 母线在事故前为并列运行，支路 1 为母联 2012，支路 2 为#1 主变变高，支路 3 为#2 主变变高，支路 4 为 ABⅠ线，支路 5 为 ABⅡ线，支路 6 为 ACⅠ线。

从图 6-3-7 解析可知，T_1 时刻 1M、2M 的母线 AB 相电压直接降为 0V，C 两相的电压还是正常电压，符合 AB 相近端金属性接地特征。约 55ms 后，1M 母线 C 相电压消失，2M 母线 AB 相电压由恢复为正常电压。故障持续了约 55ms，1M 隔离后故障隔离，说明故障不在 2M 范围内。

从图 6-3-7 解析可知，T_1 时刻母差保护大差电流有效值为 0.003A，因 T_1 时刻电流有效值是 T_1 时刻前 20ms 电流计算得到，说明在故障前 A 站 220kV 母差保护无差流。同时，通过解析图 6-3-8 可以看出，各支路在 T_1 时刻电流有效值均有电流，说明均有负荷。此时，母差保护大差、小差均无差流，说明各支路变比、极性、电流回路基本正常。T_1时刻之后，由图6-3-7的通道79、82可以看出，AB相大差、1M AB相小差电流瞬间增大为5.61A，由此也可以验证A站220kV的1M发生了AB相金属性短路故障。母线差流在持续约55ms后，C相电流消失，但AB相大差、1M小差电流还有，只是差流变小了，说明1M范围内故障未真正隔离，这也与前面保护动作简报中220kV母差保护支路失灵保护动作行为相符。

从图6-3-8解析可知，T_1时刻后，支路1（母联2012）有等大反相的AB相电流。支路2（#1主变）在T_1时刻前有0.009A的负荷电流，T_1时刻之后支路2的ABC相电流变为等大同相电流，约0.31A，呈现零序电流特征。因A站仅#1主变高压侧、中压侧中性点接地，这时流过主变的为接地零序电流。同时，因A站110kV侧无电源点，#1、#2主变通过110kV母线连通，220kV并列运行时无法通过#2主变提供故障电流。由图6-3-8的通道4、5可以看出，支路2（#1主变）在55ms后，C相电流消失，但AB相出现了很大的故障电流，且AB相电流等大反相，符合AB两相短路特征。同时，支路3（#2主变）的AB相电流与支路2（#1主变）电流等大反相，即#1主变故障电流为#2主变通过110kV母线提供。结合图6-3-1，说明支路2（#1主变变高）的AB相开关失灵了，或者故障点在#1主变变高AB相死区位置，需要结合开关位置进行判别。

（2）#1主变保护动作电压、电流录波图如图6-3-9和图6-3-10所示。

从图6-3-9解析可知，T_1时刻为系统故障发生时刻。T_1之前#1主变高压侧ABC相电压有效值为59.49V，为正常电压，如图6-3-9的通道17、18、19所示。同时，结合图6-3-9的通道29、30，可以看出整个过程中均中压侧一直有零序电压、高压侧在前55ms有零序电压，符合AB相近端金属性接地特征。约430ms后，#1主变中压侧、低压侧跳开，#1主变中压侧三相电压恢复正常电压，说明故障已隔离。

从图6-3-9解析可知，T_1时刻主变保护差动电流有效值约为$0.002I_e$，因T_1时刻电流有效值是T_1时刻前20ms电流计算得到，说明在故障前#1主变差动保护无差流。同时，解析图6-3-10可以看出，#1主变在T_1时刻各侧电流有效值均有电流，说明均有负荷。此时，主变保护差动保护无差流，说明各侧电流互感器变比、极性、回路基本正常。T_1时刻之后，#1主变差动保护一直无差流，说明故障点在主变差动保护范围外。

从图6-3-10解析可知，#1主变高压侧在T_1时刻之前，#1主变ABC三相电流均约为0.01A。T_1时刻之后55ms，#1主变高压侧ABC三相电流等大同相，符合零序电流特征。在220kV母差保护动作后，#1主变中压侧AB两相电流为1A，两者等大反相，C相电流为0。

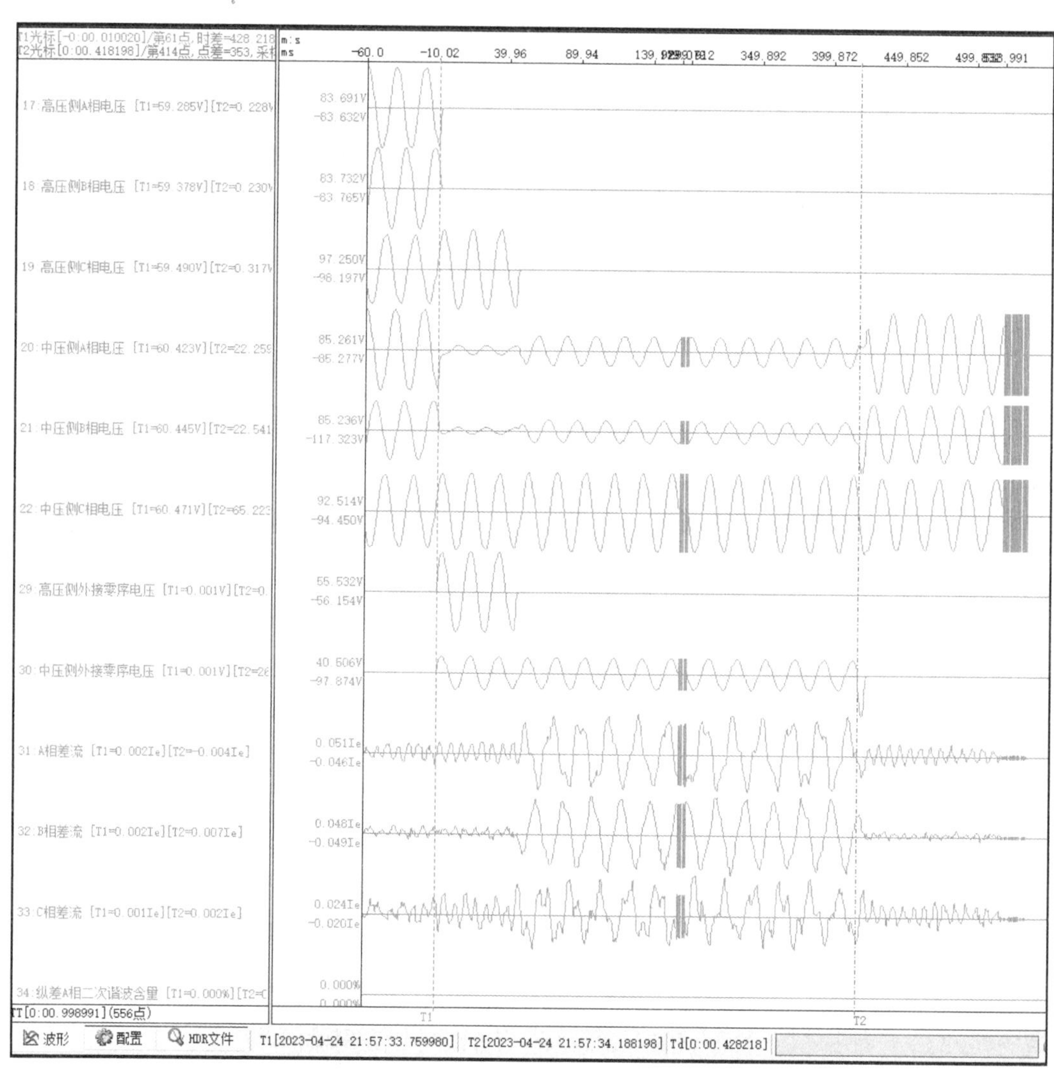

图 6–3–9　#1 主变保护动作电压录波图

（3）故障录波器录波图如图 6–3–11 和图 6–3–12 所示。

从图 6–3–11 解析可知，T_1 时刻之前，220kV 1M 母线 ABC 三相电压均正常，之后 AB 相电压降低为 0V，C 相电压正常，出现零序电压，#1 主变高压侧三相电流为零序电流特征。如图 6–3–12 的通道 72～108 所示，A 站 220kV 母差保护动作，#1 主变高压侧三相跳闸命令收到，#1 主变高压侧三相开关跳开。同时，如图 6–3–11 所示，约 55ms，220kV 1M 三相电压消失，#1 主变高压侧 AB 相电流增大，且电流相位相反，C 相电流消失。三相电压消失时刻与#1 主变电流变大时刻相同，与 220kV 母差保护、#1 主变保护动作录波图相符，这是因为 220kV 1M 所有间隔均已跳开，系统通过#2 主变→110kV 母线→#1 主变向故障点提供故障电流，说明故障点在#1 主变变高开关死区。此外，根据图 6–3–11

的通道 45、46，即#1 主变高压侧 AB 相电流波形，电流波形为连续的正弦波，没有出现波形间断、突变、不连贯等情况，可以排除 A 相开关击穿。因此，综合上述波形分析，可以判断故障为#1 主变高压侧 2201 开关死区 AB 相金属性接地故障。

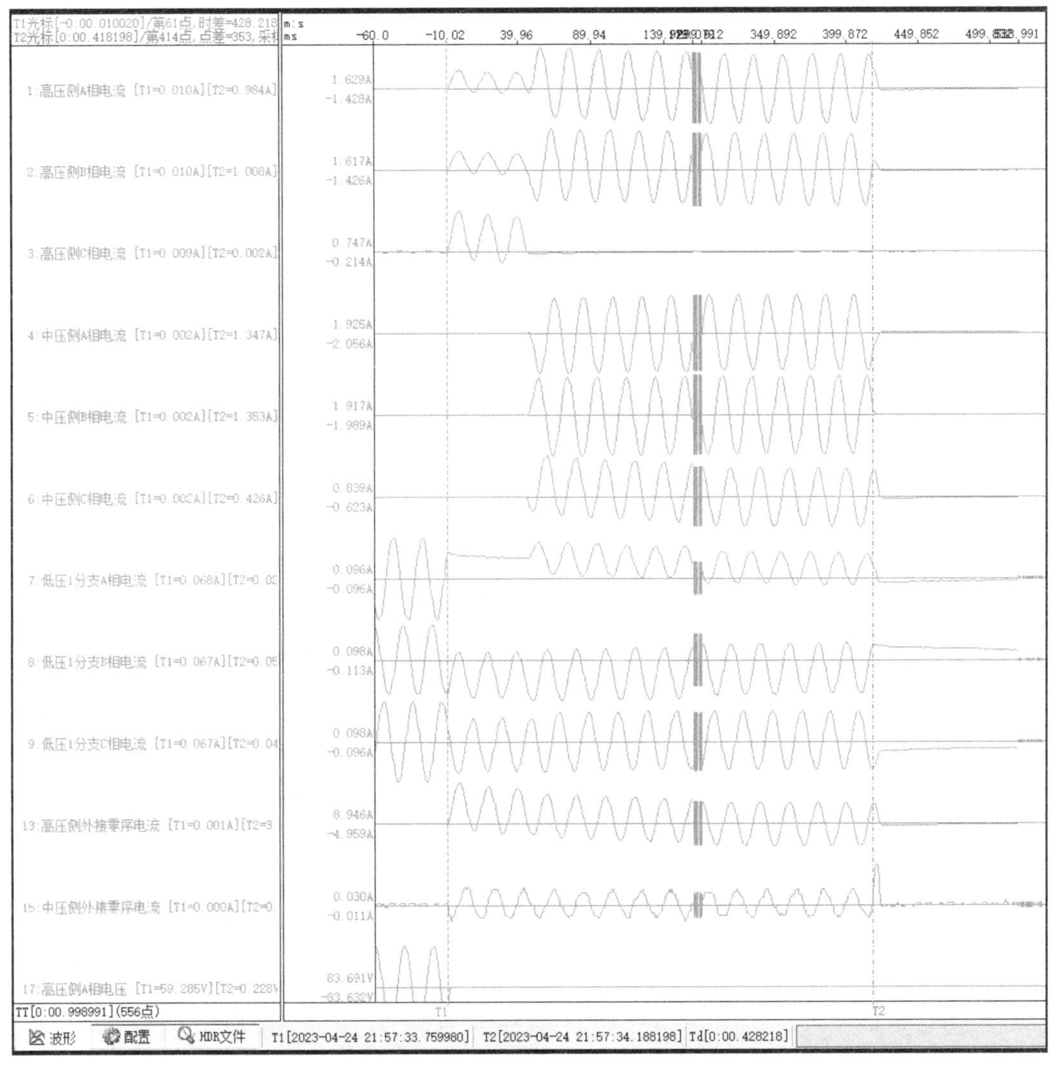

图 6-3-10 #1 主变保护动作电流录波图

三、综合总结

通过 220kV 母差保护、#1 主变保护动作简报，可以初步分析为 220kV 1M 母线 AB 相相间短路，再结合录波图来进行验证推断。从 220kV 母差保护动作波形图中，首先解析电压波形，AB 相电压突然降低为 0V，C 相电压不变，出现零序电压。在母差保护动作后，即约 55ms 后，ABC 三相电压均消失。220kV 母差保护大差、1M 小差均为 AB

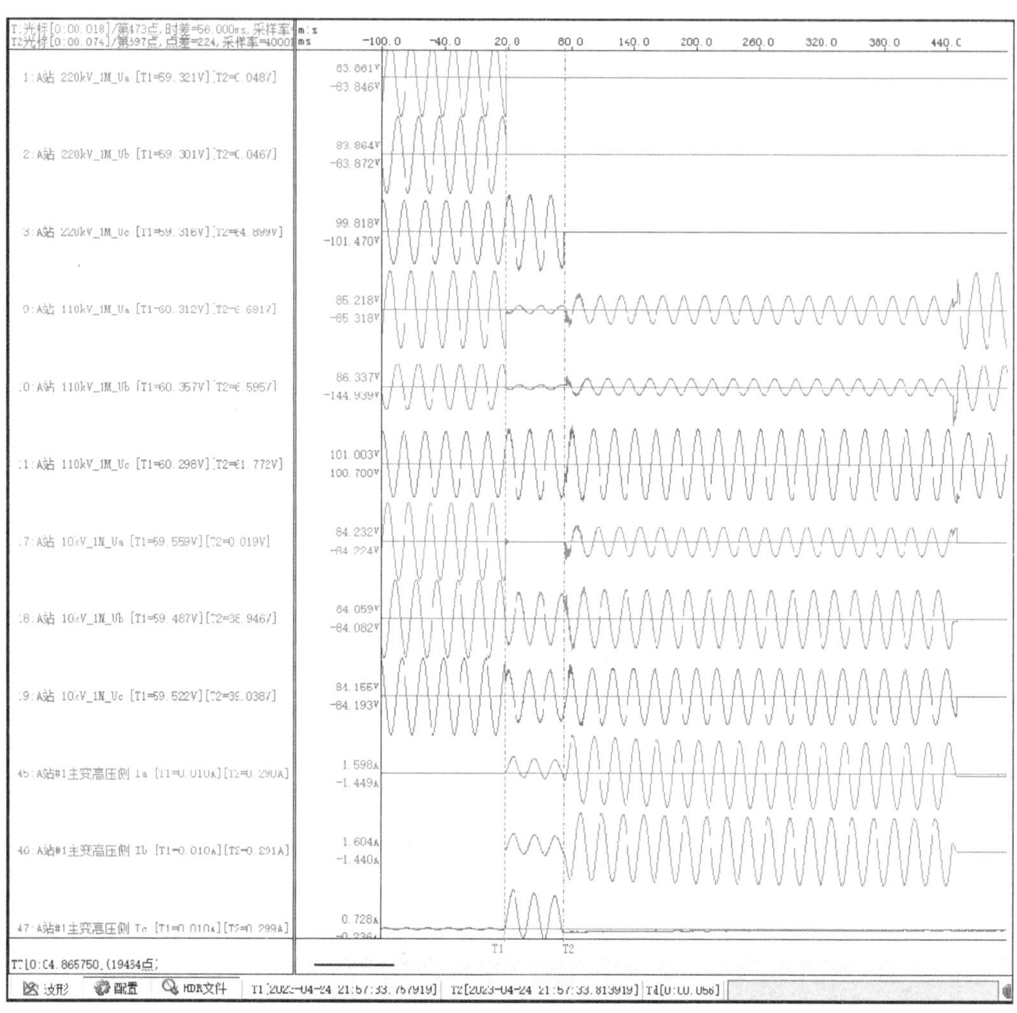

图 6-3-11　故障录波器录波图 1

相有差流，前 55ms 较大，故障前大差、小差电流均为零，进一步说明发生了 AB 相金属性相间短路。解析各支路电流情况，发现支路 2（#1 主变变高）在 220kV 母差保护动作后，AB 相电流增大，之后 220kV 母差保护失灵跟跳、1M 失灵保护、失灵联跳主变各侧均动作，初步分析为#1 主变变高开关 AB 相失灵或者死区发生故障。解析#1 主变保护动作波形，其波形情况与 220kV 母差保护完全相符，显示为 AB 相金属性接地短路。最后，结合故障录波器波形，当 220kV 母差保护动作跳#1 主变变高 2201 开关后，2201 开关 TJR（三相跳闸）继电器动作，开关三相跳开。220kV 1M 所有间隔均已跳开，系统通过#2 主变→110kV 母线→#1 主变向故障点提供故障电流。同时，解析#1 主变高压侧 AB 相电流波形，电流波形为连续的正弦波，没有出现波形间断、突变、不连贯等情况，可以排除 A 相开关击穿。因此，综合上述波形分析，可以判断故障为#1 主变高压侧 2201 开关死区 AB 相金属性接地短路。

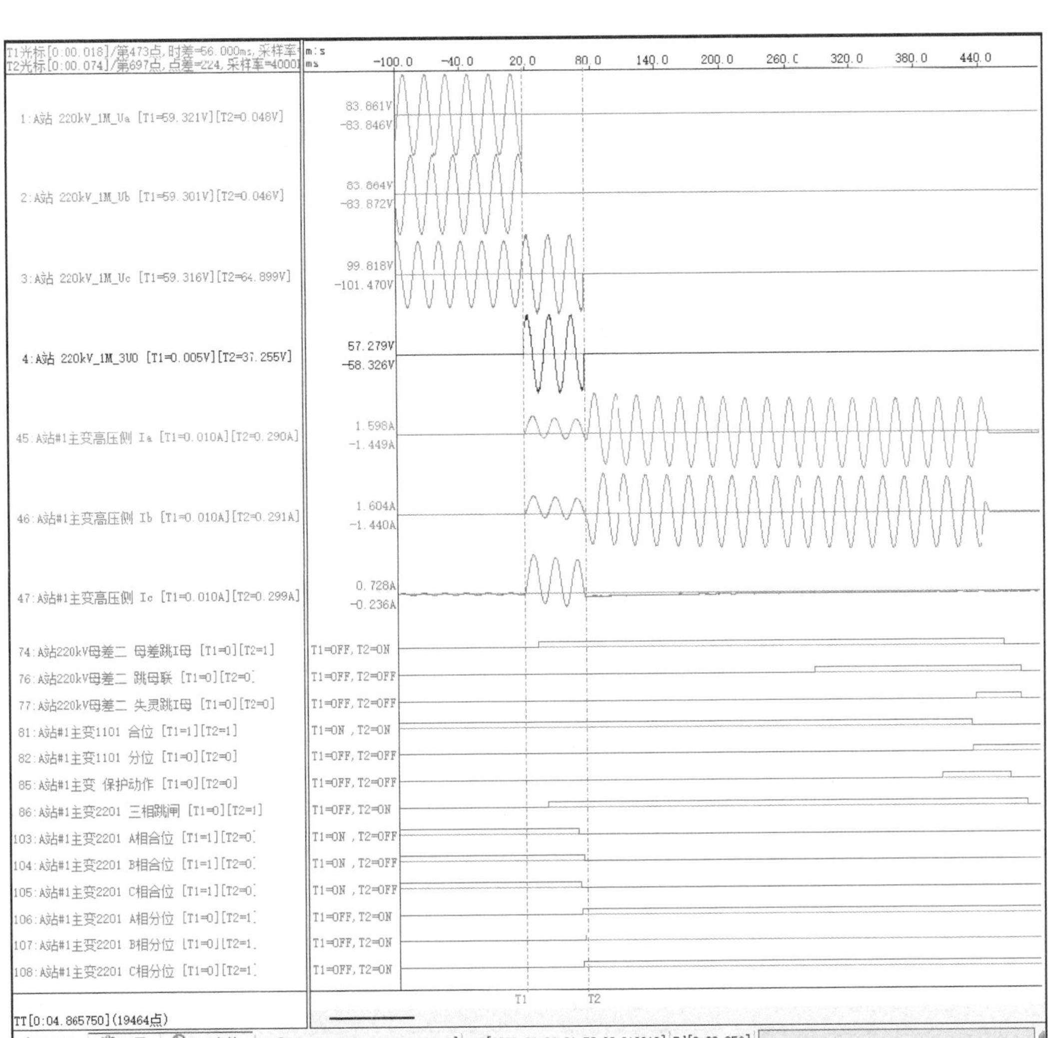

图 6-3-12　故障录波器录波图 2

综上所述，本次故障为#1 主变高压侧 2201 开关死区发生了 AB 相金属性接地短路，220kV 母差保护、#1 主变保护动作行为正确。

6.4　主变高压侧区内单相接地转区外接地

一、故障信息

故障发生前 A 站、B 站、C 站运行方式为：ABⅠ线、ABⅡ线、ACⅠ线、BCⅠ线、#1 主变、#2 主变均在合位。A 站 ABⅠ、ABⅡ线、#1 主变变高挂 220kV 1M，A 站 ACⅠ、#2 主变变高挂 220kV 2M，#1 主变高中压侧中性点接地，220kV 母线并列运行，如图 6-4-1 所示。

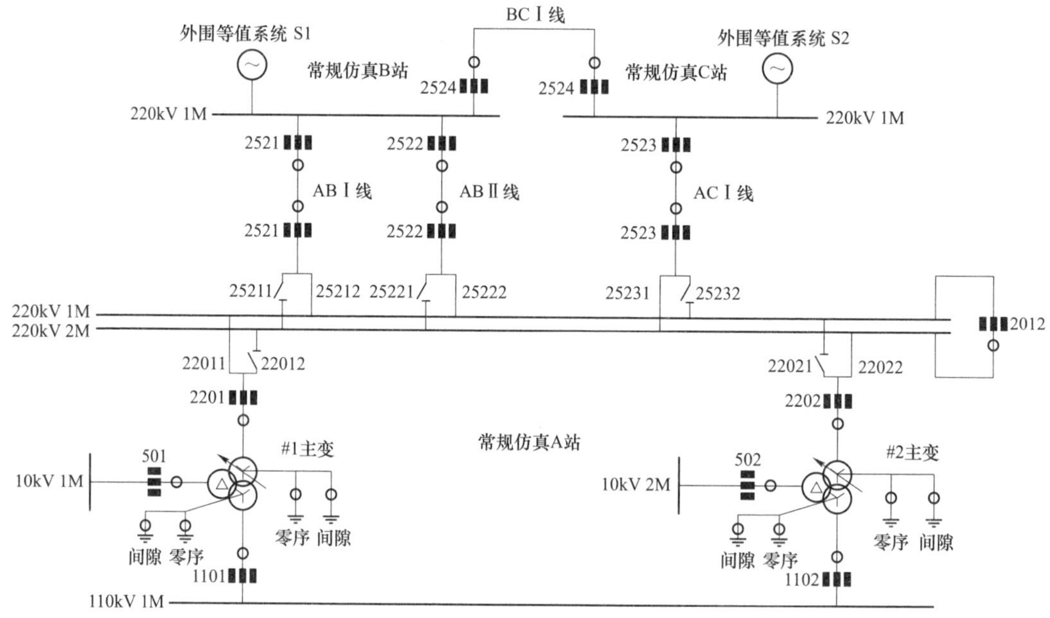

图 6-4-1　故障发生前 A 站、B 站、C 站运行方式

故障发生后，A 站#1 主变电流差动保护动作跳开主变三侧开关，220kV 母差保护动作跳开 220kV 1M 上 AB Ⅰ线、AB Ⅱ线、母联 2012，运行方式如图 6-4-2 所示。

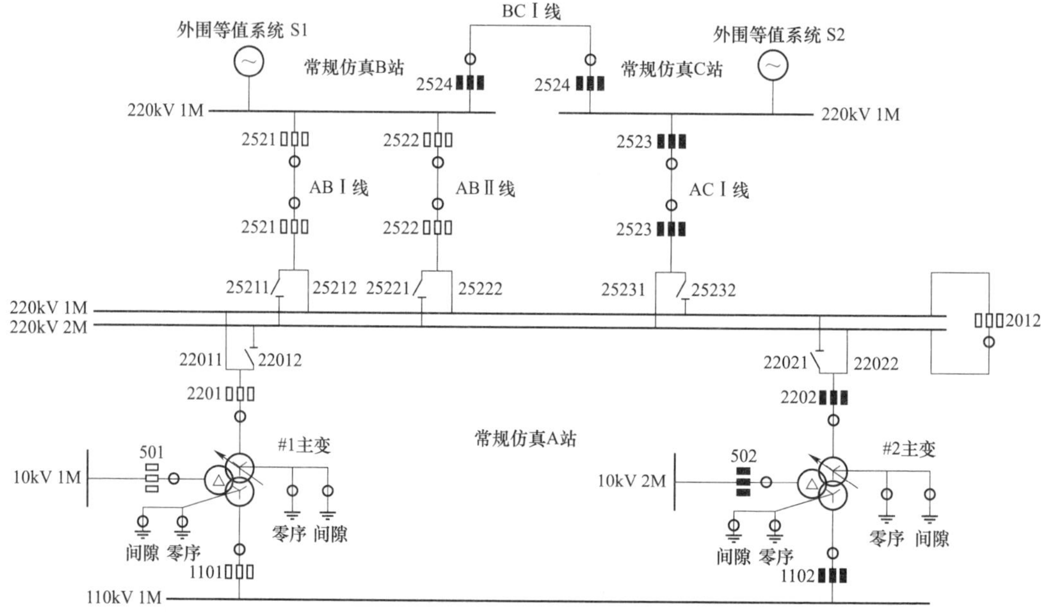

图 6-4-2　故障发生后 A 站、B 站、C 站运行方式

二、录波图解析

1. 保护动作报文解析

（1）从保护故障录波 HDR 文件读取相关保护信息，#1 主变保护动作简报见表 6–4–1。

根据表 6–4–1，0ms 保护启动，7ms 纵差保护动作，跳开主变高压侧、中压侧和低压侧，10ms 纵差差动速断保护动作，25ms 纵差速断保护返回，42ms 纵差保护动作，79ms 纵差保护返回。从上述信息可以知道，#1 主变纵差保护动作了两次，差动速断动作仅 15ms 后返回。由于开关分闸特性在 30～50ms，#1 主变纵差启动定值为 $0.5I_e$、纵差速断定值 $5I_e$，说明故障过程中故障电流存在较大变化，需要重点进行分析。

（2）从保护故障录波 HDR 文件读取相关保护信息，以保护启动初始时刻为基准，220kV 母差保护动作简报见表 6–4–2。

根据表 6–4–2，220kV 母差保护失灵定值中，差动启动定值为 0.5A。从保护故障录波 HDR 文件读取相关保护信息，0ms 保护启动，24ms 差动保护启动，40ms 1M 母差 A 相差动动作，110ms1M 母差 A 相差动返回。由于母线差动保护动作时间一般都在 20ms 以内，从上述简报看到，虽然保护启动，但 24ms 后差动保护才启动，即母线差流才达到启动值，40ms 1M 母差 A 相差动动作，说明一开始母线差流不满足条件，在后续分析中应重点分析。

表 6–4–1　　#1 主变保护动作简报

序号	动作报文对应时间	动作报文名称	动作相别	动作报文变化值
1	0ms	保护启动		1
2	7ms	纵差保护	A	1
3		跳高压侧		1
4		跳中压侧		1
5		跳低压 1 分支		1
6	10ms	纵差差动速断	A	1
7	25ms	纵差差动速断		0
8	42ms	纵差保护	ABC	1
9	79ms	纵差保护		0
10		跳高压侧		0
11		跳中压侧		0
12		跳低压 1 分支		0
13	592ms	保护启动		0

表 6–4–2　　220kV 母差保护动作简报

序号	动作报文对应时间	动作报文名称	动作相别	动作报文变化值
1	0ms	突变量启动		1
2	0ms	保护启动		1

续表

序号	动作报文对应时间	动作报文名称	动作相别	动作报文变化值
3	24ms	差流启动		1
4	65ms	突变量启动		1
5	40ms	1M 母差动动作	A	1
6	110ms	1M 母差动动作	A	0
7	109ms	突变量启动		0
8	110ms	突变量启动		0
9	110ms	差流启动		0
10	125ms	保护启动		0

2. 开关量变位解析

（1）220kV 母差保护：以故障初始时刻为基准，A 站 220kV 母差保护开关量变位图如图 6-4-3 所示。

从图 6-4-3 解析可知 2.499ms 220kV 母差保护启动，40.817ms 220kV 母差 1M 差动保护动作，40.817ms 220kV 母差跳 220kV 1M，保护逻辑与动作简报相符。

A 站 220kV 母差保护开关量变位时间顺序见表 6-4-3。

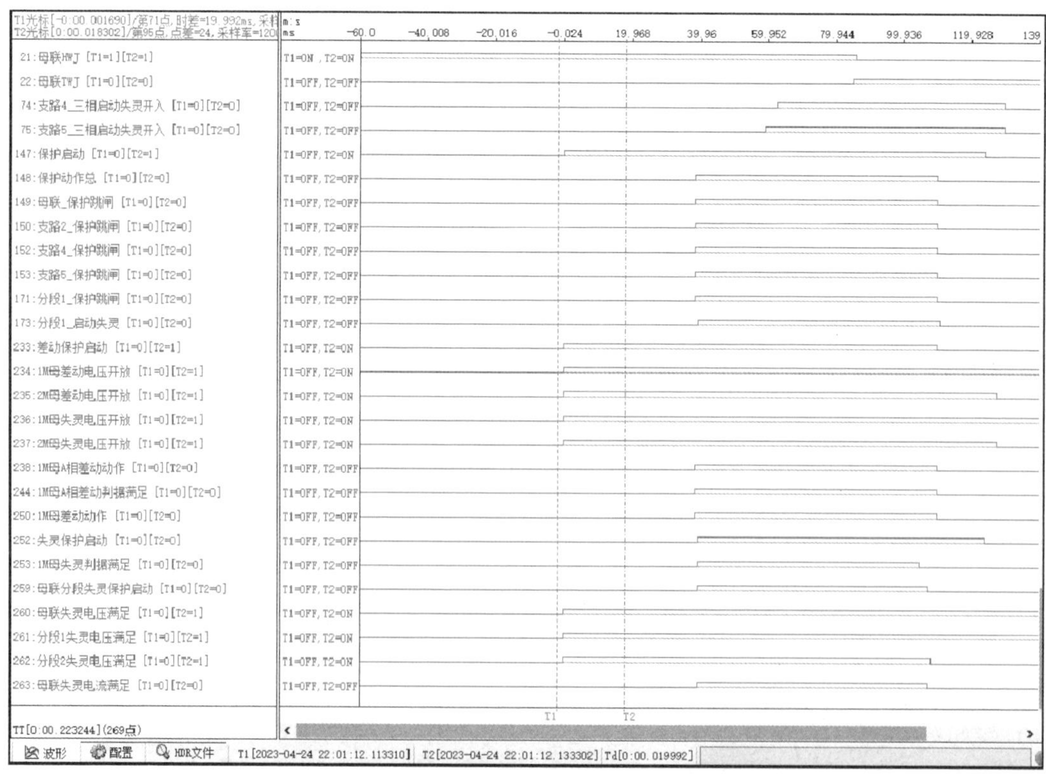

图 6-4-3　220kV 母差保护开关量变位图

表 6-4-3　　　　220kV 母差保护开关量变位时间顺序

位置	第 1 次变位时间	第 2 次变位时间
21:母联 HWJ	↓ 88.298ms	
22:母联 TWJ	↑ 87.465ms	
74:支路 4 三相启动失灵开入	↑ 64.974ms	↓ 132.447ms
75:支路 5 三相启动失灵开入	↑ 61.642ms	↓ 132.447ms
147:保护启动	↑ 2.499ms	↓ 126.616ms
148:保护动作总	↑ 40.817ms	↓ 112.455ms
149:母联保护跳闸	↑ 40.817ms	↓ 112.455ms
150:支路 2 保护跳闸	↑ 40.817ms	↓ 112.455ms
152:支路 4 保护跳闸	↑ 40.817ms	↓ 112.455ms
153:支路 5 保护跳闸	↑ 40.817ms	↓ 112.455ms
155:支路 7 保护跳闸	↑ 40.817ms	↓ 112.455ms
156:支路 8 保护跳闸	↑ 40.817ms	↓ 112.455ms
157:支路 9 保护跳闸	↑ 40.817ms	↓ 112.455ms
158:支路 10 保护跳闸	↑ 40.817ms	↓ 112.455ms
159:支路 11 保护跳闸	↑ 40.817ms	↓ 112.455ms
160:支路 12 保护跳闸	↑ 40.817ms	↓ 112.455ms
161:支路 13 保护跳闸	↑ 40.817ms	↓ 112.455ms
162:支路 14 保护跳闸	↑ 40.817ms	↓ 112.455ms
163:支路 15 保护跳闸	↑ 40.817ms	↓ 112.455ms
164:支路 16 保护跳闸	↑ 40.817ms	↓ 112.455ms
165:支路 17 保护跳闸	↑ 40.817ms	↓ 112.455ms
166:支路 18 保护跳闸	↑ 40.817ms	↓ 112.455ms
167:支路 19 保护跳闸	↑ 40.817ms	↓ 112.455ms
168:支路 20 保护跳闸	↑ 40.817ms	↓ 112.455ms
169:支路 21 保护跳闸	↑ 40.817ms	↓ 112.455ms
170:支路 22 保护跳闸	↑ 40.817ms	↓ 112.455ms
171:分段 1 保护跳闸	↑ 40.817ms	↓ 112.455ms
173:分段 1 启动失灵	↑ 41.650ms	↓ 113.288ms
182:母线保护动作闭锁备自投	↑ 40.817ms	↓ 112.455ms
233:差动保护启动	↑ 2.499ms	↓ 112.455ms
234:1M 母差动电压开放	↑ 2.499ms	
235:2M 母差动电压开放	↑ 2.499ms	↓ 129.948ms
236:1M 母失灵电压开放	↑ 2.499ms	
237:2M 母失灵电压开放	↑ 2.499ms	↓ 129.948ms
238:1M 母 A 相差动动作	↑ 40.817ms	↓ 112.455ms
244:1M 母 A 相差动判据满足	↑ 40.817ms	↓ 112.455ms
250:1M 母差动动作	↑ 40.817ms	↓ 112.455ms

（2）#1 主变保护：以故障初始时刻为基准，A 站#1 主变保护开关量变位图如图 6－4－4 所示。

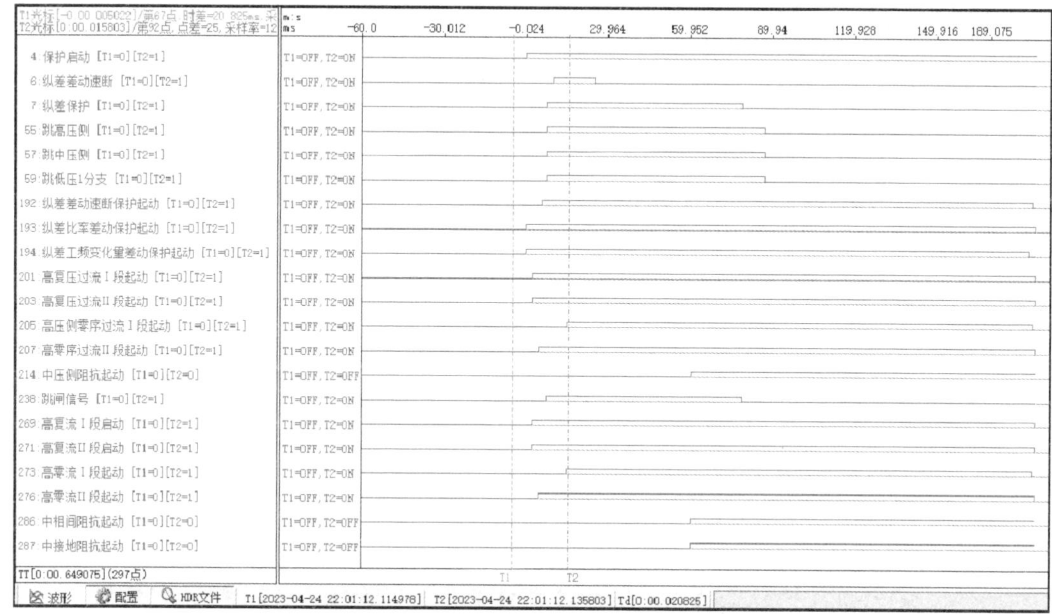

图 6－4－4　#1 主变保护开关量变位图

从图 6－4－4 解析可知，5.831ms #1 主变保护启动，13ms #1 主变纵差保护动作，15ms #1 主变纵差速断保护动作，13ms #1 主变保护跳开关主变各侧开关。

A 站#1 主变保护开关量变位时间顺序见表 6－4－4。

表 6－4－4　#1 主变保护开关量变位时间顺序

位置	第 1 次变位时间	第 2 次变位时间
4:保护启动	↑ 5.831ms	
6:纵差差动速断	↑ 15.827ms	↓ 30.821ms
7:纵差保护	↑ 13.328ms	↓ 84.966ms
55:跳高压侧	↑ 13.328ms	↓ 93.296ms
57:跳中压则	↑ 13.328ms	↓ 93.296ms
59:跳低压 1 分支	↑ 13.328ms	↓ 93.296ms
192:纵差差动速断保护启动	↑ 11.662ms	↓ 574.930ms
193:纵差比率差动保护启动	↑ 5.831ms	↓ 594.930ms
194:纵差工频变化量差动保护启动	↑ 5.831ms	↓ 534.930ms
201:高复压过流Ⅰ段启动	↑ 8.330ms	↓ 594.930ms
203:高复压过流Ⅱ段启动	↑ 8.330ms	↓ 594.930ms
205:高压侧零序过流Ⅰ段启动	↑ 20.825ms	↓ 574.930ms
207:高零序过流Ⅱ段启动	↑ 10.829ms	↓ 594.930ms

续表

位置	第 1 次变位时间	第 2 次变位时间
214:中压侧阻抗启动	↑ 66.640ms	
238:跳闸信号	↑ 13.328ms	↓ 84.966ms
269:高复流Ⅰ段启动	↑ 8.330ms	↓ 594.930ms
271:高复流Ⅱ段启动	↑ 8.330ms	↓ 594.930ms
273:高零流Ⅰ段启动	↑ 20.825ms	↓ 574.930ms
276:高零流Ⅱ段启动	↑ 10.829ms	↓ 594.930ms
286:中相间阻抗启动	↑ 66.640ms	
287:中接地阻抗启动	↑ 66.640ms	

（3）故障录波器：以故障初始时刻为基准，A 站故障录波器开关量变位图如图 6－4－5 所示。

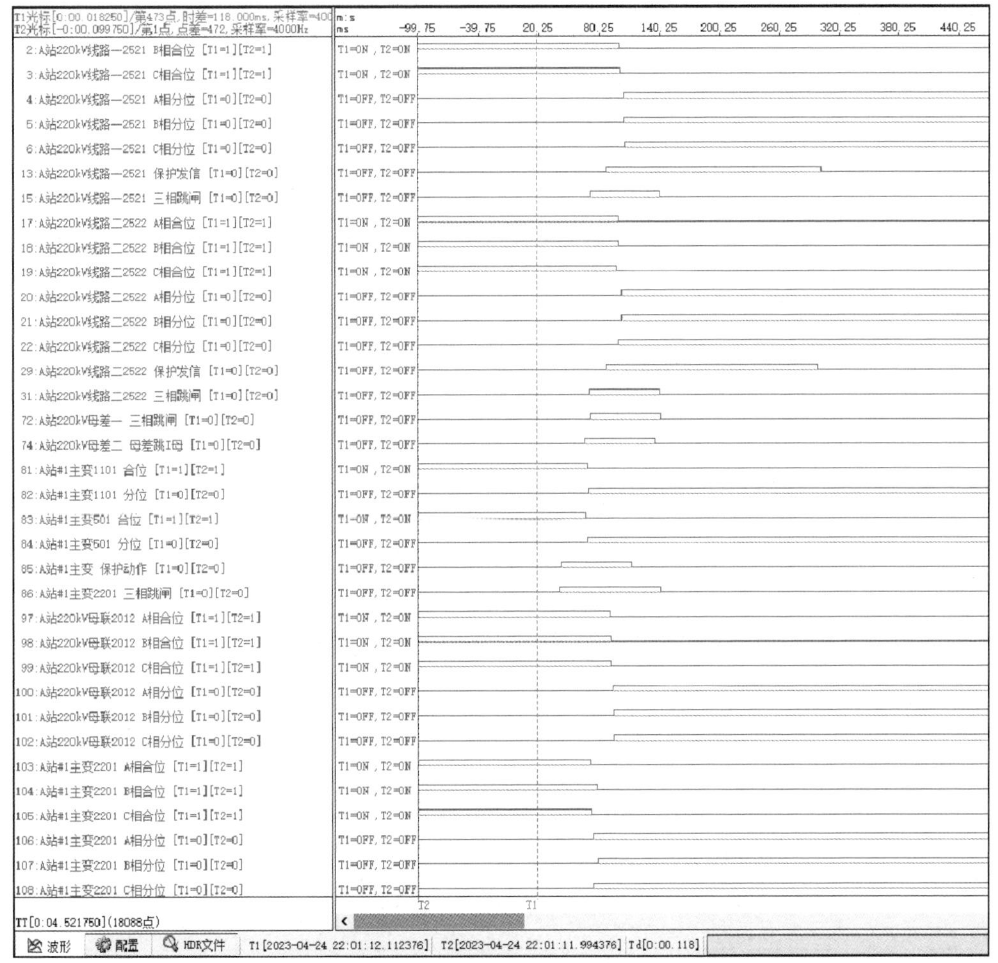

图 6－4－5 故障录波器开关量变位图

从图 6–4–5 解析可知，18ms 220kV 母差保护动作，48ms 220kV 1M 间隔开关跳开，20ms #1 主变保护动作，416ms#1 主变各侧开关跳开。

A 站故障录波器开关量变位时间顺序见表 6–4–5。

表 6–4–5　　故障录波器开关量变位时间顺序

位置	第 1 次变位时间	第 2 次变位时间
1:A 站 220kV 线路一 2521 A 相合位	↓ 83.000ms	
2:A 站 220kV 线路一 2521 B 相合位	↓ 82.250ms	
3:A 站 220kV 线路一 2521 C 相合位	↓ 83.000ms	
4:A 站 220kV 线路一 2521 A 相分位	↑ 86.000ms	
5:A 站 220kV 线路一 2521 B 相分位	↑ 85.500ms	
6:A 站 220kV 线路一 2521 C 相分位	↑ 87.250ms	
13:A 站 220kV 线路一 2521 保护发信	↑ 68.750ms	↓ 284.250ms
15:A 站 220kV 线路一 2521 三相跳闸	↑ 53.250ms	↓ 122.250ms
17:A 站 220kV 线路二 2522 A 相合位	↓ 80.750ms	
18:A 站 220kV 线路二 2522 B 相合位	↓ 81.250ms	
19:A 站 220kV 线路二 2522 C 相合位	↓ 78.500ms	
20:A 站 220kV 线路二 2522 A 相分位	↑ 83.500ms	
21:A 站 220kV 线路二 2522 B 相分位	↑ 84.000ms	
22:A 站 220kV 线路二 2522 C 相分位	↑ 80.750ms	
29:A 站 220kV 线路二 2522 保护发信	↑ 69.000ms	↓ 280.750ms
31:A 站 220kV 线路二 2522 三相跳闸	↑ 52.250ms	↓ 122.250ms
72:A 站 220kV 母差一三相跳闸	↑ 52.750ms	↓ 123.000ms
74:A 站 220kV 母差二母差跳 I 母	↑ 46.750ms	↓ 117.000ms
81:A 站#1 主变 1101 合位	↓ 49.750ms	
82:A 站#1 主变 1101 分位	↑ 51.250ms	
83:A 站#1 主变 501 合位	↓ 48.000ms	
84:A 站#1 主变 501 分位	↑ 50.250ms	
85:A 站#1 主变保护动作	↑ 23.500ms	↓ 93.500ms
86:A 站#1 主变 2201 三相跳闸	↑ 21.750ms	↓ 122.500ms
97:A 站 220kV 母联 2012 A 相合位	↓ 72.250ms	
98:A 站 220kV 母联 2012 B 相合位	↓ 72.750ms	
99:A 站 220kV 母联 2012 C 相合位	↓ 73.000ms	
100:A 站 220kV 母联 2012 A 相分位	↑ 74.500ms	
101:A 站 220kV 母联 2012 B 相分位	↑ 75.750ms	

续表

位置	第 1 次变位时间	第 2 次变位时间
102:A 站 220kV 母联 2012 C 相分位	↑ 76.000ms	
103:A 站#1 主变 2201 A 相合位	↓ 52.750ms	
104:A 站#1 主变 2201 B 相合位	↓ 58.750ms	
105:A 站#1 主变 2201 C 相合位	↓ 54.250ms	
106:A 站#1 主变 2201 A 相分位	↑ 56.000ms	
107:A 站#1 主变 2201 B 相分位	↑ 59.750ms	
108:A 站#1 主变 2201 C 相分位	↑ 56.000ms	

3. 波形特征解析

（1）220kV 母差保护动作电压、电流录波图如图 6－4－6 和图 6－4－7 所示。

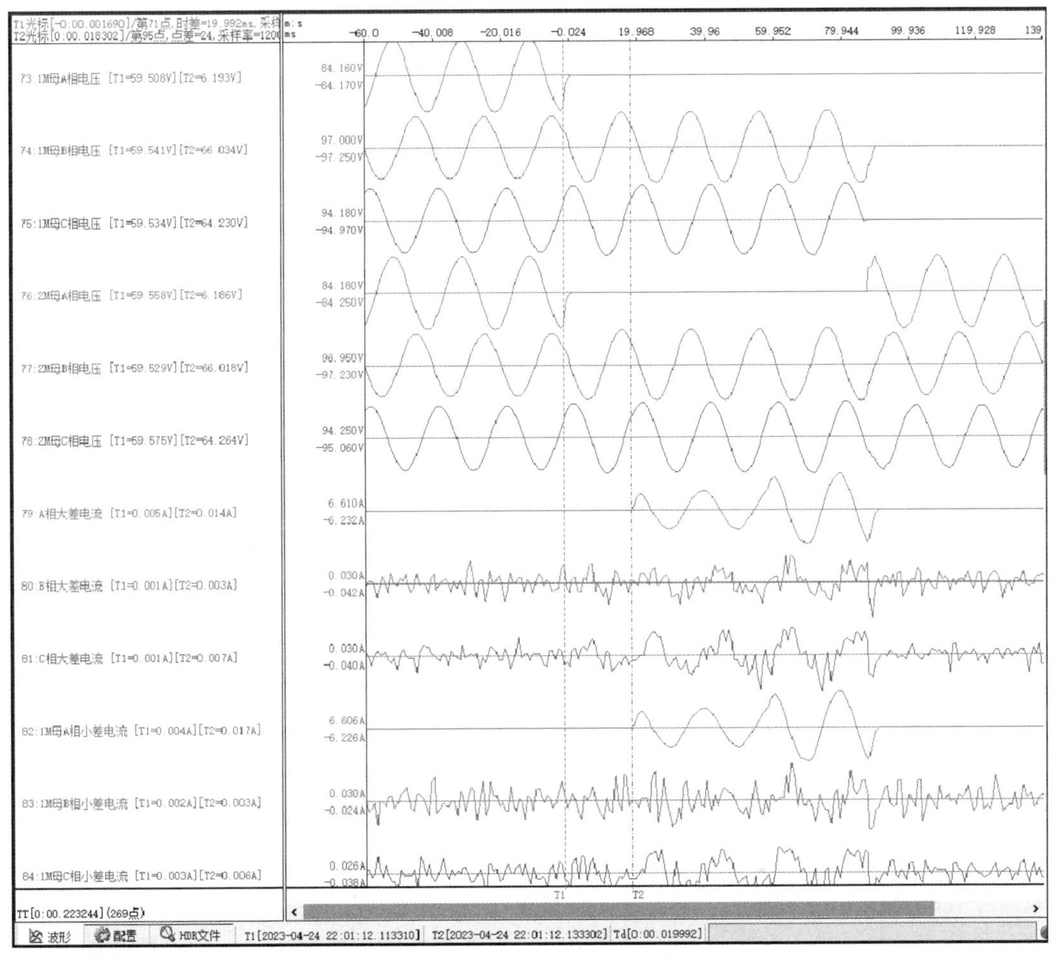

图 6－4－6　220kV 母差保护动作电压录波图

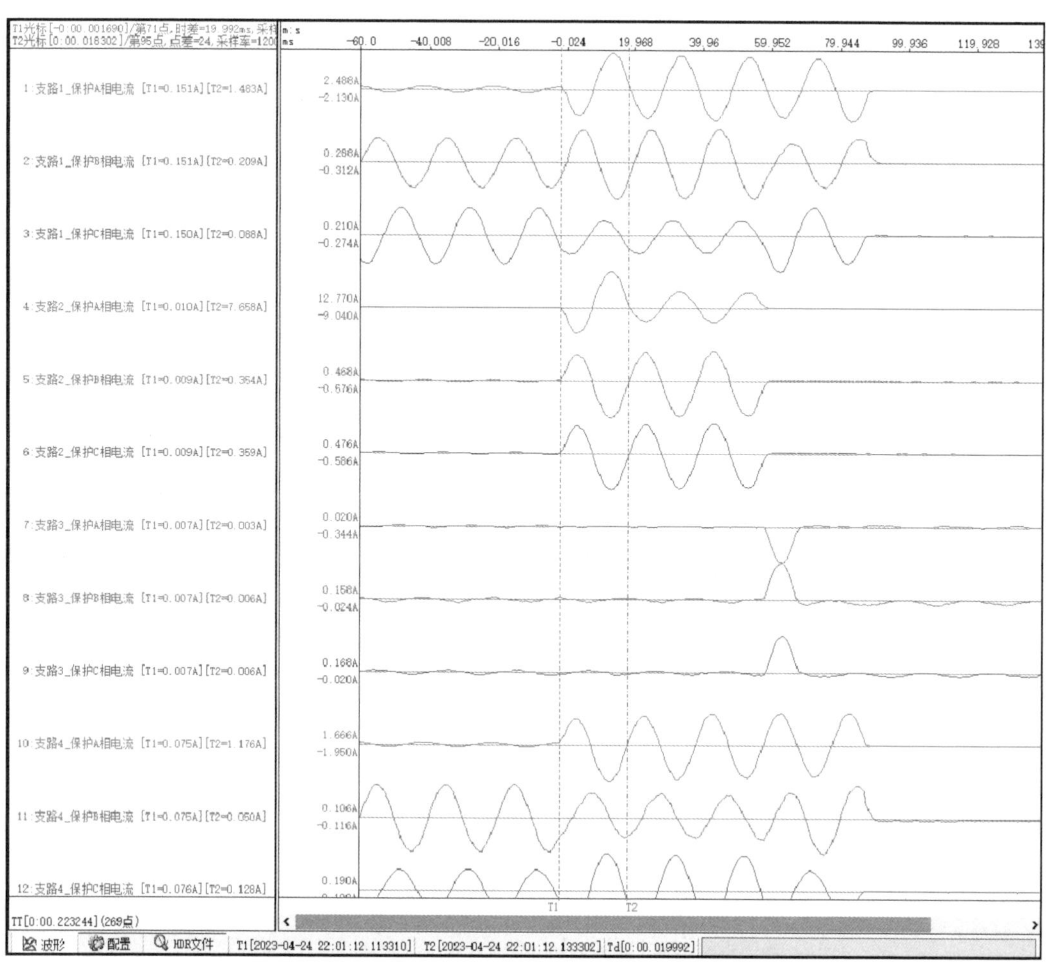

图 6-4-7　220kV 母差保护动作电流录波图

从图 6-4-1 解析可知，A 站 220kV 母线在事故前为并列运行，支路 1 为母联 2012，支路 2 为#1 主变变高，支路 3 为#2 主变变高，支路 4 为 ABⅠ线，支路 5 为 ABⅡ线，支路 6 为 ACⅠ线。

从图 6-4-6 解析可知，T_1 时刻 1M、2M 的母线 A 相电压直接降为 0V，BC 两相的电压还是正常电压，符合 A 相近端金属性接地特征。约 90ms 后，1M 母线 BC 相电压消失，2M 母线 A 相电压由恢复为正常电压。故障持续了约 90ms，1M 隔离后故障隔离，说明故障不在 2M 范围内。

从图 6-4-6 解析可知，T_1 时刻母差保护大差电流有效值为 0.001A，因 T_1 时刻电流有效值是 T_1 时刻前 20ms 电流计算得到，说明在故障前 A 站 220kV 母差保护无差流。同时，通过解析图 6-4-7 可以看出，各支路在 T_1 时刻电流有效值均有电流，说明均有负荷。此时，母差保护大差、小差均无差流，说明各支路变比、极性、电流回路基本正常。T_1～T_2 时刻之间，由图 6-4-6 的通道 79、82 可以看出，母差保护大差、小差电流 0A，说明此时 A 相接地故障不在 220kV 1M 范围内。T_2时刻之后，A 相大差、1M A 相小差电流瞬间增大为 2.5A，说明此时 A 站 220kV 的 1M 发生了 A 相接地故障。母线差流在持续约 70ms 后，A 相差动电流消失，220kV 1M 三相电压消失，220kV 2M 三相电压恢复正常，说明 1M 范围内故障已隔离。

从图 6－4－7 解析可知，支路 1（母联 2012）、支路 2、支路 4 从 T_1 时刻开始，A 相出现较大电流，其中支路 2（#1 主变）电流最大，达到了 7.658A。T_2时刻之后支路 2 的 AC 相电流变小了一半，而其他间隔 A 相电流基本没变。结合上述 220kV 母差保护差动电流也是在 T_2 时刻由 0A 变为 2.5A，说明故障点在支路 2（#1 主变）上，由母差保护区外转为了区内。

（2）#1 主变保护动作电压、电流录波图如图 6－4－8 和图 6－4－9 所示。

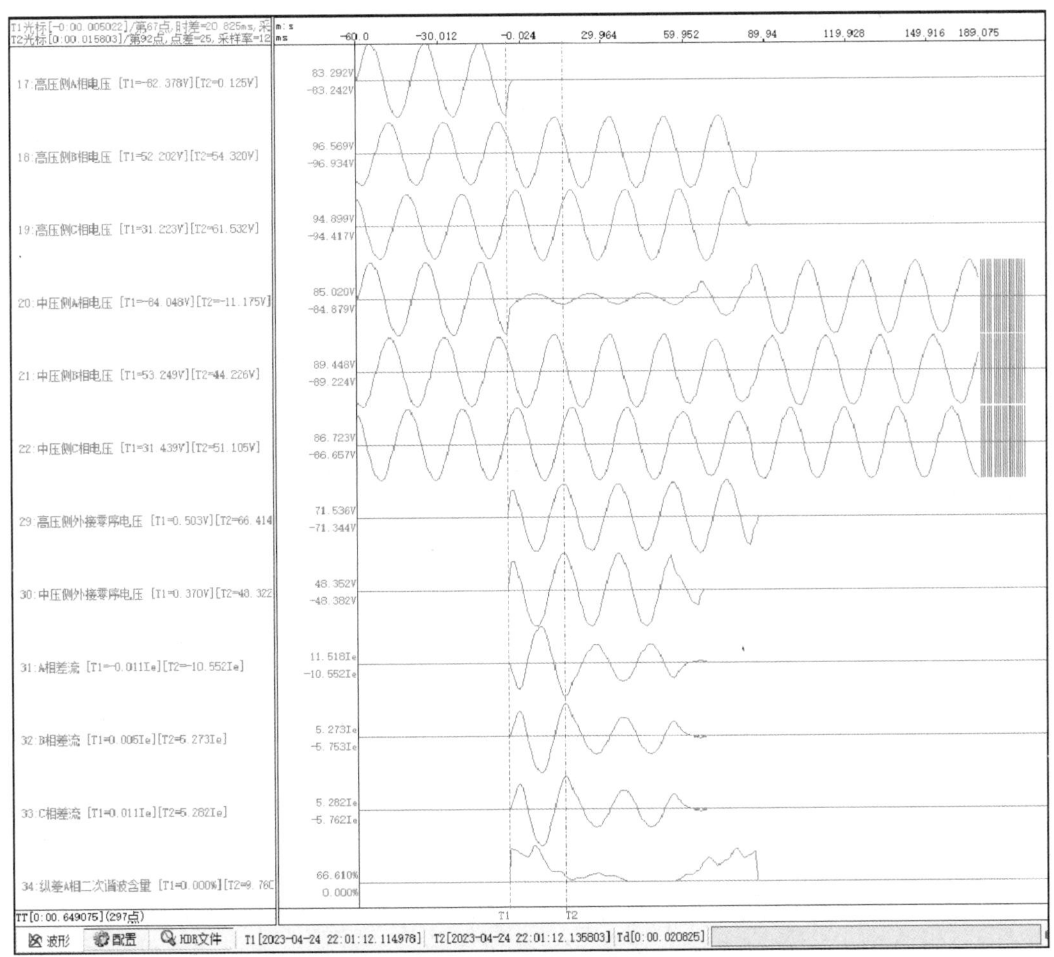

图 6－4－8 #1 主变保护动作电压录波图

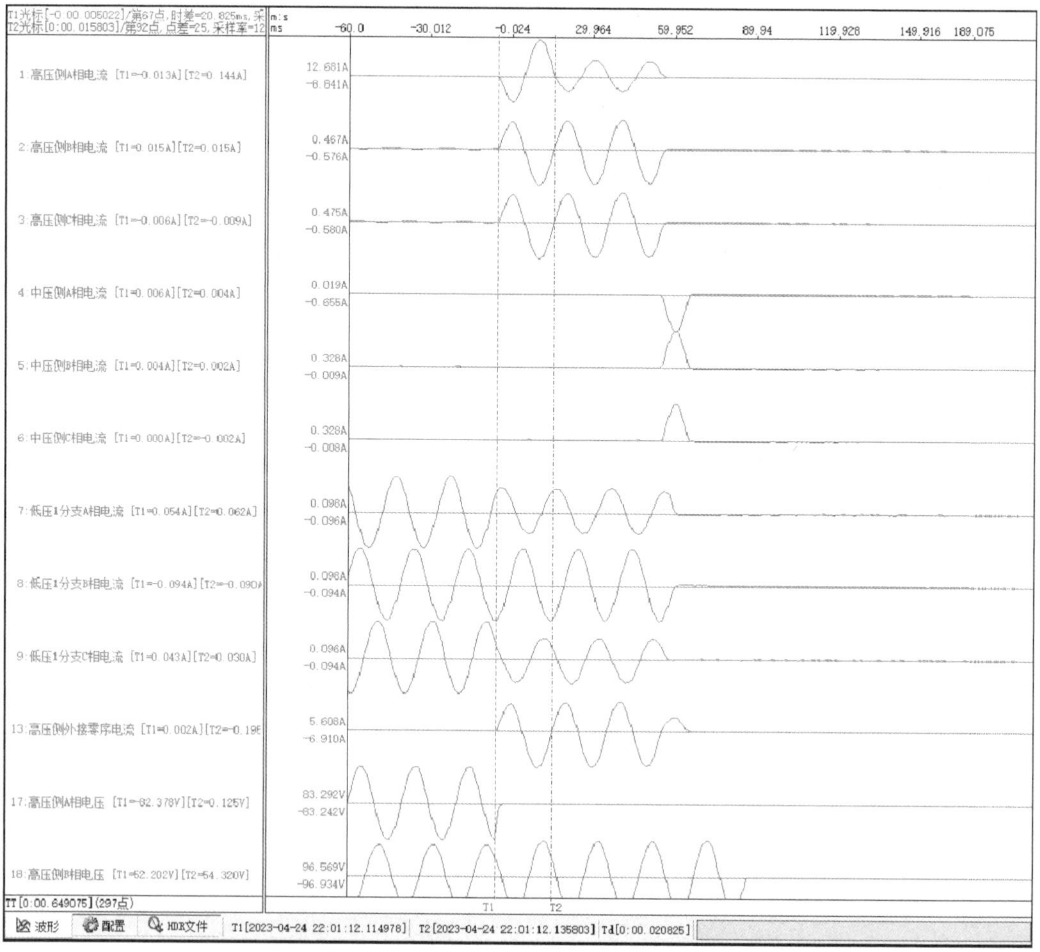

图 6-4-9　#1 主变保护动作电流录波图

从图 6-4-8 解析可知，T_1 时刻为系统故障发生时刻。T_1 之前#1 主变高压侧 ABC 相电压有效值为 59.49V，为正常电压。同时，结合通道 29、30，可以看出整个过程中高压侧、中压侧一直有零序电压，符合接地特征。#1 主变高压侧 A 相电压在 T_1 时刻之后变为 0V，而中压侧 A 相电压仍有 11.175V。110kV 侧作为负荷侧，仅通过两台主变中压侧并列。若中压侧 A 相接地短路，作为电压端的高压侧，由于主变阻抗作用，高压侧电压肯定比中压侧高，仅有高压侧 A 相接地故障中压侧才可能有残压。因此，故障点在#1 主变高压侧。中压侧零序电压与主变差流同时消失，比高压侧电压早了约 25ms 消失，再一次验证故障点在主变高压侧，因为此时仅主变差动动作，220kV 母线差动保护晚了约 20ms 动作。

从图 6-4-8 解析可知，T_1 时刻之前，主变保护差动电流有效值约为 $0.005I_e$，因 T_1 时刻电流有效值是 T_1 时刻前 20ms 电流计算得到，说明在故障前#1 主变差动保护无差流。同时，通过解析图 6-4-9 可以看出，#1 主变在 T_1 时刻各侧电流有效值均有电流，说明均有负荷。此时，主变保护差动保护无差流，说明各侧电流互感器变比、极性、回路基本正常。$T_1 \sim T_2$期间，#1 主变 A 相差流约为 10.55I_e，BC 相差流约为 5.22I_e，A 相差流与 BC 相差流相位相反，由 PCS－978 保护差流转角关系也可知，故障可能为 A 相接地故障。T_2时刻之后，主变保护差动电流 A 相电流赋值降低了约一半，说明 T_2时刻之后存在分流。再结合#1 主变保护动作简报，先是纵差电流保护动作，紧接着纵差速动保护动作，仅过了约 15ms 纵差速动保护返回，之后纵差电流保护动作。由此可知，#1 主变差动保护动作情况与波形相符。

从图 6－4－9 解析可知，#1 主变高压侧在 T_1时刻之前，#1 主变 ABC 三相电流均约为 0.015A。T_1时刻之后，#1 主变高压侧 ABC 三相电流均出现较大电流，A 相电流相位与 BC 相电流相位相反，且 A 相电流比 BC 相电流大，约 20ms 后 A 相电流降低为之前的一半。由通道 13 可以看出，#1 主变高压侧 BC 相电流相位与高压侧中性点零序电流同相位，符合零序电流特征，也验证前面 A 相接地的结论。

（3）故障录波器录波图如图 6－4－10 和图 6－4－11 所示。

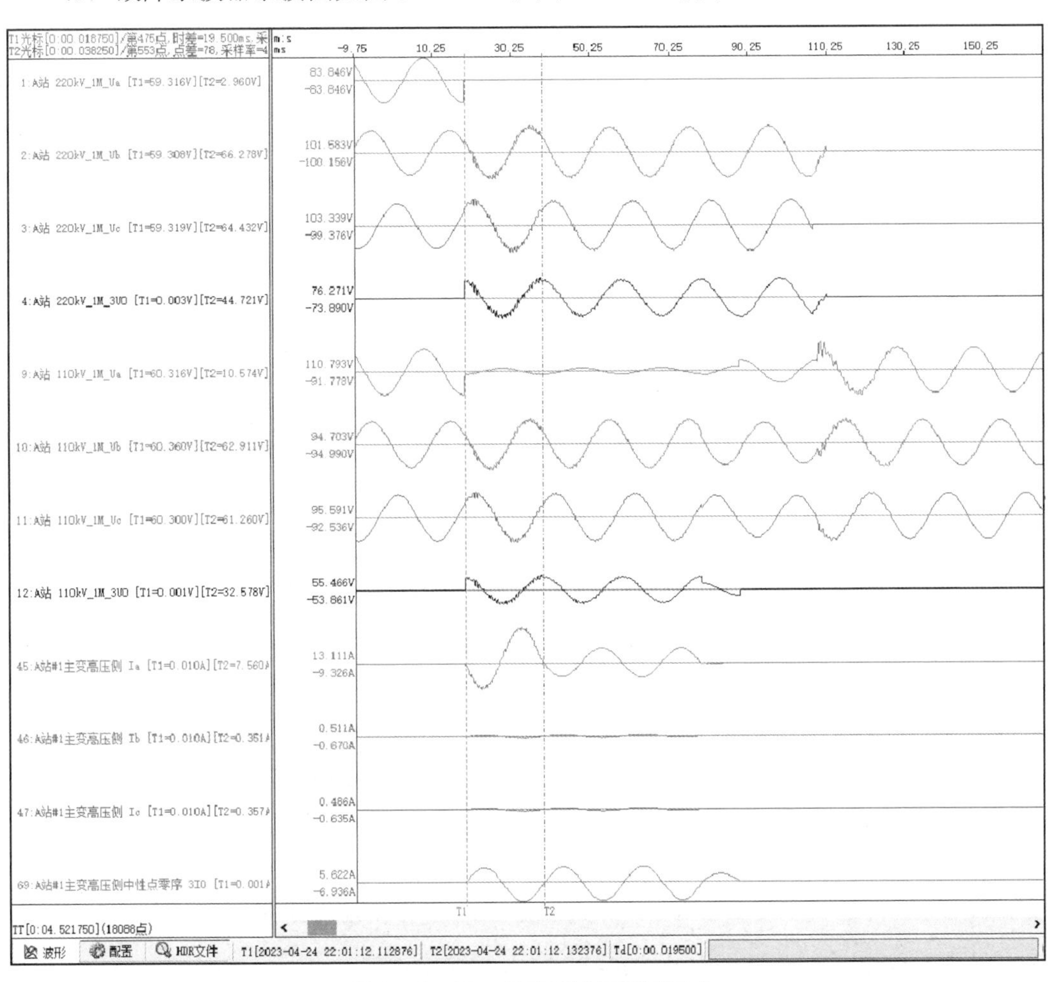

图 6－4－10 故障录波器录波图 1

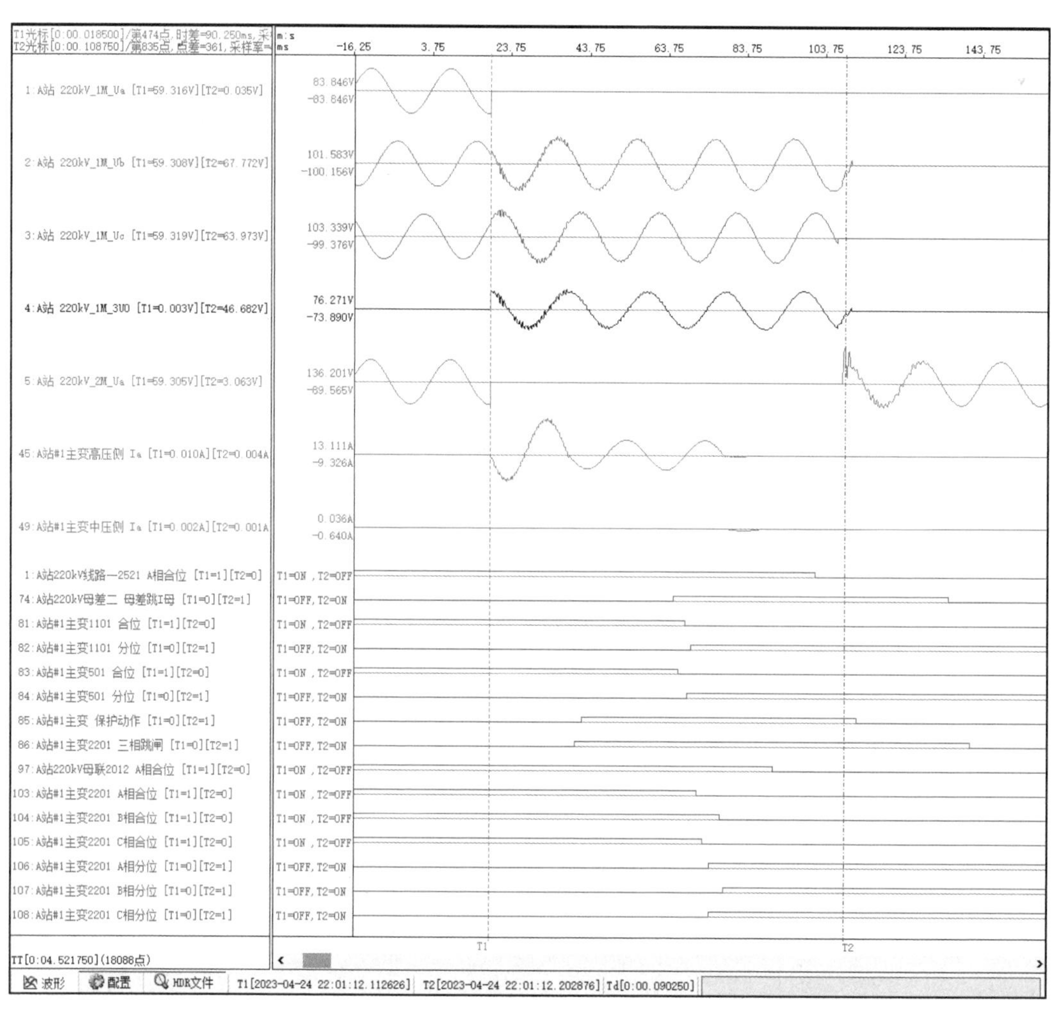

图 6-4-11 故障录波器录波图 2

从图 6-4-10 解析可知，T_1 时刻之前，220kV 1M 母线 A 相电压降低为 0V，BC 相电压均正常，出现零序电压，#1 主变高压侧中性点有零序电流。#1 主变变高 A 相电流从 T_1 时刻开始出现大电流，约 20ms 后电流降低为原先的一半，且电流为突变而非缓慢变化，说明不是仅电阻接地并缓慢发展。如图 6-4-11 的通道 74～108 所示，A 站#1 主变差动保护动作，主变变高、变中、变低三侧同时跳开。此时，#1 主变变高 A 相电流消失，说明#1 主变已正确跳开，但 220kV 1M A 相电压仍为 0V，且 2M A 相电压也未恢复为正常电压，说明故障点未隔离。220kV 母差保护动作，220kV 1M 上所有间隔跳开，如图 6-4-10 的通道 1 所示，在 1M 所有开关跳开后 220kV 1M 电压消失、2M 电压恢复正常。因此，综合上述波形分析，可以判断故障为#1 主变高压侧主变差动保护区内 A 相金属性接地故障，20ms 后转为 220kV 1M A 相接地故障。

三、综合总结

通过 220kV 母差保护、#1 主变保护动作简报，可以初步分析为 220kV 1M 母线 A 相接地故障、#1 主变变高区内 A 相接地故障，再结合录波图来进行验证推断。从#1 主变、220kV 母差保护动作波形图中，首先解析电压波形，A 相电压突然降低为 0V，BC 相电压不变，出现零序电压、零序电流。#1 主变高压侧 A 相电流在故障 20ms 后变成了一半，220kV 1M 母差保护才出现差流。#1 主变纵差保护、纵差速断保护交替动作后，#1 主变三侧开关跳开，220kV 2M 母线电压未能恢复正常。初步分析为#1 主变变高差动范围内发生了 A 相金属性接地故障，20ms 后发展为 220kV 1M A 相单相接地故障。

综上所述，本次故障为#1 主变变高差动范围内发生了 A 相金属性接地故障，20ms 后发展为 220kV 1M A 相单相接地故障，220kV 母差保护、#1 主变保护动作行为正确。

6.5 主变高压侧区外单相接地转区内接地

一、故障信息

故障发生前 A 站、B 站、C 站运行方式为：ABⅠ线、ABⅡ线、ACⅠ线、BCⅠ线、#1 主变、#2 主变均在合位。A 站 ABⅠ、ABⅡ线、#1 主变变高挂 220kV 1M，A 站 ACⅠ、#2 主变变高挂 220kV 2M，#1 主变高中压侧中性点接地，220kV 母线并列运行，如图 6－5－1 所示。

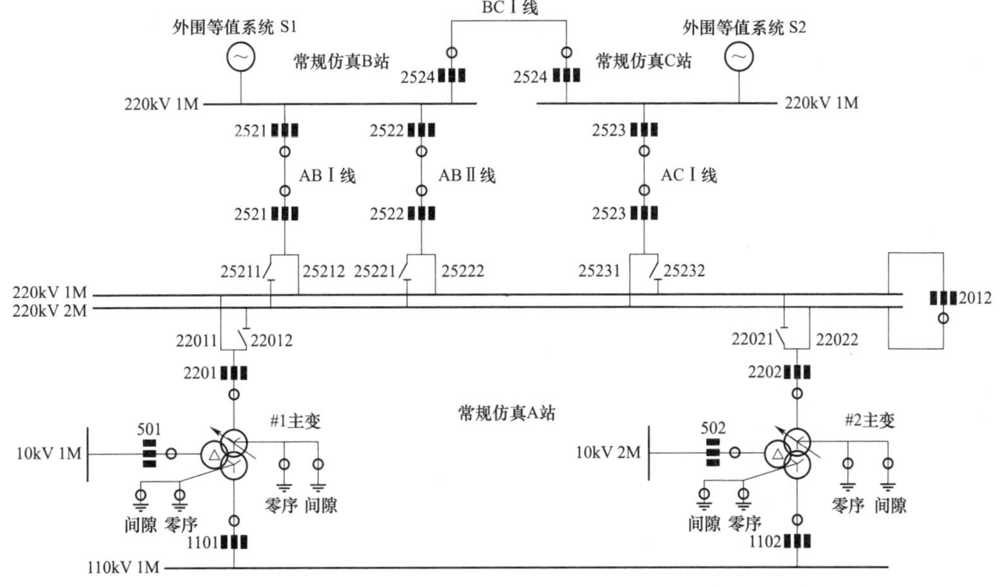

图 6－5－1　故障发生前 A 站、B 站、C 站运行方式

故障发生后，A 站#1 主变电流差动保护动作跳开主变三侧开关，220kV 母差保护动作跳开 220kV 1M 上 ABⅠ线、ABⅡ线、母联 2012，运行方式如图 6-5-2 所示。

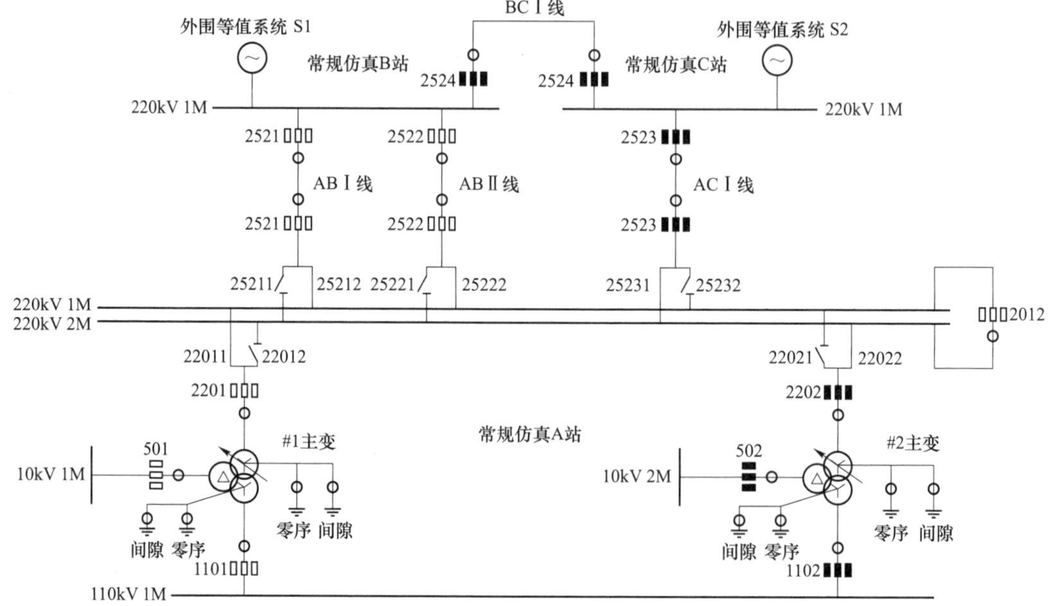

图 6-5-2　故障发生后 A 站、B 站、C 站运行方式

二、录波图解析

1. 保护动作报文解析

（1）从保护故障录波 HDR 文件读取相关保护信息，以保护启动初始时刻为基准，220kV 母差保护动作简报见表 6-5-1。

表 6-5-1　　220kV 母差保护动作简报

序号	动作报文对应时间	动作报文名称	动作相别	动作报文变化值
1	0ms	突变量启动		1
2	0ms	保护启动		1
3	2ms	差流启动		1
4	60ms	突变量启动		1
5	60ms	突变量启动		1
6	101ms	突变量启动		1
7	6ms	1M 母差动动作	A	1
8	78ms	1M 母差动动作	A	0
9	79ms	突变量启动		0
10	79ms	差流启动		0

续表

序号	动作报文对应时间	动作报文名称	动作相别	动作报文变化值
11	104ms	突变量启动		0
12	104ms	突变量启动		0
13	145ms	突变量启动		0
14	145ms	保护启动		0

根据表 6－5－1，0ms 保护启动，2ms 差动保护启动，6ms 1M 母差 A 相差动动作，78ms 1M 母差 A 相差动返回。由于母线差动保护动作时间一般都在 20ms 以内，再加上 30～50ms 开关分闸时间，72ms 后 220kV 母差保护返回，初步说明母差保护动作后母线范围内故障已隔离。

（2）从保护故障录波 HDR 文件读取相关保护信息，#1 主变保护动作简报见表 6－5－2。

根据表 6－5－2，0ms 保护启动，37ms 纵差保护、工频变化量差动保护动作，跳开主变高压侧、中压侧和低压侧，110ms 纵差保护返回。从上述信息可知，#1 主变纵差保护动作后主变差动范围内故障已隔离。

表 6－5－2　　#1 主变保护动作简报

序号	动作报文对应时间	动作报文名称	动作相别	动作报文变化值
1	0ms	保护启动		1
2	37ms	纵差保护	ABC	1
3	37ms	纵差工频变化量差动	A	1
4		跳高压侧		1
5		跳中压侧		1
6		跳低压 1 分支		1
7	110ms	纵差保护		0
8	110ms	纵差工频变化量差动		0
9		跳高压侧		0
10		跳中压侧		0
11		跳低压 1 分支		0
12	614ms	保护启动		0

2. 开关量变位解析

（1）220kV 母差保护：以故障初始时刻为基准，A 站 220kV 母差保护开关量变位图如图 6－5－3 所示。

从图 6－5－3 解析可知，2.499ms 220kV 母差保护启动，5.831ms 220kV 母差 1M 差动保护动作，5.831ms 220kV 母差跳 220kV 1M，保护逻辑与动作简报相符。

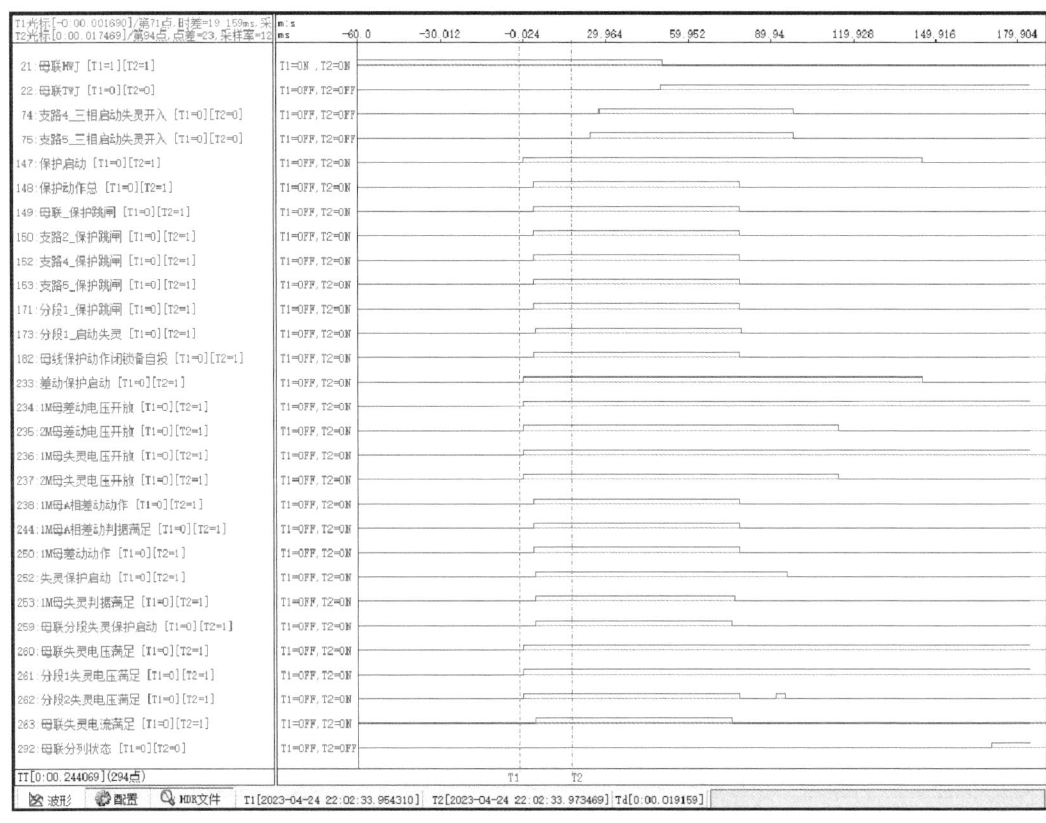

图 6-5-3　220kV 母差保护开关量变位图

A 站 220kV 母差保护开关量变位时间顺序见表 6-5-3。

表 6-5-3　　220kV 母差保护开关量变位时间顺序

位置	第 1 次变位时间	第 2 次变位时间	第 3 次变位时间	第 4 次变位时间
21:母联 HWJ	↓ 53.312ms			
22:母联 TWJ	↑ 52.479ms			
74:支路 4 三相启动失灵开入	↑ 29.988ms	↓ 100.793ms		
75:支路 5 三相启动失灵开入	↑ 26.656ms	↓ 100.793ms		
147:保护启动	↑ 2.499ms	↓ 147.441ms		
148:保护动作总	↑ 5.831ms	↓ 80.801ms		
149:母联保护跳闸	↑ 5.831ms	↓ 80.801ms		
150:支路 2 保护跳闸	↑ 5.831ms	↓ 80.801ms		
152:支路 4 保护跳闸	↑ 5.831ms	↓ 80.801ms		
153:支路 5 保护跳闸	↑ 5.831ms	↓ 80.801ms		
155:支路 7 保护跳闸	↑ 5.831ms	↓ 80.801ms		
156:支路 8 保护跳闸	↑ 5.831ms	↓ 80.801ms		

续表

位置	第 1 次变位时间	第 2 次变位时间	第 3 次变位时间	第 4 次变位时间
157:支路 9 保护跳闸	↑ 5.831ms	↓ 80.801ms		
158:支路 10 保护跳闸	↑ 5.831ms	↓ 80.801ms		
159:支路 11 保护跳闸	↑ 5.831ms	↓ 80.801ms		
160:支路 12 保护跳闸	↑ 5.831ms	↓ 80.801ms		
161:支路 13 保护跳闸	↑ 5.831ms	↓ 80.801ms		
162:支路 14 保护跳闸	↑ 5.831ms	↓ 80.801ms		
163:支路 15 保护跳闸	↑ 5.831ms	↓ 80.801ms		
164:支路 16 保护跳闸	↑ 5.831ms	↓ 80.801ms		
165:支路 17 保护跳闸	↑ 5.831ms	↓ 80.801ms		
166:支路 18 保护跳闸	↑ 5.831ms	↓ 80.801ms		
167:支路 19 保护跳闸	↑ 5.831ms	↓ 80.801ms		
168:支路 20 保护跳闸	↑ 5.831ms	↓ 80.801ms		
169:支路 21 保护跳闸	↑ 5.831ms	↓ 80.801ms		
170:支路 22 保护跳闸	↑ 5.831ms	↓ 80.801ms		
171:分段 1 保护跳闸	↑ 5.831ms	↓ 80.801ms		
173:分段 1 启动失灵	↑ 6.664ms	↓ 81.634ms		
182:母线保护动作闭锁备自投	↑ 5.831ms	↓ 80.801ms		
233:差动保护启动	↑ 2.499ms	↓ 147.441ms		
234:1M 母差动电压开放	↑ 2.499ms			
235:2M 母差动电压开放	↑ 2.499ms	↓ 116.620ms		
236:1M 母失灵电压开放	↑ 2.499ms			
237:2M 母失灵电压开放	↑ 2.499ms	↓ 116.620ms		
238:1M 母 A 相差动动作	↑ 5.831ms	↓ 80.801ms		
244:1M 母 A 相差动判据满足	↑ 5.831ms	↓ 80.801ms		
250:1M 母差动动作	↑ 5.831ms	↓ 80.801ms		

（2）#1 主变保护：以故障初始时刻为基准，A 站#1 主变保护开关量变位图如图 6－5－4 所示。

从图 6－5－4 解析可知，10.829ms #1 主变保护启动，48ms #1 主变纵差保护动作，48ms #1 主变纵差工频变化量保护动作，148ms #1 主变保护跳开关主变各侧开关。

A 站#1 主变保护开关量变位时间顺序见表 6－5－4。

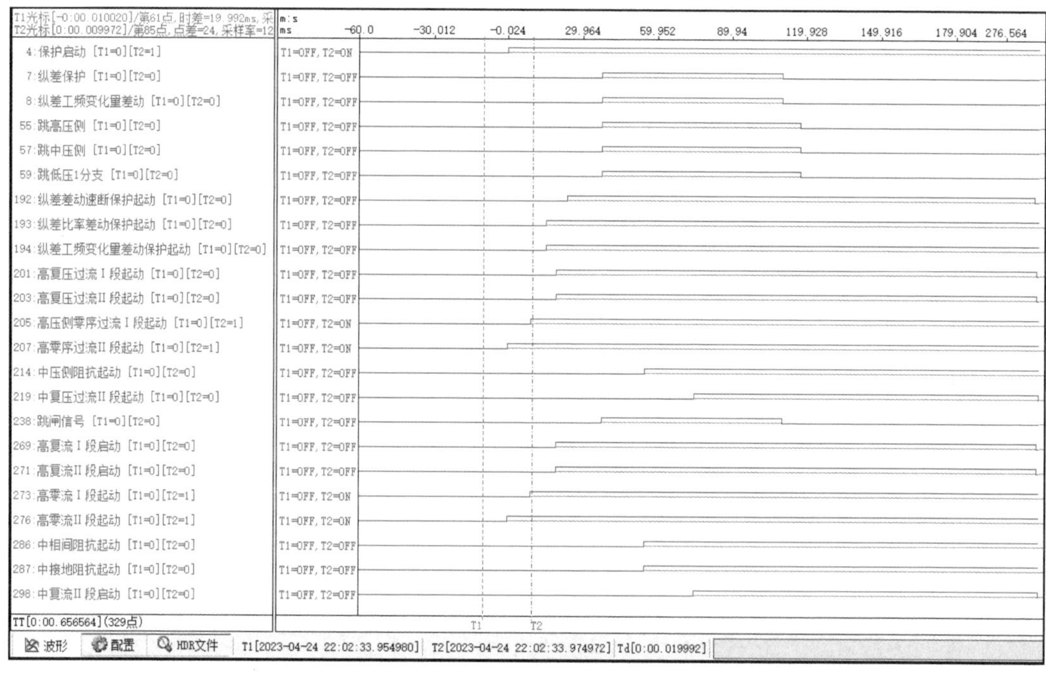

图 6-5-4 #1 主变保护开关量变位图

表 6-5-4 A 站#1 主变保护开关量变位时间顺序

位置	第 1 次变位时间	第 2 次变位时间
4:保护启动	↑ 10.829ms	
7:纵差保护	↑ 48.314ms	↓ 120.785ms
8:纵差工频变化量差动	↑ 48.314ms	↓ 120.785ms
55:跳高压侧	↑ 48.314ms	↓ 128.282ms
57:跳中压侧	↑ 48.314ms	↓ 128.282ms
59:跳低压 1 分支	↑ 48.314ms	↓ 128.282ms
192:纵差差动速断保护启动	↑ 34.153ms	↓ 567.417ms
193:纵差比率差动保护启动	↑ 25.823ms	
194:纵差工频变化量差动保护启动	↑ 25.823ms	
201:高复压过流Ⅰ段启动	↑ 29.988ms	↓ 587.417ms
203:高复压过流Ⅱ段启动	↑ 29.988ms	↓ 587.417ms
205:高压侧零序过流Ⅰ段启动	↑ 19.992ms	
207:高零序过流Ⅱ段启动	↑ 10.829ms	
214:中压侧阻抗启动	↑ 65.807ms	
219:中复压过流Ⅱ段启动	↑ 85.799ms	↓ 607.417ms
238:跳闸信号	↑ 48.314ms	↓ 120.785ms

续表

位置	第 1 次变位时间	第 2 次变位时间
269:高复流Ⅰ段启动	↑ 29.988ms	↓ 587.417ms
271:高复流Ⅱ段启动	↑ 29.988ms	↓ 587.417ms
273:高零流Ⅰ段启动	↑ 19.992ms	
276:高零流Ⅱ段启动	↑ 10.829ms	
286:中相间阻抗启动	↑ 65.807ms	
287:中接地阻抗启动	↑ 65.807ms	
298:中复流Ⅱ段启动	↑ 85.799ms	↓ 607.417ms

（3）故障录波器：以故障初始时刻为基准，A 站#故障录波器开关量变位图如图 6－5－5 所示。

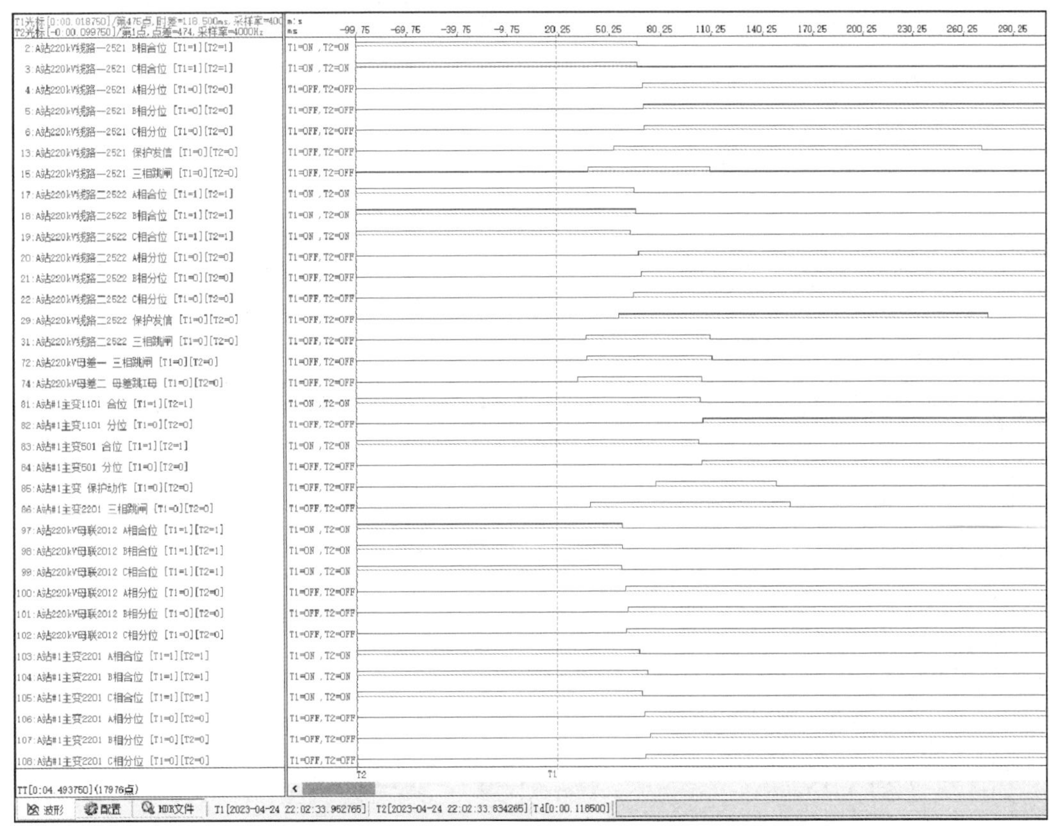

图 6－5－5　故障录波器开关量变位图

从图 6－5－5 解析可知，12ms 220kV 母差保护动作，48ms 220kV 1M 间隔开关跳开，58ms #1 主变保护动作，85ms#1 主变各侧开关跳开。

A 站故障录波器开关量变位时间顺序见表 6－5－5。

表 6－5－5　　故障录波器开关量变位时间顺序

位置	第 1 次变位时间	第 2 次变位时间
1:A 站 220kV 线路一 2521 A 相合位	↓ 48.250ms	
2:A 站 220kV 线路一 2521 B 相合位	↓ 48.000ms	
3:A 站 220kV 线路一 2521 C 相合位	↓ 48.000ms	
4:A 站 220kV 线路一 2521 A 相分位	↑ 51.000ms	
5:A 站 220kV 线路一 2521 B 相分位	↑ 51.500ms	
6:A 站 220kV 线路一 2521 C 相分位	↑ 52.000ms	
13:A 站 220kV 线路一 2521 保护发信	↑ 33.750ms	↓ 252.500ms
15:A 站 220kV 线路一 2521 三相跳闸	↑ 18.750ms	↓ 91.000ms
17:A 站 220kV 线路二 2522 A 相合位	↓ 45.750ms	
18:A 站 220kV 线路二 2522 B 相合位	↓ 47.000ms	
19:A 站 220kV 线路二 2522 C 相合位	↓ 43.500ms	
20:A 站 220kV 线路二 2522 A 相分位	↑ 48.500ms	
21:A 站 220kV 线路二 2522 B 相分位	↑ 50.000ms	
22:A 站 220kV 线路二 2522 C 相分位	↑ 45.500ms	
29:A 站 220kV 线路二 2522 保护发信	↑ 36.750ms	↓ 255.750ms
31:A 站 220kV 线路二 2522 三相跳闸	↑ 17.500ms	↓ 91.000ms
72:A 站 220kV 母差一三相跳闸	↑ 18.000ms	↓ 91.750ms
74:A 站 220kV 母差二母差跳 I 母	↑ 12.250ms	↓ 85.750ms
81:A 站#1 主变 1101 合位	↓ 85.000ms	
82:A 站#1 主变 1101 分位	↑ 86.500ms	
83:A 站#1 主变 501 合位	↓ 83.750ms	
84:A 站#1 主变 501 分位	↑ 86.000ms	
85:A 站#1 主变保护动作	↑ 58.500ms	↓ 129.500ms
86:A 站#1 主变 2201 三相跳闸	↑ 20.000ms	↓ 137.250ms
97:A 站 220kV 母联 2012 A 相合位	↓ 38.250ms	
98:A 站 220kV 母联 2012 B 相合位	↓ 38.500ms	
99:A 站 220kV 母联 2012 C 相合位	↓ 38.000ms	
100:A 站 220kV 母联 2012 A 相分位	↑ 40.500ms	
101:A 站 220kV 母联 2012 B 相分位	↑ 41.750ms	

续表

位置	第 1 次变位时间	第 2 次变位时间
102:A 站 220kV 母联 2012 C 相分位	↑ 41.000ms	
103:A 站#1 主变 2201 A 相合位	↓ 48.250ms	
104:A 站#1 主变 2201 B 相合位	↓ 53.250ms	
105:A 站#1 主变 2201 C 相合位	↓ 49.750ms	
106:A 站#1 主变 2201 A 相分位	↑ 51.500ms	
107:A 站#1 主变 2201 B 相分位	↑ 54.500ms	
108:A 站#1 主变 2201 C 相分位	↑ 51.750ms	

3. 波形特征解析

（1）220kV 母差保护动作电压、电流录波图如图 6－5－6 和图 6－5－7 所示。

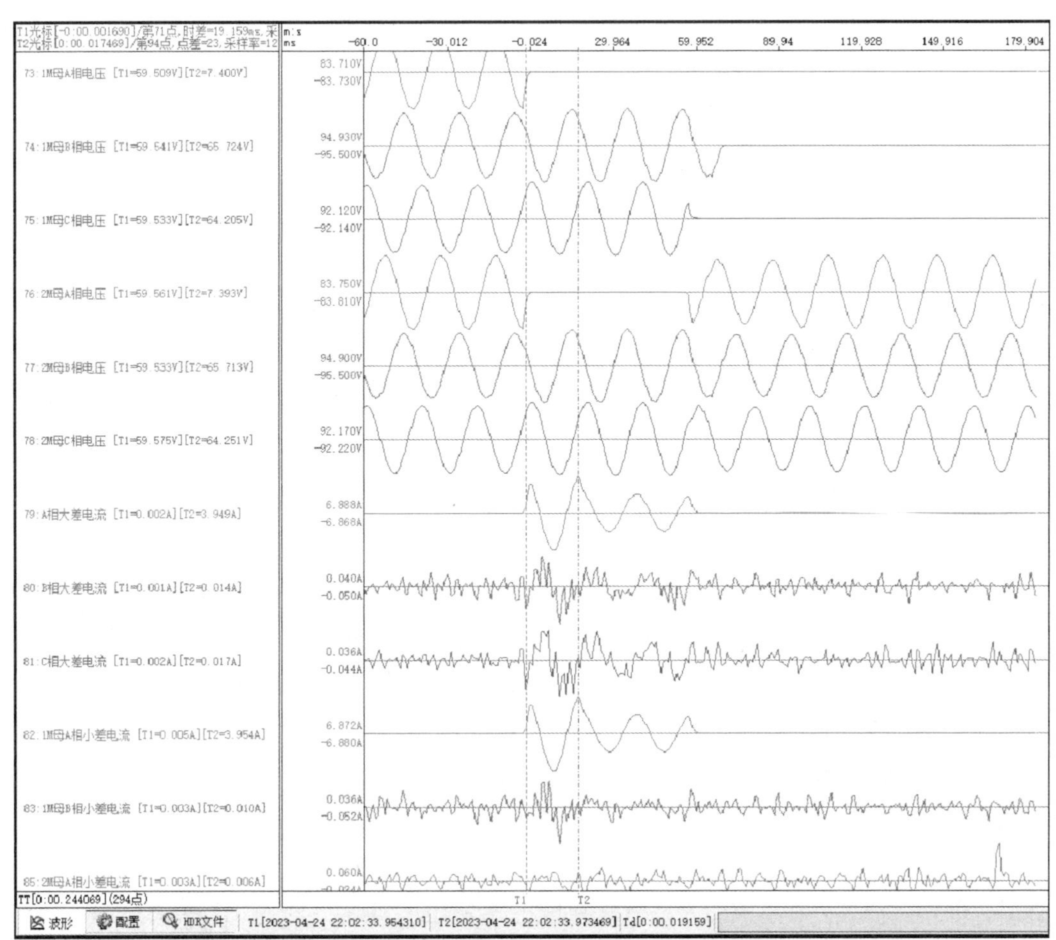

图 6－5－6　220kV 母差保护动作电压录波图

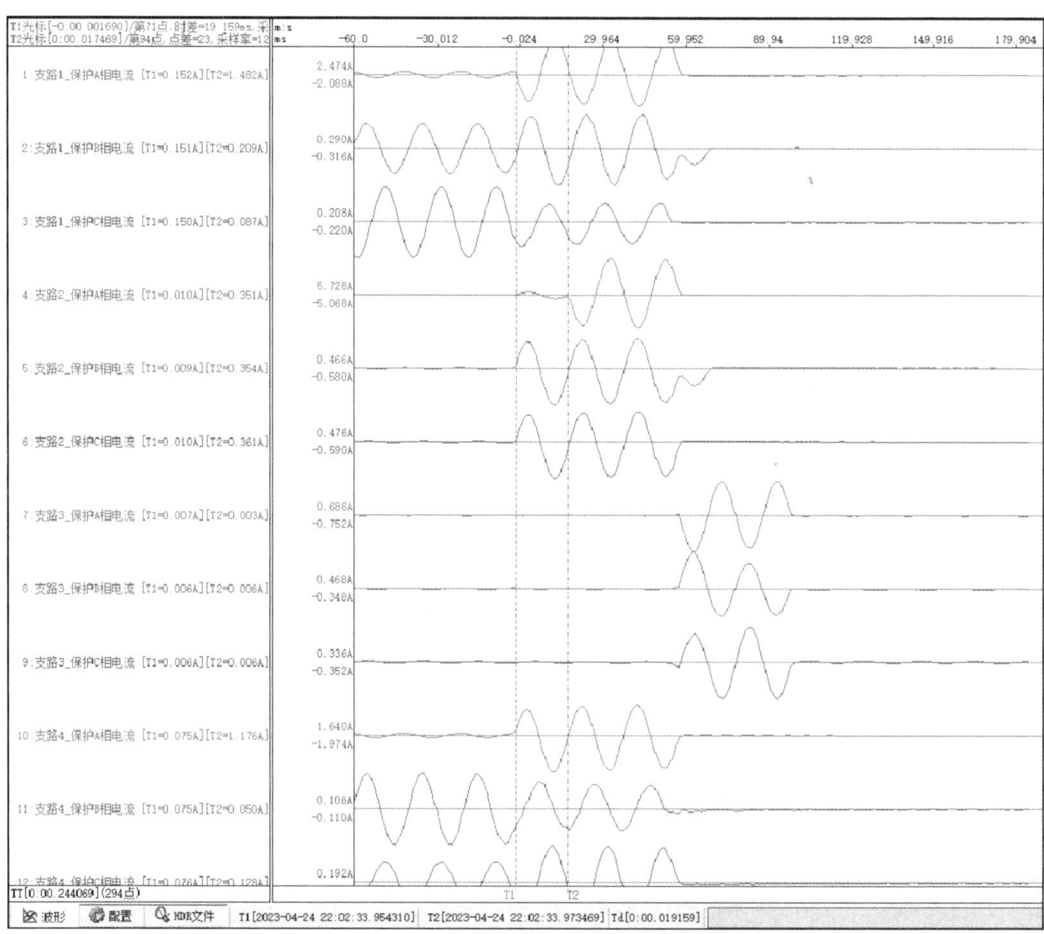

图 6-5-7　220kV 母差保护动作电流录波图

从图 6-5-1 解析可知，A 站 220kV 母线在事故前为并列运行，支路 1 为母联 2012，支路 2 为#1 主变变高，支路 3 为#2 主变变高，支路 4 为 ABⅠ线，支路 5 为 ABⅡ线，支路 6 为 ACⅠ线。

从图 6-5-6 解析可知，T_1 时刻 1M、2M 的母线 A 相电压直接降为 0V，BC 两相的电压还是正常电压，符合 A 相近端金属性接地特征。约 70ms 后，1M 母线 BC 相电压消失，2M 母线 A 相电压由恢复为正常电压。故障持续了约 70ms，1M 隔离后故障隔离，说明故障不在 2M 范围内。

从图 6-5-6 解析可知，T_1 时刻母差保护大差电流有效值为 0.003A，因 T_1 时刻电流有效值是 T_1 时刻前 20ms 电流计算得到，说明在故障前 A 站 220kV 母差保护无差流。同时，解析图 6-5-7 可以看出，各支路在 T_1 时刻电流有效值均有电流，说明均有负荷。此时，母差保护大差、小差均无差流，说明各支路变比、极性、电流回路基本正常。T_1～T_2 时刻之间，由图 6-5-6 的通道 79、82 可以看出，母差保护大差、小差电流 3.95A，说明此时 A 相接地故障在 220kV 1M 范围内。T_2时刻之后，A 相大差、1M A 相小差电流瞬间减少为 2A，且波形平滑，说明此时 A 站 220kV 的 1M 发生了 A 相接地故障存在分流。母线差流在持续约 70ms 后，A 相差动电流消失，220kV 1M 三相电压消失，220kV 2M 三相电压恢复正常，说明 1M 范围内故障已隔离。

从图 6－5－7 解析可知，支路 1（母联 2012）、支路 2、支路 4 从 T_1时刻开始，A 相出现较大电流，但支路 2（#1 主变）三相电流等大同相位，呈现零序电流特征，说明故障点在#1 主变差动保护区外，如图 6－5－7 的 T_2时刻所示。T_2时刻之后支路 2 的 A 相电流瞬间增大且反向，而其 BC 相电流仍保持大小相位不变，其他间隔 A 相电流基本没变。结合上述 220kV 母差保护差动电流也是在 T_2时刻由 4A 变为 2A，说明故障点由 220kV 1M 母差保护区转为支路 2（#1 主变）区内。

（2）#1 主变保护动作电压、电流录波图如图 6－5－8 和图 6－5－9 所示。

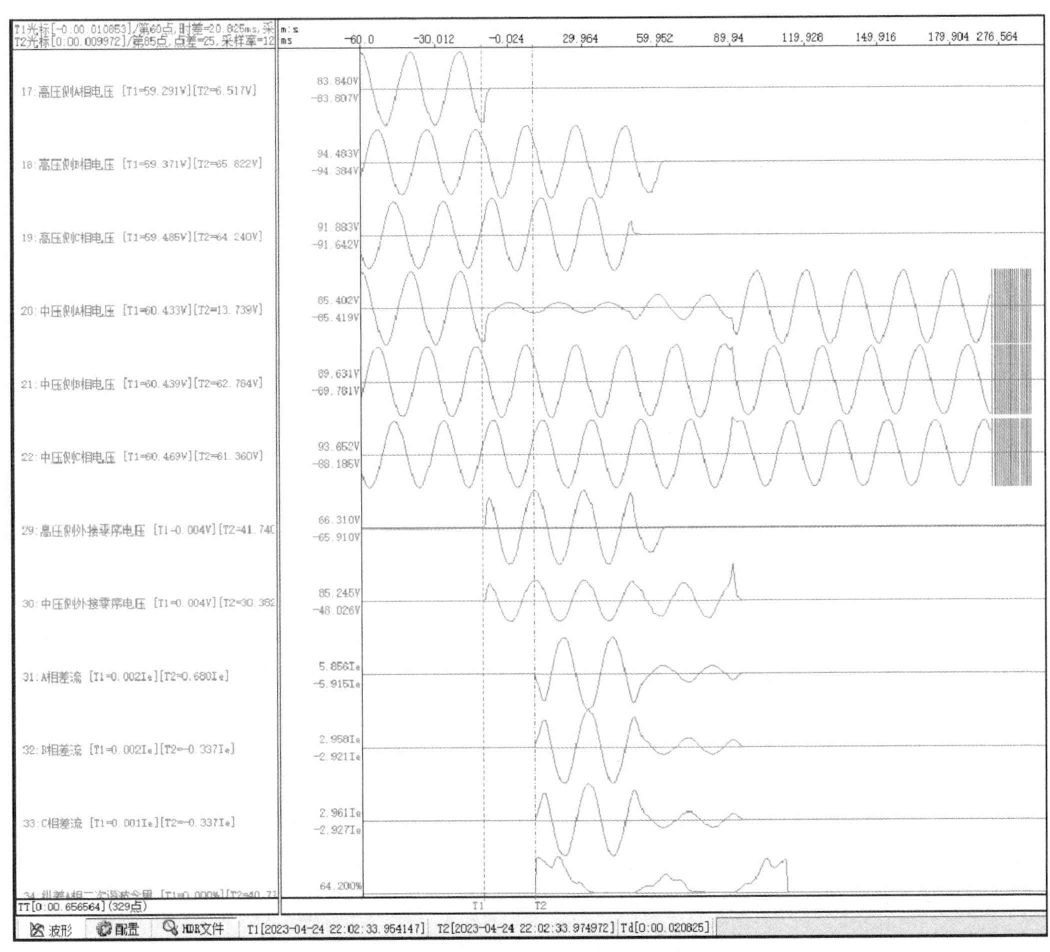

图 6－5－8　#1 主变保护动作电压录波图

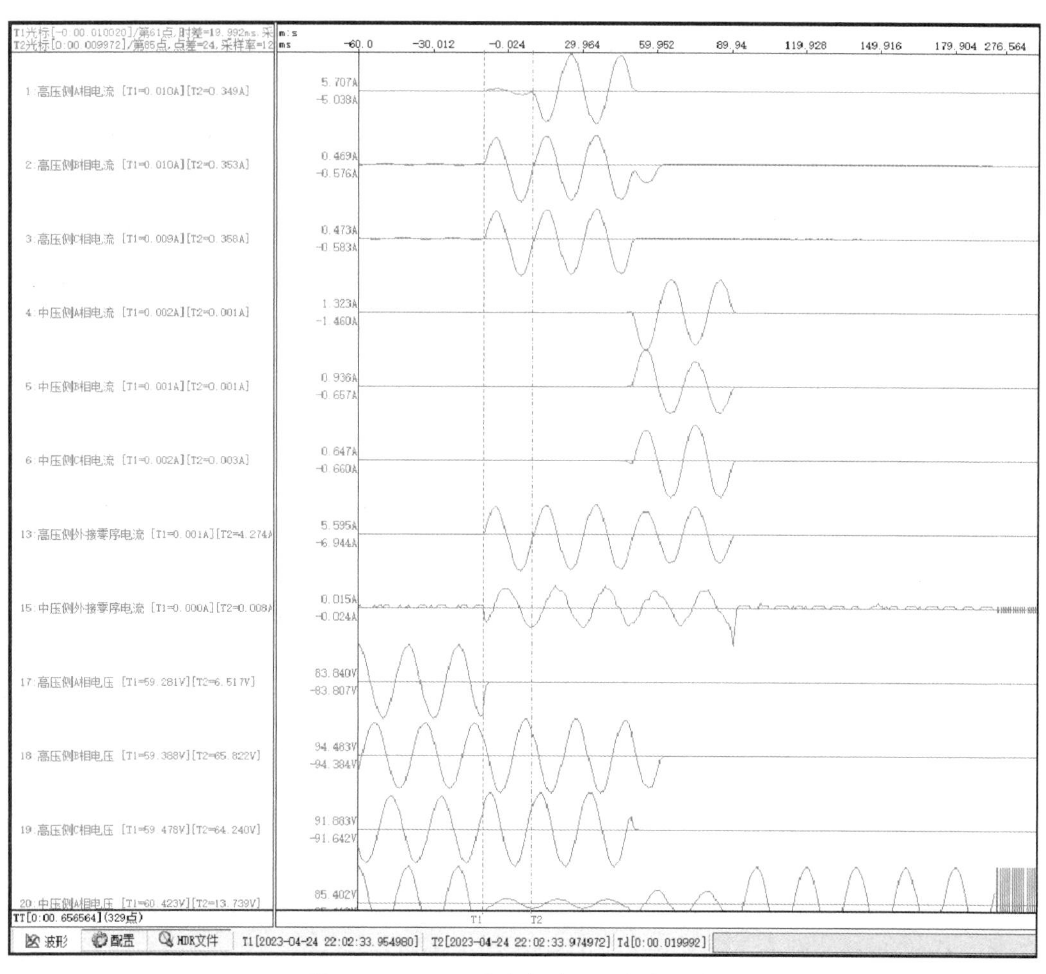

图 6-5-9　#1 主变保护动作电流录波图

从图 6-5-8 解析可知，T_1 时刻为系统故障发生时刻。T_1 之前#1 主变高压侧 ABC 相电压有效值为 59.49V，为正常电压。#1 主变高压侧 A 相电压在 T_1 时刻之间变为 0V，而中压侧 A 相电压仍有 13.74V。同时，结合图 6-4-8 的通道 29、30，可以看出整个过程中高压侧、中压侧一直有零序电压，符合接地特征。110kV 侧作为负荷侧，仅通过两台主变中压侧并列，若中压侧 A 相接地短路，作为电压端的高压侧，由于主变阻抗作用，高压侧电压肯定比中压侧高，仅有高压侧 A 相接地故障中压侧才可能有残压。因此，故障点在#1 主变高压侧。中压侧零序电压与主变差流同时消失，但高压侧电压早了约 25ms 消失，再一次验证故障点在主变高压侧，因为此时仅 220kV 母线差动保护动作，#1 主变差动保护晚了约 20ms 动作。

从图 6-5-8 解析可知，T_1 时刻之前，主变保护差动电流有效值约为 $0.002I_e$，因 T_1 时刻电流有效值是 T_1 时刻前 20ms 电流计算得到，说明在故障前#1 主变差动保护无差流。同时，解析图 6-5-9 可以看出，#1 主变在 T_1 时刻各侧电流有效值均有电流，说明均有负荷。此时，主变保护差动保护无差流，说明各侧电流互感器变比、极性、回路基本正常。T_1～T_2期间，#1 主变三相差流为 0，说明故障点不在#1 主变差动范围内。T_2时刻之后，#1 主变 A 相差流约为 $0.76I_e$，BC 相差流约为 $0.38I_e$，A 相差流与 BC 相差流相位相反，由 PCS－978 保护差流转角关系也可知，上述可能为 A 相接地故障。由此可知，#1 主变差动保护动作情况与波形相符。

从图 6－5－9 解析可知，#1 主变高压侧在 T_1 时刻之前，#1 主变 ABC 三相电流均约为 0.01A。T_1 时刻之后，#1 主变高压侧 ABC 三相电流均出现较大电流，三相电流等大同相，约 0.35A，呈现零序电流特征。T_2 时刻之后，A 相电流增大至 3.7A，且电流反向，BC 相电流大小相位保持不变，与 220kV 母差保护保持一致。由图 6－4－9 的通道 13 可以看出，#1 主变高压侧 BC 相电流相位与高压侧中性点零序电流同相位，符合零序电流特征，也验证前面 A 相接地。

（3）故障录波器电压、电流录波图如图 6－5－10 和图 6－5－11 所示。

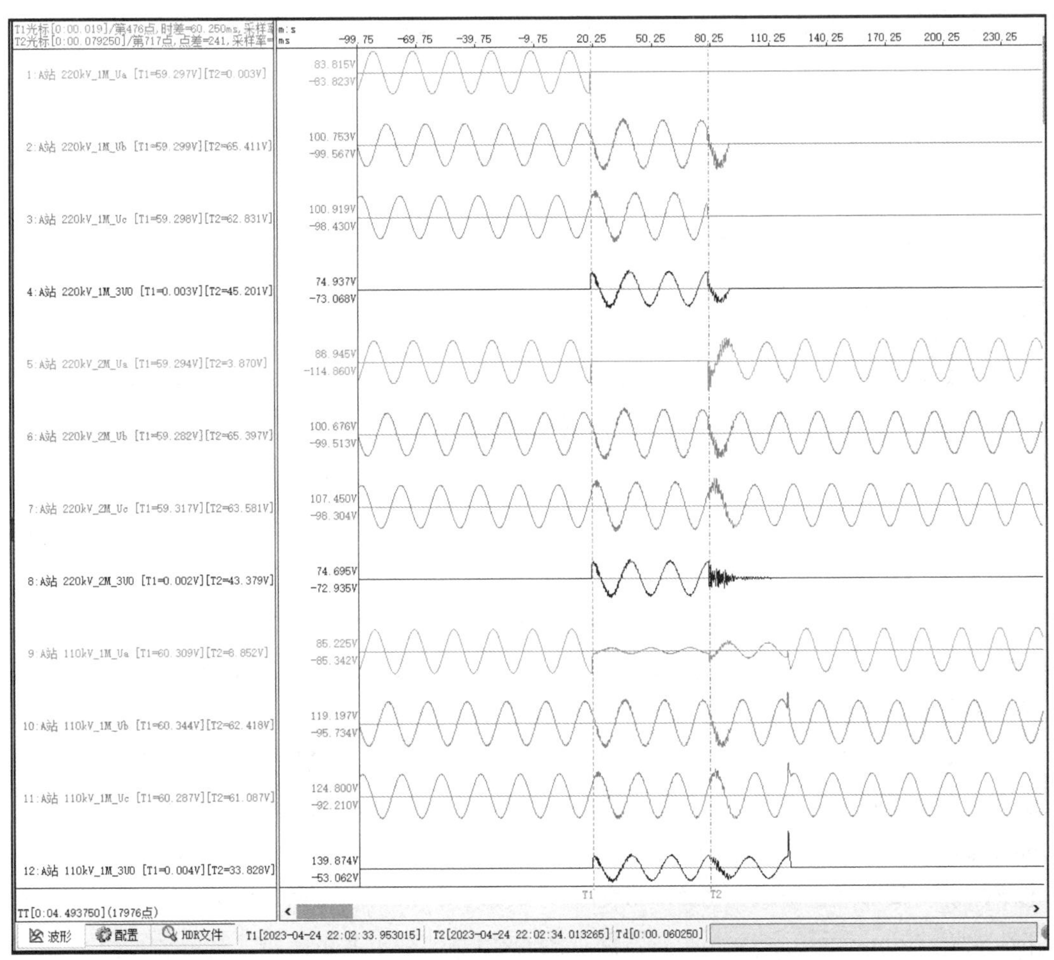

图 6－5－10　故障录波器电压录波图

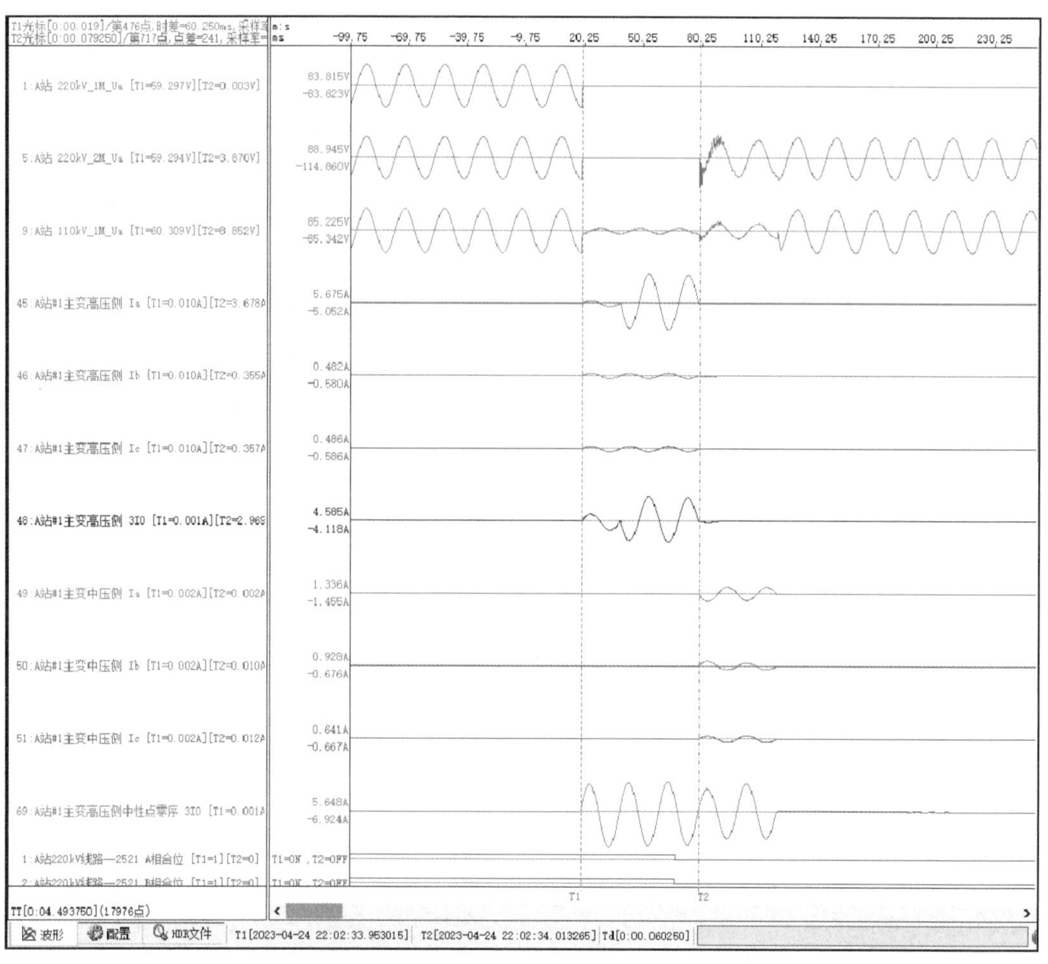

图 6-5-11 故障录波器电流录波图

从图 6-5-10 解析可知，T_1 时刻之前，220kV 1M 母线 A 相电压降低为 0V，BC 相电压均正常，出现零序电压，#1 主变高压侧中性点有零序电流。#1 主变变高 A 相电流从 T_1 时刻开始出现故障电流，约 20ms 后电流增大为原先的 10 倍，且电流为突变而非缓慢变化，说明不是仅电阻接地并缓慢发展。A 站 220kV 母差保护动作，跳开 1M 间隔（如线路一 2521、2201），220kV 2M 和 110kV 母线 A 相电压均有恢复部分电压，但未恢复为正常电压。同时，#1 主变变高 A 相电流同步消失，但#1 主变中压侧 A 相出现故障电流，这是因为系统通过#2 主变→110kV 母线→#1 主变向其高压侧提供故障电流，说明故障未完全切除，如图 6-5-11 所示。之后，#1 主变差动保护动作，主变变中、变低同时跳开，#1 主变变中 A 相电流消失，220kV 2M 和 110kV 母线 A 相电压均恢复为正常电压，说明故障点已隔离。因此，综合上述波形分析，可以判断故障为 220kV 1M A 相接地故障，20ms 后转为#1 主变高压侧主变差动保护区内 A 相金属性接地故障。

三、综合总结

通过220kV母差保护、#1主变保护动作简报，可以初步分析为220kV 1M母线A相接地故障、#1主变变高区内A相接地 故障，再结合录波图来进行验证推断。从#1主变、220kV母差保护动作波形图中，首先解析电压波形，A相电压突然降低为0V，BC相电压不变，出现零序电压、零序电流。220kV 1M母差保护A相出现较大差流，在故障20ms后母线差流变成了一半，#1主变才出现A相差流。A站220kV母差保护动作，跳开1M间隔，220kV 2M和110kV母线A相电压均有部分恢复，但未恢复为正常电压。同时，#1主变变高A相电流同步消失，但#1主变中压侧A相出现故障电流。之后，#1主变差动保护动作，主变变中、变低同时跳开，#1主变变中A相电流消失，220kV 2M和110kV母线A相电压均恢复为正常电压，说明故障点已隔离。因此，综合上述波形分析，可以判断故障为220kV 1M A相接地故障，20ms后转为#1主变高压侧主变差动保护区内A相金属性接地故障。

综上所述，本次故障为220kV 1M A相接地故障，20ms后转为#1主变高压侧主变差动保护区内A相金属性接地故障，220kV母差保护、#1主变保护动作行为正确。

6.6　主变中压侧区外单相接地

一、故障信息

故障发生前A站、B站、C站运行方式为：ABⅠ线、ABⅡ线、ACⅠ线、BCⅠ线、#1主变、#2主变均在合位。A站ABⅠ、ABⅡ线、#1主变变高挂220kV 1M，A站ACⅠ、#2主变变高挂220kV 2M，#1主变高中压侧中性点接地，220kV母线并列运行，如图6-6-1所示。

故障发生后，A站#1主变中压侧保护动作跳开主变变中开关，运行方式如图6-6-2所示。

二、录波图解析

1. 保护动作报文解析

从A站#1主变保护故障录波HDR文件读取相关保护信息，#1主变保护动作简报见表6-6-1。

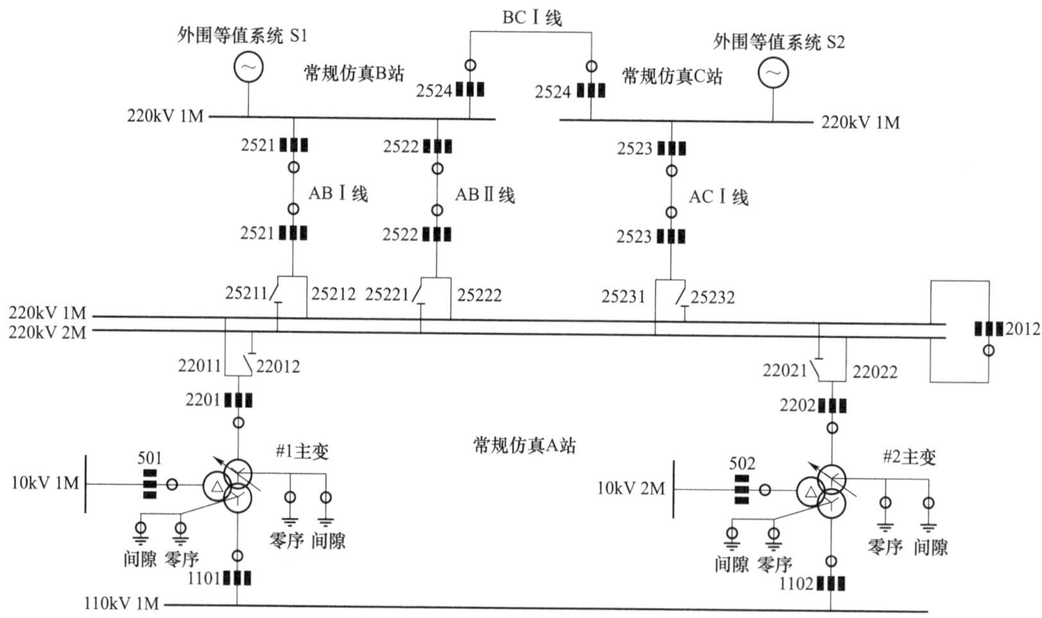

图 6-6-1 故障发生前 A 站、B 站、C 站运行方式

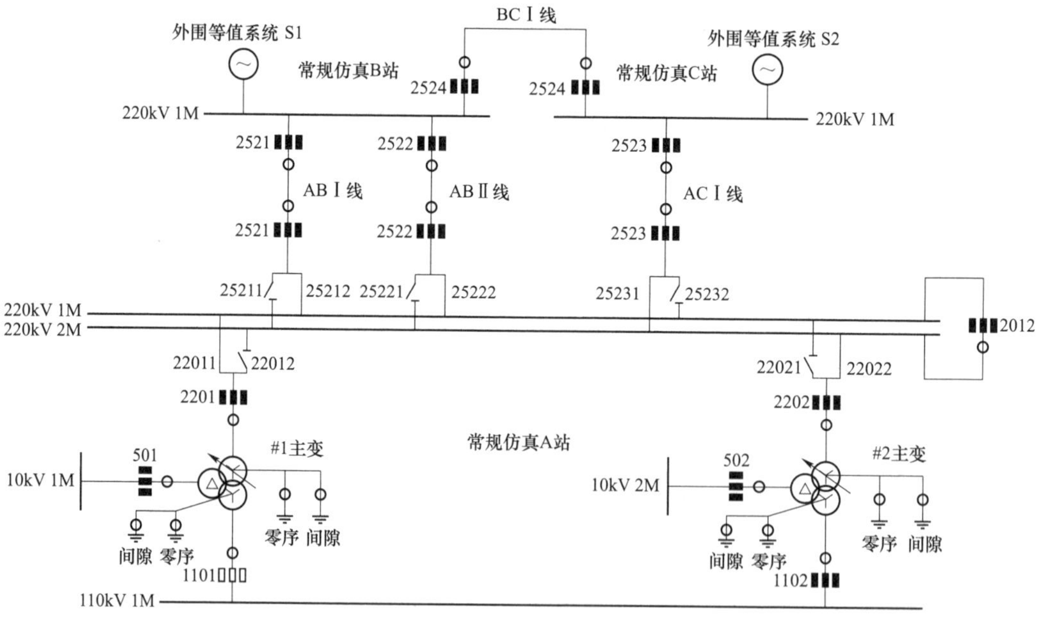

图 6-6-2 故障发生后 A 站、B 站、C 站运行方式

表 6-6-1　　#1 主变保护动作简报

序号	动作报文对应时间	动作报文名称	动作相别	动作报文变化值
1	0ms	保护启动		1
2	913ms	中零流Ⅰ段 1 时限		1

续表

序号	动作报文对应时间	动作报文名称	动作相别	动作报文变化值
3		跳中压侧母联		1
4	914ms	中接地阻抗 1 时限	B	1
5	927ms	中复流 I 段 1 时限	B	1
6	1213ms	中零流 I 段 2 时限		1
7		跳中压侧		1
8	1214ms	中接地阻抗 2 时限	B	1
9	1227ms	中复流 I 段 2 时限	B	1
10	1271ms	中复流 I 段 1 时限		0
11	1271ms	中复流 I 段 2 时限		0
12	1282ms	中零流 I 段 1 时限		0
13	1282ms	中零流 I 段 2 时限		0
14	1284ms	中接地阻抗 1 时限		0
15	1284ms	中接地阻抗 2 时限		0
16		跳中压侧母联		0
17		跳中压侧		0
18	1795ms	保护启动		0

根据表 6-6-1，0ms 保护启动，913ms 中零流 I 段 1 时限保护动作，跳开 110kV 母联开关，914ms 中接地阻抗 1 时限、927ms 中复流 I 段 1 时限保护动作，跳开 110kV 母联开关，1213ms 中零流 I 段 2 时限保护动作，跳开主变变中 1101 开关，1214ms 中接地阻抗 2 时限、1227ms 中复流 I 段 2 时限保护动作，1271ms 中复流 I 段 1 时限、中复流 I 段 2 时限、中接地阻抗 1 时限、中接地阻抗 2 时限、中零流 I 段 1 时限、中零流 I 段 2 时限保护返回。由 PCS-978 保护说明书可知，主变保护跳闸矩阵从右至左分别是：跳高压侧、跳高压侧母联、跳中压侧、跳中压侧母联、跳低压侧。从保护定值知，中零流 I 段 1 时限、中接地阻抗 1 时限、中复流 I 段 1 时限跳闸矩阵为 008，即跳中压侧母联，由于本站无 110kV 母联开关，故障未能隔离。中零流 I 段 2 时限、中接地阻抗 2 时限、中复流 I 段 2 时限跳闸矩阵为 004，即跳中压侧。仅过了约 50ms，上述保护均返回，说明跳开#1 主变变中后故障已隔离。

2. 开关量变位解析

（1）#1 主变保护：以故障初始时刻为基准，A 站#1 主变保护开关量变位图如图 6-6-3 所示。

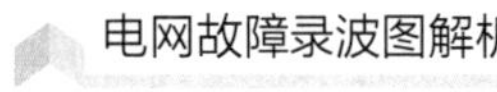

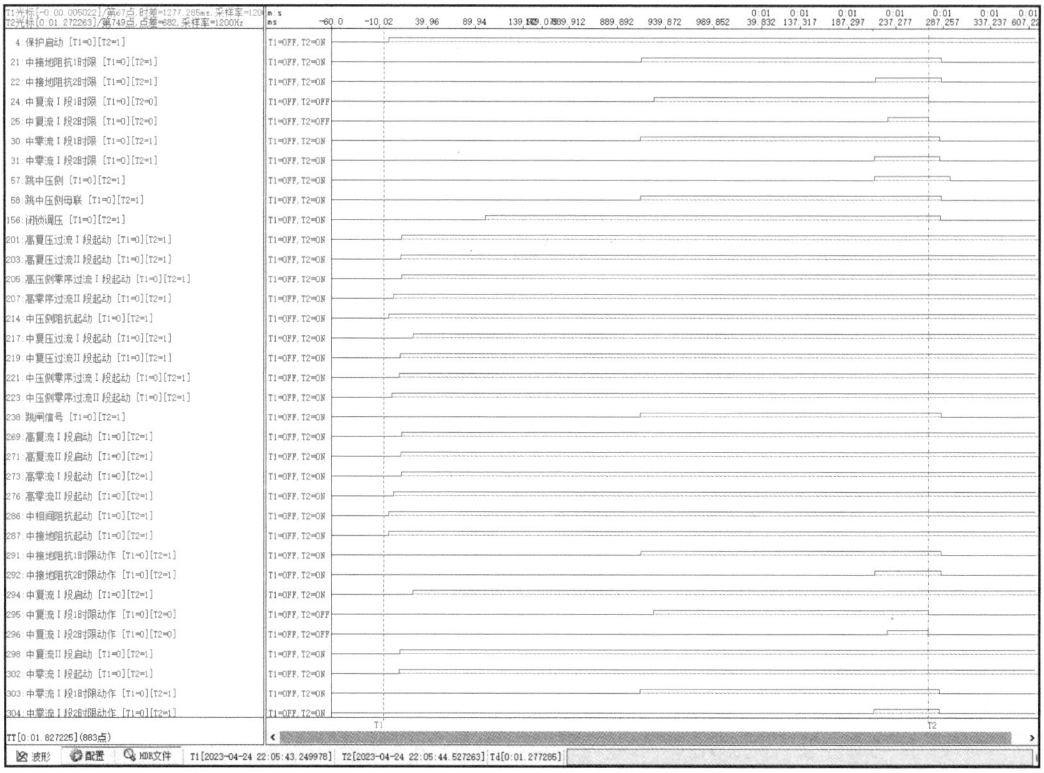

图 6-6-3　#1 主变保护开关量变位图

从图 6-6-3 解析可知，4.165ms #1 主变保护启动，919ms 中接地阻抗 1 时限保护动作，918ms 中零流Ⅰ段 1 时限保护动作，932ms 中复流Ⅰ段 1 时限保护动作，跳中压侧母联，1219ms 中接地阻抗 2 时限保护动作，1218ms 中零流Ⅰ段 2 时限保护动作，1233ms 中复流Ⅰ段 2 时限保护动作，1218ms #1 主变保护跳变中开关。

A 站#1 主变保护开关量变位时间顺序见表 6-6-2。

表 6-6-2　A 站#1 主变保护开关量变位时间顺序

位置	第 1 次变位时间	第 2 次变位时间
4:保护启动	↑ 4.165ms	
21:中接地阻抗 1 时限	↑ 919.071ms	↓ 1289.780ms
22:中接地阻抗 2 时限	↑ 1219.808ms	↓ 1289.780ms
24:中复流Ⅰ段 1 时限	↑ 932.399ms	↓ 1276.452ms
25:中复流Ⅰ段 2 时限	↑ 1233.136ms	↓ 1276.452ms
30:中零流Ⅰ段 1 时限	↑ 918.238ms	↓ 1288.114ms
31:中零流Ⅰ段 2 时限	↑ 1218.975ms	↓ 1288.114ms
57:跳中压侧	↑ 1218.975ms	↓ 1298.943ms

续表

位置	第 1 次变位时间	第 2 次变位时间
58:跳中压侧母联	↑ 918.238ms	↓ 1289.780ms
156:闭锁调压	↑ 104.958ms	↓ 1288.947ms
201:高复压过流Ⅰ段启动	↑ 17.493ms	
203:高复压过流Ⅱ段启动	↑ 16.660ms	
205:高压侧零序过流Ⅰ段启动	↑ 17.493ms	
207:高零序过流Ⅱ段启动	↑ 9.163ms	
214:中压侧阻抗启动	↑ 4.165ms	
217:中复压过流Ⅰ段启动	↑ 29.155ms	
219:中复压过流Ⅱ段启动	↑ 15.827ms	
221:中压侧零序过流Ⅰ段启动	↑ 14.994ms	
223:中压侧零序过流Ⅱ段启动	↑ 7.497ms	
238:跳闸信号	↑ 918.238ms	↓ 1289.780ms
269:高复流Ⅰ段启动	↑ 17.493ms	
271:高复流Ⅱ段启动	↑ 16.660ms	
273:高零流Ⅰ段启动	↑ 17.493ms	
276:高零流Ⅱ段启动	↑ 9.163ms	
285:中相间阻抗启动	↑ 4.165ms	
287:中接地阻抗启动	↑ 4.165ms	
291:中接地阻抗 1 时限动作	↑ 919.071ms	↓ 1289.780ms
292:中接地阻抗 2 时限动作	↑ 1219.808ms	↓ 1289.780ms
294:中复流Ⅰ段启动	↑ 29.155ms	
295:中复流Ⅰ段 1 时限动作	↑ 932.399ms	↓ 1276.452ms
296:中复流Ⅰ段 2 时限动作	↑ 1233.136ms	↓ 1276.452ms
298:中复流Ⅱ段启动	↑ 15.827ms	
302:中零流Ⅰ段启动	↑ 14.994ms	
303:中零流Ⅰ段 1 时限动作	↑ 918.238ms	↓ 1288.114ms
304:中零流Ⅰ段 2 时限动作	↑ 1218.975ms	↓ 1288.114ms
306:中零流Ⅱ段启动	↑ 7.497ms	

（2）故障录波器：以故障初始时刻为基准，A 站#故障录波器开关量变位图如图 6－6－4 所示。

从图 6－6－4 解析可知，930ms #1 主变保护动作，1257ms #1 主变变中开关跳开。

A 站故障录波器开关量变位时间顺序见表 6－6－3。

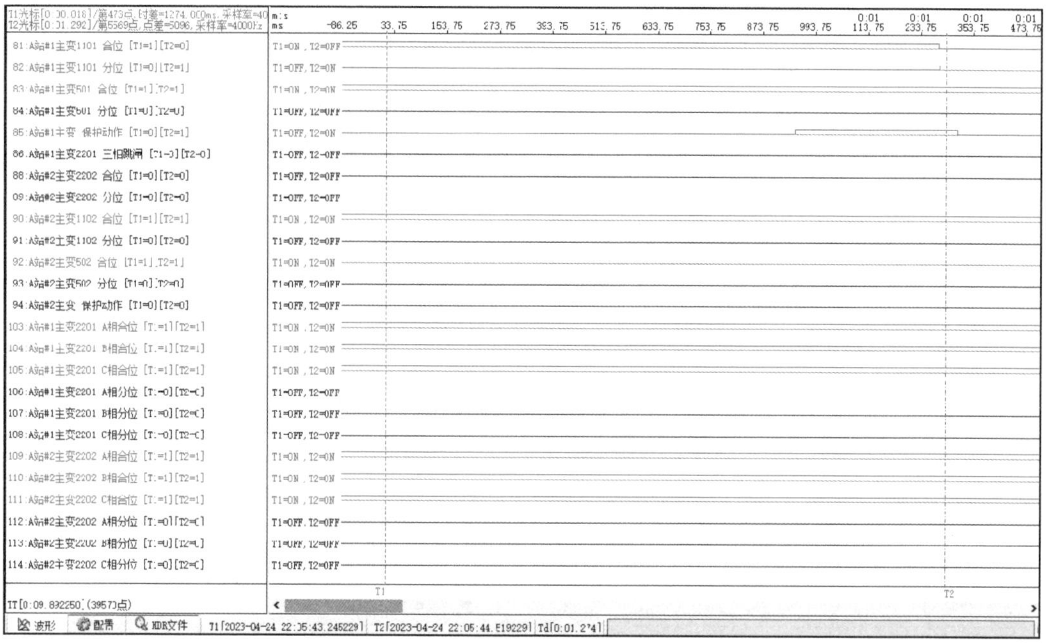

图 6－6－4　故障录波器开关量变位图

表 6－6－3　　　A 站故障录波器开关量变位时间顺序

位置	第 1 次变位时间	第 2 次变位时间
81:A 站#1 主变 1101 合位	↓ 1257.500ms	
82:A 站#1 主变 1101 分位	↑ 1259.250ms	
85:A 站#1 主变保护动作	↑ 930.000ms	↓ 1300.000ms

3. 波形特征解析

（1）#1 主变保护动作电压、电流录波图如图 6－6－5 和图 6－6－6 所示。

从图 6－6－5 解析可知，T_1 时刻为系统故障发生时刻。T_1 之前#1 主变高压侧 ABC 相电压有效值为 59.49V，为正常电压。在 T_1 时刻之后，#1 主变高压侧、中压侧均出现了零序电压，其赋值分别为 7.6V、41.59V，同时中压侧 B 相电压降低为 39V，高压侧电压降低为 51V，如图 6－6－5 的通道 18、21、29、30 的 T_2 时刻所示。由于主变中压侧为负荷侧，因此可以推测故障点在中压侧。在 T_2 时刻之后，主变高压侧三相电压恢复为正常电压，零序电压消失，110kV 母线的 B 相电压变为 0V，AC 两相电压升高为 100V、中压侧零序电压也升高。由图 6－6－1 可知，A 站仅#1 主变中压侧中性点接地，#2 主变中性点不接地。当#1 主变中压侧跳开后，110kV 将成为不接地系统，发生 B 相接地故障后，即出现 110kV 母线的 B 相电压变为 0V，AC 两相电压升高为 100V，中压侧零序电压也升高的情况。根据上述分析可知，故障原因为 110kV 母线发生了 B 相接地故障。

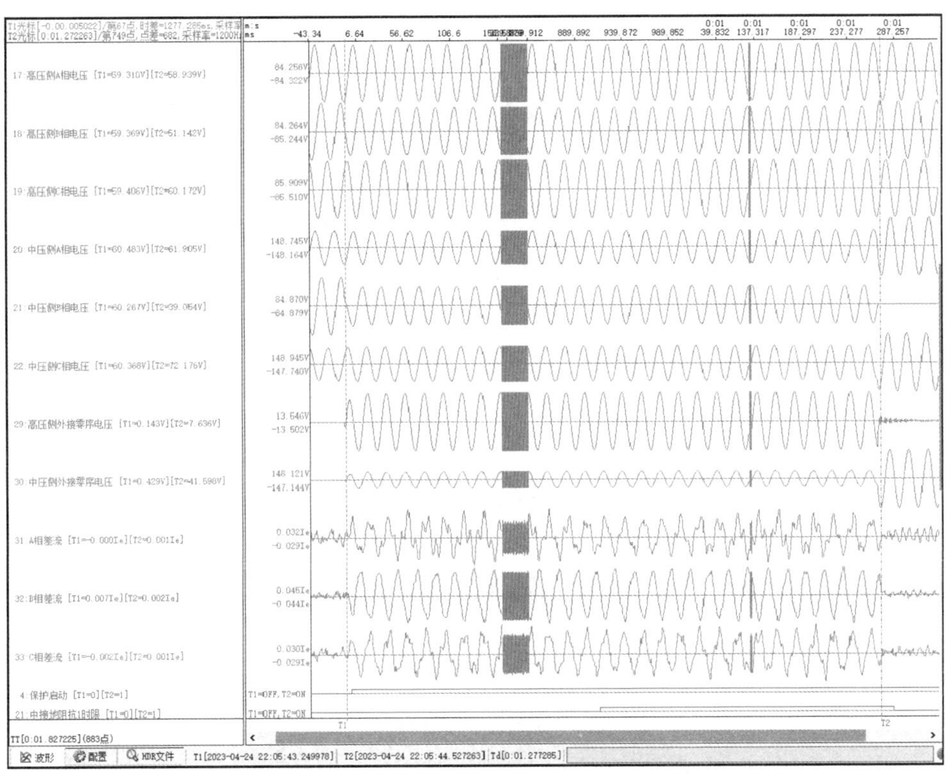

图 6-6-5 #1 主变保护动作电压录波图

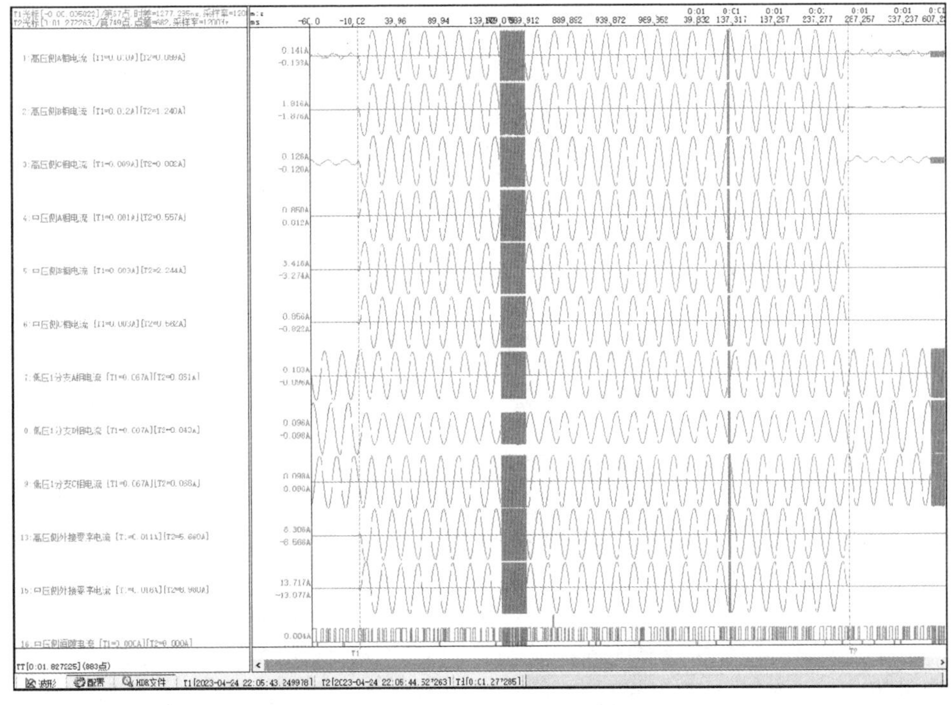

图 6-6-6 #1 主变保护动作电流录波图

从图 6–6–5 解析可知，T_1 时刻主变保护差动电流有效值约为 $0.001I_e$，T_2 时刻主变保护差动电流有效值约为 $0.002I_e$，即整个过程中#1 主变差动保护无差流。同时，解析图 6–6–6 可知，#1 主变在 T_1 时刻各侧电流有效值均有电流，说明均有负荷。此时，主变保护差动保护无差流，说明各侧电流互感器变比、极性、回路基本正常。由此可知，B 相接地故障点不在#1 主变差动保护范围内，与上述电压分析相符。

从图 6–6–6 解析可知，#1 主变高压侧在 T_1 时刻之前，#1 主变 ABC 三相电流均约为 0.01A。T_1 时刻之后，#1 主变高压侧 B 相均出现 1.24A 电流，AC 两相电流仅为 0.08A，三相电流同相位，呈现区外故障零序电流特征。#1 主变中压侧在 T_1 时刻之前，#1 主变 ABC 三相电流均约为 0.03A。T_1 时刻之后，#1 主变中压侧 B 相均出现 2.244A 电流，AC 两相电流仅为 0.55A，三相电流同相位，呈现区外故障零序电流特征。T_2 时刻之后，#1 主变中压侧三相电流消失，高压侧电流恢复为负荷电流，也验证了前面 110kV 母线 B 相接地故障。

（2）故障录波器电压、电流录波图如图 6–6–7 和图 6–6–8 所示。

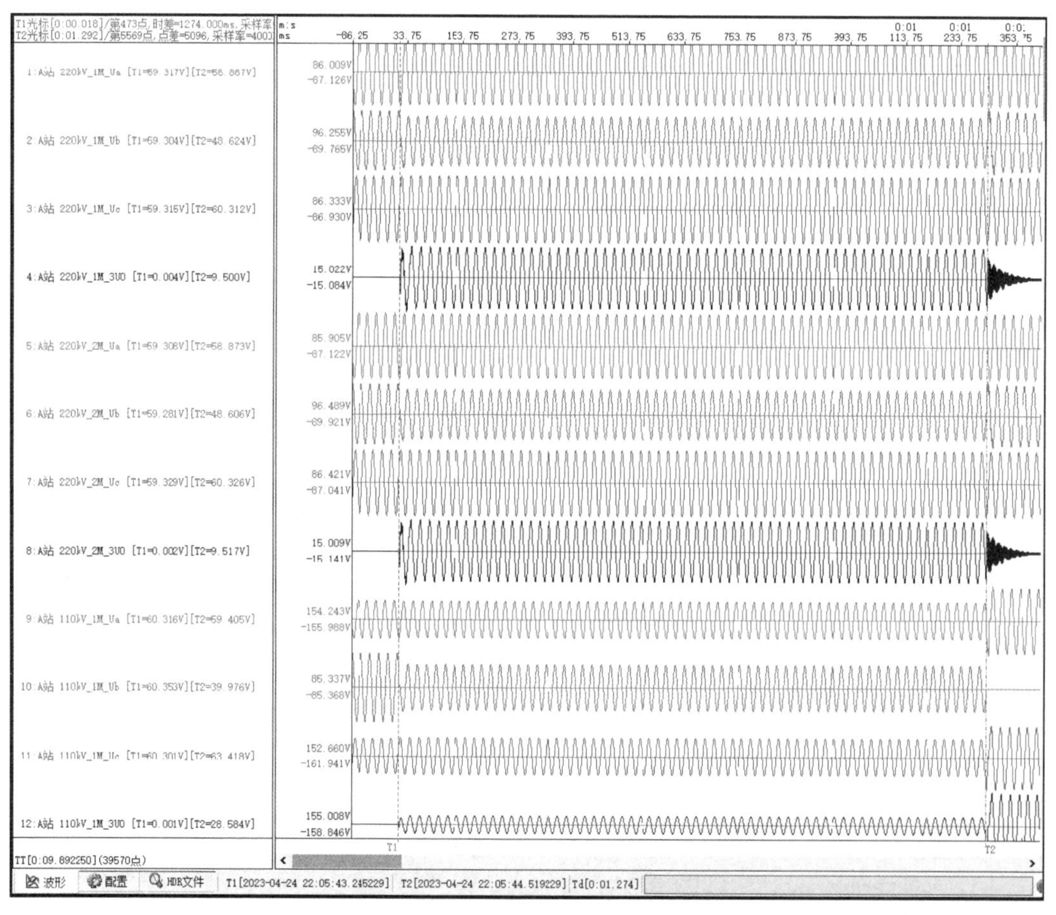

图 6–6–7　故障录波器电压录波图

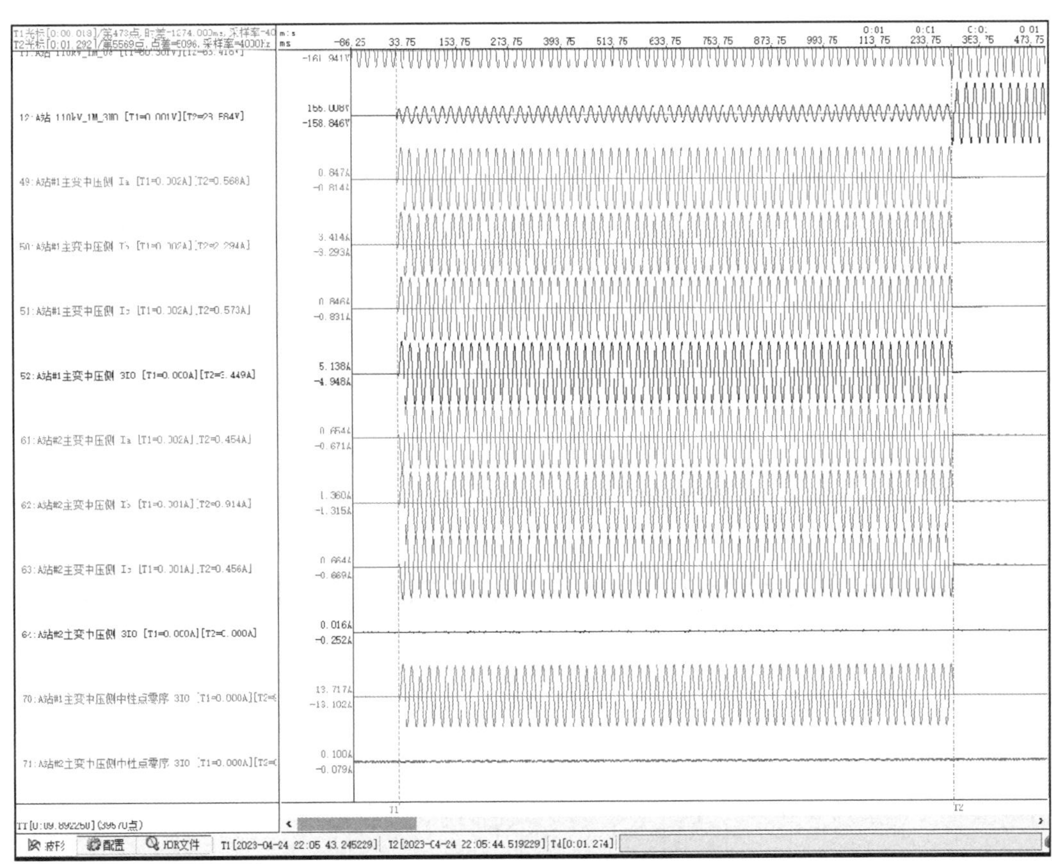

图 6-6-8 故障录波器电流录波图

从图 6-6-7 解析可知，T_1 时刻开始，220kV 1M 母线、110kV 母线开始出现零序电压，如通道 4、8、12 所示，高压侧零序电压约 9.5V，中压侧零序电压约 28.58V。同时，高压侧 B 相电压降低为 48.62V，中压侧 B 相电压降低为 39.976V，高中压侧 AC 两相电压均为正常电压。因 110kV 母线侧为负荷侧，无电源点，可以判断为中压侧发生了 B 相接地故障。上述过程一直持续到 T_2 时刻，之后，高压侧零序电压消失，中压侧零序电压升高，中压侧 B 相电压降低为 0V，AC 相电压升高为线电压，这说明中压侧已经转为不接地系统。

从图 6-6-8 解析可知，#1 主变中压侧三相电流在 T_1 时刻增大，B 相电流增大更多，为 2.294A，且三相电流相位相同，出现零序电流。因#1 主变中性点接地，上述电流特征显示为#1 主变中压侧差动保护区外发生了 B 相接地故障。#2 主变三相电流也在 T_1 时刻增大，但无中压侧零序电流，在 T_2 时刻之后三相电流消失，整个过程中#2 主变差动保护未启动，说明故障点不在#2 主变差动保护范围内。开关位置变位方面，#1 主变中压侧后备保护动作后，跳开中压侧开关，即在 T_2 时刻跳开，与保护动作波形相符。因此，判断为 110kV 母线发生了 B 相接地故障，约 1s 后，#1 主变中压侧后备保护跳开中压侧开关后，转为 110kV 不接地系统发生 B 相接地运行。

三、综合总结

通过#1 主变保护动作简报，可以初步分析为 110kV 母线 B 相接地故障，再结合录波图来进行验证推断。根据#1 主变、故障录波器波形图，220kV 1M 母线、110kV 母线自故障开始后出现零序电压。同时，高压侧 B 相电压降低为 48.62V，中压侧 B 相电压降低为 39.976V，高中压侧 AC 两相电压均为正常电压。因 110kV 母线侧为负荷侧，无电源点，可以判断为中压侧发生了 B 相接地故障。上述过程一直持续到 T_2 时刻，之后高压侧零序电压消失，中压侧零序电压升高，说明中压侧已经转为不接地系统。#1 主变中压侧三相电流在 T_1 时刻增大，B 相电流增大更多，且三相电流相位相同，出现零序电流。因#1 主变中性点接地，上述电流特征显示为#1 主变中压侧差动保护区外发生了 B 相接地故障。#2 主变三相电流也在 T_1 时刻增大，但无中压侧零序电流，在 T_2 时刻之后三相电流消失。开关位置变位方面，#1 主变中压侧后备保护动作后，跳开中压侧开关，即在 T_2 时刻跳开，与保护动作波形相符。因此，判断为 110kV 母线发生了 B 相接地故障，约 1s 后，#1 主变中压侧后备保护跳开中压侧开关后，转为 110kV 不接地系统发生 B 相接地运行。

综上所述，本次故障为 110kV B 相接地故障，#1 主变变中 1101 开关跳开后转为不接地系统 B 相接地故障，#1 主变保护动作行为正确。

6.7 主变中压侧区外单相接地接地后主变间隙击穿

一、故障信息

故障发生前 A 站、B 站、C 站运行方式为：ABⅠ线、ABⅡ线、ACⅠ线、BCⅠ线、#1 主变、#2 主变均在合位。A 站 ABⅠ、ABⅡ线、#1 主变变高挂 220kV 1M，A 站 ACⅠ、#2 主变变高挂 220kV 2M，#1 主变高中压侧中性点接地，220kV 母线并列运行，如图 6－7－1 所示。

故障发生后，A 站#1 主变中压侧保护动作跳开#1 主变变中开关，#2 主变中压侧保护动作跳开#2 主变三侧开关，运行方式如图 6－7－2 所示。

二、录波图解析

1. 保护动作报文解析

（1）从保护故障录波 HDR 文件读取相关保护信息，#1 主变保护动作简报见表 6－7－1。

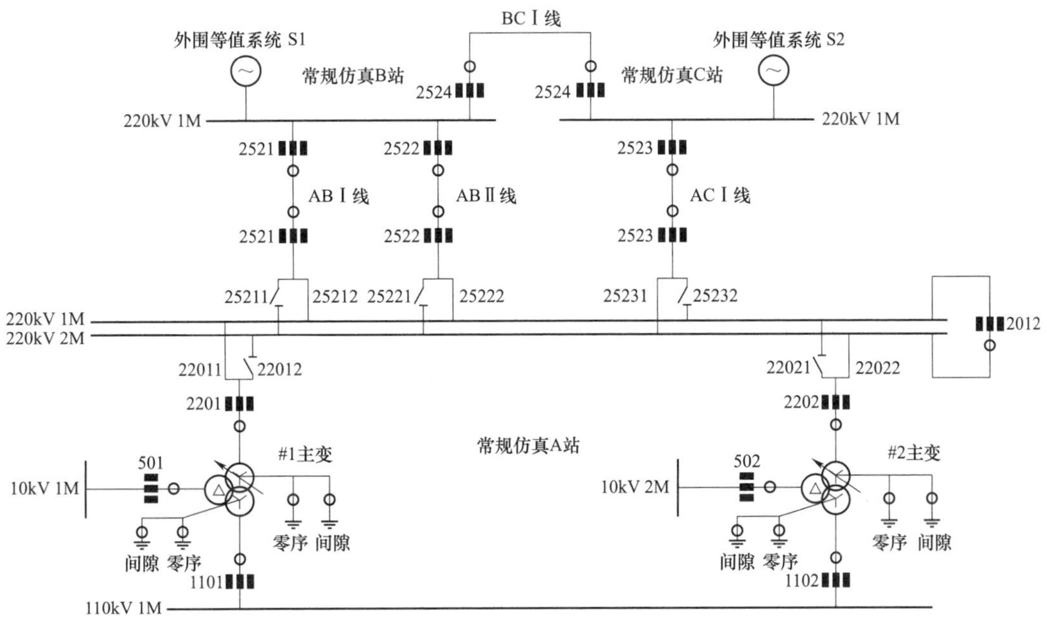

图 6-7-1 故障发生前 A 站、B 站、C 站运行方式

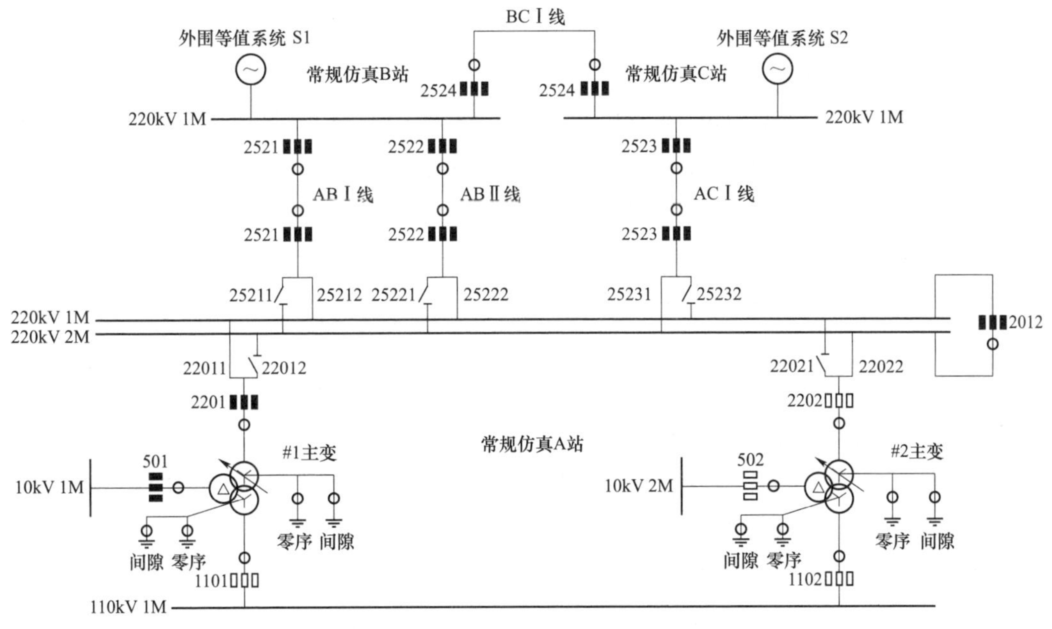

图 6-7-2 故障发生后 A 站、B 站、C 站运行方式

表 6-7-1 #1 主变保护动作简报

序号	动作报文对应时间	动作报文名称	动作相别	动作报文变化值
1	0ms	保护启动		1
2	913ms	中零流Ⅰ段 1 时限		1
3		跳中压侧母联		1
4	914ms	中接地阻抗 1 时限	B	1
5	927ms	中复流Ⅰ段 1 时限	B	1
6	1213ms	中零流Ⅰ段 2 时限		1
7		跳中压侧		1
8	1214ms	中接地阻抗 2 时限	B	1
9	1227ms	中复流Ⅰ段 2 时限	B	1
10	1270ms	中复流Ⅰ段 1 时限		0
11	1270ms	中复流Ⅰ段 2 时限		0
12	1276ms	中接地阻抗 1 时限		0
13	1276ms	中接地阻抗 2 时限		0
14	1282ms	中零流Ⅰ段 1 时限		0
15	1282ms	中零流Ⅰ段 2 时限		0
16		跳中压侧母联		0
17		跳中压侧		0
18	1794ms	保护启动		0

根据表 6-7-1，0ms 保护启动，913ms 中零流Ⅰ段 1 时限保护动作，跳开 110kV 母联开关，914ms 中接地阻抗 1 时限、927ms 中复流Ⅰ段 1 时限保护动作，跳开 110kV 母联开关，1213ms 中零流Ⅰ段 2 时限保护动作，跳开主变变中 1101 开关，1214ms 中接地阻抗 2 时限、1227ms 中复流Ⅰ段 2 时限保护动作，1270ms 中复流Ⅰ段 1 时限、中复流Ⅰ段 2 时限、中接地阻抗 1 时限、中接地阻抗 2 时限、中零流Ⅰ段 1 时限、中零流Ⅰ段 2 时限保护返回。由 PCS-978 保护说明书可知，主变保护跳闸矩阵从右至左分别是：跳高压侧、跳高压侧母联、跳中压侧、跳中压侧母联、跳低压侧。从保护装置定值可知，中零流Ⅰ段 1 时限、中接地阻抗 1 时限、中复流Ⅰ段 1 时限跳闸矩阵为 008，即跳中压侧母联，由于本站无 110kV 母联开关，故障未能隔离。中零流Ⅰ段 2 时限、中接地阻抗 2 时限、中复流Ⅰ段 2 时限跳闸矩阵为 004，即跳中压侧。仅过了约 50ms，上述保护均返回，说明跳开#1 主变变中后故障已隔离。

（2）从保护故障录波 HDR 文件读取相关保护信息，#2 主变保护动作简报见表 6-7-2。

根据表 6-7-2。0ms 保护启动，2414ms 中复流Ⅱ段 1 时限保护动作，跳开 110kV 母联开关，2464ms 中间隙过流保护动作，跳开主变各侧，25291ms 中复流Ⅱ段 1 时限、中间隙过流保护返回。由 SGT－756 保护说明书可知，主变保护跳闸矩阵从右至左分别是：跳高压侧、跳高压侧母联、跳中压侧、跳中压侧母联、跳低压侧。从保护定值可知，中复流Ⅱ段 1 时限跳闸矩阵为 008，即跳中压侧母联，由于本站无 110kV 母联开关，故障未能隔离。中间隙过流跳闸矩阵为 3015，即跳主变各侧压侧。仅过了约 50ms，上述保护均返回，说明跳开#2 主变变中后故障已隔离。

表 6－7－2　　　　#2 主变保护动作简报

序号	动作报文对应时间	动作报文名称	动作相别	动作报文变化值
1	0ms	后备保护启动		1
2	48ms	中压侧负序电压动作		1
3	48ms	低压 1 侧负序电压动作		1
4	58ms	中压侧低电压动作		1
5	98ms	闭锁调压		1
6	1324ms	低压 1 侧低电压动作		1
7	2414ms	中复流Ⅱ段 1 时限		1
8	2415ms	跳中压侧母联		1
9	2415ms	跳中压侧分段 1		1
10	2415ms	跳中压侧分段 2		1
11	2464ms	中间隙过流		1
12	2465ms	跳中压侧断路器		1
13	2465ms	跳高压侧断路器		1
14	2465ms	跳低压 1 分支断路器		1
15	2529ms	中夏流Ⅱ段 1 时限		0
16	2530ms	跳中压侧母联		0
17	2530ms	跳中压侧分段 1		0
18	2530ms	跳中压侧分段 2		0
19	2534ms	闭锁调压		0
20	2564ms	中间隙过流		0
21	2565ms	跳中压侧断路器		0

2. 开关量变位解析

（1）#1 主变保护：以故障初始时刻为基准，A 站#1 主变保护开关量变位图如图 6－7－3 所示。

从图 6－7－3 解析可知，6.664ms #1 主变保护启动，921ms 中接地阻抗 1 时限保护动作，920ms 中零流Ⅰ段 1 时限保护动作，934ms 中复流Ⅰ段 1 时限保护动作，跳中压侧母联，1222ms 中接地阻抗 2 时限保护动作，1221ms 中零流Ⅰ段 2 时限保护动作，1235ms 中复流Ⅰ段 2 时限保护动作，1221ms #1 主变保护跳变中开关。

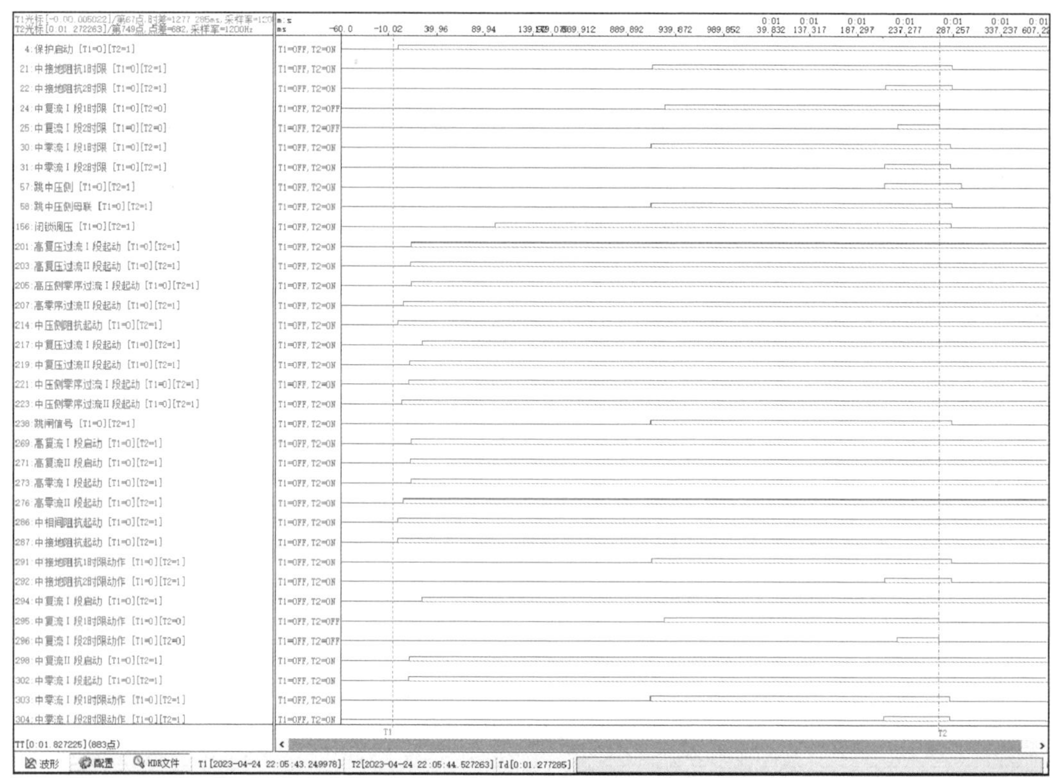

图 6-7-3 #1 主变保护开关量变位图

A 站#1 主变保护开关量变位时间顺序见表 6-7-3。

表 6-7-3 #1 主变保护开关量变位时间顺序

位置	第 1 次变位时间	第 2 次变位时间
4:保护启动	↑ 6.664ms	
21:中接地阻抗 1 时限	↑ 921.570ms	↓ 1283.949ms
22:中接地阻抗 2 时限	↑ 1222.307ms	↓ 1283.949ms
24:中复流 Ⅰ 段 1 时限	↑ 934.898ms	↓ 1278.118ms
25:中复流 Ⅰ 段 2 时限	↑ 1235.635ms	↓ 1278.118ms
30:中零流 Ⅰ 段 1 时限	↑ 920.737ms	↓ 1290.613ms
31:中零流 Ⅰ 段 2 时限	↑ 1221.474ms	↓ 1290.613ms
57:跳中压侧	↑ 1221.474ms	↓ 1301.442ms
58:跳中压侧母联	↑ 920.737ms	↓ 1290.613ms
156:闭锁调压	↑ 106.624ms	↓ 1290.613ms
201:高复压过流 Ⅰ 段启动	↑ 19.159ms	
203:高复压过流 Ⅱ 段启动	↑ 18.326ms	
205:高压测零序过流 Ⅰ 段启动	↑ 19.992ms	
207:高零序过流 Ⅱ 段启动	↑ 11.662ms	

续表

位置	第 1 次变位时间	第 2 次变位时间
214:中压侧阻抗启动	↑ 6.664ms	
217:中复压过流Ⅰ段启动	↑ 31.654ms	
219:中复压过流Ⅱ段启动	↑ 18.326ms	
221:中压侧零序过流Ⅰ段启动	↑ 17.493ms	
223:中压侧零序过流Ⅱ段启动	↑ 9.163ms	
238:跳闸信号	↑ 920.737ms	↓ 1290.613ms
269:高复流Ⅰ段启动	↑ 19.159ms	
271:高复流Ⅱ段启动	↑ 18.326ms	
273:高零流Ⅰ段启动	↑ 19.992ms	
276:高零流Ⅱ段启动	↑ 11.662ms	
286:中相间阻抗启动	↑ 6.664ms	
287:中接地阻抗启动	↑ 6.664ms	
291:中接地阻抗 1 时限动作	↑ 921.570ms	↓ 1283.949ms
292:中接地阻抗 2 时限动作	↑ 1222.307ms	↓ 1283.949ms
294:中复流Ⅰ段启动	↑ 31.654ms	
295:中复流Ⅰ段 1 时限动作	↑ 934.898ms	↓ 1278.118ms
296:中复流Ⅰ段 2 时限动作	↑ 1235.635ms	↓ 1278.118ms
298:中复流Ⅱ段启动	↑ 18.326ms	
302:中零流Ⅰ段启动	↑ 17.493ms	
303:中零流Ⅰ段 1 时限动作	↑ 920.737ms	↓ 1290.613ms
304:中零流Ⅰ段 2 时限动作	↑ 1221.474ms	↓ 1290.613ms
306:中零流Ⅱ段启动	↑ 9.163ms	

（2）#2 主变保护：以故障初始时刻为基准，A 站#2 主变保护开关量变位图如图 6-7-4 所示。

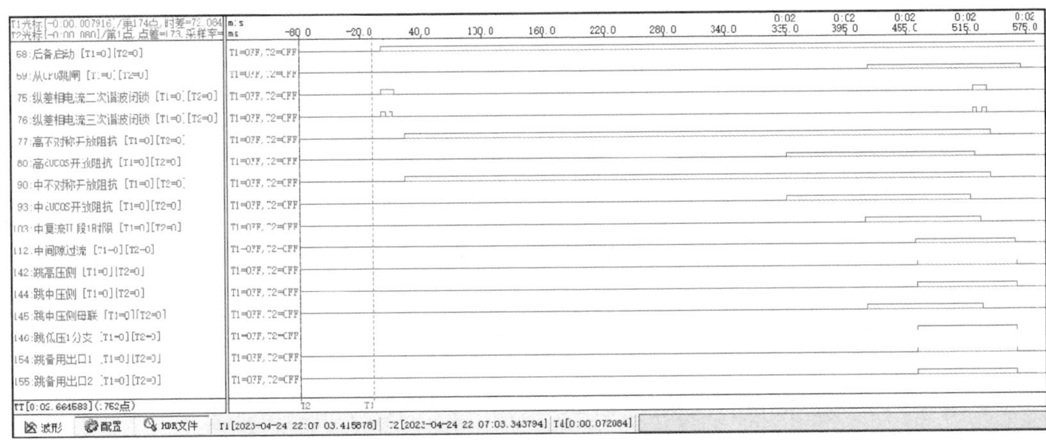

图 6-7-4　#2 主变保护开关量变位图

从图 6－7－4 解析可知，7.916ms #1 主变保护启动，2421ms 中复流Ⅱ段 1 时限保护动作，跳中压侧母联，2421ms 中间隙过流保护动作，2472ms #2 主变保护跳三侧开关。

A 站#2 主变保护开关量变位时间顺序见表 6－7－4。

表 6－7－4　　#2 主变保护开关量变位时间顺序

位置	第 1 次变位时间	第 2 次变位时间	第 3 次变位时间	第 4 次变位时间	第 5 次变位时间	第 6 次变位时间	第 7 次变位时间	第 8 次变位时间
58:后备启动	↑ 7.916ms							
59:从 CPU 跳闸	↑ 2424.582ms	↓ 2577.916ms						
75:纵差相电流二次谐波闭锁	↑ 7.916ms	↓ 21.249ms	↑ 2529.582ms	↓ 2542.916ms				
76:纵差相电流三次谐波闭锁	↑ 7.916ms	↓ 12.916ms	↑ 16.249ms	↓ 19.582ms	↑ 2529.582ms	↓ 2532.916ms	↑ 2537.916ms	↓ 2542.916ms
77:高不对称开放阻抗	↑ 31.249ms	↓ 2546.249ms						
80:高 dUCOS 开放阻抗	↑ 2342.916ms	↓ 2531.249ms						
90:中不对称开放阻抗	↑ 31.249ms	↓ 2546.249ms						
93:中 dUCOS 开放阻抗	↑ 2342.916ms	↓ 2526.249ms						
103:中复流Ⅱ段 1 时限	↑ 2421.249ms	↓ 2536.249ms						
112:中间隙过流	↑ 2471.249ms	↓ 2571.249ms						
142:跳高压侧	↑ 2472.916ms	↓ 2572.916ms						
144:跳中压侧	↑ 2472.916ms	↓ 2572.916ms						
145:跳中压侧母联	↑ 2422.916ms	↓ 2537.916ms						
146:跳低压 1 分支	↑ 2472.916ms	↓ 2572.916ms						
154:跳备用出口 1	↑ 2472.916ms	↓ 2572.916ms						
155:跳备用出口 2	↑ 2472.916ms	↓ 2572.916ms						

（3）故障录波器：以故障初始时刻为基准，A 站#故障录波器开关量变位图如图 6－7－5 所示。

从图 6－7－5 解析可知，930ms #1 主变保护动作，1258ms #1 主变变中开关跳开，2430ms #2 主变保护动作，2520ms #2 主变三侧开关跳开。

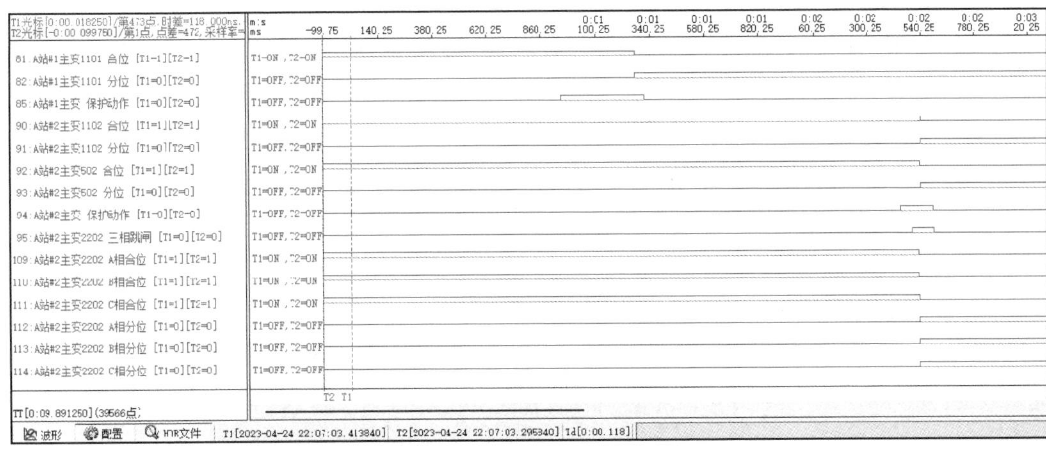

图 6-7-5 故障录波器开关量变位图

A 站故障录波器开关量变位时间顺序见表 6-7-5。

表 6-7-5 故障录波器开关量变位时间顺序

位置	第 1 次变位时间	第 2 次变位时间
81:A 站#1 主变 1101 合位	↓ 1258.250ms	
82:A 站#1 主变 1101 分位	↑ 1259.750ms	
85:A 站#1 主变保护动作	↑ 930.500ms	↓ 1299.000ms
90:A 站#2 主变 1102 合位	↓ 2520.250ms	
91:A 站#2 主变 1102 分位	↑ 2522.500ms	
92:A 站#2 主变 502 合位	↓ 2518.500ms	
93:A 站#2 主变 502 分位	↑ 2520.250ms	
94:A 站#2 主变保护动作	↑ 2430.750ms	↓ 2578.250ms
95:A 站#2 主变 2202 三相跳闸	↑ 2485.000ms	↓ 2583.000ms
109:A 站#2 主变 2202 A 相合位	↓ 2515.250ms	
110:A 站#2 主变 2202 B 相合位	↓ 2514.500ms	
111:A 站#2 主变 2202 C 相合位	↓ 2516.250ms	
112:A 站#2 主变 2202 A 相分位	↑ 2517.250ms	
113:A 站#2 主变 2202 B 相分位	↑ 2516.500ms	
114:A 站#2 主变 2202 C 相分位	↑ 2517.500ms	

3. 波形特征解析

（1）#1 主变保护动作电压、电流录波图如图 6-7-6 和图 6-7-7 所示。

从图 6-7-6 解析可知，T_1 时刻为系统故障发生时刻。T_1 之前#1 主变高压侧 ABC

相电压有效值为 59.49V，为正常电压。在 T_1 时刻之后，#1 主变高压侧、中压侧均出现了零序电压，其赋值分别为 9.45V、28.69V，同时中压侧 B 相电压降低为 40V、高压侧电压降低为 48.7V，如图 6-7-6 的通道 18、21、29、30 的 T_2 时刻所示。由于主变中压侧为负荷侧，因此可以推测故障点在中压侧。在 T_2 时刻之后，主变高压侧三相电压恢复为正常电压，零序电压消失，110kV 母线的 B 相电压进一步降低，AC 两相电压升高为 62V，中压侧零序电压也升高。根据上述分析可知，故障原因为 110kV 母线发生了 B 相接地故障。

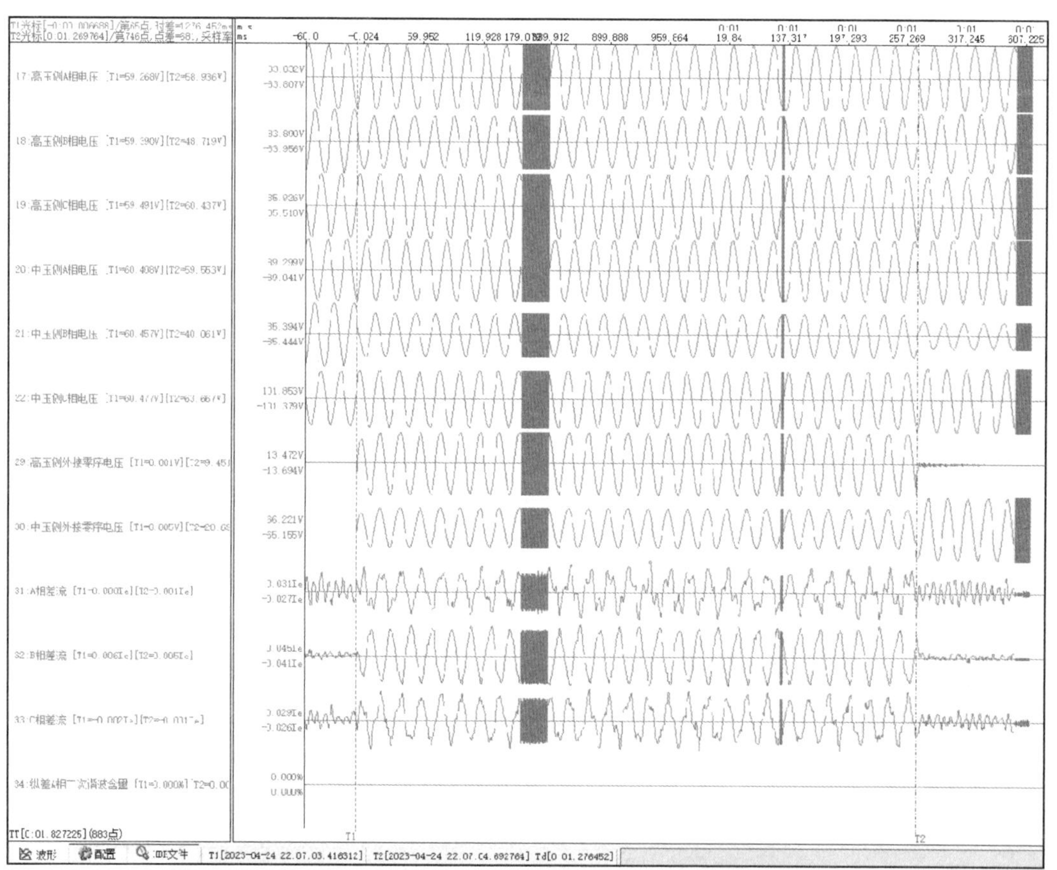

图 6-7-6　#1 主变保护动作电压录波图

从图 6-7-6 解析可知，T_1 时刻主变保护差动电流有效值约为 $0.002I_e$，T_2 时刻主变保护差动电流有效值约为 $0.002I_e$，即整个过程中#1 主变差动保护无差流。同时，解析图 6-7-7 可以看出，#1 主变在 T_1 时刻各侧电流有效值均有电流，说明均有负荷。此时，主变保护差动保护无差流，说明各侧电流互感器变比、极性、回路基本正常。由此可知，B 相接地故障点不在#1 主变差动保护范围内，与上述电压分析相符。

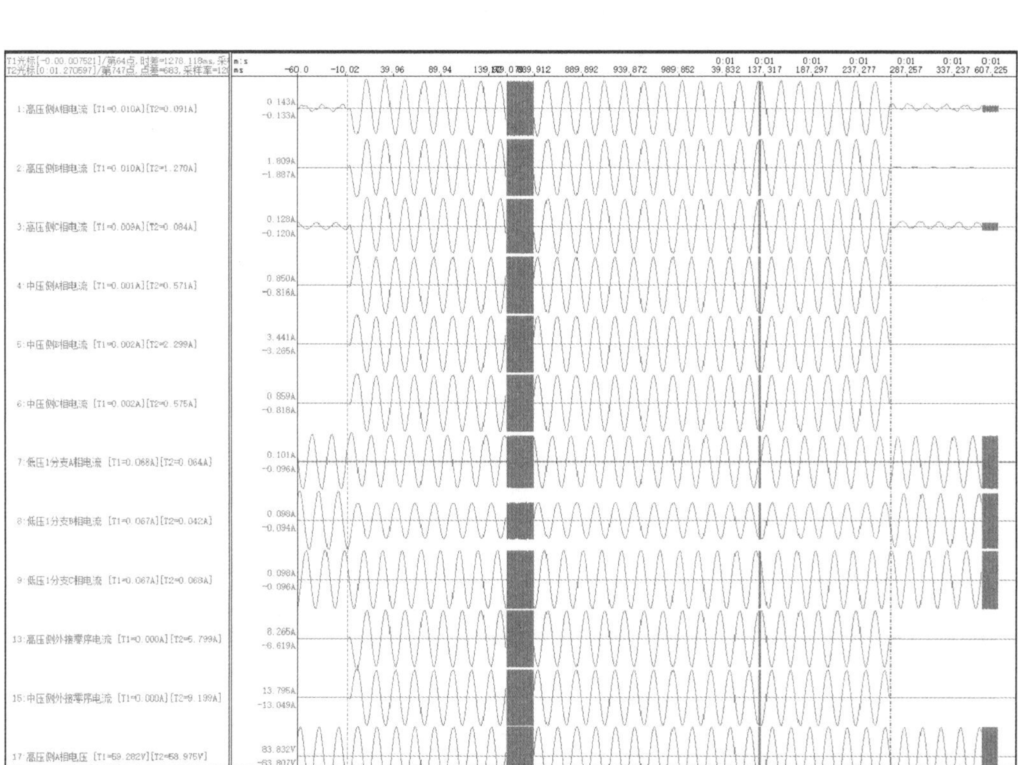

图 6-7-7 #1 主变保护动作电流录波图

从图 6-7-7 解析可知，#1 主变高压侧在 T_1 时刻之前，#1 主变 ABC 三相电流均约为 0.01A。T_1 时刻之后，#1 主变高压侧 B 相均出现 1.27A 电流，AC 两相电流仅为 0.08A，三相电流同相位，呈现区外故障零序电流特征。#1 主变中压侧在 T_1 时刻之前，#1 主变 ABC 三相电流均约为 0.02A。T_1 时刻之后，#1 主变中压侧 B 相均出现 2.299A 电流，AC 两相电流仅为 0.56A，三相电流同相位，呈现区外故障零序电流特征。T_2 时刻之后，#1 主变中压侧三相电流消失，高压侧电流恢复为负荷电流，也验证了前面 110kV 母线 B 相接地故障。

（2）#2 主变保护动作电压、电流录波图如图 6-7-8 和图 6-7-9 所示。

从图 6-7-8 解析可知，T_1 时刻为系统故障发生时刻。T_1 之前#2 主变高压侧 ABC 相电压有效值为 59.4V，为正常电压。在 T_1 时刻之后，#2 主变高压侧、中压侧均出现了零序电压，其赋值分别为 9.54V、28.67V，同时中压侧 B 相电压降低为 40V、高压侧电压降低为 48.6V，如图 6-7-8 的通道 42、45、53、54 的 T_2 时刻所示。由于主变中压侧为负荷侧，因此可以推测故障点在中压侧。在 T_2 时刻之后，主变高压侧三相电压恢复为正常电压，高压侧零序电压消失，110kV 母线的 B 相电压进一步降低，AC 两相电压升高为 62V，中压侧零序电压也升高。同时，在图中可以看出，T_2 时刻电压波形出现了明显的不连贯，说明系统在此时刻出现较大扰动。上述分析可知，故障原因为 110kV 母线发生了 B 相接地故障。

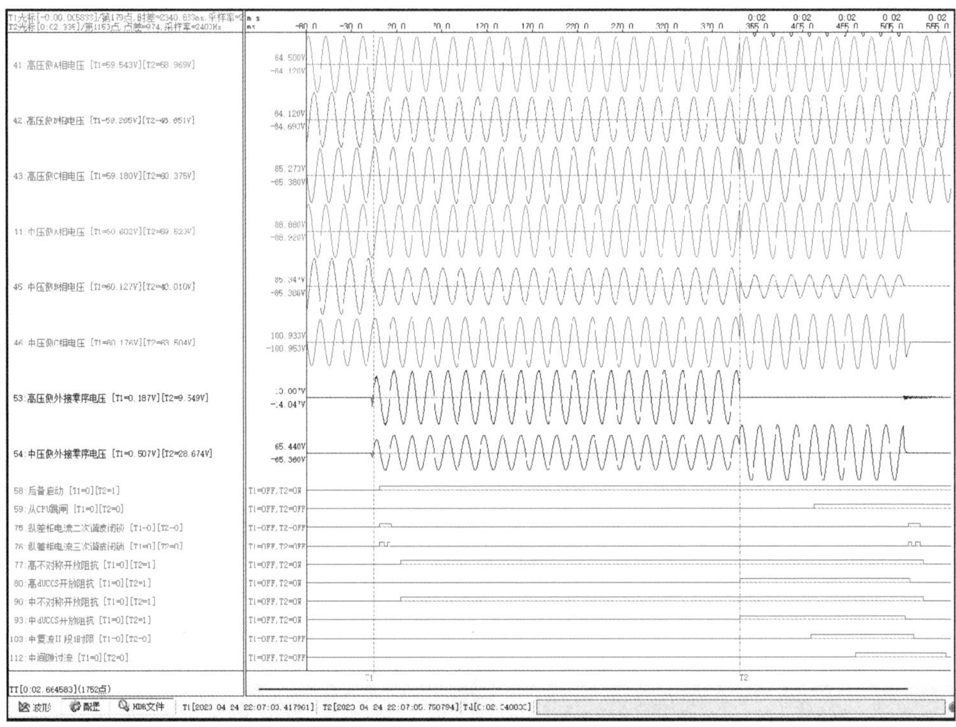

图 6-7-8　#2 主变保护动作电压录波图

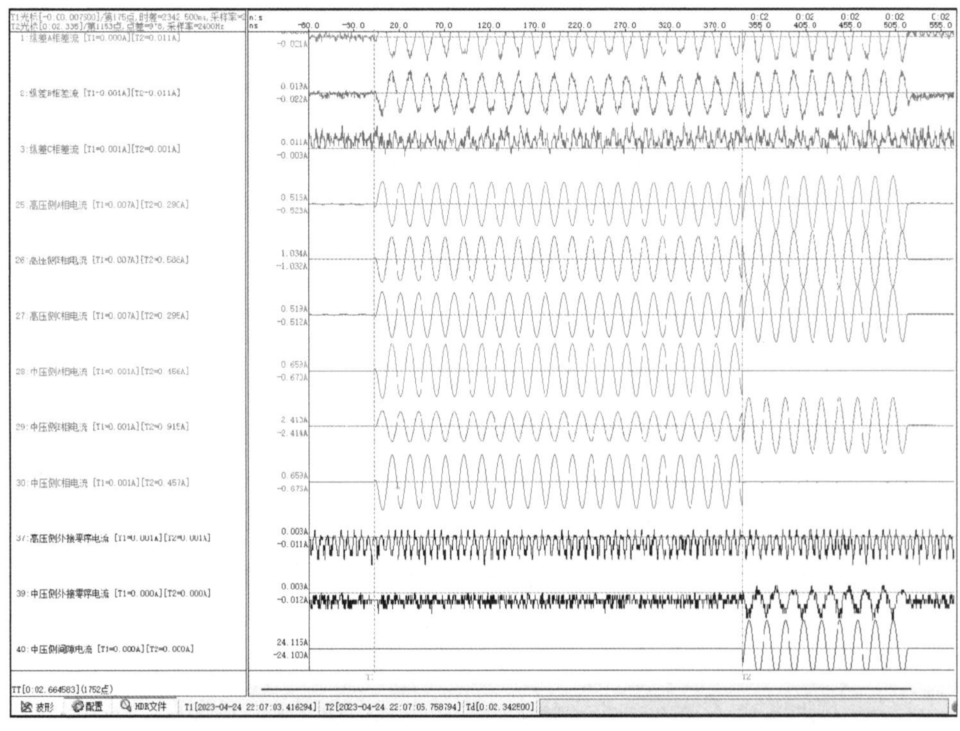

图 6-7-9　#2 主变保护动作电流录波图

从图 6－7－9 解析可知，T_1 时刻主变保护差动电流有效值约为 $0.001I_e$，T_2 时刻主变保护差动电流有效值约为 $0.011I_e$，即整个过程中#2 主变差动保护无差流。同时，#2 主变在 T_1 时刻各侧电流有效值均有电流，说明均有负荷。此时，主变保护差动保护无差流，说明各侧电流互感器变比、极性、回路基本正常。由此可知，B 相接地故障点不在#2 主变差动保护范围内，与上述电压分析相符。

从图 6－7－9 解析可知，#2 主变在 T_1 时刻之前，高压侧 ABC 三相电流均约为 0.007A。T_1 时刻之后，#2 主变高压侧 B 相均出现 0.588A 电流，AC 两相电流仅为 0.29A，B 相电流与 AC 相电流同相位。#2 主变在 T_1 时刻之前，中压侧 ABC 三相电流均约为 0.001A。T_1 时刻之后，#2 主变中压侧 B 相均出现 0.915A 电流，AC 两相电流仅为 0.45A，B 相电流与 AC 相电流同相位。T_2 时刻之后，#2 主变中压侧 AC 相电流消失、B 相电流增大一倍，#2 主变高压侧三相电流增大，中压侧间隙电流突然出现较大电流，与前面电压在 T_2 时刻存在突变相互印证。说明 110kV 母线 B 相接地故障暂未切除，并且#2 主变中压侧间隙在 T_2 时刻击穿。

（3）故障录波器电压、电流录波图如图 6－7－10～图 6－7－12 所示。

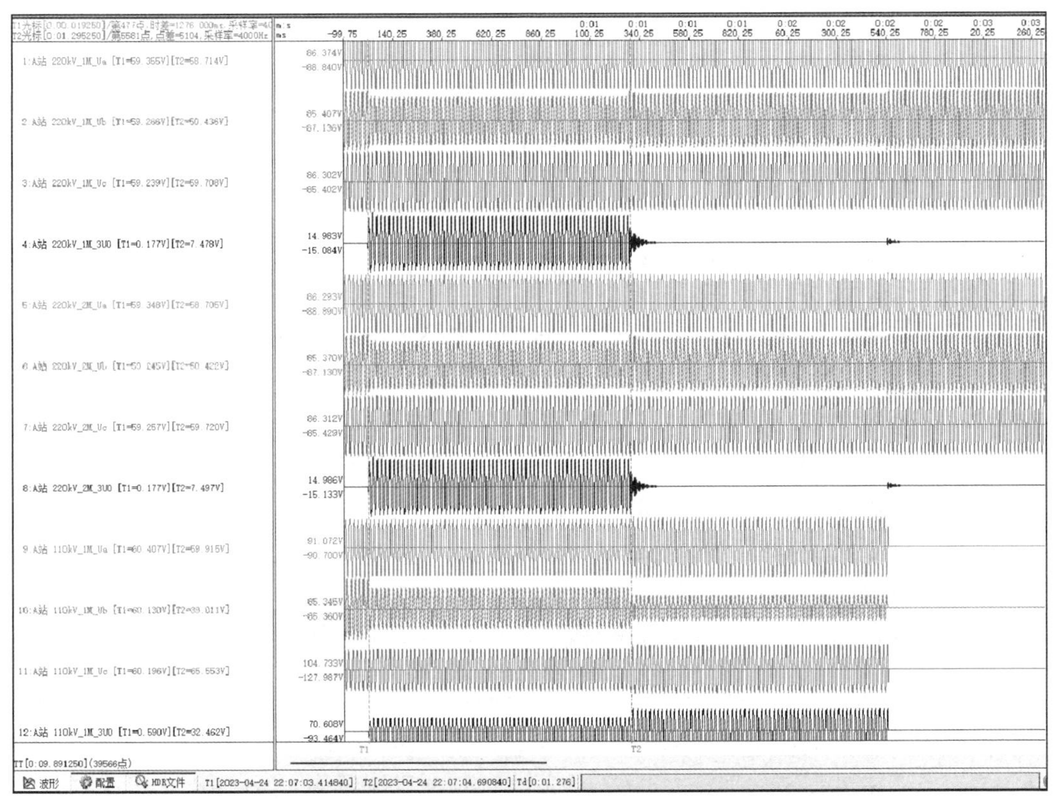

图 6－7－10 故障录波器电压录波图

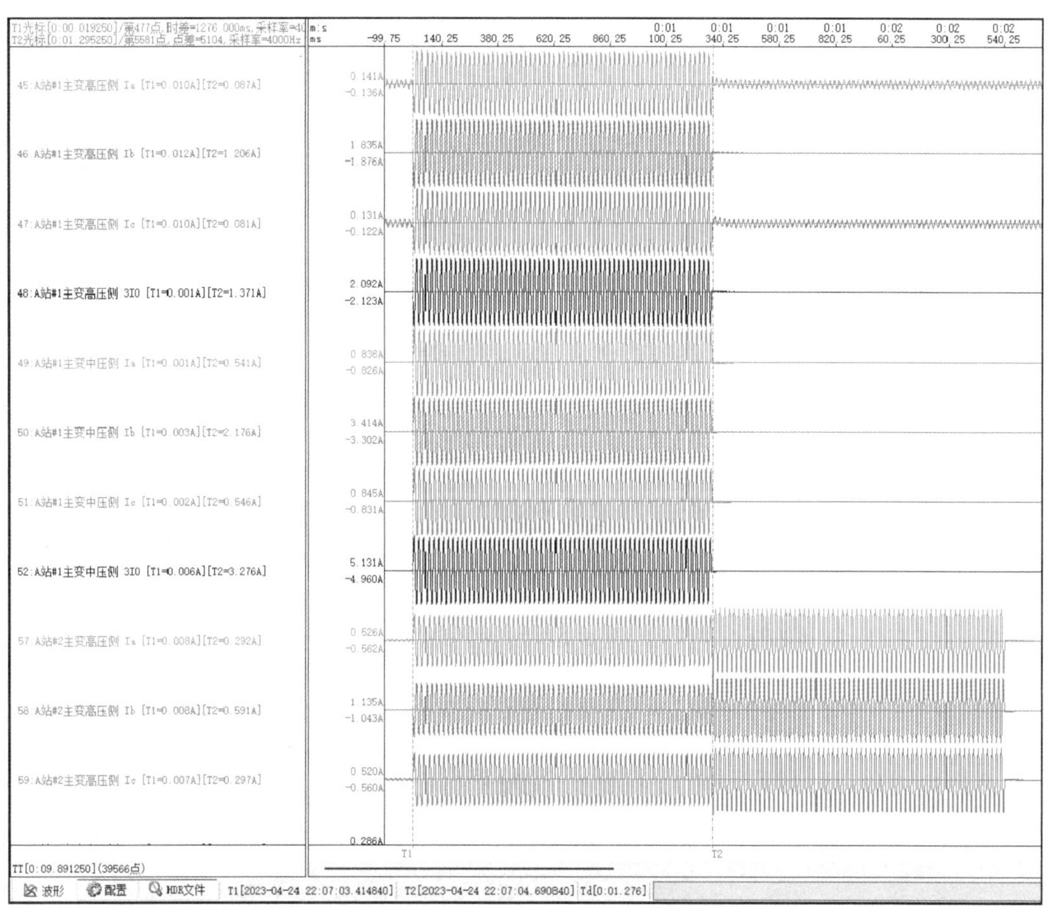

图 6-7-11　故障录波器电流录波图 1

从图 6-7-10 解析可知，T_1 时刻开始，220kV 1M 母线、110kV 母线开始出现零序电压，如图中通道 4、8、12 所示，高压侧零序电压约 7.4V，中压侧零序电压约 32.47V。同时，高压侧 B 相电压降低为 50.4V，中压侧 B 相电压降低为 39.01V，高中压侧 AC 两相电压均为正常电压。因 110kV 母线侧为负荷侧，无电源点，可以判断为中压侧发生了 B 相接地故障。上述过程一直持续到 T_2 时刻，之后高压侧零序电压消失，中压侧零序电压升高，中压侧 B 相电压降低一半，AC 相电压略升高。

从图 6-7-11 和图 6-7-12 解析可知，#1 主变中压侧三相电流在 T_1 时刻增大，B 相电流增大更多，为 1.2A，且三相电流相位相同，出现零序电流。因#1 主变中性点接地，上述电流特征显示为#1 主变中压侧差动保护区外发生了 B 相接地故障。#2 主变三相电流也在 T_1 时刻增大，但无中压侧零序电流，在 T_2 时刻之后 B 相电流增大一倍，整个过程中#2 主变差动保护未启动，说明故障点不在#2 主变差动保护范围内。同时，#2 主变中压侧间隙零序电流在 T_2 时刻出现较大电流，说明此时#2 主变中压侧间隙已击穿。开关位置变位方面，#1 主变中压侧后备保护动作后，跳开中压侧开关，即在 T_2 时刻跳开，与保护动

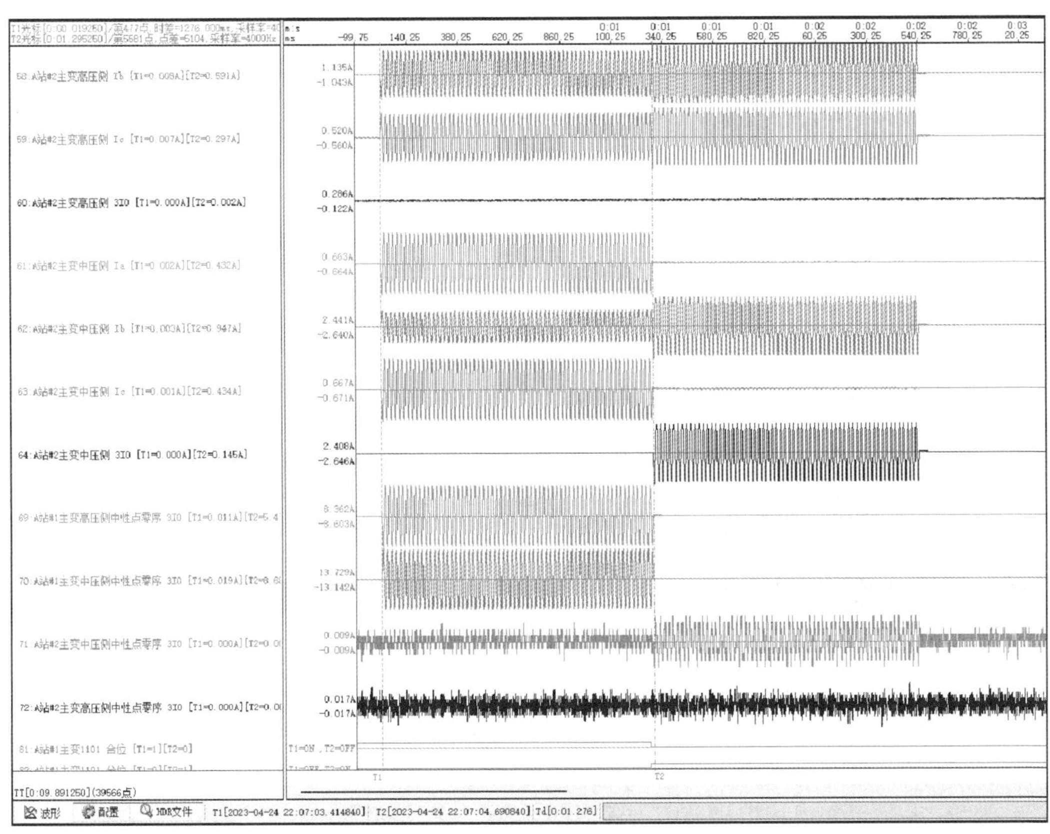

图 6-7-12 故障录波器电流录波图 2

作波形相符。但因#2 主变中压侧间隙已击穿，即#2 主变中压侧转为接地运行。因此，#2 主变中压侧间隙零序电流突然出现，中压侧 B 相电流增大为 T_2 前 2 倍，约 1.4s 后，#2 主变中压侧间隙过流保护动作跳开三侧开关。220kV 2M 母线三相电压恢复为正常电压，110kV 母线因两个电压点均跳开，三相电压降低为 0V，故障隔离。

三、综合总结

从电压来看，T_1 时刻开始，220kV 1M 母线、110kV 母线开始出现零序电压，且中压侧零序电压比高压侧零序电压高。同时，高压侧、中压侧 B 相电压均降低，中压侧 B 相电压比高压侧降低更多，因 110kV 母线侧为负荷侧，无电源点，可以判断为中压侧发生了 B 相接地故障。上述过程一直持续到 T_2 时刻，即#1 主变中压侧开关跳开，之后高压侧零序电压消失，中压侧零序电压升高，中压侧 B 相电压降低一半，AC 相电压略升高。#2 主变中压侧间隙零序电流在 T_2 突然出现较大电流，同时 B 相电流增大一倍，说明#2 主变中压侧间隙击穿，#2 主变中压侧间隙过流保护动作跳开三侧开关。220kV 2M 母线三相电压恢复为正常电压，110kV 母线因两个电压点均跳开，三相电压降低为0V，故障隔离。

综上所述，本次故障为110kV B相接地故障，#1主变变中1101开关跳开后，#2主变中压侧间隙击穿，#2主变中压侧间隙过流保护动作跳开三侧，#1主变、#2主变保护动作行为正确。

6.8 主变中压侧死区单相接地

一、故障信息

故障发生前A站、B站、C站运行方式为：ABⅠ线、ABⅡ线、ACⅠ线、BCⅠ线、#1主变、#2主变均在合位。A站ABⅠ、ABⅡ线、#1主变变高挂220kV 1M，A站ACⅠ、#2主变变高挂220kV 2M，#1主变高中压侧中性点接地，220kV母线并列运行，A站110kV母线未配置母差保护如图6-8-1所示。

故障发生后，A站#1主变中压侧保护动作跳开主变三侧开关，运行方式如图6-8-2所示。

二、录波图解析

1. 保护动作报文解析

从A站#1主变保护保护故障录波HDR文件读取相关保护信息，#1主变保护动作简报见表6-8-1。

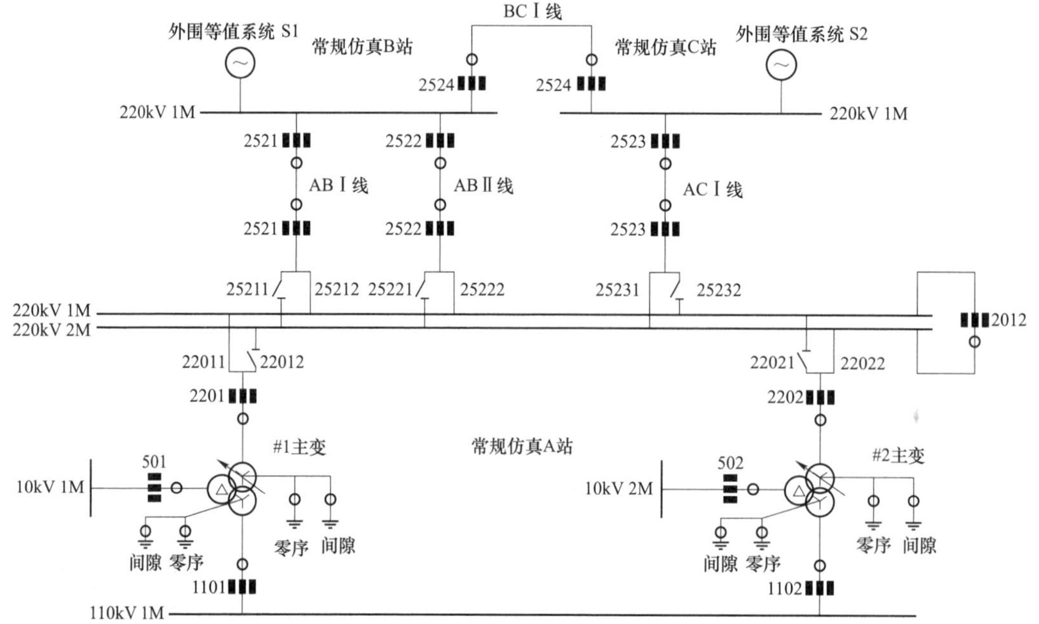

图6-8-1　故障发生前A站、B站、C站运行方式

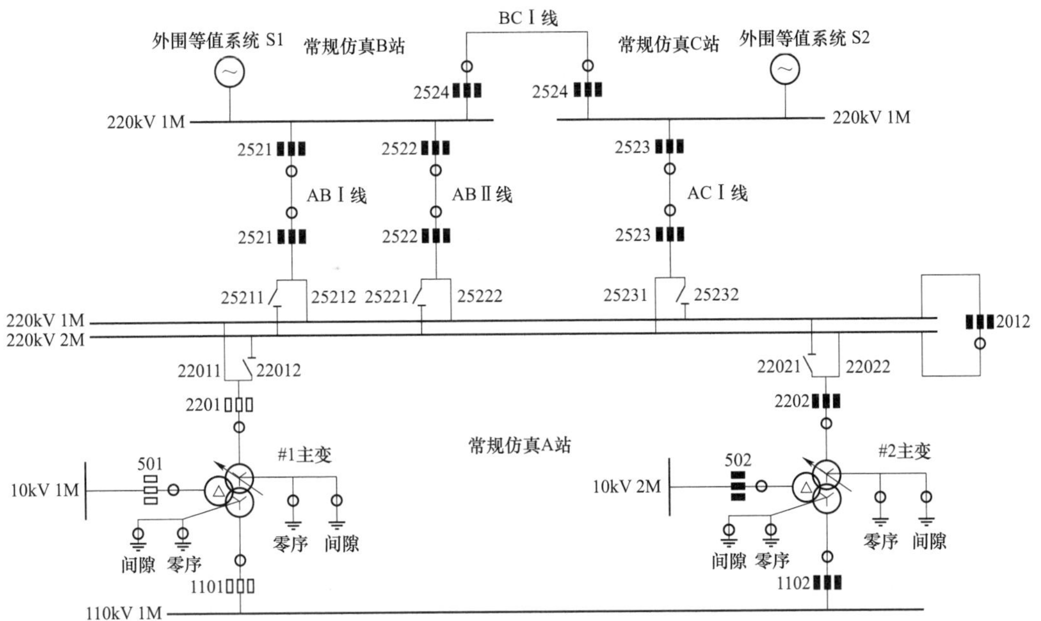

图 6-8-2 故障发生后 A 站、B 站、C 站运行方式

表 6-8-1 #1 主变保护动作简报

序号	动作报文对应时间	动作报文名称	动作相别	动作报文变化值
1	0ms	保护启动		1
2	907ms	中零流 Ⅰ 段 1 时限		1
3		跳中压侧母联		1
4	910ms	中接地阻抗 1 时限	A	1
5	917ms	中复流 Ⅰ 段 1 时限	A	1
6	1207ms	中零流 Ⅰ 段 2 时限		1
7		跳中压侧		1
8	1211ms	中接地阻抗 2 时限	A	1
9	1217ms	中复流 Ⅰ 段 2 时限	A	1
10	1289ms	中零流 Ⅰ 段 1 时限		0
11	1289ms	中零流 Ⅰ 段 2 时限		0
12	1510ms	中接地阻抗 3 时限	A	1
13		跳高压侧		1
14		跳低压 1 分支		1
15		跳备用出口 1		1
16		跳备用出口 2		1
17	1518ms	中复流 Ⅰ 段 3 时限	A	1
18	1575ms	中复流 Ⅰ 段 1 时限		0

根据表 6-8-1，0ms 保护启动，907ms 中零流Ⅰ段 1 时限保护动作，跳开 110kV 母联开关，910ms 中接地阻抗 1 时限、917ms 中复流Ⅰ段 1 时限保护动作，跳开 110kV 母联开关，1211ms 中零流Ⅰ段 2 时限保护动作，跳开主变变中 1101 开关，1211ms 中接地阻抗 2 时限、1227ms 中复流Ⅰ段 2 时限保护动作，跳主变变中 1101 开关，1289ms 中零流Ⅰ段 1 时限、中零流Ⅰ段 2 时限保护返回，1510ms 中接地阻抗 3 时限、中复流Ⅰ段 3 时限动作，跳主变各侧，1575ms 中接地阻抗 1 时限、中复流Ⅰ段 1 时限、中接地阻抗 3 时限、中复流Ⅰ段 3 时限等保护返回。由 PCS-978 保护说明书可知，主变保护跳闸矩阵从右至左分别是：跳高压侧、跳高压侧母联、跳中压侧、跳中压侧母联、跳低压侧。#1 主变保护定值中，中零流Ⅰ段 1 时限、中接地阻抗 1 时限、中复流Ⅰ段 1 时限跳闸矩阵为 008，即跳中压侧母联，由于本站无 110kV 母联开关，故障未能隔离。中零流Ⅰ段 2 时限、中接地阻抗 2 时限、中复流Ⅰ段 2 时限跳闸矩阵为 004，即跳中压侧。过了约 60ms，中零流Ⅰ段 1 时限、中零流Ⅰ段 2 时限保护返回，其他保护未返回，说明跳开#1 主变变中后无零序保护不满足条件，但故障未隔离。之后，中接地阻抗 3 时限、中复流Ⅰ段 3 时限动作，其跳闸矩阵为 3015，即跳主变各侧，此后所有保护才返回，说明故障已隔离。

2. 开关量变位解析

（1）#1 主变保护：以故障初始时刻为基准，A 站#1 主变保护开关量变位图如图 6-8-3 所示。

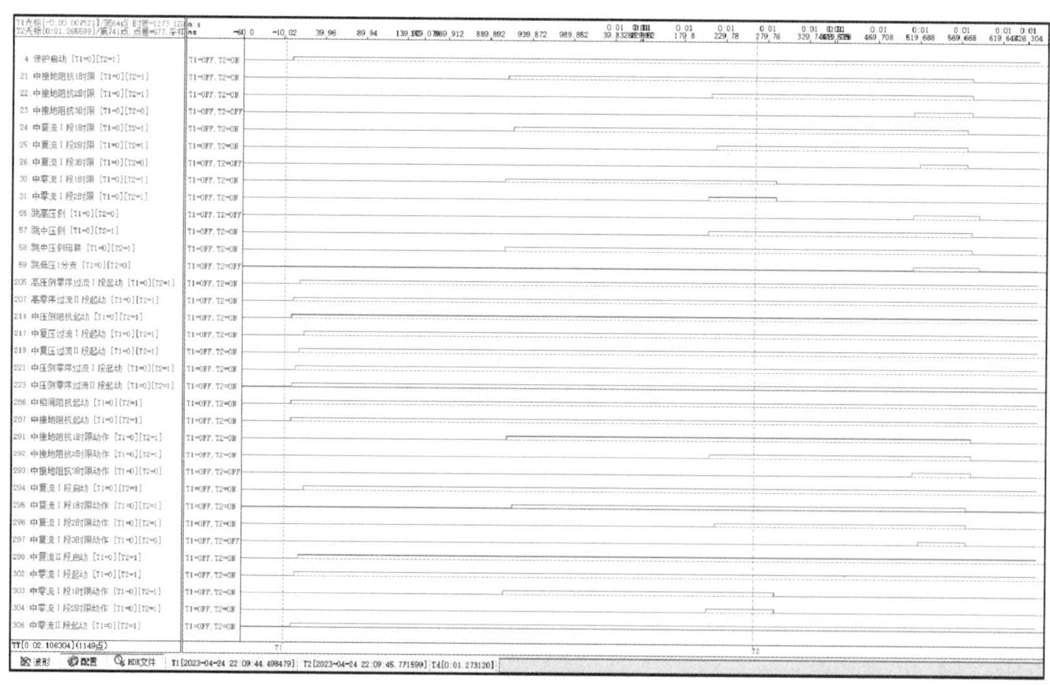

图 6-8-3　#1 主变保护开关量变位图

从图 6－8－3 解析可知，5.831ms #1 主变保护启动，917ms 中接地阻抗 1 时限保护动作，914ms 中零流Ⅰ段 1 时限保护动作，924ms 中复流Ⅰ段 1 时限保护动作，跳中压侧母联，1218ms 中接地阻抗 2 时限保护动作，1214ms 中零流Ⅰ段 2 时限保护动作，1224ms 中复流Ⅰ段 2 时限保护动作，1518ms #1 主变保护跳三侧开关。

A 站#1 主变保护开关量变位时间顺序见表 6－8－2。

表 6－8－2　　#1 主变保护开关量变位时间顺序

位置	第 1 次变位时间	第 2 次变位时间
4:保护启动	↑ 5.831ms	
21:中接地阻抗 1 时限	↑ 917.405ms	↓ 1588.851ms
22:中接地阻抗 2 时限	↑ 1218.142ms	↓ 1588.851ms
23:中接地阻抗 3 时限	↑ 1518.046ms	↓ 1588.851ms
24:中复流Ⅰ段 1 时限	↑ 924.069ms	↓ 1583.020ms
25:中复流Ⅰ段 2 时限	↑ 1224.806ms	↓ 1583.020ms
26:中复流Ⅰ段 3 时限	↑ 1525.543ms	↓ 1583.020ms
30:中零流Ⅰ段 1 时限	↑ 914.073ms	↓ 1296.444ms
31:中零流Ⅰ段 2 时限	↑ 1214.810ms	↓ 1296.444ms
55:跳高压侧	↑ 1518.046ms	↓ 1598.014ms
57:跳中压侧	↑ 1214.810ms	↓ 1588.851ms
58:跳中压侧母联	↑ 914.073ms	↓ 1588.851ms
59:跳低压 1 分支	↑ 1518.046ms	↓ 1598.014ms
67:跳备用出口 1	↑ 1518.046ms	↓ 1598.014ms
68:跳备用出口 2	↑ 1518.046ms	↓ 1598.014ms
156:闭锁调压	↑ 102.459ms	↓ 1592.183ms
201:高复压过流Ⅰ段启动	↑ 14.994ms	
203:高复压过流Ⅱ段启动	↑ 14.994ms	
205:高压侧零序过流Ⅰ段启动	↑ 15.827ms	
207:高零序过流Ⅱ段启动	↑ 8.330ms	
214:中压侧阻抗启动	↑ 5.831ms	
217:中复压过流Ⅰ段启动	↑ 20.825ms	
219:中复压过流Ⅱ段启动	↑ 14.994ms	
221:中压侧零序过流Ⅰ段启动	↑ 10.829ms	
223:中压侧零序过流Ⅱ段启动	↑ 6.664ms	
238:跳闸信号	↑ 914.073ms	↓ 1588.851ms
269:高复流Ⅰ段启动	↑ 14.994ms	
271:高复流Ⅱ段启动	↑ 14.994ms	

续表

位置	第 1 次变位时间	第 2 次变位时间
273:高零流Ⅰ段启动	↑ 15.827ms	
276:高零流Ⅱ段启动	↑ 8.330ms	
286:中相间阻抗启动	↑ 5.831ms	
287:中接地阻抗启动	↑ 5.831ms	
291:中接地阻抗 1 时限动作	↑ 917.405ms	↓ 1588.851ms
292:中接地阻抗 2 时限动作	↑ 1218.142ms	↓ 1588.851ms
293:中接地阻抗 3 时限动作	↑ 1518.046ms	↓ 1588.851ms

（2）故障录波器：以故障初始时刻为基准，A 站#故障录波器开关量变位图如图 6－8－4 所示。

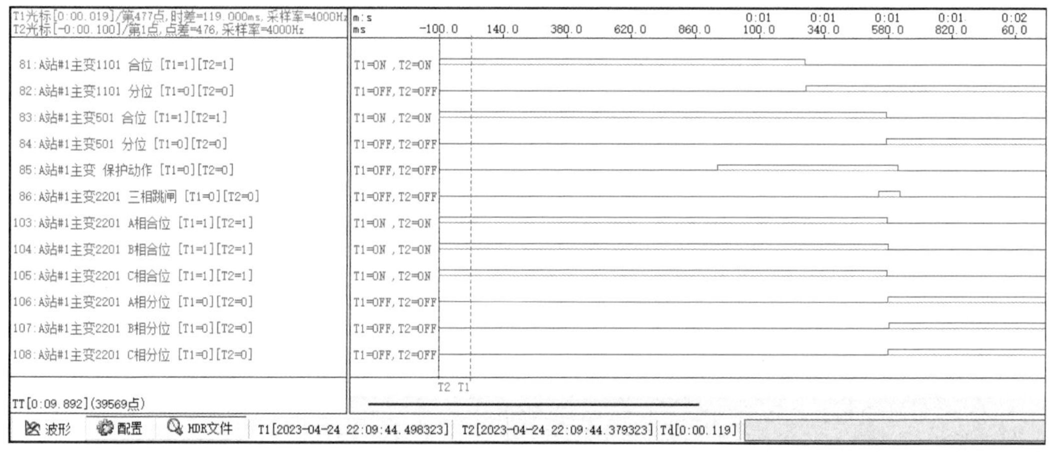

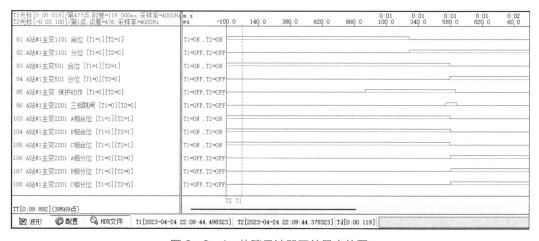

图 6－8－4　故障录波器开关量变位图

从图 6－8－4 解析可知，923ms #1 主变保护动作，1250ms #1 主变变中开关跳开，1551ms #1 主变变高、变低开关跳开。

A 站故障录波器开关量变位时间顺序见表 6－8－3。

表 6－8－3　故障录波器开关量变位时间顺序

位置	第 1 次变位时间	第 2 次变位时间
81:A 站#1 主变 1101 合位	↓ 1250.250ms	
82:A 站#1 主变 1101 分位	↑ 1251.750ms	
83:A 站#1 主变 501 合位	↓ 1551.250ms	
84:A 站#1 主变 501 分位	↑ 1553.750ms	
85:A 站#1 主变保护动作	↑ 923.250ms	↓ 1596.250ms
86:A 站#1 主变 2201 三相跳闸	↑ 1525.250ms	↓ 1605.250ms

续表

位置	第 1 次变位时间	第 2 次变位时间
103:A 站#1 主变 2201 A 相合位	↓ 1556.750ms	
104:A 站#1 主变 2201 B 相合位	↓ 1561.750ms	
105:A 站#1 主变 2201 C 相合位	↓ 1557.250ms	
106:A 站#1 主变 2201 A 相分位	↑ 1560.000ms	
107:A 站#1 主变 2201 B 相分位	↑ 1563.000ms	
108:A 站#1 主变 2201 C 相分位	↑ 1559.250ms	

3. 波形特征解析

（1）#1 主变保护动作电压、电流录波图如图 6－8－5 和图 6－8－6 所示。

从图 6－8－5 解析可知，T_1 时刻为系统故障发生时刻。T_1 之前#1 主变高压侧 ABC 相电压有效值为 59.49V，为正常电压。在 T_1 时刻之后，#1 主变高压侧、中压侧均出现了零序电压，其赋值分别为 39.8V、13.2V，同时中压侧 A 相电压降低为 0V、高压侧电压降低为 38.9V，如图 6－8－5 的通道 17、20、29、30 的 T_2 时刻所示。由于主变中压侧为负荷侧，因此可以推测故障点在中压侧。在 T_2 时刻之后，主变中压侧 A 相电压恢复为正常电压，零序电压消失，高压侧 A 相电压略有升高，零序电压略有降低，说明中压侧与故障点已隔离，高压侧暂未隔离。在 1519ms 时，高压侧三相电压恢复为正常电压、零序电压消失。根据上述分析可知，故障原因为#1 主变中压侧发生了 A 相金属性接地故障。

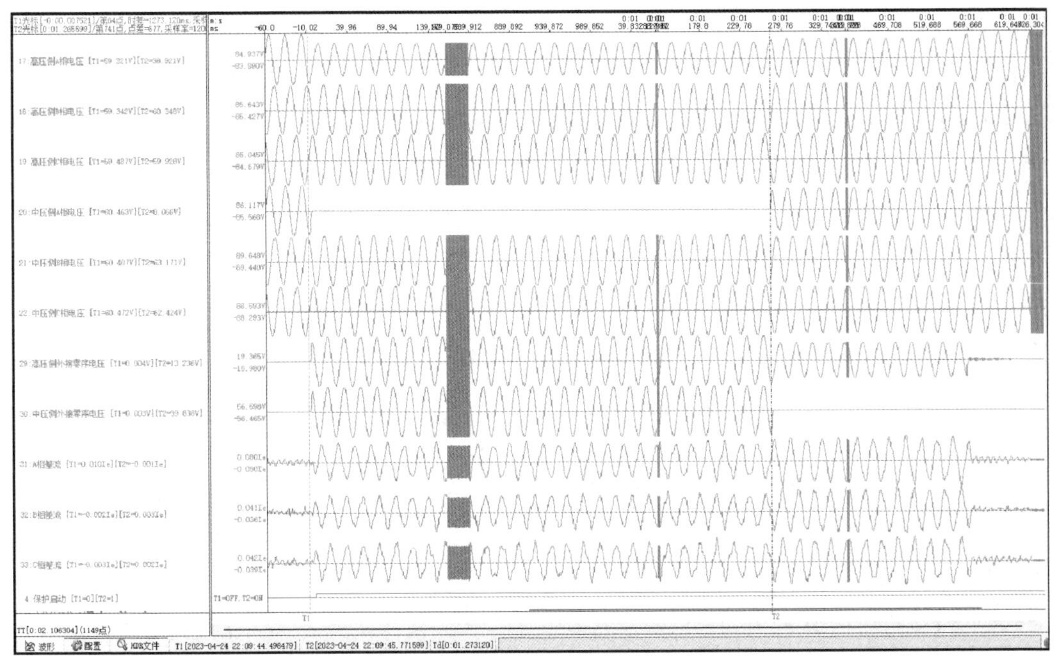

图 6－8－5　#1 主变保护动作电压录波图

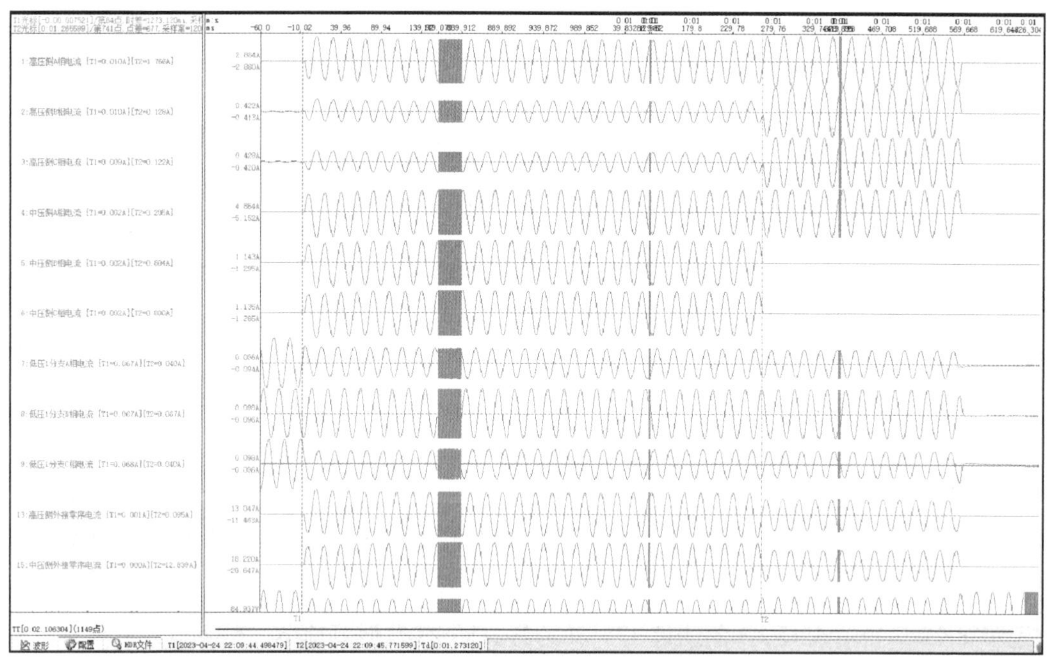

图 6-8-6 #1 主变保护动作电流录波图

从图 6-8-5 解析可知，T_1 时刻主变保护差动电流有效值约为 $0.002I_e$，T_2 时刻主变保护差动电流有效值约为 $0.003I_e$，即整个过程中#1 主变差动保护无差流。同时，解析图 6-8-6 可以看出，#1 主变在 T_1 时刻各侧电流有效值均有电流，说明均有负荷。此时，主变保护差动保护无差流，说明各侧电流互感器变比、极性、回路基本正常。由此可知，A 相接地故障点不在#1 主变差动保护范围内，因此推测在#1 主变中压侧死区发生了 A 相金属性接地故障。

从图 6-8-6 解析可知，#1 主变高压侧在 T_1 时刻之前，#1 主变 ABC 三相电流均约为 0.01A。T_1 时刻之后，#1 主变高压侧 A 相出现 1.76A 电流，BC 两相电流仅为 0.12A，三相电流同相位，呈现区外故障零序电流特征。#1 主变中压侧在 T_1 时刻之前，#1 主变 ABC 三相电流均约为 0.02A。T_1 时刻之后，#1 主变中压侧 A 相出现 3.2A 电流，BC 两相电流仅为 0.8A，三相电流同相位，呈现区外故障零序电流特征。T_2 时刻之后，#1 主变中压侧 BC 相电流消失、A 相电流仍存在，高压侧三相电流均略有增大电流，高压侧、中压侧中性点零序电流一直存在，也验证前面#1 主变中压侧 A 相接地故障。

（2）故障录波器电压、电流录波图如图 6-8-7～图 6-8-9 所示。

从图 6-8-7 解析可知，T_1 时刻开始，220kV 1M 母线、110kV 母线开始出现零序电压，如通道 4、12 所示，高压侧零序电压约 13.2V，中压侧零序电压约 39.8V。同时，高压侧 A 相电压降低为 38.9V，中压侧 A 相电压降低为 0V，高中压侧 BC 两相电压均为正常电压。因 110kV 母线侧为负荷侧，无电源点，可以判断为中压侧发生了 A 相接地故障。上述过程一直持续到 T_2 时刻，之后中压侧零序电压消失，高压侧零序电压升高，中压侧 A 相电压恢复为正常电压。

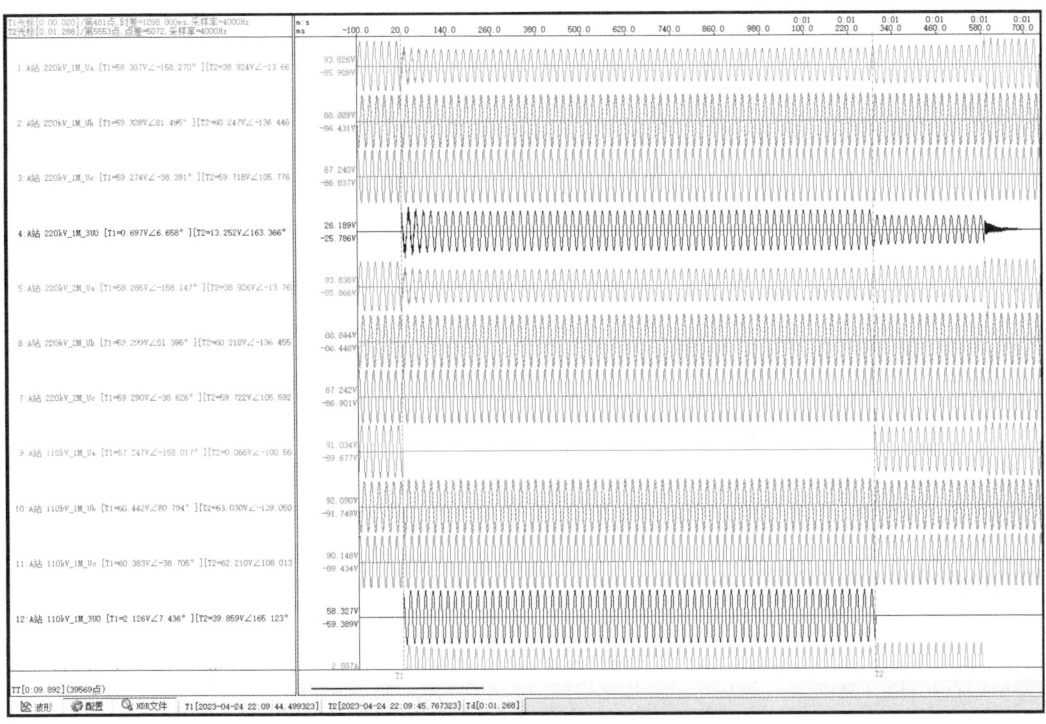

图 6-8-7 故障录波器电压录波图

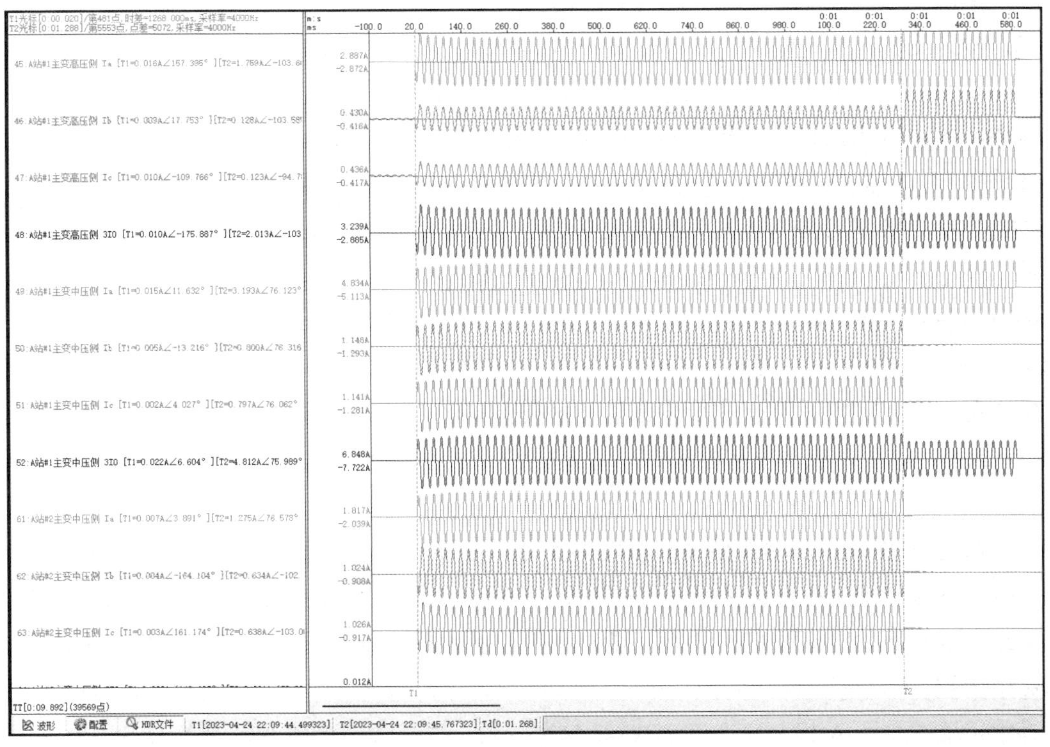

图 6-8-8 故障录波器电流录波图 1

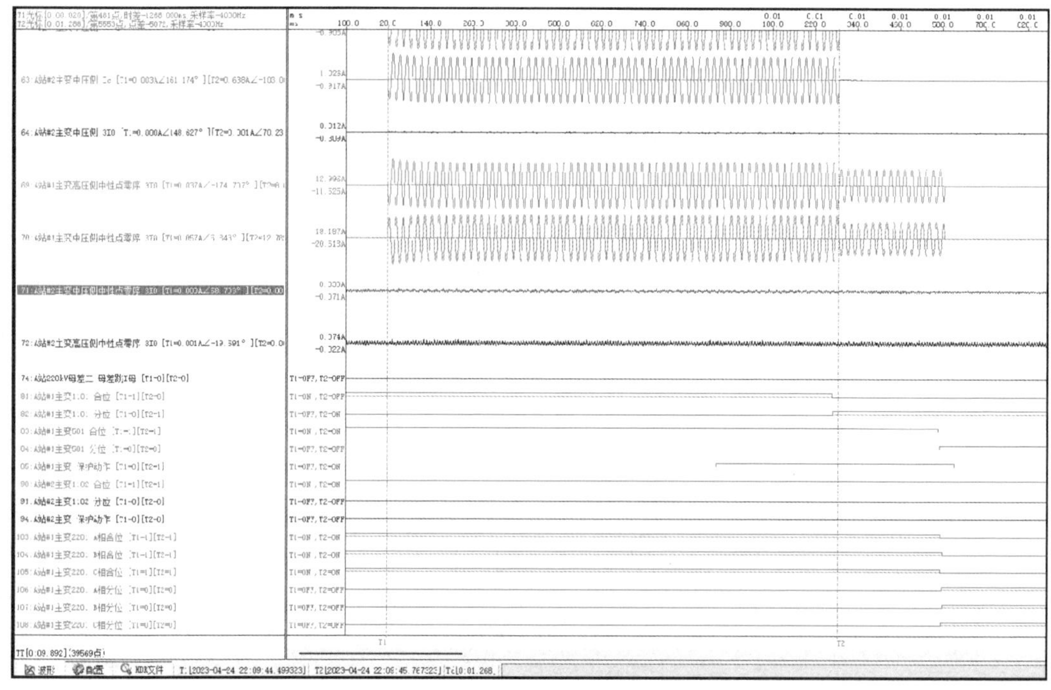

图 6-8-9　故障录波器电流录波图 2

从图 6-8-8 和图 6-8-9 解析可知，#1 主变中压侧三相电流在 T_1 时刻增大，A 相电流增大更多，为 3.193A，且三相电流相位相同，高中压侧出现零序电流。#2 主变中压侧三相电流在 T_1 时刻增大，A 相电流增大更多，为 1.27A，且三相电流相位相同，高中压侧无零序电流。同时，整个过程中#2 主变差动保护未启动，说明故障点不在#2 主变差动保护范围内。因#1 主变中性点接地，高压侧与中压侧 A 相电流相位相反，上述电流特征显示为#1 主变中压侧差动保护区外发生了 A 相金属性接地故障。开关位置变位方面，#1 主变中压侧后备保护动作后，跳开中压侧开关，即在 T_2 时刻跳开，对应中压侧 A 相电压恢复为正常电压、中压侧零序电压消失，与保护动作波形相符。在 1580ms 时，#1 主变高压侧三相开关跳开，同步高压侧、中压侧零序电流消失，高压侧电压恢复为正常电压。因此，判断为#1 主变中压侧死区发生了 A 相金属性接地故障。

三、综合总结

通过#1 主变保护动作简报，可以初步分析为#1 主变中压侧 A 相金属性接地故障，再结合录波图来进行验证推断。从#1 主变、故障录波器波形图中，220kV 1M 母线、110kV 母线自故障开始后出现零序电压。同时，高压侧 A 相电压降低，中压侧 A 相电压消失，高中压侧 BC 两相电压均为正常电压。因 110kV 母线侧为负荷侧，无电源点，可以判断为中压侧发生了 A 相金属性接地故障。上述过程一直持续到 T_2 时刻，变中 1101 开关跳开之后，中压侧零序电压消失、三相电压恢复正常，高压侧零序电压升高，说明中压侧已与故障点隔离。#1 主变中压侧三相电流在 T_1 时刻增大，A 相电流增大更多，且三相电流相位相同，出现零序电流，差动保护差流一直为 0。因#1 主变中性点接地，上述电流特征显示为#1 主变中压侧差动保护区外发生了 A 相接地故障。#2 主变三相电流也在 T_1 时刻增大，但无中压侧零序电流，在 T_2 时刻之后三相电流消失。开关位置变位方面，#1 主变中压侧后备保护动作后，跳开中压侧开关，即在 T_2 时刻#1 主变高压侧 2201 开关跳开，故障点隔离，与保护动作波形相符。因此，判断为#1 主变中压侧死区发生 A 相金属性接地故障。

综上所述，本次故障为#1 主变中压侧死区发生 A 相金属性接地故障，#1 主变保护动作行为正确。

6.9 主变低压侧一点区外、一点区内单相接地

一、故障信息

故障发生前 A 站、B 站、C 站运行方式为：ABⅠ线、ABⅡ线、ACⅠ线、BCⅠ线、#1 主变、#2 主变均在合位。A 站 ABⅠ、ABⅡ线、#1 主变变高挂 220kV 1M，A 站 ACⅠ、#2 主变变高挂 220kV 2M，#1 主变高中压侧中性点接地，220kV 母线并列运行，A 站 110kV 母线未配置母差保护，如图 6-9-1 所示。

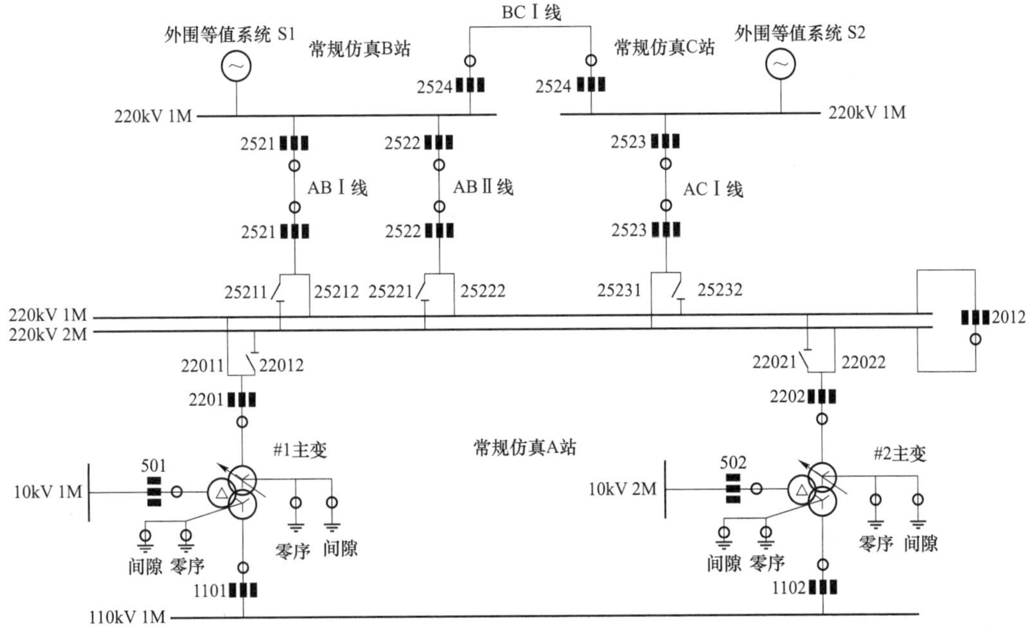

图 6-9-1 故障发生前 A 站、B 站、C 站运行方式

故障发生后，A 站#1 主变差动保护动作跳开主变三侧开关，运行方式如图 6-9-2 所示。

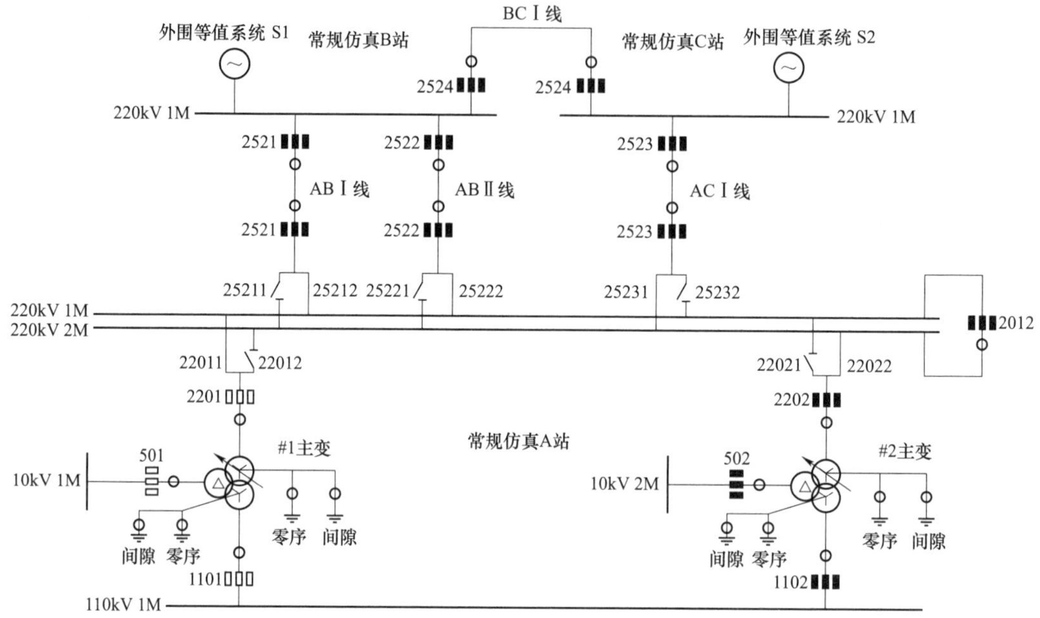

图 6-9-2　故障发生后 A 站、B 站、C 站运行方式

二、录波图解析

1. 保护动作报文解析

从 A 站#1 主变保护保护故障录波 HDR 文件读取相关保护信息，#1 主变保护动作简报见表 6-9-1。

表 6-9-1　　#1 主变保护动作简报

序号	动作报文对应时间	动作报文名称	动作相别	动作报文变化值
1	0ms	保护启动		1
2	32ms	纵差保护	A	1
3		跳高压侧		1
4		跳中压侧		1
5		跳低压 1 分支		1
6	60mg	保护板告警触发录波		1
7	81ms	保护板告警触发录波		0
8	107ms	纵差保护		0
9		跳高压侧		0
10		跳中压侧		0
11		跳低压 1 分支		0
12	613ms	保护启动		0

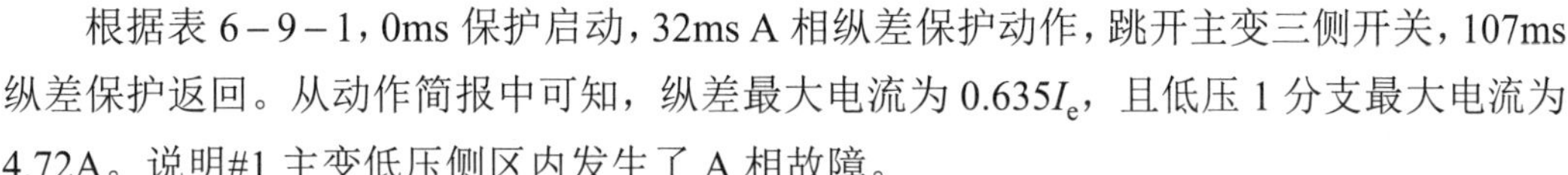

根据表 6－9－1，0ms 保护启动，32ms A 相纵差保护动作，跳开主变三侧开关，107ms 纵差保护返回。从动作简报中可知，纵差最大电流为 $0.635I_e$，且低压 1 分支最大电流为 4.72A。说明#1 主变低压侧区内发生了 A 相故障。

2. 开关量变位解析

（1）#1 主变保护：以故障初始时刻为基准，A 站#1 主变保护开关量变位图如图 6－9－3 所示。

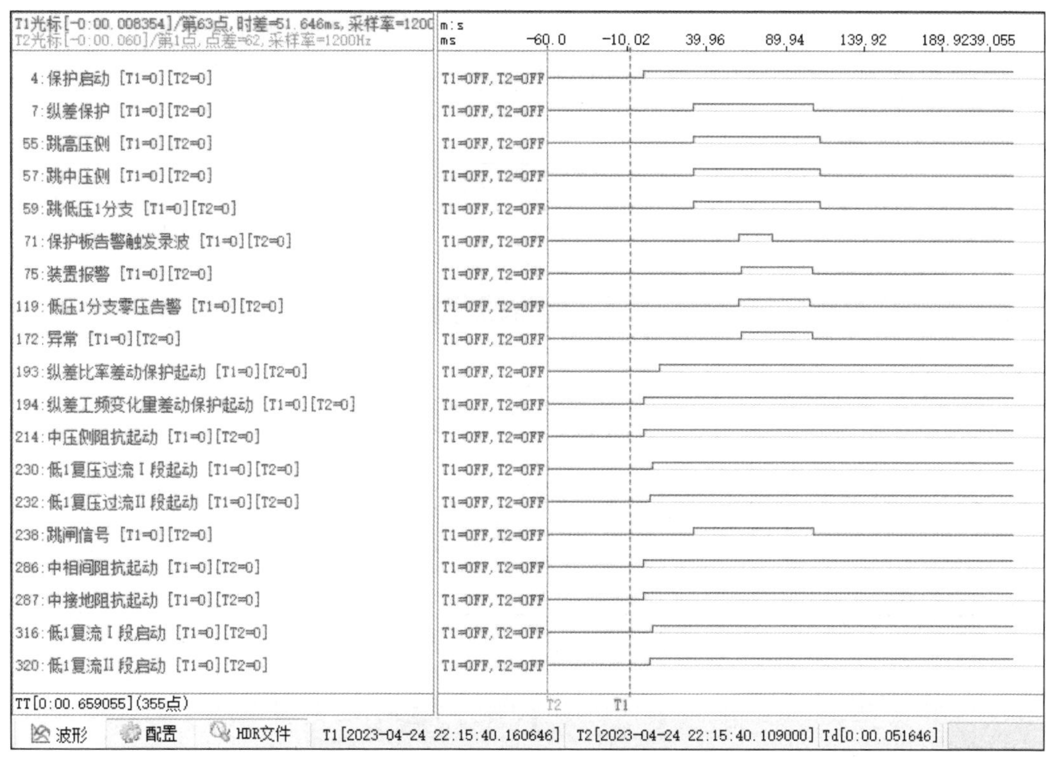

图 6－9－3 #1 主变保护开关量变位图

从图 6－9－3 解析可知，8.33ms #1 主变保护启动，39ms 纵差保护动作，39ms #1 主变保护跳三侧开关。

A 站#1 主变保护开关量变位时间顺序见表 6－9－2。

表 6－9－2 #1 主变保护开关量变位时间顺序

位置	第 1 次变位时间	第 2 次变位时间
4:保护启动	↑ 8.330ms	
7:纵差保护	↑ 39.984ms	↓ 115.787ms
55:跳高压侧	↑ 39.984ms	↓ 119.952ms
57:跳中压侧	↑ 39.984ms	↓ 119.952ms
59:跳低压 1 分支	↑ 39.984ms	↓ 119.952ms

续表

位置	第 1 次变位时间	第 2 次变位时间
71:保护板告警触发录波	↑ 68.306ms	↓ 89.131ms
75:装置报警	↑ 69.972ms	↓ 114.954ms
119:低压 1 分支零压告警	↑ 68.306ms	↓ 113.288ms
172:异常	↑ 69.972ms	↓ 114.954ms
193:纵差比率差动保护启动	↑ 18.326ms	
194:纵差工频变化量差动保护启动	↑ 8.330ms	
214:中压侧阻抗启动	↑ 8.330ms	
230:低 1 复压过流Ⅰ段启动	↑ 14.161ms	
232:低 1 复压过流Ⅱ段启动	↑ 12.495ms	
238:跳闸信号	↑ 39.984ms	↓ 115.787ms
286:中相间阻抗启动	↑ 8.330ms	
287:中接地阻抗启动	↑ 8.330ms	
316:低 1 复流Ⅰ段启动	↑ 14.161ms	
320:低 1 复流Ⅱ段启动	↑ 12.495ms	

（2）故障录波器：以故障初始时刻为基准，A 站故障录波器开关量变位图如图 6－9－4 所示。

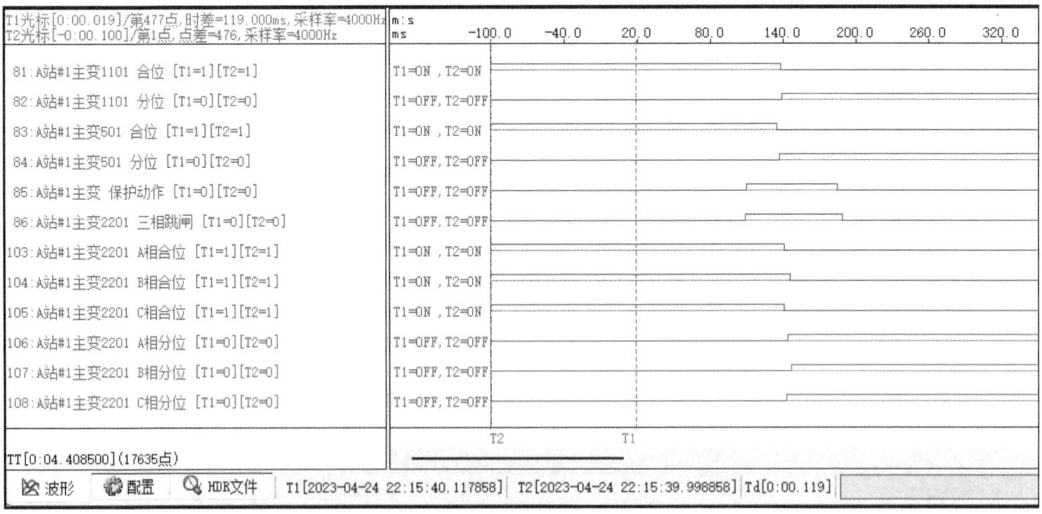

图 6－9－4　A 站故障录波器开关量变位图

从图 6－9－4 解析可知，91ms #1 主变保护动作，118ms #1 主变三侧开关跳开。

A 站故障录波器开关量变位时间顺序见表 6－9－3。

表 6-9-3　　　　　　　　故障录波器开关量变位时间顺序

位置	第 1 次变位时间	第 2 次变位时间
81:A 站#1 主变 1101 合位	↓ 118.500ms	
82:A 站#1 主变 1101 分位	↑ 120.000ms	
83:A 站#1 主变 501 合位	↓ 115.750ms	
84:A 站#1 主变 501 分位	↑ 118.000ms	
85:A 站#1 主变保护动作	↑ 91.250ms	↓ 165.750ms
86:A 站#1 主变 2201 三相跳闸	↑ 89.750ms	↓ 170.250ms
103:A 站#1 主变 2201 A 相合位	↓ 121.500ms	
104:A 站#1 主变 2201 B 相合位	↓ 126.500ms	
105:A 站#1 主变 2201 C 相合位	↓ 122.000ms	
106:A 站#1 主变 2201 A 相分位	↑ 124.500ms	
107:A 站#1 主变 2201 B 相分位	↑ 127.500ms	
108:A 站#1 主变 2201 C 相分位	↑ 123.750ms	

3. 波形特征解析

（1）#1 主变保护动作电压、差流和电流录波图如图 6-9-5～图 6-9-7 所示。

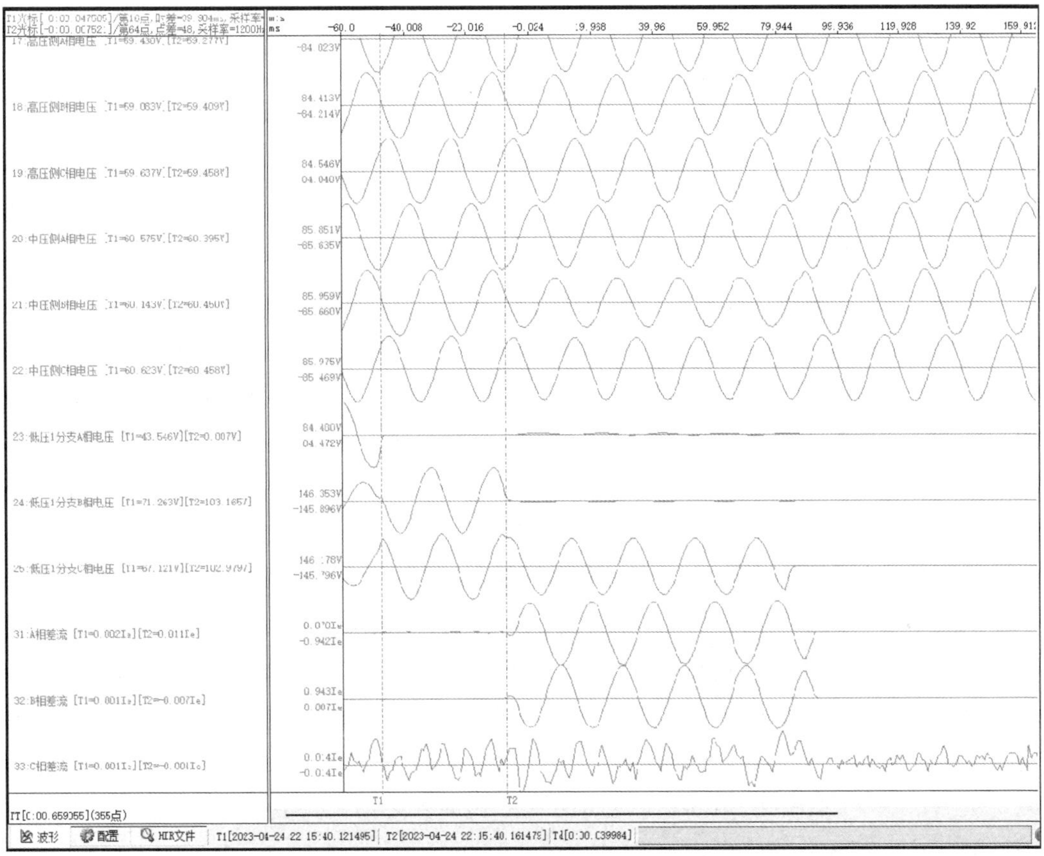

图 6-9-5　#1 主变保护动作电压录波图

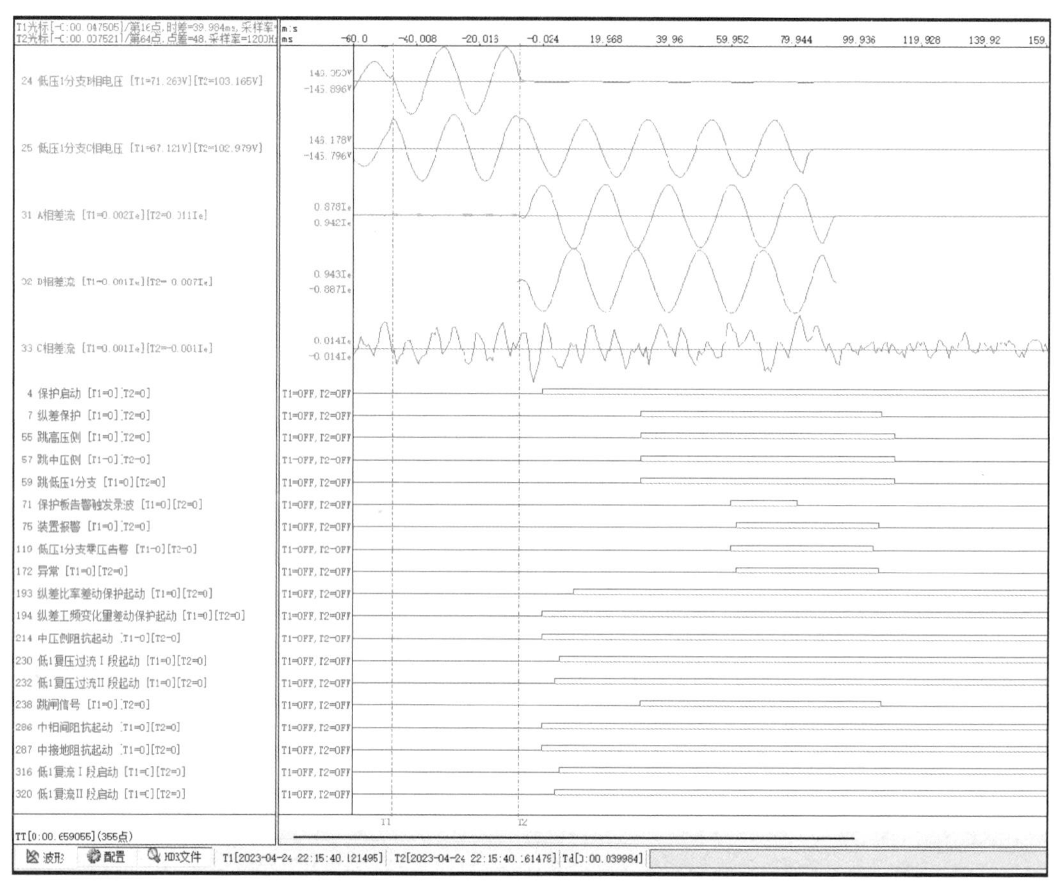

图 6-9-6　#1 主变保护动作差流录波图

从图 6-9-5 解析可知，T_1 时刻为系统故障发生时刻。T_1 之前#1 主变高压侧、中压侧、低压侧 ABC 相电压有效值为 59V，为正常电压。在 T_1 时刻之后，#1 主变低压侧 A 相电压降低为 0V，低压侧 BC 相电压升高为线电压 100V，高压侧、中压侧三相电压仍为正常电压，如图 6-9-5 的通道 18～25 的 T_2 时刻所示。由于主变中压侧为负荷侧，因此可以推测在 T_1 时刻发生了#1 主变低压侧 A 相接地故障。在 T_2 时刻之后，#1 主变低压侧 B 相电压减低为 0V，C 相电压降低为 90V，高压侧、中压侧 AB 相电压略有降低、C 相电压基本不变。说明#1 主变低压侧发展为 AB 相金属性接地故障。

从图 6-9-6 解析可知，T_1 时刻主变保护差动电流有效值约为 $0.002I_e$，T_2 时刻主变保护差动电流有效值约为 $0.003I_e$，即 T_2 时刻之前#1 主变差动保护无差流，T_2 时刻之后 AB 相出现差流，差流大小为 $0.8742I_e$。由此说明，T_2 时刻发生了#1 主变差动保护范围内 AB 相故障。

从图 6-9-7 解析可知，#1 主变高压侧在 T_1 时刻之前，#1 主变 ABC 三相电流均约为 0.01A。T1 时刻之后，#1 主变三侧三相电流变化不大。T_2 时刻之后，#1 主变高压侧

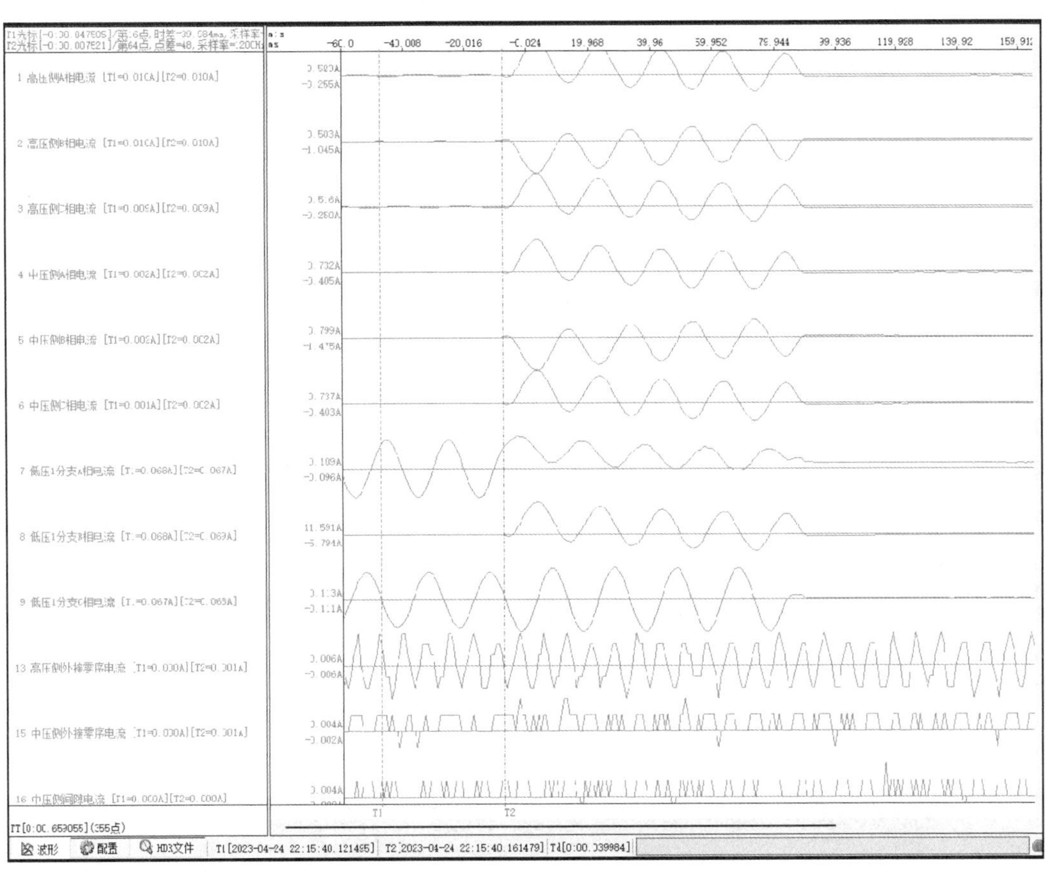

图 6-9-7 #1 主变保护动作电流录波图

三相电流均明显增大，且 AC 相电流相位相同，与 B 相电流相位相反；#1 主变中压侧三相电流均明显增大，且 AC 相电流相位相同，与 B 相电流相位相反；#1 主变低压侧 A 相电流减少为原来的一半，B 相瞬间增大为 10A，C 相电流基本不变。由于 10kV 1M 仅靠#1 主变供电，因此判断为 A 相区内接地、B 相区外接地，与电压分析相符。

（2）故障录波器电压、电流录波图如图 6-9-8 和图 6-9-9 所示。

从图 6-9-8 解析可知，T_1 时刻开始，220kV 1M 母线、110kV 母线电压无明显变化，10kV 1M A 相电压之间减低为 0V，BC 相电压升高为线电压，说明 10kV 1M 发生了 A 相接地故障，如图中通道 1～19 所示。T_2 时刻开始，10kV 1M B 相电压降低为 0V，C 相电压略有降低，说明此时发展为 AB 相接地故障。

从图 6-9-9 解析可知，T_2 时刻之前，#1 主变三侧均有负荷电流，因 10kV 为不接地系统，因此单相接地时无故障电流。T_2 时刻之后，#1 主变低压侧 A 相电流降低为之前的一半，B 相电流出现很大故障电流，C 相电流基本不变。因此，判断为#1 主变变低 A 相区内接地，B 相区外接地。当#1 主变于 90ms 时动作，跳开#1 主变三侧开关开关，220kV、110kV 母线三相电压恢复为正常电压，说明故障已隔离。

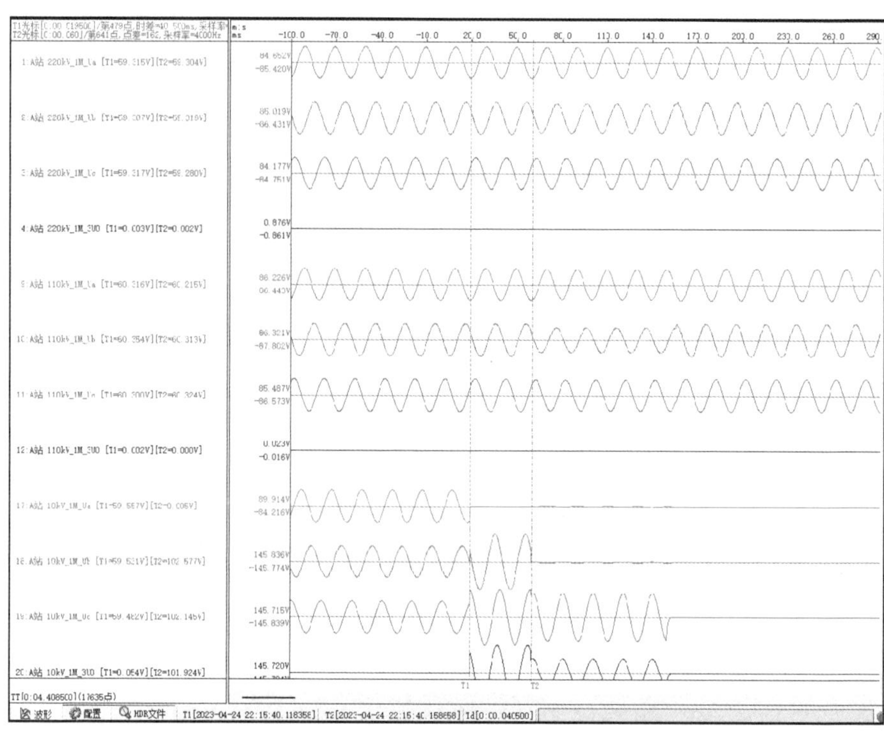

图 6-9-8　故障录波器电压录波图

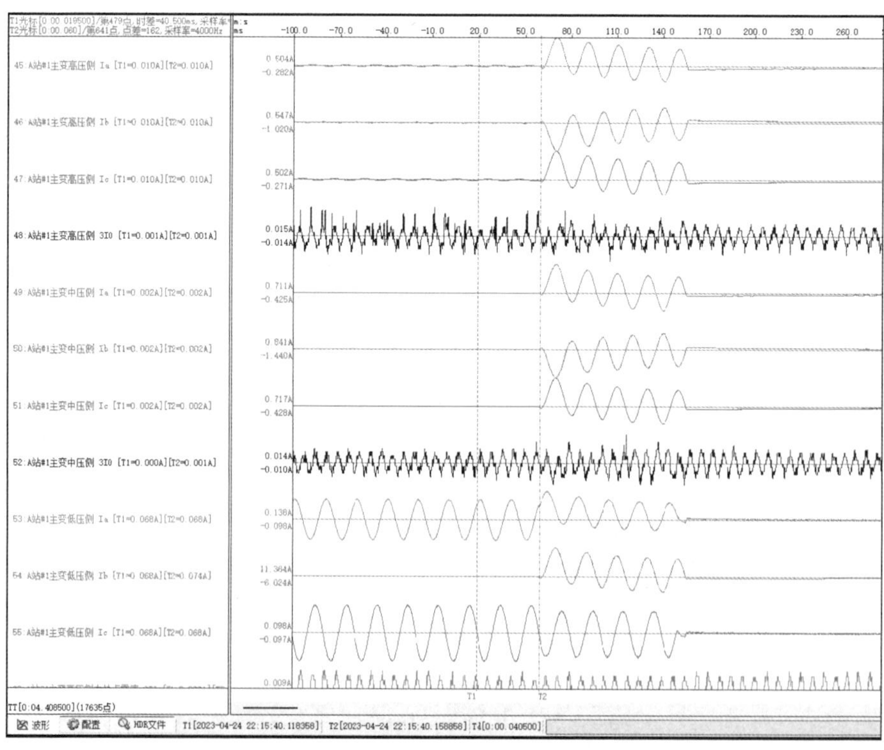

图 6-9-9　故障录波器地电流录波图

三、综合总结

通过#1 主变保护动作简报，可以初步分析为#1 主变低压侧区内 A 相故障，再结合录波图来进行验证推断。从#1 主变、故障录波器波形图中，T_1 时刻开始，10kV 1M 母线 A 相电压降低为 0V，BC 相电压升高为线电压，220kV 1M 母线、110kV 母线基本不变，#1 主变三侧电流无明显变化，这是典型的不接地系统单相接地故障特征。自 T_2 时刻开始，10kV 1M 母线 B 相电压也降低为 0V，C 相电压略有降低，220kV 1M 母线、110kV 母线 AB 相电压略有降低，说明已经发展为 B 相接地故障。此时，#1 主变低压侧 A 相电流降低为原来一半，B 相出现较大故障电流，C 相电流基本不变。由于 10kV 1M 仅由#1 主变供电，可以推测 A 相故障点在低压侧电流互感器靠主变侧，B 相故障点在低压侧电流互感器靠母线侧，即#1 主变低压侧 A 相区内、B 相区外接地故障。30ms 后，#1 主变纵差保护动作，跳开主变三侧开关，220kV、110kV 母线电压 AB 相电压恢复正常电压，说明故障已隔离。

综上所述，本次故障为#1 主变低压侧 A 相区内、B 相区外金属性接地故障，故障持续约 140ms，#1 主变保护动作行为正确。

6.10 主变高压侧区内单相接地及中压侧区外单相接地

一、故障信息

故障发生前 A 站、B 站、C 站运行方式为：ABⅠ线、ABⅡ线、ACⅠ线、BCⅠ线、#1 主变、#2 主变均在合位。A 站 ABⅠ、ABⅡ线、#1 主变变高挂 220kV 1M，A 站 ACⅠ、#2 主变变高挂 220kV 2M，#1 主变高中压侧中性点接地，220kV 母线并列运行，如图 6－10－1 所示。

故障发生后，A 站#1 主变差动保护动作跳开#1 主变三侧开关，#2 主变中压侧保护动作跳开#2 主变三侧开关，运行方式如图 6－10－2 所示。

二、录波图解析

1. 保护动作报文解析

（1）从保护故障录波 HDR 文件读取相关保护信息，#1 主变保护动作简报见表 6－10－1。

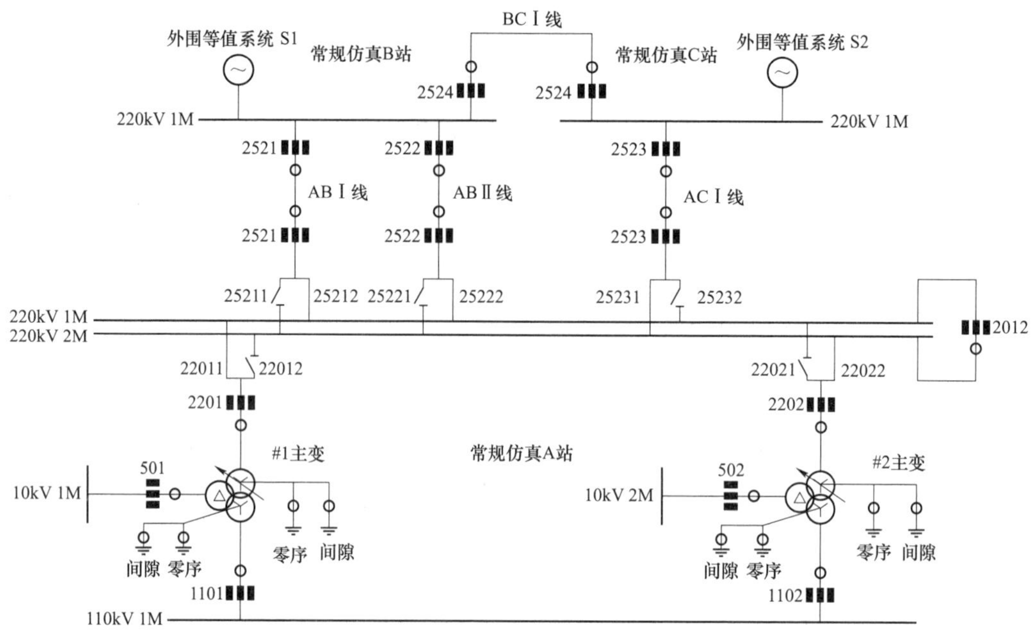

图 6-10-1　故障发生前 A 站、B 站、C 站运行方式

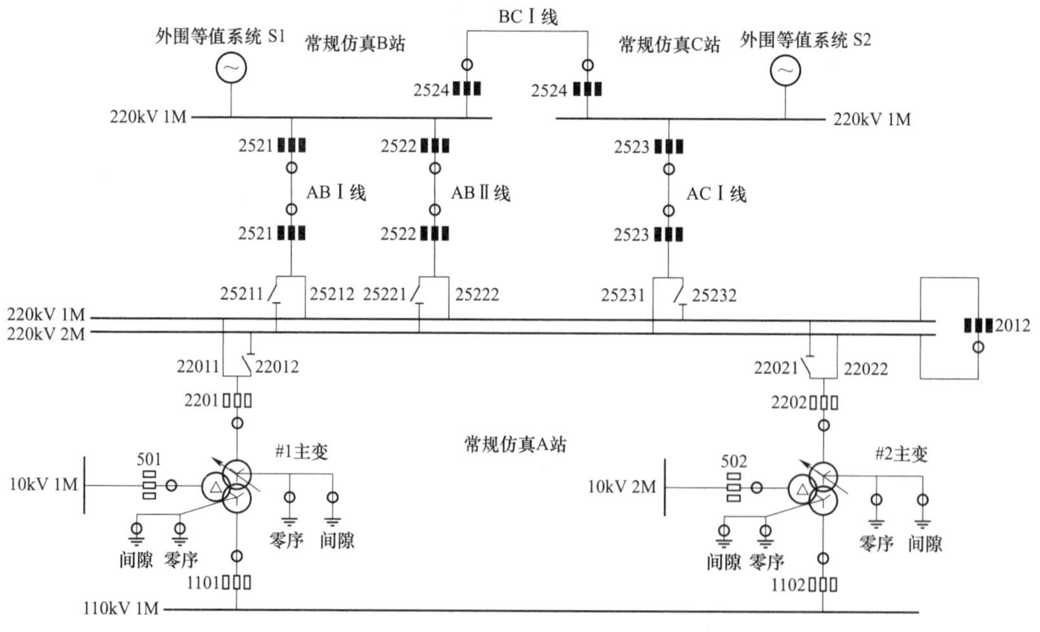

图 6-10-2　故障发生后 A 站、B 站、C 站运行方式

表 6－10－1　　　　#1 主变保护动作简报

序号	动作报文对应时间	动作报文名称	动作相别	动作报文变化值
1	0ms	保护启动		1
2	7ms	纵差保护	A	1
3		跳高压侧		1
4		跳中压侧		1
5		跳低压 1 分支		1
6	11ms	纵差差动速断	A	1
7	23ms	纵差保护	ABC	1
8	23ms	纵差工频变化量差动	A	1
9	66ms	纵差差动速断		0
10	78ms	纵差保护		0
11	78ms	纵差工频变化量差动		0
12		跳高压侧		0
13		跳中压侧		0
14		跳低压 1 分支		0
15	587ms	保护启动		0

根据表 6－10－1，#1 主变保护 0ms 保护启动，7ms A 相纵差保护动作，跳开主变三侧开关，11ms 纵差速断、纵差工频变化量差动保护动作，23ms 纵差保护动作，66ms 纵差速断、纵差工频变化量差动、纵差保护保护返回。同时，由故障信息可知，故障时刻高压侧最大电流为 3.729A，初步判断为高压侧 A 相区内短路。

（2）从保护故障录波 HDR 文件读取相关保护信息，#2 主变保护动作简报见表 6－10－2。

表 6－10－2　　　　#2 主变保护动作简报

序号	动作报文对应时间	动作报文名称	动作相别	动作报文变化值
1	0ms	后备保护启动		1
2	47ms	高压侧负序电压动作		1
3	47ms	中压侧负序电压动作		1
4	47ms	低压 1 侧低电压动作		1
5	47ms	低压 1 侧负序电压动作		1
6	52ms	中压侧低电压动作		1
7	57ms	高压侧低电压动作		1
8	157ms	闭锁调压		1
9	962ms	中接地阻抗 1 时限		1
10	963ms	跳中压侧母联		1

续表

序号	动作报文对应时间	动作报文名称	动作相别	动作报文变化值
11	963ms	跳中压侧分段 1		1
12	963ms	跳中压侧分段 2		1
13	967ms	中复流Ⅰ段 1 时限		1
14	1262ms	中间隙过流		1
15	1263ms	跳中压侧断路器		1
16	1263ms	跳高压侧断路器		1
17	1263ms	跳低压 1 分支断路器		1
18	1267ms	高间隙过流		1
19	1267ms	中接地阻抗 2 时限		1
20	1272ms	中复流Ⅰ段 2 时限		1
21	1322ms	中复流Ⅰ段 1 时限		0
22	1322ms	中复流Ⅰ段 2 时限		0
23	1332ms	闭锁调压		0
24	1337ms	中接地阻抗 2 时限		0
25	1337ms	中接地阻抗 1 时限		0
26	1338ms	跳中压侧母联		0
27	1338ms	跳中压侧分段 1		0

根据表 6－10－2，#2 主变保护 0ms 保护启动，962ms 中接地阻抗 1 时限保护动作，跳开 110kV 母联开关，967ms 中复流Ⅰ段 1 时限动作，跳开 110kV 母联开关，1263ms 中间隙过流保护动作，跳开#2 主变各侧开关，1322ms 中接地阻抗 1 时限、中复流Ⅰ段 1 时限、中间隙过流保护返回。由 SGT－756 保护说明书可知，主变保护跳闸矩阵从右至左分别是：跳高压侧、跳高压侧母联、跳中压侧、跳中压侧母联、跳低压侧。

从主变保护定值可知，中接地阻抗 1 时限、中复流Ⅰ段 1 时限跳闸矩阵为 008，即跳中压侧母联，由于本站无 110kV 母联开关，故障未能隔离。中间隙过流跳闸矩阵为 3015，即跳主变各侧压侧。仅过了约 50ms，上述保护均返回，说明跳开#2 主变变中后故障已隔离。

2. 开关量变位解析

（1）#1 主变保护：以故障初始时刻为基准，A 站#1 主变保护开关量变位图如图 6－10－3 所示。

从图 6－10－3 解析可知，4.998ms #1 主变保护启动，12ms 纵差保护动作，15ms 纵差速断保护动作，12ms #1 主变保护跳三侧开关。

A 站#1 主变保护开关量变位时间顺序见表 6－10－3。

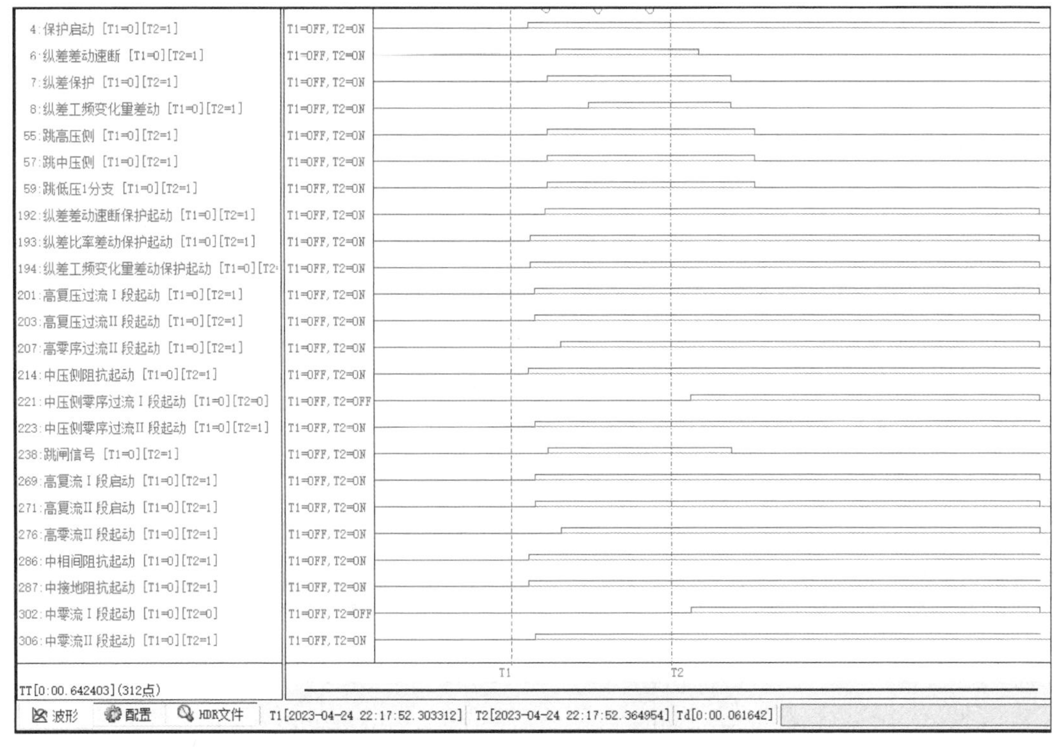

图 6-10-3 #1 主变保护开关量变位图

表 6-10-3 A 站#1 主变保护开关量变位时间顺序

位置	第 1 次变位时间	第 2 次变位时间
4:保护启动	↑ 4.998ms	
6:纵差差动速断	↑ 15.827ms	↓ 70.805ms
7:纵差保护	↑ 12.495ms	↓ 83.300ms
8:纵差工频变化量差动	↑ 28.322ms	↓ 83.300ms
55:跳高压侧	↑ 12.495ms	↓ 92.463ms
57:跳中压侧	↑ 12.495ms	↓ 92.463ms
59:跳低压 1 分支	↑ 12.495ms	↓ 92.463ms
192:纵差差动速断保护启动	↑ 11.662ms	↓ 587.425ms
193:纵差比率差动保护启动	↑ 5.831ms	↓ 587.425ms
194:纵差工频变化量差动保护启动	↑ 5.831ms	↓ 587.425ms
201:高复压过流Ⅰ段启动	↑ 7.497ms	↓ 587.425ms
203:高复压过流Ⅱ段启动	↑ 17.497ms	↓ 587.425ms
207:高零序过流Ⅱ段启动	↑ 17.493ms	↓ 587.425ms
214:中压侧阻抗启动	↑ 4.998ms	

续表

位置	第 1 次变位时间	第 2 次变位时间
221:中压侧零序过流Ⅰ段启动	↑ 67.473ms	↓ 587.425ms
223:中压侧零序过流Ⅱ段启动	↑ 7.497ms	
238:跳闸信号	↑ 12.495ms	↓ 83.300ms
269:高复流Ⅰ段启动	↑ 7.497ms	↓ 587.425ms
271:高复流Ⅱ段启动	↑ 7.497ms	↓ 587.425ms
276:高零流Ⅱ段启动	↑ 17.493ms	↓ 587.425ms
286:中相间阻抗启动	↑ 4.998ms	
287:中接地阻抗启动	↑ 4.998ms	
302:中零流Ⅰ段启动	↑ 67.473ms	↓ 587.425ms
306:中零流Ⅱ段启动	↑ 7.497ms	

（2）#2 主变保护：以故障初始时刻为基准，A 站#2 主变保护开关量变位图如图 6－10－4 所示。

从图 6－10－4 解析可知，56ms #2 主变后备保护启动，966ms 中接地阻抗Ⅰ段 1 时限保护动作，跳中压侧母联，1271ms 高间隙过流保护动作，1268ms #2 主变保护跳三侧开关。

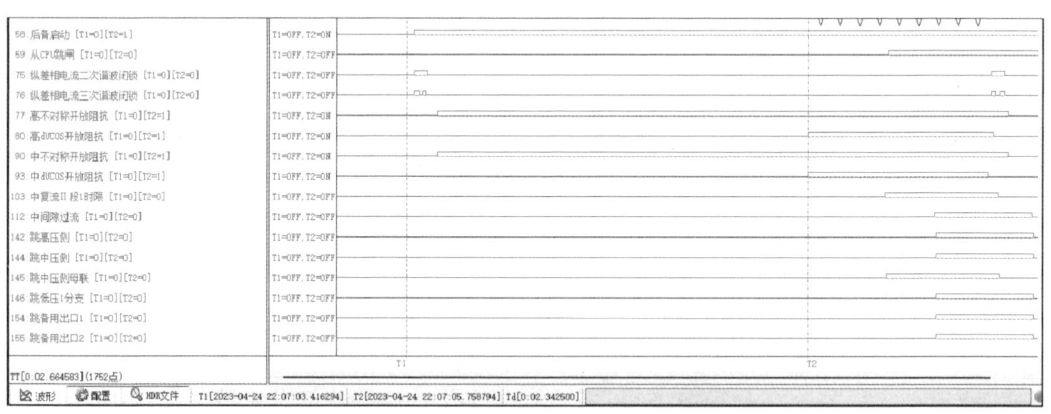

图 6－10－4　#2 主变保护开关量变位图

A 站#2 主变保护开关量变位时间顺序见表 6－10－4。

（3）故障录波器：以故障初始时刻为基准，A 站故障录波器开关量变位图如图 6－10－5 所示。

从图 6－10－5 解析可知，23ms #1 主变保护动作，50ms #1 主变三侧开关跳开，974ms #2 主变保护动作，1315ms #2 主变三侧开关跳开。

A 站故障录波器开关量变位时间顺序见表 6－10－5。

表 6-10-4　　A 站#2 主变保护开关量变位时间顺序

位置	第 1 次变位时间	第 2 次变位时间	第 3 次变位时间	第 4 次变位时间	第 5 次变位时间	第 6 次变位时间	第 7 次变位时间	第 8 次变位时间	第 9 次变位时间	第 10 次变位时间	第 11 次变位时间	第 12 次变位时间	第 13 次变位时间	第 14 次变位时间
58:后备启动	↑ 5.000ms													
59:从 CPU 跳闸	↑ 968.333ms	↓ 1371.666ms												
75:纵差相电流二次谐波闭锁	↑ 6.666ms	↓ 16.666ms	↑ 61.666ms	↓ 88.333ms	↑ 1323.333ms	↓ 1338.333ms								
76:纵差相电流三次谐波闭锁	↑ 6.666ms	↓ 8.333ms	↑ 13.333ms	↓ 16.666ms	↑ 61.666ms	↓ 68.333ms	↑ 73.333ms	↓ 76.666ms	↑ 83.333ms	↓ 88.333ms	↑ 1323.333ms	↓ 1328.333ms	↑ 1333.333ms	↓ 1338.333ms
77:高不对称开放阻抗	↑ 26.666ms	↓ 1341.666ms												
78:高对称 1 时限开放阻抗	↑ 186.666ms	↓ 1326.666ms												
79:高对称 2 时限开放阻抗	↑ 888.333ms	↓ 1336.666ms												
88:高间隙过流	↑ 1271.666ms	↓ 1366.666ms												
90:中不对称开放阻抗	↑ 26.666ms	↓ 1341.666ms												
91:中对称 1 时限开放阻抗	↑ 176.666ms	↓ 1321.666ms												
92:中对称 2 时限开放阻抗	↑ 888.333ms	↓ 1341.666ms												
97:中接地阻抗 1 时限	↑ 966.666ms	↓ 1341.666ms												
98:中接地阻抗 2 时限	↑ 1271.666ms	↓ 1341.666ms												
100:中复流 I 段 1 时限	↑ 971.666ms	↓ 1326.666ms												
101:中复流 I 段 2 时限	↑ 1276.666ms	↓ 1326.666ms												
112:中间隙过流	↑ 1266.666ms	↓ 1366.666ms												
142:跳高压则	↑ 1268.333ms	↓ 1368.333ms												
144:跳中压则	↑ 1268.333ms	↓ 1368.333ms												
145:跳中压侧母联	↑ 968.333ms	↓ 1343.333ms												
146:跳低压 1 分支	↑ 1268.333ms	↓ 1368.333ms												
154:跳备用出口 1	↑ 1268.333ms	↓ 1368.333ms												
155:跳备用出口 2	↑ 1268.333ms	↓ 1368.333ms												

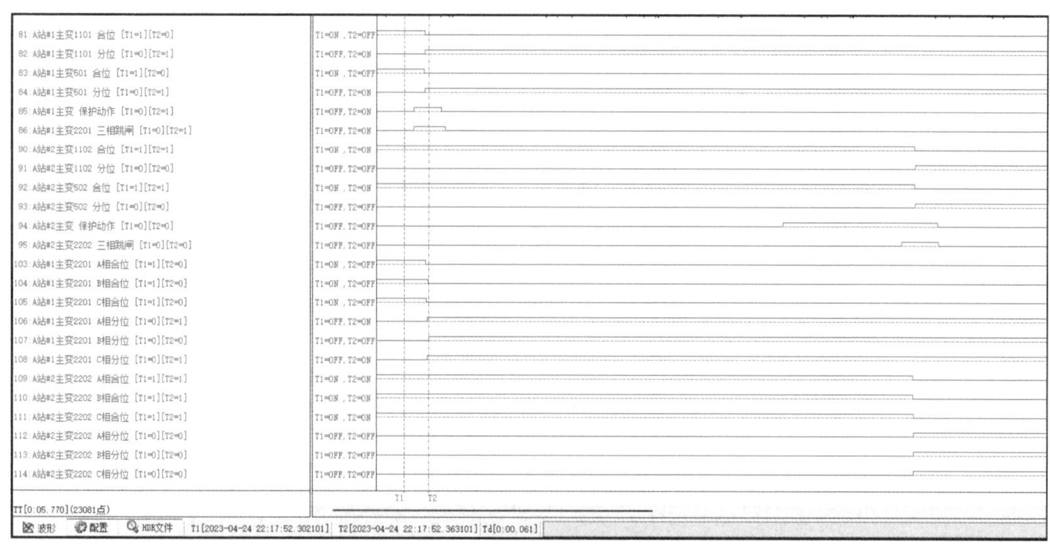

图 6-10-5　故障录波器开关量变位图

表 6-10-5　　故障录波器开关量变位时间顺序

位置	第 1 次变位时间	第 2 次变位时间
81:A 站#1 主变 1101 合位	↓ 50.750ms	
82:A 站#1 主变 1101 分位	↑ 52.250ms	
83:A 站#1 主变 501 合位	↓ 49.000ms	
84:A 站#1 主变 501 分位	↑ 51.250ms	
85:A 站#1 主变保护动作	↑ 24.000ms	↓ 93.500ms
86:A 站#1 主变 2201 三相跳闸	↑ 22.500ms	↓ 102.500ms
90:A 站#2 主变 1102 合位	↓ 1315.750ms	
91:A 站#2 主变 1102 分位	↑ 1318.000ms	
92:A 站#2 主变 502 合位	↓ 1315.000ms	
93:A 站#2 主变 502 分位	↑ 1316.750ms	
94:A 站#2 主变保护动作	↑ 975.250ms	↓ 1374.750ms
95:A 站#2 主变 2202 三相跳闸	↑ 1281.000ms	↓ 1377.750ms
103:A 站#1 主变 2201 A 相合位	↓ 53.500ms	
104:A 站#1 主变 2201 B 相合位	↓ 59.500ms	
105:A 站#1 主变 2201 C 相合位	↓ 55.000ms	
106:A 站#1 主变 2201 A 相分位	↑ 56.750ms	
107:A 站#1 主变 2201 B 相分位	↑ 60.750ms	
108:A 站#1 主变 2201 C 相分位	↑ 57.000ms	
109:A 站#2 主变 2202 A 相合位	↓ 1311.250ms	
110:A 站#2 主变 2202 B 相合位	↓ 1310.500ms	
111:A 站#2 主变 2202 C 相合位	↓ 1312.500ms	
112:A 站#2 主变 2202 A 相分位	↑ 1313.250ms	
113:A 站#2 主变 2202 B 相分位	↑ 1312.500ms	
114:A 站#2 主变 2202 C 相分位	↑ 1313.750ms	

3. 波形特征解析

（1）#1 主变保护动作电压、电流录波图如图 6－10－6 和图 6－10－7 所示。

从图 6－10－6 解析可知，T_1 时刻为系统故障发生时刻。T_1 之前#1 主变高压侧 ABC 相电压有效值为 59.49V，为正常电压，无零序电压。在 T_1 时刻之后，#1 主变高压侧、中压侧均出现了零序电压，其赋值分别为 46V、39V，同时高压侧、中压侧 A 相电压降低为 0V，如图中通道 17、20、29、30 的 T_2 时刻所示。由于主变中压侧为负荷侧，#1、#2 主变中压侧为并列运行方式，若仅中压侧 A 相接地或高压侧 A 相电压接地故障，因有变压器阻抗影响，高中压电压不会均为 0V，因此可以推测高压侧、中压侧均有 A 相金属性接地故障。在 T_2 时刻之后，主变高压侧 A 相电压恢复为 44V，中压侧电压仍为 0V，高压侧零序电压降低为 9V，中压侧零序电压降低为 28V。说明 T_2 时刻 220kV 侧故障已隔离，110kV 侧故障未隔离。

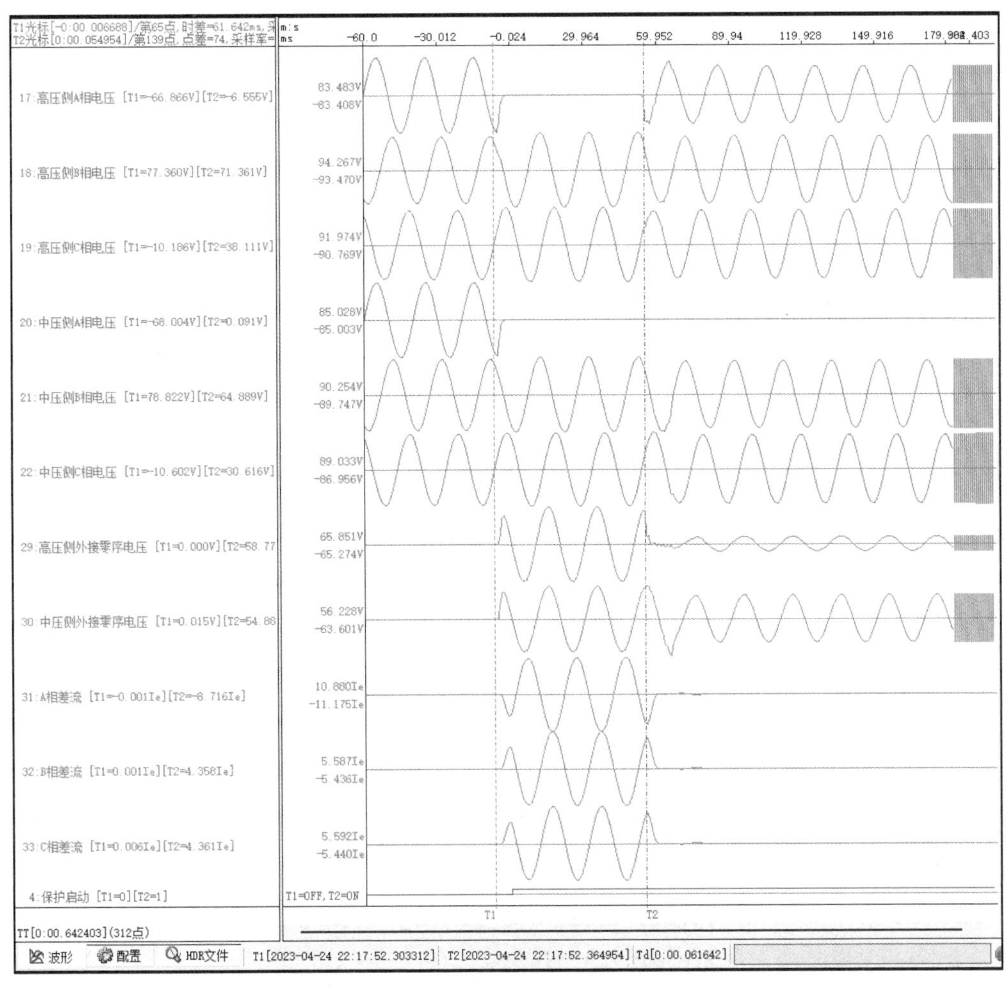

图 6－10－6　#1 主变保护动作电压录波图

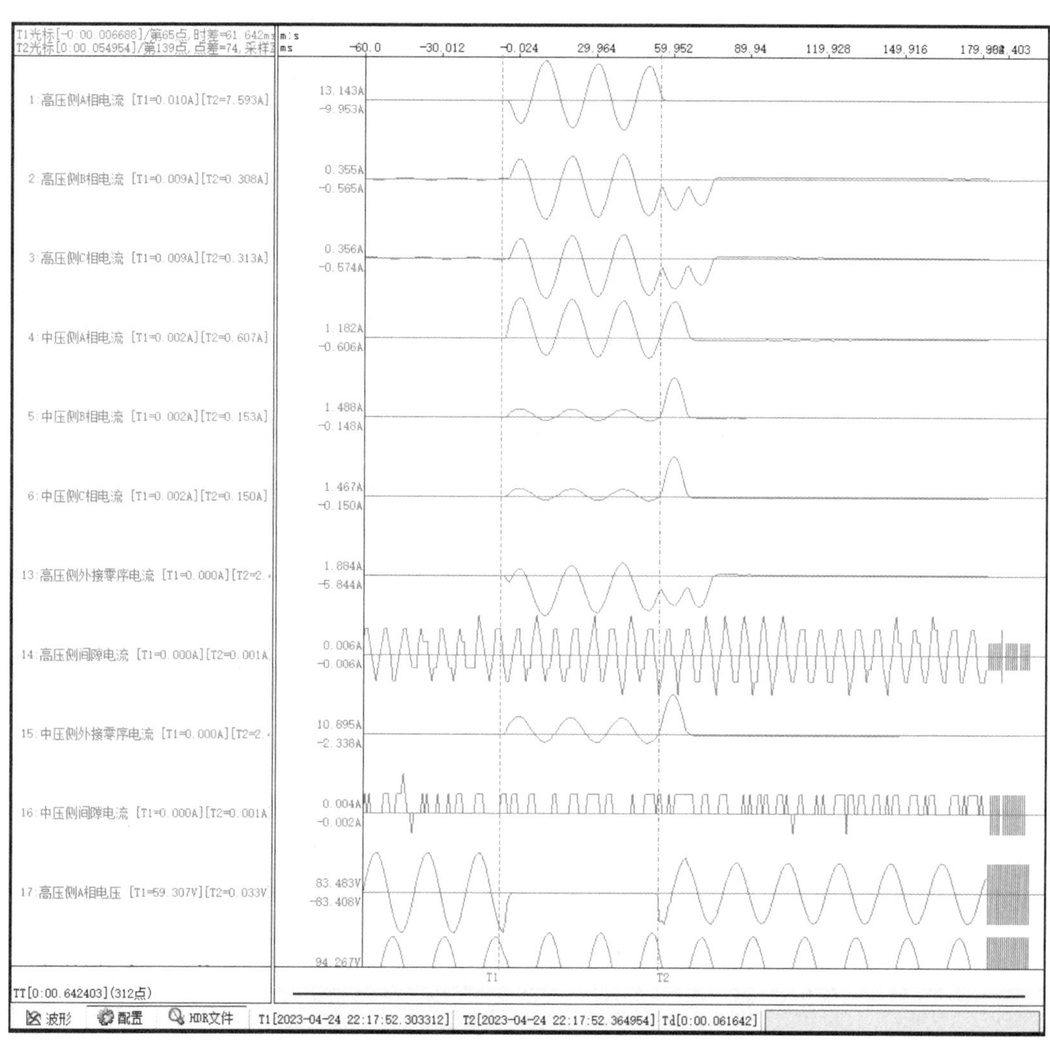

图 6-10-7 #1 主变保护动作电流录波图

从图 6-10-6 解析可知，在 T_1 时刻主变保护差动电流有效值约为 $0.001I_e$，因 T_1 时刻电流有效值是 T_1 时刻前 20ms 电流计算得到，说明在故障前#1 主变差动保护无差流。同时，解析图 6-10-7 可以看出，#1 主变在 T_1 时刻各侧电流有效值均有电流，说明均有负荷。此时，主变保护差动保护无差流，说明各侧电流互感器变比、极性、回路基本正常。T_1 时刻之后，#1 主变 A 相差流约为 $8.716I_e$，BC 相差流约为 $4.36I_e$，A 相差流与 BC 相差流相位相反，由 PCS-978 保护差流转角关系也可知，可能为 A 相接地故障。由此可知，#1 主变差动保护动作情况与波形相符。在 T_2 时刻之后，#1 主变三相差流均消失，说明#1 主变差动保护范围内故障已隔离。

从图 6－10－7 解析可知，#1 主变在 T_1 时刻之前，高压侧 ABC 三相电流均约为 0.01A。T_1 时刻之后，#1 主变高压侧 A 相均出现 7.59A 电流，AC 两相电流仅为 0.3A，A 相电流相位与 BC 相电流相反。#1 主变在 T_1 时刻之前，中压侧主变 ABC 三相电流均约为 0.02A。T_1 时刻之后，#1 主变中压侧 A 相均出现 0.607A 电流，BC 两相电流仅为 0.15A，三相电流同相位，呈现区外故障零序电流特征。T_1 时刻之前高压侧、中压侧无零序电流，T_1 时刻之后，高、中压侧均出现 2.4A 的零序电流。T_2 时刻之后，#1 主变三侧开关跳开，#1 主变各侧电流消失。因此，推测#1 主变高压侧区内发生 A 相接地故障、中压侧区外发生 A 相接地故障。

（2）#2 主变保护动作电压、电流录波图如图 6－10－8 和图 6－10－9 所示。

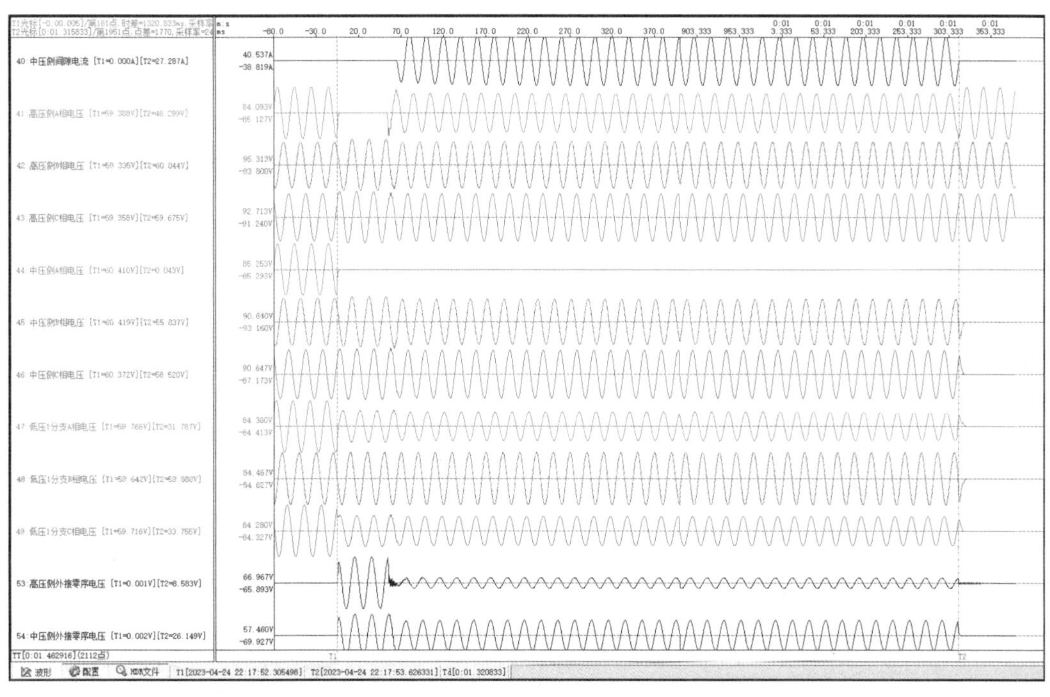

图 6－10－8　#2 主变保护动作电压录波图

从图 6－10－8 解析可知，T_1 时刻为系统故障发生时刻。T_1 之前#2 主变高中压侧 ABC 相电压有效值为 59.3V，为正常电压，无零序电压。在 T_1 时刻之后，#2 主变高压侧、中压侧均出现了零序电压，其赋值分别为 46V、39V，同时高压侧、中压侧 A 相电压降低为 0V，如图中通道 41、44、53、54 的 T_2 时刻所示。由于主变中压侧为负荷侧，#1、#2 主变中压侧为并列运行方式，若仅中压侧 A 相接地或高压侧 A 相电压接地故障，因有变压器阻抗影响，高、中压电压不会均为 0V，因此可以推测高压侧、中压侧均有 A 相金属性接地故障。60ms 后，主变高压侧 A 相电压恢复为 44.9V，中压侧电压仍为 0V，高压侧零序电压降低为 9V，中压侧零序电压降低为 28V。说明 60ms 时，220kV 侧故障已隔离，110kV 侧故障未隔离，高压侧零序电压为中压侧故障引起的。T_2时刻之后，110kV 母线三相电压消失。220kV 母线三相电压恢复为正常电压，说明故障已隔离。

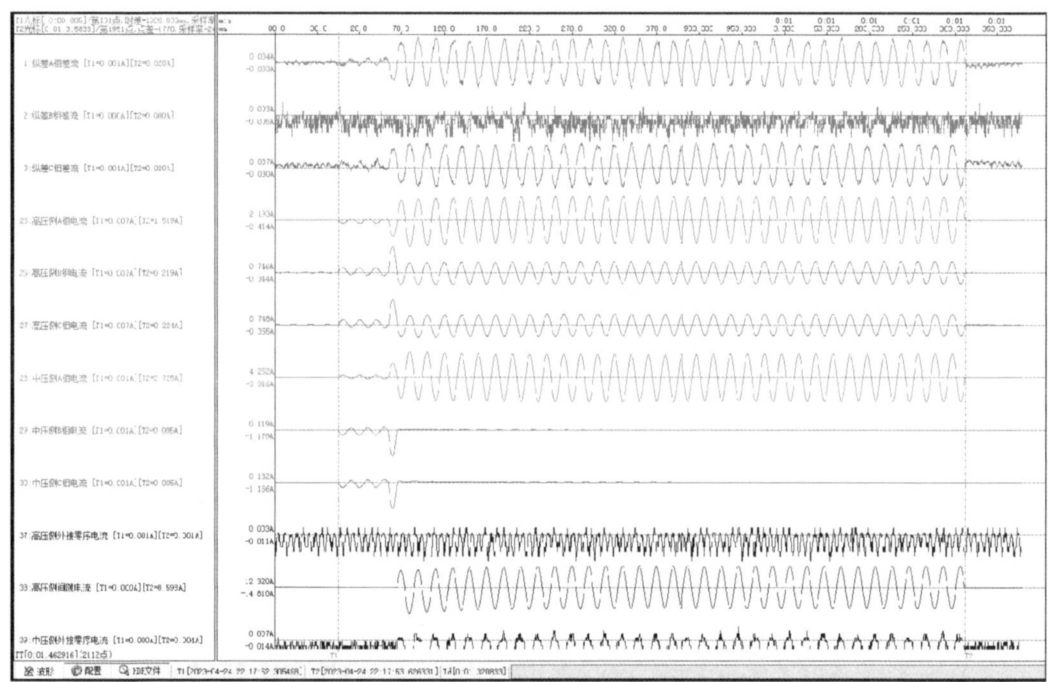

图 6－10－9　#2 主变保护动作电流录波图

从图 6－10－9 解析可知通道 1～3 主变保护差动电流在 T_1时刻有效值约为 0.01A，T_2时刻主变保护差动电流有效值约为 0.02A，即整个过程中#2 主变差动保护无差流。同时，解析图 6－10－9 可以看出，#2 主变在 T_1时刻各侧电流有效值均有电流，说明均有负荷。此时，主变保护差动保护无差流，说明各侧电流互感器变比、极性、回路基本正常。由此可知，A 相接地故障点不在#2 主变差动保护范围内，与上述电压分析相符。

从图 6－10－9 解析可知#2 主变高压侧在 T_1时刻之前，#2 主变 ABC 三相电流均约为 0.007A。T_1时刻后，#2 主变高压侧 A 相均出现 0.157A 电流，BC 两相电流仅为 0.08A，A 相电流与 BC 相电流同相位。#2 主变中压侧在 T_1时刻之前，#2 主变 ABC 三相电流均约为 0.001A。T_1时刻之后，#2 主变中压侧 A 相均出现 0.242A 电流，BC 两相电流仅为 0.12A，A 相电流与 BC 相电流同相反。约 60ms 之后，#2 主变高压侧、中压侧三相电流增大，高压侧、中压侧间隙电流突然出现较大电流，约 8.6A、27A，说明#2 主变高压侧、中压侧间隙已击穿。T_2时刻之后，#2 主变各侧电流、高中压侧间隙零序电流均消失，说明故障已隔离，与电压解析相互印证。

（3）故障录波器不同时段电压和电流录波图如图 6－10－10～图 6－10－14 所示。

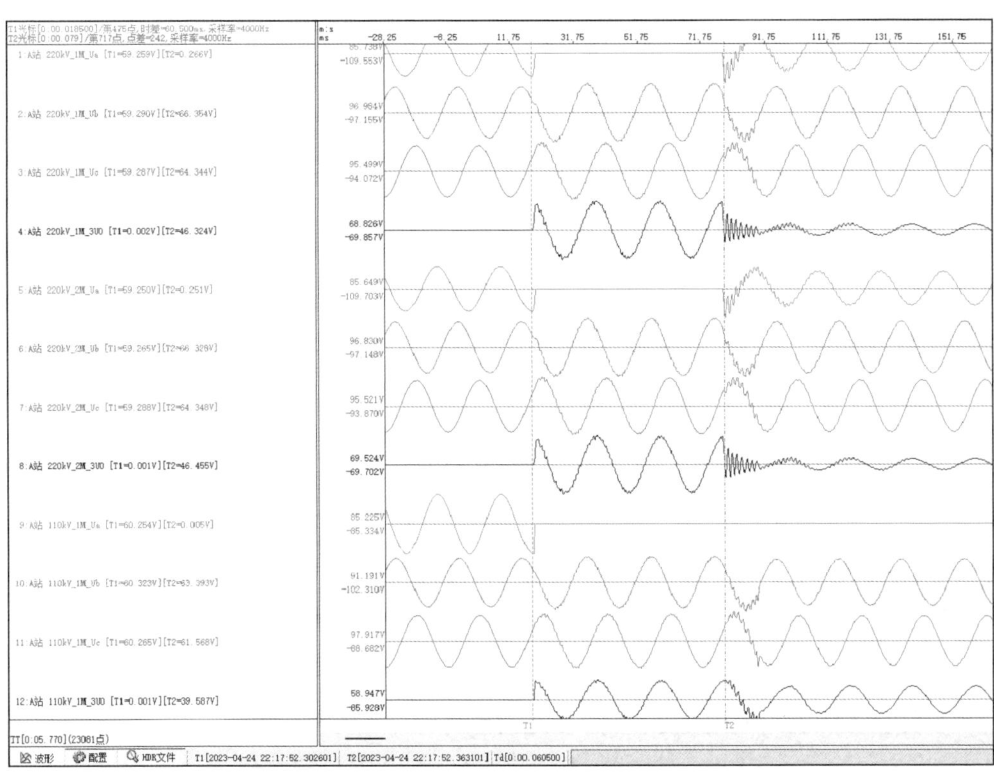

图 6-10-10　故障录波器 0～60ms 电压录波图

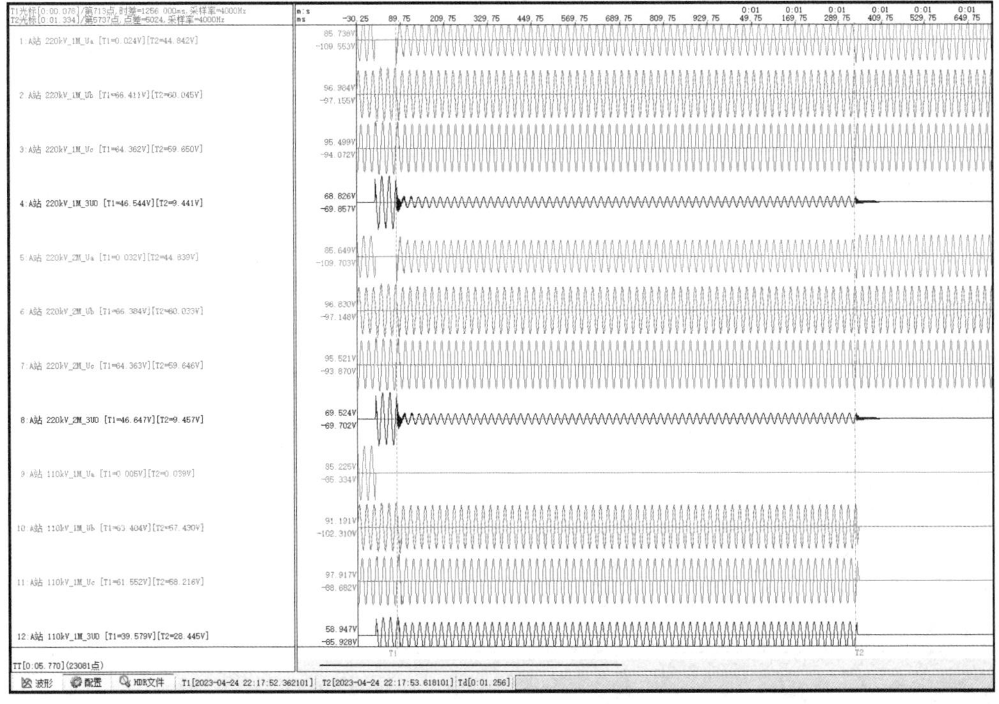

图 6-10-11　故障录波器 60～1260ms 电压录波图

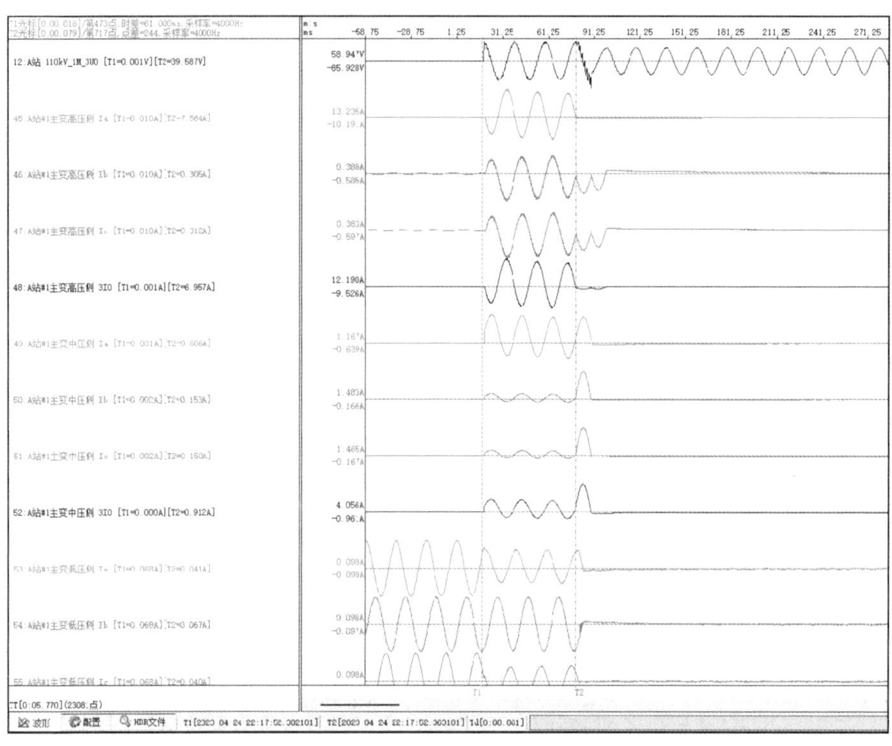

图 6－10－12　故障录波器#1 主变电流录波图

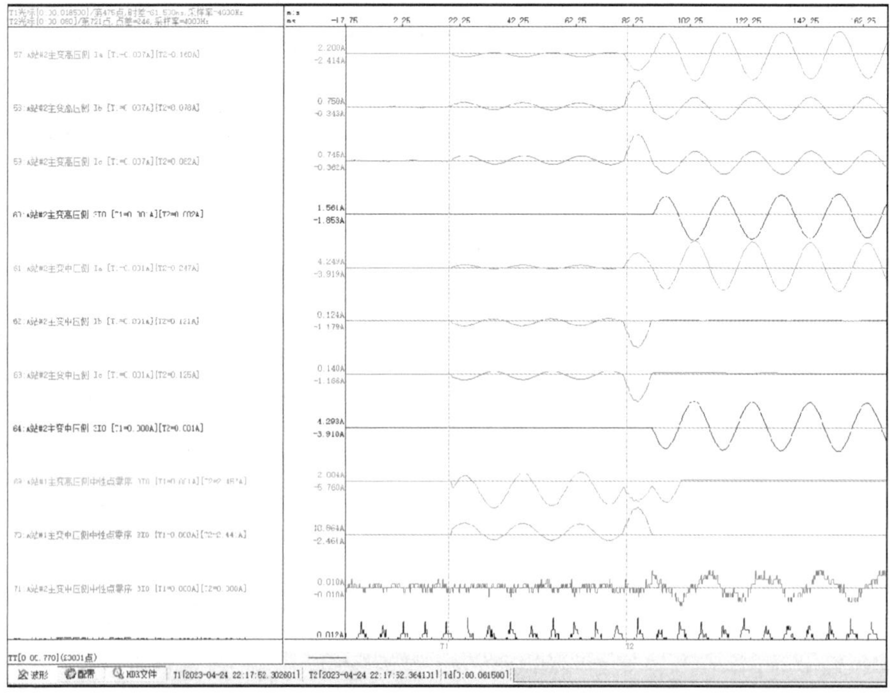

图 6－10－13　故障录波器#2 主变 0～60ms 电流录波图

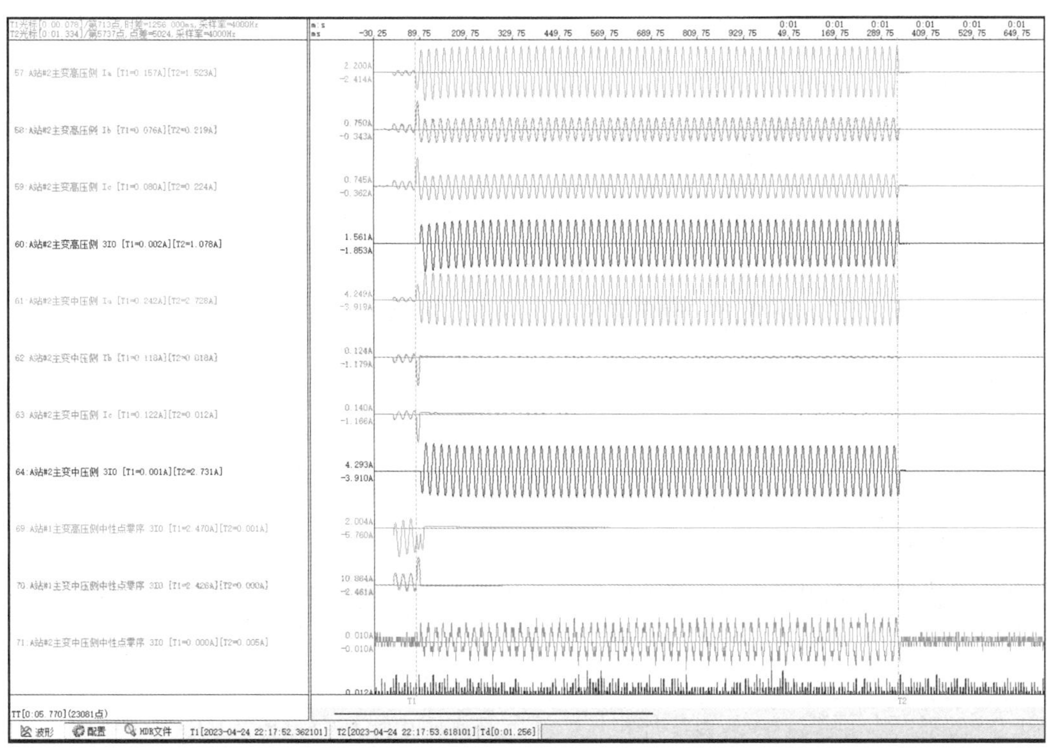

图 6－10－14 故障录波器#2 主变 60～1260ms 电流录波图

从图 6－10－10 解析可知电压在 T_1 时刻之前，220kV 1M、220kV 2M、110kV 母线电压均为正常电压，高压侧、中压侧均无零序电压。T_1 时刻开始，220kV 1M 母线、110kV 母线开始出现零序电压，如图中通道 4、8、12 所示，高压侧零序电压约 46.3V，中压侧零序电压约 39V。同时，高压侧 A 相、中压侧 A 相电压降低为 0V，高中压侧 BC 两相电压均为正常电压。因 110kV 母线侧为负荷侧，无电源点，可以判断为高中压侧同时发生了 A 相接地故障，与保护装置录波相符。

从图 6－10－11 解析可知 T_1 时刻之后，220kV 母线 A 相电压升高至 44V、零序电压降低至 9V，110kV 母线 A 相电压仍为 0V、零序电压略降低至 28V。上述过程一直持续到 T_2 时刻。之后高压侧三相电压恢复正常，零序电压消失，中压侧三相电压恢复正常，零序电压消失，说明所有故障均已隔离。

从图 6－10－12 解析可知在 T_1 时刻开始，#1 主变高压侧三相电流在增大，A 相电流增大更多为 7.56A，BC 相电流增大至 0.3A，且 BC 相电流相位相同，出现 6.957A 的零序电流。T_1 时刻中压侧三相电流也同步增大，A 相电流增大至 0.6A，BC 相电流增大至 0.15A，且 BC 相相位相同。T_2 时刻之后，#1 主变各侧电流均消失。

从图 6－10－13 解析可知，在 T_1 时刻之前，#2 主变高压侧三相电流为正常负荷电流，高压侧为 0.07A 电流、中压侧为 0.001A 电流。T_1 时刻开始，#2 主变高压侧三相电流在增大，A 相电流增大更多，为 0.16A，BC 相电流增大至 0.08A，无零序电流。T_2 时刻之后，#2 主变高压侧三相电流进一步增大，三相电流相位与 T_2 时刻之前相同。中压侧 A 相电流也同步增大，BC 相电流消失。T_2 时刻之后约 10ms，#2 主变高压侧、中压侧出现零序电流，因#2 主变高中压侧均不接地，说明此时#2 主变高压侧、中压侧间隙已击穿。

从图 6－10－14 解析可知，在 T_1 时刻开始，#2 主变高压侧三相电流在增大，A 相电流增大更多，为 1.523A，BC 相电流增大至 0.22A，且 BC 相电流相位相同，出现 1.078A 的零序电流。T_1 时刻中压侧三相电流也同步增大，A 相电流增大至 2.728A，BC 相电流消失，出现 2.731A 的零序电流。T_2 时刻之后，#2 主变各侧电流均消失。

三、综合总结

整个故障可以分为两个阶段：① 从故障开始至#1 主变各侧开关跳开；② #1 主变各侧开关跳开后至#2 主变跳开各侧开关。在第一阶段，从电压来看，故障开始之后 220kV 母线、110kV 母线同步出现零序电压，且高压侧、中压侧 A 相电压均为 0V。由此可以初步判断，发生了 A 相金属性接地故障。由于 110kV 为负荷侧，且#1 主变、#2 主变并列运行，#1 主变各侧开关跳开后，220kV 母线电压恢复较高电压，说明 220kV 故障点在#1 主变高压侧。同时，中压侧零序电压、高压侧零序电压均还存在，且中压侧 A 相电压仍为 0V，说明 110kV 母线仍有 A 相金属性接地故障。第二阶段，#2 主变差动保护均无差流，且故障前主变三侧均有负荷电流，说明 110kV 母线故障点不在#2 主变范围内，即为 110kV 母线 A 相接地。

综上所述，本次故障为#1 主变变高差动保护区内发生 A 相金属性接地、110kV 母线 A 相金属性接地故障，#1 主变差动保护动作跳开#1 主变各侧开关，220kV 侧故障点隔离，#2 主变后备保护动作跳开#2 主变各侧开关，110kV 侧故障点隔离，#1 主变、#2 主变保护动作行为正确。

6.11　主变高压侧区外单相接地及中压侧内单相接地

一、故障信息

故障发生前 A 站、B 站、C 站运行方式为：ABⅠ线、ABⅡ线、ACⅠ线、BCⅠ线、#1 主变、#2 主变均在合位。A 站 ABⅠ、ABⅡ线、#1 主变变高挂 220kV 1M，A 站 ACⅠ、#2 主变变高挂 220kV 2M，#1 主变高中压侧中性点接地，220kV 母线并列运行，如图 6－11－1 所示。

故障发生后，A 站 220kV 母线差动保护动作跳开 1M 所有开关，#1 主变差动保护动作跳开#1 主变三侧开关，运行方式如图 6－11－2 所示。

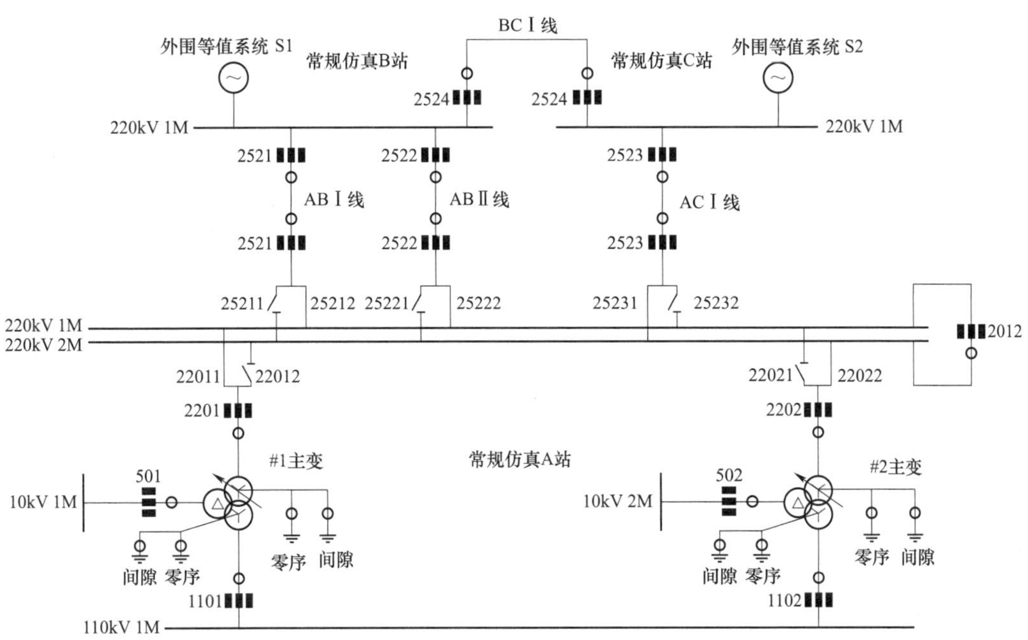

图 6-11-1 故障发生前 A 站、B 站、C 站运行方式

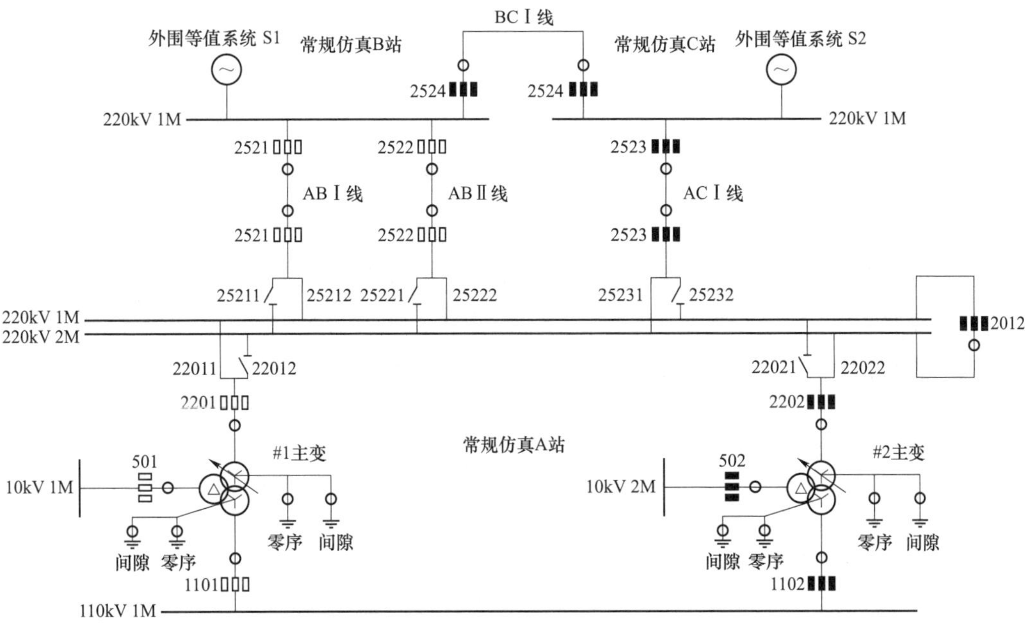

图 6-11-2 故障发生后 A 站、B 站、C 站运行方式

二、录波图解析

1. 保护动作报文解析

（1）从保护故障录波 HDR 文件读取相关保护信息，220kV 母差保护动作简报见

表 6－11－1。

表 6－11－1　　220kV 母差保护保护动作简报

序号	动作报文对应时间	动作报文名称	动作相别	动作报文变化值
1	0ms	突变量启动		1
2	0ms	保护启动		1
3	2ms	差流启动		1
4	3ms	突变量启动		1
5	3ms	突变量启动		1
6	60ms	突变量启动		1
7	60ms	突变量启动		1
8	6ms	1M 母差动动作	A	1
9	80ms	1M 母差动动作	A	0
10	47ms	突变量启动		0
11	47ms	突变量启动		0
12	80ms	突变量启动		0
13	80ms	差流启动		0
14	104ms	突变量启动		0
15	105ms	突变量启动		0
16	105ms	保护启动		0

根据表 6－11－1，220kV 母差保护 0ms 保护启动，2ms 差流启动，6ms 1M A 相差动保护动作，跳开 220kV 1M 所有开关，80ms1M A 相差动保护返回。同时，由故障信息可知，故障时刻 A 相差流为 1.38A，初步判断为 220kV 1M A 相接地故障。

（2）从保护故障录波 HDR 文件读取相关保护信息，#1 主变保护动作简报见表 6－11－2。

表 6－11－2　　#1 主变保护动作简报

序号	动作报文对应时间	动作报文名称	动作相别	动作报文变化值
1	0ms	保护启动		1
2	22ms	纵差工频变化量差动	A	1
3		跳高压侧		1
4		跳中压侧		1
5		跳低压 1 分支		1
6	33ms	纵差保护	A	1
7	96ms	纵差保护		0
8	96ms	纵差工频变化量差动		0

续表

序号	动作报文对应时间	动作报文名称	动作相别	动作报文变化值
9		跳高压侧		0
10		跳中压侧		0
11		跳低压 1 分支		0
12	600ms	保护启动		0

根据表 6－11－2，#1 主变保护 0ms 保护启动，22ms 纵差工频变化量差动保护动作，跳开#1 主变各侧开关，33ms 纵差保护返回。说明跳开#1 主变各侧后，主变区内故障已隔离。

2. 开关量变位解析

（1）220kV 母差保护：以故障初始时刻为基准，A 站 220kV 母差保护开关量变位图如图 6－11－3 所示。

从图 6－11－3 解析可知 2.5ms 220kV 母差保护启动，6.6ms 1M 差动保护动作，6.6ms 220kV 1M 所有开关跳开，82.4ms 各保护返回，说明 220kV 1M 差动保护区内故障已隔离。

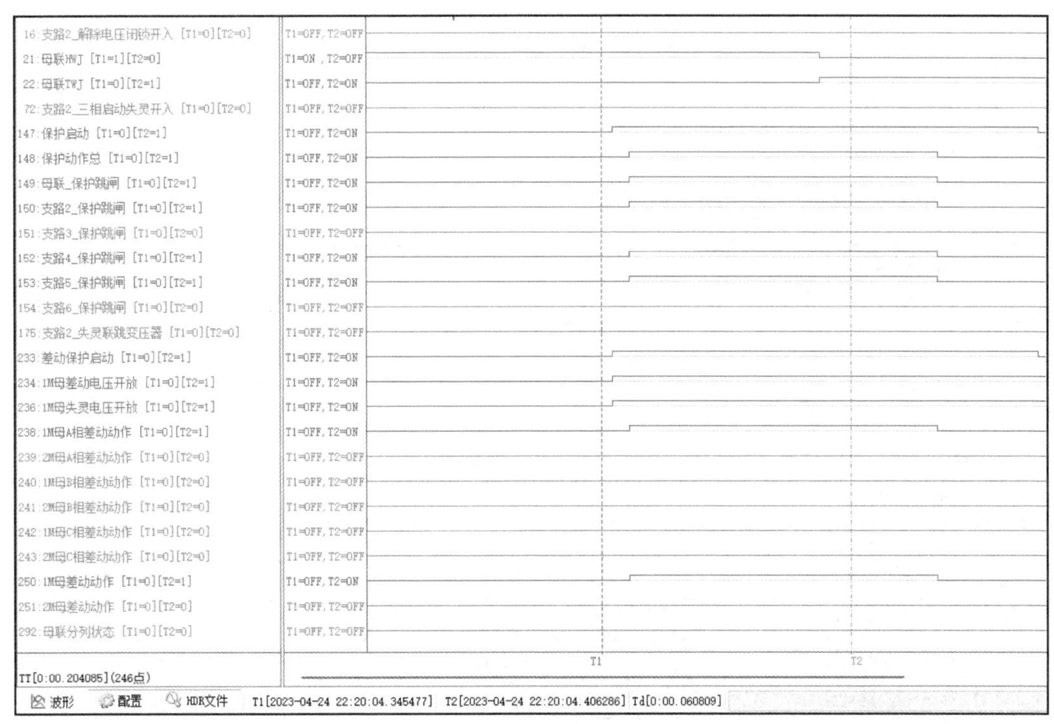

图 6－11－3 220kV 母差保护动作变位图

220kV 母差保护开关量变位时间顺序见表 6－11－3。

表 6-11-3　　220kV 母差保护开关量变位时间顺序

位置	第 1 次变位时间	第 2 次变位时间
22:母联 TWJ	↑ 53.312ms	
74:支路 4 三相启动失灵开入	↑ 30.821ms	↓ 102.459ms
75:支路 5 三相启动失灵开入	↑ 27.489ms	↓ 102.459ms
147:保护启动	↑ 2.499ms	↓ 107.457ms
148:保护动作总	↑ 6.664ms	↓ 82.467ms
149:母联保护跳闸	↑ 6.664ms	↓ 82.467ms
150:支路 2 保护跳闸	↑ 6.664ms	↓ 82.467ms
152:支路 4 保护跳闸	↑ 6.664ms	↓ 82.467ms
153:支路 5 保护跳闸	↑ 6.664ms	↓ 82.467ms
155:支路 7 保护跳闸	↑ 6.664ms	↓ 82.467ms
156:支路 8 保护跳闸	↑ 6.664ms	↓ 82.467ms
157:支路 9 保护跳闸	↑ 6.664ms	↓ 82.467ms
158:支路 10 保护跳闸	↑ 6.664ms	↓ 82.467ms
159:支路 11 保护跳闸	↑ 6.664ms	↓ 82.467ms
160:支路 12 保护跳闸	↑ 6.664ms	↓ 82.467ms
161:支路 13 保护跳闸	↑ 6.664ms	↓ 82.467ms
162:支路 14 保护跳闸	↑ 6.664ms	↓ 82.467ms
163:支路 15 保护跳闸	↑ 6.664ms	↓ 82.467ms
164:支路 16 保护跳闸	↑ 6.664ms	↓ 82.467ms
165:支路 17 保护跳闸	↑ 6.664ms	↓ 82.467ms
166:支路 18 保护跳闸	↑ 6.664ms	↓ 82.467ms
167:支路 19 保护跳闸	↑ 6.664ms	↓ 82.467ms
168:支路 20 保护跳闸	↑ 6.664ms	↓ 82.467ms
169:支路 21 保护跳闸	↑ 6.664ms	↓ 82.467ms
170:支路 22 保护跳闸	↑ 6.664ms	↓ 82.467ms
171:分段 1 保护跳闸	↑ 6.664ms	↓ 82.467ms
173:分段 1 启动失灵	↑ 8.330ms	↓ 83.300ms
182:母线保护动作闭锁备自投	↑ 6.664ms	↓ 82.467ms
233:差动保护启动	↑ 2.499ms	↓ 107.457ms
234:1M 母差动电压开放	↑ 2.499ms	
235:2M 母差动电压开放	↑ 2.499ms	↓ 109.956ms
236:1M 母失灵电压开放	↑ 2.499ms	
237:2M 母失灵电压开放	↑ 2.499ms	↓ 109.956ms
238:1M 母 A 相差动动作	↑ 6.664ms	↓ 82.467ms
244:1M 母 A 相差动判据满足	↑ 6.664ms	↓ 82.467ms
250:1M 母差动动作	↑ 6.664ms	↓ 82.467ms
252:失灵保护扁动	↑ 14.161ms	↓ 94.962ms

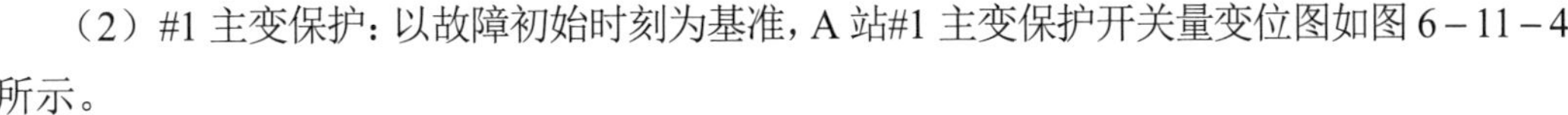

（2）#1 主变保护：以故障初始时刻为基准，A 站#1 主变保护开关量变位图如图 6－11－4 所示。

从图 6－11－4 解析可知，4ms #1 主变保护启动，25ms 纵差工频变化量差动动作，25ms 跳开主变各侧，37ms 纵差保护动作，100ms 各保护返回，说明故障隔离。

#1 主变保护开关量变位时间顺序见表 6－11－4。

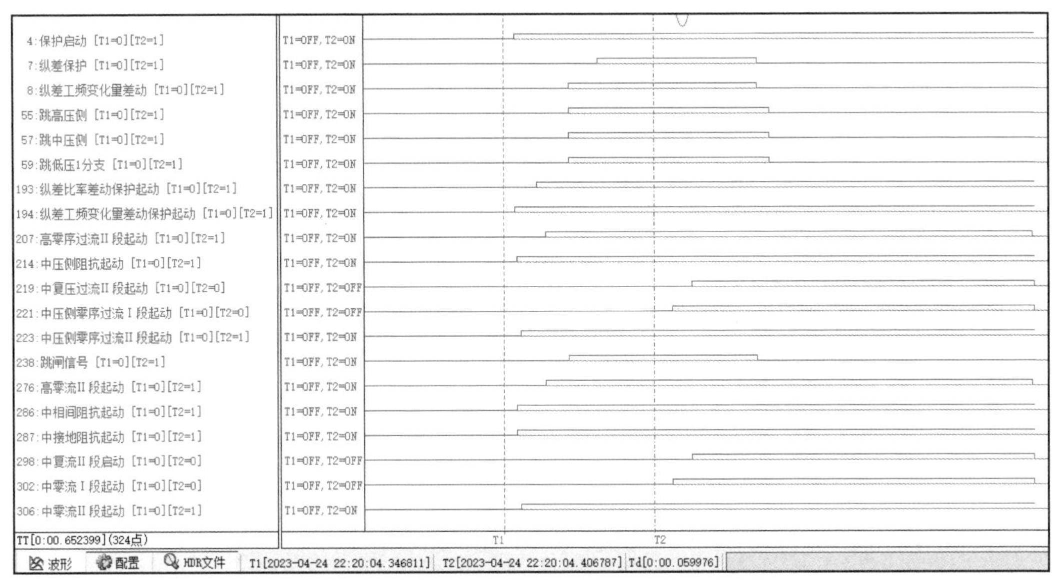

图 6－11－4　A 站#1 主变保护动作变位情况

表 6－11－4　　#1 主变保护开关量变位时间顺序

位置	第 1 次变位时间	第 2 次变位时间
4:保护启动	↑ 4.165ms	
7:纵差保护	↑ 37.485ms	↓ 100.793ms
8:纵差工频变化量差动	↑ 25.823ms	↓ 100.793ms
55:跳高压侧	↑ 25.823ms	↓ 105.791ms
57:跳中压侧	↑ 25.823ms	↓ 105.791ms
59:跳低压 1 分支	↑ 25.823ms	↓ 105.791ms
193:纵差比率差动保护启动	↑ 13.328ms	
194:纵差工频变化量差动保护启动	↑ 4.165ms	
207:高零序过流Ⅱ段启动	↑ 16.660ms	↓ 576.588ms
214:中压侧阻抗启动	↑ 4.998ms	
219:中复压过流Ⅱ段启动	↑ 74.970ms	↓ 596.588ms
221:中压侧零序过流Ⅰ段启动	↑ 67.473ms	↓ 596.588ms
223:中压侧零序过流Ⅱ段启动	↑ 6.664ms	

续表

位置	第 1 次变位时间	第 2 次变位时间
238:跳闸信号	↑ 25.823ms	↓ 100.793ms
276:高零流Ⅱ段启动	↑ 16.660ms	↓ 576.588ms
286:中相间阻抗启动	↑ 4.998ms	
287:中接地阻抗启动	↑ 4.998ms	
298:中复流Ⅱ段启动	↑ 74.970ms	↓ 596.588ms
302:中零流Ⅰ段启动	↑ 67.473ms	↓ 596.588ms
306:中零流Ⅱ段启动	↑ 6.664ms	

（3）故障录波器：以故障初始时刻为基准，A 站#故障录波器开关量变位图如图 6－11－5 所示。

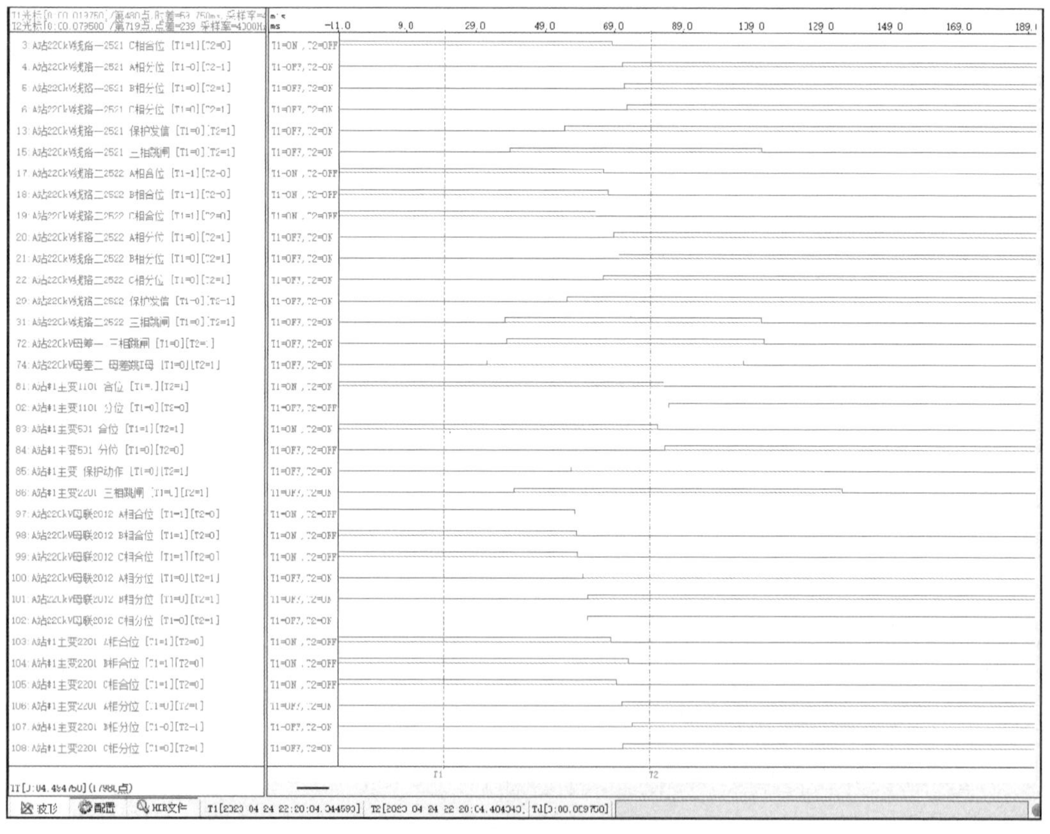

图 6－11－5　故障录波器变位图

从图 6－11－5 解析可知，12.5ms 220kV 母差保护动作，跳 220kV 1M，36.7ms #1 主变保护动作，跳主变各侧。48ms 220kV 1M 间隔开关跳开，63ms #1 主变变中 1101、变低 501 开关跳开，说明故障隔离。

故障录波器开关量变位时间顺序见表 6-11-5。

表 6-11-5　　故障录波器开关量变位时间顺序

位置	第 1 次变位时间	第 2 次变位时间
1:A 站 220kV 线路一 2521 A 相合位	↓ 48.500ms	
2:A 站 220kV 线路一 2521 B 相合位	↓ 48.500ms	
3:A 站 220kV 线路一 2521 C 相合位	↓ 48.500ms	
4:A 站 220kV 线路一 2521 A 相分位	↑ 51.500ms	
5:A 站 220kV 线路一 2521 B 相分位	↑ 52.000ms	
6:A 站 220kV 线路一 2521 C 相分位	↑ 52.750ms	
13:A 站 220kV 线路一 2521 保护发信	↑ 34.750ms	↓ 253.750ms
15:A 站 220kV 线路一 2521 三相跳闸	↑ 19.000ms	↓ 92.000ms
17:A 站 220kV 线路二 2522 A 相合位	↓ 46.000ms	
18:A 站 220kV 线路二 2522 B 相合位	↓ 47.500ms	
19:A 站 220kV 线路二 2522 C 相合位	↓ 43.750ms	
20:A 站 220kV 线路二 2522 A 相分位	↑ 49.000ms	
21:A 站 220kV 线路二 2522 B 相分位	↑ 50.500ms	
22:A 站 220kV 线路二 2522 C 相分位	↑ 46.000ms	
29:A 站 220kV 线路二 2522 保护发信	↑ 35.500ms	↓ 255.500ms
31:A 站 220kV 线路二 2522 三相跳闸	↑ 17.750ms	↓ 92.000ms
72:A 站 220kV 母差一　三相跳闸	↑ 18.250ms	↓ 92.750ms
74:A 站 220kV 母差二　母差跳 I 母	↑ 12.500ms	↓ 86.750ms
81:A 站#1 主变 1101 合位	↓ 63.750ms	
82:A 站#1 主变 1101 分位	↑ 65.250ms	
83:A 站#1 主变 501 合位	↓ 62.000ms	
84:A 站#1 主变 501 分位	↑ 64.250ms	
85:A 站#1 主变保护动作	↑ 36.750ms	↓ 110.250ms
86:A 站#1 主变 2201 三相跳闸	↑ 20.250ms	↓ 115.500ms
97:A 站 220kV 母联 2012 A 相合位	↓ 38.000ms	
98:A 站 220kV 母联 2012 B 相合位	↓ 38.500ms	
99:A 站 220kV 母联 2012 C 相合位	↓ 38.750ms	
100:A 站 220kV 母联 2012 A 相分位	↑ 40.250ms	
101:A 站 220kV 母联 2012 B 相分位	↑ 41.750ms	
102:A 站 220kV 母联 2012 C 相分位	↑ 41.750ms	
103:A 站#1 主变 2201 A 相合位	↓ 48.500ms	
104:A 站#1 主变 2201 B 相合位	↓ 53.500ms	
105:A 站#1 主变 2201 C 相合位	↓ 50.000ms	

续表

位置	第 1 次变位时间	第 2 次变位时间
106:A 站#1 主变 2201 A 相分位	↑ 51.750ms	
107:A 站#1 主变 2201 B 相分位	↑ 54.750ms	
108:A 站#1 主变 2201 C 相分位	↑ 52.000ms	

3. 波形特征解析

（1）220kV 母差保护动作电压、电流录波图如图 6－11－6～图 6－11－8 所示。

从图 6－11－6 解析可知，通道 73～78 电压在 T_1 时刻为系统故障发生时刻。T_1 之前 220kV 1M、2M 母线 ABC 相电压有效值为 59.5V，为正常电压。在 T_1 时刻之后，220kV 1M、2M 母线 A 相电压降低为 0V，如图中通道 73 的 T_2 时刻所示。说明 220kV 母线有 A 相金属性接地故障。在 T_2 时刻之后，220kV 1M 三相电压消失，220kV 2M 三相电压恢复为正常电压，说明 T_2 时刻 220kV 侧故障已隔离。

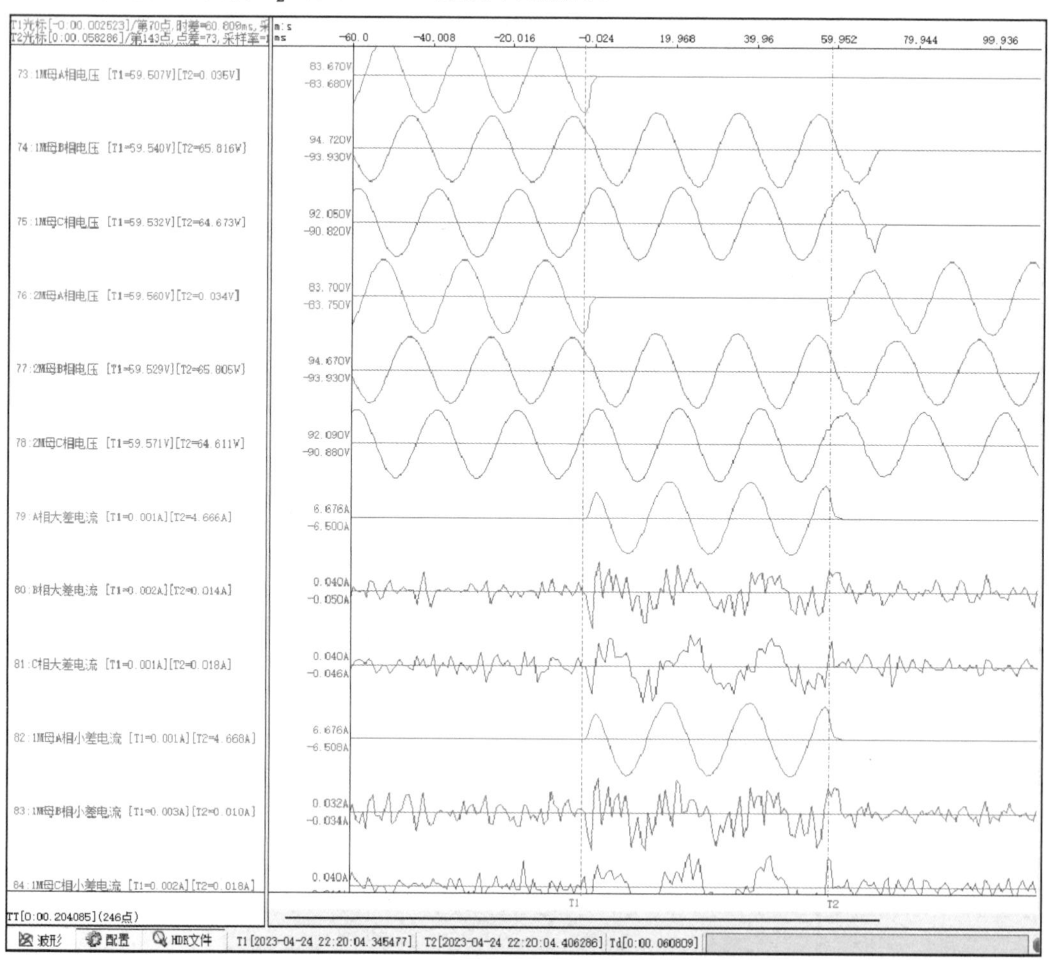

图 6－11－6　220kV 母差保护电压录波图

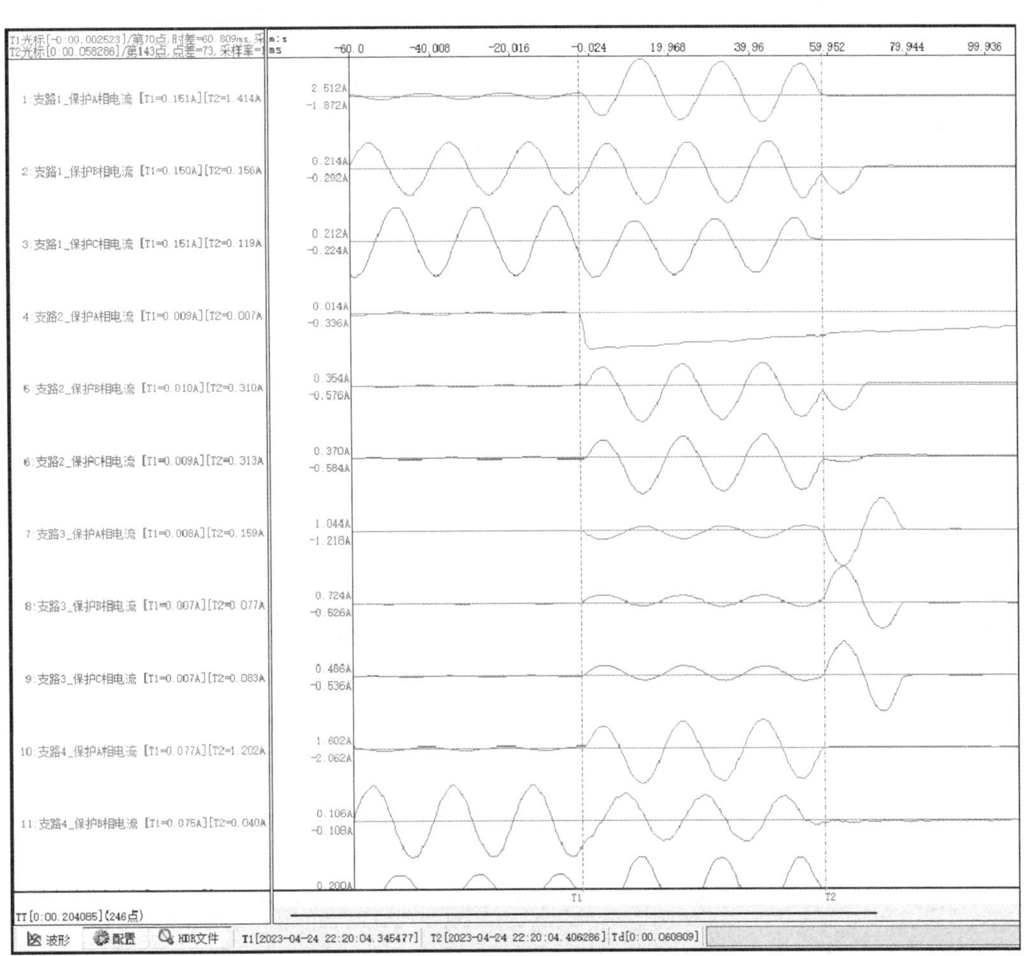

图 6-11-7 220kV 母差保护电流录波图 1

从图 6-11-6 解析可知，通道 79～84 220kV 母差保护差动电流在 T_1 时刻主变保护差动电流有效值约为 0.001A，因 T_1 时刻电流有效值是 T_1 时刻前 20ms 电流计算得到，说明在故障前 220kV 母差保护无差流。同时，解析图 6-11-7 可以看出，220kV 母线各支路在 T_1 时刻各侧电流有效值均有电流，说明均有负荷。此时，220kV 母差保护无差流，说明各侧电流互感器变比、极性、回路基本正常。T_1 时刻之后，220kV 母差保护 A 相大差、1M A 相小差均出现较大电流，大差为 4.666A、小差为 4.666A，说明 220kV 1M 发生了 A 相接地故障。在 T_2 时刻之后，220kV 母差保护 A 相大小差差流均消失，说明 220kV 母差保护差动保护范围内故障已隔离。

从图 6-11-7 和图 6-11-8 解析可知，在 T_1 时刻之前，支路 1～6 均有负荷电流。T_1 时刻之后，支路 2（#1 主变）A 相消失，其余支路 A 相均出现较大电流。220kV 母差保护装置为 BP-2C 型保护装置，支路 1（母联 2012）电流互感器极性朝 2M，T_1～T_2 期间其电流相位与 1M 支路 4 电流相位相反、与 2M 支路 3 相位相同，说明故障点在 220kV 1M 上。

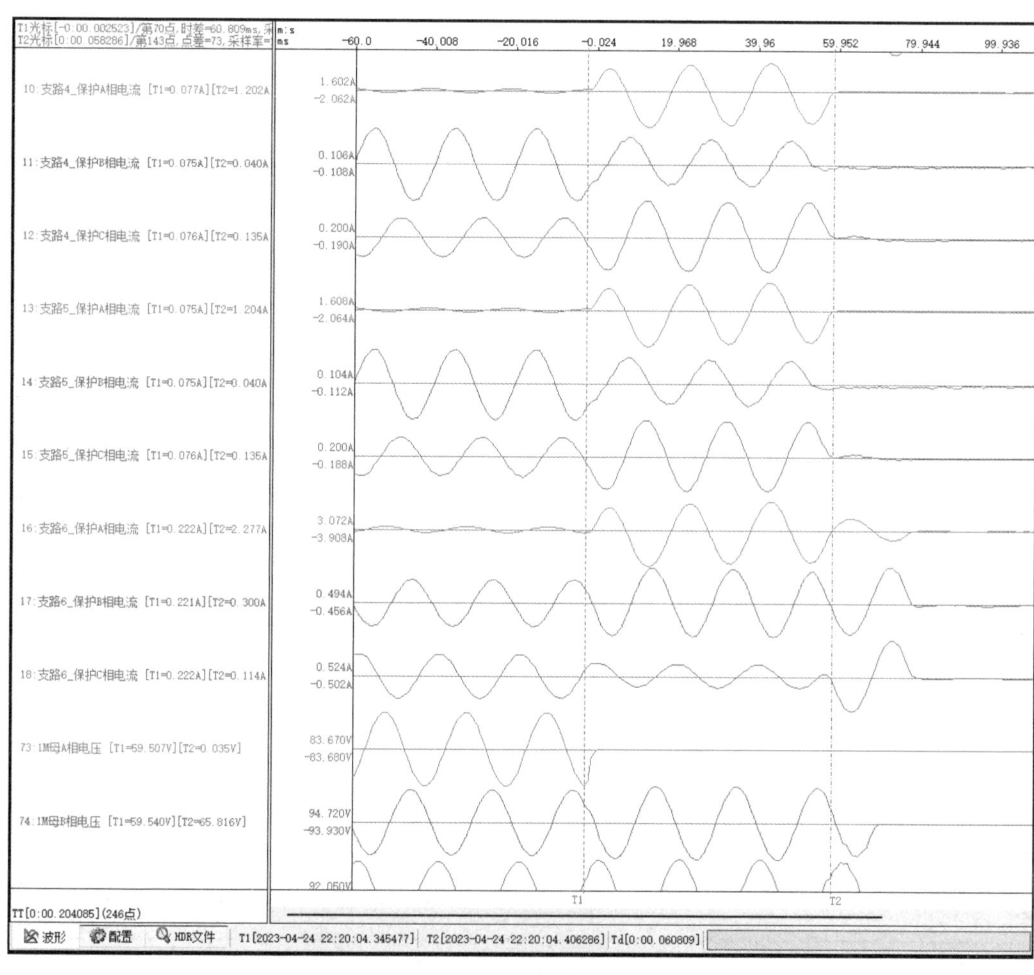

图 6-11-8　220kV 母差保护电流录波图 2

T_2时刻之后，220kV 母差保护跳开 1M 所有开关后，1M 间隔支路 2、支路 4、支路 5 三相电流消失，2M 间隔支路 3、支路 6 承担所有负荷，其三相电流均增大，在此验证故障点在 220kV 1M 范围内。

（2）#1 主变保护动作电压、电流录波图如图 6-11-9 和图 6-11-10 所示。

从图 6-11-9 解析可知，T_1之前#1 主变高中压侧 ABC 相电压有效值为 59.4V，为正常电压，无零序电压。在 T_1 时刻之后，#1 主变高压侧、中压侧均出现了零序电压，其赋值分别为 46V、39V，同时高压侧、中压侧 A 相电压降低为 0V，如图中通道 17、20、29、30 的 T_2时刻所示。由于主变中压侧为负荷侧，#1、#2 主变中压侧为并列运行方式，若仅中压侧 A 相接地或高压侧 A 相电压接地故障，因有变压器阻抗影响，高中压电压不会均为 0V，因此可以推测高压侧、中压侧均有 A 相金属性接地故障。在 T_2时刻之后，主变高压侧三相电压消失，中压侧 A 相电压在 20ms 后恢复为正常电压，即中压侧三相电压均为正常电压，高压侧、中压侧零序电压消失，说明 110kV 侧故障已隔离。

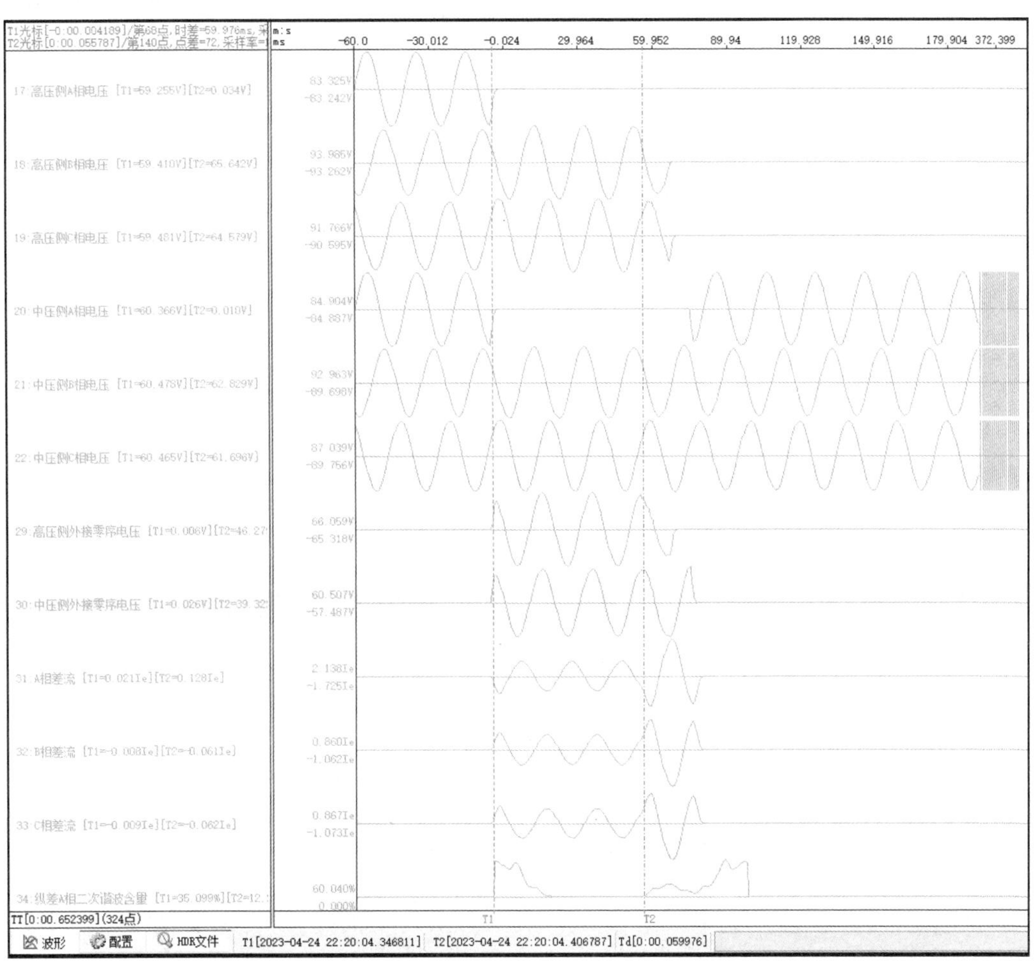

图 6-11-9 #1 主变保护电压录波图

从图 6-11-9 解析可知，在 T_1 时刻有效值约为 $0.009I_e$，即#1 主变差动保护无差流。因 T_1 时刻电流有效值是 T_1 时刻前 20ms 电流计算得到，说明在故障前#1 主变差动保护无差流。同时，解析图 6-11-10 可以看出，#1 主变各侧在 T_1 时刻各侧电流有效值均有电流，说明均有负荷。此时，#1 主变差动保护无差流，说明各侧电流互感器变比、极性、回路基本正常。T_1 时刻之后，#1 主变三相差流均出现，A 相差流为 $0.128I_e$，BC 相差流为 $0.06I_e$，即 A 相差流为 BC 相差流的 2 倍，根据 PCS-978 保护差动转角公式可知，主变 A 相发生了故障。T_2 时刻之后 20ms，#1 主变保护三相差动电流消失，说明#1 主变差动保护范围内故障已隔离。

从图 6-11-10 解析可知，#1 主变在 T_1 时刻之前，高压侧 ABC 三相电流均约为 0.01A，中压侧 ABC 三相电流均约为 0.002A，低压侧为 0.068A，即主变带负荷运行。T_1 时刻后，#1 主变高压侧 A 相电流消失，BC 两相电流增大为 0.3A。#1 主变中压侧在 T_1 时刻之后，A 相电流增大为 0.3A，BC 两相电流增大为 0.15A。T_1 时刻之后，#1 主变

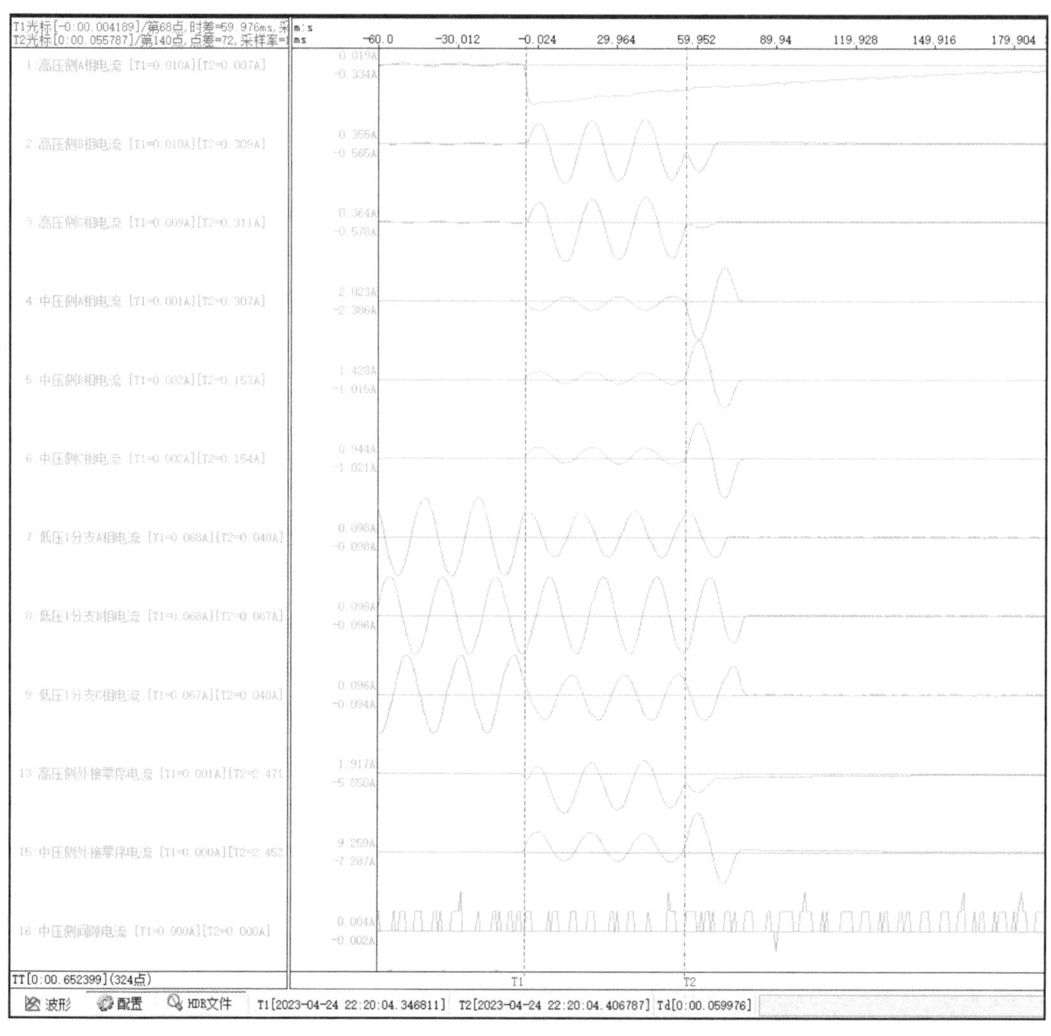

图 6-11-10 #1 主变保护电流录波图

高压侧、中压侧均出现 2.4A 零序电流，说明发生了 A 相接地故障。T_2 时刻之后，#1 主变各侧电流均消失，说明故障已隔离，与电压解析相互印证。

（3）故障录波器电压、电流录波图如图 6-11-11～图 6-11-15 所示。

从图 6-11-11 解析可知，电压在 T_1 时刻之前，220kV 1M、220kV 2M、110kV 母线电压均为正常电压，高压侧、中压侧均无零序电压。T_1 时刻开始，220kV 1M 母线、110kV 母线开始出现零序电压，如图中通道 4、8、12 所示，高压侧零序电压约 46.3V，中压侧零序电压约 39V。同时，高压侧 A 相、中压侧 A 相电压降低为 0V，高中压侧 BC 两相电压均为正常电压。因 110kV 母线侧为负荷侧，无电源点，可以判断为高中压侧同时发生了 A 相接地故障，与保护装置录波相符。T_2 时刻之后，220kV 2M 三相电压恢复为正常电压。

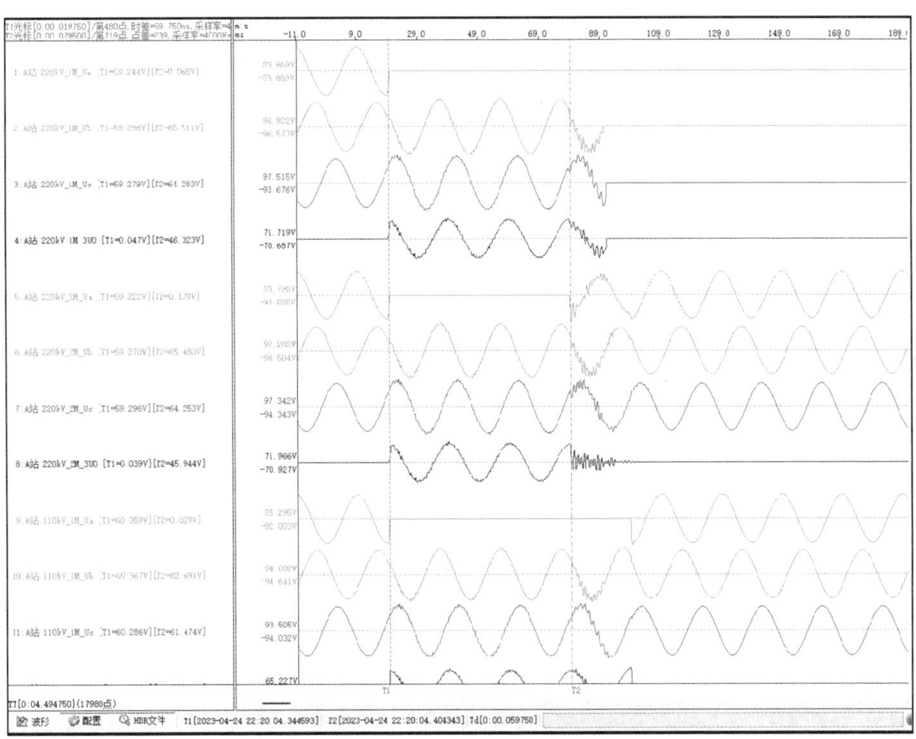

图 6-11-11 故障录波器电压录波图 1

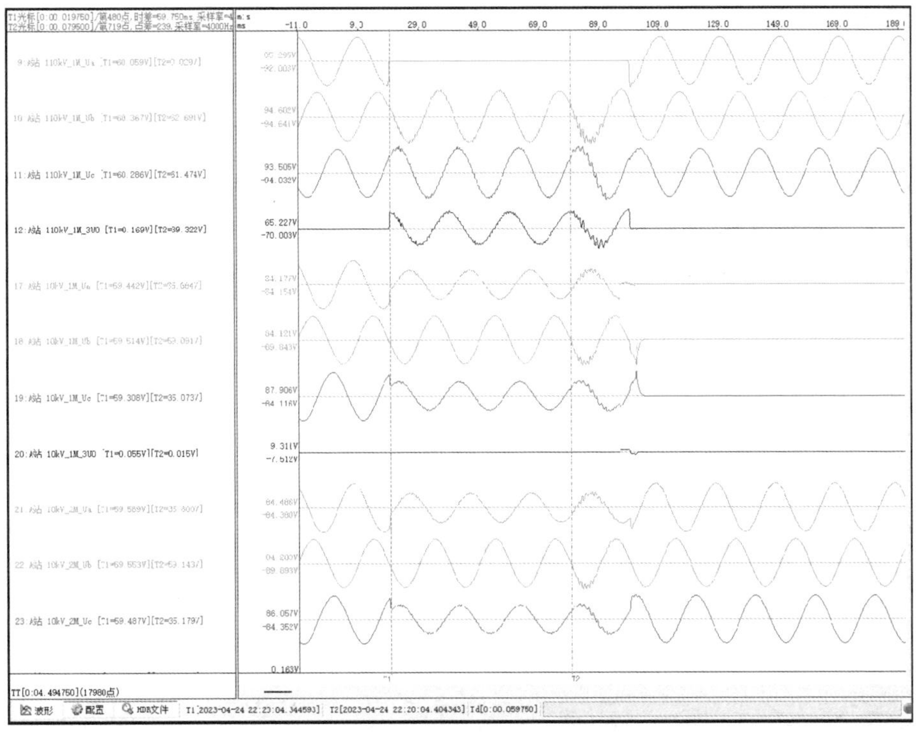

图 6-11-12 故障录波器电压录波图 2

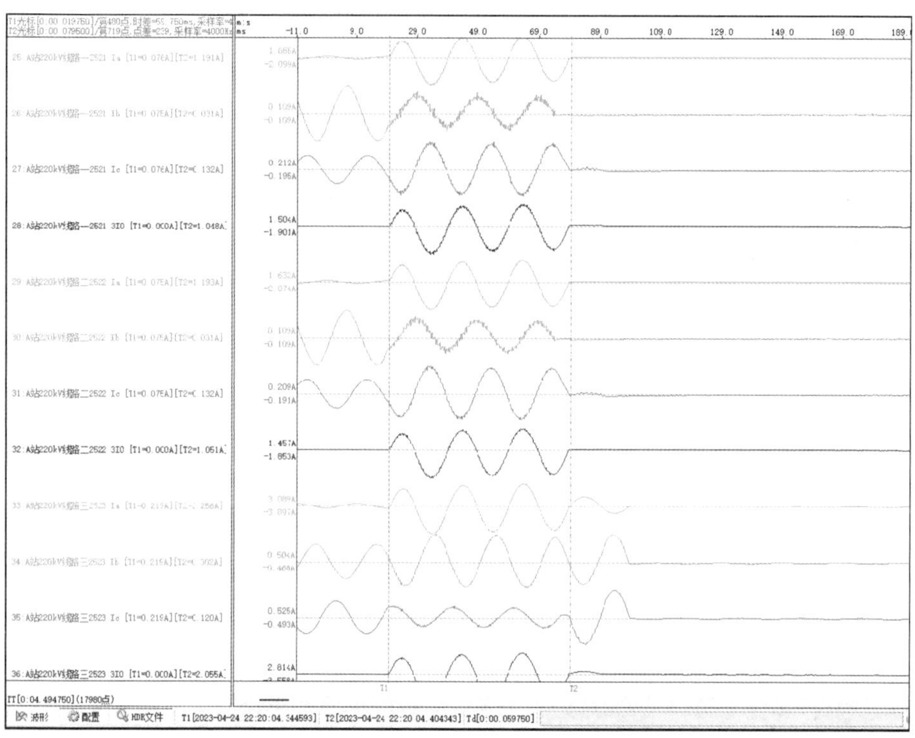

图 6-11-13　故障录波器电流录波图 1

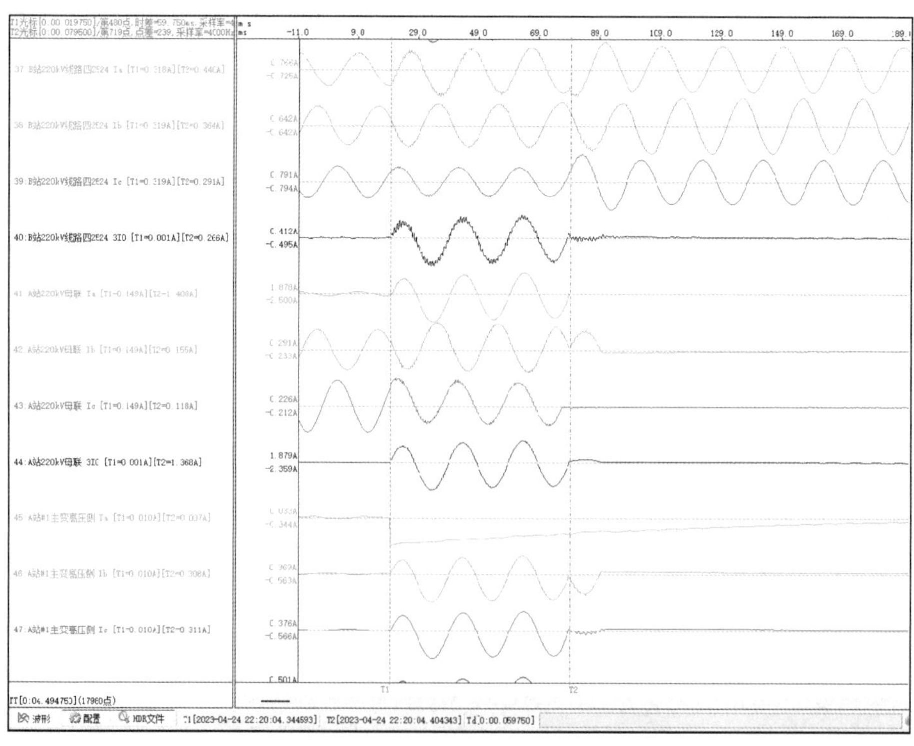

图 6-11-14　故障录波器电流录波图 2

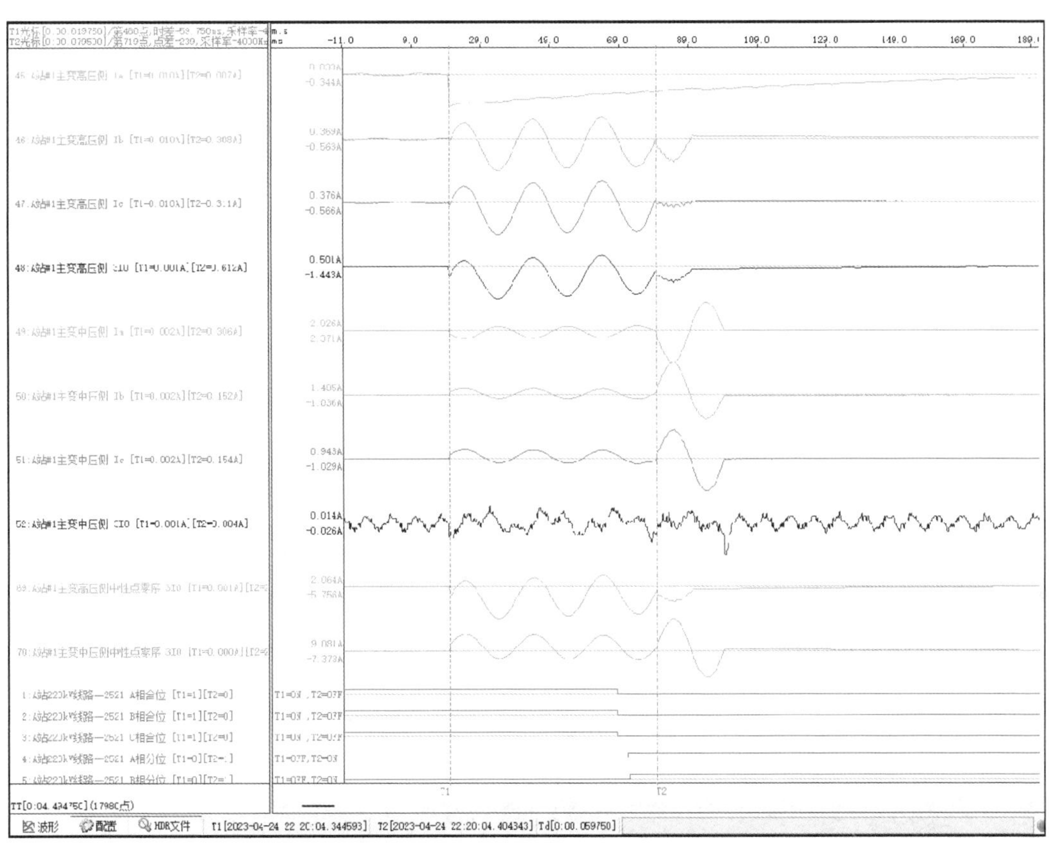

图 6－11－15　故障录波器电流录波图 3

从图 6－11－12 解析可知，电压 T_1 时刻之后，110kV 母线 A 相电压为 0V、零序电压略为 39V，T_2 时刻之后，中压侧三相电压恢复正常、零序电压消失，说明所有故障均已隔离。

从图 6－11－13～图 6－11－15 解析可知，在 T_1 时刻之前，220kV 母联 2012、#1 主变、#2 主变、线路一、线路二、线路三均有负荷电流。T_1 时刻之后，#1 主变 A 相消失，其余间隔 A 相均出现较大电流。220kV 母联 2012 电流互感器极性朝 1M，T_1～T_2 期间其电流相位与 1M 线路一电流相位相同、与 2M #2 主变相位相反，说明故障点在 220kV 1M 上。T_2 时刻之后，220kV 母差保护跳开 1M 所有开关后，1M 间隔#1 主变、线路一、线路二三相电流消失，2M 间隔#2 主变、线路三承担所有负荷，其三相电流均增大，由此验证故障点在 220kV 1M 范围内。

三、综合总结

从电压来看，故障开始之后，220kV 母线、110kV 母线同步出现零序电压，且高压侧、中压侧 A 相电压均为 0V。由此可以初步判断，发生了 A 相金属性接地故障。由于 110kV 为负荷侧，且#1 主变、#2 主变并列运行，220kV 母差保护跳开 220kV 1M 开关后，

220kV 母线电压恢复，#1 主变差动保护动作跳开主变各侧后，110kV 母线电压恢复正常。220kV 2M 间隔三相电流均增大，且存在负荷电流，说明故障点已隔离。

综上所述，本次故障为 220kV 1M 范围内 A 相金属性接地故障、#1 主变变中差动保护区内发生 A 相金属性接地，#1 主变 200kV 母差保护动作行为正确。

6.12 主变保护电流互感器二次回路相序错误时区外相间短路

一、故障信息

故障发生前 A 站、B 站、C 站运行方式为：ABⅠ线、ABⅡ线、ACⅠ线、BCⅠ线、#1 主变、#2 主变均在合位。A 站 ABⅠ、ABⅡ线、#1 主变变高挂 220kV 1M，A 站 ACⅠ、#2 主变变高挂 220kV 2M，#1 主变高中压侧中性点接地，220kV 母线并列运行，如图 6－12－1 所示。

故障发生后，A 站#1 主变差动保护动作跳开#1 主变各侧开关，#2 主变中压侧后备保护动作跳开#2 主变变中 1102 开关，运行方式如图 6－12－2 所示。

二、录波图解析

1. 保护动作报文解析

（1）从保护故障录波 HDR 文件读取相关保护信息，#1 主变保护动作简报见表 6－12－1。

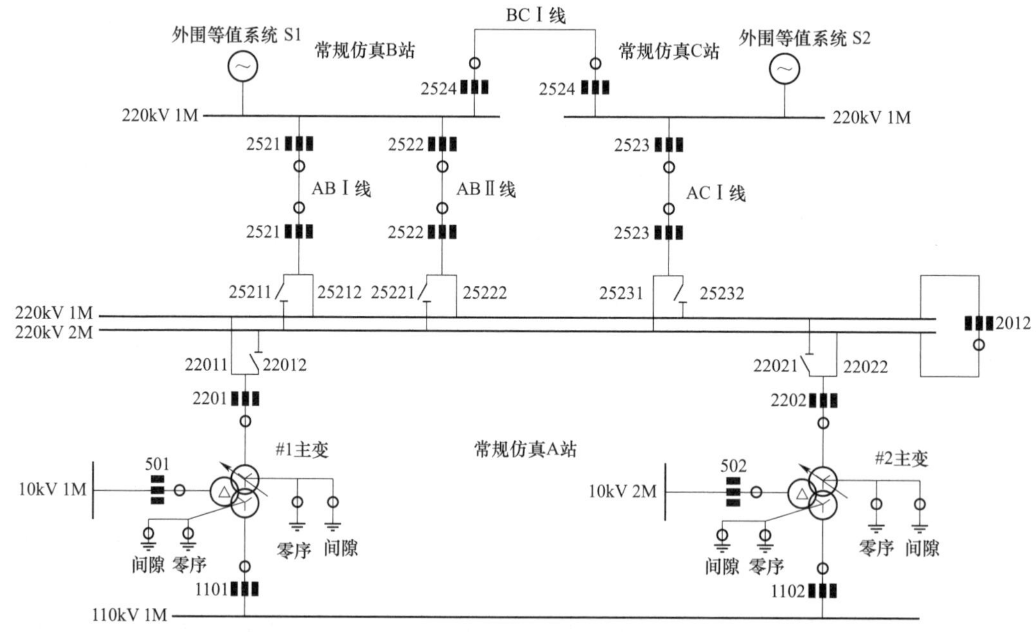

图 6－12－1 故障发生前 A 站、B 站、C 站运行方式

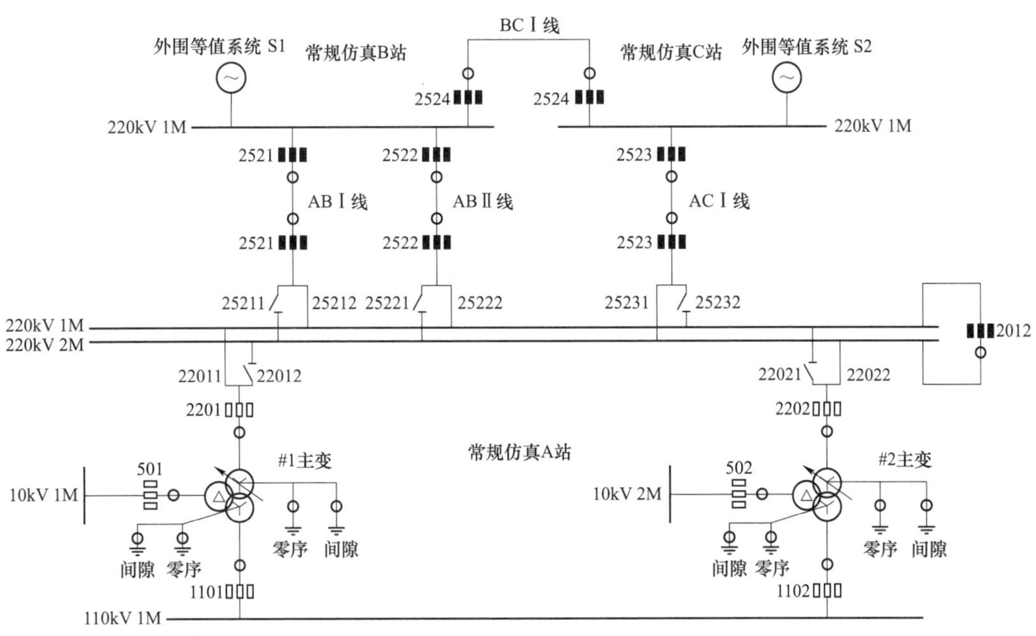

图 6－12－2　故障发生后 A 站、B 站、C 站运行方式

表 6－12－1　　#1 主变保护动作简报

序号	动作报文对应时间	动作报文名称	动作相别	动作报文变化值
1	0ms	保护启动		1
2	13ms	纵差保护	AB	1
3		跳高压侧		1
4		跳中压侧		1
5		跳低压 1 分支		1
6	19ms	纵差工频变化量差动	AB	1
7	90ms	纵差保护		0
8	90ms	纵差工频变化量差动		0
9		跳高压侧		0
10		跳中压侧		0
11		跳低压 1 分支		0
12	593ms	保护启动		0

根据表 6－12－1，#1 主变保护 0ms 保护启动，13ms 纵差保护动作，19ms 纵差工频变化量差动动作，跳开#1 主变各侧开关，90ms #1 纵差保护返回。同时，由故障信息可知，故障时刻 AB 相差流为 $1.421I_e$，初步判断为 AB 相故障。

（2）从保护故障录波 HDR 文件读取相关保护信息，#2 主变保护动作简报见表 6－12－2。

表 6－12－2　　　　　　　　　　#2 主变保护动作简报

序号	动作报文对应时间	动作报文名称	动作相别	动作报文变化值
1	0ms	后备保护启动		1
2	48ms	中压侧负序电压动作		1
3	48ms	低压 1 侧负序电压动作		1
4	103ms	闭锁调压		1
5	118ms	低压 1 侧低电压动作		1
6	2468ms	中复流Ⅱ段 1 时限		1
7	2470ms	跳中压侧母联		1
8	2470ms	跳中压侧分段 1		1
9	2470ms	跳中压侧分段 2		1
10	2708ms	高复流Ⅰ段		1
11	2708ms	高复流Ⅱ段		1
12	2710ms	跳中压侧断路器		1
13	2710ms	跳高压侧断路器		1

根据表 6－12－2，#2 主变保护 0ms 后备保护启动，2468ms 中复流Ⅱ段 1 时限保护动作，跳开 110kV 母联 1012 开关，2708ms 高复流Ⅰ段、高复流Ⅱ段保护动作，跳开#2 主变各侧开关，2768ms 各保护保护返回。

2. 开关量变位解析

（1）#1 主变保护：以故障初始时刻为基准，A 站#1 主变保护开关量变位图如图 6－12－3 所示。

从图 6－12－3 解析可知，9.996ms #1 主变保护启动，23.3ms 纵差保护动作，29ms 纵差工频变化量保护动作，23.3ms 跳开#1 主变各侧开关，99.9ms 各保护返回，说明#1 主变差动保护区内故障已隔离。

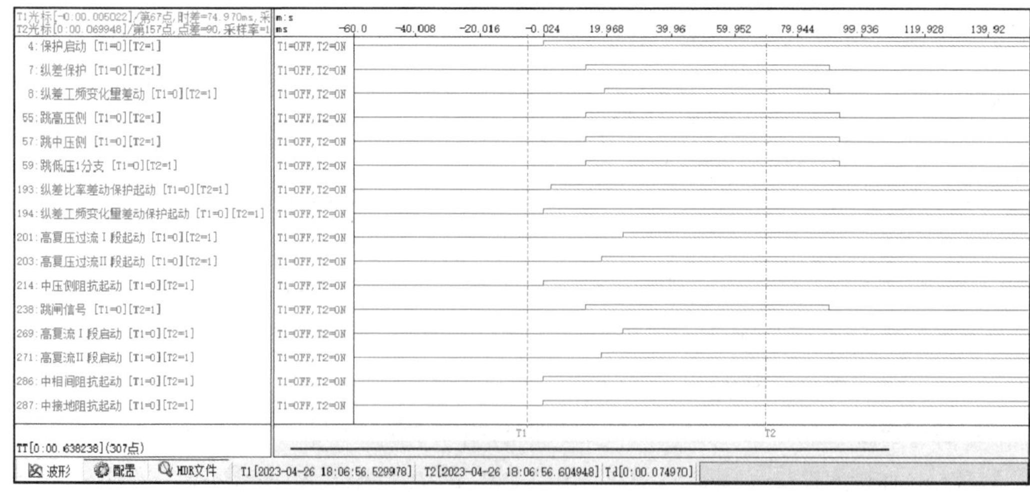

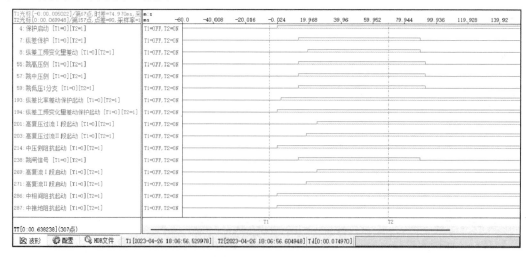

图 6－12－3　#1 主变保护开关量变位图

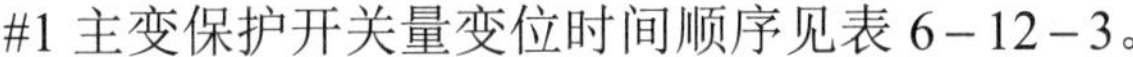

#1 主变保护开关量变位时间顺序见表 6–12–3。

表 6–12–3　　#1 主变保护开关量变位时间顺序

位置	第 1 次变位时间	第 2 次变位时间
4:保护启动	↑ 9.996ms	
7:纵差保护	↑ 23.324ms	↓ 99.960ms
8:纵差工频变化量差动	↑ 29.155ms	↓ 99.960ms
55:跳高压侧	↑ 23.324ms	↓ 103.292ms
57:跳中压侧	↑ 23.324ms	↓ 103.292ms
59:跳低压 1 分支	↑ 23.324ms	↓ 103.292ms
193:纵差比率差动保护启动	↑ 12.495ms	
194:纵差工频变化量差动保护启动	↑ 9.996ms	
201:高复压过流Ⅰ段启动	↑ 34.986ms	↓ 588.258ms
203:高复压过流Ⅱ段启动	↑ 28.322ms	↓ 588.258ms
214:中压侧阻抗启动	↑ 9.996ms	
238:跳闸信号	↑ 23.324ms	↓ 99.960ms
269:高复流Ⅰ段启动	↑ 34.986ms	↓ 588.258ms
271:高复流Ⅱ段启动	↑ 28.322ms	↓ 588.258ms
286:中相间阻抗启动	↑ 9.996ms	
287:中接地阻抗启动	↑ 9.996ms	

（2）#2 主变保护：以故障初始时刻为基准，A 站#2 主变保护开关量变位图如图 6–12–4 所示。

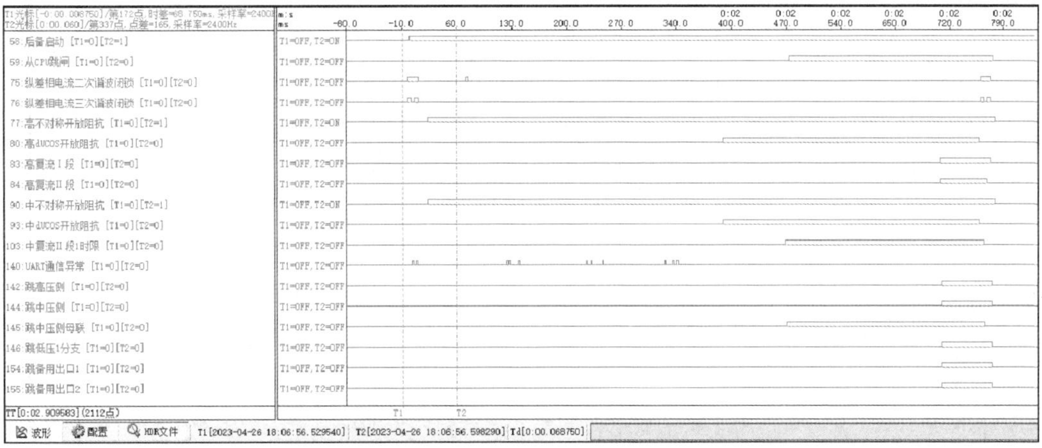

图 6–12–4　#2 主变保护开关量变位图

从图 6–12–4 解析可知，8.75ms #2 主变后备保护启动，2477ms 中复流Ⅱ段 1 时限保护动作，2717ms 高复流Ⅰ段、高复流Ⅱ段保护动作，2718ms 跳开#1 主变各侧开关，2777ms 各保护返回，说明#2 主变保护区内故障已隔离。

#2 主变保护开关量变位时间顺序见表 6–12–4。

表 6-12-4　#2 主变保护开关量变位时间顺序

位置	第 1 次变位时间	第 2 次变位时间	第 3 次变位时间	第 4 次变位时间	第 5 次变位时间	第 6 次变位时间	第 7 次变位时间	第 8 次变位时间	第 9 次变位时间	第 10 次变位时间
58:后备启动	↑ 18.750ms									
59:从 CPU 跳闸	↑ 2482.083ms	↓ 2785.416ms								
75:纵差相电流二次谐波闭锁	↑ 7.084ms	↓ 20.416ms	↑ 80.416ms	↓ 83.750ms	↑ 2768.750ms	↓ 2782.083ms				
76:纵差相电流三次谐波闭锁	↑ 7.084ms	↓ 10.416ms	↑ 15.416ms	↓ 20.416ms	↑ 2768.750ms	↓ 2772.083ms	↑ 2777.083ms	↓ 2782.083ms		
77:高不对称开放阻抗	↑ 32.083ms	↓ 2787.083ms								
80:高 dUCOS 开放阻抗	↑ 2398.750ms	↓ 2767.083ms								
83:高复流 I 段	↑ 2717.083ms	↓ 2782.083ms								
84:高复流 II 段	↑ 2717.083ms	↓ 2777.083ms								
90:中不对称开放阻抗	↑ 32.083ms	↓ 2787.083ms								
93:中 dU COS 开放阻抗	↑ 2398.750ms	↓ 2767.083ms								
103:中复流 II 段 1 时限	↑ 2477.083ms	↓ 2772.083ms								
140:UART 通信异常	↑ 12.083ms	↓ 13.750ms	↑ 17.083ms	↓ 18.750ms	↑ 132.083ms	↓ 133.750ms	↑ 135.416ms	↓ 137.083ms	↑ 147.083ms	↓ 148.750ms
142:跳高压侧	↑ 2718.750ms	↓ 2783.750ms								
144:跳中压侧	↑ 2718.750ms	↓ 2783.750ms								
145:跳中压侧母联	↑ 2478.750ms	↓ 2773.750ms								
146:跳低压 1 分支	↑ 2718.750ms	↓ 2783.750ms								
154:跳备用出口 1	↑ 2718.750ms	↓ 2783.750ms								
155:跳备用出口 2	↑ 2718.750ms	↓ 2783.750ms								

（3）以故障初始时刻为基准，A 站故障录波器开关量变位图如图 6－12－5 所示。

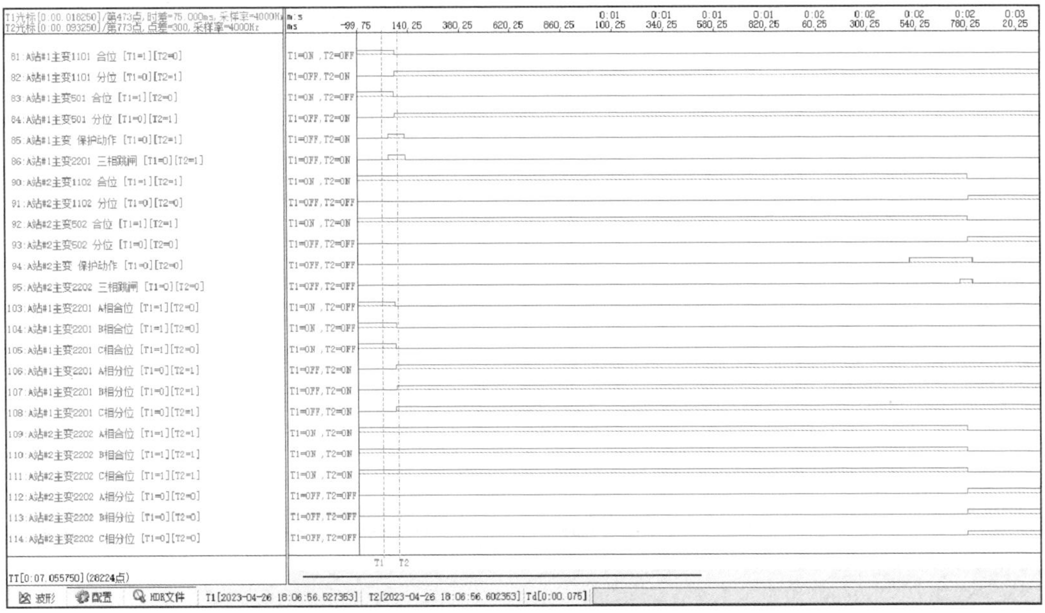

图 6－12－5　A 站故障录波器开关量变位图

从图 6－12－5 解析可知，29.25ms #1 主变保护动作，56ms #1 主变变高 2201、1101、501 开关跳开，104ms #1 主变保护返回，2487.5ms #2 主变保护动作，2766ms #2 主变变高 2202、1102、502 开关跳开，2789ms#2 主变保护返回。

故障录波器开关量变位时间顺序见表 6－12－5。

表 6－12－5　　故障录波器开关量变位时间顺序

位置	第 1 次变位时间	第 2 次变位时间
81:A 站#1 主变 1101 合位	↓ 56.250ms	
82:A 站#1 主变 1101 分位	↑ 57.750ms	
83:A 站#1 主变 501 合位	↓ 53.500ms	
84:A 站#1 主变 501 分位	↑ 55.750ms	
85:A 站#1 主变保护动作	↑ 29.250ms	↓ 104.500ms
86:A 站#1 主变 2201 三相跳闸	↑ 27.750ms	↓ 108.250ms
90:A 站#2 主变 1102 合位	↓ 2766.250ms	
91:A 站#2 主变 1102 分位	↑ 2768.500ms	
92:A 站#2 主变 502 合位	↓ 2764.000ms	
93:A 站#2 主变 502 分位	↑ 2765.750ms	
94:A 站#2 主变保护动作	↑ 2487.750ms	↓ 2789.250ms
95:A 站#2 主变 2202 三相跳闸	↑ 2731.000ms	↓ 2790.250ms

续表

位置	第 1 次变位时间	第 2 次变位时间
103:A 站#1 主变 2201 A 相合位	↓ 58.750ms	
104:A 站#1 主变 2201 B 相合位	↓ 64.500ms	
105:A 站#1 主变 2201 C 相合位	↓ 60.250ms	
106:A 站#1 主变 2201 A 相分位	↑ 61.750ms	
107:A 站#1 主变 2201 B 相分位	↑ 65.750ms	
108:A 站#1 主变 2201 C 相分位	↑ 62.000ms	
109:A 站#2 主变 2202 A 相合位	↓ 2761.250ms	
110:A 站#2 主变 2202 B 相合位	↓ 2760.750ms	
111:A 站#2 主变 2202 C 相合位	↓ 2762.250ms	
112:A 站#2 主变 2202 A 相分位	↑ 2763.000ms	
113:A 站#2 主变 2202 B 相分位	↑ 2762.500ms	
114:A 站#2 主变 2202 C 相分位	↑ 2763.500ms	

3. 波形特征解析

（1）#1 主变保护电压、电流录波图如图 6－12－6 和图 6－12－7 所示。

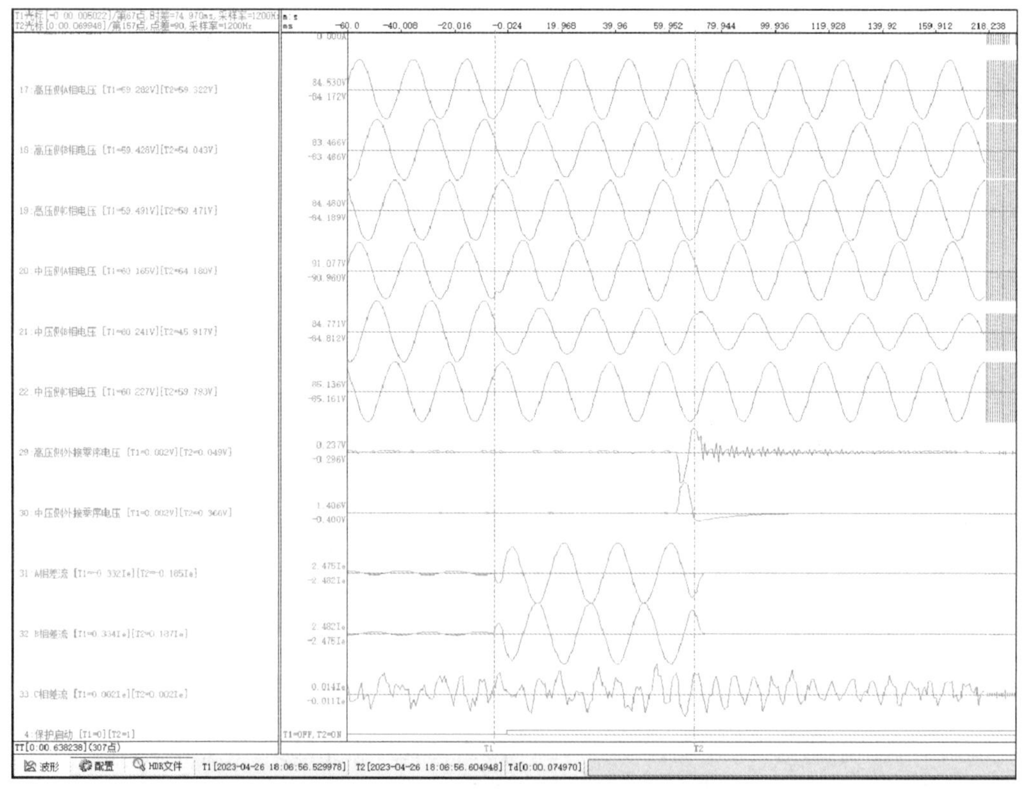

图 6－12－6　#1 主变保护电压录波图

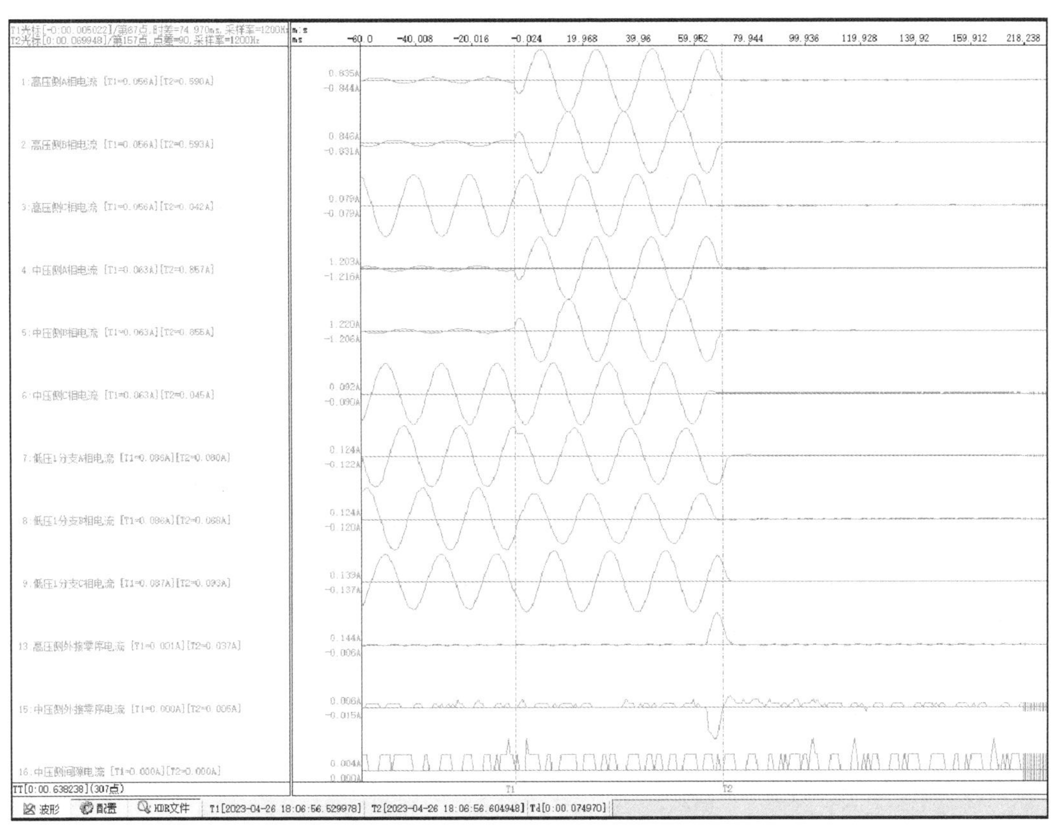

图 6－12－7 #1 主变保护电流录波图

从图 6－12－6 解析可知，通道 17～30 电压在 T_1 时刻为系统故障发生时刻。T_1 之前#1 主变高中压侧 ABC 相电压有效值为 59.4V，为正常电压，无零序电压。在 T_1 时刻之后，#1 主变高压侧、中压侧 B 相电压降低为 54V、45V，如图中通道 18、21、29、30 的 T_2 时刻所示，无零序电压。由于主变中压侧为负荷侧，#1、#2 主变中压侧为并列运行方式，因此可以推测中压侧有 B 相接地故障。在 T_2 时刻之后，中压侧 B 相电压进一步降低、A 相电压略有升高，说明 110kV 侧故障未完全隔离。

从图 6－12－6 解析可知，通道 31～33 主变保护差动电流在 T_1 时刻，A 相、B 相差流有效值约为 $0.33I_e$，C 相差流有效值约为 $0.002I_e$，即#1 主变差动保护 AB 相有差流、C 相无差流。因 T_1 时刻电流有效值是 T_1 时刻前 20ms 电流计算得到，说明在故障前#1 主变差动保护 AB 就有差流，需要分析差流产生的原因。T_1 时刻之后，#1 主变 AB 相差流进一步增大，AB 相差流均为 $0.185I_e$，C 相差流为 $0.002I_e$。

从图 6－12－7 解析可知，#1 主变在 T_1 时刻之前，高压侧 ABC 三相电流均约为 0.056A，中压侧 ABC 三相电流均约为 0.063A，低压侧为 0.087A，即主变带负荷运行。

对#1 主变高压侧、中压侧故障前负荷电流进行相位分析，结果如图 6－12－8 所示，高压侧相序正确，中压侧相序不正确，因高压侧、中压侧电流互感器极性均朝各自母线，通过相位对比可知中压侧 AB 相电流接反了。T_1 时刻后，#1 主变高压侧 AB 相电流增大，无零序电流，且 A 相电流与 B 相电流等大反相位，呈现相间短路特征。#1 主变中压侧 AB 相电流增大，且 A 相电流与 B 相电流等大反相位，呈现相间短路特征。高压侧 A 相电流与中压侧 B 相电流相位相反，说明故障点在同一个方向，结合电压反向，推测 110kV 侧发生了 AB 相间短路。T_2 时刻后，#1 主变各侧电流消失。

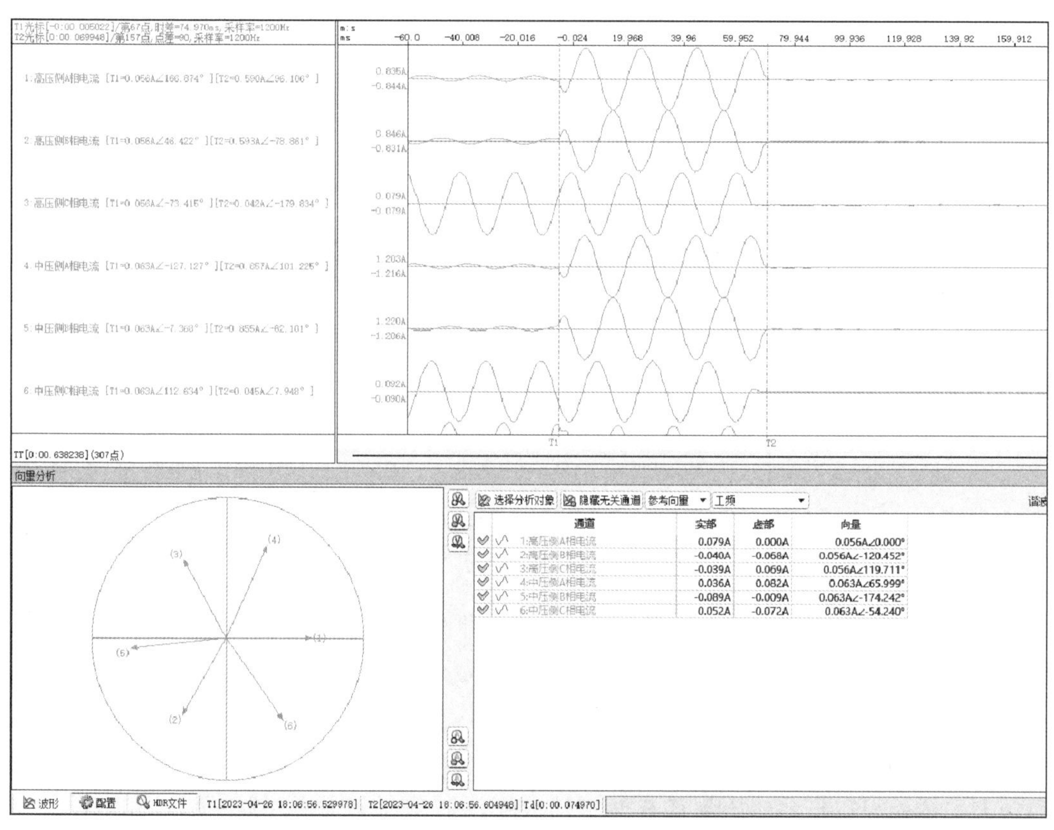

图 6-12-8　#1 主变保护电流录波相位图

（2）#2 主变保护电压、电流录波图如图 6-12-9 和图 6-12-10 所示。

从图 6-12-9 解析可知，通道 41～54 电压在 T_1 时刻为系统故障发生时刻。T_1 之前#2 主变高中压侧 ABC 相电压有效值为 59.4V，为正常电压，无零序电压。在 T_1 时刻之后，T_1 之前#2 主变高中压侧 ABC 相电压有效值为 59.4V，为正常电压，无零序电压。在 T_1 时刻之后，#2 主变高压侧、中压侧 B 相电压降低为 53.8V、45.8V，如图中通道 42、45、53、54 的 T_2 时刻所示，无零序电压。由于主变中压侧为负荷侧，#1、#2 主变中压侧为并列运行方式，因此可以推测中压侧有 B 相接地故障。在 T_2 时刻之后，中压侧 B 相电压进一步降低、A 相电压略有升高，说明 110kV 侧故障未完全隔离。

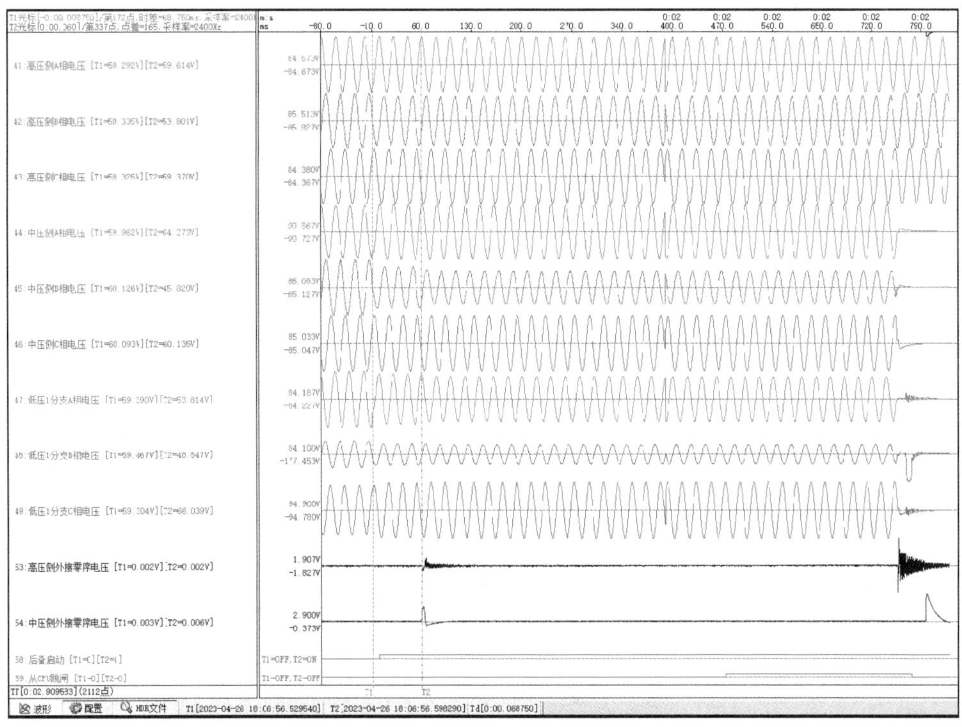

图 6-12-9 #2 主变保护电压录波图

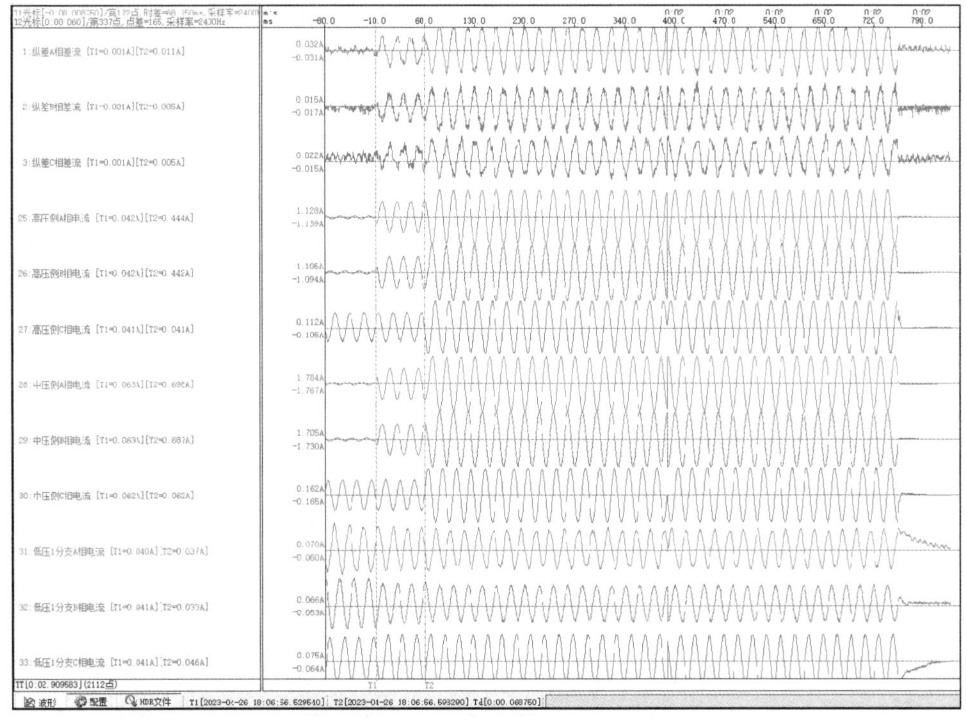

图 6-12-10 #2 主变保护电流录波图

从图 6－12－10 解析可知，通道 31～33 主变保护差动电流在 T_1 时刻有效值约为 $0.001I_e$，即#2 主变差动保护无差流。因 T_1 时刻电流有效值是 T_1 时刻前 20ms 电流计算得到，说明在故障前#2 主变差动保护无差流。同时，解析图 6－12－10 可以看出，#2 主变各侧在 T_1 时刻各侧电流有效值均有电流，说明均有负荷。此时，#2 主变差动保护无差流，说明各侧电流互感器变比、极性、回路基本正常。T_1 时刻之后，#2 主变三相均无差流现，说明故障点不在#2 主变差动保护范围内。

从图 6－12－10 解析可知，#2 主变在 T_1 时刻之前，高压侧 ABC 三相电流均约为 0.042A，中压侧 ABC 三相电流均约为 0.063A，低压侧为 0.041A，即主变带负荷运行。T_1 时刻后，#2 主变高压侧 AB 相电流增大，C 相电流不变，且 A 相电流与 B 相电流等大反相位，无零序电流，呈现 AB 两相短路特征。#2 主变中压侧 AB 相电流增大，C 相电流不变，且 A 相电流与 B 相电流等大反相位，无零序电流，呈现 AB 两相短路特征。T_2 时刻之后，#2 主变高压侧、中压侧 AB 相电流均有增大，说明故障未隔离，约 2780ms 时#2 主变各侧电流均消失，说明故障已隔离。

（3）故障录波器电压、电流录波图如图 6－12－11～图 6－12－15 所示。

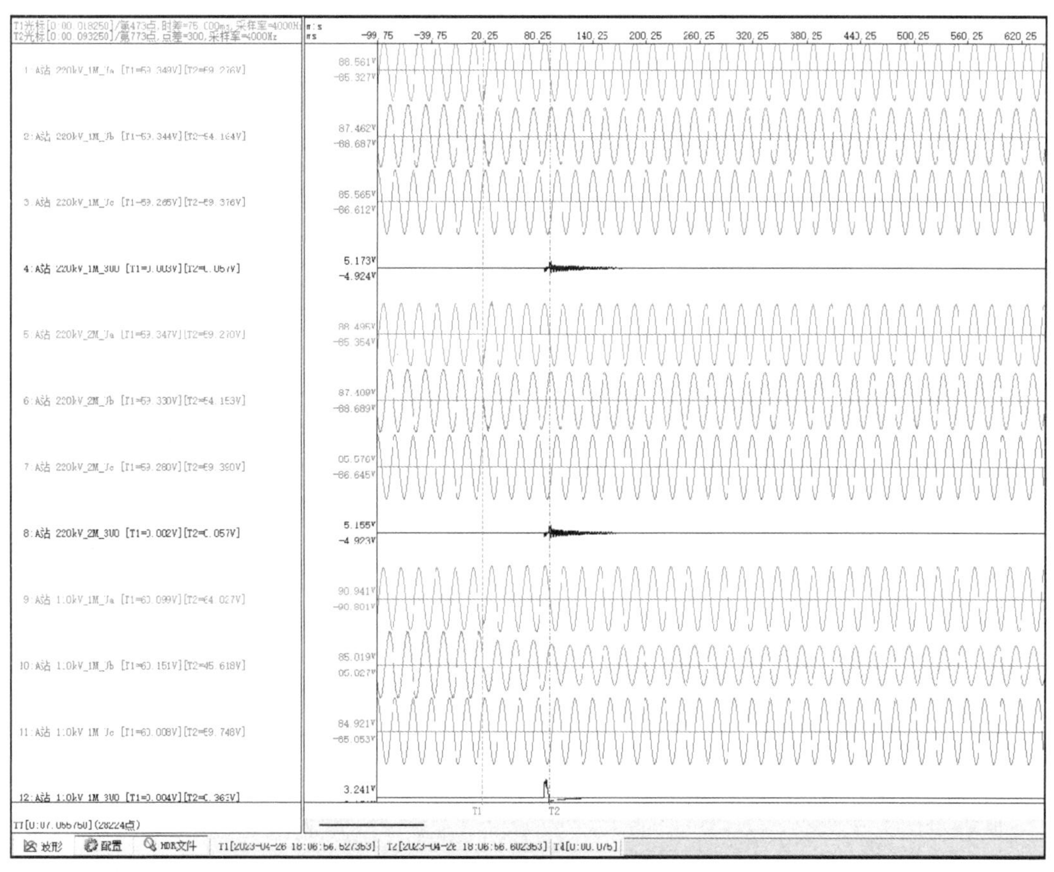

图 6－12－11　故障录波器 0～75ms 电压录波图

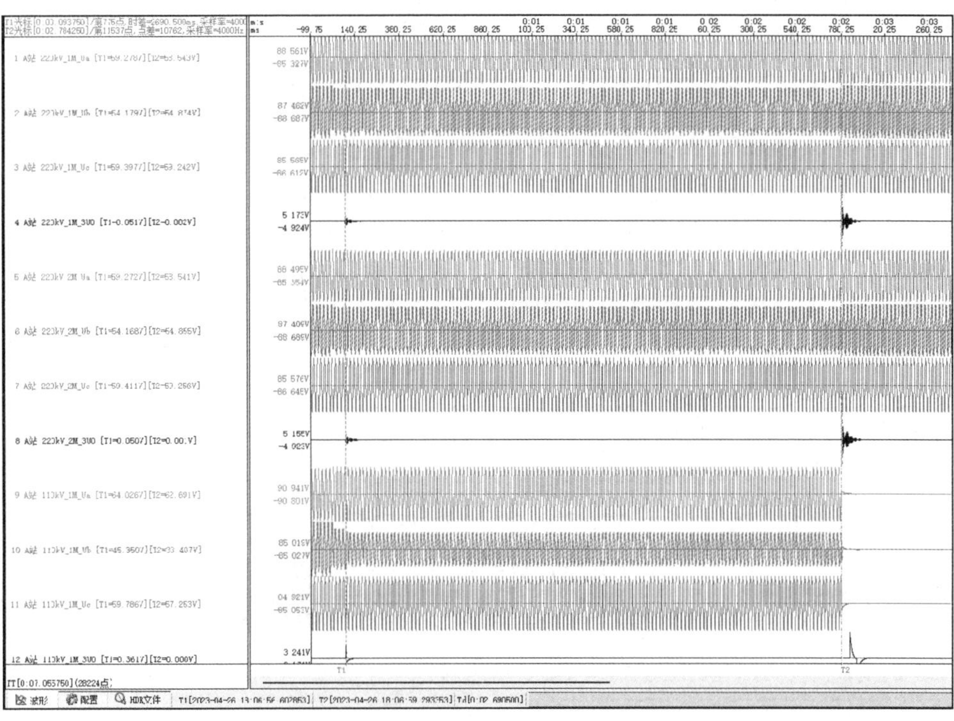

图 6-12-12 故障录波器 75～2780ms 电压录波图

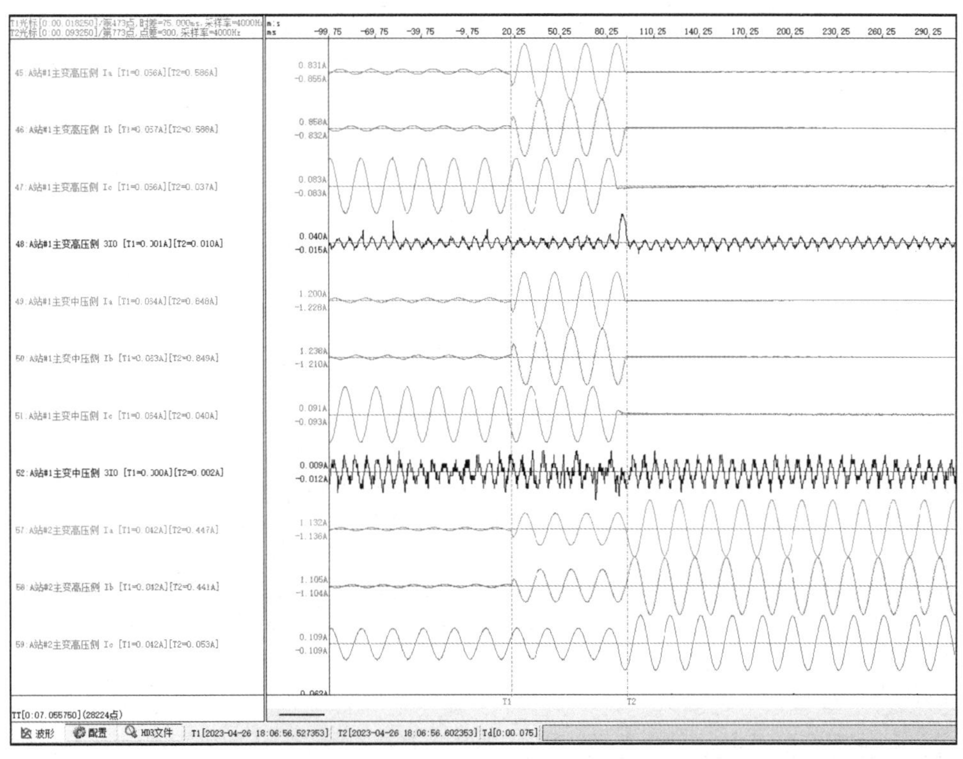

图 6-12-13 故障录波器 0～75ms 电流录波图 1

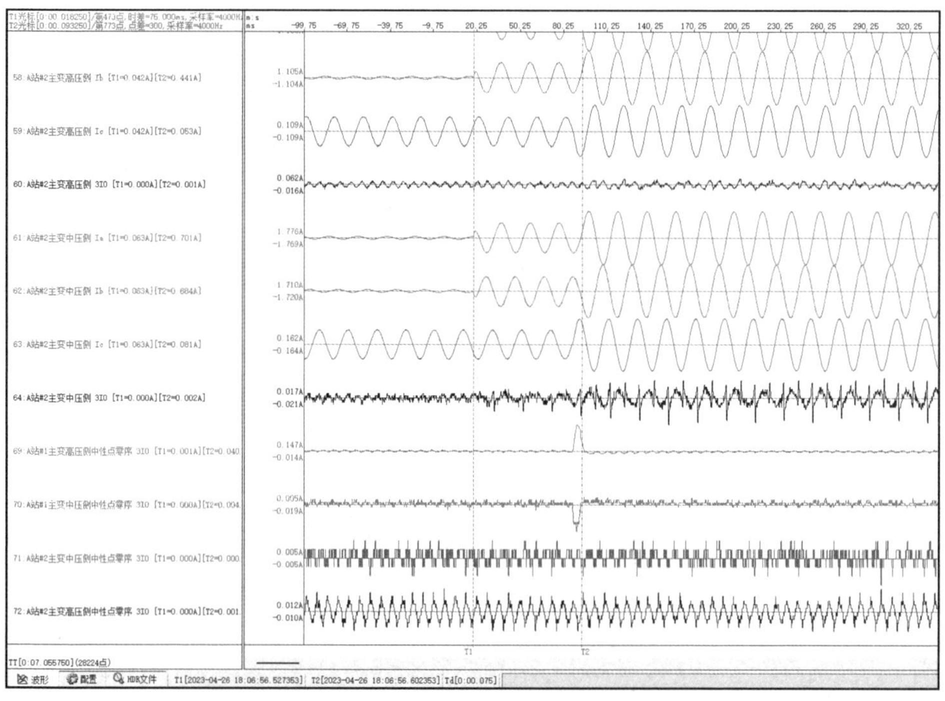

图 6-12-14　故障录波器 0～75ms 电流录波图 2

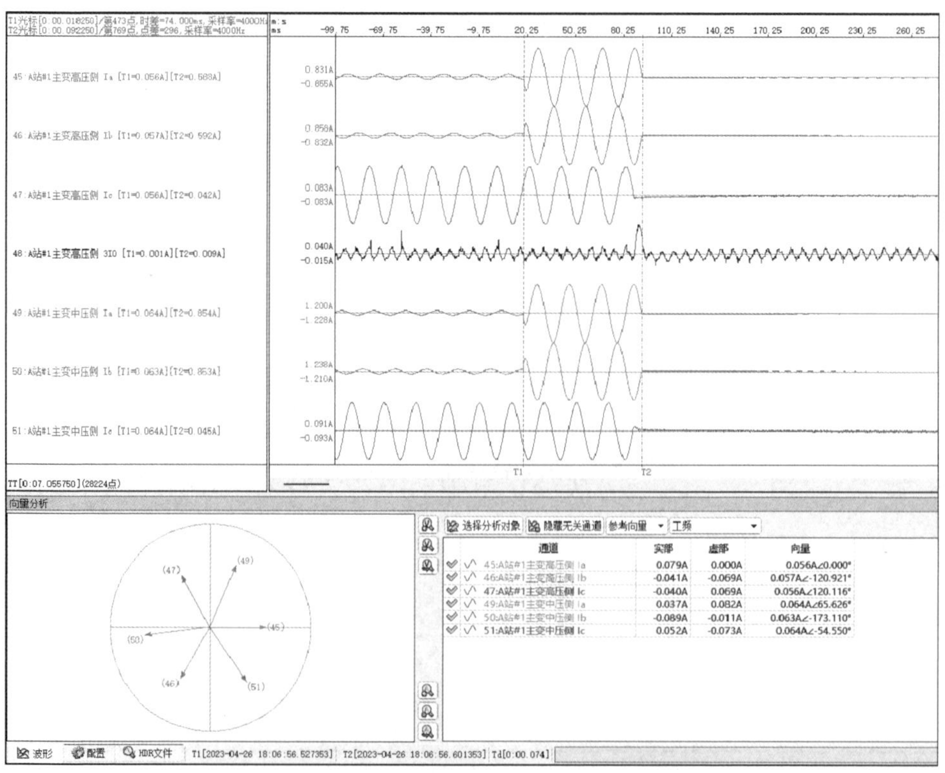

图 6-12-15　故障录波器#1 主变电流相位图

从图 6－12－11 解析可知，电压在 T_1 时刻之前，220kV 1M、220kV 2M、110kV 母线电压均为正常电压，高压侧、中压侧均无零序电压。T_1 时刻开始，220kV 1M 母线、220kV 1M 母线 B 相电压降低为 54V，110kV 母线 A 相电压升高为 62、B 相电压降低为 45V，如图中通道 2、6、9、10 所示。

从图 6－12－12 解析可知，电压 T_1 时刻之后，220kV 母线三相电压基本无变化，110kV 母线 A 相电压略有降低、B 相电压降低为 33V，T_2 时刻之后，中压侧三相电压消失，220kV 母线高压侧三相电压恢复为正常电压，说明所有故障均已隔离。

从图 6－12－13～图 6－12－15 解析可知，#1 主变在 T_1 时刻之前，高压侧 ABC 三相电流均约为 0.056A，中压侧 ABC 三相电流均约为 0.063A，即主变带负荷运行。

对#1 主变高压侧、中压侧故障前负荷电流进行相位分析，结果如图 6－12－16 所示，高压侧相序正确，中压侧相序正确，说明仅#1 主变中压侧保护组 AB 相二次回路交换了。T_1 时刻后，#1 主变高压侧 AB 相电流增大，无零序电流，且 A 相电流与 A 相电流等大反相位，呈现相间短路特征。#1 主变中压侧 AB 相电流增大，且 A 相电流与 B 相电流等大反相位，呈现相间短路特征。高压侧 A 相电流与中压侧 A 相电流相位相反，说明故

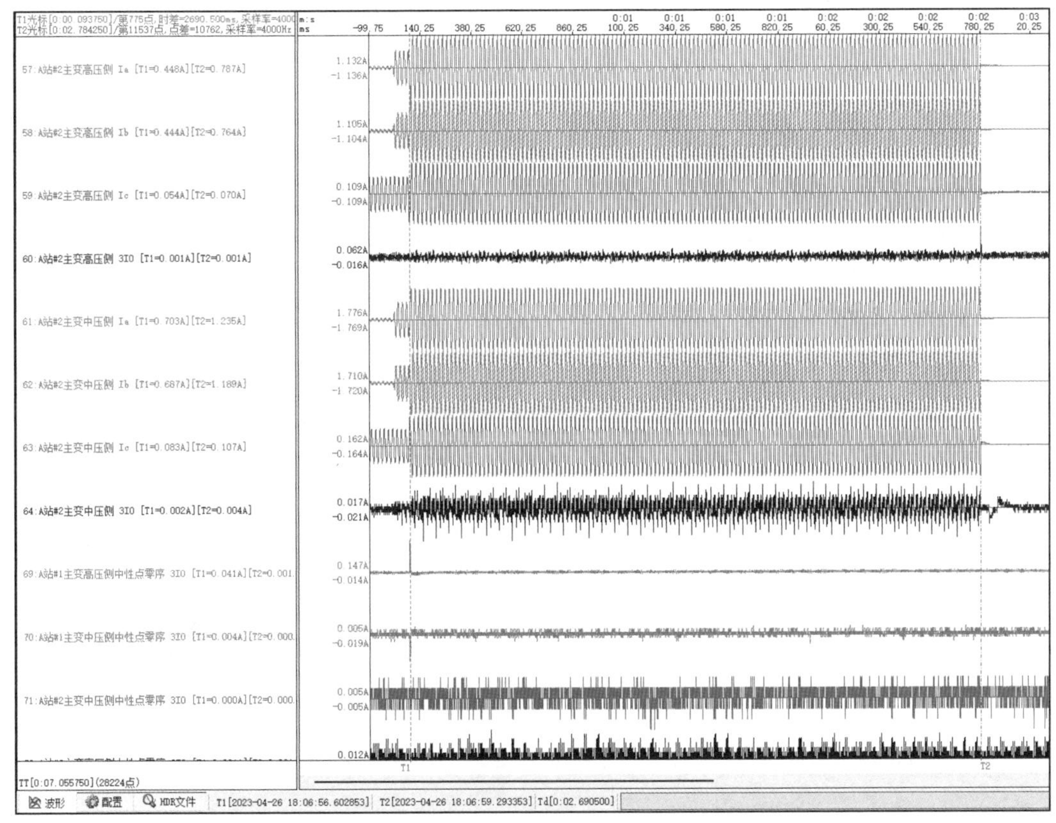

图 6－12－16　故障录波器 75～2780ms 电流录波图

障点在同一个方向，结合电压反向，推测 110kV 侧发生了 AB 相间短路。T_2 时刻后，#1 主变各侧电流消失。在 T_1 时刻之前，#2 主变的高压侧 ABC 三相电流均约为 0.042A，中压侧 ABC 三相电流均约为 0.063A，即主变带负荷运行。T_1 时刻后，#2 主变高压侧 AB 相电流增大，C 相电流不变，且 A 相电流与 B 相电流等大反相位，无零序电流，呈现 AB 两相短路特征。#2 主变中压侧 AB 相电流增大，C 相电流不变，且 A 相电流与 B 相电流等大反相位，无零序电流，呈现 AB 两相短路特征。T_2 时刻之后，#2 主变高压侧、中压侧 AB 相电流均有增大，说明故障未隔离。

从图 6－12－16 解析可知，约 T_2 时刻#2 主变各侧电流均消失，说明故障已隔离。

三、综合总结

从故障开始前的各保护电流、电压状态开始分析，可以解析出二次回路、一次回路原本存在的错误，比如电流二次回路交换、电流二次回路短接、电流互感器极性错误等，更早地分析出系统存在的故障将有效避免后续分析方向走偏。从电压来看，故障点所在的 110kV 侧故障相电压还存在一相电压升高、一相电压降低的情况，结合故障相电流等大反相，且无零序电流，判断为相间短路故障，且为经过渡电阻短路。这是因为两相短路时，当经过渡电阻时，保护安装处电压相对故障点电压，故障超期相电压将升高、故障滞后相电压将降低。

综上所述，本次故障为 110kV 母线范围内 AB 相相间短路，因#1 主变保护变中 AB 相电流互感器二次回路交换导致差动保护误动作，#1 主变保护误动作，#2 主变保护动作行为正确。

本章思考题

1. 如何快速判断主变死区故障，如何区分断路器失灵还是死区故障？
2. 如何判断发展型故障，尤其是区内区外转化型故障？
3. 不接地主变间隙在故障过程中击穿，通过哪些电气量来判断？
4. 主变低压侧单相接地故障有何特点？
5. 主变保护电流二次回路故障导致保护不正确动作时，哪些录波信息能帮助分析定位？

7　母线复杂故障波形解析

7.1　支路开关与 TA 间死区接地故障

一、故障信息

故障发生前 A 站、B 站、C 站运行方式为：ABⅠ线、ABⅡ线、ACⅠ线、BCⅠ线、#1 主变、#2 主变均在合位，A 站#1 主变、ABⅠ线、ABⅡ线挂 1M，#2 主变、ACⅠ线挂 2M，如图 7－1－1 所示。

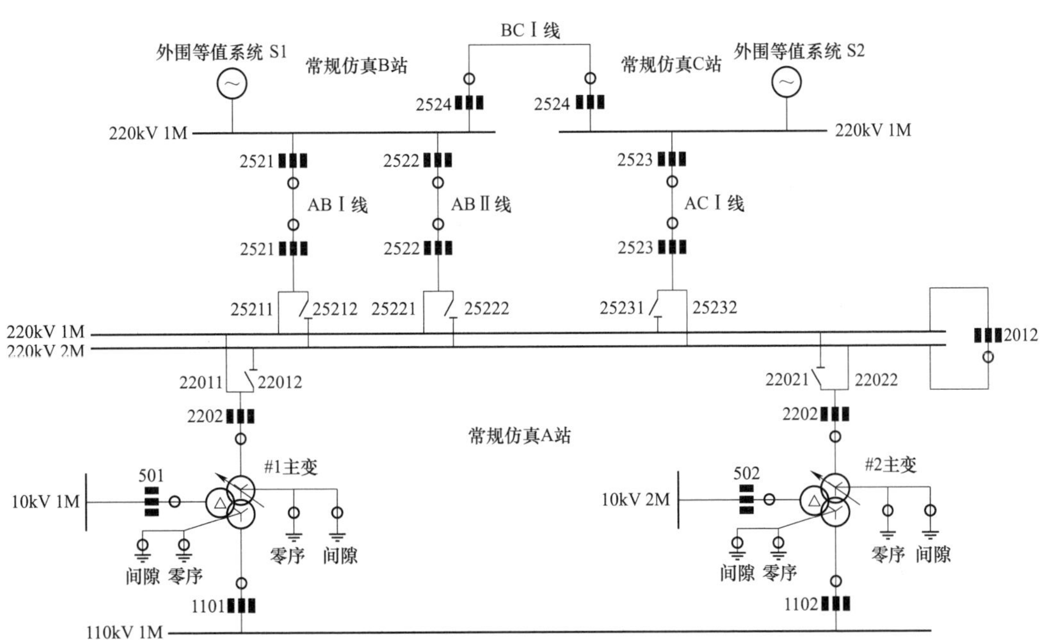

图 7－1－1　故障发生前 A 站、B 站、C 站运行方式

故障发生后，A 站 220kV 1M 上所有开关均在分位，ABⅠ线、ABⅡ线线路两侧开关均在分位，故障发生后 A 站、B 站、C 站运行方式如图 7－1－2 所示。

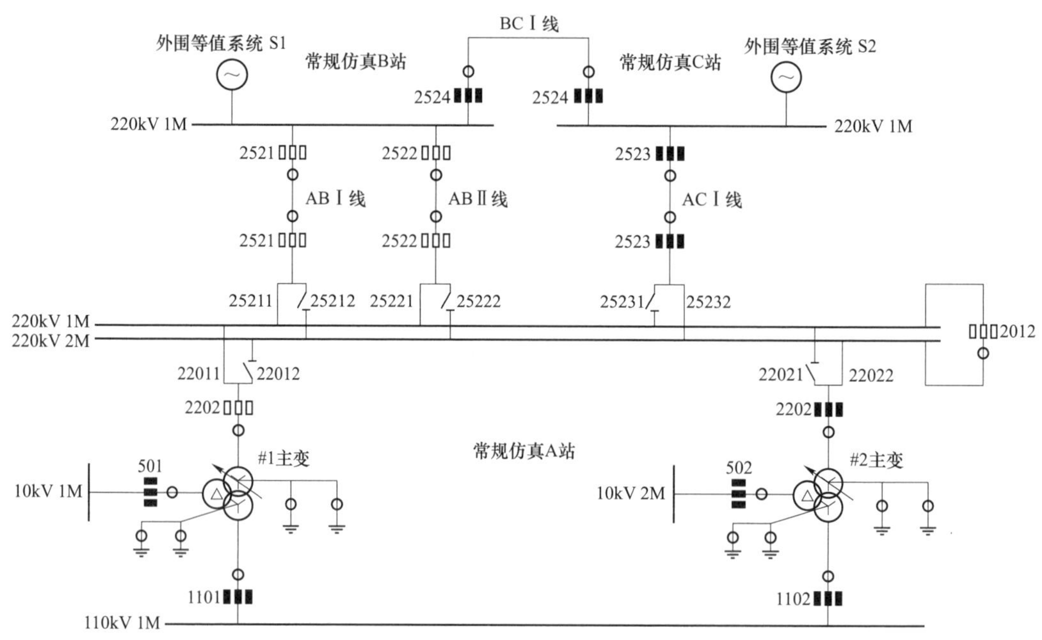

图 7-1-2 故障发生后 A 站、B 站、C 站运行方式

二、录波图解析

1. 保护动作报文解析

从故障录波 HDR 文件读取相关保护信息，以保护启动初始时刻为基准，A 站母差保护动作简报见表 7-1-1。

表 7-1-1　　A 站母差保护动作简报

序号	动作报文对应时间	动作报文名称	动作相别	动作报文变化值
1	0ms	突变量启动		1
2	0ms	保护启动		1
3	2ms	差流启动		1
4	7ms	1M 母差动动作	A	1
5	98ms	1M 母差动动作	A	0
6	97ms	突变量启动		0
7	97ms	差流启动		0
8	114ms	保护启动		0

根据表 7-1-1，A 站母差保护启动后约 7ms，1M 母差保护动作，故障选相 A 相，保护出口跳 1M 上所有开关三相。

从故障录波 HDR 文件读取相关保护信息，以保护启动初始时刻为基准，ABⅠ线 B 站侧保护动作简报见表 7－1－2。

表 7－1－2　　ABⅠ线 B 站侧保护动作简报

序号	动作报文对应时间	动作报文名称	动作相别	动作报文变化值
1	0ms	保护启动		1
2	33ms	远方跳闸动作	ABC	1
3	38ms	纵联距离动作	ABC	1
4	38ms	纵联零序动作	ABC	1
5	91ms	远方跳闸动作		0
6	91ms	纵联距离动作		0
7	91ms	纵联零序动作		0

根据表 7－1－2，ABⅠ线路 B 站侧保护启动后约 33ms，远方跳闸保护动作，保护出口跳 ABC 三相开关。

从故障录波 HDR 文件读取相关保护信息，以保护启动初始时刻为基准，ABⅡ线 B 站侧保护动作简报见表 7－1－3。

表 7－1－3　　ABⅡ线 B 站侧保护动作简报

序号	动作报文对应时间	动作报文名称	动作相别	动作报文变化值
1	0ms	保护启动		1
2		采样已同步		1
3	14ms	纵联阻抗发信	A	1
4	14ms	纵联零序发信		1
5	35ms	远方跳闸动作	ABC	1
6	36ms	永跳闭锁重合闸		1
7	36ms	三跳闭锁重合闸		1

根据表 7－1－3，ABⅡ线路 B 站侧保护启动后约 35ms，远方跳闸保护动作，保护出口跳 ABC 三相开关。

2. 开关量变位解析

（1）以故障初始时刻为基准，A 站侧开关量变位图如图 7－1－3 所示。

A 站侧开关量变位时间顺序见表 7－1－4。

1:A站220kV线路一2521 A相合位 [T1=0][T2=0] T1=OFF,T2=OFF
2:A站220kV线路一2521 B相合位 [T1=0][T2=0] T1=OFF,T2=OFF
3:A站220kV线路一2521 C相合位 [T1=0][T2=0] T1=OFF,T2=OFF
4:A站220kV线路一2521 A相分位 [T1=1][T2=1] T1=ON ,T2=ON
5:A站220kV线路一2521 B相分位 [T1=1][T2=1] T1=ON ,T2=ON
6:A站220kV线路一2521 C相分位 [T1=1][T2=1] T1=ON ,T2=ON
13:A站220kV线路一2521 保护发信 [T1=0][T2=0] T1=OFF,T2=OFF
15:A站220kV线路一2521 三相跳闸 [T1=0][T2=0] T1=OFF,T2=OFF
17:A站220kV线路二2522 A相合位 [T1=0][T2=0] T1=OFF,T2=OFF
18:A站220kV线路二2522 B相合位 [T1=0][T2=0] T1=OFF,T2=OFF
19:A站220kV线路二2522 C相合位 [T1=0][T2=0] T1=OFF,T2=OFF
20:A站220kV线路二2522 A相分位 [T1=1][T2=1] T1=ON ,T2=ON
21:A站220kV线路二2522 B相分位 [T1=1][T2=1] T1=ON ,T2=ON
22:A站220kV线路二2522 C相分位 [T1=1][T2=1] T1=ON ,T2=ON
29:A站220kV线路二2522 保护发信 [T1=0][T2=0] T1=OFF,T2=OFF
31:A站220kV线路二2522 三相跳闸 [T1=0][T2=0] T1=OFF,T2=OFF
72:A站220kV母差一 三相跳闸 [T1=0][T2=0] T1=OFF,T2=OFF
74:A站220kV母差二 母差跳I母 [T1=0][T2=0] T1=OFF,T2=OFF
86:A站#1主变2201 三相跳闸 [T1=0][T2=0] T1=OFF,T2=OFF
97:A站220kV母联2012 A相合位 [T1=0][T2=0] T1=OFF,T2=OFF
98:A站220kV母联2012 B相合位 [T1=0][T2=0] T1=OFF,T2=OFF
99:A站220kV母联2012 C相合位 [T1=0][T2=0] T1=OFF,T2=OFF
00:A站220kV母联2012 A相分位 [T1=1][T2=1] T1=ON ,T2=ON
01:A站220kV母联2012 B相分位 [T1=1][T2=1] T1=ON ,T2=ON
02:A站220kV母联2012 C相分位 [T1=1][T2=1] T1=ON ,T2=ON
03:A站#1主变2201 A相合位 [T1=0][T2=0] T1=OFF,T2=OFF
04:A站#1主变2201 B相合位 [T1=0][T2=0] T1=OFF,T2=OFF
05:A站#1主变2201 C相合位 [T1=0][T2=0] T1=OFF,T2=OFF
06:A站#1主变2201 A相分位 [T1=1][T2=1] T1=ON ,T2=ON
07:A站#1主变2201 B相分位 [T1=1][T2=1] T1=ON ,T2=ON
08:A站#1主变2201 C相分位 [T1=1][T2=1] T1=ON ,T2=ON

图 7-1-3　A 站侧开关量变位图

表 7-1-4　　　　A 站侧开关量变位时间顺序

位置	第 1 次变位时间	第 2 次变位时间
1:A 站 220kV 线路一 2521 A 相合位	↓ 46.750ms	
2:A 站 220kV 线路一 2521 B 相合位	↓ 46.750ms	
3:A 站 220kV 线路一 2521 C 相合位	↓ 46.750ms	
4:A 站 220kV 线路一 2521 A 相分位	↑ 49.750ms	
5:A 站 220kV 线路一 2521 B 相分位	↑ 50.250ms	
6:A 站 220kV 线路一 2521 C 相分位	↑ 51.000ms	
13:A 站 220kV 线路一 2521 保护发信	↑ 32.250ms	↓ 269.250ms
15:A 站 220kV 线路一 2521 三相跳闸	↑ 17.250ms	↓ 107.750ms
17:A 站 220kV 线路二 2522 A 相合位	↓ 44.250ms	
18:A 站 220kV 线路二 2522 B 相合位	↓ 44.750ms	
19:A 站 220kV 线路二 2522 C 相合位	↓ 42.250ms	
20:A 站 220kV 线路二 2522 A 相分位	↑ 47.250ms	
21:A 站 220kV 线路二 2522 B 相分位	↑ 47.750ms	

续表

位置	第 1 次变位时间	第 2 次变位时间
22:A 站 220kV 线路二 2522 C 相分位	↑ 44.250ms	
29:A 站 220kV 线路二 2522 保护发信	↑ 35.250ms	↓ 241.750ms
31:A 站 220kV 线路二 2522 三相跳闸	↑ 16.000ms	↓ 107.750ms
72:A 站 220kV 母差一 三相跳闸	↑ 16.500ms	↓ 108.500ms
74:A 站 220kV 母差二 母差跳 I 母	↑ 10.750ms	↓ 102.500ms
86:A 站#1 主变 2201 三相跳闸	↑ 18.500ms	↓ 108.250ms
97:A 站 220kV 母联 2012 A 相合位	↓ 36.000ms	
98:A 站 220kV 母联 2012 B 相合位	↓ 36.250ms	
99:A 站 220kV 母联 2012 C 相合位	↓ 36.750ms	
100:A 站 220kV 母联 2012 A 相分位	↑ 38.000ms	
101:A 站 220kV 母联 2012 B 相分位	↑ 39.500ms	
102:A 站 220kV 母联 2012 C 相分位	↑ 39.750ms	
103:A 站#1 主变 2201 A 相合位	↓ 46.250ms	
104:A 站#1 主变 2201 B 相合位	↓ 52.250ms	
105:A 站#1 主变 2201 C 相合位	↓ 47.750ms	
106:A 站#1 主变 2201 A 相分位	↑ 49.500ms	
107:A 站#1 主变 2201 B 相分位	↑ 53.500ms	
108:A 站#1 主变 2201 C 相分位	↑ 49.750ms	

（2）以故障初始时刻为基准，B 站侧开关量变位图如图 7－1－4 所示。

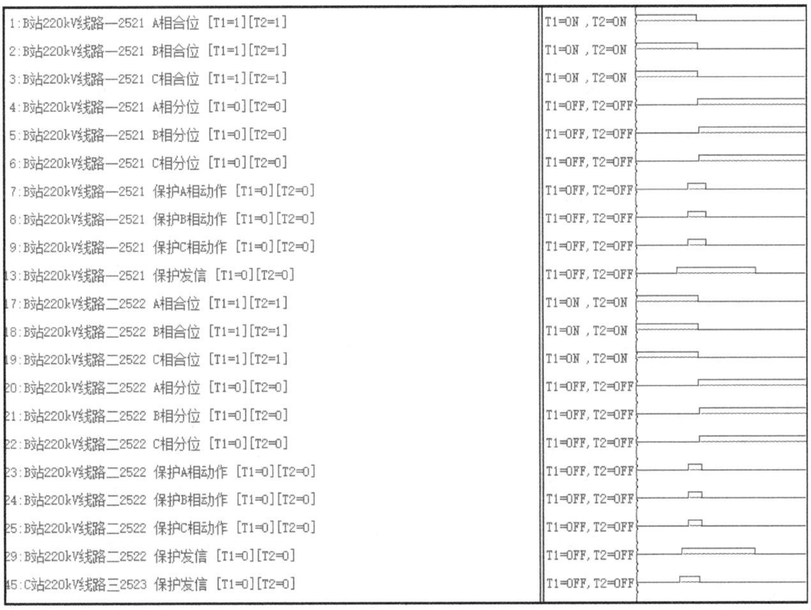

图 7－1－4　B 站侧开关量变位图

B 站侧开关量变位时间顺序见表 7－1－5。

表 7－1－5　　B 站侧开关量变位时间顺序

位置	第 1 次变位时间	第 2 次变位时间
1:B 站 220kV 线路一 2521 A 相合位	↓ 67.500ms	
2:B 站 220kV 线路一 2521 B 相合位	↓ 70.750ms	
3:B 站 220kV 线路一 2521 C 相合位	↓ 70.750ms	
4:B 站 220kV 线路一 2521 A 相分位	↑ 70.000ms	
5:B 站 220kV 线路一 2521 B 相分位	↑ 73.500ms	
6:B 站 220kV 线路一 2521 C 相分位	↑ 73.250ms	
7:B 站 220kV 线路一 2521 保护 A 相动作	↑ 140.500ms	↓ 96.250ms
8:B 站 220kV 线路一 2521 保护 B 相动作	↑ 40.500ms	↓ 96.000ms
9:B 站 220kV 线路一 2521 保护 C 相动作	↑ 40.250ms	↓ 96.000ms
13:B 站 220kV 线路一 2521 保护发信	↑ 7.750ms	↓ 246.500ms
17:B 站 220kV 线路二 2522 A 相合位	↓ 70.250ms	
18:B 站 220kV 线路二 2522 B 相合位	↓ 71.000ms	
19:B 站 220kV 线路二 2522 C 相合位	↓ 70.500ms	
20:B 站 220kV 线路二 2522 A 相分位	↑ 72.750ms	
21:B 站 220kV 线路二 2522 B 相分位	↑ 73.750ms	
22:B 站 220kV 线路二 2522 C 相分位	↑ 73.500ms	
23:B 站 220kV 线路二 2522 保护 A 相动作	↑ 41.000ms	↓ 82.500ms
24:B 站 220kV 线路二 2522 保护 B 相动作	↑ 41.000ms	↓ 82.500ms
25:B 站 220kV 线路二 2522 保护 C 相动作	↑ 41.000ms	↓ 83.000ms
29:B 站 220kV 线路二 2522 保护发信	↑ 19.750ms	↓ 241.750ms
45:C 站 220kV 线路三 2523 保护发信	↑ 15.000ms	↓ 76.500ms

小结：故障发生后约 10ms，母差保护动作后跳Ⅰ母上所有开关三相，40ms 成功跳开 A 站 2521、2522、2012、2201 开关三相；约 45ms，B 站侧 ABⅠ线、ABⅡ线远方跳闸保护闸动作，70ms 成功跳开 B 站 2521、2522 开关三相。

3. 波形特征解析

（1）A 站侧母差保护录波特征解析。A 站侧母差保护录波图如图 7－1－5 所示。图中，支路 1：母联 2400/1、支路 2：#1 主变 1200/1、支路 3：#2 主变 1600/1；支路 4：ABⅠ线 2400/1；支路 5：ABⅡ线 2400/1；支路 6：ACⅠ线 1600/1；母联 TA 极性朝 2M。由于为 BC 相电流均为负荷电流，此处省略 BC 相波形。

A 站侧母差保护波形（保护动作时相量分析）如图 7－1－6 所示。

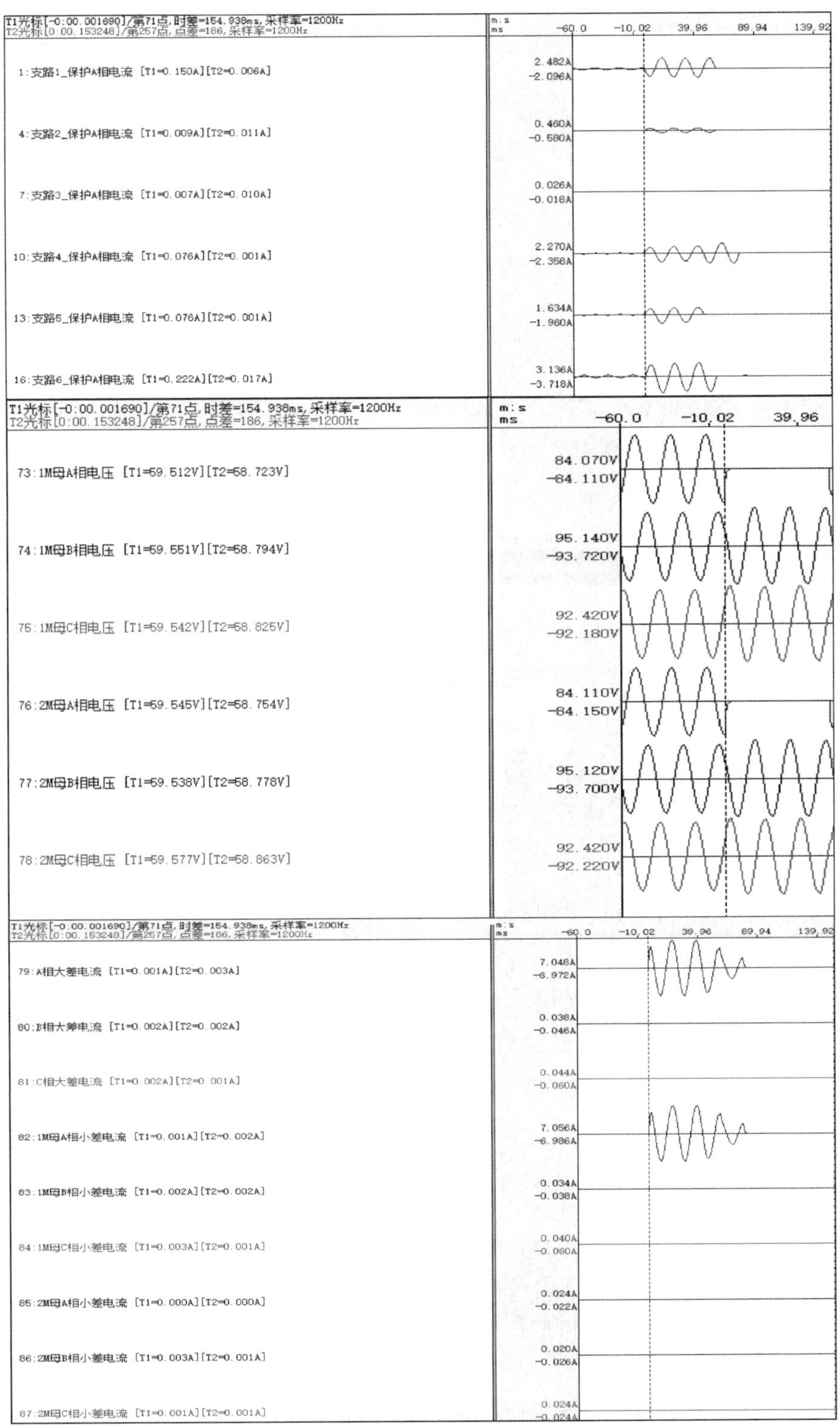

图 7-1-5　A 站侧母差保护录波图

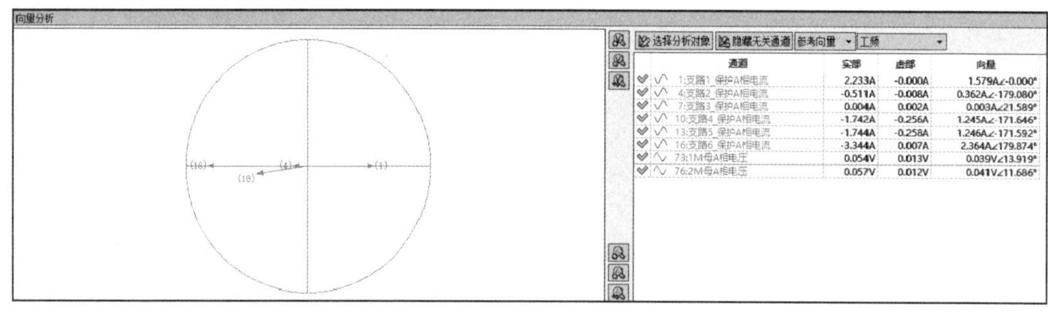

向量分析
(16)
(4)
(1)
(18)
选择分析对象
隐藏无关通道
参考向量
工频
通道 实部 虚部 向量
1:支路1_保护A相电流 2.233A -0.000A 1.579A∠-0.000°
4:支路2_保护A相电流 -0.511A -0.008A 0.362A∠-179.080°
7:支路3_保护A相电流 0.004A 0.002A 0.003A∠21.589°
10:支路4_保护A相电流 -1.742A -0.256A 1.245A∠-171.646°
13:支路5_保护A相电流 -1.744A -0.258A 1.246A∠-171.592°
16:支路6_保护A相电流 -3.344A 0.007A 2.364A∠179.874°
73:1M母A相电压 0.054V 0.013V 0.039V∠13.919°
76:2M母A相电压 0.057V 0.012V 0.041V∠11.686°

图 7－1－6　A 站侧母差保护波形（保护动作时相量分析）

从图 7－1－5 解析 0ms 故障态电压特征：A 相电压下降为 0，B、C 相电压基本不变，且出现零序电压，说明故障相为 A 相。

从图 7－1－5 解析 0ms 故障态电流特征：支路 2 三相，支路 3 三相，支路 4B、C 相，支路 5B、C 相，支路 6B、C 相为负荷电流忽略不计；支路 1、支路 4、支路 5、支路 6A 相电流升高，且出现零序电流，说明故障相为 A 相。

从图 7－1－5 解析 0ms 故障态潮流特征：由于故障相 A 相电压为 0，对于潮流解析需要借助 A 相记忆电压或者计算零序电压通道波形的方式，此处采用记忆电压进行解析，通过故障前一个周波过零点向后推算 20ms 间隔处过零点来进行相位解析。通过相位解析，得到支路 4、支路 5、支路 6 实际 A 相电流超前 A 相电压约 90°，符合母线区内故障特征。母联间隔 A 相电压超前 A 相电流约 90°，说明母线间隔故障电流潮流流向 Ⅰ 母，故障位于 Ⅰ 母区内。

从图 7－1－5 和图 7－1－6 解析 0ms 故障态母差保护计算差流：大差差动电流波形显示故障期间大差差动电流突增，说明母线区内有故障。Ⅰ 母小差差动电流突增，Ⅱ 母小差差动电流始终为 0，说明故障位于 Ⅰ 母母线区内。

从图 7－1－5 解析：60ms 母差保护动作后，支路 5、支路 6A 相故障电流消失，说明 Ⅰ 母开关范围内故障切除。支路 4 故障电流仍然保持，说明故障支路 4 区内仍有故障。

从图 7－1－5 解析：80ms 线路对侧开关跳开后，支路 4 故障电流消失，说明故障被切除。

（2）B 站侧波形特征解析。AB Ⅰ 线路 B 站侧保护录波图如图 7－1－7 所示。

从图 7－1－7 解析 0ms 故障态电压特征：A 相电压下降为 31V，B、C 相电压基本不变，且出现零序电压。

从图 7－1－7 解析 0ms 故障态电流特征：A 相电流升高，B、C 相为负荷电流，且出现零序电流。

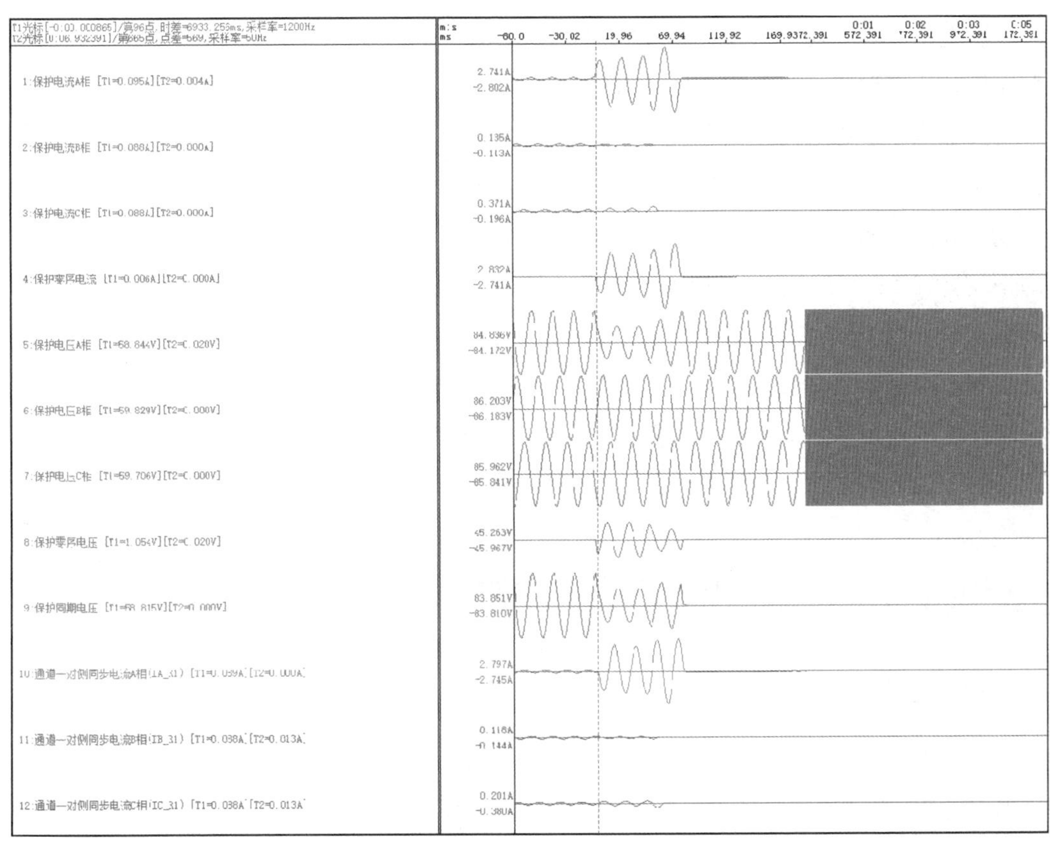

图 7-1-7 AB Ⅰ 线路 B 站侧保护录波图

从图 7-1-7 解析 0ms 故障态潮流特征：通过相位解析，实际零序电流（线路保护零序电流接线使零序电流反向）超前零序电压 95°，A 相电压超前 A 相电流约 85°，从相电流、零序电流两个角度解析均符合线路正向故障特征。

从图 7-1-7 解析：56ms 电压特征基本不变，电流特征 BC 两相负荷电流消失，说明对侧母差保护动作后将对侧 ABC 三相开关切除，但 A 相故障仍存在。75ms 线路远跳保护动作后，A 相故障电流消失，说明故障切除。

三、综合总结

从波形特征解析，故障总共持续约 80ms，系统发生了 A 相金属性接地故障，A 站侧 A 相电压几乎降为 0，B 站侧电压较高，说明故障发生于 A 站侧出口处。

从保护动作行为解析，A 站母差保护动作跳 Ⅰ 母，随后 AB Ⅰ 线、AB Ⅱ 线 B 站侧线路保护远方跳闸保护动作跳开线路开关三相后切除故障。

从 A 站母差录波图解析，对于大差所有间隔故障电流均指向母线区内，说明在母线区内发生了故障；对于小差，母联间隔差流流向Ⅰ母，说明故障位于Ⅰ母区内；保护装置计算差流波形与上述分析一致。母差保护动作后支路 4（ABⅠ线）故障电流未消失，说明故障位于Ⅰ母母线开关范围外、TA 范围内，即位于死区。

从 B 站母差录波图解析，A 站母差保护动作跳开 A 站 2521 开关后支路 4（ABⅠ线）B、C 相负荷电流消失，但 A 相故障电流仍然不变，等到线路远方跳闸保护动作切除 B 站 2521 开关后故障才消失，说明故障位于 B 站 ABⅠ线正方向。又由于对侧保护不动作，说明故障不在线路主保护区内，侧面印证故障位于 ABⅠ线 A 站侧 TA 死区。

综上所述，本次故障位于 ABⅠ线路 A 站侧开关与 TA 之间死区，故障性质为 A 相永久性金属性接地故障，母差保护、线路保护动作行为正确。

7.2 区内故障母联开关击穿

一、故障信息

故障发生前 A 站、B 站、C 站运行方式为：ABⅠ线、ABⅡ线、ACⅠ线、BCⅠ线、#1 主变、#2 主变均在合位，A 站#1 主变、ABⅠ线、ABⅡ线挂 1M，#2 主变、ACⅠ线挂 2M，如图 7-2-1 所示。

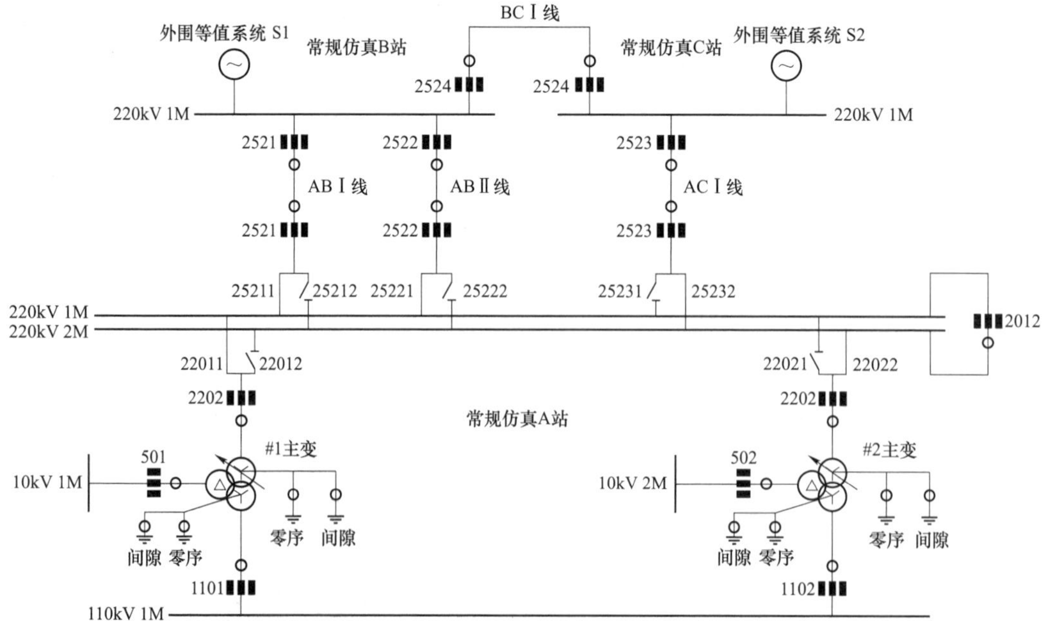

图 7-2-1 故障发生前 A 站、B 站、C 站运行方式

故障发生后，A 站 220kV 1M、2M 上所有开关均在分位，ABⅠ线、ABⅡ、ABⅢ线线路两侧开关均在分位，故障发生后 A 站、B 站、C 站运行方式如图 7-2-2 所示。

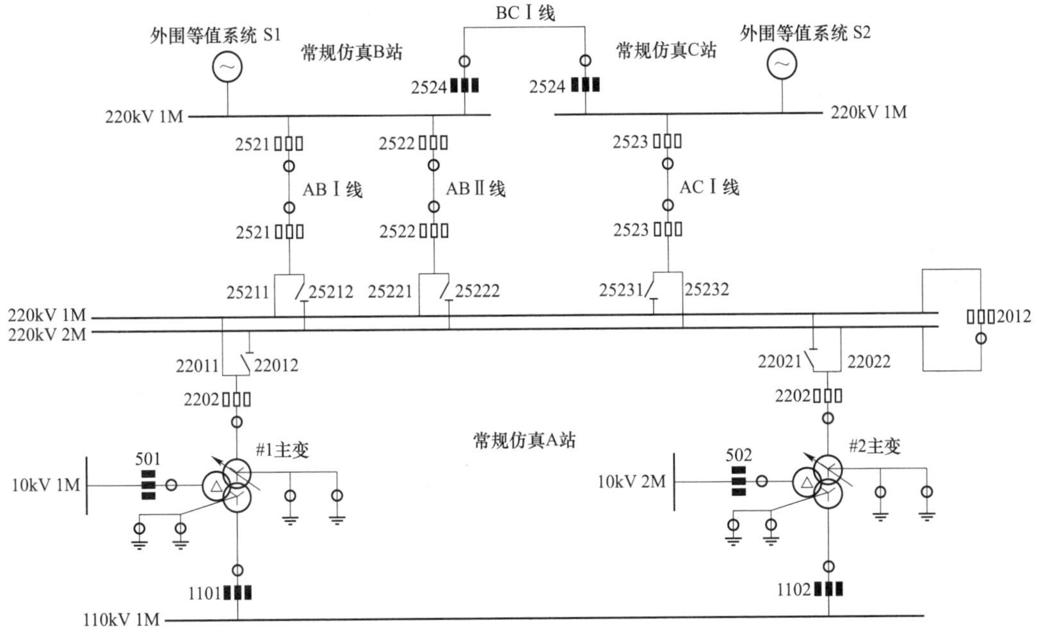

图 7-2-2　故障发生后 A 站、B 站、C 站运行方式

二、录波图解析

1. 保护动作报文解析

（1）从故障录波 HDR 文件读取相关保护信息，以保护启动初始时刻为基准，A 站母差保护动作简报见表 7-2-1。

表 7-2-1　A 站母差保护动作简报

序号	动作报文对应时间	动作报文名称	动作相别	动作报文变化值
…	…	…	…	…
8	7ms	1M 母差动动作	A	1
9	80ms	1M 母差动动作	A	0
10	122ms	1M 母差动动作	A	1
11	188ms	2M 母差动母联死区	A	1
12	258ms	1M 母差动动作	A	
13	258ms	2M 母差动母联死区	A	0

续表

序号	动作报文对应时间	动作报文名称	动作相别	动作报文变化值
14	80ms	突变量启动		0
15	80ms	差流启动		0
16	105ms	突变量启动		0
17	108ms	突变量启动		0
18	258ms	突变量启动		0
19	258ms	差流启动		0
20	258ms	保护启动		0

根据表 7-2-1，A 站母差保护启动后约 7ms，1M 母差保护动作，故障选相 A 相，保护出口跳 1M 上所有开关三相。80ms 1M 母差保护返回，故障消失。122ms 1M 母差再次动作，188ms 差动保护母联死区动作，说明故障母差保护范围内在第一次故障切除后再次出现故障。

（2）从故障录波 HDR 文件读取相关保护信息，以保护启动初始时刻为基准，AB Ⅰ线 B 站侧保护动作简报见表 7-2-2。

表 7-2-2　　AB Ⅰ线 B 站侧保护动作简报

序号	动作报文对应时间	动作报文名称	动作相别	动作报文变化值
1	0ms	保护启动		1
2	34ms	远方跳闸动作	ABC	1
3	40ms	纵联距离动作	ABC	1
4	40ms	纵联零序动作	ABC	1
5	75ms	远方跳闸动作		0
6	75ms	纵联距离动作		0
7	75ms	纵联零序动作		0
8	149ms	远方跳闸动作	ABC	1
9	190ms	远方跳闸动作		0

根据表 7-2-2，AB Ⅰ线路 B 站侧保护启动后约 33ms，远方跳闸保护动作，保护出口跳 ABC 三相开关。

（3）从故障录波 HDR 文件读取相关保护信息，以保护启动初始时刻为基准，ABⅡ线 B 站侧保护动作简报见表 7-2-3。

表 7-2-3　　　　ABⅡ线 B 站侧保护动作简报

序号	动作报文对应时间	动作报文名称	动作相别	动作报文变化值
1	0ms	保护启动		1
2		采样已同步		1
3	16ms	纵联阻抗发信	A	1
4	17ms	纵联零序发信		1
5	37ms	远方跳闸动作	ABC	1
6	38ms	永跳闭锁重合闸		1
7	38ms	三跳闭锁重合闸		1

根据表 7-2-3，ABⅡ线路 B 站侧保护启动后约 37ms，远方跳闸保护动作，保护出口跳 ABC 三相开关。

2. 开关量变位解析

（1）以故障初始时刻为基准，A 站侧开关量变位图如图 7-2-3 所示。

A 站侧开关量变位时间顺序见表 7-2-4。

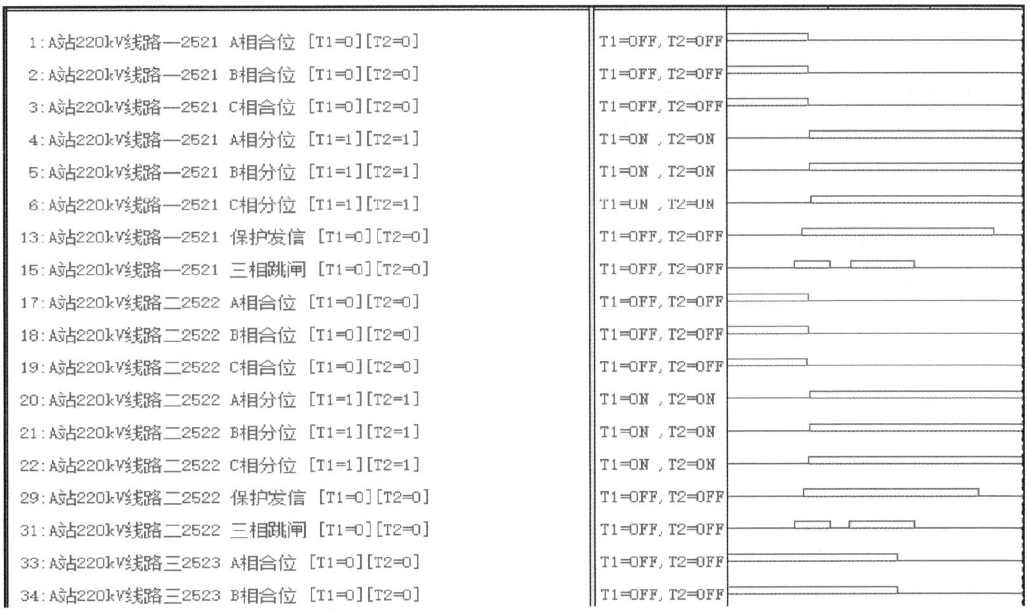

1:A站220kV线路一2521 A相合位 [T1=0][T2=0] T1=OFF,T2=OFF
2:A站220kV线路一2521 B相合位 [T1=0][T2=0] T1=OFF,T2=OFF
3:A站220kV线路一2521 C相合位 [T1=0][T2=0] T1=OFF,T2=OFF
4:A站220kV线路一2521 A相分位 [T1=1][T2=1] T1=ON ,T2=ON
5:A站220kV线路一2521 B相分位 [T1=1][T2=1] T1=ON ,T2=ON
6:A站220kV线路一2521 C相分位 [T1=1][T2=1] T1=ON ,T2=ON
13:A站220kV线路一2521 保护发信 [T1=0][T2=0] T1=OFF,T2=OFF
15:A站220kV线路一2521 三相跳闸 [T1=0][T2=0] T1=OFF,T2=OFF
17:A站220kV线路二2522 A相合位 [T1=0][T2=0] T1=OFF,T2=OFF
18:A站220kV线路二2522 B相合位 [T1=0][T2=0] T1=OFF,T2=OFF
19:A站220kV线路二2522 C相合位 [T1=0][T2=0] T1=OFF,T2=OFF
20:A站220kV线路二2522 A相分位 [T1=1][T2=1] T1=ON ,T2=ON
21:A站220kV线路二2522 B相分位 [T1=1][T2=1] T1=ON ,T2=ON
22:A站220kV线路二2522 C相分位 [T1=1][T2=1] T1=ON ,T2=ON
29:A站220kV线路二2522 保护发信 [T1=0][T2=0] T1=OFF,T2=OFF
31:A站220kV线路二2522 三相跳闸 [T1=0][T2=0] T1=OFF,T2=OFF
33:A站220kV线路三2523 A相合位 [T1=0][T2=0] T1=OFF,T2=OFF
34:A站220kV线路三2523 B相合位 [T1=0][T2=0] T1=OFF,T2=OFF

图 7-2-3　A 站侧开关量变位图（一）

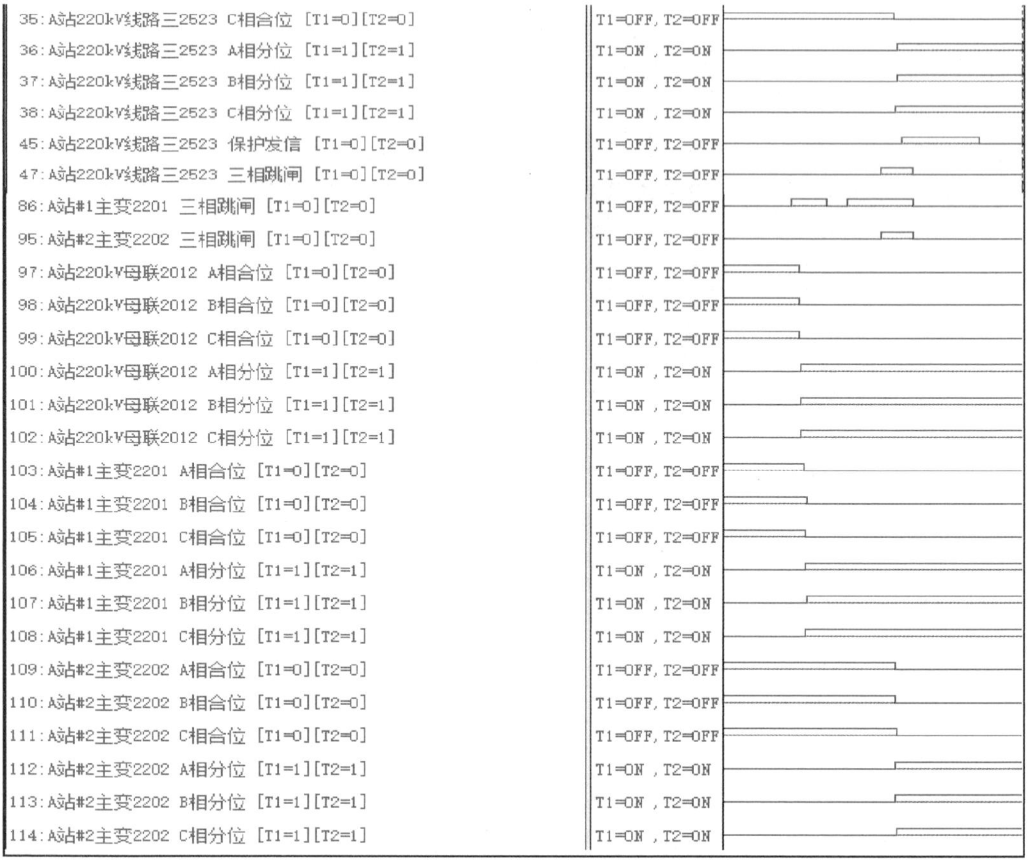

35:A站220kV线路三2523 C相合位 [T1=0][T2=0] T1=OFF, T2=OFF
36:A站220kV线路三2523 A相分位 [T1=1][T2=1] T1=ON , T2=ON
37:A站220kV线路三2523 B相分位 [T1=1][T2=1] T1=ON , T2=ON
38:A站220kV线路三2523 C相分位 [T1=1][T2=1] T1=ON , T2=ON
45:A站220kV线路三2523 保护发信 [T1=0][T2=0] T1=OFF, T2=OFF
47:A站220kV线路三2523 三相跳闸 [T1=0][T2=0] T1=OFF, T2=OFF
86:A站#1主变2201 三相跳闸 [T1=0][T2=0] T1=OFF, T2=OFF
95:A站#2主变2202 三相跳闸 [T1=0][T2=0] T1=OFF, T2=OFF
97:A站220kV母联2012 A相合位 [T1=0][T2=0] T1=OFF, T2=OFF
98:A站220kV母联2012 B相合位 [T1=0][T2=0] T1=OFF, T2=OFF
99:A站220kV母联2012 C相合位 [T1=0][T2=0] T1=OFF, T2=OFF
100:A站220kV母联2012 A相分位 [T1=1][T2=1] T1=ON , T2=ON
101:A站220kV母联2012 B相分位 [T1=1][T2=1] T1=ON , T2=ON
102:A站220kV母联2012 C相分位 [T1=1][T2=1] T1=ON , T2=ON
103:A站#1主变2201 A相合位 [T1=0][T2=0] T1=OFF, T2=OFF
104:A站#1主变2201 B相合位 [T1=0][T2=0] T1=OFF, T2=OFF
105:A站#1主变2201 C相合位 [T1=0][T2=0] T1=OFF, T2=OFF
106:A站#1主变2201 A相分位 [T1=1][T2=1] T1=ON , T2=ON
107:A站#1主变2201 B相分位 [T1=1][T2=1] T1=ON , T2=ON
108:A站#1主变2201 C相分位 [T1=1][T2=1] T1=ON , T2=ON
109:A站#2主变2202 A相合位 [T1=0][T2=0] T1=OFF, T2=OFF
110:A站#2主变2202 B相合位 [T1=0][T2=0] T1=OFF, T2=OFF
111:A站#2主变2202 C相合位 [T1=0][T2=0] T1=OFF, T2=OFF
112:A站#2主变2202 A相分位 [T1=1][T2=1] T1=ON , T2=ON
113:A站#2主变2202 B相分位 [T1=1][T2=1] T1=ON , T2=ON
114:A站#2主变2202 C相分位 [T1=1][T2=1] T1=ON , T2=ON

图 7-2-3 A 站侧开关量变位图（二）

表 7-2-4 A 站侧开关量变位时间顺序

位置	第 1 次变位时间	第 2 次变位时间	第 3 次变位时间	第 4 次变位时间
1:A 站 220kV 线路一 2521 A 相合位	↓ 48.750ms			
2:A 站 220kV 线路一 2521 B 相合位	↓ 47.500ms			
3:A 站 220kV 线路一 2521 C 相合位	↓ 48.500ms			
4:A 站 220kV 线路一 2521 A 相分位	↑ 51.750ms			
5:A 站 220kV 线路一 2521 B 相分位	↑ 51.000ms			
6:A 站 220kV 线路一 2521 C 相分位	↑ 52.750ms			
13:A 站 220kV 线路一 2521 保护发信	↑ 34.500ms	↓ 431.500ms		
15:A 站 220kV 线路一 2521 三相跳闸	↑ 18.750ms	↓ 91.750ms	↑ 134.000ms	↓ 270.000ms
17:A 站 220kV 线路二 2522 A 相合位	↓ 46.250ms			
18:A 站 220kV 线路二 2522 B 相合位	↓ 46.750ms			
19:A 站 220kV 线路二 2522 C 相合位	↓ 44.000ms			
20:A 站 220kV 线路二 2522 A 相分位	↑ 49.000ms			

续表

位置	第 1 次变位时间	第 2 次变位时间	第 3 次变位时间	第 4 次变位时间
21:A 站 220kV 线路二 2522 B 相分位	↑ 49.750ms			
22:A 站 220kV 线路二 2522 C 相分位	↑ 46.250ms			
29:A 站 220kV 线路二 2522 保护发信	↑ 36.250ms	↓ 401.500ms		
31:A 站 220kV 线路二 2522 三相跳闸	↑ 17.500ms	↓ 91.750ms	↑ 132.500ms	↓ 270.250ms
33:A 站 220kV 线路三 2523 A 相合位	↓ 234.000ms			
34:A 站 220kV 线路三 2523 B 相合位	↓ 233.000ms			
35:A 站 220kV 线路三 2523 C 相合位	↓ 231.250ms			
36:A 站 220kV 线路三 2523 A 相分位	↑ 236.750ms			
37:A 站 220kV 线路三 2523 B 相分位	↑ 235.500ms			
38:A 站 220kV 线路三 2523 C 相分位	↑ 233.500ms			
45:A 站 220kV 线路三 2523 保护发信	↑ 245.500ms	↓ 407.250ms		
47:A 站 220kV 线路三 2523 三相跳闸	↑ 203.750ms	↓ 270.750ms		
72:A 站 220kV 母差一 三相距闸	↑ 18.000ms	↓ 92.500ms	↑ 133.000ms	↓ 271.000ms
74:A 站 220kV 母差二 母差跳 I 母	↑ 12.250ms	↓ 86.500ms	↑ 127.250ms	↓ 264.750ms
75:A 站 220kV 母差二 母差跳 II 母	↑ 195.250ms	↓ 265.000ms		
86:A 站#1 主变 2201 三相跳闸	↑ 20.000ms	↓ 92.250ms	↑ 134.750ms	↓ 270.500ms
95:A 站#2 主变 2202 三相跳	↑ 202.750ms	↓ 270.250ms		
97:A 站 220kV 母联 2012 A 相合位	↓ 37.750ms			
98:A 站 220kV 母联 2012 B 相合位	↓ 38.000ms			
99:A 站 220kV 母联 2012 C 相合位	↓ 38.500ms			
00:A 站 220kV 母联 2012 A 相分位	↑ 40.000ms			
101:A 站 220kV 母联 2012 B 相分位	↑ 41.500ms			
102:A 站 220kV 母联 2012 C 相分位	↑ 41.500ms			
103:A 站#1 主变 2201 A 相合位	↓ 48.250ms			
104:A 站#1 丰安 2201 B 相合位	↓ 54.250ms			
105:A 站#1 主变 2201 C 相合位	↓ 49.750ms			
106:A 站#1 主变 2201 A 相分位	↑ 51.500ms			
107:A 站#1 主变 2201 B 相分位	↑ 55.500ms			
108:A 站#1 主变 2201 C 相分位	↑ 51.750ms			
109:A 站#2 主变 2202 A 相合位	↓ 233.000ms			
110:A 站#2 主变 2202 B 相合位	↓ 232.000ms			
111:A 站#2 主变 2202 C 相合位	↓ 235.000ms			
112:A 站#2 主变 2202 A 相分位	↑ 234.750ms			
113:A 站#2 主变 2202 B 相分位	↑ 234.000ms			
114:A 站#2 主变 2202 C 相分位	↑ 236.250ms			

（2）以故障初始时刻为基准，B 站侧开关量变位图如图 7－2－4 所示。

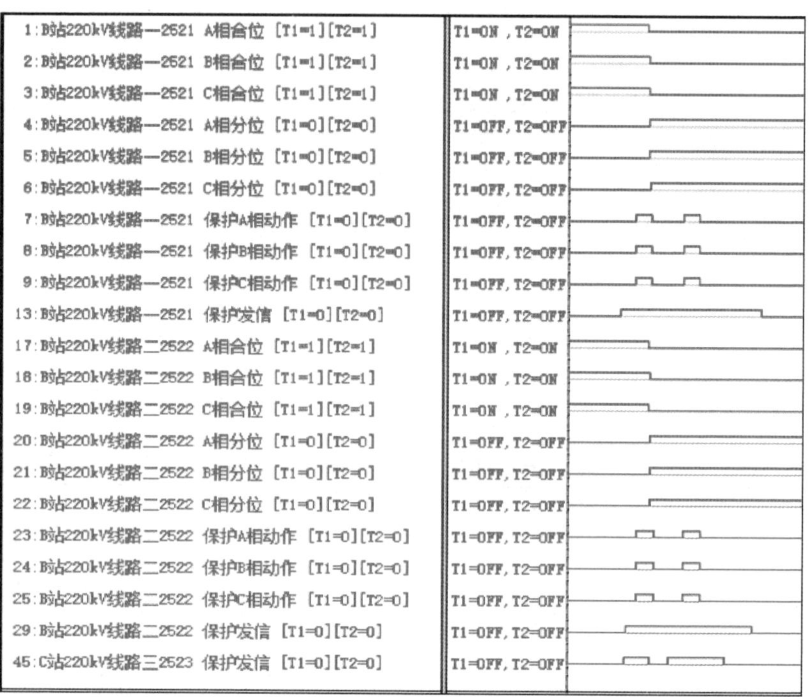

图 7－2－4　B 站侧开关量变位图

B 站侧开关量变位时间顺序见表 7－2－5。

表 7－2－5　　B 站侧开关量变位时间顺序

位置	第 1 次变位时间	第 2 次变位时间	第 3 次变位时间	第 4 次变位时间
1:B 站 220kV 线路一 2521 A 相合位	↓ 69.000ms			
2:B 站 220kV 线路一 2521 B 相合位	↓ 71.250ms			
3:B 站 220kV 线路一 2521 C 相合位	↓ 72.000ms			
4:B 站 220kV 线路一 2521 A 相分位	↑ 71.500ms			
5:B 站 220kV 线路一 2521 B 相分位	↑ 74.000ms			
6:B 站 220kV 线路一 2521 C 相分位	↑ 74.750ms			
7:B 站 220kV 线路一 2521 保护 A 相动作	↑ 41.750ms	↓ 80.750ms	↑ 157.000ms	↓ 195.750ms
8:B 站 220kV 线路一 2521 保护 B 相动作	↑ 42.000ms	↓ 80.750ms	↑ 156.750ms	↓ 195.500ms
9:B 站 220kV 线路一 2521 保护 C 相动作	↑ 41.500ms	↓ 80.750ms	↑ 156.500ms	↓ 195.750ms
13:B 站 220kV 线路一 2521 保护发信	↑ 8.250ms	↓ 346.250ms		
17:B 站 220kV 线路二 2522 A 相合位	↓ 73.750ms			
18:B 站 220kV 线路二 2522 B 相合位	↓ 74.500ms			
19:B 站 220kV 线路二 2522 C 相合位	↓ 74.000ms			
20:B 站 220kV 线路二 2522 A 相分位	↑ 76.250ms			

续表

位置	第 1 次变位时间	第 2 次变位时间	第 3 次变位时间	第 4 次变位时间
21:B 站 220kV 线路二 2522 B 相分位	↑ 77.250ms			
22:B 站 220kV 线路二 2522 C 相分位	↑ 77.000ms			
23:B 站 220kV 线路二 2522 保护 A 相动作	↑ 43.750ms	↓ 87.000ms	157.500ms	↓ 199.500ms
24:B 站 220kV 线路二 2522 保护 B 相动作	↑ 43.750ms	↓ 87.000ms	1157.500ms	↓ 199.500ms
25:B 站 220kV 线路二 2522 保护 C 相动作	↑ 43.750ms	↓ 87.250ms	157.500ms	↓ 199.750ms
29:B 站 220kV 线路二 2522 保护发信	↑ 22.250ms	↓ 323.250ms		
45:C 站 220kV 线路三 2523 保护发信	↑ 15.750ms	↓ 75.750ms	1122.500ms	↓ 256.500ms

小结：故障发生后约 12ms，A 站母差保护动作后跳Ⅰ母上所有开关三相，49ms 成功跳开 A 站 2521、2522、2012、2201 开关三相；约 41ms，B 站侧 ABⅠ线、ABⅡ线远方跳闸保护闸动作，71ms 成功跳开 B 站 2521、2522 开关三相；约 195ms，A 站侧母差保护Ⅱ母母联死区动作跳Ⅱ母，233ms 成功跳开 A 站 2523、2202 开关三相。

3. 波形特征解析

（1）A 站侧母差保护波形特征解析。A 站侧母差保护波形图如图 7-2-5 所示。图中，支路 1：母联 2400/1、支路 2：#1 主变 1200/1、支路 3：#2 主变 1600/1；支路 4：ABⅠ线 2400/1；支路 5：ABⅡ线 2400/1；支路 6：ACⅠ线 1600/1；母联 TA 极性朝 2M。由于为 BC 相电流均为负荷电流，省略 BC 相波形。

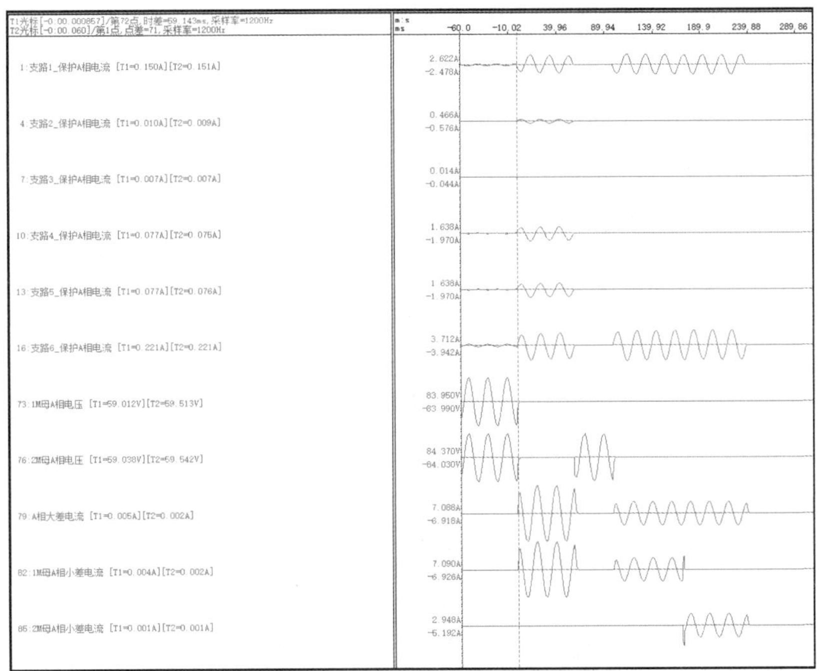

图 7-2-5　A 站侧母差保护波形

A 站侧母差保护波形（第一次保护动作时相量分析）如图 7－2－6 所示。

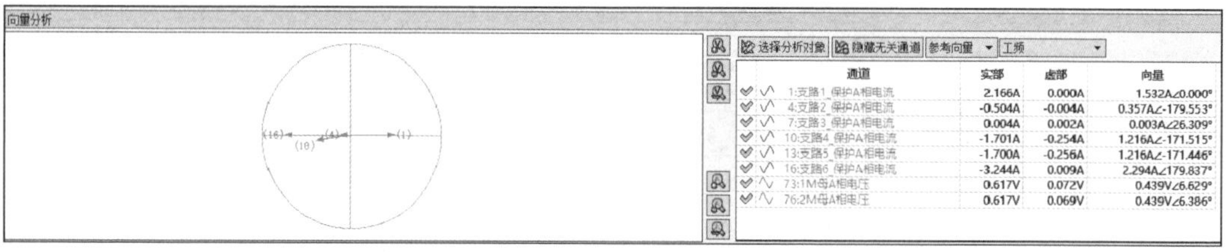

向量分析

选择分析对象 隐藏无关通道 参考向量 工频

通道	实部	虚部	向量
1:支路1_保护A相电流	2.166A	0.000A	1.532A∠0.000°
4:支路2_保护A相电流	-0.504A	-0.004A	0.357A∠-179.553°
7:支路3_保护A相电流	0.004A	0.002A	0.003A∠26.309°
10:支路4_保护A相电流	-1.701A	-0.254A	1.216A∠-171.515°
13:支路5_保护A相电流	-1.700A	-0.256A	1.216A∠-171.446°
16:支路6_保护A相电流	-3.244A	0.009A	2.294A∠179.837°
73:1M母A相电压	0.617V	0.072V	0.439V∠6.629°
76:2M母A相电压	0.617V	0.069V	0.439V∠6.386°

图 7－2－6　A 站侧母差保护波形（第一次保护动作时相量分析）

从图 7－2－5 解析 0ms 故障态电压特征：A 相电压下降为 0，B、C 相电压基本不变，且出现零序电压，说明故障相为 A 相。

从图 7－2－5 解析 0ms 故障态电流特征：支路 1BC 相，支路 2 三相，支路 3 三相，支路 4B、C 相，支路 5B、C 相，支路 6B、C 相为负荷电流忽略不计；支路 1、支路 4、支路 5、支路 6A 相电流升高，且出现零序电流，说明故障相为 A 相。

从图 7－2－5 解析 0ms 故障态潮流特征：由于故障相 A 相电压为 0，对于潮流解析需要借助A相记忆电压或者计算零序电压通道波形的方式,此处采用记忆电压进行解析，通过故障前一个周波过零点向后推算 20ms 间隔处过零点来进行相位解析，通过相位解析，对于支路 4、支路 5、支路 6 实际 A 相电流超前 A 相电压约 90°，符合母线区内故障特征。母联间隔 A 相电压超前 A 相电流约 90°，说明母线间隔故障电流潮流流向 Ⅰ 母，故障位于 Ⅰ 母区内。

从图 7－2－5 和图 7－2－6 解析 0ms 故障态母差保护计算差流：大差差动电流波形显示故障期间大差差动电流突增，说明母线区内有故障。Ⅰ 母小差差动电流突增，Ⅱ 母小差差动电流始终为 0，说明故障位于 Ⅰ 母母线区内。

从图 7－2－5 解析，60ms 母差保护动作后，Ⅰ 母线 ABC 三相电压消失，支路 4 故障电流、支路 5、支路 6 A 相故障电流消失，说明 Ⅰ 母开关范围内故障切除。

从图 7－2－5 解析，100ms 母联、支路 6 再次出现故障电流，且母联与支路 6A 相电流一次值大小相同方向相反，说明在 Ⅰ 母区内再次出现故障。

从图 7－2－5 解析，240ms Ⅱ 母母联死区保护动作后，母差保护跳开 2M 上电源线路支路 4 后故障电流消失，将故障隔离。

（2）B 站侧波形特征解析。AB Ⅰ 线路 B 站侧保护录波图如图 7－2－7 所示。

从图 7－2－7 解析 0ms 故障态电压特征：A 相电压下降为 31V，B、C 相电压基本不变，且出现零序电压。

从图 7－2－7 解析 0ms 故障态电流特征：A 相电流升高，B、C 相为负荷电流，且出现零序电流。

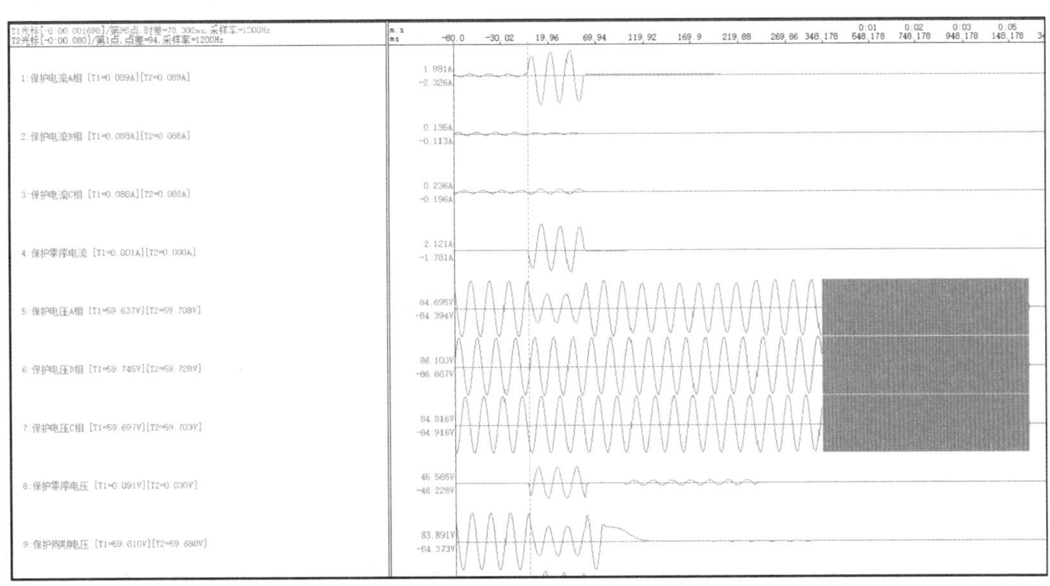

图 7-2-7 AB Ⅰ线路 B 站侧保护录波图

从图 7-2-7 解析 0ms 故障态潮流特征：通过相位解析，实际零序电流（线路保护零序电流接线使零序电流反向）超前零序电压 95°，A 相电压超前 A 相电流约 85°，从相电流、零序电流两个角度解析均符合线路正向故障特征。

从图 7-2-7 解析：59ms 线路远方跳闸保护动作跳开 AB Ⅰ线 B 站侧开关，母线电压恢复，故障电流消失。

三、综合总结

故障总共持续约 245ms，第一阶段为 0～60ms，第二阶段为 100～240ms。

（1）第一阶段。

1）从波形特征解析，系统发生了 A 相金属性接地故障，A 站侧 A 相电压几乎降为 0，B 站侧电压较高，说明故障发生于 A 站侧出口处。

2）从保护动作行为解析，A 站母差保护动作跳Ⅰ母，随后 AB Ⅰ线、AB Ⅱ线 B 站侧线路保护远方跳闸保护动作跳开线路对侧开关三相后切除故障。

3）从 A 站母差录波图解析，对于大差所有间隔故障电流均指向线路区内，说明在母线区内发生了故障；对于小差，母联间隔差流流向Ⅰ母，说明故障位于Ⅰ母区内；保护装置计算差流波形与上述分析一致。

（2）第二阶段（A 站母差跳开Ⅰ母后）。

1）从波形特征解析，电压特征同第一阶段一致。电流特征为母联、支路 6 故障电流再次出现，且潮流流向 1M 区内，此时由于母联开关已经切开，但 A 相仍然出现电流，结合第一阶段故障特征，认为母联开关由于开关两侧电压差过大导致绝缘击穿。

2）从保护动作行为解析，第二阶段初母联开关分位但不满足 150ms 封母联 TA 条件，此时 1M 有小差、2M 无小差，故 1M 母差动作。150ms 后母差保护封母联 TA 后，1M 无小差、2M 有小差，故 2M 母联死区保护动作。

综上所述，0ms 在 220kV 1M 母线发生 A 相永久性金属性接地故障，母差保护、线路保护动作行为正确。100ms 后母联开关击穿，母差保护母联死区保护动作跳开ⅡM 后隔离故障。

7.3 线路区内故障开关失灵后母联开关再失灵

一、故障信息

故障发生前 A 站、B 站、C 站运行方式为：ABⅠ线、ABⅡ线、ACⅠ线、BCⅠ线、#1 主变、#2 主变均在合位，A 站#1 主变、ABⅠ线、ABⅡ线挂 1M、#2 主变、ACⅠ线挂 2M，如图 7－3－1 所示。

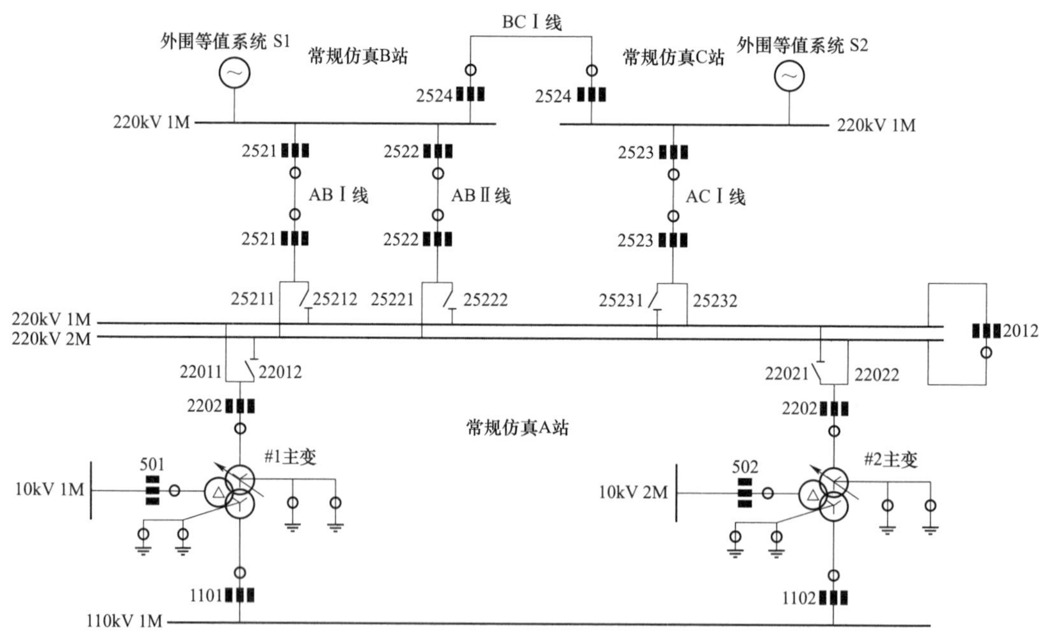

图 7－3－1 故障发生前 A 站、B 站、C 站运行方式

故障发生后，A 站 220kV 1M、2M 上所有开关均在分位，ABⅠ线、ABⅡ、ACⅠ线线路两侧开关均在分位，故障发生后 A 站、B 站、C 站运行方式如图 7－3－2 所示。

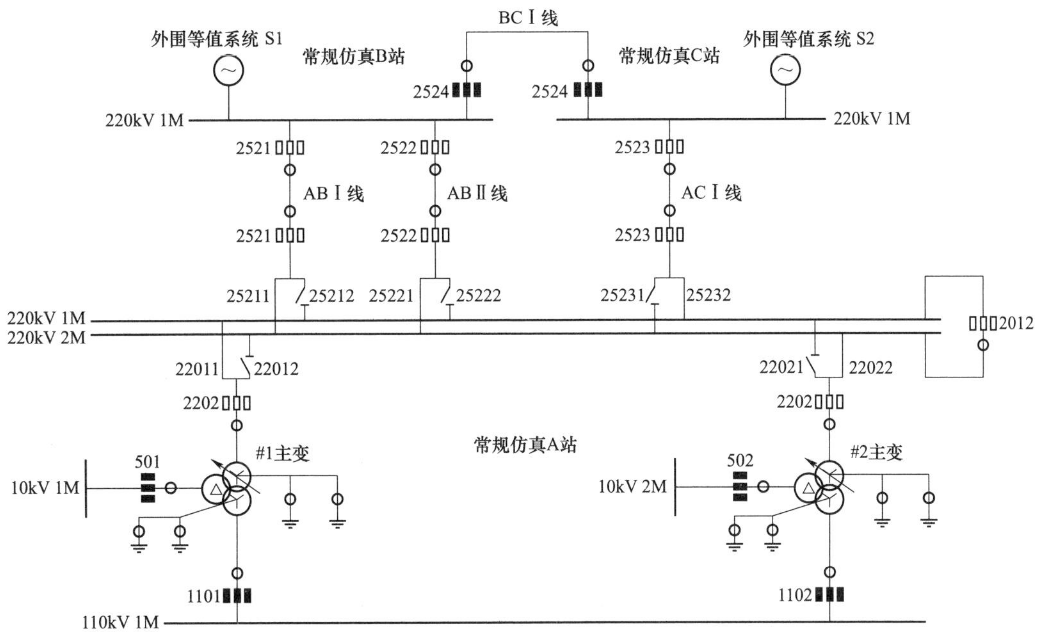

图 7-3-2 故障发生后 A 站、B 站、C 站运行方式

二、录波图解析

1. 保护动作报文解析

（1）从故障录波 HDR 文件读取相关保护信息，以保护启动初始时刻为基准，A 站母差保护动作简报见表 7-3-1。

表 7-3-1　　A 站母差保护动作简报

序号	动作报文对应时间	动作报文名称	动作相别	动作报文变化值
…	…	…	…	…
10	186ms	失灵保护跟跳动作		1
11	188ms	支路 4_失灵出口	ABC	1
12	287ms	失灵保护跳母联		1
13	287ms	失灵保护跳分段 1		1
14	437ms	1M 母失灵保护动作		1
15	488ms	母联失灵跳 1M 母		1
16	488ms	母联失灵跳 2M 母		1
17	488ms	母联失灵保护动作		1

根据表 7-3-1，A 站母差保护启动后约 186ms，1M 失灵保护动作跟跳 L4 间隔（AB Ⅰ线）ABC 三相开关；287ms 后，1M 失灵保护出口跳母联 2012 三相开关；437ms

后，1M 失灵保护动作跳 1M；488ms 后母联失灵保护动作跳 1M、2M。

（2）从故障录波 HDR 文件读取相关保护信息，以保护启动初始时刻为基准，AB Ⅰ线 A 站侧保护动作简报见表 7-3-2。

表 7-3-2　　AB Ⅰ线 B 站侧保护动作简报

序号	动作报文对应时间	动作报文名称	动作相别	动作报文变化值
1	0ms	保护启动		1
2	8ms	纵联差动保护动作	A	1
3	14ms	纵联距离动作	A	1
4	14ms	纵联零序动作	A	1
5	16ms	接地距离Ⅰ段动作	A	1
6	159ms	纵联差动保护动作	ABC	1
7	159ms	纵联距离动作	ABC	1
8	159ms	纵联零序动作	ABC	1
9	159ms	接地距离Ⅰ段动作	ABC	1
10	159ms	单跳失败三跳动作	ABC	1

根据表 7-3-2，AB Ⅰ线路 A 站侧保护启动后约 8ms，线路差动保护动作，选相 A 相，保护出口跳 A 相开关；16ms 后，距离Ⅰ段保护动作，说明故障靠近 A 站侧；159ms 后，保护单跳失败三跳，差动保护出口跳开关 ABC 三相。

（3）从故障录波 HDR 文件读取相关保护信息，以保护启动初始时刻为基准，AB Ⅱ线 B 站侧保护动作简报见表 7-3-3。

表 7-3-3　　AB Ⅱ线 B 站侧保护动作简报

序号	动作报文对应时间	动作报文名称	动作相别	动作报文变化值
1	0ms	保护启动		1
2	7ms	纵联差动保护动作	A	1
3	14ms	纵联距离动作	A	1
4	14ms	纵联零序动作	A	1
5	61ms	纵联差动保护动作		0
6	61ms	纵联距离动作		0
7	61ms	纵联零序动作		0
8	213ms	远方跳闸动作	ABC	1

根据表 7-3-3，ABⅡ线路 A 站侧保护启动后约 7ms，线路差动保护动作，选相 A 相，保护出口跳 A 相开关；213ms，保护装置收到对侧远方跳闸命令后，远方跳闸保护动作，跳 ABC 三相开关。

（4）从故障录波 HDR 文件读取相关保护信息，以保护启动初始时刻为基准，ABⅡ线 B 站侧保护动作简报见表 7-3-4。

表 7-3-4　　ABⅡ线 B 站侧保护动作简报

序号	动作报文对应时间	动作报文名称	动作相别	动作报文变化值
1	0ms	保护启动		1
2		采样已同步		1
3	15ms	纵联阻抗发信	A	1
4	16ms	纵联零序发信		1
5	467ms	三跳闭锁重合闸		1
6	467ms	远方跳闸动作	ABC	1
7	469ms	永跳闭锁重合闸		1

根据表 7-3-4，ABⅡ线路 B 站侧保护启动后约 467ms，远方跳闸保护动作，保护出口跳 ABC 三相开关。

2. 开关量变位解析

（1）以故障初始时刻为基准，A 站侧开关量变位图如图 7-3-3 所示。

图 7-3-3　A 站侧开关量变位图（一）

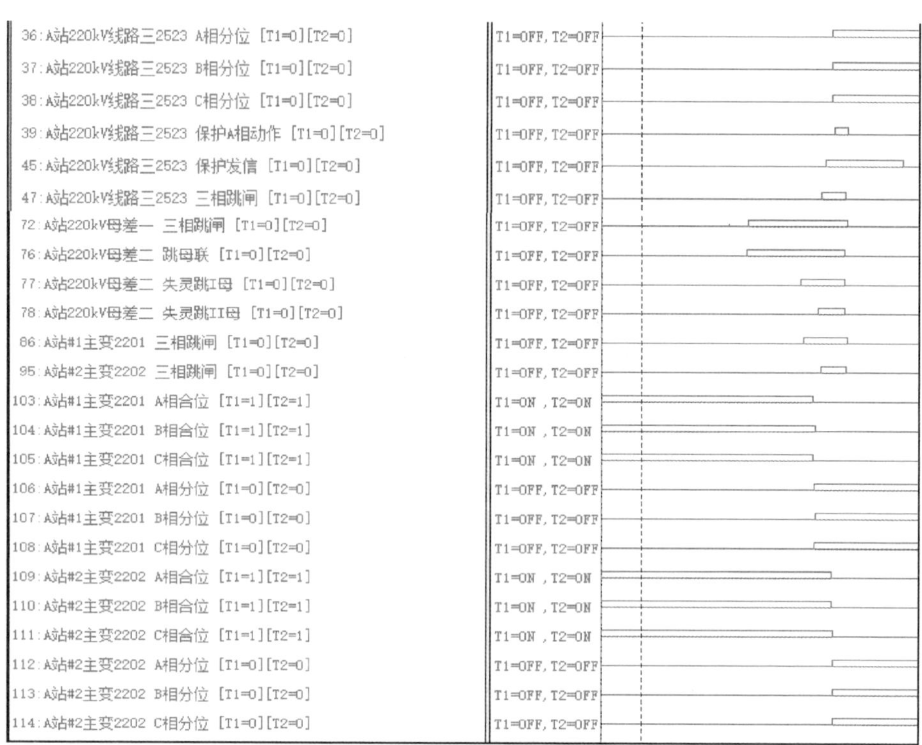

图 7-3-3　A 站侧开关量变位图（二）

A 站侧开关量变位时间顺序见表 7-3-5。

表 7-3-5　A 站侧开关量变位时间顺序

位置	第 1 次变位时间	第 2 次变位时间
7:A 站 220kV 线路一 2521 保护 A 相动作	↑ 21.000ms	↓ 562.250ms
8:A 站 220kV 线路一 2521 保护 B 相动作	↑ 171.750ms	↓ 562.000ms
9:A 站 220kV 线路一 2521 保护 C 相动作	↑ 171.500ms	↓ 562.250ms
13:A 站 220kV 线路一 2521 保护发信	↑ 15.000ms	↓ 743.000ms
15:A 站 220kV 线路一 2521 三相跳闸	↑ 204.000ms	↓ 581.000ms
17:A 站 220kV 线路二 2522 A 相合位	↓ 481.750ms	
18:A 站 220kV 线路二 2522 B 相合位	↓ 482.250ms	
19:A 站 220kV 线路二 2522 C 相合位	↓ 479.750ms	
20:A 站 220kV 线路二 2522 A 相分位	↑ 484.750ms	
21:A 站 220kV 线路二 2522 B 相分位	↑ 485.250ms	
22:A 站 220kV 线路二 2522 C 相分位	↑ 481.750ms	
29:A 站 220kV 线路二 2522 保护发信	↑ 470.750ms	↓ 713.500ms
31:A 站 220kV 线路二 2522 三相跳闸	↑ 453.250ms	↓ 580.750ms

续表

位置	第 1 次变位时间	第 2 次变位时间
33:A 站 220kV 线路三 2523 A 相合位	↓ 539.250ms	
34:A 站 220kV 线路三 2523 B 相合位	↓ 538.000ms	
35:A 站 220kV 线路三 2523 C 相合位	↓ 536.250ms	
36:A 站 220kV 线路三 2523 A 相分位	↑ 541.750ms	
37:A 站 220kV 线路三 2523 B 相分位	↑ 540.500ms	
38:A 站 220kV 线路三 2523 C 相分位	↑ 538.500ms	
39:A 站 220kV 线路三 2523 保护 A 相动作	↑ 547.500ms	↓ 586.500ms
45:A 站 220kV 线路三 2523 保护发信	↑ 523.250ms	↓ 742.000ms
47:A 站 220kV 线路三 2523 三相跳闸	↑ 508.500ms	↓ 579.500ms
72:A 站 220kV 母差一 三相跳闸	↑ 303.250ms	↓ 581.500ms
76:A 站 220kV 母差二 跳母联	↑ 297.000ms	↓ 575.750ms
77:A 站 220kV 母差二 失灵跳Ⅰ母	↑ 448.000ms	↓ 575.500ms
78:A 站 220kV 母差二 失灵跳Ⅱ母	↑ 500.000ms	↓ 573.750ms
86:A 站#1 主变 2201 三相跳闸	↑ 455.750ms	↓ 581.000ms
95:A 站#2 主变 2202 三相跳闸	↑ 507.500ms	↓ 579.000ms
103:A 站#1 主变 2201 A 相合位	↓ 483.750ms	
104:A 站#1 主变 2201 B 相合位	↓ 490.000ms	
105:A 站#1 主变 2201 C 相合位	↓ 485.500ms	
106:A 站#1 主变 2201 A 相分位	↑ 487.000ms	
107:A 站#1 主变 2201 B 相分位	↑ 491.000ms	
108:A 站#1 主变 2201 C 相分位	↑ 487.250ms	
109:A 站#2 主变 2202 A 相合位	↓ 537.500ms	
110:A 站#2 主变 2202 B 相合位	↓ 536.750ms	
111:A 站#2 主变 2202 C 相合位	↓ 539.500ms	

（2）以故障初始时刻为基准，B 站侧开关量变位图如图 7－3－4 所示。

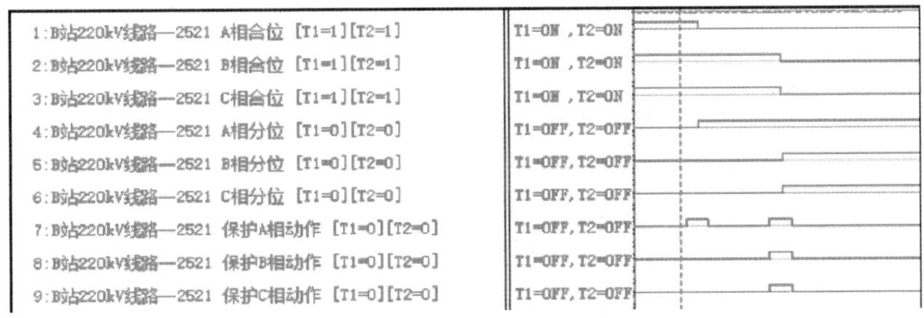

图 7－3－4　B 站侧开关量变位图（一）

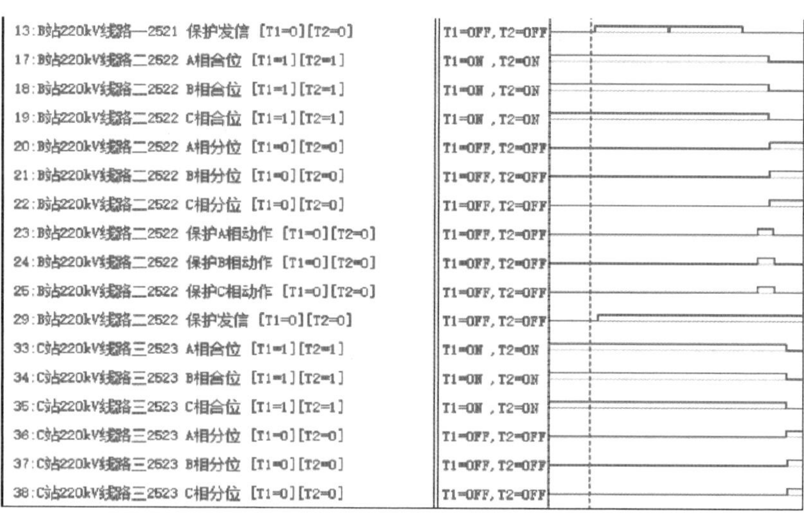

图 7-3-4 B 站侧开关量变位图（二）

B 站侧开关量变位时间顺序见表 7-3-6。

表 7-3-6 B 站侧开关量变位时间顺序

位置	第 1 次变位时间	第 2 次变位时间	第 3 次变位时间	第 4 次变位时间
1:B 站 220kV 线路一 2521A 相合位	↓ 43.750ms			
2:B 站 220kV 线路一 2521B 相合位	↓ 252.000ms			
3:B 站 220kV 线路一 2521C 相合位	↓ 252.750ms			
4:B 站 220kV 线路一 2521A 相分位	↑ 146.250ms			
5:B 站 220kV 线路一 2521B 相分位	↑ 254.750ms			
6:B 站 220kV 线路一 2521 C 相分位	↑ 255.500ms			
7:B 站 220kV 线路一 2521 保护 A 相动作	↑ 16.250ms	↓ 68.500ms	↑ 223.000ms	↓ 276.750ms
8:B 站 220kV 线路一 2521 保护 B 相动作	↑ 223.000ms	↓ 276.750ms		
9:B 站 220kV 线路一 2521 保护 C 相动作	↑ 222.500ms	↓ 276.750ms		
13:B 站 220kV 线路一 2521 保护发信	↑ 10.250ms	↓ 219.000ms	↑ 222.750ms	↓ 427.250ms
17:B 站 220kV 线路二 2522 A 相合位	↓ 504.750ms			
18:B 站 220kV 线路二 2522 B 相合位	↓ 504.250ms			
19:B 站 220kV 线路二 2522 C 相合位	↓ 503.750ms			
20:B 站 220kV 线路二 2522 A 相分位	↑ 507.000ms			
21:B 站 220kV 线路二 2522 B 相分位	↑ 507.000ms			
22:B 站 220kV 线路二 2522 C 相分位	↑ 506.750ms			
23:B 站 220kV 线路二 2522 保护 A 相动作	↑ 474.500ms	↓ 520.750ms		

续表

位置	第 1 次变位时间	第 2 次变位时间	第 3 次变位时间	第 4 次变位时间
24:B 站 220kV 线路二 2522 保护 B 相动作	↑ 474.500ms	↓ 521.000ms		
25:B 站 220kV 线路二 2522 保护 C 相动作	↑ 474.500ms	↓ 521.250ms		
29:B 站 220kV 线路二 2522 保护发信	↑ 23.750ms	↓ 683.500ms		
33:C 站 220kV 线路三 2523 A 相合位	↓ 555.500ms			
34:C 站 220kV 线路三 2523 B 相合位	↓ 556.250ms			
35:C 站 220kV 线路三 2523 C 相合位	↓ 556.250ms			
36:C 站 220kV 线路三 2523 A 相分位	↑ 557.750ms			
37:C 站 220kV 线路三 2523 B 相分位	↑ 560.000ms			
38:C 站 220kV 线路三 2523 C 相分位	↑ 559.000ms			

小结：故障发生后约 17ms，AB Ⅰ线两侧差动保护动作后跳 AB Ⅰ线两侧 A 相开关，43ms 成功跳开 B 站 2521 开关 A 相，A 站 2521 开关 A 相未变位；约 297ms，A 站Ⅰ母失灵保护动作，第一时限跟跳 A 站 2521 开关 ABC 三相；448ms A 站Ⅰ母失灵保护动作跳ⅠM 上 2201、2521、2522、2012 三相开关，并向 AB Ⅰ线、AB Ⅱ线线路对侧发远跳命令，成功跳开 A 站侧 2522、2201 三相开关及 B 站侧 2521、2522 开关三相，未跳开 A 站侧 2521、2012 开关；约 500ms，A 站侧母联失灵保护动作跳Ⅱ母上 2523、2202 三相开关，并向 AC Ⅰ线对侧发远跳命令，成功跳开 A 站侧 2523、2202 三相开关及 C 站侧 2523 三相开关。

3. 波形特征解析

（1）A 站侧波形特征解析。AB Ⅰ线路 A 站侧保护录波图如图 7－3－5 所示。

从图 7－3－5 解析 0ms 故障态电压特征：A 相电压下降为 0，B、C 相电压基本不变，且出现零序电压。

从图 7－3－5 解析 0ms 故障态电流特征解析：A 相电流升高，B、C 相为负荷电流，且出现零序电流。

从图 7－3－5 解析 0ms 故障态潮流特征解析：由于故障相 A 相电压为 0，对于潮流解析需要借助零序电压、零序电流，通过相位解析，实际零序电流（线路保护零序电流接线使零序电流反向）超前零序电压 97°，符合线路正向故障特征。

从图 7－3－5 解析：560ms 后，母线 A、B、C 三相电压恢复消失，A 相故障电流消失，故障隔离。

（2）B 站侧波形特征解析。AB Ⅰ线路 B 站侧保护录波图如图 7－3－6 所示。

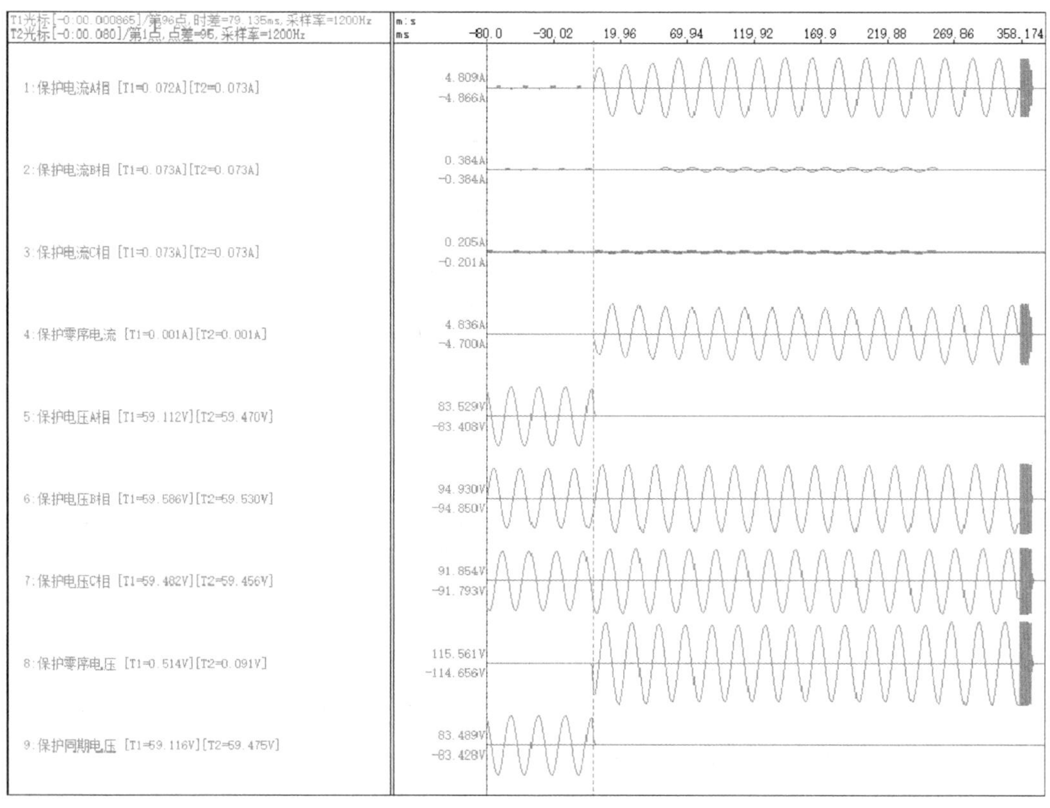

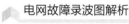

图 7-3-5 AB I 线路 A 站侧保护录波图

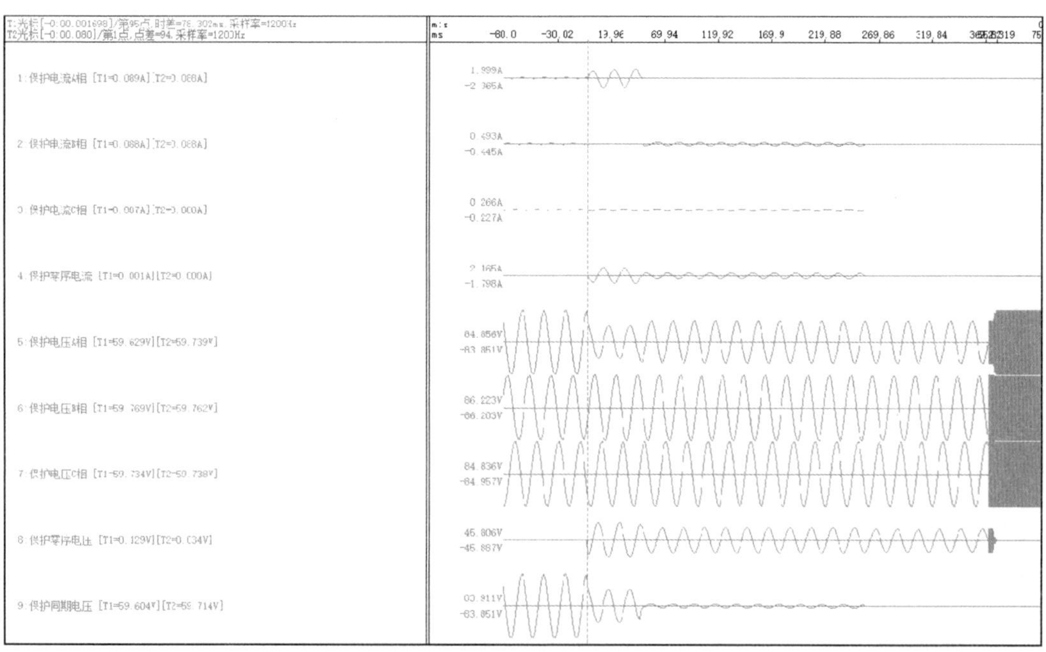

图 7-3-6 AB I 线路 B 站侧保护录波图

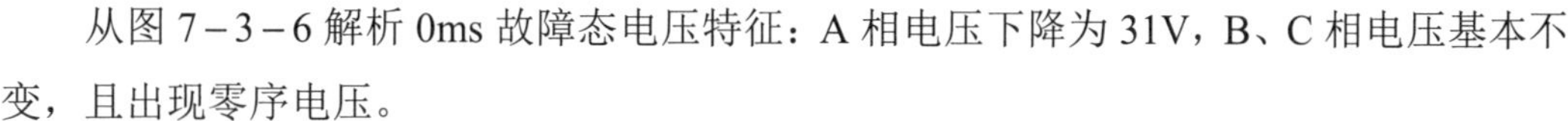

从图 7－3－6 解析 0ms 故障态电压特征：A 相电压下降为 31V，B、C 相电压基本不变，且出现零序电压。

从图 7－3－6 解析 0ms 故障态电流特征：A 相电流升高，B、C 相为负荷电流，且出现零序电流。

从图 7－3－6 解析 0ms 故障态潮流特征：通过相位解析，实际零序电流（线路保护零序电流接线使零序电流反向）超前零序电压 97°，A 相电压超前 A 相电流约 80°，从相电流、零序电流两个角度解析均符合线路正向故障特征。

从图 7－3－6 解析：50ms 保护动作后，母线 A 相电压升高为 38V，B、C 相电压基本不变，仍然有较大的零序电压，说明 B 站母线离故障点电气距离增加；A、B、C 三相故障电流消失，ABⅠ线 B 站侧开关切开，不再流过短路电流。

从图 7－3－6 解析：560ms 后，B 站母线 A、B、C 三相电压恢复正常，说明系统内故障已隔离。

（3）A 站侧母差保护波形特征解析。A 站侧母差保护录波图如图 7－3－7 所示。图中，支路 1：母联 2400/1、支路 2：#1 主变 1200/1、支路 3：#2 主变 1600/1；支路 4：

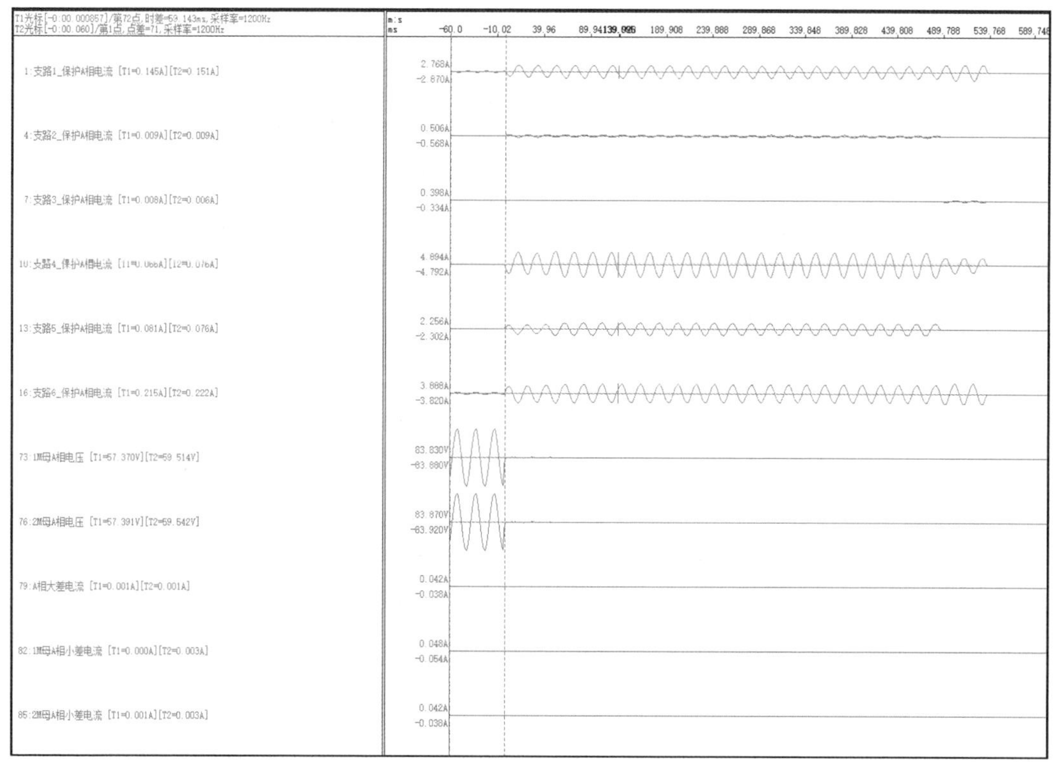

图 7－3－7 A 站侧母差保护录波

AB Ⅰ线 2400/1；支路 5：AB Ⅱ线 2400/1；支路 6：AC Ⅰ线 1600/1；母联 TA 极性朝 2M。由于 BC 相电流均为负荷电流，省略 BC 相波形。

A 站侧母差保护波形（第一次保护动作时相量分析）如图 7－3－8 所示。

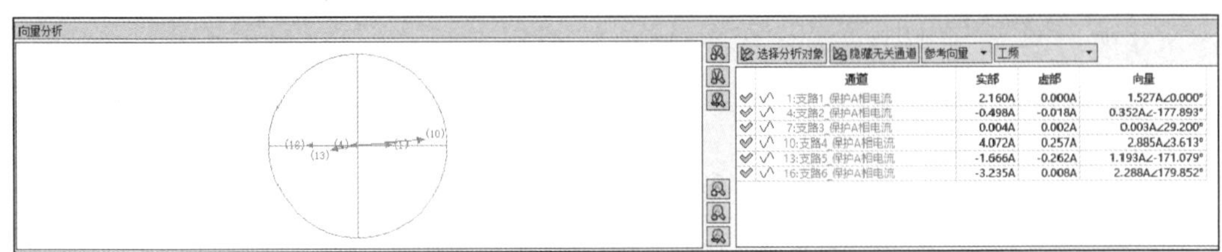

图 7－3－8　A 站侧母差保护波形（第一次保护动作时相量分析）

从图 7－3－7 解析 0ms 故障态电压特征：A 相电压下降为 0，B、C 相电压基本不变，且出现零序电压，说明故障相为 A 相。

从图 7－3－7 解析 0ms 故障态电流特征：支路 1BC 相，支路 2 三相，支路 3 三相，支路 4B、C 相，支路 5B、C 相，支路 6B、C 相为负荷电流忽略不计；支路 1、支路 4、支路 5、支路 6A 相电流升高，且出现零序电流，说明故障相为 A 相。

从图 7－3－7 解析 0ms 故障态潮流特征：由于故障相 A 相电压为 0，对于潮流解析需要借助 A 相记忆电压或者计算零序电压通道波形的方式，此处采用记忆电压进行解析，通过故障前一个周波过零点向后推算 20ms 间隔处过零点来进行相位解析。通过相位解析，支路 5、支路 6 实际 A 相电流超前 A 相电压约 90°，说明故障在 A 站 2522、2523 靠母线侧；母联间隔 A 相电压超前 A 相电流约 90°，说明母线间隔故障电流潮流流向Ⅰ母，故障位于Ⅰ母侧；对于支路 4 实际 A 相电压超前 A 相电流约 90°，说明故障在 A 站 2521 靠线路侧，即故障潮流流向 AB Ⅰ线区内。

从图 7－3－7 和图 7－3－8 解析 0ms 故障态母差保护计算差流：大差差流、Ⅰ母小差差流、Ⅱ母小差差流均为 0，说明故障位于母线区外。

从图 7－3－7 解析：500ms 失灵保护动作跳ⅠM，跳开 A 站 2522、2201 开关后，支路 5（AB Ⅱ线）、支路 2（#1 主变）不再提供短路电流，但故障电流仍然存在，且故障潮流仍然不变，流向 AB Ⅰ线区内。

从图 7－3－7 解析：540ms 母联失灵保护跳ⅡM，跳开 A 站 2523、2202 开关后，支路 6（AC Ⅰ线）不再向故障点提供短路电流，故障隔离。

三、综合总结

故障总共持续约 540ms，第一阶段为 0～500ms，第二阶段为 500～540ms。

（1）第一阶段。

1）从线路两侧录波图解析到故障电流方向相相同，均指向线路区内，说明在线路区内发生了故障；从波形特征解析，系统发生了A相金属性接地故障，A站侧A相电压几乎降为0，B站侧电压较高，说明故障发生于A站侧出口处。

2）从线路保护动作行为解析，两侧均选A相，且主保护同时动作切除A相，A站侧距离Ⅰ段动作，而B站侧未动作，符合A站出口处故障的判断。

3）从母差保护动作行为解析，大差差流、Ⅰ母小差差流、Ⅱ母小差差流均为0，说明故障不在母线区内，且潮流指向ABⅠ线区内，与线路保护分析一致。

（2）第二阶段（A站母差跳开Ⅰ母后）。

1）从波形特征解析，电压特征在ABⅠ线B站侧三相开关跳开后，B站电源与故障点电气距离增大，故B站母线电压微升。其他故障电流电压波形基本同前。

2）从保护动作行为解析，ABⅠ线A站侧三相开关拒动，A站Ⅰ母失灵保护第一时限动作跟跳2521三相开关，开关仍然拒动；第二时限跳母联开关，母联开关仍拒动，母联失灵逻辑启动；母联失灵与线路失灵逻辑同时开始计时，Ⅰ母失灵保护三时限先动作跳开Ⅰ母上所有开关并远跳对侧开关，此时电源侧通过ACⅠ线、母联、2521仍然向故障点提供故障电流；母联失灵保护动作跳2M上ACⅠ线后，故障隔离。

综上所述，0ms在220kV ABⅠ线靠A站侧区内发生A相永久性金属性接地故障，随后A站侧2521开关三相拒动，启动Ⅰ母失灵保护跳ⅠM，同时发生母联2012开关三相拒动，母联开关拒动后启动母联失灵保护跳Ⅱ母后隔离故障，母差保护、线路保护动作行为正确。

7.4　母联合位死区故障

一、故障信息

故障发生前A站、B站、C站运行方式为：ABⅠ线、ABⅡ线、ACⅠ线、BCⅠ线、#1主变、#2主变均在合位，A站#1主变、ABⅠ线、ABⅡ线挂1M、#2主变、ACⅠ线挂2M，如图7－4－1所示。

故障发生后，A站220kV 1M、2M上所有开关均在分位，ABⅠ线、ABⅡ、ACⅠ线线路两侧开关均在分位，故障发生后A站、B站、C站运行方式如图7－4－2所示。

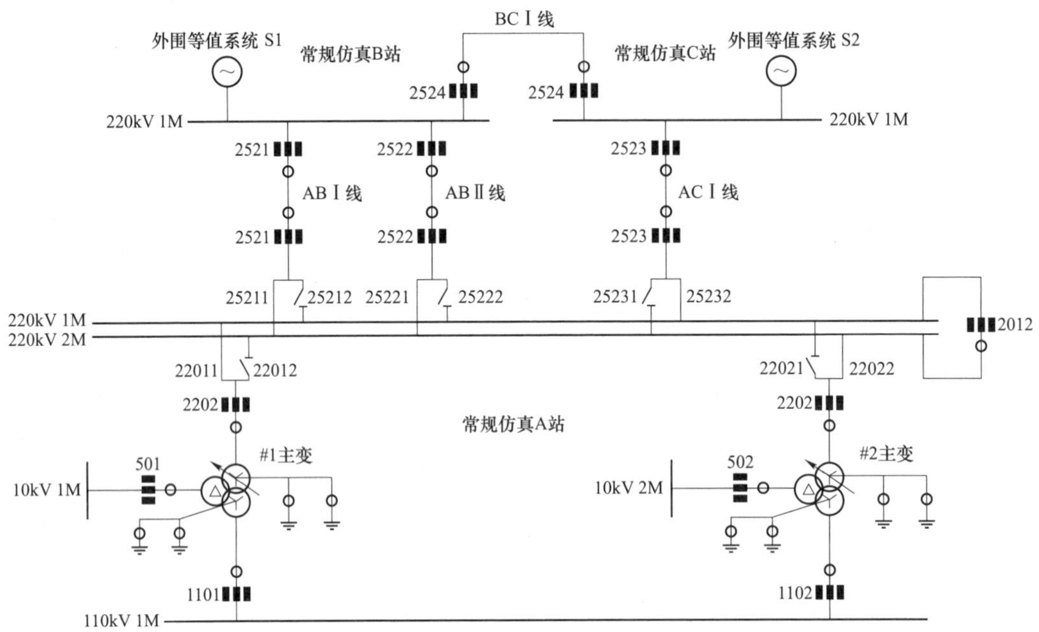

图 7-4-1 故障发生前 A 站、B 站、C 站运行方式

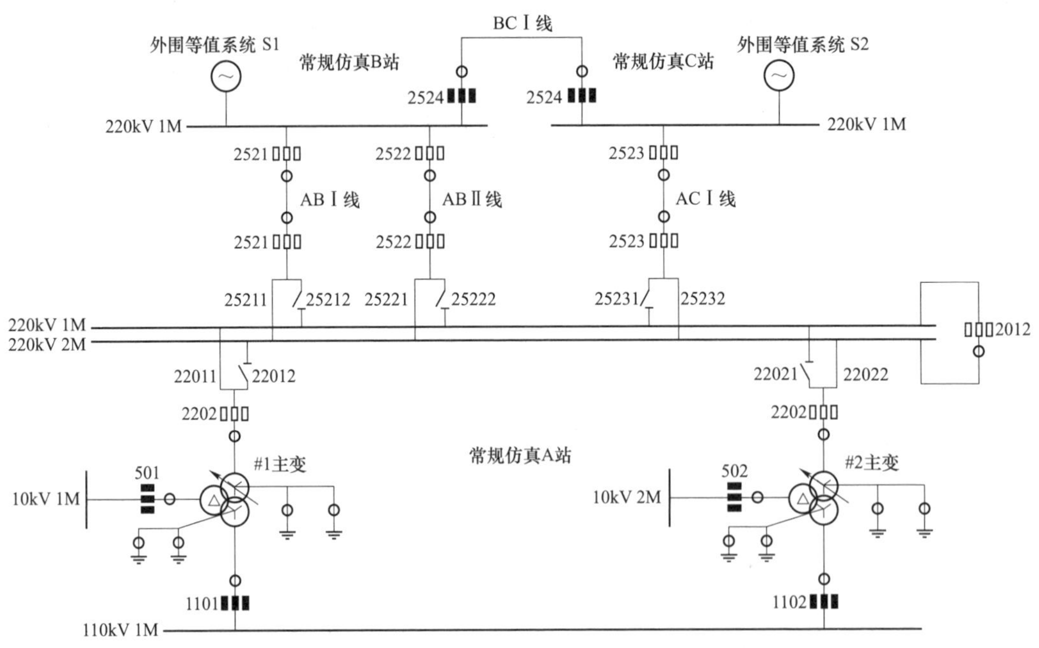

图 7-4-2 故障发生后 A 站、B 站、C 站运行方式

二、录波图解析

1. 保护动作报文解析

（1）从故障录波 HDR 文件读取相关保护信息，以保护启动初始时刻为基准，A 站母差保护动作简报见表 7－4－1。

表 7－4－1　　A 站母差保护动作简报

序号	动作报文对应时间	动作报文名称	动作相别	动作报文变化值
…	…	…	…	…
9	6ms	1M 母差动动作	C	1
10	189ms	2M 母差动母联死区	C	1
11	208ms	母联失灵跳 1M 母		1
12	208ms	母联失灵跳 2M 母		1
13	208ms	母联失灵保护动作		1

根据表 7－4－1，A 站母差保护启动后约 6ms，1M 母差差动保护动作，跳开 1M 上所有间隔；189ms 后，2M 母差差动母联死区保护动作跳 2M 上所有开关；208ms 后母联失灵保护动作跳 1M、2M。

（2）从故障录波 HDR 文件读取相关保护信息，以保护启动初始时刻为基准，AB Ⅰ线 B 站侧保护动作简报见表 7－4－2。

表 7－4－2　　AB Ⅰ线 B 站侧保护动作简报

序号	动作报文对应时间	动作报文名称	动作相别	动作报文变化值
1	0ms	保护启动		1
2	32ms	远方跳闸动作	ABC	1
3	38ms	纵联距离动作	ABC	1
4	38ms	纵联零序动作	ABC	1
5	82ms	远方跳闸动作		0
6	82ms	纵联距离动作		0
7	82ms	纵联零序动作		0
8	7076ms	保护启动		0

根据表 7－4－2，AB Ⅰ线路 B 站侧保护启动后约 32ms，远方跳闸保护动作，保护出口跳 ABC 三相开关。

（3）从故障录波 HDR 文件读取相关保护信息，以保护启动初始时刻为基准，ABⅡ线 B 站侧保护动作简报见表 7－4－3。

表 7－4－3　　ABⅡ线 B 站侧保护动作简报

序号	动作报文对应时间	动作报文名称	动作相别	动作报文变化值
1	0ms	保护启动		1
2		采样已同步		1
3	13ms	纵联阻抗发信	C	1
4	14ms	纵联零序发信		1
5	37ms	远方跳闸动作	ABC	1
6	37ms	永跳闭锁重合闸		1
7	37ms	三跳闭锁重合闸		1
8		数据来源通道一		1
9	47ms	纵联保护动作	ABC	1
10		故障相电压		1
11		故障相电流		1
12		测距阻抗	C	1
13		故障测距	C	1

根据表 7－4－3 中所示，ABⅡ线路 B 站侧保护启动后约 37ms，远方跳闸保护动作，保护出口跳 ABC 三相开关。

（4）从故障录波 HDR 文件读取相关保护信息，以保护启动初始时刻为基准，ABⅡ线 B 站侧保护动作简报见表 7－4－4。

表 7－4－4　　ABⅡ线 B 站侧保护动作简报

序号	动作报文对应时间	动作报文名称	动作相别	动作报文变化值
1	0ms	保护启动		1
2	217ms	远方跳闸动作	ABC	1

根据表 7－4－4，ABⅡ线路 B 站侧保护启动后约 217ms，远方跳闸保护动作，保护出口跳 ABC 三相开关。

2. 开关量变位解析

（1）以故障初始时刻为基准，A 站侧开关量变位图如图 7－4－3 所示。

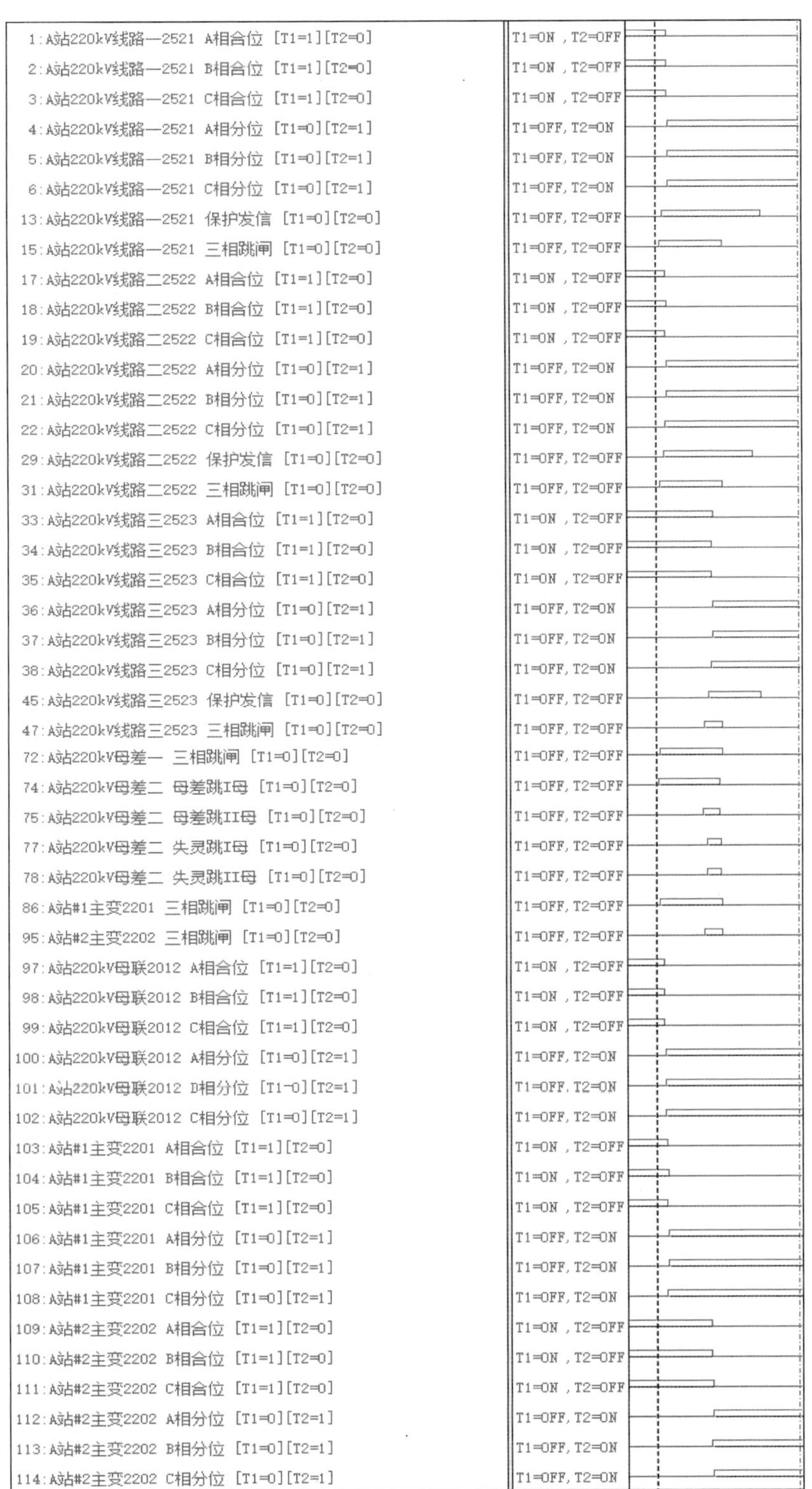

图 7-4-3 A 站侧开关量变位图

A 站侧开关量变位时间顺序见表 7－4－5。

表 7－4－5　　A 站侧开关量变位时间顺序

位置	第 1 次变位时间	第 2 次变位时间
1:A 站 220kV 线路一 2521 A 相合位	↓ 48.250ms	
2:A 站 220kV 线路一 2521 B 相合位	↓ 48.250ms	
3:A 站 220kV 线路一 2521 C 相合位	↓ 48.250ms	
4:A 站 220kV 线路一 2521 A 相分位	↑ 51.250ms	
5:A 站 220kV 线路一 2521 B 相分位	↑ 51.750ms	
6:A 站 220kV 线路一 2521 C 相分位	↑ 52.750ms	
13:A 站 220kV 线路一 2521 保护发信	↑ 33.500ms	↓ 439.000ms
15:A 站 220kV 线路一 2521 三相跳闸	↑ 18.500ms	↓ 277.250ms
17:A 站 220kV 线路二 2522 A 相合位	↓ 45.750ms	
18:A 站 220kV 线路二 2522 B 相合位	↓ 46.250ms	
19:A 站 220kV 线路二 2522 C 相合位	↓ 43.750ms	
20:A 站 220kV 线路二 2522 A 相分位	↑ 48.750ms	
21:A 站 220kV 线路二 2522 B 相分位	↑ 49.250ms	
22:A 站 220kV 线路二 2522 C 相分位	↑ 45.750ms	
29:A 站 220kV 线路二 2522 保护发信	↑ 35.000ms	↓ 407.750ms
31:A 站 220kV 线路二 2522 三相跳闸	↑ 17.250ms	↓ 277.250ms
33:A 站 220kV 线路三 2523 A 相合位	↓ 235.250ms	
34:A 站 220kV 线路三 2523 B 相合位	↓ 233.250ms	
35:A 站 220kV 线路三 2523 C 相合位	↓ 231.500ms	
36:A 站 220kV 线路三 2523 A 相分位	↑ 237.750ms	
37:A 站 220kV 线路三 2523 B 相分位	↑ 235.500ms	
38:A 站 220kV 线路三 2523 C 相分位	↑ 233.500ms	
45:A 站 220kV 线路三 2523 保护发信	↑ 218.500ms	↓ 440.500ms
47:A 站 220kV 线路三 2523 三相跳闸	↑ 204.250ms	↓ 277.750ms
72:A 站 220kV 母差一 三相跳闸	↑ 17.750ms	↓ 278.000ms
74:A 站 220kV 母差二 母差跳 Ⅰ 母	↑ 12.000ms	↓ 268.750ms
75:A 站 220kV 母差二 母差跳 Ⅱ 母	↑ 195.750ms	↓ 268.750ms
77:A 站 220kV 母差二 失灵跳 Ⅰ 母	↑ 214.000ms	↓ 272.000ms
78:A 站 220kV 母差二 失灵跳 Ⅱ 母	↑ 214.000ms	↓ 272.000ms
86:A 站#1 主变 2201 三相跳闸	↑ 19.750ms	↓ 277.750ms
95:A 站#2 主变 2202 三相跳闸	↑ 203.250ms	↓ 277.250ms
97:A 站 220kV 母联 2012 A 相合位	↓ 37.750ms	
98:A 站 220kV 母联 2012 B 相合位	↓ 38.000ms	
99:A 站 220kV 母联 2012 C 相合位	↓ 38.500ms	
100:A 站 220kV 母联 2012 A 相分位	↑ 40.000ms	
101:A 站 220kV 母联 2012 B 相分位	↑ 41.500ms	

续表

位置	第 1 次变位时间	第 2 次变位时间
102:A 站 220kV 母联 2012 C 相分位	↑ 41.500ms	
103:A 站#1 主变 2201 A 相合位	↓ 48.500ms	
104:A 站#1 主变 2201 B 相合位	↓ 53.500ms	
105:A 站#1 主变 2201 C 相合位	↓ 48.750ms	
106:A 站#1 主变 2201 A 相分位	↑ 51.500ms	
107:A 站#1 主变 2201 B 相分位	↑ 54.500ms	
108:A 站#1 主变 2201 C 相分位	↑ 50.750ms	
109:A 站#2 主变 2202 A 相合位	↓ 233.750ms	
110:A 站#2 主变 2202 B 相合位	↓ 232.250ms	
111:A 站#2 主变 2202 C 相合位	↓ 235.000ms	
112:A 站#2 主变 2202 A 相分位	↑ 235.750ms	
113:A 站#2 主变 2202 B 相分位	↑ 234.000ms	
114A:站#2 主变 2202 C 相分位	↑ 236.250ms	

（2）以故障初始时刻为基准，B 站侧开关量变位图如图 7-4-4 所示。

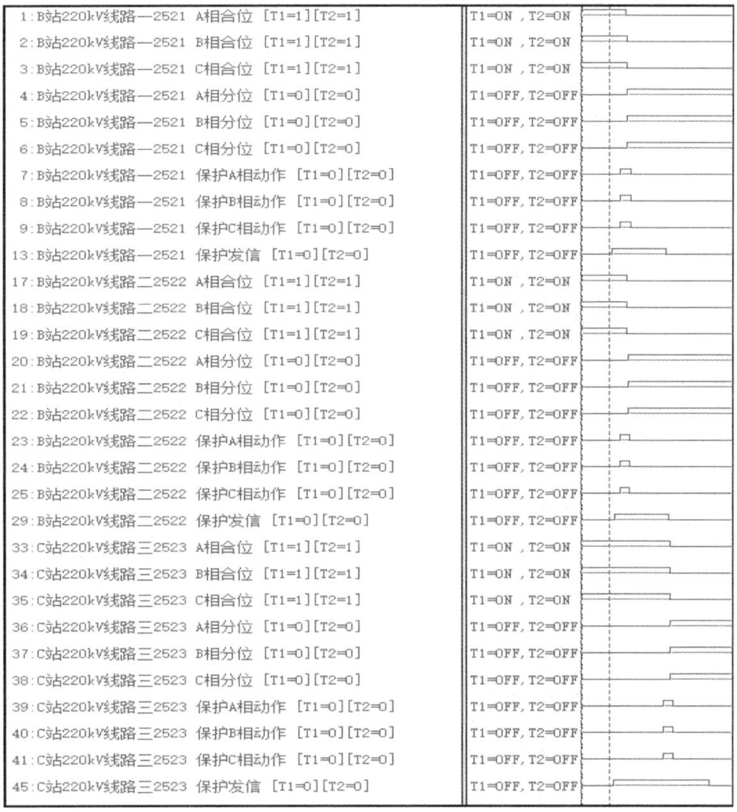

1:B站220kV线路一2521 A相合位 [T1=1][T2=1]	T1=ON ,T2=ON
2:B站220kV线路一2521 B相合位 [T1=1][T2=1]	T1=ON ,T2=ON
3:B站220kV线路一2521 C相合位 [T1=1][T2=1]	T1=ON ,T2=ON
4:B站220kV线路一2521 A相分位 [T1=0][T2=0]	T1=OFF,T2=OFF
5:B站220kV线路一2521 B相分位 [T1=0][T2=0]	T1=OFF,T2=OFF
6:B站220kV线路一2521 C相分位 [T1=0][T2=0]	T1=OFF,T2=OFF
7:B站220kV线路一2521 保护A相动作 [T1=0][T2=0]	T1=OFF,T2=OFF
8:B站220kV线路一2521 保护B相动作 [T1=0][T2=0]	T1=OFF,T2=OFF
9:B站220kV线路一2521 保护C相动作 [T1=0][T2=0]	T1=OFF,T2=OFF
13:B站220kV线路一2521 保护发信 [T1=0][T2=0]	T1=OFF,T2=OFF
17:B站220kV线路二2522 A相合位 [T1=1][T2=1]	T1=ON ,T2=ON
18:B站220kV线路二2522 B相合位 [T1=1][T2=1]	T1=ON ,T2=ON
19:B站220kV线路二2522 C相合位 [T1=1][T2=1]	T1=ON ,T2=ON
20:B站220kV线路二2522 A相分位 [T1=0][T2=0]	T1=OFF,T2=OFF
21:B站220kV线路二2522 B相分位 [T1=0][T2=0]	T1=OFF,T2=OFF
22:B站220kV线路二2522 C相分位 [T1=0][T2=0]	T1=OFF,T2=OFF
23:B站220kV线路二2522 保护A相动作 [T1=0][T2=0]	T1=OFF,T2=OFF
24:B站220kV线路二2522 保护B相动作 [T1=0][T2=0]	T1=OFF,T2=OFF
25:B站220kV线路二2522 保护C相动作 [T1=0][T2=0]	T1=OFF,T2=OFF
29:B站220kV线路二2522 保护发信 [T1=0][T2=0]	T1=OFF,T2=OFF
33:C站220kV线路三2523 A相合位 [T1=1][T2=1]	T1=ON ,T2=ON
34:C站220kV线路三2523 B相合位 [T1=1][T2=1]	T1=ON ,T2=ON
35:C站220kV线路三2523 C相合位 [T1=1][T2=1]	T1=ON ,T2=ON
36:C站220kV线路三2523 A相分位 [T1=0][T2=0]	T1=OFF,T2=OFF
37:C站220kV线路三2523 B相分位 [T1=0][T2=0]	T1=OFF,T2=OFF
38:C站220kV线路三2523 C相分位 [T1=0][T2=0]	T1=OFF,T2=OFF
39:C站220kV线路三2523 保护A相动作 [T1=0][T2=0]	T1=OFF,T2=OFF
40:C站220kV线路三2523 保护B相动作 [T1=0][T2=0]	T1=OFF,T2=OFF
41:C站220kV线路三2523 保护C相动作 [T1=0][T2=0]	T1=OFF,T2=OFF
45:C站220kV线路三2523 保护发信 [T1=0][T2=0]	T1=OFF,T2=OFF

图 7-4-4　B 站侧开关量变位图

B 站侧开关量变位时间顺序见表 7－4－6。

表 7－4－6　　B 站侧开关量变位时间顺序

位置	第 1 次变位时间	第 2 次变位时间
1:B 站 220kV 线路一 2521 A 相合位	↓ 68.250ms	
2:B 站 220kV 线路一 2521 B 相合位	↓ 70.500ms	
3:B 站 220kV 线路一 2521 C 相合位	↓ 71.500ms	
4:B 站 220kV 线路一 2521 A 相分位	↑ 70.750ms	
5:B 站 220kV 线路一 2521 B 相分位	↑ 73.250ms	
6:B 站 220kV 线路一 2521 C 相分位	↑ 74.000ms	
7:B 站 220kV 线路一 2521 保护 A 相动作	↑ 41.250ms	↓ 88.500ms
8:B 站 220kV 线路一 2521 保护 B 相动作	↑ 41.250ms	↓ 88.500ms
9:B 站 220kV 线路一 2521 保护 C 相动作	↑ 41.000ms	↓ 88.500ms
3:B 站 220kV 线路一 2521 保护发信	↑ 9.500ms	↓ 239.000ms
17:B 站 220kV 线路二 2522 A 相合位	↓ 72.250ms	
18:B 站 220kV 线路二 2522 B 相合位	↓ 72.750ms	
19:B 站 220kV 线路二 2522 C 相合位	↓ 72.250ms	
20:B 站 220kV 线路二 2522 A 相分位	↑ 74.750ms	
21:B 站 220kV 线路二 2522 B 相分位	↑ 75.500ms	
22:B 站 220kV 线路二 2522 C 相分位	↑ 75.250ms	
23:B 站 220kV 线路二 2522 保护 A 相动作	↑ 43.000ms	↓ 84.250ms
24:B 站 220kV 线路二 2522 保护 B 相动作	↑ 42.750ms	↓ 84.250ms
25:B 站 220kV 线路二 2522 保护 C 相动作	↑ 43.000ms	↓ 84.500ms
29:B 站 220kV 线路二 2522 保护发信	↑ 19.250ms	↓ 247.500ms
33:C 站 220kV 线路三 2523 A 相合位	↓ 254.500ms	
34:C 站 220kV 线路三 2523 B 相合位	↓ 255.250ms	
35:C 站 220kV 线路三 2523 C 相合位	↓ 255.250ms	
36:C 站 220kV 线路三 2523 A 相分位	↑ 256.750ms	
37:C 站 220kV 线路三 2523 B 相分位	↑ 259.000ms	
38:C 站 220kV 线路三 2523 C 相分位	↑ 257.750ms	
39:C 站 220kV 线路三 2523 保护 A 相动作	↑ 226.000ms	↓ 264.750ms
40:C 站 220kV 线路三 2523 保护 B 相动作	↑ 226.500ms	↓ 265.000ms
41:C 站 220kV 线路三 2523 保护 C 相动作	↑ 225.750ms	↓ 264.750ms
45:C 站 220kV 线路三 2523 保护发信	↑ 11.750ms	↓ 415.750ms

小结：故障发生后约 17ms，A 站ⅠM 母差保护动作后跳ⅠM 上 2201、2521、2522、2012 三相开关，并向 ABⅠ线、ABⅡ线线路对侧发远跳命令，成功跳开 A 站侧 2521、

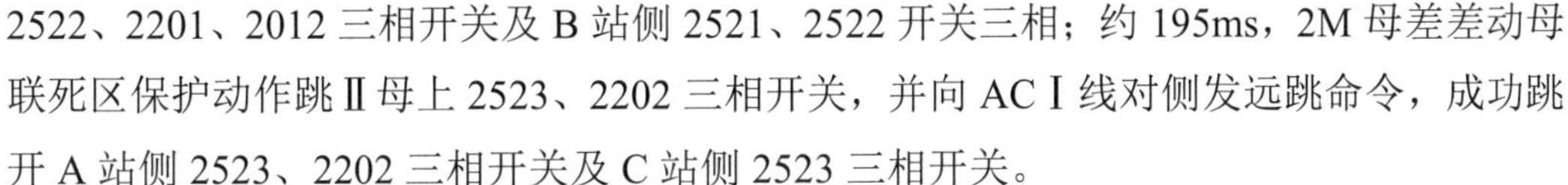

2522、2201、2012 三相开关及 B 站侧 2521、2522 开关三相；约 195ms，2M 母差差动母联死区保护动作跳Ⅱ母上 2523、2202 三相开关，并向 ACⅠ线对侧发远跳命令，成功跳开 A 站侧 2523、2202 三相开关及 C 站侧 2523 三相开关。

3. 波形特征解析

（1）A 站侧母差保护波形特征解析。A 站 220kV 母差保护录波图如图 7-4-5 所示。图中，支路 1：母联 2400/1、支路 2：#1 主变 1200/1、支路 3：#2 主变 1600/1；支路 4：ABⅠ线 2400/1；支路 5：ABⅡ线 2400/1；支路 6：ACⅠ线 1600/1；母联 TA 极性朝 2M。由于为 AB 相电流均为负荷电流，省略 AB 相波形。

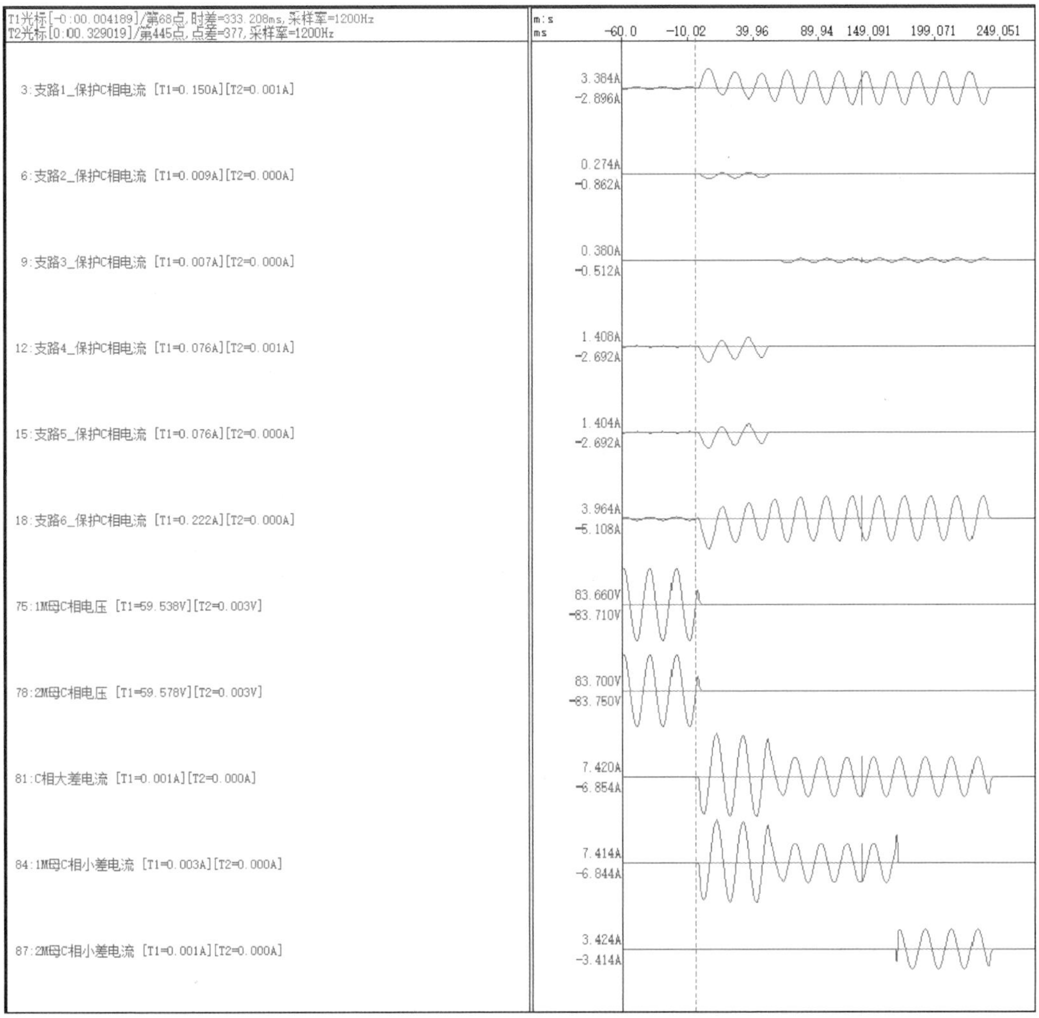

图 7-4-5 A 站侧母差保护录波图

A 站侧母差保护波形（第一次保护动作时相量分析）如图 7-4-6 所示。

图 7-4-6　A 站侧母差保护波形（第一次保护动作时相量分析）

从图 7-4-5 解析 0ms 故障态电压特征：C 相电压下降为 0，A、B 相电压基本不变，且出现零序电压，说明故障相为 C 相。

从图 7-4-5 解析 0ms 故障态电流特征：支路 1A、B 相，支路 2 三相，支路 3 三相，支路 4A、B 相，支路 5A、B 相，支路 6A、B 相为负荷电流，忽略不计；支路 1、支路 4、支路 5、支路 6 C 相电流升高，且出现零序电流，说明故障相为 C 相。

从图 7-4-5 解析 0ms 故障态潮流特征：由于故障相 C 相电压为 0，对于潮流解析需要借助 C 相记忆电压或者计算零序电压通道波形的方式，此处采用记忆电压进行解析，通过故障前一个周波过零点向后推算 20ms 间隔处过零点来进行相位解析，通过相位解析，支路 4、支路 5、支路 6 实际 C 相电流超前 C 相电压约 90°，说明故障位于母线区内；母联间隔 C 相电压超前 C 相电流约 90°，说明母线间隔故障电流潮流流向 Ⅰ 母，故障位于母联 TA 靠 Ⅰ 母侧。

从图 7-4-5 和图 7-4-6 解析 0ms 故障态母差保护计算差流：大差差流、Ⅰ 母小差差流较大，Ⅱ 母小差没有差流，说明故障位于 Ⅰ 母线区外。

从图 7-4-5 解析，40ms 母差保护动作跳 Ⅰ M，跳开 A 站 2012、2521、2522、2201 开关后，支路 4（ABⅠ线）、支路 5（ABⅡ线）、支路 2（#1 主变）不再提供短路电流，但母联 2012、支路 6（ACⅠ线）故障电流仍然存在，且故障潮流仍然不变，流向 Ⅰ 母母线线区内。电压特征、大小差差流特征基本同前。

从图 7-4-5 解析，175ms 母差保护在母联开关分开 150ms 后封母联 TA 电流，即母联电流不计入小差，此时大差差流、Ⅱ 母小差差流较大，Ⅰ 母小差没有差流，Ⅱ 母母联死区保护动作跳 Ⅱ 母，跳开 2523、2202 开关后故障隔离。此阶段仅是母差保护内部逻辑调整，电流电压波形特征与上一阶段基本一致。

（2）ABⅠ线路 B 站侧保护波形解析。ABⅠ线路 B 站侧保护录波图如图 7-4-7 所示。

从图 7-4-7 解析 0ms 故障态电压特征：C 相电压下降为 31V，A、B 相电压基本不变，且出现零序电压。

从图 7-4-7 解析 0ms 故障态电流特征：C 相电流升高，A、B 相为负荷电流，且出现零序电流。

从图 7－4－7 解析 0ms 故障态潮流特征：通过相位解析，实际零序电流（线路保护零序电流接线使零序电流反向）超前零序电压 97°，A 相电压超前 A 相电流约 80°，从相电流、零序电流两个角度解析均符合线路正向故障特征。

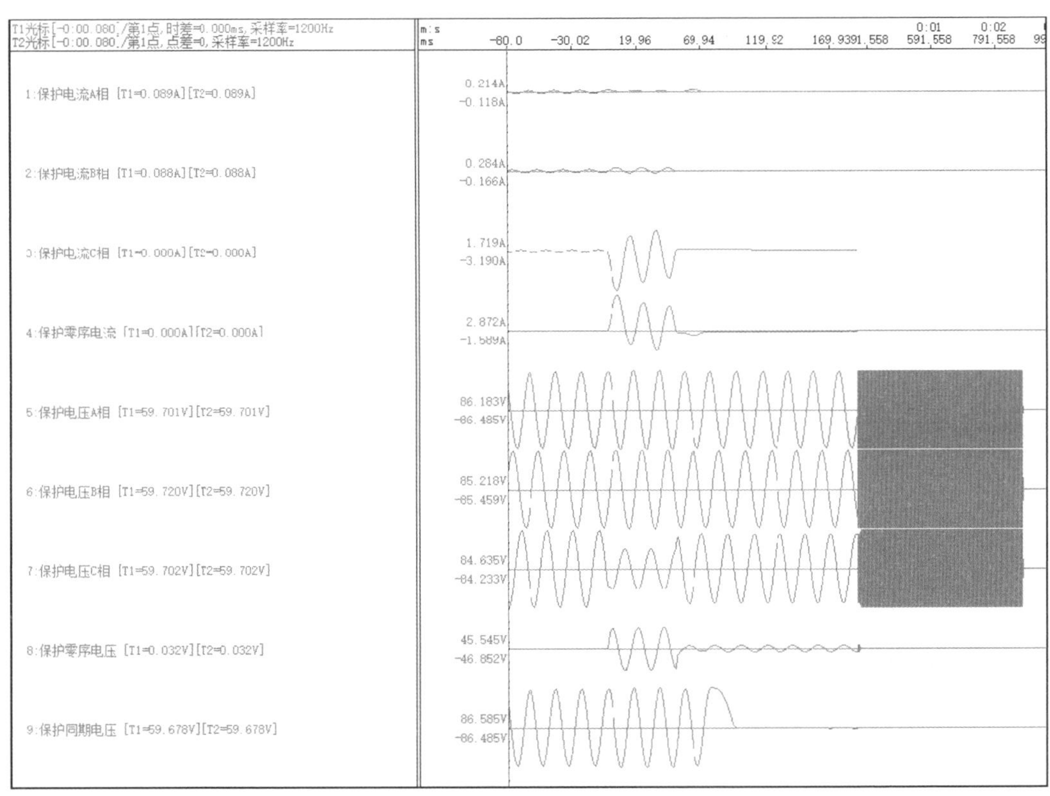

图 7－4－7 AB Ⅰ线路 B 站侧保护录波图

从图 7－4－7 解析：35ms 远方跳闸保护动作后，跳开 B 站侧 AB Ⅰ线三相开关，母线 C 相电压升高为 53V，A、B 相电压基本不变，此时仍有较大的零序电压，说明 B 站母线离故障点电气距离增加；A、B、C 三相故障电流消失，AB Ⅰ线 B 站侧开关跳开，不再流过短路电流。

从图 7－4－7 解析：240ms 母差保护跳开Ⅱ母后，B 站母线 A、B、C 三相电压恢复正常，说明系统内故障已隔离。

三、综合总结

故障总共持续约 250ms，第一阶段为 0～55ms，第二阶段为 55～250ms。

（1）第一阶段。

1）从线路两侧录波图解析到故障电流方向相相反，差流为 0，为穿越性电流，说明在线路区外发生了故障；从波形特征解析，系统发生了 A 相金属性接地故障，A 站侧 A 相电压几乎降为 0，B 站侧电压较高，说明故障发生线路区外靠 A 站侧。

2）从母差保护波形解析，支路 4、支路 5、支路 6 潮流流向区内，支路 1 潮流流向Ⅰ母，说明故障位于 A 站Ⅰ母母线保护 TA 区内。

3）从母差保护动作行为解析，大差差流、Ⅰ母小差差流均较大，Ⅱ母小差差流为 0，说明故障在Ⅰ母母线区内，与波形潮流分析一致。

（2）第二阶段（A 站母差保护跳开Ⅰ母后）。

1）从 B 站波形特征解析，电压特征在 ABⅠ线 B 站侧三相开关跳开后，B 站电源与故障点电气距离增大，故 B 站母线电压微升。其他故障电流电压波形基本同前。

2）从 A 站波形特征解析，母差保护动作跳ⅠM，支路 4（ABⅠ线）、支路 5（ABⅡ线）、支路 2（#1 主变）不再提供短路电流，但母联 2012、支路 6（ACⅠ线）故障电流仍然存在，且故障潮流仍然不变，流向Ⅰ母母线区内。母联开关分位下有故障电流，判断故障点位于母联开关与 TA 之间死区位置。

3）从保护动作行为解析，在母差保护第一阶段跳开母联 2012 开关后，此时母联电流仍计入小差，此时大差差流、Ⅰ母小差差流较大，Ⅱ母小差没有差流。150ms 后，母差保护满足封母联 TA 逻辑，母联电流不计入小差，此时大差差流、Ⅱ母小差差流较大，Ⅰ母小差没有差流，Ⅱ母母联死区保护动作跳Ⅱ母，与故障点位于母联开关与 TA 之间死区位置判断相吻合。

综上所述，0ms 在 A 站 220kV 母联开关与 TA 之间发生 C 相永久性金属性接地故障，随后 A 站侧母线差动保护跳ⅠM，故障位于死区未切除，150ms 后母差保护封母联 TA，母差保护Ⅱ母母联死区保护动作跳Ⅱ母后隔离故障点，母差保护、线路保护动作行为正确。

7.5 母联分位死区故障

一、故障信息

故障发生前 A 站、B 站、C 站运行方式为：ABⅠ线、ABⅡ线、ACⅠ线、BCⅠ线、#1 主变、#2 主变均在合位，A 站母联 2012 开关在分位，A 站#1 主变、ABⅠ线、ABⅡ线挂 1M、#2 主变、ACⅠ线挂 2M，如图 7－5－1 所示。

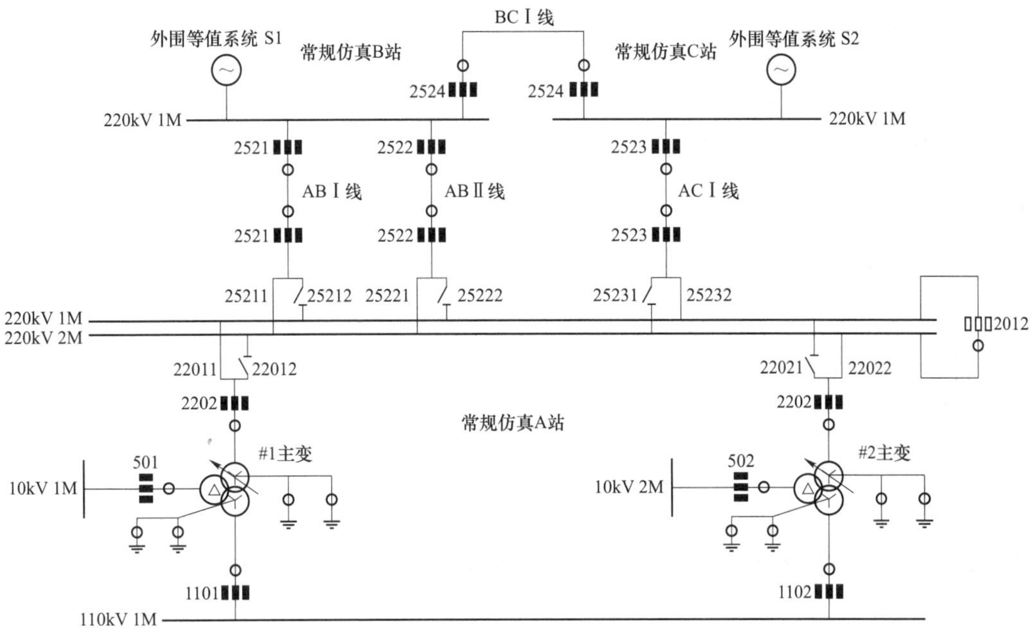

图 7-5-1　故障发生前 A 站、B 站、C 站运行方式

故障发生后，A 站 220kV 2M、2M 上所有开关均在分位，AC Ⅰ线线路两侧开关均在分位，故障发生后 A 站、B 站、C 站运行方式如图 7-5-2 所示。

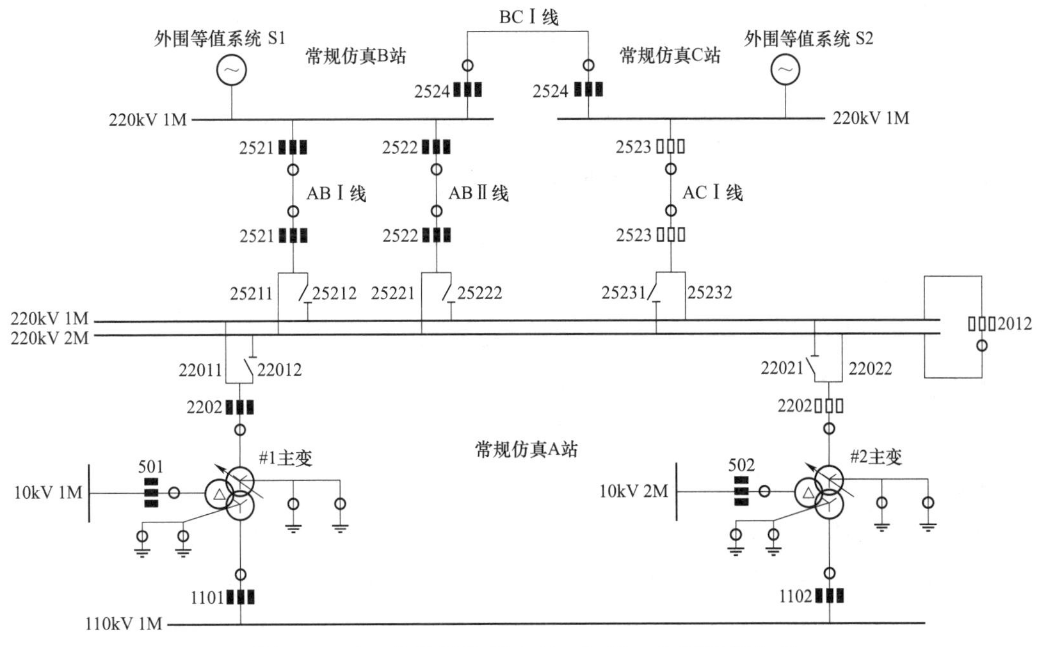

图 7-5-2　故障发生后 A 站、B 站、C 站运行方式

二、录波图解析

1. 保护动作报文解析

（1）从故障录波 HDR 文件读取相关保护信息，以保护启动初始时刻为基准，A 站母差保护动作简报见表 7－5－1。

表 7－5－1　　A 站母差保护动作简报

序号	动作报文对应时间	动作报文名称	动作相别	动作报文变化值
…	…	…	…	…
7	5ms	2M 母差动母联死区	C	1
…	…	…	…	…

根据表 7－5－1，A 站母差保护启动后约 5ms，2M 母差差动母联死区保护动作跳 2M 上所有开关。

（2）从故障录波 HDR 文件读取相关保护信息，以保护启动初始时刻为基准，ACⅠ线 B 站侧动作简报见表 7－5－2。

表 7－5－2　　ACⅠ线 B 站侧保护动作简报

序号	动作报文对应时间	动作报文名称	动作相别	动作报文变化值
1	0ms	保护启动		1
2	34ms	远方跳闸动作	ABC	1

根据表 7－5－2，ACⅠ线路 B 站侧保护启动后约 34ms，远方跳闸保护动作，保护出口跳 ABC 三相开关。

2. 开关量变位解析

（1）以故障初始时刻为基准，A 站侧开关量变位图如图 7－5－3 所示。

A 站侧开关量变位时间顺序见表 7－5－3。

（2）以故障初始时刻为基准，B 站侧开关量变位图如图 7－5－4 所示。

B 站侧开关量变位时间顺序见表 7－5－4。

小结：故障发生后约 17ms，A 站母差保护Ⅱ母联死区保护动作后跳ⅡM 上 2202、2523、2012 三相开关，并向 ACⅠ线线路对侧发远跳命令，成功跳开 C 站侧 2523 开关三相。

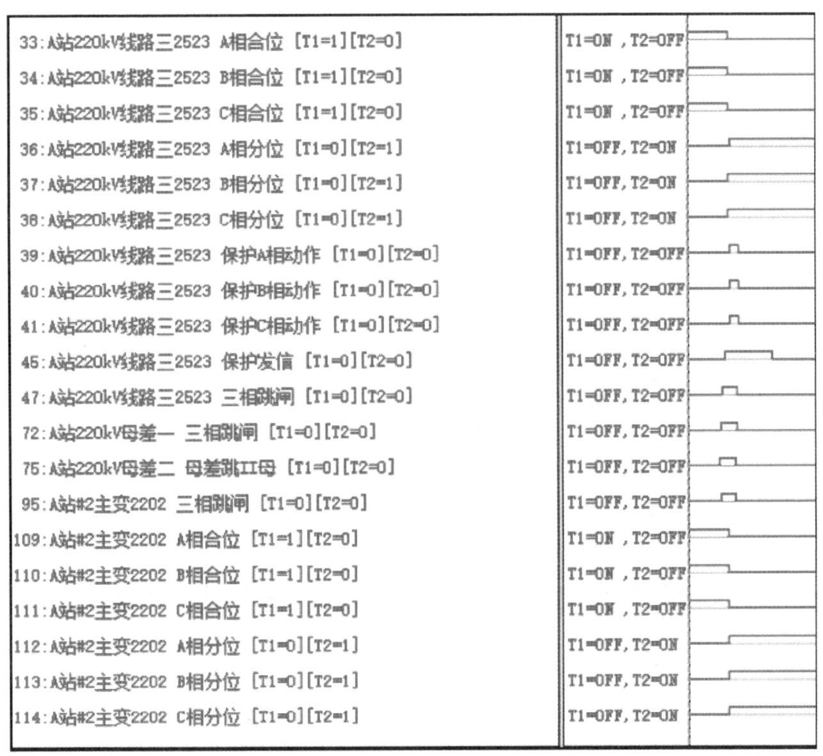

图 7-5-3 A 站侧开关量变位图

表 7-5-3 A 站侧开关量变位时间顺序

位置	第 1 次变位时间	第 2 次变位时间
33:A 站 220kV 线路三 2523 A 相合位	↓ 50.000ms	
34:A 站 220kV 线路三 2523 B 相合位	↓ 49.000ms	
35:A 站 220kV 线路三 2523 C 相合位	↓ 47.000ms	
36:A 站 220kV 线路三 2523 A 相分位	↑ 52.500ms	
37:A 站 220kV 线路三 2523 B 相分位	↑ 51.250ms	
38:A 站 220kV 线路三 2523 C 相分位	↑ 49.250ms	
39:A 站 220kV 线路三 2523 保护 A 相动作	↑ 58.250ms	↓ 97.500ms
40:A 站 220kV 线路三 2523 保护 B 相动作	↑ 58.500ms	↓ 97.250ms
41:A 站 220kV 线路三 2523 保护 C 相动作	↑ 58.000ms	↓ 97.000ms
45:A 站 220kV 线路三 2523 保护发信	↑ 34.250ms	↓ 248.000ms
47:A 站 220kV 线路三 2523 三相跳闸	↑ 19.750ms	↓ 85.000ms
72:A 站 220kV 母差一 三相跳闸	↑ 17.500ms	↓ 85.250ms
75:A 站 220kV 母差二 母差跳 II 母	↑ 12.000ms	↓ 79.250ms
95:A 站#2 主变 2202 三相跳闸	↑ 18.750ms	↓ 84.500ms
109:A 站#2 主变 2202 A 相合位	↓ 49.000ms	

续表

位置	第 1 次变位时间	第 2 次变位时间
110:A 站#2 主变 2202 B 相合位	↓ 48.250ms	
111:A 站#2 主变 2202 C 相合位	↓ 50.000ms	
112:A 站#2 主变 2202 A 相分位	↑ 51.000ms	
113:A 站#2 主变 2202 B 相分位	↑ 50.250ms	
114:A 站#2 主变 2202 C 相分位	↑ 51.250ms	

33:C站220kV线路三2523 A相合位 [T1=0][T2=0] T1=OFF,T2=OFF
34:C站220kV线路三2523 B相合位 [T1=0][T2=0] T1=OFF,T2=OFF
35:C站220kV线路三2523 C相合位 [T1=0][T2=0] T1=OFF,T2=OFF
36:C站220kV线路三2523 A相分位 [T1=1][T2=1] T1=ON ,T2=ON
37:C站220kV线路三2523 B相分位 [T1=1][T2=1] T1=ON ,T2=ON
38:C站220kV线路三2523 C相分位 [T1=1][T2=1] T1=ON ,T2=ON
39:C站220kV线路三2523 保护A相动作 [T1=0][T2=0] T1=OFF,T2=OFF
40:C站220kV线路三2523 保护B相动作 [T1=0][T2=0] T1=OFF,T2=OFF
41:C站220kV线路三2523 保护C相动作 [T1=0][T2=0] T1=OFF,T2=OFF
45:C站220kV线路三2523 保护发信 [T1=0][T2=0] T1=OFF,T2=OFF

图 7-5-4　B 站侧开关量变位图

表 7-5-4　　B 站侧开关量变位时间顺序

位置	第 1 次变位时间	第 2 次变位时间
33:C 站 220kV 线路三 2523 A 相合位	↓ 71.000ms	
34:C 站 220kV 线路三 2523 B 相合位	↓ 71.750ms	
35:C 站 220kV 线路三 2523 C 相合位	↓ 71.500ms	
36:C 站 220kV 线路三 2523 A 相分位	↑ 73.250ms	
37:C 站 220kV 线路三 2523 B 相分位	↑ 75.500ms	
38:C 站 220kV 线路三 2523 C 相分位	↑ 74.250ms	
39:C 站 220kV 线路三 2523 保护 A 相动作	↑ 42.250ms	↓ 81.000ms
40:C 站 220kV 线路三 2523 保护 B 相动作	↑ 42.750ms	↓ 81.250m
41:C 站 220kV 线路三 2523 保护 C 相动作	↑ 42.000ms	↓ 81.000m
45:C 站 220kV 线路三 2523 保护发信	↑ 11.500m	↓ 232.000ms

3. 波形特征解析

（1）A 站侧母差保护波形特征解析。A 站 220kV 母差保护录波图如图 7-5-5 所示。

图中，支路 1：母联 2400/1、支路 2：#1 主变 1200/1、支路 3：#2 主变 1600/1；支路 4：ABⅠ线 2400/1；支路 5：ABⅡ线 2400/1；支路 6：ACⅠ线 1600/1；母联 TA 极性朝 2M。由于为 AB 相电流均为负荷电流，省略 AB 相波形。

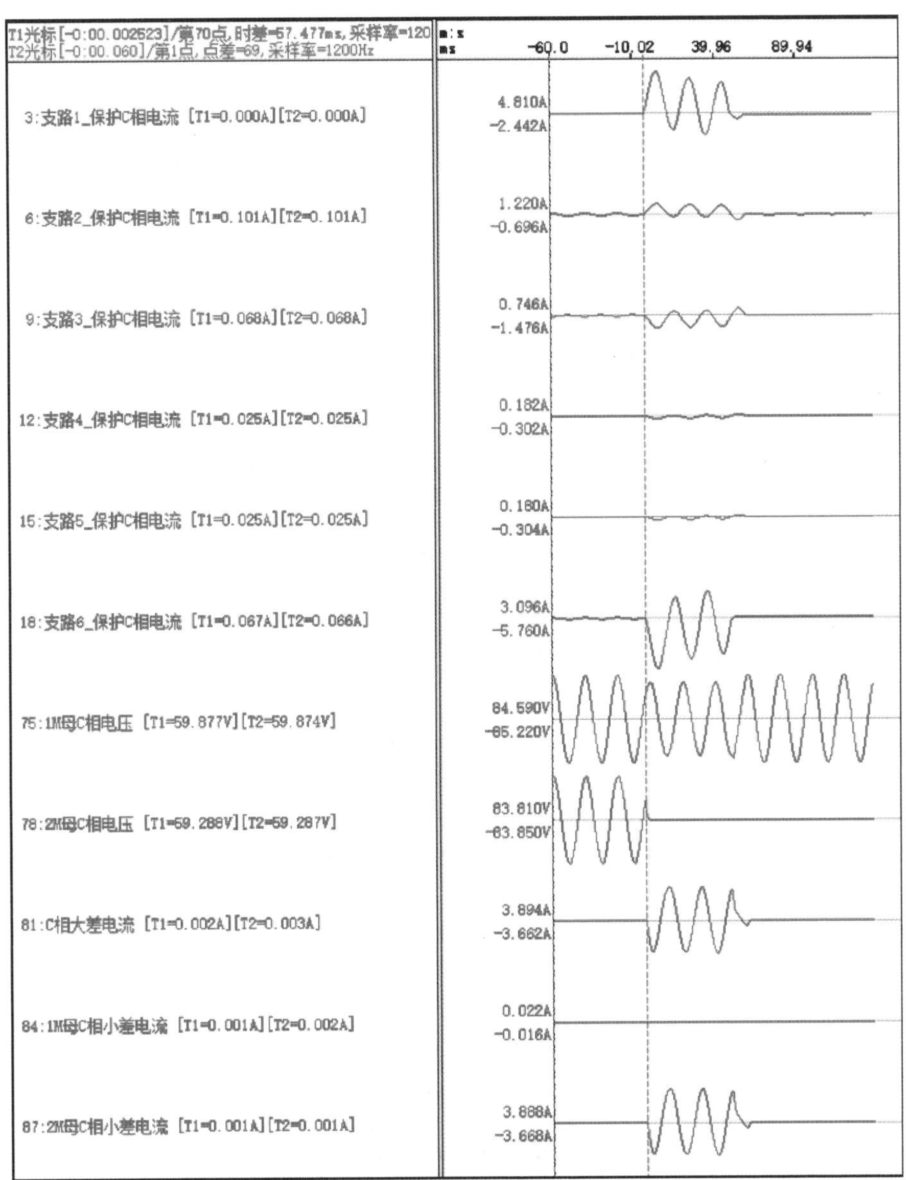

图 7-5-5 A 站侧母差保护录波图

A 站侧母差保护波形（第一次保护动作时相量分析）如图 7-5-6 所示。

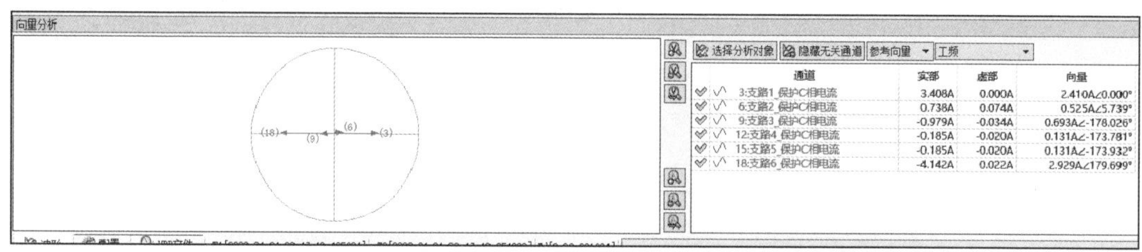

图 7-5-6　A 站侧母差保护波形（第一次保护动作时相量分析）

从图 7-5-5 解析 0ms 故障态电压特征：Ⅱ母 C 相电压下降为 0，A、B 相电压基本不变，且出现零序电压，说明故障相为 C 相；Ⅰ母三相电压基本不变，说明故障在母联开关靠Ⅱ母侧。

从图 7-5-5 解析 0ms 故障态电流特征：支路 1A、B 相，支路 2 三相，支路 3 三相，支路 4 三相，支路 5 三相，支路 6A、B 相为负荷电流，忽略不计；支路 1、支路 6 C 相电流升高，且出现零序电流，说明故障相为 C 相。

从图 7-5-5 解析 0ms 故障态潮流特征：由于故障相 C 相电压为 0，对于潮流解析需要借助 C 相记忆电压或者计算零序电压通道波形的方式，此处采用记忆电压进行解析，通过故障前一个周波过零点向后推算 20ms 间隔处过零点来进行相位解析。通过相位解析，支路 6 实际 C 相电流超前 C 相电压约 90°，说明故障位于Ⅱ母线区内；母联间隔 C 相电压超前 C 相电流约 90°，说明母线间隔故障电流潮流流向Ⅰ母，故障位于母联 TA 靠Ⅰ母侧。

从图 7-5-5 和图 7-5-6 解析 0ms 故障态母差保护计算差流：大差差流、Ⅱ母小差差流较大，Ⅰ母小差没有差流，说明故障位于Ⅱ母线区外。

从图 7-5-5 解析，40ms 母差保护动作跳ⅡM，跳开 A 站 2012、2523、2202 开关后，支路 6（ACⅠ线）不再提供短路电流。

（2）ACⅠ线路 C 站侧保护波形解析。ACⅠ线路 C 站侧保护录波图如图 7-5-7 所示。

从图 7-5-7 解析 0ms 故障态电压特征：C 相电压下降为 41V，A、B 相电压基本不变，且出现零序电压。

从图 7-5-7 解析 0ms 故障态电流特征：C 相电流升高，A、B 相为负荷电流，且出现零序电流。

从图 7-5-7 解析 0ms 故障态潮流特征：通过相位解析，实际零序电流（线路保护零序电流接线使零序电流反向）超前零序电压 97°，A 相电压超前 A 相电流约 80°，从相电流、零序电流两个角度解析均符合线路正向故障特征。

从图 7－5－7 解析，34ms 远方跳闸保护动作后，跳开 C 站侧 ACⅠ线三相开关，C 站母线电压恢复正常。

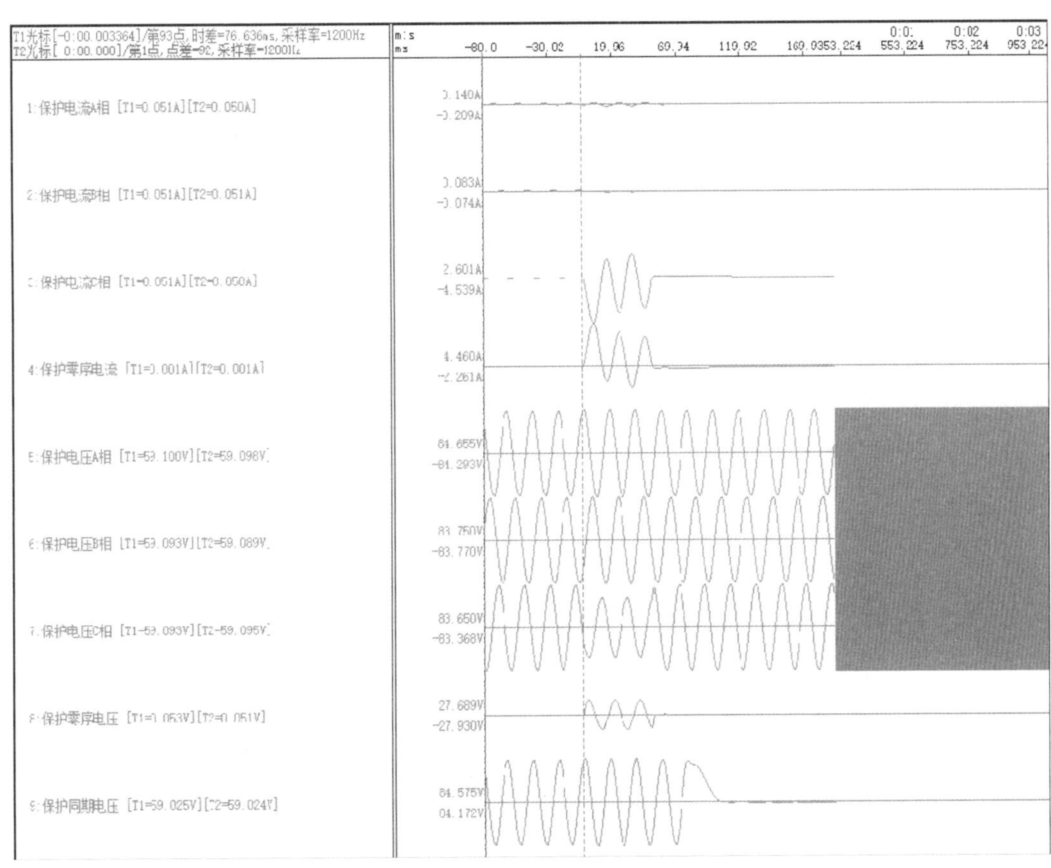

图 7－5－7　ACⅠ线路 C 站侧保护录波图

三、综合总结

从电压波形特征解析，故障总共持续约 70ms，系统发生了 C 相金属性接地故障，A 站侧 C 相电压几乎降为 0，B 站侧电压较高，说明故障发生于 A 站侧靠近Ⅱ母线处。

从线路两侧录波图解析到故障电流方向相相反，差流为 0，为穿越性电流，说明在 ACⅠ线线路区外发生了故障。

从 A 站母差录波图解析，对于大差所有间隔故障电流均指向母线区内，说明在母线区内发生了故障；对于小差，母联间隔差流流向Ⅰ母，说明故障位于母联 TA 靠Ⅰ母侧；Ⅰ母三相电压几乎无跌落，Ⅱ母 C 相电压下降为 0，A、B 相电压基本不变，且出现零序电压，说明故障在母联开关靠Ⅱ母侧。结合上述两点分析得出故障点位于母联 TA 与母联开关之间死区位置。

从保护动作行为解析，由于事故前母联开关三相分位，母差保护封母联 TA，即母联三相电流不计入小差计算，因而故障时母差保护Ⅰ母小差为 0，Ⅱ母有小差电流，与一次故障特征相符，母差保护正确跳Ⅱ母上所有开关，并远跳 ACⅠ线对侧开关后，故障隔离。

综上所述，本次故障位于 A 站母联 2012 开关与 TA 之间死区，故障性质为 C 相永久性金属性接地故障，母差保护、线路保护动作行为正确。

7.6　母线区外故障伴随 TA 饱和

一、故障信息

故障发生前 A 站、B 站、C 站运行方式为：ABⅠ线、ABⅡ线、ACⅠ线、BCⅠ线、#1 主变、#2 主变均在合位，A 站母联 2012 开关在分位，A 站#1 主变、ABⅠ线挂 1M，#2 主变、ACⅠ线、ABⅡ线挂 2M，如图 7－6－1 所示。

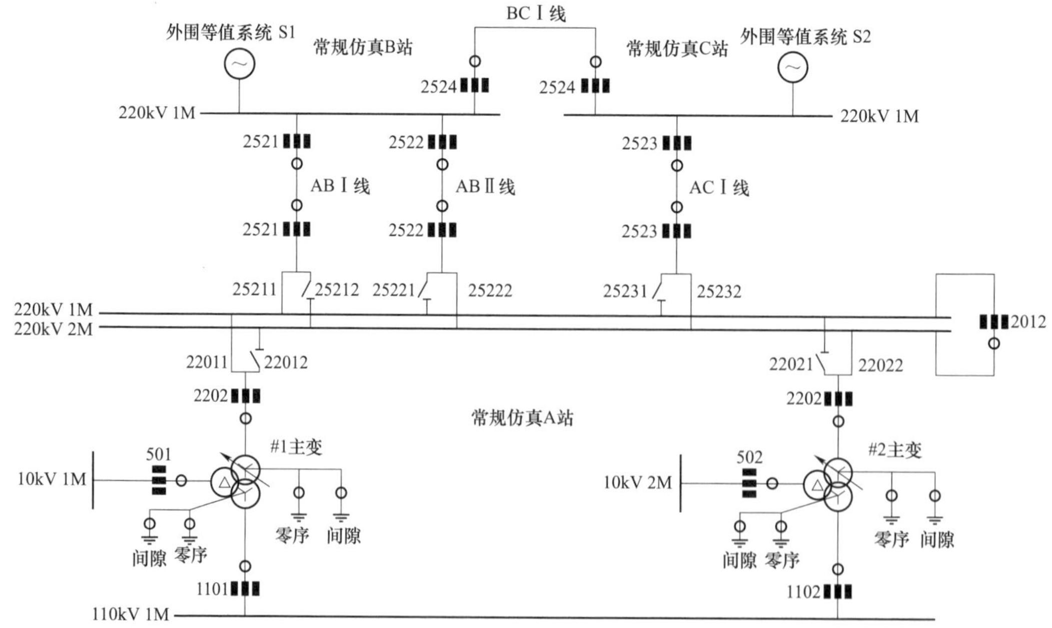

图 7－6－1　故障发生前 A 站、B 站、C 站运行方式

故障发生后，A 站 220kV 1M 上所有开关均在分位，#1 主变三侧均为分位，AB Ⅰ线线路两侧开关均在分位，故障发生后 A 站、B 站、C 站运行方式如图 7-6-2 所示。

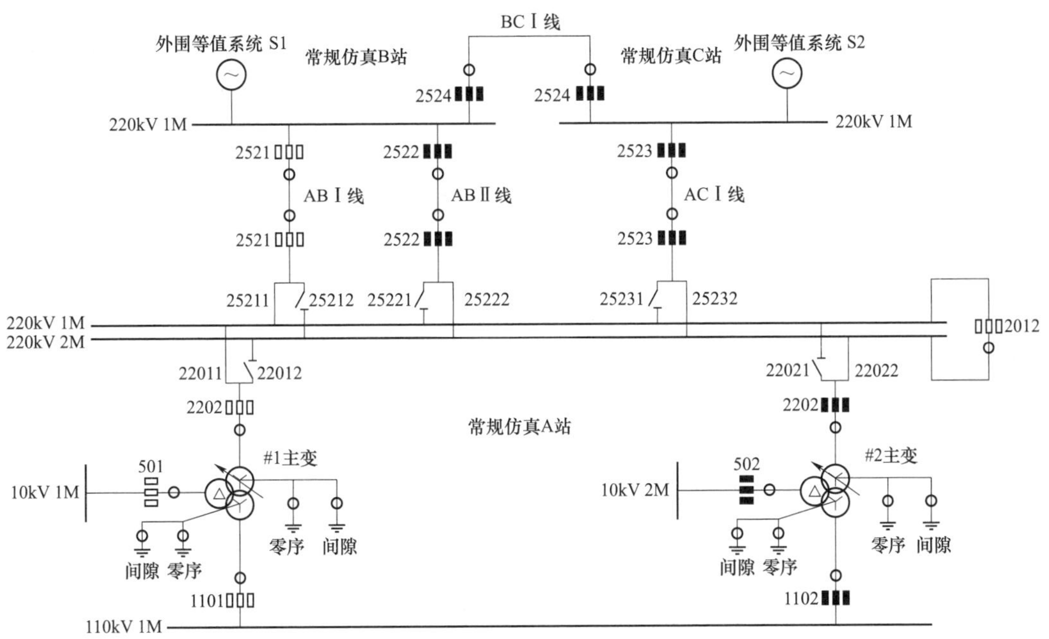

图 7-6-2　故障发生后 A 站、B 站、C 站运行方式

二、录波图解析

1. 保护动作报文解析

（1）从故障录波 HDR 文件读取相关保护信息，以保护启动初始时刻为基准，A 站母差保护动作简报见表 7-6-1。

表 7-6-1　A 站母差保护动作简报

序号	动作报文对应时间	动作报文名称	动作相别	动作报文变化值
…	…	…	…	…
5	6ms	1M 母差动动作	A	1
…	…	…	…	…

根据表 7–6–1，A 站母差保护启动后约 6ms，1M 母差母线差动保护动作跳 1M 上所有开关。

（2）从故障录波 HDR 文件读取相关保护信息，以保护启动初始时刻为基准，A 站 #1 主变保护动作简报见表 7–6–2。

表 7–6–2　　A 站#1 主变保护动作情况

序号	动作报文对应时间	动作报文名称	动作相别	动作报文变化值
1	0ms	保护启动		1
2	80ms	纵差保护	A	1
3		跳高压侧		1
4		跳中压侧		1
5		跳低压 1 分支		1

根据表 7–6–2，#1 主变保护启动后约 80ms，纵差保护动作，保护出口跳主变高中低三侧开关。

（3）从故障录波 HDR 文件读取相关保护信息，以保护启动初始时刻为基准，AB Ⅰ线 B 站侧保护动作简报见表 7–6–3。

表 7–6–3　　AB Ⅰ线 B 站侧保护动作简报

序号	动作报文对应时间	动作报文名称	动作相别	动作报文变化值
1	0ms	保护启动		1
2	32ms	远方跳闸动作	ABC	1

根据表 7–6–3，AB Ⅰ线路 B 站侧保护启动后约 34ms，远方跳闸保护动作，保护出口跳 ABC 三相开关。

2. 开关量变位解析

（1）以故障初始时刻为基准，A 站侧开关量变位图如图 7–6–3 所示。

A 站侧开关量变位时间顺序见表 7–6–4。

（2）以故障初始时刻为基准，B 站侧开关量变位图如图 7–6–4 所示。

B 站侧开关量变位时间顺序见表 7–6–5。

小结：故障发生后约 12ms，A 站母差保护Ⅱ差动保护动作后跳ⅠM 上 2201、2521、2012 三相开关，并向 AB Ⅰ线线路对侧发远跳命令，成功跳开 B 站侧 2521 开关三相。

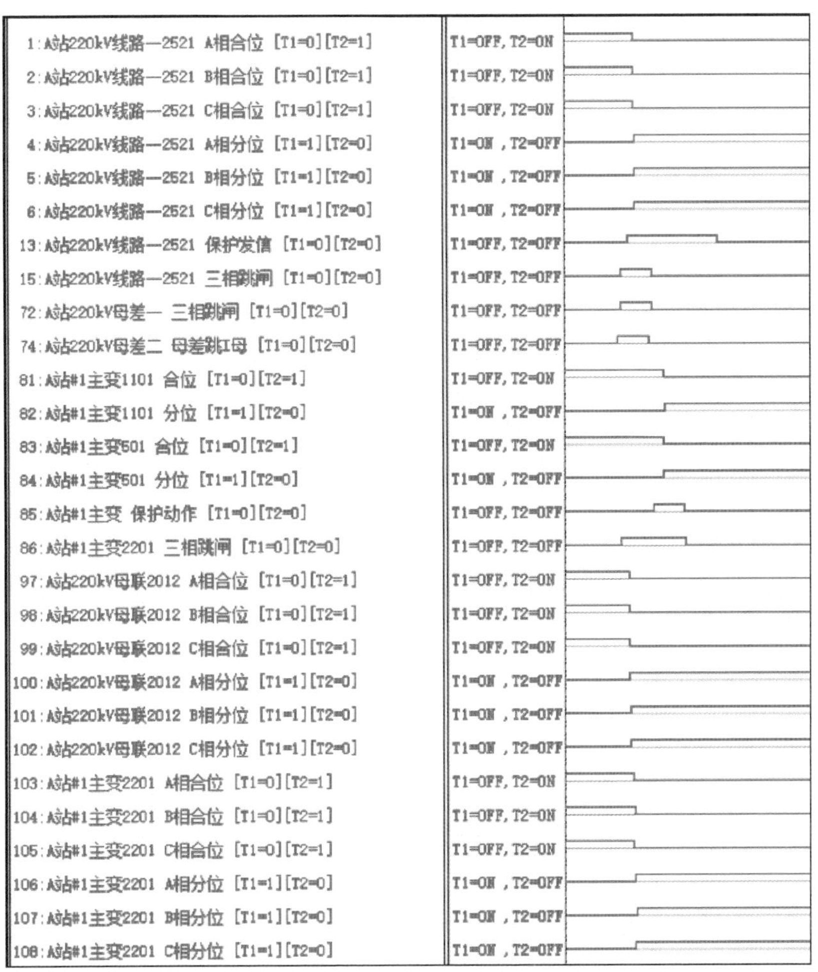

图 7-6-3　A 站侧开关量变位图

表 7-6-4　　　　A 站侧开关量变位时间顺序

位置	第 1 次变位时间	第 2 次变位时间
1:A 站 220kV 线路一 2521 A 相合位	↓ 48.000ms	
2:A 站 220kV 线路一 2521 B 相合位	↓ 48.000ms	
3:A 站 220kV 线路一 2521 C 相合位	↓ 47.750ms	
4:A 站 220kV 线路一 2521 A 相分位	↑ 50.750ms	
5:A 站 220kV 线路一 2521 B 相分位	↑ 51.500ms	
6:A 站 220kV 线路一 2521 C 相分位	↑ 52.000ms	
13:A 站 220kV 线路一 2521 保护发信	↑ 33.500ms	↓ 253.250ms
15:A 站 220kV 线路一 2521 三相跳闸	↑ 18.500ms	↓ 91.750ms
72:A 站 220kV 母差一 三相跳闸	↑ 18.000ms	↓ 92.500ms

续表

位置	第1次变位时间	第2次变位时间
74:A 站 220kV 母差二 母差跳 I 母	↑ 12.000ms	↓ 86.500ms
81:A 站#1 主变 1101 合位	↓ 122.250ms	
82:A 站#1 主变 1101 分位	↑ 123.750ms	
83:A 站#1 主变 501 合位	↓ 119.750ms	
84:A 站#1 主变 501 分位	↑ 122.000ms	
85:A 站#1 主变 保护动作	↑ 95.750ms	↓ 170.250ms
86:A 站#1 主变 2201 三相跳闸	↑ 19.750ms	↓ 174.500ms
97:A 站 220kV 母联 2012 A 相合位	↓ 37.250ms	
98:A 站 220kV 母联 2012 B 相合位	↓ 38.500ms	
99:A 站 220kV 母联 2012 C 相合位	↓ 38.000ms	
100:A 站 220kV 母联 2012 A 相分位	↑ 39.500ms	
101:A 站 220kV 母联 2012 B 相分位	↑ 41.750ms	
102:A 站 220kV 母联 2012 C 相分位	↑ 41.000ms	
103:A 站#1 主变 2201 A 相合位	↓ 47.750ms	
104:A 站#1 主变 2201 B 相合位	↓ 53.750ms	
105:A 站#1 主变 2201 C 相合位	↓ 49.500ms	
106:A 站#1 主变 2201 A 相分位	↑ 50.750ms	
107:A 站#1 主变 2201 B 相分位	↑ 55.000ms	
108:A 站#1 主变 2201 C 相分位	↑ 51.250ms	

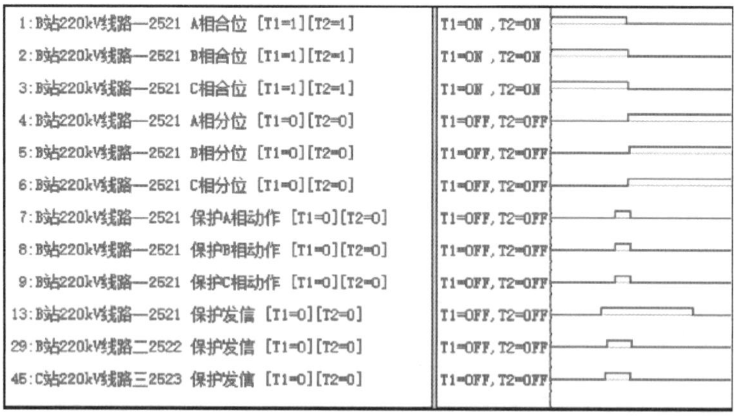

图 7-6-4 B 站侧开关量变位图

3. 波形特征解析

（1）A 站侧母差保护波形特征解析。A 站 220kV 母差保护录波图如图 7-6-5 所示。

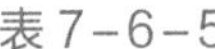

表 7-6-5　　　　B 站侧开关量变位时间顺序

位置	第 1 次变位时间	第 2 次变位时间
1:B 站 220kV 线路一 2521 A 相合位	↓ 67.000ms	
2:B 站 220kV 线路一 2521 B 相合位	↓ 70.500ms	
3:B 站 220kV 线路一 2521 C 相合位	↓ 70.250ms	
4:B 站 220kV 线路一 2521 A 相分位	↑ 69.500ms	
5:B 站 220kV 线路一 2521 B 相分位	↑ 73.000ms	
6:B 站 220kV 线路一 2521 C 相分位	↑ 72.750ms	
7:B 站 220kV 线路一 2521 保护 A 相动作	↑ 40.250ms	↓ 79.250ms
8:B 站 220kV 线路一 2521 保护 B 相动作	↑ 40.250ms	↓ 79.000ms
9:B 站 220kV 线路一 2521 保护 C 相动作	↑ 39.750ms	↓ 79.250ms
13:B 站 220kV 线路一 2521 保护发信	↑ 8.250ms	↓ 229.750ms
29:B 站 220kV 线路二 2522 保护发信	↑ 21.250ms	↓ 82.500ms
45:C 站 220kV 线路三 2523 保护发信	↑ 16.000ms	↓ 76.500ms

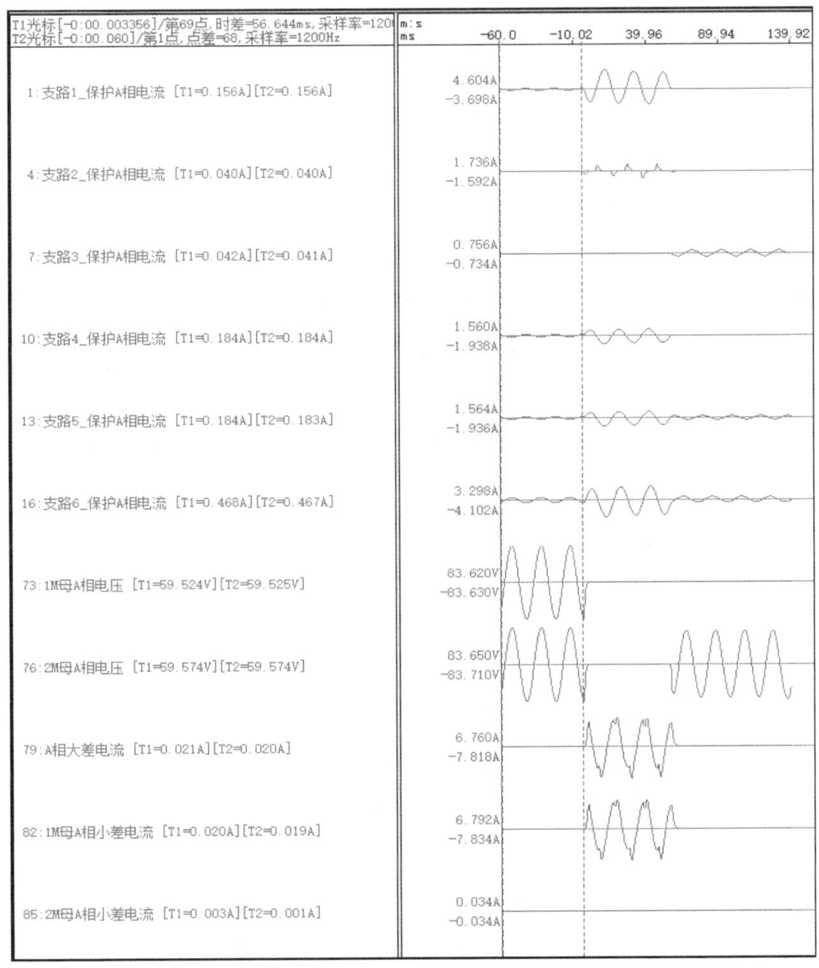

图 7-6-5　A 站侧母差保护录波图

图中，支路 1：母联 2400/1、支路 2：#1 主变 1200/1、支路 3：#2 主变 1600/1；支路 4：ABⅠ线 2400/1；支路 5：ABⅡ线 2400/1；支路 6：ACⅠ线 1600/1；母联 TA 极性朝 2M。由于 AB 相电流均为负荷电流，省略 AB 相波形。

A 站侧母差保护波形（第一次保护动作时相量分析）见图 7－6－6。

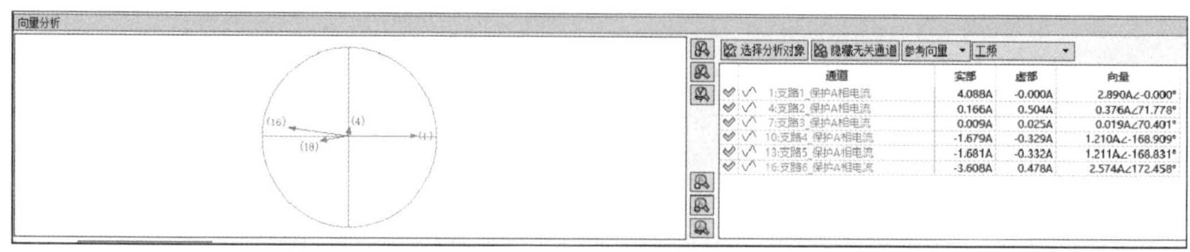

图 7－6－6　A 站侧母差保护波形（第一次保护动作时相量分析）

从图 7－6－5 解析 0ms 故障态电压特征：Ⅰ母、Ⅱ母 A 相电压下降为 0，B、C 相电压基本不变，且出现零序电压，说明故障相为 A 相。

从图 7－6－5 解析 0ms 故障态电流特征：支路 3 三相，支路 2B、C 相，支路 4B、C 相，支路 5B、C 相，支路 6B、C 相为负荷电流忽略不计；支路 1、支路 2、支路 4、支路 5、支路 6A 相电流升高，且出现零序电流，说明故障相为 A 相。

从图 7－6－5 解析 0ms 故障态潮流特征：由于故障相 A 相电压为 0，对于潮流解析需要借助 A 相记忆电压或者计算零序电压通道波形的方式，此处采用记忆电压进行解析，通过故障前一个周波过零点向后推算 20ms 间隔处过零点来进行相位解析，根据相位解析，支路 4、支路 5、支路 6 实际 A 相电流超前 A 相电压约 90°，符合母线区内故障特征。母联间隔 A 相电压超前 A 相电流约 90°，说明母线间隔故障电流潮流流向Ⅰ母。对于支路 2，主变变高 TA 采样电流波形出现间断，波形出现较大畸变，说明主变变高 TA 存在饱和现象。

从图 7－6－5 和图 7－6－6 解析 0ms 故障态母差保护计算差流：Ⅱ母小差没有差流；大差差流、Ⅰ母小差差流较大，且差流波形出现畸变，说明主变变高 TA 饱和导致装置计算差流均出现异常。

从图 7－6－5 解析：60ms 母差保护动作跳ⅠM，ⅠM 电压消失，但ⅡM 电压从初始 0V 变为 52V，说明故障点仍然存在，且离 220kVⅡM 电气距离增大。

从图 7－6－5 解析：60ms 母差保护动作跳ⅠM，跳开 A 站 2012、2521、2201 开关后，支路 4 不再提供故障电流；支路 5、支路 6 仍然提供故障电流，说明故障点在母差保护跳开Ⅰ母后仍未切除。

（2）B 站侧波形特征解析。ABⅠ线路 B 站侧保护录波图如图 7－6－7 所示。

从图 7－6－7 解析 0ms 故障态电压特征：A 相电压下降为 29V，B、C 相电压基本不变，且出现零序电压。

从图 7－6－7 解析 0ms 故障态电流特征：A 相电流升高，BC 相为负荷电流，且出现零序电流。

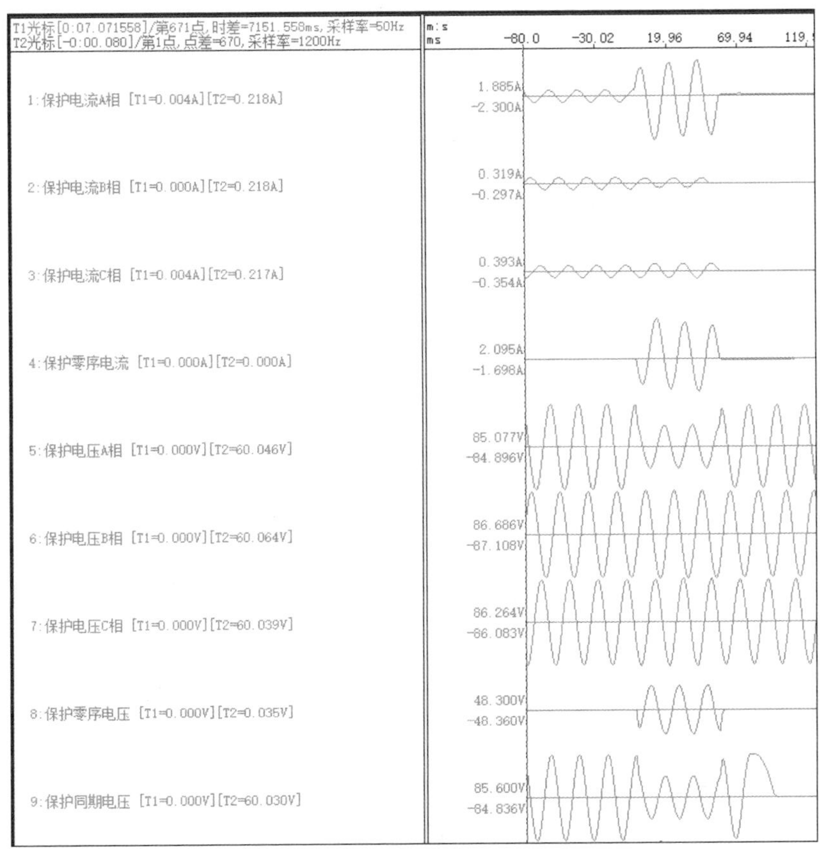

图 7－6－7 AB Ⅰ 线路 B 站侧保护录波图

从图 7－6－7 解析 0ms 故障态潮流特征：通过相位解析，实际零序电流（线路保护零序电流接线使零序电流反向）超前零序电压 95°，A 相电压超前 A 相电流约 85°，从相电流、零序电流两个角度解析均符合线路正向故障特征。

从图 7－6－7 解析：60msA 相故障电流消失，说明线路远跳保护动作后，AB Ⅰ 线不再提供短路电流；电压从初始 29V 变为 55V，说明故障点仍然存在，且离 B 站母线电气距离增大。

（3）B 站侧波形特征解析。A 站#1 主变保护录波图如图 7－6－8 所示。

从图 7－6－8 解析 0ms 故障态电压特征：A 相电压下降为 0，B、C 相电压基本不变，且出现零序电压，说明 220kV 系统出现 A 相故障。

从图 7－6－8 解析 0ms 故障态电流特征：A 相电流升高，但电流出现非常大的畸变；B、C 相电流大小基本相等，考虑到#1 主变为中心点接地变压器，判断 B、C 相主要流过零序分量电流；中压侧电流非常小，暂时不考虑。

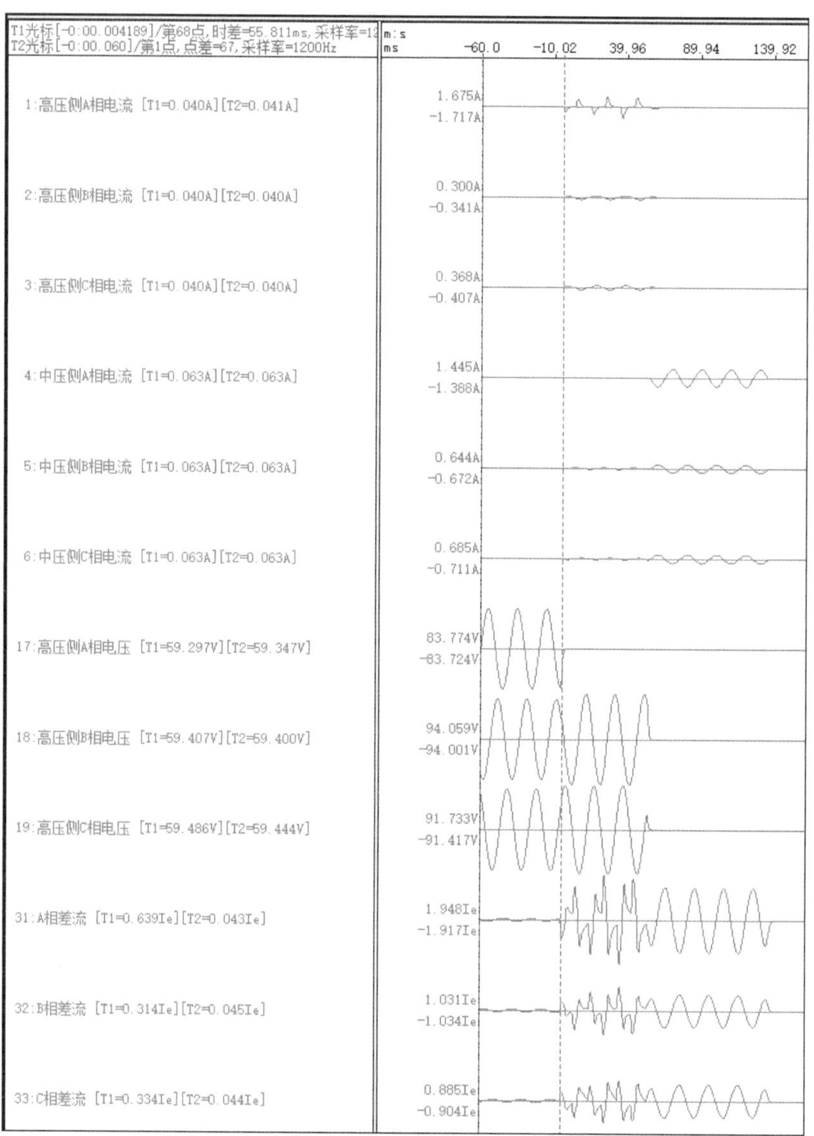

图 7－6－8　A 站#1 主变保护录波图

从图 7－6－8 解析 0ms 故障态主变保护计算差流：A、B、C 三相差流均出现非常大的畸变，说明主变变高 TA 饱和导致装置计算差流均出现异常；同时考虑到主变保护二次谐波闭锁原理，主变保护在较大二次谐波、间断角度下处于闭锁差动保护状态。

从图 7－6－8 解析 60ms 主变保护计算差流：主变保护 A、B、C 三相均出现差流，且差流波形不存在畸变，说明此时开关 TA 不存在饱和现象，主变区内确实存在故障。

从图 7－6－8 解析 60ms 故障态电流特征：高压侧 A、B、C 三相电流消失，说明母线保护已经动作跳开主变变高开关；主变中压侧出现短路电流，且A相电流与B、C相电流方向相反，A相电流为B、C相电流的2倍，符合主变中压侧TA区内发生单相接地故障特征，考虑到初始状态下220kV母线电压为0、110kV母线电压较高的特征，判断故障点位于高压侧区内。

三、综合总结

从波形特征解析，故障共持续约140ms，系统发生了A相金属性接地故障，A站侧A相电压几乎降为0，B站侧电压较高，说明故障发生于A站侧母线出口处。

从保护动作行为解析，6ms A站母差保护动作跳Ⅰ母，随后ABⅠ线B站侧线路保护远方跳闸保护动作跳开线路开关三相后切除故障；80ms主变差动保护动作跳主变三侧开关。

从A站母差录波图解析，0ms大差各个电源支路（支路4、支路5、支路6）电流均指向母线区内，说明在母线区内发生了故障；对于小差，母联间隔差流流向Ⅰ母，说明故障潮流流向Ⅰ母侧；主变变高TA采样电流波形出现间断，波形出现较大畸变，说明主变变高TA因电流过大存在饱和现象，母线差动保护存在误动可能。

从A站主变录波图解析，0ms A、B、C三相差流均出现非常大的畸变，说明主变变高TA饱和导致装置计算差流均出现异常，主变保护在较大二次谐波、间断角度下处于闭锁差动保护状态。60ms母线保护动作跳开Ⅰ母线上所有开关后，主变中压侧出现短路电流，且A相电流与B、C相电流方向相反，A相电流为B、C相电流的2倍，符合主变中压侧TA区内发生单相接地故障的特征，考虑到初始状态下220kV母线电压为0、110kV母线电压较高，判断故障点位于高压侧区内，此时电源需要经过两台主变向故障点提供短路电流，经过较大的电抗，因而支路5、支路6提供的短路电流较第一阶段而言变小了，TA不会发生饱和。

综上所述，本次故障位于#1主变高压侧区内，故障性质为A相永久性金属性接地故障，母差保护因#1主变TA饱和导致差动保护误动跳开220kV ⅠM，主变差动保护因谐波闭锁不动作，与保护逻辑设定相符；在母差保护动作跳开ⅠM后，电源通过Ⅱ母仅两台主变向故障点提供短路电流，电流较小，未出现饱和现象，主变差动保护正确动作跳开变中、变低三相开关后隔离故障点。

7.7 母联TA靠1M侧断线、断口靠1M侧接地短路

一、故障信息

故障发生前A站、B站、C站运行方式为：ABⅠ线、ABⅡ线、ACⅠ线、BCⅠ线、#1主变、#2主变均在合位，A站母联2012开关在分位，A站#1主变、ABⅠ线、ABⅡ

线挂 1M、#2 主变、AC Ⅰ线挂 2M，如图 7-7-1 所示。

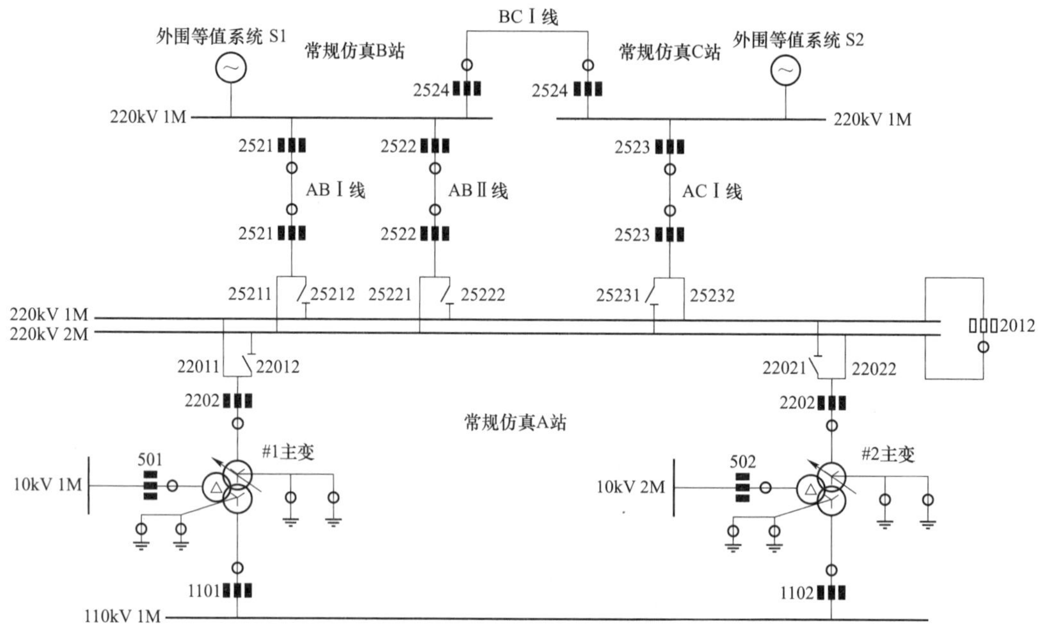

图 7-7-1　故障发生前 A 站、B 站、C 站运行方式

故障发生后，A 站 220kV 1M 上所有开关均在分位，AB Ⅰ、AB Ⅱ线线路两侧开关均在分位，故障发生后 A 站、B 站、C 站运行方式如图 7-7-2 所示。

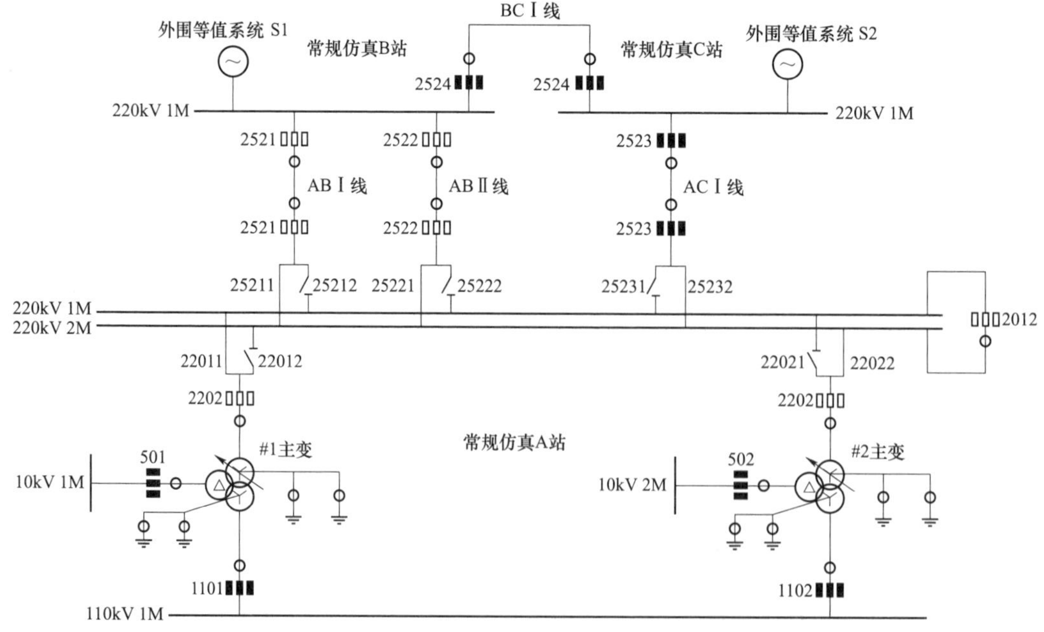

图 7-7-2　故障发生后 A 站、B 站、C 站运行方式

二、录波图解析

1. 保护动作报文解析

（1）从故障录波 HDR 文件读取相关保护信息，以保护启动初始时刻为基准，A 站母差保护动作简报见表 7－7－1。

表 7－7－1　　A 站母差保护动作简报

序号	动作报文对应时间	动作报文名称	动作相别	动作报文变化值
…	…	…	…	…
8	6ms	1M 母差动动作	A	1

根据表 7－7－1，A 站母差保护启动后约 6ms，1M 母差母线差动保护动作跳 1M 上所有开关。

（2）从故障录波 HDR 文件读取相关保护信息，以保护启动初始时刻为基准，ABⅠ线 B 站侧保护动作简报见表 7－7－2。

表 7－7－2　　ABⅠ线 B 站侧保护动作简报

序号	动作报文对应时间	动作报文名称	动作相别	动作报文变化值
1	0ms	保护启动		1
2	32ms	远方跳闸动作	ABC	1

根据表 7－7－2，ABⅡ线路 B 站侧保护启动后约 32ms，远方跳闸保护动作，保护出口跳 ABC 三相开关。

（3）从故障录波 HDR 文件读取相关保护信息，以保护启动初始时刻为基准，ABⅡ线 B 站侧保护动作简报见表 7－7－3。

表 7－7－3　　ABⅡ线 B 站侧保护动作简报

序号	动作报文对应时间	动作报文名称	动作相别	动作报文变化值
1	0ms	保护启动		1
2		采样已同步		1
3	219ms	纵联零序发信		1
4	228ms	永跳闭锁重合闸		1
5	228ms	三跳闭锁重合闸		1
6	229ms	远方跳闸动作	ABC	1

根据表7-7-2，ABⅡ线路B站侧保护启动后约229ms，远方跳闸保护动作，保护出口跳ABC三相开关。

由于ABⅡ线与ABⅠ线启动时刻不一致，因而保护动作相对时间不一致。对于启动时间不一致的情况，需要结合集中录波分析启动原因。

2. 开关量变位解析

（1）以电压出现明显跌落时刻为基准，A站侧开关量变位图如图7-7-3所示。

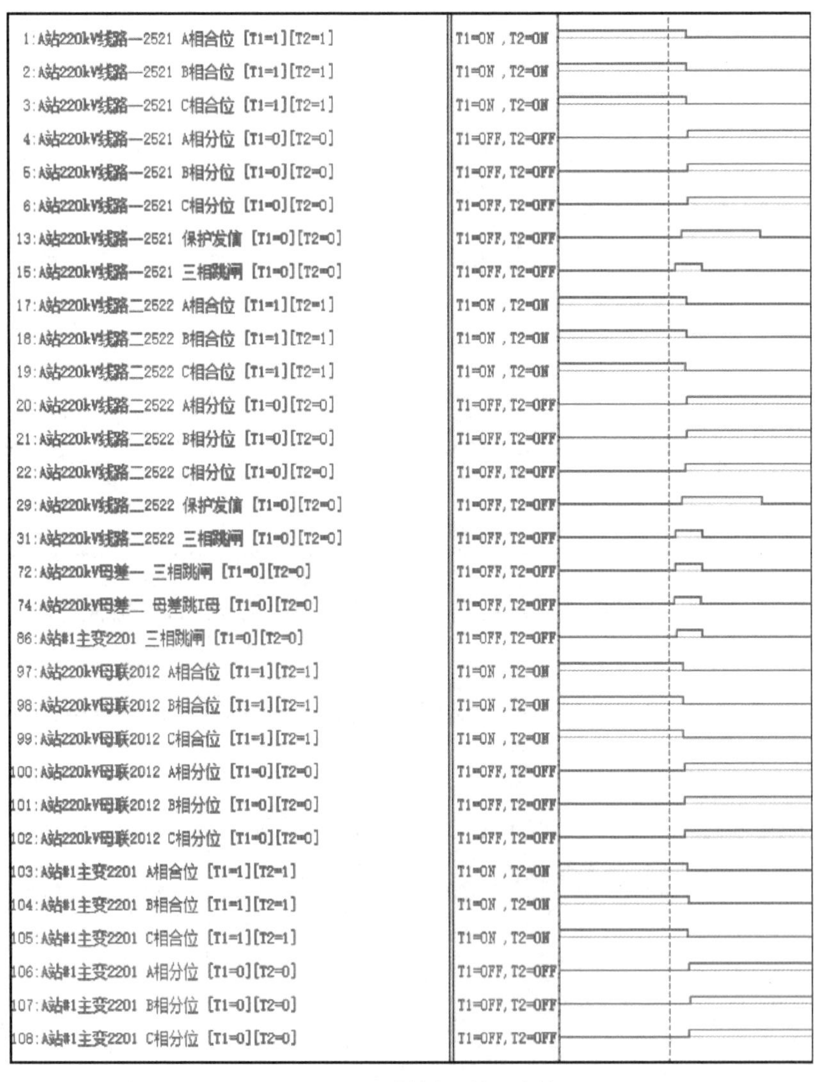

图7-7-3　A站侧开关量变位图

A站侧开关量变位时间顺序见表7-7-4。

表 7-7-4　　　　A 站侧开关量变位时间顺序

位置	第 1 次变位时间	第 2 次变位时间
1:A 站 220kV 线路一 2521 A 相合位	↓ 48.750ms	
2:A 站 220kV 线路一 2521 B 相合位	↓ 48.750ms	
3:A 站 220kV 线路一 2521 C 相合位	↓ 49.750ms	
4:A 站 220kV 线路一 2521 A 相分位	↑ 51.750ms	
5:A 站 220kV 线路一 2521 B 相分位	↑ 52.250ms	
6:A 站 220kV 线路一 2521 C 相分位	↑ 54.000ms	
13:A 站 220kV 线路一 2521 保护发信	↑ 34.500ms	↓ 254.250ms
15:A 站 220kV 线路一 2521 三相跳闸	↑ 19.500ms	↓ 92.500ms
17:A 站 220kV 线路二 2522 A 相合位	↓ 47.500ms	
18:A 站 220kV 线路二 2522 B 相合位	↓ 48.000ms	
19:A 站 220kV 线路二 2522 C 相合位	↓ 45.250ms	
20:A 站 220kV 线路二 2522 A 相分位	↑ 50.250ms	
21:A 站 220kV 线路二 2522 B 相分位	↑ 50.750ms	
22:A 站 220kV 线路二 2522 C 相分位	↑ 47.250ms	
29:A 站 220kV 线路二 2522 保护发信	↑ 36.250ms	↓ 256.250ms
31:A 站 220kV 线路二 2522 三相跳闸	↑ 18.500ms	↓ 92.750ms
72:A 站 220kV 母差一 三相跳闸	↑ 19.000ms	↓ 93.500ms
74:A 站 220kV 母差二 母差跳 I 母	↑ 13.000ms	↓ 87.250ms
86:A 站#1 主变 2201 三相跳闸	↑ 20.750ms	↓ 93.000ms
97:A 站 220kV 母联 2012 A 相合位	↓ 39.000ms	
98:A 站 220kV 母联 2012 B 相合位	↓ 39.250ms	
99:A 站 220kV 母联 2012 C 相合位	↓ 39.750ms	
100:A 站 220kV 母联 2012 A 相分位	↑ 41.250ms	
101:A 站 220kV 母联 2012 B 相分位	↑ 42.500ms	
102:A 站 220kV 母联 2012 C 相分位	↑ 42.750ms	
103:A 站#1 主变 2201 A 相合位	↓ 49.500ms	
104:A 站#1 主变 2201 B 相合位	↓ 54.500ms	
105:A 站#1 主变 2201 C 相合位	↓ 50.000ms	
106:A 站#1 主变 2201 A 相分位	↑ 52.500ms	
107:A 站#1 主变 2201 B 相分位	↑ 55.750ms	
108:A 站#1 主变 2201 C 相分位	↑ 52.000ms	

（2）以电压出现明显跌落时刻为基准，B 站侧开关量变位图如图 7－7－4 所示。

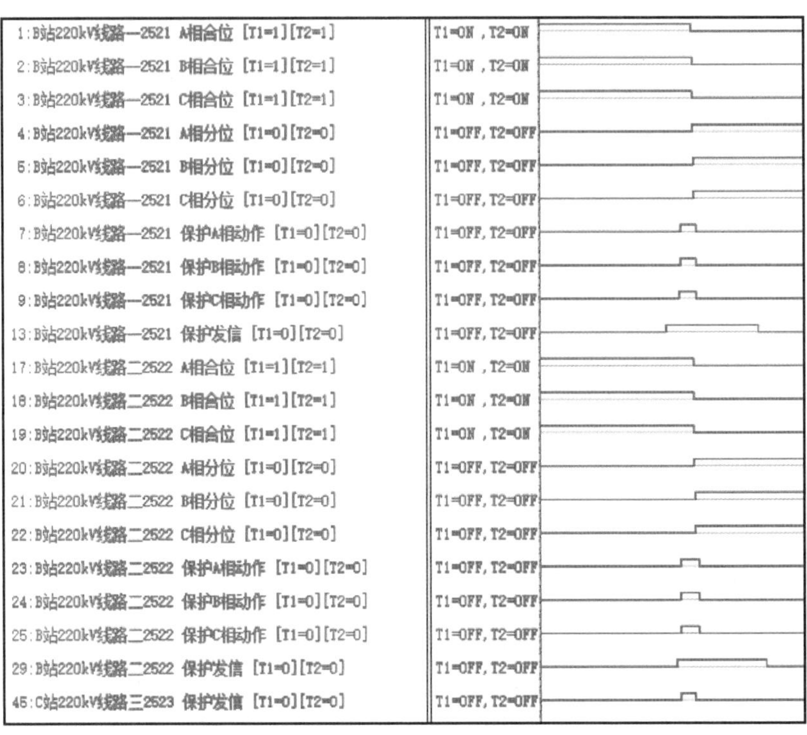

图 7－7－4 B 站侧开关量变位图

B 站侧开关量变位时间顺序见表 7－7－5。

表 7－7－5 B 站侧开关量变位时间顺序

位置	第 1 次变位时间	第 2 次变位时间
1:B 站 220kV 线路一 2521 A 相合位	↓ 68.250ms	
2:B 站 220kV 线路一 2521 B 相合位	↓ 70.500ms	
3:B 站 220kV 线路一 2521 C 相合位	↓ 71.500ms	
4:B 站 220kV 线路一 2521 A 相分位	↑ 70.750ms	
5:B 站 220kV 线路一 2521 B 相分位	↑ 73.250ms	
6:B 站 220kV 线路一 2521 C 相分位	↑ 74.000ms	
7:B 站 220kV 线路一 2521 保护 A 相动作	↑ 41.000ms	↓ 79.750ms
8:B 站 220kV 线路一 2521 保护 B 相动作	↑ 41.000ms	↓ 79.750ms
9:B 站 220kV 线路一 2521 保护 C 相动作	↑ 40.500ms	↓ 79.750ms

续表

位置	第 1 次变位时间	第 2 次变位时间
13:B 站 220kV 线路一 2521 保护发信	↑ 9.000ms	↓ 230.250ms
17:B 站 220kV 线路二 2522 A 相合位	↓ 73.250ms	
18:B 站 220kV 线路二 2522 B 相合位	↓ 73.750ms	
19:B 站 220kV 线路二 2522 C 相合位	↓ 73.250ms	
20:B 站 220kV 线路二 2522 A 相分位	↑ 75.500ms	
21:B 站 220kV 线路二 2522 B 相分位	↑ 76.500ms	
22:B 站 220kV 线路二 2522 C 相分位	↑ 76.250ms	
23:B 站 220kV 线路二 2522 保护 A 相动作	↑ 43.500ms	↓ 87.500ms
24:B 站 220kV 线路二 2522 保护 B 相动作	↑ 43.500ms	↓ 87.500ms
25:B 站 220kV 线路二 2522 保护 C 相动作	↑ 43.750ms	↓ 87.750ms
29:B 站 220kV 线路二 2522 保护发信	↑ 33.750ms	↓ 250.500ms
45:C 站 220kV 线路三 2523 保护发信	↑ 42.250ms	↓ 76.250ms

小结：电压出现明显跌落时刻后约 13ms，A 站母差保护Ⅱ差动保护动作后跳ⅠM 上 2201、2521、2012 三相开关，并向 ABⅠ、ABⅡ线线路对侧发远跳命令，成功跳开 B 站侧 2521、2522 开关三相。

3. 波形特征解析

（1）A 站侧集中录波波形特征解析。集中录波启动时间比母差保护启动时间早约 200ms。

A 站侧集中录波图如图 7－7－5 所示。

从图 7－7－5 解析 0ms 故障态电压特征：Ⅰ母、Ⅱ母 A、B、C 三相电压基本不变，出现较小的零序电压，说明系统内存在一次故障，但一次故障特征不明显。

从图 7－7－5 解析 0ms 故障态电流特征：ABⅠ线、ABⅡ线、ACⅠ线、#1 主变、#2 主变 A、B、C 三相均为负荷电流，电流大小无明显变化。母联电流 A 相在启动瞬间下降为 0，判断集中录波启动原因为母联间隔发生一次断线。

（2）A 站侧母差保护录波特征解析。A 站侧母差保护录波图如图 7－7－6 所示。图中，支路 1：母联 2400/1、支路 2：#1 主变 1200/1、支路 3：#2 主变 1600/1；支路 4：ABⅠ线 2400/1；支路 5：ABⅡ线 2400/1；支路 6：ACⅠ线 1600/1；母联 TA 极性朝 2M。由于 A、B 相电流均为负荷电流，省略 A、B 相波形。

A 站侧母差保护波形（第一次保护动作时相量分析）见图 7－7－7。

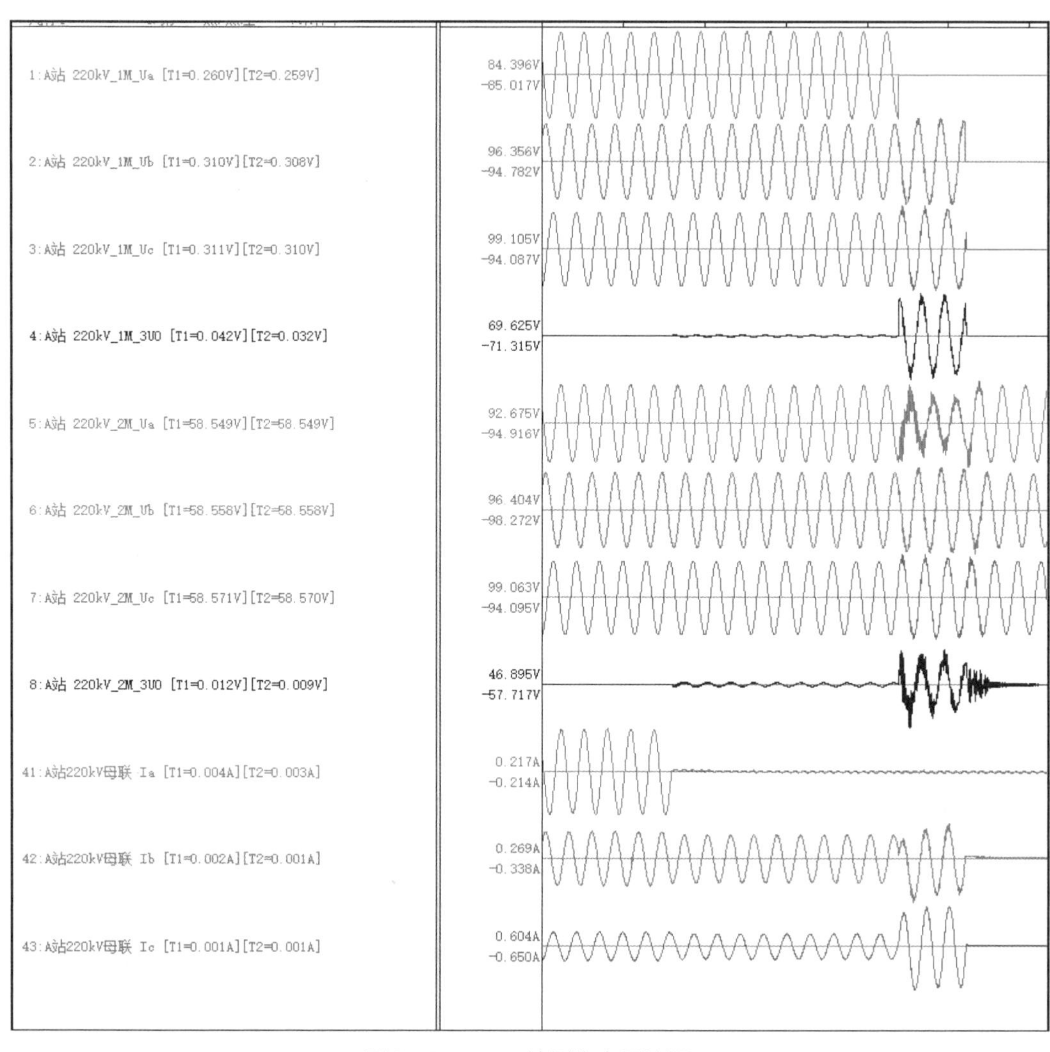

图 7-7-5　A 站侧集中录波图

从图 7-7-6 解析故障前负荷特征：对于母联间隔，A 相负荷电流为 0，B 相为正常负荷电流，说明母联间隔断线。1M 小差、2M 小差均为 0，说明母联间隔断线为一次断线，非二次断线。

从图 7-7-6 解析 0ms 故障态电压特征：Ⅰ母、Ⅱ母 A 相电压下降为 0，B、C 相电压基本不变，且出现零序电压，说明故障相为 A 相。Ⅰ母、Ⅱ母 A 相电压未同步下降，说明母联间隔 A 相一次断线。

从图 7-7-6 解析 0ms 故障态电流特征：支路 2B、C 相，支路 3B、C 相，支路 4B、C 相，支路 5B、C 相，支路 6B、C 相为负荷电流，忽略不计；支路 1A 相由于一次断线无故障电流，支路 2、支路 3、支路 4、支路 5、支路 6A 相电流升高，且出现零序电流，说明故障相为 A 相。

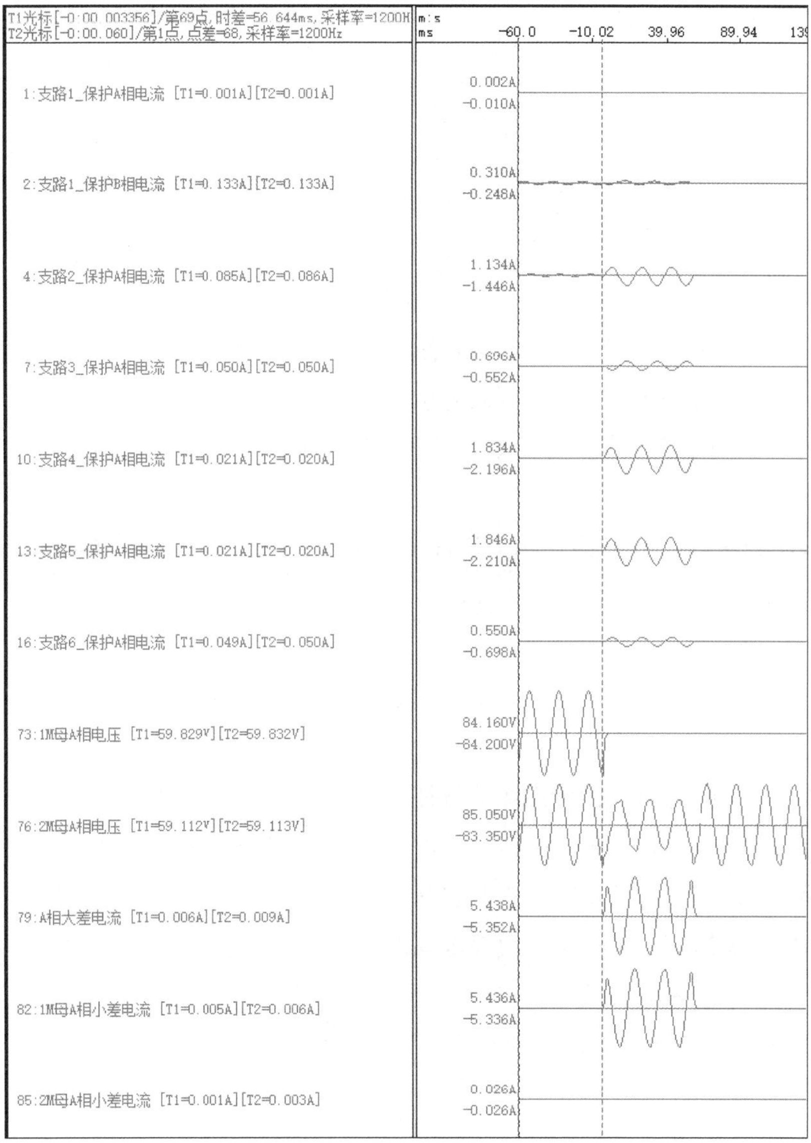

T1光标[-0:00.003356]/第69点,时差=56.644ms,采样率=1200H
T2光标[-0:00.060]/第1点,点差=68,采样率=1200Hz
m:s
ms
-60.0 -10.02 39.96 89.94 13

1:支路1_保护A相电流 [T1=0.001A][T2=0.001A] 0.002A -0.010A
2:支路1_保护B相电流 [T1=0.133A][T2=0.133A] 0.310A -0.248A
4:支路2_保护A相电流 [T1=0.085A][T2=0.086A] 1.134A -1.446A
7:支路3_保护A相电流 [T1=0.050A][T2=0.050A] 0.606A -0.552A
10:支路4_保护A相电流 [T1=0.021A][T2=0.020A] 1.834A -2.196A
13:支路5_保护A相电流 [T1=0.021A][T2=0.020A] 1.846A -2.210A
16:支路6_保护A相电流 [T1=0.049A][T2=0.050A] 0.550A -0.698A
73:1M母A相电压 [T1=59.829V][T2=59.832V] 84.160V -84.200V
76:2M母A相电压 [T1=59.112V][T2=59.113V] 85.050V -83.350V
79:A相大差电流 [T1=0.006A][T2=0.009A] 5.438A -5.352A
82:1M母A相小差电流 [T1=0.005A][T2=0.006A] 5.436A -5.336A
85:2M母A相小差电流 [T1=0.001A][T2=0.003A] 0.026A -0.026A

图 7-7-6 A 站侧母差保护录波图

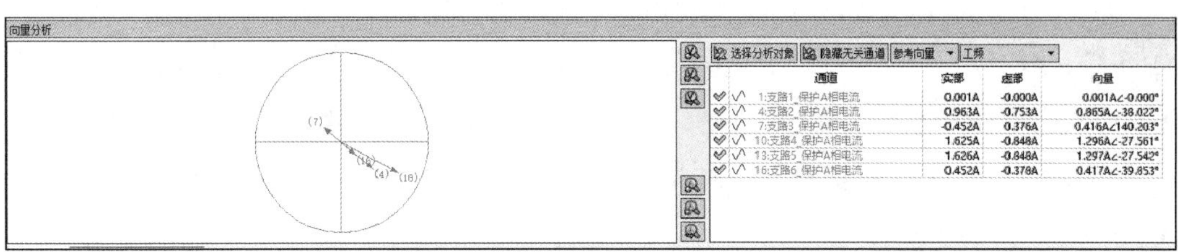

通道	实部	虚部	向量
1:支路1_保护A相电流	0.001A	-0.000A	0.001A∠-0.000°
4:支路2_保护A相电流	0.963A	-0.753A	0.865A∠-38.022°
7:支路3_保护A相电流	-0.452A	0.376A	0.416A∠140.203°
10:支路4_保护A相电流	1.625A	-0.848A	1.296A∠-27.561°
13:支路5_保护A相电流	1.626A	-0.848A	1.297A∠-27.542°
16:支路6_保护A相电流	0.452A	-0.378A	0.417A∠-39.853°

图 7-7-7 A 站侧母差保护波形（第一次保护动作时相量分析）

从图 7－7－6 解析 0ms 故障态潮流特征：由于故障相 A 相电压为 0，对于潮流解析需要借助A相记忆电压或者计算零序电压通道波形的方式，此处采用记忆电压进行解析，通过故障前一个周波过零点向后推算 20ms 间隔处过零点来进行相位解析，通过相位解析，支路 4、支路 5、支路 6 实际 A 相电流超前 A 相电压约 90°，符合母线区内故障特征。对于支路 2、支路 3 主变间隔，支路 2 潮流流向母线区内，支路 3 潮流流向母线区外，考虑到母联间隔一次断线，通过两台主变 110kV 侧形成电磁环网，说明故障电流潮流由Ⅱ母流向Ⅰ母。

从图 7－7－6 和图 7－7－7 解析 0ms 故障态母差保护计算差流：Ⅱ母小差没有差流；大差差流、Ⅰ母小差差流较大，说明故障位于Ⅰ母区内。

从图 7－7－6 解析：60ms 母差保护动作后，所有间隔故障电流消失，说明故障已切除。

（3）B 站侧波形特征解析。ABⅠ线路 B 站侧保护录波图如图 7－7－8 所示。

从图 7－7－8 解析 0ms 故障态电压特征：A 相电压下降为 33V，B、C 相电压基本不变，且出现零序电压。

从图 7－7－8 解析 0ms 故障态电流特征：A 相电流升高，B、C 相为负荷电流，且出现零序电流。

从图 7－7－8 解析 0ms 故障态潮流特征：通过相位解析，实际零序电流（线路保护零序电流接线使零序电流反向）超前零序电压 95°，A 相电压超前 A 相电流约 85°，从相电流、零序电流两个角度解析均符合线路正向故障特征。

从图 7－7－8 解析：60msA 相故障电流消失，说明线路远跳保护动作后，A、B、C 三相电压恢复正常，故障点隔离。

ABⅡ线 B 站侧保护波形与Ⅰ线一致，不再重复分析。

三、综合总结

从波形特征解析，故障总共持续约 260ms。

0ms，Ⅰ母、Ⅱ母 A、B、C 三相电压基本不变，出现较小的零序电压，ABⅠ线、ABⅡ线、ACⅠ线、#1 主变、#2 主变 A、B、C 三相均为负荷电流，电流大小无明显变化，母联电流 A 相在启动瞬间下降为 0，判断母联间隔发生断线。

0～200ms，对于母联间隔，A 相负荷电流为 0，B 相为正常负荷电流，说明母联间隔断线。1M 小差、2M 小差均为 0，说明母联间隔断线为一次断线，非二次断线。

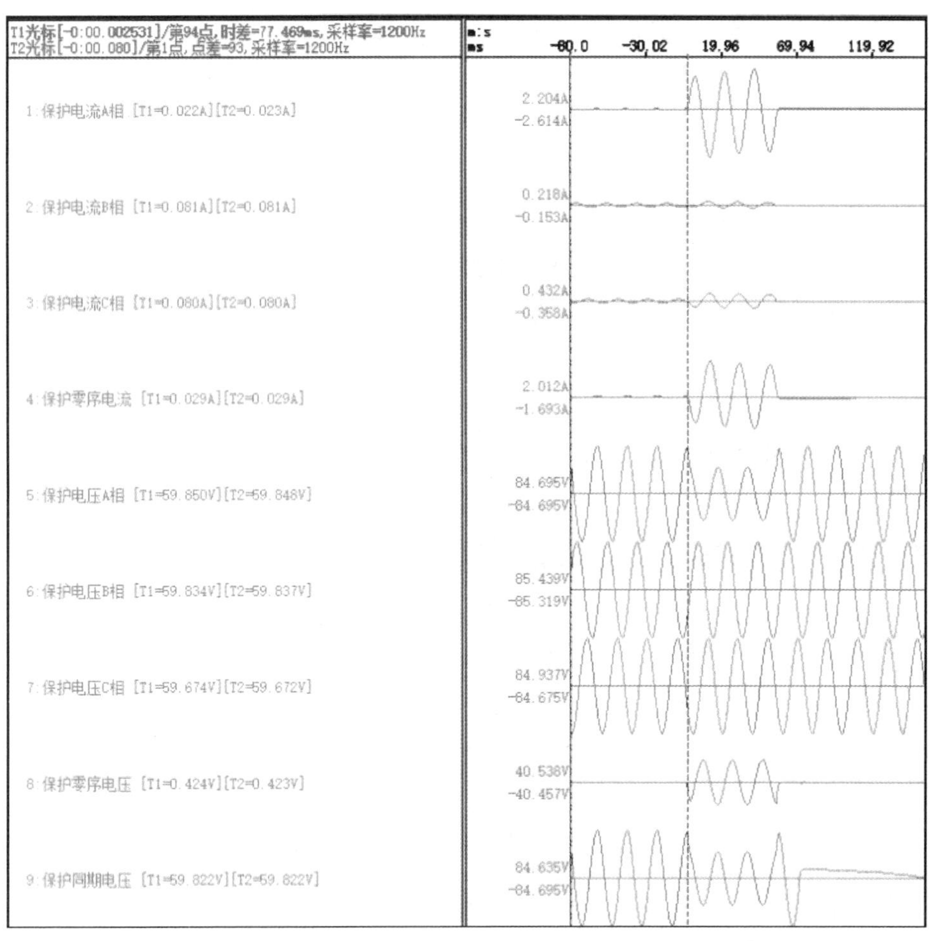

图 7-7-8　AB Ⅰ 线路 B 站侧保护录波图

200ms 后，支路 4、支路 5、支路 6 故障电流潮流流向母线区内，对于支路 2、支路 3 主变间隔，支路 2 潮流流向母线区内，支路 3 潮流流向母线区外，考虑到母联间隔一次断线，通过两台主变 110kV 侧形成电磁环网，说明故障电流潮流由Ⅱ母流向Ⅰ母，故障点位于Ⅰ母区内。

260ms 后，母差保护动作跳ⅠM 上所有开关并远跳线路对侧开关后，故障隔离。

综上所述，0ms 母联间隔 A 相发生一次断线，200ms 后Ⅰ母发生 A 相接地故障，考虑到故障的实际意义，判断为母联 A 相一次断线，断口靠ⅠM 侧引线发生接地故障。因一次断线时间较短，且负荷较轻，各元件零序后备保护未达到动作条件，发生接地故障后母差保护瞬时动作跳开ⅠM 后故障切除。母差保护、线路保护动作行为正确。

7.8 母联死区断线后靠 TA 侧接地短路

一、故障信息

故障发生前 A 站、B 站、C 站运行方式为：ABⅠ线、ABⅡ线、ACⅠ线、BCⅠ线、#1 主变、#2 主变均在合位，A 站母联 2012 开关在分位，A 站#1 主变、ABⅠ线、ABⅡ线挂 1M、#2 主变、ACⅠ线挂 2M，如图 7-8-1 所示。

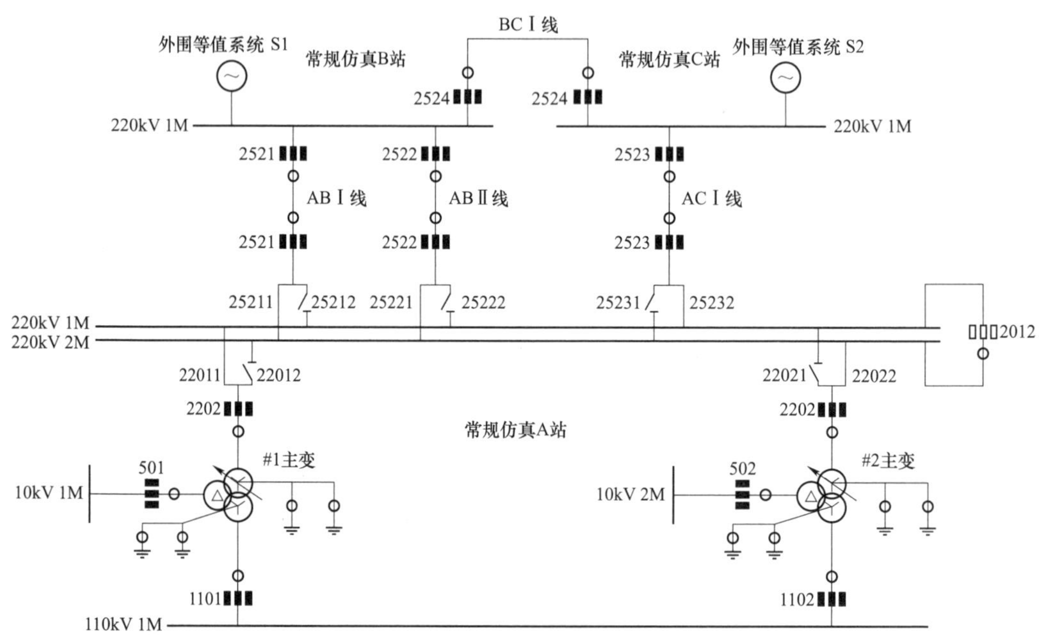

图 7-8-1 故障发生前 A 站、B 站、C 站运行方式

故障发生后，A 站 220kV 2M 上所有开关均在分位，ACⅠ线路两侧开关均在分位，故障发生后 A 站、B 站、C 站运行方式如图 7-8-2 所示。

二、录波图解析

1. 保护动作报文解析

（1）从故障录波 HDR 文件读取相关保护信息，以保护启动初始时刻为基准，A 站母差保护动作简报见表 7-8-1。

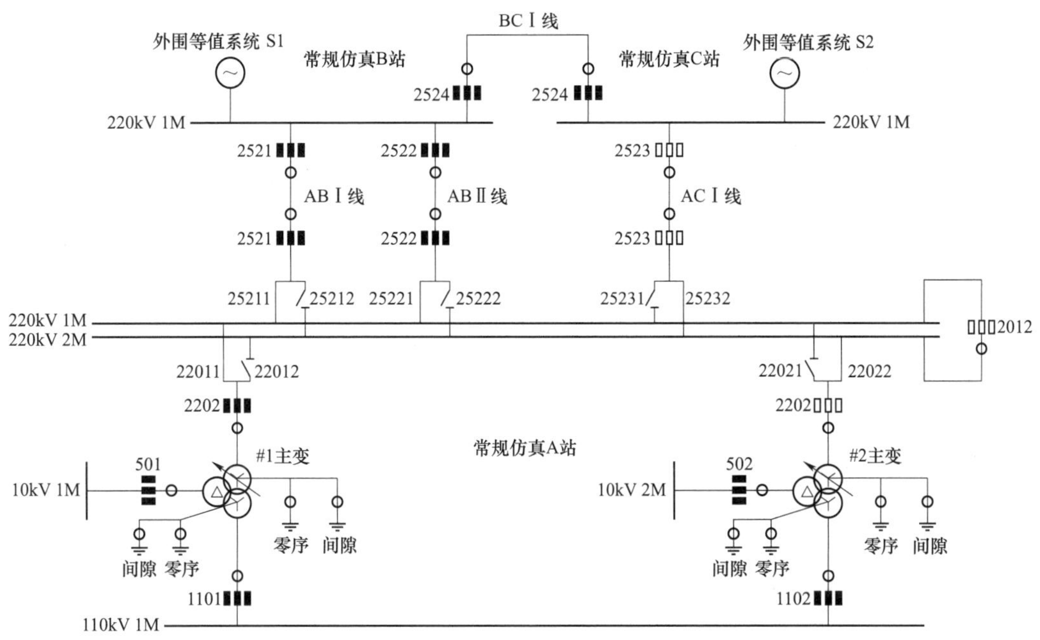

图 7-8-2　故障发生后 A 站、B 站、C 站运行方式

表 7-8-1　　　　　　A 站母差保护动作简报

序号	动作报文对应时间	动作报文名称	动作相别	动作报文变化值
…	…	…	…	…
4	28ms	大差动作跳母联	A	1
5	211ms	2M 母差动母联死区	A	1
6	230ms	母联失灵跳 2M 母		1
7	230ms	母联失灵保护动作		1

根据表 7-8-1，A 站母差保护启动后，28ms 大差保护动作跳母联开关，211ms2m 母联死区动作跳 2M，230ms 母联失灵保护动作跳 2M。

（2）从故障录波 HDR 文件读取相关保护信息，以保护启动初始时刻为基准，AC Ⅰ线 C 站侧保护动作简报见表 7-8-2。

表 7-8-2　　　　　　AC Ⅰ线 C 站侧保护动作简报

序号	动作报文对应时间	动作报文名称	动作相别	动作报文变化值
1	0ms	保护启动		1
2	432ms	远方跳闸动作	ABC	1

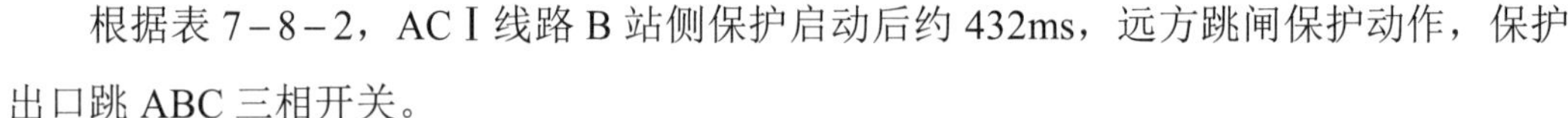

根据表 7－8－2，AC Ⅰ线路 B 站侧保护启动后约 432ms，远方跳闸保护动作，保护出口跳 ABC 三相开关。

2. 开关量变位解析

（1）以系统内出现零序电流时刻为基准，A 站侧开关量变位图如图 7－8－3 所示。

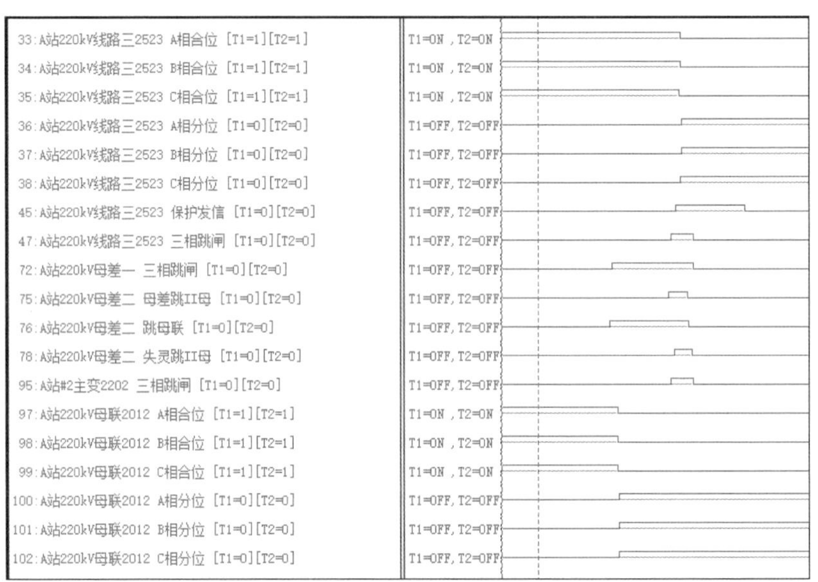

图 7－8－3　A 站侧开关量变位图

A 站侧开关量变位时间顺序见表 7－8－3。

表 7－8－3　A 站侧开关量变位时间顺序

位置	第 1 次变位时间	第 2 次变位时间
33:A 站 220kV 线路三 2523 A 相合位	↓ 450.000ms	
34:A 站 220kV 线路三 2523 B 相合位	↓ 448.750ms	
35:A 站 220kV 线路三 2523 C 相合位	↓ 447.000ms	
36:A 站 220kV 线路三 2523 A 相分位	↑ 452.500ms	
37:A 站 220kV 线路三 2523 B 相分位	↑ 451.250ms	
38:A 站 220kV 线路三 2523 C 相分位	↑ 449.000ms	
45:A 站 220kV 线路三 2523 保护发信	↑ 433.500ms	↓ 653.750ms
47:A 站 220kV 线路三 2523 三相跳闸	↑ 419.250ms	↓ 491.250ms
72:A 站 220kV 母差一 三相跳闸	↑ 233.000ms	↓ 491.500ms
75:A 站 220kV 母差二 母差跳Ⅱ母	↑ 411.750ms	↓ 473.000ms
76:A 站 220kV 母差二 跳母联	↑ 227.000ms	↓ 474.000ms
78:A 站 220kV 母差二 失灵跳Ⅱ母	↑ 429.750ms	↓ 485.500ms

续表

位置	第 1 次变位时间	第 2 次变位时间
95:A 站#2 主变 2202 三相跳闸	↑ 418.250ms	↓ 490.750ms
97:A 站 220kV 母联 2012 A 相合位	↓ 252.750ms	
98:A 站 220kV 母联 2012 B 相合位	↓ 253.250ms	
99:A 站 220kV 母联 2012 C 相合位	↓ 253.750ms	
100:A 站 220kV 母联 2012 A 相分位	↑ 255.000ms	
101:A 站 220kV 母联 2012 B 相分位	↑ 256.250ms	
102:A 站 220kV 母联 2012 C 相分位	↑ 256.500ms	

（2）以系统内出现零序电流时刻为基准，B 站侧开关量变位图如图 7－8－4 所示。

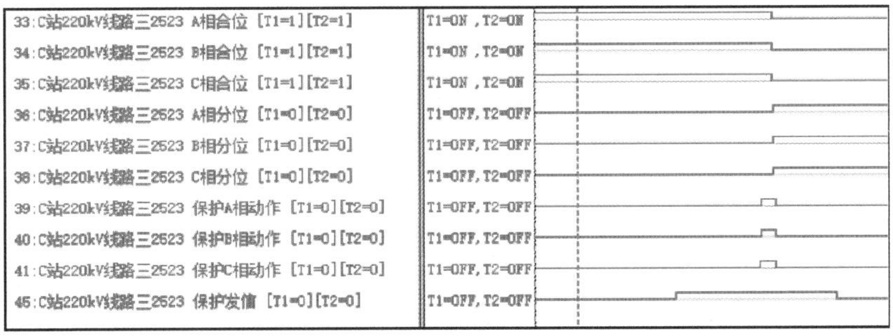

图 7－8－4　B 站侧开关量变位图

B 站侧开关量变位时间顺序见表 7－8－4。

表 7－8－4　　　B 站侧开关量变位时间顺序

位置	第 1 次变位时间	第 2 次变位时间
33:C 站 220kV 线路三 2523 A 相合位	↓ 474.000ms	
34:C 站 220kV 线路三 2523 B 相合位	↓ 474.750ms	
35:C 站 220kV 线路三 2523 C 相合位	↓ 474.750ms	
36:C 站 220kV 线路三 2523 A 相分位	↑ 476.250ms	
37:C 站 220kV 线路三 2523 B 相分位	↑ 478.250ms	
38:C 站 220kV 线路三 2523 C 相分位	↑ 477.250ms	
39:C 站 220kV 线路三 2523 保护 A 相动作	↑ 446.000ms	↓ 484.750ms
40:C 站 220kV 线路三 2523 保护 B 相动作	↑ 446.250ms	↓ 485.000ms
41:C 站 220kV 线路三 2523 保护 C 相动作	↑ 445.750ms	↓ 484.750ms
45:C 站 220kV 线路三 2523 保护发信	↑ 239.500ms	↓ 635.500ms

小结：系统内出现零序电流时刻后约 227ms，A 站母差保护Ⅱ大差保护动作后跳母联 2012 三相开关，411ms 2M 差动母联死区保护动作跳 2M，429ms 失灵保护动作跳 2M，跳开 2523 开关三相，并向 ACⅠ线对侧发远跳命令，跳开 C 站侧 2523 开关三相。

3. 波形特征解析

（1）A 站侧母差保护录波特征解析。A 站侧母差保护录波图如图 7－8－5 所示。图中，支路 1：母联 2400/1、支路 2：#1 主变 1200/1、支路 3：#2 主变 1600/1；支路 4：ABⅠ线 2400/1；支路 5：ABⅡ线 2400/1；支路 6：ACⅠ线 1600/1；母联 TA 极性朝 2M。

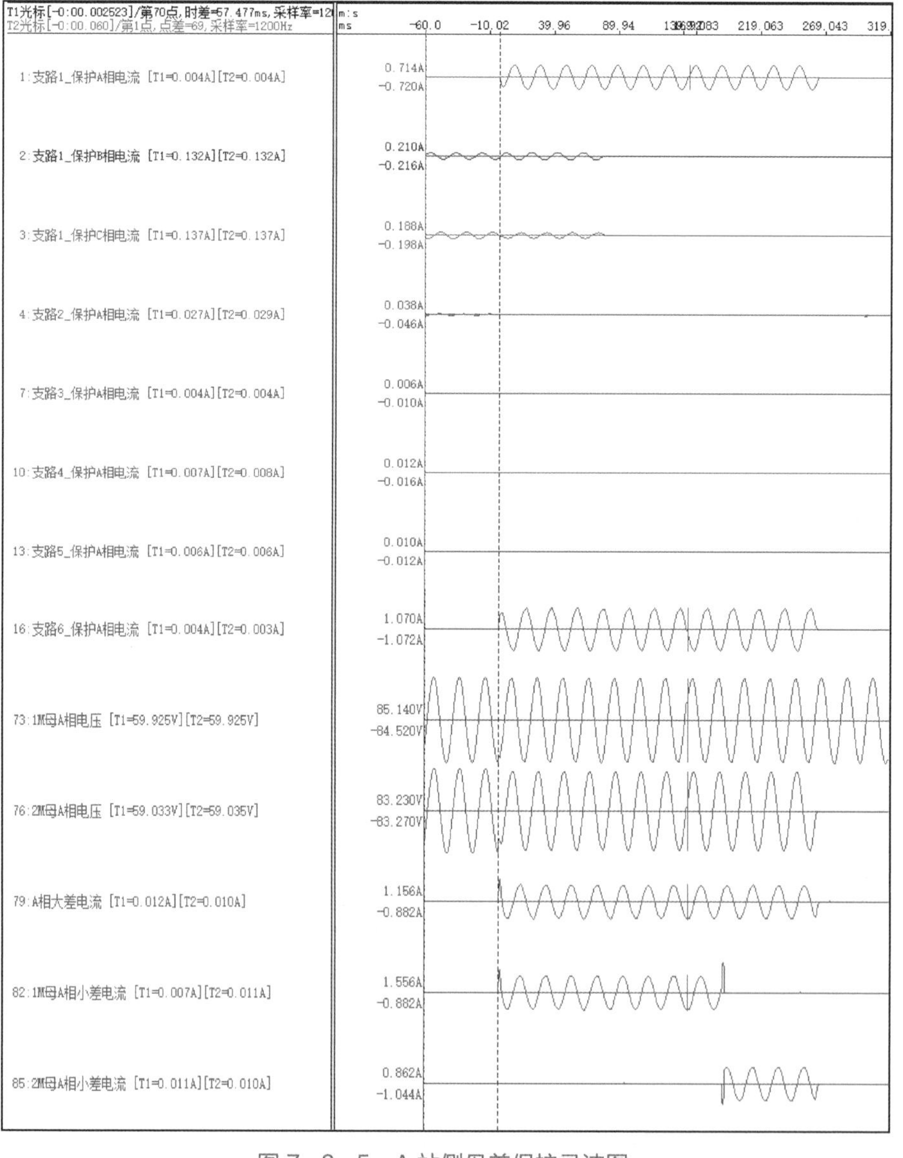

图 7－8－5　A 站侧母差保护录波图

A 站侧母差保护波形（第一次保护动作时相量分析）如图 7-8-6 所示。

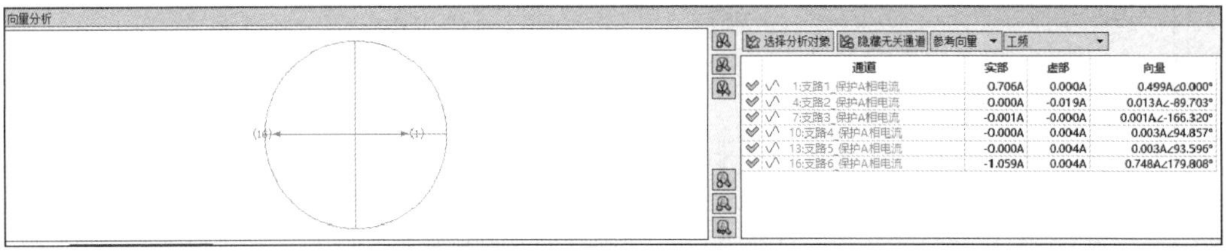

向量分析

选择分析对象　隐藏无关通道　参考向量　工频

通道	实部	虚部	向量
1:支路1_保护A相电流	0.706A	0.000A	0.499A∠0.000°
4:支路2_保护A相电流	0.000A	-0.019A	0.013A∠-89.703°
7:支路3_保护A相电流	-0.001A	-0.000A	0.001A∠-166.320°
10:支路4_保护A相电流	-0.000A	0.004A	0.003A∠94.857°
13:支路5_保护A相电流	-0.000A	0.004A	0.003A∠93.596°
16:支路6_保护A相电流	-1.059A	0.004A	0.748A∠179.808°

图 7-8-6　A 站侧母差保护波形（第一次保护动作时相量分析）

从图 7-8-5 解析故障前负荷特征：对于母联间隔，A 相负荷电流为 0，B、C 相为正常负荷电流，说明母联间隔断线。1M 小差、2M 小差均为 0，说明母联间隔断线为一次断线，非二次断线。

从图 7-8-5 解析 0ms 故障态电压特征：Ⅰ母电压基本不变，Ⅱ母 A 相电压下降为 53V，出现较小的零序电压，说明系统内存在一次故障，但一次故障特征不明显，怀疑高阻故障，故障点位置靠近Ⅱ母侧。Ⅰ母、Ⅱ母 A 相电压未同步下降，说明母联间隔 A 相一次断线。

从图 7-8-5 解析 0ms 故障态电流特征：支路 2B、C 相，支路 3B、C 相，支路 4B、C 相，支路 5B、C 相，支路 6B、C 相为负荷电流忽略不计；支路 2、支路 3、支路 4、支路 5 无明显故障电流；支路 1A 相、支路 6A 相电流升高，且出现零序电流，说明故障相为 A 相。

从图 7-8-6 解析 0ms 故障态潮流特征：通过相位解析，对于支路 6A 相电流超前 A 相电压约 90°，符合母线区内故障特征；母联间隔 A 相电压超前 A 相电流约 90°，说明母线间隔故障电流潮流流向Ⅰ母，故障位于Ⅰ母 TA 区内。

从图 7-8-5 和图 7-8-6 解析 0ms 故障态母差保护计算差流：Ⅱ母小差没有差流；大差差流、Ⅰ母小差差流较大，说明故障位于Ⅰ母区内。

从图 7-8-5 解析：26ms 大差保护动作后跳开 2012 开关后，支路 1 B、C 相电流消失，说明母联开关 B、C 相跳开，结合集中录波判断此时母联三相均为分位。支路 6、支路 1 A 相电流幅值相位均没有明显变化，说明故障点仍然存在。

从图 7-8-5 解析：211ms 2M 母联死区保护动作后跳开 2M 上所有开关后，故障电流消失，说明故障点位于母联开关靠 2M 侧。

（2）C 站侧波形特征解析。AC Ⅰ线路 C 站侧保护录波图如图 7-8-7 所示。

从图 7-8-7 解析 0ms 故障态电压特征：A、B、C 三相电压无明显变化。

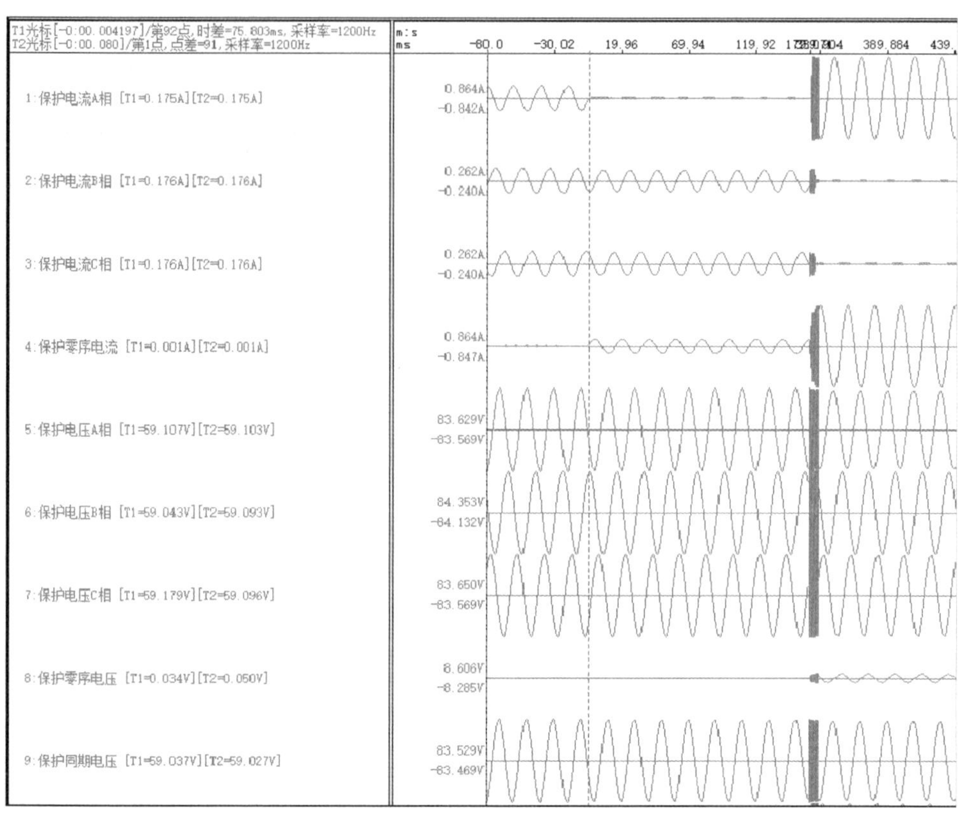

图 7-8-7　AC I 线路 C 站侧保护录波图

从图 7-8-7 解析 0ms 故障态电流特征：A 相电流下降，B、C 相为负荷电流，且出现零序电流。A 相电流在启动瞬间下降为 0，判断集中录波启动原因为母联间隔发生一次断线。

从图 7-8-7 解析 200ms 故障态电压特征：A、B、C 三相电压幅值基本不变，但出现 6V 零序电压。

从图 7-8-7 解析 200ms 故障态电流特征：A 相电流升高，B、C 相为负荷电流，且出现零序电流。

从图 7-8-7 解析 200ms 故障态潮流特征：通过相位解析，实际零序电流（线路保护零序电流接线使零序电流反向）超前零序电压 95°，A 相电压超前 A 相电流约 85°，从相电流、零序电流两个角度解析均符合线路正向故障特征。

从图 7-8-7 解析：462msA 相故障电流消失，说明线路远跳保护动作后，A、B、C 三相电压恢复正常，说明故障点隔离。

三、综合总结

从波形特征解析，故障总共持续约 460ms。

0ms，Ⅰ母、Ⅱ母 A、B、C 三相电压基本不变，出现较小的零序电压，ABⅠ线、ABⅡ线、ACⅠ线、#1 主变、#2 主变 ABC 三相均为负荷电流，电流大小无明显变化，系统内出现较小的零序电流，母联电流 A 相在启动瞬间下降为 0，判断母联间隔发生断线。

0～200ms，对于母联间隔，A 相负荷电流为 0，B、C 相为正常负荷电流，说明母联间隔断线。1M 小差、2M 小差均为 0，说明母联间隔断线为一次断线，非二次断线。

200ms 后，支路 6 故障电流潮流流向母线区内，支路 1 潮流流向ⅠM，判断故障位于母联 TA 靠ⅠM 侧；Ⅰ母电压基本不变，Ⅱ母 A 相电压下降为 53V，出现较小的零序电压，说明系统内存在一次故障，但一次故障特征不明显，怀疑高阻故障，故障点位置位于断口靠近Ⅱ母侧。结合上述两点判断母联断口位于开关与 TA 之间死区，且接地点位于断口靠Ⅱ母侧。考虑到故障的合理性，判断为死区断线后，靠 TA 侧引线接地故障。

对于支路 2、支路 3 主变间隔，考虑到母联间隔一次断线，通过两台主变 110kV 侧形成电磁环网，由于故障为高阻特征，因而支路 2、支路 3 电流均较小。

发生接地故障后，ⅠM 小差有差流但复合电压闭锁未开放，Ⅱ母小差无差流但复合电压闭锁开放，两条母线各自差动保护均不满足动作条件。故大差动作先跳母联开关，母联开挂跳开后，经 150ms 延时封母联 TA 后，Ⅱ母差动满足动作条件且复合电压闭锁开放，故Ⅱ母母联死区保护动作跳Ⅱ母。另一方面母联持续有流，满足母联失灵动作条件，母联失灵保护动作跳开满足复合电压闭锁开放条件的Ⅱ母。

综上所述，0ms 母联间隔死区 A 相发生一次断线，200ms 后断口靠Ⅱ母侧，考虑到故障的实际意义，判断为母联死区 A 相一次断线，断口靠ⅡM 侧引线发生高阻接地故障。因一次断线时间较短，且负荷较轻，各元件零序后备保护未达到动作条件。因高阻接地，发生接地故障后母差保护先大差动作跳母联开关，随后Ⅱ母死区保护动作跳Ⅱ母，切除故障。母差保护、线路保护动作行为均正确。

7.9 母线区内单相接地与区外同名相单相接地

一、故障信息

故障发生前 A 站、B 站、C 站运行方式为：ABⅠ线、ABⅡ线、ACⅠ线、BCⅠ线、#1 主变、#2 主变均在合位，A 站母联 2012 开关在分位，A 站#1 主变、ABⅠ线、ABⅡ线挂 1M、#2 主变、ACⅠ线挂 2M，如图 7－9－1 所示。

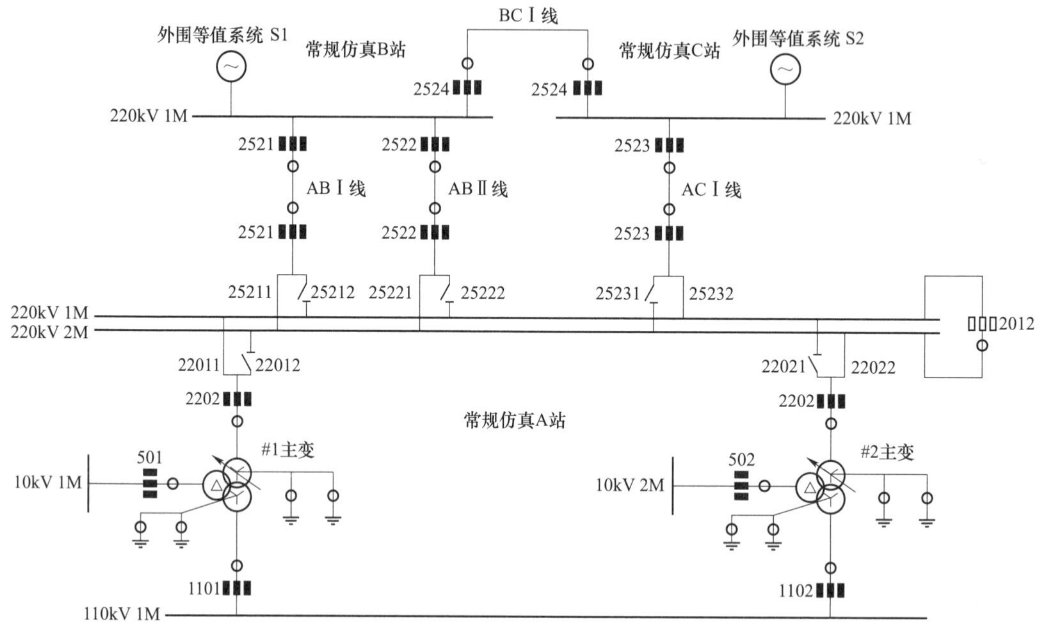

图 7-9-1　故障发生前 A 站、B 站、C 站运行方式

故障发生后，A 站 220kV 1M 上所有开关均在分位，AB Ⅰ、AB Ⅱ线线路两侧开关均在分位，故障发生后 A 站、B 站、C 站运行方式如图 7-9-2 所示。

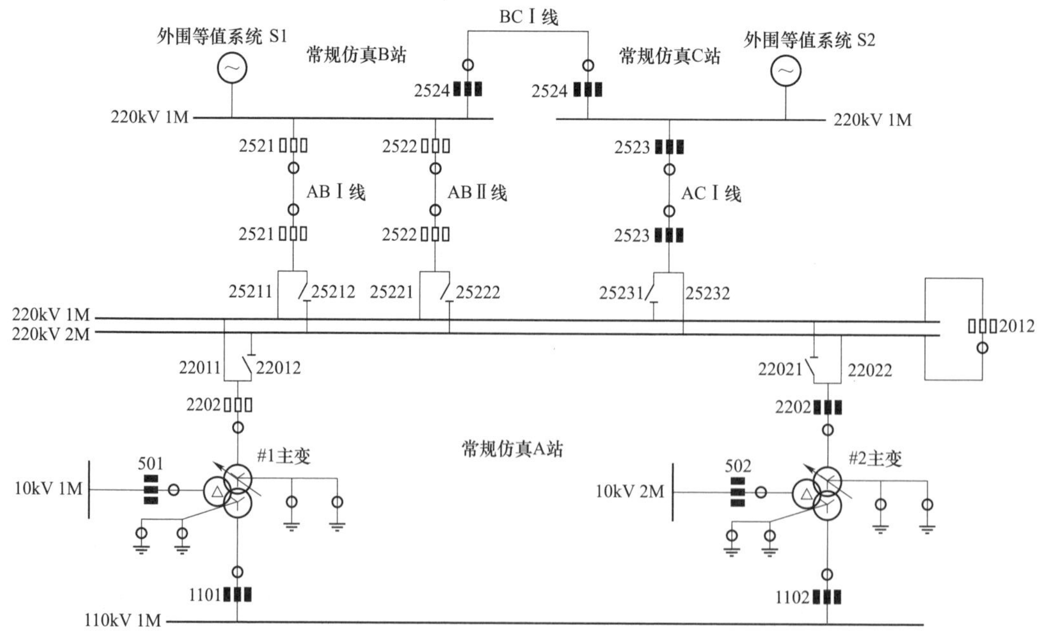

图 7-9-2　故障发生后 A 站、B 站、C 站运行方式

二、录波图解析

1. 保护动作报文解析

（1）从故障录波 HDR 文件读取相关保护信息，以保护启动初始时刻为基准，A 站母差保护动作简报见表 7－9－1。

表 7－9－1　A 站母差保护动作简报

序号	动作报文对应时间	动作报文名称	动作相别	动作报文变化值
…	…	…	…	…
8	70ms	1M 母差动动作	A	1

根据表 7－9－1，A 站母差保护启动后，70ms Ⅰ母差动保护动作跳开Ⅰ母上所有开关。

（2）从故障录波 HDR 文件读取相关保护信息，以保护启动初始时刻为基准，ABⅠ线 A 站侧保护动作简报见表 7－9－2。

表 7－9－2　ABⅠ线 A 站侧保护动作简报

序号	动作报文对应时间	动作报文名称	动作相别	动作报文变化值
1	0ms	保护启动		1
2	8ms	纵联差动保护动作	A	1
3	12ms	纵联距离动作	A	1
4	12ms	纵联零序动作	A	1
5	15ms	接地距离Ⅰ段动作	A	1

根据表 7－9－2，ABⅠ线路 A 站侧保护启动后约 8ms，线路差动保护动作，选相 A 相，保护出口跳 A 相开关；15ms 后，距离Ⅰ段保护动作，说明故障靠近 A 站侧。

（3）从故障录波 HDR 文件读取相关保护信息，以保护启动初始时刻为基准，ABⅠ线 B 站侧保护动作简报见表 7－9－3。

表 7－9－3　ABⅠ线 B 站侧保护动作简报

序号	动作报文对应时间	动作报文名称	动作相别	动作报文变化值
1	0ms	保护启动		1
2	7ms	纵联差动保护动作	A	1
3	14ms	纵联距离动作	A	1
4	14ms	纵联零序动作	A	1

续表

序号	动作报文对应时间	动作报文名称	动作相别	动作报文变化值
5	71ms	纵联差动保护动作		0
6	71ms	纵联距离动作		0
7	71ms	纵联零序动作		0
8	97ms	远方跳闸动作	ABC	1
9	137ms	远方跳闸动作		0

根据表 7-9-3，AB Ⅰ 线路 B 站侧保护启动后约 7ms，线路差动保护动作，选相 A 相，保护出口跳 A 相开关；97ms 后，远方跳闸保护动作，说明收到了对侧 A 站母差保护动作发出的远方跳闸信号。

（4）从故障录波 HDR 文件读取相关保护信息，以保护启动初始时刻为基准，AB Ⅱ 线 B 站侧保护动作简报见表 7-9-4。

表 7-9-4　　AB Ⅱ 线 B 站侧保护动作简报

序号	动作报文对应时间	动作报文名称	动作相别	动作报文变化值
…	…	…	…	…
6	100ms	远方跳闸动作	ABC	1

根据表 7-9-4，AB Ⅱ 线路 B 站侧保护启动后约 100ms，远方跳闸保护动作，保护出口跳 ABC 三相开关。

2. 开关量变位解析

（1）以系统内出现零序电流时刻为基准，A 站侧开关量变位图如图 7-9-3 所示。

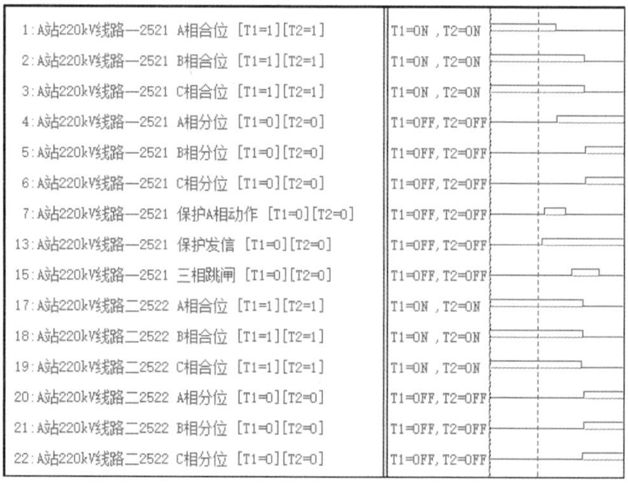

图 7-9-3　A 站侧开关量变位图（一）

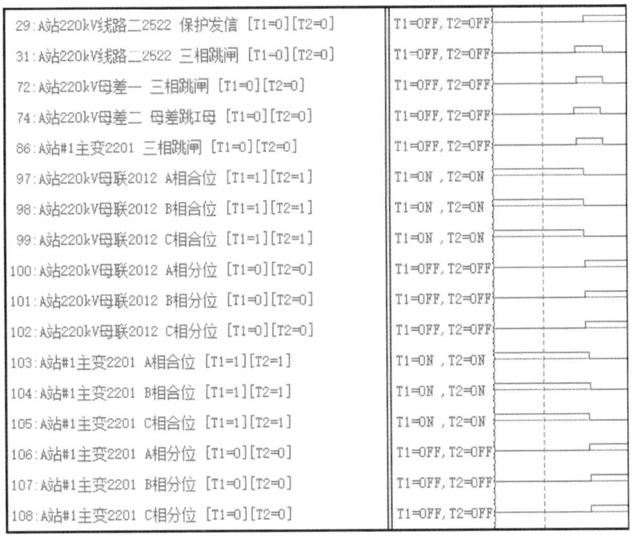

29:A站220kV线路二2522 保护发信 [T1=0][T2=0] T1=OFF,T2=OFF
31:A站220kV线路二2522 三相跳闸 [T1=0][T2=0] T1=OFF,T2=OFF
72:A站220kV母差一 三相跳闸 [T1=0][T2=0] T1=OFF,T2=OFF
74:A站220kV母差二 母差跳I母 [T1=0][T2=0] T1=OFF,T2=OFF
86:A站#1主变2201 三相跳闸 [T1=0][T2=0] T1=OFF,T2=OFF
97:A站220kV母联2012 A相合位 [T1=1][T2=1] T1=ON ,T2=ON
98:A站220kV母联2012 B相合位 [T1=1][T2=1] T1=ON ,T2=ON
99:A站220kV母联2012 C相合位 [T1=1][T2=1] T1=ON ,T2=ON
100:A站220kV母联2012 A相分位 [T1=0][T2=0] T1=OFF,T2=OFF
101:A站220kV母联2012 B相分位 [T1=0][T2=0] T1=OFF,T2=OFF
102:A站220kV母联2012 C相分位 [T1=0][T2=0] T1=OFF,T2=OFF
103:A站#1主变2201 A相合位 [T1=1][T2=1] T1=ON ,T2=ON
104:A站#1主变2201 B相合位 [T1=1][T2=1] T1=ON ,T2=ON
105:A站#1主变2201 C相合位 [T1=1][T2=1] T1=ON ,T2=ON
106:A站#1主变2201 A相分位 [T1=0][T2=0] T1=OFF,T2=OFF
107:A站#1主变2201 B相分位 [T1=0][T2=0] T1=OFF,T2=OFF
108:A站#1主变2201 C相分位 [T1=0][T2=0] T1=OFF,T2=OFF

图 7-9-3 A 站侧开关量变位图（二）

A 站侧开关量变位时间顺序见表 7-9-5。

表 7-9-5 A 站侧开关量变位时间顺序

位置	第 1 次变位时间	第 2 次变位时间
1:A 站 220kV 线路一 2521 A 相合位	↓ 44.000ms	
2:A 站 220kV 线路一 2521 B 相合位	↓ 112.000ms	
3:A 站 220kV 线路一 2521 C 相合位	↓ 112.000ms	
4:A 站 220kV 线路一 2521 A 相分位	↑ 46.750ms	
5:A 站 220kV 线路一 2521 B 相分位	↑ 115.500ms	
6:A 站 220kV 线路一 2521 C 相分位	↑ 116.250ms	
7:A 站 220kV 线路一 2521 保护 A 相动作	↑ 15.500ms	↓ 67.500ms
13:A 站 220kV 线路一 2521 保护发信	↑ 9.500ms	↓ 311.750ms
15:A 站 220kV 线路一 2521 三相跳闸	↑ 82.500ms	↓ 149.750ms
17:A 站 220kV 线路二 2522 A 相合位	↓ 109.500ms	
18:A 站 220kV 线路二 2522 B 相合位	↓ 111.000ms	
19:A 站 220kV 线路二 2522 C 相合位	↓ 107.250ms	
20:A 站 220kV 线路二 2522 A 相分位	↑ 112.250ms	
21:A 站 220kV 线路二 2522 B 相分位	↑ 114.000ms	
22:A 站 220kV 线路二 2522 C 相分位	↑ 109.500ms	
29:A 站 220kV 线路二 2522 保护发信	↑ 100.250ms	↓ 313.500ms
31:A 站 220kV 线路二 2522 三相跳闸	↑ 81.250ms	↓ 149.750ms
72:A 站 220kV 母差一 三相跳闸	↑ 81.750ms	↓ 150.250ms

续表

位置	第 1 次变位时间	第 2 次变位时间
74:A 站 220kV 母差二 母差跳Ⅰ母	↑ 76.000ms	↓ 144.500ms
86:A 站#1 主变 2201 三相跳闸	↑ 83.750ms	↓ 150.000ms
97:A 站 220kV 母联 2012 A 相合位	↑ 101.250ms	
98:A 站 220kV 母联 2012 B 相合位	↑ 101.750ms	
99:A 站 220kV 母联 2012 C 相合位	↑ 102.250ms	
100:A 站 220kV 母联 2012 A 相分位	↑ 103.500ms	
101:A 站 220kV 母联 2012 B 相分位	↑ 104.750ms	
102:A 站 220kV 母联 2012 C 相分位	↑ 105.000ms	
103:A 站#1 主变 2201 A 相合位	↓ 112.000ms	
104:A 站#1 主变 2201 B 相合位	↓ 117.000ms	
105:A 站#1 主变 2201 C 相合位	↓ 113.500ms	
106:A 站#1 主变 2201 A 相分位	↑ 115.250ms	
107:A 站#1 主变 2201 B 相分位	↑ 118.250ms	
108:A 站#1 主变 2201 C 相分位	↑ 115.500ms	

（2）以系统内出现零序电流时刻为基准，B 站侧开关量变位图如图 7-9-4 所示。

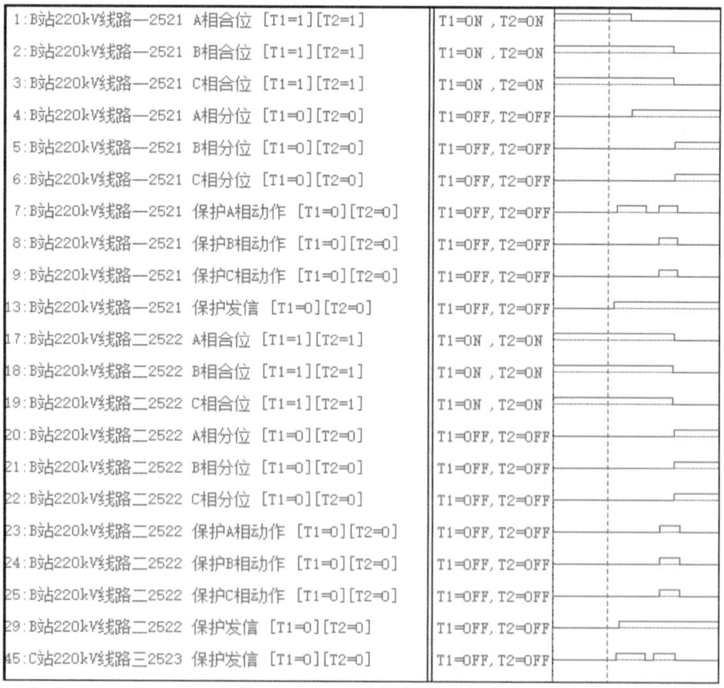

图 7-9-4 B 站侧开关量变位图

B 站侧开关量变位时间顺序见表 7－9－6。

表 7－9－6　　B 站侧开关量变位时间顺序

位置	第 1 次变位时间	第 2 次变位时间	第 3 次变位时间	第 4 次变位时间
1:B 站 220kV 线路一 2521 A 相合位	↓ 45.250ms			
2:B 站 220kV 线路一 2521 B 相合位	↓ 137.500ms			
3:B 站 220kV 线路一 2521 C 相合位	↓ 138.250ms			
4:B 站 220kV 线路一 2521 A 相分位	↑ 47.750ms			
5:B 站 220kV 线路一 2521 B 相分位	↑ 140.250ms			
6:B 站 220kV 线路一 2521 C 相分位	↑ 141.000ms			
7:B 站 220kV 线路一 2521 保护 A 相动作	↑ 18.000ms	↓ 80.250ms	↑ 108.000ms	↓ 146.750ms
8:B 站 220kV 线路一 2521 保护 B 相动作	↑ 108.000ms	↓ 146.750ms		
9:B 站 220kV 线路一 2521 保护 C 相动作	↑ 107.500ms	↓ 146.750ms		
13:B 站 220kV 线路一 2521 保护发信	↑ 11.000ms	↓ 297.250ms		
17:B 站 220kV 线路二 2522 A 相合位	↓ 139.000ms			
18:B 站 220kV 线路二 2522 B 相合位	↓ 138.500ms			
19:B 站 220kV 线路二 2522 C 相合位	↓ 138.000ms			
20:B 站 220kV 线路二 2522 A 相分位	↑ 141.500ms			
21:B 站 220kV 线路二 2522 B 相分位	↑ 141.250ms			
22:B 站 220kV 线路二 2522 C 相分位	↑ 141.000ms			
23:B 站 220kV 线路二 2522 保护 A 相动作	↑ 108.750ms	↓ 151.750ms		
24:B 站 220kV 线路二 2522 保护 B 相动作	↑ 108.750ms	↓ 152.000ms		
25:B 站 220kV 线路二 2522 保护 C 相动作	↑ 108.750ms	↓ 152.250ms		
29:B 站 220kV 线路二 2522 保护发信	↑ 24.750ms	↓ 312.500ms		
45:C 站 220kV 线路三 2523 保护发信	↑ 18.500ms	↓ 80.000ms	↑ 98.500ms	↓ 143.250ms

小结：系统内出现故障，发生电压跌落后约 15ms，ABⅠ线两侧线路保护动作跳两侧 A 相开关，ABⅠ线两侧 A 相开关跳开后 A 站 220kV 母线差动保护动作跳 1M，并向 ABⅡ线对侧发远跳命令，跳开 B 站侧 2522 开关三相。

3. 波形特征解析

（1）A 站侧波形特征解析。ABⅠ线路 A 站侧保护录波图如图 7－9－5 所示。

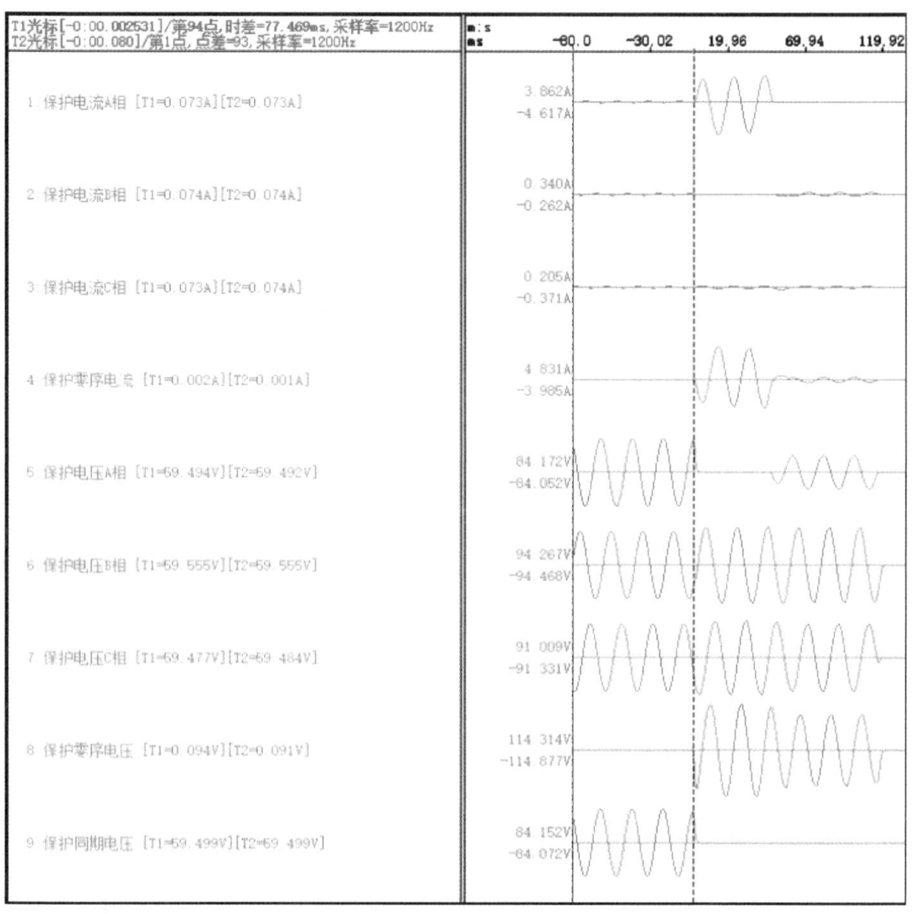

图 7-9-5 AB Ⅰ 线路 A 站侧保护录波图

从图 7-9-5 解析 0ms 故障态电压特征：A 相电压下降为 0，B、C 相电压基本不变，且出现零序电压。

从图 7-9-5 解析 0ms 故障态电流特征：A 相电流升高，B、C 相为负荷电流，且出现零序电流。

从图 7-9-5 解析 0ms 故障态潮流特征：由于故障相 A 相电压为 0，对于潮流解析需要借助零序电压、零序电流，通过相位解析，实际零序电流（线路保护零序电流接线使零序电流反向）超前零序电压 97°，符合线路正向故障特征。

从图 7-9-5 解析：56ms 后，A 相故障电流消失，但母线 A 相电压上升至 30V，说明故障未隔离。

从图 7-9-5 解析：120ms 后，A 站母线 A、B、C 三相电压消失，说明母差保护将母线上所有开关跳开。

（2）B 站侧波形特征解析。AB Ⅰ 线路 B 站侧保护录波图如图 7-9-6 所示。

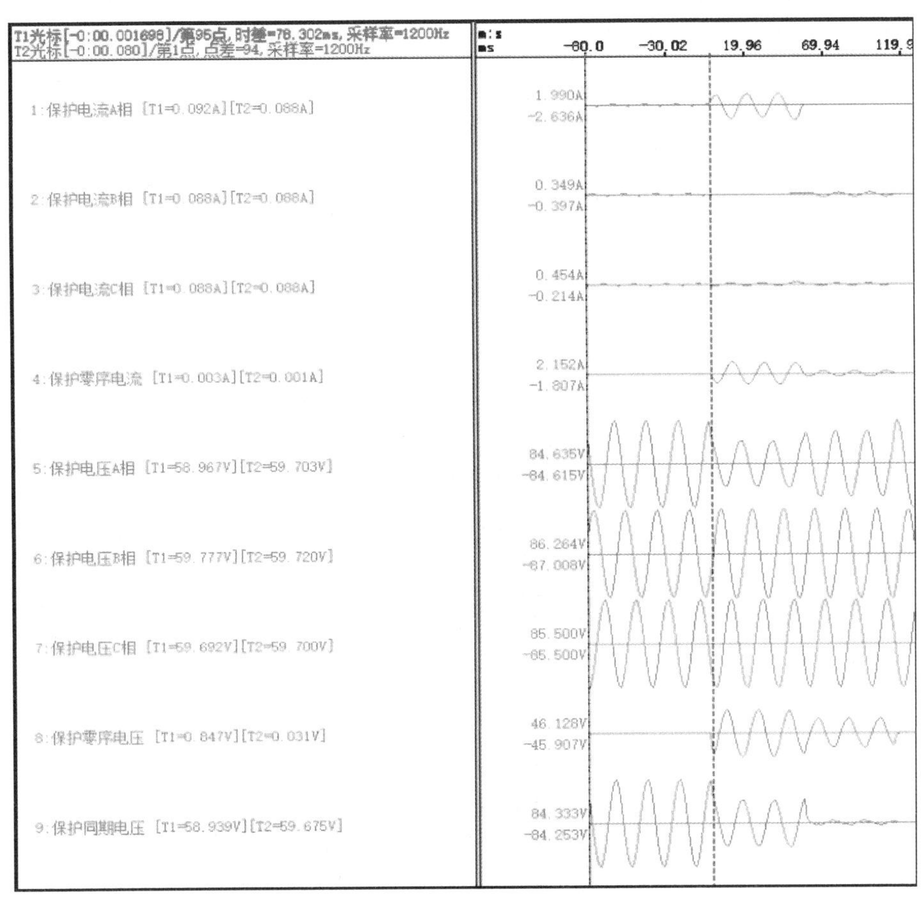

图 7-9-6　AB Ⅰ线路 B 站侧保护录波图

从图 7-9-6 解析 0ms 故障态电压特征：A 相电压下降为 31V，B、C 相电压基本不变，且出现零序电压。

从图 7-9-6 解析 0ms 故障态电流特征：A 相电流升高，B、C 相为负荷电流，且出现零序电流。

从图 7-9-6 解析 0ms 故障态潮流特征：通过相位解析，实际零序电流（线路保护零序电流接线使零序电流反向）超前零序电压 97°，A 相电压超前 A 相电流约 80°，从相电流、零序电流两个角度解析均符合线路正向故障特征。

从图 7-9-6 解析：50ms 保护动作后，母线 A 相电压升高为 45V，B、C 相电压基本不变，仍然有较大的零序电压，说明系统内故障仍未切除，B 站母线离故障点电气距离增大。

从图 7-9-6 解析：120ms 后，B 站母线 A、B、C 三相电压恢复正常，说明系统内故障已隔离。

（3）A 站侧母差保护波形特征解析。A 站侧母差保护录波图如图 7-9-7 所示。

图中支路 1：母联 2400/1、支路 2：#1 主变 1200/1、支路 3：#2 主变 1600/1；支路 4：ABⅠ线 2400/1；支路 5：ABⅡ线 2400/1；支路 6：ACⅠ线 1600/1；母联 TA 极性朝 2M。

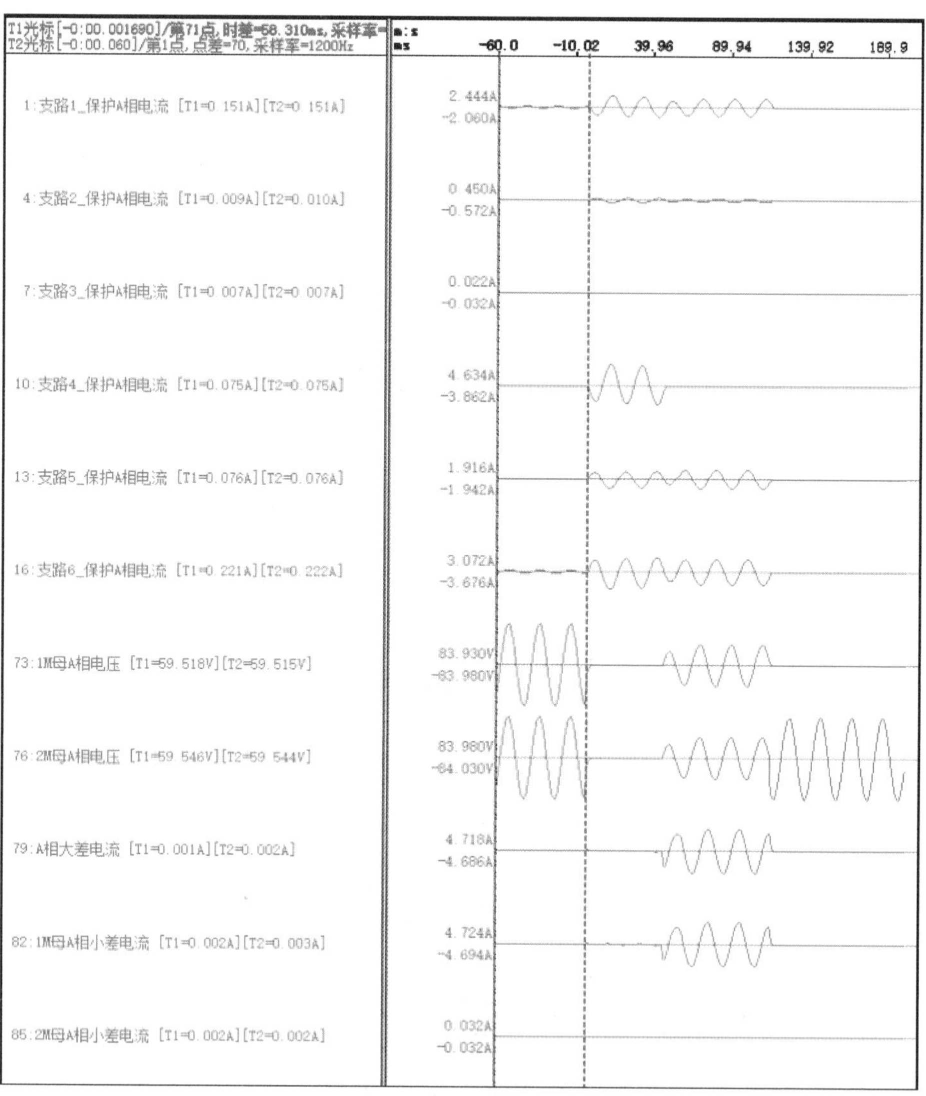

图 7-9-7　A 站侧母差保护录波图

从图 7-9-7 解析 0ms 故障态电压特征：A 相电压下降为 0，B、C 相电压基本不变，且出现零序电压，说明故障相为 A 相。

从图 7-9-7 解析 0ms 故障态电流特征：支路 1B、C 相，支路 2 三相，支路 3 三相，支路 4B、C 相，支路 5B、C 相，支路 6B、C 相为负荷电流，忽略不计；支路 1、支路 4、支路 5、支路 6A 相电流升高，且出现零序电流，说明故障相为 A 相。

从图 7－9－7 解析 0ms 故障态潮流特征：由于故障相 A 相电压为 0，对于潮流解析需要借助A相记忆电压或者计算零序电压通道波形的方式，此处采用记忆电压进行解析，通过故障前一个周波过零点向后推算 20ms 间隔处过零点来进行相位解析，根据相位解析，支路 5、支路 6 实际 A 相电流超前 A 相电压约 90°，说明故障在 A 站 2522、2523 靠母线侧；母联间隔 A 相电压超前 A 相电流约 90°，说明母线间隔故障电流潮流流向Ⅰ母，故障位于Ⅰ母侧；对于支路 4 实际 A 相电压超前 A 相电流约 90°，说明故障在 A 站 2521 靠线路侧，即故障潮流流向 ABⅠ线区内。

从图 7－9－7 和图 7－9－8 解析 0ms 故障态母差保护计算差流：大差差流、Ⅰ母小差差流、Ⅱ母小差差流均为 0，说明故障位于母线区外。

从图 7－9－7 解析 50ms 故障态电压特征：A 相电压升高为 29V，B、C 相电压基本不变，且出现零序电压，说明系统内 A 相仍然有其他故障，且故障为非金属接地故障。

A 站侧母差保护波形（第一次保护动作时相量分析）如图 7－9－8 所示。

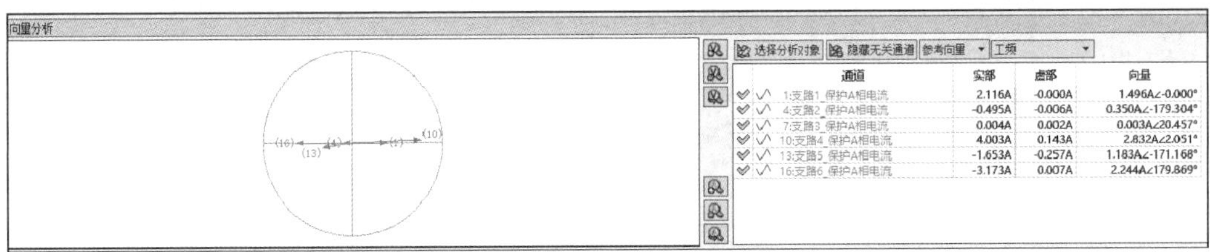

通道	实部	虚部	向量
1:支路1_保护A相电流	2.116A	-0.000A	1.496A∠-0.000°
4:支路2_保护A相电流	-0.495A	-0.006A	0.350A∠-179.304°
7:支路3_保护A相电流	0.004A	0.002A	0.003A∠20.457°
10:支路4_保护A相电流	4.003A	0.143A	2.832A∠2.051°
13:支路5_保护A相电流	-1.653A	-0.257A	1.183A∠-171.168°
16:支路6_保护A相电流	-3.173A	0.007A	2.244A∠179.869°

图 7－9－8　A 站侧母差保护波形（第一次保护动作时相量分析）

A 站侧母差保护波形（第二次保护动作时相量分析）如图 7－9－9 所示。

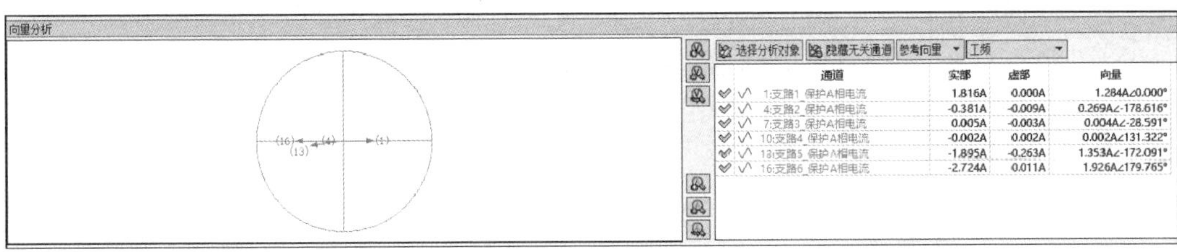

通道	实部	虚部	向量
1:支路1_保护A相电流	1.816A	0.000A	1.284A∠0.000°
4:支路2_保护A相电流	-0.381A	-0.009A	0.269A∠-178.616°
7:支路3_保护A相电流	0.005A	-0.003A	0.004A∠-28.591°
10:支路4_保护A相电流	-0.002A	0.002A	0.002A∠131.322°
13:支路5_保护A相电流	-1.895A	-0.263A	1.353A∠-172.091°
16:支路6_保护A相电流	-2.724A	0.011A	1.926A∠179.765°

图 7－9－9　A 站侧母差保护波形（第二次保护动作时相量分析）

从图 7－9－7 解析 50ms 故障态潮流特征：线路保护跳开 ABⅠ线两侧 A 相开关后，通过相位解析，对于支路 5、支路 6 实际 A 相电流超前 A 相电压约 90°，符合母线区内故障特征。母联间隔 A 相电压超前 A 相电流约 90°，说明母线间隔故障电流潮流流向Ⅰ母，故障位于Ⅰ母区内。

从图 7－9－7 和图 7－9－9 解析 50ms 故障态母差保护计算差流：大差差动电流波形显示故障期间大差差动电流突增，说明母线区内有故障。Ⅰ母小差差动电流突增，Ⅱ母小差差动电流始终为 0，说明故障位于Ⅰ母母线区内。

从图 7－9－7 解析：120ms Ⅰ母母线差动保护动作后，母差保护跳开 1M 上所有开关，将故障隔离。

（4）ABⅡ线 B 站侧保护录波图如图 7－9－10 所示。

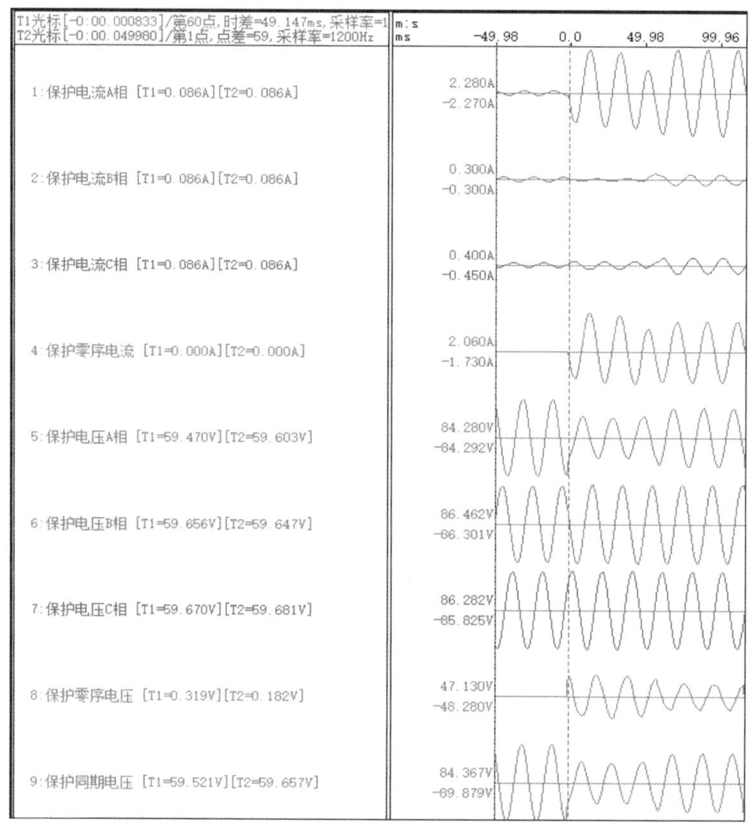

图 7－9－10　ABⅡ线路 B 站侧保护录波图

从图 7－9－10 解析 0ms 故障态电压特征：A 相电压下降为 30V，A、B 相电压基本不变，且出现零序电压。

从图 7－9－10 解析 0ms 故障态电流特征：A 相电流升高，B、C 相为负荷电流，且出现零序电流。

从图 7－9－10 解析 0ms 故障态潮流特征：通过相位解析，实际零序电流（线路保护零序电流接线使零序电流反向）超前零序电压 97°，A 相电压超前 A 相电流约 80°，从相电流、零序电流两个角度解析均符合线路正向故障特征。

从图 7－9－10 解析：50ms ABⅠ线线路保护动作后，母线 A 相电压升高至 45V，系统内接地故障仍然存在。

从图 7－9－10 解析：120ms 远方跳闸保护动作后，跳开 B 站侧 ABⅡ线三相开关，

C 站母线电压恢复正常。

三、综合总结

故障总共持续约 120ms，第一阶段为 0～50ms，第二阶段为 50～120ms。

（1）第一阶段。从线路两侧录波图解析到故障电流方向相同，均指向线路区内，说明在线路区内发生了故障；从波形特征解析，系统发生了 A 相金属性接地故障，A 站侧 A 相电压几乎降为 0，B 站侧电压较高，说明故障发生于 A 站侧出口处。

从线路保护动作行为解析，两侧均选 A 相，且主保护同时动作切除 A 相，A 站侧距离Ⅰ段动作，而 B 站侧未动作，符合 A 站出口处故障的判断。

从母差保护动作行为解析，大差差流、Ⅰ母小差差流、Ⅱ母小差差流均为 0，说明故障不在母线区内，且潮流指向 ABⅠ线区内，与线路保护分析一致。

结合上述分析，ABⅠ线线路区内靠 A 站侧出口发生 A 相金属性接地故障。

（2）第二阶段（ABⅠ线两侧开关 A 相跳开后）。从波形特征解析，根据电压特征，ABⅠ线两侧 A 相开关跳开后，B 站电源与故障点电气距离增大，故 B 站母线电压微升。其他故障电流电压波形基本同前。A 站侧母线 A 相电压升高为 29V，B、C 相电压基本不变，说明系统内 A 相仍然有其他故障，且故障为非金属接地故障。

从潮流分析解析，支路 5、支路 6、母联间隔故障电流均流向Ⅰ母，说明故障位于Ⅰ母区内。

从故障态母差保护计算差流解析：Ⅰ母小差差动电流突增，Ⅱ母小差差动电流始终为 0，说明故障位于Ⅰ母母线区内。

综上所述，0ms 在 220kV ABⅠ线靠 A 站侧区内发生 A 相金属性接地故障，ABⅠ线路保护动作跳开两侧 A 相开关；随后 A 站 220kV Ⅰ母线发生经过渡电阻 A 相接地故障，母差保护动作跳开Ⅰ母上所有开关后故障隔离。母差保护、线路保护动作行为正确。

7.10 母线区内两相短路与区外某同名相单相接地

一、故障信息

故障发生前 A 站、B 站、C 站运行方式为：ABⅠ线、ABⅡ线、ACⅠ线、BCⅠ线、#1 主变、#2 主变均在合位，A 站母联 2012 开关在分位，A 站#1 主变、ABⅠ线线挂 1M、#2 主变、ABⅡ、ACⅠ线挂 2M，如图 7－10－1 所示。

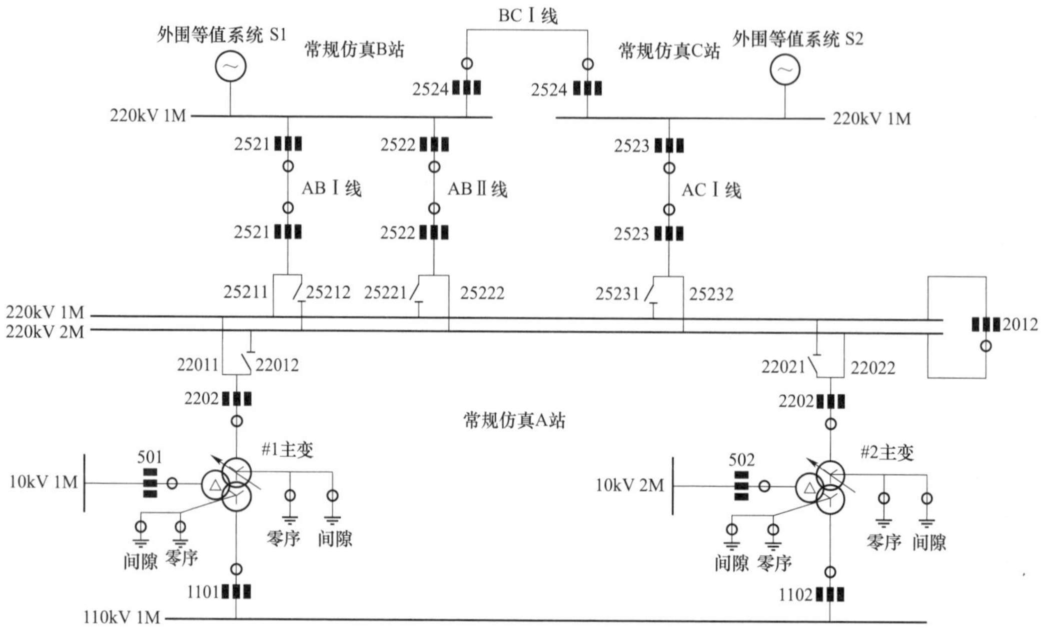

图 7-10-1　故障发生前 A 站、B 站、C 站运行方式

故障发生后，A 站 220kV 1M 上所有开关均在分位，AB Ⅰ线线路两侧开关均在分位，故障发生后 A 站、B 站、C 站运行方式如图 7-10-2 所示。

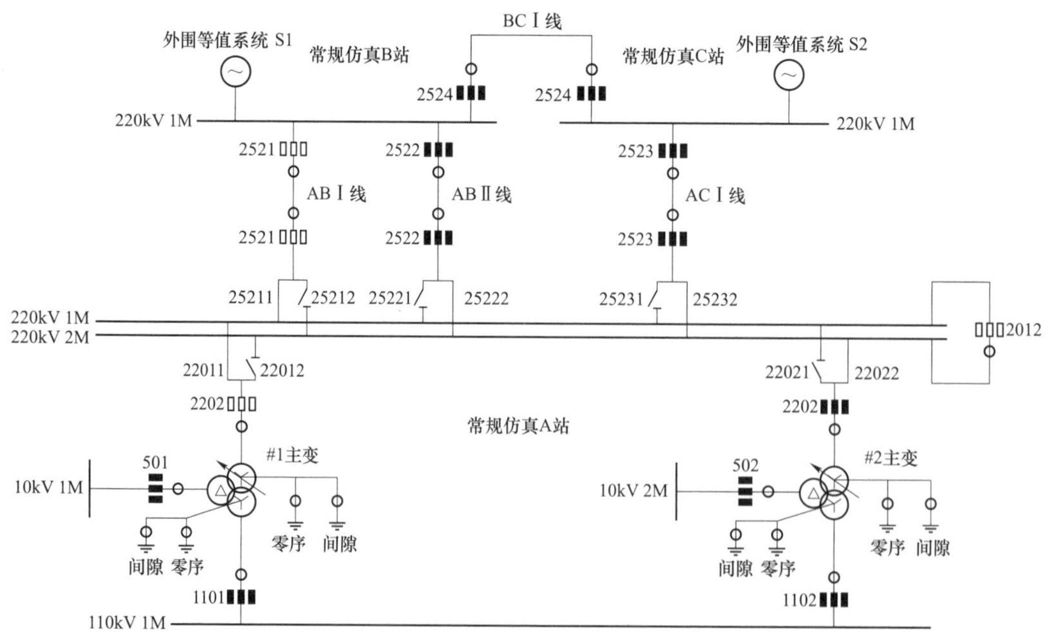

图 7-10-2　故障发生后 A 站、B 站、C 站运行方式

二、录波图解析

1. 保护动作报文解析

（1）从故障录波 HDR 文件读取相关保护信息，以保护启动初始时刻为基准，A 站母差保护动作简报见表 7－10－1。

表 7－10－1　　A 站母差保护动作简报

序号	动作报文对应时间	动作报文名称	动作相别	动作报文变化值
…	…	…	…	…
8	7ms	1M 母差动动作	B	1
9	27ms	1M 母差动动作	A	1

根据表 7－10－1，A 站母差保护启动后，7ms Ⅰ母差动保护动作，选相为 B 相；27ms Ⅰ母差动保护动作，选相为 A 相，跳开Ⅰ母上所有开关。

（2）从故障录波 HDR 文件读取相关保护信息，以保护启动初始时刻为基准，ABⅠ线 A 站侧保护动作简报见表 7－10－2。

表 7－10－2　　ABⅠ线 A 站侧保护动作简报

序号	动作报文对应时间	动作报文名称	动作相别	动作报文变化值
1	0ms	保护启动		1
2	8ms	纵联差动保护动作	A	1
3	23ms	接地距离Ⅰ段动作	A	1

根据表 7－10－2，ABⅠ线 A 站侧保护启动后约 8ms，线路差动保护动作，选相 A 相，保护出口跳 A 相开关；23ms 后，距离Ⅰ段保护动作，说明故障靠近 A 站侧。

（3）从故障录波 HDR 文件读取相关保护信息，以保护启动初始时刻为基准，ABⅠ线 B 站侧保护动作简报见表 7－10－3。

表 7－10－3　　ABⅠ线 B 站侧保护动作简报

序号	动作报文对应时间	动作报文名称	动作相别	动作报文变化值
1	0ms	保护启动		1
2	8ms	纵联差动保护动作	A	1
3	14ms	纵联距离动作	A	1
4	14ms	纵联零序动作	A	1

续表

序号	动作报文对应时间	动作报文名称	动作相别	动作报文变化值
5	33ms	纵联差动保护动作	ABC	1
6	33ms	远方跳闸动作	ABC	1

根据表 7－10－3，ABⅠ线 B 站侧保护启动后约 8ms，线路差动保护动作，选相 A 相，保护出口跳 A 相开关；33ms 后，远方跳闸保护动作，说明收到了对侧 A 站母差保护动作发出的远方跳闸信号。

2. 开关量变位解析

（1）以系统电压跌落时刻为基准，A 站侧开关量变位图如图 7－10－3 所示。

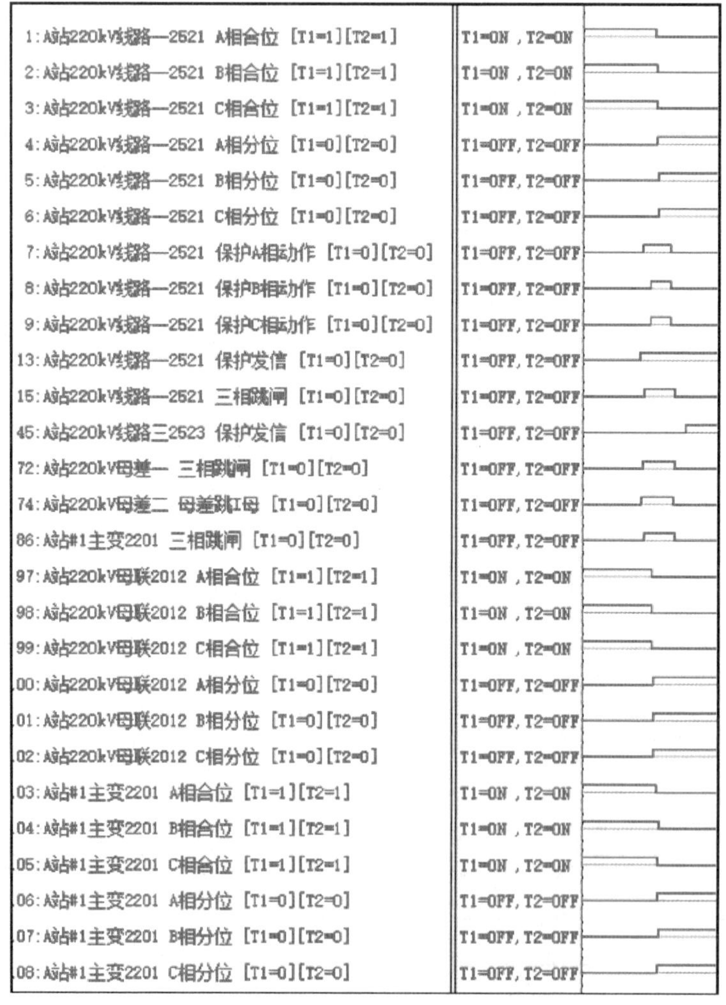

图 7－10－3　A 站侧开关量变位图

A 站侧开关量变位时间顺序见表 7－10－4。

表 7－10－4　　　　A 站侧开关量变位时间顺序

位置	第 1 次变位时间	第 2 次变位时间
1:A 站 220kV 线路一 2521 A 相合位	↓ 43.500ms	
2:A 站 220kV 线路一 2521 B 相合位	↓ 47.750ms	
3:A 站 220kV 线路一 2521 C 相合位	↓ 48.500ms	
4:A 站 220kV 线路一 2521 A 相分位	↑ 46.500ms	
5:A 站 220kV 线路一 2521 B 相分位	↑ 51.000ms	
6:A 站 220kV 线路一 2521 C 相分位	↑ 52.750ms	
7:A 站 220kV 线路一 2521 保护 A 相动作	↑ 15.500ms	↓ 79.000ms
8:A 站 220kV 线路一 2521 保护 B 相动作	↑ 34.500ms	↓ 79.000ms
9:A 站 220kV 线路一 2521 保护 C 相动作	↑ 34.250ms	↓ 79.250ms
13:A 站 220kV 线路一 2521 保护发信	↑ 9.500ms	↓ 251.750ms
15:A 站 220kV 线路一 2521 三相跳闸	↑ 18.500ms	↓ 90.000ms
45:A 站 220kV 线路三 2523 保护发信	↑ 114.250ms	
72:A 站 220kV 母差一 三相跳闸	↑ 18.000ms	↓ 90.750ms
74:A 站 220kV 母差二 母差跳 I 母	↑ 12.000ms	↓ 84.750ms
86:A 站#1 主变 2201 三相跳闸	↑ 19.750ms	↓ 90.250ms
97:A 站 220kV 母联 2012 A 相合位	↓ 37.000ms	
98:A 站 220kV 母联 2012 B 相合位	↓ 38.500ms	
99:A 站 220kV 母联 2012 C 相合位	↓ 39.000ms	
100:A 站 220kV 母联 2012 A 相分位	↑ 39.250ms	
101:A 站 220kV 母联 2012 B 相分位	↑ 41.500ms	
102:A 站 220kV 母联 2012 C 相分位	↑ 41.750ms	
103:A 站#1 主变 2201 A 相合位	↓ 48.250ms	
104:A 站#1 主变 2201 B 相合位	↓ 53.250ms	
105:A 站#1 主变 2201 C 相合位	↓ 49.750ms	
106:A 站#1 主变 2201 A 相分位	↑ 51.250ms	
107:A 站#1 主变 2201 B 相分位	↑ 54.250ms	
108:A 站#1 主变 2201 C 相分位	↑ 51.750ms	

（2）以系统电压跌落时刻为基准，B 站侧开关量变位图如图 7－10－4 所示。

图 7－10－4 B 站侧开关量变位图

B 站侧开关量变位时间顺序见表 7－10－5。

表 7－10－5 B 站侧开关量变位时间顺序

位置	第 1 次变位时间	第 2 次变位时间
1:B 站 220kV 线路一 2521 A 相合位	↓ 41.750ms	
2:B 站 220kV 线路一 2521 B 相合位	↓ 70.000ms	
3:B 站 220kV 线路一 2521 C 相合位	↓ 71.000ms	
4:B 站 220kV 线路一 2521 A 相分位	↑ 44.250ms	
5:B 站 220kV 线路一 2521 B 相分位	↑ 72.750ms	
6:B 站 220kV 线路一 2521 C 相分位	↑ 73.500ms	
7:B 站 220kV 线路一 2521 保护 A 相动作	↑ 14.750ms	↓ 81.250ms
8:B 站 220kV 线路一 2521 保护 B 相动作	↑ 40.750ms	↓ 81.000ms
9:B 站 220kV 线路一 2521 保护 C 相动作	↑ 40.250ms	↓ 81.250ms
13:B 站 220kV 线路一 2521 保护发信	↑ 7.750ms	↓ 231.750ms
29:B 站 220kV 线路二 2522 保护发信	↑ 20.500ms	↓ 77.750ms
45:C 站 220kV 线路三 2523 保护发信	↑ 15.000ms	↓ 74.750ms

小结：系统内出现故障，发生电压跌落后约 15ms，AB Ⅰ线两侧线路保护动作跳两侧 A 相开关，同时 A 站 220kV 母线差动保护动作跳 1M，并向 AB Ⅰ线对侧发远跳命令。

3. 波形特征解析

（1）A 站侧波形特征解析。

AB Ⅰ 线 A 站侧保护录波图如图 7－10－5 所示。

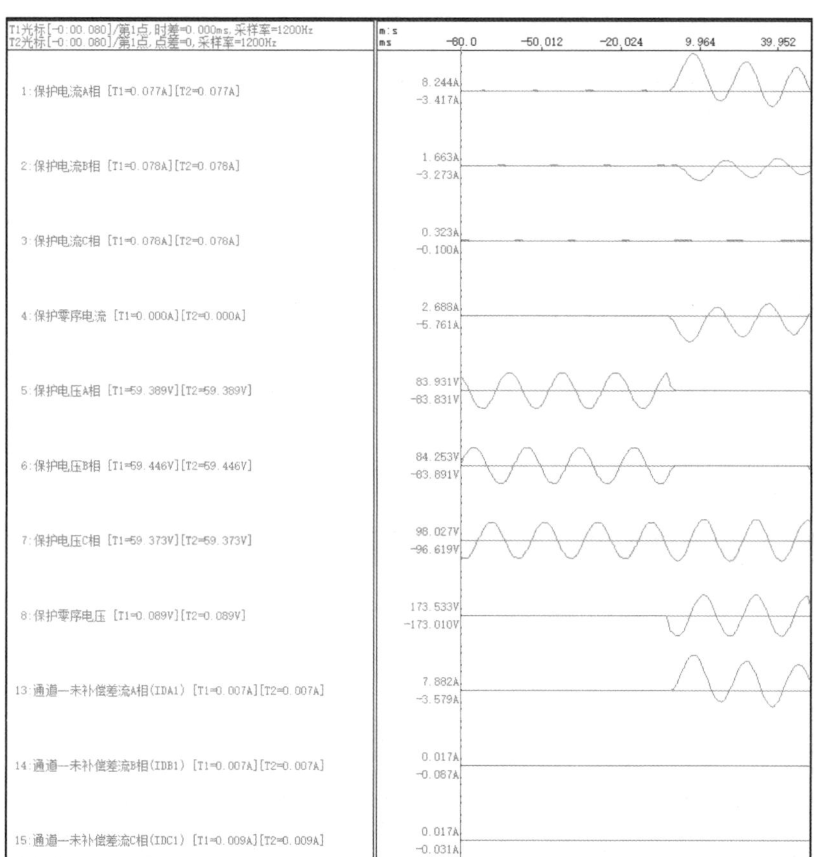

图 7－10－5　AB Ⅰ 线 A 站侧保护波形图

从图 7－10－5 解析 0ms 故障态电压特征：A、B 相电压下降为 0，C 相电压基本不变，且出现零序电压。

从图 7－10－5 解析 0ms 故障态电流特征：A、B 相电流升高，且出现零序电流，说明系统内 AB 两相发生故障且非两相短路。A 相电流升高为 3.7A，B 相电流升高为 1.5A，AB 两相电流大小不相等，说明非简单的两相接地短路。

从图 7－10－5 解析 0ms 故障态潮流特征：由于非简单的故障类型，因而常规的相电压与相电流相位关系、零序电压与零序电流相位关系判断的方法均不适用。此时可以通过基于基尔霍夫电流定律的差动保护原理进行判断，通过差动电流比对，A 相有差流，BC 相无差流，判断线路区内发生了 A 相接地故障。

从图 7－10－5 解析：50ms 后 A 站母线 A、B、C 三相电压消失，说明母差保护将母线上所有开关跳开。

（2）B 站侧波形特征解析。AB Ⅰ 线路 B 站侧保护录波图如图 7－10－6 所示。

从图 7-10-6 解析 0ms 故障态电压特征：A、B 相电压下降为 28V，C 相电压基本不变，且出现零序电压，说明故障点靠近 A 站侧。

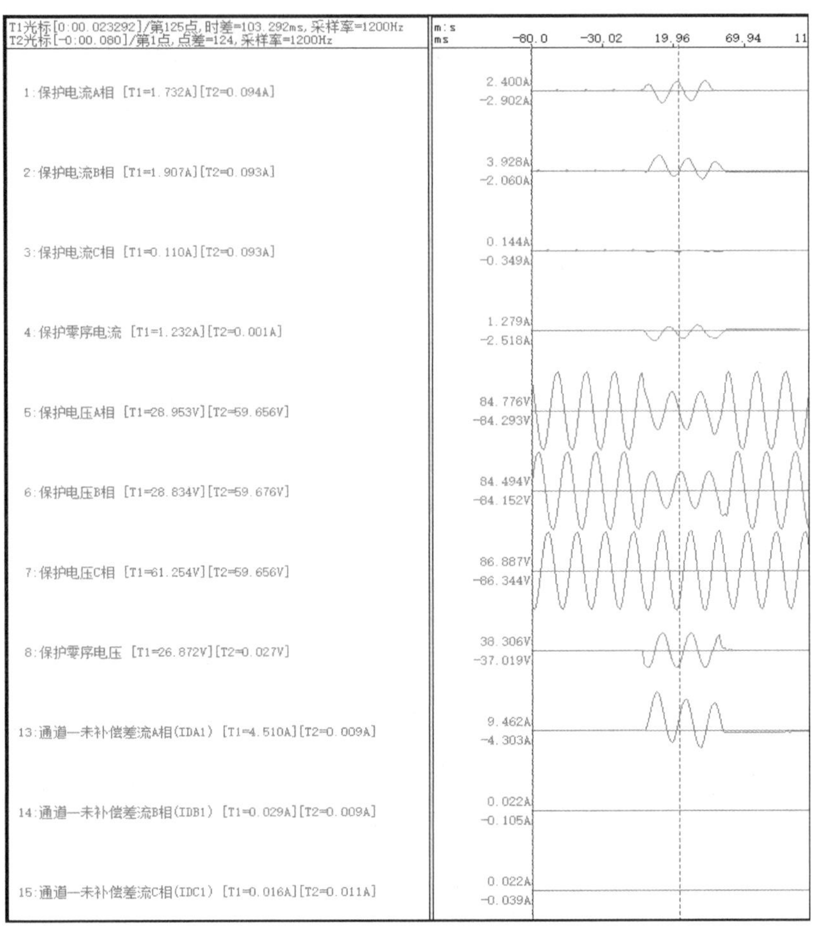

图 7-10-6　AB Ⅰ线路 B 站侧保护录波图

从图 7-10-6 解析 0ms 故障态电流特征：A、B 相电流升高，且出现零序电流，说明系统内 AB 两相发生故障且非两相短路，A、B 两相电流大小基本相等，说明从 B 站电源系统看向 A 站，故障特征与两相接地短路特征接近。

从图 7-10-6 解析 0ms 故障态潮流特征：考虑到为非简单的故障类型，因而常规的相电压与相电流相位关系、零序电压与零序电流相位关系判断的方法均不适用。此时可以通过基于基尔霍夫电流定律的差动保护原理进行判断，通过差动电流比对，A 相有差流，BC 相无差流，判断线路区内发生了 A 相接地故障。

从图 7-10-6 解析：57ms 后 B 站母线 A、B、C 三相电压恢复正常，说明系统内故障已隔离。

（3）A 站侧母差保护录波特征解析。A 站侧母差保护录波图如图 7－10－7 所示。图中，支路 1：母联 2400/1、支路 2：#1 主变 1200/1、支路 3：#2 主变 1600/1；支路 4：AB Ⅰ线 2400/1；支路 5：AB Ⅱ线 2400/1；支路 6：AC Ⅰ线 1600/1；母联 TA 极性朝 2M。

从图 7－10－7 解析 0ms 故障态电压特征：A、B 相电压下降为 0，C 相电压基本不变，且出现零序电压，说明故障相为 AB 相。

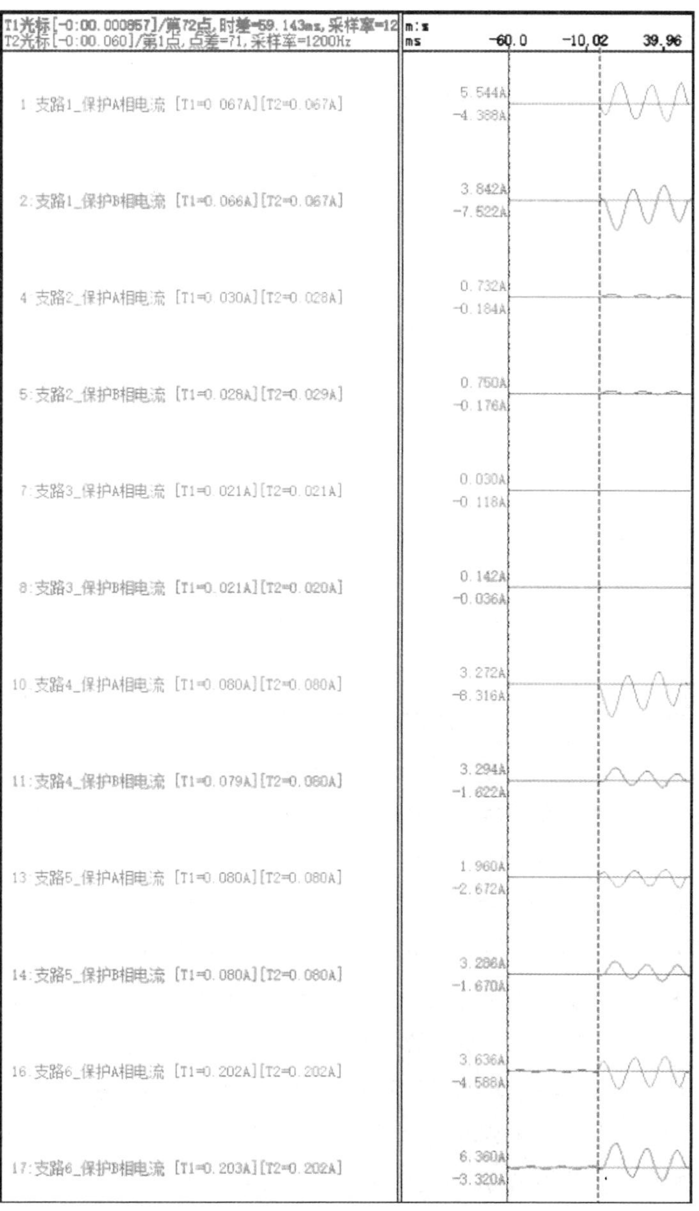

图 7－10－7　A 站侧母差保护录波图（一）

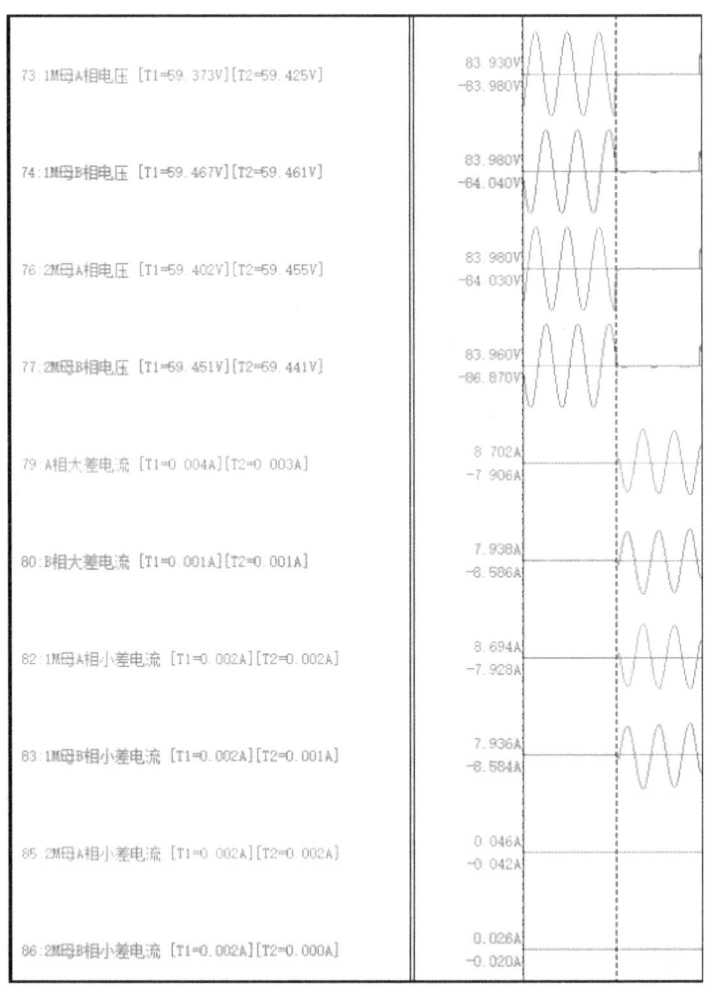

图 7－10－7　A 站侧母差保护录波图（二）

从图 7－10－7 解析 0ms 故障态电流特征：支路 1C 相、支路 2C 相、支路 3C 相、支路 4C 相、支路 5C 相、支路 6C 相为负荷电流忽略不计，支路 1、支路 4、支路 5、支路 6A、B 相电流升高，且出现零序电流，说明故障相为 AB 相。对于支路 5、支路 6、支路 1，A、B 两相电流大小相等，有零序电流，说明从 C 站（等值系统 2）看向故障点，故障特征负荷 AB 两相接地短路特征。对于支路 4，A 相电流升高为 3.2A，B 相电流升高为 1.3A，A、B 两相电流大小不相等，说明非简单的两相接地短路。

从图 7－10－7 解析 0ms 故障态潮流特征：由于故障相 A、B 相电压为 0，对于潮流解析需要借助 AB 相记忆电压或者计算零序电压通道波形的方式，此处采用记忆电压进行解析，通过故障前一个周波过零点向后推算 20ms 间隔处过零点来进行相位解析，根据相位解析，支路 5、支路 6 实际 AB 相电流超前 AB 相电压约 90°，说明故障在 A 站 2522、2523 靠母线侧；母联间隔 AB 相电压超前 AB 相电流约 90°，说明母线各间隔故障电流潮流流向Ⅰ母，故障位于Ⅰ母侧；对于支路 4，由于不具备简单故障特征分析条件，需要从其他角度展开分析。

从图 7－10－7～图 7－10－9 解析 0ms 故障态母差保护计算差流：大差差流、Ⅰ母小差差流 A、B 相均有差流，Ⅱ母小差差流均为 0，说明Ⅰ母母线区内 A、B 相有故障；Ⅰ母线 A 相小差电流与 B 相小差电流大小相等方向相反，说明母线故障无零序电流，即Ⅰ母母线区内发生 AB 两相短路故障。

A 站侧母差保护波形（第一次保护动作时 A 相、B 相的相量分析）如图 7－10－8 和图 7－10－9 所示。

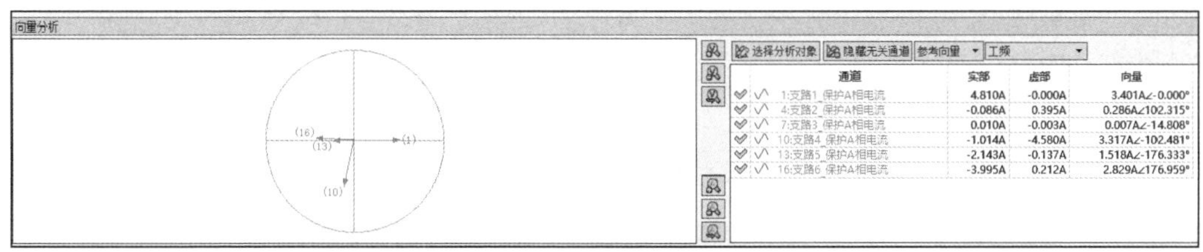

通道	实部	虚部	向量
1:支路1_保护A相电流	4.810A	-0.000A	3.401A∠-0.000°
4:支路2_保护A相电流	-0.086A	0.395A	0.286A∠102.315°
7:支路3_保护A相电流	0.010A	-0.003A	0.007A∠-14.808°
10:支路4_保护A相电流	-1.014A	-4.580A	3.317A∠-102.481°
13:支路5_保护A相电流	-2.143A	-0.137A	1.518A∠-176.333°
16:支路6_保护A相电流	-3.995A	0.212A	2.829A∠176.959°

图 7－10－8　A 站侧母差保护波形（第一次保护动作时 A 相相量分析）

从图 7－10－7 解析，57ms Ⅰ母母线差动保护动作后，母差保护跳开 1M 上所有开关，将故障隔离。

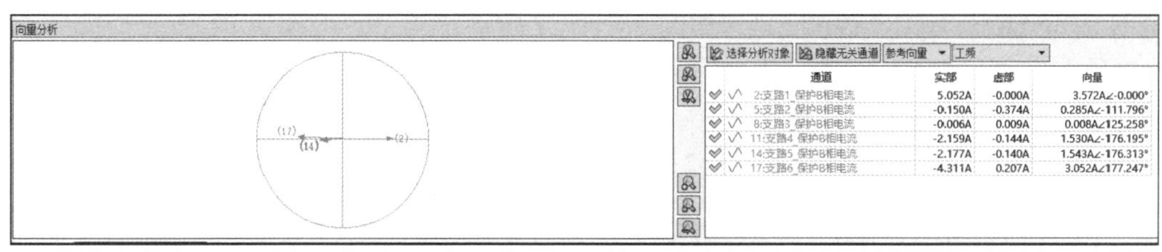

通道	实部	虚部	向量
2:支路1_保护B相电流	5.052A	-0.000A	3.572A∠-0.000°
5:支路2_保护B相电流	-0.150A	-0.374A	0.285A∠-111.796°
8:支路3_保护B相电流	-0.006A	0.009A	0.008A∠125.258°
11:支路4_保护B相电流	-2.159A	-0.144A	1.530A∠-176.195°
14:支路5_保护B相电流	-2.177A	-0.140A	1.543A∠-176.313°
17:支路6_保护B相电流	-4.311A	0.207A	3.052A∠177.247°

图 7－10－9　A 站侧母差保护波形（第一次保护动作时 B 相相量分析）

三、综合总结

故障共持续约 56ms。

从 ABⅠ线路两侧录波图解析，A、B 相电流升高，且出现零序电流，说明系统内 AB 两相发生故障且非两相短路；A、B 两相电流大小不相等，说明不是简单的两相接地短路；通过差动电流比对，A 相有差流，B、C 相无差流，判断线路区内发生了 A 相接地故障。

从线路保护动作行为解析，两侧均选 A 相，且主保护同时动作切除 A 相，A 站侧距离Ⅰ段动作，而 B 站侧未动作，说明接地故障位于 A 站出口处。

从母差保护录波图解析，对于支路 5、支路 6、支路 1，故障 AB 相潮流流向Ⅰ母，说明母线各间隔 A、B 相故障电流潮流流向Ⅰ母，故障位于Ⅰ母侧；对于支路 4，AB 两相电流大小不相等，不能用相位关系判断潮流。

从母差保护动作行为解析，大差差流、Ⅰ母小差差流 A、B 相均有差流，Ⅱ母小差差流均为 0，说明Ⅰ母母线区内 A、B 相有故障；Ⅰ母线 A 相小差电流与 B 相小差电流大小相等方向相反，说明母线故障无零序电流，即Ⅰ母母线区内发生 AB 两相短路故障。

综上所述，0ms 在 220kV ABⅠ线靠 A 站侧区内发生 A 相金属性接地故障，线路差动保护动作跳线路两侧 A 相开关；同一时刻，A 站 220kV Ⅰ母线发生经 AB 相间短路故障，母差保护动作跳开Ⅰ母上所有开关，并向 ABⅠ线对侧发远跳命令。母差保护、线路保护动作行为正确。

7.11 母线区内两相短路与区外同名相两相接地

一、故障信息

故障发生前 A 站、B 站、C 站运行方式为：ABⅠ线、ABⅡ线、ACⅠ线、BCⅠ线、#1 主变、#2 主变均在合位，A 站母联 2012 开关在分位，A 站#1 主变、ABⅠ线线挂 1M、#2 主变、ABⅡ、ACⅠ线挂 2M，如图 7－11－1 所示。

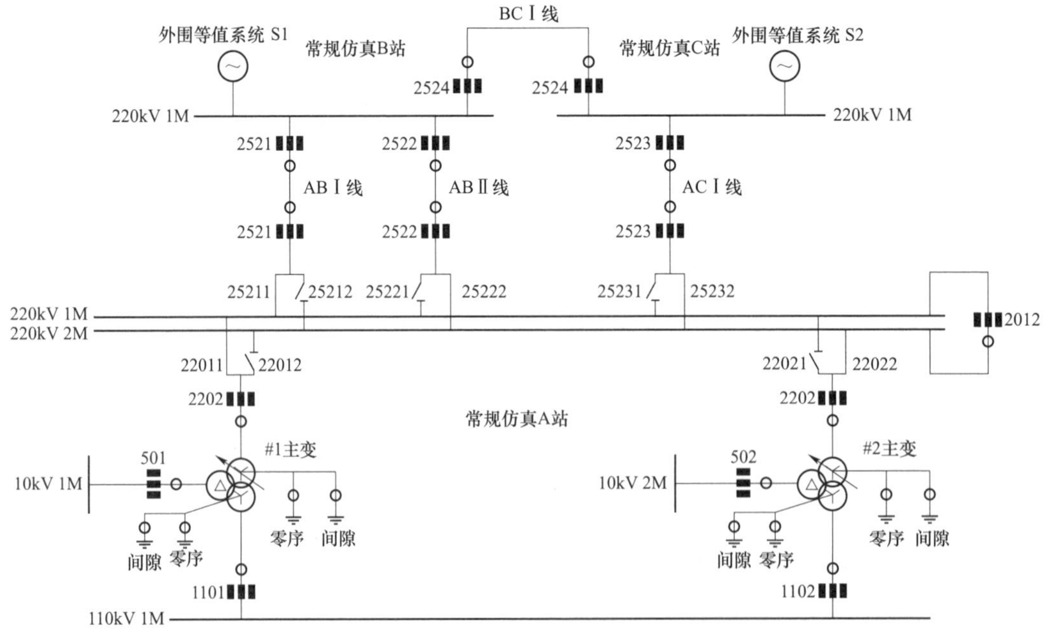

图 7－11－1 故障发生前 A 站、B 站、C 站运行方式

故障发生后，A 站 220kV 1M 上所有开关均在分位，AB Ⅰ线线路两侧开关均在分位，故障发生后 A 站、B 站、C 站运行方式如图 7－11－2 所示。

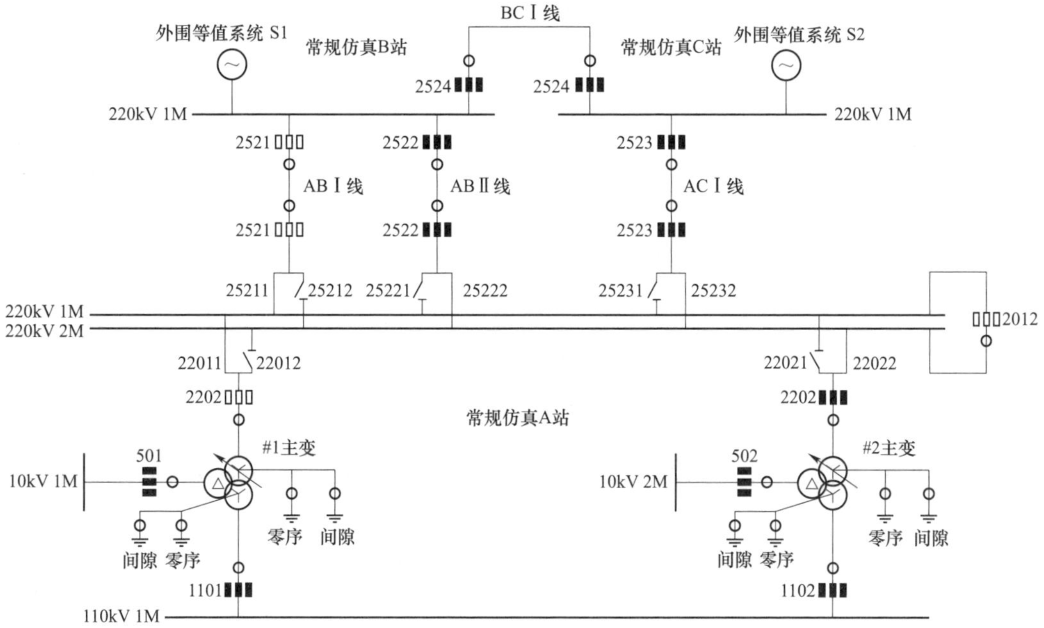

图 7－11－2 故障发生后 A 站、B 站、C 站运行方式

二、录波图解析

1. 保护动作报文解析

（1）从故障录波 HDR 文件读取相关保护信息，以保护启动初始时刻为基准，A 站母差保护动作简报见表 7－11－1。

表 7－11－1 A 站母差保护动作简报

序号	动作报文对应时间	动作报文名称	动作相别	动作报文变化值
1	0ms	突变量启动		1
2	0ms	保护启动		1
3	1ms	突变量启动		1
4	5ms	突变量启动		1
5	9ms	差流启动		1
6	9ms	差流启动		1
7	8ms	1M 母差动动作	B	1
8	27ms	1M 母差动动作	A	1

根据表 7－11－1，A 站母差保护启动后，8ms Ⅰ母差动保护动作，选相为 B 相；27ms Ⅰ母差动保护动作，选相为 A 相，跳开Ⅰ母上所有开关。

（2）从故障录波 HDR 文件读取相关保护信息，以保护启动初始时刻为基准，ABⅠ线 A 站侧保护动作简报见表 7－11－2。

表 7－11－2　　ABⅠ线 A 站侧保护动作简报

序号	动作报文对应时间	动作报文名称	动作相别	动作报文变化值
1	0ms	保护启动		1
2	8ms	纵联差动保护动作	A	1
3	9ms	纵联差动保护动作	ABC	1
4	20ms	接地距离Ⅰ段动作	ABC	1
5	34ms	相间距离Ⅰ段动作	ABC	1

根据表 7－11－2，ABⅠ线 A 站侧保护启动后约 8ms，线路差动保护动作，选相 ABC 相，保护出口跳 ABC 三相开关，说明故障类型为多相故障；20ms 后，接地距离Ⅰ段保护动作，说明故障靠近 A 站侧；34ms 后，相间距离Ⅰ段保护动作，说明故障为多相接地故障。

（3）从故障录波 HDR 文件读取相关保护信息，以保护启动初始时刻为基准，ABⅠ线 B 站侧保护动作简报见表 7－11－3。

表 7－11－3　　ABⅠ线 B 站侧保护动作简报

序号	动作报文对应时间	动作报文名称	动作相别	动作报文变化值
1	0ms	保护启动		1
2	8ms	纵联差动保护动作	A	1
3	9ms	纵联差动保护动作	ABC	1
4	18ms	纵联距离动作	ABC	1
5	18ms	纵联零序动作	ABC	1
6	34ms	远方跳闸动作	ABC	1

根据表 7－11－3，ABⅠ线 B 站侧保护启动后约 9ms，线路差动保护动作，选相 ABC 相，保护出口跳 ABC 三相开关，说明故障为多相故障；18ms 纵联距离、纵联零序动作，说明故障为多相接地故障；33ms 后，远方跳闸保护动作，说明收到了对侧 A 站母差保护动作发出的远方跳闸信号。

2. 开关量变位解析

（1）以系统电压跌落时刻为基准，A 站侧开关量变位图如图 7－11－3 所示。

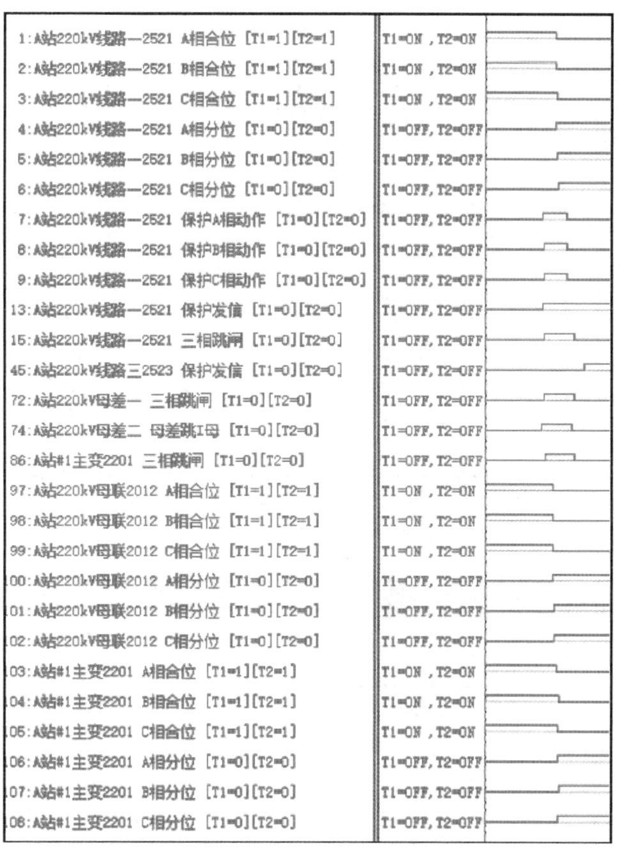

图 7-11-3　A 站侧开关量变位图

A 站侧开关量变位时间顺序见表 7-11-4。

表 7-11-4　A 站侧开关量变位时间顺序

位置	第 1 次变位时间	第 2 次变位时间
1:A 站 220kV 线路一 2521 A 相合位	↓ 43.750ms	
2:A 站 220kV 线路一 2521 B 相合位	↓ 45.500ms	
3:A 站 220kV 线路一 2521 C 相合位	↓ 46.750ms	
4:A 站 220kV 线路一 2521 A 相分位	↑ 46.500ms	
5:A 站 220kV 线路一 2521 B 相分位	↑ 49.000ms	
6:A 站 220kV 线路一 2521 C 相分位	↑ 50.750ms	
7:A 站 220kV 线路一 2521 保护 A 相动作	↑ 15.750ms	↓ 71.750ms
8:A 站 220kV 线路一 2521 保护 B 相动作	↑ 17.250ms	↓ 71.750ms
9:A 站 220kV 线路一 2521 保护 C 相动作	↑ 17.000ms	↓ 72.000ms
13:A 站 220kV 线路一 2521 保护发信	↑ 13.750ms	↓ 251.750ms

续表

位置	第 1 次变位时间	第 2 次变位时间
15:A 站 220kV 线路一 2521 三相跳闸	↑ 19.250ms	↓ 89.750ms
45:A 站 220kV 线路三 2523 保护发信	↑ 113.750ms	
72:A 站 220kV 母差一 三相跳闸	↑ 18.750ms	↓ 90.500ms
74:A 站 220kV 母差二 母差跳 I 母	↑ 12.750ms	↓ 84.500ms
86:A 站#1 主变 2201 三相跳闸	↑ 20.500ms	↓ 90.250ms
97:A 站 220kV 母联 2012 A 相合位	↓ 37.750ms	
98:A 站 220kV 母联 2012 B 相合位	↓ 39.250ms	
99:A 站 220kV 母联 2012 C 相合位	↓ 38.500ms	
100:A 站 220kV 母联 2012 A 相分位	↑ 40.000ms	
101:A 站 220kV 母联 2012 B 相分位	↑ 42.250ms	
102:A 站 220kV 母联 2012 C 相分位	↑ 41.500ms	
103:A 站#1 主变 2201 A 相合位	↓ 49.250ms	
104:A 站#1 主变 2201 B 相合位	↓ 54.250ms	
105:A 站#1 主变 2201 C 相合位	↓ 49.750ms	
106:A 站#1 主变 2201 A 相分位	↑ 52.500ms	
107:A 站#1 主变 2201 B 相分位	↑ 55.500ms	
108:A 站#1 主变 2201 C 相分位	↑ 51.750ms	

（2）以系统电压跌落时刻为基准，B 站侧开关量变位图如图 7－11－4 所示。

图 7－11－4　B 站侧开关量变位图

B 站侧开关量变位时间顺序见表 7－11－5。

表 7－11－5　　B 站侧开关量变位时间顺序

位置	第 1 次变位时间	第 2 次变位时间
1:B 站 220kV 线路一 2521 A 相合位	↓ 161.000ms	
2:B 站 220kV 线路一 2521 B 相合位	↓ 165.250ms	
3:B 站 220kV 线路一 2521 C 相合位	↓ 166.000ms	
4:B 站 220kV 线路一 2521 A 相分位	↑ 163.500ms	
5:B 站 220kV 线路一 2521 B 相分位	↑ 168.000ms	
6:B 站 220kV 线路一 2521 C 相分位	↑ 168.750ms	
7:B 站 220kV 线路一 2521 保护 A 相动作	↑ 133.750ms	↓ 199.250ms
8:B 站 220kV 线路一 2521 保护 B 相动作	↑ 135.500ms	↓ 199.000ms
9:B 站 220kV 线路一 2521 保护 C 相动作	↑ 135.000ms	↓ 199.250ms
13:B 站 220kV 线路一 2521 保护发信	↑ 126.750ms	↓ 349.750ms
29:B 站 220kV 线路二 2522 保护发信	↑ 140.750ms	↓ 197.000ms
45:C 站 220kV 线路三 2523 保护发信	↑ 134.250ms	↓ 193.000ms

小结：系统内出现故障，发生电压跌落后约 15ms，AB Ⅰ 线两侧线路保护动作跳两侧 ABC 三相开关，同时 A 站 220kV 母线差动保护动作跳 1M，并向 AB Ⅰ 线对侧发远跳命令。

3. 波形特征解析

（1）A 站侧波形特征解析。AB Ⅰ 线 A 站侧保护录波图如图 7－11－5 所示。

从图 7－11－5 解析 0ms 故障态电压特征：A、B 相电压下降为 0，C 相电压基本不变，且出现零序电压。

从图 7－11－5 解析 0ms 故障态电流特征：A、B 相电流升高，且出现零序电流，说明系统内 AB 两相发生故障且非两相短路。A 相电流升高为 1.5A，B 相电流升高为 1.1A，A、B 两相电流大小不相等，相位基本相同，说明非简单的两相接地短路。

从图 7－11－5 解析 0ms 故障态潮流特征：由于不是简单的故障类型，因而常规的相电压与相电流相位关系、零序电压与零序电流相位关系判断的方法均不适用。此时可以通过基于基尔霍夫电流定律的差动保护原理进行判断，通过差动电流比对，A、B 相有差流，B 相无差流，判断线路区内发生了 AB 相接地故障。

从图 7－11－5 解析：53ms 后 A 站母线 A、B、C 三相电压消失，说明母差保护将母线上所有开关跳开。

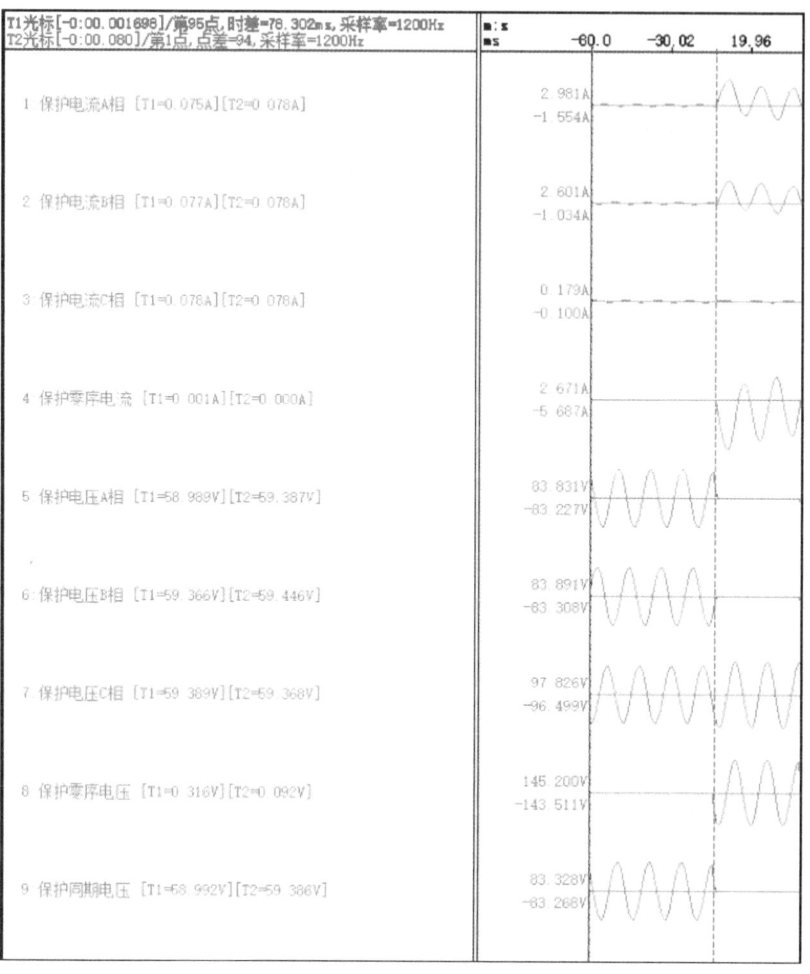

图 7－11－5　AB Ⅰ线 A 站侧保护录波图

（2）B 站侧波形特征解析。AB Ⅰ线路 B 站侧保护录波图如图 7－11－6 所示。

从图 7－11－6 解析 0ms 故障态电压特征：A、B 相电压下降为 28V，C 相电压基本不变，且出现零序电压，说明故障点靠近 A 站侧。

从图 7－11－6 解析 0ms 故障态电流特征：A、B 相电流升高，且出现零序电流，说明系统内 AB 两相发生故障且非两相短路，A、B 两相电流大小基本相等，说明从 B 站电源（等值系统一）看向 A 站，故障特征与两相接地短路特征接近。

从图 7－11－6 解析 0ms 故障态潮流特征：考虑到不是简单的故障类型，因而常规的相电压与相电流相位关系、零序电压与零序电流相位关系判断的方法均不适用。此时可以通过基于基尔霍夫电流定律的差动保护原理进行判断，通过差动电流比对，A、B 相有差流，C 相无差流，判断线路区内发生了 AB 相接地故障。

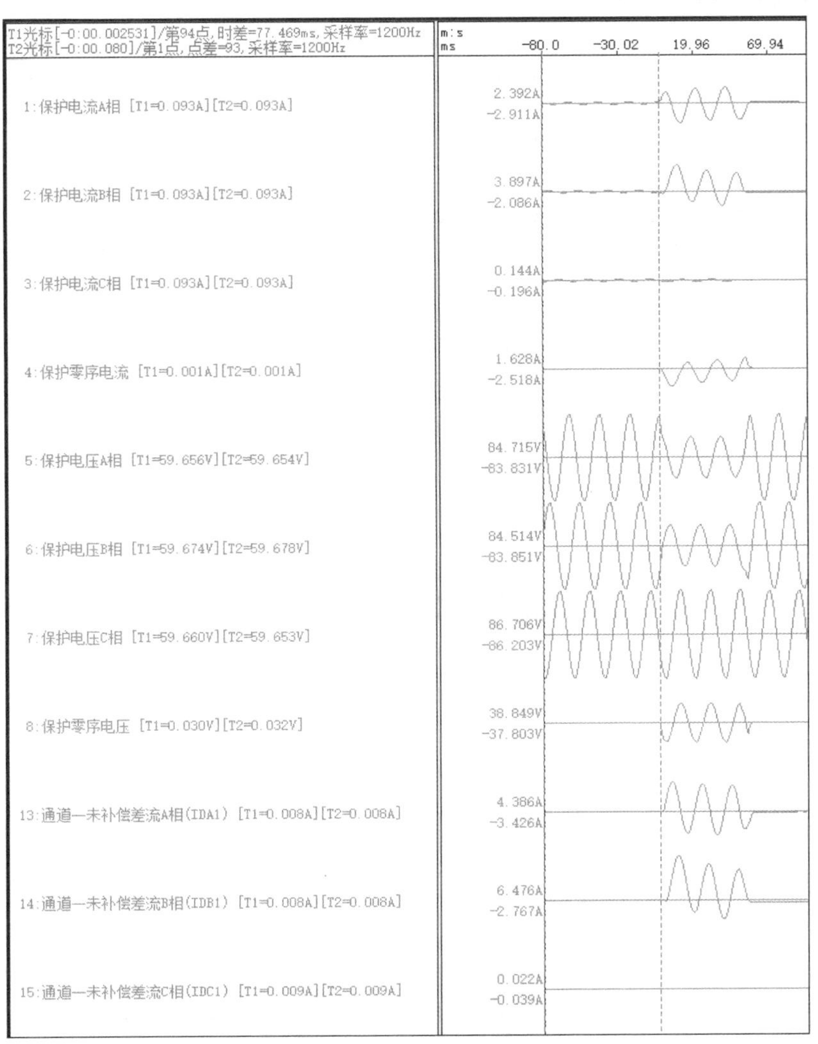

图 7－11－6　AB Ⅰ线路 B 站侧保护录波图

从图 7－11－6 解析：60ms 后 B 站母线 A、B、C 三相电压恢复正常，说明系统内故障已隔离。

（3）A 站侧母差保护录波特征解析。A 站侧母差保护录波图如图 7－11－7 所示。图中，支路 1：母联 2400/1、支路 2：#1 主变 1200/1、支路 3：#2 主变 1600/1；支路 4：AB Ⅰ线 2400/1；支路 5：AB Ⅱ线 2400/1；支路 6：AC Ⅰ线 1600/1；母联 TA 极性朝 2M。

从图 7－11－7 解析 0ms 故障态电压特征：A、B 相电压下降为 0，C 相电压基本不变，且出现零序电压，说明故障相为 AB 相。

从图 7－11－7 解析 0ms 故障态电流特征：支路 1C 相、支路 2C 相、支路 3C 相、支路 4C 相、支路 5C 相、支路 6C 相为负荷电流忽略不计，支路 1、支路 4、支路 5、支路 6AB 相电流升高，且出现零序电流，说明故障相为 AB 相。对于支路 5、支路 6、支路 1，

AB 两相电流大小相等，有零序电流，说明从 C 站（等值系统 2）看向故障点，故障特征负荷 AB 两相接地短路特征。对于支路 4，A 相电流升高为 1.5A，B 相电流升高为 1.1A，AB 两相电流大小不相等，说明非简单的两相接地短路。

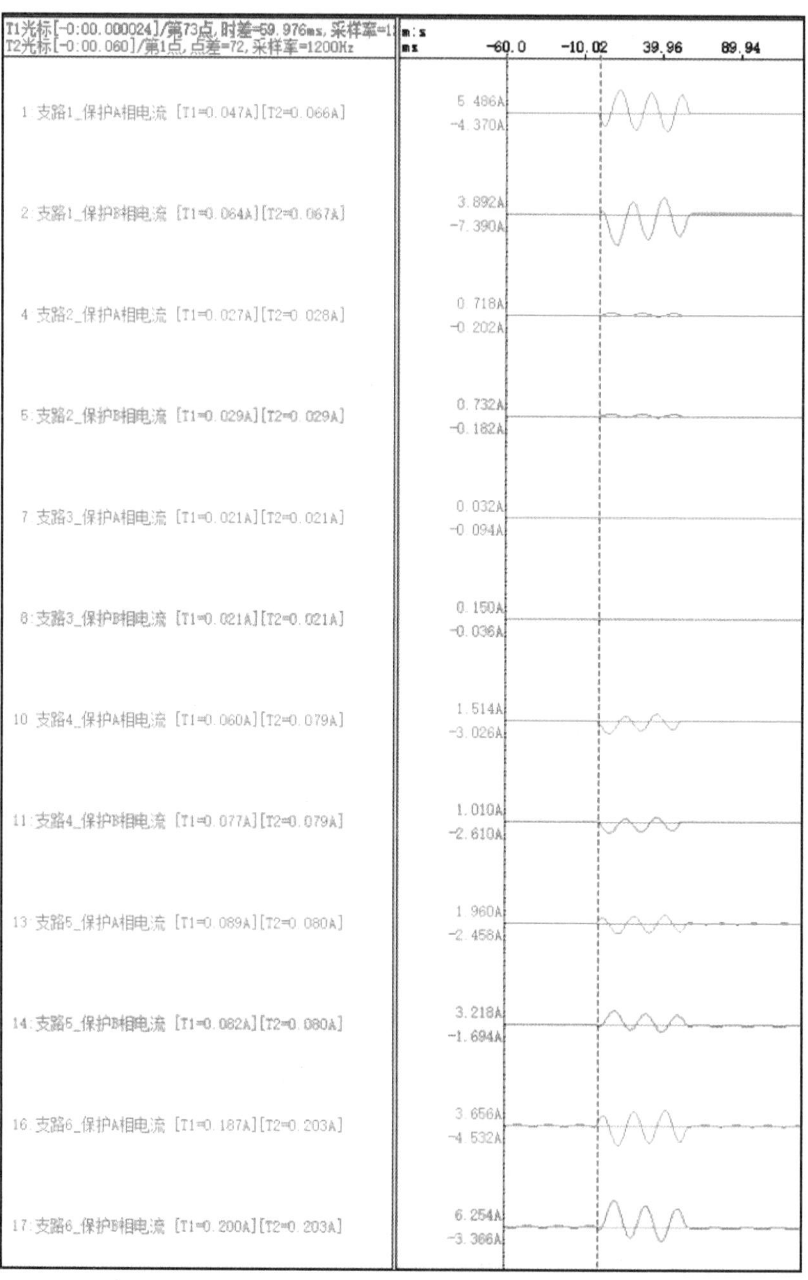

图 7-11-7　A 站侧母差保护录波图（一）

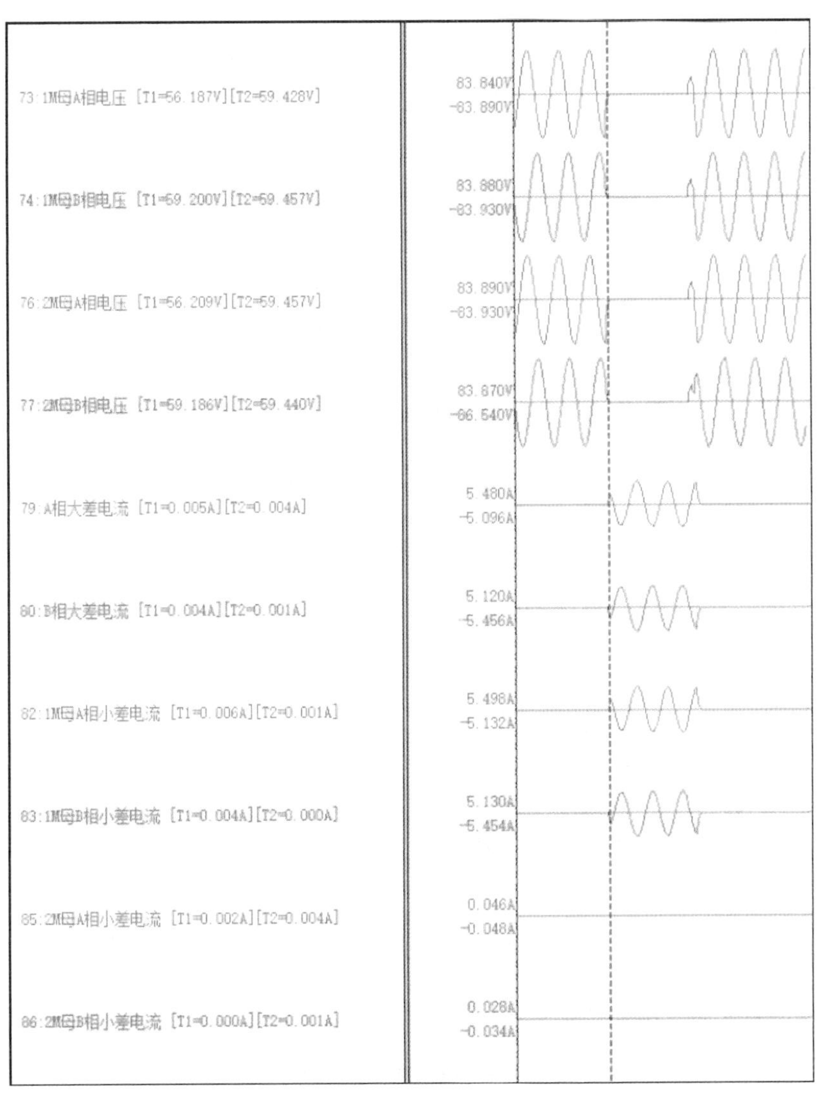

图 7－11－7　A 站侧母差保护录波图（二）

从图 7－11－7 解析 0ms 故障态潮流特征：由于故障相 A、B 相电压为 0，对于潮流解析需要借助 A、B 相记忆电压或者计算零序电压通道波形的方式，此处采用记忆电压进行解析，通过故障前一个周波过零点向后推算 20ms 间隔处过零点来进行相位解析，根据相位解析，支路 5、支路 6 实际 AB 相电流超前 AB 相电压约 90°，说明故障在 A 站 2522、2523 靠母线侧；母联间隔 AB 相电压超前 AB 相电流约 90°，说明母线各间隔故障电流流向 I 母，故障位于 I 母侧；对于支路 4，由于不具备简单故障特征分析条件，需要从其他角度展开分析。

从图 7－11－7～图 7－11－9 解析 0ms 故障态母差保护计算差流：大差差流、I 母小差差流 AB 相均有差流，Ⅱ母小差差流均为 0，说明Ⅰ母母线区内 A、B 相有故障；Ⅰ母线 A 相小差电流与 B 相小差电流大小相等方向相反，说明母线故障无零序电流，即Ⅰ母母线区内发生 AB 两相短路故障。

A 站侧母差保护波形（第一次保护动作时 A 相相量分析）如图 7－11－8 所示。

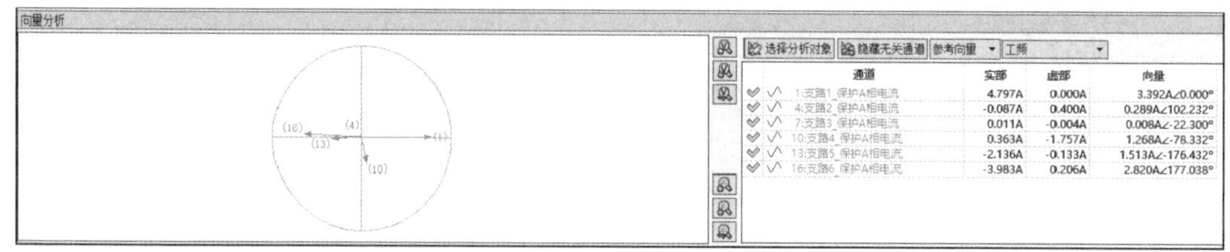

图 7－11－8　A 站侧母差保护波形（第一次保护动作时 A 相相量分析）

A 站侧母差保护波形（第一次保护动作时 B 相相量分析）如图 7－11－9 所示。

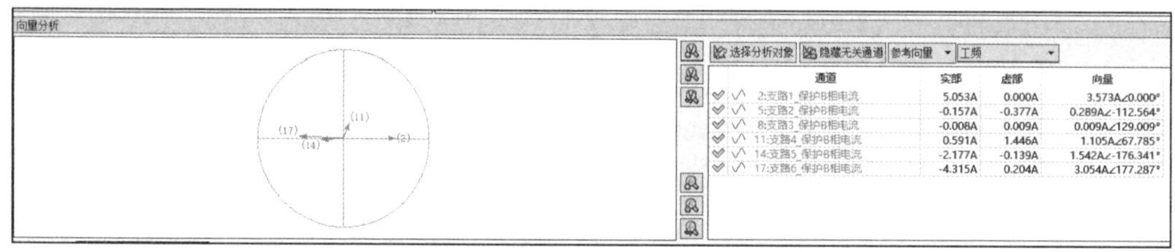

图 7－11－9　A 站侧母差保护波形（第一次保护动作时 B 相相量分析）

从图 7－11－7 解析，58ms Ⅰ母母线差动保护动作后，母差保护跳开 1M 上所有开关，将故障隔离。

三、综合总结

故障总共持续约 58ms。

从 AB Ⅰ线路两侧录波图解析，A、B 相电流升高，且出现零序电流，说明系统内 AB 两相发生故障且非两相短路；A、B 两相电流大小不相等，说明不是简单的两相接地短路；通过差动电流比对，A、B 相有差流，C 相无差流，判断线路区内发生了 AB 两相接地故障。

从线路保护动作行为解析，两侧均选 AB 相，且主保护同时动作切除 ABC 相，A 站侧距离Ⅰ段动作，而 B 站侧未动作，说明接地故障位于 A 站出口处。

从母差保护录波图解析，对于支路 5、支路 6、支路 1，故障 AB 相潮流流向Ⅰ母，说明母线各间隔 A、B 相故障电流流向Ⅰ母，故障位于Ⅰ母侧；对于支路 4，A、B 两相电流大小不相等，不能用相位关系判断潮流。

从母差保护动作行为解析，大差差流、Ⅰ母小差差流 A、B 相均有差流，Ⅱ母小差差流均为 0，Ⅰ母线 A 相小差电流与 B 相小差电流大小相等方向相反，说明母线故障无零序电流，即Ⅰ母母线区内发生 AB 两相短路故障。

综上所述，0ms 在 220kV ABⅠ线靠 A 站侧区内发生 AB 两相金属性接地故障，线路差动保护动作跳线路两侧 AB 相开关；同一时刻，A 站 220kV Ⅰ母线发生经 AB 两相短路故障，母差保护动作跳开Ⅰ母上所有开关，并向 ABⅠ线对侧发远跳命令。母差保护、线路保护动作行为正确。

7.12 支路 TA 二次回路断线再发生母线区内故障

一、故障信息

故障发生前 A 站、B 站、C 站运行方式为：ABⅠ线、ABⅡ线、BCⅠ线、#1 主变、#2 主变均在合位，ACⅠ线停运，A 站母联 2012 开关在分位，A 站#1 主变、ABⅠ线线挂 1M、#2 主变、ABⅡ、ACⅠ线挂 2M，如图 7－12－1 所示。

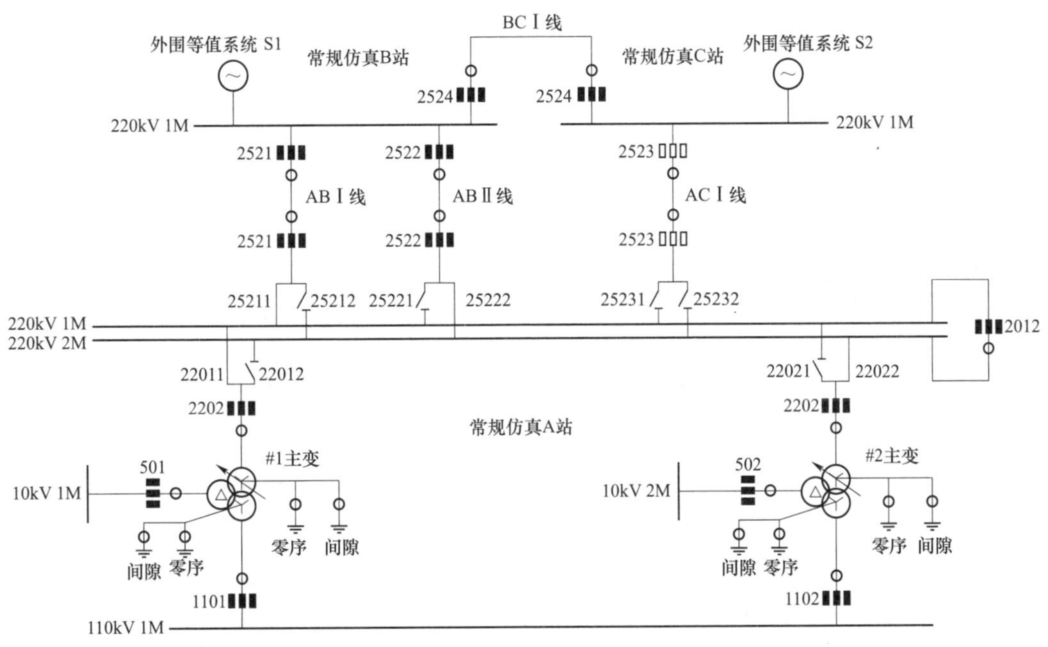

图 7－12－1 故障发生前 A 站、B 站、C 站运行方式

故障发生后，A、C 站无开关变位，B 站侧 ABⅠ线、ABⅡ线开关均在分位，故障发生后 A 站、B 站、C 站运行方式，运行方式如图 7－12－2 所示。

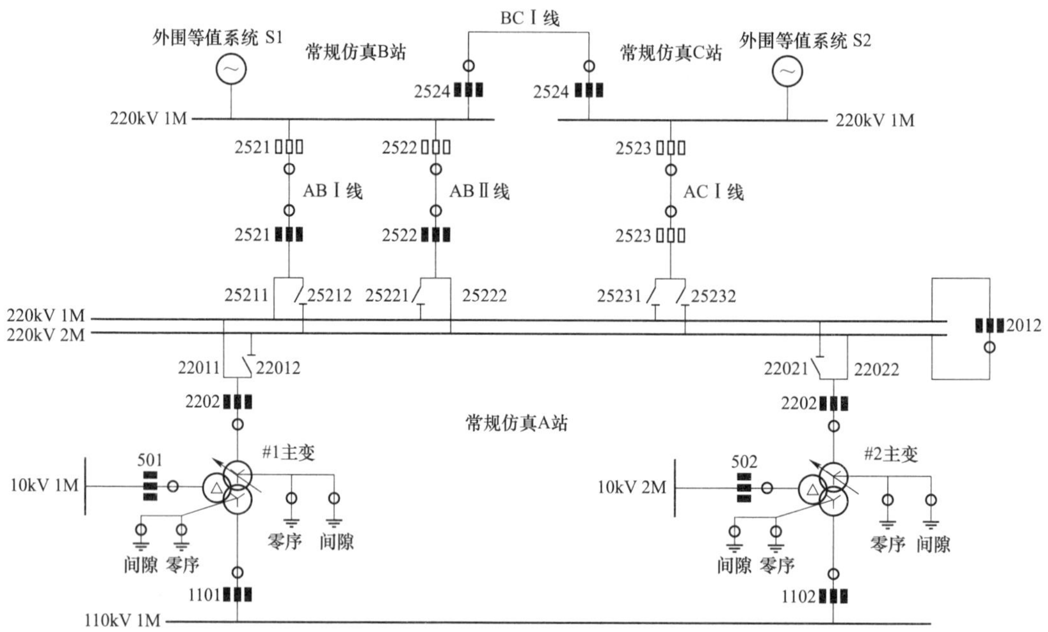

图 7－12－2　故障发生后 A 站、B 站、C 站运行方式

二、录波图解析

1. 保护动作报文解析

（1）从故障录波 HDR 文件读取相关保护信息，以保护启动初始时刻为基准，A 站母差保护动作简报见表 7－12－1。

表 7－12－1　　A 站母差保护动作简报

序号	动作报文对应时间	动作报文名称	动作相别	动作报文变化值
1	0ms	突变量启动		1
2	0ms	保护启动		1
3	3ms	差流启动		1

根据表 7－12－1，A 站母差保护启动后，3ms 差流启动，保护不满足动作条件未出口。

（2）从故障录波 HDR 文件读取相关保护信息，以保护启动初始时刻为基准，AB Ⅰ线 B 站侧保护动作简报见表 7－12－2。

表 7－12－2　　AB Ⅰ线 A 站侧保护动作简报

序号	动作报文对应时间	动作报文名称	动作相别	动作报文变化值
1	0ms	保护启动		1
2	921ms	接地距离Ⅱ段动作	ABC	1

根据表 7-12-2，AB Ⅰ线 B 站侧保护启动后约 921ms，线路接地距离Ⅱ段保护动作，说明故障靠近 A 站侧；由于距离Ⅱ段闭重，故三相出口跳闸。

（3）从故障录波 HDR 文件读取相关保护信息，以保护启动初始时刻为基准，AB Ⅱ线 B 站侧保护动作简报见表 7-12-3。

表 7-12-3　　AB Ⅱ线 A 站侧保护动作简报

序号	动作报文对应时间	动作报文名称	动作相别	动作报文变化值
1	0ms	保护启动		1
2		采样已同步		1
3	14ms	纵联阻抗发信	A	1
4	14ms	纵联零序发信		1
5		故障相电压		1
6		故障相电流		1
7		测距阻抗	A	1
8		故障测距	A	1
9	901ms	接地距离Ⅱ段动作	ABC	1

根据表 7-12-3，AB Ⅰ线 B 站侧保护启动后约 921ms，线路接地距离Ⅱ段保护动作，说明故障靠近 A 站侧；由于距离Ⅱ段闭重，故三相出口跳闸。

2. 开关量变位解析

（1）以系统电压跌落时刻为基准，A 站侧开关量无任何变位。

（2）以系统电压跌落时刻为基准，B 站侧开关量变位图如图 7-12-3 所示。

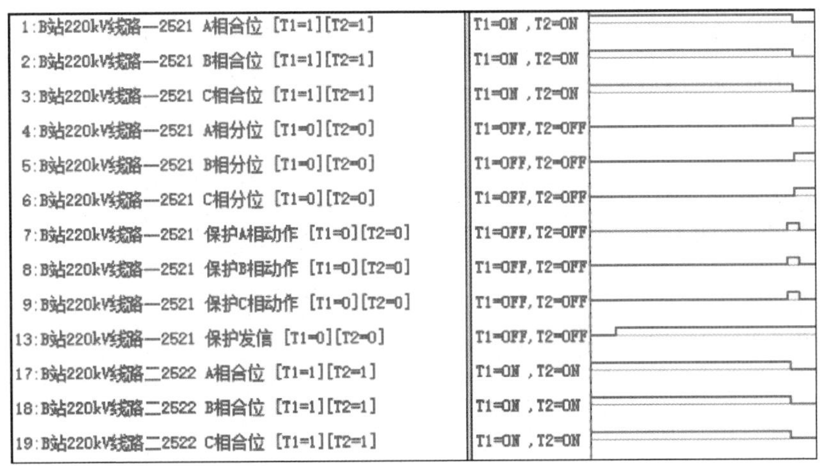

图 7-12-3　B 站侧开关量变位图（一）

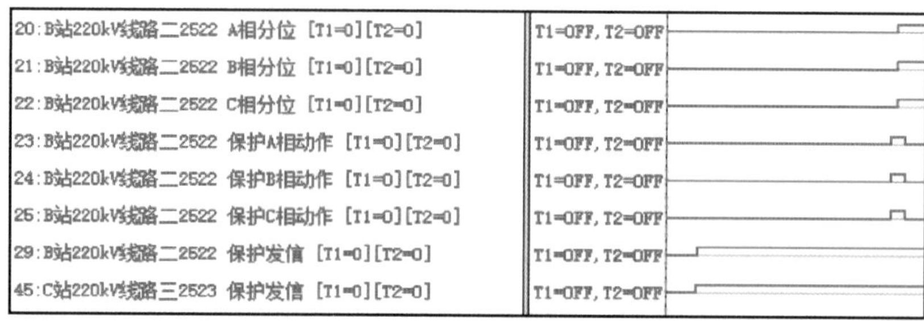

图 7-12-3　B 站侧开关量变位图（二）

B 站侧开关量变位时间顺序见表 7-12-4。

小结：系统内出现故障，发生电压跌落后约 920ms，AB Ⅰ线、AB Ⅱ线保护动作跳 B 站侧 ABC 三相开关。

表 7-12-4　　　　B 站侧开关量变位时间顺序

位置	第 1 次变位时间	第 2 次变位时间
1:B 站 220kV 线路一 2521 A 相合位	↓ 954.750ms	
2:B 站 220kV 线路一 2521 B 相合位	↓ 957.000ms	
3:B 站 220kV 线路一 2521 C 相合位	↓ 957.750ms	
4:B 站 220kV 线路一 2521 A 相分位	↑ 957.250ms	
5:B 站 220kV 线路一 2521 B 相分位	↑ 959.750ms	
6:B 站 220kV 线路一 2521 C 相分位	↑ 960.500ms	
7:B 站 220kV 线路一 2521 保护 A 相动作	↑ 927.500ms	↓ 985.500ms
8:B 站 220kV 线路一 2521 保护 B 相动作	↑ 927.500ms	↓ 985.250ms
9:B 站 220kV 线路一 2521 保护 C 相动作	↑ 927.000ms	↓ 985.500ms
13:B 站 220kV 线路一 2521 保护发信	↑ 7.000ms	↓ 1136.000ms
17:B 站 220kV 线路二 2522 A 相合位	↓ 936.750ms	
18:B 站 220kV 线路二 2522 B 相合位	↓ 937.500ms	
19:B 站 220kV 线路二 2522 C 相合位	↓ 937.000ms	
20:B 站 220kV 线路二 2522 A 相分位	↑ 939.500ms	
21:B 站 220kV 线路二 2522 B 相分位	↑ 940.250ms	
22:B 站 220kV 线路二 2522 C 相分位	↑ 940.250ms	
23:B 站 220kV 线路二 2522 保护 A 相动作	↑ 906.750ms	↓ 975.750ms
24:B 站 220kV 线路二 2522 保护 B 相动作	↑ 906.750ms	↓ 975.750ms
25:B 站 220kV 线路二 2522 保护 C 相动作	↑ 907.000ms	↓ 976.000ms
29:B 站 220kV 线路二 2522 保护发信	↑ 20.500ms	↓ 1098.750ms
45:C 站 220kV 线路三 2523 保护发信	↑ 15.000ms	↓ 2025.500ms

3. 波形特征解析

（1）A 站侧母差保护录波特征解析。A 站母差保护录波图如图 7－12－4 所示。图中支路 1：母联 2400/1、支路 2：#1 主变 1200/1、支路 3：#2 主变 1600/1；支路 4：AB Ⅰ线 2400/1；支路 5：AB Ⅱ线 2400/1；支路 6：AC Ⅰ线 1600/1；母联 TA 极性朝 2M。

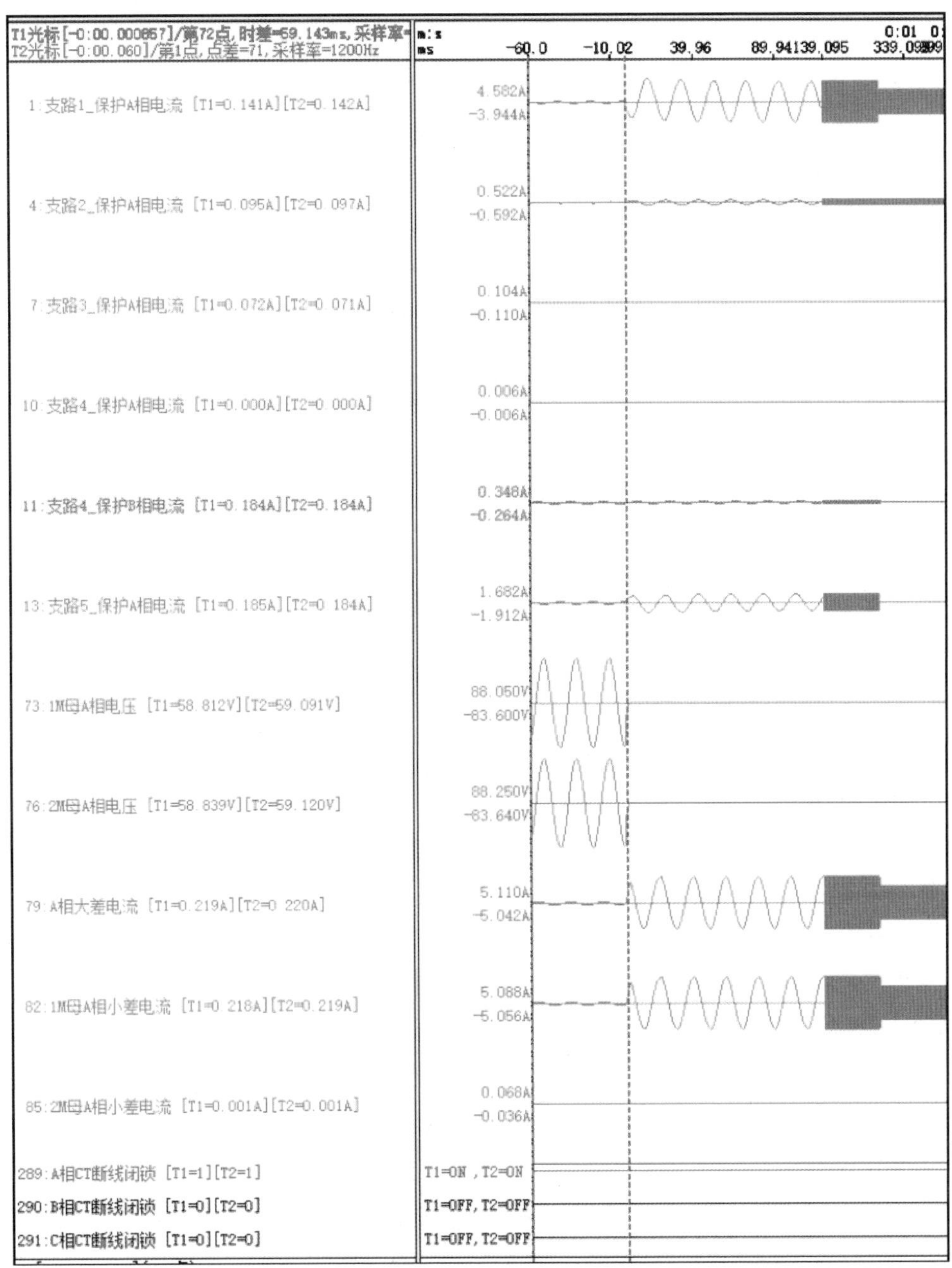

图 7－12－4　A 站侧母差保护波形

A 站侧母差保护录波（第一次保护动作时相量分析）如图 7－12－5 所示。

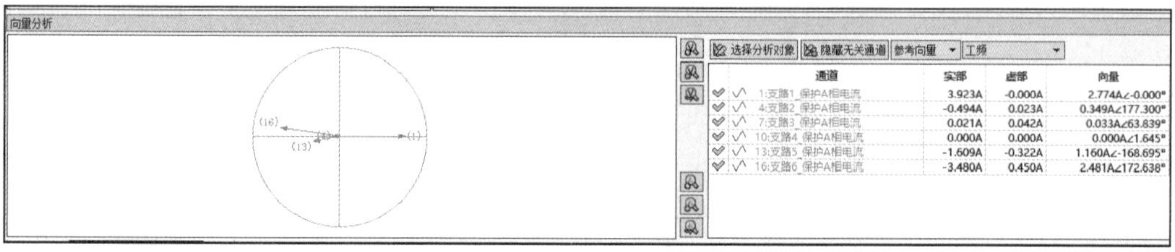

图 7－12－5　A 站侧母差保护录波（第一次保护动作时相量分析）

从图 7－12－4 解析故障前负荷特征：对于支路 4 间隔（提供电源支路），A 相负荷电流为 0，B 相为正常负荷电流，说明支路 4 间隔 A 相断线；大差、1M 小差均不为 0，说明支路 4 间隔断线为二次断线，非一次断线。

从图 7－12－4 解析 0ms 故障态电压特征：Ⅰ母、Ⅱ母 A 相电压下降为 0，B、C 相电压基本不变，且出现零序电压，说明故障相为 A 相。

从图 7－12－4 解析 0ms 故障态电流特征：支路 2A、B、C 相，支路 3A、B、C 相，支路 4B、C 相，支路 5B、C 相为负荷电流，忽略不计；支路 4 A 相由于二次断线无故障电流，支路 5 A 相电流升高，且出现零序电流，说明故障相为 A 相。

从图 7－12－4 解析 0ms 故障态潮流特征：由于故障相 A 相电压为 0，对于潮流解析需要借助 A 相记忆电压或者计算零序电压通道波形的方式，此处采用记忆电压进行解析，通过故障前一个周波过零点向后推算 20ms 间隔处过零点来进行相位解析，根据相位解析，支路 5 实际 A 相电流超前 A 相电压约 90°，符合母线区内故障特征。母联间隔 A 相电压超前 A 相电流约 90°，说明母线间隔故障电流潮流流向Ⅰ母，故障位于Ⅰ母侧。

从图 7－12－4 和图 7－12－5 解析 0ms 故障态母差保护计算差流：Ⅱ母小差没有差流；大差差流、Ⅰ母小差差流较大，说明故障位于Ⅰ母区内，差动保护由于支路 4A 相二次 TA 断线闭锁而拒动。

从图 7－12－4 解析，980ms B 站线路保护动作后，所有间隔故障电流消失，说明故障已切除。

（2）B 站侧波形特征解析。ABⅠ线路 B 站侧保护录波图如图 7－12－6 所示。

从图 7－12－6 解析 0ms 故障态电压特征：A 相电压下降为 29V，B、C 相电压基本不变，且出现零序电压。

从图 7－12－6 解析 0ms 故障态电流特征：A 相电流升高，B、C 相为负荷电流，且出现零序电流。

从图 7－12－6 解析 0ms 故障态潮流特征：通过相位解析，实际零序电流（线路保护零序电流接线使零序电流反向）超前零序电压 95°，A 相电压超前 A 相电流约 85°，从相电流、零序电流两个角度解析均符合线路正向故障特征。

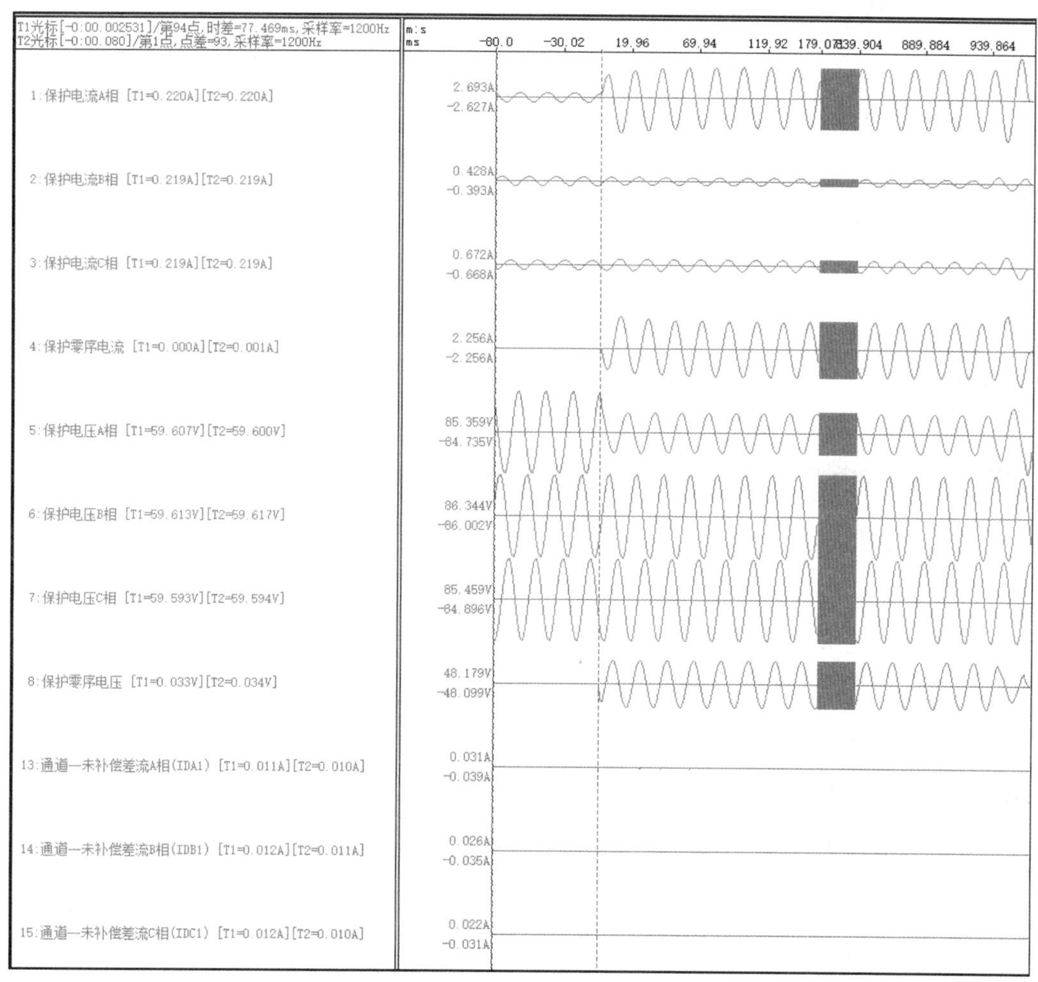

图 7－12－6 AB Ⅰ线路 B 站侧保护录波图

从图 7－12－6 解析 0ms 故障态线路保护计算差流：线路计算差流为 0，说明故障电流对于 AB Ⅰ线为穿越性质电流，线路区内无故障。

从图 7－12－6 解析，981ms 线路接地距离Ⅱ段保护动作后，A 相故障电流消失，说明故障切除。

三、综合总结

从波形特征解析，故障共持续约 980ms，系统发生了 A 相金属性接地故障，A 站侧 A 相电压几乎降为 0，B 站侧电压较高，说明故障发生于 A 站侧出口处。

从A站母差录波图解析，对于支路5，实际A相电流超前A相电压约90°，符合母线区内故障特征。母联间隔A相电压超前A相电流约90°，说明母线间隔故障电流潮流流向Ⅰ母，故障位于Ⅰ母侧。

从母差保护动作行为解析，支路4 A相由于二次断线无故障电流，差动保护由于支路4A相二次TA断线而闭锁；Ⅱ母小差没有差流；大差差流、Ⅰ母小差差流较大，说明故障位于Ⅰ母区内。

从B站母差录波图解析，A相电压超前A相电流约85°，从相电流、零序电流两个角度解析均符合线路正向故障特征。

从线路保护动作行为解析，线路计算差流为0，说明故障电流对于ABⅠ线为穿越性质电流，线路区内无故障；由于故障点位于A站220kV母线，最终故障由B站ABⅠ线、ABⅡ线后备保护切除。

综上所述，本次故障位于A站220kVⅠ母，故障性质为A相永久性金属性接地故障，母差保护由于支路4二次TA断线闭锁差动保护而拒动，线路保护动作行为正确。

本章思考题

1. 母差保护合位死区与分位死区的动作逻辑区别是什么？
2. 故障电流潮流流向分析方法有哪几种？分别适用于哪几种情况？
3. 母联一次断线和二次断线故障特征有何不同？
4. 母联间隔TA极性规定对于差流计算的影响是什么（本章母差保护装置要求母联TA极性朝2M）？
5. 如何识别通过两台主变形成的外部母联波形特征？

8　现场典型事故案例波形解析选编

8.1　一起 3/2 接线中断路器气室击穿故障

一、故障现象

某年某月某日，某 500kV 变电站进行启动送电工作，由 500kV 某线路经第 2 串联络 5022 断路器对#2 主变进行空载充电，在完成对#2 主变的第二次充电后，500kV 某线路保护、#2 主变保护及 5022 断路器保护动作跳闸。

二、录波图解析

（1）500kV 某线路保护故障录波图如图 8－1－1 所示。

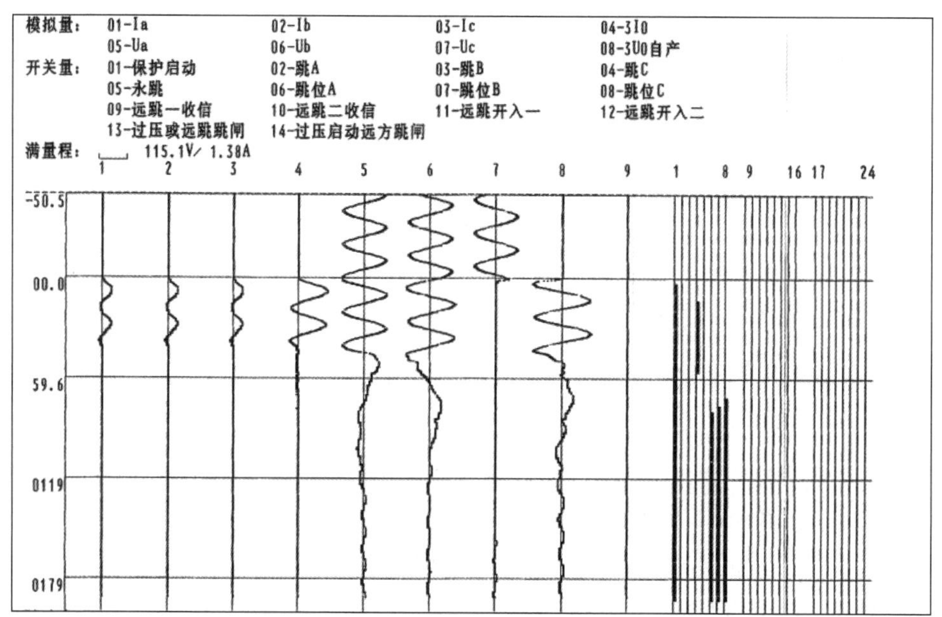

图 8－1－1　500kV 某线路保护故障录波图

从图 8－1－1 解析可知，故障发生时 500kV 某线路电流模拟量第 01、02、03 通道的保护 A、B、C 三相电流故障时大小相等且方向相同，突变持续 2 个周波 40ms，第 04 通道的保护零序电流有突变，持续 2 个周波 40ms，且与保护 A、B、C 三相电流故障时出现突变方向相同；电压模拟量第 07 通道 TYD 电压 C 相电压瞬间降为 0V，第 08 通道的自产零序电压 $3U_0$ 突然增大，开关量第 01、04、06、07、08 通道对应发生突变，说明该线路相关的 500kV 系统发生 C 相接地故障，500kV 某某线路保护动作跳 C 相，开关最终三相跳闸。

（2）#2 主变保护故障录波图一如图 8－1－2 所示。

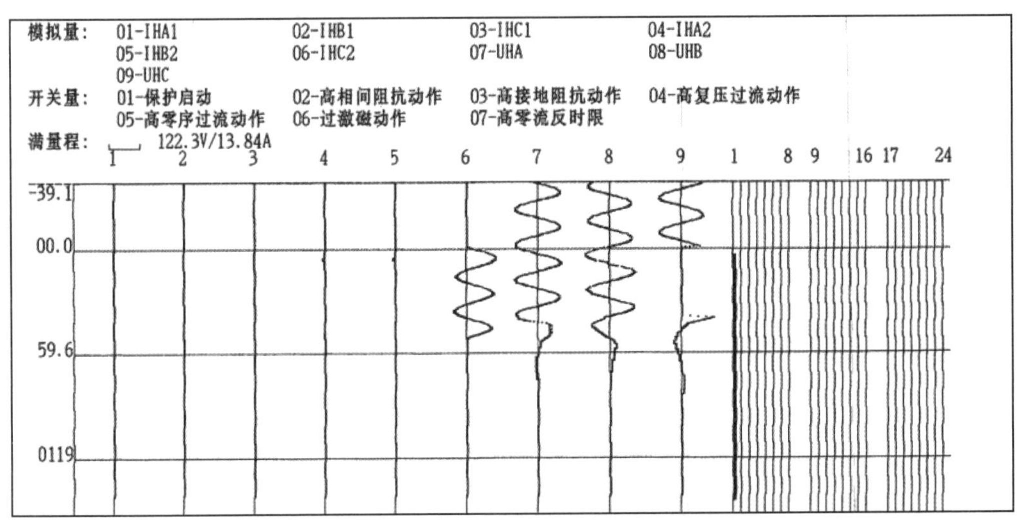

图 8－1－2 #2 主变故障录波图一

从图 8－1－2 解析可知，电流模拟量第 01、02、03 通道的 I_{HA1}、I_{HB1}、I_{HC1} 为主变变高边断路器开关 A、B、C 相电流，大小为 0A，第 04、05 通道的 I_{HA2}、I_{HB2} 为主变变高中断路器开关 A、B 相电流，电流无变化，第 06 通道 I_{HC2} 即 C 相电流有突变，持续 2.5 周波 50ms，电压模拟量第 07、08、09 通道 U_{HA}、U_{HB}、U_{HC} 为主变高压侧 A、B、C 相电压，第 09 通道的 U_{HC}，即 C 相电压瞬间降为 0V；开关量第 01 通道突变保护启动。说明系统故障期间#2 主变变高中断路器 C 相开关流过故障电流，#2 主变变高 TYD C 相电压基本降为 0V。

（3）#2 主变保护故障录波图二如图 8－1－3 所示。

从图 8－1－3 解析可知电流模拟量第 01、02、03 通道的 I_{DPA}、I_{DPB}、I_{DPC} 为主变分相差动保护 A、B、C 相差流，第 03 通道 I_{DPC} 即 C 相差流有突变持续 2.5 周波 50ms；开关量第 01、02、03、04、07、10、13 通道对应开关量发生突变，但重点在开关量第 10

通道解析可知主变保护分相差动 C 相动作、第 13 通道解析可知主变保护分相速断 C 相动作。

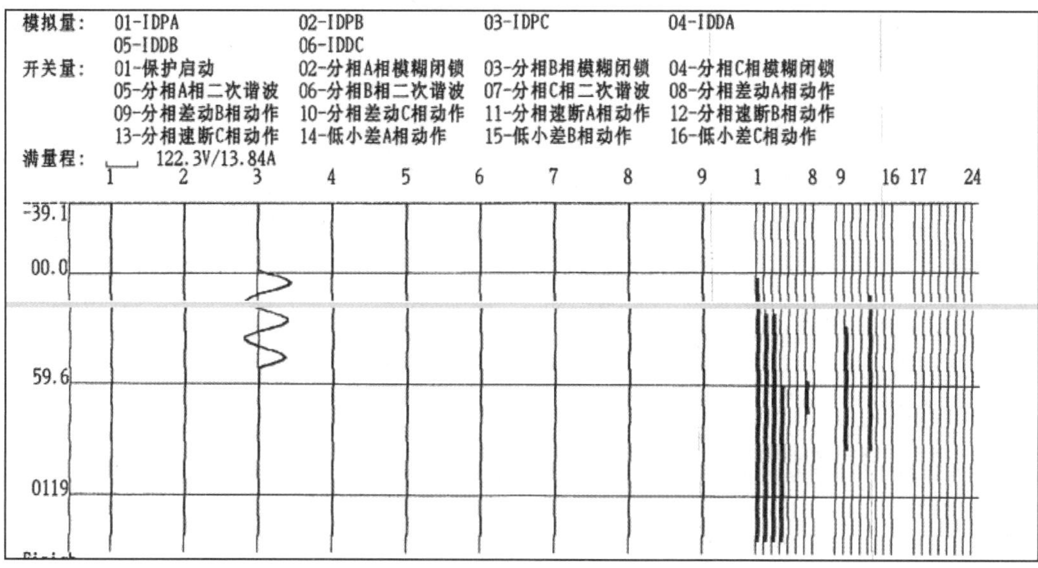

图 8-1-3　#2 主变故障录波图二

（4）#2 主变保护故障录波图三如图 8-1-4 所示。

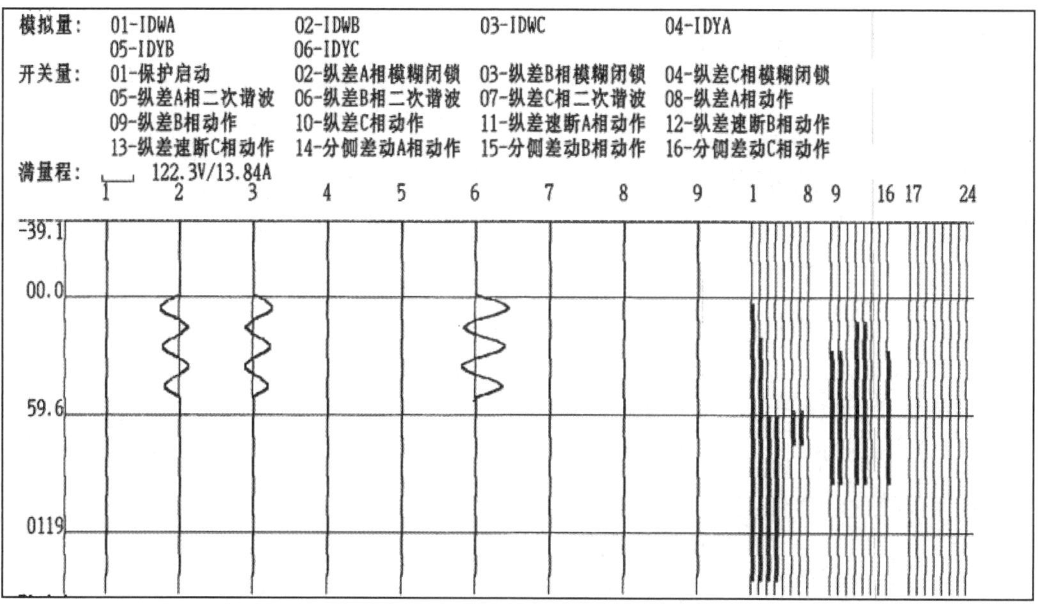

图 8-1-4　#2 主变故障录波图三

从图 8－1－4 解析可知电流模拟量第 01、02、03 通道的 I_{DWA}、I_{DWB}、I_{DWC} 为主变纵联差动保护 A、B、C 相差流，第 02 通道 I_{DWB} 即 B 相差流有突变、第 03 通道 I_{DWC} 即 C 相差流有突变 2.5 周波 50ms，两者方向相反；电压模拟量第 04、05、06 通道的 I_{DYA}、I_{DYB}、I_{DYC} 为主变分侧差动保护 A、B、C 相差流，第 06 通道 I_{DYC} 即 C 相电流有突变，持续时间约 50ms；开关量第 01、02、03、04、06、07、08、09、10、12、13、16 通道对应开关量发生变位，但重点在于，根据开关量第 09 通道解析可知，主变保护纵差 B 相动作，根据第 10 通道解析可知，主变保护纵差 C 相动作，根据第 12 通道解析可知，主变保护纵差速断 B 相动作，根据第 13 通道解析可知，主变保护纵差速断 C 相动作，根据第 16 通道解析可知主变保护分相差动 C 相动作。

（5）#2 主变保护故障录波图之四如图 8－1－5 所示。

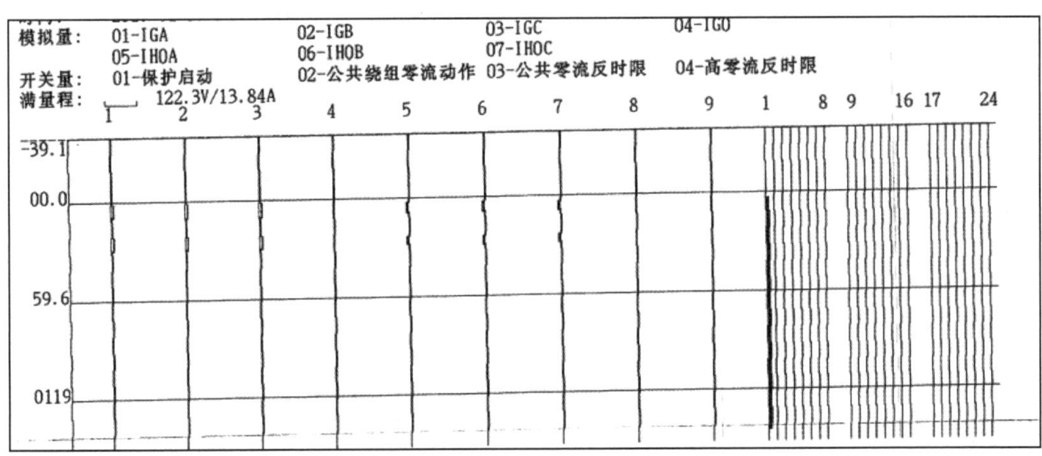

图 8－1－5　#2 主变故障录波图四

从图 8－1－5 解析可知电流模拟量第 01、02、03 通道的 I_{GA}、I_{GB}、I_{GC} 为主变公共绕组三相电流，第 05、06、07 通道的 I_{H0A}、I_{H0B}、I_{H0C} 为主变变高套管三相电流，公共绕组三相电流、变高套管三相电流均出现轻微变化，且三相电流大小相等方向相同，公共绕组三相电流、变高套管三相电流方向相反。开关量第 01 通道对应开关量突变，保护启动。

从图 8－1－1～图 8－1－5 解析可知，故障发生时#2 主变变高 TYD 电压 C 相瞬间降为 0V，中断路器 C 相电流突然增加，变高套管 TA 电流无明显变化，说明主变变高中断路器与变高套管之间发生区内 C 相单相接地故障。

三、故障分析

（1）故障前运行方式。故障发生前 500kV 某线正通过 5022 断路器对#2 主变进行第二次充电，现场已完成励磁涌流记录工作，一次系统接线方式图如图 8－1－6 所示。

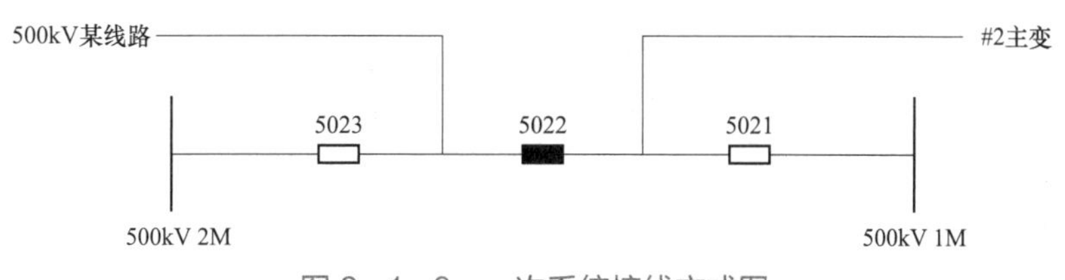

图 8-1-6 一次系统接线方式图

（2）故障分析。通过故障录波图解析可知：

1）对于线路保护：500kV 某线路主一保护、主二保护分相差动保护动作，选相为 C 相，说明线路发生了区内 C 相单相接地故障。

2）对于主变保护：由故障录波图解析确定主变变高断路器与变高套管之间发生区内 C 相单相接地故障，变高中断路器 C 相出现明显的故障电流，分析保护原理可知，纵联差动速断及纵联比率差动使用高、中、低各侧开关 TA 计算差流，纵联差动保护计算差流时需对 Y 侧电流进行相位校正，$\dot{I}'_{A}=(\dot{I}_{A}-\dot{I}_{B})/\sqrt{3}$、$\dot{I}'_{B}=(\dot{I}_{B}-\dot{I}_{C})/\sqrt{3}$、$\dot{I}'_{C}=(\dot{I}_{C}-\dot{I}_{A})/\sqrt{3}$，$\dot{I}_{A}$、$\dot{I}_{B}$、$\dot{I}_{C}$为 Y 侧 TA 二次电流；$\dot{I}'_{A}$、$\dot{I}'_{B}$、$\dot{I}'_{C}$为 Y 侧校正后的各相电流，故纵差保护速断及比率纵差 B 相、C 相均感受到差流；分相差动保护采用高压侧、中压侧开关 TA 及低压侧三角绕组（套管）TA 计算差流，分侧差动保护采用高、中压侧开关 TA、公共绕组套管 TA 计算差流，故分相差动保护及分侧差动保护仅 C 相感受到差流。

通过对 500kV 某线及#2 主变保护动作故障录波图解析可知，故障点应位于 500kV 某线及#2 主变保护交叉保护范围内，即 5022 断路器两侧 TA 中间部分，如图 8－1－7 所示。

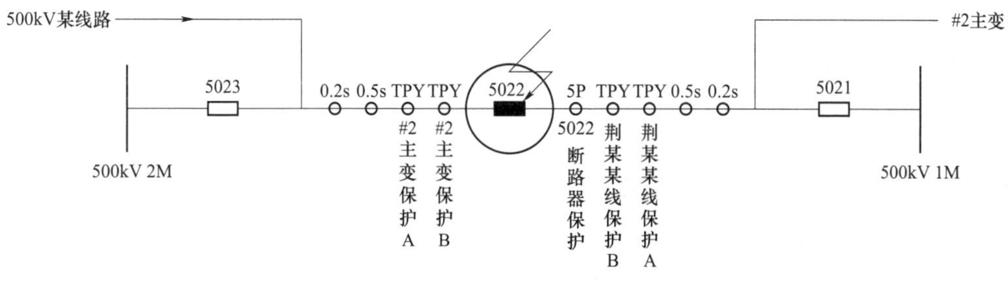

图 8-1-7 故障点发生示意图

5022 断路器靠 2M 侧 TA（用于主变差动保护）感受很大的故障电流，5022 断路器靠 1M 侧 TA（用于线路保护及断路器保护）感受较小的故障电流（主变中性点接地，会流过较小的零序电流）。事后对一次设备检查发现，5022 开关 C 相气室发生放电击穿。

8.2 某 220kV 空载变压器充电时保护跳闸

一、故障现象

某年某月某日，某站一台 220kV 主变保护更换后对空载的变压器进行充电，连续三次对变压器充电时保护均跳闸。

二、录波图解析

第一次对某 220kV 变压器进行充电时的波形图如图 8－2－1 所示。

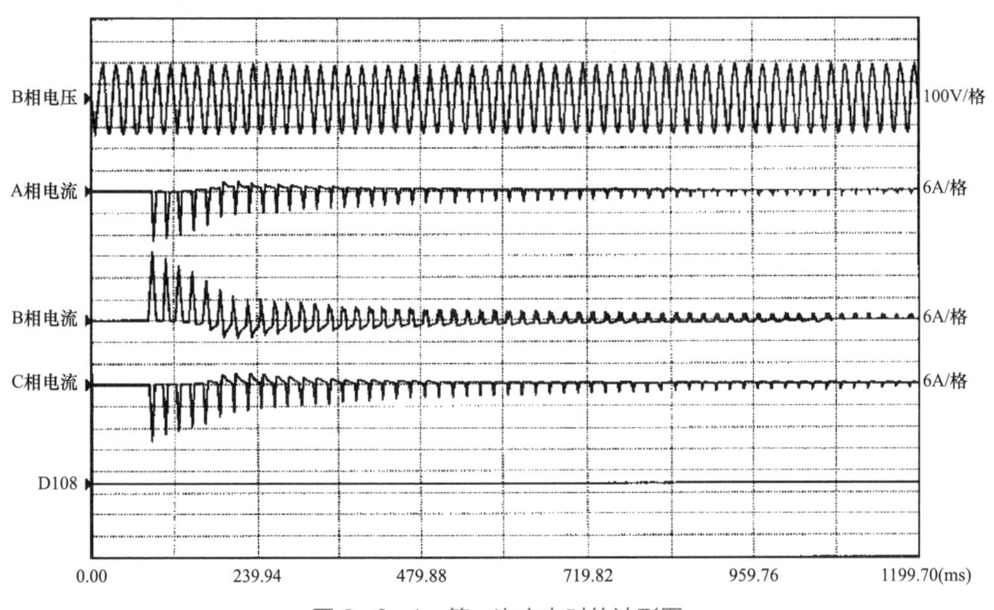

图 8－2－1　第一次充电时的波形图

从图 8－2－1 解析可知，A、C 两相偏离时间轴下方涌流波形，而 B 相偏离时间轴上方涌流波形，前 5 个周期波形完全偏于时间轴一侧，5 个周期后时间轴的另一侧有一部分电流，均渐渐变弱；电压未出现任何变化。

第二次对某 220kV 变压器进行充电时的波形图如图 8－2－2 所示。

从图 8－2－2 解析可知，B、C 两相偏离时间轴下方涌流波形，而 A 相偏离时间轴上方涌流波形，前 5 个周期波形完全偏于时间轴一侧，5 个周期后时间轴的另一侧有一部分电流，均渐渐变弱；电压未出现任何变化。

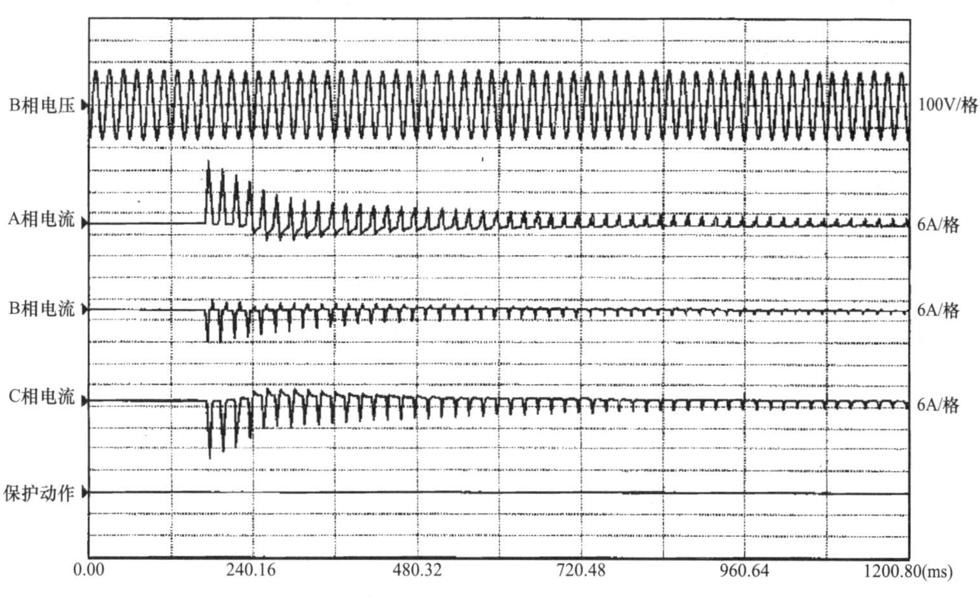

图 8-2-2　第二次充电时的波形图

第三次对某 220kV 变压器进行充电时的波形图如图 8-2-3 所示。

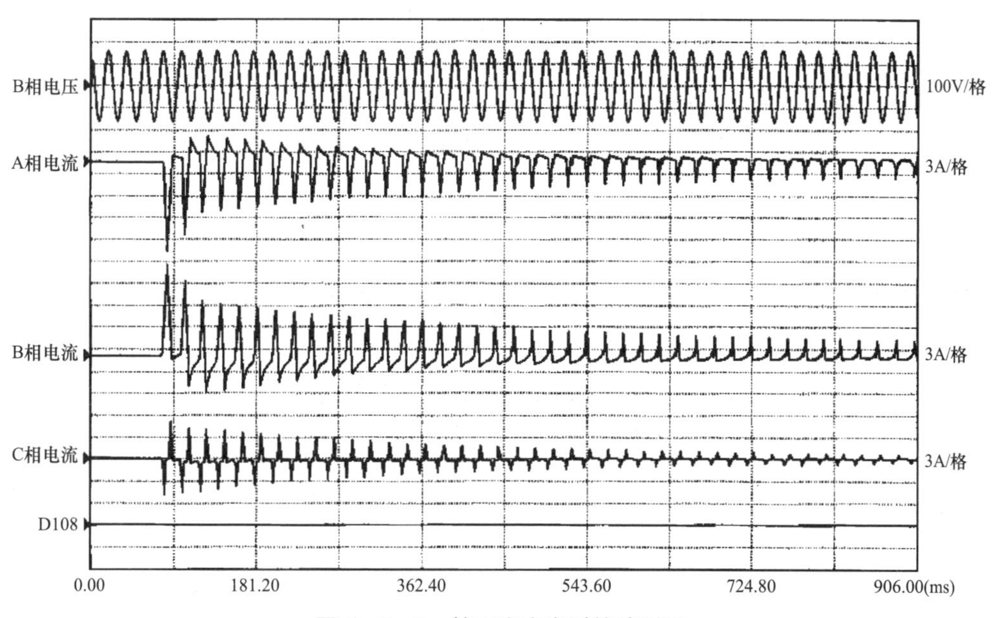

图 8-2-3　第三次充电时的波形图

从图 8-2-3 解析可知，A 相偏离时间轴下方涌流波形，而 B 相偏离时间轴上方涌流波形，前 5 个周期波形完全偏于时间轴一侧，5 个周期后时间轴的另一侧有一部分电流，均渐渐变弱，但 C 相涌流中几乎没有直流分量，为正负半周相互对称的波形；电压未出现任何变化。

将图 8－2－3 与图 8－2－1 和图 8－2－2 的波形进行比较，首先电压未出现任何变化，涌流幅值相对上两次小一些（比例尺变小了），第一周期就出现了时间轴的另一侧有电流的现象，且 C 相涌流中几乎没有直流分量，为正负半周相互对称的波形，这种波形使保护的涌流判据变得比较困难。由于涌流的产生是一种比较复杂的物理现象，因此波形也是多种多样的。

对三相变压器而言，有时出现三相中一相没有直流分量的情况，该相涌流中虽然波形畸变，含有各次谐波分量，但基本保持对称；此外，还可能出现涌流间断角小于 60°或二次谐波含量小于 15%等特殊情况。在实际工程中曾遇到过有间断角小于 60° 和二次谐波含量较小引起按相制动差动保护误动的情况，如图 8－2－4 所示。

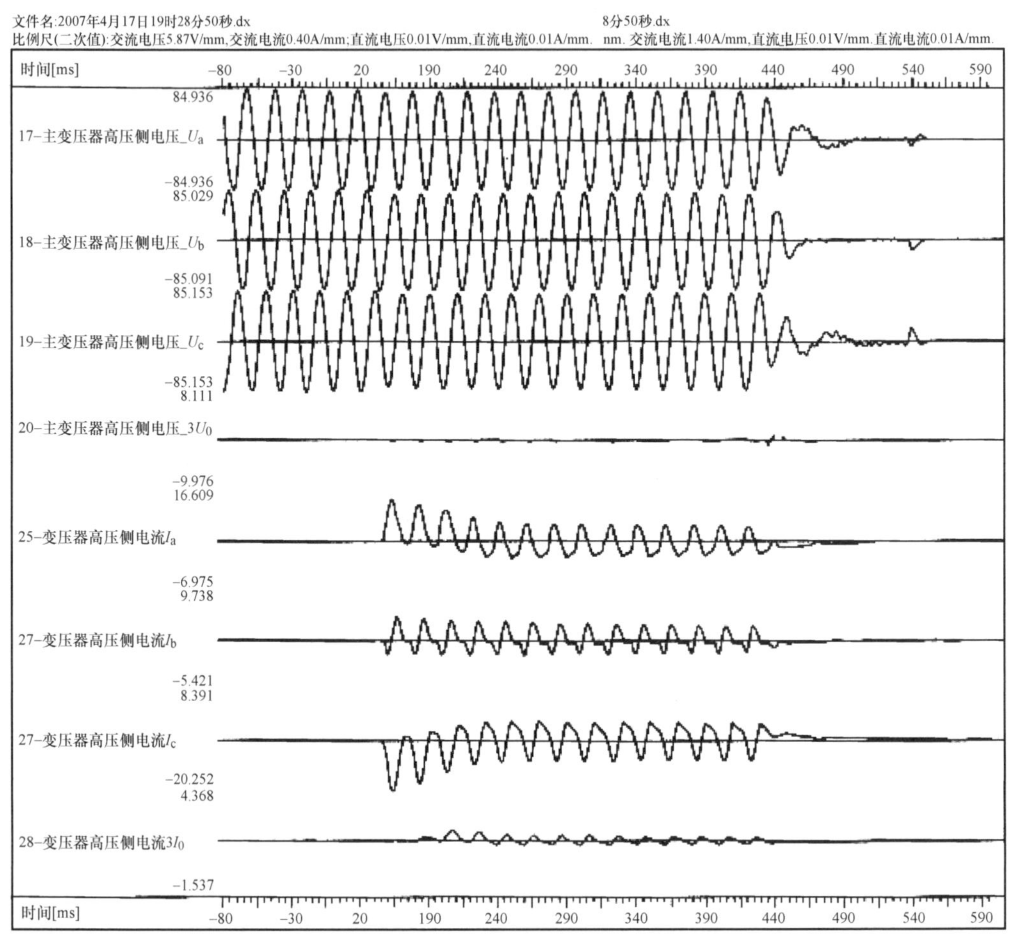

图 8－2－4　空投变压器时的励磁涌流波形图

从图 8－2－4 解析可知，涌流中 A 相和 C 相电流二次谐波含量较小，在 4 个周期后波形趋于对称，间断角消失，从而引起差动保护误动。另外通过录波图解析可知，C 相

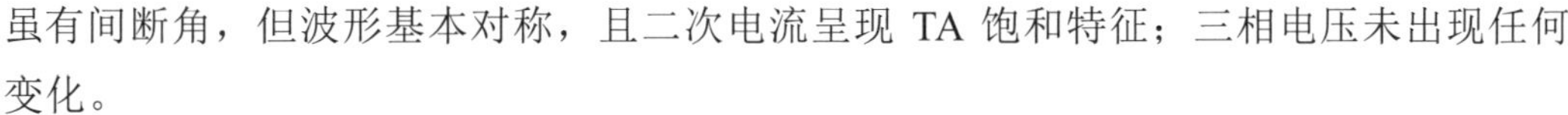

虽有间断角，但波形基本对称，且二次电流呈现 TA 饱和特征；三相电压未出现任何变化。

三、故障分析

综合上述解析图可以看出，由于变压器励磁涌流的形成机理非常复杂，波形多种多样，所以解析这种波形图时，应根据具体情况具体分析，但励磁涌流波形中至少有一相存在间断角，出现二次谐波，波形偏离时间轴的某一侧，最大的特点是电压不会发生变化。这种波形的特点包括：

（1）涌流波形偏于时间轴一侧，含有大量的非周期分量。

（2）含有大量的高次谐波，二次谐波分量较大。

（3）涌流波形之间存在间断角。

（4）涌流在初始阶段数值较大，以后逐渐衰减。

当空投主变时，若差动保护动作，应注意从故障波形变化特征及数据区分是励磁涌流跳闸还是励磁涌流叠加变压器匝间故障跳闸；同时应检查保护启动、动作出口情况、是否伴随有非电量保护动作情况等。

8.3 变压器重瓦斯保护动作跳闸

一、事故案例

事故案例 1：某日，500kV 某变电站 4 号主变压器 C 相本体爆炸并起火，1 号主变压器差动及 C 相本体重瓦斯保护动作，跳开 4 号主变压器三侧断路器。通过现场分析，故障发生时 4 号主变压器 500kV 侧 A、B 相电压正常，C 相 500kV 侧电压降为 0 且电流剧增，4 号主变压器 C 相 500kV 侧发生了单相接地故障。经计算，4 号主变压器 500kV 侧短路电流为 30.34kA、220kV 侧短路电流为 3.10kA，故障持续时间约为 65ms。经分析，4 号主变压器重瓦斯保护动作本体爆炸引起气体推动重瓦斯主保护动作。

事故案例 2：某日，500kV 某站拉开 500kV 1 号主变压器 220kV 变中 22015 隔离开关时，22015 气室发生区内转换性故障，220kV 1M 母线 A 相发生接地短路，13.2ms 后发展为三相短路故障。故障后 17ms，220kV1M、2M 母差保护动作，切除 1M、2M 母差上开关并远跳 220kV 线路对侧开关；故障电流共持续 63ms。500kV 1、2、3 号主变压器本体重瓦斯主保护动作，跳开 1、2、3 号主变压器三侧断路器。经分析，由于穿越性电流产生的短路电动力引起主变压器绕组快速挤压和扩张，使得本体油快速往储油柜方向涌动，油流经过气体继电器时，触发该气体继电器动作，重瓦斯主保护动作，从而跳开主变压器三侧断路器。

事故案例 3：某日，220kV 某变电站站内发生 1 号变压器、3 号变压器三侧开关跳闸事故。经过事故后检查，原因为 1 号变压器、3 号变压器油泵启动时间继电器的整定错误（全为零），在主变压器过载状态下，两台及以上油泵同时启动增加油流涌动，导致重瓦斯保护误动作，跳开 1 号变压器、3 号变压器三侧断路器。

二、录波图解析

（1）电气量故障导致重瓦斯保护动作的电网故障录波图如图 8-3-1 所示。电气量故障导致的变压器重瓦斯保护动作判断方法：首先重瓦斯保护跳闸开关量波形中存在突变的波形，则认定变压器所连的重瓦斯继电器保护动作跳闸；若检测到继电保护开关量波形、主变高压侧三相电流波形、主变高压侧三相电压波形、主变低压侧三相电流波形和主变低压侧三相电压波形中同时存在突变的波形，则判定重瓦斯继电器保护动作跳闸是电气量故障导致。

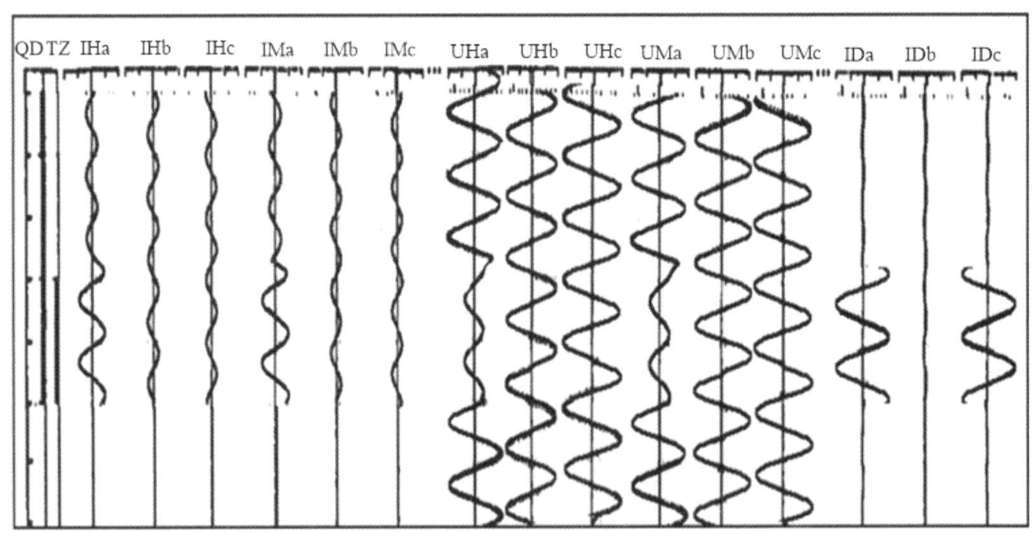

图 8-3-1　变压器内部出现电气量故障导致重瓦斯保护动作的电网故障录波示意图

从图 8-3-1 解析可知，变压器故障录波图包括继电保护开关量 QD 波形、重瓦斯保护跳闸开关量 TZ 波形、主变高压侧三相电流 I_{Ha}、I_{Hb}、I_{Hc} 波形、主变低压侧三相电流 I_{Ma}、I_{Mb}、I_{Mc} 波形、主变高压侧三相电压 U_{Ha}、U_{Hb}、U_{Hc} 波形、主变低压侧三相电压 U_{Ma}、U_{Mb}、U_{Mc} 波形和三相差动保护电流 I_{Da}、I_{Db}、I_{Dc} 波形。

若继电保护开关量 QD 波形存在突变，则在用图中黑色粗线标记，即为继电保护启动有开出；若重瓦斯保护跳闸开关量 TZ 波形存在突变，则在图中用黑色粗线标记，即为重瓦斯保护跳闸动作开出；最后，继电保护开关量 QD 波形及重瓦斯保护跳闸开关量 TZ 波形均消失，则说明重瓦斯保护跳闸断开开关。在图 8－3－1 中，因重瓦斯保护跳闸开关量 TZ 波形在故障发生 4～5ms 后有 30ms 突变，即重瓦斯保护跳闸开关量 TZ 波形存在突变的波形（如黑色粗线标记），则认定变压器所连的重瓦斯继电器保护动作跳闸。此时，继电保护开关量 QD 波形在故障发生 60ms 前有突变，即存在突变的波形（如黑色粗线标记），同时主变高压侧 A 相 I_{Ha} 通道中有突变的电流波形，主变高压侧 A 相 U_{Ha} 通道中有突变的电压波形，主变低压侧 A 相 I_{Ma} 通道中有突变的电流波形，以及主变低压侧 A 相 U_{Ma} 通道中有突变的电压波形，则判定重瓦斯继电器保护动作跳闸的缘由是电气量故障，即变压器本体内部出现问题。

其中，主变高压侧 A 相 I_{Ha} 通道中突变的电流波形及主变低压侧 A 相 I_{Ma} 通道中突变的电流波形，对比各自对应突变之前的电流波形的幅值变大，且主变高压侧 A 相 I_{Ha} 通道中突变的电流波形与其突变之前的电流波形的相位方向未发生改变，而主变低压侧 A 相 I_{Ma} 通道中突变的电流波形与其突变之前的电流波形的相位方向发生了变化（反向 180°）；同时，主变高压侧 A 相 U_{Ha} 通道中有突变的电压波形及主变低压侧 A 相 U_{Ma} 通道中有突变的电压波形，对比各自对应突变之前的电压波形的幅值变小。

（2）非电气量故障导致重瓦斯保护动作的电网故障录波图如图 8－3－2 所示。首先重瓦斯保护跳闸开关量波形中存在突变的波形，则认定变压器所连的重瓦斯继电器保护

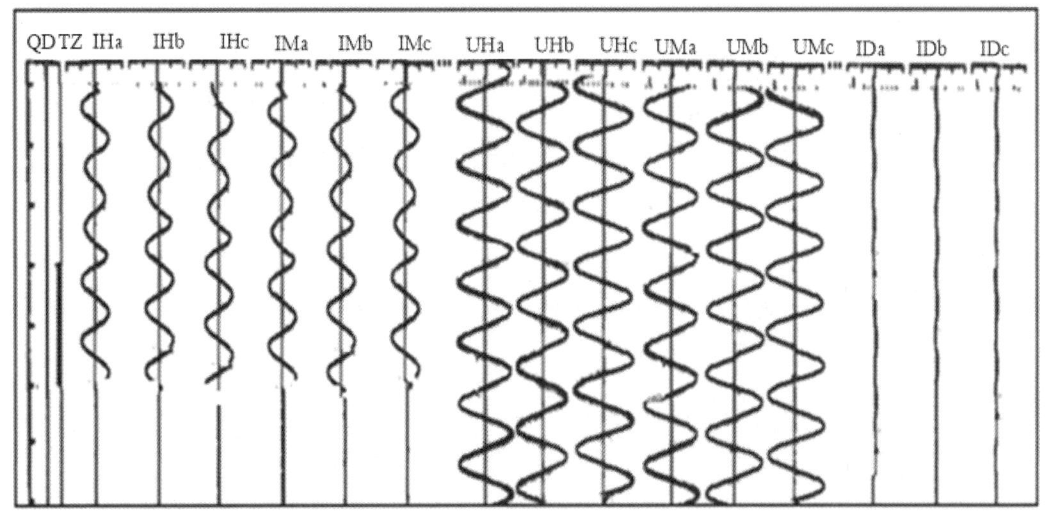

图 8－3－2　变压器出现非电气量故障导致重瓦斯保护动作的电网故障录波示意图

动作跳闸；若未检测到继电保护开关量波形、主变高压侧三相电流波形、主变高压侧三相电压波形、主变低压侧三相电流波形和主变低压侧三相电压波形中同时存在突变的波形，则判定重瓦斯继电器保护动作跳闸的缘由是非电气量故障导致。

图 8－3－2 中因重瓦斯保护跳闸开关量 TZ 波形在未发生时故障发生有 30ms 突变，即重瓦斯保护跳闸开关量 TZ 波形存在突变的波形（如黑色粗线标记），则认定变压器所连的重瓦斯继电器保护动作跳闸。

此时，继电保护开关量 QD 波形、主变高压侧三相电流 I_{Ha}、I_{Hb}、I_{Hc} 波形、主变低压侧三相电流 I_{Ma}、I_{Mb}、I_{Mc} 波形、主变高压侧三相电压 U_{Ha}、U_{Hb}、U_{Hc} 波形以及主变低压侧三相电压 U_{Ma}、U_{Mb}、U_{Mc} 波形中都没有任何突变的波形，则判定重瓦斯继电器保护动作跳闸的缘由是非电气量故障导致，即重瓦斯继电器进水等自身问题所导致。

三、跳闸原因总结

重瓦斯保护是变压器的主要保护，能有效地反映变压器电气量故障，也能反映外部非电气量故障。当变压器内部发生严重电气量故障时，将产生大量的气体，使变压器内部压力突增，产生很大的油流向储油柜方向冲击，因油流冲击挡板，挡板克服弹簧的阻力，带动磁铁向干簧触点方向移动，使干簧触点接通，作用于跳闸。当变压器外部设备发生严重的短路故障，流经变压器的短路电流可能使变压器线圈收缩、扩张产生油流涌动，并且使变压器器身产生振动，油流涌动和振动的双重作用可能引起气体继电器动作、重瓦斯继电器进水、漏水等自身问题，以及油泵启动时间继电器的整定错误等问题。

预防措施：① 重瓦斯动作值由 1.0m/s 改为 1.5m/s；② 将气体继电器更换为抗振动性能更好的挡板式继电器并加支撑；③ 重瓦斯继电器增加动作延时以躲过变压器区外故障产生的油流；④ 加强对油泵启动时间继电器的整定管理；⑤ 片散式冷却器/停用切换控制开关应在自动位置，并应对称间歇（间隔时间不小于 20s）分组启动；⑥ 500kV 变压器在任何运行方式下，禁止同时投入 2 组及以上冷却器；工作电源切换前，应保证只有 1 组冷却器工作，其余冷却器切换至停运位置，电源切换后逐台恢复至原运行方式；⑦ 检修人员在查找控制系统故障原因和修复工作中，严禁频繁启、停潜油泵；⑧ 冷却装置电源的分段开关运行中在合位，当检修需要其断开时，潜油泵停、投的操作均应逐台对称间歇进行；⑨ 冷却装置控制箱、端子箱等应有良好的防水、防尘设施，并加强对控制回路器件的维护、检验，确保控制系统可靠运行；⑩ 必须重视瓦斯保护的防水、防油渗漏的密封性问题，严防瓦斯保护误动作等措施。

8.4 一起主变低压侧区外相间故障

一、故障现象

某年某月某日，某 110kV 站 10kV F12 馈线发生 AB 相接地故障，零序 I 段动作、过流 I 段保护动作，开关跳开，重合闸动作，合上开关；再次过流 I 段、过流加速动作，跳开开关。#2 主变采用 YNd11 接线方式，容量 63MVA，高压侧 TA 变比 1000/1，低压侧 TA 变比 5000/1。计算得出，高压侧额定电流 $I_{eH}=0.33A$，低压侧额定电流 $I_{eL}=0.693A$。

二、录波图解析

馈线故障时#2 主变高压侧与 502A 分支（F12 在 2AM）的录波图如图 8－4－1 所示。

从图 8－4－1 解析可知，502A 的 A 相、B 相电流模拟量通道电流突变，符合 A 相、B 相间故障特征（红线框内），从幅值进行分析（为便于分析主变各侧故障电流间的数值关系，将各侧故障电流转换为以各侧额定电流为基准的标幺值）：

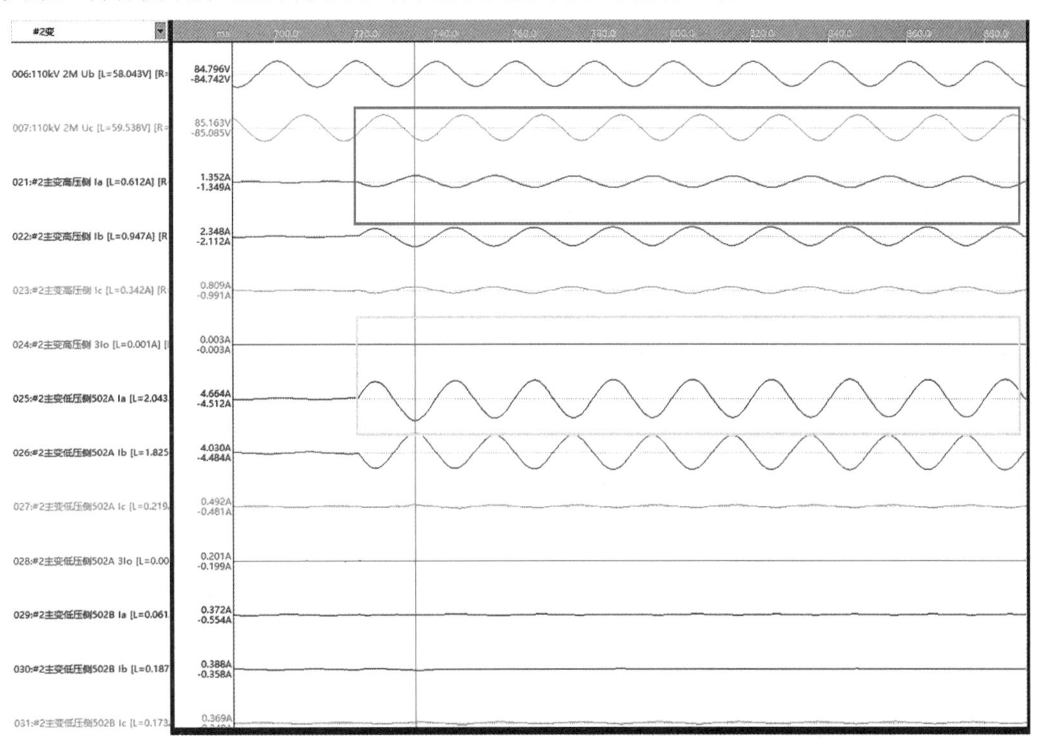

图 8－4－1 馈线故障时#2 主变高压侧与 502A 分支（F12 在 2AM）录波图

$I_a=2.043A=2.96I_{eL}$，$I_b=1.825A=2.64I_{eL}$，$I_c=0.219A=0.316I_{eL}$；A、B 相电流幅值近似相等，C 相电流幅值相较于 A、B 相电流幅值小很多。

从图 8－4－1 解析可知，502A 的 A、B 相电流模拟量通道电流方向近乎反向，符合 A 相、B 相间故障特征。502A 的 A、B、C 相模拟量通道电流方向图如图 8－4－2 所示。

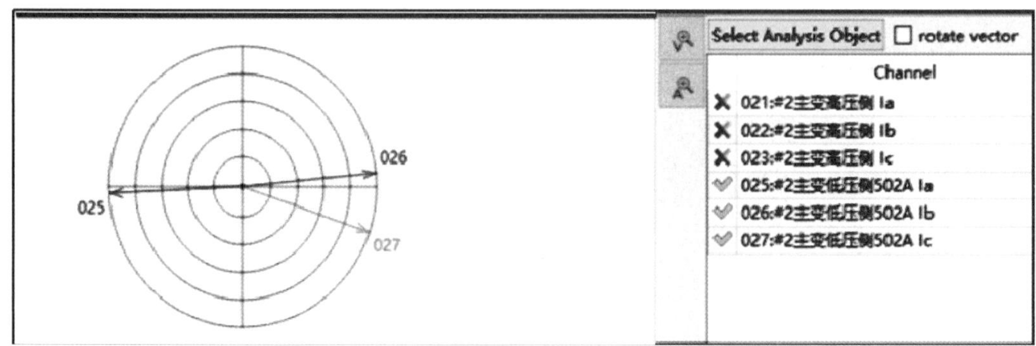

图 8－4－2　502A 的 A 相、B 相、C 相模拟量通道电流方向图

从图 8－4－1 解析可知，#2 主变高压侧 A 相、B 相电流模拟量通道电流突变，但突变不明显（蓝线框内）。从幅值进行分析：$I_A=0.612\text{A}=1.85I_{eH}$，$I_B=0.947\text{A}=2.87I_{eH}$，$I_C=0.342\text{A}=1.04I_{eH}$。

对 YN 侧电流进行分析，幅值上，d 侧 AB 相间故障中滞后相的 B 相电流幅值最大，是 A 相电流幅值的 1.5 倍、C 相电流幅值的 2.76 倍。#2 主变高压侧的 A、B、C 相模拟量通道电流方向图如图 8－4－3 所示。

从图 8－4－3 解析可知，YN 侧故障电流 I_A（021）相位与 I_B（022）相位近似相反，与 I_C 相差约 140°。高压侧 I_B 的相位低压侧 I_a 的相位近似相同，因故障为低压侧母线出线，属于主变低压侧区外故障（低压侧故障电流流向母线），故障电流方向与区内故障时方向反向。

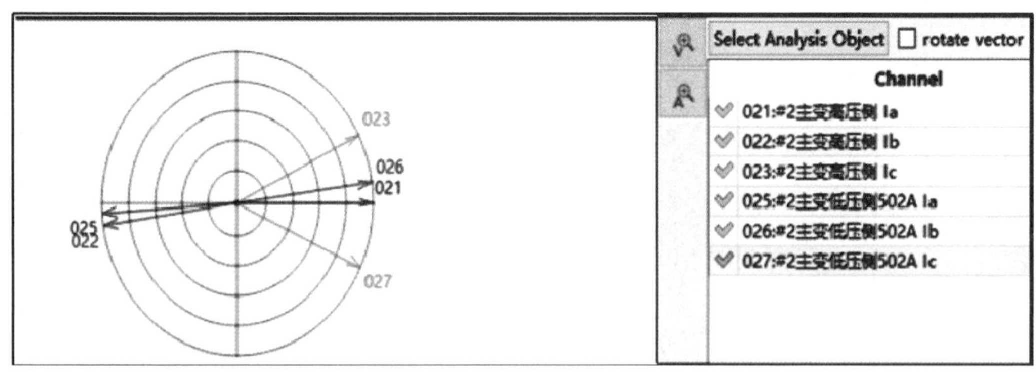

图 8－4－3　#2 主变高压侧的 A 相、B 相、C 相模拟量通道电流方向图

根据相间故障模型，选定低压侧 I_a 为故障电流参考向量，则 $I_B/I_a=2.87/2.96=0.97$，$I_A/I_a=0.625$。

三、主变低压侧区外相间故障

根据主变主变不对称短路故障理论分析，在 YNd11 接线的变压器，d 侧发生相间短路故障时，YN 侧的故障电流分布与 d 侧故障相别有关，其规律是：d 侧两故障相对应的两相中滞后相的电流最大，幅值约为 $2/\sqrt{3}\,I_k=1.15I_k$；其他两相电流大小相等，方向相同，数值上为最大相的一半（0.575），方向与电流最大的一相相反。

因此，波形解析符合 YNd11 接线变压器 d 侧区外 AB 相间故障特征，也与实际故障情况相符。

8.5　一起 10kV 馈线故障导致两台站用变跳闸

一、故障情况

某 110kV 变电站 10kV 某馈线发生 C 相永久性接地故障，保护装置跳开开关后重合于故障，再加速跳开，保护正确动作。

故障发生前 10kV 分段 521、532 开关在分位，10kV 分列运行；10kV 1M 由#1 主变变低 501 开关供电，#1 站用变 ST1 挂 10kV 1M；10kV2AM 由#2 主变变低 502A 开关供电、2BM 由#2 主变变低 502B 开关供电，馈线 F10 挂 2AM、#2 站用变 ST2 挂 2BM，站用变 380V 系统分列运行，如图 8－5－1 所示。

二、录波图解析

（1）10kV 2AM 电压录波图如图 8－5－2 所示。

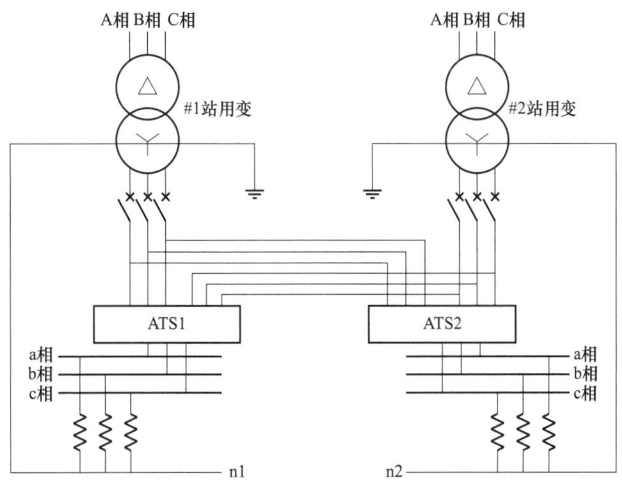

图 8－5－1　站用变 380V 系统分列运行图

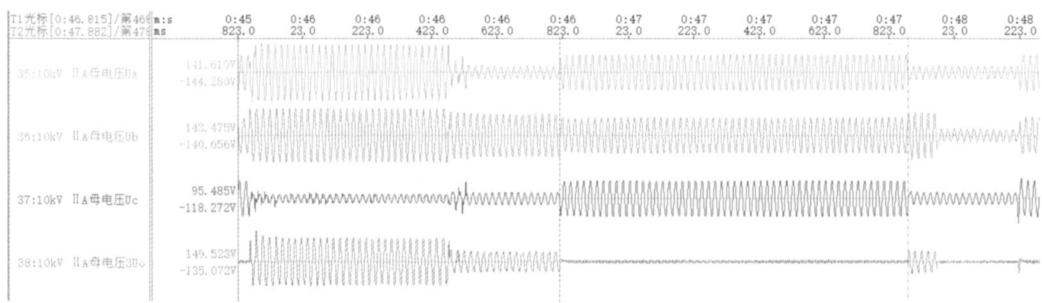

图 8-5-2　10kV 2AM 电压录波图

从图 8-5-2 解析可知，故障开始前三相电压平衡，零序电压为 0；在 45s857ms 故障发生后，A、B 相电压模拟量通道电压突变升高，C 相电压模拟量通道电压突变降低，零序电压模拟量通道电压突变升高，呈现 C 相接地故障特征，该特征持续 625ms 至 46s482ms，随后 A、C 相电压模拟量电压均降低，零序电压依然存在但有明显降低，表示故障类型为 C 相接地发展为 AC 相短路接地，该特征持续 336ms 至 46s818ms 后，三相电压恢复正常，原因是故障开关跳开，故障切除，该特征持续 1018ms 至 47s836ms，A、C 相再次发生短路接地故障，A、C 相电压模拟量通道电压突变降低，零序电压模拟量通道电压突变增大，该特征持续 89ms 至 47s925ms，A、B、C 相三相电压突变降低，零序电压突变消失，原因由 A 相、C 相短路接地发展为三相短路接地，该特征持续 254ms 至 48s179ms 后，三相电压恢复正常，即故障被完全隔离。

小结：上述电压波形反映了馈线 F10 由 C 相接地故障发展为 CA 相短路接地故障，跳闸后又重合于故障，并且重合后故障由 CA 相接地故障发展为三相短路接地故障的过程。

（2）#2 站用变 ST2 零序电流、电压波形录波图如图 8-5-3 所示。

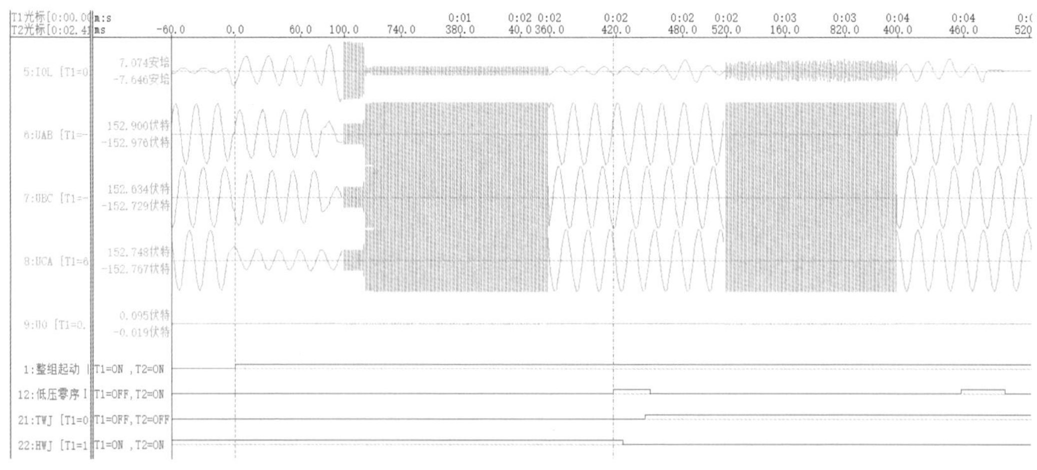

图 8-5-3　#2 站用变 ST2 零序电流、电压录波图

从图 8－5－3 解析可知，0ms 时馈线 F10 重合于故障的时刻，重合于故障后，#2 站用变 ST2 低压侧零序电流 I_{0L} 明显增大，保护启动，由图 8－5－2 知馈线 F10 首先发生了 A 相、C 相短路接地故障，随后发展为三相短路接地，在图 8－5－3 中体现为 U_{CA} 降低发展为三相电压全部降低，该过程持续 340ms，随后三相电压恢复，#2 站用变 ST2 低压侧零序电流 I_{0L} 减少，即馈线 F10 再次跳开，故障得以切除，但是 I_{0L} 电流仍有 100A 左右，大于零序过流Ⅰ段一次整定值 95A，发展至 2s420ms，低压零序过流Ⅰ段保护动作，随后 ST2 开关跳开。ST2 开关跳开，I_{0L} 电流仍然存在，并且有所增大，该过程持续 2065ms 后至 4s485ms，I_{0L} 电流消失，故障被完全隔离。

（3）#1 站用变 ST1 零序电流、电压波形录波图如图 8－5－4 所示。

在图 8－5－3 解析可知 ST2 开关跳开后，I_{0L} 电流仍然存在，并且有所增大，对应图 8－5－4 中 0ms 时 ST1 整组启动，该过程持续 2000ms 后 ST1 低压零序Ⅰ段动作，跳开 ST1 开关，至 2s26ms 后，ST1 低压侧零序电流完全消失。

小结：馈线 F10 重合于故障后，ST1、ST2 中出现零序电流，导致 ST2 低压零序Ⅰ段动作跳开 ST2，此时因为 ST1 中零序电流未超过定值，ST1 并未跳闸；ST2 跳闸后，ST1、ST2 中零序电流依然存在，并且零序电流有所增大，导致 ST1 低压零序Ⅰ段动作跳开 ST1，至此，该站 380V 站用电失压。

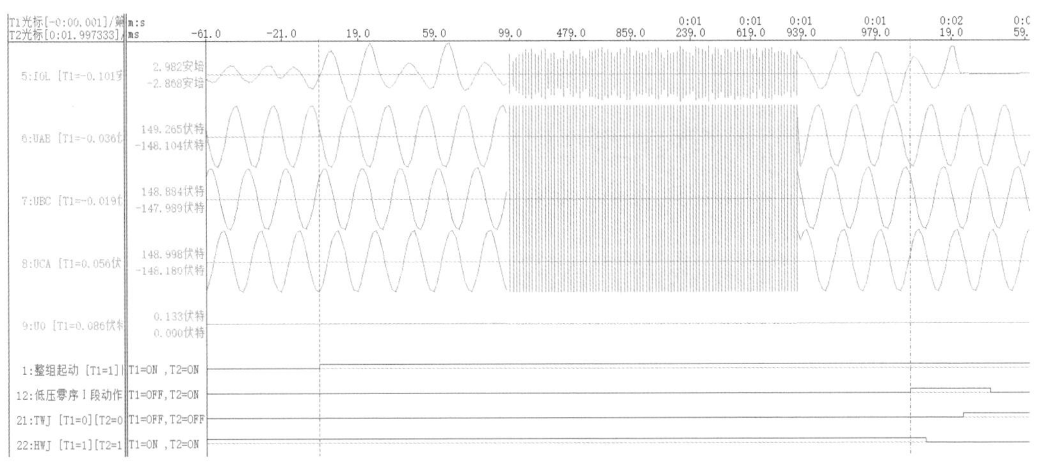

图 8－5－4 #1 站用变 ST1 零序电流、电压录波图

三、原因分析

现场对交流环网进行单母停电，再进行“拉路法”检查，发现 110kV 高压场地汇控柜加热照明回路存在环网，现场检查环网各级空气开关后，发现 110kV 1M、2M 分段 1012

间隔就地控制柜内照明加热环网 1 进线电源 2 空气开关损坏，在分位时异常导通，导致 380V 系统 A 相异常成环，如图 8－5－5 所示。

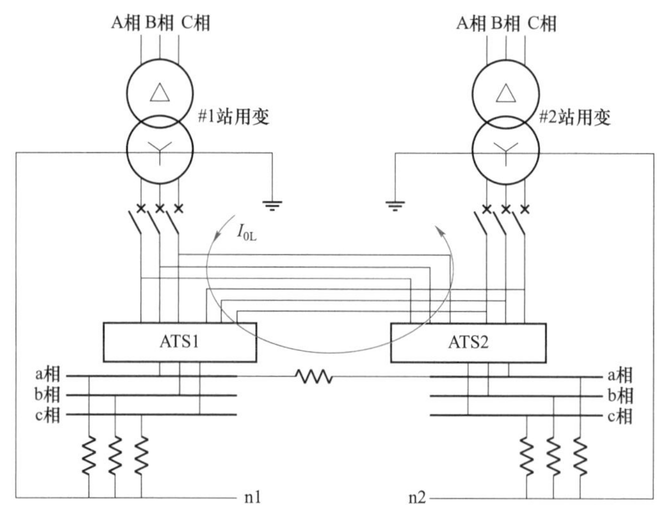

图 8－5－5　站用电系统 A 相环网示意图

该环网直接通过损坏的空气开关连接，A 相环网电阻非常小，在两侧压差不大时即可产生较大的环形电流，这是导致 10kV 馈线故障导致两台站用变跳闸的直接原因：馈线 F10 发生故障时，10kV 2M 电压降低，#2 站用变低压 380V 侧电压降低，此时图 8－5－5 中环流较大，馈线 F10 跳闸后，该环流依然存在并且 ST2 低压侧零序电流达到 100A 左右，超过 95A 的整定值，导致 ST2 低压零序Ⅰ段动作跳开 ST2；ST2 跳开后，由于环网存在，#2 站用变低压侧变成#1 站用变低压的一路负载，导致环流增大，最终 ST1 低压零序Ⅰ段动作跳开 ST1，站用电 380V 系统失压。

8.6　一起电流互感器故障导致母线保护及线路保护跳闸

一、故障现象

某年某月某日，某站 500kV 2 母 A 套母差保护动作，该站某 500kV 线路主一、主二差动保护动作。

二、录波图解析

（1）500kV 线路故障电流、电压录波图一如图 8－6－1 所示。

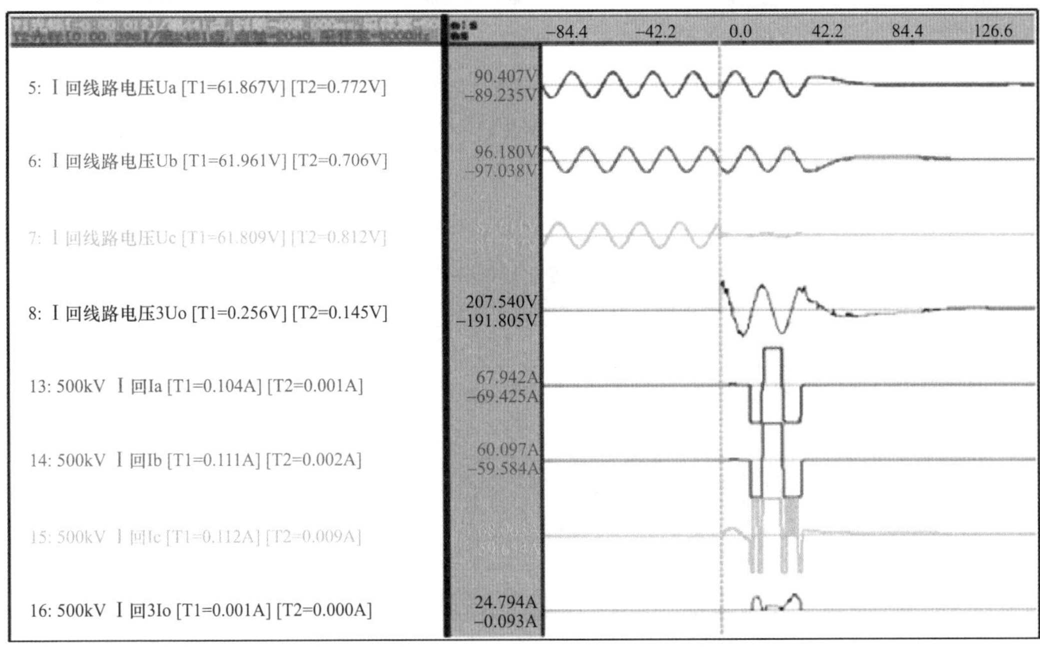

图 8-6-1　500kV 线路故障电流、电压录波图一

从图 8-6-1 解析可知，该线路的 A、B、C 相三相电流模拟量通道电流均畸变严重，呈现方波，持续 1.5 个周波 30ms 左右后，A、B、C 相三相畸变电流全部消失，同时零序电流 $3I_0$ 模拟量通道电压突变呈现在轴一侧，方波属于 TA 严重饱和的特征。

从图 8-6-1 解析可知，故障开始时刻 C 相电压模拟量通道电压突变为 0，同时零序电压 $3U_0$ 模拟量通道电压突变，持续 2.5 个周波 50ms 左右后，A、B、C 相三相电压全部消失。

（2）500kV 线路故障录波图二如图 8-6-2 所示。

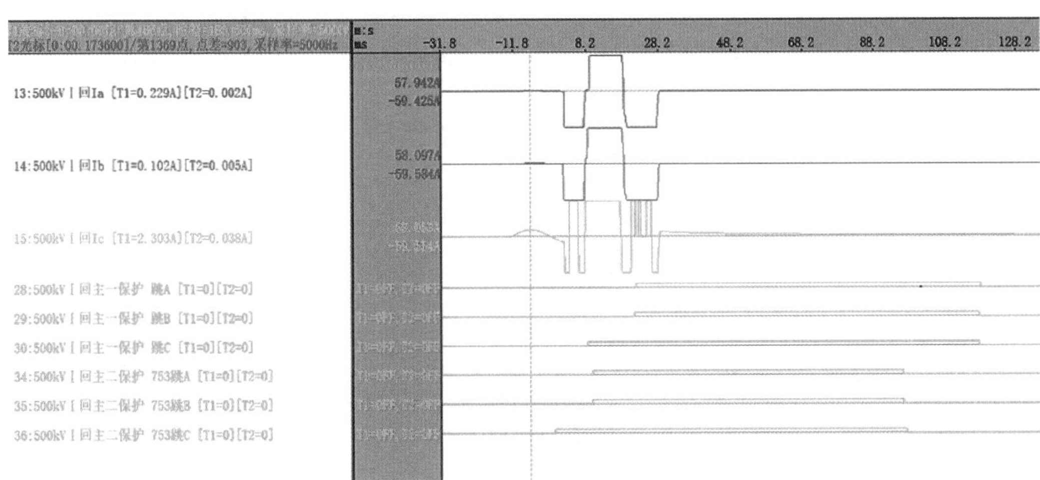

图 8-6-2　500kV 线路故障录波图二

从图 8－6－2 解析可知，线路主一保护装置启动后，14ms 跳 C 相开关，27ms 跳三相开关，闭锁断路器保护重合闸，重合闸不动作；线路主二保护装置启动后，5ms 跳 C 相开关，15ms 跳三相开关，闭锁断路器保护重合闸，重合闸不动作。保护动作行为正确。

（3）500kV 2M 母线 A 套母差保护差流故障录波图如图 8－6－3 所示。

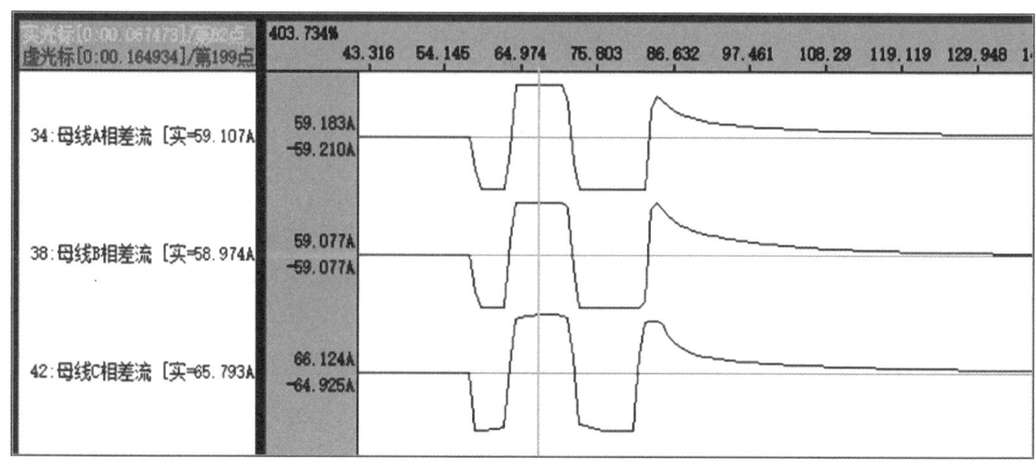

图 8－6－3　500kV 2M 母线 A 套母差保护差流故障录波图

从图 8－6－3 解析可知，500kV 2M 母线的 A、B、C 相三相差流模拟量通道电流均畸变严重，呈现方波，持续 1.5 个周波 30ms 左右后，A、B、C 相三相差流电流全部消失，属于 TA 严重饱和特征。在饱和期间，A、B、C 相三相差流均在 60A 左右，且三相差流相位基本相同。

（4）500kV 2M 母线 A 套母差保护差流制动系数故障录波图如图 8－6－4 所示。

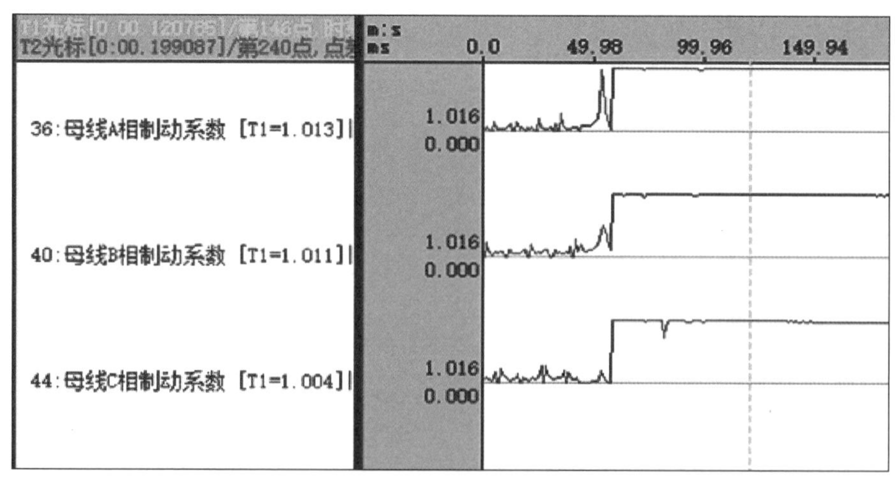

图 8－6－4　500kV 2M 母线 A 套母差保护差流制动系数故障录波图

从图 8－6－4 解析可知，500kV 2M 母线的 A、B、C 相三相差流的制动系数在电流饱和后突变增加，数值保持在 1A 左右，直到故障切除。

500kV 2 母母线 A 套母差保护为 SG B750N 型母线保护装置。该装置差动保护动作条件为差动电流达到定值且制动系数达到定值。该母差保护装置差动动作电流定值为 1.93A，制动系数为 0.3（内部定值）。从差流和制动系数故障录波图中解析可知，保护差流（三相差流为 60A）远大于 1.93A，制动系数（三相差流的制动系数为 1）大于 0.3，满足差动保护动作跳闸条件。因此，该保护装置的动作行为正确。

（5）500kV 2 母 B 套母差保护故障录波图如图 8－6－5 所示。

从图 8－6－5 解析可知，500kV 2M 母线的 A、B、C 相三相差流模拟量通道电流均畸变严重，呈现方波，持续 1.5 个周波 30ms 左右后 A、B、C 相三相差流电流全部消失，属于 TA 严重饱和特征。在饱和期间，A、B、C 相三相差流均达到 60A 左右，且三相相位基本相同。

500kV 2 母 B 套保护为 PCS－915ND 母线保护装置。该装置考虑到母线区内故障时，不可能出现三相电流同相位的情况，且为了防止因硬件故障引起采样异常导致差动保护误动作，所以装置在检测到差流零序电流有效值大于两倍的最大相差流有效值时闭锁差动保护。

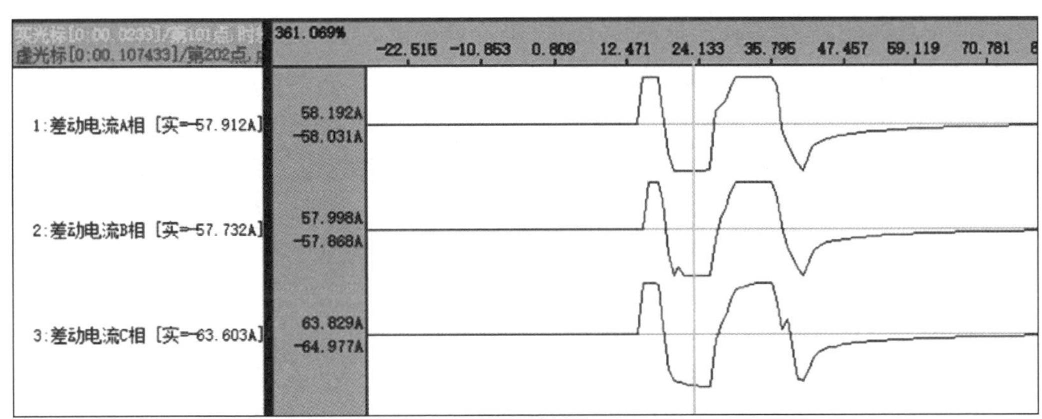

图 8－6－5 500kV 2 母 B 套母差保护故障录波图

（6）B 套母差保护差流零序电流故障录波图如图 8－6－6 所示。

从图 8－6－6 解析可知，500kV 2M 母线的 A、B、C 相三相差流的零序模拟量与 A、B、C 相三相差流同相位，且差流零序电流有效值约 150A，最大相差流有效值为 60A。差流零序电流有效值大于两倍的最大相差流有效值，符合差动保护闭锁条件，B 套母差保护正确闭锁差动保护，该保护装置的动作行为正确。

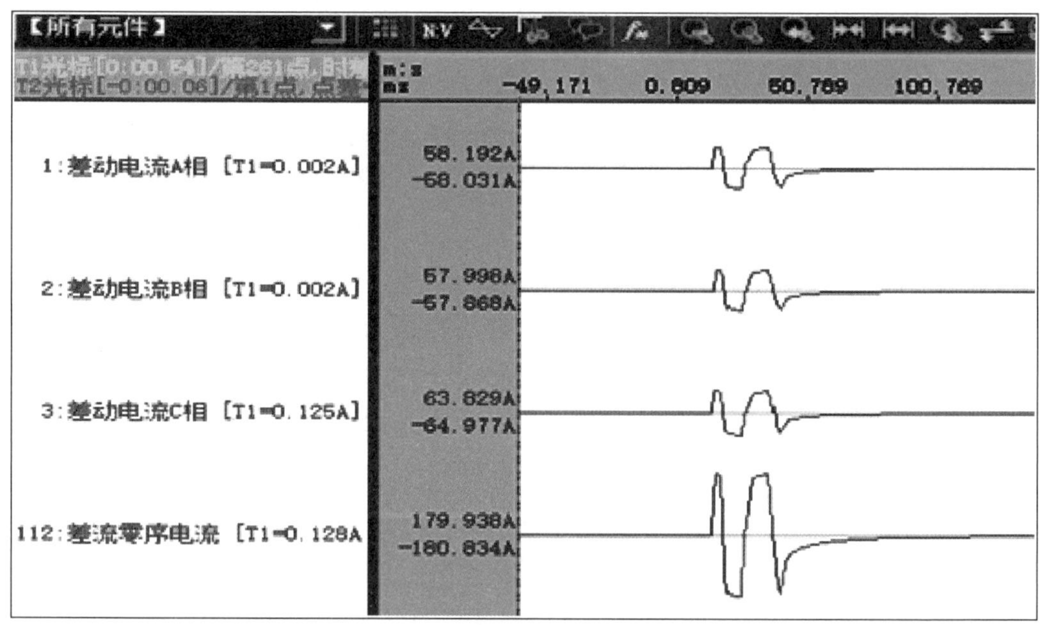

图 8-6-6　B 套母差保护差流零序电流故障录波图

三、保护装置三相采样电流畸变呈现方波饱和原因分析

一次设备经技术人员对边断路器电流互感器解体分析，发现 TA 内部有短路放电现象，故障电流除了直接流入大地外，还从 TA 本体接线盒流入端子箱，造成端子箱电流回路端子烧损、电流回路 N 线烧断。

边断路器 C 相电流互感器内部发生击穿故障且一次故障电流串入二次回路，边断路器端子箱内 C 相二次接线端子对 A、B 二次接线端子放电，导致一次电流同时串入三相电流回路，串入的电流远超保护量程，为采样电流畸变呈现方波 TA 严重饱和原因。

8.7　一起错相合环故障线路保护跳闸

一、故障现象

某年某月某日，某 220kV 变电站 10kV 馈线 F08 与某 110kV 变电站 10kV 馈线 F20 合环转电过程中，220kV 变电站馈线 F08 的 K01 智能开关跳闸。

二、录波图解析

（1）220kV 变电站 10kV 馈线 F08 保护装置故障录波图如图 8-7-1 所示，其中 10kV

馈线 F08 保护装置的配置 TA 为 A 相和 C 相，B 相未配置。

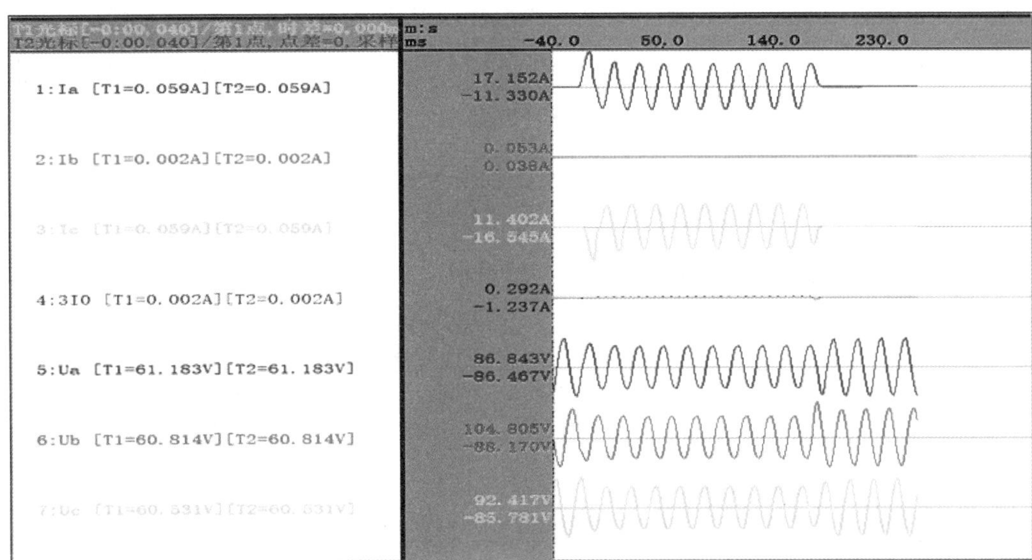

图 8-7-1　220kV 变电站 10kV 馈线 F08 保护装置故障录波图

从图 8-7-1 解析可知，0ms 时馈线 F08 的 A 相和 C 相电流模拟量通道电流呈现突变增大，持续 9.5 个周波 190ms 后消失，并且 A 相电流相位滞后 C 相电流 120°，B 相未配置 TA，无电流突变呈现。在馈线 F08 故障后 0ms 时，A、B、C 相电压模拟量通道电压呈现突变降低持续 9.5 个周波 190ms 后恢复正常。在 A 相和 C 相电流突变增加期间，其有效值（二次值）约 8A，按 1000/1 的变比折算成一次值为 8000A。

（2）220kV 变电站#2 主变变低开关录波图如图 8-7-2 所示。

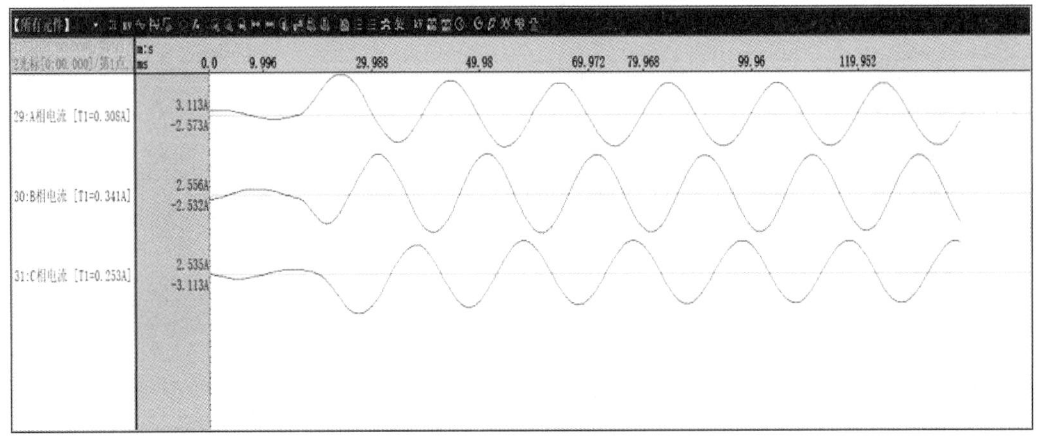

图 8-7-2　220kV 变电站#2 主变变低开关录波图

从图 8-7-2 解析可知，0ms 时 A、B、C 相电流模拟量通道电流呈现突变增加，持续 9.5 个周波 190ms 后恢复正常。A、B、C 相电流幅值一样，且三相对称。

在一次接线方式上，#2 主变变低开关是 10kV 馈线 F08 开关上一级的唯一供电电源。当 10kV 馈线 F08 开关的出线发生故障时，故障电流从#2 主变变低开关流经 10kV 馈线 F08 开关，这两个开关相当于串联，其故障波形特征相同。即 10kV 馈线 F08 保护装置 B 相也有故障电流，且 10kV 馈线 F08 三相电流是对称。

（3）220kV 变电站 10kV 馈线 F08 录波图分析工具图如图 8-7-3 所示。

图 8-7-3　220kV 变电站 10kV 馈线 F08 录波图分析工具图

从图 8-7-3 解析可知，10kV 馈线 F08 保护电压超前电流角度为 22°左右。

（4）110kV 变电站 10kV 馈线 F20 保护装置故障录波图如图 8-7-4 所示。

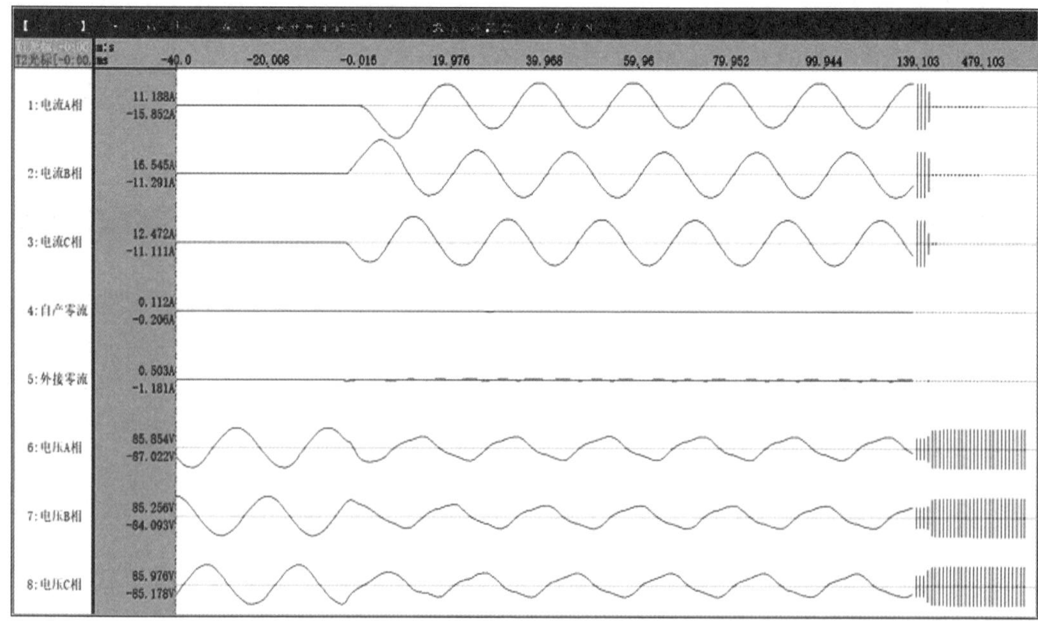

图 8-7-4　110kV 变电站 10kV 馈线 F20 保护装置故障录波图

从图 8－7－4 解析可知，0ms 时 A、B、C 相电流模拟量通道电流呈现突变增加，9.5 个周波 190ms 消失；A、B、C 相电压模拟量通道电压呈现突变降低，A 相、B 相、C 相电压模拟量通道电压呈现突变降低，持续 9.5 个周波 190ms 后恢复正常。在 A 相、B 相、C 相电流突变增加期间，其有效值（二次值）约 8A，按 1000/1 的变比折算成一次值为 8000A。

（5）110kV 变电站 10kV 馈线 F20 录波图如图 8－7－5 所示。

图 8－7－5　110kV 变电站 10kV 馈线 F20 录波图

从图 8－7－5 解析可知，10kV 馈线 F20 保护电压超前电流角度为 105° 左右。

合环线路两侧保护的故障波形特征见表 8－7－1。

表 8－7－1　　合环线路两侧保护故障波形特征

特征类型	10kV 馈线 F08	10kV 馈线 F20
电压幅值	三相电压对称，幅值显著降低	三相电压对称，幅值显著降低
电流幅值	三相电流对称，故障一次值约 8000A	三相电流对称，故障一次值约 8000A
相位关系	电压超前电流 22°	电压超前电流 105°

从表 8－7－1 可知，合环线路两侧保护的故障幅值特征具有显著的三相短路特征，但相位关系与三相短路明显不符。一般情况下，电网发生三相短路时，电压超前电流的角度为阻抗角，不会大于 90°。只有 10kV 合环线路发生错相合环才可能出现这样的波形特点。经现场检查，220kV 站 10kV 馈线 F08 的 ABC 相与 110kV 站 10kV 馈线 F20 的 BCA 相发生合环，如图 8－7－6 所示。

三、错相合环导致保护动作原因分析

错相合环和三相短路类似，其序网模型示意图如图 8－7－7 所示。

进一步分析，由故障电流大小可知，错相合环的故障电流与合环线路两侧的系统对地等值阻抗之和成反比。即正常情况下，错相合环将产生数千安的故障电流，导致保护跳闸。

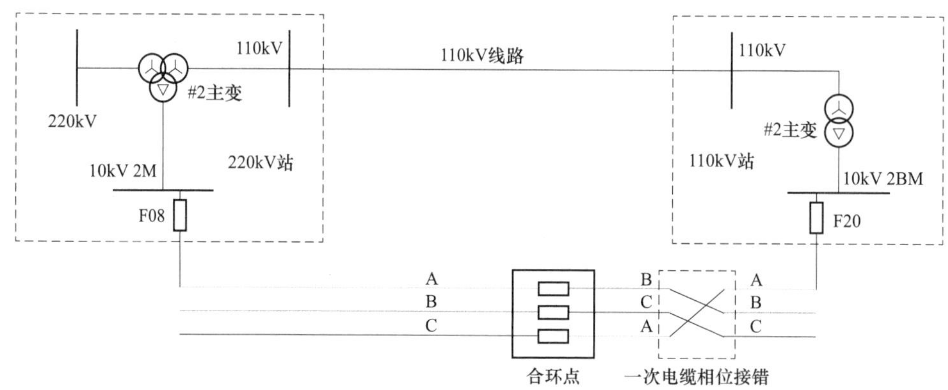

图 8-7-6 现场错相合环示意图

经现场运维人员对合环线路所有设备详细检查，发现合环点110kV站10kV馈线 F20新能源#2 户外公用断路器柜带电显示器的二次侧接线错误，导致现场二次侧核相正确、但实际一次侧相位错误，最终因错相合环导致 220kV 站 10kV 馈线 F08 的 K01 智能开关跳闸。

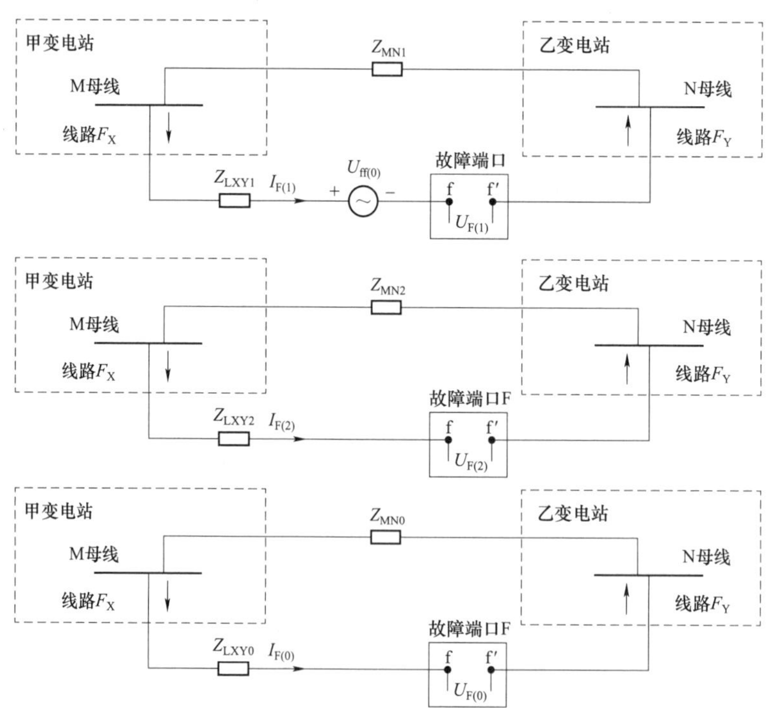

图 8-7-7 序网模型示意图

8.8 TA 二次电缆芯线破损导致母线区外故障保护误动

一、故障现象

某年某月某日，某 220kV 变电站出线间隔 A 相故障跳闸，同时该出线间隔挂 2M 运行，2M 母差保护动作，跳开 2M 上所有开关及母联开关（出线间隔 A 相故障跳闸，对母线属于区外故障）。

二、录波图解析

2M 母线区外 A 相故障录波图如图 8－8－1 所示。

（1）开关量通道。从图 8－8－1 解析可知，开关量 2（代表母差跳 2M）在故障发生 3～5ms 后有突变，即工频变化量差动保护跳 2M 上的所有间隔（含母联和分段）；开关量 6、7（分别代表母差跳分段和母联 2）在故障发生 20ms 后有突变，即稳态量差动保护动作跳 2M、母联 2 及分段。上述开关量变位说明保护有动作出口现象。

（2）差动量模拟量通道。从图 8－8－1 解析可知，母差保护的大差 D_{IA} 的 A 相模拟量通道中有突变差流持续 3 个周波 60ms；同时在母差保护的 2M 小差 D_{IA2} 的 A 相模拟量通道中有突变差流持续 3 个周波 60ms，并与 D_{IA} 大差 A 相模拟量通道中的突变电流方向相同。以上说明故障时母差保护大差元件和 1M 小差元件均感受到电流，满足母差保护动作条件：母差保护大、小差元件动作。

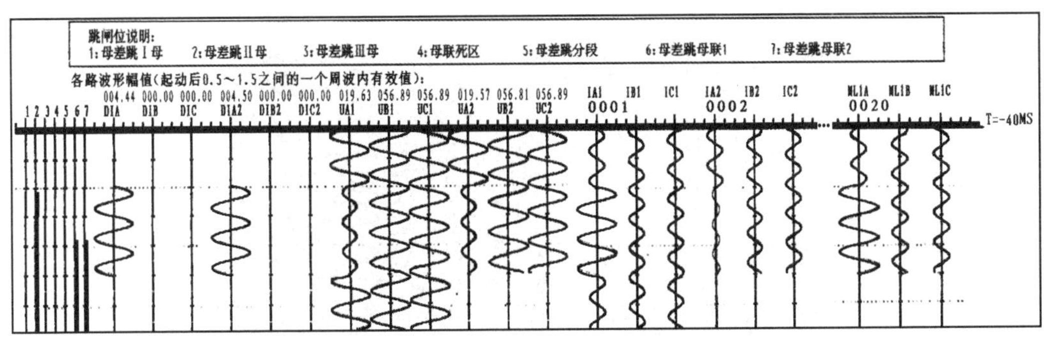

图 8－8－1　2M 母线区外 A 相故障录波图

（3）电压模拟量通道。从图 8－8－1 解析可知，在 U_{A1} 的 A 相电压模拟量通道中存在明显的压降，U_{B1}、U_{C1} 的 B 相、C 相电压模拟量通道中整个过程中未出现变化，U_{A1} 的 A 相电压模拟量通道中有突变持续 60ms 后恢复正常；同时在 U_{A2} 的 A 相电压模拟量通道中存在明显的压降，U_{B2}、U_{C2} 的 B 相、C 相电压模拟量通道中整个过程中未出现变化，但 U_{A2}、U_{B2}、U_{C2} 的电压在 A 相电压模拟量通道中有突变持续 60ms 后全部消失。以上情况说明系统中确实发生了 A 相接地故障，故障相电压明显降低，母差保护复压闭锁条件开放。

（4）电流模拟量通道。从图 8－8－1 解析可知，0001 间隔 A 相电流模拟量通道中有突变电流（挂 1M 母差），并且方向没有变化，持续 3 个周波 60ms 后全部恢复正常。B、C 相电流模拟量通道中电流大小和方向均未发生变化。

从图 8－8－1 解析可知，在 0002 间隔 A 相通道中有突变电流（挂 2M 母差），并且方向在突变时未发生变化，但该通道上的电流大小存在明显降小，B、C 相通道中大小和方向均未发生变化，A 相通道中存在出现突变电流，持续 3 个周波 60ms 后全部消失。

从图 8－8－1 解析可知，在 0020 间隔（母联）A 相模拟量通道中有突变电流，并且方向在突变时未发生变化，B、C 相通道中大小和方向均未发生变化，A 相通道中存在出现突变电流，持续 3 个周波 60ms 后全部消失。

三、母差保护误动作原因分析

从电流模拟量通道 0001 间隔、0002 间隔中看出故障时电流方向相反，说明一条支路电流流进母线，另一条支路电流流出母线，二者方向相反，说明发生了区外故障，区外故障母差保护动作原因是 0002 间隔模拟量通道电流突变减小，经过现场回路、保护以及绝缘检查，发现该间隔 TA 二次电缆芯线破损导致多点接地，如图 8－8－2 所示。两者不平衡产生差流，在电压开放的条件下保护动作出口。再结合第 0020 间隔模拟量通道电流，还可以看出故障前负荷电流从 1M 母线流向 2M 母线。

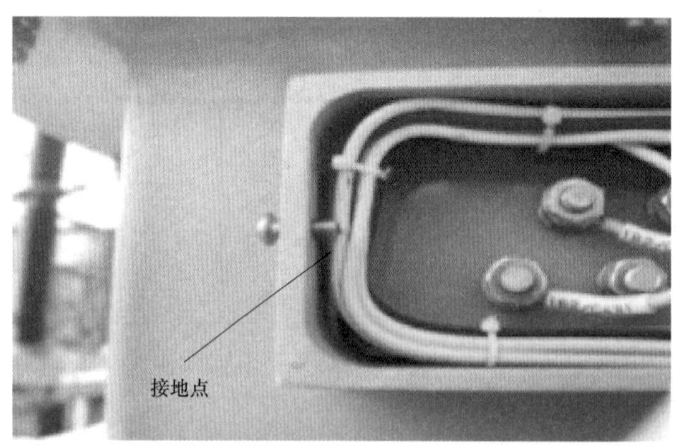

图 8－8－2　TA 二次电缆芯线破损图

小结：结合开关量通道、差动模拟量量通道、电压模拟量通道、电流模拟量通道综合分析得知，本次故障为 2M 母线区外 A 相故障，故障持续时间为 60ms，保护属于误动作。

本章思考题

1. 列出至少 5 起导致母线区外故障的保护误动现象。
2. 列出至少 5 起导致主变区外故障的保护误动现象。
3. 列出至少 5 起导致主变瓦斯的保护动作现象。
4. 写出主变纵联差动保护计算差流时需对 Y 侧电流进行相位校正公式。
5. 根据下面图形解析故障录波图。

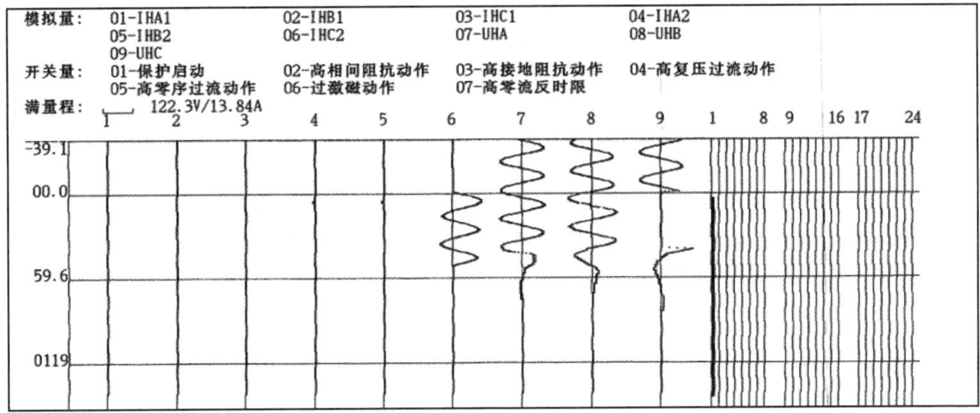

参 考 文 献

［1］王梅义. 电网继电保护应用［M］. 北京：中国电力出版社，1999.

［2］赵曼勇. 舒双焰，赵有铖. 高压电网防保护死区电流互感器保护绕组的配置及反措［J］. 电力系统保护与控制，2010，38（5）：132－134.

［3］国家电力调度通信中心. 电力系统继电保护实用技术问答［M］. 2版. 北京：中国电力出版社，2000.

［4］国家电力调度通信中心. 电力系统继电保护典型事故分析［M］. 北京：中国电力出版社，2001.

［5］邹森元.《电力系统继电保护及安全自动装置反事故措施要点》条例分析［M］. 北京：中国电力出版社，2005.

［6］王世祥，等. 电流互感器二次回路现场验收及运行维护［M］. 北京：中国电力出版社，2013.

［7］王世祥，等. 变电站继电保护运行维护实用指南［M］. 2版. 北京：中国电力出版社，2019.